中国古生物志

总号第203册　新丙种第32号

中国科学院　南京地质古生物研究所
古脊椎动物与古人类研究所　编辑

中国的鼯亚科和鼢鼠亚科化石

郑绍华　张颖奇　崔　宁　著

（中国科学院古脊椎动物与古人类研究所）

科学出版社

北　京

内 容 简 介

本书将采自中国 190 余个地点的鼢类和鼢鼠类啮齿动物的数千化石标本分成 6 族、29 属（含 14 个化石属和 15 个现生属）和 96 种（含化石种 69 个，现生种 27 个）。为修订形态特征重新测量和计算了相关数据；为清晰体现标本的准确形态，绘制了 157 幅插图。为积累原始资料，详细列出了不同属种的地理分布和标本产出层位的测年数据。探讨了不同属种的起源、进化、绝灭、现存及其生态环境的演变过程。

本书是研究古哺乳动物学、动物考古学、动物学特别是啮齿动物学、精细生物地层学、环境学等的不可多得的读物，可供这些领域的教学、科研和科普等工作者参考。

审图号：GS 京(2024)2204 号

图书在版编目(CIP)数据

中国古生物志. 总号第203册 ：新丙种第32号 ：中国的鼢亚科和鼢鼠亚科化石 / 郑绍华, 张颖奇, 崔宁著. -- 北京 ：科学出版社, 2024. 11. -- ISBN 978-7-03-080174-6

Ⅰ. Q911.72

中国国家版本馆 CIP 数据核字第 202409W6G2 号

责任编辑：孟美岑 / 责任校对：何艳萍

责任印制：肖　兴 / 封面设计：陈　敬

科学出版社 出版

北京东黄城根北街 16 号

邮政编码：100717

http://www.sciencep.com

北京中科印刷有限公司印刷

科学出版社发行　各地新华书店经销

*

2024 年 11 月第　一　版　开本：880×1230　1/16

2024 年 11 月第一次印刷　印张：30 1/2

字数：1 030 000

定价：428.00 元

（如有印装质量问题，我社负责调换）

《中国古生物志》编辑委员会

《中国古生物志》新丙种出版品目录

序

大约在三四年前，《中国古脊椎动物志》丛书（以下简称“志书”）啮齿类分册的两位主编李传夔和邱铸鼎先生在初审由郑绍华先生编写的该册鼢科和鼢鼠科的初稿时发现，书稿篇幅庞大，内容涉及了很多重要地点和剖面的发表过但未曾研究过的大量标本，并附有大量的测量和统计数据和图、表，内容极为丰富。鉴于志书乃基础性专业读物，要求简明扼要，不宜大量使用数据和表格等，然而这些数据和资料却极其珍贵和重要。如何既能符合志书的要求，又能使这批珍贵的原始资料得以保存，能与读者见面，李、邱二位和我就此作了多次商讨。最终，我们建议郑先生将原稿一部分浓缩后在志书中发表（已于 2020 年 10 月出版），而原稿则以专著形式在《中国古生物志》中发表。由于没有了志书撰写要求的约束，郑先生更全面系统地整理了我国所有已知鼢和鼢鼠类的材料，除了大量的仅在文献中列举而实际上并没有研究过的材料，还包括了大量郑先生本人在相关地点长年采集而尚未研究的材料，这使研究和撰写的工作量大增。可能考虑到任务繁重，且自己年事已高，从 2019 年初开始，他邀请了多年专攻鼢科的张颖奇研究员和以鼢鼠类为研究对象的他的学生崔宁参与其中。经过不懈努力，这部饱含一位奋斗多年的学者的丰富经验，又经相关专家审阅并修改之后的专著《中国的鼢亚科和鼢鼠亚科化石》初稿，终于在我的电脑屏幕上出现了。

一年多以前郑先生就约请我为他的这部专著写序，我也答应了。我深知这本应由我国小哺乳动物化石研究的掌舵人李传夔先生来写的。遗憾的是，李老已于 2019 年 10 月离我们而去。这个任务才落在了我这个主要从事大哺乳动物化石研究的人的头上。这已是我第二次为我国小哺乳动物方面的专著作序了。第一次是在大约 15 年前，为邱铸鼎先生的《内蒙古通古尔中新世小哺乳动物群》写代序。我之所以答应为小哺乳动物化石方面的专著作序，最主要的原因还是我从心底里涌动的对我国研究小哺乳动物化石的同行们的敬佩之情和总觉得应该为他们经过长期潜心钻研和付出而获得的常常不大为人关注和赏识的真知灼见做点什么的冲动。

古生物学是一门经验科学，需要长期的专业知识的积累，才能在研究上有所进展。小哺乳动物化石的研究尤其如此。使用水筛洗法采集小哺乳动物化石的方法在我国直到 20 世纪 80 年代后才受到重视。这种方法使小哺乳动物化石，特别是单个牙齿的采集量大幅增加，其数量常以百千计，而且在很多情况下可以在同一地点或剖面中连续多层采集。这是在以“鸡窝”状为主要赋存方式的大哺乳动物化石中很难见到的，也成为小哺乳动物化石研究的独特优势：连续多层采集的化石既可提供物种在时间上演化的细节，又可提供更精确的地层顺序，再加上其他确定地层绝对年龄的手段（古地磁、稀有元素同位素等），这使其成为研究生物演化和年代地层学的难得的第一手资料。但是小哺乳动物化石个体小，无论野外采集还是室内研究都需要具有非常严谨和精细的工作作风和长期坚持的毅力才能完成，在标本量极大的情况下，其工作量和难度更大。也正是在这种特殊的专业要求下，在中国科学院古脊椎动物与古人类研究所逐渐成长了一批以超常细致入微的工作作风为特征的研究人员。本书作者，特别是郑绍华先生，就是这一批人中的代表和缩影。有和郑绍华先生共事过的同事曾对我说起，郑先生勇于“啃硬骨头”，敢于触碰那些令人头痛的困难而复杂的工作（例如鼢和鼢鼠），工作中不因循守旧，不拘泥于条条框框，并能持续不断地坚持下来；他对自己所做过的工作、所研究过的标本，几乎件件样样都有详细的记录，有时配以非常漂亮的素描图，这些都给人留下深刻的印象。

我虽然对本书作者们的严谨细致的作风早有见闻，但是看了专著的稿子后，我还是感到了意外和震惊。本书中关于鼢和鼢鼠类牙齿结构术语和测量及运算方法的精细程度，对每件研究过的标本的原始产地和层位和原始测量数据的记录，以及在研究历史中对每一篇文献中所提及或研究过的标本鉴定的正、误判断都有明确的记载。这是郑先生在其半个多世纪的研究生涯中对鼯和鼢鼠这两类化石研究积累的经验之大成，其中包括许多从未发表过的第一手原始资料和独到的见解。这里面当然也包括张颖奇对鼯类和崔宁对鼢鼠类的多年研究的成果。正是这些珍贵的资料构成了本专著的重要组成部分。这些资料初看起来似乎有些烦琐，对于专著来说甚至有点另类。但这些原始数据是作者对大量多年原始记录的整理和无数遍细心核查订正的结果，没有平时的长期积累，是根本无法把如此庞杂的资料整理成文的。我相信，对于未对原产化石的地点和层位采取水筛洗法重新采集化石的后来学者来说，这是经得起历史考验的无可取代的第一手确切的档案资料。

作者在这两类鼠类的实际材料的记述和介绍之后分别列出了这两类动物的系统演化设想和分类示意图。这是作者采取传统的以进步特征作为分支起点的基本原理手工构建而成。作者也曾多次尝试运用分支系统学计算机程序（PAUP，TNT 等）建树，但得出的结果并不理想。应当指出，当前在古生物学界还有很多人并不想完全依赖这些计算机程序所得出的推论。本书的分支构想是作者对这两类动物经过多年研究和多次反复推敲后形成的设想，应不失为老一代科学家依据实践经验得出的可供选择的方案之一，至于其恰当与否，就留给后人去验证吧！

邱占祥

2022 年 3 月 18 日

目　　录

一、前　　言

鼢亚科和鼢鼠亚科是新生代末期在中国演化很成功的两类啮齿动物。在短暂的上新世和第四纪期间（约 530 万年以来），鼢亚科完成了发生—发展—繁盛的演化过程；而从中中新世晚期至今（约 1170 万年以来），鼢鼠亚科也完成了发生—发展—繁盛—衰退的演化过程。鼢亚科最早出现的时间正好是鼢鼠亚科的繁盛时期。鼢亚科的地理分布包括全北区（温带）和东洋区（热带-亚热带）的北部，而鼢鼠亚科则仅仅局限于亚洲古北区温带（包括暖温带、温带和寒温带）地区。由于它们的属种演替速率快，其化石不但是精细确定生物地层时代的主要依据，也是反映生态环境冷暖干湿交替变迁的重要标志。仅从这一点说，鼢亚科和鼢鼠亚科的演化历史可以很好地反映中国晚新生代的地质历史及环境变迁。因此，研究这两类啮齿动物的起源、演化、演替和分类具有十分重要的意义。

中国现生鼢鼠主要生存于华北和西北黄土分布区以温湿草原为主的生态环境。现生鼢类在华北主要生存于比较干冷的草原环境，而在华南和西南地区则主要生存于湿热的森林灌丛环境。除极端的荒漠和高山外，在中国的任何地区，都能发现两者或两者之一的踪迹。它们的化石祖先主要保存于青藏高原、黄土高原、内蒙古高原、华东河湖相堆积和华南石灰岩洞穴-裂隙堆积等地层单元中。

鼢鼠类化石是亚洲的特产，其中中国产出的数量和种类最多，时代记录最全，积累的研究成果和资料最丰富，为本书的编撰工作提供了较为坚实的物质基础。中国的鼢类化石相对贫乏，除北京周口店地区外，发现材料相对较少，研究工作起步较晚且缺乏系统认识。

本书第一作者郑绍华从 20 世纪 70 年代初开始从事第四纪小哺乳动物化石的采集和研究，其中尤其关注鼢类和鼢鼠类，并发表多篇相关的学术论文。考察工作的范围包括青藏高原河湖相地层，陕甘黄土高原黄土地层，云贵高原和鄂西-重庆地区以及辽宁、山东、安徽的裂隙洞穴堆积，泥河湾盆地和榆社盆地河湖相地层等。本书第二作者张颖奇主要从事第四纪哺乳动物的研究。2008 年于日本取得博士学位，博士论文的题目为《中国北方上新世—早更新世的鼢类化石》，主要对这一时期中国北方鼢类化石的分类学、系统学和生物年代学进行了总结，并发表多篇有关中国鼢类的文章。第三作者崔宁博士论文的题目为《鼢鼠类的分类、起源、演化及其环境背景》，还未正式发表。

鉴于上述经历，郑绍华承担了《中国古脊椎动物志》中鼢类和鼢鼠类的编写工作。编写过程中，发现其中的许多材料并未进行详细描述，只是在相关文献中列出了属种名单。这给编写工作带来了困难，因而不得不重新花费大量时间对它们逐一进行观察、测量和对比，并制作了相当数量的图表。尤其是增加了对近年来从泥河湾盆地、甘肃灵台雷家河等地采集到的大量标本进行分类研究的工作。其结果是章节篇幅大大超出了志书的要求。为了不舍弃已积累的基础资料，我们十分高兴地接受了已故李传夔先生的建议，将上述工作按《中国古生物志》所要求的篇幅和格式进行了扩充。

对两类啮齿动物在不同剖面、不同层位和不同地点的年代（主要是磁性地层学年代）记录尽量采用近年来的标准加以比对，以求得较有共识的数据。化石地点和层位的年代均以距今百万年（Ma）或千年（ka）的形式表示。文中如果没有特别说明或文献引用，年代数值均为根据已发表磁性地层学年代对比结果与相应地层以均匀沉积速率这一假设计算得出，且为保持形式上的统一，均保留小数点后两位小数，并无年代测定精确程度之含义。甘肃灵台雷家河综合剖面和山西榆社综合剖面在生物地层方面基本是一致的，因此可以相互参照和对比，并可作为华北地区晚中新世—早更新世时期的指导性剖面。陕西洛川地区黄土综合剖面和河北阳原台儿沟河湖相东剖面，相互也可以参照对比，代表了晚上新世—全新世的完整地层。其余剖面或地点（层位）则参照这几处综合剖面进行修订，不符合者或相差较远者则加以必要评述，并在整体综合剖面中予以摒弃。

在分类上，尽量贯彻属种命名的优先法则，并力求保持与当今学术界的共识一致。像多数作者一样，对于族（tribe）的历史沿革（或将亚科降为族，或将属升为族的缘由）也作了基本概述。

在介绍研究方法时，我们尽可能将目前国内外较为流行的方法以及作者在工作实践中不断总结积累的经验和方法展示出来，以供读者在实际工作中比较选择，不断推陈出新。按照《古脊椎动物学报》的惯例，在对两类啮齿动物的牙齿进行描述时，上臼齿均以 M 加序号表示，下臼齿均以 m 加序号表示；同时，左、右臼齿前分别加 l/L（left）、r/R（right）以示侧别。在牙齿咬面和侧面形态的线条图中，“(o)”代表咬面比例尺，“(b, l)”分别代表颊侧和舌侧比例尺。部分上下臼齿的测量参数也分别以相应的大、小写字母表示。在䶄类研究中，有的方法只适用于某一属，如 van der Meulen（1974）关于 m1 的测量方法只适用于 *Allophaiomys* 属；有的适用于臼齿带根的属，如 van de Weerd（1976）的 m1 珐琅质曲线参数 E、E_a 和 E_b 的测量，以及 Carls 和 Rabeder（1988）的臼齿侧面齿尖湾（sinus）的测量和计算方法适用于 *Mimomys*、*Borsodia*、*Villanyia*、*Germanomys* 等属；有的则适用于所有属，如齿峡（isthmus）宽度的测量以及封闭程度的计算和臼齿珐琅质层厚度分异（SDQ）的测量与计算。在鼢鼠类的研究中，同样有的方法只适用于臼齿带根的属，如珐琅质曲线参数 A、B、C、D（上臼齿）和 a、b、c、d、e（下臼齿）的测量只适用于 *Prosiphneus*、*Pliosiphneus*、*Chardina*、*Mesosiphneus* 和 *Episiphneus*，而牙齿咬面长度的测量与计算则适用于所有属种。分类记述时，对于只适用于同一属内不同种的方法、同一族内不同属的方法以及同一亚科内不同族的方法，尽量将测量及计算结果以表格形式列出，以供读者参考。

系统记述部分，属一级项目包括：模式种、特征、中国已知种、分布与时代和评注；种一级项目包括：正模、模式居群、模式产地及层位、归入标本、归入标本时代、特征和评注。种一级归入标本时代一项中，记录了所属省、市、县、镇（或乡）、地点（或剖面）、层位和绝对年龄或相对时代，以备读者查阅。对于包含现生种类的属，在属一级项目中国已知种和分布与时代中，不仅列出了所有中国已知现生种，还列出了它们在中国的分布。但在种一级仅列举发现有化石的种类，它们的归入标本中也只列出了化石标本和产地。所有在本书中涉及的标本，即使是比较重要的或比较稀少的材料，均未详细描述，只在特征和评注中提及。为了方便识别和区分相关的属种，在特征部分使用了许多定量形态特征均值对属种进行限定和定义，同时注明了变异范围要参考的测量数据表格。对于只有一件标本的定量特征值，其后添加了“左右”表示以特征值为参考的变异范围。这里特别强调的是，归入标本一项既包含了部分已经详细描述过的地点和材料，也包括了相当大的一部分未详细描述或只列出名单的地点或层位，从而省去了繁复的描述过程；归入标本时代一项可以补充模式产地及层位时代记录的不足。为了科学地定义和描述化石种类的特征以及变异范围，还引入了 Simpson（1940）“模式居群”（hypodigm）的概念。虽然“模式居群”原本指代化石种类命名时作者所依据的全部模式标本，但在本书中用来代表命名时所依据的除正模之外的其他材料。

在分类记述之后分别给出了䶄亚科和鼢鼠亚科所有种类的总结性时代记录以及在此基础上而作的族、属、种级演化关系设想作为结尾。

本书受科学技术部国家科技基础资源调查专项（2021FY200100）和中国科学院战略性先导科技专项（B 类）项目（XDB26000000）资助。在编撰过程中，已故李传夔先生给作者以热情的鼓励并提供了许多宝贵的建议。邱铸鼎研究员和吴文裕研究员对原稿进行了细致的审阅并提出了诸多建议和意见。文中的照片主要由高伟先生拍摄。文中全部插图由史爱娟女士清绘并由张晓云女士精修。邱占祥院士为本书作序。在此，一并致以衷心的感谢。

文中出现的机构收藏标本登录号首缩写注解如下：

B.（Benxi）— 辽宁本溪化石标本登录号

B.M.（British Museum）— 大英博物馆馆藏号

B.S.M.（Benxishi Museum）— 本溪市博物馆哺乳动物化石馆藏号

CUG V（China University of Geosciences, Vertebrate）— 中国地质大学（北京）脊椎动物化石登录号

DH（Dalian Haimao）— 大连海茂脊椎动物化石登录号

NWU V（Northwest University, Vertebrate）— 西北大学新生代地质与环境研究所脊椎动物化石登录号

GINAHCCCP（Academy of Sciences of the USSR）— 俄罗斯科学院古生物研究所化石登录号

GMC V（Geological Museum of China, Vertebrate）— 中国地质博物馆脊椎动物化石馆藏号

G.V.（Gansu Provincial Museum, Vertebrate）— 甘肃省博物馆脊椎动物化石馆藏号

HGM V（Hungarian Geological Museum, Vertebrate）— 匈牙利地质博物馆脊椎动物化石馆藏号

PDHNHM（Paleontological Department of Hungarian Natural History Museum）— 匈牙利自然历史博物馆古生物部馆藏号

H.H.P.H.M.（Huangho Peiho Museum）— 黄河白河博物院脊椎动物化石馆藏号

HV（Hainan Museum, Vertebrate）— 海南省博物馆脊椎动物化石馆藏号

IVPP V（Institute of Vertebrate Paleontology and Paleoanthropology, Vertebrate）— 中国科学院古脊椎动物与古人类研究所脊椎动物化石登录号

Cat.C.L.G.S.C.Nos.C/（IVPP Catalogue of Cenozoic Laboratory of Geology Survey of China）— 中国地质调查所新生代研究室新生代脊椎动物登录号

Cat.C.L.G.S.C.Nos.C/C.— 中国地质调查所新生代研究室新生代脊椎动物/周口店标本登录号

IVPP CP.（IVPP Cenozoic Peking）— 中国科学院古脊椎动物与古人类研究所北京新生代研究室标本登录号

IVPP HV（IVPP Hengduanshan Vertebrate）— 中国科学院古脊椎动物与古人类研究所横断山脊椎动物登录号

IVPP RV（IVPP Revised Vertebrate Number）— 中国科学院古脊椎动物与古人类研究所脊椎动物标本校订登录号

JQ（Jilin Qingshantou）— 吉林青山头脊椎动物化石登录号

QV（Quaternary Vertebrate）— 中国科学院地质与地球物理研究所脊椎动物化石登录号

SBV（Shaanxi Geological Museum Vertebrate）— 陕西省地质博物馆脊椎动物化石馆藏号

Tx（Taipingshan Xi Dong）— 中国地质大学（北京）周口店太平山西洞脊椎动物化石登录号

U.S.N.M.（United States National Museum）— 美国国立博物馆馆藏号

Y.K.M.M.（Ying Kou Museum Mammals）— 辽宁营口博物馆哺乳动物化石馆藏号

ZSI（Zoological Survey of India）— 印度动物研究所登录号

二、地层记录及其年代学

中国地域辽阔，新近纪以来各沉积类型的地层发育良好，既有黄土高原深厚且连续的风成黄土堆积，也有众多的河、湖、沼泽相沉积，还有广布于各处石灰岩山地的洞穴-裂隙堆积。这些堆积物不仅出产大量的哺乳动物化石，而且大多提供了测定磁性地层学年代的理想岩石标本，如处于原始还原状态下的湖沼相岩石标本以及连续沉积的黄土-古土壤岩石标本等。

20 世纪 80 年代以来，筛洗法的引进大大提高了小型哺乳动物化石标本的采集效率，使得研究人员能够在一个地点或一个层位中采集到比过去更多数量的包括䶄类和鼢鼠类在内的小型哺乳动物牙齿化石材料。将这种方法运用于一个地域或一个连续沉积剖面的有绝对年代限定的不同层位，就能发现一个物种从产生、演化到绝灭的全过程。当然在实际操作中，也会在一些步骤中出现误差，例如属种的鉴定和试验材料的采集、测试、分析和结果判定等，但从大方向看并不影响对䶄类和鼢鼠类物种演化历史的研究。下面将记录有这两类化石且有测年数据特别是古地磁测年数据的一些重要剖面和地点逐一加以介绍。

（一）甘肃灵台县邵寨镇雷家河村上中新统湖相—上新统风成红黏土—下更新统风成黄土剖面

该剖面是以文王沟 93001 地点为主剖面（厚 60.69 m，层位编号首字母 WL），以文王沟 93002 地点（厚 15.62 m，层位编号首字母 CL）和小石沟 72074(4)地点（厚 35.87 m，层位编号首字母 L）为辅助剖面的综合剖面。剖面自下而上由上中新统灰绿色泥岩、上新统含细粒钙质结核“静乐红土”和下更新统午城黄土组成。古地磁极性期主要包括第五正向极性期（Ch_5）、吉尔伯特反向极性期（Gi）、高斯正向极性期（G）和松山反向极性期（M）（魏兰英等，1993）。G/M 界线（2.58 Ma）接近 WL7 层顶部或大致位于 WL6/WL7 层之间；Gi/G 界线（3.60 Ma）位于 WL13/WL14 层之间；Ch_5/Gi 界线位于厚层角砾岩层中（张兆群、郑绍华，2001；郑绍华、张兆群，2000, 2001）（图 1）。

经张颖奇等（2011）研究，*Mimomys bilikeensis* 出现于小石沟 72074(4)地点剖面 L5-2 层（～4.58 Ma）和 L5-3 层（～4.64 Ma）；*Mi. gansunicus* 出现于文王沟 93001 地点剖面 WL8 层（～3.17 Ma）、WL10 层（～3.41–3.25 Ma）、WL11 层（～3.51–3.41 Ma）和 WL15-2 层（～4.70 Ma），小石沟 72074(4)地点剖面 L1 层（～3.53 Ma）；*Borsodia prechinensis* 记录于文王沟 93001 地点剖面 WL3 层（～2.15 Ma）、WL8 层（～3.17 Ma）、WL10 层（～3.41–3.25 Ma）、WL11 层（～3.51–3.41 Ma）；*Myodes fanchangensis* 出现于文王沟 93001 地点剖面 WL7-1 层（～2.68 Ma）、WL8 层（～3.17 Ma）、WL10 层（～3.41–3.25 Ma）、WL11 层（～3.51–3.41 Ma）；*Allophaiomys deucalion* 出现于文王沟 93001 地点剖面 WL3 层（～2.15 Ma）、WL4 层（～2.29 Ma）、WL5 层（～2.32 Ma）、WL6 层（～2.46 Ma）、WL2+层（～1.95 Ma）、WL5+层（～2.05 Ma）、WL7+层（～2.10 Ma）；*Proedromys bedfordi* 出现于文王沟 93001 地点剖面 WL1 层（～2.13 Ma）、WL2 层（～2.14 Ma）、WL4+层（～2.03 Ma）、WL5+层（～2.05 Ma）、WL7+层（～2.10 Ma）。因此，该剖面中的䶄类各种的时代分布如下：

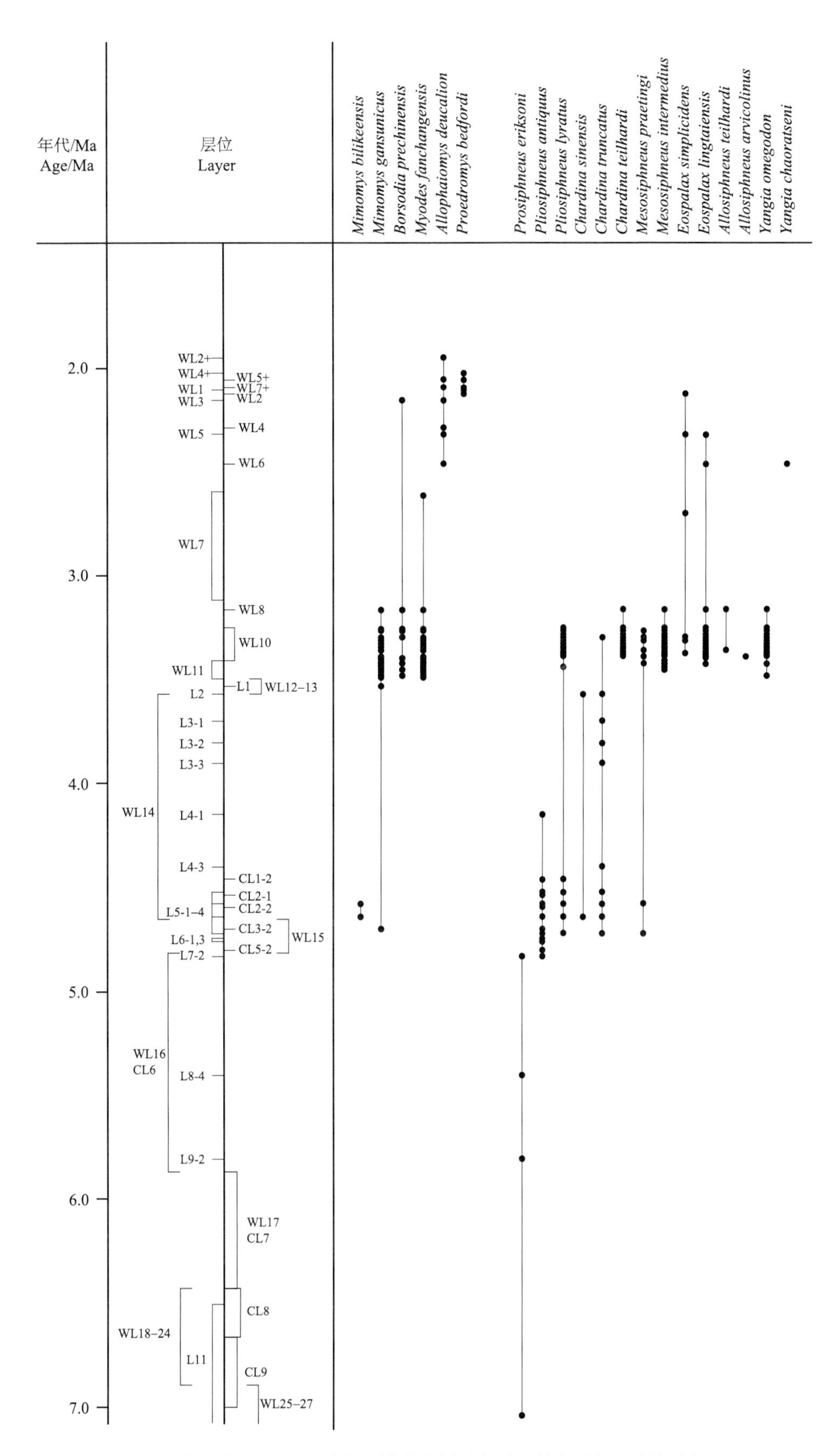

图 1　甘肃灵台县邵寨镇雷家河村综合剖面中鼾亚科和鼢鼠亚科的时代记录

Figure 1　Chronological records of Arvicolinae and Myospalacinae in the composite section of Leijiahe Village, Shaozhai Town, Lingtai County, Gansu

WL. 93001 地点；CL. 93002 地点；L. 72074(4)地点

Mimomys bilikeensis	4.64–4.58 Ma	*Myodes fanchangensis*	3.51–2.68 Ma
Mimomys gansunicus	4.70–3.17 Ma	*Allophaiomys deucalion*	2.46–1.95 Ma
Borsodia prechinensis	3.51–2.15 Ma	*Proedromys bedfordi*	2.14–2.03 Ma

Prosiphneus eriksoni 记录于小石沟 72074(3)地点剖面底层[相当于 72074(4)地点剖面 L11 层]（>7.00 Ma），72074(4)地点剖面 L7-2 层（~4.83 Ma）、L8-4 层（~5.50 Ma）和 L9-2 层（~5.90 Ma）。*Pliosiphneus antiquus* 记录于小石沟 72074(1)地点[相当于 72074(4)地点剖面的 L5 层]（~4.72–4.52 Ma），72074(4)地点剖面的 L4-1 层（~4.10 Ma）、L6-1 层（~4.74 Ma）、L6-3 层（~4.76 Ma）和 L7-2 层（~4.83 Ma），小石沟 72074(7)地点[相当于 72074(4)地点剖面的 L5 层]（~4.72–4.52 Ma），文王沟 93002 地点剖面的 CL1-2 层（~4.46 Ma）、CL2-1 层（~4.53 Ma）、CL2-2 层（~4.60 Ma）、CL3-2 层（~4.70 Ma）和 CL5-2 层（~4.80 Ma）。*Pl. lyratus* 产于小石沟 72074(1)地点[相当于 72074(4)地点剖面的 L5 层]（~4.72–4.52 Ma），文王沟 93002 地点剖面的 CL1-2 层（~4.46 Ma），文王沟 93001 地点剖面的 WL10 层（~3.41–3.25 Ma）和 WL11-3 层（WL11 层年龄为~3.51–3.41 Ma），小石沟 72074(4)地点剖面的 L5-2 层（~4.58 Ma）和 L5-4 层（~4.72 Ma）。*Chardina truncatus* 产于小石沟 72074(1)地点[相当于 72074(4)地点剖面的 L5 层]（~4.72–4.52 Ma），小石沟 72074(4)地点剖面 L2 层（~3.59 Ma）、L3-1 层（~3.70 Ma）、L3-2 层（~3.80 Ma）、L3-3 层（~3.90 Ma）、L4-3 层（~4.40 Ma）、L5-1 层（4.52 Ma）、L5-2 层（~4.58 Ma）和 L5-3 层（~4.64 Ma），文王沟 93001 地点剖面的 WL10-8 层（WL10 层年龄为~3.41–3.25 Ma）。*C. sinensis* 产于文王沟 93001 地点剖面的 WL14 层（~4.70–3.60 Ma）。*C. teilhardi* 产于文王沟 93001 地点剖面的 WL8 层（~3.17 Ma）和 WL10 层（~3.41–3.25 Ma）。*Mesosiphneus praetingi* 产于小石沟 72074(4)地点剖面的 L5-2 层（~4.58 Ma）和 L5-4 层（~4.72 Ma），文王沟 93001 地点剖面的 WL10 层（~3.41–3.25 Ma）和 WL11-6 层（WL11 层年龄为~3.51–3.41 Ma）。*M. intermedius* 产于文王沟 93001 地点剖面的 WL8 层（~3.17 Ma）、WL10 层（~3.41–3.25 Ma）和 WL11 层（~3.51–3.41 Ma）。*Eospalax simplicidens* 产于文王沟 93001 地点剖面的 WL2 层（~2.14 Ma）、WL5 层（~2.32 Ma）、WL7-2 层（~2.70 Ma）和 WL10-4, 7, 8 层（WL10 层年龄为~3.41–3.25 Ma）。*E. lingtaiensis* 产于文王沟 93001 地点剖面的 WL5 层（~2.32 Ma）、WL6 层（~2.46 Ma）、WL8 层（~3.17 Ma）、WL10 层（~3.41–3.25 Ma）和 WL11 层（~3.51–3.41 Ma）。*Allosiphneus teilhardi* 产于文王沟 93001 地点剖面的 WL8 层（~3.17 Ma）和 WL10-4 层（WL10 层年龄为~3.41–3.25 Ma）。*A. arvicolinus* 记录于文王沟 93001 地点剖面的 WL10-2 层（WL10 层年龄为~3.41–3.25 Ma）。*Yangia omegodon* 记录于文王沟 93001 地点剖面的 WL8 层（~3.17 Ma）、WL10 层（~3.41–3.25 Ma）和 WL11 层（~3.51–3.41 Ma）。*Y. chaoyatseni* 产于文王沟 93001 地点剖面的 WL6 层（~2.46 Ma）。因此，剖面中各种鼢鼠类的时代分布如下：

Prosiphneus eriksoni	>7.00–4.83 Ma	*Mesosiphneus intermedius*	3.51–3.17 Ma
Pliosiphneus antiquus	4.83–4.10 Ma	*Eospalax simplicidens*	3.41–2.14 Ma
Pliosiphneus lyratus	4.72–3.25 Ma	*Eospalax lingtaiensis*	3.51–2.32 Ma
Chardina truncatus	4.72–3.25 Ma	*Allosiphneus teilhardi*	3.41–3.17 Ma
Chardina sinensis	4.70–3.60 Ma	*Allosiphneus arvicolinus*	3.41–3.25 Ma
Chardina teilhardi	3.41–3.17 Ma	*Yangia omegodon*	3.51–3.17 Ma
Mesosiphneus praetingi	4.72–3.25 Ma	*Yangia chaoyatseni*	2.46 Ma

（二）甘肃秦安县上中新统—下上新统风成红黏土剖面

秦安风成红黏土综合剖面由三个剖面组成：一是位于秦安县城西北约 27 km，厚 253.1 m 的五营村 QA-I 剖面；二是距 QA-I 剖面约 2 km 厚 220.6 m 的 QA-II 剖面（Guo et al., 2002）；三是位于 QA-I

和 QA-II 剖面东约 30 km 魏店镇董湾村厚 74.8 m 的董湾剖面，即 QA-III 剖面（Hao et Guo, 2004）。磁性地层学表明 QA-I + II 剖面年代跨度为 22.00–6.20 Ma，董湾剖面（QA-III）为 7.30–3.50 Ma。

在 QA-I 剖面上采集到 3 种原鼢鼠：在地表下 82.2 m 深度处产出 *Prosiphneus qinanensis*，对应的古地磁年代约为 11.70 Ma；在 39.8 m、41.0 m 和 58.5 m 深度处产出 *P. haoi*，对应年代分别为 8.20 Ma、8.22 Ma 和 9.50 Ma；在 5.0 m、9.0 m 和 26.0 m 深度产出 *P. licenti*，对应年代分别为 6.50 Ma、6.80 Ma 和 7.60 Ma（郑绍华等，2004）。

在董湾剖面（QA-III）上采集到 10 种白齿带根鼢鼠：自下而上，在 1.4 m（第 1 层：～7.21 Ma）、4.8 m（第 3 层：～7.16 Ma）和 6.8 m（第 4 层：～7.14 Ma）处产出 Prosiphneus licenti，对应年代为～7.21–7.14 Ma（C3Bn）；在 13.9 m（第 7 层）处产出 *Pr. tianzuensis*，对应年代为～6.81 Ma；在 15.6–30.6 m

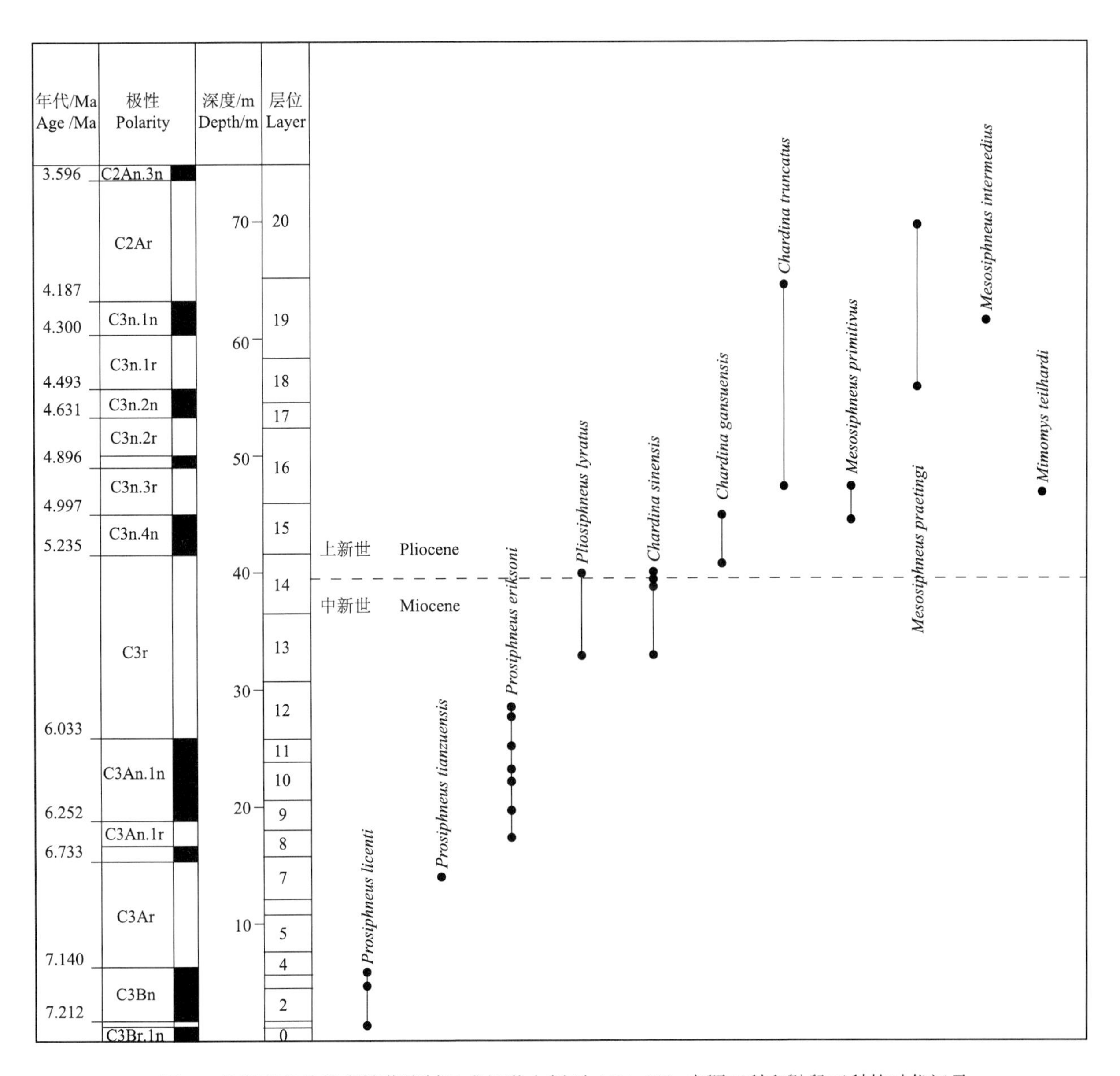

图 2　甘肃秦安县魏店镇董湾村风成红黏土剖面（QA-III）中䶄亚科和鼢鼠亚科的时代记录

Figure 2　Chronological records of Arvicolinae and Myospalacinae in the aeolian red-clay section of QA-III, Dongwan Village, Weidian Town, Qin'an County, Gansu

虚线代表中新世/上新世界线 Dashed horizontal line represents the Miocene/Pliocene boundary

（第 8 层：～6.50 Ma；第 9 层：～6.25 Ma；第 10 层：～6.15–6.13 Ma；第 11 层：～6.06 Ma；第 12 层：～5.96–5.88 Ma）处产出 *Pr. eriksoni*，对应年代为～6.50–5.88 Ma；在 33.3 m（第 13 层：～5.65 Ma）和 40.0 m（第 14 层：～5.30 Ma）处产出 *Pliosiphneus lyratus*，对应年代为～5.65–5.30 Ma；在 33.3 m（第 13 层：～5.65 Ma）和 36.7–40.0 m（第 14 层：～5.49–5.30 Ma）处产出 *Chardina sinensis*，对应年代为～5.65–5.30 Ma；在 40.7 m（第 14 层：～5.24 Ma）和 44.8 m（第 15 层：～5.00 Ma）处产出 *C. gansuensis*，对应年代为～5.24–5.00 Ma；在 46.3–64.4 m（第 16 层：～4.94 Ma；第 19 层：～4.18 Ma）处产出 *C. truncatus*，对应年代为～4.94–4.18 Ma；在 44.8–46.3 m（第 15 层：～5.00 Ma；第 16 层：～4.94 Ma）处产出 *Mesosiphneus primitivus*，对应年代为～5.00–4.94 Ma；在 56.1–69.3 m（第 18 层：～4.49 Ma；第 20 层：～3.83 Ma）处产出 *M. praetingi*，对应年代为～4.49–3.83 Ma；在 61.5 m（第 19 层）处产出 *M. intermedius*，对应年代为～4.28 Ma（刘丽萍等，2011, 2013）。

董湾剖面（QA-III）产出的鼢类化石极少，仅在第 16 层（距底部 46.3 m 处）发现了 *Mimomys teilhardi*（= 刘丽萍等，2011：231 页，*Mimomys* sp.），相应的磁性地层学年龄为～4.94 Ma（图 2）。

（三）陕西洛川县上上新统风成红黏土—更新统黄土综合剖面

洛川剖面主要以坡头沟口、洞滩沟、南菜子沟、枣刺沟、狼牙刺沟、拓家河水库、九沿沟和黑木沟等地点综合而成，代表了上上新统静乐期红黏土—更新统风成黄土—古土壤沉积—全新统垆坶堆积序列（刘东生等，1985）。剖面中的鼢类和鼢鼠类化石（郑绍华等，1985b）产出层位的磁性地层学年龄（孙继敏、刘东生，2002；Ding et al., 2002）被重新审定为：*Eospalax fontanieri* 产出于洛川县坡头村南菜子沟 S_{16}层（1.33 Ma）；*E. simplicidens*（= 郑绍华等，1985b：*Myospalax hsuchiapingensis*）产出于洛川县拓家河水库溢洪道 S_{31}层（2.36 Ma）；*Yangia chaoyatseni* 产出于洛川县洞滩沟和拓家河水库溢洪道 S_{32}层（2.55 Ma）、黑木沟 S_{31}层（2.36 Ma）和枣刺沟 S_{16}层（1.33 Ma）；*Y. omegodon* 产出于洛川县坡头沟口 S_{32}层（2.55 Ma）；*Allosiphneus arvicolinus* 产出于洛川县黑木沟 S_{31}层（2.36 Ma）和延安市九沿沟 S_{17}层（1.38 Ma）；*Mesosiphneus intermedius* 产出于洛川县坡头沟口红黏土层，年代为 2.70 Ma；两种鼢类为产于洛川县坡头村南菜子沟 S_4层（0.44 Ma）的 *Lasiopodomys brandti*，以及产于洛川县坡头村南菜子沟 S_6层（～0.67 Ma）和 S_{10}层（～1.03 Ma）的 *L. probrandti*（图 3）。

（四）山西榆社盆地上中新统—下更新统河湖相综合剖面

榆社盆地也是我国北方主产化石鼢类和鼢鼠类的重要地区，且具有悠久的研究历史。到目前为止，已发现鼢类和鼢鼠类化石共 22 个种类（Teilhard de Chardin, 1942；Wu et Flynn, 2017；Zhang, 2017；Zheng, 2017）。近年通过中-美合作考察研究，建立了以榆社盆地生物地层为标准的中国北方晚新生代的地层序列。磁性地层学的研究也取得了较为满意的结果（Opdyke et al., 2013）。该剖面是以云簇小盆地中河湖相砂质黏土与砂砾石堆积中许多哺乳动物化石地点（或层位）为主的榆社盆地综合剖面。云簇小盆地剖面总厚度约 836 m，自下而上分为上中新统马会组（厚 200 m）、上中新统最上部—上新统高庄组（包括厚约 245 m 的桃阳段、厚约 132 m 的南庄沟段和厚约 23 m 的醋柳沟段）和麻则沟组（厚约 173 m），以及下更新统海眼组（厚 63 m）。各组（段）之间为不整合接触（Opdyke et al., 2013, fig. 4.7）。该剖面的古地磁极性期分布几乎与上述灵台雷家河剖面一样，因此在相同物种的时代上可以互为补充（图 4）。

经详细研究，剖面中的鼢类较丰富，*Mimomys teilhardi*（= *Mimomys* sp.）产出于 YS 4 地点（～4.29 Ma）和 YS 97 地点（～3.50 Ma）；*Mi. gansunicus* 产出于 YS 5 地点（～3.40 Ma）、YS 6 地点（～2.26 Ma）、YS 109 地点（～2.15 Ma）和 YS 120 地点（～2.26 Ma）；*Borsodia chinensis* 产出于 YS 6 地点（～2.26 Ma）、YS 120 地点（～2.26 Ma）和 YS 109 地点（～2.15 Ma）；*Myodes fanchangensis* 产出于 YS 5 地点

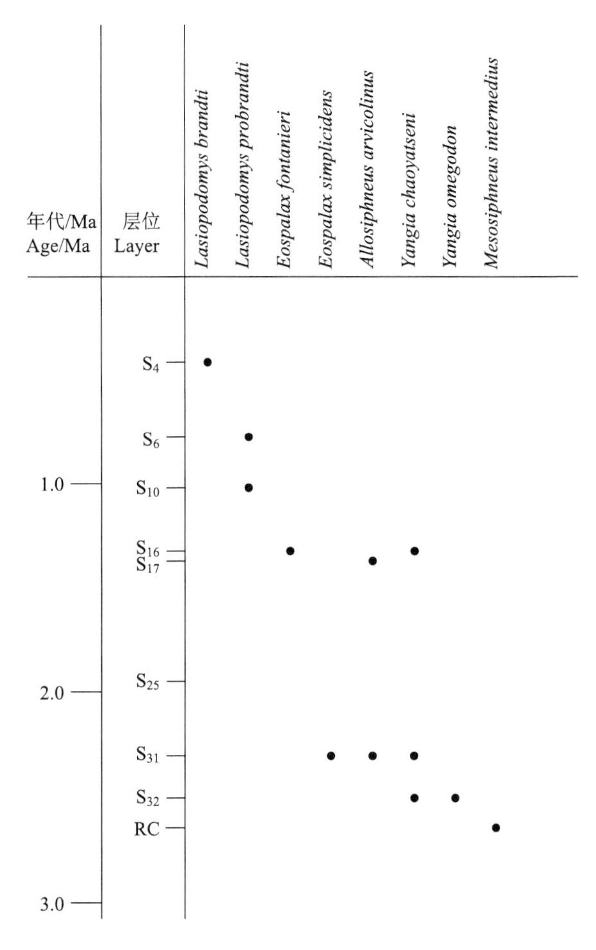

图 3　陕西洛川县黄土综合剖面中䶄亚科和鼢鼠亚科的时代记录

Figure 3　Chronological records of Arvicolinae and Myospalacinae in the composite loess section, Luochuan County, Shaanxi

S. 古土壤（paleosol）；RC. 红黏土（red clay）

（～3.40 Ma）、YS 6 地点（～2.26 Ma）、YS 109 地点（～2.15 Ma）和 YS 120 地点（～2.26 Ma）；*Germanomys yusheicus* 产出于 YS 4 地点（～4.29 Ma）、YS 97 地点（～3.50 Ma）和 YS 50 地点（～4.70 Ma）；*G. progressivus* 产出于 YS 87 地点（～3.44 Ma）、YS 90 地点（～3.50 Ma）和 YS 99 地点（～3.00 Ma）；*Stachomys trilobodon* 产出于 YS 90 地点（～3.50 Ma）；*Lasiopodomys complicidens* 产出于 YS 123 地点（＜1.00 Ma）。*Prosiphneus murinus* 产出于 YS 1 地点（～6.50 Ma）、YS 8 地点（～6.40 Ma）、YS 7 地点（～6.30 Ma）、YS 9 地点（～6.30 Ma）、YS 3 地点（～5.80 Ma）、YS 32 地点（～6.00 Ma）、YS 141 地点、YS 29 地点（～6.20 Ma）、YS 145 地点（～5.70 Ma）、YS 156 地点（～6.00 Ma）和 YS 161 地点（～5.80 Ma）；*Pliosiphneus antiquus* 产出于 YS 39 地点（～4.75 Ma）、YS 57 地点（～4.65 Ma）、YS 50 地点（～4.70 Ma）和 YS 36 地点（～4.50 Ma）；*Pl. lyratus* 产出于 YS 69 地点（～3.59 Ma）、YS 50 地点（～4.70 Ma）和 YS 43 地点（～4.29 Ma）；*Chardina truncatus* 产出于榆社县云簇镇高庄村红沟和井南沟，时代估计为 4.70–4.60 Ma；*Mesosiphneus praetingi* 产出于 YS 4 地点（～4.29 Ma）、YS 90 地点（～3.50 Ma）、YS 136 地点（～3.50 Ma），以及榆社县云簇镇高庄村井南沟和不明地点；*Me. intermedius* 产出于 YS 5 地点（～3.40 Ma）、YS 87 地点（～3.44 Ma）、YS 99 地点（～3.00 Ma）和 YS 95 地点（～3.30 Ma）；*Yangia omegodon* 产出于不明地点，时代估计为 2.80–2.50 Ma；*Y. trassaerti* 产出于 YS 119 地点（～2.15 Ma）、YS 120 地点（～2.26 Ma）、YS 6 地点（～2.26 Ma）和不明地点；*Y. chaoyatseni* 产出于不明地点，时代估计为 2.50–2.00 Ma；*Y. tingi* 产出于 YS 110 地点（～2.26 Ma）和不明地点；*Y. epitingi* 产出于 YS 83 地点（～0.70 Ma）、浮山县寨圪塔乡范村和榆社县箕城镇北王村；

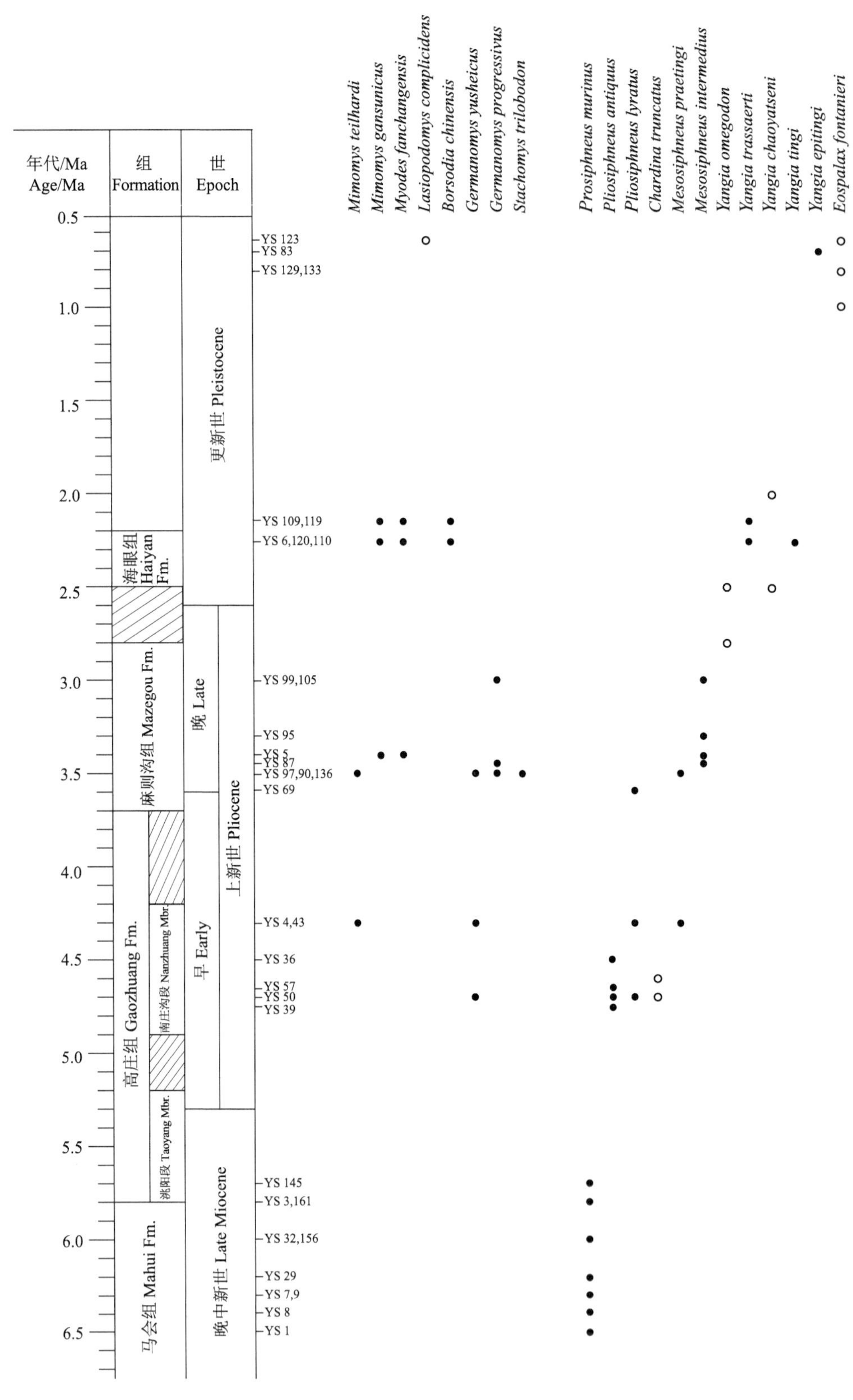

图 4　山西榆社盆地综合剖面中的䶄亚科和鼢鼠亚科的时代记录

Figure 4　Chronological records of Arvicolinae and Myospalacinae in the composite section of Yushe Basin, Shanxi

实心点代表有古地磁年龄层位，空心点代表无古地磁年龄层位

Solid dots represent horizons with a paleomagnetic age, hollow dots represent horizons without a paleomagnetic age

Eospalax fontanieri 产出于 YS 129 地点、YS 123 地点（＜1.00 Ma）、YS 133 地点和不明地点，估计年龄为 1.00–0.65 Ma。因此总结上述各种的时代分布如下：

Mimomys teilhardi	4.29–3.50 Ma	*Pliosiphneus lyratus*	4.70–3.59 Ma
Mimomys gansunicus	3.40–2.15 Ma	*Chardina truncatus*	4.70–4.60 Ma
Borsodia chinensis	2.26–2.15 Ma	*Mesosiphneus praetingi*	4.29–3.50 Ma
Myodes fanchangensis	3.40–2.15 Ma	*Mesosiphneus intermedius*	3.44–3.00 Ma
Germanomys yusheicus	4.70–3.50 Ma	*Yangia omegodon*	2.80–2.50 Ma
Germanomys progressivus	3.50–3.00 Ma	*Yangia trassaerti*	2.26–2.15 Ma
Stachomys trilobodon	3.50 Ma	*Yangia chaoyatseni*	2.50–2.00 Ma
Lasiopodomys complicidens	＜1.00 Ma	*Yangia tingi*	2.26 Ma
Prosiphneus murinus	6.50–5.70 Ma	*Yangia epitingi*	0.70 Ma
Pliosiphneus antiquus	4.75–4.50 Ma	*Eospalax fontanieri*	1.00–0.65 Ma

（五）山西静乐县段家寨乡贺丰村小红凹“静乐红土”剖面

该地点为上上新统“静乐红土”的模式地点，即山西静乐县段家寨乡贺丰村小红凹（第 1 地点，Teilhard de Chardin et Young, 1930, 1931）。周晓元（1988）在该地点（=中国科学院古脊椎动物与古人类研究所野外地点编号 86007）剖面（厚 47.84 m）中发现了相当数量的小哺乳动物化石并将剖面顶部马兰黄土和底部砾石层之间的地层自下而上划分成 4 层。第 1 层为砂层（厚 0.91 m），第 2 层为红土层（= 静乐红土，相当于欧洲新近纪陆生哺乳动物分带 MN16，厚 6.54 m），第 3 层为红色土下段（MN17，厚 13.09 m），第 4 层为红色土上段（MQ1，厚 27.30 m）。陈晓峰（1994）在静乐红土中测得一个正向事件，粗略估计静乐红土的年代约为 3.40–2.50 Ma。岳乐平和张云翔（1998）在静乐红土中测得两个正向时：上面一个被解释为 C2An.1n（Gauss 顶部，3.03–2.58 Ma），下面一个为 C2An.2n（3.22–3.11 Ma）。在红色土中也测出了两个正向极性期：下面一个位于黄土-古土壤沉积序列中的 S_{28} 层，被判读为 C2r.1n（Reunion, 2.15–2.14 Ma）；上面一个位于 S_{26} 层底和 S_{25} 层顶之间，为 C2n（Olduvai, 1.95–1.77 Ma）。高斯/松山界线正好位于静乐红土/红色土（或午城黄土）之间。根据周晓元（1988），“静乐红土”剖面第 1 层砂层产出 *Germanomys progressivus*（= 周晓元，1988：*Ungaromys*? sp.）和 *Hyperacrius yenshanensis*（= 周晓元，1988：Arvicolidae gen. et sp. indet.）；第 2 层红土层产出 *Mesosiphneus intermedius*（= 周晓元，1988：*Prosiphneus* sp.），其磁性地层学年龄可确定为 3.20–2.60 Ma；第 3 层红色土下段 S_{28} 层（含 *Yangia omegodon*）在留尼汪正向极性期之上，估计年代为 2.15 Ma；第 4 层红色土上段 S_{26} 层（含 *Episiphneus youngi* 和 *Y. chaoyatseni*）为 1.95 Ma；第 4 层红色土上段 S_{23} 层（含 *Y. chaoyatseni* 和 *Allosiphneus arvicolinus*）为 1.65 Ma；第 4 层红色土上段 S_{19} 层（含 *Y. tingi* 和 *Borsodia chinensis*）为 1.45 Ma（图 5）。

（六）内蒙古阿巴嘎旗高特格剖面

高特格剖面位于内蒙古锡林浩特市西南 73 km，阿巴嘎旗查干淖尔镇东南 30 km 处（43°29.881′ N，115°26.598′ E）。剖面厚 61.5 m，由一套河湖相沉积的泥岩和砂岩组成。按照李强博士论文（2006，未发表）的原始野外记录，剖面自下而上被分成 8 层，含化石层为 2–5 层。化石层位及编号如下：第 2 层（IM00-5 = DB00-5），第 3 层（IM00-6–7 = DB00-6–7 和 DB02-5–6），第 4 层（IM00-4 = DB00-4 和 DB02-1–4），第 5 层下部（DB03-1）和第 5 层上部（DB03-2, 4）。徐彦龙等（2007）将 27.95 m 厚的剖面下部自下而上分成 13 层，将 DB00-5 置于第 2 层（4.46 Ma），将 DB02-5–6 和 DB00-6–7 置于第 6 层（4.37 Ma），将 DB02-1–4 和 DB00-4 置于第 10 层（4.20 Ma），将 DB03-1 置于第 12 层（4.15 Ma）。

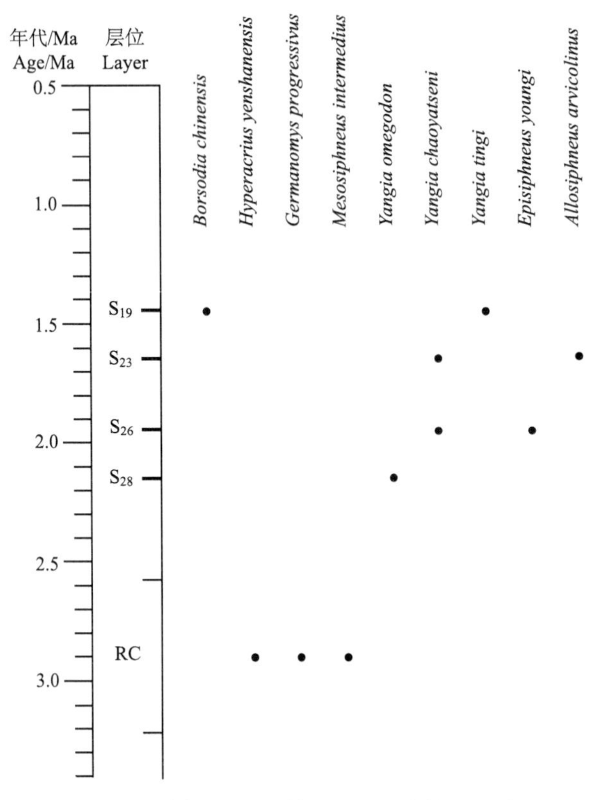

图 5　山西静乐县段家寨乡贺丰村小红凹“静乐红土”中的䶄亚科和鼢鼠亚科的时代记录

Figure 5　Chronological records of Arvicolinae and Myospalacinae in the “Jingle Red Clay” of Xiaohong’ao, Hefeng Village, Duanjiazhai Township, Jingle County, Shanxi

S. 古土壤（paleosol）；RC. 红黏土（red clay）

也就是说，徐彦龙等（2007）采样的剖面厚度不到原始剖面厚度的一半。其中发现两个正向极性期：一个位于剖面底部第 1 层，被解释成 C3n.2n（Nunivak, 4.631–4.493 Ma）；另一个在距底部约 20 m 的位置，被解释成 C3n.1n（Cochiti, 4.300–4.187 Ma）。O’Connor 等（2008）将整个 61.5 m 长的剖面分成 8 层，与李强（2006，未发表）的分层方式一致，3 种䶄类和 2 种鼢鼠类化石主要来自第 3–5 层顶部。他们将整个剖面顶部解释成 C2An.3n 正向极性期底界（3.596 Ma），从而使得 DB03-1 地点的年代从徐彦龙等(2007)的 4.15 Ma 变成了 3.85 Ma。*Mimomys teilhardi* 的产出层位是 DB02-1–4 地点(～4.12 Ma)、DB02-5–6 地点（～4.32 Ma）和 DB03-1 地点（～3.85 Ma），*M. orientalis* 和 *Borsodia mengensis* 均产出于 DB03-2 地点（～3.85 Ma），*Chardina gansuensis* 产出于 DB02-5–6 地点（～4.32 Ma）、DB02-1–4 地点（～4.12 Ma）、DB03-1–2 地点（～3.85 Ma），*C. truncatus* 产出于 DB02-1–4 地点（～4.12 Ma）及 DB02-6 地点（～4.32 Ma）（邱铸鼎、李强，2016）（图 6）。

（七）河北阳原县辛堡乡稻地村老窝沟上上新统—下更新统剖面

该剖面位于壶流河西岸阳原县辛堡乡稻地村西北 750 m 的老窝沟左岸，距沟口约 150 m，是杜恒俭等（1988）建立“稻地组”的典型剖面。剖面厚 134 m，自下而上被分成 29 层。从生物地层判断，1–19 层为上上新统“稻地组”，20–29 层为泥河湾组。“稻地组”下部由风成和水成红黏土组成，上部由沼泽相的砂质黏土和河流相的砂砾石层组成；泥河湾组由湖相的粉砂质黏土和河流相的砂砾石层组成（蔡保全等，2004）。在第 2 层和第 9–19 层测到的两个正向极性期，分别被解释成 C2An.2n（3.21–3.12 Ma）和 C2An.1n（3.03–2.60 Ma）（Cai et al., 2013）。*Chardina truncatus* 产于第 2 层（～3.16 Ma）；*Pliosiphneus daodiensis*（= Cai et al., 2013：*Pliosiphneus* sp. 2）产于第 3 层（～3.08 Ma）；*Mesosiphneus praetingi* 产于第 9 层（～3.04 Ma）和第 11 层（～2.89 Ma）；*Mimomys nihewanensis*（= Cai et al., 2013：*Mimomys* sp. + *Mimomys* sp. 1）产于第 3 层（～3.08 Ma）、第 9 层（～3.04 Ma）、第 11 层（～2.89 Ma）；*Germanomys yusheicus* 产于第 2 层（～3.16 Ma）和第 3 层（～3.08 Ma）；*G. progressivus* 产于第 11 层（～2.89 Ma）（Cai et al., 2013）（图 7）。

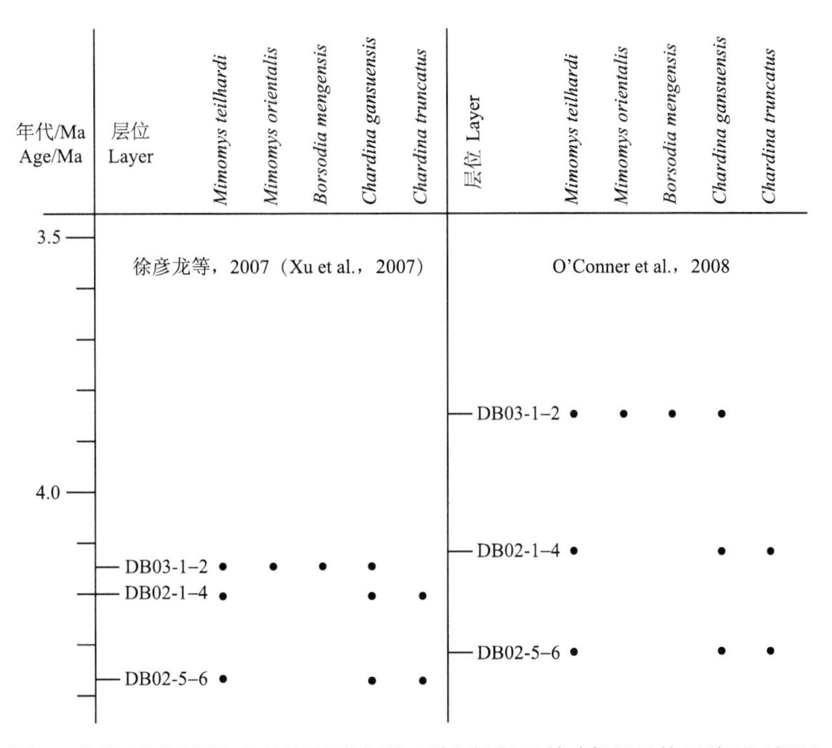

图 6　内蒙古阿巴嘎旗高特格剖面中䶄亚科和鼢鼠亚科时代记录的两种不同解释

Figure 6　Two different interpretations of the chronological records of Arvicolinae and Myospalacinae in the Gaotege Section of Abag Banner, Inner Mongolia

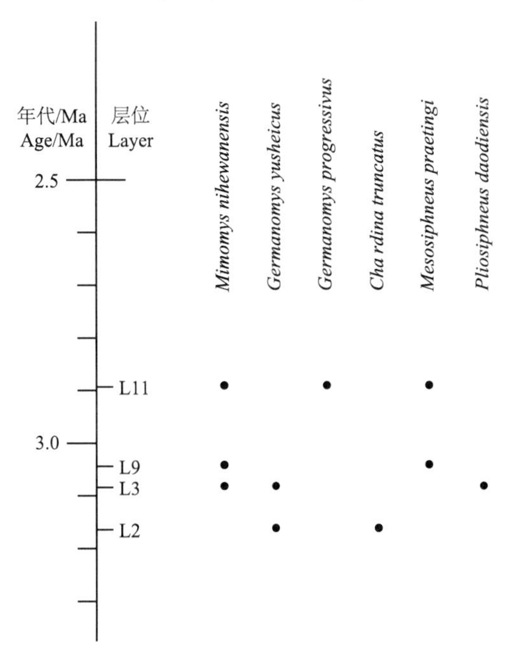

图 7　河北阳原县辛堡乡稻地村老窝沟剖面中䶄亚科和鼢鼠亚科的时代记录

Figure 7　Chronological records of Arvicolinae and Myospalacinae in the Laowogou section, Daodi Village, Xinbu Township, Yangyuan County, Hebei

（八）河北阳原县化稍营镇小渡口村台儿沟东剖面

该剖面位于郝家台南侧，是一套以砂质泥岩、砂砾岩为主的河湖相沉积剖面（图 8）。剖面总厚度为 131.00 m。据中国地质科学院地质研究所王永研究员等古地磁测年的初步结果（未正式发表），该剖面从下到上包含了地磁极性的高斯正向极性期、松山反向极性期和布容正向极性期，自下而上分为 A、C、B、D、F、E 六段：A/C 段界线 122.55 m，C/B 段界线 111.45 m，B/D 段界线 104.75 m，D/F 段界线 85.45 m，F/E 段界线 31.90 m。古地磁高斯/松山界线位于 113.00 m 处，松山/布容界线位于 37.00 m 处。经我们研究，所含小哺乳动物化石中，*Mimomys orientalis* 产于 T0 层（～3.00 Ma），*Mim. irtyshensis* 产于 T6 层（～2.76 Ma）、F05 层（～2.58 Ma）和 F06 层（～2.47 Ma），*Germanomys* sp.产于 F01 层（～2.99 Ma），*Myodes fanchangensis* 产于 T6 层（～2.76 Ma）和 T11 层（～2.47 Ma），*Myodes rutilus* 产于 F09 层（～0.84 Ma），*Caryomys eva* 出现于 F11 层（～1.63 Ma），*Microtus minoeconomus* 出现于 F11 层（～1.63 Ma），*Mic. oeconomus* 出现于 T18 层（～0.60 Ma），*Lasiopodomys probrandti* 出现于 T17 层

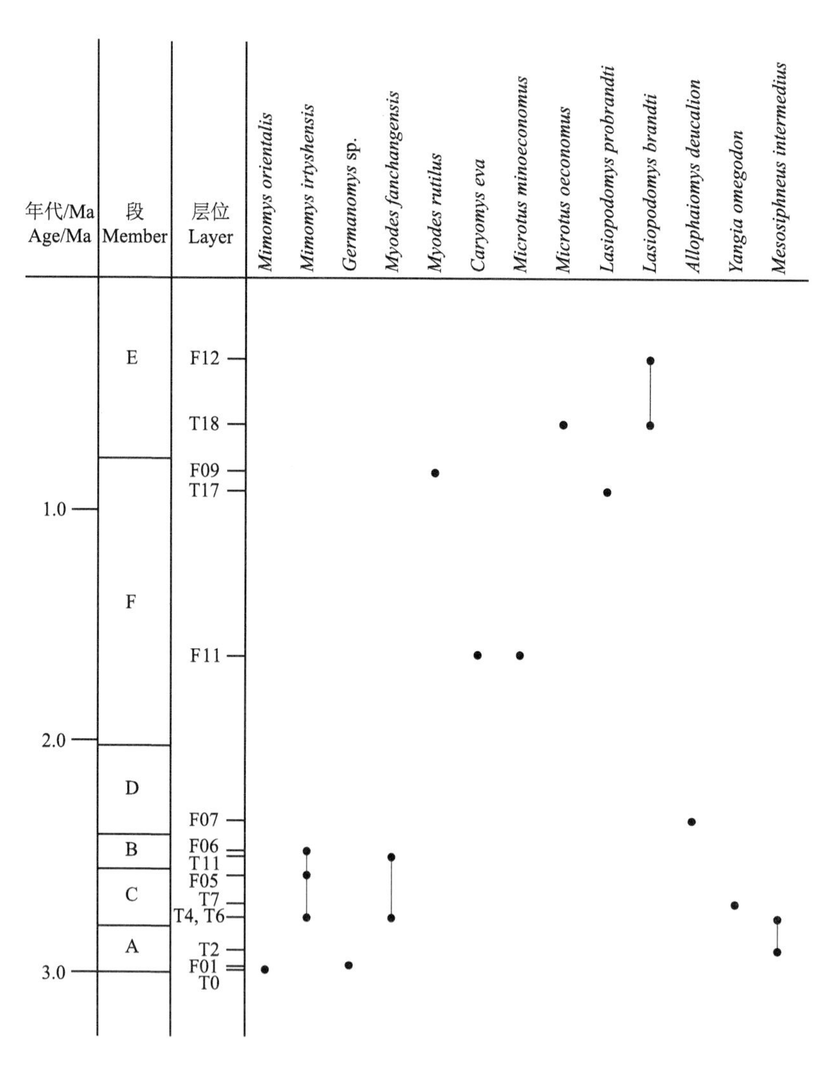

图 8　河北阳原县化稍营镇小渡口村台儿沟东剖面中䶄亚科和鼢鼠亚科的时代记录

Figure 8　Chronological records of Arvicolinae and Myospalacinae in the Tai'ergou east section of Xiaodukou Village, Huashaoying Town, Yangyuan County, Hebei

（~0.92 Ma），*L. brandti* 出现于 T18 层（~0.60 Ma）和 F12 层（~0.35 Ma），*Allophaiomys deucalion* 产于 F07 层（~2.34 Ma），*Yangia omegodon* 出现于 T7 层（~2.70 Ma），*Mesosiphneus intermedius* 出现于 T2 层（~2.97 Ma）和 T4 层（~2.76 Ma）。因此总结上述各种的时代分布如下：

Mimomys orientalis	3.00 Ma	*Microtus oeconomus*	0.60 Ma
Mimomys irtyshensis	2.76–2.47 Ma	*Lasiopodomys probrandti*	0.92 Ma
Germanomys sp.	2.99 Ma	*Lasiopodomys brandti*	0.60–0.35 Ma
Myodes fanchangensis	2.76–2.47 Ma	*Allophaiomys deucalion*	2.34 Ma
Myodes rutilus	0.84 Ma	*Yangia omegodon*	2.70 Ma
Caryomys eva	1.63 Ma	*Mesosiphneus intermedius*	2.97–2.76 Ma
Microtus minoeconomus	1.63 Ma		

（九）河北蔚县北水泉镇东窑子头村大南沟剖面

该剖面位于壶流河东岸，北水泉镇东窑子头村东南约 1000 m 的大南沟内，距沟口约 300 m。为泥河湾盆地内典型的上新统—更新统生物地层剖面（蔡保全等，2004），也是杜恒俭等（1988）建立“稻地组”的重要辅助剖面之一。所产哺乳动物化石十分丰富（汤英俊、计宏祥，1983；郑绍华、蔡保全，1991）。该剖面厚约 100 m，自下而上包括上新统红黏土层，更新统泥河湾组巨厚的砂砾石段、钙质砂土段、黄砂段和砂质黏土段（蔡保全等，2004）。剖面被分成 27 层，底部第 1 层和上部第 19 层以上地层的磁性为正极性（Cai et al., 2013），根据哺乳动物化石组合判断，应分别代表高斯顶部（2An.1n）和布容（C1n），因此第 1 层顶部年代为 2.58 Ma，而第 19 层底界年代为 0.78 Ma。用内插法可以粗略推算出各化石层的大致年代。经我们研究，*Lasiopodomys probrandti* 发现于第 9 层（~1.67 Ma）、第 12 层（~1.49 Ma）、第 13 层（~1.44 Ma）、第 14 层（~1.35 Ma）、第 15 层（~1.14 Ma）、第 16 层（~1.00 Ma）和第 18 层（~0.87 Ma），*Microtus minoeconomus* 发现于第 9 层（~1.67 Ma）、第 12 层（~1.49 Ma）、第 13 层（~1.44 Ma）、第 14 层（~1.35 Ma）、第 15 层（~1.14 Ma）、第 16 层（~1.00 Ma）和第 18 层（~0.87 Ma），*Pitymys simplicidens* 出现于第 12 层（~1.49 Ma）和第 13 层（~1.44 Ma），*Eolagurus simplicidens* 发现于第 1 层（~2.63 Ma）、第 15 层（~1.14 Ma）、第 16 层（~1.00 Ma）和第 18 层（~0.87 Ma），*Mimomys orientalis* 出现于第 1 层（~2.63 Ma），*Allophaiomys pliocaenicus* 发现于第 6 层（~1.89 Ma）、第 9 层（~1.67 Ma）、第 12 层（~1.49 Ma）、第 15 层（~1.14 Ma）和第 18 层（~0.87 Ma），*Germanomys progressivus* 只出现于第 1 层（~2.63 Ma），*Borsodia chinensis* 发现于第 6 层（~1.89 Ma）、第 9 层（~1.67 Ma）和第 12 层（~1.49 Ma），*Eospalax fontanieri* 出现于第 16 层（~1.00 Ma），*Eos. simplicidens* 出现于第 9 层（~1.67 Ma），*Yangia tingi* 出现于第 9 层（~1.67 Ma）、第 12 层（~1.49 Ma）、第 13 层（~1.44 Ma）、第 15 层（~1.14 Ma）和第 18 层（~0.87 Ma），*Mesosiphneus intermedius* 出现于第 1 层（~2.63 Ma），*Episiphneus youngi* 出现于第 12 层（~1.49 Ma）、第 15 层（~1.14 Ma）和第 26 层（~0.34 Ma，可能为筛洗过程中混入）。因此，该剖面中的鼾类和鼢鼠类的年代可归纳如下：

Lasiopodomys probrandti	1.67–0.87 Ma	*Borsodia chinensis*	1.89–1.49 Ma
Microtus minoeconomus	1.67–0.87 Ma	*Eospalax fontanieri*	1.00 Ma
Pitymys simplicidens	1.49–1.44 Ma	*Eospalax simplicidens*	1.67 Ma
Eolagurus simplicidens	2.63–0.87 Ma	*Yangia tingi*	1.67–0.87 Ma
Mimomys orientalis	2.63 Ma	*Mesosiphneus intermedius*	2.63 Ma
Germanomys progressivus	2.63 Ma	*Episiphneus youngi*	1.49–0.34 Ma
Allophaiomys pliocaenicus	1.89–0.87 Ma		

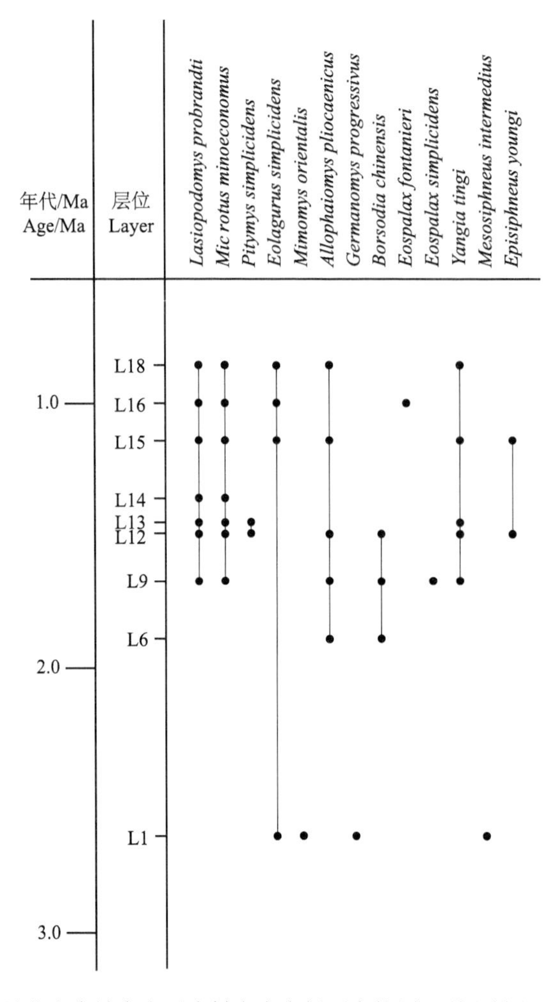

图 9　河北蔚县北水泉镇东窑子头村大南沟剖面中的䶄亚科和鼢鼠亚科的时代记录

Figure 9　Chronnological records of Arvicolinae and Myospalacinae in the Danangou section of Dongyaozitou Village, Beishuiquan Town, Yuxian County, Hebei

该剖面下部巨厚的砂砾石层与上部较细粒的堆积有不同的沉积速率，因而影响了磁性年龄推算的准确性，其数据要么偏大，要么偏小。这只能靠其他剖面所测数据加以验证（图 9）。

（十）北京周口店第 1 地点“北京猿人”遗址剖面

剖面厚约 46.00 m，被分成 17 层，由底部下更新统灰色黏土质粉砂层（第 16 层）和黄棕色含砾粗砂层（第 17 层）、下中更新统的“龙骨山组”（总厚 6.80–7.65 m，包含第 15 层棕红色砂砾层和第 14 层棕红色黏土质粉砂层）以及上中更新统“周口店组”（总厚 35.43 m，包含第 1–13 层）（杨子赓等，1985）组成。从“周口店组”中发现的䶄类有 *Eolagurus simplicidens*（= Young, 1934：*Pitymys simplicidens*）、*Alticola stoliczkanus*（= Young, 1934：*Alticola* sp. + ?*Phaiomys* sp.）、*Lasiopodomys brandti*（= Young, 1934：*Microtus brandtioides*）、*Microtus oeconomus*（= Young, 1934：*Microtus epiratticeps*）和 *Myodes rufocanus*（= Young, 1934：*Evotomys rufocanus*）；鼢鼠类只有 *Myospalax wongi*（Young, 1934；胡长康，1985）。*Yangia epitingi* 由赵资奎和戴尔俭（1961）发现于第 11 层（0.64 Ma）。在众多测年文献中，钱方等（1985）的古地磁测年似乎较为接近实际。他们除了在原先暴露的第 1–13 层采样外，还在探井下的第 14–17 层采样，其结果是第 13/14 层界线差不多等于布容正向极性期/松山反向极性期的界线，即现在公认的中更新世/早更新世的界线（0.78 Ma）。

（十一）其 他 地 点

1. 内蒙古苏尼特右旗阿木乌苏地点

该地点产出安琪马动物群，地层为灰白色砂泥岩，位于三趾马红黏土层之下，产出 *Prosiphneus qiui*。按动物群的组成，相当于欧洲新近纪哺乳动物分带的 MN9，绝对年代大致为 11.00–10.30 Ma（Qiu et al., 2013）。

2. 内蒙古化德县二登图地点

该地点为含三趾马动物群的河湖相地层，早先被确认为早上新世（Schlosser, 1924），近年被认为属晚中新世（Fahlbusch et al., 1983），产出 *Prosiphneus eriksoni*。按动物群的组成，相当于欧洲新近纪哺乳动物分带的 MN13，绝对年代大致为 6.40–5.60 Ma（Qiu et al., 2013）。

3. 内蒙古化德县毕力克村龙骨坡地点

毕力克村曾译为比例克村。该地点是以产小哺乳动物化石为主的河湖相地层，厚度不足 10 m，由一套粉砂岩和砂质黏土构成。产出 *Pliosiphneus lyratus*（= Qiu et Storch, 2000：*Prosiphneus* cf. *eriksoni*）和 *Mimomys bilikeensis*（Qiu et Storch, 2000）。按动物群的组成，相当于欧洲新近纪哺乳动物分带的 MN14，可将其置于地磁极性年表的 C3n.2n–C3n.2r（～4.80–4.63 Ma）（Qiu et al., 2006, 2013）。

4. 甘肃宁县水磨沟地点

该地点位于宁县县城东约 2 km 的水磨沟左岸，地层厚约 10 m，为灰白色粗砂层中夹 3 层灰绿色亚黏土条带，与上覆午城黄土呈不整合接触。该地层中产出 *Chardina teilhardi*（= 张兆群，1999：?*Mesosiphneus teilhardi*）。由于与 *Pseudomeriones complicidens* 和 *Paralactaga* cf. *P. andersoni* 共生，其时代相当于榆社的麻则沟组，估计早于 2.60 Ma（张兆群，1999）。

5. 陕西蓝田县九间房镇公王村公王岭早更新世“蓝田人”地点

陕西蓝田九间房镇公王村公王岭含“蓝田人”化石层是黄土-古土壤序列中的 S_{15} 层。产出的鼾类化石有 *Allophaiomys pliocaenicus*（=胡长康、齐陶，1978：*Arvicola terrae-rubrae*）和 *Proedromys bedfordi*（=胡长康、齐陶，1978：*Microtus epiratticeps*）（Zheng et Li, 1990）；鼢鼠类有 *Yangia tingi* 和 *Eospalax fontanieri*。S_{15} 层最初被解释为 1.20–1.09 Ma（刘东生等，1985；安芷生等，1990；岳乐平、薛祥煦，1996），后被 Ding 等（2002）重新解释为 1.28–1.26 Ma。

6. 陕西蓝田县陈家窝中更新世“蓝田人”地点

动物群产出层位是黄土-古土壤序列的 S_6 层（“红三条”为 S_5 层），其年龄为 0.71–0.68 Ma（Ding et al., 2002）。经修订后的鼢鼠种类包括 *Yangia epitingi* 和 *Eospalax cansus*。

7. 河北阳原县大田洼乡岑家湾村马圈沟旧石器遗址 III 地点

该地点位于河北阳原县大田洼乡岑家湾村西南马圈沟内（40°13′31.2″N，114°39′50.9″E）。产出的鼾类化石有 *Mimomys gansunicus*、*Allophaiomys deucalion*、*Borsodia chinensis* 和 *Hyperacrius yenshanensis*；鼢鼠类化石有 *Yangia tingi* 和 *Episiphneus youngi*（蔡保全等，2008）。在化石层之下 10 m 处测得的正极性期被解释成奥杜瓦伊正向极性亚期，并据此计算出化石层的年龄为 1.66 Ma（Zhu et al., 2004）。附近的马圈沟旧石器遗址 I 地点、半山遗址化石层年龄分别为 1.55 Ma 和 1.32 Ma（Zhu et al., 2004）。

8. 重庆巫山县庙宇镇龙坪村龙骨坡巫山旧石器遗址

遗址剖面由两个沉积单元构成（黄万波等，1991）。上部第 2 单元为角砾岩，厚 11.9 m，胶结坚硬，未发现化石。下部第 1 单元从下往上分成 3 部分：底部第 14–20 层为湖相淤泥质黏土，厚 9.4 m，含少许哺乳动物化石；中部第 2–13 层为黏土、砾石和钙板层，厚 9.6 m；上部第 1 层为浅棕色沙质黏土，厚 2.8 m。第 1 单元上部包含了奥杜瓦伊正向极性亚期（C2n），中部包含了留尼汪正向极性亚期 I、II（C2r.1n 和 C2r.2n）和高斯正向极性期顶部（C2An.1n）（刘椿等，1991）。在当时地磁极性年表的基础上（即奥杜瓦伊亚期约为 1.67 Ma），氨基酸年代测定也给出了两个数据，即顶部第 1 层熊猫牙齿化石测得 1.83 Ma，下部第 8 层的马牙化石测得 2.39 Ma（吴佩珠，1991）。按目前地磁极性年表标准（即奥杜瓦伊亚期约 1.80 Ma），应分别修订为 1.96 Ma 和 2.52 Ma。本书采用了郑绍华（1993）的层位划分记述该地点的䶄类化石，其与黄万波等（1991）的层位划分的对应关系如下：前者的 A 层和 B 层相当于后者的第 1 层（～1.81 Ma），前者的 D 层和 E 层相当于后者的第 6 层（～1.95 Ma），前者的第①层相当于后者的第 15 层（～2.75 Ma），前者的第②、④层相当于后者的第 10 层（～2.31 Ma），前者的第③层相当于后者的第 4 层（～1.94 Ma），前者的第⑤层（包括第⑤B 层）相当于后者的第 11 层（～2.42 Ma），前者的第⑥层相当于后者的第 12 层（～2.54 Ma）。该地点共产出 5 种䶄类化石，其中 *Mimomys peii* 产自第⑥层（～2.54 Ma），*Hyperacrius jianshiensis* 产自第②层（～2.31 Ma），*Eothenomys praechinensis* 产自 B 层（～1.81 Ma），*E. melanogaster* 产自 A 层、B 层、D 层、第⑤层和第⑥层（～2.54–1.81 Ma），*Myodes fanchangensis* 产自第①–⑥层、第⑤B 层、D 层和 E 层（～2.75–1.94 Ma）（郑绍华、张联敏，1991；郑绍华，1993）。

9. 湖北建始县高坪镇金塘村龙骨洞“建始人”遗址

该遗址是典型的具地下河流堆积物的近水平型溶洞。位于恩施州建始县高坪镇金塘村龙骨坡上（30°39′14.9″N，110°04′29.1″E），东洞口海拔约 738 m。堆积物以东洞口 A-A′剖面最具代表性，厚约 4.3 m，主要由杂色砂质黏土、砂砾石层构成，自上而下被分成 12 层。古地磁测年结果显示出两个正向极性期：上面一个出现在第 1–3 层；下面一个出现在第 5–6 层。这两个正向极性期被解释成奥杜瓦伊和留尼汪正向极性亚期（高振纪、程捷，2004）。因此东洞第 3 层（～1.81 Ma）、第 4 层（～2.03 Ma）、第 5 层（～2.13 Ma）、第 6 层（～2.14 Ma）、第 7 层（～2.15 Ma）、第 8 层（～2.16 Ma）和第 11 层（～2.22 Ma）产出的 *Eothenomys hubeiensis* 的古地磁年龄大致为 2.22–1.81 Ma，第 5 层产出的 *Allophaiomys terraerubrae* 为 2.13 Ma，第 3–5 层和第 7 层产出的 *Hyperacrius jianshiensis* 为 2.15–1.81 Ma。*E. hubeiensis* 还产出于龙骨洞西支洞剖面的第 4–6 层和第 8 层（相当于东洞第 5–7 层和第 9 层）；*H. jianshiensis* 还产出于西支洞剖面的第 8 层；西支洞剖面第 5 层还产出 *E. melanogaster*。

10. 安徽和县龙潭洞“和县人”遗址

该遗址位于陶店东南汪家山北坡山麓龙潭洞（31°45′ N，118°20′ E），距和县县城 48 km，海拔 23 m。洞内的堆积物由黏土、粉砂、砂质黏土和黏土质砂土组成，最大厚度约为 7 m，自下而上被分为 5 层，第 2 层为含化石层。䶄类化石包括 *Huananomys variabilis*、*Lasiopodomys brandti*（= *Microtus brandtioides*）、*Eothenomys melanogaster* 和 *Caryomys eva*（郑绍华，1983, 1992）。对该地点的年代测定使用了许多方法：氨基酸法结果为 30 万–20 万年；电子自旋共振法（ESR）测得结果有两个，一个为 27 万–15 万年，另一个为 40 万–30 万年；热释光法的结果为 19.5 万–18.4 万年。以上几种结果虽然彼此有差异，但都在中更新世后半期范围，如果取其中间值，距今约为 30 万–25 万年（郑龙亭等，2001）。

11. 甘肃合水县西华池镇唐旗村张旗金沟小哺乳动物化石地点

该地点位于合水县城所在西华池镇唐旗村张旗自然村南的金沟，属于午城黄土地层。岳乐平和薛祥煦（1996）认为该地点的时代不会早于 1.80 Ma。在该地点发现 2 种䶄类和 4 种鼢鼠：*Mimomys gansunicus*、*Borsodia chinensis*、*Yangia chaoyatseni*（=郑绍华，1976：*M. chaoyatseni* 和部分 *M. hsuchiapinensis*）、*Allosiphneus arvicolinus*（=郑绍华，1976：*Myospalax arvicolinus*）、*Eospalax rothschildi*（=郑绍华，1976：*M. fontanieri*）和 *E. simplicidens*（= 郑绍华，1976：部分 *M. hsuchiapinensis*）。

12. 辽宁营口市永安镇西田村“金牛山人”遗址

遗址为一座孤立山丘，最高海拔 69.3 m，西距营口市 20 km，北距大石桥镇（营口县城所在地）5 km。在 A、B、C 三个化石点中，以 A 地点产出化石最多。A 地点堆积物厚度约为 14.6 m，自下而上被分成 9 层，其中第 4–6 层为含化石层。该地点产出的䶄类化石种类相当多，计有：*Myodes rutilus*（=郑绍华、韩德芬，1993：*Clethrionomys rutilus*）、*Alticola roylei*、*Lasiopodomys brandti*（=郑绍华、韩德芬，1993：*Microtus brandti*）、*Microtus oeconomus*、*Mi. maximowiczii*（=郑绍华、韩德芬，1993：*M.* cf. *maximowiczii*）和 *Arvicola* sp.。该地点还产出鼢鼠类 *Myospalax psilurus*。时代为中更新世晚期。

13. 内蒙古乌审旗萨拉乌苏

哺乳动物化石产自萨拉乌苏河流域不同地点，统称萨拉乌苏动物群。已记述的化石哺乳动物中包含了几种䶄类：*Eolagurus luteus*（= Boule et Teilhard de Chardin, 1928：*Alticola* cf. *cricetulus*；祁国琴，1975：*Alticola* cf. *stracheyi*）、*Prometheomys schaposchnikowi*（= Boule et Teilhard de Chardin, 1928：*Eothenomys* sp.）、*Microtus oeconomus*（= Boule et Teilhard de Chardin, 1928：*Microtus* cf. *ratticeps*）、*Lasiopodomys brandti*（= Boule et Teilhard de Chardin, 1928：*Microtus* sp.）；还包括鼢鼠 *Eospalax cansus*。萨拉乌苏河组的铀系法年代测定结果为 5.0 万–3.7 万年左右（原思训等，1983），热释光法（TL）年代测定结果为 11.6 万–9.4 万年（董光荣等，1998）。

（十二）小　结

总起来看，目前已发表的含䶄类和鼢鼠类化石的地层剖面或单一层位的年代记录可以集中列出（参见图 153 和图 155）。这样，同一种化石在不同地点的年代记录可以相互印证，如 *Pliosiphneus lyratus* 在甘肃灵台剖面、榆社综合剖面和毕力克地点的时代数据十分吻合，但秦安董湾剖面的 *P. lyratus* 则时代明显较早；此外，*Chardina sinensis* 在董湾剖面比在灵台剖面，*C. gansuensis* 在董湾比在高特格剖面，*C. truncatus* 在董湾比在灵台、榆社、高特格和稻地老窝沟剖面，*Mesosiphneus intermedius* 在董湾比在贺丰、榆社和灵台也都明显偏早。因此，董湾剖面的古地磁年代估计偏早约 0.70 Ma。

三、䶄亚科和鼢鼠亚科概述

（一）䶄 亚 科

䶄亚科是广泛分布于全北区和东洋区的啮齿动物，现生种类和化石记录都很丰富。䶄亚科的演化辐射提供了有关物种形成、种系发生的渐变和绝灭的完整过程。对䶄亚科的起源、演化和绝灭的研究促使了对种系发生的空间、时间和种群行为方式的进一步思考，使得生物种的概念必须引申到时间长河的范围内，才能和化石的形态种相互衔接。

1. 䶄亚科的分类

过去，䶄类啮齿动物多被归入仓鼠科的田鼠亚科（Microtinae Miller, 1896）（Hinton, 1923a, 1926；Ellerman, 1941；Ellerman et Morrison-Scott, 1951；Nowak et Paradiso, 1983；谭邦杰，1992；王廷正、许文贤，1992；罗泽珣等，2000），但近年来又被更多的人归入仓鼠科的䶄亚科（Arvicolinae）（Chaline, 1986, 1987, 1990；Zheng et Li, 1990；Repenning et al., 1990；Corbet et Hill, 1991；黄文几等，1995；王应祥，2003；Musser et Carleton, 2005）。䶄亚科曾被古生物学者提升为科（Kretzoi, 1969；Chaline, 1987），且于1990年在捷克首都布拉格召开专门的学术会议并出版了会议文集《International Symposium—Evolution, Phylogeny and Biostratigraphy of Arvicolids (Rodentia, Mammalia)》（Fejfar et Heinrich, 1990）。古生物学界的这种努力未得到现生动物分类学家的广泛认同，只将其视为鼠科的䶄亚科（McKenna et Bell, 1997）或仓鼠科的䶄亚科（Musser et Carleton, 2005）。为与国内现生哺乳动物学家（罗泽珣等，2000；王应祥，2003；潘清华等，2007）的分类相一致，本书采用后一种分类方案。

䶄亚科（Arvicolinae）是仓鼠科（Cricetidae）中种属最多、演化最快的啮齿动物。除去当时不能归入任何族的5个化石属外，McKenna和Bell（1997）将其他化石属（包括拥有化石种类的现生属）分为8族，而Musser和Carleton（2005）将现生的属分为10族。其中，两者相同的族是：水䶄族（Arvicolini）、环颈旅鼠族（Dicrostonychini）、鼹形田鼠族（Ellobiusini = Ellobiini）、旅鼠族（Lemmini）、岸䶄族（Myodini = Clethrionomyini）、圆尾麝鼠族（Neofibrini）、麝鼠族（Ondatrini）和鼹䶄族（Prometheomyini）；不同的是后者增加了兔尾鼠族（Lagurini）以及上新鼠族（Pliomyini）。也就是说，后者将前者归入Arvicolini的Lagurini及归入Myodini的Pliomyini单独列为族。此外，后者将前者视为亚属的*Lasiopodomys*、*Neodon*、*Phaiomys*和*Caryomys*视为属，并赞同前者将*Pitymys*作为*Microtus*的亚属的观点。现将两者统一起来考虑，把䶄亚科的分类、地理分布和时代记录罗列如下：

䶄亚科 Arvicolinae Gray, 1821

（亚洲、欧洲和北美洲：早上新世—现代，北部非洲、地中海地区：中更新世—现代）

耕地鼠属 *Aratomys* Zazhigin, 1977

（亚洲：早上新世）

奇异鼠属 *Atopomys* Patton, 1965

（北美洲：中更新世）

卢普鼠属 *Loupomys* von Koenigswald et Martin, 1984

（北美洲：晚上新世）

内布拉斯加鼠属 *Nebraskomys* Hibbard, 1957

（北美洲：上新世）
韦斯特那鼠属 *Visternomys* Rădulescu et Samson, 1986
（欧洲：中更新世）
水䶄族 Arvicolini Gray, 1821
水䶄属 *Arvicola* Lacépède, 1799
（亚洲、欧洲：早更新世—现代）
布兰福德鼠属 *Blanfordimys* Argyropulo, 1933
（亚洲：现代）
雪䶄属 *Chionomys* Miller, 1908a
（欧洲：中更新世—现代，亚洲：现代）
科索䶄属 *Cosomys* Wilson, 1932
（北美洲：上新世）
克罗麦尔鼠属 *Cromeromys* Zazhigin, 1980
（亚洲：晚上新世，北美洲：早更新世）
希伯德䶄属 *Hibbardomys* Zakrzewski, 1984
（北美洲：晚上新世）
华南鼠属 *Huananomys* Zheng, 1992
（亚洲：早—中更新世）
约旦鼠属 *Jordanomys* Haas, 1966
（亚洲：早更新世）
卡林诺斯䶄属 *Kalymnomys* von Koenigswald, Fejfar et Tchernov, 1992
（亚洲：早—中更新世）
基拉尔䶄属 *Kilarcola* Kotlia, 1985
（亚洲：晚上新世—早更新世）
毛足田鼠属 *Lasiopodomys* Lataste, 1886
（亚洲：早更新世—现代）
艾䶄属 *Lemmiscus* Thomas, 1912c
（北美洲：中更新世—现代）
田鼠属 *Microtus* Schrank, 1798
（亚洲、欧洲和北美洲：晚上新世—现代，北部非洲、地中海地区：现代）
模鼠属 *Mimomys* Forsyth Major, 1902
（欧洲：早上新世—晚更新世，亚洲：早上新世—中更新世）
尼姆䶄属 *Nemausia* Chaline et Laboier, 1981
（欧洲：早更新世）
锡金高山䶄属 *Neodon* Hodgson in Horsfield, 1849
（亚洲：现代）
沟齿鼠属 *Ogmodontomys* Hibbard, 1941
（北美洲：上新世）
蛇䶄属 *Ophiomys* Hibbard et Zakrzewski, 1967
（北美洲：上新世）
沟牙田鼠属 *Proedromys* Thomas, 1911a
（亚洲：早更新世—现代）
进鼠属 *Prosomys* Shotwell, 1956
（欧洲：上新世，北美洲：早上新世，亚洲：晚上新世）

第勒尼安䶄属 *Tyrrhenicola* Forsyth Major, 1905
（地中海地区：中更新世—现代）
维蓝尼鼠属 *Villanyia* Kretzoi, 1956
（亚洲：晚上新世，欧洲：晚上新世—早更新世）
川田鼠属 *Volemys* Zagorodnyuk, 1990
（亚洲：晚更新世—现代）
环颈旅鼠族 Dicrostonychini Kretzoi, 1955b
环颈旅鼠属 *Dicrostonyx* Gloger, 1841
（欧洲和亚洲：早更新世—现代，北美洲：中更新世—现代）
先环颈旅鼠属 *Predicrostonyx* Guthrie et Matthews, 1971
（亚洲和欧洲：早—中更新世，北美洲：早更新世）
鼹形田鼠族 Ellobiusini Gill, 1872
鼹形田鼠属 *Ellobius* Fischer, 1814
（亚洲：晚上新世—现代，欧洲：晚更新世—现代，北部非洲：中更新世）
匈牙利鼠属 *Ungaromys* Kormos, 1932
（欧洲：早上新世—中更新世，亚洲：晚上新世）
兔尾鼠族 Lagurini Kretzoi, 1955b
始兔尾鼠属 *Eolagurus* Argyropulo, 1946
（欧洲：中更新世，亚洲：晚更新世—现代）
兔尾鼠属 *Lagurus* Gloger, 1841
（欧洲：晚上新世—现代，亚洲：早更新世—现代）
旅鼠族 Lemmini Gray, 1825
旅鼠属 *Lemmus* Link, 1795
（亚洲和欧洲：更新世—现代，北美洲：更新世—现代）
林旅鼠属 *Myopus* Miller, 1910
（亚洲：晚更新世—现代，欧洲：现代）
混䶄属 *Synaptomys* Baird, 1857
（欧洲：上新世，亚洲：晚上新世，北美洲：晚上新世—现代）
岸䶄族 Myodini Kretzoi, 1969
高山䶄属 *Alticola* Blanford, 1881
（亚洲：更新世—现代）
绒䶄属 *Caryomys* Thomas, 1911b
（亚洲：更新世—现代）
黠䶄属 *Dolomys* Nerhing, 1898
（欧洲：早上新世—中更新世）
绒鼠属 *Eothenomys* Miller, 1896
（亚洲：更新世—现代）
吉尔戴䶄属 *Guildayomys* Zakrzewski, 1984
（北美洲：晚上新世）
峰䶄属 *Hyperacrius* Miller, 1896
（亚洲：更新世—现代）
岸䶄属 *Myodes* Pallas, 1811
（亚洲：晚上新世—现代，欧洲：更新世—现代，北美洲：中更新世—现代）
狡䶄属 *Phenacomys* Merriam, 1889b

（北美洲：更新世—现代）

上新鼠属 *Pliomys* Méhely, 1914

（欧洲：上新世—更新世，亚洲：晚上新世—中更新世）

上新狡䶄属 *Pliophenacomys* Hibbard, 1937

（北美洲：早上新世—早更新世）

上新旅鼠属 *Pliolemmus* Hibbard, 1937

（北美洲：早上新世）

圆尾麝鼠族 Neofibrini Hooper et Hart, 1962

圆尾麝鼠属 *Neofiber* True, 1884

（北美洲：中更新世—现代）

原圆尾麝鼠属 *Proneofiber* Hibbard et Dalquest, 1973

（北美洲：早更新世）

麝鼠族 Ondatrini Gray, 1825

麝鼠属 *Ondatra* Link, 1795

（北美洲：晚上新世—现代）

上新河鼠属 *Pliopotamys* Hibbard, 1937

（北美洲：早上新世）

上新鼠族 Pliomyini Kretzoi, 1955b

狄那里克鼠属 *Dinaromys* Kretzoi, 1955b

（欧洲：早更新世—现代）

鼹䶄族 Prometheomyini Kretzoi, 1955b

鼹䶄属 *Prometheomys* Satunin, 1901

（亚洲：早更新世—现代）

斯氏䶄属 *Stachomys* Kowalski, 1960b

（亚洲和欧洲：早上新世—早更新世）

本书采纳Repenning（2003）的观点，将McKenna和Bell（1997）视为*Microtus*的亚属的*Allophaiomys*、*Lasiopodomys*、*Pitymys*，以及*Mimomys*的亚属*Borsodia*分别独立成属，而将他们作为属的*Cromeromys*和*Aratomys*视为*Mimomys*的亚属；同时将*Germanomys*和*Ungaromys*各自独立成属（Wu et Flynn, 2017）。中国䶄亚科化石族、属、种的分类如下：

䶄亚科 Arvicolinae Gray, 1821

水䶄族 Arvicolini Gray, 1821

†异费鼠属 *Allophaiomys* Kormos, 1932

欧洲异费鼠 *Allophaiomys deucalion* Kretzoi, 1969

上新异费鼠 *Allophaiomys pliocaenicus* Kormos, 1932

土红异费鼠 *Allophaiomys terraerubrae* (Teilhard de Chardin, 1940)

水䶄属 *Arvicola* Lacépède, 1799

欧洲水䶄 *Arvicola terrestris* (Linnaeus, 1758)

水䶄属未定种 *Arvicola* sp.

毛足田鼠属 *Lasiopodomys* Lataste, 1886

布氏毛足田鼠 *Lasiopodomys brandti* (Radde, 1861)

†复齿毛足田鼠 *Lasiopodomys complicidens* (Pei, 1936)

†原布氏毛足田鼠 *Lasiopodomys probrandti* Zheng et Cai, 1991

田鼠属 *Microtus* Schrank, 1798

东方田鼠 *Microtus fortis* Büchner, 1889

狭颅田鼠 *Microtus gregalis* (Pallas, 1778)
莫氏田鼠 *Microtus maximowiczii* (Schrenk, 1858)
†小根田鼠 *Microtus minoeconomus* Zheng et Cai, 1991
蒙古田鼠 *Microtus mongolicus* (Radde, 1861)
根田鼠 *Microtus oeconomus* (Pallas, 1776)
†模鼠属 *Mimomys* Forsyth Major, 1902
亚洲模鼠 *Mimomys* (*Aratomys*) *asiaticus* (Jin et Zhang, 2005)
比例克模鼠 *Mimomys* (*Aratomys*) *bilikeensis* (Qiu et Storch, 2000)
德氏模鼠 *Mimomys* (*Aratomys*) *teilhardi* Qiu et Li, 2016
甘肃模鼠 *Mimomys* (*Cromeromys*) *gansunicus* Zheng, 1976
额尔齐斯模鼠 *Mimomys* (*Cromeromys*) *irtyshensis* (Zazhigin, 1980)
萨氏模鼠 *Mimomys* (*Cromeromys*) *savini* Hinton, 1910
板桥模鼠 *Mimomys* (*Kislangia*) *banchiaonicus* Zheng et al., 1975
裴氏模鼠 *Mimomys* (*Kislangia*) *peii* Zheng et Li, 1986
郑氏模鼠 *Mimomys* (*Kislangia*) *zhengi* (Zhang, Jin et Kawamura, 2010)
模鼠属未定种 *Mimomys* (*Kislangia*) sp.
泥河湾模鼠 *Mimomys* (*Mimomys*) *nihewanensis* Zheng, Zhang et Cui, 2019
东方模鼠 *Mimomys* (*Mimomys*) *orientalis* Young, 1935a
游河模鼠 *Mimomys* (*Mimomys*) *youhenicus* Xue, 1981
松田鼠属 *Pitymys* McMurtrie, 1831
†拟狭颅松田鼠 *Pitymys gregaloides* Hinton, 1923b
†简齿松田鼠 *Pitymys simplicidens* Zheng, Zhang et Cui, 2019
沟牙田鼠属 *Proedromys* Thomas, 1911a
别氏沟牙田鼠 *Proedromys bedfordi* Thomas, 1911a
川田鼠属 *Volemys* Zagorodnyuk, 1990
四川田鼠 *Volemys millicens* (Thomas, 1911c)
鼹鮃族 Prometheomyini Kretzoi, 1955b
鼹鮃属 *Prometheomys* Satunin, 1901
长爪鼹鮃 *Prometheomys schaposchnikowi* Satunin, 1901
†日耳曼鼠属 *Germanomys* Heller, 1936
进步日耳曼鼠 *Germanomys progressivus* Wu et Flynn, 2017
榆社日耳曼鼠 *Germanomys yusheicus* Wu et Flynn, 2017
日耳曼鼠属未定种 *Germanomys* sp.
†斯氏鮃属 *Stachomys* Kowalski, 1960b
三叶齿斯氏鮃*Stachomys trilobodon* Kowalski, 1960b
兔尾鼠族 Lagurini Kretzoi, 1955b
†波尔索地鼠属 *Borsodia* Jánossy et van der Meulen, 1975
中华波尔索地鼠 *Borsodia chinensis* (Kormos, 1934a)
蒙波尔索地鼠 *Borsodia mengensis* Qiu et Li, 2016
前中华波尔索地鼠 *Borsodia prechinensis* Zheng, Zhang et Cui, 2019
始兔尾鼠属 *Eolagurus* Argyropulo, 1946
黄始兔尾鼠 *Eolagurus luteus* (Eversmann, 1840)
†简齿始兔尾鼠 *Eolagurus simplicidens* (Young, 1934)
峰鮃属 *Hyperacrius* Miller, 1896

†建始峰䶄 *Hyperacrius jianshiensis* Zheng, 2004

†燕山峰䶄 *Hyperacrius yenshanensis* Huang et Guan, 1983

†维蓝尼鼠属 *Villanyia* Kretzoi, 1956

横断山维蓝尼鼠 *Villanyia hengduanshanensis* (Zong, 1987)

岸䶄族 Myodini Kretzoi, 1969

高山䶄属 *Alticola* Blanford, 1881

劳氏高山䶄 *Alticola roylei* (Gray, 1842)

斯氏高山䶄 *Alticola stoliczkanus* (Blanford, 1875)

绒䶄属 *Caryomys* Thomas, 1911b

洮州绒䶄 *Caryomys eva* (Thomas, 1911b)

岢岚绒䶄 *Caryomys inez* (Thomas, 1908b)

绒鼠属 *Eothenomys* Miller, 1896

中华绒鼠 *Eothenomys* (*Anteliomys*) *chinensis* (Thomas, 1891)

西南绒鼠 *Eothenomys* (*Anteliomys*) *custos* (Thomas, 1912d)

†湖北绒鼠 *Eothenomys* (*Anteliomys*) *hubeiensis* Zheng, 2004

昭通绒鼠 *Eothenomys* (*Anteliomys*) *olitor* (Thomas, 1911c)

†先中华绒鼠 *Eothenomys* (*Anteliomys*) *praechinensis* Zheng, 1993

玉龙绒鼠 *Eothenomys* (*Anteliomys*) *proditor* Hinton, 1923a

黑腹绒鼠 *Eothenomys* (*Eothenomys*) *melanogaster* (Milne-Edwards, 1871)

†华南鼠属 *Huananomys* Zheng, 1992

变异华南鼠 *Huananomys variabilis* Zheng, 1992

岸䶄属 *Myodes* Pallas, 1811

†繁昌岸䶄 *Myodes fanchangensis* (Zhang, Kawamura et Jin, 2008)

棕背岸䶄 *Myodes rufocanus* (Sundevall, 1846)

红背岸䶄 *Myodes rutilus* (Pallas, 1778)

总计 4 族，20 属，59 种（†代表绝灭属种）。

2. 中国化石䶄类的研究历史和地理分布

中国化石䶄类的研究起步较晚，现按文献出版年份顺序列出中国化石䶄类的地点和研究简史，具体信息包括作者、报道（指在原文献中仅列出属种名单）或记述（指在原文献中有形态描述）、地点、地质时代、本书中的属种名称（“〔〕”前的拉丁学名）和原文献中的属种名称（“〔〕”内的拉丁学名）。如果某属种虽然在这里列出但在属种记述部分并未作评述则在其后加以“（仅列出）”注明。

Young（1927）记述了北京周口店第 12 地点、河北承德（第 63 地点）中—晚更新世䶄类属种：

Lasiopodomys brandti（仅列出）　　〔*Arvicola* (*Microtus*) *brandti*〕

以及张家口附近一洞穴晚更新世䶄类属种：

Microtus oeconomus（仅列出）　　〔*Arvicola* (*Microtus*) cfr. *strauchi*〕

Zdansky（1928）报道了北京周口店第 1 地点中更新世䶄类属种：

Lasiopodomys brandti　　〔*Microtus brandti*〕

Boule 和 Teilhard de Chardin（1928）记述了内蒙古乌审旗萨拉乌苏晚更新世䶄类属种：

Eolagurus luteus　　〔*Alticola* cf. *cricetulus*〕

Lasiopodomys brandti　　〔*Microtus* sp.〕

Microtus oeconomus　　〔*Microtus* cf. *ratticeps*〕

Prometheomys schaposchnikowi　　〔*Eothenomys* sp.〕

Teilhard de Chardin 和 Piveteau（1930）记述了河北阳原县化稍营镇下沙沟村早更新世䶄类属种：

Borsodia chinensis	〔Arvicolidé gen. et sp. ind.〕

Pei（1930）记述了河北唐山贾家山早更新世䶄类属种：

Microtus sp.（仅列出）	〔*Microtus* sp.〕

Pei（1931）报道了北京周口店第 5 地点中更新世䶄类属种：

Lasiopodomys brandti（仅列出）	〔*Microtus brandti*〕

Young（1932）记述了北京周口店第 2 地点中更新世䶄类属种：

Lasiopodomys brandti	〔*Microtus brandtioides*〕

Young（1934）记述了北京周口店第 1 地点中更新世䶄类属种：

Alticola stoliczkanus	〔*Alticola* sp.〕 〔?*Phaiomys* sp.〕
Eolagurus simplicidens	〔*Pitymys simplicidens*〕
Lasiopodomys brandti	〔*Microtus brandtioides*〕
Microtus oeconomus	〔*Microtus epiratticeps*〕 〔?*Eothenomys* sp.〕
Myodes rufocanus	〔*Evotomys rufocanus*〕

Young（1935a）记述了山西平陆县圣人涧镇东延村晚上新世䶄类属种：

Mimomys (*Mimomys*) *orientalis*	〔*Mimomys orientalis*〕

Young（1935b）报道了重庆万州区盐井沟中更新世䶄类属种：

Eothenomys melanogaster	〔*Eothenomys melanogaster*〕

Pei（1936）记述了北京周口店第 3 地点中更新世䶄类属种：

Alticola roylei	〔部分 *Alticola* cf. *stracheyi*〕 〔*Phaiomys* sp.〕
Alticola stoliczkanus	〔部分 *Alticola* cf. *stracheyi*〕
Eolagurus simplicidens	〔*Pitymys simplicidens*〕 〔部分 *Alticola* cf. *stracheyi*〕
Lasiopodomys brandti	〔*Microtus brandtioides*〕
Lasiopodomys complicidens	〔*Microtus complicidens*〕
Microtus oeconomus	〔*Microtus epiratticeps*〕

Teilhard de Chardin（1936）记述了北京周口店第 9 地点早更新世䶄类属种：

Lasiopodomys probrandti	〔*Microtus brandtioides*〕
Microtus minoeconomus	〔*Microtus epiratticeps*〕 〔?*Phaiomys* sp. 〕

Pei（1939b）报道了北京周口店顶盖砾石层晚上新世䶄类属种：

Allophaiomys terraerubrae	〔Microtinae gen. ind. (*Mimomys*?)〕

Pei（1940）记述了北京周口店山顶洞晚更新世䶄类属种：

Alticola roylei	〔*Alticola* cf. *stracheyi*〕
Lasiopodomys brandti	
Lasiopodomys complicidens	
Microtus fortis	
Microtus mongolicus	
Microtus oeconomus	〔*Microtus epiratticeps*〕

Teilhard de Chardin（1940）记述了北京周口店第 18 地点（门头沟灰峪）早更新世䶄类属种：

Allophaiomys terraerubrae	〔*Arvicola terrae-rubrae*〕

Teilhard de Chardin 和 Pei（1941）记述了北京周口店第 13 地点中更新世䶄类属种：

Lasiopodomys brandti 〔*Microtus* cf. *brandtioides*〕

Teilhard de Chardin（1942）记述了山西榆社县海眼村晚上新世䶄类属种：

Mimomys (*Mimomys*) *orientalis* 〔*Arvicola terrae-rubrae*〕

Teilhard de Chardin 和 Leroy（1942）根据当时已发表的化石哺乳动物资料总结了䶄类属种：

Allophaiomys terraerubrae 〔部分 *Arvicola terrae-rubrae*〕

Alticola stoliczkanus 〔?*Phaiomys* sp.〕

Eolagurus simplicidens 〔*Pitymys simplicidens*〕

Lasiopodomys brandti 〔*Microtus* sp.〕
〔*Microtus brandti*〕
〔*Microtus brandtioides*〕

Lasiopodomys complicidens 〔*Microtus complicidens*〕

Microtus oeconomus 〔?*Eothenomys* sp.〕
〔*Microtus epiratticeps*〕
〔*Microtus* cf. *ratticeps*〕

Mimomys (*Mimomys*) *orientalis* 〔*Mimomys orientalis*〕

Myodes rufocanus 〔*Evotomys rufocanus*〕

Young 和 Liu（1950）记述了重庆歌乐山中更新世䶄类属种：

Eothenomys melanogaster 〔*Ellobius* sp.〕

徐馀瑄等（1957）报道了贵州织金县中更新世䶄类属种：

Eothenomys proditor（仅列出） 〔Microtinae gen. et sp. indet.〕

胡承志（1973）报道了云南元谋人遗址早更新世䶄类属种：

Villanyia sp.（仅列出） 〔*Microtus* sp.〕

计宏祥（1974）报道了陕西蓝田县厚镇涝池河晚更新世䶄类属种：

Lasiopodomys brandti（仅列出） 〔*Microtus brandtioides*〕

祁国琴（1975）记述了内蒙古乌审旗萨拉乌苏地区䶄类属种：

Eolagurus luteus 〔*Alticola* cf. *stracheyi*〕

郑绍华等（1975）（黄河象研究小组）记述了甘肃合水县板桥镇狼沟晚上新世䶄类属种：

Mimomys (*Kislangia*) *banchiaonicus* 〔*Mimomys banchiaonicus*〕

郑绍华（1976）记述了甘肃合水县西华池镇唐旗村张旗金沟早更新世䶄类属种：

Borsodia chinensis 〔*Mimomys heshuinicus*〕

Mimomys (*Cromeromys*) *gansunicus* 〔*Mimomys gansunicus*〕

盖培和卫奇（1977）报道了河北阳原县东城镇虎头梁村虎头梁遗址晚更新世䶄类属种：

Lasiopodomys brandti（仅列出） 〔*Microtus brandtioides*〕

胡长康和齐陶（1978）记述了陕西蓝田县九间房镇公王村公王岭早更新世䶄类属种：

Allophaiomys pliocaenicus 〔部分 *Microtus epiratticeps*〕

Proedromys bedfordi 〔部分 *Arvicola terrae-rubrae*〕

韩德芬和张森水（1978）报道了浙江杭州市余杭区凤凰山晚更新世䶄类属种：

Lasiopodomys brandti（仅列出） 〔*Microtus brandtioides*〕

贾兰坡等（1979）报道了山西阳高县古城镇许家窑村许家窑遗址晚更新世䶄类属种：

Lasiopodomys brandti（仅列出） 〔*Microtus brandtioides*〕

张镇洪等（1980）报道了辽宁辽阳市安平乡晚更新世䶄类属种：

Microtus oeconomus（仅列出） 〔*Microtus epiratticeps*〕

薛祥煦（1981）记述了陕西渭南市游河（现名沈河）晚上新世鼾类属种：

Mimomys (*Kislangia*) *banchiaonicus*
Mimomys (*Mimomys*) *orientalis*
Mimomys (*Mimomys*) *youhenicus* 〔*Mimomys youhenicus*〕

黄万波（1981）报道了北京昌平龙骨洞晚更新世鼾类属种：

Lasiopodomys brandti（仅列出） 〔*Microtus brandtioides*〕

Microtus oeconomus（仅列出） 〔*Microtus epiratticeps*〕

郑绍华（1981）记述了河北蔚县北水泉镇东窑子头村大南沟剖面中更新世鼾类属种：

Lasiopodomys brandti 〔*Microtus brandtioides*〕

宗冠福等（1982）记述了山西长治市屯留区吾元镇西村早更新世鼾类属种：

Mimomys (*Kislangia*) sp. 〔*Mimomys* cf. *banchiaonicus*〕

黄万波和关键（1983）记述了北京怀柔区九渡河镇黄坎村龙牙洞早更新世鼾类属种：

Allophaiomys terraerubrae 〔*Allophaiomys terrae-rubrae*〕

Hyperacrius yenshanensis 〔*Hyperacrius yenshanensis*〕

郑绍华（1983）报道了安徽和县龙潭洞中更新世（仅列出）鼾类属种：

Caryomys eva 〔*Eothenomys eva*〕

Eothenomys proditor 〔*Eothenomys proditor*〕

Lasiopodomys brandti 〔*Microtus brandtioides*〕

周信学等（1984）报道了辽宁瓦房店市龙山村古龙山晚更新世鼾类属种：

Microtus sp.（仅列出） 〔*Microtus* sp.〕

金昌柱等（1984）记述了吉林前郭县八郎镇青山头村晚更新世鼾类属种：

Lasiopodomys brandti（仅列出） 〔*Microtus brandti*〕

黄慰文等（1984）报道了黑龙江齐齐哈尔市昂昂溪晚更新世鼾类属种：

Microtus oeconomus（仅列出） 〔*Microtus epiratticeps*〕

邱铸鼎等（1984）记述了云南昆明市呈贡区三家村晚更新世鼾类属种：

Eothenomys (*Anteliomys*) *olitor*
Eothenomys (*Anteliomys*) *custos* 〔*Eothenomys chinensis*〕

Eothenomys (*Anteliomys*) *proditor* 〔*Eothenomys proditor*〕

Volemys millicens 〔*Microtus millicens*〕

张镇洪等（1985）报道了辽宁海城市小孤山中更新世鼾类属种：

Microtus oeconomus（仅列出） 〔*Microtus epiratticeps*〕

郑绍华等（1985b）记述了陕西洛川县黄土剖面上部层位（中更新世）和下部层位（早更新世）鼾类属种：

Lasiopodomys brandti
Lasiopodomys probrandti 〔*Microtus brandtioides*〕

郑绍华等（1985a）记述了青海共和盆地早—中更新世和贵德盆地晚上新世鼾类属种：

Lasiopodomys brandti 〔*Microtus brandtioides*〕

Microtus oeconomus 〔*Microtus epiratticeps*〕

Borsodia chinensis 〔*Mimomys* sp.〕

郑绍华和李传夔（1986）记述了山西襄汾县南贾镇大柴村早更新世的裴氏模鼠并总结了中国鼾类属种：

Borsodia chinensis 〔*Mimomys* (*Villanyia*) *chinensis*〕
Mimomys (*Cromeromys*) *gansunicus* 〔*Mimomys gansunicus*〕
Mimomys (*Cromeromys*) *savini* 〔*Mimomys* cf. *intermedius*〕
Mimomys (*Kislangia*) *banchiaonicus* 〔*Mimomys banchiaonicus*〕
Mimomys (*Kislangia*) *peii* 〔*Mimomys peii*〕
Mimomys (*Mimomys*) *orientalis* 〔*Mimomys orientalis*〕
Mimomys sp. 〔*Mimomys* sp.1〕
Mimomys (*Mimomys*) *youhenicus* 〔*Mimomys youhenicus*〕

辽宁省博物馆和本溪市博物馆（1986）报道了辽宁本溪县小市镇山城子村庙后山中更新世的3个䶄类属种：

Lasiopodomys brandti（仅列出） 〔*Microtus brandtioides*〕
Microtus oeconomus（仅列出） 〔*Microtus epiratticeps*〕
Myodes rufocanus 〔*Clethrionomys rufocanus*〕

宗冠福（1987）记述了云南香格里拉市尼西乡新阳村叶卡早更新世䶄类属种：

Villanyia hengduanshanensis 〔*Mimomys hengduanshanensis*〕

汪洪（1988）记述了陕西大荔县段家镇后河早更新世䶄类属种：

Mimomys (*Mimomys*) *youhenicus* 〔*Mimomys* cf. *youhenicus*〕

周晓元（1988）记述了山西静乐县段家寨乡贺丰村小红凹晚上新世䶄类属种：

Hyperacrius yenshanensis 〔Arvicolidae gen. et sp. indet.〕
Germanomys progressivus 〔*Ungaromys* sp.〕

宗冠福等（1989）记述了陕西勉县新街子镇杨家湾村晚上新世䶄类属种：

Mimomys (*Cromeromys*) *gansunicus* 〔*Mimomys hanzhongicus*〕

Zheng 和 Li（1990）总结和评论了当时中国发现的31个䶄类属种：

Allophaiomys deucalion 〔*Allophaiomys* cf. *deucalion*〕
Allophaiomys pliocaenicus 〔*Allophaiomys* cf. *pliocaenicus*〕
Allophaiomys terraerubrae 〔*Allophaiomys terrae-rubrae*〕
Alticola roylei 〔*Alticola roylei*〕
Alticola stoliczkanus 〔*Alticola stoliczkanus*〕
Arvicola sp. 〔*Arvicola* sp.〕
Borsodia chinensis 〔*Villanyia chinensis*〕
Eolagurus luteus 〔*Eolagurus luteus*〕
Eolagurus simplicidens 〔*Eolagurus simplicidens*〕
Eothenomys chinensis 〔*Eothenomys chinensis*〕
Eothenomys melanogaster 〔*Eothenomys melanogaster*〕
Germanomys progressivus 〔*Germanomys* n. sp.〕
Huananomys variabilis 〔*Hexianomys complicidens*〕
Hyperacrius yenshanensis 〔*Hyperacrius yenshanensis*〕
Lasiopodomys brandti 〔*Lasiopodomys brandti*〕
Lasiopodomys complicidens 〔*Microtus complicidens*〕
Lasiopodomys probrandti 〔*Lasiopodomys brandtioides*〕
Microtus fortis 〔*Microtus fortis*〕
Microtus maximowiczii 〔*Microtus* cf. *maximowiczii*〕

Microtus oeconomus	(*Microtus oeconomus*)
Mimomys (*Cromeromys*) *gansunicus*	(*Mimomys gansunicus*)
Mimomys (*Kislangia*) *banchiaonicus*	(*Mimomys banchiaonicus*)
Mimomys (*Kislangia*) *peii*	(*Mimomys peii*)
Mimomys (*Mimomys*) *orientalis*	(*Mimomys orientalis*)
Mimomys (*Mimomys*) *youhenicus*	(*Mimomys youhenicus*)
Mimomys (*Kislangia*) sp.	(?*Promimomys* sp.)
Myodes rutilus	(*Clethrionomys rutilus*)
Myodes rufocanus	(*Clethrionomys rufocanus*)
Proedromys bedfordi	(*Proedromys* cf. *bedfordi*)
Prometheomys schaposchnikowi	(*Prometheomys* sp.)
Villanyia hengduanshanensis	(*Villanyia hengduanshanensis*)

Zheng 和 Han（1991）总结了当时已知的中国第四纪䶄类属种：

Allophaiomys deucalion	(*Allophaiomys* cf. *deucalion*)
Allophaiomys pliocaenicus	(*Allophaiomys pliocaenicus*)
Alticola roylei	(*Alticola roylei*)
Borsodia chinensis	(*Borsodia chinensis*)
Caryomys eva	(*Eothenomys eva*)
Caryomys inez	(*Eothenomys inez*)
Huananomys variabilis	(*Hexianomys complicidens*)
Lasiopodomys brandti	(*Microtus brandti*)
Lasiopodomys probrandti	(*Microtus brandtioides*)
Microtus maximowiczii	(*Microtus maximowiczii*)
Mimomys (*Cromeromys*) *gansunicus*	(*Mimomys gansunicus*)
Mimomys (*Kislangia*) *peii*	(*Mimomys peii*)
Myodes rutilus	(*Clethrionomys rutilus*)
Myodes fanchangensis	(*Clethrionomys sebaldi*)
Myodes rufocanus	(*Clethrionomys rufocanus*)
Proedromys bedfordi	(*Proedromys* cf. *bedfordi*)

郑绍华和蔡保全（1991）记述了河北蔚县北水泉镇东窑子头村大南沟剖面（前 7 种）及铺路村牛头山剖面（后 1 种）上新世—中更新世䶄类属种：

Allophaiomys pliocaenicus	(*Allophaiomys* cf. *pliocaenicus*)
Borsodia chinensis	(*Alticola simplicidenta*)
Lasiopodomys probrandti	(*Lasiopodomys probrandti*)
Microtus minoeconomus	(*Microtus minoeconomus*) (*Microtus* cf. *ratticepoides*)
Mimomys (*Mimomys*) *orientalis*	(*Mimomys orientalis*)
Pitymys simplicidens	(*Pitymys* cf. *hintoni*)
Mimomys (*Cromeromys*) *irtyshensis*	(*Mimomys* cf. *youhenicus*)

Flynn 等（1991）报道了山西榆社盆地晚中新世—早更新世䶄类属种：

Germanomys yusheicus	(*Germanomys* A)
Germanomys progressivus	(*Germanomys* B)
Mimomys (*Aratomys*) *teilhardi*	(*Mimomys* sp.)

Mimomys (*Cromeromys*) *gansunicus*　〔*Mimomys orientalis*〕
本书未提及　〔*Microtus brandtioides*〕
Borsodia chinensis　〔*Borsodia chinensis*〕
Mimomys (*Cromeromys*) *gansunicus*　〔*Cromeromys gansunicus*〕

Tedford 等（1991）报道的榆社盆地的鼾类属种与上述 Flynn 等（1991）的报道基本相同。

郑绍华（1992）记述了安徽和县龙潭洞中更新世鼾类属种：

Huananomys variabilis　〔*Huananomys variabilis*〕

王辉和金昌柱（1992）记述了辽宁大连市甘井子区海茂村早更新世鼾类属种：

Lasiopodomys probrandti　〔*Lasiopodomys probrandti*〕
Microtus minoeconomus　〔*Microtus minoeconomus*〕
Myodes rutilus　〔*Clethrionomys* sp.〕
Pitymys gregaloides　〔*Pitymys gregaloides*〕

郑绍华和韩德芬（1993）记述了辽宁营口市永安镇西田村“金牛山人”遗址中更新世鼾类属种：

Alticola roylei　〔*Alticola roylei*〕
Arvicola sp.　〔*Arvicola* sp.〕
Lasiopodomys brandti　〔*Microtus brandti*〕
Microtus oeconomus　〔*Microtus oeconomus*〕
Microtus maximowiczii　〔*Microtus* cf. *maximowiczii*〕
Myodes rutilus　〔*Clethrionomys rutilus*〕

郑绍华（1993）记述了渝黔地区（即早先的川黔地区）早—中更新世鼾类属种：

Eothenomys (*Anteliomys*) *chinensis*　〔*Eothenomys chinensis taquinius*〕
Eothenomys melanogaster　〔*Eothenomys melanogaster*〕
Eothenomys praechinensis　〔*Eothenomys praechinensis*〕
Huananomys variabilis　〔*Huananomys variabilis*〕
Mimomys (*Kislangia*) *peii*　〔*Mimomys peii*〕
Myodes fanchangensis　〔*Clethrionomys sebaldi*〕

颉光普等（1994）记述了甘肃榆中县花岔乡上苦水村晚更新世鼾类属种：

Microtus gregalis　〔*Microtus gregalis*〕

程捷等（1996）记述了北京周口店太平山东洞和西洞、东岭子洞和上店洞早—中更新世鼾类属种：

Allophaiomys terraerubrae　〔*Allophaiomys* cf. *pliocaenicus*〕
Hyperacrius yenshanensis　〔*Hyperacrius yenshanensis*〕
Lasiopodomys brandti（仅列出）　〔*Lasiopodomys brandti*〕
Lasiopodomys probrandti　〔*Lasiopodomys probrandti*〕
Proedromys bedfordi　〔*Proedromys* cf. *bedfordi*〕

李传令和薛祥煦（1996）报道了陕西蓝田县锡水洞中更新世（仅列出）鼾类属种：

Caryomys eva　〔*Eothenomys eva*〕
Caryomys inez　〔*Eothenomys inez*〕
Eothenomys melanogaster　〔*Eothenomys melanogaster*〕
Huananomys variabilis　〔*Huananomys variabilis*〕
Microtus oeconomus　〔*Microtus oeconomus*〕
Proedromys bedfordi　〔cf. *Proedromys bedfordi*〕

郑绍华等（1997）记述了山东淄博市太河镇北牟村孙家山第 1 地点（前 2 种）、第 2 地点（第 3

种）和第 3 地点（第 4 种）早更新世䶄类属种：

Allophaiomys terraerubrae	〔*Allophaiomys terrae-rubrae*〕
Hyperacrius yenshanensis	〔*Hyperacrius yenshanensis*〕
Lasiopodomys probrandti	〔*Lasiopodomys probrandti*〕
Arvicolinae gen. et sp. indet.（仅列出）	〔Microtinae indet.〕

郑绍华等（1998）记述了山东平邑县东阳（现平邑街道）白庄村小西山中更新世䶄类属种：

Eolagurus luteus	〔*Lagurus* sp.〕
Lasiopodomys brandti（仅列出）	〔*Lasiopodomys brandti*〕

郝思德和黄万波（1998）记述了海南三亚市落笔洞晚更新世䶄类属种：

Microtus fortis	〔*Microtus* sp.〕

Qiu 和 Storch（2000）记述了内蒙古化德县毕力克村早上新世䶄类属种：

Mimomys (*Aratomys*) *bilikeensis*	〔*Aratomys bilikeensis*〕

郑绍华和张兆群（2001）报道了甘肃灵台县邵寨镇雷家河村一带早上新世—早更新世䶄类属种：

Allophaiomys deucalion	〔部分 *Allophaiomys terrae-rubrae*〕 〔*Allophaiomys pliocaenicus*〕
Borsodia prechinensis	〔部分 *Borsodia* n. sp.〕
Mimomys (*Aratomys*) *bilikeensis*	〔*Aratomys bilikeensis*〕
Mimomys (*Cromeromys*) *gansunicus*	〔*Cromeromys gansunicus*〕
Myodes fanchangensis	〔部分 *Borsodia* n. sp.〕 〔部分 *Hyperacrius yenshanensis*〕
Proedromys bedfordi	〔*Proedromys* sp.〕 〔部分 *Allophaiomys terraerubrae*〕

金昌柱（2002）记述了江苏南京汤山人遗址䶄类属种：

Microtus oeconomus	〔*Microtus oeconomus*〕

Li 等（2003）报道了内蒙古阿巴嘎旗高特格上新世䶄类属种：

Mimomys (*Aratomys*) *teilhardi* *Mimomys* (*Mimomys*) *orientalis* *Borsodia mengensis*	〔*Aratomys* cf. *A. bilikeensis*〕

蔡保全和李强（2003）报道了河北阳原县大田洼乡岑家湾村马圈沟旧石器遗址 III 地点早更新世䶄类属种：

Allophaiomys deucalion	〔*Allophaiomys deucalion*〕
Borsodia chinensis	〔*Prolagurus praepannonicus*〕
Mimomys (*Cromeromys*) *gansunicus*	〔*Cromeromys gansunicus*〕

蔡保全等（2004）报道了河北蔚县北水泉镇东窑子头村大南沟剖面、阳原县辛堡乡稻地村老窝沟剖面晚上新世—中更新世䶄类属种：

Allophaiomys pliocaenicus	〔*Allophaiomys* cf. *A. pliocaenicus*〕
Borsodia chinensis	〔*Borsodia chinensis*〕
Eolagurus simplicidens	〔*Eolagurus simplicidens*〕
Germanomys progressivus	〔*Germanomys* cf. *G. weileri*〕
Germanomys yusheicus	〔*Germanomys* sp.〕
Lasiopodomys probrandti	〔*Lasiopodomys probrandti*〕
Microtus maximowiczii（仅列出）	〔*Microtus* cf. *M. maximowiczii*〕
Microtus minoeconomus	〔*Microtus oeconomus*〕

Microtus oeconomus（仅列出）　〔*Microtus ratticeps*〕

Mimomys (*Cromeromys*) *gansunicus*（仅列出）　〔*Cromeromys gansunicus*〕

Mimomys (*Cromeromys*) *irtyshensis*（仅列出）　〔*Mimomys youhenicus*〕

Mimomys (*Mimomys*) *orientalis*　〔*Mimomys orientalis*〕

Mimomys (*Mimomys*) *nihewanensis*　〔*Mimomys stehlini*〕

Pitymys simplicidens　〔*Pitymys* cf. *P. hintoni*〕

郑绍华（2004）记述了湖北建始县高坪镇金塘村龙骨洞早更新世䶄类属种：

Allophaiomys terraerubrae　〔*Allophaiomys terraerubrae*〕

Arvicolinae gen. et sp. indet.（仅列出）　〔Arvicolidae gen. et sp. indet.〕

Eothenomys hubeiensis　〔*Eothenomys hubeiensis*〕

Eothenomys melanogaster　〔*Eothenomys melanogaster*〕

Hyperacrius jianshiensis　〔*Hyperacrius jianshiensis*〕

金昌柱和张颖奇（2005）记述了安徽淮南市八公山区大居山新洞早上新世䶄类属种：

Mimomys (*Aratomys*) *asiaticus*　〔*Promimomys asiaticus*〕

闵隆瑞等（2006）报道了河北阳原县化稍营镇小渡口村台儿沟西剖面晚上新世—早更新世䶄类属种：

Allophaiomys pliocaenicus（仅列出）　〔*Allophaiomys* cf. *pliocaenicus*〕

Lasiopodomys probrandti（仅列出）　〔*Lasiopodomys probrandti*〕

Microtus minoeconomus（仅列出）　〔*Microtus minoeconomus*〕

Mimomys (*Mimomys*) *youhenicus*　〔*Mimomys youhenicus*〕

Pitymys simplicidens（仅列出）　〔*Pitymys hintoni*〕

郑绍华等（2006）报道了河北阳原县化稍营镇钱家沙洼村洞沟剖面晚上新世—早更新世䶄类属种：

Allophaiomys deucalion　〔*Allophaiomys deucalion*〕

Allophaiomys pliocaenicus　〔*Allophaiomys pliocaenicus*〕

Borsodia chinensis　〔*Borsodia chinensis*〕

Borsodia prechinensis　〔*Borsodia* sp.〕

Germanomys progressivus（仅列出）　〔Arvicolidae gen. et sp. indet.〕

Mimomys (*Cromeromys*) *gansunicus*　〔*Cromeromys gansunicus*〕

Mimomys (*Mimomys*) *nihewanensis*　〔*Mimomys* sp.〕

Myodes sp.（仅列出）　〔?*Clethrionomys* sp.〕

武仙竹（2006）记述了湖北郧西县香口乡李师关村黄龙洞晚更新世䶄类属种：

Caryomys inez　〔*Caryomys inez*〕

蔡保全等（2007）报道了河北蔚县北水泉镇铺路村牛头山剖面晚上新世—早更新世䶄类属种：

Allophaiomys deucalion（仅列出）　〔*Allophaiomys deucalion*〕

Allophaiomys pliocaenicus　〔*Allophaiomys* cf. *A. pliocaenicus*〕

Microtus minoeconomus　〔*Microtus minoeconomus*〕

Mimomys (*Cromeromys*) *irtyshensis*　〔*Cromeromys irtyshensis*〕

Mimomys (*Mimomys*) *nihewanensis*　〔*Mimomys* sp.〕
〔*Mimomys* sp. 1〕

蔡保全等（2008）记述了河北阳原县大田洼乡岑家湾村马圈沟旧石器遗址 III 地点（前 4 种）和半山遗址（后 1 种）早更新世䶄类属种：

Mimomys (*Cromeromys*) *gansunicus*　〔*Cromeromys gansunicus*〕

Allophaiomys deucalion	〔*Allophaiomys deucalion*〕
Hyperacrius yenshanensis（1 件） *Borsodia chinensis*（其他标本）	〔*Borsodia chinensis*〕
Allophaiomys pliocaenicus	〔*Allophaiomys pliocaenicus*〕

李强等（2008）全面总结了河北泥河湾盆地上新统地层中的䶄类属种：

Germanomys progressivus *Germanomys yusheicus*	〔*Ungaromys* spp.〕
Mimomys (*Mimomys*) *orientalis*	〔*Mimomys* sp.〕
Mimomys (*Mimomys*) *nihewanensis*	〔*Mimomys* sp. 1〕 〔*Mimomys* sp. 2〕
Mimomys (*Cromeromys*) *gansunicus*	〔*Cromeromys gansunicus*〕

Zhang 等（2008b）记述了安徽繁昌孙村镇癞痢山人字洞早更新世 䶄类属种：

Myodes fanchangensis	〔*Villanyia fanchangensis*〕

Zhang 等（2008a）报道了河北阳原县大田洼乡官厅村小长梁遗址早更新世䶄类属种（仅列出）：

Borsodia chinensis	〔*Borsodia chinensis*〕
Mimomys sp.	〔*Mimomys* sp.〕
Allophaiomys deucalion	〔*Allophaiomys deucalion*〕

李永项和薛祥煦（2009）记述了陕西洛南县洛源镇张坪村洞穴群中更新世䶄类属种：

Caryomys eva	〔*Caryomys eva*〕
Caryomys inez	〔*Caryomys inez*〕

金昌柱和刘金毅（2009）记述了安徽繁昌孙村镇癞痢山人字洞早更新世䶄类属种：

Eothenomys melanogaster	〔*Eothenomys* cf. *E. melanogaster*〕
Mimomys (*Cromeromys*) *gansunicus*	〔*Mimomys* cf. *M. gansunicus*〕
Myodes fanchangensis	〔*Villanyia fanchangensis*〕

Kawamura 和 Zhang（2009）修订了中国及邻近地区的 *Mimomys*，特别是 *Villayia* 和 *Borsodia*。

Zhang 等（2010）记述了安徽繁昌孙村镇癞痢山人字洞早更新世䶄类属种：

Mimomys (*Kislangia*) *zhengi*	〔*Heteromimomys zhengi*〕

并建立了 *Mimomys banchiaonicus*→*Mimomys peii*→*Mimomys zhengi* 的演化谱系。

张颖奇等（2011）记述了甘肃灵台县邵寨镇雷家河村综合剖面中早上新世—早更新世䶄类属种：

Allophaiomys deucalion	〔*Allophaiomys deucalion*〕
Borsodia prechinensis	〔*Borsodia* sp.〕 〔Arvicolinae gen. et sp. indet.〕
Mimomys (*Aratomys*) *bilikeensis*	〔*Mimomys* cf. *M. bilikeensis*〕
Mimomys (*Cromeromys*) *gansunicus*	〔*Mimomys* (*Cromeromys*) *gansunicus*〕
Myodes fanchangensis	〔*Villanyia* cf. *V. fanchangensis*〕
Proedromys bedfordi	〔*Proedromys bedfordi*〕

刘丽萍等（2011）报道了甘肃秦安县魏店镇董湾村董湾剖面早上新世䶄类属种：

Mimomys (*Aratomys*) *teilhardi*	〔*Mimomys* sp.〕

Cai 等（2013）总结了泥河湾地区发现的哺乳动物，包括䶄类属种的分类、分布及时代。

邱铸鼎和李强（2016）记述了内蒙古阿巴嘎旗高特格剖面中的䶄类属种：

Borsodia mengensis	〔*Borsodia mengensis*〕
Mimomys (*Aratomys*) *teilhardi*	〔*Mimomys teilhardi*〕
Mimomys (*Mimomys*) *orientalis*	〔*Mimomys orientalis*〕

Wu 和 Flynn（2017）记述了山西榆社盆地早—晚上新世䶄类属种：

Germanomys progressivus	〔*Germanomys progressiva*〕
Germanomys yusheicus	〔*Germanomys yusheica*〕
Germanomys sp.	〔部分 Prometheomyini gen. et sp. indet.〕
Stachomys trilobodon	〔部分 cf. *Stachomys* sp.〕 〔部分 Prometheomyini gen. et sp. indet.〕

Zhang（2017）记述了山西榆社盆地晚上新世䶄类属种：

Lasiopodomys complicidens	〔*Microtus complicidens*〕
Mimomys (Aratomys) teilhardi	〔*Mimomys* sp.〕
Mimomys (Cromeromys) gansunicus	〔*Mimomys gansunicus*〕
Mimomys (Mimomys) youhenicus（仅列出）	〔*Mimomys* cf. *M. youhenicus*〕
Borsodia chinensis	〔*Borsodia chinensis*〕
Myodes fanchangensis	〔*Villanyia fanchangensis*〕

Zheng 等（2019）记述了泥河湾盆地早更新世䶄类属种：

Pitymys simplicidens	〔*Pitymys simplicidens*〕
Mimomys (Mimomys) nihewanensis	〔*Mimomys nihewanensis*〕
Borsodia prechinensis	〔*Borsodia prechinensis*〕

按地区（图 10），可将䶄类分布分成 8 个区。

（1）北京地区（包括周口店、昌平、怀柔）产出以下属种：

土红异费鼠 *Allophaiomys terraerubrae* (Teilhard de Chardin, 1940)
〔周口店第 18 地点及太平山东洞〕

斯氏高山䶄 *Alticola stoliczkanus* (Blanford, 1875)
〔周口店第 1、3 地点〕

简齿始兔尾鼠 *Eolagurus simplicidens* (Young, 1934)
〔周口店第 1、3 地点〕

燕山峰䶄 *Hyperacrius yenshanensis* Huang et Guan, 1983
〔怀柔黄坎，周口店太平山东洞〕

布氏毛足田鼠 *Lasiopodomys brandti* (Radde, 1861)
〔周口店第 1、2、3、13 地点及山顶洞，东岭子洞、上店洞，昌平龙骨洞〕

复齿毛足田鼠 *Lasiopodomys complicidens* (Pei, 1936)
〔周口店第 3 地点〕

原布氏毛足田鼠 *Lasiopodomys probrandti* Zheng et Cai, 1991
〔周口店第 9 地点及太平山东、西洞〕

根田鼠 *Microtus oeconomus* (Pallas, 1776)
〔周口店第 1 地点及山顶洞，昌平龙骨洞〕

小根田鼠 *Microtus minoeconomus* Zheng et Cai, 1991
〔周口店太平山〕

模鼠属未定种 ?*Mimomys* sp.
〔周口店顶盖砾石层〕

棕背岸䶄 *Myodes rufocanus* (Sundevall, 1846)
〔周口店第 1 地点〕

别氏沟牙田鼠 *Proedromys bedfordi* Thomas, 1911a

〔周口店太平山东洞〕

（2）河北泥河湾盆地（包括蔚县盆地）产出以下属种：

欧洲异费鼠 *Allophaiomys deucalion* Kretzoi, 1969

上新异费鼠 *Allophaiomys pliocaenicus* Kormos, 1932

中华波尔索地鼠 *Borsodia chinensis* (Kormos, 1934a)

前中华波尔索地鼠 *Borsodia prechinensis* Zheng, Zhang et Cui, 2019

洮州绒鼾 *Caryomys eva* (Thomas, 1911b)

燕山峰鼾 *Hyperacrius yenshanensis* Huang et Guan, 1983

简齿始兔尾鼠 *Eolagurus simplicidens* (Young, 1934)

进步日耳曼鼠 *Germanomys progressivus* Wu et Flynn, 2017

榆社日耳曼鼠 *Germanomys yusheicus* Wu et Flynn, 2017

日耳曼鼠属未定种 *Germanomys* sp.

布氏毛足田鼠 *Lasiopodomys brandti* (Radde, 1861)

原布氏毛足田鼠 *Lasiopodomys probrandti* Zheng et Cai, 1991

莫氏田鼠 *Microtus maximowiczii* (Schrenk, 1858)

小根田鼠 *Microtus minoeconomus* (Zheng et Cai, 1991)

根田鼠 *Microtus oeconomus* (Pallas, 1776)

甘肃模鼠 *Mimomys* (*Cromeromys*) *gansunicus* Zheng, 1976

额尔齐斯模鼠 *Mimomys* (*Cromeromys*) *irtyshensis* (Zazhigin, 1980)

东方模鼠 *Mimomys* (*Mimomys*) *orientalis* Young, 1935a

泥河湾模鼠 *Mimomys* (*Mimomys*) *nihewanensis* Zheng, Zhang et Cui, 2019

游河模鼠 *Mimomys* (*Mimomys*) *youhenicus* Xue, 1981

繁昌岸鼾 *Myodes fanchangensis* (Zhang, Kawamura et Jin, 2008)

岸鼾属未定种 *Myodes* sp.

简齿松田鼠 *Pitymys simplicidens* Zheng, Zhang et Cui, 2019

（3）山西榆社盆地及其邻近地区（包括榆社盆地、静乐贺丰、平陆东延、襄汾大柴、屯留西村）产出以下属种：

复齿毛足田鼠 *Lasiopodomys complicidens* (Pei, 1936)
〔榆社盆地〕

燕山峰鼾 *Hyperacrius yenshanensis* Huang et Guan, 1983
〔静乐贺丰〕

进步日耳曼鼠 *Germanomys progressivus* Wu et Flynn, 2017
〔榆社盆地〕

榆社日耳曼鼠 *Germanomys yusheicus* Wu et Flynn, 2017
〔榆社盆地〕

日耳曼鼠属未定种 *Germanomys* sp.
〔榆社盆地〕

甘肃模鼠 *Mimomys* (*Cromeromys*) *gansunicus* Zheng, 1976
〔榆社盆地〕

游河模鼠 *Mimomys* (*Mimomys*) *youhenicus* Xue, 1981
〔榆社盆地〕

德氏模鼠 *Mimomys* (*Aratomys*) *teilhardi* Qiu et Li, 2016
〔榆社盆地〕

裴氏模鼠 *Mimomys* (*Kislangia*) *peii* Zheng et Li, 1986

〔襄汾大柴〕

东方模鼠 *Mimomys* (*Mimomys*) *orientalis* Young, 1935a

〔平陆东延〕

模鼠属未定种 *Mimomys* sp.

〔屯留西村〕

中华波尔索地鼠 *Borsodia chinensis* (Teilhard de Chardin et Piveteau, 1930)

〔榆社盆地〕

繁昌岸䶄 *Myodes fanchangensis* (Zhang, Kawamura et Jin, 2008)

〔榆社盆地〕

三叶齿斯氏䶄 *Stachomys trilobodon* Kowalski, 1960

〔榆社盆地〕

（4）内蒙古地区（包括乌审旗萨拉乌苏、化德县毕力克、阿巴嘎旗高特格）产出以下属种：

蒙波尔索地鼠 *Borsodia mengensis* Qiu et Li, 2016

〔高特格〕

黄始兔尾鼠 *Eolagurus luteus* (Eversmann, 1840)

〔萨拉乌苏〕

布氏毛足田鼠 *Lasiopodomys brandti* (Radde, 1861)

〔萨拉乌苏〕

根田鼠 *Microtus oeconomus* (Pallas, 1776)

〔萨拉乌苏〕

比例克模鼠 *Mimomys* (*Aratomys*) *bilikeensis* (Qiu et Storch, 2000)

〔毕力克〕

德氏模鼠 *Mimomys* (*Aratomys*) *teilhardi* Qiu et Li, 2016

〔高特格〕

东方模鼠 *Mimomys* (*Mimomys*) *orientalis* Young, 1935a

〔高特格〕

长爪鼹䶄 *Prometheomys schaposchnikowi* Satunin, 1901

〔萨拉乌苏〕

（5）黄土高原及其临近地区（包括陕西洛川、大荔、蓝田、渭南、洛南，甘肃灵台、合水、榆中、秦安，青海贵德、贵南、共和）产出以下属种：

欧洲异费鼠 *Allophaiomys deucalion* Kretzoi, 1969

〔甘肃灵台，青海贵南〕

上新异费鼠 *Allophaiomys pliocaenicus* Kormos, 1932

〔陕西蓝田〕

中华波尔索地鼠 *Borsodia chinensis* (Kormos, 1934a)

〔甘肃合水〕

前中华波尔索地鼠 *Borsodia prechinensis* Zheng, Zhang et Cui, 2019

〔甘肃灵台〕

洮州绒䶄 *Caryomys eva* (Thomas, 1911b)

〔陕西洛南〕

岢岚绒䶄 *Caryomys inez* (Thomas, 1908b)

〔陕西洛南〕

布氏毛足田鼠 *Lasiopodomys brandti* (Radde, 1861)

〔陕西洛川、蓝田，青海贵南、共和〕

原布氏毛足田鼠 *Lasiopodomys probrandti* Zheng et Cai, 1991
〔陕西洛川，青海贵南、共和〕
狭颅田鼠 *Microtus gregalis* (Pallas, 1778)
〔甘肃榆中〕
根田鼠 *Microtus oeconomus* (Pallas, 1776)
〔青海共和〕
比例克模鼠 *Mimomys* (*Aratomys*) *bilikeensis* (Qiu et Storch, 2000)
〔甘肃灵台〕
德瓦模鼠 *Mimomys* (*Aratomys*) *teilhardi* Qiu et Li, 2016
〔甘肃泰安〕
甘肃模鼠 *Mimomys* (*Cromeromys*) *gansunicus* Zheng, 1976
〔甘肃合水、灵台〕
板桥模鼠 *Mimomys* (*Kislangia*) *banchiaonicus* Zheng et al., 1975
〔甘肃合水，陕西渭南〕
东方模鼠 *Mimomys* (*Mimomys*) *orientalis* Young, 1935a
〔陕西渭南〕
游河模鼠 *Mimomys* (*Mimomys*) *youhenicus* Xue, 1981
〔陕西渭南、大荔〕
模鼠属多个未定种 *Mimomys* spp.
〔甘肃灵台，青海贵德〕
繁昌岸䶄 *Myodes fanchangensis* (Zhang, Kawamura et Jin, 2008)
〔甘肃灵台〕
别氏沟牙田鼠 *Proedromys bedfordi* Thomas, 1911a
〔甘肃灵台〕

（6）东北地区（包括辽宁本溪、营口、安平、大连，吉林前郭，黑龙江齐齐哈尔）产出以下属种：
劳氏高山䶄 *Alticola roylei* (Gray, 1842)
〔辽宁营口〕
水䶄属未定种 *Arvicola* sp.
〔辽宁营口〕
布氏毛足田鼠 *Lasiopodomys brandti* (Radde, 1861)
〔辽宁营口、本溪，吉林前郭〕
原布氏毛足田鼠 *Lasiopodomys probrandti* Zheng et Cai, 1991
〔辽宁大连〕
莫氏田鼠 *Microtus maximowiczii* (Schrenk, 1858)
〔辽宁营口〕
小根田鼠 *Microtus minoeconomus* Zheng et Cai, 1991
〔辽宁大连〕
根田鼠 *Microtus oeconomus* (Pallas, 1776)
〔辽宁营口、本溪、安平，黑龙江齐齐哈尔〕
田鼠属未定种 *Microtus* sp.
红背岸䶄 *Myodes rutilus* (Pallas, 1778)
〔辽宁营口、大连〕
棕背岸䶄 *Myodes rufocanus* (Sundevall, 1846)
〔辽宁本溪〕

拟狭颅松田鼠 *Pitymys gregaloides* Hinton, 1923b

〔辽宁大连〕

（7）西南地区（包括湖北郧西、建始，重庆巫山、万州、奉节、歌乐山，四川德格，贵州桐梓、普定、织金、威宁，云南呈贡、元谋香格里拉，海南三亚）产出以下属种：

土红异费鼠 *Allophaiomys terraerubrae* (Teilhard de Chardin, 1940)

〔湖北建始〕

鼾亚科（未定属种）Arvicolinae gen. et sp. indet.

〔湖北建始〕

岢岚绒鼾 *Caryomys inez* (Thomas, 1908b)

〔湖北郧西〕

昭通绒鼠 *Eothenomys olitor* (Thomas, 1911c)

〔云南呈贡〕

西南绒鼠 *Eothenomys custos* (Thomas, 1912d)

〔云南呈贡〕

先中华绒鼠 *Eothenomys praechinensis* Zheng, 1993

〔贵州威宁，重庆巫山〕

玉龙绒鼠 *Eothenomys proditor* Hinton, 1923a

〔云南呈贡，贵州织金〕

中华绒鼠 *Eothenomys chinensis* (Thomas, 1891)

〔贵州威宁、桐梓〕

湖北绒鼠 *Eothenomys hubeiensis* Zheng, 2004

〔湖北建始〕

黑腹绒鼠 *Eothenomys melanogaster* (Milne-Edwards, 1871)

〔重庆巫山、万州，湖北建始，贵州普定、桐梓〕

变异华南鼠 *Huananomys variabilis* Zheng, 1992

〔贵州威宁〕

建始峰鼾 *Hyperacrius jianshiensis* Zheng, 2004

〔湖北建始〕

东方田鼠 *Microtus fortis* Büchner, 1889

〔海南三亚〕

裴氏模鼠 *Mimomys* (*Kislangia*) *peii* Zheng et Li, 1986

〔重庆巫山〕

繁昌岸鼾 *Myodes fanchangensis* (Zhang, Kawamura et Jin, 2008)

〔重庆巫山〕

横断山维蓝尼鼠 *Villanyia hengduanshanensis* (Zong, 1987)

〔云南香格里拉，四川德格〕

维蓝尼鼠属未定种 *Villanyia* sp.

〔云南元谋〕

四川田鼠 *Volemys millicens* (Thomas, 1911c)

〔云南呈贡〕

（8）东部地区（包括山东淄博、平邑，安徽繁昌、和县、淮南，江苏南京，浙江余杭）产出以下属种：

土红异费鼠 *Allophaiomys terraerubrae* (Teilhard de Chardin, 1940)

〔山东淄博〕

南海诸岛
1 2 3 4 5 6 7 8 9 10 11 12 13 14 15 16 17 18 19 20 21 22 23 24 25 26 27 28 29 30 31 32 33 34 35 36 37 38 39 40 41 42 43 44 45 46 47 48 49 50 51 52 53 54 55 56 57 58 59 60 61 62 63 64 65 66 67 68 69

图 10　中国䶄类化石地点

Figure 10　Localities of fossil arvicolines of China

1. 北京周口店第 1、2、3、5、9、12、13 地点，顶盖砾石层，太平山东、西洞，东岭子洞，上店洞 Loc. 1, 2, 3, 5, 9, 12, and 13, capping gravel layer, East Cave and West Cave of Taipingshan, Donglingzi Cave, Shangdian Cave of Zhoukoudian, Beijing；2. 北京周口店第 18 地点（门头沟灰峪）Loc. 18 of Zhoukoudian (Huiyu, Mentougou), Beijing；3. 北京昌平龙骨洞 Longgu Cave of Changping, Beijing；4. 北京怀柔黄坎龙牙洞 Longya Cave of Huangkan, Huairou, Beijing；5. 河北承德（第 63 地点）Loc. 63, Chengde, Hebei；6. 河北张家口附近一洞穴 A cave near Zhangjiakou, Hebei；7. 河北阳原诸地点 Localities of Yangyuan, Hebei；8. 河北蔚县诸地点 Localities of Yuxian, Hebei；9. 河北唐山贾家山 Jiajiashan of Tangshan, Hebei；10. 辽宁大连海茂 Haimao, Dalian, Liaoning；11. 辽宁瓦房店古龙山 Gulongshan of Wafangdian, Liaoning；12. 辽宁营口“金牛山人”遗址 “Jinniushan Man” Site of Yingkou, Liaoning；13. 辽宁海城小孤山 Xiaogushan of Haicheng, Liaoning；14. 辽宁辽阳安平 Anping, Liaoyang, Liaoning；15. 辽宁本溪庙后山 Miaohoushan of Benxi, Liaoning；16. 吉林前郭青山头 Qingshantou, Qianguo, Jilin；17. 黑龙江齐齐哈尔昂昂溪 Ang’angxi of Qiqihar, Heilongjiang；18. 内蒙古呼伦贝尔扎赉诺尔 Jalai Nur, Hulun Buir, Inner Mongolia；19. 内蒙古呼伦湖附近及以南 Vicinity and south of Hulun Lake of Inner Mongolia；20. 内蒙古林西小城子西营子（1979 年以前林西县隶属辽宁省）Xiyingzi of Xiaochengzi, Linxi (belonging to Liaoning before 1979), Inner Mongolia；21. 内蒙古阿巴嘎旗高特格 Gaotege of Abag Banner, Inner Mongolia；22. 内蒙古化德毕力克 Bilike, Huade, Inner Mongolia；23. 内蒙古乌审旗萨拉乌苏 Xarusgol of Uxin Banner, Inner Mongolia；24. 山西阳高许家窑遗址 Xujiaoyao Site of Yanggao, Shanxi；25. 山西静乐贺丰小红凹 Xiaohong’ao of Hefeng, Jingle, Shanxi；26. 山西静乐高家崖（第 2 地点，今娄烦县静游镇峰岭底村附近）Loc. 2, Gaojiaya (vicinity of present Fenglingdi, Loufan), Jingle, Shanxi；27. 山西榆社盆地诸地点 Localities of Yushe Basin of Shanxi；28. 山西离石赵家墕 Zhaojiayan, Lishi, Shanxi；29. 山西襄汾大柴 Dachai, Xiangfen, Shanxi；30. 山西屯留西村 Xicun, Tunliu, Shanxi；31. 山西平陆东延 Dongyan, Pinglu, Shanxi；32. 山东淄博孙家山第 1、2、3 地点 Loc. 1, 2, 3 of Sunjiashan of Zibo, Shandong；33. 山东平邑东阳（现平邑街道）白庄村小西山 Xiaoxishan of Baizhuang Village, Dongyang (present Pingyi Neighbourhood), Pingyi, Shandong；34. 陕西府谷镇羌堡（第 11 地点）Loc. 11, Zhenqiangbao, Fugu, Shaanxi；35. 陕西榆林吴堡红色土 Reddish Clay of Wubu, Yulin, Shaanxi；36. 陕西洛川坡头南菜子沟等黄土剖面 Loess deposits at Nancaizigou of Potou and vicinity, Luochuan, Shaanxi；37. 陕西大荔后河 Houhe, Dali, Shaanxi；38. 陕西渭南游河（现名沈河）Youhe River of Weinan, Shaanxi；39. 陕西蓝田诸地点 Localities of Lantian, Shaanxi；40. 陕西洛南张坪 Zhangping, Luonan, Shaanxi；41. 陕西勉县杨家湾 Yangjiawan, Mianxian, Shaanxi；42. 甘肃合水诸地点 Localities of Heshui, Gansu；43. 甘肃灵台诸地点 Localities of Lingtai, Gansu；44. 甘肃秦安董湾 Dongwan, Qin’an, Gansu；45. 甘肃榆中上苦水大沟 Dagou of Shangkushui, Yuzhong, Gansu；46. 甘肃东乡龙担 Longdan, Dongxiang, Gansu；47. 青海贵德盆地 Guide Basin of Qinghai；48. 青海贵南沙沟诸地点 Localities of Shagou, Guinan, Qinghai；49. 青海贵南茫曲（原拉乙亥）诸地点 Mangqu (formerly Layihai), Guinan, Qinghai；50. 青海共和诸地点 Localities of Gonghe, Qinghai；51. 四川甘孜汪布顶 Wangbuding, Ganzi, Sichuan；52. 重庆歌乐山 Gele Mountain of Chongqing；53. 重庆万州诸地点 Localities of Wanzhou, Chongqing；54. 重庆巫山诸地点 Localities of Wushan, Chongqing；55. 湖北建始高坪龙骨洞 Longgu Cave of Gaoping, Jianshi, Hubei；56. 湖北郧西黄龙洞 Huanglong Cave of Yunxi, Hubei；57. 贵州桐梓诸地点 Localities of Tongzi, Guizhou；58. 贵州织金 Zhijin, Guizhou；59. 贵州普定诸地点 Localities of Puding, Guizhou；60. 贵州威宁观风海天桥裂隙 Tianqiao fissure of Guanfenghai, Weining, Guizhou；61. 安徽淮南大居山新洞 Xindong Cave of Daju Mountain of Huainan, Anhui；62. 安徽和县龙潭洞 Longtan Cave of Hexian, Anhui；63. 安徽繁昌人字洞 Renzi Cave of Fanchang, Anhui；64. 浙江杭州凤凰山 Fenghuang Mountain of Hangzhou, Zhejiang；65. 江苏南京汤山人遗址 Tangshan Man site of Nanjing, Jiangsu；66. 云南香格里拉尼西叶卡南沟 Nangou of Yeka, Nixi, Shangri-La, Yunnan；67. 云南元谋人遗址 Yuanmou Man site of Yunnan；68. 云南呈贡三家村 Sanjia Village, Chenggong, Yunnan；69. 海南三亚落笔洞 Luobi Cave of Sanya, Hainan

䶄亚科（属种未定）Arvicolinae gen. et sp. indet.
〔山东淄博〕
洮州绒䶄 *Caryomys eva* (Thomas, 1911b)
〔安徽和县〕
黑腹绒鼠 *Eothenomys melanogaster* (Milne-Edwards, 1871)
〔安徽繁昌、和县〕
变异华南鼠 *Huananomys variabilis* Zheng, 1992
〔安徽和县〕
燕山峰䶄 *Hyperacrius yenshanensis* Huang et Guan, 1983
〔山东淄博〕
黄始兔尾鼠 *Eolagurus luteus* (Eversmann, 1840)
〔山东平邑〕
布氏毛足田鼠 *Lasiopodomys brandti* (Radde, 1861)
〔浙江余杭、安徽和县、山东平邑〕
原布氏毛足田鼠 *Lasiopodomys probrandti* Zheng et Cai, 1991
〔山东淄博〕
根田鼠 *Microtus oeconomus* (Pallas, 1776)
〔江苏南京〕
亚洲模鼠 *Mimomys* (*Aratomys*) *asiaticus* (Jin et Zhang, 2005)
〔安徽淮南〕
甘肃模鼠 *Mimomys* (*Cromeromys*) *gansunicus* Zheng, 1976
〔安徽繁昌〕
郑氏模鼠 *Mimomys* (*Kislangia*) *zhengi* (Zhang, Jin et Kawamura, 2010)
〔安徽繁昌〕
繁昌岸䶄 *Myodes fanchangensis* (Zhang, Kawamura et Jin, 2008)
〔安徽繁昌〕

3. 研究方法及研究术语

中国新近系—第四系地层中虽富含䶄类化石，但很难发掘出完整的颅骨、下颌骨和骨架。因此古生物学的研究对象主要为单个臼齿、齿列或不完整颌骨。其中，尤以 m1 和 M3 的形态最具属种的鉴定价值。

䶄类臼齿是完全脊形化的牙齿，但其咬合面还同时具有丘形齿的齿尖和脊形齿的齿脊相互混合的特点，因此其名称术语同时适用于这两种齿形。除了臼齿是否具齿根和白垩质外，主要流行的描述术语如下。

1）褶角（SA = salient angle）、褶沟（RA = re-entrant angle）和三角（T = triangle）

下臼齿颊侧褶角（BSA = buccal salient angle）和颊侧褶沟（BRA = buccal re-entrant angle）、舌侧褶角（LSA = lingual salient angle）和舌侧褶沟（LRA = lingual re-entrant angle）从后往前计数；上臼齿则从前往后计数，但 M2 和 M3 缺失舌侧第一褶角（LSA1）和舌侧第一褶沟（LRA1）。下臼齿的三角（T = triangle）从后叶（PL = posterior lobe）之前的第一个三角（T1）往前计数；上臼齿则从前叶（AL = anterior lobe）之后计数，但 M2 和 M3 缺失 T1（图 11）（van der Meulen, 1973；Tesakov, 2004）。通常，m1 和 M3 的褶角/褶沟数目和三角数目越多，所代表的属、种越进步；反之，越原始。AC 与 AC2 在某些处于特定演化阶段的种类中可以通用。这些术语是最经典、最基本、最易观察到的，也是最有用的。

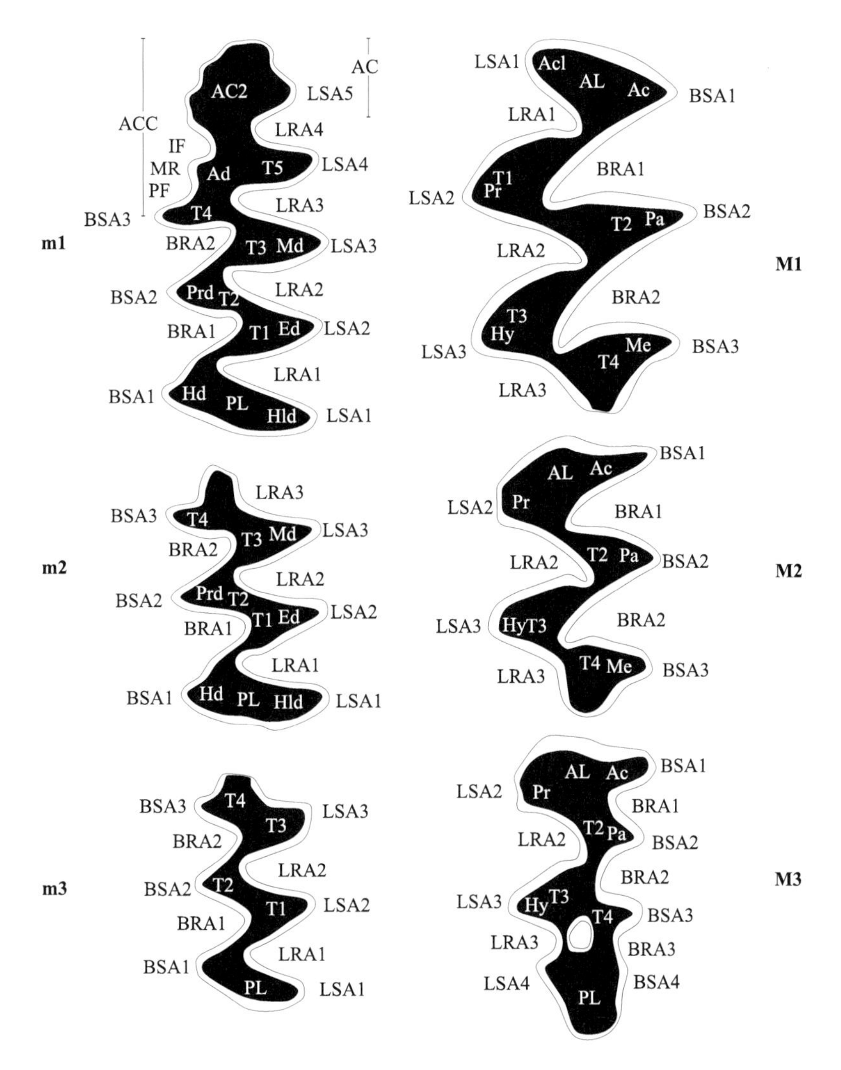

图 11 䶄亚科臼齿咬面形态术语（据 Tesakov, 2004，略有修改）

Figure 11 Terminology for the occlusal morphology of molars in Arvicolinae (after Tesakov, 2004, with minor modifications)

AC. 前帽 anterior cap；AC2. 下前边尖第 2 齿质域 second dentine field of anteroconid；ACC. 下前边尖组合 anteroconid complex；Ac. 前边尖 anterocone；Acl. 前边小尖 anteroconul；Ad. 下前边尖 anteroconid；AL. 前叶 anterior lobe；BRA. 颊侧褶沟 buccal re-entrant angle；BSA. 颊侧褶角 buccal salient angle；Ed. 下内尖 entoconid；Hd. 下次尖 hypoconid；Hld. 下次小尖 hypoconulid；Hy. 次尖 hypocone；IF. 岛褶 islet fold；LRA. 舌侧褶沟 lingual re-entrant angle；LSA. 舌侧褶角 lingual salient angle；Me. 后尖 metacone；Md. 下后尖 metaconid；MR. 模鼠角 *Mimomys* ridge；Pa. 前尖 paracone；PF. 棱褶 prism fold；PL. 后叶 posterior lobe；Pr. 原尖 protocone；Prd. 下原尖 protoconid；T. 三角 triangle

2）褶角、三角和齿尖（cusp/cuspid）的对应关系

下臼齿的颊侧第一个褶角（BSA1）相当于下次尖（Hd = hypoconid），颊侧第二个褶角（BSA2）或第二个三角（T2）相当于下原尖（Prd = protoconid），颊侧第三个褶角（BSA3）或第四个三角（T4）相当于下前边尖（Ad = anteroconid），舌侧第一个褶角（LSA1）相当于下次小尖（Hld = hypoconulid），舌侧第二个褶角（LSA2）或第一个三角（T1）相当于下内尖（Ed = entoconid），舌侧第三个褶角（LSA3）或第三个三角（T3）相当于下后尖（Md = metaconid）；上臼齿舌侧第一个三角（T1）或第二个褶角（LSA2）相当于原尖（Pr = protocone），舌侧第三个三角（T3）或第三个褶角（LSA3）相当于次尖（Hy = hypocone），颊侧第二个三角（T2）或第二个褶角（BSA2）相当于前尖（Pa = paracone），颊侧第四个三角（T4）或第三个褶角（BSA3）对应于后尖（Me = metacone），颊侧第一褶角（BSA1）和舌侧第一褶角（LSA1）分别对应于前边尖（Ac = anterocone）和前边小尖（Acl = anteroconul）。

3）齿峡（Is = isthmus）与三角的封闭程度

Kawamura（1988）补充和完善了 Aimi（1980）提出的“齿峡”概念，指出上臼齿的齿峡从前往后计数，下臼齿则从后往前计数；齿峡宽度限定于齿峡两珐琅质层之内缘间距（图 12）；齿峡宽度小于 0.1 mm 者为封闭（closed），大于（或等于）0.1 mm 者为开敞（open），宽度大于等于 0.16 mm 者为汇通（confluent）。m1 齿峡封闭的数目越少，所代表的属种越原始；反之，越进步。m1 齿峡的封闭与开敞的不同组合构成了不同属种的特征，例如 Is 1–4 和 Is 6 封闭与 Is 5 不封闭组合是松田鼠属（*Pitymys*）的特点；Is 1–4 封闭与 Is 5 不封闭组合是水䶄属（*Arvicola*）和异费鼠属（*Allophaiomys*）的特点；Is 1、Is 3、Is 5 封闭与 Is 2、Is 4、Is 6 不封闭组合是绒鼠属（*Eothenomys*）的形态等。这一方法已被一些中国学者使用（金昌柱、张颖奇，2005；张颖奇等，2011）。在本书中仅测量和统计了每一属种 m1 的齿峡数目及其封闭百分率。其结果可以分为封闭（封闭百分率为 100%）、不封闭（封闭百分率为 0），以及介于二者之间。

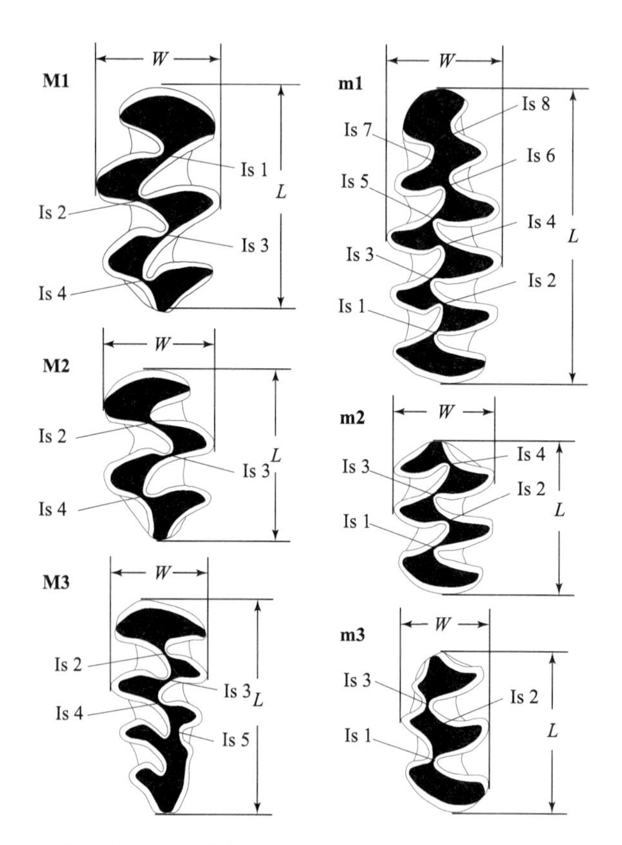

图 12　䶄亚科臼齿咬面测量和齿峡计数方法（据 Kawamura, 1988）

Figure 12　Methods for measurements of the occlusal surface and enumeration of the isthmuses of molars in Arvicolinae (after Kawamura, 1988)

L. 咬面长 length of occlusal surface；*W*. 咬面宽 width of occlusal surface；Is. 齿峡 isthmus

4）珐琅质层的分异商（SDQ）和珐琅质层厚度/牙齿长度商（SZQ）

珐琅质层的分异商（SDQ）和珐琅质层厚度/牙齿长度商（SZQ）分别是德文“Schmelzband Differenzierungs Quotient”和“Schmelzband Breiten/Zahnlangen Quotient”的缩写，翻译成英文分别为“enamel band differentiation quotient”和“enamel thickness/tooth length quotient”。

珐琅质层分异商的计算方法如下：一个褶角（以 m1 舌侧第 2 褶角为例）的分异商为其后缘或凸侧厚度（*a*）和前缘或凹侧（*b*）厚度之百分比，即 $SDQ_{LSA2} = a_{LSA2}/b_{LSA2} \times 100$；一个个体的分异商为 $SDQ_{I} = (SDQ_{LSA1}+SDQ_{LSA2}+\cdots+SDQ_{BSA3})/7$；一个居群的分异商为 $SDQ_{P} = (SDQ_{I1}+SDQ_{I2}+\cdots$

$+SDQ_{In})/n$。如果 SDQ 值等于或大于 100，称为正分异（positive differentiation）或模鼠型（*Mimomys*-type）分异；如果 SDQ 值小于 100，则为负分异（negative differentiation）或田鼠型（*Microtus*-type）分异（Heinrich, 1978）。

珐琅质层厚度/牙齿长度商的计算方法如下：一个褶角（以 m1 舌侧第 2 褶角为例）的分异商为其前缘或凹侧厚度（b）与 m1 长度之百分比，即 $SZQ_{LSA2} = b_{LSA2}$/m1-length×100；一个个体的分异商为 $SZQ_I = (SZQ_{LSA1}+SZQ_{LSA2}+\cdots+SZQ_{BSA3})/7$；一个居群的分异商为 $SZQ_P = (SZQ_{I1}+SZQ_{I2}+\cdots+SZQ_{In})/n$。SZQ 直接记录了 *Arvicola* 的 m1 演化过程中切缘性状的变化，其最高速率发生在公元前 30000 年左右。Heinrich（1990）进一步完善了这种方法（图 13）并用统计结果检验了中欧的 *Arvicola* 如何从正分异的化石种 *A. cantiana* 演化为负分异的现生种 *A. terrestris*。这种方法在探讨属种的演化方向上无疑是一种比较好的方法，也可以作为属种分类的依据之一。一些中国学者也使用了这种方法（Zhang et al., 2008b；Kawamura et Zhang, 2009；张颖奇等，2011）。然而全面运用此法，却是一项非常烦琐的测量统计工作，本书仅观测统计了部分掌握在手中的各种 m1 标本的 SDQ 值。

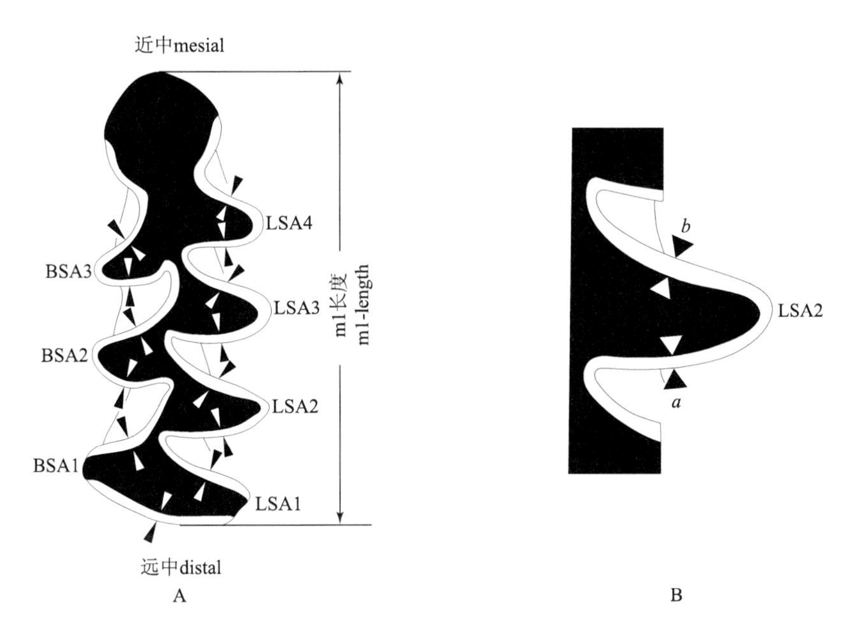

图 13　水䶄属 *Arvicola* 的 m1 上用于计算 SDQ 和 SZQ 的珐琅质层厚度测量方法（据 Heinrich, 1990）

Figure 13　Measuring methods for enamel band thickness on m1 of *Arvicola* to calculate SDQ and SZQ (after Heinrich, 1990)

A. 整体视 overall view；B. 局部视 local view；*a*. 褶角后缘或凸侧厚度 the thickness of the poster wall or convex side；*b*. 褶角前缘或凹侧厚度 the thickness of the anterior wall or concave side

5）珐琅质曲线参数（有根臼齿类、舌侧珐琅质曲线高度参数）

（1）m1 颊侧珐琅质参数 E（Chaline, 1974）、E_a 和 E_b（van de Weerd, 1976）。E 指下前边尖湾（Asd = anterosinuid）的最高点与下次尖湾（Hsd = hyposinuid）后端最低点相对于咬面之垂直距离；E_a 指下前边尖湾（Asd）最高点和颊侧第一个褶沟（BRA1）的底端点相对于咬面之垂直距离；E_b 指下次尖湾（Hsd）的最高点与颊侧第一褶沟（BRA1）底端点相对于咬面之垂直距离（图 14）。这些参数已用于中国模鼠类的研究（郑绍华、李传夔，1986；邱铸鼎、李强，2016），有很好的定量效果。

（2）下臼齿下次尖湾（Hsd = hyposinuid）和下次小尖湾（Hsld = hyposinulid）指数（HH-Index=$\sqrt{Hsd^2+Hsld^2}$）、上臼齿原尖湾（Prs = protosinus）和前边尖湾（As = anterosinus）指数（PA-Index=$\sqrt{Prs^2+As^2}$），以及上臼齿原尖湾（Prs）、前边尖湾（As）和舌侧前边尖湾（Asl = anterosinulus）指数（PAA-Index=$\sqrt{Prs^2+As^2+Asl^2}$）。其中，Hsd 为下次尖湾顶端和颊侧第一褶沟（BRA1）底端间平行于牙齿后缘的距离，Hsld 为下次小尖湾顶端和舌侧第一褶沟（LRA1）底端间平行于牙齿前缘间

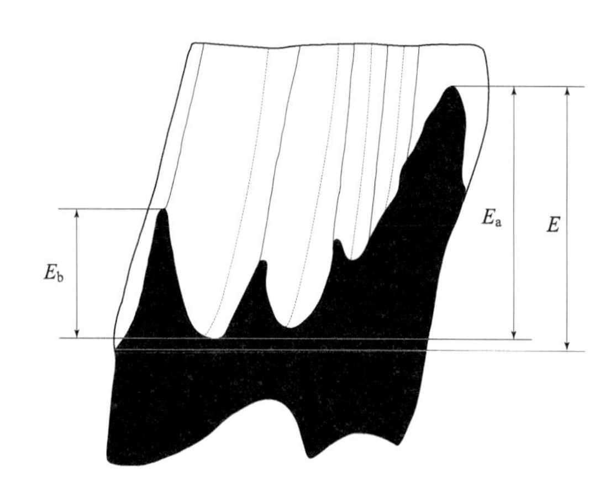

图 14 模鼠属（*Mimomys*）m1 的珐琅质参数 E、E_a 和 E_b 的测量方法（据 van de Weerd, 1976）

Figure 14 Measuring methods for parameters E, E_a and E_b on m1 of *Mimomys* (after van de Weerd, 1976)

的距离，Prs 为原尖湾底端和舌侧第一褶沟（LRA1）顶端间平行于牙齿前缘的距离，As 为前边尖湾底端和颊侧第一褶沟（BRA1）顶端间平行于牙齿前缘的距离（图 15，图 16）（Carls et Rabeder, 1988）。该 3 项指数越大，指示齿冠高度越大，所代表的种类越进步。这些指数已被初步用于中国模鼠类的研究（Zhang et al., 2008b；邱铸鼎、李强，2016）。参数 E、E_a 和 E_b 主要应用于模鼠（*Mimomys*）的定量研究，而 HH-Index 和 PA-Index 指数则可用于所有臼齿带根的䶄类研究，而且可以克服高齿冠臼齿往往不易测到参数 E 和 E_a 的缺点。

6）下前边尖组合（ACC）的相对长度（A/L）、前帽（AC）和 T4-T5 间的相对封闭程度（B/W）、T4 和 T5 间的封闭程度（C/W）

其中，$A/L = 100\times a/L$，$B/W = 100\times b/W$，$C/W = 100\times c/W$（图 17），主要用于 *Allophaiomys* 属中不同种间的区分（van der Meulen, 1974）。测算结果显示：*A. deucalion* 比 *A. pliocaenicus* 有较低的 A/L 值（平均 39.6 对 43.7）和较高的 B/W 值（平均 36.8 对 25.3）。这一方法已用于泥河湾马圈沟遗址中的 *Allophaiomys* 的研究（蔡保全等，2008）。为了便于比较，本书选取了采自泥河湾盆地洞沟剖面第 16 层的 *A. deucalion* 和蔚县盆地大南沟剖面第 12 层的 *A. pliocaenicus* 材料进行了各种参数测量。

7）兔尾鼠（*Lagurus*）型和高山䶄（*Alticola*）型臼齿

前者主要指上臼齿舌侧第二褶沟（LRA2）呈 U 形，沟底有珐琅质折曲；后者主要指 M3 颊侧第一褶沟（BRA1）很浅，呈 U 形。

8）下门齿横过下臼齿列的位置

下门齿从舌侧横向颊侧的位置越靠前，种类越原始。例如 *Mimomys* 相对原始的种类下门齿横过臼齿列在 m2 后根之下；进步的种类在 m2 和 m3 之间（Hinton, 1926）。

9）珐琅质层的显微结构图案（德文“Schmelzmuster”或英文“enamel pattern”）

牙齿（门齿或臼齿）珐琅质层的显微结构（晶柱及其排列方式）也用于区分不同种类（Zhang et al., 2010）。这一方法国际上已广泛应用，国内还有待跟进。

10）上臼齿齿根数

一般情况下，M2 和 M3 齿根数目均为 3 代表原始；若均为 2，则代表进步；若 M2 为 3，M3 为 2，则介于两者之间。

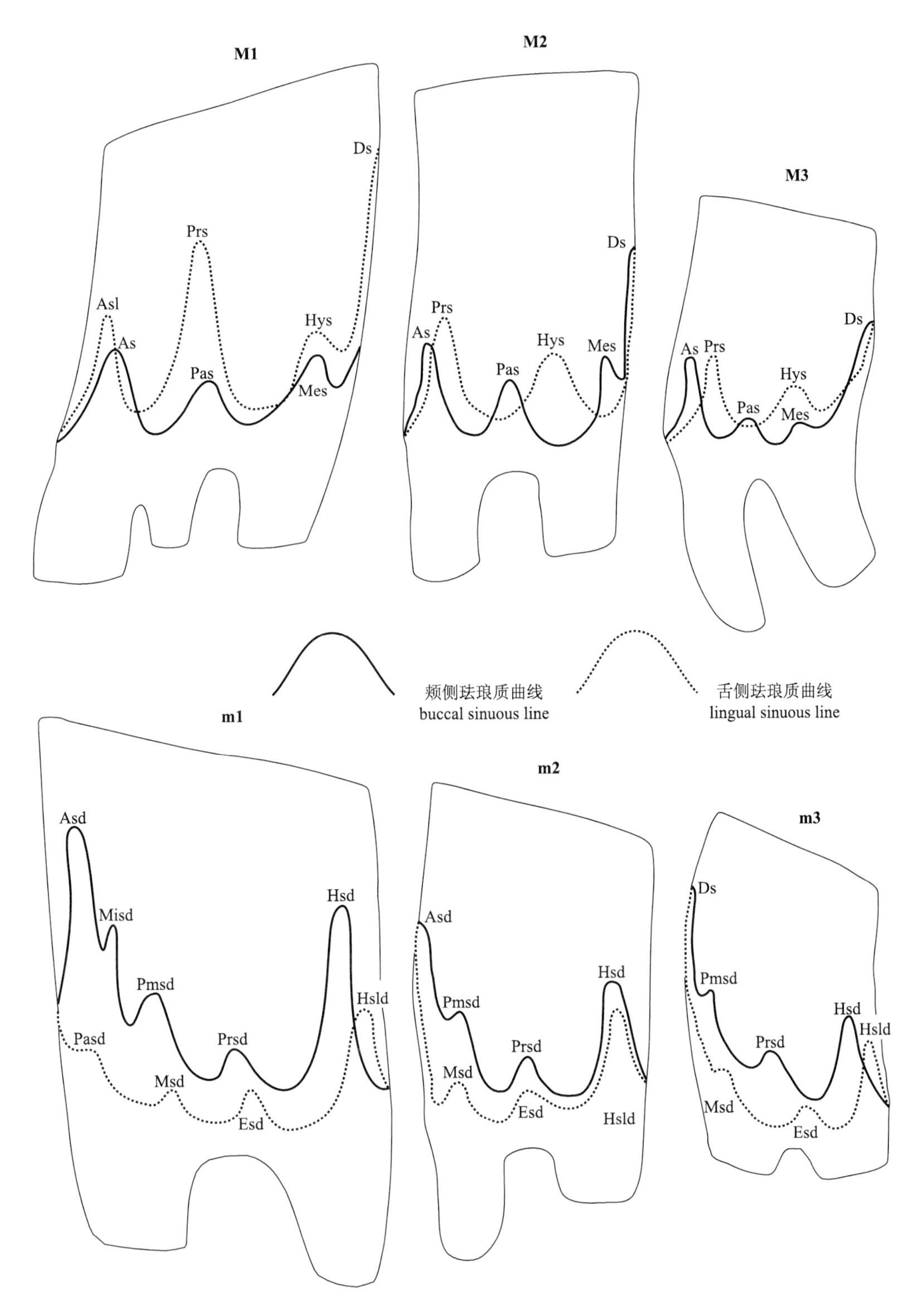

图 15　鼾亚科臼齿珐琅质曲线术语（据 Carls et Rabeder, 1988，略有修改）

Figure 15　Terminology for the molar sinuous line (linea sinuosa) in Arvicolinae (after Carls et Rabeder, 1988, with minor modifications)

As. 前边尖湾 anterosinus（BSA1）；Asd. 下前边尖湾 anterosinuid（BSA3）；Asl. 舌侧前边尖湾 anterosinulus（LSA1）；Ds. 端湾 distosinus；Esd. 下内尖湾 entosinuid（LSA2）；Hys. 次尖湾 hyposinus（LSA3）；Hsd. 下次尖湾 hyposinuid（BSA1）；Hsld. 下次小尖湾 hyposinulid（LSA1）；Mes. 后尖湾 metasinus（BSA3）；Msd. 下后尖湾 metasinuid（LSA3）；Misd. 模鼠角湾 mimosinuid（MR）；Pas. 前尖湾 parasinus（BSA2）；Pasd. 下前尖湾 parasinuid（BSA3）；Pmsd. 棱褶湾 prismosinuid（PF）；Prs. 原尖湾 protosinus（LSA2）；Prsd. 下原尖湾 protosinuid（BSA2）；括号内为对应咬面特征术语 corresponding occlusal terms are given in bracket when applicable

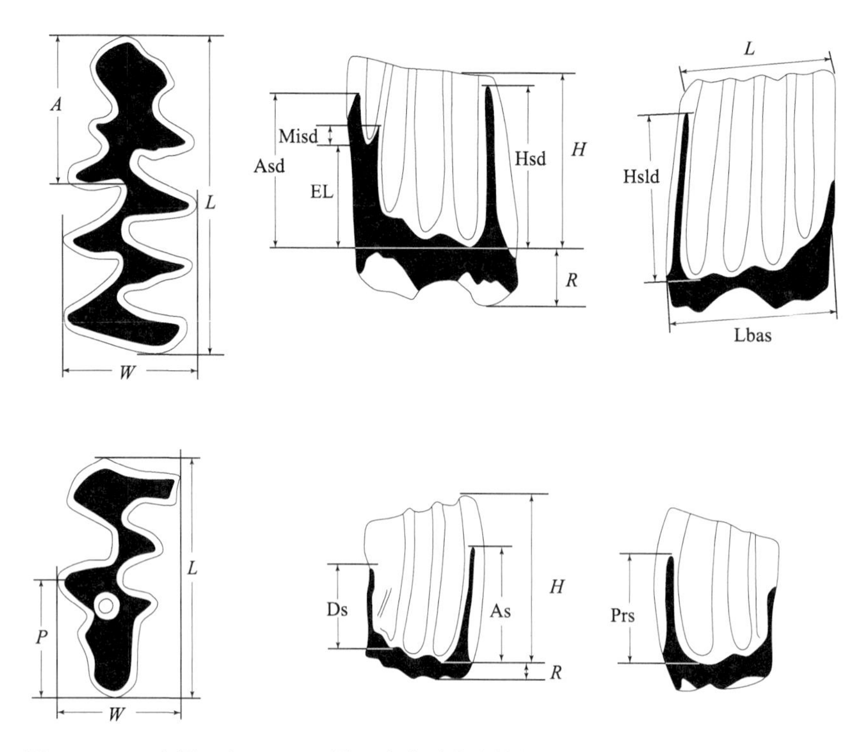

图 16　m1（上图）和 M3（下图）珐琅质曲线特征测量方法（据 Tesakov, 2004）

Figure 16　Measuring methods for the sinuous line of m1 (upper row) and M3 (lower row) (after Tesakov, 2004)

A. 下前边尖组合长 length of anteroconid；As. 前尖湾高 height of anterosinus；Asd. 下前边尖湾高 height of anterosinuid；Ds. 端湾高 height of distosinus；EL. 岛褶高度 height of islet fold；*H*. 齿冠高度 height of crown；Hsd. 下次尖湾高 height of hyposinuid；Hsld. 下次小尖湾高 height of hyposinulid；*L*. 咬面长 length of occlusal surface；Lbas. 齿冠基部长 length of base；Misd. 模鼠角湾高 height of mimosinuid；*P*. 后叶长 length of posterior lobe；Prs. 原尖湾高 height of protosinus；*R*. 齿根长 length of root；*W*. 咬面宽 width of occlusal surface

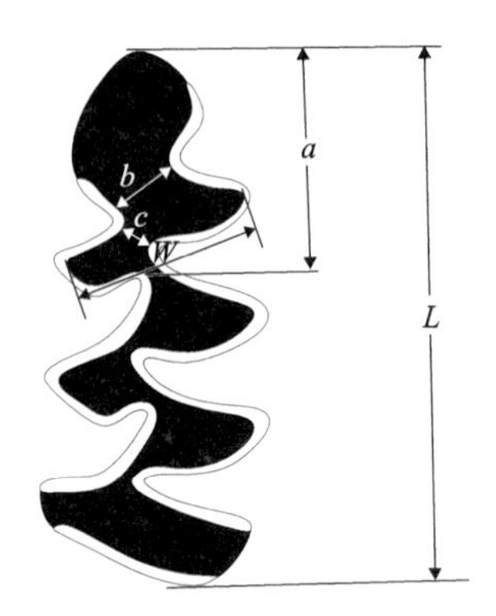

图 17　异费鼠属（*Allophaiomys*）的 m1 上各咬面参数测量方法（据 van der Meulen, 1974）

Figure 17　Measuring methods for the occlusal parameters on m1 of *Allophaiomys* (after van der Meulen, 1974)

L. 牙长 length of tooth；*a*. 下前边尖组合长 length of ACC；*W*. 下前边尖组合宽 width of ACC；*b*. 第 6 齿峡宽 width of Is 6；*c*. 第 5 齿峡宽 width of Is 5

（二）鼢 鼠 亚 科

1. 鼢鼠类动物介绍

现生鼢鼠是一类高度特化，穴居，主要以植物根茎为食的啮齿动物。它们体形粗壮、矮胖，外形似圆柱状，无明显的头、颈、胸、腹各部区别。头宽扁，吻钝，眼小，鼻前方发育有鼻垫，外耳廓仅有环绕外耳孔的圆筒形皮褶。体毛柔软似丝。四肢和尾甚短。前肢粗大，肱骨极为发达。指（趾）爪强壮。门齿粗壮。臼齿高冠，咀嚼面上齿尖呈三角形齿环，无齿根。齿褶内无白垩质充填。齿式为1·0·0·3/1·0·0·3 = 16。根据颅骨特征组合可分成凸枕型和平枕型两类。凸枕型（仅 *Eospalax*）特征为枕盾上部突出于人字脊两翼连线之后，枕宽显著大于枕高，眶下孔下部较宽，门齿孔位于前颌骨/上颌骨上。平枕型（仅 *Myospalax*）特征为枕盾面上部与人字脊处于同一截面上，枕宽稍大于枕高，眶下孔下部较窄，门齿孔只位于前颌骨上。

早期化石鼢鼠颅骨以凸枕型为主且有间顶骨存在，臼齿低冠带齿根。经整个晚中新世期间的演化，上新世初至更新世中期分化出一类凹枕型鼢鼠。其枕盾面上部向前凹入人字脊两翼连线之前，枕宽也显著大于枕高（像现生凸枕型鼢鼠），眶下孔下部较窄，门齿孔全在前颌骨上（像现生平枕型鼢鼠）。所有三种颅骨类型的晚期属种的间顶骨和齿根均丢失。但其臼齿具有从相对低冠到相对高冠和从带齿根到丢失齿根的演化过程。

鼢鼠是亚洲特有的啮齿动物，其化石主要发现于乌拉尔山脉以东温带和暖温带森林草原、草原和干旱草原分布地区。在中国主要分布于秦岭-淮河一线以北地区，与现生鼢鼠的分布高度重合（图 18）。化石鼢鼠分布有如下特点：①主要分布于温带草原有零星森林或林地分布地区；②真正的戈壁和沙漠地区还未有记录发现；③西藏南部吉隆沃马和北部比如布隆（海拔约 4200 m）三趾马动物群中没有发现鼢鼠化石（计宏祥等，1980；郑绍华，1980），而本书中提及的甘孜地点（海拔 3000–4000 m）是目前所有化石地点中最高的地点；④鼢鼠类基本分布在中国亚热带-暖温带界线（秦岭-淮河一线）以北的温带地区，也有例外，如现生种生活于湖北神农架、四川川西高原等海拔比较高的地区，现生甘肃史氏始鼢鼠（*Eospalax smithii*）化石产地也代表了纬度低但海拔高的情况；⑤秦岭-淮河一线以南海拔高度小于 1000 m 的地区没有发现鼢鼠化石，这可从分布于长江和淮河之间的众多中国中西部第四纪哺乳动物群中没有鼢鼠得到证明；⑥最原始的属种多集中在黄土高原地区，最进步的种类则在其四周。

早期的化石鼢鼠是否与现生鼢鼠一样具有掘地打洞和穴居的生活习性？答案似乎应该是否定的。一方面，现生种 *Eospalax fontanieri* 只有环椎可以活动，其后的 6 节颈椎总是愈合在一起；而化石种 *Prosiphneus licenti* 的所有颈椎都相对大，且都可以自由活动（Teilhard de Chardin, 1926a）。这说明前者的颈部更有力，更适于掘土。另一方面，*Eospalax* 等较进步属已缺失间顶骨从而加强了头部的力量，而 *Prosiphneus* 等较原始属有间顶骨证明颅骨力量还没有强壮到能够掘地打洞的程度。事实上，能掘地打洞的现生属 *Spalax* 和 *Rhizomys* 都缺失间顶骨。化石鼢鼠分布广，是起源于晚新生代的演化速率最快的啮齿动物门类之一。在研究物种演化方式、高精度生物地层的时代及其对比、生态环境变迁等方面，鼢鼠亚科（Myospalacinae）可与起源于早上新世且分布更广的䶄亚科（Arvicolinae）互为补充。

与鼢鼠相关的属名按首次使用时间的先后顺序列举如下：①*Myospalax* Laxmann, 1769（模式种：*Mus myospalax* Laxmann, 1773）；②*Myotalpa* Kerr, 1792（模式种：*Mus aspalax* Pallas, 1776）；③*Siphneus* Brants, 1827（模式种：*Mus aspalax*）；④*Prosiphneus* Teilhard de Chardin, 1926a（模式种：*Prosiphneus licenti* Teilhard de Chardin, 1926a）；⑤*Myotalpavus* Miller, 1927（模式种：*Siphneus eriksoni* Schlosser, 1924）；⑥*Eospalax* Allen, 1938（模式种：*Siphneus fontanieri* Milne-Edwards, 1867）；⑦*Zokor* Ellerman, 1941（模式种：*Siphneus fontanieri*）；⑧*Mesosiphneus* Kretzoi, 1961（模式种：*Prosiphneus praetingi* Teilhard de Chardin, 1942）；⑨*Episiphneus* Kretzoi, 1961（模式种：*Prosiphneus pseudarmandi* Teilhard de Chardin, 1942）；⑩*Allosiphneus* Kretzoi, 1961（模式种：*Siphneus arvicolinus* Nehring, 1883）；⑪*Pliosiphneus* Zheng, 1994（模式种：*Prosiphneus lyratus* Teilhard de Chardin, 1942）；⑫*Chardina* Zheng, 1994（模式种：*Prosiphneus truncatus* Teilhard de Chardin, 1942）；⑬*Yangia* Zheng, 1997（= *Youngia* Zheng, 1994）（模式种：*Siphneus tingi* Young, 1927）。按照命名法规的优先法则，下面的属应为有效属：*Myospalax* 和 *Episiphneus* 应分别代表臼齿无根和有根的平枕型鼢鼠；*Eospalax*（以及极为特化、特大型的 *Allosiphneus*）和 *Prosiphneus*（以及 *Pliosiphneus*）应分别代表臼齿无根和有根的凸枕型鼢鼠；*Yangia* 和 *Mesosiphneus* 应分别代表臼齿无根和有根的凹枕型鼢鼠；*Chardina* 是一个臼齿有根的、颅骨从凸枕向凹枕型过渡的属。

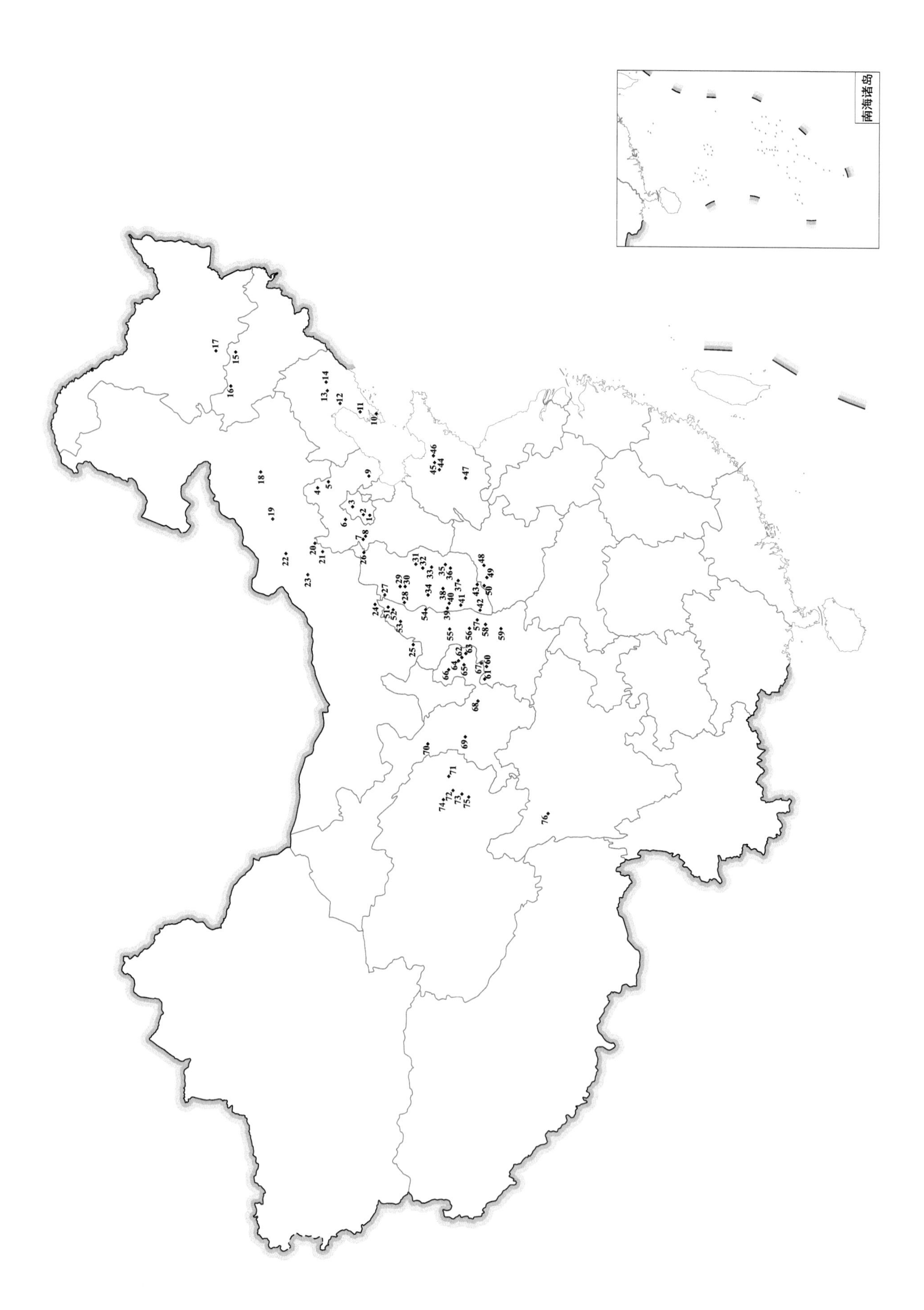
南海诸岛

图 18　中国鼢鼠类化石地点

Figure 18　Localities of fossil myospalacines of China

1. 北京周口店第 1、2、3、9、12、13、15 地点，顶盖砾石层，山顶洞，太平山西洞 Loc. 1, 2, 3, 9, 12, 13 and 15, Capping gravel layer, Upper Cave, West Cave of Taipingshan, Zhoukoudian, Beijing；2. 北京周口店第 18 地点（门头沟灰峪）Loc. 18 of Zhoukoudian, Beijing (Huiyu, Mentougou)；3. 北京怀柔黄坎龙牙洞 Longya Cave of Huangkan, Huairou, Beijing；4. 河北承德围场（第 62 地点）Loc. 62, Weichang, Chengde, Hebei；5. 河北承德谢家营 Xiejiaying, Chengde, Hebei；6. 河北赤城诸地点 Localities of Chicheng, Hebei；7. 河北阳原诸地点 Localities of Yangyuan, Hebei；8. 河北蔚县诸地点 Localities of Yuxian, Hebei；9. 河北唐山贾家山 Jiajiashan of Tangshan, Hebei；10. 辽宁大连海茂 Haimao, Dalian, Liaoning；11. 辽宁瓦房店古龙山 Gulongshan of Wafangdian, Liaoning；12. 辽宁营口“金牛山人”遗址 “Jinniushan Man” Site of Yingkou, Liaoning；13. 辽宁辽阳安平 Anping, Liaoyang, Liaoning；14. 辽宁本溪湖旁 Vicinity of Benxi Lake, Liaoning；15. 吉林榆树周家油坊（现榆树市秀水镇周家村）Zhoujiayoufang (present Zhoujia Village), Yushu, Jilin；16. 吉林前郭青山头 Qingshantou of Qianguo, Jilin；17. 黑龙江哈尔滨顾乡屯 Guxiangtun, Harbin, Heilongjiang；18. 内蒙古巴林左旗乌尔吉迟家营子 Chijiayingzi, Olji, Bairin Left Banner, Inner Mongolia；19. 内蒙古阿巴嘎旗诸地点 Localities of Abag Banner, Inner Mongolia；20. 内蒙古化德毕力克 Bilike, Huade, Inner Mongolia；21. 内蒙古化德二登图第 1 地点、哈尔鄂博 Loc. 1 of Ertemte, Harr Obo of Huade, Inner Mongolia；22. 内蒙古苏尼特左旗巴伦哈拉根 IM 0801 地点 Loc. IM 0801 of Balunhalagen, Sonid Left Banner, Inner Mongolia；23. 内蒙古苏尼特右旗阿木乌苏 Amuwusu, Sonid Right Banner, Inner Mongolia；24. 内蒙古准格尔旗杨家湾（第 8 地点）Loc. 8, Yangjiawan, Jungar Banner, Inner Mongolia；25. 内蒙古乌审旗萨拉乌苏 Xarusgol of Uxin Banner, Inner Mongolia；26. 山西阳高许家窑遗址 Xujiayao Site of Yanggao, Shanxi；27. 山西河曲巡检司（第 7 地点，现巡镇），保德火山（第 4 地点，现河曲县旧县镇火山村）、沙湾子附近第 5、6 地点 Loc. 7, Xunjiansi (present Xunzhen), Loc. 5 and 6, the vicinity of Shawanzi, Loc. 4, Baode Huoshan (present Huoshan Village, Jiuxian), Hequ, Shanxi；28. 山西保德前芦子沟（第 3 地点）Loc. 3, Qianluzigou, Baode, Shanxi；29. 山西静乐贺丰小红凹（第 1 地点）Loc. 1, Xiaohong'ao of Hefeng, Jingle, Shanxi；30. 山西静乐高家崖（第 2 地点，今娄烦县静游镇峰岭底村附近）Loc. 2, Gaojiaya (vicinity of present Fenglingdi, Loufan), Jingle, Shanxi；31. 山西寿阳诸地点 Localities of Shouyang, Shanxi；32. 山西晋中下土河柳沟 Liugou of Xiatuhe, Jinzhong, Shanxi；33. 山西榆社盆地诸地点 Localities of Yushe Basin of Shanxi；34. 山西中阳许家坪（第 16、17 地点，可能为今中阳县枝柯镇许家庄）Loc. 16 and 17, Xujiaping (probably present Xujiazhuang of Zhike), Zhongyang, Shanxi；35. 山西襄垣诸地点 Localities of Xiangyuan, Shanxi；36. 山西屯留小常村 Xiaochang, Tunliu, Shanxi；37. 山西浮山范村（第 31 地点）Loc. 31, Fancun, Fushan, Shanxi；38. 山西太谷仁义村（第 24 地点，现隶属灵石县南关镇）Loc. 24, Renyi (presently belonging to Nanguan, Lingshi), Taigu, Shanxi；39. 山西大宁下坡地（第 9、19 地点，地理位置及现行政区划归属不明）Loc. 9 and 19, Xiapodi (geographic location and present administrative attribution unclear), Daning, Shanxi；40. 山西隰县午城军地沟（第 18 地点）Loc. 18, Jundigou of Wucheng, Xixian, Shanxi；41. 山西吉县 Jixian, Shanxi；42. 山西临猗 Linyi, Shanxi；43. 山西垣曲峡口村许家庙 Xujiamiao of Xiakou Village, Yuanqu, Shanxi；44. 山东淄博孙家山第 1、2 地点 Loc. 1, 2 of Sunjiashan of Zibo, Shandong；45. 山东益都（今青州市）西山（第 63 地点）Loc. 63, Xishan, Yidu (present Qingzhou), Shandong；46. 山东潍县武家村（现隶属于潍坊市潍城区）Wujia Village, Weixian (presently belonging to Weicheng, Weifang), Shandong；47. 山东平邑东阳（现平邑街道）白庄村小西山第 1 地点 Loc. 1 of Xiaoxishan of Baizhuang Village, Dongyang (present Pingyi Neighbourhood), Pingyi, Shandong；48. 河南巩县礼泉（现隶属于巩义市康店镇）Liquan, Gongxian (presently belonging to Kangdian, Gongyi), Henan；49. 河南新安王沟 Wanggou of Xin'an, Henan；50. 河南渑池诸地点 Localities of Mianchi, Henan；51. 陕西府谷诸地点 Localities of Fugu, Shaanxi；52. 陕西神木东山村（第 12 地点）Loc. 12, Dongshan Village, Shenmu, Shaanxi；53. 陕西榆林柳卜滩（第 13 地点，曾称柳巴滩）Loc. 13, Liubotan (once called Liubatan), Yulin, Shaanxi；54. 陕西吴堡石堆山（第 16 地点，现绥德县义合镇石堆山村）Loc. 16, Shiduishan, Wubu (present Shiduishan Village, Suide County), Shaanxi；55. 陕西延安九沿沟 Jiuyangou of Yan'an, Shaanxi；56. 陕西洛川诸地点 Localities of Luochuan, Shaanxi；57. 陕西澄城西河 Xihe, Chengcheng, Shaanxi；58. 陕西大荔后河 Houhe, Dali, Shaanxi；59. 陕西蓝田诸地点 Localities of Lantian, Shaanxi；60. 陕西两亭红土沟 Hongtugou of Liangting, Shaanxi；61. 陕西陇县白牛峪 Bainiuyu of Longxian, Shaanxi；62. 甘肃合水诸地点 Localities of Heshui, Gansu；63. 甘肃宁县水磨沟左岸 Left bank of Shuimogou, Ningxian, Gansu；64. 甘肃庆城教子川赵家沟（第 115 地点）Loc. 115, Zhaojiagou, Jiaozichuan, Qingcheng, Gansu；65. 甘肃庆阳黄土底砾 Loess basal conglomerate of Qingyang, Gansu；66. 甘肃环县耿家沟 Gengjiagou of Huanxian, Gansu；67. 甘肃灵台诸地点 Localities of Lingtai, Gansu；68. 甘肃秦安诸地点 Localities of Qin'an, Gansu；69. 甘肃康乐当川堡（现流川乡）Dangchuanbu (present Liuchuan Township), Kangle, Gansu；70. 甘肃天祝松山华尖西南上庙儿沟（现已并入打柴沟镇多隆村）南第 1 地点 Loc. 1 of Shangmiaoergou (presently incorporated in Duolong, Dachaigou), Huajian, Songshan, Tianzhu, Gansu；71. 青海贵德盆地四合滩（地理位置及现行政区划归属不明）Sihetan (geographic location and present administrative attribution unclear) of Guide Basin of Qinghai；72. 青海贵南郭仁多（曾称过仍多）、洛合相（曾称楼后乡）Guorenduo (once called Guorengduo), Luohexiang (once called Louhouxiang), Guinan, Qinghai；73. 青海贵南茫曲（原拉乙亥）昂索电站沟 77078 地点 Loc. 77078 of Dianzhangou, Angsuo, Mangqu (formerly Layihai), Guinan, Qinghai；74. 青海共和盆地诸地点 Localities of Gonghe Basin, Qinghai；75. 青海同德 Tongde, Qinghai；76. 四川甘孜东站西支沟内 Xizhigou of Ganzi East Station, Sichuan

鼢鼠属 *Myospalax* Laxmann, 1769 这一学名源自希腊语，由词根“myope”（近视的）和“spalax”（鼹鼠）组合而成，意即近视的鼹鼠；学名 *Talpa* Linnaeus, 1758 和 *Talpavus* Marsh, 1872 均源自拉丁语，意为鼹鼠；学名 *Siphneus* Brants, 1827 源自希腊语词根“siphnos”，意为残废的、半盲的。中国的地方俗称虽多，但“瞎老鼠”的称谓最为普遍。

2. 中国鼢鼠化石的研究历史

自从臼齿带根的“*Siphneus*” *eriksoni* 在内蒙古二登图被发现后（Schlosser, 1924），鼢鼠类的分类逐渐复杂起来，Miller（1927）创建的属名 *Myotalpavus* 被用到了该种上。但稍早，Teilhard de Chardin（1926a）已经基于甘肃庆阳三趾马红黏土的材料创建了臼齿带齿根的 *Prosiphneus*，因此 *Myotalpavus* 成了无效属名。稍后，Teilhard de Chardin 和 Young（1931）首次使用科名“Siphneidae”并包含了两个属，即带根的“*Prosiphneus*”和不带根的“*Siphneus*”；同时，反映颅骨平枕、凸枕和凹枕的 3 个种组“*psilurus* group”“*fontanieri* group”和“*tingi* group”也已被认识。Allen（1938）将一些平枕型的现生种归入 *Myospalax*，将一些凸枕型的现生种归入 *Eospalax*，并将这两属归入 Myospalacinae。Leroy（1941）又将 *Prosiphneus* 和 *Siphneus* 分别提升为原鼢鼠亚科（Prosiphneinae）和鼢鼠亚科（Siphneinae），也认识到平枕种组（flat occiput group）、凹枕种组（concave occiput group）和凸枕种组（convex occiput group）的存在。其后，Teilhard de Chardin（1942）虽然保留了由 *Prosiphneus* 和 *Siphneus* 构成的 Siphneidae 的科名，但强调最好按颅骨的凹、平、凸的形态，将此科分成 3 个属。更后来，Kretzoi（1961）重新使用 Myospalacidae 替换了科名 Siphneidae，并以当时已经认识到的 *Prosiphneus praetingi*、*Prosiphneus pseudoarmandi* 和 *Siphneus arvicolinus* 为模式种分别建立了 *Mesosiphneus*、*Episiphneus* 和 *Allosiphneus* 3 个属；他进一步提议将 *Prosiphneus licenti* 作为 *Prosiphneus* 的模式种，而将“*Siphneus*” *fontanieri* 和“*Mus*” *myospalax* 分别作为被从亚属提升到属的 *Eospalax* 和 *Myospalax* 的模式种。Lawrence（1991）将所有现生的和化石的种类统统归入 *Myospalax*，置于鼠科（Muridae）中的鼢鼠亚科（Myospalacinae）。McKenna 和 Bell（1997）也将鼢鼠亚科（Myospalacinae）置于鼠科中，但只包含了 *Prosiphneus* 和 *Myospalax* 两个属。Musser 和 Carleton（2005）遵循 Tullberg（1899）的观点，将现生的鼢鼠亚科（Myospalacinae）（包含 *Eospalax* 和 *Myospalax*）、竹鼠亚科（Rhizomyinae）（包含 *Cannomys* 和 *Rhizomys*）、鼹形鼠亚科（Spalacinae）（包含 *Spalax*）和非洲鼹鼠亚科（Tachyoryctinae）（包含 *Tachyoryctes*）一起归入鼹形鼠科（Spalacidae Gray, 1821）。

郑绍华（Zheng, 1994）根据颅骨的形态特征，将平枕型颅骨的鼢鼠归入 Myospalacinae，包括臼齿带根的 *Episiphneus* 和臼齿无根的 *Myospalax*；将凸枕型颅骨鼢鼠归入 Prosipneinae，包括臼齿带根的 *Prosiphneus* 和 *Pliosiphneus* 以及臼齿无根的 *Allosiphneus* 和 *Eospalax*；将凹枕型颅骨的鼢鼠归入 Mesosiphneinae，包括臼齿带根的 *Chardina* 和 *Mesosiphneus* 以及臼齿无根的 *Yangia*。

刘丽萍等（2013）将间顶骨存在的鼢鼠归入 Prosiphneinae，并将其降级为 Prosiphneini Leroy, 1941，包含 *Prosiphneus*、*Pliosiphneus* 和 *Chardina*。他们将间顶骨缺失的鼢鼠归入“Myospalacini Miller et Gidley, 1918”，包括凸枕且臼齿无根的 *Eospalax* 和 *Allosiphneus*，凹枕且臼齿带根的 *Mesosiphneus* 和凹枕且臼齿不带根的 *Yangia*（= *Youngia*），平枕且臼齿带根的 *Episiphneus* 和平枕且臼齿不带根的 *Myospalax* 等 6 属。

从以上所述可见，生物学家和古生物学家关于鼢鼠的定义和分类存在不同的见解：生物学家只根据颅骨枕盾凸和枕盾平的区别而将现生鼢鼠分成 *Eospalax* 和 *Myospalax*，其共同点是臼齿无齿根；而古生物学家除根据化石和现生鼢鼠间顶骨是否存在外，还要综合考虑枕盾凸、平、凹 3 种类型以及臼齿有根（相对低冠）和无根（相对高冠）等特征来区别属种。生物学家的认识仅限于现生鼢鼠适应于地下掘土生活，而古生物学家则认为早期鼢鼠因间顶骨发育而不一定适应于地下生活。这些不同造成了他们在鼢鼠定义及其在亚科和科水平分类上观点的不同。

中国化石鼢鼠的发现和研究过程相当曲折复杂。下面按文献出版年份顺序列出，“〔〕”中为原文献中名称，在其前方为本书中所确定名称。“报道”是指在原文献中仅列出属种名单，而“记述”指在原文献中有形态描述。如果某属种虽然在这里列出但在属种记述部分并未作评述则在其后加“（仅列出）”注明。

Nehring（1883）记述了青海贵德层晚上新世或早更新世鼢鼠类属种：

Allosiphneus arvicolinus　〔*Siphneus arvicolinus*〕

Schlosser（1924）记述了内蒙古化德县二登图第 1 地点晚中新世鼢鼠类属种：

Prosiphneus eriksoni　〔*Siphneus eriksoni*〕

Teilhard de Chardin（1926a）记述了甘肃庆阳市庆城县庆城镇教子川村赵家沟晚中新世“保德红黏土”中的鼢鼠类属种：

Prosiphneus licenti　〔*Prosiphneus licenti*〕

Miller（1927）以“*Siphneus*”*eriksoni* 为模式种建立了鼹鼢鼠属 *Myotalpavus*：

Prosiphneus eriksoni　〔*Myotalpavus eriksoni*〕

Young（1927）记述了河南渑池县仰韶乡仰韶村早更新世鼢鼠类属种：

Yangia tingi　〔*Siphneus tingi*〕

Eospalax fontanieri（仅列出）　〔*Siphneus fontanieri*〕

Boule 和 Teilhard de Chardin（1928）记述了内蒙古乌审旗萨拉乌苏晚更新世（第 1 种）和甘肃庆阳黄土底砾早更新世（后 2 种）鼢鼠类属种：

Eospalax fontanieri（仅列出）　〔*Siphneus fontanieri*〕

Eospalax simplicidens　〔*Siphneus* cf. *myospalax*〕

Allosiphneus arvicolinus　〔*Siphneus arvicolinus*〕

Teilhard de Chardin 和 Piveteau（1930）记述了河北阳原县化稍营镇下沙沟村早更新世鼢鼠类属种：

Yangia tingi　〔*Siphneus tingi*〕

Pei（1930）记述了河北唐山贾家山早更新世鼢鼠类属种：

Episiphneus youngi（仅列出）　〔*Prosiphneus* cf. *intermedius*〕

Teilhard de Chardin 和 Young（1931）记述了鼢鼠类属种：

Mesosiphneus intermedius　〔*Prosiphneus eriksoni* et *intermedius*〕

Chardina sinensis　〔*Prosiphneus sinensis*〕

Eospalax fontanieri　〔*Siphneus* cf. *fontanieri*〕

Eospalax cansus　〔*Siphneus* cf. *cansus*〕
〔部分 *Siphneus chaoyatseni*〕

Eospalax simplicidens　〔部分 *Siphneus hsuchiapingensis*〕

Eospalax youngianus　〔*Siphneus minor*〕
〔部分 *Siphneus* cf. *hsuchiapingensis*〕
〔*Siphneus* sp.〕

Eospalax rothschildi　〔*Siphneus chanchenensis*〕
〔部分 *Siphneus* cf. *cansus*〕

Yangia omegodon　〔*Siphneus omegodon*〕
〔部分 *Siphneus hsuchiapingensis*〕

Yangia chaoyatseni　〔*Siphneus chaoyatseni*〕
〔部分 *Siphneus hsuchiapingensis*〕

Yangia tingi　〔*Siphneus tingi*〕

Yangia epitingi　〔*Siphneus* cf. *fontanieri*〕

Allosiphneus teilhardi　〔*Siphneus arvicolinus*〕

Myospalax wongi 〔部分 *Siphneus* cf. *cansus*〕

Young（1932）记述了北京周口店第 2 地点中更新世鼢鼠类属种（仅列出）：

Eospalax fontanieri 〔*Siphneus* sp.〕

Myospalax wongi 〔*Siphneus wongi*〕

Young（1934）记述了北京周口店第 1 地点中更新世鼢鼠类属种：

Yangia epitingi 〔*Siphneus* sp.〕

Myospalax wongi 〔*Siphneus wongi*〕

Tokunaga 和 Naora（1934）记述了黑龙江哈尔滨顾乡屯晚更新世鼢鼠类属种（仅列出）：

Myospalax psilurus 〔*Siphneus epsilanus*〕

Young（1935a）记述了多地鼢鼠类属种：

山西寿阳县西洛镇道坪村早更新世

Eospalax fontanieri（仅列出） 〔*Siphneus fontanieri*〕

Yangia epitingi（仅列出） 〔部分 *Siphneus tingi*〕

河南新安县城关镇王沟村早更新世

Eospalax simplicidens 〔部分 *Siphneus hsuchiapingensis*〕

山西寿阳县、浮山县寨圪塔乡范村、垣曲县古城镇硖口村

Yangia chaoyatseni 〔*Siphneus chaoyatseni*〕

山西浮山县寨圪塔乡范村（仅列出）、榆社县箕城镇北王村

Yangia tingi 〔部分 *Siphneus tingi*〕

Teilhard de Chardin（1936）记述了北京周口店第 9 地点早更新世鼢鼠类属种：

Yangia tingi 〔*Siphneus tingi*〕

Eospalax fontanieri（仅列出） 〔*Siphneus fontanieri*〕

Eospalax simplicidens（仅列出） 〔*Siphneus* sp.〕
〔*Siphneus* cf. *fontanieri*〕

Pei（1936）记述了北京周口店第 3 地点中更新世鼢鼠类属种：

Myospalax wongi 〔*Siphneus* cf. *wongi*〕

Young 和 Bien（1936）记述了北京周口店第 18 地点（门头沟灰峪）早更新世鼢鼠类属种：

Episiphneus youngi 〔*Prosiphneus* cf. *sinensis*〕

Pei（1939a）报道了北京周口店第 15 地点中、晚更新世鼢鼠类属种：

Eospalax fontanieri 〔*Siphneus fontanieri*〕

Pei（1939b）报道了北京周口店顶盖砾石层晚上新世鼢鼠类属种（仅列出）：

Mesosiphneus intermedius 〔*Prosiphneus* sp.〕

Pei（1940）记述了北京周口店山顶洞晚更新世鼢鼠类属种：

Myospalax aspalax 〔*Siphneus armandi*〕

Teilhard de Chardin（1940）记述了周口店第 18 地点（门头沟灰峪）早更新世鼢鼠类属种：

Episiphneus youngi 〔*Prosiphneus youngi*〕
〔*Prosiphneus psudoarmandi*〕
〔*Prosiphneus* cf. *sinensis*〕

Takai（1940）记述了山西黄土地层中鼢鼠类属种（仅列出）：

Eospalax fontanieri 〔*Myospalax fontanus*〕

Teilhard de Chardin 和 Pei（1941）记述了北京周口店第 13 地点中更新世鼢鼠类属种：

Yangia epitingi 〔*Siphneus epitingi*〕

Teilhard de Chardin（1942）记述了山西榆社盆地 I、II、III 带晚中新世—早更新世鼢鼠类属种：

Prosiphneus murinus	〔*Prosiphneus murinus*〕
Pliosiphneus lyratus	〔*Prosiphneus lyratus*〕
Chardina truncatus	〔*Prosiphneus truncatus*〕
Mesosiphneus praetingi	〔*Prosiphneus praetingi*〕
Mesosiphneus intermedius	〔*Prosiphneus paratingi*〕
Eospalax fontanieri	〔*Siphneus fontanieri*〕
Allosiphneus arvicolinus（仅列出）	〔*Siphneus arvicolinus*〕
Yangia chaoyatseni	〔*Siphneus chaoyatseni*〕
Yangia omegodon	〔*Siphneus omegodon*〕 〔部分 *Siphneus hsuchiapingensis*〕
Yangia tingi	〔*Siphneus tingi*〕
Yangia trassaerti	〔*Siphneus trassaerti*〕

Teilhard de Chardin 和 Leroy（1942）根据当时已发表的化石哺乳动物资料总结了鼢鼠类属种：

Prosiphneus licenti	〔*Prosiphneus licenti*〕
Prosiphneus eriksoni	〔*Siphneus eriksoni*〕
Mesosiphneus intermedius	〔*Siphneus eriksoni*〕 〔部分 *Prosiphneus intermedius*〕
Chardina sinensis	〔*Prosiphneus sinensis*〕
Episiphneus youngi	〔*Prosiphneus youngi*〕 〔*Siphneus eriksoni*〕 〔*Prosiphneus intermedius*〕 〔*Prosiphneus* cf. *sinensis*〕
Yangia chaoyatseni	〔*Siphneus chaoyatseni*〕 〔部分 *Siphneus hsuchiapingensis*〕
Yangia omegodon	〔*Siphneus omegodon*〕
Yangia tingi	〔*Siphneus tingi*〕
Yangia epitingi	〔*Siphneus epitingi*〕
Myospalax aspalax	〔*Siphneus armandi*〕
Myospalax psilurus	〔*Siphneus epsilanus*〕
Myospalax wongi	〔*Siphneus wongi*〕
Eospalax rothschildi	〔*Siphneus chaoyatseni*〕 〔部分 *Siphneus* cf. *cansus*〕
Eospalax fontanieri	〔*Siphneus fontanieri*〕
Eospalax youngianus	〔*Siphneus minor*〕
Allosiphneus arvicolinus	〔*Siphneus arvicolinus*〕
Allosiphneus teilhardi	〔*Siphneus arvicolinus*〕

Mi（1943）报道了陕西陇县白牛峪早上新世鼢鼠类属种：

Chardina gansuensis	〔*Prosiphneus eriksoni*〕

贾兰坡和翟人杰（1957）记述了河北赤城中更新世（?）鼢鼠类属种：

Yangia epitingi（仅列出）	〔*Siphneus epitingi*〕

Kretzoi（1961）列举了以下中国鼢鼠类属种（部分）并列举了新属种（以“*”表示）：

Prosiphneus licenti	〔*Prosiphneus licenti*〕
Pliosiphneus lyratus	〔*Prosiphneus lyratus*〕
Chardina sinensis	〔*Prosiphneus sinensis*〕

Chardina truncatus 〔*Prosiphneus truncatus*〕

Mesosiphneus praetingi 〔*Mesosiphneus** *praetingi*〕

Mesosiphneus intermedius 〔*Mesosiphneus** *paratingi*〕
〔*Episiphneus** *intermedius*〕

Eospalax youngianus 〔*Eospalax youngianus**〕

Allosiphneus arvicolinus 〔*Allosiphneus** *arvicolinus*〕

Allosiphneus teilhardi 〔*Allosiphneus teilhardi**〕

Yangia trassaerti 〔*Myospalax trassaerti*〕

Yangia tingi 〔*Siphneus tingi*〕

Yangia epitingi 〔*Siphneus epitingi*〕

赵资奎和戴尔俭（1961）报道了北京周口店第 1 地点中更新世鼢鼠类属种：

Yangia epitingi 〔*Siphneus epitingi*〕

周明镇（1964）记述了陕西蓝田县陈家窝中更新世鼢鼠类属种：

Eospalax cansus 〔*Siphneus fontanieri*〕

周明镇和周本雄（1965）记述了山西临猗县早更新世鼢鼠类属种（仅列出）：

Eospalax fontanieri 〔*Myospalax fontanieri*〕

周明镇和李传夔（1965）记述了陕西蓝田县陈家窝中更新世鼢鼠类属种：

Yangia epitingi 〔*Myospalax tingi*〕

黄学诗和宗冠福（1973）报道了辽宁本溪市本溪湖旁晚更新世鼢鼠类属种：

Myospalax psilurus 〔*Myospalax epsilanus*〕

郑绍华等（1975）（黄河象研究小组）记述了甘肃合水县板桥镇狼沟晚上新世鼢鼠类属种（仅列出）：

Mesosiphneus intermedius 〔*Prosiphneus intermedius*〕

计宏祥（1975）记述了陕西蓝田地区早更新世鼢鼠类属种：

Allosiphneus arvicolinus 〔*Myospalax arvicolinus*〕

Yangia chaoyatseni（仅列出） 〔*Myospalax chaoyatseni*〕

计宏祥（1976）记述了陕西蓝田县厚镇涝池河中更新世鼢鼠类属种：

Yangia epitingi（仅列出） 〔*Myospalax tingi*〕

郑绍华（1976）记述了甘肃合水县西华池镇唐旗村张旗金沟早更新世鼢鼠类属种：

Allosiphneus arvicolinus 〔*Myospalax arvicolinus*〕

Yangia chaoyatseni 〔*Myospalax chaoyatseni*〕

Eospalax simplicidens 〔*Myospalax hsuchiapingensis*〕

Eospalax fontanieri（仅列出） 〔*Myospalax fontanieri*〕

盖培和卫奇（1977）报道了河北阳原县东城镇虎头梁村虎头梁遗址晚更新世鼢鼠类属种：

Eospalax fontanieri（仅列出） 〔*Myospalax fontanieri*〕

胡长康和齐陶（1978）记述了陕西蓝田县九间房镇公王村公王岭早更新世鼢鼠类属种：

Eospalax fontanieri 〔*Myospalax fontanieri*〕

Yangia tingi（仅列出） 〔*Myospalax tingi*〕

贾兰坡等（1979）报道了山西阳高县古城镇许家窑村许家窑遗址晚更新世鼢鼠类属种（仅列出）：

Eospalax fontanieri 〔*Myospalax fontanieri*〕

张镇洪等（1980）报道了辽宁辽阳市安平乡中更新世鼢鼠类属种（仅列出）：

Myospalax psilurus 〔*Myospalax fontanieri*〕

宗冠福（1981）记述了山西长治市屯留区余吾镇小常村中更新世鼢鼠类属种（仅列出）：

Yangia epitingi 〔*Myospalax tingi*〕

郑绍华和李毅（1982）记述了甘肃天祝县松山镇华尖西南上庙儿沟村（现已并入打柴沟镇多隆村）南第1地点晚中新世鼢鼠类属种：

Prosiphneus tianzuensis 〔*Prosiphneus licenti tianzuensis*〕

黄万波和关键（1983）记述了北京怀柔区九渡河镇黄坎村龙牙洞早更新世鼢鼠类属种：

Episiphneus youngi 〔*Prosiphneus youngi*〕

汤英俊等（1983）报道了山西临猗县早更新世鼢鼠类属种（仅列出）：

Eospalax fontanieri 〔*Myospalax fontanieri*〕

谢骏义（1983）报道了甘肃环县环城镇耿家沟村早更新世黄土地层中鼢鼠类属种：

Allosiphneus arvicolinus 〔*Myospalax arvicolinus*〕

周信学等（1984）报道了辽宁瓦房店市龙山村古龙山晚更新世鼢鼠类属种（仅列出）：

Myospalax aspalax 〔*Myospalax armandi*〕
〔*Myospalax psilurus*〕
〔*Myospalax fontanieri*〕

金昌柱（1984）记述了山东潍县武家村（现隶属于潍坊市潍城区）晚更新世鼢鼠类属种：

Myospalax psilurus 〔*Myospalax* cf. *psilurus*〕

金昌柱等（1984）记述了吉林前郭县八郎镇青山头村晚更新世鼢鼠类属种：

Myospalax aspalax 〔*Myospalax armandi*〕

郑绍华等（1985b）记述了陕西洛川地区晚上新世—中晚更新世鼢鼠类属种：

Mesosiphneus intermedius 〔*Prosiphneus intermedius*〕
〔*Prosiphneus* cf. *intermedius*〕

Yangia omegodon 〔*Myospalax omegodon*〕

Yangia chaoyatseni 〔*Myospalax chaoyatseni*〕
〔部分 *Myospalax hsuchiapingensis*〕

Eospalax simplicidens 〔部分 *Myospalax hsuchiapingensis*〕

Eospalax fontanieri 〔*Myospalax fontanieri*〕

Allosiphneus arvicolinus 〔*Myospalax arvicolinus*〕

郑绍华等（1985a）记述了青海贵德盆地和共和盆地更新世鼢鼠类属种：

Allosiphneus arvicolinus 〔*Myospalax arvicolinus*〕

Eospalax fontanieri（仅列出） 〔*Myospalax fontanieri*〕

郑绍华和李传夔（1986）报道了与 *Mimomys* 相关的上新世—更新世鼢鼠类属种：

Pliosiphneus lyratus 〔*Prosiphneus lyratus*〕

Chardina truncatus 〔*Prosiphneus truncatus*〕

Mesosiphneus praetingi 〔*Prosiphneus praetingi*〕

Mesosiphneus intermedius 〔*Prosiphneus intermedius*〕

Yangia trassaerti 〔*Myospalax trassaerti*〕

Yangia tingi 〔*Myospalax tingi*〕

陆有泉等（1986）记述了内蒙古巴林左旗富河镇乌尔吉村迟家营子晚更新世鼢鼠类属种：

Myospalax aspalax 〔*Myospalax armandi*〕
〔*Myospalax psilurus*〕
〔*Myospalax aspalax*〕

蔡保全（1987）记述了河北阳原县辛堡乡稻地村老窝沟晚上新世鼢鼠类属种（仅列出）：

Mesosiphneus intermedius　〔*Prosiphneus* sp.〕

汪洪（1988）记述了陕西大荔县段家镇后河早更新世鼢鼠类属种：

Yangia omegodon　〔*Myospalax omegodon*〕

周晓元（1988）记述了山西静乐县段家寨乡贺丰村小红凹晚上新世鼢鼠类属种：

Mesosiphneus intermedius　〔*Prosiphneus* sp.〕

Episiphneus youngi　〔*Prosiphneus youngi*〕

Zheng 和 Li（1990）报道了与鼾类有关的鼢鼠类属种：

Prosiphneus eriksoni　〔*Prosiphneus eriksoni*〕

Chardina sinensis　〔*Prosiphneus sinensis*〕

Chardina truncatus　〔*Prosiphneus truncatus*〕

Pliosiphneus lyratus　〔*Prosiphneus lyratus*〕

Mesosiphneus praetingi　〔*Prosiphneus praetingi*〕

Mesosiphneus intermedius　〔*Prosiphneus intermedius*〕
〔*Prosiphneus paratingi*〕

Episiphneus youngi　〔*Prosiphneus youngi*〕
〔*Prosiphneus psudoarmandi*〕

Yangia omegodon　〔*Myospalax omegodon*〕
〔部分 *Myospalax hsuchiapingensis*〕

Yangia trassaerti　〔*Myospalax trassaerti*〕

Yangia chaoyatseni　〔*Myospalax chaoyatseni*〕

Yangia tingi　〔*Myospalax tingi*〕

Yangia epitingi　〔*Myospalax epitingi*〕

邱占祥和邱铸鼎（1990）报道了晚上新世鼢鼠类属种：

Mesosiphneus intermedius　〔*Prosiphneus paratingi*〕

Lawrence（1991）将中国当时已发现的鼢鼠类（臼齿有根的和无根的；平、凸、凹 3 种枕部形态的）统统归入 *Myospalax*，计有鼢鼠类属种：

Prosiphneus licenti　〔*Myospalax licenti*〕

Prosiphneus murinus　〔*Myospalax murinus*〕

Prosiphneus eriksoni　〔*Myospalax eriksoni*〕

Pliosiphneus lyratus　〔*Myospalax lyratus*〕

Chardina sinensis　〔*Myospalax sinensis*〕

Chardina truncatus　〔*Myospalax truncatus*〕

Mesosiphneus praetingi　〔*Myospalax praetingi*〕

Mesosiphneus intermedius　〔*Myospalax intermedius*〕
〔*Myospalax paratingi*〕

Yangia omegodon　〔*Myospalax omegodon*〕

Yangia trassaerti　〔*Myospalax trassaerti*〕

Yangia tingi　〔*Myospalax tingi*〕

Yangia epitingi　〔*Myospalax epitingi*〕

Episiphneus youngi　〔*Myospalax youngi*〕
〔*Myospalax psudoarmandi*〕

Eospalax fontanieri　〔*Myospalax fontanieri*〕

Zheng 和 Han（1991）总结了当时已知的中国第四纪鼢鼠类属种：

Episiphneus youngi　〔*Prosiphneus youngi*〕

Yangia epitingi	〔*Myospalax epitingi*〕
Yangia tingi	〔*Myospalax trassaerti*〕
Yangia chaoyatseni	〔*Myospalax chaoyatseni*〕
Yangia omegodon	〔*Myospalax omegodon*〕
Allosiphneus arvicolinus	〔*Myospalax arvicolinus*〕
Myospalax wongi	〔*Myospalax wongi*〕
Myospalax psilurus	〔*Myospalax psilurus*〕

郑绍华和蔡保全（1991）记述了河北蔚县北水泉镇东窑子头村大南沟早更新世鼢鼠类属种：

Yangia tingi	〔*Myospalax tingi*〕

Flynn 等（1991）报道了山西榆社盆地晚中新世—早更新世鼢鼠类属种：

Prosiphneus murinus	〔*Prosiphneus murinus*〕
Pliosiphneus lyratus	〔*Prosiphneus lyratus*〕
Pliosiphneus antiquus	〔*Prosiphneus eriksoni*〕
Chardina truncatus	〔*Prosiphneus truncatus*〕
Mesosiphneus praetingi	〔*Prosiphneus praetingi*〕
Mesosiphneus intermedius	〔*Prosiphneus paratingi*〕
Eospalax fontanieri	〔*Myospalax fontanieri*〕
Yangia trassaerti	〔*Myospalax trassaerti*〕
Yangia tingi	〔*Myospalax tingi*〕
Yangia epitingi	〔*Myospalax epitingi*〕

Tedford 等（1991）报道的榆社盆地的鼢鼠类与上述 Flynn 等（1991）的报道基本相同。

王辉和金昌柱（1992）记述了辽宁大连市甘井子区海茂村早更新世鼢鼠类属种（仅列出）：

Episiphneus youngi	〔*Prosiphneus* sp.〕
Yangia tingi	〔*Myospalax tingi*〕

Zheng（1994）将鼢鼠科（Siphneidae）划分成 3 个亚科，其所包含鼢鼠类属种分别如下：

〔Myospalacinae Lilljeborg, 1866〕	
Myospalax myospalax	〔*Myospalax myospalax*〕
Myospalax aspalax	〔*Myospalax aspalax*〕
Myospalax psilurus	〔*Myospalax psilurus*〕
Myospalax wongi	〔*Myospalax wongi*〕
Episiphneus youngi	〔*Episiphneus youngi*〕
〔Prosiphneinae Leroy, 1941〕	
Prosiphneus licenti	〔*Prosiphneus licenti*〕
Prosiphneus murinus	〔*Prosiphneus murinus*〕
Prosiphneus qiui	〔*Prosiphneus inexpectatus*，未发表〕
Prosiphneus eriksoni	〔*Myotalpavus eriksoni*〕 〔部分 *Myotalpavus* sp.〕
Prosiphneus tianzuensis	〔*Myotalpavus tianzuensis*〕
Pliosiphneus antiquus	〔部分 *Myotalpavus* sp.〕
Pliosiphneus lyratus	〔*Pliosiphneus lyratus*〕
Allosiphneus arvicolinus	〔*Allosiphneus arvicolinus*〕
Eospalax fontanieri	〔*Eospalax fontanieri*〕
Eospalax cansus	〔*Eospalax cansus*〕

Eospalax rothschildi	〔*Eospalax rothschildi*〕
Eospalax fontanieri *Eospalax rothschildi*	〔*Eospalax chanchenensis*〕
Eospalax youngianus	〔*Eospalax youngianus*〕
〔Mesosiphneinae Zheng, 1994〕	
Chardina truncatus	〔*Chardina truncatus*〕 〔*Pliosiphneus* sp. 3〕
Chardina sinensis	〔*Episiphneus sinensis*〕 〔*Pliosiphneus* sp. 1〕
Chardina teilhardi	〔*Mesosiphneus* sp.〕
Mesosiphneus praetingi	〔*Mesosiphneus praetingi*〕
Mesosiphneus intermedius	〔*Mesosiphneus paratingi*〕 〔*Mesosiphneus intermedius*〕 〔*Pliosiphneus* sp. 2〕
Yangia tingi	〔*Youngia tingi*〕
Yangia omegodon	〔*Youngia omegodon*〕 〔?*Youngia hsuchiapinensis*〕
Yangia trassaerti	〔*Youngia trassaerti*〕
Yangia chaoyatseni	〔*Youngia chaoyatseni*〕
Yangia epitingi	〔*Youngia epitingi*〕

邱铸鼎（1996）报道了内蒙古苏尼特右旗阿木乌苏晚中新世早期鼢鼠类属种：

Prosiphneus qiui	〔*Prosiphneus* n. sp.〕

郑绍华（1997）探讨了凹枕型鼢鼠与平枕型鼢鼠和凸枕型鼢鼠在臼齿形态上的差异，并指出*Chardina*→*Mesosiphneus*→*Yangia*（=*Youngia* Zheng, 1994）系列的起源、演化及其与环境演变的关系。

郑绍华等（1997）记述了山东淄博市太河镇北牟村孙家山第 1 地点（第 1 种）和第 2 地点（第 2 种）早更新世鼢鼠类属种：

Episiphneus youngi	〔*Episiphneus youngi*〕
Yangia tingi（仅列出）	〔*Youngia tingi*〕

郑绍华等（1998）记述了山东平邑县东阳（现平邑街道）白庄村小西山第 1 地点晚更新世鼢鼠类属种：

Myospalax wongi	〔*Myospalax wongi*〕

张兆群（1999）记述了甘肃宁县水磨沟左岸晚上新世鼢鼠类属种：

Chardina teilhardi	〔*Mesosiphneus teilhardi*〕

Qiu 和 Storch（2000）记述了内蒙古化德县毕力克村龙骨坡早上新世鼢鼠类属种：

Pliosiphneus lyratus	〔*Prosiphneus* cf. *eriksoni*〕

张兆群和郑绍华（2000）报道了甘肃灵台县邵寨镇雷家河村文王沟 93002 地点早上新世鼢鼠类属种：

Prosiphneus eriksoni（仅列出）	〔*Prosiphneus* sp.〕
Chardina sinensis（仅列出）	〔*Chardina* cf. *C. sinensis*〕
Pliosiphneus lyratus	〔*Pliosiphneus lyratus*〕

郑绍华和张兆群（2000）报道了甘肃灵台县邵寨镇雷家河村文王沟 93001 地点晚中新世—早更新世鼢鼠类属种：

Eospalax lingtaiensis	〔*Yangia* n. sp.〕
Eospalax simplicidens	〔*Eospalax* n. sp.〕

Yangia chaoyatseni　〔*Yangia chaoyatseni*〕

郑绍华和张兆群（2001）报道了甘肃灵台县邵寨镇雷家河村地区晚中新世—早更新世鼢鼠类属种：

Prosiphneus eriksoni　〔*Prosiphneus* cf. *P. murinus*〕
〔*Pliosiphneus* n. sp. 1〕
〔*Pliosiphneus* n. sp. 2〕

Pliosiphneus lyratus　〔*Pliosiphneus lyratus*〕

Eospalax simplicidens　〔*Eospalax* n. sp.〕

Chardina truncatus　〔*Chardina truncatus*〕

Mesosiphneus praetingi　〔*Mesosiphneus praetingi*〕

Mesosiphneus intermedius　〔*Mesosiphneus intermedius*〕

Eospalax lingtaiensis　〔*Yangia* n. sp.〕

Yangia omegodon　〔*Yangia omegodon*〕

Yangia chaoyatseni　〔*Yangia chaoyatseni*〕

Allosiphneus arvicolinus
Allosiphneus teilhardi　〔*Allosiphneus arvicolinus*〕

Guo 等（2002）报道了甘肃秦安县王铺镇五营村鼢鼠类属种：

Prosiphneus qinanensis　〔*Prosiphneus* n. sp. 1〕
〔*Prosiphneus* n. sp. 2〕

Li 等（2003）报道了内蒙古阿巴嘎旗高特格上新世鼢鼠类属种：

Chardina gansuensis
Chardina truncatus　〔*Prosiphneus* spp.〕

张兆群等（2003）报道了河北蔚县北水泉镇西窑子头村花豹沟上新世鼢鼠类属种：

Pliosiphneus lyratus　〔*Prosiphneus* n. sp.〕

蔡保全等（2004）报道了河北蔚县北水泉镇东窑子头村大南沟和阳原县辛堡乡稻地村老窝沟上新世鼢鼠类属种：

Pliosiphneus daodiensis　〔*Pliosiphneus* sp.〕

Mesosiphneus intermedius（仅列出）　〔*Mesosiphneus paratingi*〕

Eospalax fontanieri　〔*Eospalax fontanieri*〕

Yangia tingi　〔*Yangia tingi*〕

郑绍华等（2004）记述了甘肃秦安县王铺镇五营村和内蒙古苏尼特右旗阿木乌苏中中新世晚期—晚中新世的原鼢鼠属多个种类：

Prosiphneus qinanensis　〔*Prosiphneus qinanensis*〕

Prosiphneus qiui　〔*Prosiphneus qiui*〕

Prosiphneus haoi　〔*Prosiphneus haoi*〕

Prosiphneus licenti　〔*Prosiphneus licenti*〕

闵隆瑞等（2006）报道了河北阳原县化稍营镇小渡口村台儿沟西剖面晚上新世鼢鼠类属种：

Mesosiphneus intermedius（仅列出）　〔*Mesosiphneus paratingi*〕

郑绍华等（2006）报道了河北阳原县化稍营镇钱家沙洼村洞沟剖面晚上新世—早更新世鼢鼠类属种：

Mesosiphneus intermedius（仅列出）　〔*Mesosiphneus paratingi*〕

Yangia omegodon　〔*Yangia omegodon*〕

Yangia trassaerti　〔*Yangia trassaerti*〕

Yangia tingi　〔*Yangia tingi*〕

蔡保全等（2007）记述了河北蔚县北水泉镇铺路村牛头山剖面早更新世鼢鼠类属种：

Yangia tingi（仅列出）　〔*Youngia* sp.〕

Pliosiphneus puluensis　〔*Pliosiphneus* sp. nov.〕

Mesosiphneus intermedius　〔*Mesosiphneus* sp.〕

蔡保全等（2008）记述了河北阳原县大田洼乡岑家湾村马圈沟旧石器遗址 III 地点早更新世鼢鼠类属种：

Yangia tingi　〔*Yangia tingi*〕

Episiphneus youngi　〔*Episiphneus* sp.〕

李强等（2008）报道了河北多个地点的鼢鼠类属种：

阳原县辛堡乡稻地村老窝沟剖面第 2 层晚上新世

Chardina truncatus　〔*Chardina truncatus*〕

阳原县辛堡乡稻地村老窝沟剖面第 3 层晚上新世

Pliosiphneus daodiensis　〔*Pliosiphneus* sp. 2〕

阳原县辛堡乡稻地村老窝沟剖面第 9 层和第 11 层晚上新世：

Mesosiphneus praetingi（仅列出）　〔*Mesosiphneus praetingi*〕

阳原县辛堡乡红崖村南沟剖面第 1 层和第 4 层中晚上新世（仅列出）

Mesosiphneus intermedius　〔*Mesosiphneus paratingi*〕

阳原县辛堡乡祁家庄村后沟剖面第 4 层和第 5 层中晚上新世（仅列出）

Mesosiphneus intermedius　〔*Mesosiphneus paratingi*〕

阳原县化稍营镇钱家沙洼村小水沟剖面第 2 层和第 4 层中晚上新世（仅列出）

Mesosiphneus intermedius　〔*Mesosiphneus paratingi*〕

蔚县北水泉镇西窑子头村花豹沟剖面第 1 层（红黏土）早上新世

Pliosiphneus lyratus　〔*Pliosiphneus lyratus*〕

Chardina truncatus　〔*Chardina truncatus*〕

蔚县北马圈村连接沟剖面第 7 层晚上新世（仅列出）

Mesosiphneus praetingi　〔*Mesosiphneus praetingi*〕

蔚县将军沟剖面第 7 层晚上新世（仅列出）

Mesosiphneus intermedius　〔*Mesosiphneus paratingi*〕

刘丽萍等（2011）（括弧中名称）以及刘丽萍等（2013）（括弧前名称，即本书中所确定的名称）分别报道了甘肃秦安县魏店镇董湾村董湾剖面上新世鼢鼠类属种：

Prosiphneus licenti　〔*Prosiphneus licenti*〕

Prosiphneus tianzuensis　〔*Prosiphneus tianzuensis*〕

Prosiphneus eriksoni　〔*Prosiphneus eriksoni*〕

Pliosiphneus lyratus　〔*Pliosiphneus lyratus*〕

Chardina sinensis
Chardina gansuensis　〔*Chardina sinensis*〕

Chardina truncatus　〔*Chardina truncatus*〕

Mesosiphneus primitivus　〔*Mesosiphneus* sp.〕

Mesosiphneus praetingi　〔*Mesosiphneus praetingi*〕

Mesosiphneus intermedius　〔*Mesosiphneus paratingi*〕

Cai 等（2013）总结了泥河湾地区发现的哺乳动物包括鼢鼠类属种的分类、分布及时代。

刘丽萍等（2014）记述了甘肃灵台县邵寨镇雷家河村文王沟 93001 地点晚上新世—早更新世的臼齿无根鼢鼠类属种：

Eospalax simplicidens　〔*Eospalax simplicidens*〕
Eospalax lingtaiensis　〔*Eospalax lingtaiensis*〕
Allosiphneus teilhardi　〔*Allosiphneus teilhardi*〕
Allosiphneus arvicolinus　〔*Allosiphneus arvicolinus*〕
Yangia omegodon　〔*Yangia omegodon*〕
Yangia chaoyatseni　〔*Yangia chaoyatseni*〕

邱铸鼎和李强（2016）记述了内蒙古中部地区晚中新世—早上新世鼢鼠类属种：

Prosiphneus qiui　〔*Prosiphneus qiui*〕
Prosiphneus eriksoni　〔*Prosiphneus eriksoni*〕
Chardina gansuensis　〔*Chardina gansuensis*〕
Chardina truncatus　〔*Chardina truncatus*〕

Zheng（2017）记述了山西榆社盆地晚中新世—中更新世鼢鼠类属种：

Prosiphneini Leroy, 1941
Prosiphneus murinus　〔*Prosiphneus murinus*〕
Pliosiphneus lyratus　〔*Pliosiphneus lyratus*〕
Pliosiphneus antiquus　〔*Pliosiphneus antiquus*〕
Chardina truncatus　〔*Chardina truncatus*〕
Myospalacini Lilljeborg, 1866
Mesosiphneus praetingi　〔*Mesosiphneus praetingi*〕
Mesosiphneus intermedius　〔*Mesosiphneus intermedius*〕
Yangia trassaerti　〔*Yangia trassaerti*〕
Yangia tingi　〔*Yangia tingi*〕
Yangia epitingi　〔*Yangia epitingi*〕

Zheng 等（2019）记述了河北阳原县辛堡乡稻地村老窝沟和蔚县北水泉镇铺路村牛头山鼢鼠类属种：

Pliosiphneus daodiensis　〔*Pliosiphneus daodiensis*〕
Pliosiphneus puluensis　〔*Pliosiphneus puluensis*〕

到目前为止，鼢鼠亚科（Myospalacinae）所包含的中国化石属种名称如下：

鼢鼠亚科 Myospalacinae Lilljeborg, 1866
　原鼢鼠族 Prosiphnini Leroy, 1941
　　†原鼢鼠属 *Prosiphneus* Teilhard de Chardin, 1926a
　　　艾氏原鼢鼠 *Prosiphneus eriksoni* (Schlosser, 1924)
　　　郝氏原鼢鼠 *Prosiphneus haoi* Zheng, Zhang et Cui, 2004
　　　桑氏原鼢鼠 *Prosiphneus licenti* Teilhard de Chardin, 1926a
　　　鼠形原鼢鼠 *Prosiphneus murinus* Teilhard de Chardin, 1942
　　　秦安原鼢鼠 *Prosiphneus qinanensis* Zheng, Zhang et Cui, 2004
　　　邱氏原鼢鼠 *Prosiphneus qiui* Zheng, Zhang et Cui, 2004
　　　天祝原鼢鼠 *Prosiphneus tianzuensis* (Zheng et Li, 1982)
　　†上新鼢鼠属 *Pliosiphneus* Zheng, 1994
　　　古上新鼢鼠 *Pliosiphneus antiquus* Zheng, 2017

稻地上新鼢鼠 *Pliosiphneus daodiensis* Zheng, Zhang et Cui, 2019
琴颅上新鼢鼠 *Pliosiphneus lyratus* (Teilhard de Chardin, 1942)
铺路上新鼢鼠 *Pliosiphneus puluensis* Zheng, Zhang et Cui, 2019
†日进鼢鼠属 *Chardina* Zheng, 1994
甘肃日进鼢鼠 *Chardina gansuensis* Liu, Zheng, Cui et Wang, 2013
中华日进鼢鼠 *Chardina sinensis* (Teilhard de Chardin et Young, 1931)
德氏日进鼢鼠 *Chardina teilhardi* (Zhang, 1999)
峭枕日进鼢鼠 *Chardina truncatus* (Teilhard de Chardin, 1942)
鼢鼠族 Myospalacini Lilljeborg, 1866
†中鼢鼠属 *Mesosiphneus* Kretzoi, 1961
中间中鼢鼠 *Mesosiphneus intermedius* (Teilhard de Chardin et Young, 1931)
先丁氏中鼢鼠 *Mesosiphneus praetingi* (Teilhard de Chardin, 1942)
原始中鼢鼠 *Mesosiphneus primitivus* Liu, Zheng, Cui et Wang, 2013
始鼢鼠属 *Eospalax* Allen, 1938
甘肃始鼢鼠 *Eospalax cansus* (Lyon, 1907)
中华始鼢鼠 *Eospalax fontanieri* (Milne-Edwards, 1867)
†灵台始鼢鼠 *Eospalax lingtaiensis* Liu, Zheng, Cui et Wang, 2014
罗氏始鼢鼠 *Eospalax rothschildi* (Thomas, 1911e)
†简齿始鼢鼠 *Eospalax simplicidens* Liu, Zheng, Cui et Wang, 2014
史氏始鼢鼠 *Eospalax smithii* (Thomas, 1911e)
†杨氏始鼢鼠 *Eospalax youngianus* Kretzoi, 1961
†异鼢鼠属 *Allosiphneus* Kretzoi, 1961
䶄异鼢鼠 *Allosiphneus arvicolinus* (Nehring, 1883)
德氏异鼢鼠 *Allosiphneus teilhardi* Kretzoi, 1961
†杨氏鼢鼠属 *Yangia* Zheng, 1997（*Youngia* Zheng, 1994）
赵氏杨氏鼢鼠 *Yangia chaoyatseni* (Teilhard de Chardin et Young, 1931)
后丁氏杨氏鼢鼠 *Yangia epitingi* (Teilhard de Chardin et Pei, 1941)
奥米加杨氏鼢鼠 *Yangia omegodon* (Teilhard de Chardin et Young, 1931)
丁氏杨氏鼢鼠 *Yangia tingi* (Young, 1927)
汤氏杨氏鼢鼠 *Yangia trassaerti* (Teilhard de Chardin, 1942)
†后鼢鼠属 *Episiphneus* Kretzoi, 1961
杨氏后鼢鼠 *Episiphneus youngi* (Teilhard de Chardin, 1940)
鼢鼠属 *Myospalax* Laxmann, 1769
草原鼢鼠 *Myospalax aspalax* (Pallas, 1776)
†原东北鼢鼠 *Myospalax propsilurus* Wang et Jin, 1992
东北鼢鼠 *Myospalax psilurus* (Milne-Edwards, 1874)
†翁氏鼢鼠 *Myospalax wongi* (Young, 1934)

总计 2 族、9 属、37 种[†代表绝灭属种，化石属（7 个）占总数（9 个）的约 78%，化石种（31 个），占总数（37 个）的约 84%]。

3. 研究术语及测量方法

1）颅骨

颅骨和下颌骨的名称术语如图 19 和图 20 所示。本书所强调的主要名称术语如下。

凸枕（convex occiput）：指枕盾面上部向后突出于人字脊（矢状区中断）两翼连线之后。

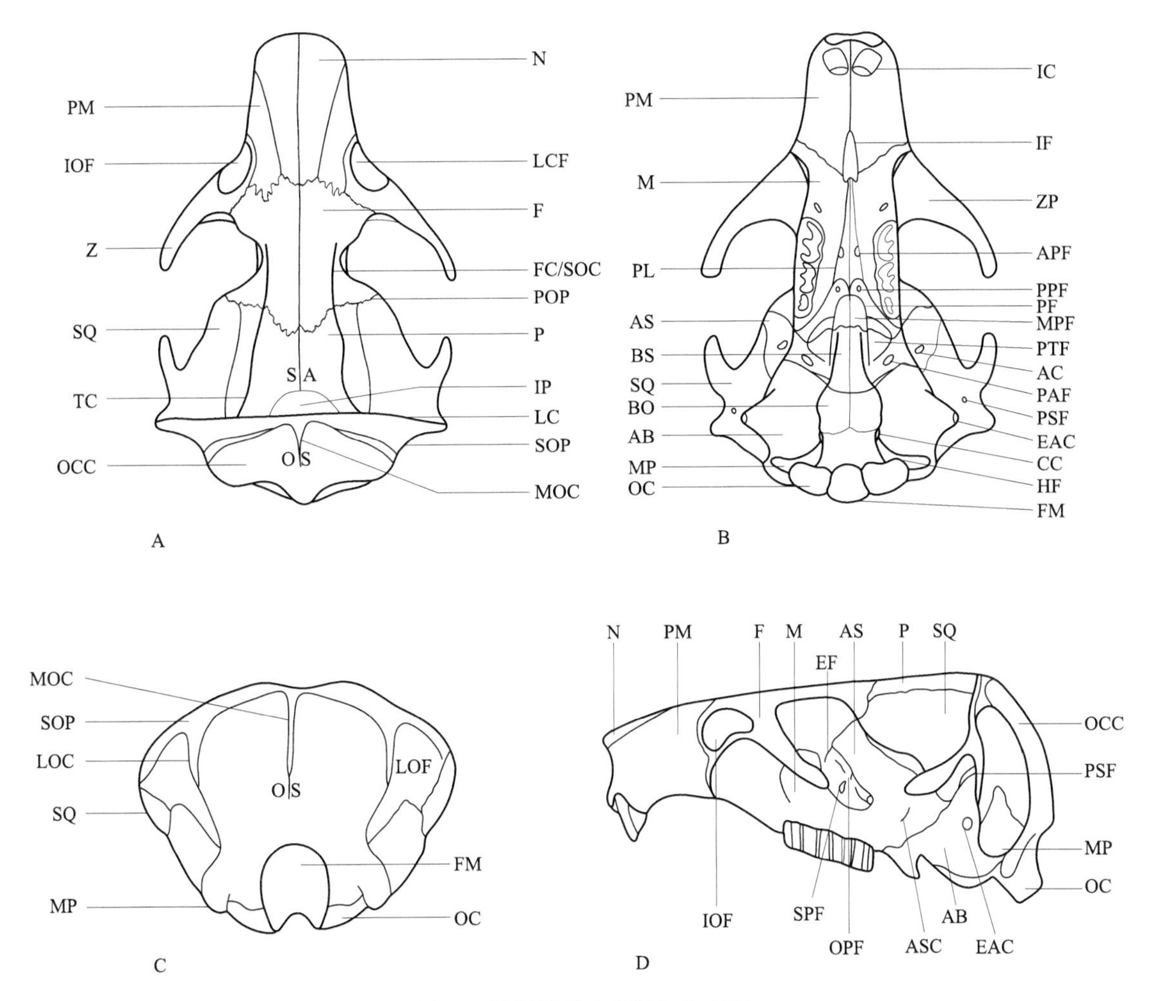

图 19　鼢鼠颅骨主要解剖学术语

Figure 19　Anatomical nomenclature for the myospalacine cranium

A. 背视 dorsal view；B. 腹视 ventral view；C. 枕视 occipital view；D. 左侧视 left lateral view

AB. 听泡 auditory bulla；AC. 翼管 alar canal；APF. 前腭孔 anterior palatine foramen；AS. 翼蝶骨 alisphenoid；ASC. 翼蝶管 alisphenoid canal；BO. 基枕骨 basioccipital；BS. 基蝶骨 basisphenoid；CC. 颈动脉管 carotid canal；EAC. 外耳道 external auditory canal；EF. 筛孔 ethmoid foramen；F. 额骨 frontal；FC. 额脊 frontal crest（= SOC）；FM. 枕骨大孔 foramen magnum；HF. 舌下神经孔 hypoglossal foramen；IC. 门齿 incisor；IF. 门齿孔 incisive foramen；IOF. 眶下孔 infraorbital foramen；IP. 间顶骨 interparietal；LC. 人字脊 lambdoid crest；LCF. 泪孔 lacrimal foramen；LOC. 枕侧脊 lateral occipital crest；LOF. 枕侧窝 lateral occipital fossa；M. 上颌骨 maxilla；MPF. 中翼窝 mesopterygoid fossa；MOC. 枕中脊 medial occipital crest；MP. 乳突 mastoid process；N. 鼻骨 nasal；OC. 枕髁 occipital condyle；OCC. 枕骨 occipital；OPF. 视神经孔 optic foramen；OS. 枕盾 occipital shield；P. 顶骨 parietal；PAF. 后翼孔 posterior alar foramen；PF. 副翼窝 parapterygoid fossa；PL. 腭骨 palatine；PM. 前颌骨 premaxilla；POP. 眶后突 postorbital process；PPF. 后腭孔 posterior palatine foramen；PSF. 下颌窝后孔 postglenoid foramen；PTF. 翼窝 pterygoid fossa；SA. 矢状区 sagittal area；SOC. 眶上脊 supraorbital crest（= FC）；SOP. 枕上突 supraoccipital process；SPF. 蝶腭孔 sphenopalatine foramen；SQ. 鳞骨 squamosal；TC. 颞脊 temporal crest（=顶脊 parietal crest）；Z. 颧弓 zygoma；ZP. 颧弓板 zygomatic plate

平枕（flat occiput）：指枕盾面上部与人字脊（矢状区连续不中断）处于同一截面上。

凹枕（concave occiput）：指枕盾面上部向前凹入至人字脊（矢状区中断）两翼连线之前并与矢状区后部凹区相连成一体。

门齿孔（IF, incisive foramen）相对长度及所在位置：凸枕型鼢鼠门齿孔较长，位于前颌骨和上颌骨上；平枕型和凹枕型鼢鼠的门齿孔较短，只占据在前颌骨上，前颌骨/上颌骨缝合线位于门齿孔之后。

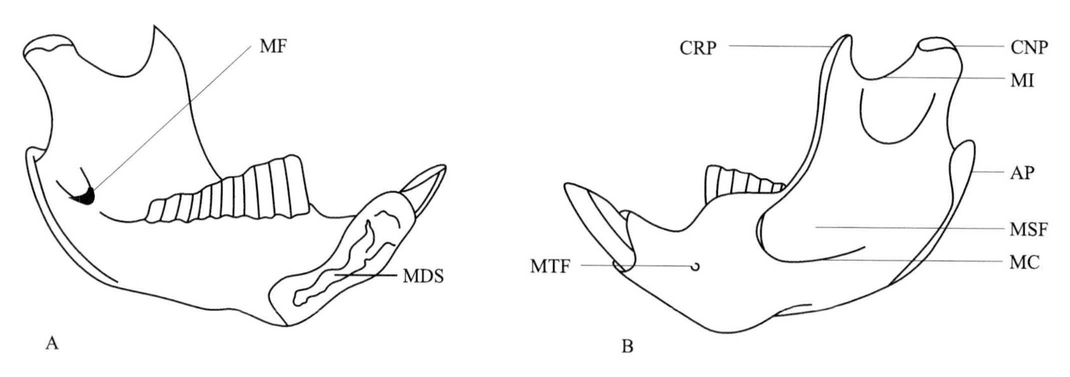

图 20　鼢鼠下颌骨主要解剖学术语

Figure 20　Anatomical nomenclature for the myospalacine lower jaw

A. 舌侧视 lingual view；B. 颊侧视 buccal view

AP. 角突 angular process；CNP. 髁突 condylar process；CRP. 冠状突 coronal process；MC. 咬肌脊 masseter crest；MDS. 下颌联合部 mandibular symphysis；MF. 下颌孔 mandibular foramen；MI. 下颌切迹 mandibular incisura；MSF. 咬肌窝 masseter fossa；MTF. 颏孔 mental foramen

副翼窝（PF, parapterygoid fossa）和中翼窝（MPF, mesopterygoid fossa）：腭骨后侧面的浅窝为副翼窝，腭骨正后方的深窝为中翼窝。凸枕型鼢鼠两窝前缘在同一水平，平枕型和凹枕型鼢鼠的副翼窝前缘前于中翼窝前缘。

后翼管（posterior pterygoid channel）的形状及位置：凸枕型鼢鼠长而位于翼窝后壁之上，凹枕型鼢鼠由 2 个沿翼窝平台后缘伸展的孔构成，平枕型鼢鼠短而位于翼窝平台内侧。

颞脊（TC, temporal crest）和顶/鳞缝合线（parietosquamosal suture）：凸枕和平枕型鼢鼠颞脊与顶/鳞缝合线不相交，而凹枕型鼢鼠相交于顶骨中部。

间顶骨（IP, interparietal）存在时的形状与位置：只在本书中的原鼢鼠族（Prosiphnini）中存在，当为四边形、梭形或半圆形时分别位于人字脊两翼连线之后、之间、之前；而在鼢鼠族（Myospalacini）中已完全消失（刘丽萍等，2013）。

鼻骨的形状：常见的是倒置葫芦形和梯形。

鼻/额缝合线的形状："∧"状或横切状。

鼻骨后端与前颌骨/额骨缝合线的相对位置：之前、之后或相当。

额脊/顶脊或矢状脊（前两者在老年个体愈合形成后者）：发育的强、弱程度；相互位置关系，包括平行排列或非平行排列。

枕中脊：发育的强、弱程度。

门齿孔对齿隙长度百分比率：凸枕型鼢鼠通常比平枕型和凹枕型鼢鼠的百分比率大（参见表 11）。

枕面宽对高百分比率：现生 *Myospalax* 各种的百分比率显著较 *Eospalax* 和化石各属种为小。

2）臼齿

为了描述牙齿的形态特征以及测量牙齿的参数，弄清牙齿形态术语及测量方法（刘丽萍等，2014）就显得十分必要（图 21）。以下为牙齿形态特征的描述要点。

臼齿齿根有或无：同一演化系列中，臼齿带根的属（如 *Prosiphneus*）相对原始，臼齿不带根的属（如 *Eospalax*）相对进步。

齿根长而分叉和齿根短而愈合：用于区分臼齿带根属种的相对原始和进步。研究发现，齿根的长短与牙齿的磨损程度有关。齿冠磨蚀越深，齿根越长，分叉部位越接近齿冠基部。同一种的同一臼齿的高度（齿冠高度+齿根长度）在成年后应该大体相当（极年老和极年轻个体除外）。

正 ω 型（orth-omegodont pattern）和斜 ω 型（clin-omegodont pattern）（图 22）：M2 围绕 BSA2 的中轴线前后对称或近似对称为正 ω 型，围绕 BSA2 的中轴线不对称为斜 ω 型；M2 的 LRA 前、后壁之间的夹角越小，正 ω 型越明显；M2 宽对长百分比率越大，正 ω 型越明显（参见表 13）。所有臼齿有

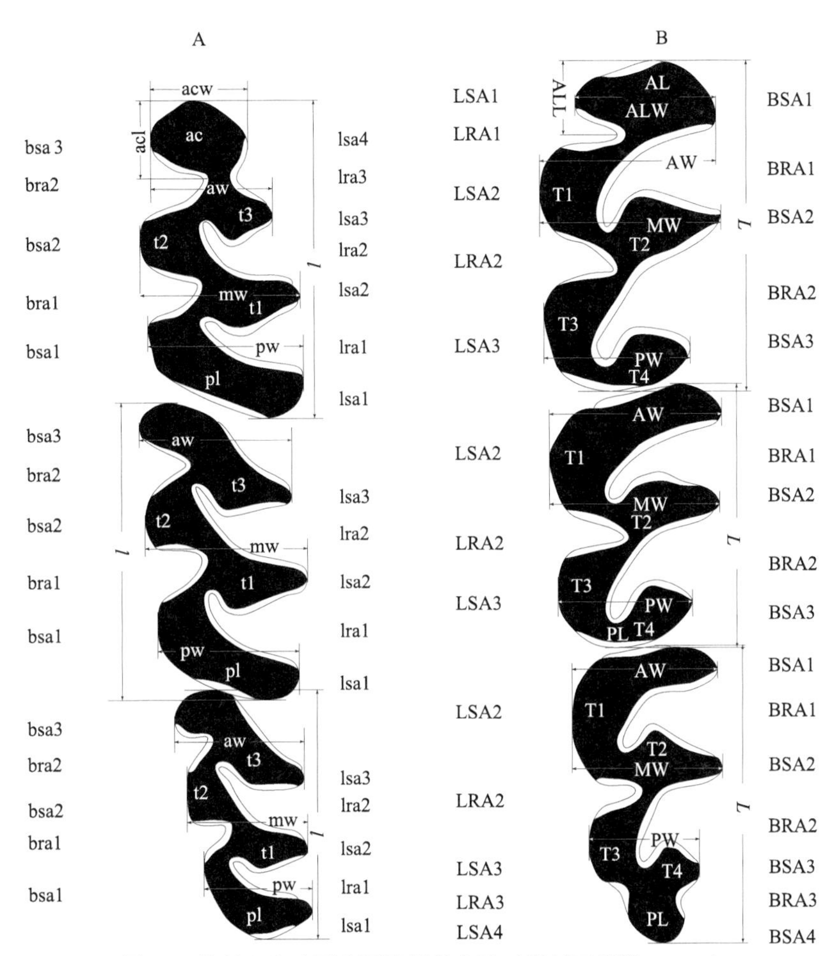

图 21　鼢鼠臼齿咬面术语及测量方法（据刘丽萍等，2014）

Figure 21　Nomenclature and measuring methods for the occlusal morphology of myospalacine molars (after Liu et al., 2014)

A. 左 m1–3 left m1–3；B. 左 M1–3 left M1–3

ac. 前帽 anterior cap；acl. 前帽长 length of anterior cap；acw. 前帽宽 width of anterior cap；aw/AW. 前宽 anterior width；AL. 前叶 anterior lobe；ALL. 前叶长 length of anterior lobe；ALW. 前叶宽 width of anterior lobe；bra/BRA. 颊侧褶沟 buccal reentrant angle；bsa/BSA. 颊侧褶角 buccal salient angle；*l*/*L*. 臼齿长度 length of tooth；lra/LRA. 舌侧褶沟 lingual reentrant angle；lsa/LSA. 舌侧褶角 lingual salient angle；mw/MW. 中宽 middle width；pl/PL. 后叶 posterior lobe；pw/PW. 后宽 posterior width；t/T. 三角 triangle

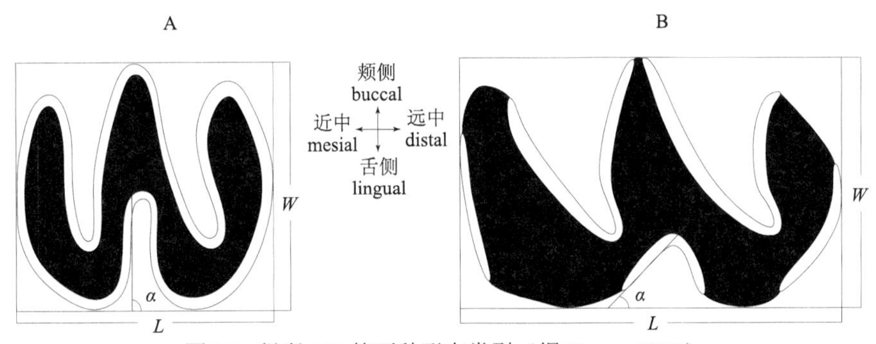

图 22　鼢鼠 M2 的两种形态类型（据 Zheng, 2017）

Figure 22　Two morphotypes of M2 in myospalacines (after Zheng, 2017)

A. 正 ω 型：宽/长百分比率大或齿冠短，LRA2 前壁与牙齿舌侧线之间夹角大，前叶与后叶围绕 BSA2 中轴线对称 ortho-omegodont pattern: width to length ratio in percentage larger or crown not elongated, angle α between the anterior wall of LRA2 and the lingual baseline larger, anterior lobe and posterior lobe symmetrical around the midline of BSA2；

B. 斜 ω 型：宽/长百分比率小或齿冠长，LRA2 前壁与牙齿舌侧线之间夹角小，前叶与后叶围绕 BSA2 中轴线不对称 clino-omegodon pattern: width to length ratio in percentage smaller or crown elongated, angle α between the anterior wall of LRA2 and the lingual baseline smaller, anterior lobe and posterior lobe asymmetrical around the midline of BSA2

L. 长 length；*W*. 宽 width

根的属种以及臼齿无根的 *Yangia omegodon* 均可视为正 ω 型(原始性状),其他属种则可视为斜 ω 型(进步性状)。研究发现,M2 的最大宽度在不同属种所在部位不同:在 *Eospalax*、*Myospalax* 和 *Allosiphneus* 中一般在 AL 处;在 *Prosiphneus*、*Pliosiphneus*、*Chardina*、*Mesosiphneus*、*Episiphneus* 和 *Yangia* 中在 BSA2 处。因此,"M2 围绕 BSA2 的中轴线对称"的概念只适用于后一种情况的属。

臼齿为圆形褶角(rounded salient angle)和尖形褶角(angular salient angle):用来区分 *Yangia omegodon* 与同属其他种类。圆形褶角为原始性状,尖形褶角为进步性状。

m1 的 ac 形状:在有齿根凸枕型鼢鼠(以 *Prosiphneus licenti* 为例)中,m1 的 ac 为椭圆形,牙齿咬面纵轴线大致将其分成内外相等的两部分,lra3 与 bra2 深入齿冠并彼此相对,前端圆且珐琅质层完全封闭(图 23A);在无齿根凸枕型鼢鼠(以 *Eospalax fontanieri* 为例)中,m1 的 ac 亦为椭圆形,但牙齿咬面纵轴线的颊侧部分大于舌侧部分,lra3 与 bra2 也相对,但深入齿冠程度显著较浅,前端也圆但缺失珐琅质层(图 23D);在有齿根凹枕型鼢鼠(以 *Mesosiphneus praetingi* 为例)中,m1 的 ac 短宽,牙齿咬面纵轴线的舌侧部分大于颊侧部分,前端凸但颊侧珐琅质层中断,lra3 位于 bra2 前方而彼此相错排列(图 23B);在无齿根凹枕型鼢鼠(以 *Yangia tingi* 为例)中,m1 的 ac 为四边形,牙齿咬面纵轴线颊侧部分小于舌侧部分,前端凸且两侧珐琅质层中断,lra3 和 bra2 深度几乎相当(图 23E);在有齿根平枕型鼢鼠(以 *Episiphneus youngi* 为例)和无齿根平枕型鼢鼠(以 *Myospalax aspalax* 为例)中,m1 的 lra3 几乎不发育,前端珐琅质层平直,但其两侧珐琅质层中断(图 23C, F)。

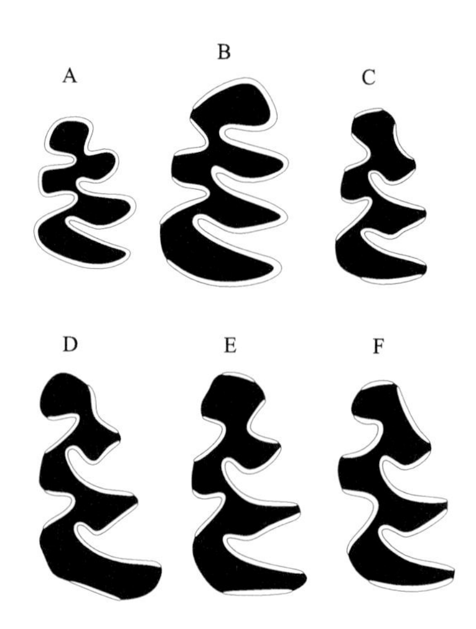

图 23　不同类型鼢鼠 m1 咬面形态(据郑绍华,1997)

Figure 23　Occlusal morphology of m1 in different myospalacines (after Zheng, 1997)

A. 桑氏原鼢鼠(*Prosiphneus licenti*);B. 先丁氏中鼢鼠(*Mesosiphneus praetingi*);C. 杨氏后鼢鼠(*Episiphneus youngi*);D. 中华鼢鼠(*Eospalax fontanieri*);E. 丁氏杨氏鼢鼠(*Yangia tingi*);F. 草原鼢鼠(*Myospalax aspalax*)

m/M1 和 m/M3 的褶沟或褶角数目:现生 *Myospalax aspalax* 及其近亲的 M1 缺失 LRA1 的特点是区别于其他各种鼢鼠的主要特征。化石属 *Allosiphneus* 的 m1 具有 lra4 也是区别于其他各种鼢鼠的主要特征。现生属 *Eospalax* 内各种的区分主要依据 M3 的 RA 或 SA 数目的多少,例如 *E. fontanieri* 最多,而 *E. cansus* 最少。

M1–3 珐琅质参数 A、B、C、D(颊侧)及 A'、B'、C'、D'(舌侧)和 m1–3 珐琅质参数值 a、b、c、d、e(舌侧)及 a'、b'、c'、d'、e'(颊侧):主要用于臼齿带根鼢鼠。参数值越小,意即齿冠越低,代表该种越原始。由于在进步种类中,上臼齿舌侧和下臼齿颊侧珐琅质曲线贯穿齿冠,因而 A'、B'、C'、D'和 a'、b'、c'、d'、e'值不能测定而失去可比性,故而仅用 A、B、C、D 和 a、b、c、d、e 值(郑绍华等，1985b, 2004；Zheng, 1994；郑绍华，1997）（图 24）。这些珐琅质参数值的大小是区别臼齿带根鼢鼠属种的主要依据（参见表 11）。

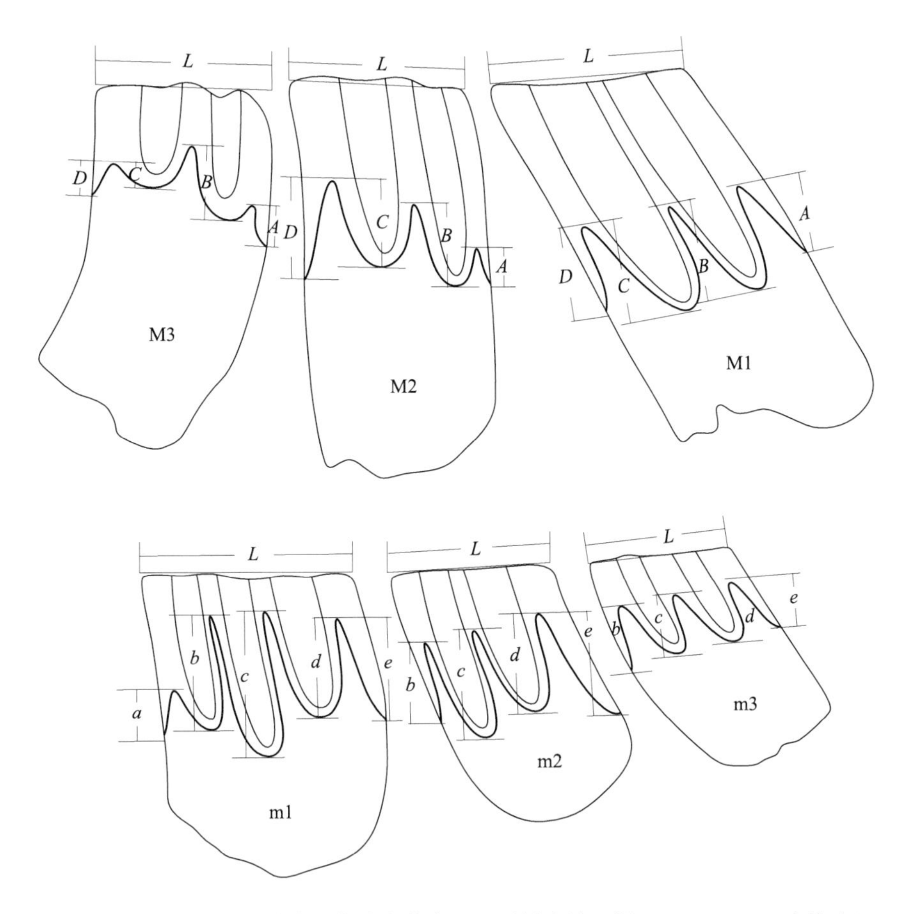

图 24 有根鼢鼠臼齿珐琅质曲线参数术语及测量方法（据 Zheng, 1994，略修改）

Figure 24 Nomenclature and measuring methods for the sinuous line parameters in myospalacines with rooted molars (after Zheng, 1994, with minor modifications)

上排 Upper row：M1–3（左侧，颊侧视 left side, buccal view）；下排 lower row：m1–3（右侧，舌侧视 right side, lingual view）

L. 牙长 length of tooth；*A–D*. 上臼齿颊侧珐琅质参数 parameters of sinuous line for upper molars；*a–e*. 下臼齿舌侧珐琅质参数 parameters of sinuous line for lower molars

齿列中 m/M3 对 m/M2 的长度百分比率和 m/M3 对 m/M1–3 的长度百分比率：该比率的大小也是区分不同属种的主要标准之一（参见表 17）。例如现生的 *Myospalax aspalax* 的比率最小，反映出该种与正常演化规律（由小变大）不同，是一种特化现象。又如现生属 *Eospalax* 中各种的比率最大，反映出该属符合正常演化规律。

两 M1 间腭宽对两 M3 间腭宽百分比率：两 M1 的 LSA2 内缘最小间距与两 M3 的 LSA2 内缘最小间距的百分比率越大，上臼齿齿列越接近平行排列；该比率越小，八字形排列越显著。通常凸枕型鼢鼠平行排列显著，凹枕型与平枕型鼢鼠八字形排列较明显（参见表 16）。

在区分臼齿无根的鼢鼠种类时，咬面形态就显得特别重要。例如，在凹枕型鼢鼠属 *Yangia* 中，m1 的 lra3 位于 bra2 之前者为原始种类，如 *Y. omegodon*；相对排列者为其他较进步种类。又如在凸枕型鼢鼠属 *Eospalax* 中，m/M3 对 m/M2 长度之百分比率越小越原始，化石种 *E. lingtaiensis*、*E. simplicidens* 和 *E. youngianus* 的比率就比其他现生种类小。同样，在平枕型鼢鼠属 *Myospalax* 中，*M. aspalax* 就比 *M. psilurus* 的比率小而显得原始。

四、系统记述

仓鼠科 Cricetidae Fischer, 1817
䶄亚科 Arvicolinae Gray, 1821
水䶄族 Arvicolini Gray, 1821

水䶄族（Arvicolini）以现在生活于全北区河湖岸边草地的 *Arvicola* 为代表，是构成亚科 Arvicolinae 的主体。最原始的属为 *Promimomys*，其臼齿带根，齿冠低，齿褶内无白垩质，珐琅质层厚度大且分异度小；当演化到 *Mimomys* 阶段，上臼齿齿根数由 3 到 2，臼齿齿冠高度逐渐由低到高，白垩质由少到多，珐琅质层厚度减小且其分异度逐渐显现出正分异；当演化到 *Allophaiomys* 阶段，除臼齿无根和珐琅质层厚度分异继续增大外，基本维持了 *Mimomys* 的特征；当演化到现生属 *Microtus* 等阶段，m1 和 M3 的褶角数和三角数及其封闭百分率显著增加，珐琅质层厚度显著减小，其分异度变成负分异。这一演化过程反映出生态环境由相对湿润的森林草原到相对干旱的草原环境的演变。

异费鼠属 *Allophaiomys* Kormos, 1932

模式种 *Allophaiomys pliocaenicus* Kormos, 1932（罗马尼亚 Betfia-2 地点）

特征（修订） 臼齿无根，褶沟内充填有白垩质；臼齿咬面形态类似于 *Arvicola*，但尺寸显著较小。m1 咬面长度一般小于 3.00 mm（表 1）；SDQ 在进步种类为负分异（＜100），在原始种类为正分异（＞100）；有 3 个 BRA、4 个 LRA 或 4 个 BSA、5 个 LSA；PL 和 ACC 之间有 3 个相互交错排列的 T；AC2 相对长；Is 1–4 封闭百分率均为 100%，而 Is 5–7 的封闭百分率多为 0（表 2，表 3）；ACC 的形态变化主要取决于 AC2 的形状、大小及 BRA3、LRA4 和 LRA3 深度的变化。M3 的 AL 之后有 2–3 个封闭的 T 和简单的 PL；有 3 个 BRA、4 个 BSA，有 2 个 LRA、3 个 LSA；LRA2 宽而呈 U 形，BRA3、BSA4 和 LRA4 极端微弱。

中国已知种 欧洲异费鼠 *Allophaiomys deucalion* Kretzoi, 1969、上新异费鼠 *A. pliocaenicus* Kormos, 1932、土红异费鼠 *A. terraerubrae* (Teilhard de Chardin, 1940)。

分布与时代 北京、青海、甘肃、陕西、河北、山东和湖北，早更新世。

评注 关于 *Allophaiomys* 的分类地位有两种认识：一种是视作 *Microtus* 的一个亚属（van der Meulen, 1974；McKenna et Bell, 1997）；另一种是视作独立的属（Kormos, 1932；Kretzoi, 1969；Chaline, 1987, 1990；Repenning et al., 1990；Repenning, 1992；Kowalski, 2001）。由于它代表䶄类演化过程中一个十分重要的阶段，既是 *Mimomys* 直接后裔，又是地䶄属（*Terricola*）、松田鼠属（*Pitymys*）、草原䶄属（*Pedomys*）、费鼠属（*Phaiomys*）、沟牙田鼠属（*Proedromys*）、艾䶄属（*Lemmiscus*）、田鼠属（*Microtus*）、毛足田鼠属（*Lasiopodomys*）等属的直接祖先（Repenning, 1992），可被视为独立的属。

在欧洲，*Allophaiomys* 生存于 Villanyian 晚期—Biharian 早期（～2.20–1.20 Ma）。包括异费鼠属未定种（*Allophaiomys* sp.）、沙利纳异费鼠（*A. chalinei* Alcalde, Agustí et Villalta, 1981）、欧洲异费鼠（*A. deucalion* Kretzoi, 1969）、奴伊异费鼠（*A. nutiensis* Chaline, 1972）、上新异费鼠（*A. pliocaenicus* Kormos, 1932）和鲁福异费鼠（*A. ruffoi* (Pasa, 1947)）（Kowalski, 2001）。

中国最早的异费鼠是周口店第 18 地点（门头沟灰峪）、山东淄博孙家山和湖北建始龙骨洞等的 *Allophaiomys terraerubrae*，估计其年代接近 2.20 Ma（Zheng et Li, 1990；Repenning, 1992；郑绍华等，

1997；郑绍华，2004）。

欧洲异费鼠 *Allophaiomys deucalion* Kretzoi, 1969

（图 25）

Allophaiomys cf. *deucalion*：Zheng et Li, 1990, p. 433, tab. 1, fig. 2b–d

Allophaiomys terrae-rubrae：郑绍华、张兆群，2000，62 页，图 2；郑绍华、张兆群，2001，223 页，图 3

正模 右 m1（HGM V 12797/VT.150）（Hír, 1998）。

模式产地及层位 匈牙利南部 Villány-5 地点，下更新统（Villanyian 晚期）。

归入标本 河北阳原县：大田洼乡岑家湾村马圈沟旧石器遗址 III 地点，1 右下颌支带 m1、34 左 29 右 m1、10 左 16 右 m2、14 左 12 右 m3、33 左 31 右 M1、17 左 10 右 M2、19 左 17 右 M3（IVPP V 15280.1–243）；化稍营镇小渡口村台儿沟东剖面 F07 层，1 左 M1、1 左 M2、1 右 M3、1 左 m2、1 左 m3（IVPP V 18819.1–5）；化稍营镇钱家沙洼村洞沟剖面第 16 层，13 左 6 右 m1、10 左 18 右 m2、4 左 4 右 m3、19 左 20 右 M1、10 左 20 右 M2、8 左 6 右 M3（IVPP V 23142.1–138）。甘肃灵台县邵寨镇雷家河村文王沟 93001 地点剖面：WL6 层，1 左 m1、1 左 1 右 m3（IVPP V 18077.1–3）；WL5 层，1 右 M1、1 左 M2、1 左 M3、1 左下颌支带 m1–2、1 左 m2（IVPP V 18077.4–8）；WL4 层，1 左 1 右 m1、1 右 m3（IVPP V 18077.9–11）；WL3 层，1 右 m1、2 左 m2、1 右 m3（IVPP V 18077.12–15）；WL7+层，1 右 M3（IVPP V 18077.16）；WL5+层，3 左 M3、1 左 2 右 m1、1 左 1 右 m3（IVPP V 18077.17–24）；WL2+层，1 左 M3、1 左 m1（IVPP V 18077.25–26）。青海贵南县沙沟乡郭仁多村（曾称“过仍多”）：1 左下颌支带 m1–3（IVPP V 25240.1），9 左 1 右下颌支带 m1–2（IVPP V 25240.2–11），1 左 2 右下颌支带 m1（IVPP V 25240.12–14），1 左 m1（IVPP V 25240.15），1 左 1 右 m2（IVPP V 25240.16–17），1 左 1 右 M2（IVPP V 25240.18–19），1 左 M3（IVPP V 25240.20）。

表 1　异费鼠属 *Allophaiomys* 中三种类 m1 咬面各项参数

Table 1　Occlusal parameters of m1 in three species of *Allophaiomys*

项目 Item	*A. terraerubrae**		*A. deucalion***		*A. pliocaenicus****	
	正模 Holotype	其他 8 个 m1 Other 8 m1s	正模 Holotype	其他 38 个 m1 Other 38 m1s	正模 Holotype	其他 33 个 m1 Other 33 m1s
L/mm	2.80	2.80 (1.64–2.96)	3.08	2.66 (2.42–2.94)	2.62	2.64 (2.40–3.04)
a/mm	1.20	1.11 (0.93–1.21)	1.19	1.06 (0.91–1.19)	1.19	1.18 (1.06–1.34)
W/mm	0.90	0.93 (0.88–0.96)	0.98	0.90 (0.80–1.00)	0.91	0.90 (0.80–1.04)
b/mm	0.20	0.29 (0.20–0.40)	0.31	0.32 (0.20–0.43)	0.20	0.17 (0.06–0.32)
c/mm	0.20	0.20 (0.13–0.28)	0.22	0.21 (0.12–0.31)	0.21	0.16 (0.08–0.24)
A/*L*	43	40 (34–41)	39	40 (36–45)	45	45 (39–48)
B/*W*	22	31 (21–45)	32	33 (23–61)	22	19 (8–33)
C/*W*	22	21 (14–32)	22	24 (13–32)	23	18 (8–29)

注：表中括号前数值为均值，括号内数值为范围。

Note：Numbers before the parentheses are means, and numbers inside the parentheses are ranges.

* 正模依据 Teilhard de Chardin（1940）的 fig. 38 测量，其他 8 个 m1 据北京怀柔黄坎和周口店太平山东洞、山东淄博及湖北建始标本测量。

The holotype is measured on fig. 38 of Teilhard de Chardin (1940), while the other 8 m1s are from Huangkan, Huairou and East Cave of Taipingshan, Zhoukoudian, Beijing, Zibo, Shandong, and Jianshi, Hubei.

** 正模测量数据引自 Hír（1998），来自匈牙利 Villány-5，其他 38 个 m1 来自泥河湾盆地马圈沟遗址 III 地点。

The measurements of the holotype are cited from Hír（1998），which is from Villány-5, Hungary, while the other 38 m1s are from Loc. 3 of Majuangou Paleolithic Site, Nihewan Basin.

*** 正模来自罗马尼亚 Betfia-2，其他 33 个 m1 来自蔚县大南沟剖面第 12 层。

The holotype is from Betfia-2, Romania, while the other 33 m1s are from Layer 12 of the Danangou section, Yuxian County.

归入标本时代　早更新世（～2.46–1.66 Ma）。

特征（修订）　中等大小。m1 有短宽的 ACC，通常显示出非常宽的齿质空间连接 T4、T5 和 AC2；*A*/*L* 均值＜42.00、*B*/*W* 均值＞33.00、*C*/*W* 均值＞20.00；SDQ_I 为 104 左右（正分异）；Is 1–4 封闭百分率均为 100%，而 Is 5–7 都为 0（表 2，表 3）。M3 的 BRA2 谷底通常很宽，T2、T3 和 T4 均已显著发育，但 T5 一般发育不全，PL 相对较短宽。

评注　根据 van der Meulen（1974）和 Hír（1998），产自匈牙利 Villány-5 地点的正模 m1 是已知个体最大的标本（图 25D）。中国河北泥河湾盆地洞沟剖面第 16 层产出的 16 个 m1、马圈沟遗址 III 地点产出的 38 个 m1 的各项均值，特别是 *A*/*L* 均值分别为 40 和 40、*B*/*W* 均值分别为 35 和 33、*C*/*W* 均值分别为 25 和 24，均符合该种的定义（表 1）。同时两地 m1 的 SDQ_P 为 112（92–140，n = 28，表 4），包含了模式标本值；ACC 简单而短小，在前帽（AC2）与 T4 和 T5 间常显示出非常宽阔的齿质空间。

欧洲异费鼠（*Allophaiomys deucalion*）是该属中较原始的种，一般认为它代表现生小型的、臼齿无根的䶄类演化的起始点，从中直接产生了上新异费鼠（*A. pliocaenicus*）（Kowalski, 2001）。但该属最原始的种类应是亚洲的土红异费鼠（*A. terraerubrae*），因为其 M3 结构最简单。按照 M3 的复杂程度判断，哈萨克斯坦 Topaly 剖面第 II 和第 III 化石层中的 M3（Tjutkova et Kaipova, 1996：fig. 5(17–19)）和泥河湾马圈沟 III 遗址中的 M3（蔡保全等，2008：图 3(14)）都具有清楚的 T4，与欧洲异费鼠模式地点的 M3（van der Meulen, 1974：fig. 3f–g）基本一致，应属欧洲异费鼠；而甘肃灵台文王沟综合剖面的 M3（张颖奇等，2011：图 2E–F）和泥河湾小渡口台儿沟东剖面的 M3 不但具有相对成形的 T4，而且有 T5 的雏形，也与模式地点的 M3（van der Meulen, 1974：fig. 3h）形态相符。河北阳原洞沟剖面中的部分材料（图 25）也应归入此种。

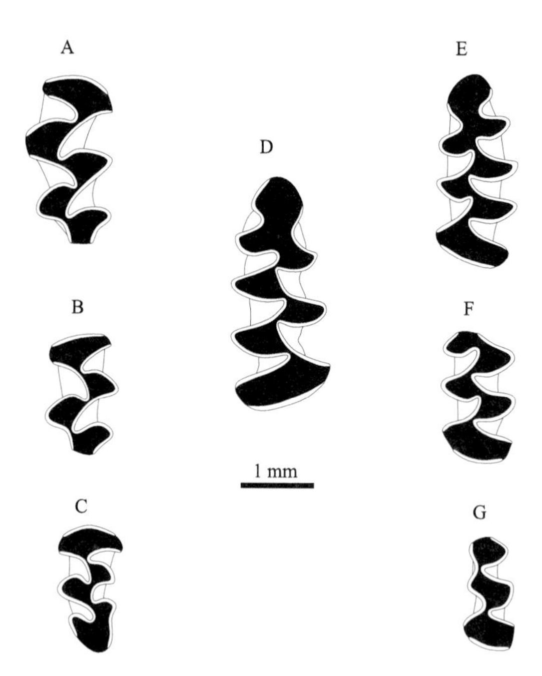

图 25　河北阳原县化稍营镇钱家沙洼村洞沟（A–C, E–G）及匈牙利 Villány-5 地点（D）的 *Allophaiomys deucalion* 臼齿咬面形态

Figure 25　Occlusal morphology of *Allophaiomys deucalion* from the Donggou section, Qianjiashawa Village, Huashaoying Town, Yangyuan County, Hebei (A–C, E–G) and Villány-5, Hungary (D)

A. L M1（IVPP V 23142.56），B. L M2（IVPP V 23142.95），C. L M3（IVPP V 23142.125），D. r m1（Hír, 1998：HGM V 12797/VT.150，正模 holotype），E. l m1（IVPP V 23142.1），F. l m2（IVPP V 23142.20），G. l m3（IVPP V 23142.48）

马圈沟 III 的磁性地层学年龄为 1.66 Ma（Zhu et al., 2004），文王沟 93001 地点剖面 WL2+、WL5+、WL7+、WL3、WL4、WL5 和 WL6 层的磁性年龄分别为 1.95 Ma、2.05 Ma、2.10 Ma、2.15 Ma、2.29 Ma、2.32 Ma 和 2.46 Ma（郑绍华、张兆群，2001），因此该种在上述地点的年代范围为约 2.46–1.66 Ma。该种在小长梁旧石器遗址的时代更晚，为 1.36 Ma（Zhang et al., 2008a）。

上新异费鼠 *Allophaiomys pliocaenicus* Kormos, 1932

（图 26）

Microtus epiratticeps：胡长康、齐陶，1978，14 页（部分），图版 II，图 4

Allophaiomys cf. *pliocaenicus*/*Allophaiomys* cf. *A. pliocaenicus*：Zheng et Li, 1990, p. 433, fig. 2e–h, tab. 1；郑绍华、蔡保全，1991，113 页，图 4(7)；闵隆瑞等，2006，104 页；蔡保全等，2007，237 页，图 1，表 1, 3；Cai et al., 2013, p. 229, figs. 8.3, 8.5

Allophaiomys sp.：蔡保全等，2008，133 页，图 5(1)

Allophaiomys cf. *A. chalinei*：Cai et al., 2013, p. 225, fig. 8.3

正模 Hír（1998）发现了保存在匈牙利自然历史博物馆古生物部由 Kormos（1932）描述的标注为“Collection of Kormos”的 1 颅骨和 1 左 1 右下颌支，并将它们确定为正模，编号为 PDHNHM No. 61.1491。

模式产地及层位 罗马尼亚 Betfia-2 地点，下更新统（Biharian 早期）。

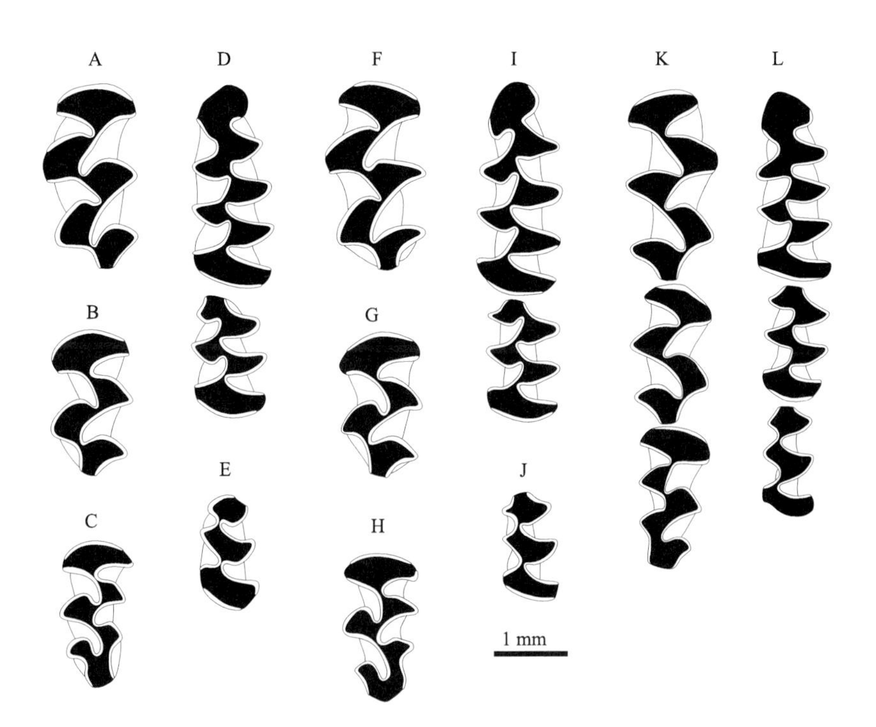

图 26 河北蔚县北水泉镇东窑子头村大南沟（A–J）和罗马尼亚 Betfia-2 地点（K–L）*Allophaiomys pliocaenicus* 臼齿咬面形态

Figure 26 Occlusal morphology of *Allophaiomys pliocaenicus* from the Danangou section, Dongyaozitou Village, Beishuiquan Town, Yuxian County, Hebei（A–J）and Betfia-2, Romania（K–L）

A. L M1（IVPP V 23145.87），B. L M2（IVPP V 23145.121），C. L M3（IVPP V 23145.124），D. l m1–2（IVPP V 23145.10），E. l m3（IVPP V 23145.83），F. L M1（IVPP V 23145.88），G. L M2（IVPP V 23145.122），H. L M3（IVPP V 23145.125），I. l m1–2（IVPP V 23145.11），J. l m3（IVPP V 23145.84），K. R M1–3（Hír, 1998：PDHNHM No. 61.1491，正模 holotype），L. l m1–3（Hír, 1998：PDHNHM No. 61.1491，正模 holotype）

归入标本 陕西蓝田县九间房镇公王村公王岭：2左2右m1（IVPP V 5396.9–10, 14–15）。河北阳原县：大田洼乡岑家湾村马圈沟旧石器遗址I地点，1破损左m1（IVPP V 15287）；大田洼乡岑家湾村半山遗址，6左5右m1、3左5右m2、3左4右m3、6左7右M1、2左6右M2、2左3右M3（IVPP V 15296.1–52）；化稍营镇钱家沙洼村洞沟剖面第19层，1左3右m1、1左m2、1左1右m3、5左3右M1、1左1右M2（IVPP V 23144.1–17）。河北蔚县北水泉镇铺路村牛头山剖面：第16层，2左m1、3左m2、1右m3、1右M2、1左M3（IVPP V 23143.1–8），1右M1（IVPP V 23143）。河北蔚县北水泉镇东窑子头村大南沟剖面：第6层（= DO-5层），1左m1、2左1右M1、2右M2（GMC V 2063.1–6）；第9层，1左2右m1、1右m2、1左m3、1左M1、2左1右M3（IVPP V 23145.1–9）；第12层，2左8右下颌支带m1–2（IVPP V 23145.12–21）、1左3右下颌支带m1（IVPP V 23145.22–25）、27左30右m1（IVPP V 23145.26–82）、2右m3（IVPP V 23145.85–86）、18左14右M1（IVPP V 23145.89–120）、1右M2（IVPP V 23145.123）、2左下颌支带m1–2（IVPP V 23145.10–11）、2左m3（IVPP V 23145.83–84）、2左M1（IVPP V 23145.87–88）、2左M2（IVPP V 23145.121–122）、2左M3（IVPP V 23145.124–125）；第15层，1右m1前部（IVPP V 23145.126）；第18层，1右m1（IVPP V 23145.127）。

归入标本时代 早更新世（～1.89–0.87 Ma）。

特征（修订） 大小与 *Allophaiomys deucalion* 相当，但m1的BRA3和LRA4相对较深，ACC和AC2相对较长；*A*/*L* 均值45（39–48），*B*/*W* 均值19（8–33）；SDQ_P 为83（负分异，范围参考表4）；Is 5–6相对较狭窄，各有5%的封闭百分率（表3）。M3的T4和T5已完全形成。

评注河北蔚县北水泉东窑子头大南沟剖面第12层产出的33个m1的 *A*/*L*、*B*/*W* 和 *C*/*W* 的均值分别为45、19、18（表1），其 *B*/*W* 和 *C*/*W* 均值虽较小，但其 *A*/*L* 均值与该种接近，而 SDQ_P 为83，属负分异（表4），完全与该种一致。

在罗马尼亚Betfia-2地点，Kormos（1932）描述的上新异费鼠 *Allophaiomys pliocaenicus* 和拟兔尾鼠异费鼠 *A. laguroides*，被认为是同物异名（van der Meulen, 1973；Repenning, 1992；Kowalski, 2001）。从两种的正模（Hír, 1998：figs. 4–6）判断，似乎前者因其m1的ACC较短，M3只有T2前后较封闭以及PL较短宽而更偏向 *A. deucalion*，而后者因其m1的ACC较长，M3的T2和T3间不封闭，T4则前后封闭，PL相对窄长而显得较前者进步。这些不同也可能是前者代表成年个体，后者代表年轻个体的缘故。

公王岭化石层的磁性地层学年龄为1.28–1.26 Ma（Ding et al., 2002），马圈沟旧石器遗址I地点和半山遗址分别为1.55 Ma和1.32 Ma（Zhu et al., 2004），大南沟剖面第6（= DO-5层）、9、12、15、18层分别为1.89 Ma、1.67 Ma、1.49 Ma、1.14 Ma和0.87 Ma（Cai et al., 2013）。这样，该种的时代分布范围约为1.89–0.87 Ma。

土红异费鼠 *Allophaiomys terraerubrae* (Teilhard de Chardin, 1940)

（图27）

Arvicola terrae-rubrae：Teilhard de Chardin, 1940, p. 62, figs. 37, 38, pl. I, figs. 9, 10；黄万波、关键，1983，70页，图版I，图3

Allophaiomys terrae-rubrae：Teilhard de Chardin et Leroy, 1942, p. 32；Zheng et Li, 1990, p. 433, fig. 2a, tab. 1；郑绍华等，1997，206页，表1，图3G–H；郑绍华，2004，136页，图5.24

Allophaiomys cf. *pliocaenicus*：程捷等，1996，47页，图3-16B, D，图版IV，图14

Microtinae gen. ind. (*Mimomys*?)：Pei, 1939b, p. 218

选模 最初未指定正模，但其插图和图版所示的上颌带右M1–3及左M1–2可作为选模标本（IVPP RV 40143.1–2；Teilhard de Chardin, 1940：fig. 38above, pl. I, fig. 10）。遗憾的是该标本在中国科学院古脊椎动物与古人类研究所多次搬迁过程中遗失或损毁。

模式居群 2颅骨前部带M1–2、1上颌和5下颌支（IVPP RV 40144.1–8）。

模式产地及层位 北京周口店第18地点（门头沟灰峪），下更新统。

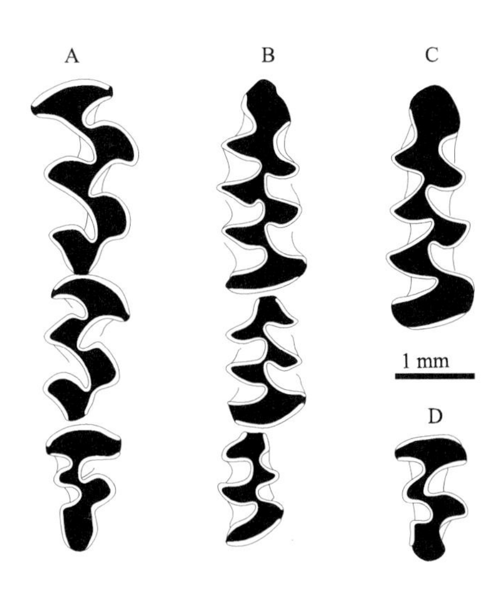

图 27　北京周口店第 18 地点（A–B）与山东淄博市太河镇北牟村孙家山第 1 地点（C–D）*Allophaiomys terraerubrae* 臼齿咬面形态

Figure 27　Occlusal morphology of *Allophaiomys terraerubrae* from Loc. 18 of Zhoukoudian, Beijing（A–B）and Loc. 1 of Sunjiashan, Beimu Village, Taihe Town, Zibo, Shandong（C–D）

A. R M1–3（IVPP RV 40143.1–2，选模 lectotype），B. r m1–3（IVPP RV 40144.8），C. r m1（IVPP RV 97026.3），D. R M3（IVPP RV 97026.9）

归入标本　北京周口店太平山东洞第 8 层：1 左 1 右下颌支带 m1–2（CUG V 93219–93220）。北京怀柔区九渡河镇黄坎村龙牙洞：1 右下颌支带 m1–2（IVPP V 6193）。山东淄博市太河镇北牟村孙家山第 1 地点：1 右下颌支带 m1–2（IVPP RV 97026.1）、1 左 1 右 m1（IVPP RV 97026.2–3）、1 右 m3（IVPP RV 97026.4）、1 上颌带左 M1–3 及右 M1–2（IVPP RV 97026.5）、1 左 1 右 M2（IVPP RV 97026.6–7）、1 左 1 右 M3（IVPP RV 97026.8–9）。湖北建始县高坪镇金塘村龙骨洞东洞口剖面第 5 层：2 m1、1 m2、1 m3、1 M1、2 M2、1 M3（IVPP V 13211.1–8）。

归入标本时代　早更新世（~2.13 Ma）。

特征（修订）　门齿孔长，后缘可与 M1 前壁基部持平，是与 *Allophaiomys pliocaenicus*（远离 M1 前壁）最明显的区别。m1 的 *A/L* 均值（39.57）接近于 *A. deucalion*（39.69），但小于 *A. pliocaenicus*（44.81），而 *B/W* 均值（31.42）和 *C/W* 均值（21.31）略小于 *A. deucalion*（分别为 33.48 和 24.40），但明显大于 *A. pliocaenicus*（分别为 19.20 和 17.58）；然而 3 个种的模式标本测量数据显示，*A. terraerubrae* 的这 3 项形态参数（分别为 42.86、22.22、22.22）与 *A. pliocaenicus*（分别为 45.42、21.98、23.08）更接近，而与 *A. deucalion*（分别为 38.64、31.63、22.45）的差异较大（参见表 1）。SDQ_P 为 105，属正分异（范围参考表 4）。Is 5–6 均不封闭，则与 *A. deucalion* 一致（表 2，表 3）。M3 结构简单，只有 AL、T2、T3 和较长的 PL，显示出它是该属中最原始的种。

评注　上述所列地点的材料，除模式标本外，只有淄博孙家山和建始龙骨洞地点产有 M3。孙家山的 M3 也缺失 T4，T3 直接与 PL 汇通，但 PL 不明显加长（郑绍华等，1997：图 3G）；龙骨洞的 M3 亦缺失 T4，但 T3 与椭圆形的 PL 之间呈封闭状态（郑绍华，2004：图 5.24c）。其他没有 M3 的地点，其动物群的组成与周口第 18 地点的十分相似，因此也被归入此种。周口店顶盖砾石层中的 Microtinae gen. ind. (*Mimomys*?)（Pei, 1939b）被 Teilhard de Chardin 和 Leroy（1942）归入该种是可能的，但现在对于有无齿根仍有疑问，因为该标本已无从查找，只能待今后有新材料发现才能进一步解决。

湖北建始高坪龙骨洞东洞口剖面第 5 层的磁性地层学年龄指示该种的年代约为 2.13 Ma。

表 2　各种䶄类 m1 齿峡（Is）平均宽度

Table 2　Average width of m1 isthmuses（Is）in arvicolines

种 Species	Is 1/mm	Is 2/mm	Is 3/mm	Is 4/mm	Is 5/mm	Is 6/mm	Is 7/mm	Is 8/mm
Arvicola terrestris (*n*=3)	0.05	0.06	0.05	0.06	0.33	0.41	0.73	
Allophaiomys deucalion (*n*=10)	0.03	0.03	0.03	0.03	0.21	0.32	0.41	
A. pliocaenicus (*n*=20)	0.02	0.02	0.02	0.02	0.16	0.16	0.37	
A. terraerubrae (*n*=4)	0.03	0.03	0.03	0.03	0.20	0.23	0.41	
Borsodia chinensis (*n*=26)	0.04	0.05	0.04	0.05	0.21	0.22	0.41	
B. prechinensis (*n*=1)	0.07	0.08	0.07	0.07	0.17	0.29		
B. mengensis (*n*=5)	0.05	0.10	0.07	0.07	0.25	0.31	0.40	
Huananomys variabilis (*n*=12)	0.01	0.02	0.01	0.01	0.11	0.22	0.39	
Lasiopodomys brandti (*n*=10)	0.03	0.03	0.03	0.03	0.03	0.03	0.31	
L. complicidens (*n*=10)	0.03	0.03	0.03	0.03	0.03	0.03	0.15	0.38
L. probrandti (*n*=11)	0.03	0.03	0.03	0.03	0.03	0.03	0.26	
Microtus fortis (*n*=1)	0.03	0.03	0.03	0.03	0.03	0.03	0.26	
M. minoeconomus (*n*=17)	0.03	0.03	0.03	0.03	0.04	0.16	0.29	
M. oeconomus (*n*=10)	0.03	0.03	0.03	0.04	0.04	0.22	0.42	
Mimomys asiaticus (*n*=1)	0.03	0.17	0.03	0.13	0.51			
M. banchiaonicus (*n*=1)	0.03	0.18	0.05	0.05	0.27	0.35	0.32	
M. bilikeensis (*n*=30)	0.05	0.17	0.11	0.08	0.37			
M. gansunicus (*n*=5)	0.03	0.03	0.03	0.03	0.18	0.34	0.40	
M. irtyshensis (*n*=1)	0.06	0.09	0.06	0.04	0.29	0.31		
M. savini (*n*=1)	0.03	0.05	0.03	0.05	0.11	0.38	0.38	
M. nihewanensis (*n*=58)	0.06	0.15	0.09	0.08	036	0.47		
M. orientalis (*n*=41)	0.06	0.13	0.10	0.07	0.30	0.41	0.45	
M. peii (*n*=6)	0.06	0.16	0.08	0.07	0.26	0.24	0.54	
M. teilhardi (*n*=10)	0.04	0.10	0.09	0.06	0.26	0.37	0.45	
M. youhenicus (*n*=2)	0.07	0.13	0.07	0.08	0.31	0.35	0.49	
M. zhengi (*n*=4)	0.03	0.13	0.07	0.06	0.25			
Pitymys simplicidens (*n*=1)	0.03	0.03	0.03	0.03	0.16	0.08	0.22	
Proedromys bedfordi (*n*=5)	0.03	0.03	0.02	0.03	0.05	0.24	0.40	
Volemys millicens (*n*=2)	0.03	0.03	0.03	0.03	0.04	0.30	0.38	
Prometheomys schaposchnikowi (*n*=1)	0.11	0.38	0.19	0.27	0.54	0.54		
Germanomys yusheicus (*n*=3)	0.06	0.28	0.07	0.16	0.37	0.47		
G. progressivus (*n*=10)	0.05	0.25	0.07	0.21	0.31	0.42		
Eolagurus simplicidens (*n*=6)	0.05	0.06	0.06	0.06	0.23	0.05	0.42	
Alticola stoliczkanus (*n*=8)	0.03	0.03	0.05	0.04	0.10	0.20	0.49	
Caryomys eva (*n*=2)	0.03	0.03	0.03	0.03	0.03	0.03	0.35	
Eothenomys proditor (*n*=26)	0.03	0.23	0.03	0.24	0.13	0.19	0.44	
E. olitor (*n*=31)	0.03	0.23	0.04	0.27	0.07	0.21	0.41	
E. chinensis (*n*=16)	0.01	0.26	0.01	0.25	0.06	0.18		
E. melanogaster (*n*=21	0.01)	0.21	0.01	0.22	0.02	0.16	0.35	0.50
E. praechinensis (*n*=10)	0.03	0.21	0.03	0.17	0.06	0.19	0.45	
E. hubeiensis (*n*=10)	0.02	0.15	0.03	0.13	0.05	0.24	0.42	
Hyperacrius jianshiensis (*n*=2)	0.06	0.17	0.06	0.20	0.11	0.13	0.37	

续表

种 Species	Is 1/mm	Is 2/mm	Is 3/mm	Is 4/mm	Is 5/mm	Is 6/mm	Is 7/mm	Is 8/mm
H. yenshanensis (*n*=10)	0.10	0.09	0.20	0.06	0.28	0.23	0.48	
Myodes rufocanus (*n*=2)	0.03	0.03	0.03	0.03	0.05	0.19	0.42	
M. fanchangensis (龙骨坡 Longgupo) (*n*=30)	0.05	0.16	0.06	0.08	0.18	0.24		
M. fanchangensis (人字洞 Renzi Cave) (*n*=9)	0.05	0.17	0.09	0.08	0.19	0.26	0.41	

注：*n* 为标本数。从表中可以看出：①按齿峡数目可分为 5、6、7、8 四种类型；②按齿峡封闭数目的多少可分为 0、2、3、4、5、6 六种类型；③齿峡数目与齿峡封闭数目越少，其种类越原始，如只有 5 个齿峡，且只有 2 个齿峡封闭者为最原始；反之越进步，如齿峡数目为 8，且有 6 个封闭者为最进步；④齿峡数目为 7 者所占比例最大，其中封闭齿峡数目相对少者较原始，相对大者较进步。

Notes: *n* represents the specimen number; The arvicoline species can be classified into 4 types based on the number of isthmuses, i.e. 5, 6, 7, and 8 isthmuses, and can be classified into 6 types based on the number of closed isthmuses, i.e. 0, 2, 3, 4, 5, 6 isthmuses; The smaller the number of isthmuses and/or closed isthmuses, the more primitive the species, e.g. the species with 5 isthmuses, 2 of which are closed, is the most primitive, while the species with 8 isthmuses, 6 of which are closed is the most derived; The species with 7 isthmuses have the highest proportion in all arvicolines; Among them, those with less closed isthmuses are more primitive, and more derived vice versa.

水䶄属 *Arvicola* Lacépède, 1799

模式种 *Mus terrestris* Linnaeus, 1758（瑞典乌普萨拉）（Ellerman et Morrison-Scott, 1951）

特征（修订） 䶄类中的大型属。颅骨强壮，具眶后鳞脊和线状眶间脊。下颌角突退化，下门齿在 m2 和 m3 之间从舌侧横向颊侧。臼齿粗大、高冠、无根。齿褶内白垩质发育。m1 的 PL 之前有 3 个封闭的 T 和 1 个三叶形的 ACC；通常具 4 个 BSA、5 个 LSA；Is 1–4 和 Is 5–7 封闭百分率分别为 100% 和 0（表 2，表 3）；原始种类 SDQ＞100（为正分异），进步种类 SDQ＜100（为负分异）。M3 每侧只有 3 个褶角，即 AL 之后只有 2–3 个封闭不严的 T，PL 短而简单。

中国已知种 欧洲水䶄*Arvicola terrestris* (Linnaeus, 1758)、水䶄属未定种 *Arvicola* sp.。

分布与时代 北京（?）、辽宁，中更新世—现代。

评注 有关现生水䶄属分类的观点很复杂：有人认为只有 1 种，即分布于欧洲—中亚—西伯利亚的欧洲水䶄（*Arvicola terrestris* (Linnaeus, 1758)）（Ellerman et Morrison-Scott, 1951）；有人认为有 2 种，即分布于法国、西班牙和葡萄牙的南欧水䶄（*A. sapidus* Miller, 1908b）和欧洲水䶄（*A. terrestris*）（Corbet et al., 1970；Corbet, 1978, 1984；Corbet et Hill, 1991）；也有人认为有 3 种，即水䶄（*A. amphibius* (Linnaeus, 1758)）、（*A. sapidus* Miller, 1908b）和高山水䶄（*A. scherman* (Shaw, 1801)）（Musser et Carleton, 2005）；还有人认为有 4 种，即 *A. amphibius* (Linnaeus, 1758)、*A. sapidus* Miller, 1908b、*A. scherman* (Shaw, 1801) 和 *A. terrestris* (Linnaeus, 1758)（Hinton, 1926）；更有人提出了 7 种的观点（Miller, 1912），即 *A. terrestris* (Linnaeus, 1758)、*A. amphibius* (Linnaeus, 1758)、*A. sapidus* Miller, 1908b、*A. scherman* (Shaw, 1801)、穆西格纳诺水䶄（*A. musignani* de Sélys-Longchamps, 1839）、意大利水䶄（*A. italicus* Savi, 1838）和伊利里亚水䶄（*A. illyricus* Barrett-Hamilton, 1899）。

目前中国现生的只有 *Arvicola terrestris* 的两个亚种，即分布于新疆加依尔山、天山的哈萨克亚种（*A. t. scythicus* Thomas, 1914a）和分布于新疆北部塔尔巴哈台地区的塔尔巴哈台亚种（*A. t. kuznetzovi* Ognev, 1933）（谭邦杰，1992；黄文几等，1995；罗泽珣等，2000；王应祥，2003）。但也有人认为中国的水䶄属于 *A. amphibius*（潘清华等，2007）。

Arvicola 起源于欧洲早更新世 Biharian 晚期的萨氏模鼠（*Mimomys savini*），经中更新世晚期的化石种肯特水䶄（*A. cantiana* (Hinton, 1910)），至晚更新世早期演化成欧洲水䶄（*A. terrestris*）。这两种的主要区别是珐琅质层厚度分异不同，前者为正分异（$SDQ_P \geqslant 100$），更接近其直接祖先 *M. savini*；后者为负分异（$SDQ_P < 100$）（Heinrich, 1990；Kowalski, 2001）。

欧洲水䶄 *Arvicola terrestris* (Linnaeus, 1758)

（图 28）

正模 不详。建种的依据是 Ray（1693）第 218 页的“*Mus agrestis capite grandi, brachyuros*”。

模式产地 瑞典乌普萨拉。

归入标本 北京周口店（?）：1 右上颌带 M1–2、1 右 1 左 m1–3、1 左 m1–2（IVPP V 18548.1–4）。

归入标本时代 晚更新世。

特征（修订） 同属的特征。m1（平均长度 3.92 mm）的 Is 1–4 封闭百分率均为 100%，Is 5–7 则为 0（表 2，表 3）；SDQ_P 为 83，属负分异（范围参考表 4）。

表 3 各种䶄类 m1 齿峡（Is）封闭百分率

Table 3 Closedness percentage of m1 isthmuses（Is）in arvicolines

种 Species	Is 1/%	Is 2/%	Is 3/%	Is 4/%	Is 5/%	Is 6/%	Is 7/%	Is 8/%
Arvicola terrestris (*n*=3)	100	100	100	100	0	0	0	
Allophaiomys deucalion (*n*=11)	100	100	100	100	0	0	0	
A. pliocaenicus (*n*=20)	100	100	100	100	5	5	0	
A. terraerubrae (*n*=4)	100	100	100	100	0	0	0	
Borsodia chinensis (*n*=26)	100	81	100	100	0	0	0	
B. prechinensis (*n*=1)	100	100	100	100	0	0	0	
B. mengensis (*n*=5)	100	80	100	80	0	0	0	
Huananomys variabilis (*n*=12)	100	100	100	100	42	8	0	
Lasiopodomys brandti (*n*=10)	100	100	100	100	100	100	0	
L. complicidens (*n*=10)	100	100	100	100	100	100	38	1
L. probrandti (*n*=11)	100	100	100	100	100	100	0	
Microtus fortis (*n*=1)	100	100	100	100	100	100	0	
M. minoeconomus (*n*=17)	100	100	100	100	9	9	0	
M. oeconomus (*n*=10)	100	100	100	100	100	0	0	
Mimomys asiaticus (*n*=1)	100	0	100	0	0			
M. banchiaonicus (*n*=1)	100	0	100	100	0	0	0	
M. bilikeensis (*n*=30)	100	0	37	80	0	0	0	
M. gansunicus (*n*=5)	100	100	100	100	0	0	0	
M. irtyshensis (*n*=1)	100	100	100	100	0	0	0	
M. savini (*n*=1)	100	100	100	100	0	0	0	
M. nihewanensis (*n*=55)	93	0	62	64	0	0	0	
M. orientalis (*n*=19)	100	26	47	95	0	5	0	
M. peii (*n*=6)	100	0	67	100	0	0	0	
M. teilhardi (*n*=36)	100	22	78	94	0	0	0	
M. youhenicus (*n*=2)	100	0	100	100	0	0	0	
M. zhengi (*n*=4)	100	0	100	100	0	0	0	
Pitymys simplicidens (*n*=1)	100	100	100	100	0	100	0	
Proedromys bedfordi (*n*=5)	100	100	100	100	80	0	0	
Volemys millicens (*n*=2)	100	100	100	100	100	0	0	
Prometheomys schaposchnikowi (*n*=1)	0	0	0	0	0	0	0	
Germanomys progressivus (*n*=10)	100	0	89	0	0	0	0	
G. yusheicus (*n*=3)	100	0	100	0	0	0	0	
Eolagurus simplicidens (*n*=6)	100	100	100	100	0	100	0	
Alticola stoliczkanus (*n*=8)	100	100	100	100	50	0	0	
Caryomys eva (*n*=2)	100	100	100	100	100	100	0	
Eothenomys proditor (*n*=26)	100	0	100	0	77	0	0	

续表

种 Species	Is 1/%	Is 2/%	Is 3/%	Is 4/%	Is 5/%	Is 6/%	Is 7/%	Is 8/%
E. olitor (*n*=31)	100	0	100	0	68	0	0	
E. chinensis (*n*=16)	100	0	100	0	69	13	0	
E. melanogaster (*n*=21)	100	0	100	0	100	5	0	
E. praechinensis (*n*=10)	100	0	100	0	90	0	0	
E. hubeiensis (*n*=10)	100	10	100	20	90	0	0	
Hyperacrius jianshiensis (*n*=2)	100	0	100	0	0	0	0	
H. yenshanensis (*n*=10)	50	50	0	100	0	0	0	
Myodes rufocanus (*n*=2)	100	100	100	100	100	0	0	
M. fanchangensis (龙骨坡 Longgupo, *n*=30)	97	10	90	70	0	3	0	
M. fanchangensis (人字洞 Renzi Cave, *n*=9)	100	0	67	78	0	0	0	

注：*n* 指标本数；齿峡封闭百分率指所测标本中该齿峡封闭的标本所占的百分率。

Notes：*n* represents specimen number；The closedness percentage means the percentage of specimens with a certain closed Is.

评注 这里所列标本是在整理库存标本时发现的。尽管产地和发现经过不十分肯定，但由于它们是现生欧洲水䶄在中国的唯一化石代表，仍将其列出以增加属种的多样性和方便今后研究化石对比。

这些标本臼齿无根，齿褶中白垩质发育；下臼齿珐琅质层厚度在 T 的凹侧大于凸侧，上臼齿的相反。m1 的 PL 之前有 3 个封闭的、彼此交错排列的 T，1 对齿质空间十分开敞的 T 和 1 椭圆形的、后方十分开敞的 AC；有 5 个 LSA、4 个 LRA、4 个 BSA、3 个 BRA。M1（长 3.50 mm）每侧各有 3 个 SA、2 个 RA。M2 舌侧有 2 个 SA、1 个 RA，颊侧有 3 个 SA、2 个 RA（图 28）。这些形态特征与现生种是一致的。如果以 M1 长度占上颊齿列长度的百分比率为 39%计算，其 M1–3 长 8.91 mm，m1–3 长 8.60–8.93 mm。这组数据十分接近罗泽珣等（2000）所测的塔尔巴哈台亚种（*Arvicola terrestris kuznetzovi* Ognev, 1933）的相应数据（两项值分别为 8.2–9.0 mm 和 8.8 mm），明显小于哈萨克亚种（*A. t. scythicus* Thomas, 1914a）（两项值分别为 9.4–9.8 mm 和 9.7–9.8 mm）。

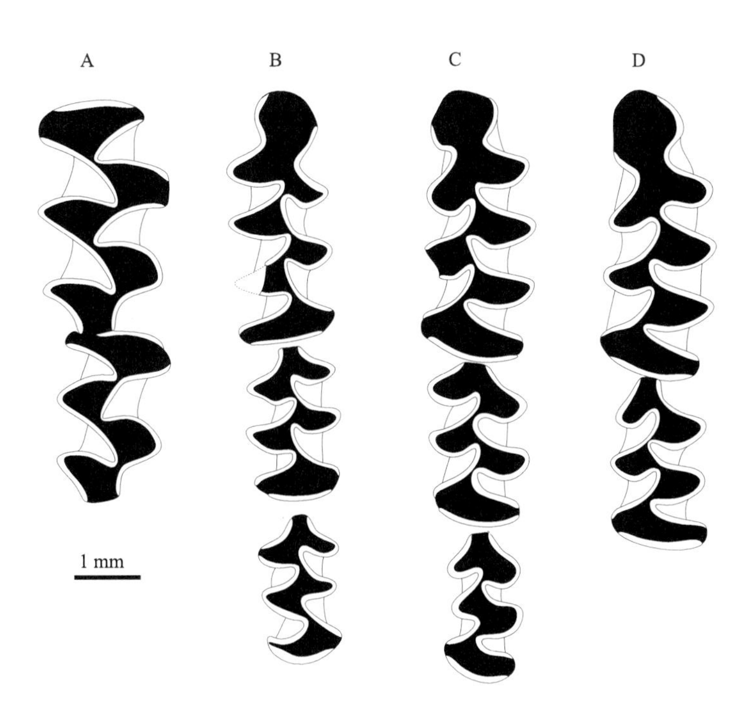

图 28 北京周口店地区（?）*Arvicola terrestris* 臼齿咬面形态

Figure 28 Occlusal morphology of *Arvicola terrestris* from the Zhoukoudian area (?), Beijing

A. R M1–2（IVPP V 18548.1），B. r m1–3（IVPP V 18548.2），C. l m1–3（IVPP V 18548.3），D. l m1–2（IVPP V 18548.4）

表 4 各种䶄类 m1 长度和 SDQ 值

Table 4 Length and SDQ of m1 in arvicolines

种 Species	长度 Length/mm	SDQ_P
Arvicola terrestris	3.92 (3.86–4.30, *n*=3)	83 (81–86, *n*=3)
Allophaiomys deucalion	2.70 (2.46–2.94, *n*=28)	112 (92–140, *n*=28)
A. pliocaenicus	2.68 (2.33–3.14, *n*=20)	83 (60–103, *n*=10)
A. terraerubrae	2.91 (2.86–3.00, *n*=3)	105 (93–115, *n*=3)
Borsodia chinensis	2.54 (2.32–2.80, *n*=21)	67 (53–84, *n*=21)
B. prechinensis	2.63 (*n*=1)	91 (*n*=1)
B. mengensis	2.38 (2.20–2.60, *n*=5)	115 (101–122, *n*=5)
Huananomys variabilis	3.11 (2.79–3.36, *n*=12)	139 (104–163, *n*=12)
Lasiopodomys brandti	3.09 (2.43–3.27, *n*=11)	49 (39–76, *n*=11)
L. complicidens	3.02 (2.71–3.34, *n*=10)	51 (42–63, *n*=10)
L. probrandti	2.68 (2.43–3.29, *n*=30)	60 (35–75, *n*=13)
Microtus fortis	3.57 (*n*=1)	94 (*n*=1)
M. minoeconomus	2.53 (2.37–2.71, *n*=18)	66 (51–73, *n*=8)
M. oeconomus	3.16 (3.00–3.43, *n*=10)	78 (66–91, *n*=10)
Mimomys asiaticus	2.72 (*n*=1)	111 (*n*=1)
M. banchiaonicus	3.90 (*n*=1)	137 (*n*=1)
M. bilikeensis	2.46 (2.26–2.66, *n*=30)	120 (105–142, *n*=30)
M. gansunicus	2.74 (2.59–2.92, *n*=15)	144 (119–156, *n*=16)
M. savini	3.29 (*n*=1)	139 (*n*=1)
M. irtyshensis	2.74 (*n*=1)	127 (*n*=1)
M. nihewanensis	2.80 (2.44–3.12, *n*=51)	138 (112–168, *n*=43)
M. orientalis	2.78 (2.28–3.15, *n*=16)	132 (113–157, *n*=21)
M. peii	3.64 (3.47–4.01, *n*=7)	129 (114–137, *n*=6)
M. teilhardi	2.55 (2.17–2.85, *n*=102)	117 (105–145, *n*=36)
M. youhenicus	2.81 (2.61–3.00, *n*=2)	120 (117–123, *n*=2)
M. zhengi	3.21 (2.89–3.47, *n*=30)	124 (110–143, *n*=39)
Pitymys simplicidens	2.36 (*n*=1)	62 (*n*=1)
Proedromys bedfordi	2.78 (2.57–2.86, *n*=5)	118 (101–141, *n*=5)
Volemys millicens	2.79 (2.73–2.84, *n*=2)	130 (118–141, *n*=2)
Prometheomys schaposchnikowi	2.70 (*n*=1)	108 (*n*=1)
Germanomys progressivus	2.39 (2.25–2.53, *n*=18)	110 (95–126, *n*=18)
G. yusheicus	2.34 (2.20–2.47, *n*=2)	110 (*n*=1)
Eolagurus simplicidens	3.04 (2.43–3.29, *n*=6)	59 (40–79, *n*=8)
Alticola roylei	2.30 (2.18–2.48, *n*=11)	?
A. stoliczkanus	2.82 (2.71–3.00, *n*=8)	98 (89–106, *n*=8)
Caryomys eva	3.00 (*n*=2)	66 (64–68, *n*=2)
Eothenomys proditor	2.80 (2.50–3.10, *n*=26)	111 (94–151, *n*=15)
E. olitor	2.63 (2.25–2.30, *n*=4)	108 (102–119, *n*=14)
E. chinensis	2.98 (2.70–3.25, *n*=15)	101 (100–103, *n*=15)
E. melanogaster	2.73 (2.43–3.07, *n*=21)	111 (98–129, *n*=21)
E. praechinensis	2.54 (2.43–2.71, *n*=6)	100 (94–108, *n*=6)
E. hubeiensis	2.34 (2.14–2.57, *n*=10)	119 (111–130, *n*=10)
Hyperacrius jianshiensis	2.19 (*n*=1)	82 (*n*=1)
H. yenshanensis	2.52 (2.14–2.71, *n*=11)	100 (96–103, *n*=11)
Myodes rufocanus	2.90 (2.79–3.00, *n*=2)	100 (93–108, *n*=2)
M. fanchangensis (龙骨坡 Longgupo)	2.35 (2.15–2.55, *n*=14)	145 (134–142, *n*=6)
M. fanchangensis (人字洞 Renzi Cave)	2.50 (2.11–3.03, *n*=125)	122 (98–154, *n*=125)

注：表中括号前数值为均值，括号内数值为范围和标本数。

Note：Numbers before the parentheses are means, and numbers inside the parentheses are ranges and specimen numbers.

水䶄属未定种 *Arvicola* sp.

（图 29）

郑绍华和韩德芬（1993）记述的辽宁营口市永安镇西田村“金牛山人”遗址第 6 层的水䶄属材料仅为 1 左下颌支带 m1–2（Y.K.M.M. 18.20），其时代为中更新世晚期。臼齿无根，齿褶内白垩质丰富。m1（长 3.05 mm、宽 1.04 mm）的 PL 之前有 3 个交错排列的封闭 T，有 5 个 LSA、4 个 LRA 以及 4 个 BSA、3 个 BRA。m2 的 PL 之前有 4 个交错排列、封闭严实的 T。营口标本的 m1 长度较上述欧洲水䶄小，后者 m1 长 3.92 mm（3.86–4.30 mm，$n = 3$）。从牙齿前部有一大的珐琅质圈存在判断，可能是一年轻个体病牙。

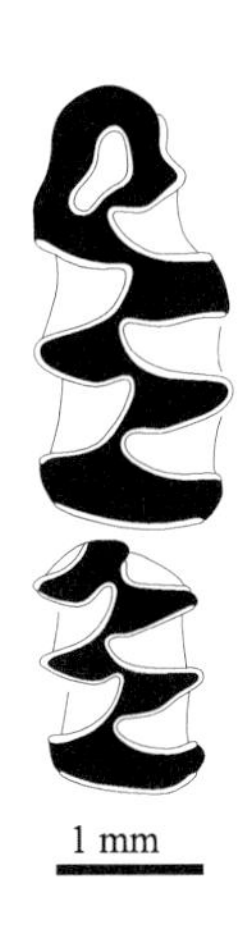

图 29　辽宁营口市永安镇西田村“金牛山人”遗址 *Arvicola* sp.左 m1–2（Y.K.M.M. 18.20）咬面形态（据郑绍华、韩德芬，1993）

Figure 29　Occlusal morphology of left m1–2 (Y.K.M.M. 18.20) of *Arvicola* sp. from the “Jinniushan Man” Site, Xitian Village, Yong’an Town, Yingkou City, Liaoning (after Zheng et Han, 1993)

毛足田鼠属 *Lasiopodomys* Lataste, 1886

模式种　*Arvicola* (*Hypudaeus*) *brandti* Radde, 1861

特征（修订）　中等大小。颅骨宽而平；腭骨后方有典型的骨桥；成年个体颞脊在眶间区愈合。因后足有 5–6 个趾垫且被浓密毛发包裹而有“毛足田鼠”称谓。臼齿无根，齿褶内白垩质发育。m1 的 PL 之前有 4–6 个彼此交错排列的 T 和 1 个小的方形 AC2；Is 1–6 封闭百分率 100%，而 Is 7 的封闭百分率或为 0 或 38%（表 2，表 3）；SDQ_P<100（表 4），为 *Microtus* 型分异或负分异。m3 没有明显的 BSA3 和封闭的 T。M3 结构较简单，颊侧 3–4 个、舌侧 3 个 SA。

中国已知种　布氏毛足田鼠 *Lasiopodomys brandti* (Radde, 1861)、棕色毛足田鼠 *L. mandarinus* (Milne-Edwards, 1871)、青海毛足田鼠 *L. fuscus* (Büchner, 1889)（以上为现生种）；原布氏毛足田鼠 *L. probrandti* Zheng et Cai, 1991、复齿毛足田鼠 *L. complicidens* (Pei, 1936)。

分布与时代　青海、甘肃、陕西、内蒙古、山西、山东、安徽、河北、辽宁和北京，早更新世—现代。

评注　*Lasiopodomys* 作为独立的属最早由 Lataste（1886）提出，Hinton（1926）和 Ellerman（1941）引用了这个属，但 Ellerman 和 Morrison-Scott（1951）认为将 *Lasiopodomys* 作为 *Microtus* 的亚属更妥当一些。更多人将其视为与 *Microtus* 属同义（Young, 1927, 1932, 1934；Zdansky, 1928；Pei, 1931, 1936, 1940；Teilhard de Chardin, 1936；Teilhard de Chardin et Pei, 1941；Teilhard de Chardin et Leroy, 1942；Corbet et Hill, 1991；谭邦杰，1992；黄文几等，1995；罗泽珣等，2000）。也有人将其模式种 *L. brandti* 作为 *Microtus* 中亚属 *Phaiomys* Blyth, 1863 下的种（Allen, 1940）。显然，根据这些属种命名先后，应

使用 *Lasiopodomys* 作为属名（王应祥，2003；潘清华等，2007）。

Lasiopodomys brandtioides (Young, 1934)应是 *L. brandti* (Radde, 1861)的同物异名（郑绍华、蔡保全，1991）。外贝加尔库东（Kudun）地点的 *L. praebrandti* Erbajeva, 1976b 和美国阿拉斯加西沃德半岛（Seward Peninsula）迪西特角（Cape Deceit）地点的 *L. deceitensis* (Guthrie et Mathews, 1971)（Repenning et Grady, 1988）的 m1 的 PL 之前只有 4 个封闭的 T 而与 *Microtus oeconomus* (Pallas, 1776)相似，然而其 M3 简单（每侧只有 3 个 SA），仍可视为 *Lasiopodomys*。

据王应祥(2003)，现生于中国的 *Lasiopodomys* 有 3 种：一是分布于内蒙古、东北和河北的 *L. brandti* (Radde, 1861)，二是分布于内蒙古中南部、山西、河南北部、辽宁西部、河北、北京、山东中部、江苏北部和安徽北部的 *L. mandarinus* (Milne-Edwards, 1871)，三是分布于青海和西藏的 *L. fuscus* (Büchner, 1889)。前两者在臼齿上的区别是相当细微的，m1 的 PL 之前均有 5 个封闭的 T 和 1 个方形的 AC2，M3 的 AL 之后均有 3 个 T 和 PL。但是 m1 的 AC2 更复杂多变；M3 舌侧的 T 较颊侧的 T 小，Is 4 和 Is 5 较为封闭，BRA3（或 BSA4）较为显著。后 1 种与前 2 种的最大的区别是 m1 的 PL 之前只有 4 个封闭的 T。

布氏毛足田鼠 *Lasiopodomys brandti* (Radde, 1861)

（图 30）

Arvicola (*Microtus*) *brandti*：Young, 1927, p. 41

Microtus sp.：Boule et Teilhard de Chardin, 1928, p. 88, fig. 22B, C

Microtus? *brandti*：Zdansky, 1928, p. 60, pl. V, figs. 20–50

Microtus brandti：Young, 1932, p. 6；金昌柱等，1984，317 页，图 3；郑绍华、韩德芬，1993，75 页，表 16，插图 48

Microtus brandtioides：Young, 1934, p. 95, figs. 38–40, pl. VIII, figs. 13–15, pl. IX, figs. 3, 4, 7, 8；Pei, 1936, p. 71, figs. 35A, 36D–I, pl. VI, figs. 5–9, 13；Teilhard de Chardin et Leroy, 1942, p. 33；计宏祥，1974，222 页，图版 I，图 1；盖培、卫奇，1977，290 页；卫奇，1978，141 页；韩德芬、张森水，1978，259 页，表 2，图版 II，图 6；贾兰坡等，1979，284 页；黄万波，1981，99 页；郑绍华，1983，231 页；郑绍华等，1985a，110 页（部分），图版 V，图 2, 3；郑绍华等，1985b，135 页，图 56（部分）；辽宁省博物馆、本溪市博物馆，1986，36 页，表 15–17

Microtus epiratticeps：Pei, 1940, p. 46, figs. 19IIa, IIc, 20(3), 21d, pl. II, figs. 7–11, 18

Microtus cf. *brandtioides*：Teilhard de Chardin et Pei, 1941, p. 52, fig. 39

正模 原始标本由 Radde（1861）采集，推测收藏于圣彼得堡（列宁格勒）科学院，但没有指定模式标本（Allen, 1940）。

模式产地及层位 内蒙古呼伦贝尔市呼伦湖以南，推测为中、上更新统。

归入标本 内蒙古：乌审旗萨拉乌苏，2 右下颌支带 m1–3（IVPP RV 28031.1–2）；呼伦贝尔市扎赉诺尔区，1 右下颌支带 m1–2（H.H.P.H.M. 29.336-1）、1 右下颌支带 m1–3（H.H.P.H.M. 29.336-2）。陕西府谷县新民镇新民村镇羌堡（第 11 地点）：5 左 1 右 M3（IVPP RV 31056.1–6）、2 左下颌支带 m1–2（Cat.C.L.G.S.C.Nos.C/19）。陕西洛川县坡头村南菜子沟 S_4 层：1 左 1 右下颌支带 m1–2（QV 10028–10029）。北京周口店：山顶洞，2 颅骨带左右 M1–3、2 左上齿列带 M1–3（Pei, 1940：figs. 19a1–2, 21d）、1 右 m1（Pei, 1940：fig. 20(3)）、1 右下颌支带 m1–3（Pei, 1940：fig. 21d）（IVPP RV 40145.1–6）；第 13 地点，3 下颌支带 m1–2（IVPP RV 41151.1–3）；第 3 地点，1 颅骨带左右 M1–3（Pei, 1936：fig. 35A）及 2 左下颌支带 m1–3（Pei, 1936：fig. 36E, H）（IVPP RV 36329.1–4）；第 2 地点，1 破碎颅骨、2 左 2 右下颌支及一些肢骨（Cat.C.L.G.S.C.Nos.C/C. 305）；第 1 地点，9 破碎颅骨、696 左 669 右下颌支及大量肢骨（Cat.C.L.G.S.C.Nos.C/C. 1182, C/C. 1200, C/C. 1407, C/C. 1414）。青海共和县：塘格木镇狗头山 77085 地点，1 破损左下颌支带 m1（IVPP V 6041.2）；英德尔海南岸山坡 77086 地点，1 破损右下颌支带 m1–3（IVPP V 6041.3）。辽宁营口市永安镇西田村“金牛山人”遗址：14 颅骨前半部带左右 M1–3（Y.K.M.M. 17，Y.K.M.M. 17.1–13）及 1 右上臼齿列带 M1–3（Y.K.M.M. 17.14）、12 左 21 右下颌支带 m1–3（Y.K.M.M. 17.15–47）、17 左 18 右下颌支带 m1–2（Y.K.M.M. 17.48–82）、1 左 1 右下颌

支带 m1（Y.K.M.M. 17.83–84）。河北阳原县化稍营镇小渡口村台儿沟东剖面：F12 层，1 左 2 右 M3（IVPP V 18817.1–3）、1 左 m3（IVPP V18817.4）；T18 层，1 左 m1 前半部（IVPP V 18817.5）、1 右 M3（IVPP V 18817.6）。安徽和县龙潭洞：1 右下颌支带 m1–3（IVPP V 26139）。

归入标本时代 中—晚更新世（～0.60–0.09 Ma）。

特征（修订） m1 的 Is 1–6 封闭百分率均为 100%，而 Is 7 的封闭百分率为 0；SDQ_P 为 49（范围参考表 4），属负分异；PL 之前有 5 个封闭的 T 和略呈长方形且斜置的 AC。M3 的 Is 2 和 Is 4 封闭，Is 5 常封闭不严，AL 之后有 3 个 T，使得 PL 略呈 Y 形。

评注 内蒙古呼伦贝尔市扎赉诺尔区的?*Phaiomys* sp.（未研究标本）和萨拉乌苏的 *Microtus* sp.（Boule et Teilhard de Chardin, 1928：fig. 22B–C）因其 m1 的 PL 之前有 5 个封闭的、彼此交错排列的 T 和简单的 AC2，以及 m3 没有明显的 BSA3 应与该种定义相符。陕西府谷镇羌堡（第 10–11 地点）的材料在德日进和杨钟健（Teilhard de Chardin et Young, 1931）的专著中未提及，但笔者从第 11 地点的标本中发现 6 件 M3 和 1 左下颌支带 m1–2（Cat.C.L.G.S.C.Nos.C/19）也显示同样的形态，且 M3 每侧只有 3 个 SA，AL 之后有 2–3 个 T 和简单的 PL。其他地点的材料也都符合上述特征。

周口店第 3 地点被归入“*Microtus brandtioides*”的下颌材料显然包含了两种（Pei, 1936：fig. 36D–I, M）：一种个体较小，m3 缺失 BSA3，如 Pei（1936：fig. 36）所示的 D、E、H、I、M；另一种个体较大，m3 存在 BSA3，如 Pei（1936：fig. 36）所示的 F 和 G。前者明显属于 *Lasiopodomys brandti*，后者应属于 *Microtus fortis*。

周口店山顶洞的材料都被冠以“*Microtus epiratticeps* (*Microtus brandtioides*)”的名称（Pei, 1940：figs. 19–21），意即只有一种。但根据大小和 M3 与 m1 的形态分析，Pei（1940：fig. 19）的上臼齿列可以分为 3 种，即类型 I 的 1 和 2 应为 *Microtus fortis*，类型 I 的 3 应为 *M. mongolicus*，类型 II 应为 *Lasiopodomys brandti*；Pei（1940：fig. 20, fig. 21）的下臼齿为 *M. oeconomus*（fig. 20）、*M. mongolicus*（fig. 21a–b2）、*M. fortis*（fig. 21b3–b4）、*L. complicidens*（fig. 21c）和 *L. brandti*（fig. 21d）。晚更新世山顶洞的动物群化石材料显示，它们大都应是现生而不是化石种类。

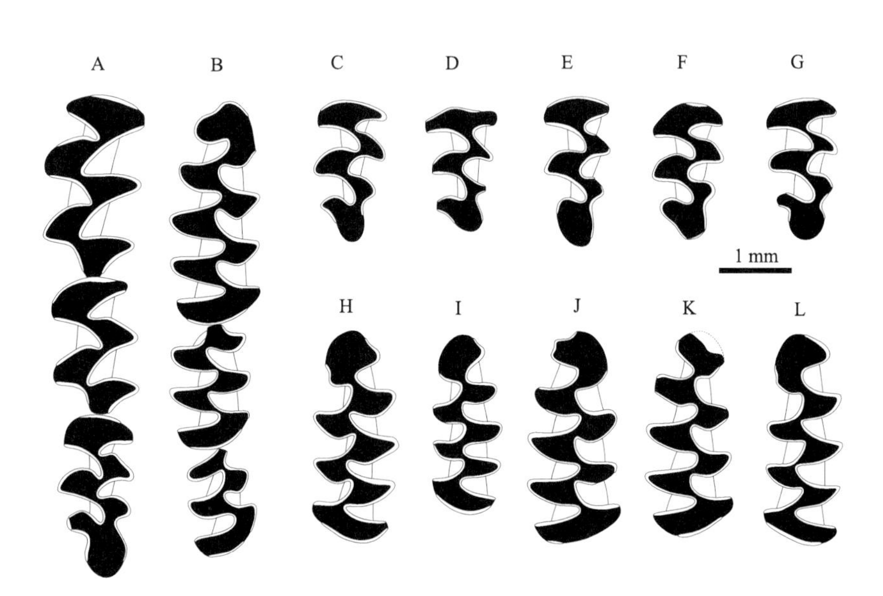

图 30 辽宁营口市永安镇西田村“金牛山人”遗址 *Lasiopodomys brandti* 臼齿咬面形态（据郑绍华、韩德芬，1993）

Figure 30 Occlusal morphology of molars of *Lasiopodomys brandti* from the “Jinniushan Man” Site, Xitian Village, Yong’an Town, Yingkou City, Liaoning (after Zheng et Han, 1993)

A. L M1–3（Y.K.M.M. 17）；B. r m1–3（Y.K.M.M. 17.22）；C–G. L M3（Y.K.M.M. 17.1–5）；H–I, L. l m1（Y.K.M.M. 17.15–17）；J–K. r m1（Y.K.M.M. 17.23–24）

郑绍华和韩德芬（1993）已将以周口店第 1 地点所产化石为代表的中—晚更新世的“*Lasiopodomys brandtioides*”和“*Microtus epiratticeps*”（Young, 1934）分别用 *Lasiopodomys brandti* 和 *Microtus oeconomus* 替代，因为它们的形态与此两种极为相似，无法区分。

中晚更新世和现生的 *Lasiopodomys brandti* 与早更新世的 *L. probrandti* 的主要区别是前者个体较大，m1 和 M3 的结构稍微较后者复杂（郑绍华、蔡保全，1991）。

尽管这样，人们往往将发现的材料只归为 *Lasiopodomys brandti*（卫奇，1978；金昌柱等，1984；郑绍华等，1985a；辽宁省博物馆、本溪市博物馆，1986；郑绍华、韩德芬，1993），而忽略了 *L. mandarinus* 的存在。

阳原台儿沟东剖面 T18 层的磁性地层学年龄为 0.60 Ma，洛川南菜子沟 S_4 层磁性地层学年龄为 0.44 Ma，萨拉乌苏的热释光年龄为 0.12–0.09 Ma，因此该种的时代记录约为 0.60–0.09 Ma。

复齿毛足田鼠 *Lasiopodomys complicidens* (Pei, 1936)

（图 31）

Microtus complicidens：Pei, 1936, p. 73, fig. 36A–C, pl. VI, figs. 10–12

Microtus epiratticeps：Pei, 1940, p. 46, fig. 21c

Lasiopodomys：Tedford et al., 1991, p. 524, fig. 4

Microtus brandtoides：Flynn et al., 1991, p. 251, fig. 4；Flynn et al., 1997, p. 231, fig. 5

Microtus cf. *M. complicidens*：Zhang, 2017, p. 168, tab. 12.1, fig. 12.9

选模 右下颌支带 m1–2（IVPP RV 36330 = Cat.C.L.G.S.C.Nos.C/C. 2611；Pei, 1936：fig. 36C, pl. VI, fig. 10）。

模式居群 16 下颌支和 3 m1（IVPP RV 36331.1–19 = Cat.C.L.G.S.C.Nos.C/C. 2611–2614）。

模式产地及层位 北京周口店第 3 地点，中更新统。

归入标本 北京周口店：第 1 地点，1 右 m1（IVPP RV 341423）；山顶洞，1 左下颌支带 m1–2（IVPP RV 40161）（Pei, 1940：p. 49, fig. 21c）。山西静乐高家崖（第 2 地点，今娄烦县静游镇峰岭底村附近）：1 右 m1（IVPP RV 31057）。山西榆社盆地 YS 123 地点：1 左下颌支带门齿及 m1（IVPP V 22622.1）。陕西府谷县新民镇新民村镇羌堡（第 11 地点）：1 左下颌支带 m1–2（Cat.C.L.G.S.C.Nos.C/19）。

归入标本时代 中—晚更新世。

特征（修订） m1 的 PL 之前有 6 个基本封闭的 T 和简单的 AC2，即具 5 个 BSA、4 个 BRA，6 个 LSA、5 个 LRA，其中 BRA4 和 LRA5 很浅；Is 1–6 封闭百分率为 100%，而 Is 7 只有 38%（表 2，表 3）；SDQ_P 为 51，属负分异（范围参考表 4）。

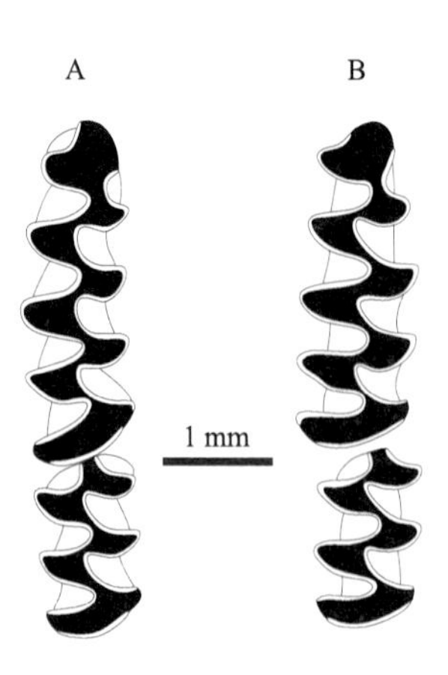

图 31　北京周口店第 3 地点 *Lasiopodomys complicidens* 下臼齿咬面形态

Figure 31　Occlusal morphology of lower molars of *Lasiopodomys complicidens* from Loc. 3 of Zhoukoudian, Beijing

A. r m1–2（IVPP RV 36330 = Cat.C.L.G.S.C.Nos.C/C. 2611，选模 lectotype），B. r m1–2（Cat.C.L.G.S.C.Nos.C/C. 2612）

评注 裴文中归入此种的带有 M1–3 的颅骨（Pei, 1936：fig. 35B, pl. VI, fig. 14）因个体明显较大以及 M3 结构复杂（具 5 个 BSA、4 个 LSA、4 个 LRA 和 3 个 BRA）而与 *Lasiopodomys complicidens* 的定义不符，似乎归为 *Microtus oeconomus* 更为合适。根据 m1 的 PL 之前有 6 个基本封闭的 T 或 6 个完全封闭的 Is，周口店山顶洞的被描述成“*Microtus epiratticeps* (*Microtus brandtoides*)”的部分标本（Pei, 1940：fig. 21c）亦应归入此种。

原布氏毛足田鼠 *Lasiopodomys probrandti* Zheng et Cai, 1991

（图 32）

cf. *Microtus brandtoides*：Teilhard de Chardin, 1936, p. 17 (partim)

Microtus brandtioides：郑绍华，1981，349 页，图 2；郑绍华等，1985a，110 页（部分）；郑绍华等，1985b，135 页，图 56（部分）

正模 右 m1（GMC V 2057）。

模式居群 1 左 M3（GMC V 2058），2 右下颌支带 m1、11 左 4 右 m1、5 右 m2、4 左 1 右 m3、6 左 9 右 M1、3 左 4 右 M2、2 左 M3（GMC V 2059.1–51）。

模式产地及层位 河北蔚县北水泉镇东窑子头村大南沟剖面第 13 层（= DO-6 层），下更新统（～1.44 Ma）。

归入标本 河北蔚县北水泉镇东窑子头村大南沟剖面：第 9 层，2 左 2 右 m1（IVPP V 23148.1–4）、1 左 m2（IVPP V 23148.7）、2 右 m1（IVPP V 23148.5–6）、3 左 4 右 m2（IVPP V 23148.8–14）、2 左 2 右 m3（IVPP V 23148.15–18）、2 左 5 右 M2（IVPP V 23148.19–25）、2 左 5 右 M3（IVPP V 23148.26–32）；第 12 层，1 右下颌支带 m1–2（IVPP V 23148.33）、1 右下颌支带 m1（IVPP V 23148.34）、2 右下颌支带 m2（IVPP V 23148.35–36）、2 左 1 右 m1（IVPP V 23148.37–38, 40）、3 左 2 右 m2（IVPP V 23148.41–43, 45–46）、5 左 15 右 M1（IVPP V 23148.48–52, 54–67）、4 左 2 右 M2（IVPP V 23148.68–71, 73–74）、1 右 M3（IVPP V 23148.76）、1 左 m1（IVPP V 23148.39）、1 右 m2（IVPP V 23148.44）、1 右 m3（IVPP V 23148.47）、1 右 M1（IVPP V 23148.53）、1 右 M2（IVPP V 23148.72）、1 左 M3（IVPP V 23148.75）；第 13 层，1 左 m2（IVPP V 23148.77）、1 右 M1（IVPP V 23148.78）、2 左 M2（IVPP V 23148.79–80）；第 14 层，2 右 m2、2 左 m3、1 右 M2、1 左 M3（IVPP V 23148.81–86）；第 15 层，1 左下颌支带 m1（IVPP V 23148.87）、6 左 9 右 m1（IVPP V 23148.88–102）、5 左 4 右 m2（IVPP V 23148.103–111）、2 左 2 右 m3（IVPP V 23148.112–115）、3 左 3 右 M1（IVPP V 23148.116–121）、2 左 5 右 M2（IVPP V 23148.122–128）、1 左 1 右 M3（IVPP V 23148.129–130）；第 16 层，3 左 6 右 m1（IVPP V 23148.131–139）、5 左 5 右 m2（IVPP V 23148.140–149）、7 左 10 右 m3（IVPP V 23148.150–166）、6 左 4 右 M2（IVPP V 23148.167–176）、4 左 3 右 M3（IVPP V 23148.177–183）、1 右 m1（IVPP V 23148.184）、1 左 m2（IVPP V 23148.185）、2 左 m3（IVPP V 23148.186–187）、1 左 M1（IVPP V 23148.188）；第 18 层，1 右下颌支带 m1–3（IVPP V 23148.189）、14 左 16 右 m1（IVPP V 23148.190–219）、8 左 14 右 m2（IVPP V 23148.220–241）、8 左 5 右 m3（IVPP V 23148.242–254）、6 左 14 右 M1（IVPP V 23148.255–274）、9 左 12 右 M2（IVPP V 23148.275–295）、11 左 9 右 M3（IVPP V 23148.296–315）、4 左 9 右 m1（IVPP V 23148.316–328）、5 左 4 右 m2（IVPP V 23148.329–337）、3 左 6 右 m3（IVPP V 23148.338–346）、4 左 6 右 M1（IVPP V 23148.347–356）、6 左 8 右 M2（IVPP V 23148.357–370）、6 左 4 右 M3（IVPP V 23148.371–380）。河北阳原县化稍营镇小渡口村台儿沟东剖面 T17 层：1 右 m1、1 破损左 m2、1 右 m3、1 右 M1、2 右 M2、1 左 M3（IVPP V 18818.1–7）。北京周口店：第 9 地点，1 左下颌支带 m1–2、6 左 m1（IVPP RV 36332.1–7）；太平山东洞，1 左 m3、1 右 m2（CUG V 93217–93218）；太平山西洞，1 颅骨前半部带左 M1–2 和右 M1（Tx 90(5) 12）。辽宁大连市甘井子区海茂村：1 不完整颅骨（DH 8997）、1 上颌（DH 8998）、3 下颌支（DH 8999.1–3）。陕西洛川县坡头村南菜子沟：S_6层，1 左下颌支带 m1–2（QV 10029）；S_{10}层，1 颅骨前半部带左 M1 及右 M1–2（QV 10030）。山东淄博市太河镇北牟村孙家山第 2 地点：15 左 16 右下颌支带 m1–3、16 左 12 右下颌支带 m1–2、1 左下颌支带 m1、7 左 9 右 m1、

20 左 13 右 m2、10 左 9 右 m3、8 颅骨前部带左右 M1–3、1 颅骨前部带左 M1–3 及右 M1–2、1 颅骨前部带左右 M1、1 颅骨前部带左 M1–2 及右 M1–3、1 颅骨前部带左 M2 及右 M1–3、1 上颌带左右 M1–2、1 上颌带左 M1–2 及右 M1、1 上颌带左 M1 及右 M1–3、2 右上颌带 M1–2、1 上颌带左右 M1、2 颅骨带左 M1–2 及右 M1–3、1 颅骨带左右 M1–2、11 左 12 右 M1、13 左 8 右 M2、13 左 13 右 M3（IVPP RV 97028.1–199）。青海贵南县茫曲镇昂索村电站沟 77078 地点，1 左 m1（IVPP V 6041.1）。

归入标本时代　早—中更新世（～1.67–0.67 Ma）。

特征（修订）　个体比 *Lasiopodomys brandti* 显著小。m1 平均长度为 2.68 mm（范围参考表 4）；AC2 较简单，通常缺失 LRA5；Is 1–6 封闭百分率均为 100%，而 Is 7 则为 0（表 2，表 3）；SDQ_P 为 60，属负分异（范围参考表 4）。M3 的 T2 和 T3 较封闭，即 Is 2–4 较 Is 5 封闭。

评注　河北蔚县大南沟右侧剖面（郑绍华，1981）和辽宁大连海茂（王辉、金昌柱，1992）的 m1 长度分别为 2.76 mm 和 2.24 mm，青海共和（郑绍华等，1985a）的 m1 长度为 2.20 mm 和 2.40 mm，山东淄博孙家山第 2 地点（郑绍华等，1997）的 m1 长度为 2.52–2.80 mm，其大小均在模式地点 *Lasiopodomys probrandti* 的变异范围（平均长度 2.47 mm，2.26–2.75 mm，$n = 14$）（郑绍华、蔡保全，1991）内，小于辽宁营口金牛山的 *L. brandti*（平均长度 2.95 mm，2.45–3.22 mm，$n = 23$）（郑绍华、韩德芬，1993），也比周口店第 1 地点的"*Microtus brandtioides*"（平均长度 3.02 mm，2.40–3.50 mm，$n = 28$）小。除了较大型外，周口店约 61%的 m1 标本具有明显的 LRA5，M3 通常具有清楚的 BRA3（Young, 1934）。

陕西洛川南菜子沟 S_6 层和 S_{10} 层的磁性地层学年龄分别为 0.67 Ma 和 1.03 Ma（Ding et al., 2002），大南沟剖面第 9、12、13、14、15、16、18 层的磁性地层学年龄分别为 1.67 Ma、1.49 Ma、1.44 Ma、1.35 Ma、1.14 Ma、1.00 Ma、0.87 Ma（Cai et al., 2013）。这样该种的时代分布范围大致在 1.67–0.67 Ma。

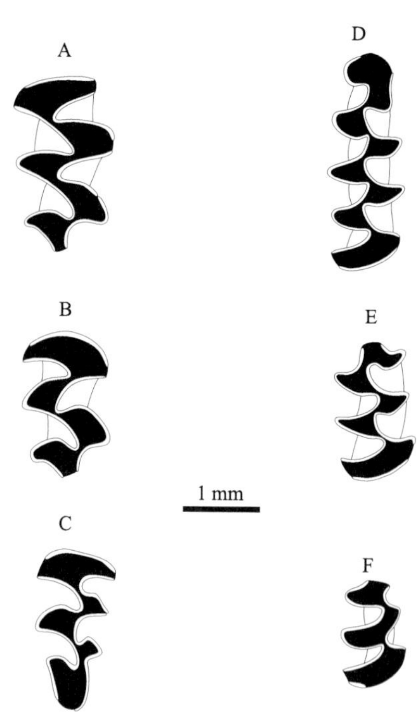

图 32　河北蔚县北水泉镇东窑子头村大南沟剖面 *Lasiopodomys probrandti* 臼齿咬面形态（据郑绍华、蔡保全，1991）

Figure 32　Occlusal morphology of molars of *Lasiopodomys probrandti* from the Danangou section, Dongyaozitou Village, Beishuiquan Town, Yuxian County, Hebei (after Zheng et Cai, 1991)

A. R M1（GMC V 2059.34），B. R M2（GMC V 2059.46），C. L M3（GMC V 2059.50），D. r m1（GMC V 2057，正模 holotype），E. r m2（GMC V 2059.18），F. r m3（GMC V 2059.27）

田鼠属 *Microtus* Schrank, 1798

模式种　*Microtus terrestris* Schrank, 1798（= *Mus arvalis* Pallas, 1778）（俄罗斯列宁格勒州普希金）

（Malygin et Yatsenko, 1986）

特征（修订） 腭骨后端以一轻微向背侧倾斜的中脊终止并形成一个连接腭骨与两侧翼窝的桥。多数种蹠垫数目为 6，少数为 5。臼齿无根，褶沟内白垩质丰富。M2 的 AL 之后通常只有 3 个封闭的 T。M3 的 AL 之后，通常接着 3 个封闭的 T：内侧的 1 个 T 较大，外侧的 2 个 T 较小且 1 大 1 小；PL 呈 C 形。m1 的 SDQ＜100；Is 1–4 的封闭百分率均为 100%，而 Is 5–6 大部分封闭，Is 7 均不封闭；PL 之前通常有 4–6 个封闭 T 和 1 个三叶形 AC2，或具 5 个 LSA、4 个 LRA，具 4–6 个 BSA、3–5 个 BRA。m3 通常由 3 横脊构成，BSA3 发育。

中国已知种 东方田鼠 *Microtus fortis* Büchner, 1889、根田鼠 *M. oeconomus* (Pallas, 1776)、莫氏田鼠 *M. maximowiczii* (Schrenk, 1858)、狭颅田鼠 *M. gregalis* (Pallas, 1778)、蒙古田鼠 *M. mongolicus* (Radde, 1861)（以上为现生种）；小根田鼠 *M. minoeconomus* Zheng et Cai, 1991。

分布与时代 青海、甘肃、陕西、内蒙古、河北、辽宁、北京和海南等地，早更新世—现代。

评注 在以往的文献中，*Microtus* 包含了很多亚属（Allen, 1940；Corbet et Hill, 1991；黄文几等，1995；罗泽珣等，2000），其中一些已被认为是独立的属，如川田鼠属（*Volemys*）、沟牙田鼠属（*Proedromys*）、毛足田鼠属（*Lasiopodomys*）、松田鼠属（*Pitymys*）等（王应祥，2003；Musser et Carleton, 2005；潘清华等，2007）。目前，中国的田鼠多数种类属于田鼠亚属（*Microtus* Schrank, 1798），只有一种 *M. gregalis* 属于狭颅田鼠亚属（*Stenocranius* Kaščenko, 1901）（罗泽珣等，2000）。

中国最早的 *Microtus* 发现于泥河湾盆地大南沟剖面的第 9 层，约为 1.67 Ma；最晚的发现于第 18 层，约为 0.87 Ma（蔡保全等，2004）。*Allophaiomys* 被认为是 *Microtus* 的直接祖先（Repenning, 1992）。

东方田鼠 *Microtus fortis* Büchner, 1889

（图 33）

Microtus epiratticeps：Pei, 1936, p. 70
Microtus ratticeps：Pei, 1940, p. 46, figs. 19I1–2, 21b3–4, pl. II, fig. 16
Microtus sp.：郝思德、黄万波，1998，65 页，图 5.14E

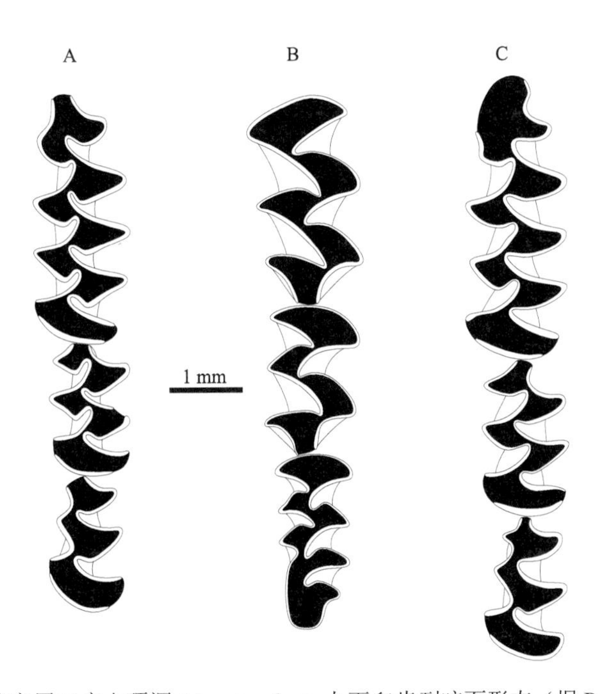

图 33 北京周口店山顶洞 *Microtus fortis* 上下臼齿列咬面形态（据 Pei, 1940）

Figure 33 Occlusal morphology of upper and lower molar rows of *Microtus fortis* from the Upper Cave of Zhoukoudian, Beijing (after Pei, 1940)

A. l m1–3（IVPP RV 40146.3 = CP. 42, Pei, 1940：fig. 21b4），B. R M1–3（IVPP RV 40146.1, Pei, 1940：fig. 19I1），C. l m1–3（IVPP RV 40146.5）

正模　该种所依据的标本为两个雄性个体：一个成年个体和一个未成年个体（圣彼得堡皇家科学院动物博物馆编号分别为 1535 和 2250），由 Przewalski 中亚考察队于 1871 年 7 月中旬采集。

模式产地　内蒙古乌审旗鄂尔多斯沙漠边缘的黄河河曲谷地。

归入标本　北京周口店：第 1 地点，1 右下颌支带 m1–3（IVPP RV 341424）；山顶洞，2 右 M1–3 齿列（IVPP RV 40146.1–2）（Pei, 1940：fig. 19I1–2）、1 左 m1–3 齿列（IVPP RV 40146.3）（Pei, 1940：fig. 21b4）、1 右下颌支带 m1–3（IVPP RV 40146.4 = IVPP CP. 42）、1 左 m1–3 齿列（IVPP RV 40146.5）、1 右 m1–2 齿列（IVPP RV 40146.6）（Pei, 1940：fig. 21b3）。海南三亚市落笔洞：1 破损右 M3（HV 00156）。

归入标本时代　中—晚更新世。

特征（修订）　大型。尾相对长，后足只有 5 个蹠垫。M1–3 平均长度为 9.11 mm（6.30–10.60 mm，n = 95），m1–3 平均长度 7.07 mm（6.30–8.50 mm，n = 84）。上门齿无纵沟。M3 的 AL 之后有 3 个封闭的 T（颊侧的两个较小）和 C 形 PL，具 4 个 LSA、3 个 BSA。m1（长约 3.57 mm）的 PL 之前有 5 个封闭的 T 和三叶形的 AC，AC 两侧有宽浅的 LRA5 和 BRA4，BSA 尖锐，LSA 圆钝，有 6 个 LSA、5 个 LRA，4 个 BSA、4 个 BRA；Is 5–6 封闭百分率为 100%（表 2，表 3）；SDQ_P 为 94 左右，属负分异（表 4）。

评注　该种的化石以周口店山顶洞的标本保存较好（图 33）。裴文中记述成"*Microtus epiratticeps* (*Microtus brandtioides*)"的部分标本（Pei, 1940：figs. 19I1–2, 21b3–4, pl. II, fig. 16）应归入此种。其大的尺寸（m1–3 长 7.85 mm，m1 长 3.60 mm，M3 长 2.75 mm）以及齿冠形态与现生标本（四川卫生防疫站采自福建的 1685 号，m1–3 长 7.14 mm，m1 长 3.84 mm，M3 长 2.56 mm）一致。

根据大小（M3 长大于 2.15 mm）判断，海南三亚落笔洞的标本亦应归入此种。

狭颅田鼠 *Microtus gregalis* (Pallas, 1778)

（图 34）

图 34　甘肃榆中县花岔乡上苦水村大沟 *Microtus gregalis* 左 m1–2（G.V. 91-013）咬面形态（据颉光普等，1994）

Figure 34　Occlusal morphology of left m1–2 (G.V. 91-013) of *Microtus gregalis* from Dagou of Shangkushui Village, Huacha Township, Yuzhong County, Gansu (after Xie et al., 1994)

正模　不详。

模式产地　俄罗斯西伯利亚丘雷姆河（Chulym River）东部地区。

归入标本　甘肃榆中县花岔乡上苦水村大沟：1 左下颌支带 m1–2（G.V. 91-013）。

归入标本时代　晚更新世。

特征（修订）　颅骨极为狭窄。蹠垫 6 个。染色体组型：2n = 36。M1–3 长 5.50–6.80 mm。上门齿前面有浅纵沟。M3 的 AL 之后有 3 个封闭 T 和 C 形的 PL；有 3 个 BSA、2 个 BRA，4 个 LSA、3

个 LRA。m1 的 PL 之前有 5 个封闭 T 和三叶形的 ACC，该 ACC 包括 1 圆钝 BSA 和 1 尖锐的 LSA 以及浅的内、外褶沟，因此具 6 个 LSA、5 个 LRA，5 个 BSA、4 个 BRA；Is 1–6 封闭严密。m3 无明显的 BSA3 发育。

评注 在中国，*Microtus gregalis* 的化石发现极少，甘肃榆中发现的材料（图 34）显示 m1（长 2.80 mm）的 PL 之前有 5 个彼此交错排列的封闭的 T 和三叶形 ACC，m2（长 1.70 mm）的 PL 之前有 4 个封闭的 T，与该种的现生标本（m1 长 2.72 mm，m2 长 1.52 mm）相当，但其 m1 较大的 ACC，特别是短的 AC2 似乎又有所差别。由于材料太少，此处尊重颉光普等（1994）的意见，保留其种名。

莫氏田鼠 *Microtus maximowiczii* (Schrenk, 1858)

（图 35）

Microtus cf. *maximowiczii*：郑绍华、韩德芬，1993，79 页，表 17，插图 49

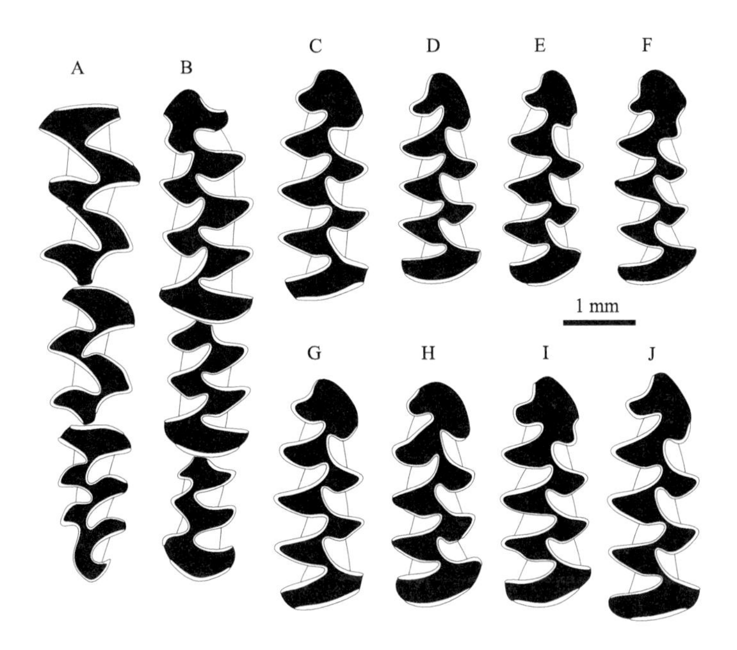

图 35 辽宁营口市永安镇西田村“金牛山人”遗址 *Microtus maximowiczii* 臼齿咬面形态（据郑绍华、韩德芬，1993）

Figure 35 Occlusal morphology of molars of *Microtus maximowiczii* from the “Jinniushan Man” Site, Xitian Village, Yong’an Town, Yingkou City, Liaoning (after Zheng et Han, 1993)

A. R M1–3（Y.K.M.M. 18），B. l m1–3（Y.K.M.M. 18.7），C–J. r m1（Y.K.M.M. 18.17–24）

正模 不详。

模式产地 东西伯利亚奥穆特纳亚（Omutnaya）河口（黑龙江上游）。

归入标本 辽宁营口市永安镇西田村“金牛山人”遗址：7 颅骨前半部带门齿及 M1–3（Y.K.M.M. 18, 18.1–6），10 左 8 右下颌支带 m1–3、2 左 6 右下颌支带 m1–2、2 右下颌支带 m1（Y.K.M.M. 18.7–34）。

归入标本时代 中更新世。

特征（修订） 个体中等偏大。眶间脊发达。腭骨后缘有骨桥。蹠垫 6 个。M3 的 AL 之后有 3 个封闭的 T（舌侧 1 个较大）和 C 形的 PL，因此有 4 个 LSA、3 个 LRA，3 个 BSA、2 个 BRA。m1 的 PL 之前有 5 个封闭的 T 和三叶形的 ACC，AC2 的 LSA5 和 BSA4 较弱，LRA5 和 BRA4 较浅；Is 1–5 封闭百分率均为 100%，Is 6 大部分封闭，Is 7 不封闭。M3 的 BSA3 很发育。

评注 金牛山标本的一些测量数据：①齿隙长 8.80 mm（8.20–9.60 mm，$n = 7$）；②颧宽 16.40 mm

（16.00–16.80 mm，*n* = 2）；③眶间宽 4.00 mm（3.80–4.10 mm，*n* = 3）；④M1–3 长 6.40 mm（6.16–6.70 mm，*n* = 6）；⑤m1–3 长 6.49 mm（5.90–7.00 mm，*n* = 13）。21 件该种现生标本的相应测量数据为：①8.9 mm（8.2–9.5 mm）；②15.5 mm（14.3–17.1 mm）；③3.7 mm（3.5–4.0 mm）；④6.2 mm（5.7–6.6 mm）；⑤6.2 mm（6.0–6.6 mm）（罗泽珣等，2000）。以上这两组数据是基本可以相互印证的。

按照物种命名的优先法则，*Microtus maximowiczii* (Schrenk, 1858)应予保留，而来自同一地区的 *M. ungurensis* Kaščenko, 1912 应属无效。

小根田鼠 *Microtus minoeconomus* Zheng et Cai, 1991

（图 36）

Microtus epiratticeps：Teilhard de Chardin, 1936, p. 17, fig. 7A, B

Microtus cf. *ratticepoides*：郑绍华、蔡保全，1991，112 页，图 4(17, 21), 6II，表 3–5；蔡保全等，2004，277 页，表 2

正模 右 m1（GMC V 2060）。

模式居群 11 左 9 右 m1、1 左 1 右 m2、2 左 m3、7 左 6 右 M1、2 左 M2、1 左 M3（GMC V 2061.1–40）。

模式产地及层位 河北蔚县北水泉镇东窑子头村大南沟剖面第 13 层（= DO-6 层，下更新统（~1.44 Ma）。

归入标本 河北蔚县北水泉镇东窑子头村大南沟剖面：第 9 层，3 左 6 右 m1（IVPP V 23149.1–3, 6–11）、2 左 1 右 M1（IVPP V 23149.28–29, 37），2 左 1 右 m1（IVPP V 23149.4–5, 12）、5 左 m2（IVPP V 23149.13–17）、4 左 6 右 m3（IVPP V 23149.18–27）、7 左 1 右 M1（IVPP V 23149.30–36, 38）、7 左 2 右 M2（IVPP V 23149.39–47）、4 左 7 右 M3（IVPP V 23149.48–58）；第 12 层，1 左 3 右下颌支带 m1–2（IVPP V 23149.59–62）、3 左 2 右下颌支带 m1（IVPP V 23149.63–67）、9 左 8 右 m1（IVPP V 23149.69–85）、10 左 7 右 m2（IVPP V 23149.87–103）、2 左 2 右 m3（IVPP V 23149.105–108）、17 左 14 右 M1（IVPP V 23149.110–140）、6 左 1 右 M2（IVPP V 23149.142–148）、2 左 3 右 M3（IVPP V 23149.150–154）；第 13 层，1 左 m1（IVPP V 23149.68）、1 左 m2（IVPP V 23149.86）、1 左 m3（IVPP V 23149.104）、1 左 M1（IVPP V 23149.109）、1 左 M2（IVPP V 23149.141）、1 左 M3（IVPP V 23149.149）；第 14 层，1 左 m1、1 左 m2（IVPP V 23149.155–156）；第 15 层，5 左 4 右 m1（IVPP V 23149.157–165）、2 左 1 右 m2（IVPP V 23149.166–168）、8 左 5 右 M1（IVPP V 23149.169–181）、4 左 2 右 M2（IVPP V 23149.182–187）、3 左 6 右 M3（IVPP V 23149.188–196）；第 16 层，3 左 4 右 m1（IVPP V 23149.197–203）、6 左 7 右 m2（IVPP V 23149.204–216）、2 左 4 右 m3（IVPP V 23149.217–222）、3 左 6 右 M1（IVPP V 23149.223–231）、6 左 9 右 M2（IVPP V 23149.232–246）、5 左 6 右 M3（IVPP V 23149.247–257）；第 18 层，5 左 6 右 m1（IVPP V 23149.258–268）、4 左 3 右 m2（IVPP V 23149.269–275）、9 左 9 右 m3（IVPP V 23149.276–293）、8 左 7 右 M1（IVPP V 23149.294–308）、9 左 1 右 M2（IVPP V 23149.309–318）、7 左 10 右 M3（IVPP V 23149.319–335）、15 左 16 右 m1（IVPP V 23149.336–366）、14 左 14 右 m2（IVPP V 23149.367–394）、15 左 7 右 m3（IVPP V 23149.395–416）、17 左 8 右 M1（IVPP V 23149.417–441）、7 左 18 右 M2（IVPP V 23149.442–466）、10 左 10 右 M3（IVPP V 23149.467–486）；DO-7 层（=第 18 层），2 左 1 右 m1、2 右 m1 前半部、1 左 1 右 m2、1 左 m2 前半部、3 左 m3、2 左 m3 前半部、2 右 M1、2 左 1 右 M2、1 右 M2 后半部、1 右 M3（GMC V 2062.1–20）。河北蔚县北水泉镇铺路村牛头山剖面：第 15 层，1 右 m1（IVPP V 23150.1）；第 16 层，5 右 M1、1 右 M2 及 1 右 M3（IVPP V 23150.2–8）。河北阳原县化稍营镇小渡口村台儿沟东剖面 F11 层：1 前边尖残破的左 m1、1 前叶破损的左 M3（IVPP V 18815.1–2）。辽宁大连市甘井子区海茂村：5 左下颌支（DH 89100.1–5）、4 右下颌支（DH 89101.1–4）、2 M3 及 40 下臼齿（DH 89102.1–42）。北京周口店第 9 地点：3 左 1 右 m1（IVPP RV 36333.1–4）。

归入标本时代 早更新世（~1.67–0.87 Ma）。

特征（修订） 臼齿形态与 *Microtus oeconomus* 相似，但个体显著较小；m1（平均长度 2.53 mm，范围参考表 4）的 Is 5–6 的封闭百分率均为 9%（表 2，表 3），AC2 无 LRA5 痕迹；SDQ_P 为 66，属负分异（范围参考表 4）。

评注 小根田鼠是目前中国乃至世界上最早的（早更新世）田鼠种类，其个体大小明显区别于周口店第 1 地点、第 3 地点、山顶洞等地中—晚更新世的 *Microtus oeconomus*（郑绍华、蔡保全，1991：图 29）。m1 的 LRA5 缺失的原始特点与产自英国克罗默期（Cromerian）上淡水层的 *M. ratticepoides* Hinton, 1923b 十分相似，而与周口店地区的 *M. oeconomus*（= *M. epiratticeps*）不同：周口店第 1 地点 86 件标本中的 81 件具有 LRA5，第 3 地点的 26 件标本都具有 LRA5（郑绍华、蔡保全，1991）；也与日本中、晚更新世的 *M. epiratticepoides* 不同（其 m1 也 100%具有 LRA5）（Kawamura, 1988）。

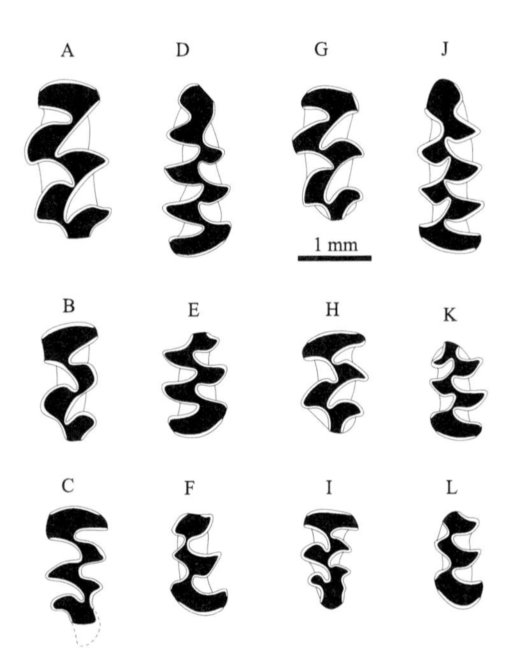

图 36 河北蔚县北水泉镇东窑子头村大南沟剖面 *Microtus minoeconomus* 臼齿咬面形态（据郑绍华、蔡保全，1991）

Figure 36 Occlusal morphology of molars of *Microtus minoeconomus* from the Danangou section, Dongyaozitou Village, Beishuiquan Town, Yuxian, Hebei (after Zheng et Cai, 1991)

A. L M1（GMC V 2061.25），B. L M2（GMC V 2061.38），C. L M3（GMC V 2061.40），D. r m1（GMC V 2060，正模 holotype），E. r m2（GMC V 2061.22），F. l m3（GMC V 2061.23），G. L M1（IVPP V 23149.110），H. L M2（IVPP V 23149.142），I. L M3（IVPP V 23149.150），J. l m1（IVPP V 23149.69），K. l m2（IVPP V 23149.87），L. l m3（IVPP V 23149.105）

大南沟剖面第 9、12、13、14、15、16、18 层的磁性地层学年龄分别为 1.67 Ma、1.49 Ma、1.44 Ma、1.35 Ma、1.14 Ma、1.00 Ma、0.87 Ma，台儿沟东剖面 F11 层为 1.63 Ma，因此该种的时代分布范围大致是 1.67–0.87 Ma。

蒙古田鼠 *Microtus mongolicus* (Radde, 1861)

（图 37）

Microtus epiratticeps：Pei, 1940, p. 46, figs. 19I3, 21a, b2, pl. II, figs. 12–15

正模 在 Radde（1861）的原始描述中未提及该种的模式标本，但 Vinogradov 和 Obolensky（1927, p. 235）强调他们测量的唯一的原始标本保存非常不好，推测现仍保存在圣彼得堡（列宁格勒）科学院博物馆。

模式产地 内蒙古呼伦贝尔市呼伦湖附近。

归入标本 北京周口店山顶洞：1 右 M1–3 齿列（IVPP RV 40147；Pei, 1940：fig. 19I3）、1 左 1

右 m1–3 齿列（IVPP RV 40148.1–2；Pei, 1940：fig. 21b1–2）、1 右 m1–2 齿列（IVPP RV 40148.3；Pei, 1940：fig. 21a）。

归入标本时代 晚更新世。

特征（修订） 中等大小。染色体组型 2*n* = 50。蹠垫 5 个。M2 无 LSA4。M3 的 AL 之后有 3 个封闭的 T 和一短的 C 形 PL，因此有 3 个 BSA、2 个 BRA，4 个 LSA 和 3 个 LRA。m1 的 PL 之前有 5 个封闭的 T 和一较为粗壮的 ACC；ACC 显著宽，其上的 LRA5 和 BRA4 浅；Is 1–6 封闭严密，但 Is 7 不封闭。m3 发育清楚的 BSA3。

评注 周口店山顶洞被记述成“*Microtus epiratticeps* (*Microtus brandtoides*)”的部分材料的个体大小（Pei, 1940：fig. 19I3，M1–3 长 6.00 mm；fig. 21b1–2，m1–3 长 6.05–6.95 mm）与现生 *M. mongolicus* 标本（罗泽珣等，2000：M1–3 长 6.2 mm，范围 5.7–7.0 mm；m1–3 长 6.1 mm，范围 5.6–6.7 mm）一致。此外，在臼齿的形态上它们也是完全相同的（图 37）。

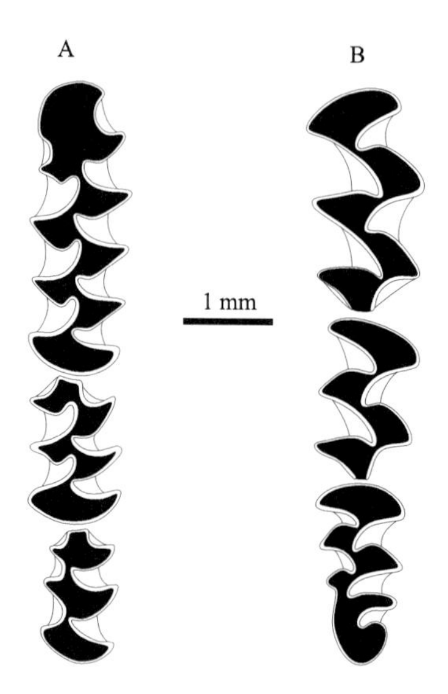

图 37 北京周口店山顶洞 *Microtus mongolicus* 臼齿咬面形态（据 Pei, 1940）

Figure 37 Occlusal morphology of molars of *Microtus mongolicus* from the Upper Cave of Zhoukoudian, Beijing (after Pei, 1940)

A. l m1–3（IVPP RV 40148.1），B. R M1–3（IVPP RV 40147）

根田鼠 *Microtus oeconomus* (Pallas, 1776)

（图 38）

Arvicola (*Microtus*) *strauchi*：Young, 1927, p. 42

Microtus cf. *ratticeps*：Boule et Teilhard de Chardin, 1928, p. 88, fig. 22A

Microtus epiratticeps：Young, 1934, p. 101, figs. 41–43, pl. IX, figs. 1, 2, 5, 6, 9 (partim)；Pei, 1936, p. 70, pl. VI, figs. 1–4；Pei, 1940, p. 46, fig. 20(1, 2), pl. II, figs. 4–6；Teilhard de Chardin et Leroy, 1942, p. 33 (partim)；张镇洪等，1980，156 页；黄万波，1981，99 页；黄慰文等，1984，235 页；郑绍华等，1985a，110 页；张镇洪等，1985，73 页；辽宁省博物馆、本溪市博物馆，1986，36 页，表 15–17，图版 VII，图 1

正模 不详。

模式产地 俄罗斯西伯利亚伊希姆河谷。

归入标本 内蒙古乌审旗萨拉乌苏：1 右下颌支带 m1–2（IVPP RV 28033）。北京周口店：第 1 地点，9 破碎颅骨、237 左 262 右下颌支（Cat.C.L.G.S.C.Nos.C/C. 1415, C/C. 1416, C/C. 1421, C/C. 1426, C/C. 1751, C/C. 1768）；第 3 地点，16 破碎颅骨、1660 下颌支及许多游离牙齿（Cat.C.L.G.S.C.Nos.C/C. 2590–

2599)；山顶洞，1 左下颌支带 m1–2（IVPP RV 40149）、1 左 m1（IVPP RV 40150.1）、1 左 m2（IVPP RV 40150.2）。青海共和县英德尔海南岸山坡 77086 地点：1 左 1 右 m1（IVPP V 6042.1–2）。辽宁营口市永安镇西田村"金牛山人"遗址：1 颅骨连下颌支（Y.K.M.M. 19）、64 颅骨前半部带 M1–3（Y.K.M.M. 19.1–64）、29 上颌带 M1–3（Y.K.M.M. 19.65–93）、114 左 128 右下颌支带 m1–3（Y.K.M.M. 19.94–335）。河北阳原县化稍营镇小渡口村台儿沟东剖面 T18 层：1 右 M3（IVPP V 18816）。

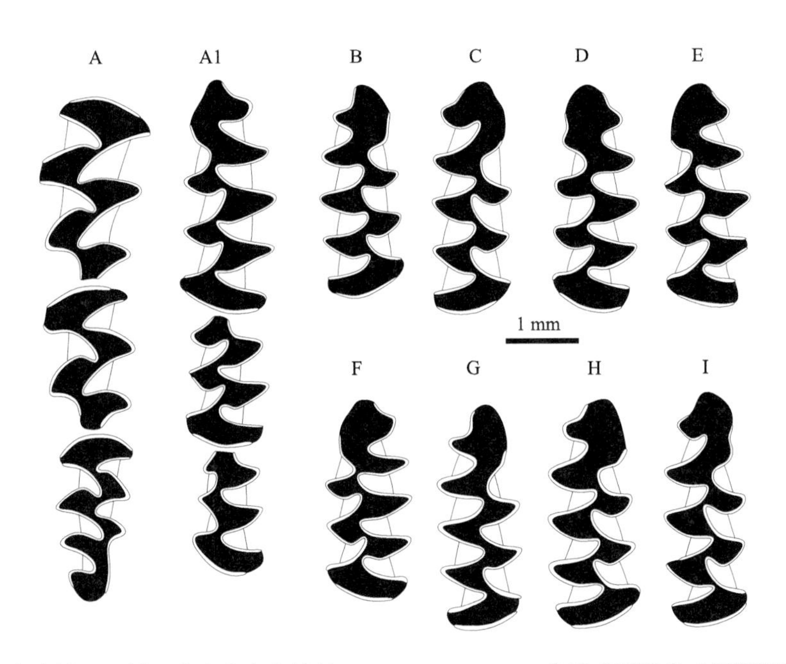

图 38　辽宁营口市永安镇西田村"金牛山人"遗址 *Microtus oeconomus* 臼齿咬面形态（据郑绍华、韩德芬，1993）
Figure 38　Occlusal morphology of molars of *Microtus oeconomus* from the "Jinniushan Man" Site, Xitian Village, Yong'an Town, Yingkou City, Liaoning (after Zheng et Han, 1993)
A–A1. L M1–3, l m1–3（Y.K.M.M. 19，同一个体 same individual）；B–C, G–I. r m1（Y.K.M.M. 19.207–211）；D–F. l m1（Y.K.M.M. 19.94–96）

归入标本时代　中—晚更新世（～0.60–0.09 Ma）。

特征（修订）　中型。腭骨后缘向后有骨桥。蹠垫 6 个。上门齿有浅的纵沟。染色体组型：$2n = 30–32$。M3 的 AL 之后有 3 个封闭的 T 和较短的 C 形的 PL。m1 的 PL 之前有 4 个封闭的 T，第 5 个 T 与三叶形的 ACC 相汇通；BSA 明显小于 LSA；ACC 上的 LSA5 和 LRA5 较 BSA4 和 BRA4 发育，使得该牙有 5 个 LSA、4 个 BRA，4–5 个 BSA、3–4 个 BRA；Is 1–5 的封闭百分率均为 100%，Is 6–7 为 0（表 2，表 3）；SDQ_P 为 78（范围参考表 4）。m3 的 BSA3 发育。

评注　依命名法规，*Mus oeconomus* Pallas, 1776 命名在先，*Arvicola ratticeps* Keyserling et Blasius, 1841 命名在后，Ellerman（1941）采用 *oeconomus* 作为种组名，因此应采用 *Microtus oeconomus* (Pallas, 1776)作为种名取代 *M. ratticeps*。

化石根田鼠在我国北方许多地点都有发现。罗泽珣等（2000）认为杨钟健（Young, 1934）以周口店第 1 地点的材料建立化石种 *Microtus epiratticeps* Young, 1934 所依据的形态特征，现生的 *M. oeconomus* 都有，因此是同物异名。根据个体大小，特别是 m1 的 ACC 舌侧前方具有明显的 LRA5（Young, 1934：fig. 30），中晚更新世的材料已被归入该现生种（郑绍华、蔡保全，1991；郑绍华、韩德芬，1993）。

模鼠属 *Mimomys* Forsyth Major, 1902

Microtomys：Méhely, 1914, p. 209
Kislangia：Kretzoi, 1954, p. 247
Cseria：Kretzoi, 1959, p. 242

Hintonia：Kretzoi, 1969, p. 185

Tianshanomys：Lychev et Savinov, 1974, p. 48

Pusillomimus：Rabeder, 1981, p. 292

Tcharinomys：Kozhamkulova et al., 1987, p. 98

模式种 *Mimomys pliocaenicus* Forsyth Major, 1902（意大利北部 Val d'Arno，下更新统河湖相沉积）

特征（修订） 臼齿具齿根，每个上臼齿齿根数 3–2 根；颊齿褶沟内除极原始种类外通常有白垩质填充。臼齿齿尖湾高度除原始种类外通常大于 0。m1 的 PL 之前有 3 个交错排列的 T 和复杂的 ACC；ACC 颊侧从后向前发育有棱褶（PF）、模鼠角（MR）和岛褶（IF）；原始种类岛褶内端常形成珐琅质岛（EI）；种类越原始齿峡（Is）封闭程度越低（表 2，表 3）；SDQ 通常大于 100，但越原始的种类越接近 100（表 4）。M3 一般只有 3 个 BSA、2 个 BRA 和 3 个 LSA、2 个 LRA；BRA1 和 LRA3 在原始种类中可形成持续时间较长的前、后珐琅质岛（EI）。原始种类下门齿在 m2 后根之下、进步种类下门齿在 m2 和 m3 之间从舌侧横向颊侧。

中国已知种 亚洲模鼠 *Mimomys* (*Aratomys*) *asiaticus* (Jin et Zhang, 2005)、比例克模鼠 *M.* (*A.*) *bilikeensis* (Qiu et Storch, 2000)、德氏模鼠 *M.* (*A.*) *teilhardi* Qiu et Li, 2016、甘肃模鼠 *M.* (*Cromeromys*) *gansunicus* Zheng, 1976、额尔齐斯模鼠 *M.* (*C.*) *irtyshensis* (Zazhigin, 1980)、萨氏模鼠 *M.* (*C.*) *savini* Hinton, 1910、板桥模鼠 *M.* (*Kislangia*) *banchiaonicus* Zheng et al., 1975、裴氏模鼠 *M.* (*K.*) *peii* Zheng et Li, 1986、郑氏模鼠 *M.* (*K.*) *zhengi* (Zhang, Jin et Kawamura, 2010)、东方模鼠 *M.* (*Mimomys*) *orientalis* Young, 1935a、游河模鼠 *M.* (*M.*) *youhenicus* Xue, 1981、泥河湾模鼠 *M.* (*M.*) *nihewanensis* Zheng, Zhang et Cui, 2019、模鼠属未定种 *Mimomys* (*K.*) sp.。

分布与时代 内蒙古、甘肃、陕西、山西、河北、安徽和重庆，早上新世—早更新世。

评注 *Mimomys* 最早的记录是俄罗斯西西伯利亚最南端距哈萨克斯坦彼得罗巴甫洛夫斯克（Petropavlovsk）北 100 km，年代为 Pavlodaran 晚期（约 5.00 Ma）的 *M. antiquus* (Zazhigin, 1980)。该种最初由于其低冠程度，即颊侧珐琅质曲线或齿冠/齿根界线低平且位于同侧褶沟（RA）谷底之下而被描述成 *Promimomys* Kretzoi, 1955a（Zazhigin, 1980），然而根据复杂的咬面形态，即具有 PF、MR、IF 和 EI 等，它无疑应属于 *Mimomys* Forsyth Major, 1902（Repenning, 2003）。后来它从此地向东往北美，向西往欧洲扩散，然后各自独立演化形成种类繁多的不同支系。

在北美有 *Mimomys* (*Cromeromys*) *dakotaensis* Martin, 1989、*M.* (*C.*) *virginianus* Repenning et Grady, 1988、*M. sawrockensis* (Hibbard, 1957)、*M. taylori* (Hibbard, 1959)、*M. meadensis* (Hibbard, 1956)、*M.* (*Cosomys*) *primus* (Wilson, 1932)、*M.* (*Ogmodontomys*) *transitionalis* (Zakrzewski, 1967)、*M.* (*O.*) *poaphagus* (Hibbard, 1941)等 8 种。

在欧洲有 *Mimomys* sp.、*M.* (*Cromeromys*) *savini* Hinton, 1910、*M.* (*Cseria*) *gracilis* (Kretzoi, 1959)、*M.* (*Kislangia*) *cappettai* Michaux, 1971、*M.* (*K.*) *rex* (Kormos, 1934b)、*M.* (*Mimomys*) *hassiacus* Heller, 1936、*M.* (*M.*) *malezi* Rabeder, 1983、*M.* (*M.*) *medasensis* Michaux, 1971、*M.* (*M.*) *ostramosensis* Jánossy et van der Meulen, 1975、*M.* (*M.*) *pliocaenicus* Forsyth Major, 1902、*M.* (*M.*) *polonicus* Kowalski, 1960a、*M.* (*M.*) *stehlini* Kormos, 1931、*M. pitymyoides* Jánossy et van der Meulen, 1975、*M.* (*Pusillomimus*) *pusillus* (Méhely, 1914)、*M.* (*P.*) *reidi* Hinton, 1910、*M.* (*Tcharinomys*) *tigliensis* Tesakov, 1998 和 *M.* (*T.*) *tornensis* Jánossy et van der Meulen, 1975 等 17 种（Kowalski, 2001）。

除中国外，亚洲还有 *Mimomys antiquus* (Zazhigin, 1980)、*M.* (*Aratomys*) *multifidus* (Zazhigin, 1980)、*M.* (*A.*) *kashmiriensis* Kotilia, 1985、*M.* (*Cromeromys*) *irtyshensis* (Zazhigin, 1980)、*M.* (*C.*) *savini* Hinton, 1910、*M.* (*Cseria*) *gracilis* (Kretzoi, 1959)、*M.* (*Mimomys*) *polonicus* Kowalski, 1960a、*M.* (*M.*) *pliocaenicus* Forsyth Major, 1902、*M.* (*M.*) *coelodus* Kretzoi, 1954、*M.* (*Pusillomimus*) *reidi* Hinton, 1910、*M.* (*P.*) *pusillus* (Méhely, 1914)等 11 种（Zazhigin, 1980）。

下列属名在本书中均被作为 *Mimomys* 的亚属，不同亚属可能代表了不同的演化谱系：*Microtomys* Méhely, 1914、*Cosomys* Wilson, 1932、*Ogmodontomys* Hibbard, 1941、*Kislangia* Kretzoi, 1954、*Cseria*

Kretzoi, 1959、*Katamys* Kretzoi, 1962、*Ophaiomys* Hibbard et Zakrzewski, 1967、*Hintonia* Kretzoi, 1969、*Tianshanomys* Savinov, 1974、*Pusillomimus* Rabeder, 1981、*Aratomys* Zazhigin, 1977、*Cromeromys* Zazhigin, 1980、*Tcharinomys* Savinov et Tyutkova, 1987。

中国的 *Mimomys* 至少应包含 *Aratomys*、*Cromeromys*、*Kislangia* 和 *Mimomys* 四个亚属。

最早发现于河北泥河湾下沙沟村的材料被定为 Arvicolidae gen. indet.（Teilhard de Chardin et Piveteau, 1930），后被 Kormos（1934a）改为 *Mimomys chinensis*，再后被 Zazhigin（1980）归入到 *Villanyia*，最后被 Flynn 等（1991）归到目前被认同的 *Borsodia*。

中国首次记录的是山西平陆县东延村的 *Mimomys orientalis* Young, 1935a，直到 20 世纪 70 年代后才有更多的种类被陆续发现。其臼齿具齿根；与原始种类相比，m1 的 ACC 颊侧具有 PF、MR 和 IF，以及由 IF 内端形成的 EI；与较进步种类相比，PF、MR 和 EI 在咬面磨耗不久即消失。目前，*Mimomys* 对研究精细的上新统—更新统地层时代具有极其重要的指示意义。

亚洲模鼠 *Mimomys* (*Aratomys*) *asiaticus* (Jin et Zhang, 2005)

（图 39）

Promimomys asiaticus：金昌柱、张颖奇，2005，152 页，表 1，图 1–2

正模 右下颌支带门齿及 m1–2（IVPP V 14006）。

模式产地及层位 安徽淮南市八公山区大居山新洞；第 3 层，下上新统。

特征（修订） 中型。下颌颏孔位置较靠前，下门齿尖端高于下臼齿咀嚼面。臼齿咬面珐琅质层厚度无明显分异；褶沟内无白垩质发育；颊侧珐琅质曲线波浪起伏较大，其波峰高度轻微高于同侧 RA 的最低高度。m1（长 2.72 mm 左右）的 ACC 半圆形，无 PF、MR、IF 和 EI 发育痕迹；LRA3 和 BRA2 的顶端斜向相对；Is 1 和 Is 3 封闭百分率均为 100%，Is 2 和 Is 4–5 则为 0（表 2，表 3）；HH-Index 在 0.51 左右；参数 E、E_a、E_b 分别在 0.80 mm、0.60 mm、0.55 mm 左右。

评注 根据齿冠高度远低于齿根长度，ACC 简单，MR、PF、IF 和 EI 已经消失，珐琅质层厚度大且少分异等判断，该种正模应属一较年老个体，而不是“不大可能为老年个体”（金昌柱、张颖奇，2005）。从 m1 颊、舌侧珐琅质曲线判断，大居山标本应属 *Mimomys* 而不是 *Promimomys*，因为不论

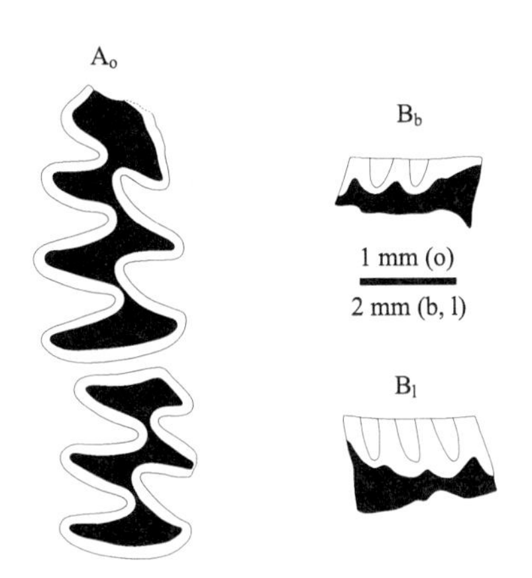

图 39 安徽淮南市八公山区大居山新洞 *Mimomys* (*Aratomys*) *asiaticus* 右 m1–2 形态（据金昌柱、张颖奇，2005）

Figure 39 Right m1–2 of *Mimomys* (*Aratomys*) *asiaticus* from Xindong Cave, Daju Mountain, Bagongshan District, Huainan City, Anhui (after Jin et Zhang, 2005)

A_o. 咬面视 occlusal view，B_b. 颊侧视 buccal view，B_l. 舌侧视 lingual view

A. r m1–2（IVPP V 14006，正模 holotype），B. r m1（IVPP V 14006，正模 holotype）

是欧洲的 *P. cor* Kretzoi, 1955a、*P. microdon* Jánossy, 1974 和 *P. insuliferus* Kowalski, 1958，还是北美的 *P. minus* (Shotwell, 1956)珐琅质曲线起伏均很弱，且低于同侧褶沟沟端，各齿尖湾均为负值。据图 39 判断，代表“*Promimomys*” *asiaticus* 的大居山的 m1 颊侧的 Hsd、Prsd、Pmsd、Asd 和舌侧的 Hsld、Pasd 均高于同侧褶沟沟端，为正值，在 *M. teilhardi* 的 m1 各齿尖湾的变异范围内，且略大于 *M. bilikeensis* 各相应值（邱铸鼎、李强，2016）。因此，中国䶄类目前已知的最原始的种应该还是比例克模鼠。这里暂时保留种名“*asiaticus*”，但属名目前使用 *Mimomys* 比 *Promimomys* 更为合理。当有更多更好的材料发现时，可以再进行补充修正。

比例克模鼠 *Mimomys* (*Aratomys*) *bilikeensis* (Qiu et Storch, 2000)

（图 40）

Aratomys bilikeensis：Qiu et Storch, 2000, p. 195, tab. 24, pl. 8, figs. 26–31；张兆群、郑绍华，2001，58 页，图 1；郑绍华、张兆群，2001，222 页，图 3

Mimomys bilikeensis：Kawamura et Zhang, 2009, p. 4, tab. 1

Mimomys cf. *M. bilikeensis*：张颖奇等，2011，622 页，图 1A–D

正模　左 m1（IVPP V 11909）。

模式居群　Qiu 和 Storch（2000）作为副模的标本：5 上颌带 M1、10 下颌支带 m1–2、28 下颌支带 m1、8 下颌支带 m2、1 下颌支带 m3、311 M1、35 M2、348 M3、270 m1、341 m2、354 m3（IVPP V 11910.1–2031）。

模式产地及层位　内蒙古化德县毕力克（又称比例克）村龙骨坡，下上新统（~4.80–4.63 Ma）。

归入标本　甘肃灵台县邵寨镇雷家河村小石沟 72074(4)地点剖面：L5-3 层，1 破损左 m1、1 右 m2、1 左 m3（IVPP V 18075.1–3）；L5-2 层，1 左 1 右 M2、1 右 m2、1 左 m3（IVPP V 18075.4–7）。

归入标本时代　早上新世（~4.80–4.58 Ma）。

特征（修订）　小型。颊齿褶沟内无白垩质。M1 和 M2 的 100%、M3 的 69%具 3 齿根（表 5）。m1（平均长度 2.46 mm，范围参考表 4）的 ACC 短而呈蘑菇形，MR 小或缺失，EI 和 MR 在齿冠磨蚀到一半高度后消失；EI 由中间（多数）或舌侧缘（偶尔）穿过 ACC 的褶皱形成“伪珐琅质岛”

表 5　模鼠属中四种类 M2 和 M3 两齿根与三齿根标本数量百分比

Table 5　Percentages of two- and three-rooted specimens in M2 and M3 of four *Mimomys* species

种 Species	地点 Locality	M2 三齿根标本数 Number of 3-rooted specimens	M2 三齿根标本百分比/% Percentage of three-rooted specimens/%	M2 两齿根标本数 Number of 2-rooted specimens	M2 两齿根标本百分比/% Percentage of two-rooted specimens/%	M3 三齿根标本数 Number of 3-rooted specimens	M3 三齿根标本百分比/% Percentage of three-rooted specimens/%	M3 两齿根标本数 Number of 2-rooted specimens	M3 两齿根标本百分比/% Percentage of two-rooted specimens/%
M. bilikeensis	毕力克 Bilike	15	100	0	0	11	69	5	31
M. teilhardi	DB02-1-4	56	100	0	0	2	7	26	93
	DB03-1	8	100	0	0	0	0	6	100
	合计 total	64	100	0	0	2	6	32	94
M. orientalis	DB03-2	12	75	4	25	1	14	6	86
	大南沟 Danangou	16	62	10	38	5	83	1	17
	合计 total	28	67	14	33	6	46	7	54
M. nihewanensis	老窝沟等 Laowogou etc.	75	96	3	4	64	84	12	16

（pseudoschmelzinsel）；Is 1–4 的封闭百分率分别为 100%、0、37%和 80%左右，而 Is 5–7 均为 0（表 2，表 3）；SDQ_P 为 120 左右（范围参考表 4），属负分异；HH-Index 均值 0.22，参数 E 均值为 0.64 mm、E_a 均值为 0.52 mm、E_b 均值为 0.28 mm（范围参考表 6）。M3（平均长度 1.60 mm，范围参考表 7）只有后 EI。M1（平均长度 2.18 mm，范围参考表 7）的 PAA-Index 均值为 0.32，PA-Index 均值为 0.36（范围参考表 7）。

评注 *Mimomys* (*Aratomys*) *bilikeensis* 比来自蒙古国 Chono-Khariakh 地点早上新世的亚属模式种 *M.* (*A.*) *multifidus* 更原始，因为前者 10%的 m1 具有 3 根，而后者 100%是 2 根；前者 m1 的 EI 从下前边尖舌侧缘形成，而后者总是从中间形成（Qiu et Storch, 2000）。

甘肃灵台小石沟的材料最初被鉴定为“*Aratomys bilikeensis*”（张兆群、郑绍华，2001），但考虑到材料较少，特别是 m1 的关键部位 ACC 破损又将其作为 *Mimomys* cf. *M. bilikeensis*（张颖奇等，2011）。然而由于其显示出与毕力克标本一致的原始特征，这里仍将其归入 *M.* (*A.*) *bilikeensis*。

原先的耕地鼠属（*Aratomys*）现已被视为模鼠属（*Mimomys*）的一个亚属（Repenning, 2003）。Repenning（2003）将 *M.* (*A.*) *bilikeensis* 与欧洲波兰 Węże 地点的 *M.* (*Cseria*) *gracilis* 作了形态比较，并推测两者的地质年代基本相同，约为 4.00 Ma。但根据其 m1 更小，齿冠更低的特点判断，前者应比后者原始，其地质年代应明显大于后者的 4.00 Ma。由于比例克动物群的时代可与欧洲 MN 14 动物群相对比（Qiu et Storch, 2000；Qiu et Qiu, 2013；邱铸鼎、李强，2016），其时代应大致为 4.90–4.20 Ma。这与小石沟 72074(4)地点 L5-2 和 L5-3 层的磁性地层学年龄（郑绍华、张兆群，2001：大致为 4.64–4.58 Ma）相符。

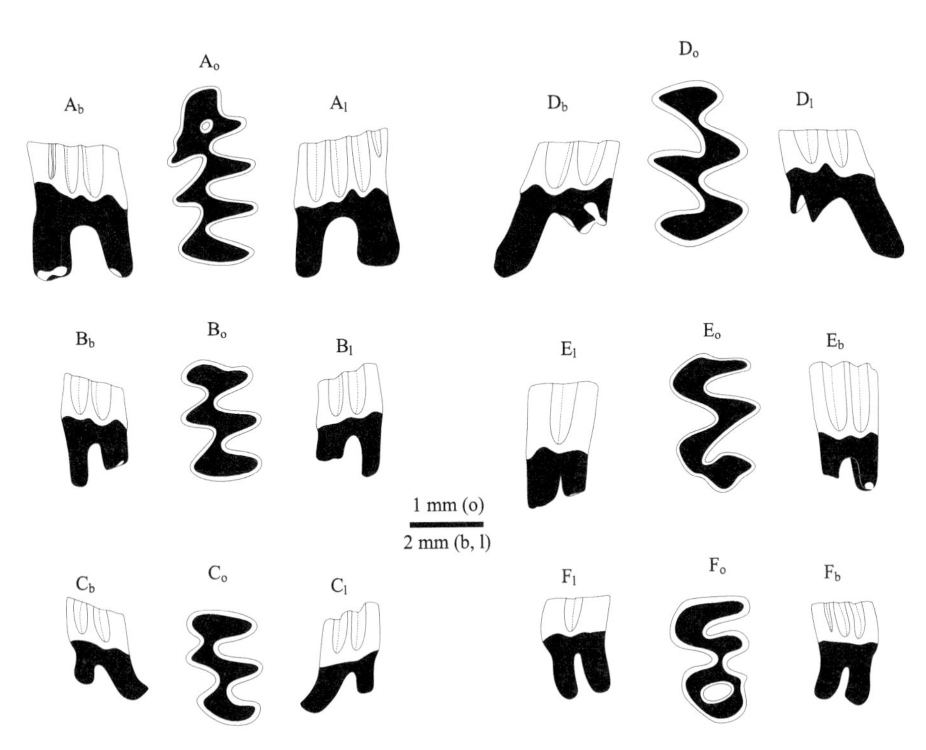

图 40　内蒙古化德县毕力克村 *Mimomys* (*Aratomys*) *bilikeensis* 臼齿形态（据 Qiu et Storch, 2000 图版 8 所示标本绘制）

Figure 40　Molars of *Mimomys* (*Aratomys*) *bilikeensis* from Bilike Village, Huade County, Inner Mongolia (redrawn from pl. 8 of Qiu et Storch, 2000)

A_o–F_o. 咬面视 occlusal view，A_b–F_b. 颊侧视 buccal view，A_l–F_l. 舌侧视 lingual view

A. l m1（IVPP V 11909，正模 holotype），B. l m2（IVPP V 11910.4），C. l m3（IVPP V 11910.5），D. R M1（IVPP V 11910.1），E. L M2（IVPP V 11910.2），F. L M3（IVPP V 11910.3）

德氏模鼠 ***Mimomys (Aratomys) teilhardi* Qiu et Li, 2016**

（图 41）

Mimomys sp.：Tedford et al., 1991, p. 524, fig. 4；Flynn et al., 1991, p. 251, fig. 4, tab. 2；Flynn et al., 1997, p. 239, fig. 5；刘丽萍等，2011，231 页，图 1；Zhang, 2017, p. 154, fig. 12.1

Aratomys cf. *A. bilikeensis*：Li et al., 2003, p. 108, tab. 1 (partim)

Mimomys cf. *bilikeensis*：Qiu et al., 2013, p. 185, Appendix

Microtodon sp.：Li et al., 2003, p. 109, tab. 1

正模 左 m1（IVPP V 19896）。

模式居群 邱铸鼎和李强（2016）作为副模的标本：1 破损下颌支带 m1、54 M1、58 M2、36 M3、58 m1、61 m2、47 m3（IVPP V 19897.1–315）。

模式产地及层位 内蒙古阿巴嘎旗高特格 DB02-1 地点，下上新统（=榆社盆地上高庄组，~4.12 Ma）。

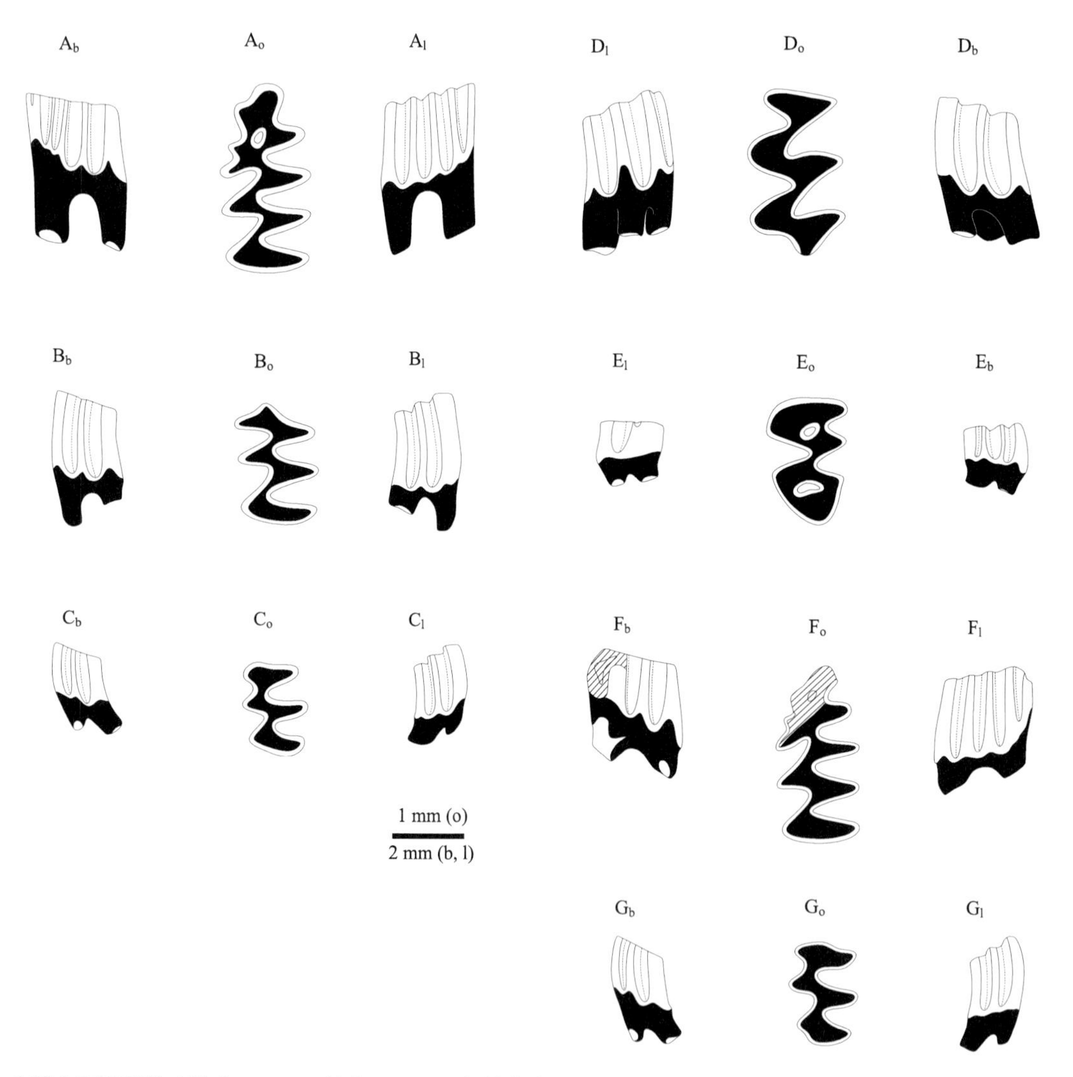

图 41 内蒙古阿巴嘎旗高特格 DB02-1 地点（A–E）和甘肃秦安县魏店镇董湾村董湾（QA-III）剖面第 16 层（F–G）的 *Mimomys* (*Aratomys*) *teilhardi* 臼齿形态

Figure 41 Molars of *Mimomys* (*Aratomys*) *teilhardi* from Gaotege, Abag Banner, Inner Mongolia (A–E) and Layer 16 of QA-III section, Dongwan Village, Weidian Town, Qin'an County, Gansu (F–G)

A_o–G_o. 咬面视 occlusal view，A_b–G_b. 颊侧视 buccal view，A_l–G_l. 舌侧视 lingual view

A. l m1（IVPP V 19896，正模 holotype），B. l m2（IVPP V 19897.16），C. l m3（IVPP V 19897.17），D. L M1（IVPP V 19897.2），E. L M3（IVPP V 19897.8），F. l m1（IVPP V 25241.1），G. l m3（IVPP V 25241.2）

归入标本 内蒙古阿巴嘎旗高特格：DB02-2 地点，2 破损下颌支带 m1–2、32 M1、24 M2、11 M3、26 m1、27 m2、12 m3（IVPP V 19898.1–134）；DB02-3 地点，31 M1、28 M2、21 M3、24 m1、22 m2、22 m3（IVPP V 19899.1–148）；DB02-4 地点，11 M1、16 M2、5 M3、8 m1、8 m2、7 m3（IVPP V 19900.1–55）；DB02-5 地点，1 破损下颌支带 m1、2 M1（IVPP V 19901.1–3）；DB02-6 地点，1 破损下颌支带 m1、3 M1、3 m1、3 m2、1 m3（IVPP V 19902.1–11）；DB03-1 地点，4 M1、9 M2、7 M3、9 m1、6 m2、6 m3（IVPP V 19903.1–41）。山西榆社盆地：YS 4 地点，1 左 m1、1 左 M3（IVPP V 22607.1–2）；YS 97 地点，1 左 m1（IVPP V 22608.1）。甘肃秦安县魏店镇董湾村董湾剖面（QA-III）第 16 层：1 左 m1（IVPP V 25241.1）、1 左 m3（IVPP V 25241.2）。

归入标本时代 早上新世（～4.32–3.50 Ma）。

特征（修订） 与 *Mimomys bilikeensis* 一样，*M. teilhardi* 颊齿褶沟内均无白垩质发育。与 *M. bilikeensis* 相比，*M. teilhardi* 的 m1 的 EI、MR 和 PF 均持续时间较长（侧视在整个齿冠的高度中占比较大）；m1 长度较大，均值为 2.56 mm（大于前者的 2.42 mm，范围参考表 7）；Is 2–4 的封闭百分率较高，分别为 22%、78%和 94%左右（前者分别为 0、37%和 80%左右）（表 3）；SDQ_P 略小，为 117（前者为 120）（范围参考表 4）；HH-Index 均值显著较大，为 0.46（前者为 0.10）（范围参考表 7）；参数 E 均值为 0.99 mm，E_a 均值为 0.92 mm，E_b 均值为 0.49 mm，都大于前者（分别为 0.70 mm、0.50 mm、0.19 mm）（范围参考表 6）。二者 M1 长度均值相当，为 2.18 mm 和 2.22 mm（范围参考表 7）；PAA-Index 均值后者显著大于前者（0.32 对 0.78），后者的 PA-Index 也显著大于前者（分别为 0.36 和 0.76）（范围参考表 7）。二者 M1 和 M2 具 3 齿根的标本数百分比相同，均为 100%，但后者 M3 具 3 齿根的标本比例显著较小（分别为 69%左右和 6%–7%左右）（表 5）。

评注 上述修订特征显示，*Mimomys teilhardi* 比 *M. bilikeensis* 显得进步（邱铸鼎、李强，2016）。由于两个种在很多方面具有相似原始特征，如小型、臼齿无白垩质、m1 和 M3 的 EI 持续存在时间长等，因此均应归入亚属 *Aratomys*。

Mimomys asiaticus 的 m1 的 HH-Index、E、E_a、E_b 分别为 0.51、0.80 mm、0.60 mm、0.55 mm，均在 *M. teilhardi* 的变异范围（分别为 0.20–1.00、0.40–1.64 mm、0.28–1.64 mm、0.14–1.12 mm）内，被认为可能是后者的同物异名（邱铸鼎、李强，2016），前者分类位置存疑，种名暂予以保留。*M. teilhardi* 与广泛分布欧亚的 *M.* (*Cseria*) *gracilis* 相比，在个体小（后者模式地点的 m1 长 2.40–2.50 mm）、m1 齿尖湾低、褶沟内缺失白垩质等方面，也有很大的相似性。

刘丽萍等（2011）报道的甘肃秦安董湾剖面的 *Mimomys* sp.虽然材料少且较破碎，但其 m1 和 m3（图 41F–G）的颊、舌侧珐琅质图案与高特格的 m1 和 m3（图 41A, C）是十分吻合的。

高特格 DB02-2–4、DB02-5–6 和 DB03-1 地点的磁性地层学年龄分别为 4.12 Ma、4.32 Ma 和 3.85 Ma，榆社 YS 4 和 YS 97 分别为～4.29 Ma 和～3.50 Ma，董湾剖面第 16 层为 4.94 Ma。很显然榆社和高特格的数据接近，较为可信，而董湾的数据则明显偏大，应予弃置。因此该种的时代分布范围大致是 4.32–3.50 Ma。

甘肃模鼠 *Mimomys* (*Cromeromys*) *gansunicus* Zheng, 1976

（图 42）

Mimomys cf. *M. gansunicus*：邱占祥等，2004，22 页，图 12A–G；金昌柱、刘金毅，2009，180 页，表 4.37，图 4.42

Cromeromys gansunicus：Tedford et al., 1991, p. 524, fig. 4；Flynn et al., 1991, p. 251, fig. 4, tab. 2 (partim)；Flynn et Wu, 2001, p. 197；郑绍华、张兆群，2000，62 页，图 2；张兆群、郑绍华，2001，58 页，表 1，图 1；郑绍华、张兆群，2001，216 页，图 3；蔡保全、李强，2003，420 页；蔡保全等，2008，131 页，图 3(7–8)

Mimomys (*Microtomys*) *gansunicus*：Shevyreva, 1983, p. 37

Mimomys hanzhongensis：汤英俊等，1987，224 页，图版 I，图 5

Mimomys cf. *M. orientalis*：Tedford et al., 1991, p. 524, fig. 4 (partim)

Mimomys orientalis：Flynn et al., 1991, p. 251, fig. 4, tab. 2 (partim)

Mimomys irtyshensis：Flynn et al., 1997, p. 239, fig. 5 (partim)；Flynn et Wu, 2001, p. 197 (partim)

正模 成年个体右m1（IVPP V 4765）。

模式居群 1右上颌带M1–2、1左2右M2（IVPP V 4765.1–4）。

模式产地及层位 甘肃合水县西华池镇唐旗村张旗金沟，下更新统（<1.80 Ma）。

归入标本 甘肃灵台县邵寨镇雷家河村文王沟 93001 地点剖面：WL15-2层，1右m3（IVPP V 18076.1）；WL11-7层，3右M3、1左m1、1左m2（IVPP V 18076.2–6）；WL11-6层，1左M1、1右M2、1左m1、1左m2、1左m3（IVPP V 18076.7–11）；WL11-5层，1左2右M2、1右M3、2左m1、1左1右m3（IVPP V 18076.12–19）；WL11-4层，1右M3、1左m2（IVPP V 18076.20–21）；WL11-3层，1左M1、1左1右M2、1右M3、1左m1、2左m2、2左1右m3（IVPP V 18076.22–31）；WL11-2层，1左M2、1破损右M3（IVPP V 18076.32–33）；WL11-1层，1破损左下颌支带m1–2（IVPP V 18076.34）；WL10-11层，2左M1、1右M2、1右m1（IVPP V 18076.35–39）；WL10-10层，1左M1、1右M2、2左1右M3、1破损右m1、1破损左m2（IVPP V 18076.40–46）；WL10-8层，2左3右M1、1左M2、2左M3、1破损右M3、1右m1、1左m2、1右m3（IVPP V 18076.47–58）；WL10-7层，1右M3、1破损左下颌支带m1–3、1左m2（IVPP V 18076.59–61）；WL10-6层，1左M1（IVPP V 18076.62）；WL10-5层，1左m1（IVPP V 18076.63）；WL10-4层，1破损左m1、1破损右m2、1右m3（IVPP V 18076.64–66）；WL10-2层，1左M1、1右M3、1左m2（IVPP V 18076.67–69）；WL10-1层，1破损左M3（IVPP V 18076.70）；WL10层，1左2右M1、2左2右M2、1左1右m1、1右m3（IVPP V 18076.71–81）；WL8层，1左2右M3、1右m2（IVPP V 18076.82–85）；WL8-1层，6左M1、6左1右M2、3左1右M3、1破损右下颌支带m1–2、1左1右m1、2破损右m1、3左1右m2、3左3右m3（IVPP V 18076.86–117）。甘肃灵台县邵寨镇雷家河村小石沟72074(4)地点剖面：L1层，1左下颌支带m1–2（IVPP V 18076.118）。甘肃东乡县那勒寺镇龙担村：1幼年左下颌支带m1–2、1右m1、1右m2、1右M1、1右M3、1左M2–3齿列、1左M2前部（IVPP V 13528.1–8）。陕西勉县新街子镇杨家湾村：1右下颌支带m1–2（SBV 84001）。河北阳原县大田洼乡岑家湾村马圈沟旧石器遗址III地点：1右m1、1左m2、1右M1、1右M3（IVPP V 15278.1–4）。河北阳原县化稍营镇钱家沙洼村洞沟剖面：第7层（>2.60 Ma），1左M2、1右M3（IVPP V 23151.1–2）；第11层（<2.60 Ma），2左M1、1左M2、1左M3（IVPP V 23151.3–6）；第16层，1左m1（IVPP V 23151.7）。河北蔚县北水泉镇铺路村牛头山剖面第12层：1左m2、1左M3（IVPP V 23150.9–10）。山西榆社盆地：YS 5地点，1上颌带左右M1–2、1左M1、1左M2、1左1右M3、1右下颌支带m1–3、1左下颌支带m1–3、1右下颌支带m1–3、1右下颌支带m1–2、1左下颌支带m1–2、2左1右m1（IVPP V 22611.1–13）；YS 6地点，1右M2、1右m3、1右m2（IVPP V 22612.1–3）；YS 120地点，1左1右M1、1左M2、2左M3、1左2右m1、2左1右m3（IVPP V 22613.1–11）；YS 109地点，1左m1（IVPP V 22614.1）。安徽繁昌孙村镇癞痢山人字洞：1左下颌支带m1–3、23下颌支各带不同数量臼齿、3上颌带左右M1–3、1上颌带左右M1–3、2上颌带左右M2–3、108 m1、27 m2、22 m3、61 M1、32 M2、30 M3（IVPP V 13990.1–310）。

归入标本时代 早上新世—早更新世（~3.53–1.66 Ma）。

特征（修订） 中等大小，m1平均长度2.74 mm。臼齿高冠，齿根发育晚，褶沟内白垩质丰富。m1具有宽阔且延伸至齿冠基部的IF（= BRA3），无PF、EI和MR痕迹；E、E_a和E_b均值分别大于3.33 mm、3.20 mm和3.17 mm；HH-Index均值>5.18（表6）；SDQ_P为144，属正分异（范围见表4）；Is 1–4的封闭百分率均为100%，而Is 5–7均为0（表2，表3）。上臼齿均为双齿根。

评注 汤英俊和宗冠福（1987）记述的陕西勉县杨家湾的“*Mimomys hanzhongensis*”的个体大小（m1长2.90 mm）与甘肃合水金沟的模式标本（m1长2.87 mm）相当，两者m1均有宽且浅的IF，但无EI、MR和PF；褶沟内均有白垩质，因此两者应为同物异名。同样，邱占祥等（2004）记述的甘肃东乡县龙担村的“*Mimomys* cf. *M. gansunicus*”的m1也具有上述特征，也有高的齿尖湾（m1长2.50–2.70 mm）。

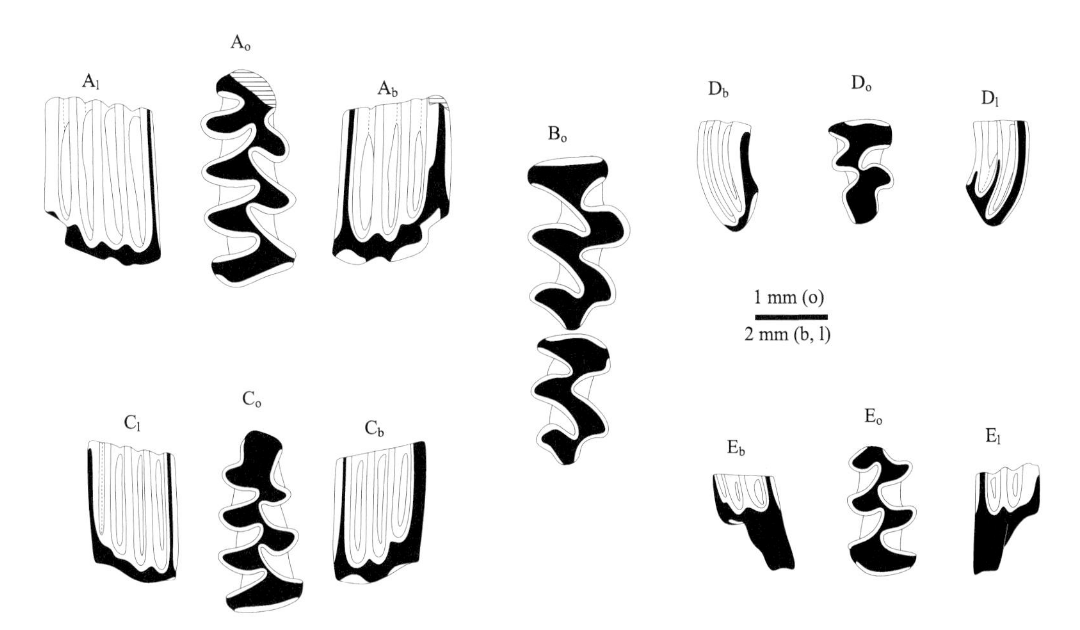

图 42 甘肃合水县西华池镇唐旗村张旗金沟（A–B）和河北阳原县大田洼乡岑家湾村马圈沟遗址 III 地点（C–E）的 *Mimomys* (*Cromeromys*) *gansunicus* 臼齿形态

Figure 42 Molars of *Mimomys* (*Cromeromys*) *gansunicus* from Jingou, Zhangqi, Tangqi Village, Xihuachi Town, Heshui County, Gansu (A–B) and Loc. 3 of Majuangou Paleolithic Site, Cenjiawan Village, Datianwa Township, Yangyuan County, Hebei (C–E)

A_o–E_o. 咬面视 occlusal view；A_b, C_b–E_b. 颊侧视 buccal view；A_l, C_l–E_l. 舌侧视 lingual view

A. r m1（IVPP V 4765，正模 holotype），B. R M1–2（IVPP V 4765.1），C. r m1（IVPP V 15278.1），D. R M3（IVPP V 15278.4），E. l m2（IVPP V 15278.2）

河北阳原县大田洼乡岑家湾村马圈沟旧石器遗址 I 地点“*Cromeromys* sp.”的材料是一前环破损的右 M1（V 15288），具齿根，白垩质丰富（蔡保全等，2008：图 5(2)），其形态应与马圈沟遗址 III 地点的“*Cromeromys gansunicus*”相同（蔡保全等，2008：图 3(7–8)）。

表 6 模鼠属 *Mimomys* 中各种类 m1 珐琅质曲线的主要参数

Table 6 Sinuous line parameters of m1 in *Mimomys*

种 Species	*E*/mm	E_a/mm	E_b/mm	HH-Index
*M. asiaticus**	0.80 (*n*=1)	0.60 (*n*=1)	0.55 (*n*=1)	0.51 (*n*=1)
M. banchiaonicus				>3.76 (*n*=1)
M. bilikeensis	0.70 (0.32–1.00, *n*=31)	0.50 (0.24–0.76, *n*=31)	0.19 (0.08–0.36, *n*=31)	0.10 (–0.08–0.25, *n*=31)
M. gansunicus	>3.33 (*n*=1)	>3.20 (*n*=1)	>3.17 (*n*=1)	>5.18 (*n*=1)
M. irtyshensis	>2.80 (*n*=1)			>5.02 (*n*=1)
M. orientalis 高特格 Gaotege	2.52 (2.00–2.84, *n*=5)	2.45 (1.84–2.72, *n*=5)	1.27 (0.96–1.48, *n*=14)	1.27 (0.97–1.52, *n*=14)
M. orientalis 大南沟第 1 层 Layer 1 of Danangou	2.05 (1.0–2.48, *n*=15)	1.87 (1.40–2.28, *n*=15)	1.01 (0.80–1.24, *n*=15)	1.16 (0.78–1.63, *n*=26)
M. nihewanensis	1.81 (1.32–2.40, *n*=23)	1.63 (1.16–2.20, *n*=23)	0.78 (0.08–1.40, *n*=54)	0.81 (0.56–1.16, *n*=51)
M. peii	>5.30 (*n*=1)	4.00–4.63 (*n*=2)	2.25 (*n*=1)	>6.51 (*n*=1)
M. teilhardi	0.99 (0.40–1.64, *n*=60)	0.92 (0.28–1.64, *n*=60)	0.49 (0.14–1.12, *n*=60)	0.46 (0.20–1.00, *n*=62)
M. youhenicus	3.30 (*n*=1)	2.95 (*n*=1)	2.35 (2.17–2.53, *n*=2)	3.25 (3.06–3.44, *n*=2)

注：表中括号前数值为均值，括号内数值为范围和标本数。

Note：Numbers before the parentheses are means, and numbers inside the parentheses are ranges and specimen numbers.

* 引自邱铸鼎和李强（2016）的表 88。

* Measurements cited from tab. 88 of Qiu et Li (2016).

文王沟 WL8、WL10、WL11 和 WL15-2 层的磁性地层学年龄分别为 3.17 Ma、3.41–3.25 Ma、3.51–3.41 Ma 和 4.70 Ma（郑绍华、张兆群，2001），马圈沟遗址 III 地点为 1.66 Ma（Zhu et al., 2004），榆社 YS 6（= YS 120）和 YS 109 地点分别为 2.26 Ma 和 2.15 Ma（Opdyke et al., 2013）。这样，该种的时代大致可以确定在 4.70–1.66 Ma 范围，但最可能在 3.53–1.66 Ma 范围。文王沟 WL15-2 层的材料可能采自坡积物，因而不可信。

额尔齐斯模鼠 *Mimomys* (*Cromeromys*) *irtyshensis* (Zazhigin, 1980)

（图 43）

Cromeromys irtyshensis：Zazhigin, 1980, p. 109, fig. 23(1–4)；蔡保全等，2007，236 页，图 1，表 1–3；Cai et al., 2013, p. 230, fig. 8.5

Mimomys cf. *youhenicus*：郑绍华、蔡保全，1991，115 页，图 7(4–4a)

正模 右 m1（GINAHCCCP No. 950/5），保存在俄罗斯科学院古生物研究所。

模式产地及层位 俄罗斯额尔齐斯河流域，上上新统。

归入标本 河北蔚县北水泉镇铺路村牛头山剖面：第 9 层，1 右 m1（GMC V 2065）；第 15 层，2 右 m1、1 左 1 右 m2、1 右 M1、1 右 M2、1 右 M3（IVPP V 26216.1–7）。河北阳原县化稍营镇小渡口村台儿沟东剖面：F05 层，1 右 m1 后部；F06 层，1 左 1 右 M1、1 右 M3、1 右 m1 前部、2 左 m3（IVPP V 18812.1–7）；T6 层，1 右 m2（IVPP V 18812.8）。

归入标本时代 晚上新世（～2.76–2.58 Ma）—早更新世（～2.47 Ma）。

特征（修订） 个体大小与 *Mimomys gansunicus* 相当。m1（长 2.74 mm 左右）具有深的 PF、尖锐的 MR 和浅的 IF，但缺失 EI；参数 E>2.80 mm，HH-Index>5.02（表 6）；Is 1–7 的封闭百分率与 *M. gansunicus* 和 *M. savini* 相同（表 2，表 3）；SDQ_P 为 127 左右，属正分异（表 4）。M3 无前后 EI，As 高度为 1.13 mm 左右，Pas 高度为 0.87 mm 左右，Ds 高度为 1.00 mm 左右，Prs 高度为 0.60 mm 左右。

评注 蔚县牛头山剖面第 9 层产出的 m1 标本早先被描述成“*Mimomys* cf. *youhenicus*”（郑绍华、蔡保全，1991），后被修改成“*Cromeromys irtyshensis*”，但未指出理由（蔡保全等，2007；Cai et al., 2013）。根据褶沟内白垩质发育、具有 MR、缺失 EI 以及齿冠高等特征应与 *Mimomys* (*Cromeromys*) *irtyshensis* 一致。阳原台儿沟标本保存虽不完整，但 m1（长>2.33 mm）的 MR 发育、M3 的 Hys 高度也与 *M.* (*C.*) *irtyshensis* 大致相当。该种与 *M.* (*C.*) *gansunicus* 的个体大小虽然相当（m1 长均为 2.74 mm），但是具有 MR，白垩质发育较弱，齿冠较低，SDQ_P 较小。

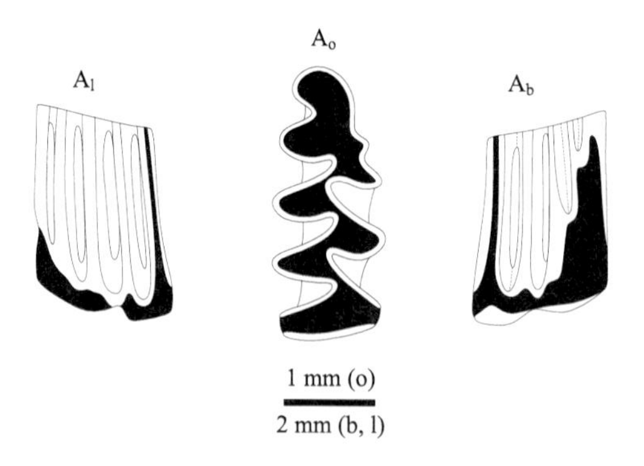

图 43 河北蔚县北水泉镇铺路村牛头山剖面的 *Mimomys* (*Cromeromys*) *irtyshensis* 右 m1（GMC V 2065）（据郑绍华、蔡保全，1991）

Figure 43 Right m1 (GMC V 2065) of *Mimomys* (*Cromeromys*) *irtyshensis* from the Niutoushan section, Pulu Village, Beishuiquan Town, Yuxian County, Hebei (after Zheng et Cai, 1991)

A$_o$. 咬面视 occlusal view，A$_b$. 颊侧视 buccal view，A$_l$. 舌侧视 lingual view

台儿沟东剖面 F05 层、F06 层和 T6 层的磁性地层学年龄分别为 2.58 Ma、2.47 Ma 和 2.76 Ma（据中国地质科学院地质研究所王永研究员提供的信息）。这是目前该种唯一的年代记录。

萨氏模鼠 ***Mimomys* (*Cromeromys*) *savini* Hinton, 1910**

（图 44）

Mimomys cf. *intermedius*：郑绍华、李传夔，1986，92 页，图 6a，图版 I，图 2

正模 右 m1（B.M. No. M 6986b），Mr. A. C. Savin 采集品。

模式产地及层位 英国诺福克郡 West Runton，克罗默期（Cromerian）上淡水层。

归入标本 山西吕梁市离石区长大局村赵家塬（午城黄土下部）：1 右下颌支带 m1–3（IVPP V 8111）。

归入标本时代 早更新世。

特征 中等大小。下门齿在 m2 和 m3 之间横过颊齿列。m1–3 长 7.00–8.50 mm。臼齿高冠，齿根发育很晚，珐琅质层厚度分异度大，齿褶内有白垩质充填。m1 的 PF、MR 和 EI 存在的时间非常短暂，稍经磨蚀即消失；Is 1–7 的封闭百分率与 *M. gansunicus* 和 *M. irtyshensis* 相当。

评注 该标本曾被记述成"*Mimomys* cf. *intermedius*"（郑绍华、李传夔，1986）。现在看其下门齿槽孔在 m2 和 m3 之间横过齿列，褶沟内白垩质丰富，m1（长 3.20 mm）的 BRA3 浅且无 PF 和 MR 发育以及个体大小（m1–3 长 7.17 mm）等特征确实均与欧洲的中间模鼠 *Mimomys intermedius*（m1–3 长 7.00–8.50 mm）相当，但是，在英国同一上淡水层中同时存在 *M. intermedius*、*M. majori* 和 *M. savini* 3 个种的现象无法从生态学的角度进行解释，因此很多学者认为它们应同属一个种并只保留种名 *M. savini*（Kowalski, 2001）。

图 44 山西吕梁市离石区长大局村赵家塬 *Mimomys* (*Cromeromys*) *savini* 右 m1–3（IVPP V 8111）咬面形态（据郑绍华、李传夔，1986）

Figure 44 Occlusal morphology of right m1–3 (IVPP V 8111) of *Mimomys* (*Cromeromys*) *savini* from Zhaojiayan, Changdaju Village, Lishi District, Lüliang City, Shanxi (after Zheng et Li, 1986)

板桥模鼠 ***Mimomys* (*Kislangia*) *banchiaonicus* Zheng et al., 1975**

（图 45）

Mimomys sp. 2：郑绍华、李传夔，1986，95 页，图 4b

正模 老年个体左 m1（IVPP V 4755）。

模式产地及层位 甘肃合水县板桥镇狼沟 73120 地点，上上新统黄土底砾石层。

归入标本 陕西渭南市游河（现名沈河）：1 右 m1 前部（NWU V 75 渭①1.3）。

归入标本时代 晚上新世（~3.04–2.58 Ma）。

特征（修订） 大型。臼齿相对低冠，齿褶内白垩质丰富。m1（长 3.90 mm 左右）的 ACC 相当短、宽，EI 消失早，但 IF、PF、MR（非常强壮）向下可延伸至接近齿冠基部处；Asd、Hsd 和 Hsld 已贯穿齿冠，其他的齿尖湾高度较大但均低于咬面；Is 1 和 Is 3–4 的封闭百分率均为 100%，Is 2 则为 0（表 2，表 3）；SDQ_P 为 137，属正分异（表 4）；HH-Index＞3.76（表 6）。

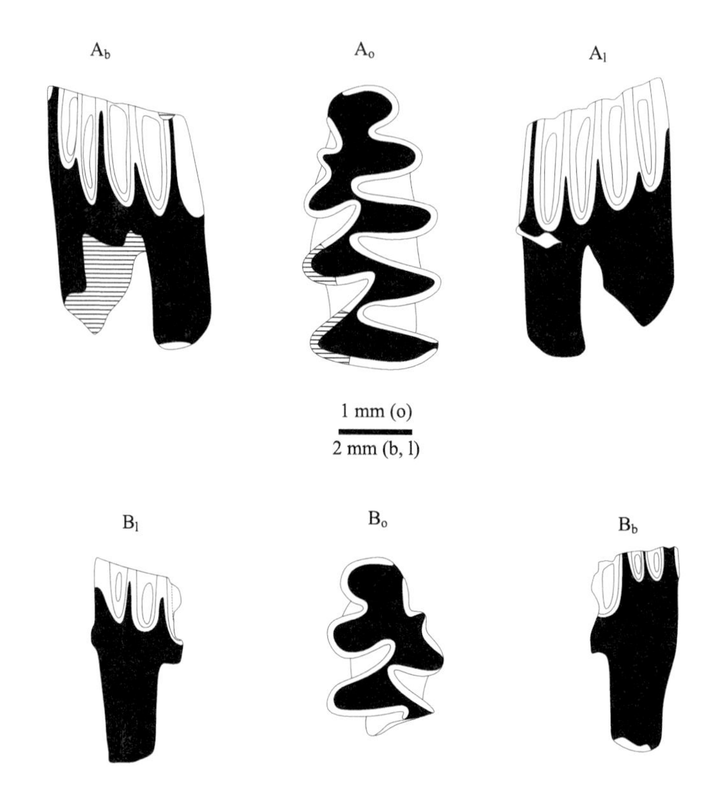

图 45 甘肃合水县板桥镇（A）和陕西渭南市游河（现名沈河）（B）*Mimomys* (*Kislangia*) *banchiaonicus* 的 m1 形态（据郑绍华、李传夔，1986）

Figure 45 m1 morphology of *Mimomys* (*Kislangia*) *banchiaonicus* from Banqiao Town, Heshui County, Gansu (A) and the Youhe River, Weinan City, Shaanxi (B) (after Zheng et Li, 1986)

A_o–B_o. 咬面视 occlusal view，A_b–B_b. 颊侧视 buccal view，A_l–B_l. 舌侧视 lingual view

A. l m1（IVPP V 4755，正模 holotype），B. r m1（NWU V 75 渭①1.3，前部 anterior portion）

评注 郑绍华和李传夔（1986）的图 4 中 a1–a2 和 b1–b2 显示的臼齿齿尖湾偏小，现予以更正（图 45）。同时，其图 4 中 b–b2 显示的来自渭南游河（现名沈河）的“*Mimomys* sp. 2”的 m1 前部，因其个体大、AC2 短宽、MR 粗壮等与该种的正模相同，应归入 *Mimomys banchiaonicus*。

在个体大小上，可与 *Mimomys banchiaonicus* 相比的只有 *M. peii* 和 *M. zhengi*，*M. peii* 的 m1 平均长度为 3.64 mm（3.47–4.01 mm，n = 4），*M. zhengi* 的 m1 平均长度为 3.21 mm（2.89–3.47 mm，n = 30）。三种中，*M. banchiaonicus* 齿尖湾高度最小，因而最原始；*M. zhengi* 齿尖湾高度最大，因而最进步（Zhang et al., 2010）。

这 3 种模鼠由于个体相对大、次要齿尖湾升至更高的位置而与其他种类不同，应相当于欧洲的亚属 *Kislangia*。在欧洲，该亚属包含了匈牙利的 *Mimomys* (*K.*) *rex* Kormos, 1934b 和法国的 *M.* (*K.*) *cappettai*

Michaux, 1971（Kowalski, 2001）。匈牙利 Villány-3 地点的 *M. rex* 的 m1 长 3.80–4.20 mm（Kormos, 1934b），而法国 Balaruc II 地点的 *M. cappettai* 的 m1 平均长度为 3.60 mm（3.21–3.95 mm，*n* = 49）（Michaux, 1971）。因此单就个体大小而言，*M. banchiaonicus* 更接近匈牙利的 *M. rex*。但后者最主要的特征是 PF 和 MR 缺失（Kormos, 1934b）。*M. cappettai* 与 *M. banchiaonicus* 相比显得更原始，表现在臼齿齿尖湾低，上臼齿齿根数目多（均为 3 根），臼齿白垩质少，m1 的 PF、MR 和 EI 等更加发育。

Mimomys banchiaonicus 的正模产自甘肃合水县板桥镇的狼沟 73120 地点，层位系陇东黄土高原底部早更新世河湖相地层，与它共生的哺乳动物有 *Proboscidipparion* sp.、*Equus* spp.和 *Archidiskodon planifrons*（郑绍华等，1975）。它也存在于含有 *M. orientalis*（= 部分 *M. youhenicus*）、*Kowalskia* sp.（= *Cricetulus* sp.）、*Hipparion houfenense* 等的游河动物群中（薛祥煦，1981），时代应属 2.60 Ma 的晚上新世（童永生等，1995）。游河组河湖相地层出露厚度为 23.67 m，磁性地层学年代为 3.04–2.58 Ma（岳乐平、薛祥煦，1996），因此，它是跨越晚上新世-早更新世界线的种类。由于晚上新世游河动物群有 3 种模鼠共生，即 *M.* (*Kislangia*) *banchiaonicus*、*M.* (*Mimomys*) *orientalis* 和 *M.* (*M.*) *youhenicus*，因此它们都有晚上新世的时代属性。

裴氏模鼠 *Mimomys* (*Kislangia*) *peii* Zheng et Li, 1986

（图 46）

正模 年轻个体左 m1（IVPP V 8112）。

模式居群 1 十分年轻个体右 m1 前半部（IVPP V 8113，副模）、7 左 5 右 m1、3 左 3 右 m2、2 左 1 右 m3、8 左 12 右 M1、5 左 5 右 M2、2 左 2 右 M3（IVPP V 8114.1–55）；张兆群 1993 年采集：9 m1（IVPP V 16352.3, 7–10, 18–21）、5 破损 m1（IVPP V 16352.22–26）、7 m2（IVPP V 16352.4, 11–12, 27–30）、1 m3（IVPP V 16352.31）、8 M1（IVPP V 16352.13–15, 32–36）、9 M2（IVPP V 16352.1, 5–6, 16, 37–41）、6 M3（IVPP V 16352.2, 17, 42–45）。

模式产地及层位 山西襄汾县南贾镇大柴村，下更新统。

归入标本 重庆巫山县庙宇镇龙坪村龙骨坡第⑥层：1 后环破损的右 m1（IVPP V 9647）。

归入标本时代 早更新世（～2.54 Ma）。

特征（修订） 大型。臼齿相对高冠，褶沟内白垩质丰富。m1 平均长度为 3.64 mm（范围参考表 4）；EI 消失早；PF 浅，IF 相对深，MR 相对弱，但均可延续至齿冠基部；Is 1–4 的封闭百分率分别为 100%、0、67%和 100%左右（表 2，表 3）；SDQ_P 为 129，属正分异（范围参考表 4）。臼齿各齿尖湾高度均大于 *Mimomys banchiaonicus*；HH-Index 均值＞6.51，参数 E＞5.30 mm，E_a 值范围为 4.00–4.63 mm（$n = 2$），E_b 均值为 2.25 mm（表 6）。M1 具 3 齿根，M2 和 M3 具 2 齿根；M3 的 EI 持续时间长。M1 的 PA-Index 值为 7.64。

评注 张颖奇等（Zhang et al., 2010）指出，*Mimomys peii* 和 *M. banchiaonicus* 的所有齿尖湾（下臼齿的 Prsd、Pmsd、Misd、Esd、Msd、Pasd 和上臼齿的 Pas、Mes、Hys）更向咀嚼面延伸的特点不同于中国其他模鼠，而接近更高齿冠的 *M. zhengi* (Zhang, Jin et Kawamura, 2010)。*M. banchiaonicus* 的齿尖湾较 *M. peii* 低的特点显示其较原始。因此，*M. banchiaonicus*→*M. peii*→*M. zhengi* 就构成了东亚上新世末—更新世初一个臼齿从相对低冠到相对高冠或齿尖湾低于→接近→贯穿咀嚼面的演化谱系。

中国的 *Mimomys banchiaonicus*、*M. peii* 和 *M. zhengi* 都比法国的 *M. cappettai* Michaux, 1971 进步。但下述山西屯留西村的 *Mimomys* (*K.*) sp.则比法国种原始，因此，这类大型模鼠估计应在上新世晚期或约 2.60 Ma 前后起源于中国。

巫山龙骨坡第⑥层的磁性地层学年龄大致为 2.54 Ma（刘椿等，1991）。

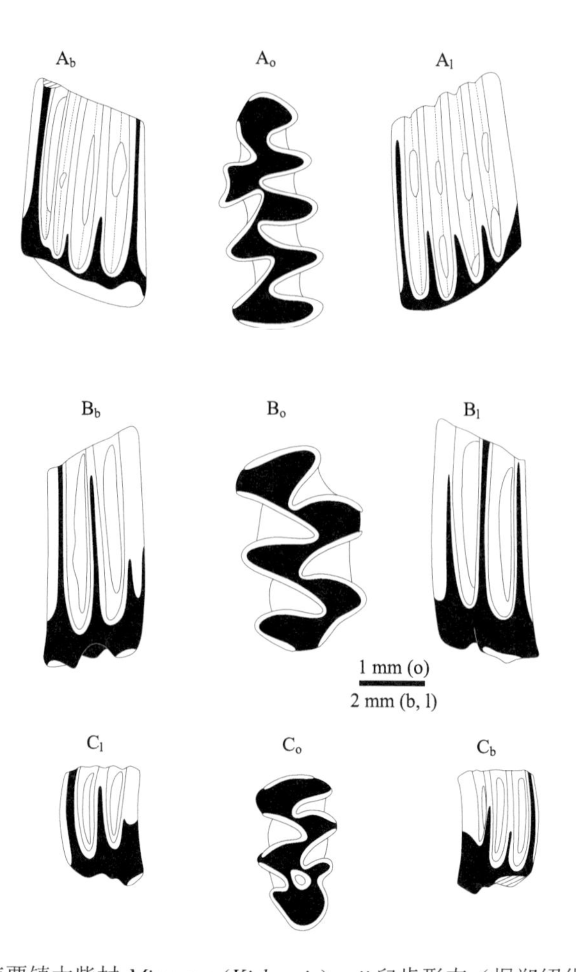

图 46　山西襄汾县南贾镇大柴村 *Mimomys* (*Kislangia*) *peii* 臼齿形态（据郑绍华、李传夔，1986）

Figure 46　Molars of *Mimomys* (*Kislangia*) *peii* from Dachai Village, Nanjia Town, Xiangfen County, Shanxi (after Zheng et Li, 1986)

A_o–C_o. 咬面视 occlusal view，A_b–C_b. 颊侧视 buccal view，A_l–C_l. 舌侧视 lingual view

A. l m1（IVPP V 8112，正模 holotype），B. R M1（IVPP V 8114.30），C. L M3（IVPP V 8114.52）

郑氏模鼠 *Mimomys* (*Kislangia*) *zhengi* (Zhang, Jin et Kawamura, 2010)

（图 47）

Mimomys cf. *peii*：金昌柱等，2000，190 页，表 1；Zhang et al., 2008b, p. 164, fig. 2

Heteromimomys zhengi：Zhang et al., 2010, p. 484, figs. 3–6

正模　左 m1（IVPP V 16353）。

模式居群　1 右下颌支带 m2–3、1 左下颌支带 m1–3、1 左下颌支带 m1–2、1 右上颌带 M1–2、1 左下颌支带 m1–3、73 m1、42 m2、43 m3、64 M1、60 M2、34 M3（IVPP V 16353.1–321）。

模式产地及层位　安徽繁昌孙村镇癞痢山人字洞，下更新统。

特征（修订）　大型。臼齿齿根发育极晚，齿冠极高，齿褶内白垩质丰富。m1（平均长度 3.21 mm）虽无 EI，但 IF 深，MR 和 PF 发育稳定；SDQ_P 为 124，属正分异（范围参考表 4）；Is 1、Is 3–4 的封闭百分率均为 100%，而 Is 2、Is 5–7 均为 0（表 2，表 3），与 *Mimomys youhenicus* 相当。M3 结构简单，AL 之后有 2 个近于封闭的 T 和 1 个形态变化的 PL，即 Is 2 和 Is 3 通常是封闭的，少数标本有 1 个后部 EI。

评注　从所有臼齿根部无齿根显露痕迹判断，该种臼齿似乎无齿根；但从部分标本齿尖湾未刺透到咀嚼面判断，应是有齿根的，只不过生长很晚。因此主要根据“臼齿无根”而建立的 *Heteromimomys*

Zhang, Jin et Kawamura, 2010 应为无效。由于 m1 咀嚼面有稳定的 MR 和 PF 发育，M3 常有后 EI 发育等，该种应归入 *Mimomys*。根据图示的标本（图 47）判断，它们均应属极年轻个体。*Myodes* 中的现生种类幼年个体就无齿根，例如棕背岸䶄（*My. rufocanus*）到 6–7 月龄才开始生长齿根，比红背岸䶄（*My. rutilus*）晚生齿根约 4 个月（罗泽珣等，2000）。因此，这里仍将其视为 *Mimomys* 属的最进步种，构成了 *Mi. banchiaonicus*→*Mi. peii*→*Mi. zhengi* 由大变小演化序列的终端种（Zhang et al., 2010）。

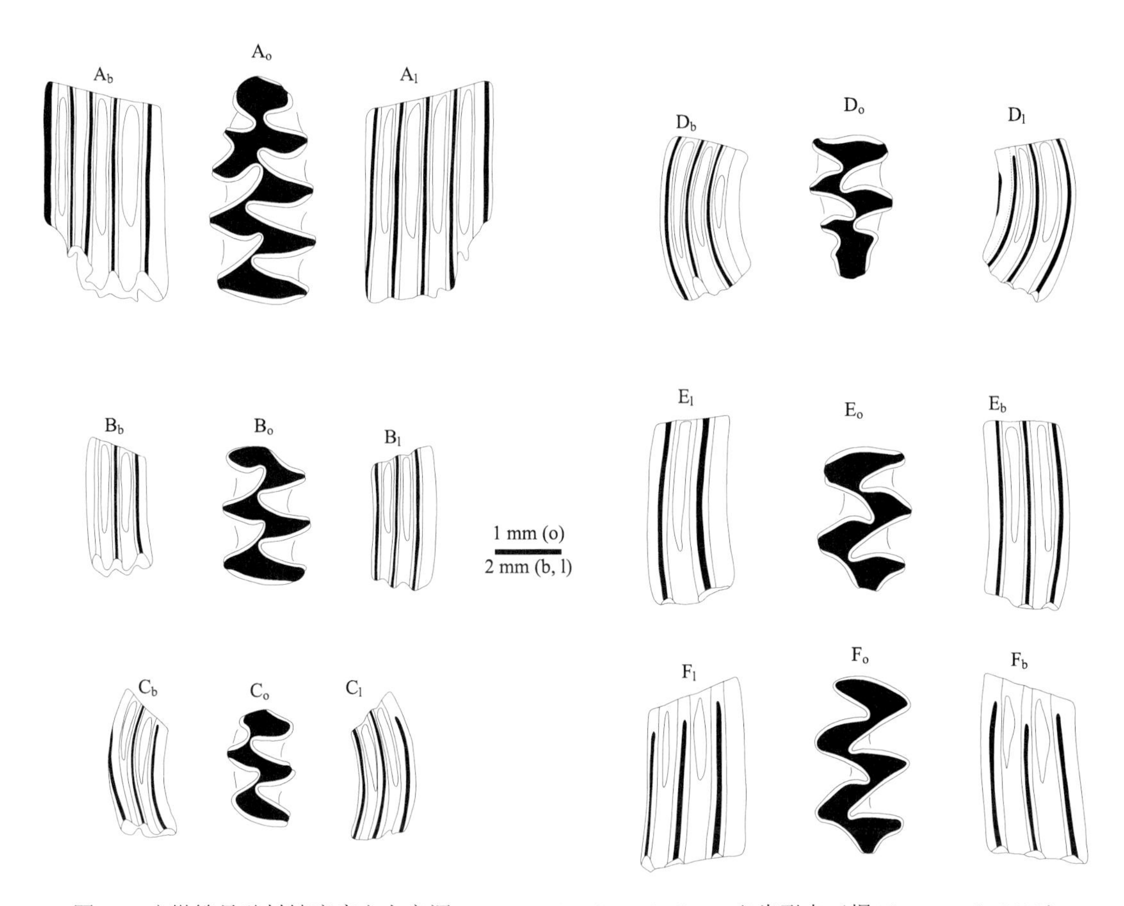

图 47　安徽繁昌孙村镇癞痢山人字洞 *Mimomys* (*Kislangia*) *zhengi* 臼齿形态（据 Zhang et al., 2010）

Figure 47　Molars of *Mimomys* (*Kislangia*) *zhengi* from Renzi Cave, Laili Mountain, Suncun Town, Fanchang, Anhui (after Zhang et al., 2010)

A_o–F_o. 咬面视 occlusal view，A_b–F_b. 颊侧视 buccal view，A_l–F_l. 舌侧视 lingual view

A. l m1（IVPP V 16353，正模 holotype），B. l m2（IVPP V 16353.80），C. l m3（IVPP V 16353.131），D. R M3（IVPP V 16353.308），E. L M2（IVPP V 16353.231），F. L M1（IVPP V 16353.166）

模鼠属未定种 *Mimomys* (*Kislangia*) sp.

（图 48）

宗冠福等（1982）以学名“*Mimomys* cf. *banchiaonicus*”记述了产自山西长治市屯留区吾元镇西村的 1 个老年个体带 m1–3 的右下颌支（IVPP V 6338.1）、1 个成年个体带 m2 的左下颌支（IVPP V 6338.2）及 1 个年轻个体的右 m3（IVPP V 6338.3）。郑绍华和李传夔（1986）认为其 m1 上的 EI 持续到了齿冠基部、m2 和 m3 无白垩质发育及其齿尖湾低等特征反映出较 *Mimomys banchiaonicus* 更为原始的性质，故以“*Mimomys* sp. 1”代之。由于其 m1 是老年个体，因此其长度（3.68 mm）显然比正常成年个体长度要小。鉴于此，该未定种特征为大型、臼齿低冠、无白垩质、EI 可持续到齿冠基部，应归为亚属 *Kislangia* 中的原始种类。这一种类由于缺失白垩质、齿尖湾相对低，可能比法国的 *M.* (*K.*) *cappettai*

更为原始。这样，可以补充到前述大型模鼠演化系列中，即 *Mimomys* (*K.*) sp.→*M.* (*K.*) *banchiaonicus*→*M.* (*K.*) *peii*→*M.* (*K.*) *zhengi*。

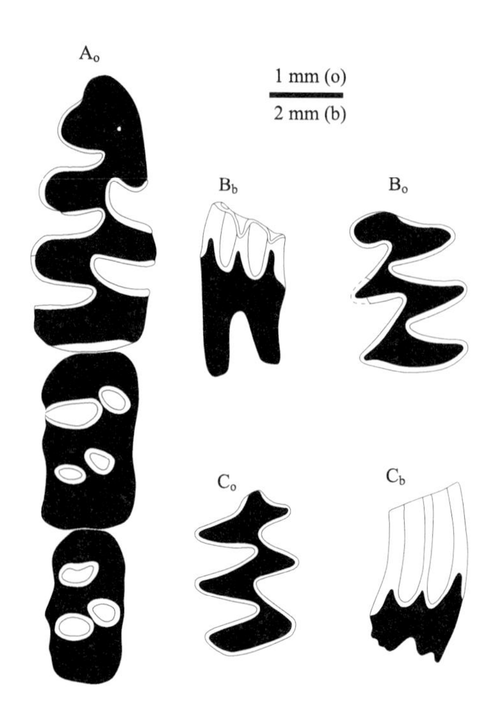

图 48　山西长治市屯留区吾元镇西村 *Mimomys* (*Kislangia*) sp. 臼齿形态（据郑绍华、李传夔，1986）

Figure 48　Molars of *Mimomys* (*Kislangia*) sp. from Xicun Village, Wuyuan Town, Tunliu District, Changzhi City, Shanxi (after Zheng et Li, 1986)

A_o–C_o. 咬面视 occlusal view，B_b–C_b. 颊侧视 buccal view

A. r m1–3（IVPP V 6338.1），B. l m2（IVPP V 6338.2），C. r m3（IVPP V 6338.3）

泥河湾模鼠 *Mimomys* (*Mimomys*) *nihewanensis* Zheng, Zhang et Cui, 2019

（图 49，图 50）

Mimomys stehlini, Mimomys orientalis：蔡保全等，2004，277 页，表 2

Mimomys sp., *Mimomys* sp. 2：李强等，2008，表 1, 4–6

Mimomys sp.：郑绍华等，2006，321 页，表 1；蔡保全等，2007，235 页，表 1；Cai et al., 2013, p. 227, figs. 8-2, 8-4–6

Mimomys sp. 2：Cai et al., 2013, p. 227, fig. 8-2

正模　右 m1（IVPP V 23157.9）。

模式居群　1 左 1 右下颌支带 m1、6 左 10 右 m1、6 左 6 右 m2、1 左 5 右 m3、9 左 15 右 M1、6 左 9 右 M2、5 左 6 右 M3（IVPP V 23157.1–8, 10–85）。

模式产地及层位　河北阳原县辛堡乡祁家庄村后沟剖面第 4 层，上上新统稻地组（相当于榆社盆地麻则沟组）。

归入标本　河北阳原县辛堡乡稻地村老窝沟剖面：第 3 层，7 右 m1、2 左 2 右 m2、3 左 4 右 m3、3 左 4 右 M1、5 左 2 右 M2、4 左 6 右 M3（IVPP V 23155.1–42）；第 9 层，1 左下颌支带 m1–2、1 左下颌支带 m1–3、6 左 4 右 m1、2 左 5 右 m2、3 左 2 右 m3、1 左 4 右 M1、1 左 4 右 M2、1 左 2 右 M3（IVPP V 23155.43–79）；第 11 层，1 左 8 右 m1、6 左 3 右 m2、5 左 4 右 m3、3 左 5 右 M1、8 左 6 右 M2、7 左 7 右 M3（IVPP V 23160.1–63）。河北阳原县辛堡乡红崖村南沟剖面：第 1 层，2 左 3 右 m1、3 左 1 右 m2、5 左 3 右 m3、4 左 1 右 M1、3 左 8 右 M2、6 左 3 右 M3（IVPP V 23162.1–42）；第 4 层，1 左 1 右下颌支带 m1–2、1 右下颌支带 m1、8 左 6 右 m1、4 左 3 右 m2、2 左 5 右 m3、7 左

7 右 M1、15 左 10 右 M2、12 左 10 右 M3（IVPP V 23162.43–134）；第 6 层，1 左 2 右 m1、1 右 m2、3 左 3 右 M1、3 右 M2（IVPP V 23162.135–147）。河北阳原县辛堡乡祁家庄村后沟剖面：第 2 层，1 左 m1（IVPP V 23157.98）；第 5 层，1 右 m1、2 左 m2、1 左 1 右 M1、1 右 M2、4 右 M3（IVPP V 23157.88–97）。河北阳原县辛堡乡芫子沟村剖面：第 2 层，1 左 1 右 m1、1 右 m2、1 左 1 右 M1、1 右 M2（IVPP V 23158.1–6）；第 4 层，1 左 2 右 M1、1 左 M2（IVPP V 23158.7–10）。河北阳原县化稍营镇钱家沙洼村洞沟剖面：第 2 层，3 左 9 右 m1、5 左 7 右 m2、4 左 8 右 m3、6 左 7 右 M1、4 左 9 右 M2、10 左 5 右 M3（IVPP V 23159.3–79）；第 4 层（＞2.60 Ma），1 左 m3、1 右 M3（IVPP V 23159.1–2）。河北蔚县北水泉镇铺路村牛头山剖面：第 6 层，1 左 2 右 m2、2 右 m3、2 左 M1、2 右 M2、2 左 1 右 M3（IVPP V 23161.1–12），2 左 7 右 m1、1 左 7 右 m2、1 左 4 右 m3、3 左 4 右 M1、4 左 3 右 M2、2 左 2 右 M3（IVPP V 23161.13–52）；第 9 层，1 左下颌支带 m1、1 右下颌支带 m2–3、2 左 2 右 m1、1 右 m2、2 右 M1、3 左 3 右 M2（IVPP V 23156.1–15），4 左 3 右 m1、1 左 4 右 m2、3 左 2 右 m3、4 左 2 右 M1、6 右 M2、3 右 M3（IVPP V 23156.16–47）。河北蔚县北水泉镇将军沟口剖面：第 1 层，1 左下颌支带 m2、1 右 m1、2 左 3 右 m2、1 右 m3、2 左 1 右 M1、3 左 M2、1 左 2 右 M3（IVPP V 23153.1–17）。

归入标本时代 晚上新世（～3.08–2.89 Ma）。

特征（修订） 个体大小（m1 平均长度 2.80 mm，范围参考表 4）与 *Mimomys orientalis*（m1 平均长度 2.78 mm，范围参考表 4）相当，但 m1 的 Is 1–4 的封闭百分率（分别为 93%、0、62%和 64%左右）较低（后者分别为 100%、26%、47%和 95%左右）（表 2，表 3）；SDQ_P 为 138，较大（后者为 132）（范围参考表 4）；HH-Index 均值（0.81）则明显小（后者为 1.20）（范围参考表 7）；参数 E、E_a 和 E_b 均值分别为 1.81 mm、1.63 mm 和 0.78 mm，也都明显较小（后者分别为 2.17 mm、2.02 mm 和 1.14 mm）（范围参考表 6）。M2 的 3 齿根标本数百分比为 96%左右，较后者（67%左右）大；M3 的 3 齿根标本数百分比为 84%左右，也较后者（46%左右）大（表 5）。M1 的 PAA-Index 均值为 1.20，PA-Index 均值为 1.17，都比 *M. orientalis* 的小，后者分别为 1.49 和 1.41（范围参考表 7）。褶沟内具少量的白垩质，与无白垩质的 *M. bilikeensis* 和 *M. teilhardi* 不同。

评注 就个体大小论，*Mimomys nihewanensis*（m1 平均长度 2.80 mm）与 *M. banchiaonicus*（3.90 mm）、*M. peii*（3.64 mm）、*M. zhengi*（3.21 mm）和 *M. savini*（3.29 mm）相比较小而可以区分；而与 *M. asiaticus*（2.72 mm）、*M. bilikeensis*（2.46 mm）、*M. teilhardi*（2.55 mm）相比则较大而可以区分；与 *M. orientalis*（高特格标本：2.87 mm；大南沟标本：2.73 mm）最为接近。在 m1 的参数 E、E_a、E_b 均值（分别为 1.81 mm、1.63 mm 和 0.78 mm）方面显然较 *M. asiaticus*（分别为 0.80 mm、0.60 mm 和 0.55 mm）、*M. bilikeensis*（分别为 0.70 mm、0.50 mm 和 0.19 mm）和 *M. teilhardi*（分别为 0.99 mm、0.92 mm 和 0.49 mm）为大；而明显小于 *M. youhenicus*（分别为 3.30 mm、2.95 mm 和 2.35 mm）、*M. gansunicus*（分别为＞3.33 mm、＞3.20 mm 和＞3.17 mm）及 *M. orientalis*（高特格标本分别为 2.52 mm、2.45 mm 和 1.27 mm，大南沟标本分别为 2.05 mm、1.87 mm 和 1.01 mm）。在 m1 的 HH-Index 均值（0.81）方面，介于 *M. teilhardi*（0.46）和 *M. orientalis*（高特格标本为 1.27，大南沟标本为 1.16）之间。M2 具 3 齿根标本数的百分比为 96%，更接近高特格的 *M. orientalis*（75%）而大于大南沟的 *M. orientalis*（62%）。M3 具 3 齿根标本数的比例（84%）与大南沟的 *M. orientalis*（83%）相当，但显著大于高特格的 *M. orienalis*（14%），尤其大于高特格的 *M. teilhardi*（6%）（表 5）。高特格地点 *M. teilhardi* 的 M3 的 3 齿根标本数百分比低的原因可能是其中相当一部分 M3 标本应属于 *Germanomys* 而非 *Mimomys* 的缘故。

在个体大小上，*Mimomys nihewanensis* 比欧洲的 *M. stehlini* Kormos, 1931（m1 长 3.07 mm）要小，m1 颊侧珐琅质参数也偏小，因而显得较原始。但臼齿褶沟内具有白垩质又比不具白垩质的后者进步。因此，可能欧洲还没有发现与前者处于相同演化阶段的种类。

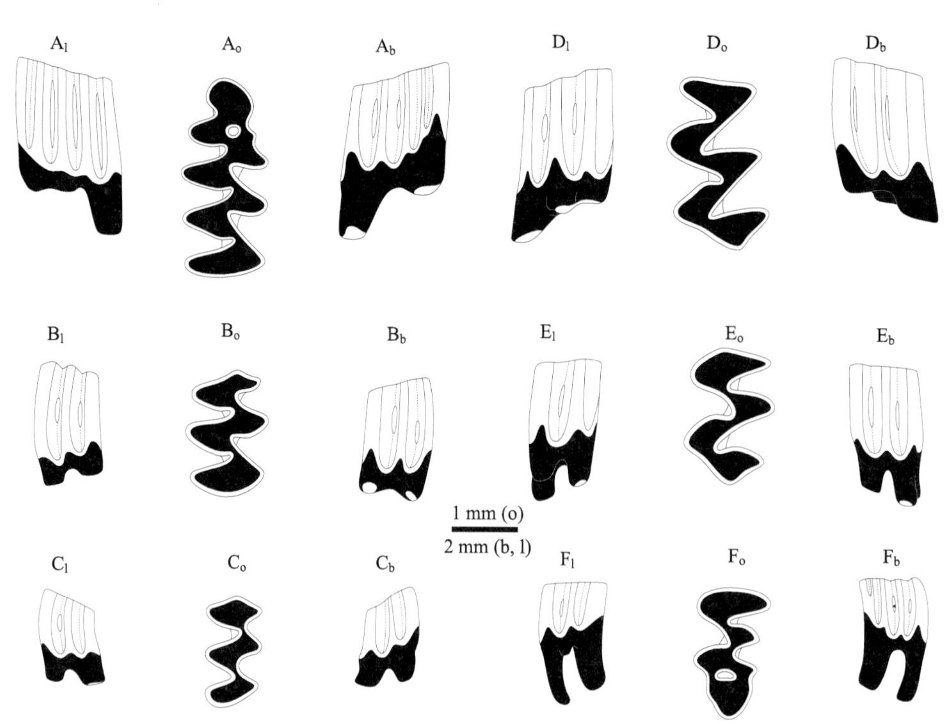

图 49　河北阳原县辛堡乡祁家庄村后沟剖面中的 *Mimomys* (*Mimomys*) *nihewanensis* 臼齿形态

Figure 49　Molars of *Mimomys* (*Mimomys*) *nihewanensis* from the Hougou Section, Qijiazhuang Village, Xinbu Township, Yangyuan County, Hebei

A_o–F_o. 咬面视 occlusal view，A_b–F_b. 颊侧视 buccal view，A_l–F_l. 舌侧视 lingual view

A. r m1（IVPP V 23157.9，正模 holotype），B. r m2（IVPP V 23157.25），C. r m3（IVPP V 23157.32），D. L M1（IVPP V 23157.38），E. L M2（IVPP V 23157.61），F. L M3（IVPP V 23157.76）

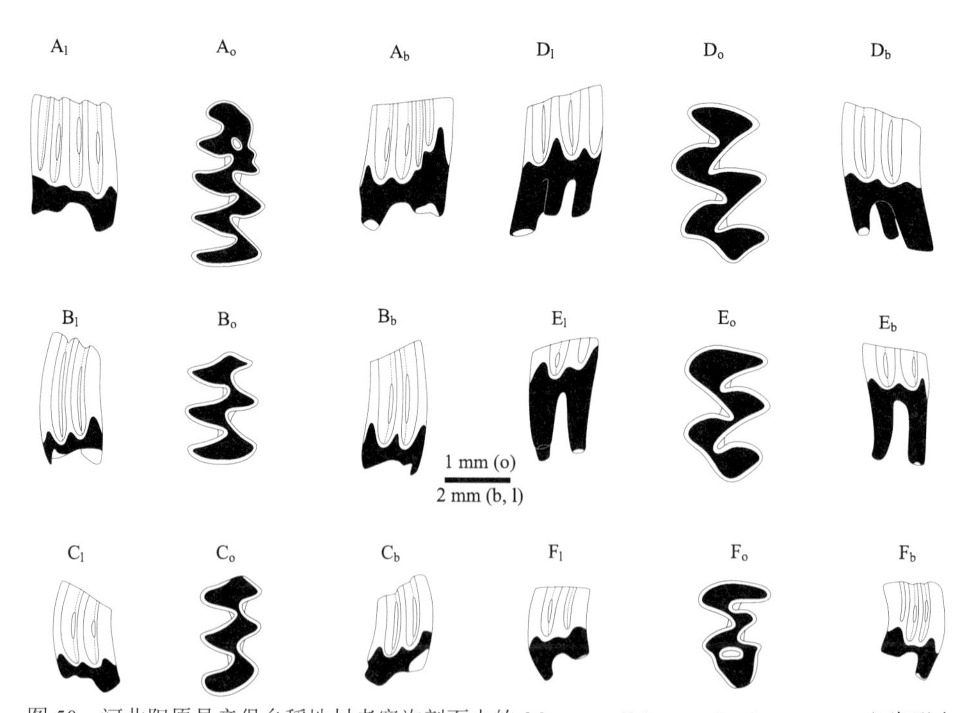

图 50　河北阳原县辛堡乡稻地村老窝沟剖面中的 *Mimomys* (*Mimomys*) *nihewanensis* 臼齿形态

Figure 50　Molars of *Mimomys* (*Mimomys*) *nihewanensis* from the Laowogou section, Daodi Village, Xinbu Town, Yangyuan County, Hebei

A_o–F_o. 咬面视 occlusal view，A_b–F_b. 颊侧视 buccal view，A_l–F_l. 舌侧视 lingual view

A. r m1（IVPP V 23160.2），B. r m2（IVPP V 23160.16），C. r m3（IVPP V 23160.24），D. L M1（IVPP V 23160.28），E. L M2（IVPP V 23160.36），F. L M3（IVPP V 23160.50）

归入 *Mimomys nihewanensis* 的所有材料臼齿褶沟内均有少许白垩质发育。这与同一盆地上覆地层中的 *M. orientalis* 一致，可视为 *M. orientalis* 的最直接祖先。内蒙古高特格地点归入 *M. orientalis* 的绝大多数标本无白垩质发育的现象（邱铸鼎、李强，2016）似乎不符合从相对原始种到相对进步种的演化过程中，白垩质发育从无到有、从少到多的一般规律。这种现象或许与两地生态环境的差异有关。

出产 *Mimomys nihewanensis* 材料的其他地点的年龄可能比老窝沟的 3.08 Ma 更大，但不大可能超过高特格地点出产 *M. teilhardi* 的层位（4.12 Ma）。

东方模鼠 *Mimomys* (*Mimomys*) *orientalis* Young, 1935a

（图 51，图 52）

Mimomys cf. *M. orientalis*：Qiu et al., 2013, p. 164, Appendix

Mimomys (*Mimomys*) *orientalis*：Shevyreva, 1983, p. 37

Mimomys youhenicus：薛祥煦，1981，37 页，图版 II，图 6c（部分）

Mimomys sp., *Mimomys* sp. 1, *Mimomys* sp. 2：李强等，2008，213 页，表 2, 7；Cai et al., 2013, p. 223, figs. 8.2–8.6

Arvicola terrae-rubrae：Teilhard de Chardin, 1942, p. 96, fig. 59

正模 极年轻个体右 m1（Young, 1935a：p. 33, fig. 12b），已丢失。

模式居群 1 左 m1 或 m2 后部（Young, 1935a：fig. 12a）。

模式产地及层位 山西平陆县圣人涧镇东延村剖面，下部砂层，上上新统。

归入标本 山西榆社盆地：海眼村，1 老年个体右下颌支带 m1–2（IVPP RV 42009）；赵庄村箕子沟，1 老年个体右下颌支带 m1–2（IVPP V 8110）。陕西渭南市游河（现名沋河）：1 年轻个体右 m1（NWU V 75 渭①1.4）。河北阳原县化稍营镇钱家沙洼村小水沟剖面：第 1 层，2 左 1 右 m1、1 左 2 右 m2、2 左 2 右 m3、2 左 1 右 M1、1 左 4 右 M2、1 左 1 右 M3（IVPP V 23163.1–20）；第 2 层，1 左 m2、2 左 M1、1 右 M2（IVPP V 23154.1–4）；第 4 层，1 右 m1、1 左 M1、2 右 M2、1 左 1 右 M3（IVPP V 23154.5–10），2 左 5 右 m1、1 左 5 右 m2、1 左 3 右 m3、5 左 4 右 M1、1 左 1 右 M2、1 左 1 右 M3（IVPP V 23154.11–40）。河北阳原县化稍营镇小渡口村台儿沟东剖面：T0 层，1 左 1 右 M1、1 右 M2、1 左 M3、1 左 m1

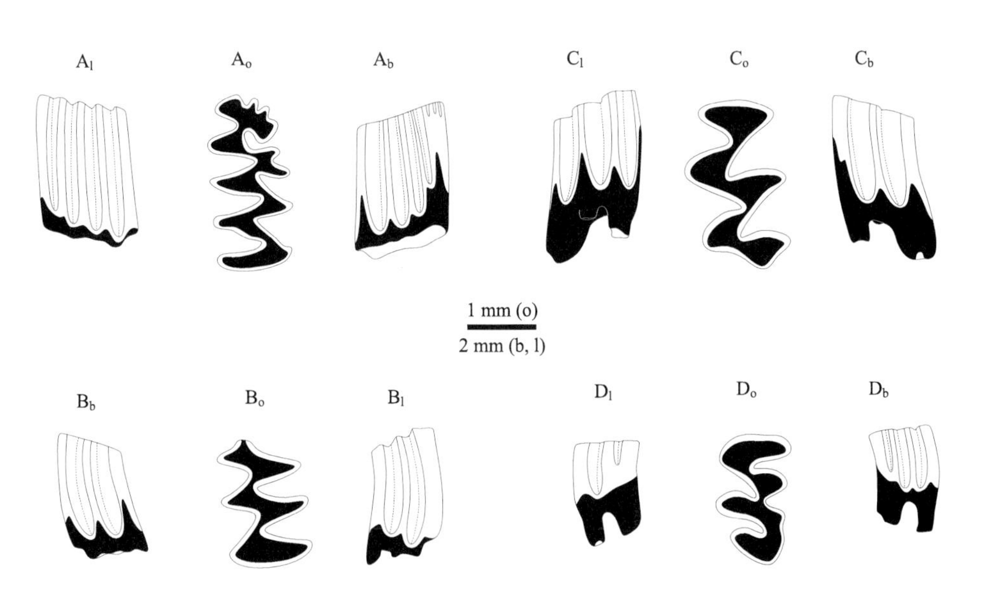

图 51 内蒙古阿巴嘎旗高特格 *Mimomys* (*Mimomys*) *orientalis* 臼齿形态

Figure 51 Molars of *Mimomys* (*Mimomys*) *orientalis* from Gaotege, Abag Banner, Inner Mongolia

A_o–D_o. 咬面视 occlusal view，A_b–D_b. 颊侧视 buccal view，A_l–D_l. 舌侧视 lingual view

A. r m1（IVPP V 19904.10），B. l m2（IVPP V 19904.11），C. L M1（IVPP V 19904.1），D. L M3（IVPP V 19904.5）

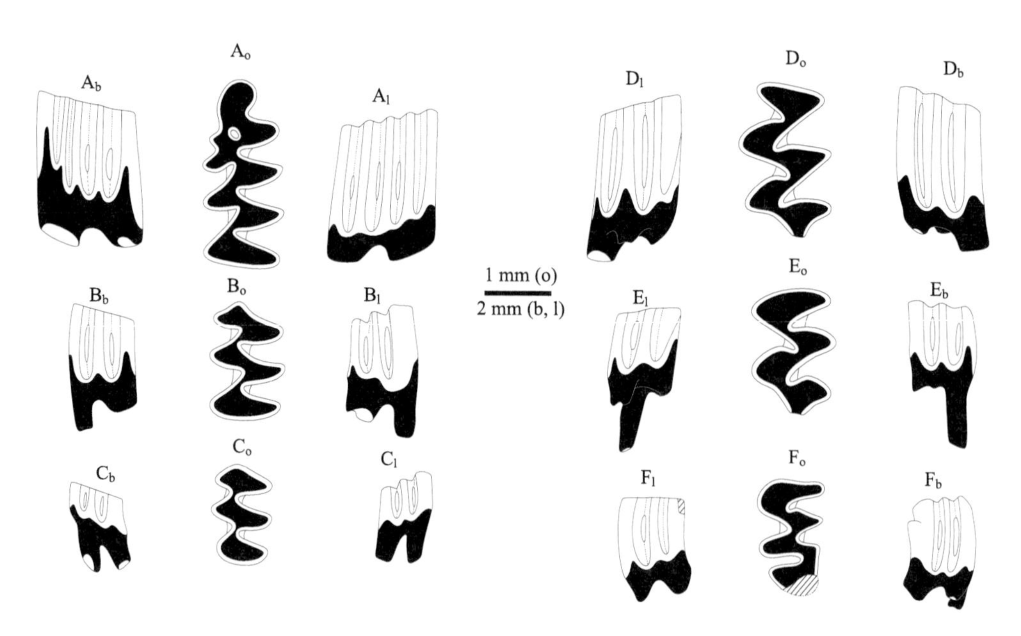

图 52　河北蔚县北水泉镇东窑子头村大南沟剖面第 1 层中的 *Mimomys* (*Mimomys*) *orientalis* 臼齿形态

Figure 52　Molars of *Mimomys* (*Mimomys*) *orientalis* from Layer 1 of the Danangou section, Dongyaozitou Village, Beishuiquan Town, Yuxian County, Hebei

A_o–F_o. 咬面视 occlusal view，A_b–F_b. 颊侧视 buccal view，A_l–F_l. 舌侧视 lingual view

A. l m1（IVPP V 23152.4），B. l m2（IVPP V 23152.42），C. l m3（IVPP V 23152.60），D. L M1（IVPP V 23152.73），E. L M2（IVPP V 23152.115），F. L M3（IVPP V 23152.145）

（IVPP V 18810.1–5）。河北蔚县北水泉镇东窑子头村大南沟剖面：第 1 层，1 左 m1、3 左 1 右 M1、1 左 M2（GMC V 2064.1–6），1 左 1 右下颌支带 m1、1 右下颌支带 m2–3、16 左 15 右 m1（IVPP V 23152.1–19, 25–39）、2 左 5 右 m2（IVPP V 23152.42–43, 47–51）、1 右 m3（IVPP V 23152.68）、19 左 15 右 M1（IVPP V 23152.73–91, 99–113）、7 左 10 右 M2（IVPP V 23152.115–121, 127–136）、3 左 M3（IVPP V 23152.145–147）、5 左 2 右 m1（IVPP V 23152.20–24, 40–41）、3 左 8 右 m2（IVPP V 23152.44–46, 52–59）、8 左 3 右 m3（IVPP V 23152.60–67, 69–71）、1 右上颌带 M1（IVPP V 23152.72）、7 左 1 右 M2（IVPP V 23152.92–98, 114）、5 左 8 右 M2（IVPP V 23152.122–126, 137–144）、4 左 4 右 M3（IVPP V 23152.148–155）。内蒙古阿巴嘎旗高特格：DB03-2 地点，35 M1、22 M2、10 M3、25 m1、20 m2、13 m3（IVPP V 19904.1–125）。

归入标本时代　晚上新世（～3.85–2.58 Ma）。

特征（修订）　中等大小（m1 平均长度 2.78 mm，范围参考表 4），臼齿褶沟内有少许或无白垩质发育。臼齿相对高冠。m1 的 HH-Index 均值为 1.20（范围参考表 7），参数 E、E_a 和 E_b 均值分别为 2.52 mm、2.45 mm 和 1.27 mm（范围参考表 6），Is 1–4 的封闭百分率分别为 100%、26%、47%和 95%左右，除 Is 3 外较 *Mimomys nihewanensis* 为大；后者 HH-Index 均值为 0.81，参数 E、E_a 和 E_b 均值分别为 1.81 mm、1.63 mm 和 0.78 mm（范围参考表 6），Is 1–4 的封闭百分率分别为 93%、0、62%和 64%左右。M1 的 PAA-Index 均值为 1.49，PA-Index 均值为 1.41，也比后者（分别为 1.20 和 1.17）大（范围参考表 7）。SDQ_P 为 132，较后者（138）略小，但均为正分异（范围参考表 4）。

评注　该种的正模是一极年轻个体，齿根还未萌出（Young, 1935a：fig. 12）。后来在其他地点发现的标本是如何归入到此种的呢？根据不同个体的同一臼齿（不论年轻或年老个体）的侧面高度（＝齿冠高度＋齿根长度）大致相当的现象，郑绍华和李传夔（1986）将榆社海眼（褶沟内有少许白垩质）和赵庄箕子沟（无白垩质）的 2 件下颌支及陕西渭南游河（现名沈河）的 1 件 m1（无白垩质）归入该种。正模 m1 咬面长 2.90 mm，侧面高 4.30 mm（据图测），前者对后者的百分比率为 67%，其他 3 件标本分别为 65%（长 3.12 mm，高 4.80 mm）、64%（长 2.97 mm，高 4.67 mm）、71%（长 3.12 mm，高 4.40 mm）。高特格 m1 咬面平均长度 2.87 mm（2.44–3.20 mm，*n* = 14）（表 7），侧面均高 3.98 mm（3.67–4.43 mm，*n* = 15），前者对后者的平均百分比率为 70%（65%–78%，*n* = 15），均与上述其他地点标本大致处于同一变异范围内，因此将它们归为同种应是合理的。

大南沟的 *Mimomys orientalis* 的各项参数均值，如 m1 的 HH-Index（1.16）、*E*（2.05 mm）、E_a（1.87 mm）、E_b（1.01 mm）和 M2 的 3 齿根标本数的百分比（62%），均略微小于高特格标本（后者分别为 1.27、2.52 mm、2.45 mm、1.27 mm 和 75%）而稍显原始；但 M1 的 PAA-Index（1.51）和 PA-Index（1.43）则大于高特格标本（分别为 1.45 和 1.38）而稍显进步（表 4、表 7），但基本没有超出高特格标本的变异范围。

Kowalski（1960b）指出，*Mimomys orientalis* 代表了一个相当于 *M. gracilis* 和 *M. stehlini* 的演化阶段。Şen（1977）认为该种较为接近欧洲的 *M. occitanus*、*M. stehlini*、*M. gracilis*、*M. polonicus* 等原始种类。郑绍华和李传夔（1986）根据 m1 的 PL 前各 Is 的封闭程度、BSA（LSA）和 BRA（LRA）的对称程度，认为 *M. orientalis* 最接近欧洲的 *M. stehlini*。

内蒙古高特格产出 *Mimomys orientalis* 的 DB03-2 地点的磁性地层学年龄约为 3.85 Ma（O’Connor et al., 2008）。泥河湾大南沟第 1 层产出的 *M. orientalis* 材料相对更加原始，其年龄不应比此年龄更年轻。如果将高特格剖面中自下而上的三个正极性期重新解释成 2An.3n（Gauss，3.60–3.33 Ma），2An.2n（3.21–3.12 Ma）和 2An.1n（3.03–2.58 Ma），对于比较泥河湾盆地其他地点的绝对年代可能更为合理。

游河模鼠 *Mimomys* (*Mimomys*) *youhenicus* Xue, 1981

（图 53）

Mimomys cf. *M. youhenicus*：汪洪，1988，61 页，图版 I，图 1–2；Zhang, 2017, p. 155, tab. 12.1, fig. 12.2

Mimomys cf. *M. orientalis*：Tedford et al., 1991, p. 524, fig. 4 (partim)；Flynn et al., 1991, p. 256, tab. 2 (partim)

Mimomys orientalis：Flynn et al., 1991, p. 251, fig. 4, tab. 2

Mimomys irtyshensis：Flynn et al., 1997, p. 197 (partim)

选模　成年个体右 m1（NWU V 75 渭①1.2）。

模式居群　年轻个体右 m1（NWU V 75 渭①1.1）。

模式产地及层位　陕西渭南市游河（现名沋河），上上新统（～3.03–2.58 Ma）。

归入标本　陕西大荔县段家镇后河：1 成年个体右 m1、9 枚上臼齿（NWU V 83DL 001–010）。河北阳原县化稍营镇小渡口村台儿沟西剖面（＞2.58 Ma）：1 右 m1（保存在中国地质科学院地质研究所，无编号）。

归入标本时代　晚上新世（＞2.58 Ma）。

特征（修订）　一种比 *Mimomys orientalis* 稍大（m1 平均长度 2.81 mm，范围参考表 4）且更高冠的模鼠。m1 的各项参数大都大于 *M. orientalis* 的对应值，如 HH-Index 均值分别为 3.25 和 1.20（范围参考表 6），参数 *E*、E_a 和 E_b 均值分别为 3.30 mm 和 2.52 mm、2.95 mm 和 2.45 mm、2.35 mm 和 1.27 mm（范围参考表 6），Is 1–4 的封闭百分率分别为 100%和 100%、0 和 26%、100%和 47%、100%和 95%（表 2，表 3）；SDQ_P 为 120，较后者（132）小（范围参考表 4）。臼齿褶沟内白垩质轻微发育。

评注　陕西渭南游河动物群中的䶄类材料（薛祥煦，1981）被郑绍华和李传夔（1986）分成 3 种：75 渭①1.2 号标本被选作 *Mimomys youhenicus* 的模式标本，75 渭①1.1 号标本被作为归入材料；75 渭①1.3 号被视为“*Mimomys* sp. 2”（= 本书的 *M. banchiaonicus*）；75 渭①1.4 号被归入 *M. orientalis*。他们认为 *M. youhenicus* 是比中国的 *M. orientalis* 和欧洲的 *M. stehlini* 进步，且比欧洲的 *M. pliocaenicus* 和 *M. polonicus* 个体小而略微原始的种类，可能与斯洛伐克 Hajináčka 地点的 *M. kretzoi* Fejfar, 1961（m1 长 2.90 mm）大致处于相当的演化阶段。这里我们认为它与 *M. polonicus* 最为接近。

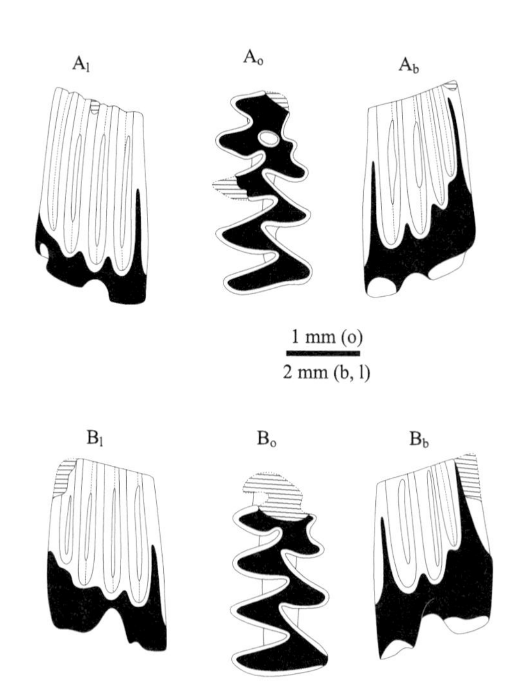

图 53　陕西渭南市游河（现名沋河）*Mimomys* (*Mimomys*) *youhenicus* 的 m1 形态（据郑绍华、李传夔，1986）
Figure 53　m1 morphology of *Mimomys* (*Mimomys*) *youhenicus* from the Youhe River, Weinan City, Shaanxi (after Zheng et Li, 1986)

A_o–B_o. 咬面视 occlusal view，A_b–B_b. 颊侧视 buccal view，A_l–B_l. 舌侧视 lingual view
A. r m1（NWU V 75 渭①1.1），B. r m1（NWU V 75 渭①1.2，选模 lectotype）

松田鼠属 *Pitymys* McMurtrie, 1831

Neodon：Horsfield, 1849, p. 203
Phaiomys：Theobald, 1863, p. 89

模式种　*Psammomys pinetorum* (Le Conte, 1829)[产自美国佐治亚州的松树林，可能是位于赖斯伯勒（Riceboro）的老 Le Conte 种植园]（Bailey, 1900）

特征（修订）　小型。臼齿无根，褶沟内部分充填白垩质。m1 的 PL 之前具 3 个封闭的 T，T4 和 T5 相互间汇通呈菱形，T5 与 AC 之间封闭（原始）或不封闭（进步）；AC2 内外侧各有一弱的褶沟（RA）；Is 1–4 封闭百分率均为 100%，Is 5 则为 0，Is 6 为 100%（原始）或 0（进步）。M3 的 AL 之后有 2 个或多个封闭的 T，最后一个 T 与 PL 之间封闭或不封闭。

中国已知种　白尾松田鼠 *Pitymys leucurus* (Blyth, 1863)、锡金松田鼠 *P. sikimensis* (Hodgson in Horsfield, 1849)、帕米尔松田鼠 *P. juldaschi* (Severtzov, 1879)、云南松田鼠 *P. forresti* (Hinton, 1923a)、高原松田鼠 *P. irene* (Thomas, 1911b)（以上为现生种）；拟狭颅松田鼠 *P. gregaloides* Hinton, 1923b、简齿松田鼠 *P. simplicidens* Zheng, Zhang et Cui, 2019。

分布与时代　西藏、青海、新疆、甘肃、四川、云南、辽宁、河北和北京，早更新世—现代。

评注　*Pitymys* 的分类地位一直是一个有争议的问题。Hinton（1926）将其独立成属，包含 *Pitymys* 和 *Microtus* 两个亚属。Ellerman（1941）也视其为属，包含 *subterraneus*、*savii* 和 *ibericus* 3 个种组。Ellerman 和 Morrison-Scott（1951）亦视其为属，包含 *Phaiomys* Blyth, 1863、*Neodon* Hodgson in Horsfield, 1849 和 *Pitymys* McMurtrie, 1831 三个亚属。Zazhigin（1980）将其视为 *Microtus* 的亚属。Corbet 和 Hill（1991）视其为属并清楚地与 *Microtus* 分开。谭邦杰（1992）、黄文几等（1995）、McKenna 和 Bell（1997）、Kowalski（2001）等认为 *Pitymys* 是 *Microtus* 的同物异名。Carleton 和 Musser（2005）和潘清华等（2007）将中国现生的松田鼠分成 2 属 5 种，即 *P. leucurus* (Blyth, 1863)、*Neodon forresti* Hinton, 1923a、*N. irene*

(Thomas, 1911b)、*N. juldaschi* (Severtzov, 1879)和 *N. sikimensis* Hodgson in Horsfield, 1849。为方便起见，本书遵从罗泽珣等（2000）和王应祥（2003）的意见，将 *Pitymys* 视为独立的属，并将上述现生种归入此属。

表 7　模鼠属 *Mimomys* 中四种类臼齿长度和齿尖湾高度及指数

Table 7　Molar length and sinuous line parameters in four *Mimomys* species

项目 Item		*M. bilikeensis*	*M. teilhardi*	*M. nihewanensis*	*M. orientalis*	
					大南沟 Danangou	高特格 Gaotege
m1	标本数 *n*	31	62	51	26	14
	L/mm	2.42 (2.32–2.64)	2.56 (2.20–2.80)	2.80 (2.44–3.12)	2.73 (2.60–2.88)	2.87 (2.44–3.20)
	Hsd/mm	0.11 (0–0.20)	0.42 (0.16–0.92)	0.69 (0.36–1.00)	0.91 (0.64–1.44)	1.15 (0.88–1.40)
	Hsld/mm	0.08 (–0.16–0.24)	0.19 (0.04–0.40)	0.41 (0.20–0.76)	0.62 (0.28–0.96)	0.52 (0.32–0.88)
	HH-Index	0.10 (–0.08–0.25)	0.46 (0.20–1.00)	0.81 (0.56–1.16)	1.16 (0.78–1.63)	1.27 (0.97–1.52)
m2	标本数 *n*	16	62	61	17	12
	L/mm	1.71 (1.60–1.84)	1.71 (1.52–1.88)	1.82 (1.52–2.12)	1.78 (1.68–1.88)	1.73 (1.60–1.92)
	Hsd/mm	0.09 (0–0.20)	0.33 (0.16–0.60)	0.54 (0.12–1.04)	0.74 (0.56–0.96)	0.82 (0.64–1.12)
	Hsld/mm	0.02 (–0.12–0.12)	0.22 (0.12–0.36)	0.41 (0.08–0.68)	0.60 (0.44–1.12)	0.52 (0.32–0.76)
	HH-Index	0.10 (–0.04–0.22)	0.40 (0.20–0.65)	0.67 (0.14–1.22)	0.94 (0.72–1.40)	0.97 (0.75–1.32)
m3	标本数 *n*	10	39	38	12	7
	L/mm	1.44 (1.28–1.60)	1.43 (1.28–1.56)	1.58 (1.24–1.76)	1.55 (1.40–1.72)	1.53 (1.44–1.56)
	Hsd/mm	–0.08 (–0.20– –0.04)	0.08 (0–0.24)	0.18 (0.04–0.32)	0.27 (0.16–0.40)	0.31 (0.20–0.40)
	Hsld/mm	–0.12 (–0.16– –0.04)	0.07 (0–0.20)	0.19 (0.04–0.36)	0.27 (0.12–0.44)	0.30 (0.24–0.40)
	HH-Index	–0.16 (–0.20– –0.09)	0.12 (0–0.31)	0.27 (0.07–0.57)	0.37 (0.12–0.57)	0.43 (0.32–0.54)
M1	标本数 *n*	32	81	69	40	24
	L/mm	2.18 (1.92–2.40)	2.22 (1.92–2.44)	2.45 (1.88–2.88)	2.45 (2.24–2.88)	2.38 (2.00–2.68)
	Prs/mm	0.39 (0.16–0.68)	0.69 (0.52–1.24)	1.06 (0.48–1.40)	1.25 (0.88–1.64)	1.25 (0.64–1.96)
	Asl/mm	0.15 (–0.32–0.16)	0.15 (0–0.64)	0.35 (0.08–0.80)	0.46 (0.16–0.60)	0.40 (0.12–0.76)
	As/mm	0.04 (–0.16–0.20)	0.29 (0.08–0.64)	0.43 (0.16–1.04)	0.68 (0.36–1.00)	0.58 (0.28–0.80)
	PAA-Index	0.32 (–0.32–0.68)	0.78 (0.54–1.52)	1.20 (0.60–1.84)	1.51 (1.09–1.84)	1.45 (0.79–2.09)
	PA-Index	0.36 (–0.08–0.68)	0.76 (0.54–1.38)	1.17 (0.72–1.80)	1.43 (1.07–1.78)	1.38 (0.78–2.04)
M2	标本数 *n*	15	67	91	30	19
	L/mm	1.79 (1.60–1.88)	1.80 (1.52–1.96)	1.90 (1.56–2.08)	1.84 (1.72–2.04)	1.87 (1.52–2.12)
	Prs/mm	0.05 (–0.04–0.16)	0.28 (0.08–0.52)	0.50 (0.28–0.80)	0.62 (0.32–1.00)	0.57 (0.32–0.80)
	As/mm	–0.03 (–0.12–0.08)	0.20 (0.08–0.40)	0.42 (0.12–1.00)	0.57 (0.36–0.96)	0.39 (0.16–0.80)
	PA-Index	0.01 (–0.12–0.12)	0.35 (0.14–0.59)	0.65 (0.24–1.20)	0.86 (0.54–1.17)	0.73 (0.36–1.10)
M3	标本数 *n*	16	38	79	9	9
	L/mm	1.60 (1.40–1.76)	1.51 (1.32–1.84)	1.81 (1.52–2.12, *n*=76)	1.69 (1.56–1.88)	1.82 (1.64–2.08)
	Prs/mm	–0.08 (–0.20–0.08)	0.10 (–0.08–0.36)	0.27 (0.06–0.68)	0.29 (0.16–0.48)	0.24 (0.12–0.40)
	As/mm	–0.06 (–0.20–0.12)	0.08 (–0.08–0.24)	0.28 (0.12–0.52)	0.40 (0.20–0.68)	0.23 (0.12–0.36)
	PA-Index	–0.10 (–0.21–0.14)	0.14 (–0.13–0.36)	0.39 (0.11–0.71)	0.50 (0.26–0.71)	0.36 (0.23–0.63)

注：表中括号前数值为均值，括号内数值为范围。

Note：Numbers before the parentheses are means, and numbers inside the parentheses are ranges.

拟狭颅松田鼠 *Pitymys gregaloides* Hinton, 1923b

（图 54）

图 54　辽宁大连市甘井子区海茂村 *Pitymys gregaloides* 右 m1（DH 89103.3）咬面形态（据王辉、金昌柱，1992，略修改）
Figure 54　Occlusal morphology of right m1（DH 89103.3）of *Pitymys gregaloides* from Haimao Village, Ganjingzi District, Dalian City, Liaoning (after Wang et Jin, 1992, with minor modifications)

正模　左 m1–2（B.M. No. 12345）。

模式产地及层位　英国诺福克郡 West Runton，克罗默期（Cromerian）上淡水层。

归入标本　辽宁大连市甘井子区海茂村：2 左 3 右 m1、2 左 M3（DH 89103.1–7）。

归入标本时代　早更新世晚期。

特征（修订）　m1（长 3.10 mm 左右）有尖锐的 LSA5 和较深的 LRA5，但 BSA4 和 BRA4 极弱；Is 6 和 Is 7 汇通。M3（长 1.60 mm 左右）的 AL 和 PL 之间有 2 个封闭的 T，每侧有 3 个 SA 和 3 个 RA；LSA3 和 BSA3 较小，PL 后部直，呈 Y 形。

评注　根据 M3 结构简单可判断大连标本是较原始的；m1 有尖锐的 LSA5 和较深的 LRA5 以及极弱的 BSA4 和 BRA4，可与该种的正模比较（图 54）。不同的是大连标本的 Is 6 和 Is 7 之间的齿质空间较英国上淡水层的模式标本（Hinton, 1923b, 1926）开敞，显示出较进步的性质（王辉、金昌柱，1992）。

该种被认为是东欧的“*Microtus* (*Stenocranius*) *hintoni*”的后裔并且是“*Microtus* (*Stenocranius*) *gregalis*”的直接祖先（Kowalski, 2001）。该种已发现于欧洲的早 Biharian 到 Toringian 的奥地利、比利时、捷克、法国、德国、英国、匈牙利、摩尔多瓦、波兰、罗马尼亚、斯洛伐克、俄罗斯、西班牙和乌克兰。在西西伯利亚，该种只记录在中更新世早期，而 *Pitymys hintoni* Kretzoi, 1941 则记录在早更新世晚期（Zazhigin, 1980），因此大连的材料有可能属于后者。

Pitymys hintoni 分布于欧洲早—晚 Biharian 的法国、克罗地亚、捷克、奥地利、德国、匈牙利、意大利、摩尔多瓦、波兰、罗马尼亚、俄罗斯和乌克兰（Kowalski, 2001）。这种分布与拟狭颅松田鼠（*P. gregaloides*）的分布基本一致。从分布于西西伯利亚、俄罗斯平原（Zazhigin, 1980；Markova, 1990）的 *P. hintoni* 和 *P. gregaloides* 判断，两种的主要区别是前者 AC2 上的 LRA5 较浅，无 BRA4 痕迹。在西西伯利亚，*P. hintoni*（Biharian 晚期）比 *P. gregaloides*（Toringian 早期）出现早。

简齿松田鼠 *Pitymys simplicidens* Zheng, Zhang et Cui, 2019

（图 55）

Pitymys cf. *hintoni*：郑绍华、蔡保全，1991，107 页，图 4(4–5)；蔡保全等，2004，277 页，表 2
Pitymys hintoni：闵隆瑞等，2006，104 页

图 55 河北蔚县北水泉镇东窑子头村大南沟剖面 *Pitymys simplicidens* 右 m1（GMC V 2056.1，正模）咬面形态（据郑绍华、蔡保全，1991）

Figure 55 Occlusal morphology of right m1 (GMC V 2056.1, holotype) of *Pitymys simplicidens* from the Danangou section, Dongyaozitou Village, Beishuiquan Town, Yuxian County, Hebei (after Zheng et Cai, 1991)

正模 右下颌支带门齿及 m1（GMC V 2056.1）。

模式居群 后环残缺的右 m1（GMC V 2056.2）。

模式产地及层位 河北蔚县北水泉镇东窑子头村大南沟剖面第 13 层（相当于 DO-6 层），下更新统（～1.44 Ma）。

归入标本 河北蔚县北水泉镇东窑子头村大南沟剖面：第 12 层，1 左 m1（IVPP V 23224）。

归入标本时代 早更新世（～1.49–1.44 Ma）。

特征（修订） 小型（m1 长 2.36 mm 左右）。m1 的 AC2 短而简单，无 LRA5 和 BRA4 发育的痕迹；Is 6 封闭严密（表 2，表 3）；SDQ_I 为 62 左右，属负分异（表 4）。

评注 m1 的 T4 和 T5 汇通成菱形，而 Is 6 封闭严密等形态与 *Pitymys* 一致。欧洲罗马尼亚 Betfia-5 地点 Biharian 的 *P. hintoni* Kretzoi, 1941 的 T4 与 T5 也汇通呈菱形且 Is 6 封闭，但在 AC2 舌侧有明显的 LRA5 发育。英国 West Runton 上淡水层的 *P. gregaloides* Hinton, 1923b 除有 LRA5 存在外，还有轻微的 BRA4 发育，因此 AC2 加长。现生的白尾松田鼠（*P. leucurus* (Blyth, 1863)）、锡金松田鼠（*P. sikimensis* (Hodgson in Horsfield, 1849)）、高原松田鼠（*P. irene* (Thomas, 1911b)）和帕米尔松田鼠（*P. juldaschi* (Severtzov, 1879)）的 m1 的共同或相似性状为 BRA3 较 LRA4 宽浅且相对靠后，Is 6 均不封闭，是与 *P. simplicidens* 最大的区别。当然，*P. simplicidens* 个体明显较现生种小。据罗泽珣等（2000）的 m1–3 长度测量数据推算，上述现生种除 *P. irene* 稍小外，其余各种 m1 长度均等于或大于 3.00 mm。

除了 Is 6 封闭外，*Pitymys simplicidens* 的 m1 咬面形状与 *Allophaiomys deucalion* 的特别相似。这或许可以证明前者是后者的直接后裔。然而，*P. simplicidens* 的后裔不可能是各现生种，因为 Is 6 的封闭已表明其演化到尽头，本身正处于绝灭状态。这从除泥河湾盆地外，还没有发现其踪迹可以得到印证。

闵隆瑞等（2006）报道的产自阳原县化稍营镇小渡口村台儿沟西剖面的“*Pitymys hintoni*”应与 *Pitymys simplicidens* 是同物异名，说明该种在泥河湾盆地内有较广泛分布。

沟牙田鼠属 *Proedromys* Thomas, 1911a

模式种 *Proedromys bedfordi* Thomas, 1911a（甘肃岷县东南 97 km，海拔 2625 m）

特征（修订） 上门齿很宽，向下弯曲，齿面上有浅的纵沟。臼齿无根，褶沟内白垩质发育。m1 具有 4 个封闭严密的 T，第 5 个 T 与短而呈 C 形的 AC2 汇通；Is 1–4 封闭百分率均为 100%，Is 5 为 80%左右，Is 6 为 0（表 2，表 3）；SDQ_P 为 118，属模鼠型分异或正分异（范围参考表 4）；有 5 个 LSA、4 个 LRA 以及 4 个 BSA、3 个 BRA。m3 的 BSA3 退化。M3 具 3 个 BSA 和 2 个 LRA。

中国已知种 仅模式种（现生种）。

分布与时代 陕西、甘肃、北京和四川，早更新世—现代。

评注 *Proedromys* 被一些学者视为 *Microtus* 的亚属（Ellerman et Morrison-Scott, 1951；Corbet et

Hill, 1991；谭邦杰，1992；黄文几等，1995；罗泽珣等，2000；王应祥，2003；潘清华等，2007），被另一些学者视为独立的属（Hinton, 1923b; Allen, 1940; Ellerman, 1941; McKenna et Bell, 1997; Musser et Carleton, 2005）。考虑到它在甘肃灵台剖面午城黄土底部和北京周口店太平山东洞（早更新世早期）及陕西蓝田县公王岭（早更新世中期）的较早出现（Zheng et Li, 1990；程捷等，1996；郑绍华、张兆群，2001；张颖奇等，2011）及其原始的臼齿特征（特别是M3），在此也认可其作为独立属的地位。

别氏沟牙田鼠 *Proedromys bedfordi* Thomas, 1911a

（图56）

Arvicola terrae-rubrae：胡长康、齐陶，1978，14页，图版II，图3

Microtus epiratticeps：胡长康、齐陶，1978，14页，图4

Proedromys cf. *bedfordi*：Zheng et Li, 1990, p. 435, tab. 1, fig. 2I–L；程捷等，1996，52页，图3-16C，图版IV，图15；李传令、薛祥煦，1996，157页

Proedromys sp.：郑绍华、张兆群，2001，图3

Allophaiomys terrae-rubrae：郑绍华、张兆群，2000，63页，图2（部分）

正模 成年雌性的毛皮和头骨（B.M. No. 11.2.1.235）。

模式产地 同属。

归入标本 陕西蓝田县九间房镇公王村公王岭黄土-古土壤层序列S_{15}层：1左M2–3齿列（IVPP V 5395）、1右下颌支带m1–2、3左1右m1、1左M1、1左M2（IVPP V 5396.1–7）。甘肃灵台县邵寨镇雷家河村文王沟93001地点剖面：WL1层，1破损左M3（IVPP V 18080.3）；WL2层，2破损左m1（IVPP V 18080.1–2）；WL7+层，1破损左m1（IVPP V 18080.4）；WL5+层，1右下颌支带m1、1破损左m1、1破损左m3、1右m3（IVPP V 18080.5–8）；WL4+层，1破损右M3（IVPP V 18080.9）。北京周口店太平山东洞：1右下颌支带m1–2（CUG V 93221）。陕西榆林市吴堡县红色土：1段右下颌支带m1–2（Cat.C.L.G.S.C.Nos.C/C. 18 = IVPP V 475）。

归入标本时代 早更新世（～2.14–1.26 Ma）。

特征（修订） 同属的特征。

评注 除了保存在大英博物馆的正模外，另一件现生标本发现于四川黑水并保存在四川省卫生防疫站（王酉之，1984）。化石标本只记载于陕西蓝田县公王岭（胡长康、齐陶，1978；Zheng et Li, 1990）、陕西洛南锡水洞（李传令、薛祥煦，1996）、陕西榆林吴堡县（Teilhard de Chardin et Young, 1931）、甘肃灵台雷家河文王沟（郑绍华、张兆群，2000, 2001；张颖奇等，2011）和北京周口店太平山东洞（程捷等，1996）。在漫长的地质历史时期中，该种臼齿形态没有发生大的改变。例如灵台早更新世早期的M3和黑水现生标本的M3均有3个BSA和2个LSA；它们的m1均有4个封闭的T，第5个T与C形的AC2汇通。

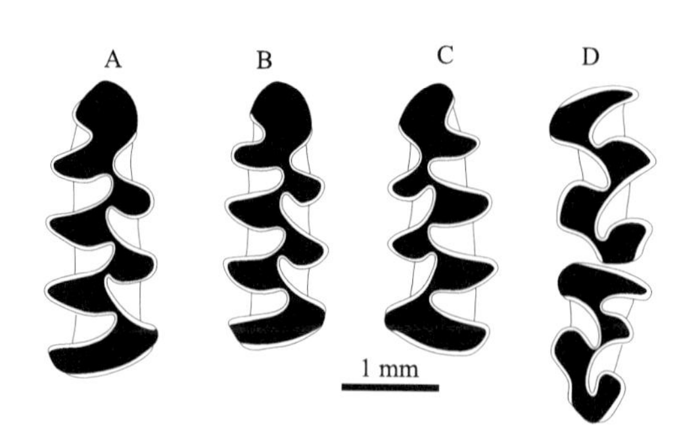

图56 陕西蓝田县九间房镇公王村公王岭 *Proedromys bedfordi* 臼齿咬面形态（据Zheng et Li, 1990）

Figure 56 Occlusal morphology of *Proedromys bedfordi* from Gongwangling site, Gongwang Village, Jiujianfang Town, Lantian County, Shaanxi (after Zheng et Li, 1990)

A. r m1（IVPP V 5396.1），B. r m1（IVPP V 5396.5），C. l m1（IVPP V 5396.2），D. L M2–3（IVPP V 5395）

川田鼠属 *Volemys* Zagorodnyuk, 1990

模式种 *Microtus musseri* Lawrence, 1982（四川西部邛崃山，温泉西 48 km，海拔 2743 m 处）

特征（修订） 尾长，颅骨光而扁平。M2 舌侧具有 1 个封闭的 T 和 1 个小的附加 T，每侧各有 3 个 SA。m1 的 PL 之前具 4 个封闭的 T，第 5 个 T 和 LSA5 与 AC 汇通成 C 形。m2 的 PL 之前具有 2 对封闭的 T。m3 的 BRA2 和 BSA3 极不明显。

中国已知种 川西田鼠 *Volemys musseri* (Lawrence, 1982)、四川田鼠 *V. millicens* (Thomas, 1911c)（均为现生种）。

分布与时代 云南、四川和西藏，晚更新世—现代。

评注 *Volemys* 的 M2 因有一个 LSA4 而区别于 *Microtus*。传统上它被作为 *Microtus* 的亚属（Allen, 1940；Corbet et Hill, 1991）。在提升为属时，Zagorodnyuk（1990）认为该属包含了 4 种，即 *V. kikuchii* (Kuroda, 1920)、*V. clarkei* (Hinton, 1923a)、*V. musseri* 和 *V. millicens*。细胞色素 b 序列的系统分析表明，"*Microtus* (*Volemys*) *kikuchii*"是"*Microtus* (*Pallasiinus*) *oeconomus*"的姊妹种（Conroy et Cook, 2000），与所有 *Microtus* 成员（Musser et Carleton, 2005 的分类主张）在同一支序里。在重新评估 *M. clarkei* 的特征后，Musser 和 Carleton（2005）发现它的形态不像 *V. musseri* 和 *V. millicens*，而相似于 *M. fortis*，与 *M. kikuchii* 一样，应属于 *Microtus* 属的亚属 *Alexandromys* Ongev, 1914。

实际上早在 Zagorodnyuk（1990）采用 *Volemys* 属名前，Lawrence（1982）已得出结论：在形态学上，*musseri* 和 *millicens* 不符合 *Microtus* 中任何种组的特征。它们的特征包括：相对于头体更显长的尾；光滑而扁平的脑颅；低的下颌支，发育弱的牙齿；平的听泡；M1–2 有一大且与 T4 相汇通的 T5，并形成一个倒立的山形脊（此特征在 *V. millicens* 中只存在于 M2）；m1 的 PL 之前只有 4 个封闭的 T，最前面的 T 与 AC 汇通。

四川田鼠 *Volemys millicens* (Thomas, 1911c)

（图 57）

Microtus millicens：邱铸鼎等，1984，289 页，图 7C

正模 成年雄性的毛皮和头骨（B.M. No. 11.9.8.105）。

模式产地 成都西北约 97 km，海拔 3658 m 的汶川。

归入标本 云南昆明市呈贡区三家村：1 破损左下颌支带 m1–2（IVPP V 7647.1），1 右 m1–3 齿列、1 左 M1（IVPP V 23176.1–2）。

归入标本时代 晚更新世。

特征（修订） 个体较小（M1–3 长 5.60 mm 左右）。M1 无 T5 但 M2 有 T5。M3 的 AL 和 U 形的 PL 之间有一对汇通的 T，因此颊舌侧各具 3 个 SA。m2 前部 1 对 T 彼此汇通。m3 的 BRA 浅，BSA3 不发育。

评注 *Volemys millicens* 与模式种 *V. musseri* (Lawrence, 1982)的主要区别是：M1 没有附加的 T5；M3 的 AL 和 PL 之间只有 2 个彼此汇通的而不是 3 个彼此封闭的 T；m1 只具有 5 个而不是 6 个 LSA 以及 4 个而不是 5 个 BSA。

云南呈贡三家村标本（图 57）的 M1 的 AL 之后和 m1 的 PL 之前都有 4 个封闭的 T，M1 具有 3 个 BSA 和 3 个 LSA，m1 具 5 个 LSA 和 4 个 BSA。这些特征与该种建立时的原始描述是一致的。但其 m2 前 1 对 T 间封闭的特征（图 57A–B）则与原始描述中开通的稳定特征（Thomas, 1912a; Allen, 1940; Lawrence, 1982）并不相符。此外，呈贡三家村的 m3 具浅的 BRA2 和不发育的 BSA3 也与罗泽珣等（2000）对 *V. millicens* 的描述"有后外突角"不吻合。看来，三家村的下臼齿标本（图 57A–B）与现生的 *Proedromys bedfordi* 下臼齿形态（胡锦矗、王酉之，1984）和化石的 *Huananomys variabilis* 下臼齿形态（郑绍华，1993）十分相似。然而由于缺少 M2 和 M3，目前很难准确判定其归属。这里遵从邱铸鼎等（1984）的意见，暂时归入 *V. millicens*。

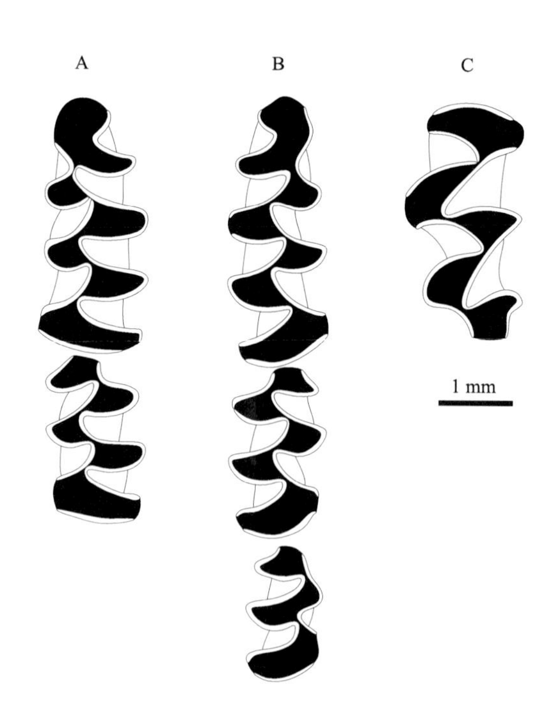

图 57　云南昆明市呈贡区三家村 *Volemys millicens* 臼齿咬面形态（据邱铸鼎等，1984 增改）

Figure 57　Occlusal morphology of *Volemys millicens* from Sanjiacun Village, Chenggong District, Kunming City, Yunnan (after Qiu et al., 1984, with additions)

A. l m1–2（IVPP V 7647.1），B. r m1–3（IVPP V 23176.1），C. L M1（IVPP V 23176.2）

鼹䶄族 Prometheomyini Kretzoi, 1955b

鼹䶄族（Prometheomyini）动物以晚更新世出现的，现生于高加索和小亚细亚最东北海拔 1500–2800 m 山地的 *Prometheomys* 为代表。该属动物用爪而不是用头掘土打洞，终年活动，食物主要由植物地表以上的绿色部分构成，也食地下根茎。该族动物臼齿带根，珐琅质层厚度大，三角前后厚度分异小。该族还包括分布于欧亚大陆的 *Germanomys* 和 *Stachomys* 两化石属。

鼹䶄属 *Prometheomys* Satunin, 1901

模式种　*Prometheomys schaposchnikowi* Satunin, 1901（格鲁吉亚高加索山地 Gudaur，克列斯托维山口南海拔约 1981 m 处）

特征（修订）　上门齿前面 1/3 外侧有一弱沟。除 M1 舌侧有第 3 齿根痕迹外，每个臼齿只有 2 齿根。臼齿褶沟内无白垩质。珐琅质层厚，少分异。M1 每侧具 3 个 SA，M2 和 M3 舌侧具 2 个、颊侧具 3 个 SA。M3 被狭窄的 Is 3 分成前、后长度相当的两部分。m1 的 PL 之前有 3 个交错排列彼此汇通的 T，第 4、第 5 个 T 和短的 AC2 汇通成三叶形。m2 和 m3 每侧各具 3 个 SA。

中国已知种　长爪鼹䶄 *Prometheomys schaposchnikowi* Satunin, 1901（现生种）。

分布与时代　内蒙古，晚更新世。

评注　该属现生种只有模式种一种，分布于高加索山地和小亚细亚地区。

Prometheomys 和 *Ellobius* 尽管属于不同的族，但它们拥有许多共同的特征，如臼齿有根，齿褶内无白垩质，珐琅质层厚，除 M3 外其余颊齿均有相同数目的 SA 或 RA 等。主要不同是：前者上门齿具有纵沟而后者缺失；前者珐琅质层较厚；前者 m1 的 PL 前的 3 个交错排列的 T 趋于封闭并有清楚的 Is 存在，而在后者中它们相对排列且无任何齿峡发展的可能；前者褶沟相对较深且窄，略呈 V 形，而后者则较宽且浅，略呈 U 形；前者 ACC 较短；前者 M3 只有 1 个 LRA 和 2 个 BRA，而后者有 2 个 LRA 和 3 个 BRA；前者 M3 被 Is 分成前、后两部分，而后者不具有此特征；前者 m3 也被 Is 分成

前、后两部分，而后者 m3 没有 Is。

长爪鼹䶄 *Prometheomys schaposchnikowi* Satunin, 1901

（图 58）

Eothenomys sp.：Boule et Teilhard de Chardin, 1928, p. 87, fig. 21A

正模 不详。

归入标本 内蒙古乌审旗萨拉乌苏：1 右下颌支带 m1–3（Boule et Teilhard de Chardin, 1928：fig. 21A），1 左下颌支带 m1–3（IVPP V 18547）。

归入标本时代 晚更新世（～0.12–0.09 Ma）。

特征 同属的特征。

评注 本书补充的左下颌支（图 58）和早先记述的右下颌支（Boule et Teilhard de Chardin, 1928：fig. 21A）上的 m1 均具有交错排列且趋于封闭的 T，具有相对短的 ACC 及浅的 BRA3 和 LRA4，应与长爪鼹䶄的特征相符。不同的是 PL 和 AC2 之间的 3 个 T 封闭较不严。这可能是由于标本为老年个体的缘故。

内蒙古萨拉乌苏地区存在长爪鼹䶄证明，晚更新世时期内蒙古中部应有与今日的高加索山区相似的生态环境。

图 58 内蒙古乌审旗萨拉乌苏 *Prometheomys schaposchnikowi* 的左 m1–3（IVPP V 18547）咬面形态

Figure 58 Occlusal morphology of left m1–3 (IVPP V 18547) of *Prometheomys schaposchnikowi* from Xarusgol, Uxin Banner, Inner Mongolia

日耳曼鼠属 *Germanomys* Heller, 1936

模式种 *Germanomys weileri* Heller, 1936（德国 Gundersheim-1 地点，Villanyian 晚期，下更新统）

特征（修订） 臼齿具齿根，褶沟内无白垩质。M1 具 3 齿根，M2 和 M3 仅 2 齿根。m1 的 PL 之前有 3 个 T 和三叶形的 ACC；ACC 在原始种类较复杂，在进步种类较简单；Is 1–4 的封闭百分率分别为 100%、0、89%–100%、0 左右（表 2，表 3）；SDQ_P 略大于 100（表 4），为 *Mimomys* 型分异；原始种类 HH-Index 较进步种类小（表 8）。M1 的 AL 之后有 4 个基本不封闭的 T；原始种类 PAA-Index 和 PA-Index 较进步种类小（表 8）。M3 的 AL 之后有 2 个彼此汇通的 T 和窄长的 PL。

中国已知种 榆社日耳曼鼠 *Germanomys yusheicus* Wu et Flynn, 2017、进步日耳曼鼠

G. progressivus Wu et Flynn, 2017、日耳曼鼠属未定种 *Germanomys* sp.。

分布与时代 山西和河北，上新世。

评注 *Germanomys* Heller, 1936 被认为与早出的 *Ungaromys* Kormos, 1932 为同物异名，因此只保留后者（McKenna et Bell, 1997；Kowalski, 2001）。前者 m1 的 PL 和 ACC 之间的 T 似乎更趋向于交错排列和封闭，而后者则趋向于相对排列和更加开敞，其差别犹如现生的 *Prometheomys* Statunin, 1901 和 *Ellobius* Fischer, 1814 的差别。因此前者应予保留（Wu et Flynn, 2017）。

Germanomys 和现生的 *Prometheomys* 一起被置于䶄亚科（Arvicolinae）中的鼹䶄族（Prometheomyini），并被认为直接起源于晚中新世的 *Microtodon* Miller, 1927（Wu et Flynn, 2017）。如果将来发现有更低冠的或齿尖湾高度为负值的像 *Promimomys* 一样的 *Germanomys* 标本，才有可能将 Prometheomyini 族提升为亚科并证明其与 Arvicolinae 亚科共同起源于 *Microtodon*。

进步日耳曼鼠 *Germanomys progressivus* Wu et Flynn, 2017

（图 59）

Ungaromys sp.：周晓元，1988，186 页，图版 I，图 4–5

Ungaromys spp.：李强等，2008，210 页，表 1–2, 4–8；Cai et al., 2013, p. 227, figs. 8.2 (partim), 8.3, 8.6

Germanomys sp.：Tedford et al., 1991, p. 524, fig. 4；Flynn et al., 1991, p. 251, tab. 2, fig. 4；Flynn et al., 1997, p. 236, tab. 2, fig. 5；Flynn et Wu, 2001, p. 197；蔡保全等，2004，277 页，表 2（部分）；Cai et al., 2013, p. 227

Germanomys cf. *G. weileri*：蔡保全等，2004，277 页，表 2

Arvicolidae gen. et sp. indet.：郑绍华等，2006，321 页，表 1–2；蔡保全等，2007，235 页，表 1；Cai et al., 2013, p. 227, figs. 8.4–8.5

正模 右 M1（IVPP V 11316.1）。

模式居群 1 M1、2 M2、2 m1、1 m2（IVPP V 11316.2–7）。

模式产地及层位 山西榆社盆地 YS 87 地点（～3.44 Ma），上上新统麻则沟组。

归入标本 山西榆社盆地：YS 90 地点，1 m1 前部、2 m2、2 破损 m3、2 左 M1、1 右 M2、1 左 M3（IVPP V 11317.1–9）；YS 99 地点，1 右下颌支带门齿和 m1–2（IVPP V 11318）。河北阳原县辛堡乡稻地村老窝沟剖面第 11 层，2 左 2 右 m1、1 左 m2、1 左 m3、1 左 2 右 M1、1 左 M2、2 左 1 右 M3（IVPP V 23166.1–10）。河北阳原县辛堡乡祁家庄村后沟剖面：第 4 层，5 左 m1、2 左 1 右 m2、1 左 m3、3 左 4 右 M1、1 左 1 右 M2（IVPP V 23168.1–18）；第 5 层，1 左 m1、2 左 m3（IVPP V 23168.19–21）。河北阳原县辛堡乡芫子沟村剖面：第 2 层，1 左 m2、1 右 m3、1 左 1 右 M1、2 左 2 右 M2（IVPP V 23173.1–8）；第 4 层，1 左下颌支带 m1–2、1 左 1 右 m1、4 左 1 右 m2（IVPP V 23173.9–16）。河北阳原县辛堡乡红崖村南沟剖面：第 1 层，1 左 m2（IVPP V 23171.1）；第 4 层，3 左 2 右 m1、6 左 8 右 m2、1 左 4 右 m3、2 左 5 右 M1、9 左 8 右 M2、4 左 5 右 M3（IVPP V 23171.2–58）。河北阳原县化稍营镇钱家沙洼村小水沟剖面：第 1 层，1 左 M1、1 左 1 右 M2、1 左 M3、1 右 m2（IVPP V 23172.1–5）；第 2 层，1 左 m2（IVPP V 23172.6）。河北蔚县北水泉镇东窑子头村大南沟剖面：第 1 层（～2.63 Ma），4 左 4 右 m1、5 左 5 右 m2、1 左 1 右 m3、8 左 6 右 M1、2 左 2 右 M2、6 左 2 右 M3（IVPP V 23167.1–46）。河北蔚县北水泉镇将军沟口剖面：第 1 层，1 左 m1、1 右 m2（IVPP V 23169.1–2）。河北蔚县北水泉镇铺路村牛头山剖面：第 3 层，1 左 m2（IVPP V 23170.1）；第 6 层，1 左 M1、1 右 M2、1 左 M3、1 右 m2（IVPP V 23170.2–5）；第 9 层，1 左 m1、1 左 1 右 M1、1 左 1 右 M2、2 左 2 右 M3（IVPP V 23170.6–14），1 左 m3、1 左 M1（IVPP V 23170.15–16）。山西静乐县段家寨乡贺丰村小红凹“静乐红土”剖面第 1 层砂层：1 左 m1–2 齿列（IVPP V 8664）、1 右 M1（IVPP V 8666）。

归入标本时代 晚上新世（～3.50–2.63 Ma）。

特征（修订） 个体大小与 *Germanomys yusheicus* 相当，但更高冠，显示了较高的齿尖湾。M1 的前尖湾最低，其余齿尖湾高度几乎相等。M3 每侧有 2 个 RA 以及相对高的齿尖湾。m1（平均长度 2.39 mm，范围参考表 4）的 Is 3 的封闭百分率（89%）较小（表 2，表 3）；而 SDQ_P 为 110，属正分异（范围参考表 4）；HH-Index 均值为 1.85（范围参考表 8）。M1（平均长度 2.17 mm）的 PA-Index 均值为 2.01，PAA-Index 均值为 2.26（范围参考表 8）。M3（平均长度 1.37 mm）的 PA-Index 均值为 0.65（范围参考表 8）。这些特征参数都比 *G. yusheicus* 明显大。

评注 *Germanomys progressivus* 和 *G. yusheicus* 的主要区别是齿冠高度。如果用 M1 的 PA-Index 均值、m1 的 HH-Index 均值分别代表上、下臼齿的齿冠高度，那么前者是 2.01 和 1.85，后者是 0.95 和 1.13。也就是说，后者的齿冠高度约为前者的一半。

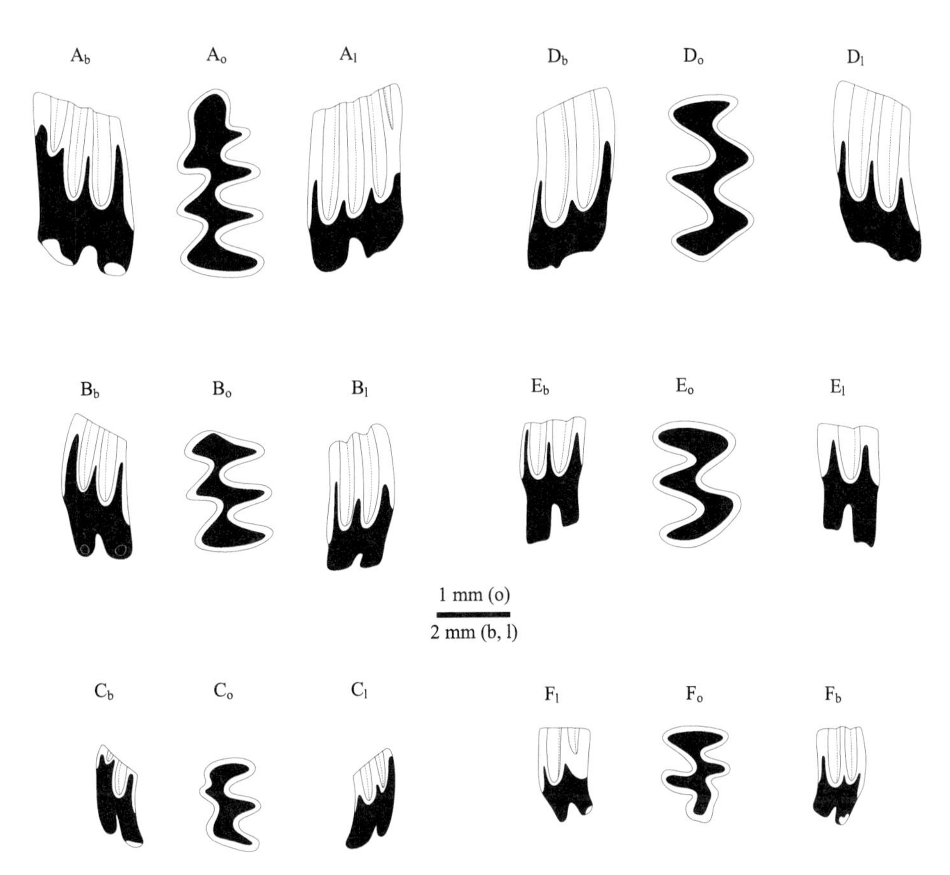

图 59 河北蔚县北水泉镇东窑子头村大南沟剖面第 1 层（A–C）与山西榆社盆地 YS 87（D–E）和 YS 90（F）地点的 *Germanomys progressivus* 臼齿形态

Figure 59 Molars of *Germanomys progressivus* from Layer 1 of the Danangou section (A–C), Dongyaozitou Village, Beishuiquan Town, Yuxian County, Hebei and YS 87 (D–E), YS 90 (F), Yushe Basin, Shanxi

A_o–F_o. 咬面视 occlusal view，A_b–F_b. 颊侧视 buccal view，A_l–F_l. 舌侧视 lingual view

A. l m1（IVPP V 23167.1），B. l m2（IVPP V 23167.9），C. l m3（IVPP V 23167.19），D. R M1（IVPP V 11316.1，正模 holotype），E. R M2（IVPP V 11316.4），F. L M3（IVPP V 11317.9）

榆社日耳曼鼠 *Germanomys yusheicus* Wu et Flynn, 2017

（图 60）

Germanomys A：Tedford et al., 1991, p. 524, fig. 4；Flynn et al., 1991, p. 251, tab. 2, fig. 4；Flynn et al., 1997, p. 236, tab. 2, fig. 5；Flynn et Wu, 2001, p. 197

Germanomys sp. nov.：蔡保全，1987，129 页

Germanomys sp.：蔡保全等，2004，277 页，表 2

Ungaromys spp.：李强等，2008，213 页，表 1； Cai et al., 2013, p. 223, fig. 8.2 (partim)

cf. *Stachomys* sp.：Wu et Flynn, 2017, p. 147, fig. 11.3g

正模 左 m1（IVPP V 11313.1）。

模式居群（副模） 1 右下颌支带 m1、2 m1、4 m2、1 m3、9 M1、7 M2、1 M3（IVPP V 11313.2–26）。

模式产地及层位 山西榆社盆地 YS 4 地点（～4.29 Ma），下上新统高庄组。

归入标本 山西榆社盆地：YS 97 地点，1 左下颌支带 m1–2、1 m2（IVPP V 11314.1–2）；YS 50 地点，5 M1、1 右 m2（IVPP V 11315.1–6）。河北阳原县辛堡乡稻地村老窝沟剖面：第 2 层，1 右 M3（IVPP V 23165.1）；第 3 层，2 右 m1、1 左 m2、1 右 m3、1 左 2 右 M1、1 左 M2、2 左 1 右 M3（IVPP V 23165.2–12）。河北阳原县化稍营镇钱家沙洼村洞沟剖面：第 2 层，2 左 m1、1 右 m2、2 左 M3（IVPP V 23159.80–84）。

归入标本时代 早—晚上新世（～4.70–3.08 Ma）。

特征（修订） 个体较 *Germanomys weileri* 大，齿冠和齿尖湾也稍显高。M1 原尖湾最高，其余齿尖湾高度几乎相等。M3 经磨蚀后像 M2 一样呈 W 形，但相对狭长。M1 有 3 齿根，M2 和 M3 双齿根。m1（平均长度 2.34 mm，范围参考表 4）的 Is 3 的封闭百分率为 100%，较 *G. progressivus* 略大（表 2，表 3），但 SDQ_P 为 110 左右（表 4），HH-Index 均值为 1.13（范围参考表 8），都较小。M1（平均长度 2.16 mm）的 PA-Index 均值（0.95）、PAA-Index 均值（1.05）以及 M3（平均长度 1.36 mm）的 PA-Index 均值（0.15）（范围参考表 8）也都较小。

评注 *Germanomys yusheicus* 和 *G. progressivus* 的主要特征参数的区别见表 8。

表 8 日耳曼鼠属 *Germanomys* 中两种类臼齿长度和齿尖湾高度及指数

Table 8 Molar length and sinuous line parameters in two *Germanomys* species

	项目 Item	*G. yusheicus*	*G. progressivus*
m1	*L*/mm	2.34 (2.20–2.47, *n*=2)	2.39 (2.25–2.53, *n*=18)
	Hsd/mm	1.13 (0.80–1.45, *n*=2)	1.63 (1.00–2.30, *n*=15)
	Hsld/mm	0.08 (0–0.15, *n*=2)	0.84 (0.15–1.30, *n*=15)
	HH-Index	1.13 (0.80–1.45, *n*=2)	1.85 (1.04–2.44, *n*=15)
m2	*L*/mm	1.63 (1.50–1.87, *n*=4)	1.68 (1.45–1.90, *n*=33)
	Hsd/mm	0.32 (0.13–0.47, *n*=4)	0.90 (0.40–1.40, *n*=24)
	Hsld/mm	0.22 (0.13–0.40, *n*=4)	0.88 (0.15–1.40, *n*=30)
	HH-Index	0.40 (0.26–0.60, *n*=4)	1.22 (0.38–1.88, *n*=23)
m3	*L*/mm	1.42 (1.30–1.53, *n*=2)	1.28 (1.10–1.45, *n*=13)
	Hsd/mm	0.22 (0.20–0.23, *n*=2)	0.62 (0.45–0.85, *n*=12)
	Hsld/mm	0.27 (0.13–0.40, *n*=2)	0.41 (0.20–0.60, *n*=11)
	HH-Index	0.36 (0.26–0.45, *n*=2)	0.75 (0.57–1.04, *n*=11)
M1	*L*/mm	2.16 (2.05–2.27, *n*=2)	2.17 (2.00–2.40, *n*=26)
	Prs/mm	0.77 (0.53–1.00, *n*=2)	1.52 (1.00–2.10, *n*=23)
	As/mm	0.56 (0.27–0.85, *n*=2)	1.26 (0.60–1.85, *n*=27)
	Asl/mm	0.34 (0.20–0.47, *n*=2)	0.98 (0.25–1.55, *n*=26)
	PA-Index	0.95 (0.59–1.31, *n*=2)	2.01 (1.50–2.66, *n*=23)
	PAA-Index	1.05 (0.76–1.33, *n*=2)	2.26 (1.09–3.05, *n*=23)
M2	*L*/mm	1.60 (*n*=1)	1.66 (1.45–1.80, *n*=30)
	Prs/mm	0.25 (*n*=1)	0.88 (0.40–1.25, *n*=30)
	As/mm	0.50 (*n*=1)	0.69 (0.40–1.00, *n*=30)
	PA-Index	0.56 (*n*=1)	1.13 (0.54–1.88, *n*=30)
M3	*L*/mm	1.36 (1.15–1.60, *n*=3)	1.37 (1.25–1.45, *n*=16)
	Prs/mm	0.08 (0.0–0.25, *n*=3)	0.46 (0.20–0.67, *n*=16)
	As/mm	0.11 (0.07–0.15, *n*=3)	0.42 (0.20–0.87, *n*=15)
	PA-Index	0.15 (0.07–0.29, *n*=3)	0.65 (0.28–1.01, *n*=15)

注：表中括号前数值为均值，括号内数值为范围和标本数。

Note: Numbers before the parentheses are means, and numbers inside the parentheses are ranges and specimen numbers.

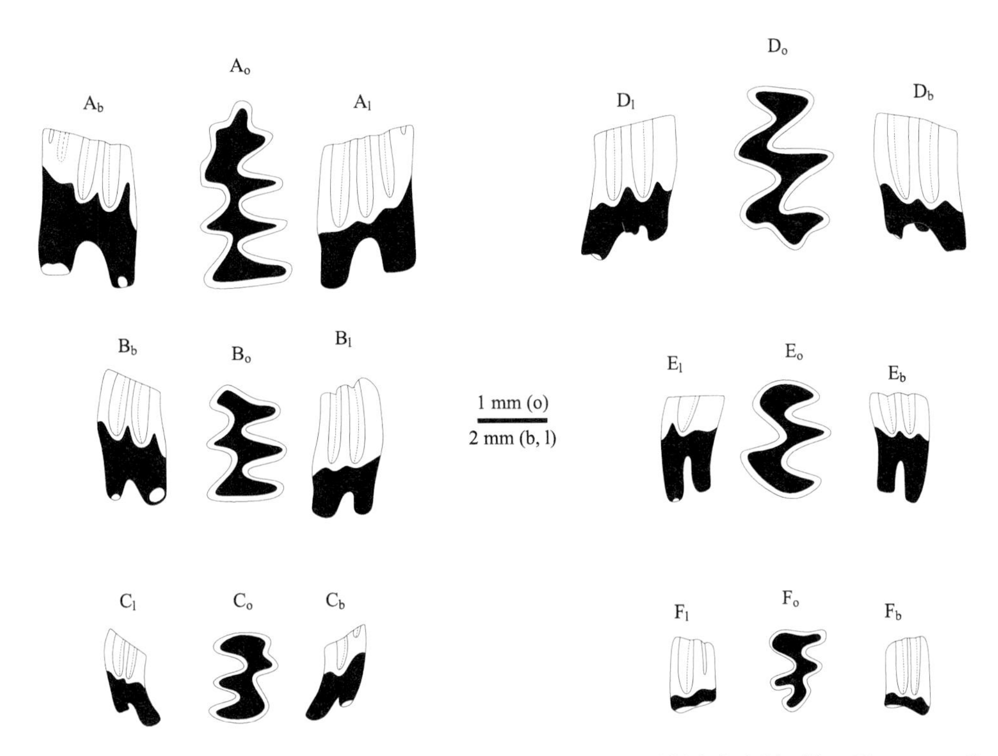

图 60　山西榆社盆地 YS 4（A–B）和 YS 50（D）地点与河北阳原县辛堡乡稻地村老窝沟剖面第 3 层（C，E–F）的 *Germanomys yusheicus* 臼齿形态

Figure 60　Molars of *Germanomys yusheicus* from YS 4 (A–B) and YS 50 (D), Yushe Basin, Shanxi and Layer 3 of the Laowogou section (C, E–F), Daodi Village, Xinbu Town, Yangyuan County, Hebei

A_o–F_o. 咬面视 occlusal view，A_b–F_b. 颊侧视 buccal view，A_l–F_l. 舌侧视 lingual view

A. l m1（IVPP V 11313.1，正模 holotype），B. l m2（IVPP V 11313.5），C. r m3（IVPP V 23165.5），D. L M1（IVPP V 11315.5），E. L M2（IVPP V 23165.9），F. L M3（IVPP V 23165.10）

日耳曼鼠属未定种 *Germanomys* sp.

（图 61）

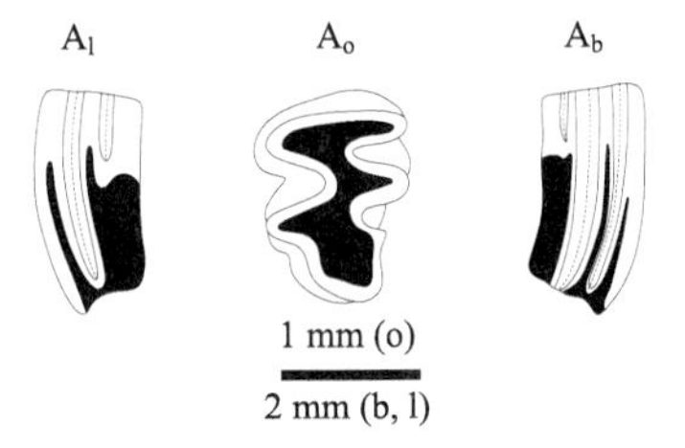

图 61　河北阳原县化稍营镇小渡口村台儿沟东剖面中 *Germanomys* sp.左 M3（IVPP V 18811）形态

Figure 61　Left M3 (IVPP V 18811) of *Germanomys* sp. from the Taiergou east section, Xiaodukou Village, Huashaoying Town, Yangyuan County, Hebei

A_o. 咬面视 occlusal view，A_b. 颊侧视 buccal view，A_l. 舌侧视 lingual view

从河北阳原县化稍营镇小渡口村台儿沟东剖面上上新统“稻地组”F01 层（～2.99 Ma）采到的一年轻个体的左 M3（IVPP V 18811）牙长 1.40 mm，均在 *Germanomys yusheicus*（1.15–1.60 mm）和 *G. progressivus*（1.25–1.45 mm）变异范围内，但 PA-Index（2.31）则显著超出它们两种的变异范围（分别为 0.07–0.29 和 0.28–1.01）。这表明此未定种比上述两种显著进步。

产自山西榆社盆地高庄组桃阳段 YS 115 地点（～5.50 Ma）的右 m2（IVPP V 11321）和麻则沟组

YS 105 地点（3.00 Ma）的右 m1 或 m2 后部（IVPP V 11324）（Wu et Flynn, 2017：fig. 11.4e, k）被鉴定为 Prometheomyini gen. et sp. indet.。就其臼齿褶沟内无白垩质发育、颊舌侧珐琅质参数值很大（极高冠）、珐琅质层厚度不均一等判断应是一种很进步的鼩类。如果将泥河湾台儿沟发现的 M3 与榆社 YS 115 和 YS 105 地点发现的下臼齿一起考虑，就可以发现它们同属一种最进步的 *Germanomys*。由于没有关键的 m1，此处仍不定种。

应该指出榆社 YS 115 地点的标本和 YS 105 地点的标本个体大小和齿冠高度相当，但年代记录（5.50 Ma 和 3.00 Ma）相差如此大，使得我们不得不怀疑前者可能来自地表坡积物，后者则来自原生地层中。因此，把 Prometheomyini 族提升为 Prometheomyinae，并与 Arvicolinae 同时在晚中新世末共同起源的观点（Wu et Flynn, 2017）目前仍没有可靠的证据支持。

斯氏鼩属 *Stachomys* Kowalski, 1960b

模式种 *Stachomys trilobodon* Kowalski, 1960b（波兰 Węże-1 地点，上上新统）

特征（修订） 下门齿在 m2 后部齿根之下横过臼齿列。珐琅质层厚度大，但相对 *Germanomys* 的则较薄。齿根形成早，每个上臼齿各具 3 齿根。褶沟内缺失白垩质。m1（平均长度 2.22 mm，范围参考 Kowalski, 1960b）后叶之前有 4 个 T 和 1 个三叶形的 AC（中间 1 叶指向前内）；Is 1 和 Is 3 封闭，Is 2 和 Is 4 开敞。m3 具 2 个 BRA 和 2 个 LRA，其中 LRA2 和 BRA1 相对深，只有 Is 2 封闭并将牙齿咬面齿质空间分为大小相当的前、后两部分。M1（平均长度 2.10 mm，范围参考 Kowalski, 1960b）具显著的 3 个 BRA 和 3 个 LRA 及弱的 LRA3。M2 和 M3 的 BRA1 显著浅。M3 具 3 个浅的 BRA 和 2 个深的 LRA，有时 Is 2 和 Is 3 封闭，将牙齿咬面分成前、后两部分。

中国已知种 三叶齿斯氏鼩 *Stachomys trilobodon* Kowalski, 1960b。

分布与时代 山西，晚上新世（～3.50 Ma）。

评注 除了波兰模式种产地外，还有斯洛伐克的 Ivanovce（Fejfar, 1961：*Leukaristomys vagui*）以及东西伯利亚贝加尔湖 Olchon 半岛（Mats et al., 1982：*Stachomys* ex gr. *trilobodon*）。俄罗斯顿河上上新统（Villanyian 早期）的 *Stachomys igrom* Agadjanian, 1993 为斯氏鼩属中特征介于 *S. trilobodon* 和 *Prometheomys schaposchnikowi* 之间的一种。

三叶齿斯氏鼩 *Stachomys trilobodon* Kowalski, 1960b

（图 62）

cf. *Stachomys* sp.：Wu et Flynn, 2017, p. 147, fig. 11.4h

Prometheomyini gen. et sp. indet.：Wu et Flynn, 2017, p. 147, fig. 11.4i

正模 右下颌支带 m1–3（Kowalski, 1960b：p. 461, fig. 3A, pl. LX, figs. 1–2）。

模式居群 7 下颌支带 m1–3，9 下颌支带 m1，1 上颌带 M1–3，4 上颌，无数游离臼齿，其中有 65 m1 和 46 M3。

模式产地及层位 波兰 Węże-1 地点，上上新统。

归入标本 山西榆社盆地 YS 90 地点（麻则沟组）：1 右 m1 前部（IVPP V 11323）（Wu et Flynn, 2017：fig. 11.4i）和 1 右 m3（IVPP V 11319）（Wu et Flynn, 2017：fig. 11.4h）。

归入标本时代 晚上新世（～3.50 Ma）。

特征（修订） 同属。

评注 榆社 YS 90 地点（3.50 Ma）的右 m3（IVPP V 11319）（Wu et Flynn, 2017：p. 147, fig. 11.4h）具有浅的 BRA2 和 LRA1 及深的 BRA1 和 LRA2，并由 Is 2 将牙齿咬面分成显著的前、后两部分。这些形态特征与 *Stachomys* 的模式种一致。同一地点的被归入 Prometheomyini gen. et sp. indet.的右 m1 前半部（IVPP V 11323）（Wu et Flynn, 2017：p. 146, fig. 11.4i），因其具有三叶形的 AC2 也与 *Stachomys* 的模式种的相一致。而来自 YS 87 地点（3.44 Ma）的左 M3（IVPP V 11320）（Wu et Flynn, 2017：p. 145, fig. 11.3g）因只有深度相当的 2 个 BRA（缺失 BRA3）和 2 个 LRA，且 BRA1 很深，只有 2 齿根等特

征，而与 *Stachomys* 属的特征不符；而其相对低冠，与 *Germanomys* 中较原始的 *G. yusheicus* 一致。

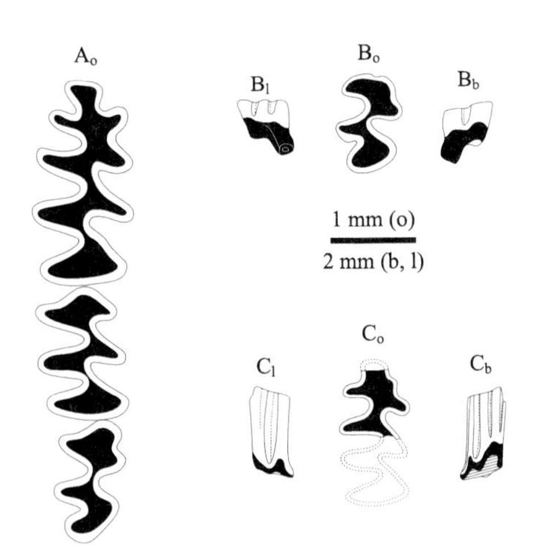

图62　波兰 Wężе-1 地点（A）和中国山西榆社盆地 YS 90 地点（B, C）*Stachomys trilobodon* 臼齿形态（据 Wu et Flynn, 2017）

Figure 62　Molars of *Stachomys trilobodon* from Wężе-1, Poland and YS 90, Yushe Basin, China (after Wu et Flynn, 2017)

A_o–C_o. 咬面视 occlusal view，B_b–C_b. 颊侧视 buccal view，B_l–C_l. 舌侧视 lingual view

A. r m1–3（Kowalski, 1960b：fig. 3A，正模 holotype），B. r m3（IVPP V 11319），C. r m1（IVPP V 11323，前部 anterior portion）

兔尾鼠族 Lagurini Kretzoi, 1955b

兔尾鼠族（Lagurini）与 *Mimomys* 在晚上新世至更新世期间平行发育。它的特征是随着齿冠的增高，臼齿从有根到无根，臼齿褶沟内总是缺乏白垩质。现生属的典型代表是干旱、开阔的具有草原植物生态环境中的 *Eolagurus* 和 *Lagurus*。它们起源于上新世的 *Borsodia* 并生存于整个更新世。该族还包括化石的 *Villanyia* 和现生的 *Hyperacrius* 两属。

波尔索地鼠属 *Borsodia* Jánossy et van der Meulen, 1975

模式种　*Mimomys hungaricus* Kormos, 1938（匈牙利北部 Borsod 地区 Villány-3 地点）

特征（修订）　臼齿具齿根、褶沟内无白垩质。原始种类 m1 前端有珐琅质层；通常存在 MR 和 PF，但缺失 EI；SDQ＞100，属 *Mimomys* 型正分异；上臼齿 LRA2 呈 V 形；进步种类 m1 前端无珐琅质层；MR、PF 和 EI 三者均缺失；SDQ＜100，属 *Microtus* 型负分异；上臼齿 LRA2 呈 U 形。M3 为 *Alticola* 型，即 BRA1 很宽浅。m1 的 Is 1 和 Is 3 的封闭百分率均为 100%，但 Is 2 和 Is 4 可以为 80% 左右（表 2，表 3）。

中国已知种　中华波尔索地鼠 *Borsodia chinensis* (Kormos, 1934a)、蒙波尔索地鼠 *B. mengensis* Qiu et Li, 2016、前中华波尔索地鼠 *Borsodia prechinensis* Zheng, Zhang et Cui, 2019。

分布与时代　内蒙古、青海、甘肃、山西和河北，上新世—早更新世。

评注　Jánossy 和 van der Meulen（1975）建立的 *Borsodia* 是 *Mimomys* 的亚属，其特征为：臼齿缺失白垩质，m1 的 SDQ＜100，为 *Microtus* 型负分异。Zazhigin（1980）将 *Borsodia* 的模式种归入 *Villanyia* 且不认同 *Borsodia* 的亚属地位。Tesakov（1993）将 *Borsodia* 提升为属，并图示了除模式种 *B. hungarica* 外的 18 个种的 m1 的形态（Tesakov, 2004：fig. 4.26），还否认了将这些种归入 *Villanyia* 的合理性。McKenna 和 Bell（1997）则将该属视为 *Mimomys* 的同物异名。Kowalski（2001）将 *Villanyia* 和 *Borsodia* 视为共存于欧洲的两个不同的属，列出了一种 *Villanyia*，即 *V. exilis* Kretzoi, 1956（产自匈牙利 Biharian 早期的 Villány-5 地点）；同时列出了 *Borsodia* 的 7 个种：*Borsodia* sp.、*B. arankoides* (Aleksandrova, 1976)（产自俄罗斯 Villanyian 晚期的 Livencovka 地点）、*B. fejervaryi* (Kormos, 1934b)（产自匈牙利 Biharian

早期的 Nagyharsanyhegy-2 地点）、*B. newtoni* (Forsyth Major, 1902)（产自英国 Villanyian 的 East Runton 地点）、*B. novaeasovica* (Topačevskij et Skorik, 1977)（产自乌克兰南部 Villanyian 晚期的 Sirokino 地点）、*B. petenyii* (Méhely, 1914)（产自匈牙利 Biharian 早期的 Beremend 地点）和 *B. praehungarica* (Ševčenko, 1965)（产自俄罗斯 Villanyian 的 Livencovka 地点，同一地点的 *B. tanaitica* 应属同物异名）。张颖奇等（Zhang et al., 2008b）认为 *Borsodia* 与 *Villanyia* 两属为同物异名，但 Kawamura 和 Zhang（2009）根据 *Borsodia* 臼齿珐琅质层厚度为负分异，而 *Villanyia* 为正分异，又将两属各自独立。他们将欧洲和西伯利亚的 6 种归到 *Villanyia*：*V. exilis* Kretzoi, 1956、*V. petenyii* (Méhely, 1914)、*V. eleonorae* Erbajeva, 1976a、*V. novoasovica* Topačevskij et Skorik, 1977、*V. steklovi* Zazhigin, 1980 和 *V. betekensis* Zazhigin, 1980；5 种归到 *Borsodia*：*B. newtoni* (Forsyth Major, 1902)、*B. fejervaryi* (Kormos, 1934b)、*B. arankoides* (Aleksandrova, 1976)、*B. prolaguroides* (Zazhigin, 1980)和 *B. klochnevi* (Erbajeva, 1998)；加上中国的 3 种：*B. chinensis* (Kormos, 1934a)、*B. mengensis* Qiu et Li, 2016 和 *B. prechinensis* Zheng, Zhang et Cui, 2019。这样，*Borsodia* 共包括 8 种。问题是这两个属中哪些种类的珐琅质厚度是正分异？哪些是负分异？Heinrich（1990）展示了 *Arvicola* 家族从古老的 *A. cantiana*（SDQ＞100）到 *A. terrestris*（SDQ＜100）的演化过程。这一计算方法或许可以运用到鼾类其他种族如 *Borsodia* 的研究中。

根据其上臼齿形态为兔尾鼠（*Lagurus*）型推断，臼齿具齿根、褶沟内无白垩质的 *Borsodia* 应是臼齿无根的、褶沟内无白垩质的现生 *Eolagurus* 和 *Lagurus* 的祖先；根据其 M3 形态为 *Alticola* 型推断，*Alticola* 和 *Hyperacrius* 也可能为其后裔。

中华波尔索地鼠 *Borsodia chinensis* (Kormos, 1934a)

（图 63）

Arvicolidé gen. ind.：Teilhard de Chardin et Piveteau, 1930, p. 123, fig. 40
Mimomys chinensis：Kormos, 1934a, p. 6, fig. 1c；Heller, 1957, p. 223；李传夔等，1984，176 页
Mimomys sinensis：Fejfar, 1964, p. 38
Mimomys (*Villanyia*) *laguriformes*：Erbajeva, 1973, p. 136, figs. 1–3
Mimomys heshuinicus：郑绍华，1976，114 页，图 3；Shevyreva, 1983, p. 38
Villanyia chinensis（= *Mimomys chinensis*）：Zazhigin, 1980, p. 99；Zheng et Li, 1990, p. 433
Mimomys (*Villanyia*) *chinensis*：郑绍华、李传夔，1986，83 页，图 2a–d，图版 I，图 4
Borsodia sp.：张颖奇等，2011，628 页，图 3A–F
Alticola simplicidenta：郑绍华、蔡保全，1991，104 页，图 4(1–3)；蔡保全等，2004，277 页，表 2
Prolagurus praepannonicus：蔡保全、李强，2003，420 页

正模 年轻个体右下颌支带 m1–3（IVPP RV 30011）。

模式产地及层位 河北阳原县化稍营镇下沙沟村，下更新统泥河湾组。

归入标本 内蒙古林西县新城子镇小城子村西营子（1979 年以前林西县隶属辽宁省）：1 右下颌支带 m1–3（IVPP V 8109）。甘肃合水县西华池镇唐旗村张旗金沟：1 成年左下颌支带 m1–2（IVPP V 4766）、1 老年左 m1（IVPP V 4766.1）。青海贵南县茫曲镇（原拉乙亥乡）77076 地点：1 右 M1、1 左 m3（IVPP V 6043.1–2）。河北阳原县化稍营镇钱家沙洼村洞沟剖面：第 16 层，4 左 4 右 m1、1 左 2 右 m2、6 左 3 右 M1、6 左 3 右 M2、1 左 2 右 M3（IVPP V 23147.7–38）。河北阳原县大田洼乡岑家湾村马圈沟旧石器遗址 III 地点：1 左下颌支带 m1–2（IVPP V 15279.1）、1 左下颌支带 m2、11 左 9 右 m1、8 左 6 右 m2、7 左 12 右 m3、17 左 9 右 M1、13 左 7 右 M2、3 左 8 右 M3（IVPP V 15279.3–113）。河北蔚县北水泉镇东窑子头村大南沟剖面：第 6 层（= DO-5 层），1 左 M3（GMC V 2054），1 左 1 右 M2、1 左 2 右 m3（GMC V 2055.1–4）；第 9 层，2 左 m2（IVPP V 23146.1–2）；第 12 层，1 右 m3（IVPP V 23146.3）。河北蔚县北水泉镇铺路村牛头山剖面：第 15 层，3 左 1 右 m1、1 左 1 右 m2、2 左 M1、3 左 1 右 M2（IVPP V 23147.39–50）。山西静乐县段家寨乡贺丰村小红凹“静乐红土”剖面（第 1 地点）第 4 层红色土上段 S_{19} 层：见周晓元（1988）之表 1。山西榆社盆地：YS 6 地点，1 右 M3（IVPP V 22619.1）；

YS 120 地点，2 左 2 右 M2、2 左 4 右 M3、2 破损左 m1、2 右 m1、1 左 1 右 m2、1 左 3 右 m3（IVPP V 22620.1–20）；YS 109 地点，1 破损左 m1（IVPP V 22621.1）。

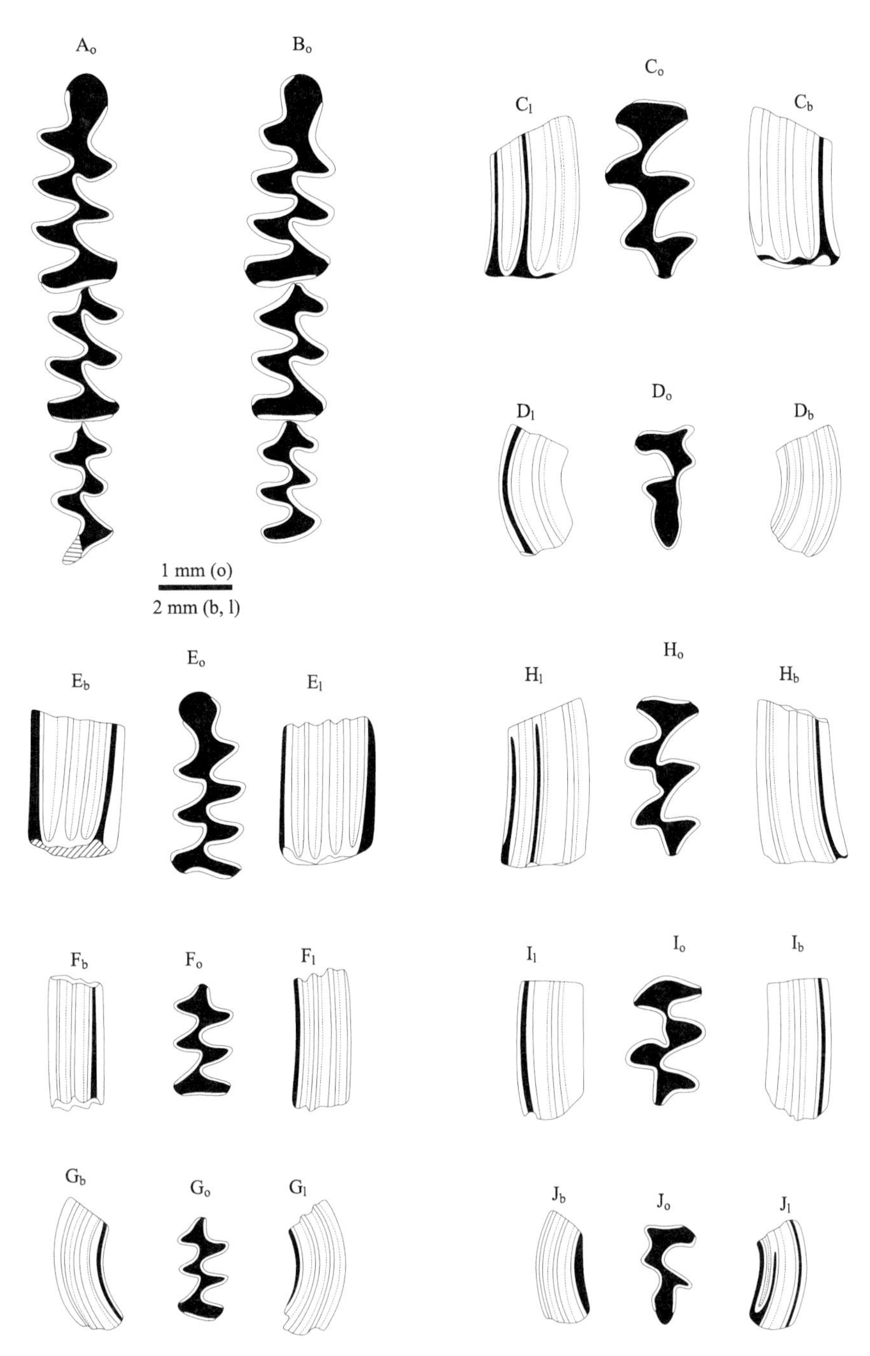

图 63　河北阳原县化稍营镇下沙沟村（A）和大田洼乡岑家湾村马圈沟旧石器遗址 III 地点（C–J）与内蒙古林西县新城子镇小城子村西营子（B）*Borsodia chinensis* 臼齿形态

Figure 63　Molars of *Borsodia chinensis* from Xiashagou Village (A), Huashaoying Town, and Loc. 3 of Majuangou Paleolithic site (C–J), Cenjiawan Village, Datianwa Township, Yangyuan County, Hebei and Xiyingzi (B), Xiaochengzi Village, Xinchengzi Town, Linxi County, Inner Mongolia

A$_o$–J$_o$. 咬面视 occlusal view，C$_b$–J$_b$. 颊侧视 buccal view，C$_l$–J$_l$. 舌侧视 lingual view

A. r m1–3（IVPP RV 30011，正模 holotype），B. r m1–3（IVPP V 8109），C. L M1（IVPP V 15279.58），D. L M3（IVPP V 15279.103），E. l m1（IVPP V 15279.4），F. l m2（IVPP V 15279.24），G. l m3（IVPP V 15279.38），H. L M1（IVPP V 15279.57），I. L M2（IVPP V 15279.83），J. R M3（IVPP V 15279.106）

归入标本时代 早更新世（～2.26–1.45 Ma）。

特征（修订） 臼齿高冠，齿根生长很晚。m1（平均长度 2.54 mm，范围参考表 4）的 AC 简单狭长，其前端明显偏向颊侧；PL 的后缘平直或轻微前凹；Is 1–4 的封闭百分率分别为 100%、81%、100%和 100%左右，Is 5–7 均为 0（表 2，表 3）；SDQ_P 为 67（范围参考表 4），属 *Microtus* 型或负分异；HH-Index 均值＞5.35。M1 的 PAA-Index 均值＞5.04，PA-Index 均值＞6.05（表 9）。M1 具 3 齿根，M2 和 M3 各具 2 齿根。

评注 *Borsodia chinensis* 臼齿的形态，如 m1 的 AC 长，前端无珐琅质层且明显偏向颊侧，m1 的 PL 的后缘微向前凹，珐琅质层为负分异等，最接近模式种 *B. hungarica* (Kormos, 1938)，但后者的正模被认为是 *B. newtoni* (Forsyth Major, 1902)的年轻个体（Kowalski, 2001）。

由于早先发现的材料全为下臼齿（郑绍华、李传夔，1986），如何使新采集到的 *Borsodia chinensis* 的上臼齿与模式地点的下臼齿相匹配曾是一个非常困难的问题。直到马圈沟遗址 III 地点发现比较多材料（图 63C–J）后，才对上臼齿有了比较深刻的认识：M1–2 为 *Lagurus* 型，即 LRA2 为 U 形；M3 的 BRA1 宽浅，为 *Alticola* 型（蔡保全等，2008）。

Borsodia chinensis 广泛分布于华北地区，是一种比较典型的早更新世种类。

蒙波尔索地鼠 *Borsodia mengensis* Qiu et Li, 2016

（图 64）

Aratomys bilikeensis：Li et al., 2003, p. 108, tab. 1 (partim)

正模 左 m1（IVPP V 19905）。

模式居群 4 M1、5 M2、14 M3、4 m1、5 m2、7 m3（IVPP V 19906.1–39）。

模式产地及层位 内蒙古阿巴嘎旗高特格 DB03-2 地点（～3.85 Ma），下上新统（O'Connor et al., 2008）。

特征（修订） 臼齿相对低冠，齿根生长早。m1 的 AC 较复杂，不偏向颊侧；SDQ_P 为 115，属 *Mimomys* 型或正分异（范围参考表 4）；HH-Index 均值（1.18）较小（范围参考表 9）；Is 1–4 的封闭百分率分别为 100%、80%、100%和 80%左右，比较低（表 2，表 3）。全部 M1 和大部分 M2 具 3 齿根，小部分 M2 和全部 M3 具 2 齿根。上臼齿的 LRA2 呈 V 形。M1 的 PAA-Index 均值（0.90）和 PA-Index 均值（0.67）明显较小（范围参考表 9）。M3 具宽浅的 BRA1 和相对深的 LRA 以及相对大的 LSA。

评注 *Borsodia mengensis* 的 m1 的 SDQ_P＞100 的特点显然不符合 *Borsodia* 的原始定义（Jánossy et van der Meulen, 1975）。但根据 m1 和 M3 的咬面形态相似于 *B. chinensis* 判断（图 64），高特格材料又只能归入 *Borsodia* 属。由此可以推断，在早上新世（～3.85 Ma）的 *B. mengensis* 和晚上新世（2.60 Ma）的 *B. prechinensis* 之间的某一时段发生过珐琅质厚度分异类型的转换。

根据一些进步性状，如 m1 的 AC 复杂、狭长、直向前方以及缺失 MR、PF、EI 等，可视 *Borsodia mengensis* 为 *B. chinensis* 的近祖，并可将其与该属中的原始种类相区分，如 *B. steklovi* (Zazhigin, 1980)、*B. novoasovica* (Topačevskij et Skorik, 1977)、*B. praehungarica* (Ševčenko, 1965)等。其主要的原始性状，如与齿冠高度相关的形态参数小，则又反映出它相对原始的性质。在既缺失 MR 又相对低冠的种类中，与 *B. mengensis* 最接近的是 *B. betekensis* (Zazhigin, 1980)。

如果单从 m1 的 HH-Index 和 M1 的 PA-Index 数值判断，*Borsodia mengensis* 均值分别为 1.18 和 0.67，*B. prechinensis* 均值分别为≥3.67 和 4.62，*B. chinensis* 均值分别为＞5.35 和＞6.05，它们之间似乎有从低冠到高冠的演化关系。如果正视 *B. prechinensis* 的部分 m1 存在 MR 的事实，那么在演化阶段上就不可能将它置于 *B. mengensis* 和 *B. chinensis* 之间，因为作为祖先就已演化到缺失 MR 阶段，到其后裔不可能再回复到有 MR 的状态。

表 9　*Borsodia* 中两种类臼齿长度和齿尖湾高度及指数

Table 9　Molar length and sinuous line parameters in two *Borsodia* species

项目 Item		*B. mengensis*	*B. chinensis*
m1	*L*/mm	2.40 (2.17–2.63, *n*=4)	2.49 (2.33–2.67, *n*=12)
	Hsd/mm	1.14 (0.47–1.60, *n*=4)	>3.69 (>3.23–>4.60, *n*=4)
	Hsld/mm	0.28 (0.17–0.40, *n*=4)	>3.84 (>3.33–>4.77, *n*=12)
	HH-Index	1.18 (0.50–1.61, *n*=4)	>5.35 (>4.74–>6.63, *n*=12)
m2	*L*/mm	1.60 (1.50–1.73, *n*=4)	1.51 (1.50–1.73, *n*=8)
	Hsd/mm	0.69 (0.53–0.87, *n*=4)	>2.82 (>1.30–>3.33, *n*=8)
	Hsld/mm	0.31 (0.17–0.47, *n*=4)	>3.05 (>1.3–>3.50, *n*=8)
	HH-Index	0.77 (0.58–0.89, *n*=4)	>4.15 (>1.84–>4.83, *n*=8)
m3	*L*/mm	1.27 (1.23–1.30, *n*=2)	1.47 (1.37–1.57, *n*=17)
	Hsd/mm	0.37 (0.23–0.50, *n*=2)	>2.25 (>1.60–>2.83, *n*=17)
	Hsld/mm	0.15 (0.13–0.17, *n*=2)	>2.14 (>1.37–>2.60, *n*=17)
	HH-Index	0.40 (0.26–0.53, *n*=2)	>3.08 (>2.11–>3.84, *n*=17)
M1	*L*/mm	2.04 (1.90–2.07, *n*=4)	2.16 (1.98–2.37, *n*=20)
	Prs/mm	0.63 (0.53–0.83, *n*=4)	>3.64 (>2.33–>4.00, *n*=20)
	As/mm	0.53 (0.30–0.70, *n*=4)	>3.46 (>2.23–>4.00, *n*=20)
	Asl/mm	0.36 (0.27–0.47, *n*=4)	>3.35 (>2.10–>3.83, *n*=20)
	PA-Index	0.67 (0.61–0.89, *n*=4)	>6.05 (>3.85–>6.83, *n*=20)
	PAA-Index	0.90 (0.69–1.15, *n*=4)	>5.04 (>3.23–>5.66, *n*=20)
M2	*L*/mm	1.81 (1.73–1.90, *n*=3)	1.79 (1.63–1.87, *n*=16)
	Prs/mm	0.38 (0.33–0.40, *n*=3)	>3.41 (>1.83–>4.37, *n*=16)
	As/mm	0.55 (0.40–0.70, *n*=2)	>3.52 (>1.97–>4.47, *n*=16)
	PA-Index	0.67 (0.57–0.77, *n*=2)	>4.90 (>2.69–>6.25, *n*=16)
M3	*L*/mm	1.51 (1.37–1.83, *n*=8)	1.46 (1.30–1.67, *n*=8)
	Prs/mm	0.34 (0.20–0.60, *n*=8)	>2.61 (>1.50–>3.37, *n*=8)
	As/mm	0.41 (0.20–0.70, *n*=8)	>2.69 (>1.50–>3.43, *n*=8)
	PA-Index	0.55 (0.37–0.81, *n*=8)	>3.75 (>2.12–>4.79, *n*=8)

注：表中括号前数值为均值，括号内数值为范围和标本数；“>”指可测最小值。

Note: Numbers before the parentheses are means, and numbers inside the parentheses are ranges and specimen numbers; “>” means measurable minimum value.

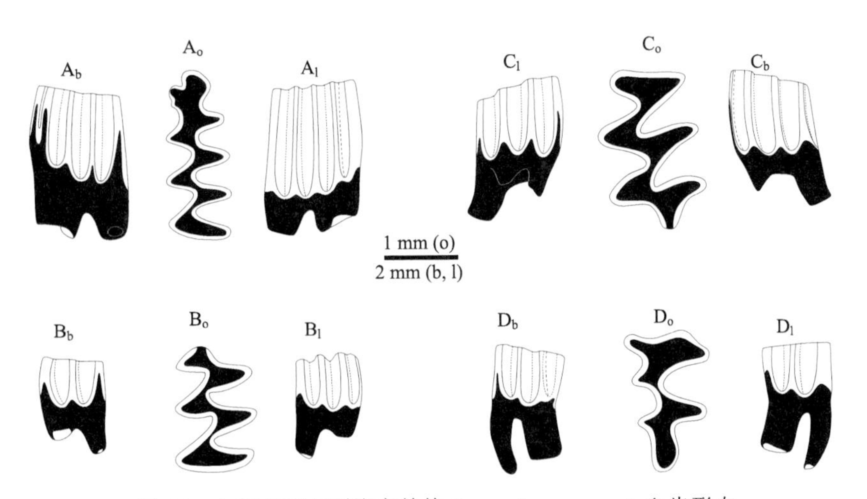

图 64　内蒙古阿巴嘎旗高特格 *Borsodia mengensis* 臼齿形态

Figure 64　Molars of *Borsodia mengensis* from Gaotege, Abag Banner, Inner Mongolia

A_o–D_o. 咬面视 occlusal view，A_b–D_b. 颊侧视 buccal view，A_l–D_l. 舌侧视 lingual view

A. l m1（IVPP V 19905，正模 holotype），B. l m2（IVPP V 19906.8），C. L M1（IVPP V 19906.1），D. R M3（IVPP V 19906.5）

前中华波尔索地鼠 ***Borsodia prechinensis* Zheng, Zhang et Cui, 2019**

（图 65）

Borsodia sp., *B. chinensis* (partim)：郑绍华等，2006，322 页，表 2

Borsodia n. sp.：郑绍华、张兆群，2000，图 2；郑绍华、张兆群，2001，图 3

Borsodia sp.：张颖奇等，2011，628 页，图 3A–F

Arvicolinae gen. et sp. indet.：张颖奇等，2011，630 页，图 3K–L

正模 左 m1（IVPP V 23164.1）。

模式居群 1 左 m1、1 右 m3、2 右 M1、1 左 M3（IVPP V 23164.2–6）。

模式产地及层位 河北阳原县化稍营镇钱家沙洼村洞沟剖面第 11 层（<2.60 Ma），下更新统。

归入标本 河北阳原县化稍营镇钱家沙洼村洞沟剖面：第 4 层（>2.60 Ma），1 右 m2（IVPP V 23147.1）；第 7 层（>2.60 Ma），1 右 m1、1 左 m3、2 右 M1、1 右 M2（IVPP V 23147.2–6）。河北蔚县北水泉镇铺路村牛头山剖面第 15 层：1 左 3 右 m1、1 左 1 右 m2、2 左 M1、3 左 1 右 M2（IVPP V 23147.39–50）。甘肃灵台县邵寨镇雷家河村文王沟 93001 地点剖面：WL11-7 层，1 右 M3（IVPP V 18079.1）；WL11-5 层，1 左 m1（IVPP V 18081.1）；WL11-3 层，1 右 M3（IVPP V 18079.2）；WL11-1 层，1 右 m3（IVPP V 18079.3）；WL10-11 层，1 破损左 M3（IVPP V 18079.4）；WL10-10 层（～3.33 Ma），1 左 M3（IVPP V 18079.5）；WL10-8 层，1 破损右 M3（IVPP V 18079.6）；WL10 层，2 左 M3、2 右 m2、1 破损左 m3（IVPP V 18079.7–11）；WL8 层，1 右 M3、1 破损右 m1、1 破损右 m3（IVPP V 18079.12–14），1 左 m1（IVPP V 18081.2）；WL3 层，1 破损右 m1、1 破损左 m2（IVPP V 18079.15–16）。

归入标本时代 晚上新世—早更新世（～3.51–2.15 Ma）。

特征（修订） 大小与 *Borsodia chinensis* 相当，但上臼齿的 LRA2 狭窄而不为 *Lagurus* 型。m1（长 2.63 mm 左右）的 AC 较短且较少偏向颊侧，部分标本有 MR 发育。m1 的 HH-Index（≥3.67）和 M1 的 PAA-Index（5.42 左右）、PA-Index（4.62 左右）均明显小于 *B. chinensis*（相对应参数分别为 >5.35、>5.04、>6.05），但更显著大于 *B. mengensis*（相对应参数均值分别为 1.18、0.90、0.67）（表 9）。m1 的 Is 1–4 的封闭百分率均为 100%，与 *B. chinensis* 一致，但大于 *B. mengensis*；SDQ_I 为 91 左右，与 *B. chinensis* 一样为负分异。M1（长 2.03 mm 左右）的 Is 1 和 Is 3 封闭而 Is 2 和 Is 4 不封闭的情况与 *B. mengensis* 一致，但不同于 Is 1–4 均封闭的 *B. chinensis*。

评注 下臼齿的 HH-Index 和上臼齿的 PA-Index 数据均显示出 *Borsodia prechinensis* 在演化阶段上处于 *B. mengensis* 和 *B. chinensis* 的中间状态，但更接近于后者（表 9）。因此，*B. prechinensis* 比 *B. mengensis* 进步很多，但比 *B. chinensis* 只稍原始。

在臼齿形态上 *Borsodia prechinensis* 与 *B. chinensis* 的差别是：m1 的 AC 不偏向颊侧，部分保留了 MR 痕迹；M3 颊舌侧的 RA 和 SA 更清晰；M1 和 M2 的 LRA2 呈窄的 V 形而不是宽的 U 形。

甘肃灵台文王沟 93001 地点剖面 WL11-5 层的两个 m1，一个被认为无白垩质，另一个则被认为有白垩质，两者均被记述成 Arvicolinae gen. et sp. indet.（张颖奇等，2011：图 3K–L）。然而，除了有无白垩质外，它们的咬面形态，如较长且不偏向颊侧的 AC 以及带有 MR 痕迹等，与 *Borsodia prechinensis* 的标本是一致的。我们可以推测“有白垩质”的判断可能是错误的。因此，被归入 *Borsodia* sp.（张颖奇等，2011：图 3A–F）和 Arvicolinae gen. et sp. indet.的所有标本都应属于此种。

按照小哺乳动物在洞沟剖面的分布（郑绍华等，2006）并参照早年的古地磁测年资料（杨子赓等，1996；袁宝印等，1996；Zhu et al., 2001），洞沟剖面上新统/更新统界线被确定在第 8 层和第 9 层之间，也就是说 *Borsodia prechinensis* 具有跨时代的性质。同样，文王沟剖面上新统和更新统的界线被确定在 WL7 层和 WL6 层之间，该种在此处也具有跨晚上新世和早更新世的性质（郑绍华、张兆群，2000, 2001）。

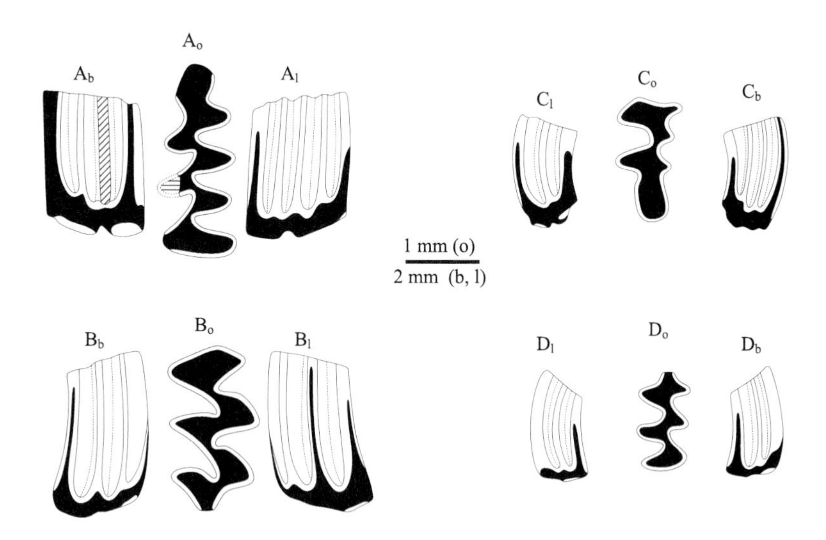

图 65　河北阳原县化稍营镇钱家沙洼村洞沟剖面中的 *Borsodia prechinensis* 臼齿形态

Figure 65　Molars of *Borsodia prechinensis* from the Donggou section, Qianjiashawa Village, Huashaoying Town, Yangyuan County, Hebei

A_o–D_o. 咬面视 occlusal view，A_b–D_b. 颊侧视 buccal view，A_l–D_l. 舌侧视 lingual view

A. l m1（IVPP V 23164.1，正模 holotype），B. R M1（IVPP V 23164.4），C. L M3（IVPP V 23164.6），D. r m3（IVPP V 23164.3）

始兔尾鼠属 *Eolagurus* Argyropulo, 1946

模式种　*Georychus luteus* Eversmann, 1840（哈萨克斯坦咸海西北）

特征（修订）　臼齿无根，褶沟内无白垩质；SDQ＜100，为 *Microtus* 型；RA 相对深，SA 较尖锐。上臼齿 LRA2 内有一显著原小尖（protoconule）或齿尖突起（cuspy）。上臼齿前壁、下臼齿后壁微凹或较平直。m1 的 PL 之前有 3 个近于封闭的 T，第 4 和第 5 个 T 彼此汇通成菱形并与简单而宽大的 AC 相隔离；AC 前端缺失珐琅质层；Is 1、Is 3、Is 5 比 Is 2、Is 4、Is 6 稍显封闭。M3 略长于 M2，PL 后端略偏向舌侧。

中国已知种　黄始兔尾鼠 *Eolagurus luteus* (Eversmann, 1840)、普氏兔尾鼠 *E. przewalskii* (Büchner, 1889)（以上为现生种）；简齿始兔尾鼠 *E. simplicidens* (Young, 1934)。

分布与时代　内蒙古、新疆、青海、甘肃、北京、河北和山东，上新世末—现代。

评注　Argyropulo（1946）提出将 *Lagurus* 分成两属，即将 *L. lagurus* 留在 *Lagurus* 内，而将 *L. luteus* 和 *L. przewalskii* 归入 *Eolagurus*。这种划分的结果有人赞同（Zazhigin, 1980；Corbet et Hill, 1991；王廷正、许文贤，1992；McKenna et Bell, 1997；Musser et Carleton, 2005；潘清华等，2007），也有人反对（Ellerman et Morrison-Scott, 1951；Nowak et Paradiso, 1983；谭邦杰，1992；黄文几等，1995；罗泽珣等，2000；王应祥，2003）。笔者在此同意将其分开。

该属的现生种有两个，即分布于蒙古国西部和新疆北部的 *Eolagurus luteus* (Eversmann, 1840)与分布于内蒙古中部、青海西北部、甘肃和新疆（罗布泊）的 *E. przewalskii* (Büchner, 1889)。化石种也有两个：一是分布于俄罗斯的 *E. argyropuloi* Gromov et Parfenova, 1951；二是分布于中国北部的 *E. simplicidens* (Young, 1934)（Zazhigin, 1980；Gromova et Baranova, 1981）。*Eolagurus* 与 *Lagurus* 的区别在于前者臼齿形态较简单，例如 m1 只有 5 个 LSA、4 个 LRA、4 个 BSA、3 个 BRA，而后者有 5–6 个 LSA、4–5 个 LRA、4–5 个 BSA、3–4 个 BRA；前者臼齿 Is 较不封闭；前者 M3 的 AL 之后只有 2 个不甚封闭的 T 和 Y 形 PL，即有 4 个 BSA、3 个 BRA，3 个 LSA、2 个 LRA，后者 AL 之后有 3 个近于封闭的 T 和 T 形的 PL，有 5 个 BSA、4 个 BRA，4 个 LSA、3 个 LRA。总起来看，*Eolagurus* 比 *Lagurus* 明显原始。

黄始兔尾鼠 *Eolagurus luteus* (Eversmann, 1840)

（图 66）

Microtus cf. *cricetulus*：Boule et Teilhard de Chardin, 1928, p. 87, fig. 21B
Alticola cf. *stracheyi*：祁国琴，1975，245 页，图 4 右
Lagurus sp.：郑绍华等，1998，37 页，图 3H

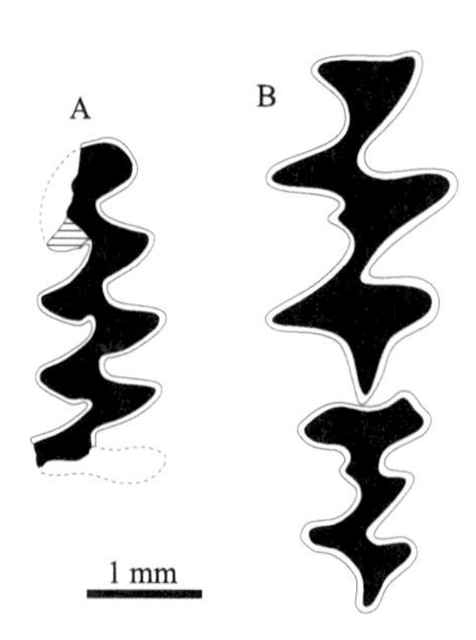

图 66 山东平邑县东阳（现平邑街道）白庄村小西山（A，据郑绍华等，1998）和内蒙古乌审旗萨拉乌苏（B，据祁国琴，1975）的 *Eolagurus luteus* 咬面形态

Figure 66 Occlusal morphology of *Eolagurus luteus* from Xiaoxishan, Baizhuang Village, Dongyang (present Pingyi Neighbourhood), Pingyi County, Shandong (A, after Zheng et al., 1998) and Xarusgol, Uxin Banner, Inner Mongolia (B, after Qi, 1975)

A. l m1（IVPP V 11513），B. L M1–2（IVPP V 4407.1–2）

正模 不详。

归入标本 内蒙古乌审旗萨拉乌苏：1 右下颌支带 m1–3（Boule et Teilhard de Chardin , 1928：fig. 21B）、1 左 M1、2 左 1 右 M2（IVPP V 4407.1–4）。山东平邑县东阳（现平邑街道）白庄村小西山：1 左下颌支带残破 m1（IVPP V 11513）。

归入标本时代 晚更新世（热释光法年代：0.12–0.09 Ma）。

特征（修订） 基本同属的特征，但 m1 的 BSA3 和 LSA4 之间汇通成的菱形较不明显。

评注 祁国琴（1975：图 4 右）以“*Alticola* cf. *stracheyi*”记述的左 M1 和 M2（IVPP V 4407.1–2）（图 66）以及 Boule 和 Teilhard de Chardin（1928：fig. 21B）以“*Microtus* cf. *Cricetulus*”名称记述的一件带 m1–3 的右下颌支应分别代表 *Eolagurus luteus* 的上、下臼齿列。其 M1 和 M2 的 LRA2 呈宽的 U 形，谷底具有显著的原小尖；其 m1 齿峡 Is 1、Is 3、Is 5 较 Is 2、Is 4、Is 6 更封闭，LSA4 和 BSA3 之间汇通成的菱形不明显，这些特征与现生于青海高原的 *E. luteus* 是完全一致的。

简齿始兔尾鼠 *Eolagurus simplicidens* (Young, 1934)

（图 67）

Pitymys simplicidens：Young, 1934, p. 93, fig. 37, pl. VIII, fig. 12；Pei, 1936, p. 74, fig. 37, pl. VI, fig. 18；Teilhard de Chardin et Leroy, 1942, p. 34
Alticola cf. *stracheyi*：Pei, 1936, p. 76, fig. 38A
Lagurus sp.：Teilhard de Chardin et Leroy, 1942, p. 33
Eolagurus simplicidens：Zazhigin, 1980, fig. 28(17–20)；蔡保全等，2004，277 页，表 2

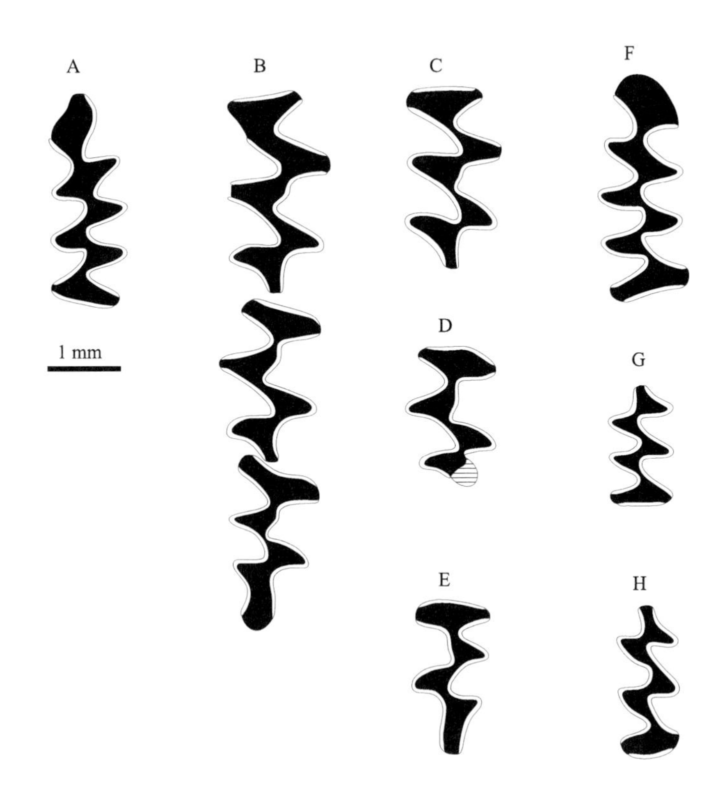

图 67　北京周口店第 1 地点（A）和第 3 地点（B）与河北蔚县北水泉镇东窑子头村大南沟剖面第 15 层（C–H）的 *Eolagurus simplicidens* 臼齿咬面形态

Figure 67　Occlusal morphology of *Eolagurus simplicidens* from Loc. 1 (A) and Loc. 3 (B) of Zhoukoudian, Beijing and Layer 15 of the Danangou section (C–H), Dongyaozitou Village, Beishuiquan Town, Yuxian County, Hebei

A. l m1（Cat.C.L.G.S.C.Nos.C/C. 1181.2，选模 lectotype），B. R M1–3（Cat.C.L.G.S.C.Nos.C/C. 2616），C. R M1（IVPP V 23174.24），D. R M2（IVPP V 23174.31），E. L M3（IVPP V 23174.33），F. r m1（IVPP V 23174.5），G. r m2（IVPP V 23174.17），H. r m3（IVPP V 23174.19）

选模　1 左 m1（Cat.C.L.G.S.C.Nos.C/C. 1181.2）。

模式居群　右下颌支带 m1（Cat.C.L.G.S.C.Nos.C/C. 1181.1）。

模式产地及层位　北京周口店第 1 地点，中更新统。

归入标本　北京周口店第 3 地点：1 左下颌支带 m1–3（Cat.C.L.G.S.C.Nos.C/C. 2615），1 破损颅骨带左右 M1–3（Cat.C.L.G.S.C.Nos.C/C. 2616）。河北蔚县北水泉镇东窑子头村大南沟剖面：第 1 层，1 左 m1（IVPP V 23174.44）；第 15 层，1 左下颌支带 m2、3 左 9 右 m1（IVPP V 23174.2–4, 6–14），2 左 1 右 m2（IVPP V 23174.15–16, 18），1 右 m3（IVPP V 23174.20），3 左 6 右 M1（IVPP V 23174.21–23, 25–30），1 右 M2（IVPP V 23174.32），3 左 1 右 M3（IVPP V 23174.34–37），1 右 m1（IVPP V 23174.5），1 右 m2（IVPP V 23174.17），1 右 m3（IVPP V 23174.19），1 右 M1（IVPP V 23174.24），1 右 M2（IVPP V 23174.31），1 左 M3（IVPP V 23174.33）；第 16 层，1 左 m1 前部、1 右 m2、1 右 m3（IVPP V 23174.38–40）；第 18 层，1 左 1 右 m2、1 左 m3（IVPP V 23174.41–43）。

归入标本时代　上新世末—早更新世（～2.63–0.87 Ma）。

特征（修订）　个体相对大。上臼齿的 LRA2 谷内原小尖相对弱。m1 的 LSA4 和 BSA3 构成的菱形显著；Is 1–4 和 Is 6 的封闭百分率均为 100%。

评注　周口店第 1 地点的 m1（图 67A）不属于 *Pitymys*（Young, 1934）而应归入 *Eolagurus*。周口店第 3 地点的上臼齿因其宽的 LRA2 内有一显著的突起（图 67B）也不属于 *Alticola*（Pei, 1936）而应将它们归入 *E. simplicidens*。

河北蔚县大南沟剖面 3 个层位（第 15、16、18 层）发现的游离臼齿形态与周口店的一致（图 67C–H），只是时代从中更新世向前延伸到了早更新世晚期（蔡保全等，2004）。

Eolagurus simplicidens 与俄罗斯的化石种 *E. argyropuloi* Gromov et Parfenova, 1951 十分相似，但个体明显较大，因而也较进步。按照 Zazhigin（1980），后者年代为更新世早期（=始更新世早期）的陆生哺乳动物期 Odessan，可能比大南沟剖面中的时代记录略早。

峰䶄属 *Hyperacrius* Miller, 1896

模式种 *Arvicola fertilis* True, 1894（克什米尔山区，海拔 2133–3657 m）

特征（修订） 臼齿无根，高冠，褶沟内无白垩质；珐琅质层厚，少分异，SDQ≤100；上、下臼齿的 SA 较尖锐。三角间彼此汇通。m1 每侧各具 4–5 个 SA。M3 每侧各具 3 个 SA，BRA1 浅而 BRA2 宽。

中国已知种 燕山峰䶄 *Hyperacrius yenshanensis* Huang et Guan, 1983、建始峰䶄 *H. jianshiensis* Zheng, 2004。

分布与时代 北京、河北、山东、山西、重庆和湖北，早更新世早期。

评注 该属现生种最初有 3 个，即克什米尔峰䶄（*Hyperacrius fertilis* (True, 1894)，包括一个亚种 *H. f. brachelix* (Miller, 1899)）、艾奇逊峰䶄（*H. aitchisoni* (Miller, 1897)）和旁遮普峰䶄（*H. wynnei* (Blanford, 1880)）（Hinton, 1926；Ellerman, 1941）。Ellerman 和 Morrison-Scott（1951）认为没有证据可证明 *H. aitchisoni* 单独成种。目前只有 *H. fertilis* 和 *H. wynnei* 两种被承认为有效种（Corbet et Hill, 1991；谭邦杰，1992；Musser et Carleton, 2005）。前一种生活于克什米尔比尔本加尔山脉海拔 2134–3658 m 的区域，后一种生活于巴基斯坦旁遮普穆里（Murree）海拔 2134–2652 m 的山地森林。

在中国的北京、河北、山东和湖北早更新世地层中发现该属的化石或许可以证明这些地方当时的生态环境与目前克什米尔地区和巴基斯坦旁遮普地区有些类似。

建始峰䶄 *Hyperacrius jianshiensis* Zheng, 2004

（图 68）

Clethrionomys sebaldi：郑绍华，1993，67 页，图 36，表 9

正模 左 m1（IVPP V 13212）。

模式居群 2 m3、1 M1、1 M3（IVPP V 13213.19–22）。

模式产地及层位 湖北建始县高坪镇金塘村龙骨洞西支洞剖面第 8 层，下更新统。

归入标本 湖北建始县高坪镇金塘村龙骨洞东洞口剖面：第 3 层，1 m1、2 m2、1 m3、3 M2、2 M3（IVPP V 13213.1–9）；第 4 层，1 m3（IVPP V 13213.10）；第 5 层，2 m2、2 M1、2 M2（IVPP V 13213.11–16）；第 7 层，1 m2、1 M3（IVPP V 13213.17–18）。重庆巫山县庙宇镇龙坪村龙骨坡第②层：1 右 m1（IVPP V 9648.92）。

归入标本时代 早更新世早期（～2.31–1.81 Ma）。

特征（修订） 小型。上、下臼齿咬面形态与现生的 *Hyperacrius fertilis* 有些相似。M1 和 M2 缺失明显的 LSA4。M3 具宽浅的 BRA1 和短宽的后叶，只有 Is 3 封闭。m1（长 2.19 mm 左右）的 Is 1 和 Is 3 的封闭百分率均为 100%，Is 2 和 Is 4–7 均为 0 以致 T1-T2 和 T3-T4 形成交错排列的菱形；SDQ_l 为 82 左右，属 *Microtus* 型或珐琅质层厚度为负分异。

评注 在最初的描述中，*Hyperacrius jianshiensis* 一些牙齿具有“少量白垩质”，应是错把附着围岩视作白垩质了（郑绍华，2004），在此予以纠正。

该种的大小和基本形态虽然与现生的 *Hyperacrius fertilis* 相似，但差异也是十分明显的，如 m1 的 AC 较简单而短宽，M1 和 M2 的 Is 之间封闭较不严且 LRA3 较不明显，M3 的 PL 更长。这些不同反映出化石种的原始性。

Hyperacrius jianshiensis 与 *H. wynnei* 的不同之处在于：m1 的 AC 颊侧不具一尖角，T1 与 T2、T3 与 T4 分别汇通，而不仅是 T2 与 T3 汇通成菱形，上臼齿的 Is 之间封闭不严等。*H. jianshiensis* 的 M3

不同于两个现生种在于 BRA2 为 V 形而不是 U 形。

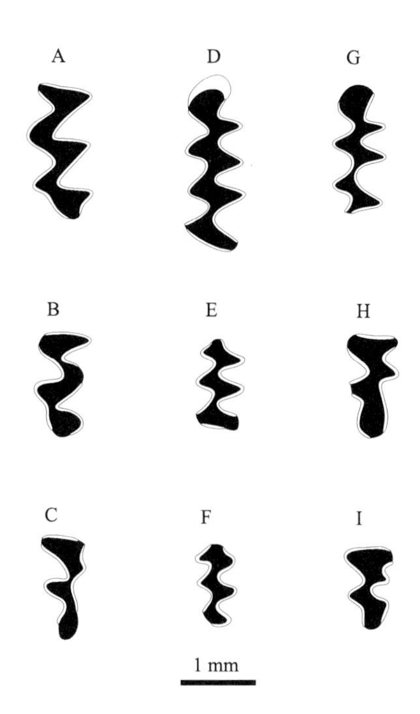

图 68　湖北建始县高坪镇金塘村龙骨洞 *Hyperacrius jianshiensis* 臼齿咬面形态（据郑绍华，2004，略修改）

Figure 68　Occlusal morphology of *Hyperacrius jianshiensis* from Longgu Cave, Jintang Village, Gaoping Town, Jianshi County, Hubei (after Zheng, 2004, with minor modifications)

A. L M1（IVPP V 13213.13），B. L M2（IVPP V 13213.15），C. L M3（IVPP V 13213.8），D. l m1（IVPP V 13212，正模 holotype），E. l m2（IVPP V 13213.2），F. l m3（IVPP V 13213.19），G. l m1（IVPP V 13213.1，前部 anterior portion），H. L M3（IVPP V 13213.18），I. L M3（IVPP V 13213.22）

燕山峰䶄 *Hyperacrius yenshanensis* Huang et Guan, 1983

（图 69）

Arvicolidae gen. et sp. indet.：周晓元，1988，188 页，图版 II，图 3–4

Alticola sp.：程捷等，1996，52 页，图 3-16I，图版 IV，图 16

正模　左下颌支带 m1（IVPP V 6192）。

模式产地及层位　北京怀柔区九渡河镇黄坎村龙牙洞，下更新统。

归入标本　山东淄博市太河镇北牟村孙家山第 1 地点：4 左 2 右下颌支带 m1–3、1 左 2 右下颌支带 m1–2、1 右下颌支带 m1、1 左 1 右 m1、3 右 m2、3 左 1 右 m3、1 颅骨带左右 M1–3、1 颅骨前部带右 M1–3、1 颅骨前部带左右 M1、1 左 M1、2 左 2 右 M2、3 左 1 右 M3（IVPP RV 97027.1–31）。北京周口店太平山东洞：1 左 2 右 m1、1 右 m1 前部、1 右 m2、2 左 M1、1 右 M3（CUG V 93209–93216）。河北阳原县大田洼乡岑家湾村马圈沟旧石器遗址 III 地点：1 左下颌支带 m1–2（IVPP V 15279.2）。山西静乐县段家寨乡贺丰村小红凹“静乐红土”剖面第 1 层砂层：1 右 m1（IVPP V 8667）、1 左 m3（IVPP V 8665）。

归入标本时代　早更新世早期（～1.66 Ma）。

特征（修订）　上、下臼齿形态更接近现生的 *Hyperacrius wynnei*，如 m1 的 T2-T3 和 T4-T5 彼此汇通成菱形，M3 每侧各具 3 个 SA 和 2 个 RA。但 m1 的 AC 较短且颊侧无明显的 BSA4，M3 的 BSA2 较弱且 BRA2 呈 V 形而不是 U 形。此外，m1（平均长度 2.52 mm，范围参考表 4）的 SDQ_P 为 100，显示珐琅质层厚度分异处于 *Mimomys* 型和 *Microtus* 型之间或不分异（范围参考表 4）；齿峡封闭百分率低，Is 1 和 Is 2 均为 50%，只有 Is 4 为 100%，Is 3 和 Is 5–7 均为 0。

评注 在马圈沟遗址 III 地点被归入 *Borsodia chinensis* 的材料中（蔡保全等，2008），1 段左下颌支带 m1–2（IVPP V 15279.2）可归入到此种（图 69B），因为它的 m1 也具有由 T2-T3 和 T4-T5 形成的两个菱形，仅 Is 4 为 100%封闭，SDQ_I 为 93，属负分异。尽管牙齿因属年轻个体而略显狭窄、瘦长，这里仍将它们视为同种。

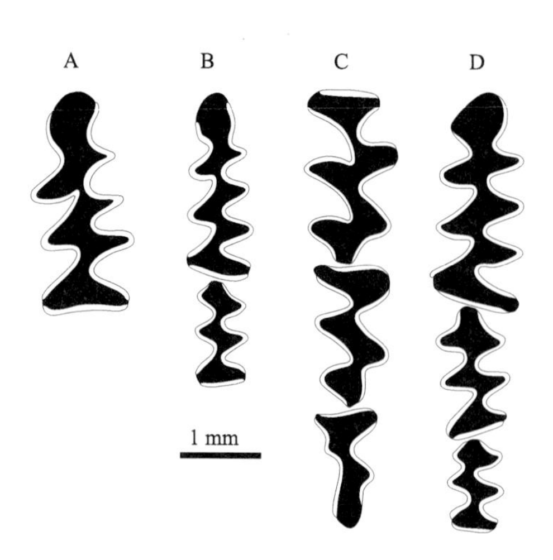

图 69 北京怀柔区九渡河镇黄坎村龙牙洞（A）、河北阳原县大田洼乡岑家湾村马圈沟旧石器遗址 III 地点（B）及山东淄博市太河镇北牟村孙家山第 1 地点（C–D）的 *Hyperacrius yenshanensis* 臼齿咬面形态

Figure 69 Occlusal morphology of molars *Hyperacrius yenshanensis* from Longya Cave (A), Huangkan Village, Huairou District, Beijing, Loc. 3 of Majuangou Paleolithic Site (B), Cenjiawan Village, Datianwa Township, Yangyuan County, Hebei and Loc. 1 of Sunjiashan (C–D), Beimu Village, Taihe Town, Zibo City, Shandong

A. l m1（IVPP V 6192，正模 holotype），B. l m1–2（IVPP V 15279.2），C. R M1–3（IVPP RV 97027.20），D. l m1–3（IVPP RV 97027.1）

维蓝尼鼠属 *Villanyia* Kretzoi, 1956

Villanyia：Kretzoi, 1956, p. 188

Kulundomys：Zazhigin, 1980, p. 99

模式种 *Villanyia exilis* Kretzoi, 1956（匈牙利 Villány-5 地点，下更新统）

特征（修订） 臼齿高冠，有根，无白垩质。M1 和 M2 在原始种类中为 3 齿根，在进步种类中均为 2 齿根。M3 可有 1–2 个 EI，PL 短宽。m1 无 EI，MR 仅在原始种中存在；SDQ 在原始种类中等于或大于 100，在进步种类中小于 100。

中国已知种 横断山维蓝尼鼠 *Villanyia hengduanshanensis* (Zong, 1987)。

分布与时代 云南和四川，早更新世。

评注 目前关于 *Villanyia* 和 *Borsodia* 的相互关系概括起来有 3 种观点：一是只承认 *Villanyia* 而否定 *Borsodia*（Zazhigin, 1980；McKenna et Bell, 1997）；二是只承认 *Borsodia* 而否定 *Villanyia*（Tesakov, 2004）；三是两者各为不同的属（Kowalski, 2001；Zhang et al., 2008b）。

张颖奇等（Zhang et al., 2008b）在描述安徽繁昌的“*Villanyia fanchangensis*”时认为，*Villanyia* 与 *Borsodia* 的区别是：*Villanyia* 的 M1 有 3 齿根，M2 有 3 或 2 齿根，M3 有 1–2 个 EI，m1 无 EI，SDQ≥100；而 *Borsodia* 的 M1–3 均为 2 齿根，M3 无 EI，m1 SDQ＜100。然而，这种差异分析的前提是将繁昌的 *Myodes* 当成了 *Villanyia*（见后述），因而以此为基础确定的 *Villanyia* 属的特征是不准确的。此外，*Villanyia* 的模式种 *V. exilis* 和 *Borsodia* 的模式种 *B. hungarica* 几乎处于大致相同的演化阶段（见 Zazhigin, 1980：figs. 17(6–10), 18(4–6)），因此无从判断哪个原始哪个进步。鉴于目前这种认识状况，笔者只能带着疑问暂时保留 *Villanyia* 的属名。

横断山维蓝尼鼠 *Villanyia hengduanshanensis* (Zong, 1987)

（图 70）

Mimomys hengduanshanensis：宗冠福，1987，70 页，图 2；宗冠福等，1996，31 页，图版 I，图 7
Mimomys cf. *hengduanshanensis*：宗冠福等，1996，33 页，图版 I，图 8
Villanyia hengduanshanensis：Kawamura et Zhang, 2009, p. 6

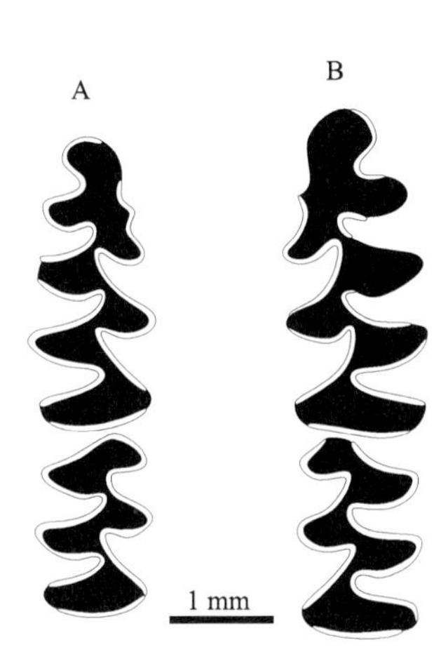

图 70　云南香格里拉市尼西乡（A）与四川德格县汪布顶乡（B）的 *Villanyia hengduanshanensis* 臼齿咬面形态（据宗冠福，1987 和宗冠福等，1996）

Figure 70　Occlusal morphology of *Villanyia hengduanshanensis* from Nixi Township (A), Shangri-la City, Yunnan and Wangbuding Township (B), Dege County, Sichuan (after Zong, 1987 and Zong et al., 1996)

A. r m1–2（IVPP HV 7700，正模 holotype），B. l m1–2（IVPP HV 7751）

正模　右下颌支带门齿和 m1–2（IVPP HV 7700）。

模式产地及层位　云南香格里拉市尼西乡新阳村叶卡南沟，下更新统。

归入标本　四川甘孜州德格县汪布顶乡：1 左下颌支带 m1–2（IVPP HV 7751）。

归入标本时代　早更新世。

特征（修订）　中型。m1（长 2.70–3.10 mm）无 EI 发育；MR 向下持续至齿冠高度的约 1/2 处；Is 1–4 封闭百分率内 100%，Is 5–7 封闭百分率为 0；SDQ＞100，为正分异。

评注　产自香格里拉尼西的正模 m1（长 2.70 mm）的 PF 和 MR 显著（图 70A）。宗冠福（1987）认为，“*Mimomys*” *hengduanshanensis* 与中国已知的 *Mimomys* 不同，而与匈牙利的 *Borsodia hungarica* 相近。

来自四川德格县汪布顶的“*M.* cf. *hengduanshanensis*”标本除了比尼西乡的标本明显大（m1 长 3.10 mm）外，牙齿的形态基本一致（图 70B）。个体大小的差异可能是个体发育阶段不同，前者（IVPP HV 7751）为成年个体，后者为年轻个体（宗冠福等，1996），也可能是前者时代稍较晚所致。

根据 Zazhigin（1980）图示的代表 *Borsodia* 属的模式种 *B. hungarica* (Kormos, 1938)（Zazhigin, 1980：fig. 17(6–10)）和代表 *Villanyia* 属的模式种 *V. exilis* Kretzoi, 1956（Zazhigin, 1980：fig. 18(4–6)）的 m1 都具有不同程度的 MR 和 PF，都具有相近的齿冠高度。它们之间的差别仅仅是前者的个体略大，m1 的 AC 的前端更偏向舌侧，MR 持续的时间较短。因此可以判断前者较后者略显进步。

岸鼾族 Myodini Kretzoi, 1969

岸鼾族（Myodini）以臼齿带根，适于森林环境生活，分布于欧亚和北美大陆的现生属 *Myodes* 为代表。该属最早可能从晚上新世的 *Mimomys* 分化出来一直持续到现在。还包括北美和欧亚大陆的化石属 *Pliolemmus*、*Pliophenacomys*、*Guildayomys*、*Dolomys*、*Pliomys*、*Huananomys*，以及现生属 *Alticola*、

Caryomys、*Phenacomys*、*Dinaromys*、*Phaulomys*、*Eothenomys*。

高山䶄属 *Alticola* Blanford, 1881

Aschizomys：Miller, 1898, p. 369

Platycranius：Kaščenko, 1901, p. 199

模式种 *Arvicola stoliczkanus* Blanford, 1875（印度北部 Ladák 的 Nubra 河谷）

特征（修订） 小—中型。臼齿无根，褶沟内有少许白垩质；上臼齿的前缘和下臼齿的后缘略凹或平；珐琅质层厚度有轻微分异。m1 一般有 4 个 BSA 和 5 个 LSA 或 PL 之前有 5 个 T 和 1 个形态变化的 AC。M3 的 AL 之后通常有 3 个不太封闭的 T 和 1 个长而直的 PL；有 3–6 个 BSA 和 2–5 个 LSA；BRA1 较浅；LSA3 最小。*Alticola* 的 M3 的 BRA1 浅的特点与 *Eothenomys*、*Anteliomys*、*Hyperacrius* 等属（亚属）的许多种类一致，通常称为 *Alticola* 型。

中国已知种 劳氏高山䶄 *Alticola roylei* (Gray, 1842)、斯氏高山䶄 *A. stoliczkanus* (Blanford, 1875)、大耳高山䶄 *A. macrotis* (Radde, 1862)、库蒙高山䶄 *A. stracheyi* (Thomas, 1880)、蒙古高山䶄 *A. semicanus* (Allen, 1924)、阿尔泰高山䶄 *A. barakshin* Bannikov, 1947、扁颅高山䶄 *A. strelzowi* (Kaščenko, 1900)（均为现生种）。

分布与时代 新疆、西藏、青海、甘肃、内蒙古、北京和辽宁，中更新世—现代。

评注 *Alticola* 是生活在以帕米尔高原为中心向四周辐射的荒漠山地或高原的中小型䶄类。其分类至今没有一个统一的意见。Hinton（1926）总结当时的种类将其分成两个亚属，即 *Alticola* 和 *Platycranius*，前者包括 11 种，后者包括 2 种。Ellerman（1941）除继续使用两个亚属外，根据 M3 的性状进一步将亚属 *Alticola* 分成 *roylei* 种组（包括 8 个种或 13 种形态）、*stoliczkanus* 种组（包括 4 种）和未归入种组的种（包括 5 种）；而亚属 *Platycranius* 则包括 3 种，其特征为脑颅骨和额骨特别扁平，眶下孔特大。Ellerman 和 Morrison-Scott（1951）、Corbet（1978）、Nowak 和 Paradiso（1983）、谭邦杰（1992）继续承认上述两个亚属，但认为前者仅包括 *A. macrotis*、*A. roylei* 和 *A. stoliczkanus* 三种，后者只有 *A. strelzowi* 一种，其他种类则作为不同种的亚种。Corbet 和 Hill（1991）尽管列出了 8 种，但实际只有 5 种，因为他们怀疑其中的一些种是同物异名。Musser 和 Carleton（2005）列出了下述 12 种，即：①分布于克什米尔伯尔蒂斯坦地区的 *A. albicaudus* (True, 1894)；②分布于中国新疆西北部、哈萨克斯坦、吉尔吉斯斯坦、帕米尔高原、巴基斯坦和阿富汗的 *A. argentatus* (Severtzov, 1879)；③分布于俄罗斯 Tuva 地区向南经戈壁和阿尔泰到蒙古国南部与中国接壤地区的 *A. barakshin* Bannikov, 1947；④分布于俄罗斯东北西伯利亚的 *A. lemminus* (Miller, 1898)；⑤分布于新疆西北阿尔泰、南西伯利亚到贝加尔地区的 *A. macrotis* (Radde, 1862)；⑥分布于克什米尔海拔 2450–4000 m 区域的 *A. montosa* (True, 1894)；⑦分布于贝加尔 Olkhon 和 Ogoi 岛的 *A. olchonensis* Litvinov, 1960；⑧分布于喜马拉雅 2600–3900 m 区域的 *A. roylei* (Gray, 1842)；⑨分布于俄罗斯南 Tuva 经蒙古国北中部到中国内蒙古的 *A. semicanus* (Allen, 1924)；⑩分布于北印度、尼泊尔、锡金和中国西藏、新疆、青海的 *A. stoliczkanus* (Blanford, 1875)；⑪分布于蒙古国西北的阿尔泰、俄罗斯西伯利亚和中国新疆的 *A. strelzowi* (Kaščenko, 1900)；⑫分布于蒙古国的阿尔泰到俄罗斯贝加尔湖西南岸的 *A. tuvinicus* Ognev, 1950。

在中国，黄文几等（1995）认为有 5 种：①*Alticola roylei leucurus* (Severtzov, 1873)，分布于新疆北部的天山、塔尔巴哈台山；②*A. macrotis* (Radde, 1862)，分布于新疆北部阿尔泰山山地；③*A. stoliczkanus* (Blanford, 1875)，包括分布于西藏西部和北部的指名亚种 *A. s. stoliczkanus* (Blanford, 1875)、分布于西藏南部的藏南亚种 *A. s. stracheyi* (Thomas, 1880)和分布于甘肃祁连山的南山亚种 *A. s. nanschanicus* (Staunin, 1902)；④*A. strelzowi* (Kaščenko, 1900)，分布于新疆北部阿尔泰山山地；⑤*A. barakshin* Bannikov, 1947，分布于新疆昆仑山山地。陈卫和高武（2000）、王应祥（2003）除上述 5 种外还增加了 *A. stracheyi* (Thomas, 1880)、*A. semicanus* (Allen, 1924)和 *A. barakshin* Bannikov, 1947 3 种。与王应祥（2003）不同的是，潘清华等（2007）将 *A. roylei* 换成了 *A. argentatus* (Severtzov, 1879)。

总之，中国的种类基本包含了亚洲其他国家的所有种类。

劳氏高山䶄 *Alticola roylei* (Gray, 1842)

（图 71）

Alticola cf. *stracheyi*：Pei, 1936, p. 76, fig. 38B；Pei, 1940, p. 51, fig. 22, pl. II, fig. 19 (partim)
Phaiomys sp.：Pei, 1936, p. 76, fig. 38D, pl. VI, fig. 17

正模 不完整的头骨和毛皮（B.M. No. 2002）（1839 年以前由 J. F. Rolyle 采集）。

模式产地 拉达克（Ladák）地区的古毛恩（Kumaon）。

归入标本 北京周口店：山顶洞，1 右下颌支带 m1–3（IVPP RV 40151）；第 3 地点，1 左下颌支带 m1–2（Cat.C.L.G.S.C.Nos.C/C. 2616.2），1 左下颌支带 m1（Cat.C.L.G.S.C.Nos.C/C. 2618）。辽宁营口市永安镇西田村"金牛山人"遗址第 4–6 层：1 颅骨前部带左右 M1–3（Y.K.M.M. 16）、1 颅骨中部带左右 M1–3、1 右上颌带 M1–2、2 左下颌支带 m1–3、1 左下颌支带 m1、3 右下颌支带 m1–3、1 右下颌支带 m1–2（Y.K.M.M. 16.1–9）。

归入标本时代 中—晚更新世。

特征（修订） 个体较大。m1（平均长度 2.30 mm，范围参考表 4）的 PL 之前相对排列的 T1-T2 和 T3-T4 略呈两个菱形；Is 1、Is 3、Is 5 的封闭百分率均为 100%，而 Is 2、Is 4、Is 6 均为 0；具 5 个 LSA 和 4 个 LRA、4 个 BSA 和 3 个 BRA；LRA4 很浅。M3（平均长度 1.36 mm）有 3 个 LSA 和 3 个 BSA，2 个 LRA 和 2 个 BRA；PL 相对短，其长度约为齿冠长的 1/3；T4 通常与 PL 汇通；LSA3 很发育；通常只有 Is 3 封闭。

评注 北京周口店第 3 地点被描述成"*Alticola* cf. *stracheyi*"的材料至少包含了 *Eolagurus luteus*（Pei, 1936：fig. 38A）的右 M1–3（长 7.10 mm），*Alticola stoliczkanus*（Pei, 1936：fig. 38C）的右下颌支带 m1–3（长 7.00 mm）和 *A. roylei*（Pei, 1936：fig. 38B）的左 m1–2（m1 长 2.80 mm）3 种。周口店山顶洞发现的"*Alticola* cf. *stracheyi*"的右 m1–3（长 6.20 mm）（Pei, 1940：fig. 22）与第 3 地点的 *A. roylei* 一致。它们的 m1 的 PL 之前都有 2 对封闭不严的略呈菱形的 T，T5 与短的 AC 汇通成三叶形。辽宁营口金牛山发现了 *A. roylei* 的上、下颌材料后，更增加了对该种的认识（郑绍华、韩德芬，1993）（图 71）。

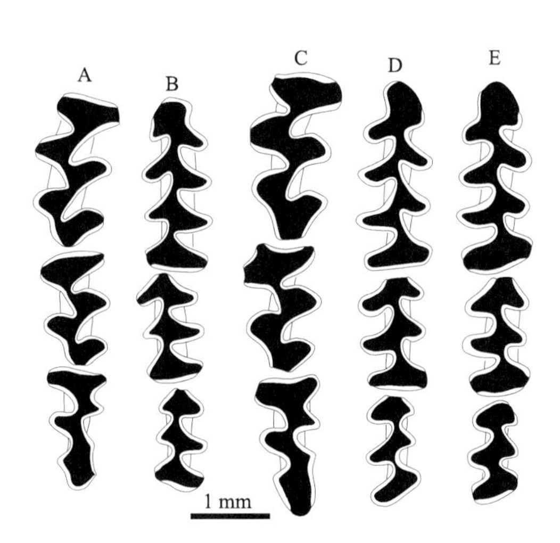

图 71 辽宁营口市永安镇西田村"金牛山人"遗址 *Alticola roylei* 臼齿咬面形态（据郑绍华、韩德芬，1993）

Figure 71 Occlusal morphology of *Alticola roylei* from the "Jinniushan Man" Site, Xitian Village, Yong'an Town, Yingkou City, Liaoning (after Zheng et Han, 1993)

A. L M1–3（Y.K.M.M. 16），B. l m1–3（Y.K.M.M. 16.3），C. L M1–3（Y.K.M.M. 16.1），D. r m1–3（Y.K.M.M. 16.6），E. r m1–3（Y.K.M.M. 16.7）

斯氏高山䶄 *Alticola stoliczkanus* (Blanford, 1875)

（图 72）

Alticola sp.：Young, 1934, p. 89, figs. 34–35

?*Phaiomys* sp.：Young, 1934, p. 91, fig. 36

Alticola cf. *stracheyi*：Pei, 1936, p. 75 (partim)

选模 ZSI 15707（Rossolimo et Pavlinov, 1992）。

模式产地 拉达克地区的努布拉（Nubra）河谷。

归入标本 北京周口店：第 1 地点，1 右上颌带 M1–2（Cat.C.L.G.S.C.Nos.C/C. 1175），3 左 5 右下颌支各带数量不等的臼齿（Cat.C.L.G.S.C.Nos.C/C. 1174, 1176–1179, 1181），1 左 m1（Cat.C.L.G.S.C.Nos.C/C. 1180）；第 3 地点，1 右下颌支 m1–3（Cat.C.L.G.S.C.Nos.C/C. 2617），1 右 m1、1 右下颌支带 m1–2、1 左 m1（Cat.C.L.G.S.C.Nos.C/C. 2617.1–3）。

归入标本时代 中更新世。

特征（修订） 相对小型。m1 的 PL 之前有 4 个相互交错排列的 T 和呈三叶形的 AC；有 5 个 LSA 和 4 个 LRA、5 个 BSA 和 3–4 个 BRA；LRA4 和 BRA4 较其他 RA 浅；Is 1–4 的封闭百分率均为 100%，Is 5 为 50%，Is 6–7 均为 0；SDQ_P 为 98，属负分异（范围参考表 4）。M3 只有 2 个 LSA，1 个 LRA；Is 3 较封闭；PL 相对较长，接近齿冠长度之半；T4 与 PL 汇通。

评注 周口店第 1 地点的右 M1（Young, 1934：fig. 34）的 Is 1–4 封闭严密，可与封闭不严密的 *Alticola roylei* 相区别；m1 的 Is 1–4 封闭，Is 5–6 不封闭的特征可与 *A. roylei* 的 Is 1、Is 3、Is 5 封闭而 Is 2、Is 4、Is 6 不封闭相区别。第 3 地点的下颌支所带的 m1–3 齿列中 m1（图 72B–D）（Pei, 1936：fig. 38C）的性状完全与第 1 地点（图 72A）的相同。发现于西藏唐古拉山海拔 5000 m 的现生标本，除 m1 的 AC 颊侧轻微较复杂外，也基本相同。

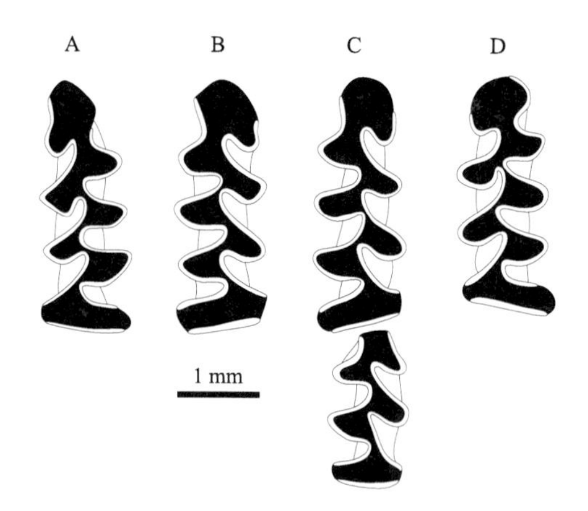

图 72 北京周口店第 1 地点（A）和第 3 地点（B–D）的 *Alticola stoliczkanus* 臼齿咬面形态

Figure 72 Occlusal morphology of *Alticola stoliczkanus* from Loc. 1 (A) and Loc. 3 (B–D) of Zhoukoudian, Beijing

A. l m1（Cat.C.L.G.S.C.Nos.C/C. 1180），B. r m1（Cat.C.L.G.S.C.Nos.C/C. 2617.1），C. r m1–2（Cat.C.L.G.S.C.Nos.C/C. 2617.2），D. l m1（Cat.C.L.G.S.C.Nos.C/C. 2617.3）

绒䶄属 *Caryomys* Thomas, 1911b

模式种 *Microtus* (*Eothenomys*) *inez* Thomas, 1908b（山西岢岚县西北海拔 2134 m 的山地）

特征（修订） 臼齿无根，有白垩质。M1 的 AL 之后有 4 个交错排列的封闭的 T。M2 有 3 个封闭的 T。M3 的 AL 之后有 3 个 T 和 PL，其中 T2 和 T3 间、T4 和 PL 间，或 Is 3 和 Is 5 不封闭。m1 的 PL 之前有 5 个交错排列的 T 和短的 AC；有 5 个 LSA、4 个 BSA，4 个 LRA、3 个 BRA；Is 1–4 封闭百分率 100%，Is 5–6 在年轻个体中封闭，Is 7 则 100%不封闭；SDQ＜100，为负分异。染色体组型 $2n = 56$。

中国已知种 岢岚绒䶄 *Caryomys inez* (Thomas, 1908b)、洮州绒䶄 *C. eva* (Thomas, 1911b)（均为现生种）。

分布与时代 青海、宁夏、甘肃、河北、陕西、山西、河南、安徽、四川、重庆和湖北，早更新世—现代。

评注 Thomas（1911a）将 *Eothenomys* 视为 *Microtus* 的亚属，而 *Microtus* (*Eothenomys*) *inez* 是亚属模式种，他指出，在外形和颅骨的形状方面 *Caryomys* 与 *Eothenomys* 相似，但前者的臼齿 Is 是封闭的，后者的则大多是不封闭的。Hinton（1923a）将 *Caryomys* 提升为属，但他本人后来又否定了此认定（Hinton, 1926），认为 *Caryomys* 所包含的种类均为 *Myodes rufocanus shanseius* 的年轻个体，因而无效。Ellerman（1941）、Ellerman 和 Morrison-Scott（1951）认为 *Caryomys* 与 *Clethrionomys*（= *Myodes*）为同物异名，与 Hinton（1926）的观点一致。Allen（1940）根据成年个体臼齿无齿根的特点将 *Caryomys* 和 *Anteliomys* Miller, 1896 作为 *Eothenomys* 的亚属，并认为前者只包含两个种，即 *E.* (*Ca.*) *inez*（含亚种 *nux* (Thomas, 1910)）和 *E* (*Ca.*) *eva*（含亚种 *alcinous* (Thomas, 1911c)）。此后多数学者均接受这一观点，把 *inez* 和 *eva* 作为亚属 *Caryomys* 的种类（Corbet, 1978；Corbet et Hill, 1991；谭邦杰，1992；黄文几等，1995）。

马勇和姜建青（1996）恢复了 *Caryomys* 属的地位并对 *inez* 和 *eva* 两种的形态学和染色体组型研究结果做了比对，发现臼齿无根的它们与成年个体臼齿有根的 *Myodes* 属不同，它们 m1 的 LSA 和 BSA 交错排列与 *Eothenomys* 属的相对排列不同，更主要的是它们的染色体数目（$2n = 54$）与 *Myodes* 和 *Eothenomys* 属的染色体数目（$2n = 56$）不同。因此，现在中国的学者已将它们视为独立的属（王应祥，2003；潘清华等，2007；李永项、薛祥煦，2009）。

罗泽珣等（2000）根据 M3 具有 4 个 LSA 和 4 个 BSA，特别是其 m1 具有封闭三角与 *Caryomys eva* 相同的特点认为 *Caryomys* 中的第 3 个种是分布于朝鲜半岛的 *C. regulus* (Thomas, 1906)。该种最初被 Thomas（1906）置于 *Craseomys* Miller, 1900 中，后被作为 *Myodes rufocanus* 的一个亚种，即 *M. ru. regulus*（Allen, 1924；Hinton, 1926；Ellerman, 1941；Ellerman et Morrison-Scott, 1951），后又被作为 *Eothenomys* 中一个独立的种（Corbet, 1978；Corbet et Hill, 1991；谭邦杰，1992）。最近被认为应是 *Myodes regulus* (Thomas, 1906)（Musser et Carleton, 2005）。因此，*Caryomys* 属只包含 *C. inez* 和 *C. eva* 两个种。

洮州绒䶄 *Caryomys eva* (Thomas, 1911b)

（图 73）

Eothenomys eva：郑绍华，1983，231 页；李传令、薛祥煦，1996，157 页

正模 成年雄性个体的毛皮和头骨（B.M. No. 11.2.1.223），由 Malcolm P. Anderson 于 1910 年 4 月 3 日采集。

模式产地 甘肃临潭东南海拔 3048 m 的山上。

归入标本 陕西洛南县洛源镇张坪村洞穴群：第 1 层，1 左下颌支带 m1–2（NWU V 1387.4），1 左 M3（NWU V 1387.40），3 左 1 右 m1（NWU V 1387.46–49），1 左 m3（NWU V 1387.54）；第 3 层，1 右下颌支带 m1–2（NWU V 1387.3），3 左 4 右 M1（NWU V 1387.17–23），3 右 M2（NWU V 1387.33–35），1 左 M3（NWU V 1387.39），2 左 m1（NWU V 1387.44–45），3 左 m2（NWU V 1387.51–53）；第 4 层，1 破损颅骨带右 M2–3（NWU V 1387.1），1 破损颅骨带右 M1–2（NWU V 1387.2），3 左 M2（NWU V 1387.30–32），1 左 M3（NWU V 1387.38），1 左 m1（NWU V 1387.43）；第 6 层，4 左 8 右 M1（NWU V 1387.5–16），4 左 2 右 M2（NWU V 1387.24–29），1 左 1 右 M3（NWU V 1387.36–37），2 左 m1（NWU V 1387.41–42），1 右 m3（NWU V 1387.50）。河北阳原县化稍营镇小渡口村台儿沟东剖面 F 段 37.5–38.0 m 处（= F11 层）：1 左 M2、1 右 M3、1 左 1 右下颌支带 m1–3（IVPP V 18814.1–4）。安徽和县龙潭洞：

5 左 7 右 m1、1 左 9 右 m2、4 左 4 右 m3、4 左 3 右 M1、5 左 3 右 M2、3 左 4 右 M3（IVPP V 26137.1–52）。

归入标本时代 更新世（～1.63–0.03 Ma）。

特征（修订） m1 的 PL 之前有 5 个封闭的 T 和形态轻微有变化的 AC，AC 两侧或无附加褶皱而呈半圆形或两侧有弱的附加褶皱而呈三叶形；SDQ_P 为 66，属 *Microtus* 型或负分异（范围参考表 4）；Is 1–6 的封闭百分率均为 100%，Is 7 为 0。M1 和 M2 的 LSA4 或 T5 仅呈痕迹状；M3 每侧只有 3 个 SA 和 2 个 RA，无 BSA4 痕迹。

评注 笔者观察了一些现生标本，发现不同地点、不同海拔高度、不同年龄的 m1 的 AC 性状及其与 T5 之间的关系有所不同：保存在中国科学院昆明动物研究所的采自重庆巫山五里坡林场（海拔 1850 m）的总号 008730 号标本为成年个体，m1 的 AC 呈半圆形，T5 与 AC 间不封闭；总号 008752 号标本为年轻个体，m1 的 AC 也成半圆形，T5 与 AC 间则封闭。采自陕西柞水老林牛背梁的总号 009267 号标本，m1 的 AC 呈四边形，两侧具微弱的附加褶皱，T5 与 AC 间不封闭。保存在四川卫生防疫站的采自四川平武王朗海拔 2480 m 处编号为 22 号的雄性标本 m1 具有与陕西标本相似的性状。陕西洛南张坪的 m1 化石标本具有陕西柞水现生标本的性状；河北阳原台儿沟东剖面的 m1 化石标本具有与重庆巫山现生标本完全相同的形态。

现生的 *Caryomys eva* 生活于海拔 1000–3600 m 的潮湿中高山山地森林、稀树灌丛和草甸草原。包括两个亚种：指名亚种 *C. e. eva* (Thomas, 1911b)，分布于甘肃临潭、卓尼、武都和文县，青海循化，宁夏固源、隆德和泾源，陕西宁平、平利、太白山、凤县、柞水和宁陕，湖北神农架林区，四川平武，重庆巫山；川西亚种 *C. e. alcinous* (Thomas, 1911c)分布于四川汶川、宝兴、康定、马尔康、黑水和若尔盖。

根据李永项和薛祥煦（2009），张坪洞穴群第 6 层、第 4 层、第 3 层和第 1 层洞穴的光释光测年结果分别为 493 ± 55 ka、259 ± 23 ka、205 ± 19 ka、28 ± 3 ka。

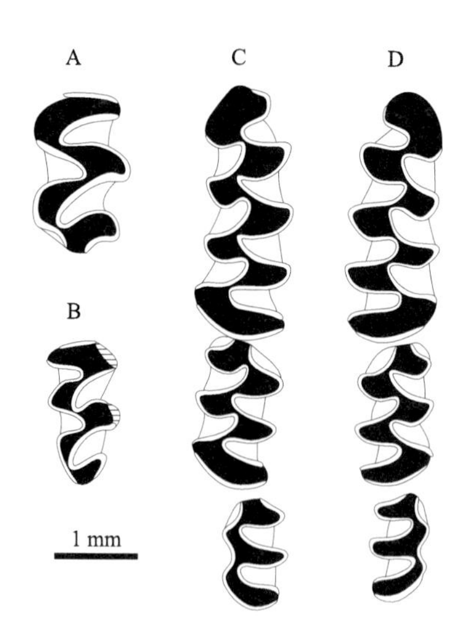

图 73 河北阳原县化稍营镇小渡口村台儿沟东剖面中的 *Caryomys eva* 同一个体臼齿咬面形态

Figure 73 Occlusal morphology of the same individual of *Caryomys eva* from the Taiergou east section, Xiaodukou Village, Huashaoying Town, Yangyuan County, Hebei

A. L M2（IVPP V 18814.1），B. R M3（IVPP V 18814.2），C. l m1–3（IVPP V 18814.3），D. r m1–3（IVPP V 18814.4）

岢岚绒鼩 *Caryomys inez* (Thomas, 1908b)

（图 74）

Eothenomys inez：李传令、薛祥煦，1996，157 页

正模 未成年雌性个体的毛皮和头骨（B.M. No. 9.1.1.188），由 Malcolm P. Anderson 于 1908 年 5 月 28 日采集。

模式产地 山西岢岚县北约 19 km，海拔 2134 m 的山地。

归入标本 湖北郧西县香口乡李师关村黄龙洞：1 左上颌带门齿（TS1E1③：63；武仙竹，2006），1 右下颌支带 m1–3（TS1E2③：65；武仙竹，2006）。陕西洛南县洛源镇张坪村洞穴群：第 4 层，1 左 1 右下颌支带 m1–3（NWU V 1388.1–2），3 左下颌支带 m1–2（NWU V 1388.4–6），1 左下颌支带 m1（NWU V 1388.7），2 左下颌支带 m2（NWU V 1388.8–9），1 右 M1（NWU V 1388.18），1 左 M2（NWU V 1388.26），1 左 M3（NWU V 1388.29），2 左 3 右 m1（NWU V 1388.38–42）；第 6 层，1 左下颌支带 m1–2（NWU V 1388.3）、2 左 6 右 M1（NWU V 1388.10–17）、4 左 3 右 M2（NWU V 1388.19–25）、1 左 1 右 M3（NWU V 1388.27–28）、1 左 7 右 m1（NWU V 1388.30–37）、1 左 2 右 m2（NWU V 1388.43–45）、1 右 m3（NWU V 1388.46）。

归入标本时代 中更新世（0.49–0.26 Ma）。

特征（修订） M1 和 M2 的 LSA4 较明显。M3 具有 3 个 LSA 和 4 个 BSA（其中 BSA4 极弱），Is 2 和 Is 4 封闭严密，T3 呈方形。m1 的 PL 之前有 5 个彼此交错的 T，Is 1–6 的封闭百分率均为 100%。

评注 现生的 *Caryomys inez* 有两个亚种：一是分布于河北太行山区、山西吕梁山区和陕西中北部地区的指名亚种 *C. i. inez* (Thomas, 1908b)；二是分布于陕西南部、甘肃东南部、四川北部、湖北西部神农架林区和安徽南部大别山区的 *C. i. nux* (Thomas, 1910)（罗泽珣等，2000；王应祥，2003）。目前发现的化石材料可能属于后者。

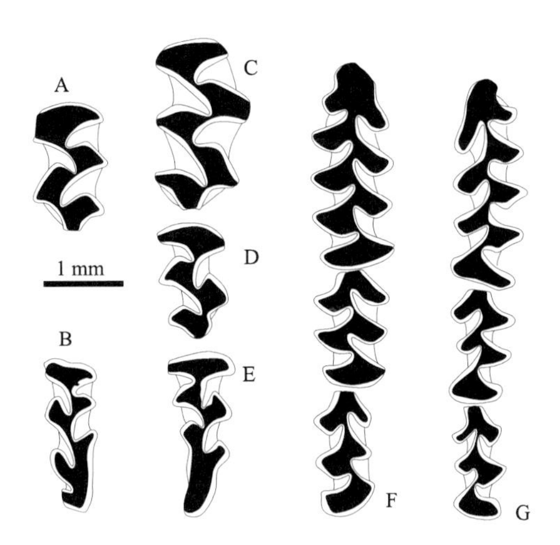

图 74 陕西洛南县洛源镇张坪村 *Caryomys inez* 臼齿咬面形态（据李永项、薛祥煦，2009）

Figure 74 Occlusal morphology of *Caryomys inez* from Zhangping Village, Luoyuan Town, Luonan County, Shaanxi (after Li et Xue, 2009)

A. L M2（NWU V 1388.22），B. L M3（NWU V 1388.27），C. R M1（NWU V 1388.17），D. R M2（NWU V 1388.24），E. R M3（NWU V 1388.28），F. r m1–3（NWU V 1388.2），G. l m1–3（NWU V 1388.1）

绒鼠属 *Eothenomys* Miller, 1896

Anteliomys：Miller, 1896, p. 47

模式种 *Arvicola melanogaster* Milne-Edawards, 1871（四川宝兴）

特征（修订） 颅骨形态和构造相似于 *Myodes*。臼齿无根，具白垩质；珐琅质层厚度在 T 的凸侧与凹侧大致相当。M1 有很发育的 LSA4（亚属 *Eothenomys*）或缺失 LSA4（亚属 *Anteliomys*）；M2 在亚属 *Eothenomys* 全部种类和亚属 *Anteliomys* 部分种类中具 LSA4；M3 形态多变，具 3–5 个 LSA 和 3–5 个 BSA（M3 的 SA 数目的多少在迄今认识的种或亚种中是非常稳定的）。下臼齿的内、外 SA 相对而不是交错排列，其齿质空间趋向于横向汇通成一系列菱形。m1 具 5 个 LSA 和 4 个 BSA，通常其 AC 为“nivaloid”型。该属内各种臼齿的大小似乎与听泡的大小成反比，即听泡大的种拥有小且纤细的臼齿，而听泡小的种拥有大且粗壮的臼齿。

中国已知种 黑腹绒鼠 *Eothenomys* (*Eothenomys*) *melanogaster* (Milne-Edwards, 1871)、昭通绒鼠 *E.* (*Anteliomys*) *olitor* (Thomas, 1911c)、西南绒鼠 *E.* (*A.*) *custos* (Thomas, 1912d)、玉龙绒鼠 *E.* (*A.*) *proditor* Hinton, 1923a、中华绒鼠 *E.* (*A.*) *chinensis* (Thomas, 1891)（以上为现生种）；先中华绒鼠 *E.* (*A.*) *praechinensis* Zheng, 1993、湖北绒鼠 *E.* (*A.*) *hubeiensis* Zheng, 2004。

分布与时代 云南、贵州、四川、重庆、广西、湖南、湖北、江西、浙江、福建、安徽、甘肃、陕西、台湾和西藏，早更新世—现代。

评注 *Eothenomys* 最初是作为 *Microtus* 的一个亚属由 Miller（1896）建立的。1923 年，Hinton（1923a）将它提升为属。后来许多学者将 Hinton（1926）列入绒鼠属（*Eothenomys*）（*E. melanogaster*、*E. fidelis* (Hinton, 1923a)、*E. proditor* 和 *E. olitor*）、东方绒鼠属（*Anteliomys*）（*A. chinensis*、*A. wardi* 和 *A. custos*）和绒鼯属 *Caryomys* 的种类（*C. eva* 和 *C. inez*）等都归入绒鼠属（*Eothenomys*）（Allen, 1940；Nowak et Paradiso, 1983；Corbet et Hill, 1991）。

马勇和姜建青（1996）又将 *Caryomys* 重新恢复为属。

王应祥和李崇云（2000）对 *Eothenomys* 的分类提出了一个更合理的建议。他们首先根据 M1 的 SA 数目将之分为两个亚属：具 LSA4 或 T5 者为绒鼠亚属（*Eothenomys*），包括黑腹绒鼠（*E. melanogaster*）、滇绒鼠（*E. eleusis* (Thomas, 1911c)）、大绒鼠（*E. miletus* (Thomas, 1914b)）和克钦绒鼠（*E. cachinus* (Thomas, 1921)）；不具 LSA4 或 T5 者为东方绒鼠亚属（*Anteliomys*），包括昭通绒鼠（*E. olitor*）、玉龙绒鼠（*E. proditor*）、西南绒鼠（*E. custos*）、中华绒鼠（*E. chinensis*）和德钦绒鼠（*E. wardi* (Thomas, 1912d)）。在绒鼠亚属（*Eothenomys*）中，M3 只具 3 个 LSA 者为 *E.* (*E.*) *melanogaster*，具 4 个 LSA 和 4 个 BSA 者为 *E.* (*E.*) *cachinus*，具 LSA4、3 个 BSA 和 PL 狭长者为 *E.* (*E.*) *miletus*，具 LSA4、3 个 BSA 和 PL 相对短宽者为 *E.* (*E.*) *eleusis*。在东方绒鼠亚属（*Anteliomys*）中，M2 的 LSA3≤BSA3 者为 *E.* (*A.*) *olitor*；M2 的 LSA3 为痕迹状或完全消失且 M3 通常仅具 3 个 LSA 和 3 个 BSA 者为 *E.* (*A.*) *proditor*；M2 的 LSA3 为痕迹状或完全消失且 M3 具有 4–5 个 LSA 和 4 个 BSA 者为 *E.* (*A.*) *chinensis*；M2 的 LSA3 为痕迹状或完全消失且 M3 具 4 个 LSA 和 5 个 BSA 者为 *E.* (*A.*) *wardi*；M2 的 LSA3 为痕迹状或完全消失且 M3 具 4–5 个 LSA 和 4 个 BSA 者为 *E.* (*A.*) *custos*。

笔者认为，既然绒鼠亚属（*Eothenomys*）和东方绒鼠亚属（*Anteliomys*）之间在臼齿形态上存在这样大的差别，将来两者各自恢复成独立的属也不是不可能的。然而遵从目前大多数人的意见，此处仍保留各自亚属的地位。

中华绒鼠 *Eothenomys* (*Anteliomys*) *chinensis* (Thomas, 1891)

（图 75）

Eothenomys chinensis tarquinius：郑绍华，1993，80 页，表 13，图 40a–c, g

正模 成年雌性（B.M. No. 91.5.11.3），由 A. E. Pratt 采集。

模式产地 中国四川乐山（原嘉定府）。

归入标本 贵州桐梓县：九坝沟天门洞，1 颅骨前部带右 M1–3、1 右上颌带 M1–2、1 右 M1（IVPP V 9653.1–3），3 左下颌支带 m1–3、2 左下颌支带 m1–2、1 左下颌支带 m2–3（IVPP V 9653.6–11），4 右下颌支带 m1–3、6 右下颌支带 m1–2、1 右下颌支带 m2（IVPP V 9653.16–26）；九坝镇格庄坝岩灰

洞，2 右 M1（IVPP V 9653.4–5），1 左 m1（IVPP V 9653.27）。贵州威宁县观风海镇白沙村天桥裂隙：1 左 3 右下颌支带 m1–2（IVPP V 9653.12–15）。

归入标本时代 早—中更新世。

特征（修订） 个体较大（M1–3 平均长度 6.70 mm，m1–3 平均长度 6.50 mm）。M1 和 M2 的 LSA4 痕迹明显，但不形成真正的 LSA4，因此 M1 每侧各具 3 个 SA，M2 只具 3 个 BSA 和 2 个 LSA。M3 每侧通常各具 4–5 个 SA。m1 具 5–6 个 LSA 和 4–5 个 BSA，T1-T2 和 T3-T4 相对排列且彼此汇通，Is 1、Is 3、Is 5 的封闭百分率分别为 100%、100%和 69%，而 Is 2、Is 4、Is 6 的封闭百分率分别为 0、0 和 13%（表 3）；SDQ_P 为 101，属轻微的正分异（范围参考表 4）。

评注 *Eothenomys chinensis* 最初由 Thomas（1891）根据四川乐山的标本定名为"*Microtus chinensis*"。Miller（1896）根据其牙齿形态明显与 *Microtus* 不同，建立了亚属 *Anteliomys*，因此其名称变更为"*M.* (*A.*) *chinensis*"。Hinton（1923a, 1926）将 *Anteliomys* 独立为属。Osgood（1932）把它作为 *Eothenomys* 的一个亚属，该种名变更为 *E.* (*A.*) *chinensis*。此后一直沿用至今。

除上述指名亚种 *Eothenomys chinensis chinensis* 外，一般认为，Thomas（1912d）根据产自四川康定的标本定名的另一亚种 *E. c. tarquinius* 是有效的。Allen（1940）把 Thomas（1912d）根据云南德钦的标本建立的 *Microtus* (*A.*) *wardi* 作为本种的亚种 *E. c. wardi*。王应祥（2003）、王应祥和李崇云（2000）根据王酉之等在四川西部二郎山附近发现的标本，认为该亚种与其他亚种在颅骨和牙齿形态上有很大区别，故又将其恢复成独立的种。因此，*E. chinensis* 只包含两个亚种。

王应祥和李崇云（2000）认为 M3 的 LSA 数目的多少是区分两个亚种的关键：具有 5 个 LSA 者为 *Eothenomys chinensis chinensis* (Thomas, 1891)；具有 4 个 LSA 者为 *E. c. tarquinius* (Thomas, 1912d)。郑绍华（1993）将来自贵州桐梓天门洞和岩灰洞、威宁观风海天桥的化石材料归入到后一亚种（图 75）。其 M1–3 长 6.50 mm，m1–3 平均长度为 6.82 mm，都在该亚种的变异范围内。

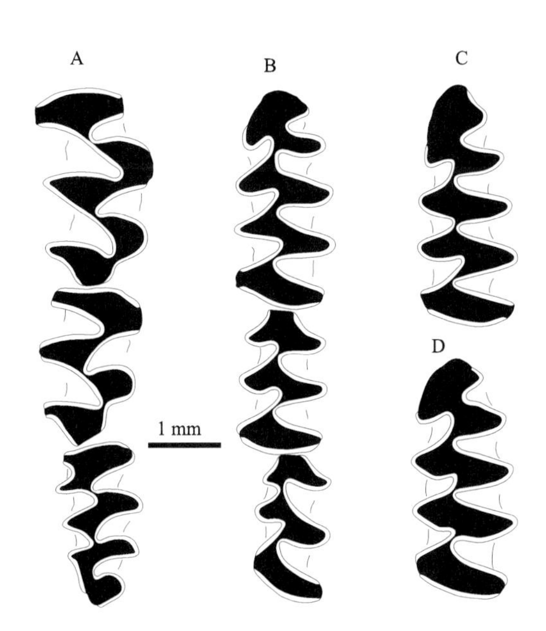

图 75 贵州桐梓县九坝沟天门洞（A–B）、九坝镇格庄坝岩灰洞（D）及威宁县观风海镇白沙村天桥裂隙（C）的 *Eothenomys chinensis* 臼齿咬面形态（据郑绍华，1993）

Figure 75 Occlusal morphology of *Eothenomys chinensis* from Tianmen Cave (A–B), Jiubagou, Yanhui Cave (D), Gezhuangba, Jiuba Town, Tongzi County and the Tianqiao fissure (C), Baisha Village, Guanfenghai Town, Weining County, Guizhou (after Zheng, 1993)

A. R M1–3（IVPP V 9653.1），B. l m1–3（IVPP V 9653.6），C. l m1（IVPP V 9653.12），D. l m1（IVPP V 9653.27）

西南绒鼠 ***Eothenomys* (*Anteliomys*) *custos* (Thomas, 1912d)**

（图 76）

Eothenomys chinensis chinensis：郑绍华，1993，82 页，图 40m

Eothenomys chinensis：邱铸鼎等，1984，289 页，图 7B，表 1

正模 成年雄性头骨（B.M. No. 12.3.18.19），由 F. Kingdom Ward 于 1911 年 5 月 28 日采集，由 Duke of Bedford 提供。

模式产地 云南西北（据命名文献，具体地点为 A-tun-tsi，现名无法考证）海拔 2743–3962 m 处。

归入标本 云南昆明市呈贡区三家村：1 右上颌带 M1、1 成年个体右 M3、2 幼年个体左 M3（IVPP V 26269.1–4）。

归入标本时代 晚更新世。

特征（修订） 个体中等大小（M1–3 平均长度 6.20 mm，m1–3 平均长度 6.30 mm）。M1 的 LSA4 痕迹状，但 M2 的 LSA4 小而清楚。成年个体（长 2.40 mm）与幼年个体（长 1.85–1.90 mm）的 M3 大小差别很大，但通常都具 5 个 LSA 和 4–5 个 BSA；BRA1 相对较浅；年轻个体的 M3 咬面后部还拥有 2–3 个珐琅质环。

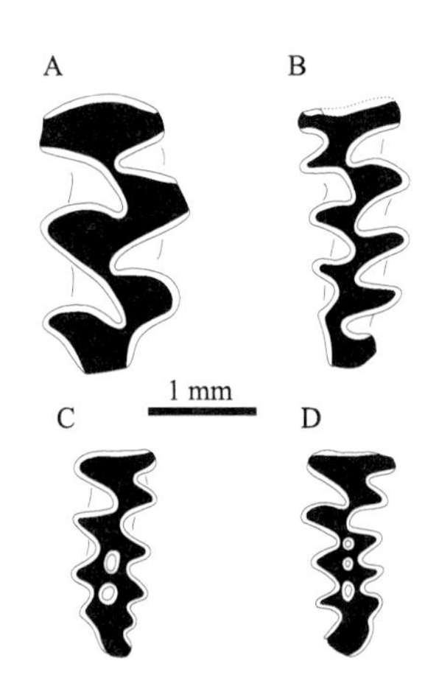

图 76 云南昆明市呈贡区三家村 *Eothenomys custos* 臼齿咬面形态

Figure 76 Occlusal morphology of *Eothenomys custos* from Sanjiacun Village, Chenggong District, Kunming City, Yunnan

A. R M1（IVPP V 26269.1），B. R M3（IVPP V 26269.2），C. L M3（IVPP V 26269.3），D. L M3（IVPP V 26269.4）

评注 西南绒鼠（*Eothenomys custos*）的 M3 的复杂程度可与 *E. chinensis chinensis* 相比，它们的 M3 颊舌侧都各具 5 个 SA 和 4 个 RA，其差别似乎是前者较狭长，后者较宽短。从个体大小看，前者（M1–3 平均长度 5.70 mm，m1–3 平均长度 5.50 mm）较后者（M1–3 平均长度 6.70 mm，m1–3 平均长度 6.50 mm）小。*E. custos* 的 M3 的结构与 *E. wardi* 相比，后者只有 4 个 LSA 和 1 个短的 PL。

呈贡三家村虽只有 M1 和 M3 发现，但其个体较小，且较接近西南绒鼠（*Eothenomys custos*）的地理分布，这里将其归入 *E. custos*。

湖北绒鼠 ***Eothenomys* (*Anteliomys*) *hubeiensis* Zheng, 2004**

（图 77）

正模 左 m1（IVPP V 13208）。

模式居群 8 左 6 右 m1、9 左 5 右 m2、6 左 4 右 m3、2 左 6 右 M1、11 左 10 右 M2、4 左 7 右 M3（IVPP V 13209.431–508）。

模式产地及层位 湖北建始县高坪镇金塘村龙骨洞东洞口剖面第 4 层（～2.03 Ma），下更新统。

归入标本 湖北建始县高坪镇金塘村龙骨洞东洞口剖面：第 3 层，35 左 36 右 m1、42 左 41 右 m2、25 左 40 右 m3、34 左 4 右 M1、39 左 27 右 M2、40 左 37 右 M3（IVPP V 13209.1–430）；第 5 层，10 左 18 右 m1、14 左 15 右 m2、9 左 15 右 m3、16 左 10 右 M1、18 左 24 右 M2、15 左 13 右 M3（IVPP V 13209.509–685）；第 6 层，2 右 m1、2 左 3 右 m2、1 左 1 右 m3、1 左 2 右 M1、1 右 M2（IVPP V 13209.686–698）；第 7 层，17 左 6 右 m1、10 左 13 右 m2、10 左 4 右 m3、9 左 7 右 M1、9 左 8 右 M2、7 左 9 右 M3（IVPP V 13209.699–807）；第 8 层，1 左 3 右 M1（IVPP V 13209.808–811）；第 11 层，2 右 M1、1 右 M2、1 左 M3（IVPP V 13209.812–815）。湖北建始县高坪镇金塘村龙骨洞西支洞剖面：第 4 层，2 左 4 右 m1、2 左 2 右 m2、1 左 2 右 m3、2 右 M1、1 左 2 右 M2、1 左 6 右 M3（IVPP V 13209.816–840）；第 5 层，8 左 5 右 m1、4 左 6 右 m2、7 左 5 右 m3、1 左 4 右 M1、3 左 1 右 M2、3 左 5 右 M3（IVPP V 13209.841–892）；第 6 层，2 左 2 右 m1、4 左 3 右 m2、2 左 4 右 m3、2 左 2 右 M1、1 左 3 右 M2、3 左 1 右 M3（IVPP V 13209.893–923）；第 8 层，7 左 9 右 m1、4 左 4 右 m2、7 左 5 右 m3、1 左 7 右 M1、5 左 3 右 M2、4 左 6 右 M3（IVPP V 13209.924–985）。

归入标本时代 早更新世（～2.22–1.81 Ma）。

特征（修订） 中型。M1 和 M3 颊、舌侧各具 3 个 SA；M2 具 2 个 LSA 和 3 个 BSA，LSA3 仅为痕迹状。m1（平均长度 2.34 mm，范围参考表 4）的 PL 之前有 2 对相对排列且彼此汇通的 T，T5 较小且与椭圆形 AC 汇通；SDQ_P 为 119，属 *Mimomys* 型（范围参考表 4）；Is 1–5 的封闭百分率分别为 100%、10%、100%、20%和 90%左右。

评注 *Eothenomys hubeiensis* 的 M1 具 3 个 LSA，应属于亚属 *Anteliomys*。M2 的 LSA3 呈痕迹状，M3 只具 3 个 BSA，与现生的 *E.* (*A.*) *proditor* 相似。然而明显不同于后者之处在于 M3 的 BRA1 很深，BSA4 不显著，PL 显著较短，以致其长度通常等于或小于 M2；m1 只具 5 个而不是 6 个 LSA，以及 4 个而不是 5 个 BSA。总之，化石种较 *E.* (*A.*) *proditor* 显得较原始，可以视为后者的直接祖先。

下面记述的产自贵州威宁观风海天桥裂隙的 *Eothenomys praechinensis* Zheng, 1993 的 m1 的大小和形态虽与 *E. hubeiensis* 相近，但其 M3 较复杂，具 3 个 LRA 和 4 个 BSA，稍显进步。

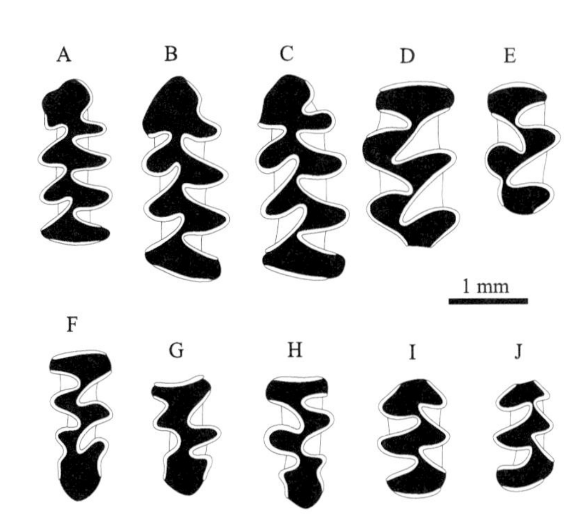

图 77 湖北建始县高坪镇金塘村龙骨洞 *Eothenomys hubeiensis* 臼齿咬面形态（据郑绍华，2004）

Figure 77 Occlusal morphology of *Eothenomys hubeiensis* from Longgu Cave, Jintang Village, Gaoping Town, Jianshi County, Hubei (after Zheng, 2004)

A. l m1（IVPP V 13209.431），B. l m1（IVPP V 13208，正模 holotype），C. l m1（IVPP V 13209.1），D. L M1（IVPP V 13209.220），E. L M2（IVPP V 13209.288），F. R M3（IVPP V 13209.504），G. R M3（IVPP V 13209.505），H. L M3（IVPP V 13209.498），I. r m2（IVPP V 13209.154），J. r m3（IVPP V 13209.180）

昭通绒鼠 *Eothenomys* (*Anteliomys*) *olitor* (Thomas, 1911c)

（图 78）

Eothenomys chinensis：邱铸鼎等，1984，289 页，图 7B，表 1

Eothenomys chinensis tarquinius：郑绍华，1993，80 页（部分），图 40j–k

正模 成年雌性个体（B.M. No. 11.9.8.122），由 Malcolm P. Anderson 于 1911 年 5 月 19 日采集，由 Duke of Bedford 提供。

模式产地 云南昭通海拔 2042 m 处。

归入标本 云南昆明市呈贡区三家村：1 右上颌带 M1–3、1 上颌带左 M1–3 及右 M3、2 左 2 右上颌带 M1–2、5 左上颌带 M1（IVPP V 23175.1–11），8 左 7 右下颌支带 m1–3、11 左 6 右下颌支带 m1–2（IVPP V 23175.12–43），14 左 7 右 M3 及 1 左 m3（IVPP V 23175.44–65）。

归入标本时代 晚更新世。

特征（修订） 小型（M1–3 平均长度 5.70 mm，m1–3 平均长度 5.80 mm）。M1（平均长度 2.14 mm）和 M2（平均长度 2.63 mm）的 LSA4 呈痕迹状或明显小于 BSA3。M3（平均长度 2.03 mm）的 BRA1 浅，每侧各具 4 个 SA。m1 通常具 4 个 BSA 和 5 个 LSA；Is 1、Is 3、Is 5 的封闭百分率分别为 100%、100%和 68%，Is 2、Is 4 和 Is 6 的封闭百分率均为 0（表 3）；SDQ_P 为 108，显示其为微弱正分异（范围参考表 4）。

评注 就个体大小而言，呈贡标本（M1–3 平均长度 5.78 mm，m1–3 平均长度 5.73 mm）十分接近现生指名亚种 *Eothenomys olitor olitor*（后者分别为 5.70 mm 和 5.58 mm）。昭通绒鼠最初被归入 *Microtus* (*Eothenomys*)（Thomas, 1911c），后被归入 *Eothenomys* (*Eothenomys*)（Hinton, 1923a, 1926）。就 M3 每侧具 4 个 SA 而言，昭通绒鼠十分相似于 *E.* (*Anteliomys*) *chinensis tarqiunius*（图 75），但后者明显较大（M1–3 和 m1–3 平均长度均为 6.50 mm）（王应祥、李崇云，2000）。

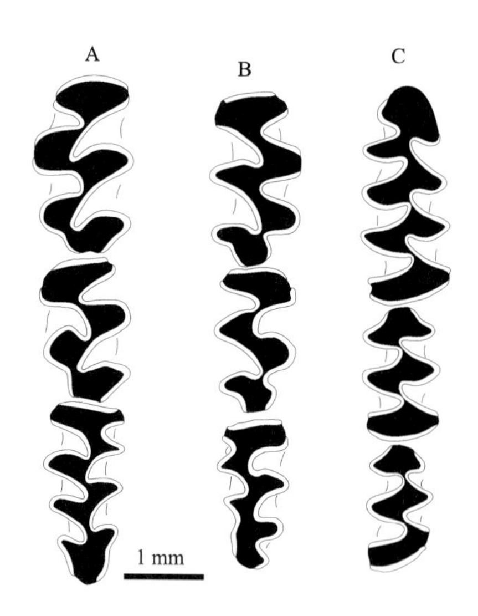

图 78 云南昆明市呈贡区三家村 *Eothenomys olitor* 臼齿咬面形态

Figure 78 Occlusal morphology of *Eothenomys olitor* from Sanjiacun Village, Chenggong District, Kunming City, Yunnan

A. L M1–3（IVPP V 23175.2），B. R M1–3（IVPP V 23175.1），C. r m1–3（IVPP V 23175.20）

先中华绒鼠 *Eothenomys* (*Anteliomys*) *praechinensis* Zheng, 1993

（图 79）

正模 右 M3（IVPP V 9650）。

模式居群 1 右 M1（IVPP V 9651，副模），1 左上颌带 M1、4 左 4 右 M1、2 左 4 右 M2、1 左

M3、33 左 35 右下颌支、4 左 5 右 m1、1 左 1 右 m3（IVPP V 9652.1–9, 11–96）。

模式产地及层位 贵州威宁县观风海镇白沙村天桥裂隙，下更新统。

归入标本 重庆巫山县庙宇镇龙坪村龙骨坡 B 层：1 右 M1（IVPP V 9652.10）。

归入标本时代 早更新世（～1.81 Ma）。

特征（修订） 小型。M1 和 M2 的 LSA4 微弱。M3 具 4 个 LSA 和 4 个 BSA。m1（平均长度 2.54 mm）具 5 个 LSA 和 4 个 BSA；Is 1–5 的封闭百分率分别为 100%、0、100%、0、90%，Is 6–7 的封闭百分率均为 0；SDQ_P 为 100，无分异（范围参考表 4）。

评注 *Eothenomys praechinensis* 由于其 M1 的 LSA4 微弱，M3 具浅的 BRA1 和较多的 SA，应属于亚属 *Anteliomys*。其 M2 具有微弱但清晰的而不是粗壮的 LSA4 的特征可与 *E. olitor* 相区别；根据其 M1 和 M2 具有微弱但清晰的 LSA4 可与缺失此 SA 的 *E. chinensis* 相区别；根据其 M3 具有 4 个而不是 5 个 BSA 可与 *E. wardi* 相区别；根据 M3 具有 4 个而不是 5 个 LSA 可与 *E. custos* 相区别；根据其 M3 具 4 个而不是 3 个 LSA 可与 *E. hubeiensis* 相区别。

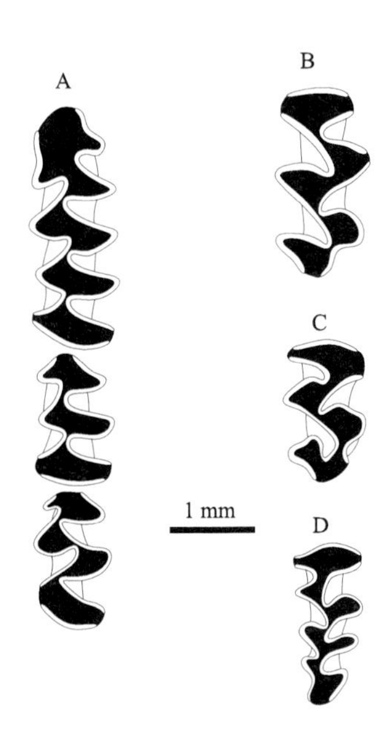

图 79 贵州威宁县观风海镇白沙村天桥裂隙 *Eothenomys praechinensis* 臼齿咬面形态（据郑绍华，1993）

Figure 79 Occlusal morphology of *Eothenomys praechinensis* from the Tianqiao fissure, Baisha Village, Guanfenghai Town, Weining County, Guizhou (after Zheng, 1993)

A. l m1–3（IVPP V 9652.18），B. R M1（IVPP V 9651，副模 paratype），C. R M2（IVPP V 9652.11），D. R M3（IVPP V 9650，正模 holotype）

玉龙绒鼠 *Eothenomys* (*Anteliomys*) *proditor* Hinton, 1923a

（图 80）

正模 成年雄性个体的毛皮和头骨（B.M. No. 22.12.1.10），由 Geoge Forrest 于 1921 年 5 月 27 日采集。

模式产地 云南丽江山脉（北纬 27°30′），海拔 3962 m 处。

归入标本 云南昆明市呈贡区三家村：1 残破颅骨带右 M1–2、1 右 M3（IVPP V 7626.1–2），1 左 1 右上颌带 M1–3、1 左 2 右上颌带 M1–2、6 左 8 右下颌支带 m1–3、6 左 7 右下颌支带 m1–2（IVPP V 23177.1–32），3 左 1 右 M1、1 左 1 右 M2、74 左 56 右 M3（IVPP V 23177.33–168），1 左 m1、3 左 3 右 m2、1 左 1 右 m3（IVPP V 23177.169–178）。

归入标本时代 晚更新世。

特征（修订） M1（平均长度 2.13 mm）具 3 个 BSA 和 3 个 LSA 及微弱的 LSA4 痕迹。M2（平均长度 1.76 mm）的 LSA4 弱或较强。M3（平均长度 1.86 mm）由于 PL 显著加长使其长度在齿列中明显大于 M2；BRA1 较浅；约 65%的标本（总标本数 130 件中的 85 件）颊、舌侧各有 3 个 SA（图 80C），约 18%的标本（24 件）颊侧有 4 个、舌侧有 3 个 SA，约 4%的标本（5 件）颊侧有 3 个、舌侧有 4 个 SA，约 12%的标本（16 件）颊、舌侧各有 4 个 SA（图 80B）。m1（平均长度 2.80 mm，范围参考表 4）的第 3 对 T 与 AC 汇通，具弱的 BSA5 和 LSA6，随磨蚀加深，通常显示出 4 个 BSA 和 5 个 LSA；其 SDQ_P 为 111，属 *Mimomys* 型（范围参考表 4）；Is 1、Is 3、Is 5 的封闭百分率为 100%、100%和 77%，而 Is 2、Is 4、Is 6 均不封闭（表 3）。

评注 *Eothenomys proditor* 先前被置于亚属 *Eothenomys* 中（Hinton, 1923a, 1926；Ellerman, 1941），后被归入东方绒鼠属（*Anteliomys*）中（Hinton, 1926），后来有学者把 *Anteliomys* 降为 *Eothenomys* 的亚属（Allen, 1940；王应祥、李崇云，2000）。云南呈贡三家村的 *E. proditor* 的 M1 只具有微弱的 LSA4 痕迹，M2 的 LSA4 较为清楚，M3 较为复杂但 BSA1 浅，PL 加长及颊舌侧各具 3 个 SA 的标本占多数等形态特征与现生标本基本一致，下臼齿的形态也是如此。

就个体大小而论，呈贡三家村的 M1–3（平均长度 5.98 mm）和 m1–3（平均长度 6.07 mm）接近现生标本（均为 6.20 mm）并处于后者的变异范围内（M1–3 为 5.30–6.90 mm，m1–3 为 6.00–6.70 mm）（王应祥、李崇云，2000）。

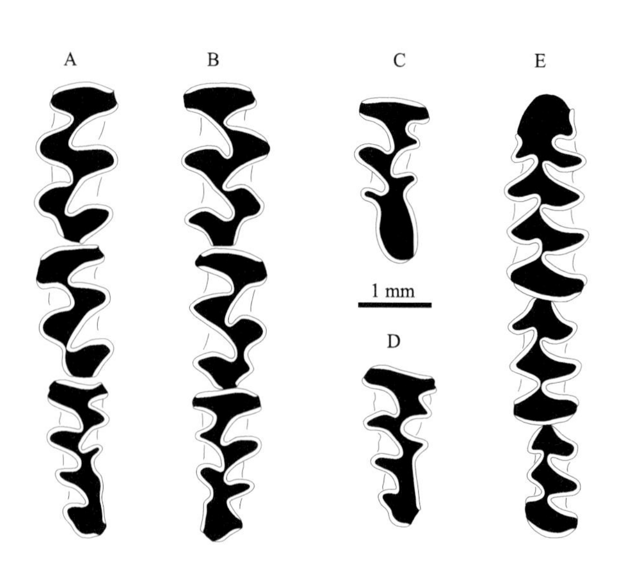

图 80 云南昆明市呈贡区三家村 *Eothenomys proditor* 臼齿咬面形态

Figure 80 Occlusal morphology of *Eothenomys proditor* from Sanjiacun Village, Chenggong District, Kunming City, Yunnan

A. L M1–3（IVPP V 23177.1），B. R M1–3（IVPP V 23177.2），C. L M3（IVPP V 23177.33），D. L M3（IVPP V 23177.49），E. l m1–3（IVPP V 23177.6）

黑腹绒鼠 *Eothenomys* (*Eothenomys*) *melanogaster* (Milne-Edwards, 1871)

（图 81）

Ellobius sp.：Young et Liu, 1950, p. 54, fig. 6c

Eothenomys cf. *E. melanogaster*：金昌柱、刘金毅，2009，185 页，图 4.44

正模 未知。建种标本是由 Pere Armand David 送给巴黎自然历史博物馆的。

模式产地 四川宝兴。

归入标本 重庆歌乐山：1 右下颌支带 m2（IVPP V 563）。重庆巫山县庙宇镇龙坪村龙骨坡（A 层、B 层、D 层、第⑤层和第⑥层）和宝坛寺、万州区新田镇盐井沟平坝村上洞及杨和尚大包洞，贵州普定县马官镇湾河村白岩脚洞，贵州桐梓县九坝沟天门洞、九坝镇格庄坝岩灰洞及河坝挖竹湾洞：

1 颅骨前部带门齿左 M1–2 及右 M1–3、1 颅骨前部带门齿及左右 M1–2、1 颅骨前部带门齿及左右 M1、1 颅骨前部带门齿及左 M1、1 颅骨前部带门齿及左 M1–2 和右 M1、1 颅骨前部带门齿、1 颅骨中部带左右 M1–2、3 右上颌带 M1–2、1 左上颌带 M1、1 左上颌带 M1–2、2 右上颌带 M1、74 M1、48 M2、24 M3、47 左 55 右下颌支、61 m1、37 m2、34 m3（IVPP V 9649.1–394）。湖北建始县高坪镇金塘村龙骨洞西支洞剖面第 5 层：3 m1、6 M1、2 M3（IVPP V 13210.1–11）。安徽繁昌孙村镇癞痢山人字洞上部堆积：2 右 m1（IVPP V 13992.1–2）。安徽和县龙潭洞：6 左 4 右 m1、15 左 7 右 m2、1 左 2 右 m3、13 左 22 右 M1、20 左 11 右 M2、9 左 4 右 M3（IVPP V 26138.1–114）。

归入标本时代 更新世（～2.54–0.25 Ma）。

特征（修订） 中型。M1 和 M2 均具很发育的 LSA4。M3 简单，每侧只有 3 个明显的 SA，PL 也短。m1（平均长度 2.73 mm，范围参考表 4）有 5–6 个 LSA，4–5 个 BSA；T1 和 T2、T3 和 T4、T5 和 T6 分别彼此汇通，几乎相对排列；SDQ_P 为 111，属 *Mimomys* 型或正分异（范围参考表 4）；Is 1、Is 3、Is 5 的封闭百分率均为 100%，Is 2、Is 4 和 Is 7 均为 0，Is 6 为 5%左右。

评注 *Eothenomys melanogaster* 包含 6 个亚种，即指名亚种 *E. m. melanogaster*、甘洛亚种 *E. m. mucronatus* (Allen, 1912)、滇西亚种 *E. m. libonotus* Hinton, 1923a、福建亚种 *E. m. colurnus* (Thomas, 1911d)、台湾亚种 *E. m. kanoi* Tokuda et Kano, 1937 和成都亚种 *E. m. chenduensis* Wang et Li, 2000（王应祥、李崇云，2000；王应祥，2003）。从地理分布看，发现于安徽、湖北、重庆等地的可能属于福建亚种，发现于陕西南部的现生种可能属于指名亚种。

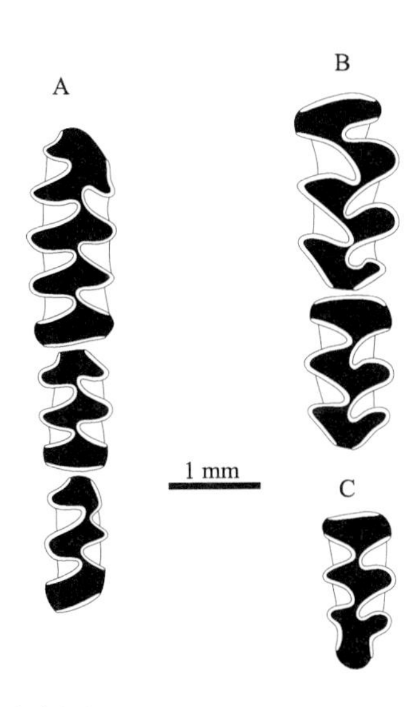

图 81 贵州桐梓县九坝镇格庄坝岩灰洞 *Eothenomys melanogaster* 臼齿咬面形态（据郑绍华，1993）

Figure 81 Occlusal morphology of *Eothenomys melanogaster* from Yanhui Cave, Gezhuangba, Jiuba Town, Tongzi County, Guizhou (after Zheng, 1993)

A. r m1–3（IVPP V 9649.173），B. R M1–2（IVPP V 9649.10），C. R M3（IVPP V 9649.158）

华南鼠属 *Huananomys* Zheng, 1992

Hexianomys：Zheng et Li, 1990, p. 435；Repenning et al., 1990, p. 406

模式种 *Huananomys variabilis* Zheng, 1992（安徽和县龙潭洞，中更新统）

特征（修订） 中型。下门齿在 m2 和 m3 之间从舌侧横向颊侧。臼齿无根，齿褶内白垩质丰富，SA 顶端圆钝。下臼齿的 BSA 较 LSA 小。m1（平均长度 3.11 mm，范围参考表 4）的形态按封闭的 T 的数目多少可分成 3 种类型：PL 之前 T1–T3 封闭，T4、T5 与 AC 汇通成三叶形；PL 之前 T1–T4 封闭，T5 与 AC 汇通成 C 形或鹰嘴形；PL 之前 T1–T5 封闭，AC 呈半圆形。m1 的 Is 1–4 的封闭百分率均为 100%，但 Is 5 和 Is 6 只有 42%和 8%左右，Is 7 为 0（表 2，表 3）；SDQ_P 为 139，属 *Mimomys* 型或正分异（范围参考表 4）。m3 的 PL 之前有 3 个封闭的 T，BSA3 缺失。M3 的 AL 和 PL 之间有 3 个封闭的 T。

中国已知种 仅模式种。

分布与时代 安徽、贵州和陕西，早更新世—中更新世。

评注 该属属名曾因其材料只发现在安徽和县陶店龙潭洞“和县人”遗址，故使用过“*Hexianomys*”（Zheng et Li, 1990），当时也被人引用（Repenning et al., 1990）。后来在整理贵州威宁天桥裂隙的标本时也有一批材料发现，因其分布于华南地区，故更名为 *Huananomys*（郑绍华，1992）。

SDQ＞100，属正分异。这显然是较原始的特征。具有这种特征且臼齿无根、白垩质发育的现生属很少，只有 *Arvicola*、*Proedromys*、*Volemys*、*Caryomys* 和墨西哥的 *Orthriomys* Merriam, 1898。

Arvicola 的珐琅质层从正分异转变成负分异的时间发生在欧洲里斯-沃姆（Riss-Würm）间冰期，从化石种 *A. cantiana* 转变成现生的 *A. terrestris*（Heinrich, 1990）。*Arvicola* 的 m1 的 PL 之前只有 3 个封闭的 T（即 T1–T3），T4–T5 与 AC 汇通共同形成三叶形的 ACC；m3 的 T1 与 T2、T3 与 T4 汇通成斜横叶，BSA3 发育；M3 的 AL 和 PL 之间虽也有 3 个 T，但 T4 与 PL 间封闭不严。M3 和 m3 的上述形态显然有别于 *Huananomys*。

Proedromys 的 m1 的 PL 之前有 4 个封闭的 T（即 T1–T4），m3 缺失 BSA3，这些特征与 *Huananomys* 相同；但 *Proedromys* 的 M3 的 AL 和 PL 之间只有 2 个封闭的 T（即 T2 和 T3），m3 的 PL 之前无封闭的 T，而是 T1 与 T2 和 T3 汇通或单独成两斜横叶，这些特征显然与 *Huananomys* 明显不同。

Orthriomys 的 m1 的 PL 之前有 3 个封闭的 T（即 T1–T3），T4、T5 与 AC 汇通共同形成 ACC；m3 的 PL 之前有 2 个封闭的 T（即 T1–T2）和 2 个不封闭的 T（即 T3–T4），具有显著的 BSA3；M3 的 AL 和 PL 之间有 2 个封闭的 T（即 T2 和 T3），T4 不封闭且与 PL 汇通。该属与 *Huananomys* 的不同之处在于 m3 具 BSA3 以及 M3 的 T4 与 PL 汇通。

Caryomys 的 m1 的 PL 和 AC 之间有 4 个封闭不严的 T，也可以描述为 Is 2、Is 4 和 Is 6 较 Is 1、Is 3、Is 5 开敞；M3 的 AL 和 PL 之间有 3 个 T，但只有 Is 2 和 Is 4 封闭，而 Is 3 和 Is 5 汇通或开敞；m3 的 T1 与 T2、T3 与 T4 之间分别汇通形成斜横叶，具有粗壮的 BSA3。这些形态特征与 *Huananomys* 截然不同。

Volemys 的 m1 的 PL 之前有 4 个封闭的 T（或 T1–T4），m3 缺失 BSA3，与 *Huananomys* 的第 2 种形态相同；但 m3 的 T1 与 T2、T3 汇通或单独成斜横叶，M2 有 1 个显著的 LSA4，M3 的 Is 3 和 Is 5 开敞，显然有别于 *Huananomys*。

变异华南鼠 *Huananomys variabilis* Zheng, 1992

（图 82，图 83）

Hexianomys complicidens：Zheng et Li, 1990, p. 435, tab. 1；Zheng et Han, 1991, p. 106, tab. 1

正模 右下颌支带门齿及 m1–3（IVPP V 6788）。

模式居群 2 右上颌带 M1–2、1 左上颌带 M1、1 右下颌支带 m1–3、21 M1、2 M2、6 M3、27 m1、13 m2（IVPP V 6788.1–73）。

模式产地及层位 安徽和县龙潭洞，中更新统（～0.30–0.25 Ma）。

归入标本 贵州威宁县观风海镇白沙村天桥裂隙：2 左 6 右 M2、7 左 3 右 m1、3 左 2 右 m2、76 左 58 右下颌支（IVPP V 9654.1–157）。

归入标本时代 早更新世。

特征（修订） 同属的特征。

评注 安徽和县陶店和贵州威宁天桥的材料已被郑绍华（1992, 1993）描述。*Huananomys variabilis* 在陕西蓝田县锡水洞中更新世动物群中也有报道（李传令、薛祥煦，1996），但没有形态描述。

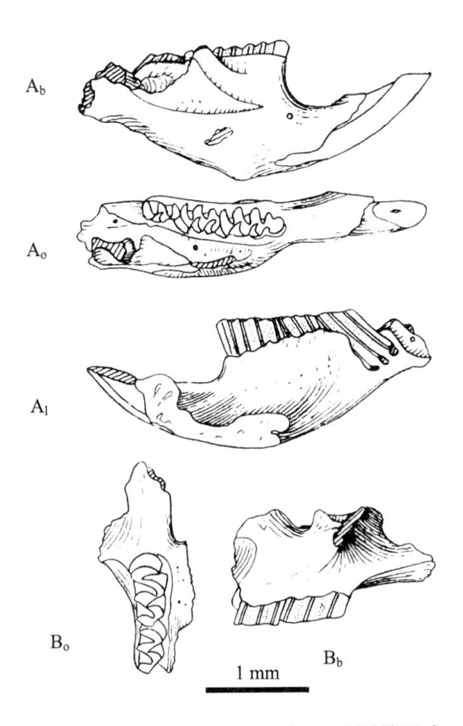

图 82　安徽和县龙潭洞 *Huananomys variabilis* 上、下颌骨形态（据郑绍华，1992）

Figure 82　Maxilla and mandible of *Huananomys variabilis* from Longtan Cave, Hexian County, Anhui (after Zheng, 1992)

A_o–B_o. 咬面视 occlusal view，A_b–B_b. 颊侧视 buccal view，A_l. 舌侧视 lingual view

A. 破损右下颌支带门齿及 m1–3 damaged right mandible with incisor and m1–3（IVPP V 6788，正模 holotype），B. 破损右上颌带 M1–2 damaged right maxilla with M1–2（IVPP V 6788.1）

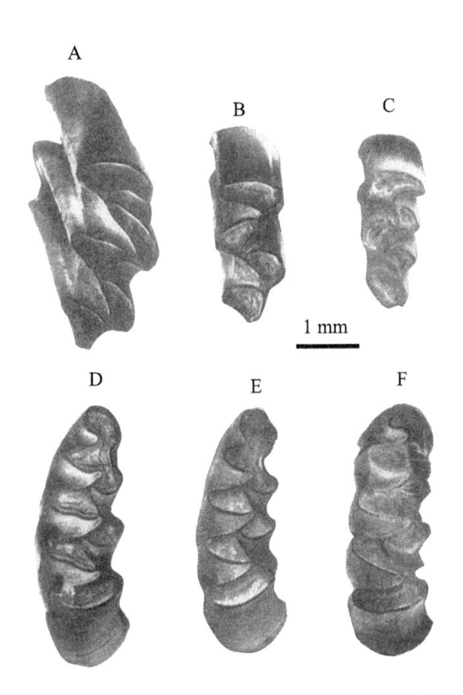

图 83　安徽和县龙潭洞 *Huananomys variabilis* 臼齿咬面形态（据郑绍华，1992）

Figure 83　Occlusal morphology of *Huananomys variabilis* from Longtan Cave, Hexian County, Anhui (after Zheng, 1992)

A. R M1（IVPP V 6788.6），B. R M2（IVPP V 6788.27），C. L M3（IVPP V 6788.28），D–F. r m1（IVPP V 6788.41, IVPP V 6788.42, IVPP V 6788.37）

根据共生小哺乳动物组合的特征，“和县人”地点的地质时代相当于北京周口店第 1 地点“北京猿人”遗址剖面第 5 层的时代（郑绍华，1982, 1983）；氨基酸法测得年龄为 20 万–30 万年（王将克等，

1986)；铀系法测得年龄为 15 万–27 万年（陈铁梅等，1987）；热释光法测得年龄 18.4 万–19.5 万年（李虎候、梅屹，1983）。综合考虑年龄为 25 万–30 万年（郑龙亭等，2001）。

贵州观风海天桥地点因该种与贝列门德鼩属（*Beremendia*）共生，其时代被视为狭义的泥河湾期（Zheng et Li, 1990；Zheng et Han, 1991），相当于欧洲早 Biharian 或北美的 Irvingtonian I（Repenning et al., 1990）。这个时期，正是无根臼齿的䶄类 *Allophaiomys*、*Alticola*、*Dicrostonyx*、*Lasiopodomys*、*Microtus*、*Neodon* 和 *Pitymys* 大量出现的时期。这说明 *Huananomys* 在此时期已经处于与这些属平行演化的阶段，并代表无根田鼠类中较原始的类型。

岸䶄属 *Myodes* Pallas, 1811

Clethrionomys：Tilesius, 1850, p. 28
Evotomys：Coues, 1874, p. 186
Craseomys：Miller, 1900, p. 87
Phaulomys：Thomas, 1905a, p. 493
Neoaschizomys：Tokuda, 1935, p. 241

模式种 *Mus rutilus* Pallas, 1778（俄罗斯西伯利亚鄂毕河三角洲）

中国已知种 棕背岸䶄 *Myodes rufocanus* (Sundevall, 1846)、红背岸䶄 *M. rutilus* (Pallas, 1778)（以上为现生种）；繁昌岸䶄 *M. fanchangensis* (Zhang, Kawamura et Jin, 2008)。

分布与时代 重庆、安徽、辽宁、北京、河北、山西和甘肃，晚上新世—现代。

特征（修订） 成年个体上、下臼齿均为 2 齿根。部分臼齿褶沟内充填有白垩质；珐琅质层厚度少分异；多数种类的 SA 顶端圆钝，齿质空间汇通；上臼齿的前壁和下臼齿的后壁较为平直。m1 通常有短的 AC，不多于 4 个 BSA 和 5 个 LSA；在进步种类中 Is 1–5 的封闭百分率均为 100%，Is 6–7 的均为 0；在原始种类中 Is 1–7 的封闭百分率分别为 97%–100%、0–10%、67%–90%、70%–78%、0、0–3% 和 0。在磨蚀早期，M3 每侧有 5 个 SA；随着磨蚀加深，后面的成分逐渐消失，只剩 3–4 个 BSA 以及 3–4 个 LSA；在极老年个体，十分相似于高山䶄属（*Alticola*）和峰䶄属（*Hyperacrius*）的 M3，即通常 BRA1 宽且浅，但 AL 之后总有 3 个 T。染色体组型为 $2n = 56$。

评注 岸䶄属最初以 *Evotomys* Coues, 1874 为属名（Hinton, 1926），直到 Palmer（1928）讨论 *Clethrionomys* Tilesius, 1850 的优先权问题后，人们才逐渐用后者代替前者（Ellerman, 1941；Ellerman et Morrison-Scott, 1951；Corbet, 1978；Corbet et Hill, 1991；McKenna et Bell, 1997）。Kretzoi（1964）发现更优先的属名应是 *Myodes* Pallas, 1811，从而恢复其有效性（Musser et Carleton, 2005）。

在中国文献中，直到 1942 年还在使用属名 *Evotomys*（Teilhard de Chardin et Leroy, 1942），到 2003 年还在使用属名 *Clethrionomys*（谭邦杰，1992；罗泽珣等，2000；王应祥，2003），到 2007 年，才开始使用 *Myodes*（潘清华等，2007）。

Myodes 是现生䶄类中种类最多的属之一。Hinton（1926）总结了当时已记述的种类（除去 2 个化石种外），共有 27 种之多（又包括很多亚种）。Ellerman（1941）列出了 72 种，并分成古北区类型（Palaearctic forms）和新北区类型（Nearctic forms）：古北区类型又被分成欧䶄组（*glareolus* Group）、拉氏䶄组（*nageri* Group）、红背岸䶄组（*rutilus* Group）和棕背岸䶄组（*rufocanus* Group），共 47 种；新北区类型共 25 种。Ellerman 和 Morrison-Scott（1951）将古北区的类型归并成 3 种，即红背岸䶄（"*Clethrionomys*" *rutilus*）、欧䶄（"*C.*" *glareolus* (Schreber, 1780)）和棕背岸䶄（"*C.*" *rufocanus*）。Corbet 和 Hill（1991）列出了 7 种：安德森䶄（"*C.*" *andersoni* (Thomas, 1905b)）、西美䶄（"*C.*" *californicus* (Merriam, 1889a)）、灰背䶄（"*C.*" *centralis* (Miller, 1906)）、北美䶄（"*C.*" *gapperi* (Vigors, 1830)）、欧䶄（"*C.*" *glareolus*）、棕背岸䶄（"*C.*" *rufocanus*）和红背岸䶄（"*C.*" *rutilus*）。谭邦杰（1992）列出了 8 种，与 Corbet 和 Hill（1991）相比，少了"*C.*" *centralis*，多了北海道䶄（"*C.*" *rex* (Imaizumi, 1971)）和色丹䶄（"*C.*" *sikotanensis* (Tokuda, 1935)）。Musser 和 Carleton（2005）列举了 12 种，保留了 Corbet 和 Hill（1991）的 7 种，新增加了包括本洲䶄（*M. imaizumii* (Jameson, 1961)）、朝鲜䶄（*M. regulus* (Thomas,

1906))、北海道鼩（*M. rex*）、史密斯氏鼩（*M. smithii* (Thomas, 1905a)）和山西鼩（*M. shanseius* (Thomas, 1908a)）在内的 5 种。

中国的种类通常被认为有 3–5 种：Allen（1940）列出了“*Clethrionomys*” *glareolus*、“*C.*” *rutilus* 和“*C.*” *rufocanus* 等 3 种；黄文几等（1995）、罗泽珣等（2000）、王应祥（2003）列出了“*C.*” *rufocanus*、“*C.*” *rutilus*、“*C.*” *frater* (Thomas, 1908d)和“*C.*” *centralis* 等 4 种；潘清华等（2007）在上述 4 种的基础上增加了 *Myodes shanseius* (Thomas, 1908a)。鉴于“*C.*” *glareolus saianicus* (Thomas, 1911f)分布于中国国境之外，又考虑到目前的分类趋势，中国应有 4 种：*M. rutilus* (Pallas, 1778)、*M. rufocanus* (Sundevall, 1846)、*M. centralis* (Miller, 1906)和 *M. shanseius* (Thomas, 1908a)。

Myodes rufocanus 的化石在北京周口店地区和辽宁本溪庙后山地点虽有发现，但材料比较零星（Young, 1934；辽宁省博物馆、本溪市博物馆，1986）。*M. rutilus* 只发现于辽宁营口“金牛山人”遗址（郑绍华、韩德芬，1993）。早更新世重庆巫山的“*Clethrionomys sebaldi* Heller, 1963”以及安徽繁昌人字洞的“*Villanyia fanchangensis* Zhang, Kawamura et Jin, 2008”应是 *Myodes* 中同一种。

Kowalski（2001）总结了欧洲各地不同时代的“*Clethrionomys*”，把 Biharian 早期德国 Hohen-Sülgen 地点的“*C.*” *rufocanoides* Storch, Franzen et Malec, 1973 和匈牙利 Villány-5 地点的“*C.*” *solus* Kretzoi, 1956 归为“*Clethrionomys*” sp.；把 Biharian 至 Toringian 的罗马尼亚 Brasov 地点的“*C.*” *acrorhiza* Kormos, 1933a、德国混合地点的“*C.*” *esperi* (Heller, 1930)、英国 Tornewton Cave 的“*C.*” *harrisoni* (Hinton, 1926)和“*C.*” *kennardi* (Hinton, 1926)、匈牙利 Nagyharsanyhegy 地点的“*C.*” *hintoni* Kormos, 1934b 及其相似种统统归为“*C.*” *glareolus* (Schreber, 1780)；把 Villanyian 晚期至 Biharian 早期的波兰 Kadzielnia 地点的 *Dolomys kretzoii* Kowalski, 1958（= *Mimomys burgondiae* Chaline, 1975）、乌克兰 Nogajsk 地点的“*C.*” (*Acrorhiza*) *sokolovi* Topačevskij, 1965、德国 Doinsdorf-1 地点的“*C.*” *sebaldi* Heller, 1963 等归为“*C.*” *kretzoii* (Kowalski, 1958)，并同意 Tesakov（1996）的观点，即存在“*C.*” *kretzoii*→“*C.*” *glareolus* 的演化序列。由此看来，中国的化石种与欧洲化石种在演化阶段上也有可能进行比较。

繁昌岸鼩 *Myodes fanchangensis* (Zhang, Kawamura et Jin, 2008)

（图 84，图 85）

Borsodia chinensis：Tedford et al., 1991, p. 524, fig. 4 (partim)；Flynn et al., 1991, p. 256, tab. 2, fig. 4 (partim)；Flynn et al., 1997, p. 239, fig. 5 (partim)；Flynn et Wu, 2001, p. 197 (partim)

Mimomys cf. *M. orientalis*：Tedford et al., 1991, p. 524, fig. 4 (partim)

Mimomys orientalis：Flynn et al., 1991, p. 256, tab. 2 (partim), fig. 4

Clethrionomys sebaldi：郑绍华，1993，67 页，表 9，图 36

Mimomys irtyshensis：Flynn et al., 1997, p. 239, fig. 5 (partim)；Flynn et Wu, 2001, p. 197 (partim)

Borsodia n. sp.：郑绍华、张兆群，2000，图 2（部分）

Borsodia n. sp., *Hyperacrius yenshanensis*：郑绍华、张兆群，2001，图 3（部分）

Villanyia cf. *V. fanchangensis*：张颖奇等，2011，627 页，图 2G–N

正模 左下颌支带门齿及 m1–3（IVPP V 13991）。

模式居群 5 右下颌支带 m1–3、1 右下颌支带 m1、1 左下颌支带 m1–2、1 上颌骨带左 M1 和右 M1–2、461 m1、261 m2、94 m3、213 M1、189 M2、133 M3（IVPP V 13991.1–1359）。

模式产地及层位 安徽繁昌孙村镇癞痢山人字洞第 3 层和第 4 层，下更新统。

归入标本 甘肃灵台县邵寨镇雷家河村文王沟 93001 地点剖面：WL11-7 层，1 左 M2、1 右 M3、1 右 m1、1 左 1 右 m2、1 左 2 右 m3（IVPP V 18078.1–8）；WL11-6 层，1 左 M1（IVPP V 18078.9）；WL11-5 层，1 左 M1、1 右 M2、1 左 M3、1 左 m1、2 右 m2、1 左 m3（IVPP V 18078.10–16）；WL11-4 层，1 右 M1、2 右 M2、1 左 m3（IVPP V 18078.17–20）；WL11-3 层，1 左 1 右 M2、1 左 m1、1 左 m2、1 左 1 右 m3（IVPP V 18078.21–26）；WL11-2 层，1 左 m3（IVPP V 18078.27）；WL10-11 层，1 左 M1、1 右 M2、1 右 M3、1 左 1 右 m3（IVPP V 18078.28–32）；WL10-10 层，1 左 M3、1 右 m3（IVPP V 18078.33–34）；WL10-8 层，1 左 M1、1 左 1 右 M3、1 左 m1、1 左 1 右 m2、1 左 m3（IVPP V 18078.35–

42）；WL10-7 层，1 左 m1（IVPP V 18078.43）；WL10-6 层，1 右 M1、1 右 M2（IVPP V 18078.44–45）；WL10-5 层，1 左 M2（IVPP V 18078.46）；WL10-4 层，1 左 m1（IVPP V 18078.47）；WL10-2 层，1 左 1 右 m1、1 左 m2、1 右 m3（IVPP V 18078.48–51）；WL10 层，2 左 1 右 M1、1 右 M2、1 左 2 右 M3（IVPP V 18078.52–58）；WL8 层，1 左 M1、1 右 M2、2 左 1 右 M3、1 右 m1、2 右 m2（IVPP V 18078.59–66）；WL7-1 层，1 左 m3（IVPP V 18078.67）。河北阳原县化稍营镇小渡口村台儿沟东剖面：T6 层，1 右 m2（IVPP V 18813.1）；T11 层，1 后叶破损的左 m1、1 右 M3、1 破损的右 M2、1 破损的左 m2（IVPP V 18813.2–5）。山西榆社盆地：YS 5 地点，1 破损右 M3（IVPP V 22615.1）；YS 6 地点，1 右 M2、2 左 m1（IVPP V 22616.1–3）；YS 120 地点，1 右 M2、1 左 m3（IVPP V 22617.1–2）；YS 109 地点，1 左 M2、2 右 M3、1 左 1 右 m3（IVPP V 22618.1–5）。重庆巫山县庙宇镇龙坪村龙骨坡：第①层，1 右 M3（IVPP V 9648.69），1 右 m1（IVPP V 9648.104），1 左 m2（IVPP V 9648.111）；第③层，1 左 M1（IVPP V 9648.20）；第④层，1 左 m1（IVPP V 9648.70）；第⑤层，10 左 M1（IVPP V 9648.1–10），12 右 M1（IVPP V 9648.21–32），7 左 M2（IVPP V 9648.41–47），7 右 M2（IVPP V 9648.50–56），1 右 M3（IVPP V 9648.66），9 左 m1（IVPP V 9648.71–79），11 右 m1（IVPP V 9648.93–103），4 左 m2（IVPP V 9648.112–115），10 右 m2（IVPP V 9648.118–127），1 左 1 右 m3（IVPP V 9648.130–131），1 右下颌支带 m1–2（IVPP V 9648.132）；第⑥层，8 左 M1（IVPP V 9648.11–18），8 右 M1（IVPP V 9648.33–40），2 左 M2（IVPP V 9648.48–49），4 右 M2（IVPP V 9648.57–60），2 左 M3（IVPP V 9648.62–63），6 左 m1（IVPP V 9648.86–91），6 右 m1（IVPP V 9648.105–110），2 左 m2（IVPP V 9648.116–117），2 右 m2（IVPP V 9648.128–129）；第⑤B 层，1 右 M2（IVPP V 9648.61），2 左 M3（IVPP V 9648.64–65），2 右 M3（IVPP V 9648.67–68），6 左 m1（IVPP V 9648.80–85）；D 层，1 右 m2（IVPP V 9648.133）；E 层，1 左 M1（IVPP V 9648.19）。

归入标本时代 晚上新世—早更新世（～3.51–1.94 Ma）。

特征（修订） M3 的 LRA2 相当深，偶尔形成前部 EI；BRA2 常形成后部 EI；有 2–3 个 LSA 或 LRA；Is 3 狭窄，Is 2、Is 4 和 Is 5 开敞。m1（平均长度 2.50 mm，范围参考表 4）的 PL 之前有 3 个交错排列且封闭不甚严密的 T（T1–T3）；T4 和 T5 共同形成一个菱形且与椭圆形的 AC 汇通；Is 1–5 的封闭百分率分别为 98%、5%、78%、73%和 0 左右，Is 6–7 则分别为 2%和 0 左右；约 1/7 标本具 MR 和 PF；SDQ_P 为 122，属 *Mimomys* 型（范围参考表 4）；HH-Index 均值 4.56（$n = 45$）。下臼齿的 HH-Index 和上臼齿的 PA-Index 均值相对较大（见表 10）。

评注 安徽繁昌人字洞的 *Myodes fanchangensis* 虽然臼齿无白垩质的特征与 *Villanyia* 相同，但厚度较大的珐琅质层及圆滑的 SA 顶端，更多反映出 *Myodes* 属的特征。

繁昌的 *Myodes fanchangensis* 与重庆巫山的“*Clethrionomys sebaldi*”（郑绍华，1993）个体大小相当。前者 m1 和 M1 平均长度分别为 2.50 mm 和 2.20 mm，后者分别为 2.42 mm 和 2.12 mm；前者 m1 的 SDQ_P 为 122，后者为 145。两者 m1 都有不封闭的 Is 2、Is 5 和 Is 6，短宽的 AC，较高的上下齿尖湾，相同的齿根数且均有少量标本保留 MR 痕迹。两者 M3 的咬面均有 3 个 BRA 和 4 个 BSA，2 个 LRA 和 3 个 LSA，BRA1 和 LRA3 磨蚀后可形成前部和后部 2 个 EI。两者细微的差别是：前者臼齿“全无”、后者部分臼齿有白垩质；前者 m1 的 HH-Index 均值 4.56 较后者的 3.88 略大。这些细微的不同可能仅反映出个体差异或测量误差，因此将它们视为同种。

繁昌标本与甘肃灵台标本也有许多相同的地方：臼齿无白垩质；m1 的 LRA3 和 BRA2 斜向相对，T4 和 T5 完全汇通，没有 MR 发育；M3 发育有前后 2 个 EI 等。它们也应被视为同种而不是相似种（张颖奇等，2011）。河北阳原台儿沟东剖面 C–B 段的材料虽少，但其 M3 和 m1 的性状与繁昌标本也是一致的，也应视为同种而不是相似种。

繁昌的 *Myodes fanchangensis* 与德国谢恩费尔德（Schernfeld）地点的 *M. kretzoii* (Kowalski, 1958)（Carls et Rabeder, 1988）的不同之处在于：①臼齿全部而不是部分缺失白垩质；②个体较大，前者 m1 平均长度为 2.50 mm，后者 m1 平均长度为 2.13 mm；③前者 m1 的 AC 较短且简单，后者较长且复杂；④前者 M3 有 2–3 个 LSA、3 个 BSA 和短的 PL，后者有 3 个 LSA、3–4 个 BSA 和较长的 PL；⑤前者

M3 的 LRA2 较 LRA3 深，BRA1 较 BRA2 深，后者 LRA2 与 LRA3 及 BRA1 与 BRA2 近乎等深。

Myodes fanchangensis 与波兰 Kadzielnia-1 地点的 *M. kretzoii* 的个体大小相当（后者 m1 长 2.12–3.03 mm），但后者 m1 的 HH-Index 均值（2.10）明显小于前者。

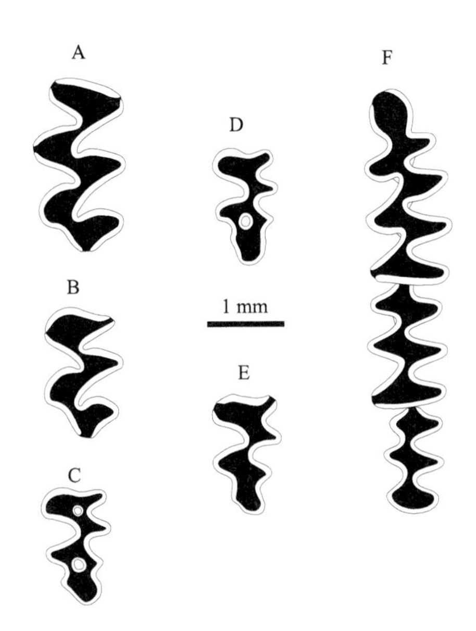

图 84　安徽繁昌孙村镇癞痢山人字洞 *Myodes fanchangensis* 臼齿咬面形态（据 Zhang et al., 2008b）

Figure 84　Occlusal morphology of molars of *Myodes fanchangensis* from Renzi Cave, Laili Mountain, Suncun Town, Fanchang, Anhui (after Zhang et al., 2008b)

A. L M1（IVPP V 13991.971），B. L M2（IVPP V 13991.1161），C. L M3（IVPP V 13991.1304），D. L M3（IVPP V 13991.1274），E. L M3（IVPP V 13991.1351），F. l m1–3（IVPP V 13991：正模 holotype）

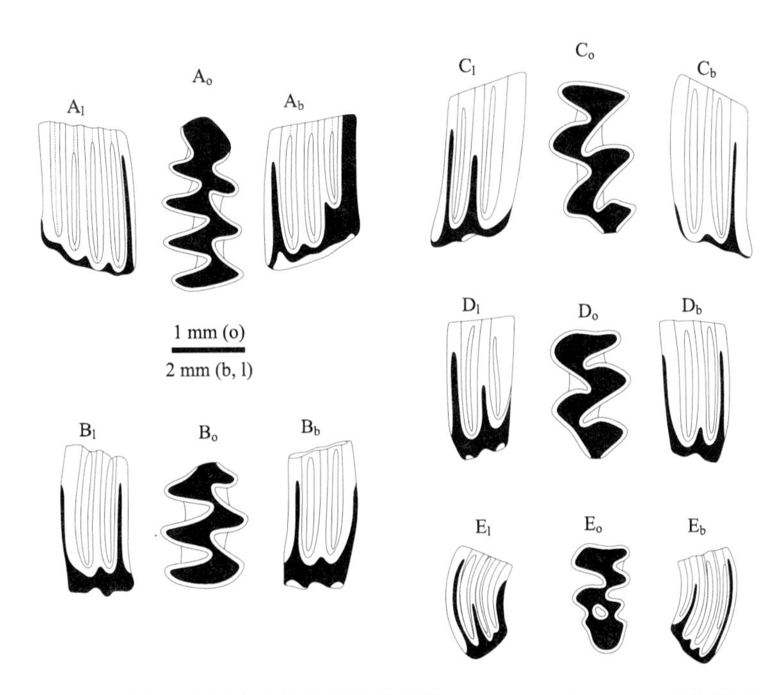

图 85　重庆巫山县庙宇镇龙坪村龙骨坡 *Myodes fanchangensis* 臼齿形态

Figure 85　Molars of *Myodes fanchangensis* from Longgupo, Longping Village, Miaoyu Town, Wushan County, Chongqing

A_o–E_o. 咬面视 occlusal view，A_b–E_b. 颊侧视 buccal view，A_l–E_l. 舌侧视 lingual view

A. r m1（IVPP V 9648. 93），B. r m2（IVPP V 9648.118），C. L M1（IVPP V 9648.1），D. L M2（IVPP V 9648.41），E. L M3（IVPP V 9648.62）

表 10　重庆巫山龙骨坡繁昌岸䶄*Myodes fanchangensis* 臼齿长度和齿尖湾高度及指数

Table 10　Molar length and sinuous line parameters in *Myodes fanchangensis* from Longgupo, Wushan, Chongqing

m1	*L*/mm	2.42 (2.20–2.62, *n*=36)
	Hsd/mm	2.71 (2.07–3.57, *n*=15)
	Hsld/mm	2.82 (2.07–3.67, *n*=20)
	HH-Index	3.88 (2.97–4.86, *n*=14)
m2	*L*/mm	1.56 (1.40–1.97, *n*=17)
	Hsd/mm	2.45 (2.17–2.70, *n*=10)
	Hsld/mm	2.57 (2.07–2.97, *n*=11)
	HH-Index	3.57 (3.19–3.89, *n*=10)
m3	*L*/mm	1.57 (*n*=1)
	Hsd/mm	2.33 (*n*=1)
	Hsld/mm	2.40 (*n*=1)
	HH-Index	3.35 (*n*=1)
M1	*L*/mm	2.12 (1.80–2.27, *n*=36)
	Prs/mm	3.15 (1.23–3.57, *n*=12)
	As/mm	3.09 (2.43–3.80, *n*=12)
	Asl/mm	2.91 (2.53–3.10, *n*=12)
	PAA-Index	5.04 (3.94–5.73, *n*=12)
	PA-Index	4.11 (2.94–4.74, *n*=12)
M2	*L*/mm	1.58 (1.47–1.67, *n*=16)
	Prs/mm	2.27 (1.17–3.27, *n*=10)
	As/mm	2.59 (1.77–3.07, *n*=8)
	PA-Index	3.43 (2.65–4.22, *n*=8)
M3	*L*/mm	1.68 (1.40–1.97, *n*=8)
	Prs/mm	1.94 (1.23–3.00, *n*=7)
	As/mm	2.55 (1.80–3.70, *n*=5)
	PA-Index	3.31 (2.55–4.76, *n*=5)

注：表中括号前数值为均值，括号内数值为范围和标本数。

Note：Numbers before the parentheses are means, and numbers inside the parentheses are ranges and specimen numbers.

德国巴伐利亚谢恩费尔德地点 *Myodes kretzoii* 的测量数据提供了与 *M. fanchangensis* 详细对比的可能（Carls et Rabeder, 1988）。前者 m1、m2、m3 的 HH-Index 均值分别为 3.09、2.44、1.63，M1、M2、M3 的 PA-Index 均值分别为 3.04、2.62、2.02。重庆巫山龙骨坡 m1、m2 和 m3 的 HH-Index 均值分别为 3.88、3.57、3.35，M1、M2 和 M3 的 PA-Index 均值分别为 4.11、3.43、3.31，显然比德国种大。根据较简单的 m1 和 M3 形态判断，中国的 *M. fanchangensis* 比欧洲的 *M. kretzoii* 明显原始。

棕背岸䶄 ***Myodes rufocanus*** **(Sundevall, 1846)**

（图 86）

Evotomys rufocanus：Young, 1934, p. 85, fig. 32, pl. 8, fig. 6

Clethrionomys rufocanus：辽宁省博物馆、本溪市博物馆，1986，43 页，图 24，图版七，图 2

Clethrionomys sp.：王辉、金昌柱，1992，60 页，图 4-9，图版 III，图 4

正模　不详。据 Hinton（1926），标本收藏在斯德哥尔摩博物馆（Stockholm Museum）。

模式产地　瑞典北部 Lappmark。

归入标本　北京周口店第 1 地点：2 右下颌支分别带 m1–3（Cat.C.L.G.S.C.Nos.C/C. 1171）和 m1–2（Cat.C.L.G.S.C.Nos.C/C. 1172）。辽宁本溪县小市镇山城子村庙后山：1 颅骨带左 M1–3 和右 M1–2（B.S.M. 7802A-46），1 左 2 右下颌支带 m1–3（B.S.M. 7802A-41, 7901AT-T1-11, 7901AT-T2-21）。

归入标本时代　中更新世。

特征（修订）　M1 和 M2 有 T5 雏形。成年个体 M3 的 PL 缩短，每侧只有 3 个 SA、2 个 RA，T 间封闭不太严密。成年个体 m1 的 PL 之前有 4 个封闭的 T，Is 1–5 的封闭百分率均为 100%，但在年轻个体 T5 与 AC 之间通常是汇通的。

评注　周口店第 1 地点的材料虽然只有 2 件破损下颌支（Young, 1934），但因其臼齿具有齿根无疑应属 *Myodes* 属。其 m1 的 PL 之前有 5 个交错排列且彼此封闭较严的 T 和简短的 AC，或具 5 个 LSA、4 个 LRA 及 4 个 BSA、3 个 BRA，这些特征与棕背䶄一致。

辽宁本溪庙后山的材料较好（辽宁省博物馆、本溪市博物馆，1986），包括了上、下颌骨。这里重新绘制了上、下臼齿咬面形态（图 86）。很明显，其每侧只具 3 个 SA 的 M3 和封闭较严的齿峡无疑与棕背䶄的定义相符。

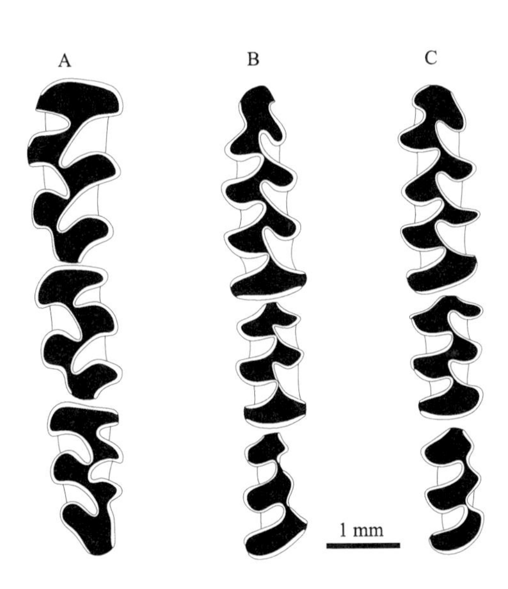

图 86　辽宁本溪县小市镇山城子村庙后山 *Myodes rufocanus* 臼齿咬面形态

Figure 86　Occlusal morphology of *Myodes rufocanus* from Miaohou Mountain, Shanchengzi Village, Xiaoshi Town, Benxi County, Liaoning

A. L M1–3（B.S.M. 7802A-46），B. r m1–3（B.S.M. 7802A-41），C. r m1–3（B.S.M. 7901AT-T1-11）

红背岸䶄 *Myodes rutilus* (Pallas, 1778)

（图 87）

Clethrionomys rutilus：郑绍华、韩德芬，1993，72 页，图 46

Clethrionomys sp.：王辉、金昌柱，1992，60 页，图 4-9，图版 III，图 4

正模　不明。

模式产地　俄罗斯西伯利亚鄂毕河东。

归入标本　辽宁营口市永安镇西田村“金牛山人”遗址第 4–6 层：1 破碎颅骨中部带 M1–2（Y.K.M.M. 15），2 左上颌带 M1–3、1 右下颌支带 m1–3、1 右下颌支带 m1–2、1 左下颌支带 m1–3、1 左下颌支带 m1–2、1 右 M3、1 左 1 右 m3（Y.K.M.M. 15.1–9）。辽宁大连市甘井子区海茂村：1 左 M1、1 右 m2（DH 8995）。河北阳原县化稍营镇：钱家沙洼村洞沟剖面第 16 层，1 右 m1（IVPP V 25274）；小渡口村台儿沟东剖面 F09 层，1 左 m2（IVPP V 18820）。

归入标本时代　早更新世—现代。

特征（修订）　中等大小。上门齿无纵沟。臼齿齿根在年幼阶段就萌出。M1 和 M2 无 LSA4 或 T5 痕迹。M3 具 4 个 LSA 和 3–5 个 BSA，Is 3 和 Is 4 相较其他齿峡封闭。m1 的 PL 之前有 5 个

T 和简短 AC，其中 T1 和 T2、T3 和 T4、T5 和 AC 不封闭，即 Is 1、Is 3、Is 5 较 Is 2、Is 4、Is 6 封闭。

评注 郑绍华和韩德芬（1993）记述的金牛山的 M3 有 4 个 LSA、3–4 个 BSA 以及较深的 BRA1，与 *Myodes rutilus* 定义相符（图 87）。就其个体大小（M1–3 平均长度 5.06 mm，m1–3 平均长度 5.14 mm）而言，与现生亚种 *M. r. amurensis* (Schrenk, 1859)（罗泽珣等，2000：M1–3 平均长度 4.80 mm，m1–3 平均长度 4.80 mm）和 *M. r. rutilus* (Pallas, 1778)（罗泽珣等，2000：M1–3 平均长度 4.90 mm，m1–3 平均长度 5.00 mm）都十分接近。

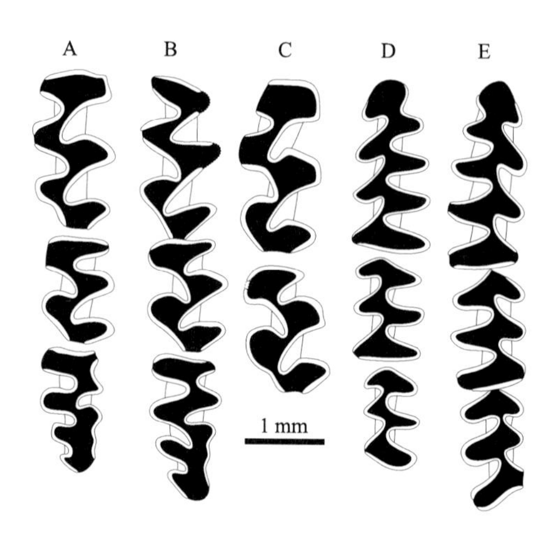

图 87 辽宁营口市永安镇西田村"金牛山人"遗址 *Myodes rutilus* 臼齿咬面形态（据郑绍华、韩德芬，1993）

Figure 87 Occlusal morphology of *Myodes rutilus* from the "Jinniushan Man" Site, Xitian Village, Yong'an Town, Yingkou City, Liaoning (after Zheng et Han, 1993)

A. L M1–3（Y.K.M.M. 15.1），B. L M1–3（Y.K.M.M. 15.2），C. L M1–2（Y.K.M.M. 15），D. l m1–3（Y.K.M.M. 15.5），E. r m1–3（Y.K.M.M. 15.3）

大连海茂的"*Clethrionomys* sp."材料是 1 左 M1 和 1 右 m2（DH 8995），有齿根，珐琅质层较厚且少分异（王辉、金昌柱，1992）。这些性状基本与这里的 *Myodes* 相符。m2 的 PL 之前 2 对 T 之间不封闭的性状与 *M. rutilus* 相同，而与 *M. rufocanus* 相区别。至于 M1 的 Is 1、Is 3、Is 4，m2 的 Is 2、Is 4 较不封闭的现象可解释成个体变异（标本为老年个体）。其个体较小，可解释成较原始性状。M1 的长度（1.90 mm）接近于金牛山 M1 均值（1.96 mm）；m2 长度（1.30 mm）接近于金牛山 m2 均值（1.38 mm）。

产自洞沟剖面第 16 层的 1 右 m1（IVPP V 25274）被报道为"?*Clethrionomys* sp."（郑绍华等，2006）。该牙齿代表一极为年轻个体，齿根还未长出，褶沟内还无白垩质发育。PL 之前有 5 个交错排列的 T 和椭圆形的、颊侧发育有极弱的 SA（或 RA）的 AC；有 5 个 LSA、4 个 LRA，4 个 BSA、3 个 BRA；Is 1 和 Is 4 较 Is 2、Is 3、Is 5、Is 6 封闭；珐琅质层厚度少分异。这些性状显示该牙较现生种稍原始，这里也暂时归入 *Myodes rutilus*。其长度（2.40 mm）大于金牛山标本的均值（2.27 mm），但等于其最大值（2.40 mm）。

产自台儿沟东剖面 F09 层的 1 左 m2（IVPP V 18820）具有与大连海茂标本一样的形态，有齿根、珐琅质层厚度较大且发育有白垩质，亦可暂时归入 *Myodes rutilus*。其长度（1.30 mm）小于金牛山的均值（1.38 mm），大于其最小值（1.28 mm）。

鼢鼠亚科 Myospalacinae Lilljeborg, 1866

鼢鼠亚科内属种的主要特征体现在门齿孔与齿隙长度、枕宽与枕高、M2 的宽与长以及两 M1 与两 M3 间腭宽的比率（表 11—表 14）。

族和属的检索

I. 有间顶骨，枕凸，臼齿有根 ………………………………………………………………… 原鼢鼠族 Prosiphneini

a. 间顶骨方形，位于人字脊两翼连线之后，m1 的 lra3 与 bra2 深且相对 …………………… 原鼢鼠属 *Prosiphneus*

b. 间顶骨梭形，位于人字脊两翼连线之间，m1 的 lra3 与 bra2 深且相对 ……………… 上新鼢鼠属 *Pliosiphneus*

c. 间顶骨半圆形，位于人字脊两翼连线之前，m1 的 lra3 与 bra2 深且前者位于后者前方 ……………………
…………………………………………………………………………………………………… 日进鼢鼠属 *Chardina*

II. 无间顶骨，枕凹、枕平或枕凸，臼齿有根或无根 ………………………………………………… 鼢鼠族 Myospalacini

a. 枕凹，人字脊在矢状区不连续

1. 臼齿有根，m1 的 lra3 显著位于 bra2 之前，ac 前端尖锐有珐琅质层 ……………… 中鼢鼠属 *Mesosiphneus*

2. 臼齿无根，m1 的 lra3 与 bra2 深且相对，ac 前端尖锐有珐琅质层 ……………………… 杨氏鼢鼠属 *Yangia*

b. 枕平，人字脊在矢状区连续

1. 臼齿有根，m1 的 lra3 较 bra2 浅，ac 前端平且有珐琅质层 ………………………… 后鼢鼠属 *Episiphneus*

2. 臼齿无根，m1 的 lra3 较 bra2 浅，ac 前端平且有珐琅质层 …………………………… 鼢鼠属 *Myospalax*

c. 枕凸，人字脊在矢状区不连续，臼齿无根，m1 的 lra3 极浅，ac 前端突出且无珐琅质层

1. 臼齿褶沟和褶角发育，m1 无 lra4 和 lsa4……………………………………………… 始鼢鼠属 *Eospalax*

2. 臼齿褶沟和褶角不发育，m1 有 lra4 和 lsa4…………………………………………… 异鼢鼠属 *Allosiphneus*

原鼢鼠族 Prosiphneini Leroy, 1941

原鼢鼠属 *Prosiphneus* Teilhard de Chardin, 1926a

Myotalpavus：Miller, 1927, p. 16

模式种 *Prosiphneus licenti* Teilhard de Chardin, 1926a

特征（修订） 小型。间顶骨方形，位于人字脊（在矢状区中断）两翼连线之后，凸枕。鼻骨铲形，鼻/额缝合线呈浅的∧状，其后端基本与前颌/额缝合线持平。额脊间狭窄，顶脊间向后迅速变宽。顶脊与顶/鳞缝合线不相交。枕区无鳞骨。前颌/上颌缝合线将门齿孔一分为二。两上臼齿列在原始种类中相互平行排列，在较进步种类中呈八字形排列。M1–3 通常各具 3–2 齿根。m1 的 ac 偏向颊侧或居中，bra2 和 lra3 深且彼此相对。上臼齿（特别是 M1）的颊侧珐琅质参数 *A*、*B*、*C*、*D* 和下臼齿（特别是 m1）的舌侧珐琅质参数 *a*、*b*、*c*、*d*、*e* 值在原始种类中小（甚至小于 0）；在进步种类中大（一般大于 0），但绝对数值偏小。

中国已知种 秦安原鼢鼠 *Prosiphneus qinanensis* Zheng, Zhang et Cui, 2004、邱氏原鼢鼠 *P. qiui* Zheng, Zhang et Cui, 2004、郝氏原鼢鼠 *P. haoi* Zheng, Zhang et Cui, 2004、桑氏原鼢鼠 *P. licenti* Teilhard de Chardin, 1926a、鼠形原鼢鼠 *P. murinus* Teilhard de Chardin, 1942、天祝原鼢鼠 *P. tianzuensis* (Zheng et Li, 1982)、艾氏原鼢鼠 *P. eriksoni* (Schlosser, 1924)。

分布与时代 甘肃、山西、内蒙古和陕西，晚中中新世—早上新世。

评注 到目前为止，只有 *Prosiphneus licenti* 的正模（Teilhard de Chardin, 1942：fig. 30，颅骨）及 *Pr. murinus* 的正模（Teilhard de Chardin, 1942：fig. 27，颅骨，IVPP RV 42008）能够代表 *Prosiphneus* 的颅骨特征，而被归入“*Prosiphneus murinus*”或被记述成“*murinus*-group”的颅骨标本（Teilhard de Chardin, 1942：figs. 28, 34B）应属于 *Pliosiphneus*（Zheng, 2017）。比较起来，山西榆社的 *Pr. murinus* 颅骨比甘肃庆阳的 *Pr. licenti* 颅骨保存更好。此处所列颅骨上的鉴别特征主要根据前者。

表 11 *Prosiphneus*、*Pliosiphneus* 和 *Chardina* 中不同种类门齿孔与齿隙长度及二者百分比率

Table 11 Length of the incisive foramen and the diastema and their ratio in percentage in species of *Prosiphneus*, *Pliosiphneus* and *Chardina*

种 Species	标本数 *n*	门齿孔长/mm Length of incisive foramen/mm	齿隙长/mm Length of diastema/mm	百分比率/% Ratio in percentage/%
Pr. licenti	1	4.60	11.60	40
Pr. murinus	2	6.90 (6.80–7.00)	10.35 (9.50–11.20)	67 (63–72)
Pl. antiquus	1	7.40	12.00	62
Pl. lyratus	2	5.30 (5.20–5.40)	12.50 (11.50–13.50)	43 (40–45)
Pl. puluensis	1	6.20	13.00	48
C. truncatus	3	4.70 (4.70–4.70)	13.43 (13.00–14.00)	35 (34–36)
C. sinensis	1	4.40	10.50	42

注：表中括号前数值为均值，括号内数值为范围。

Note：Numbers before the parentheses are means, and numbers inside the parentheses are ranges.

表 12 不同属种鼢鼠颅骨枕宽与枕高及二者百分比率

Table 12 Occipital width and height of the cranium and their ratio in percentage in myospalacines

种 Species	标本数 *n*	枕宽/mm Occipital width/mm	枕高/mm Occipital height/mm	百分比率/% Ratio in percentage/%
Prosiphneus licenti	1	23.60	15.00	157
P. murinus	2	20.00 (20.00–20.00)	14.25 (14.00–14.50)	140 (138–143)
Pliosiphneus lyratus	1	30.00	17.00	176
Chardina truncatus	3	25.17 (24.70–25.80)	18.27 (17.80–19.00)	138 (130–145)
Mesosiphneus praetingi	1	29.20	20.00	146
M. intermedius	2	26.25 (25.50–27.00)	19.90 (18.50–21.30)	133 (120–146)
Yangia omegodon	4	23.03 (20.60–25.20)	14.85 (14.40–15.30)	155 (135–170)
Y. trassaerti	1	27.00	20.20	134
Y. chaoyatseni	9	26.38 (22.90–30.40)	18.90 (17.20–21.00)	140 (118–174)
Y. tingi	11	32.1 (29.60–35.40)	22.56 (21.20–24.70)	143 (123–157)
Y. epitingi	11	37.57 (33.50–42.00)	25.72 (23.00–29.40)	146 (131–160)
Allosiphneus arvicolinus	4	42.80 (38.30–46.40)	30.50 (27.50–33.80)	141 (133–149)
Eospalax cansus	9	31.98 (28.60–34.60)	21.11 (19.30–24.00)	144 (131–16)
E. fontanieri	20	34.20 (28.00–39.00)	23.49 (20.20–27.40)	146 (132–154)
E. youngianus	1	24.80	18.90	13
Myospalax aspalax	15	27.83 (25.00–32.70)	21.58 (19.80–24.20)	128 (106–140)
M. wongi	1	22.80	17.30	132
M. psilurus	4	30.85 (25.40–34.00)	25.55 (22.80–27.40)	122 (111–136)

注：表中括号前数值为均值，括号内数值为范围；宽-高比率越大枕面越呈三角形或方形，反之越呈圆形。

Notes: Numbers before the parentheses are means, and numbers inside the parentheses are ranges; The outline of the occipital shield more tends to be triangular or square when the ratio is larger, while circular when the ratio is smaller.

表 13　不同种类鼢鼠 M2 的宽、长及二者百分比率

Table 13　Width and length of M2 and their ratio in percentage in myospalacines

种 Species	标本数 *n*	宽/mm Width/mm	长/mm Length/mm	百分比率/% Ratio in percentage/%
Prosiphneus qinanensis	3	1.63 (1.50–1.80)	2.30 (2.10–2.40)	71 (67–75)
P. qiui	9	1.82 (1.20–2.20)	2.31 (2.10–2.50)	79 (52–91)
P. haoi	1	1.50	2.00	75
P. licenti	8	1.84 (1.30–2.30)	2.20 (2.00–2.30)	83 (65–100)
P. murinus	4	1.91 (1.50–2.50)	2.40 (2.20–2.60)	79 (65–96)
P. tianzuensis	1	2.00	2.40	83
P. eriksoni	33	2.01 (1.60–2.50)	2.39 (2.10–2.80)	84 (73–96)
Pliosiphneus antiquus	2	2.70 (2.60–2.80)	2.45 (2.40–2.50)	110 (104–117)
P. lyratus	27	2.38 (1.80–2.90)	2.63 (2.30–3.10)	90 (75–113)
P. puluensis	1	2.30	2.90	79
Chardina sinensis	1	2.40	2.50	96
C. truncatus	1	2.61	2.61	100
C. teilhardi	2	2.20 (1.90–2.50)	2.40 (2.30–2.50)	85 (76–93)
Eospalax cansus	29	2.16 (1.90–2.50)	3.29 (2.80–3.80)	66 (58–74)
E. fontanieri	33	2.31 (1.90–2.70)	3.47 (2.80–4.00)	67 (58–76)
E. lingtaiensis	2	1.60 (1.60–1.60)	2.40 (2.30–2.50)	67 (64–70)
E. rothschildi	2	2.20 (2.20–2.20)	3.45 (3.40–3.50)	64 (63–65)
E. simplicidens	1	1.70	2.70	63
E. smithii	1	1.90	3.00	63
E. youngianus	3	1.90 (1.80–2.00)	2.83 (2.70–3.00)	67 (67–68)
Allosiphneus arvicolinus	8	3.23 (2.80–3.60)	6.06 (5.40–6.50)	53 (51–58)
A. teilhardi	1	2.90	5.10	57
Episiphneus youngi	4	1.90 (1.60–2.20)	2.38 (2.10–2.50)	80 (68–88)
Myospalax aspalax	12	1.99 (1.80–2.20)	2.91 (2.60–3.30)	69 (63–81)
M. wongi	1	1.80	2.60	69
M. psilurus	4	2.08 (1.96–2.20)	3.30 (3.15–3.50)	63 (62–63)
Mesosiphneus praetingi	7	2.60 (2.50–2.80)	2.76 (2.60–2.90)	94 (89–104)
M. intermedius	1	2.70	2.80	96
Yangia omegodon	6	2.13 (2.00–2.20)	2.83 (2.50–3.00)	76 (69–88)
Y. trassaerti	8	2.09 (1.80–2.40)	2.96 (2.80–3.10)	70 (62–76)
Y. chaoyatseni	15	2.17 (2.00–2.40)	3.33 (2.60–3.70)	65 (59–77)
Y. tingi	18	2.31 (2.10–2.60)	3.82 (3.30–4.20)	61 (53–66)
Y. epitingi	21	2.45 (2.30–2.80)	4.09 (3.70–4.70)	60 (53–68)

注：表中括号前数值为均值，括号内数值为范围；测量方法是沿舌侧缘为基础线测量，计算牙齿的宽-长比率；*Eospalax* 内各种（除 *E. simplicidens* 外）M2 最大宽度在前叶处；其他属种 M2 的最大宽度则在 BSA2 处。

Notes: 1. Numbers before the parentheses are means, and numbers inside the parentheses are ranges; 2. The line along the lingual edge of T1 and parallel to the long axis of the tooth is taken as the baseline when measuring the width; the maximum width of M2 is at the anterior lobe in *Eospalax* (except for *E. simplicidens*), while at BSA2 in all other species.

表 14 不同种类鼢鼠两 M1 与两 M3 间腭宽及二者百分比率

Table 14 Palatal width at M1s and M3s and their ratio in percentage in myospalacines

种 Species	标本数 *n*	两 M1 间宽/mm Palatal width at M1s/mm	两 M3 间宽/mm Palatal width at M3s/mm	百分比率/% Ratio in percentage/%
Prosiphneus licenti	1	4.80	5.10	94
Pr. murinus	1	5.20	7.00	74
Pliosiphneus lyratus	1	5.50	6.60	83
Pl. puluensis	1	5.10	5.60	91
Pl. antiquus	1	4.60	5.50	84
Chardina truncatus	1	4.80	6.50	74
Eospalax cansus	18	5.43 (4.30–7.00)	6.18 (5.70–7.80)	82 (74–97)
E. fontanieri	28	5.55 (4.60–7.00)	6.51 (5.50–7.50)	85 (73–97)
E. rothschildi	2	5.30 (5.00–5.60)	6.85 (6.40–7.30)	78 (77–78)
E. simplicidens	1	4.10	6.00	68
E. smithii	1	5.40	6.30	86
E. youngianus	3	4.07 (3.60–4.70)	5.93 (5.80–6.10)	69 (61–81)
Allosiphneus arvicolinus	7	8.19 (7.20–9.00)	10.34 (9.50–11.40)	79 (73–85)
A. teilhardi	1	6.20	6.80	91
Mesosiphneus praetingi	6	4.55 (3.80–5.60)	6.1 (5.20–7.00)	75 (68–80)
M. intermedius	1	4.60	6.00	76
Yangia omegodon	2	5.30 (4.80–5.80)	6.40 (6.20–6.60)	77 (76–77)
Y. trassaerti	1	5.60	7.40	76
Y. chaoyatseni	11	5.31 (4.70–6.00)	7.08 (6.20–8.00)	75 (65–82)
Y. tingi	16	5.64 (5.00–6.40)	7.75 (6.50–8.80)	73 (61–89)
Y. epitingi	9	6.46 (5.70–7.50)	8.76 (7.00–10.40)	74 (65–81)
Episiphneus youngi	1	5.00	6.60	76
Myospalax aspalax	9	5.00 (4.60–5.50)	7.03 (6.70–7.30)	71 (64–77)
M. wongi	1	5.00	6.70	75
M. psilurus	4	4.70 (4.70–4.70)	6.55 (6.10–6.70)	72 (70–77)

注：表中括号前数值为均值，括号内数值为范围；腭宽指在两 M1 的 LSA2 顶端间的宽度以及在两 M3 的 LSA2 顶端间的宽度，通常平均比率≥80%者可以认为是近于平行排列，反之为八字形排列。

Notes: 1. Numbers before the parentheses are means, and numbers inside the parentheses are ranges; 2. The palatal width at M1s and M3s is defined as the distance between the LSA2 apex of the M1s and M3s, respectively, the two molar rows are considered to be parallel when the ratio is equal to or larger than 80%, while anteriorly convergent when the ratio is smaller than 80%.

属内检索

I. 上臼齿颊侧、下臼齿舌侧珐琅质曲线起伏小，其最高（或最低）点远离同侧褶沟顶（或底）端，M1、M2、M3 各有 3 个分叉早的齿根

a. 珐琅质曲线起伏较小，远离同侧褶沟终端；m1 的 *a*、*b*、*c*、*d*、*e* 值分别为–1.27 mm、–1.13 mm、–0.63 mm、–1.20 mm、–1.30 mm 左右；M1（*n* = 2）的 *A*、*B*、*C*、*D* 均值分别为–0.50 mm、–0.49 mm、0.40 mm、–0.33 mm……………………………………………………………………………………秦安原鼢鼠 *P. qinanensis*

b. 珐琅质曲线起伏较大，接近同侧褶沟终端；m1（*n* = 5）的 *a*、*b*、*c*、*d*、*e* 均值分别为–0.63 mm、–0.54 mm、–0.42 mm、–0.61 mm、–0.68 mm；M1（*n* = 5）的 *A*、*B*、*C*、*D* 均值分别为–0.46 mm、–0.44 mm、–0.37 mm、–0.39 mm ……………………………………………………………………………………… 邱氏原鼢鼠 *P. qiui*

II. 上臼齿颊侧、下臼齿舌侧珐琅质曲线起伏大，其最高（或最低）点接近或超过同侧褶沟顶（或底）端，M1、M2、M3 各有 3 个基部愈合或分叉较晚的齿根

a. 下臼齿 bra 内有附尖

1. 附尖位置较高；m1 的 *a*、*b*、*c*、*d*、*e* 值分别为–0.80 mm、–0.30 mm、0.10 mm、–0.23 mm、–0.10 mm

左右 ……………………………………………………………………………………………………郝氏原鼢鼠 *P. haoi*

2. 附尖位置较低；m1（*n* = 9）的 *a*、*b*、*c*、*d*、*e* 均值分别为 0.09 mm、0.46 mm、0.48 mm、0.24 mm、0.10 mm；M1（*n* = 9）的 *A*、*B*、*C*、*D* 均值分别为 0.07 mm、0.50 mm、0.56 mm、0.16 mm ……………………………………………………………………………………………………桑氏原鼢鼠 *P. licenti*

3. 附尖位置最低；m1（*n* = 6）的 *a*、*b*、*c*、*d*、*e* 均值分别为 0.05 mm、0.73 mm、0.72 mm、0.50 mm、0.12 mm；M1（*n* = 5）的 *A*、*B*、*C*、*D* 均值分别为 0.18 mm、1.02 mm、0.88 mm、0 mm ……………………………………………………………………………………………天祝原鼢鼠 *P. tianzuensis*

b. 下臼齿 bra 内无附尖

1. m1（*n* = 9）的 *a*、*b*、*c*、*d*、*e* 均值分别为 0.01 mm、0.57 mm、0.51 mm、0.25 mm、0.10 mm；M1（*n* = 6）的 *A*、*B*、*C*、*D* 均值分别为 0.22 mm、0.68 mm、0.72 mm、0.28 mm …… 鼠形原鼢鼠 *P. murinus*

2. m1（*n* = 15）的 *a*、*b*、*c*、*d*、*e* 值分别为 0.05 mm、1.21 mm、1.07 mm、0.51 mm、0.40 mm；M1（*n* = 16）的 *A*、*B*、*C*、*D* 均值分别为 0.28 mm、1.03 mm、1.17 mm、0.32 mm…· 艾氏原鼢鼠 *P. eriksoni*

艾氏原鼢鼠 ***Prosiphneus eriksoni* (Schlosser, 1924)**

（图 88）

Siphneus eriksoni：Schlosser, 1924, p. 36, pl. III, figs. 5–11

Myotalpavus eriksoni：Miller, 1927, p. 16；Zheng, 1994, p. 62, figs. 5–6, 9–12

Myotalpavus sp.：Zheng, 1994, p. 62, figs. 10, 12

Myospalax eriksoni：Lawrence, 1991, p. 282

Prosiphneus ex gr. *ericksoni*：Mats et al., 1982, p. 118, fig. 12(2), pl. XIV, figs. 2–12 (partim)

Prosiphneus sp.：Qiu et al., 2006, p. 181；Qiu et al., 2013, p. 177, Appendix

选模 Schlosser（1924）在描述该种时未指定模式标本，此处指定他的图版 III，图 10a 和 11（pl. III, figs. 10a, 11）所示带 m1–3 的无编号的左下颌支作为选模。标本由 J. G. Andersson 和他的中国同事于 1919–1920 年采集，现保存在瑞典乌普萨拉大学博物馆。

模式居群 9 下颌支带臼齿（IVPP V 17824–17832），85 M1、108 M2、83 M3、123 m1、104 m2、76 m3（IVPP V 17833.1–579）。

模式产地及层位 内蒙古化德县二登图第 1 地点，上中新统。

归入标本 内蒙古化德县哈尔鄂博地点：2 下颌支带臼齿、6 M1、6 M2、5 M3、12 m1、7 m2、3 m3（IVPP V 17833.580–620）。内蒙古阿巴嘎旗宝格达乌拉：IM 0702 地点，4 M1、2 M2、5 m1、3 m2（IVPP V 19909.1–14）；IM 0703 地点，1 残破右 M1（IVPP V 19910）。甘肃秦安县魏店镇董湾村董湾剖面（QA-III）：第 8 层，2 右 m1、1 右 m2（IVPP V 18595.1–3）；第 9 层，1 左 m2（IVPP V 18595.4）；第 10 层，1 右下颌支带 m1–3、1 左 2 右 m1、1 左 m2、1 左 m3、1 左 M1（IVPP V 18595.5–11）；第 11 层，1 左下颌支带 m1–3、4 左 3 右 m1、2 左 2 右 m2、2 左 m3、2 左 2 右 M1、3 左 3 右 M2、3 左 3 右 M3（IVPP V 18595.12–40）；第 12 层，1 右 M1（IVPP V 18595.41）。甘肃灵台县邵寨镇雷家河村小石沟：72074(3)地点剖面底层（相当于 72074(4)剖面 L11 层），1 右 M1、1 左 M3（IVPP V 17834.1–2）；72074(4)地点剖面，L7-2 层，1 右 m1、1 右 m2（IVPP V 17834.5–6），L8-4 层，1 左 M3（IVPP V 17834.3），L9-2 层，2 左 M2（IVPP V 17834.7–8）、1 右 M3（IVPP V 17834.4）。

归入标本时代 晚中新世—早上新世（>7.00–4.83 Ma）。

特征（修订） 为该属中个体稍偏大者。每一上臼齿具 2 个基部愈合的齿根。齿列中，m3 对 m2 平均长度百分比率为 74%，m3 对 m1–3 平均长度百分比率为 24%（范围参考表 15）。M2 的宽对长百分比率均值为 84%（范围参考表 13）。m1（平均长度 3.12 mm）参数 *a*、*b*、*c*、*d*、*e* 均值分别为 0.05 mm、1.21 mm、1.07 mm、0.51 mm、0.40 mm；M1（平均长度 2.97 mm）参数 *A*、*B*、*C*、*D* 均值分别为 0.28 mm、1.03 mm、1.17 mm、0.32 mm（范围参考表 16）。游离臼齿 m3 对 m2 长度百分比率均值为 79%；M3 对 M2 长度百分比率均值为 87%。

表 15　各种鼢鼠 m1–3、m2、m3 长度及 m3 对 m2 和 m3 对 m1–3 长度百分比率

Table 15　Length of m1–3, m2 and m3 and length ratio of m3 to m2 and m3 to m1–3 in percentage in myospalacines

种 Species	标本数 n	m1–3 长度/mm Length of m1–3/mm	m2 长度/mm Length of m2/mm	m3 长度/mm Length of m3/mm	m3 对 m2 长度百分比率/% Ratio of m3 to m2/%	m3 对 m1–3 长度百分比率/% Ratio of m3 to m1–3/%
Prosiphneus haoi	1	8.80	2.85	2.20	77	25
P. licenti	5	7.36 (7.00–8.00)	2.52 (2.40–2.70)	2.00 (1.80–2.30)	79 (72–92)	26 (25–29)
P. eriksoni	2	8.25 (7.90–8.60)	2.70 (2.50–2.90)	2.00 (2.00–2.00)	74 (69–80)	24 (23–25)
Pliosiphneus lyratus	1	9.50	3.20	2.60	81	27
P. antiquus	1	8.50	2.90	2.20	76	26
Chardina truncatus	1	9.90	3.10	2.60	84	26
C. sinensis	1	9.40	3.10	2.50	81	27
Eospalax cansus	29	10.84 (9.80–12.60)	3.83 (3.40–4.70)	3.23 (2.80–3.90)	84 (74–97)	30 (28–33)
E. fontanieri	25	11.75 (10.01–13.10)	4.04 (3.40–4.90)	3.64 (3.10–4.40)	87 (74–98)	31 (27–33)
E. lingtaiensis	3	8.57 (8.50–8.60)	2.97 (2.90–3.00)	2.57 (2.50–2.60)	87 (83–90)	30 (29–30)
E. youngianus	4	9.28 (9.00–9.60)	3.20 (3.10–3.40)	2.68 (2.60–2.70)	84 (79–87)	29 (28–29)
E. simplicidens	2	8.95 (8.60–9.30)	3.40 (2.90–3.90)	2.70 (2.60–2.80)	87 (85–90)	30 (30–30)
Allosiphneus arvicolinus	10	19.13 (17.80–21.20)	5.58 (5.20–6.10)	5.33 (4.90–6.00)	95 (90–100)	28 (27–29)
Mesosiphneus praetingi	5	9.78 (9.40–10.30)	3.10 (3.00–3.20)	2.54 (2.40–2.60)	82 (77–84)	26 (24–28)
M. intermedius	4	9.7 (9.10–10.10)	3.05 (2.90–3.20)	2.58 (2.30–2.70)	84 (79–87)	27 (25–27)
M. primitivus	1	9.80	3.00	2.50	83	26
Yangia omegodon	4	9.68 (9.20–10.10)	3.13 (3.00–3.30)	2.63 (2.50–2.80)	84 (76–93)	27 (25–29)
Y. chaoyatseni	13	11.13 (10.00–13.30)	3.35 (3.00–3.70)	2.94 (2.50–3.20)	88 (84–94)	26 (24–29)
Y. tingi	19	11.27 (9.60–13.00)	3.51 (3.20–3.90)	3.04 (2.60–3.60)	87 (69–103)	27 (25–31)
Y. epitingi	17	12.85 (11.50–15.40)	3.96 (3.20–4.90)	3.36 (2.70–4.00)	85 (73–97)	26 (23–29)
Episiphneus youngi	5	8.80 (8.20–10.40)	2.78 (2.50–3.10)	2.15 (2.00–2.30)	77 (71–85)	24 (22–28)
Myospalax aspalax	7	9.44 (8.10–10.10)	3.16 (2.90–3.40)	2.11 (1.80–2.50)	67 (53–83)	22 (18–25)
M. psilurus	6	11.20 (10.30–11.80)	3.73 (3.40–4.20)	3.03 (2.60–3.40)	81 (74–86)	26 (19–29)
M. propsilurus	5	9.40 (9.10–9.80)	3.33 (3.20–3.60)	2.08 (2.00–2.10)	60 (58–63)	22 (21–22)
M. wongi	2	9.45 (9.40–9.50)	3.20 (3.00–3.40)	2.05 (1.70–2.40)	67 (53–80)	22 (18–26)

注：表中括号前数值为均值，括号内数值为范围；m1–3、m2 和 m3 的长度越小，代表的种越原始；现生属 *Myospalax* 内种类 m3 比 *Eospalax* 内种类退化，前者 m3 长度对 m1–3 和 m2 的百分比率明显较小；绝灭属 *Prosiphneus*、*Pliosiphneus*、*Chardina*、*Mesosiphneus* 和 *Episiphneus* 内各种 m3 的相对长度介于 *Myospalax* 和 *Eospalax* 内各种之间；m3 最不退化的是绝灭种 *Allosiphneus arvicolinus*。

Notes: Numbers before the parentheses are means, and numbers inside the parentheses are ranges; The smaller the length of m1–3, m2 and m3, the more primitive the species; m3 of the extant genus *Myospalax* is more reduced than that of *Eospalax*, and length ratio of m3 to m1–3 and m2 in percentage is distinctly smaller in the former; The relative length of m3 in the extinct genera *Prosiphneus*, *Pliosiphneus*, *Chardina*, *Mesosiphneus*, and *Episiphneus* is intermediate between *Myospalax* and *Eospalax*; The extinct species *Allosiphneus arvicolinus* has the least reduced m3.

评注　*Prosiphneus eriksoni* 是发现最早的臼齿带根鼢鼠，后有许多其他地点产出的臼齿带根材料也被归入此种，或作为此种的类群种（*ex grege*）或相似种。根据 m1 咬面形态及其舌侧珐琅质曲线判断，只有中贝加尔地区的类群种"*Prosiphneus* ex gr. *eriksoni*"（Mats et al., 1982）与 *Prosiphneus eriksoni* 一致；陕西陇县白牛峪的"*Prosiphneus eriksoni*"（Mi, 1943；Young et al., 1943）应属于 *Chardina gansuensis* Liu, Zheng, Cui et Wang, 2013；内蒙古毕力克（Qiu et Storch, 2000）的相似种"*Prosiphneus* cf. *eriksoni*"应归为 *Pliosiphneus lyratus*；山西保德火山（现河曲县旧县镇火山村）的"*Prosiphneus eriksoni*"材料（Teilhard de Chardin et Young, 1931）应归为 *Mesosiphneus intermedius*；而榆社盆地的"*Prosiphneus eriksoni*"材料（Flynn et al., 1991；Tedford et al., 1991）应属于 *Pliosiphneus antiquus*（刘丽萍等，2013；Zheng, 2017）。

表 16　不同地点 ***Prosiphneus eriksoni*** 臼齿长度及珐琅质曲线参数

Table 16　Molar length and sinuous line parameters in *Prosiphneus eriksoni* from selected localities

牙齿 Tooth	项目 Item	二登图 Ertemte	雷家河 Leijiahe	董湾 Dongwan
m1	标本数 *n*	15	1	6
	L/mm	3.12 (2.60–3.60)		3.36 (2.70–4.30)
	a/mm	0.05 (0–0.50)	0	0.02 (0–0.10)
	b/mm	1.21 (0.90–1.70)	0.20	1.16 (0.60–1.50)
	c/mm	1.07 (0.70–1.50)	0.40	0.83 (0.60–1.00)
	d/mm	0.51 (0.10–1.00)		0.97 (0–1.40)
	e/mm	0.40 (0–1.00)		0.55 (0.10–0.90)
m2	标本数 *n*	6		3
	L/mm	2.71 (2.40–3.30)		2.84 (2.30–3.00)
	b/mm	0.78 (0.50–1.30)	0.20	0.38 (0.10–0.60)
	c/mm	0.64 (0.40–1.00)	0.70	0.63 (0.50–0.80)
	d/mm	0.39 (0.30–0.50)		1.00 (0.60–1.10)
	e/mm	0.19 (0–0.40)		0.60 (0.20–0.40)
m3	标本数 *n*	16		3
	L/mm	2.14 (1.90–2.50)		2.19 (2.00–2.80)
	b/mm	0.57 (0.30–0.80)		0.65 (0.30–1.10)
	c/mm	0.48 (0.30–0.70)		0.78 (0.70–1.00)
	d/mm	0.18 (0–0.40)		0.58 (0.40–1.10)
	e/mm	0.05 (0–0.20)		0.30 (0.20–0.40)
M1	标本数 *n*	16	1	2
	L/mm	2.97 (2.70–3.30)		3.35 (3.20–3.50)
	A/mm	0.28 (0–0.70)		0.20
	B/mm	1.03 (0.50–1.30)	0	1.30
	C/mm	1.17 (0.90–1.50)	0.50	1.40
	D/mm	0.32 (0–0.80)	0.30	1.00
M2	标本数 *n*	16		3
	L/mm	2.32 (2.10–2.60)		2.40 (2.30–2.50)
	A/mm	0.18 (0–0.50)		0.30 (0.10–0.60)
	B/mm	0.24 (0–0.80)		0.43 (0.40–0.50)
	C/mm	0.85 (0.50–1.00)		0.83 (0.70–1.10)
	D/mm	0.44 (0.10–0.90)		0.70 (0.60–0.80)
M3	标本数 *n*	16	2	3
	L/mm	2.01 (1.80–2.30)	1.95 (1.80–2.10)	2.18 (1.80–2.40)
	A/mm	0.08 (0–0.40)	0.25 (0.20–0.30)	0.70 (0.50–1.00)
	B/mm	0.04 (0–0.20)	0	0.10 (0–0.20)
	C/mm	0.30 (0.10–0.60)	0.25 (0.10–0.40)	0.60 (0.50–0.70)
	D/mm	0.14 (0–0.50)	0.10 (0–0.20)	0.53 (0.10–0.80)

注：表中括号前数值为均值，括号内数值为范围。

Note: Numbers before the parentheses are means, and numbers inside the parentheses are ranges.

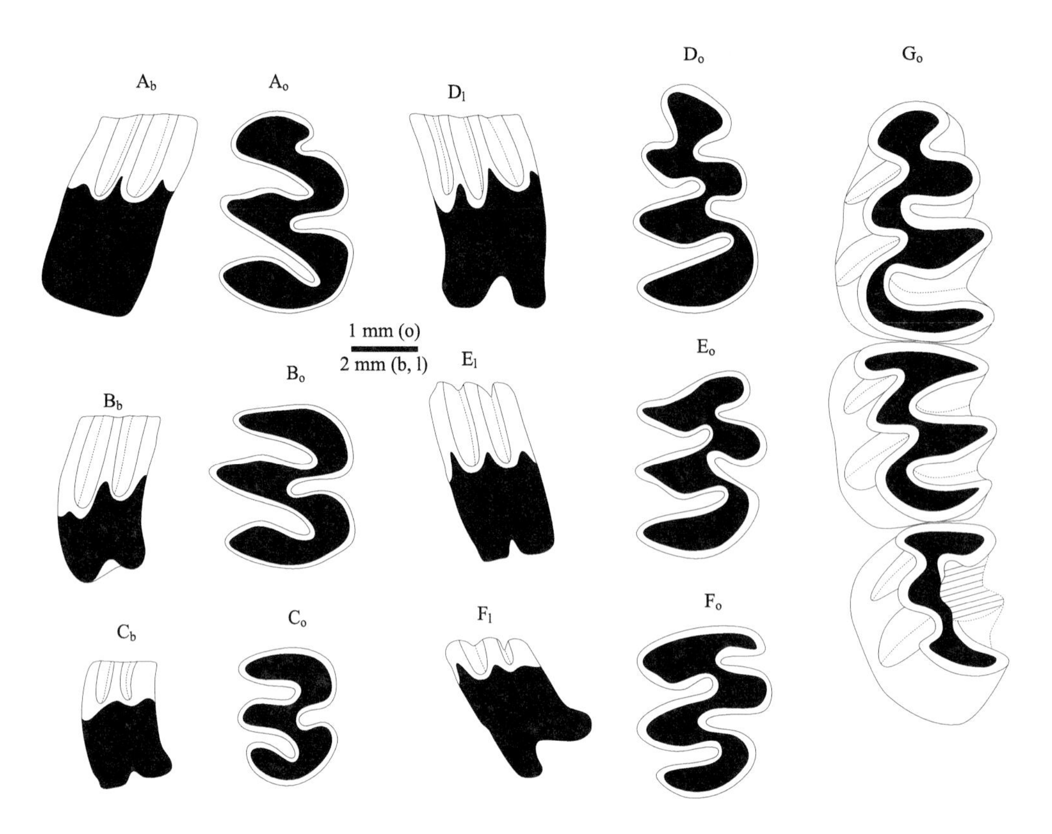

图 88 内蒙古化德县二登图 *Prosiphneus eriksoni* 臼齿形态

Figure 88 Molars of *Prosiphneus eriksoni* from Ertemte, Huade County, Inner Mongolia

A_o–G_o. 咬面视 occlusal view，A_b–C_b. 颊侧视 buccal view，D_l–F_l. 舌侧视 lingual view

A. R M1（IVPP V 17833.48），B. R M2（IVPP V 17833.144），C. R M3（IVPP V 17833.246），D. r m1（IVPP V 17833.277），E. r m2（IVPP V 17833.400），F. r m3（IVPP V 17833.504），G. l m1–3（Schlosser, 1924：pl. III, fig. 10a，选模 lectotype）

Prosiphneus eriksoni 最初被置于 *Siphneus*（Schlosser, 1924），后被归入 *Myotalpavus*（Miller, 1927）。但后者是 *Prosiphneus* Teilhard de Chardin, 1926a 的晚出异名，应属无效。

内蒙古苏尼特右旗阿木乌苏的"*Myotalpavus* sp."的左 m1（Zheng, 1994，无编号）应出自上覆红黏土地层的坡积物，似应归入此种。

20 世纪 80 年代，中德两国古生学家合作开展了对模式地点及其邻近地区的考察和发掘，首次用筛洗法采集到数百件艾氏原鼢鼠（*Prosiphneus eriksoni*）标本，但遗憾的是一件完整颅骨都没有发现，因此该种的颅骨形态并不清楚。

甘肃秦安董湾剖面的古地磁年代数据比其他地点的明显偏大，虽在本书中列出，但不建议实际应用。

郝氏原鼢鼠 *Prosiphneus haoi* Zheng, Zhang et Cui, 2004

（图 89）

Prosiphneus n. sp.1：Guo et al., 2002, p. 162, tab. 1

正模 左下颌支带 m1–3（IVPP V 14047），中国科学院地质与地球物理研究所的郝青振等于 2000 年采自甘肃秦安县王铺镇五营村 QA-I 剖面。

模式产地及层位 甘肃秦安县王铺镇五营村 QA-I 剖面距地表 39.8 m 处，上中新统风成红黏土（~8.20 Ma）。

归入标本 与模式产地同一剖面：深度 41.0 m，1 左 m1（IVPP V 14048.1）；深度 58.5 m，1 左 M2（IVPP V 14048.2）。

归入标本时代 晚中新世（～9.50–8.20 Ma）。

特征（修订） 个体中等大小。M2 的宽对长百分比率为 75%左右（表 13）。齿列中 m3 对 m2 长度百分比率为 77%左右，m3 对 m1–3 长度百分比率为 25%左右（表 15）。m1（长 3.00 mm，范围参考表 17）具椭圆形 ac，bra2 和 lra3 深且其间齿峡狭窄，舌侧珐琅质曲线顶端和 lra1 和 lra2 底端大致处于与咀嚼面平行的同一直线上，齿根长度相对较大；参数 *a*、*b*、*c*、*d*、*e* 大多为负值，且绝对值偏大，分别为–0.80 mm、–0.30 mm、0.10 mm、–0.23 mm、–0.10 mm（表 17）。

表 17 甘肃秦安县王铺镇五营村 QA-I 剖面 *Prosiphneus haoi* 下臼齿长度及珐琅质曲线参数

Table 17 Lower molar length and sinuous line parameters of *Prosiphneus haoi* from the QA-I section, Wuying Village, Wangpu Town, Qin'an County, Gansu

项目 Item	m1	m2	m3
L/mm	3.00 (2.80–3.20, *n*=2)	2.85	2.20
a/mm	–0.80		
b/mm	–0.30	0.10	0.13
c/mm	0.10	0.13	–0.13
d/mm	–0.23	–0.20	–0.27
e/mm	–0.10	0.25	–0.10

注：表中括号前数值为均值，括号内数值为范围和标本数。

Note: Numbers before the parentheses are means, and numbers inside the parentheses are ranges and specimen numbers.

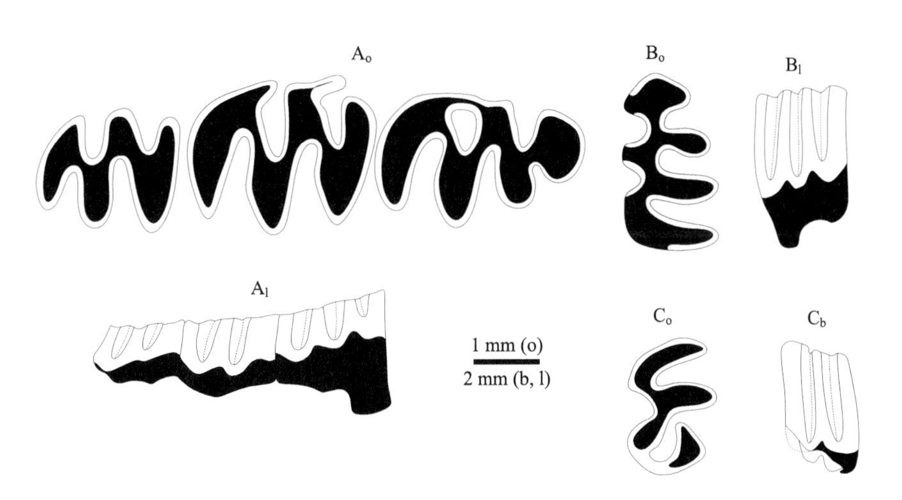

图 89 甘肃秦安县王铺镇五营村 QA-I 剖面中 *Prosiphneus haoi* 臼齿形态（据郑绍华等，2004）

Figure 89 Molars of *Prosiphneus haoi* from the QA-I section, Wuying Village, Wangpu Town, Qin'an County, Gansu (after Zheng et al., 2004)

A_o–C_o. 咬面视 occlusal view，C_b. 颊侧视 buccal view，A_l–B_l. 舌侧视 lingual view

A. l m1–3（IVPP V 14047，正模 holotype），B. l m1（IVPP V 14048.1），C. L M2（IVPP V 14048.2）

评注 与 *Prosiphneus qiui* 比较，个体明显较大，m1 齿根明显较长，舌、颊侧珐琅质曲线起伏更显著，ac 更圆，其后方 bra2 和 lra3 间的齿质空间更狭窄，牙齿后缘更加明显向后弯曲。m2 和 m3 的 bra2 顶端各具有一明显的附尖，舌侧珐琅质曲线起伏更加明显，lra 向齿冠基部延伸更低。

桑氏原鼢鼠 *Prosiphneus licenti* Teilhard de Chardin, 1926a

（图 90，图 91）

Myospalax licenti：Lawrence, 1991, p. 282

正模 老年个体颅骨连下颌支（IVPP RV 26012）（Teilhard de Chardin, 1926a：pl. V, figs. 19–19b；Teilhard de Chardin, 1942：fig. 30）。由桑志华（E. Licent）1921 年采集。

模式居群 1 颅骨带左右 M1–3（IVPP RV 26013），2 颅骨前部带左右 M1–3（IVPP RV 26014–26015），1 颅骨右半部带 M1–2（IVPP RV 26016），同一个体左右上颌带 M1（IVPP RV 26017.1），1 右上颌带 M1–2（IVPP RV 26017.2），3 左 1 右下颌支带 m1–3（IVPP RV 26018.1–4），2 右下颌支带 m1–2（IVPP RV 26018.5–6），2 右下颌支带 m1（IVPP RV 26018.7–8），同一个体左右下颌支带 m1（IVPP RV 26018.9），1 左下颌支带 m2–3（IVPP RV 26018.10），2 左 2 右 M1、2 左 3 右 M2、2 右 M3、1 左 m1、1 左 m2（IVPP RV 26019.1–13），肢骨（原定的枢椎、前肢骨、桡骨、尺骨、后肢骨未见保存，只有部分掌骨、指骨、距骨）（IVPP RV 26019–26020）。

模式产地及层位 甘肃庆城县庆城镇教子川村赵家沟，上中新统红黏土层。

归入标本 甘肃秦安县王铺镇五营村 QA-I 剖面：距顶部 5.0 m、9.0 m 和 26.0 m 处，1 左 m1、1 左 1 右 m2、1 右 m3、1 左 M1、1 左 2 右 M2（IVPP V 14049.1–8）。甘肃秦安县魏店镇董湾村董湾剖面（QA-III）：第 1 层，2 右 m1、1 右 m2、2 左 M1（IVPP V 18593.1–5）；第 3 层，1 左 m1、1 左 m2、1 左 3 右 M1、1 右 M2（IVPP V 18593.6–12）；F30 层（= 第 4 层），1 右 m1（刘丽萍等，2013，无编号）。陕西麟游县两亭镇红土沟：1 右下颌支带 m1（IVPP V 17822），1 右 M2（IVPP V 17823）。

归入标本时代 晚中新世（～7.60–6.50 Ma）。

特征（修订） 颅骨特征基本与属征相同。门齿孔对齿隙长度百分比率为 40%左右（表 11）。枕宽对枕高百分比率为 157%左右（表 12）。上臼齿各具 3 齿根。齿列中 M3 对 M2 长度百分比率均值为 80%，M3 对 M1–3 长度百分比率均值为 26%（范围参考表 20）；m3 对 m2 长度百分比率均值为 79%，m3 对 m1–3 长度百分比率均值为 26%（范围参考表 15）。M2 的宽对长百分比率均值为 83%（范围参考表 13）。m1（平均长度 2.79 mm）的 ac 偏向颊侧，舌侧珐琅质曲线最高点略微高于其后 lra1 和 lra2 的底端；参数 *a*、*b*、*c*、*d*、*e* 均值分别为 0.09 mm、0.46 mm、0.48 mm、0.24 mm、0.10 mm（范围参考表 18）；M1（平均长度 2.68 mm）颊侧珐琅质曲线最低点略微低于其后 BRA1 和 BRA2 的底部；参数 *A*、*B*、*C*、*D* 均值分别为 0.07 mm、0.50 mm、0.56 mm、0.16 mm（范围参考表 18）。

评注在灵台、麟游和秦安材料发现之前，*Prosiphneus licenti* 仅发现于甘肃庆阳教子川赵家沟。与模式地点的材料比较，秦安 m1 的各项测量数据均在模式地点标本的变异范围内；两地 M1 的咬面长度虽然相当，但秦安标本牙齿高度的变异范围以及 M1 的参数 *B*、*C*、*D* 值的变异范围均比模式地点略微偏大（表 18）。这些微小的差异并不超出种内变异的正常范围，可以视为同一个种。

Prosiphneus licenti 的正模是一风化严重的颅骨连着下颌骨（IVPP RV 26012）（图 90）。为了保持标本的完整性，至今未将颅骨和下颌骨拆分开，但从其臼齿的咬面形态看，已属老年个体范畴。Teilhard de Chardin（1926a）记述了颅骨、下颌骨、牙齿、枢椎、前后肢、桡骨、尺骨、掌骨和指骨、距骨等的特征，后来基于产自与正模同一层位的红黏土岩块中的更多材料，又对该种的臼齿特征作了补充记述（Teilhard de Chardin, 1942）：该种下臼齿的后外谷（即 bra1）内有一恒定的附尖；上臼齿 BRA 较 LRA 深，下臼齿 lra 较 bra 深；M1 的 LRA1 向齿冠基部延伸短，磨蚀到一定程度就会消失，像 *P. murinus* 和 *Episiphneus youngi* 一样，变成 ω 形；极年轻个体的 M2 即使齿根未长出，仍可辨认出 2 个 BRA 和 1 个 LRA；m1 的 ac 前方有纵沟，但 bra1 基部缺失附尖。我们观察其他鼢鼠种类时发现，除了反映上、下臼齿高冠程度的舌侧褶沟和颊侧褶沟深度是比较稳定的特征外，其余性状均可视为个体变异。

表 18　不同地点 ***Prosiphneus licenti*** 臼齿长度及珐琅质曲线参数

Table 18 Molar length and sinuous line parameters in *Prosiphneus licenti* from selected localities

牙齿 Tooth	项目 Item	赵家沟 Zhaojiagou	五营村 Wuying Village	董湾 Dongwan
m1	标本数 *n*	9	1	3
	L/mm	2.79 (2.40–3.10)	2.86	2.80 (2.70–3.00)
	a/mm	0.09 (0–0.10)	0	0
	b/mm	0.46 (0–0.80)	0.90	0.23 (0.20–0.30)
	c/mm	0.48 (0.30–0.70)	0.85	0.50 (0.40–0.60)
	d/mm	0.24 (0.10–0.50)	0.50	0.10 (0–0.20)
	e/mm	0.10 (0–0.20)	0	0.07 (0–0.20)
m2	标本数 *n*	9	2	
	L/mm	2.65 (2.50–2.90)	2.43 (2.40–2.45)	
	b/mm	0.38 (0.20–0.60)	0.43 (0.30–0.55)	
	c/mm	0.46 (0.20–0.70)	0.25 (0.10–0.40)	
	d/mm	0.34 (0.20–0.50)	0.55 (0.50–0.60)	
	e/mm	0.01 (0–0.10)	0	
m3	标本数 *n*	3	1	
	L/mm	2.00 (1.90–2.10)	2.00	
	b/mm	0.13 (0–0.30)	0.10	
	c/mm	0.23 (0.10–0.30)	0.20	
	d/mm	0.10 (0–0.20)	0	
	e/mm	0.07 (0–0.20)	0	
M1	标本数 *n*	9	1	7
	L/mm	2.68 (2.50–3.00)	3.12	2.70 (2.50–3.00)
	A/mm	0.07 (0–0.10)	0.10	0.09 (0–0.10)
	B/mm	0.50 (0.30–0.60)	0.80	0.59 (0.40–0.80)
	C/mm	0.56 (0.30–0.70)	0.90	0.59 (0.40–0.80)
	D/mm	0.16 (0–0.40)	0.30	0.47 (0.40–0.70)
M2	标本数 *n*	9	3	
	L/mm	2.26 (2.05–3.00)	1.98 (1.80–2.15)	
	A/mm	0.07 (0–0.20)	0.12 (0.10–0.15)	
	B/mm	0.12 (0–0.20)	0.45 (0.40–0.55)	
	C/mm	0.33 (0.10–0.60)	0.35 (0.30–0.40)	
	D/mm	0.14 (0–0.30)	0.10	
M3	标本数 *n*	7		
	L/mm	1.90 (1.60–2.10)		
	A/mm	0.09 (0–0.20)		
	B/mm	0.07 (0–0.20)		
	C/mm	0.19 (0–0.30)		
	D/mm	0.07 (0–0.10)		

注：表中括号前数值为均值，括号内数值为范围。

Note: Numbers before the parentheses are means, and numbers inside the parentheses are ranges.

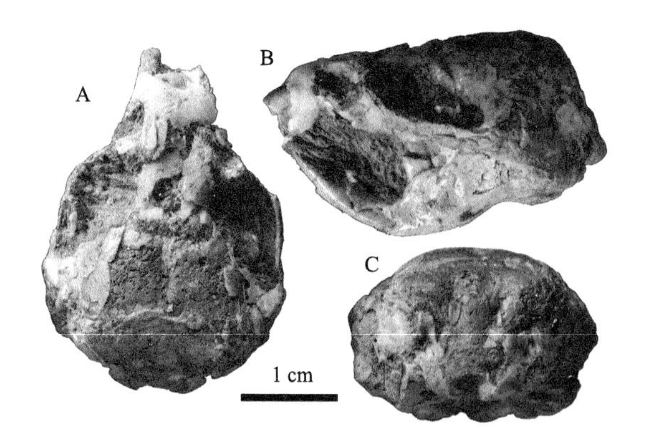

图 90　甘肃庆城县庆城镇教子川村赵家沟 *Prosiphneus licenti* 同一个体咬合的颅骨和下颌骨（IVPP RV 26012，正模）
Figure 90　Articulated cranium and mandible of *Prosiphneus licenti* (IVPP RV 26012, holotype) from Zhaojiagou, Jiaozichuan Village, Qingcheng Town, Qingcheng County, Gansu
A. 背视 dorsal view，B. 左侧视 left lateral view，C. 枕视 occipital view

在颅骨测量数据（图 92）、上下臼齿列长度、单个牙齿长度、牙齿整体高度、齿冠高度等方面，*Prosiphneus licenti* 与 *P. murinus* 均十分接近。只是后者几乎所有数据平均值和变异范围都偏大，例如它的 2 件 m1–3 长 8.30–8.50 mm，1 件 M1–3 长 8.20 mm，比前者相应的长度 7.20–7.90 mm（$n = 4$）和 6.90–7.50 mm（$n = 3$）都长，因而显得较进步。

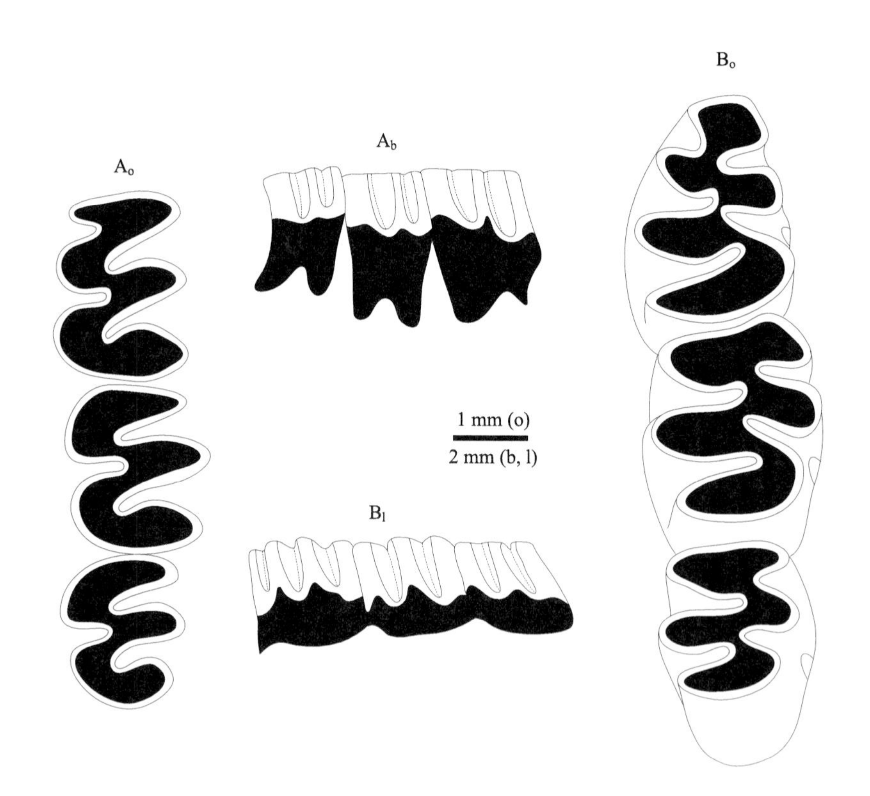

图 91　甘肃庆城县庆城镇教子川村赵家沟 *Prosiphneus licenti* 臼齿形态
Figure 91　Molars of *Prosiphneus licenti* from Zhaojiagou, Jiaozichuan Village, Qingcheng Town, Qingcheng County, Gansu
A_o–B_o. 咬面视 occlusal view，A_b. 颊侧视 buccal view，B_l. 舌侧视 lingual view
A. L M1–3（IVPP RV 26015，Teilhard de Chardin, 1942：fig. 31A），B. r m1–3（IVPP RV 26018.4，Teilhard de Chardin, 1942：fig. 31D）

Prosiphneus licenti、*P. qinanensis* 和 *P. qiui* 的 M1 都有 3 齿根，但 *P. licenti* 的齿根基部愈合，后二者不愈合（郑绍华等，2004）。*P. licenti* 也不同于 M1 只有 2 齿根且基部愈合的较进步种类 *P. tianzuensis* 和 *P. eriksoni*（Zheng, 1994）。同样，在上臼齿颊侧和下臼齿舌侧珐琅质曲线起伏程度方面，*P. licenti* 也介于 *P. eriksoni*、*P. haoi* 和 *P. qinanensis*、*P. qiui* 之间。*P. haoi* 仅有下臼齿，其下臼齿舌侧珐琅质曲线起伏明显较弱。在齿根数目上，*P. licenti* 与 *P. murinus* 臼齿均为 3 根，但后者个体（m1 平均长度 2.98 mm，M1 平均长度 3.02 mm）明显比前者（m1 平均长度 2.79 mm，M1 平均长度 2.68 mm）为大；后者 m1 的参数 *a*、*b*、*c*、*d*、*e*（分别为 0.01 mm、0.57 mm、0.51 mm、0.25 mm、0.10 mm）和前者（分别为 0.09 mm、0.46 mm、0.48 mm、0.24 mm、0.10 mm）较为接近，但后者 M1 的参数 *A*、*B*、*C*、*D*（分别为 0.22 mm、0.68 mm、0.72 mm、0.28 mm）显著较前者（分别为 0.07 mm、0.50 mm、0.56 mm、0.16 mm）偏大；后者两上臼齿齿列排列为八字形，前者相互平行；后者门齿孔相对长（其长度占齿隙长度百分比分别为 67%和 40%）。

鼠形原鼢鼠 *Prosiphneus murinus* Teilhard de Chardin, 1942

（图 93，图 94）

Prosiphneus ex gr. *eriksoni*：Mats et al., 1982, p. 118, fig. 12(2), pl. XIV, figs. 2–12 (partim)
Myospalax murinus：Lawrence, 1991, p. 282

正模 颅骨连下颌支（IVPP RV 42008）（Teilhard de Chardin, 1942：fig. 27）。由桑志华（E. Licent）和汤道平（M. Trassaert）于 20 世纪 30 年代采集，现保存在中国科学院古脊椎动物与古人类研究所。

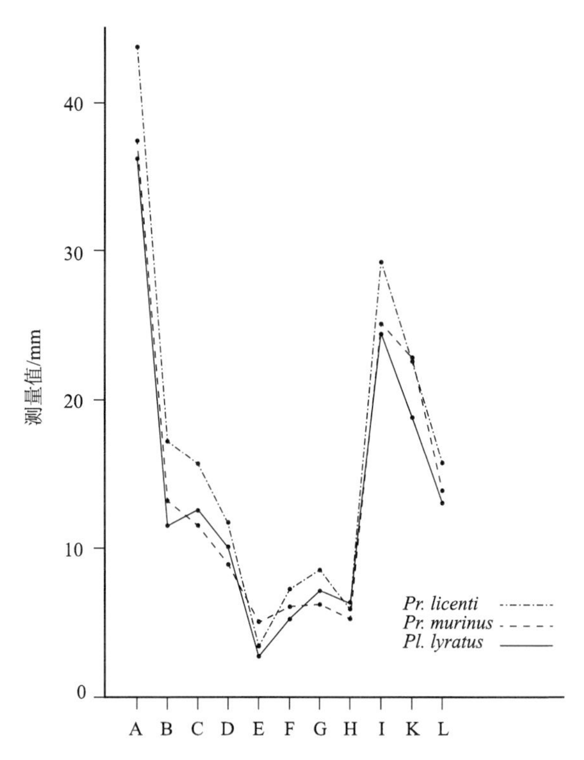

图 92 *Prosiphneus licenti*（*n* = 1）、*Prosiphneus murinus*（*n* = 5）和 *Pliosiphneus lyratus*（*n* = 3）颅骨测量均值比较
Figure 92 Comparison of means of cranial measurements among *Prosiphneus licenti* (*n* = 1), *Prosiphneus murinus* (*n* = 5) and *Pliosiphneus lyratus* (*n* = 3)

A. 髁基长，枕髁后缘—门齿前缘 length of base cranium, from posterior margin of occipital condyle to anterior margin of incisor，B. 鼻骨长 length of nasal bone，C. 枕髁前缘—M3 后缘长 distance between anterior margin of occipital condyle and posterior margin of M3，D. 上齿隙长 length of upper diastem，E. 门齿孔长 length of incisive foramen，F. M1–3 长 length of M1–3，G. 眶下孔前吻宽 width of rostrum in front of infraorbital foramen，H. 眶间宽 width between orbits，I. 颧宽 width between zygomas，K. 枕宽 width of occipital area；L. 枕高 height of occipital area

模式产地及层位　山西榆社盆地榆社系I带，上中新统马会组。

归入标本　山西榆社盆地：YS 1 地点，1 左 M1、1 左 m1（IVPP V 11151.1–2）；YS 8 地点，1 左下颌支带 m1–2、1 左下颌支带 m1–3、1 右 m1（IVPP V 11152.1–3），1 右 M2、2 右 m2（IVPP V 11152.4–6）；YS 7 地点，1 右 M2、2 右 m2（IVPP V 11153.1–3）；YS 9 地点，1 右 M1、1 破损左 M1、1 破损右 m3（IVPP V 11154.1–3）；YS 3 地点，1 后叶破损左 m1（IVPP V 11155）；YS 32 地点，2 左 1 右 m1、1 左 m2、2 右 m3（IVPP V 11156.1–6）；YS 141 地点，1 左 M1、1 右 M2、1 左 M3、1 右 m1、1 破损右 m2（IVPP V 11157.1–5）；YS 29 地点，1 颅骨带破损的枕骨和顶骨且关联着左、右下颌支（IVPP V 11158）；YS 145 地点，1 右 M1（IVPP V 11159）；YS 156 地点，1 左下颌支带 m1–2（IVPP V 11160）；YS 161 地点，1 破损的左下颌支带 m1–3（IVPP V 11161）。

归入标本时代　晚中新世（～6.50–5.70 Ma）。

表 19　山西榆社盆地 *Prosiphneus murinus* 臼齿长度及珐琅质曲线参数

Table 19　Molar length and sinuous line parameters in *Prosiphneus murinus* from Yushe Basin, Shanxi

项目 Item	m1	m2	m3
L/mm	2.98 (2.70–3.20, *n*=9)	2.70 (2.40–2.80, *n*=7)	2.15 (1.70–2.60, *n*=4)
a/mm	0.01 (0–0.10, *n*=9)		
b/mm	0.57 (0.4–0.80, *n*=9)	0.31 (0.10–0.40, *n*=7)	0.30 (0.10–0.50, *n*=4)
c/mm	0.51 (0.20–1.20, *n*=9)	0.34 (0.20–0.60, *n*=7)	0.25 (0.20–0.30, *n*=4)
d/mm	0.25 (0.10–0.40, *n*=8)	0.39 (0.20–0.50, *n*=7)	0
e/mm	0.10 (0–0.20, *n*=8)	0.06 (0–0.10, *n*=7)	0
	M1	M2	M3
L/mm	3.02 (2.80–3.30, *n*=6)	2.40 (2.30–2.60, *n*=4)	1.75 (1.50–2.00, *n*=2)
A/mm	0.22 (0.10–0.40, *n*=6)	0	0.05 (0–0.10, *n*=2)
B/mm	0.68 (0.40–0.90, *n*=6)	0.13 (0–0.30, *n*=4)	0.10 (0–0.20, *n*=2)
C/mm	0.72 (0.50–0.90, *n*=6)	0.45 (0.30–0.70, *n*=4)	0.30
D/mm	0.28 (0.10–0.40, *n*=6)	0.05 (0–0.10, *n*=4)	0.10

注：表中括号前数值为均值，括号内数值为范围和标本数。

Note: Numbers before the parentheses are means, and numbers inside the parentheses are ranges and specimen numbers.

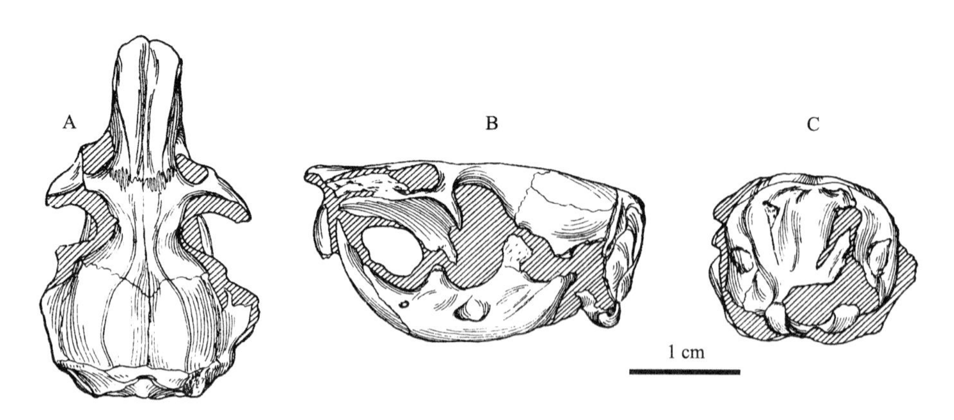

图 93　山西榆社盆地 *Prosiphneus murinus* 咬合的颅骨和下颌骨（IVPP RV 42008，正模，据 Teilhard de Chardin, 1942）

Figure 93　Articulated cranium and mandible of *Prosiphneus murinus* from Yushe Basin, Shanxi (IVPP RV 42008, holotype, after Teilhard de Chardin, 1942)

A. 背视 dorsal view，B. 左侧视 left lateral view，C. 枕视 occipital view

特征（修订） 颅骨特征基本与属的相同。个体比 *Prosiphneus licenti* 略大，且齿冠稍显更高。门齿孔-齿隙长度百分比率均值为 67%（范围参考表 11）。枕宽对枕高百分比率均值为 140%（范围参考表 12）。M2 的宽对长百分比率均值为 79%（范围参考表 13）。齿列中，M3 对 M2 长度百分比率均值为 80%，M3 对 M1–3 长度百分比率均值为 25%（范围参考表 20）。在游离臼齿中，m3 对 m2 长度百分比率均值为 80%；M3 对 M2 长度百分比率均值为 73%。m1（平均长度 2.98 mm）参数 *a*、*b*、*c*、d、*e* 均值分别为 0.01 mm、0.57 mm、0.51 mm、0.25 mm、0.10 mm；M1（平均长度 3.02 mm）参数 *A*、*B*、*C*、*D* 均值分别为 0.22 mm、0.68 mm、0.72 mm、0.28 mm（范围参考表 19）。

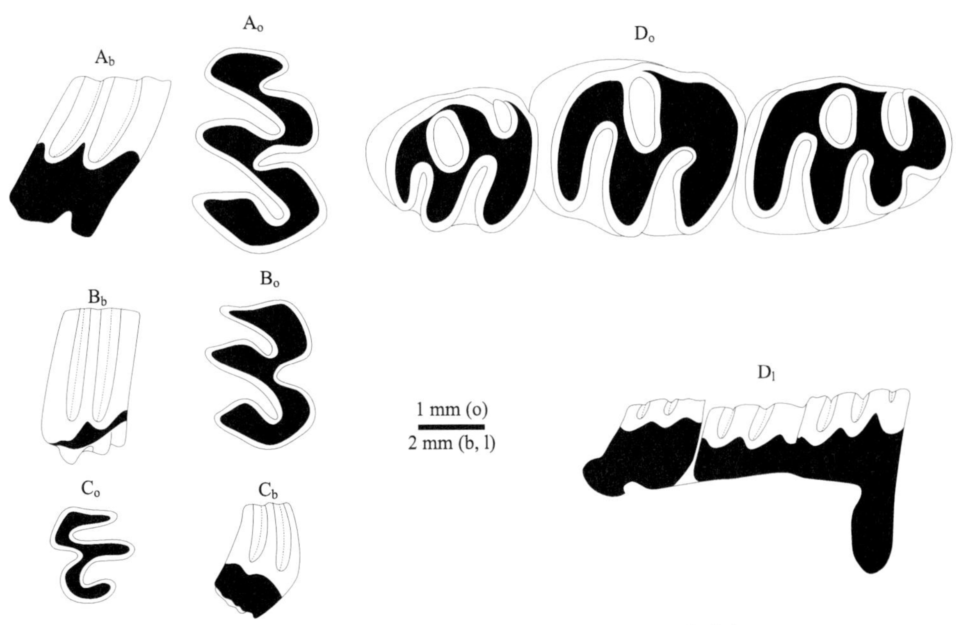

图 94 山西榆社盆地 *Prosiphneus murinus* 臼齿形态

Figure 94 Molars of *Prosiphneus murinus* from Yushe Basin, Shanxi

A_o–D_o. 咬面视 occlusal view，A_b–C_b. 颊侧视 buccal view，D_l. 舌侧视 lingual view

A. R M1（IVPP V 11159），B. R M2（IVPP V 11157.2），C. L M3（IVPP V 11157.3），D. l m1–3（IVPP V 11152.2）

表 20 *Prosiphneus*、*Pliosiphneus*、*Chardina* 和 *Mesosiphneus* 各种 M1–3、M2、M3 长度及 M3 对 M2 和 M3 对 M1–3 长度百分比率

Table 20 Length of M1–3, M2 and M3 and length ratio of M3 to M2 and M3 to M1–3 in percentage in species of *Prosiphneus*, *Pliosiphneus*, *Chardina* and *Mesosiphneus*

种 Species	标本数 *n*	M1–3 长度/mm Length of M1–3/mm	M2 长度/mm Length of M2/mm	M3 长度/mm Length of M3/mm	M3 对 M2 长度百分比率/% Ratio of M3 to M2/%	M3 对 M1–3 长度百分比率/% Ratio of M3 to M1–3/%
Pr. licenti	4	6.98 (6.40–7.50)	2.23 (2.20–2.30)	1.8 (1.60–2.00)	80 (73–87)	26 (24–28)
Pr. murinus	2	8.00 (7.70–8.30)	2.50 (2.50–2.50)	2.00 (1.90–2.10)	80 (76–84)	25 (25–25)
Pl. lyratus	3	8.20 (7.60–8.90)	2.57 (2.30–3.00)	1.97 (1.80–2.10)	78 (67–91)	23 (22–24)
Pl. antiquus	1	8.60	2.60	2.30	88	27
Pl. puluensis	1	9.60	2.70	2.50	93	26
C. truncatus	1	9.20	2.70	2.50	93	27
M. praetingi	6	9.33 (8.80–9.90)	2.75 (2.60–3.00)	2.53 (2.40–2.80)	92 (87–100)	27 (26–28)
M. intermedius	1	9.70	2.80	2.70	96	28

注：表中括号前数值为均值，括号内数值为范围；M1–3、M2 和 M3 长度的绝对数值越小，代表的种类越原始；在 *Eospalax* 属的现生种中 M3 的长度均大于 M2、化石种中 M3 的长度均小于 M2；*Myospalax* 属与绝灭属的 M3 在齿列中的相对长度（M3∶M1–3）相对较短，而且越原始越短。

Notes: Numbers before the parentheses are means, and numbers inside the parentheses are ranges; The smaller the length of M1–3, M2 and M3, the more primitive the species; In the extant species of *Eospalax,* length of M3 is always greater than that of M2, while in fossil species, length of M3 is always smaller than that of M2; In *Myospalax* and fossil genera, length of M3 relative to that of M1–3 is smaller, and the smaller the more primitive.

评注 德日进（Teilhard de Chardin, 1942）建立该种时展示的正模（其 fig. 27）和副模（其 fig. 28），虽然额骨在额脊间狭窄这一特征互相一致，但后者个体较大，位于人字脊之前呈半圆形的间顶骨以及鼻骨后缘呈∧形的鼻/额缝合线等特征则与其图 35（fig. 35）的 *Chardina truncatus* 是一致的。其图 34A（fig. 34A）所示的被归入“*murinus*-group”的颅骨虽然顶、枕部破损，但个体大小以及较狭窄的眶间区似乎也与 *C. truncatus* 的颅骨一致，而其图 34B（fig. 34B）所示颅骨由于梭形间顶骨位于人字脊连线之间，具宽的眶间区和凹的矢状区，顶脊向外弯曲以及鼻/额缝合线等特征呈∧形似乎应属于 *Pliosiphneus lyratus* 的年轻雌性个体。

尽管 *Prosiphneus murinus* 和 *P. licenti* 十分接近（Teilhard de Chardin, 1942），但在颅骨的测量数据上仍有较为明显的差异（见图 92），在臼齿上后者有些较原始的特征（Zheng, 2017；郑绍华等，2004）。

秦安原鼢鼠 *Prosiphneus qinanensis* Zheng, Zhang et Cui, 2004

（图 95）

Prosiphneus n. sp.：Guo et al., 2002, p. 162, tab. 1

正模 右 m1（IVPP V 14043），由郝青振等于 2000 年采集。

模式居群 1 左 2 右 m2、1 左 m3、2 左 M1、3 右 M2（IVPP V 14044.1–9）。

模式产地及层位 甘肃秦安县王铺镇五营村 QA-I 剖面距地表 82.2 m 处，上中中新统风成红黏土（～11.70 Ma）。

特征（修订） 小型。m1 的 ac 短，bsa1 和 bsa2 外缘平直似近古仓鼠属（*Plesiodipus*）。M2 的宽对长百分比率均值为 71%（范围参考表 13）。m3 对 m2 长度百分比率均值为 92%。m1（长 2.90 mm，范围参考表 21）舌、颊侧珐琅质曲线波状起伏轻微，并显著位于同侧 lra 底端之下；参数 *a*、*b*、*c*、*d*、*e* 值分别为–1.27 mm、–1.13 mm、–0.63 mm、–1.20 mm、–1.30 mm 左右。M1（平均长度 2.90 mm 左右）具 3 个彼此分开的齿根，其中前根与舌侧根在基部彼此愈合；参数 *A*、*B*、*C*、*D* 均值为–0.50 mm、–0.49 mm、–0.40 mm、–0.33 mm（范围参考表 21）。

表 21 甘肃秦安县王铺镇五营村 QA-I 剖面 *Prosiphneus qinanensis* 臼齿长度及珐琅质曲线参数

Table 21 Molar length and sinuous line parameters in *Prosiphneus qinanensis* from the QA-I section, Wuying Village, Wangpu Town, Qin'an County, Gansu

项目 Item	m1	m2
L/mm	2.90 (2.70–3.10, *n*=2)	2.45 (2.30–2.60, *n*=3)
a/mm	–1.27 (*n*=1)	
b/mm	–1.13 (*n*=1)	–0.50 (–0.60––0.40, *n*=2)
c/mm	–0.63 (*n*=1)	–0.30 (–0.33––0.27, *n*=2)
d/mm	–1.20 (*n*=1)	–1.00 (–0.33––1.67, *n*=2)
e/mm	–1.30 (*n*=1)	–0.62 (–1.00––0.23, *n*=2)
	M1	M2
L/mm	2.90 (*n*=1)	2.28 (2.20–2.35, *n*=2)
A/mm	–0.50 (–0.73––0.27, *n*=2)	–0.55 (–0.57––0.53, *n*=2)
B/mm	–0.49 (–0.57––0.40, *n*=2)	–0.20 (–0.27––0.13, *n*=2)
C/mm	–0.40 (–0.60––0.20, *n*=2)	–0.05 (–0.10–0, *n*=2)
D/mm	–0.33 (–0.43––0.20, *n*=2)	–0.10 (–0.20–0, *n*=2)

注：表中括号前数值为均值，括号内数值为范围和标本数。

Note: Numbers before the parentheses are means, and numbers inside the parentheses are ranges and specimen numbers.

评注 *Prosiphneus qinanensis* 与中中新世晚期的近古仓鼠属（*Plesiodipus* Young, 1927）有如下相似之处：①m1 的 ac 短，bsa1 和 bsa2 颊侧缘平直，bsa1 前内方有一尖角，lsa1 向后外方伸展；②m1–3 舌侧和 M1–2 颊侧珐琅质曲线起伏弱，远未达到同侧褶沟在齿冠基部尖端的水平，齿根较短。但更多的具有 *Prosiphneus* 的性状，例如：①个体显著大于 *Plesiodipus* 中已知三种——*Pl. leei*（m1 平均长度 2.35 mm）、*Pl. progressus*（m1 平均长度 2.23 mm）和 *Pl. robustus*（m1 平均长度 2.86 mm）；②上臼齿颊侧、下臼齿舌侧珐琅质曲线起伏明显；③M1 的 AL 显著加宽，m1 的 ac 显著加宽变长；④M1 具 3 个孤立的齿根，M2 的 4 个齿根中，前 2 根和舌侧根间基部已相连。因此，*Pr. qinanensis* 具有 *Plesiodipus* 和 *Prosiphneus* 之间的过渡性质。

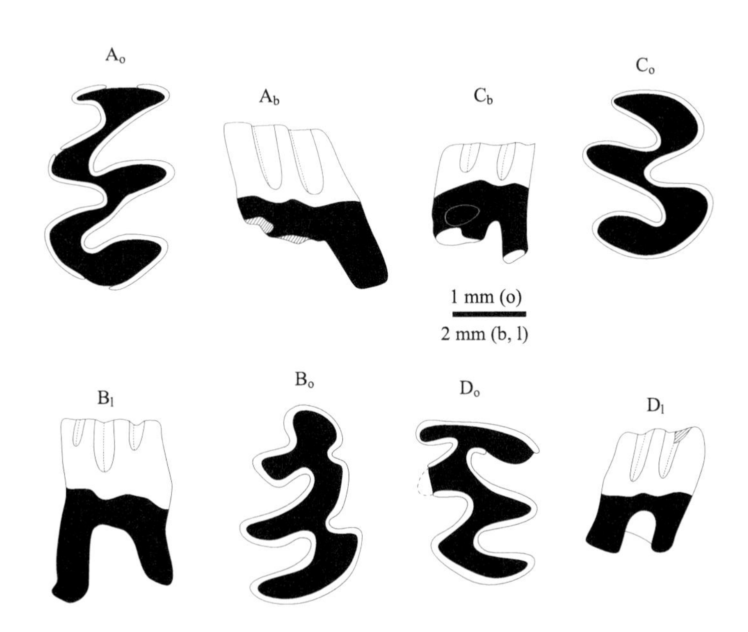

图 95 甘肃秦安县王铺镇五营村 QA-I 剖面中的 *Prosiphneus qinanensis* 臼齿形态（据郑绍华等，2004）

Figure 95 Molars of *Prosiphneus qinanensis* from the QA-I section, Wuying Village, Wangpu Town, Qin'an County, Gansu (after Zheng et al., 2004)

A_o–D_o. 咬面视 occlusal view，A_b, C_b. 颊侧视 buccal view，B_l, D_l. 舌侧视 lingual view

A. L M1（IVPP V 14044.5），B. r m1（IVPP V 14043，正模 holotype），C. R M2（IVPP V 14044.9），D. l m2（IVPP V 14044.4）

邱氏原鼢鼠 *Prosiphneus qiui* Zheng, Zhang et Cui, 2004

（图 96）

Prosiphneus sp. nov.：Qiu, 1988, p. 834；邱铸鼎，1996，157 页，表 75；邱铸鼎、王晓鸣，1999，126 页

Prosiphneus inexpectatus：Zheng, 1994, p. 62, figs. 10, 12

正模 右 m1（IVPP V 14045），由邱铸鼎等于 1995–1996 年采集。

模式居群 1 右下颌支带 m2–3、2 左 3 右 m1、1 左 1 右 m2、1 左 3 右 m3、1 右上颌带 M1–2、3 左 2 右 M1、3 左 6 右 M2、3 左 3 右 M3（IVPP V 14046.1–33），2 M1、4 M2、3 M3、6 m1、11 m2、2 m3（IVPP V 19907.1–28）。

模式产地及层位 内蒙古苏尼特右旗阿木乌苏，上中中新统（～11.00–10.30 Ma）。

归入标本 内蒙古苏尼特左旗巴伦哈拉根 IM 0801 地点：30 M1、29 M2、16 M3、26 m1、30 m2、14 m3（IVPP V 19908.1–145）。

归入标本时代 晚中中新世。

特征（修订） 小型。m1（平均长度 2.90 mm）的 ac 前缘平或凹，ac 之后在牙齿纵轴上常有一珐琅质岛；颊侧的 bsa 较尖锐，bra 较深；参数 *a*、*b*、*c*、*d*、*e* 均值分别为–0.63 mm、–0.54 mm、–0.42 mm、

–0.61 mm、–0.68 mm；M1（平均长度 2.93 mm）参数 *A*、*B*、*C*、*D* 均值分别为–0.46 mm、–0.44 mm、–0.37 mm、–0.39 mm（范围参考表 22）。上臼齿均具 3 齿根。M2 的宽对长百分比率均值为 79%（范围参考表 13）。m3 对 m2 长度百分比率均值为 85%；M3 对 M2 长度百分比率均值为 89%。

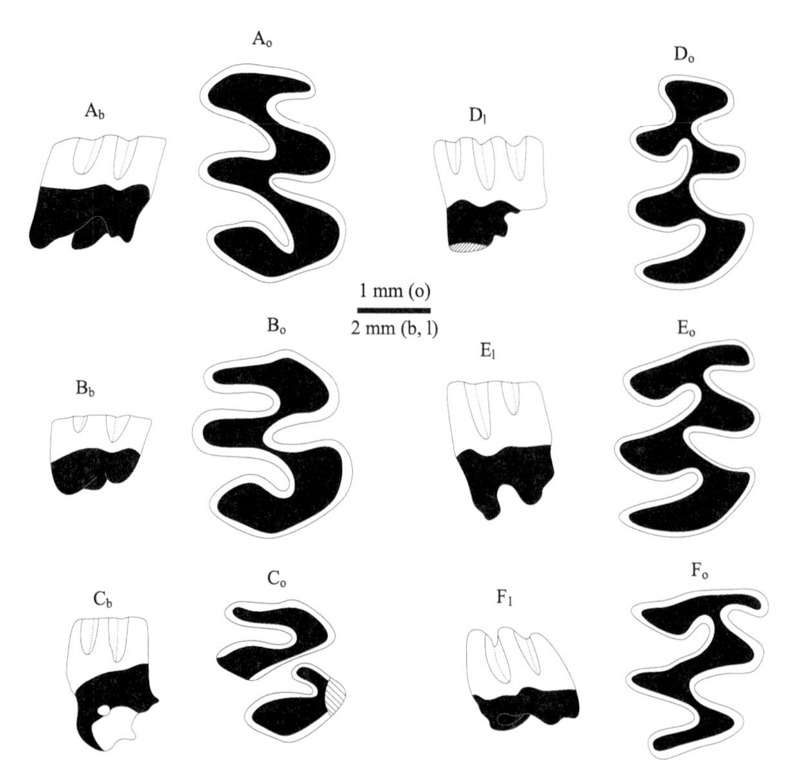

图 96 内蒙古阿木乌苏 *Prosiphneus qiui* 臼齿形态（据郑绍华等，2004）

Figure 96 Molars of *Prosiphneus qiui* from Amuwusu, Inner Mongolia (after Zheng et al., 2004)

A_o–F_o. 咬面视 occlusal view，A_b–C_b. 颊侧视 buccal view，D_l–F_l. 舌侧视 lingual view

A. R M1（IVPP V 14046.17），B. R M2（IVPP V 14046.25），C. R M3（IVPP V 14046.31），D. r m1（IVPP V 14045，正模 holotype），E. r m2（IVPP V 14046.8），F. r m3（IVPP V 14046.10）

表 22 内蒙古阿木乌苏 *Prosiphneus qiui* 臼齿长度及珐琅质曲线参数

Table 22 Molar length and sinuous line parameters in *Prosiphneus qiui* from Amuwusu, Inner Mongolia

项目 Item	m1	m2	m3
L/mm	2.90 (2.80–3.07, *n*=7)	2.68	2.27 (2.00–2.45, *n*=4)
a/mm	–0.63 (–0.53––0.73, *n*=5)		
b/mm	–0.54 (–0.43––0.60, *n*=5)	–0.20	–0.44 (0.30–0.53, *n*=4)
c/mm	–0.42 (–0.30––0.53, *n*=5)	–0.20	–0.20 (–0.13–0.33, *n*=4)
d/mm	–0.61 (–0.47––0.73, *n*=5)	–0.80	–0.50 (–0.33–0.67, *n*=4)
e/mm	–0.68 (–0.53––0.87, *n*=5)	–0.60	–0.45 (–0.27–0.6, *n*=4)
	M1	M2	M3
L/mm	2.93 (2.80–3.08, *n*=5)	2.37 (2.20–2.55, *n*=5)	2.11 (1.95–2.26, *n*=5)
A/mm	–0.46 (–0.33––0.73, *n*=5)	–0.73 (–0.27––1.00, *n*=6)	–0.73 (–0.63––0.87, *n*=5)
B/mm	–0.44 (–0.20––0.67, *n*=5)	–0.51 (–0.40––0.67, *n*=6)	–0.35 (–0.23––0.50, *n*=5)
C/mm	–0.37 (–0.10––0.53, *n*=5)	–0.23 (–0.20––0.33, *n*=6)	–0.21 (–0.13––0.33, *n*=5)
D/mm	–0.39 (–0.20––0.60, *n*=5)	–0.35 (–0.70––0.53, *n*=6)	–0.28 (–0.13––0.50, *n*=5)

注：表中括号前数值为均值，括号内数值为范围和标本数。

Note: Numbers before the parentheses are means, and numbers inside the parentheses are ranges and specimen numbers.

评注 *Prosiphneus qiui* 与 *P. qinanensis* 的主要区别是前者 m1 的 ac 相对较长，前缘平直或微凹而不是微凸；m1（长 2.90 mm）的 bsa1–2 较尖锐；bra1–2 相对于 lra 显著较深；lra 向下延伸也较深；前、后齿根彼此间距较小；ac 之后常形成一珐琅质岛；M2 具 3 个而不是 4 个齿根。

天祝原鼢鼠 *Prosiphneus tianzuensis* (Zheng et Li, 1982)

（图 97）

Prosiphneus licenti tianzuensis：郑绍华、李毅，1982，40 页，图版 I，图 1–4；李传夔等，1984，表 5；郑绍华，1997，137 页

Myotalpavus tianzhuensis：Zheng, 1994, p. 62, figs. 9–11

正模 右 M3（IVPP V 6283），郑绍华和李毅于 1980 年夏采集。

模式居群 1 左 M3（IVPP V 6284，副模），6 下颌支带臼齿（IVPP V 6285, 6285.1–5），1 m1、1 m2、5 M1、1 M2（IVPP V 6285.6–13）。

模式产地及层位 甘肃天祝县松山镇华尖西南约 1.5 km 上庙儿沟村（现已并入打柴沟镇多隆村）南第 1 地点，上中新统。

表 23 甘肃不同地点 *Prosiphneus tianzuensis* 臼齿长度及珐琅质曲线参数

Table 23 Molar length and sinuous line parameters in *Prosiphneus tianzuensis* from selected localities of Gansu

	项目 Item	m1	m2	m3
天祝松山 Songshan, Tianzhu	*L*/mm	3.33 (3.00–3.50, *n*=6)	3.08 (3.00–3.20, *n*=5)	2.5 (2.20–2.80, *n*=2)
	A/mm	0.05 (0–0.10, *n*=6)		
	b/mm	0.73 (0.50–0.90, *n*=6)	0.2 (0.10–0.30, *n*=4)	0.10
	c/mm	0.72 (0.60–0.80, *n*=6)	0.63 (0.50–0.90, *n*=4)	0.40
	d/mm	0.50 (0.40–0.60, *n*=6)	0.38 (0.10–0.60, *n*=4)	0.10
	e/mm	0.12 (0–0.30, *n*=6)	0.20 (0–0.40, *n*=4)	0
		M1	M2	M3
	L/mm	3.32 (2.80–3.60, *n*=5)	2.70	2.20 (2.10–2.30, *n*=2)
	A/mm	0.18 (0.10–0.20, *n*=5)	0.10	0.30 (*n*=2)
	B/mm	1.02 (0.80–1.40, *n*=5)	0.30	0.10
	C/mm	0.88 (0.70–1.10, *n*=5)	0.50	0.30
	D/mm	0	0	0.20
		m1	m2	m3
秦安董湾 Dongwan, Qin'an	*L*/mm	3.00	2.70	
	a/mm	0		
	b/mm	0.70	0.50	
	c/mm	1.00	0.90	
	d/mm	1.00	1.10	
	e/mm	0.30	0.40	
		M1	M2	M3
	L/mm	3.00 (2.90–3.10, *n*=3)	2.50	1.85 (1.50–2.20, *n*=2)
	A/mm	0.20 (0.20–0.20, *n*=2)	0	0.15 (0.10–0.20, *n*=2)
	B/mm	0.73 (0.30–1.40, *n*=2)	0	0
	C/mm	1.03 (0.50–1.90, *n*=2)	0.50	0.20 (0.10–0.30, *n*=2)
	D/mm	0.43 (0.20–0.80, *n*=2)	0.30	0.05 (0–0.10, *n*=2)

注：表中括号前数值为均值，括号内数值为范围和标本数。

Note: Numbers before the parentheses are means, and numbers inside the parentheses are ranges and specimen numbers.

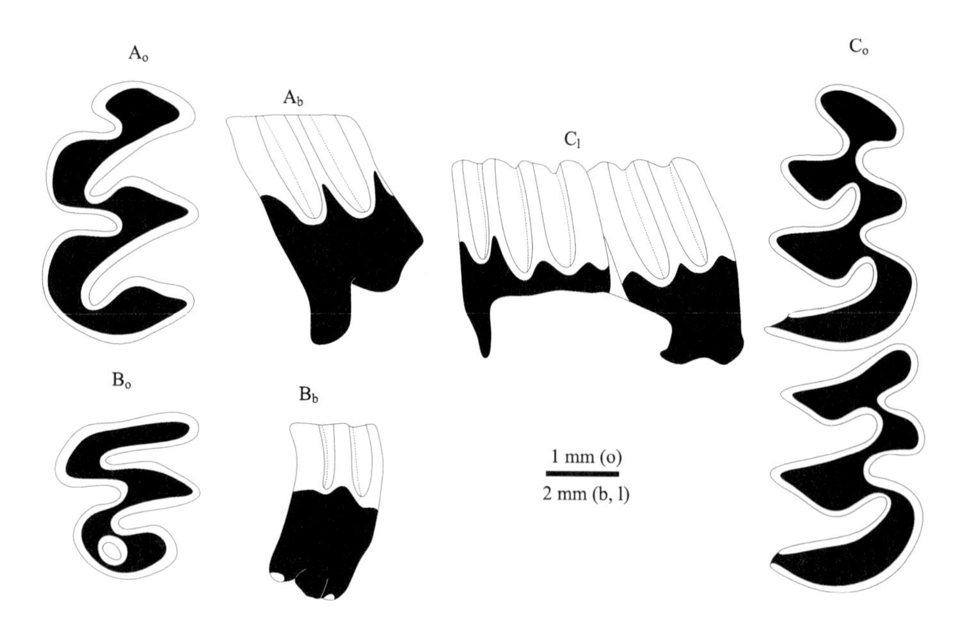

图 97　甘肃天祝县松山镇第 1 地点 *Prosiphneus tianzuensis* 臼齿形态

Figure 97　Molars of *Prosiphneus tianzuensis* from Loc. 1 of Songshan Town, Tianzhu County, Gansu

A_o–C_o. 咬面视 occlusal view，A_b–B_b. 颊侧视 buccal view，C_l. 舌侧视 lingual view

A. L M1（IVPP V 6285.8），B. L M3（IVPP V 6284，副模 paratype），C. r m1–2（IVPP V 6285.4）

归入标本　甘肃秦安县魏店镇董湾村董湾剖面（QA-III）第 7 层：1 左上颌带 M1–2、1 m2、2 M1、2 M3（IVPP V 18594.1–6）。

归入标本时代　晚中新世（~6.81 Ma）。

特征（修订）　上臼齿均具有 2 个基部愈合的齿根。M2 的宽对长百分比率为 83%左右（表 13）。m1（平均长度 3.33 mm）的 ac 略偏颊侧；参数 *a*、*b*、*c*、*d*、*e* 均值分别为 0.05 mm、0.73 mm、0.72 mm、0.50 mm、0.12 mm；M1（平均长度 3.00 mm）参数 *A*、*B*、*C*、*D* 均值分别为 0.18 mm、1.02 mm、0.88 mm、0 mm（范围参考表 23）。m3 对 m2 长度百分比率为 81%左右；M3 对 M2 长度百分比率为 81%左右。

评注此种最初被作为 *Prosiphneus licenti* 的亚种，其主要区别特征是其 M3 的 T3 和 T4 间有一恒定的附加珐琅质岛（郑绍华、李毅，1982）。然而基于对更多标本的观察，发现这是极不稳定的性状。同时该种有如下特征：①个体明显较 *P. licenti* 大；②M1 齿根数为 2 而不是 3；③上、下臼齿舌、颊侧珐琅质曲线起伏较大，m1 的 *a*、*b*、*c*、*d*、*e* 值和 M1 的 *A*、*B*、*C*、*D* 值较 *P. licenti* 大；④m1 和 m2 的 bra1 更向前舌侧延伸及 M1 和 M2 的 BRA2 更向后舌侧延伸。考虑到这些特征，应独立成种（郑绍华等，2004；刘丽萍等，2013）。

Prosiphneus tianzuensis 个体大小虽与 *P. eriksoni* 接近，但有如下区别：①下臼齿的咬面长度和 M3 的牙齿高度均较大；②m1 的参数 *b*、*c*、*e* 值，M1 的咬面长度及参数 *A* 值均较小（见表 23）。

Prosiphneus tianzuensis 上、下臼齿的珐琅质参数值介于 *P. licenti* 和 *P. eriksoni* 之间。因此，在演化关系上，*P. tianzuensis* 可视为 *P. licenti* 和 *P. ericksoni* 之间的一个持续短暂的种类。

Prosiphneus tianzuensis 和 *P. eriksoni* 曾被一起归入 *Myotalpavus*(Zheng, 1994)。很显然，*Myotalpavus* Miller, 1927 是 *Prosiphneus* Teilhard de Chardin, 1926a 的晚出异名，应属无效。

上新鼢鼠属 *Pliosiphneus* Zheng, 1994

模式种　*Prosiphneus lyratus* Teilhard de Chardin, 1942

特征（修订）　个体较 *Prosiphneus* 稍大。鼻骨较长，呈倒置瓶状；鼻/额缝合线呈∧形或横切锯齿状，其后端未超过前颌/额缝合线。矢状区凹，呈竖琴状，后宽大于眶间宽。间顶骨呈梭形镶嵌于人字脊两翼之间。枕盾面突出于人字脊之后。原始种类额脊（眶上脊）彼此靠近，眶间区较窄；进步种类额脊（眶上脊）彼此不靠近，眶间区较宽。雄性老年个体矢状脊（额脊/顶脊）特别粗壮；人字脊发育，但不连续。枕区鳞骨呈三角形。上臼齿均具有 2 齿根，M1 的 2 齿根愈合成单根。m1 的 ac 呈椭圆形，偏向颊侧，bra2 与 lra3 横向相对；参数 *a* 值在原始种类接近于零，在最进步种类才大于零。上、下臼齿各项珐琅质参数值均显著大于最进步的 *Prosiphneus* 种。

中国已知种 琴颅上新鼢鼠 *Pliosiphneus lyratus* (Teilhard de Chardin, 1942)、稻地上新鼢鼠 *P. daodiensis* Zheng, Zhang et Cui, 2019、铺路上新鼢鼠 *P. puluensis* Zheng, Zhang et Cui, 2019、古上新鼢鼠 *P. antiquus* Zheng, 2017。

分布与时代 山西、河北、甘肃、内蒙古，早上新世—晚上新世。

评注 *Pliosiphneus* Zheng, 1994 建立后，中国的学者相继使用该属名（郑绍华，1997；郑绍华、张兆群，2000, 2001；张兆群、郑绍华，2000, 2001；张兆群等，2003；Hao et Guo, 2004；蔡保全等，2004, 2007；李强等，2008；刘丽萍等，2011, 2013）。但是外国文献中仍视其为与 *Prosiphneus* 同义（McKenna et Bell, 1997；Musser et Carleton, 2005）。然而，*Pliosiphneus* 与 *Prosiphneus* 的区别明显，主要表现在前者的以下特征：个体显著增大；间顶骨梭形，位于人字脊之间，而不是四边形且位于人字脊之后；矢状区和眶间区显著较宽；枕区鳞骨缺失而不是存在；M1 齿根数为单根而不是 3 根；臼齿齿冠显著较高。*Pliosiphneus* 代表了从臼齿有根的凸枕型鼢鼠向臼齿无根的凸枕型鼢鼠演化的过渡阶段，且有其自身的演化过程。因此，*Pliosiphneus* 应代表早上新世—晚上新世时期的臼齿带根的凸枕型鼢鼠，而 *Prosiphneus* 只代表那些中新世的种类（郑绍华等，2004）。原始种类颅骨具有间顶骨，进步种类是否存在间顶骨还有待完整颅骨的发现来证实。很有可能像 *Chardina*→*Mesosiphneus* 一样，间顶骨从存在到消失。如果是这样，将由一新的属名去填补它。

属内检索

I. m1 的 *a*、*b*、*c*、*d*、*e* 的均值（*n* = 3）分别为 0.07 mm、0.73 mm、1.07 mm、1.55 mm、0.60 mm；M1 的 *A*、*B*、*C*、*D* 的均值（*n* = 3）分别为 0.43 mm、1.43 mm、0.93 mm、1.50 mm ········· 古上新鼢鼠 *P. antiquus*

II. m1 的 *a*、*b*、*c*、*d*、*e* 的均值（*n* = 18）分别为 0.03 mm、1.48 mm、1.51 mm、2.72 mm、2.21 mm；M1 的 *A*、*B*、*C*、*D* 的均值（*n* = 20）分别为 1.16 mm、1.99 mm、1.86 mm、1.59 mm ····· 琴颅上新鼢鼠 *P. lyratus*

III. m1 的 *a*、*b*、*c*、*d*、*e* 值分别为 0 mm、3.80 mm、3.70 mm、4.20 mm、3.70 mm 左右 ·························· 稻地上新鼢鼠 *P. daodiensis*

IV. m1 的 *a*、*b*、*c*、*d*、*e* 值分别为 2.40 mm 左右、>5.00 mm、>6.00 mm、>5.20 mm、>5.10 mm·········· 铺路上新鼢鼠 *P. puluensis*

古上新鼢鼠 *Pliosiphneus antiquus* Zheng, 2017

（图 98，图 99）

?*Prosiphneus eriksoni*：Flynn et al., 1991, p. 251, fig. 4, tab. 2

?*Prosiphneus eriksoni*：Tedford et al., 1991, p. 524, fig. 4

正模 颅骨前部带门齿及左、右 M1–3（IVPP V 11166 = H.H.P.H.M. 31.323）。Teilhard de Chardin（1942）未描述和图示。

模式产地及层位 山西榆社盆地，具体层位不详。

归入标本 山西榆社盆地：YS 39 地点，1 左 M1（IVPP V 11167）；YS 57 地点，1 右 M1、1 左 1 右 M2、1 右 m1 前部、1 左 m2、1 右 m3（IVPP V 11168.1–6）；YS 50 地点，1 破损右 M2、1 右 m1、1 右 m2（IVPP V 11169.1–3）；YS 36 地点，1 左下颌支带门齿和 m1–3（IVPP V 11170）。甘肃灵台县邵寨镇雷家河村小石沟：72074(1)地点（= 72074(4)地点 L5 层），同一个体颅骨连左右下颌支带 m1–3

齿列（IVPP V 17835），1 右 M1、2 左 M2、1 右 M3、1 右 m2（IVPP V 17843.50–54）；72074(4)地点，L4-1 层，1 右 m1、1 右 M3（IVPP V 17843.55–56），L6-1 层，1 右 m3（IVPP V 17843.57），L6-3 层，1 左 M3（IVPP V 17843.58），L7-2 层，1 左 m1、1 左 m3、1 右 M2、1 左 M3（IVPP V 17843.59–62）；72074(7)地点（= 72074(4)地点 L5 层），1 左下颌支带 m1–3（IVPP V 17836），1 左下颌支带 m1–2（IVPP V 17840），2 右下颌支带 m1–2（IVPP V 17841–17842）。甘肃灵台县邵寨镇雷家河村文王沟 93002 地点剖面：CL1-2 层，1 左 m1（IVPP V 17843.63）；CL2-1 层，1 左 1 右 M1（IVPP V 17843.64–65）；CL2-2 层，2 右 M3（IVPP V 17843.66–67）；CL3-2 层，1 右 m1（IVPP V 17843.68）；CL5-2 层，1 右 m2（IVPP V 17843.69）。

归入标本时代 早上新世（～4.83–4.10 Ma）。

图 98 山西榆社盆地 *Pliosiphneus antiquus* 颅骨前部（IVPP V 11166，正模）

Figure 98 Anterior portion of the cranium of *Pliosiphneus antiquus* (IVPP V 11166, holotype) from Yushe Basin, Shanxi

A. 背视 dorsal view，B. 右侧视 lateral view，C. 腹视 ventral view

特征（修订） 相对小型。门齿孔对齿隙长度百分比率为 62%左右（表 11）。两额脊向内收敛并迅速愈合。眶间区狭窄。鼻骨前端明显变宽。前颌骨/上颌骨缝合线在门齿孔长度的后 1/3 处横过。M2 的宽对长百分比率均值为 110%（范围参考表 13）。上臼齿两齿列近于平行排列，其两 M1 对两 M3 间腭宽百分比率为 84%左右（表 14）。齿列中 M3 对 M2 长度百分比率为 88%左右，M3 对 M1–3 长度百分比率为 27%左右（表 20）；m3 对 m2 长度百分比率均值为 76%左右，m3 对 m1–3 长度百分比率均值为 26%左右（表 15）。高冠程度介于 *Prosiphneus eriksoni* 和 *Pliosiphneus lyratus* 之间。m1–3 长 8.50 mm 左右，m1 舌侧珐琅质参数 *a*、*b*、*c*、*d*、*e* 均值分别为 0.07 mm、0.73 mm、1.07 mm、1.55 mm、0.60 mm；M1–3 长 8.60 mm，M1 颊侧珐琅质参数 *A*、*B*、*C*、*D* 均值分别为 0.43 mm、1.43 mm、0.93 mm、1.50 mm（范围参考表 24）。m3 对 m2 长度百分比率为 72%左右。

评注 在 20 世纪采集的材料中，一件颅骨前部十分特殊。从编号为 H.H.P.H.M. 31.323 的标本判断，它应产自榆社盆地。其臼齿的高冠程度与榆社、灵台和秦安董湾新发现的标本吻合，因此 Zheng（2017）将它们确定为一新种，并将该颅骨指定为正模。崔宁在她的博士论文《鼢鼠类的分类、起源、演化及其环境背景》中将这些标本归入二登图的 *Prosiphneus eriksoni*，认为两者臼齿的高冠程度大致相当。然而，其 M1 的珐琅质参数 *A*、*B*、*C*、*D* 值分别为 0.43 mm、1.43 mm、0.93 mm、1.50 mm，大于后者的平均值 0.28 mm、1.03 mm、1.17 mm、0.32 mm。m1 的参数 *a*、*b*、*c*、*d*、*e* 值分别为 0.07 mm、0.73 mm、1.07 mm、1.55 mm、0.60 mm，也大于后者的平均值 0.05 mm、1.21 mm、1.07 mm、0.51 mm、0.40 mm。特别是 M1 的 *B* 值和 *D* 值、m1 的 *d* 值显著大。鉴于此，应独立成种。

表 24　不同地点 ***Pliosiphneus antiquus*** 臼齿长度及珐琅质曲线参数

Table 24　Molar length and sinuous line parameters in *Pliosiphneus antiquus* from selected localities

	项目 Item	m1	m2	m3
榆社盆地 Yushe Basin	*L*/mm	3.20 (3.10–3.30, *n*=2)	2.92 (2.80–3.00, *n*=4)	2.10 (2.00–2.20, *n*=2)
	a/mm	0.07 (0–0.20, *n*=3)		
	b/mm	0.73 (0.50–1.00, *n*=3)	0.60 (0.40–0.90, *n*=4)	0.30
	c/mm	1.07 (0.70–1.20, *n*=3)	0.93 (0.50–1.00, *n*=4)	0.60
	d/mm	1.55 (1.30–1.80, *n*=2)	1.10 (0.60–1.40, *n*=3)	0.60
	e/mm	0.60 (0–1.20, *n*=2)	0.60 (0.30–1.00, *n*=3)	0.20
		M1	M2	M3
	L/mm	3.17 (2.80–3.50, *n*=3)	2.50 (*n*=2)	2.10 (1.80–2.40, *n*=2)
	A/mm	0.43 (0.30–0.50, *n*=3)	0.40	0.30 (0.10–0.50, *n*=2)
	B/mm	1.43 (1.20–1.70, *n*=3)	0.70	0.20 (0.10–0.30, *n*=2)
	C/mm	0.93 (0.70–1.10, *n*=3)	0.70	0.60
	D/mm	1.50 (*n*=2)	0.60	0.50
甘肃灵台 Lingtai, Gansu		m1	m2	m3
	L/mm	3.80 (3.40–4.10, *n*=5)	3.20 (3.10–3.30, *n*=5)	2.40 (2.20–2.70, *n*=3)
	a/mm	0 (*n*=4)		
	b/mm	1.42 (0.90–2.10, *n*=4)	0.95 (0.70–1.10, *n*=4)	0.57 (0.50–0.70, *n*=3)
	c/mm	1.45 (1.10–1.80, *n*=4)	1.22 (1.10–1.60, *n*=4)	0.80 (0.70–1.00, *n*=3)
	d/mm	2.90 (1.80–3.80, *n*=4)	2.33 (1.20–2.90, *n*=4)	0.67 (0.60–0.70, *n*=3)
	e/mm	2.03 (1.40–2.60, *n*=4)	1.76 (1.00–2.00, *n*=4)	0.27 (0.10–0.40, *n*=3)
		M1	M2	M3
	L/mm	3.50	2.63 (2.60–2.70, *n*=3)	2.10 (*n*=3)
	A/mm	1.20	0.93 (0.50–1.40, *n*=3)	0.60 (0.50–0.70, *n*=2)
	B/mm	2.20	0.70 (0–1.20, *n*=3)	0.30
	C/mm	2.20	1.80 (1.70–1.90, *n*=3)	0.90 (0.50–1.20, *n*=2)
	D/mm	1.00	0.90 (0.50–1.40, *n*=3)	0.40 (0.30–0.50, *n*=2)
甘肃秦安 Qin'an, Gansu		m1	m2	m3
	L/mm	3.70 (3.30–4.00, *n*=3)	3.35 (3.10–3.60, *n*=2)	3.00
	a/mm	0 (*n*=3)		
	b/mm	1.93 (1.00–2.50)	2.00	2.60
	c/mm	2.37 (1.50–3.20)	2.70 (2.10–3.30, *n*=2)	2.20
	d/mm	3.60	>2.80	3.70
	e/mm	2.70 (*n*=2)	>2.40	3.50
		M1	M2	M3
	L/mm	3.57 (3.50–3.70, *n*=3)	2.60 (*n*=2)	2.37 (2.00–2.60, *n*=3)
	A/mm	1.00	0.50	1.95 (1.90–2.00, *n*=3)
	B/mm	1.90	0.20	1.15 (0.30–2.00, *n*=2)
	C/mm	1.60	1.40	1.10 (1.00–1.20, *n*=2)
	D/mm	1.30	1.00	0.90

注：表中括号前数值为均值，括号内数值为范围和标本数。

Note: Numbers before the parentheses are means, and numbers inside the parentheses are ranges and specimen numbers.

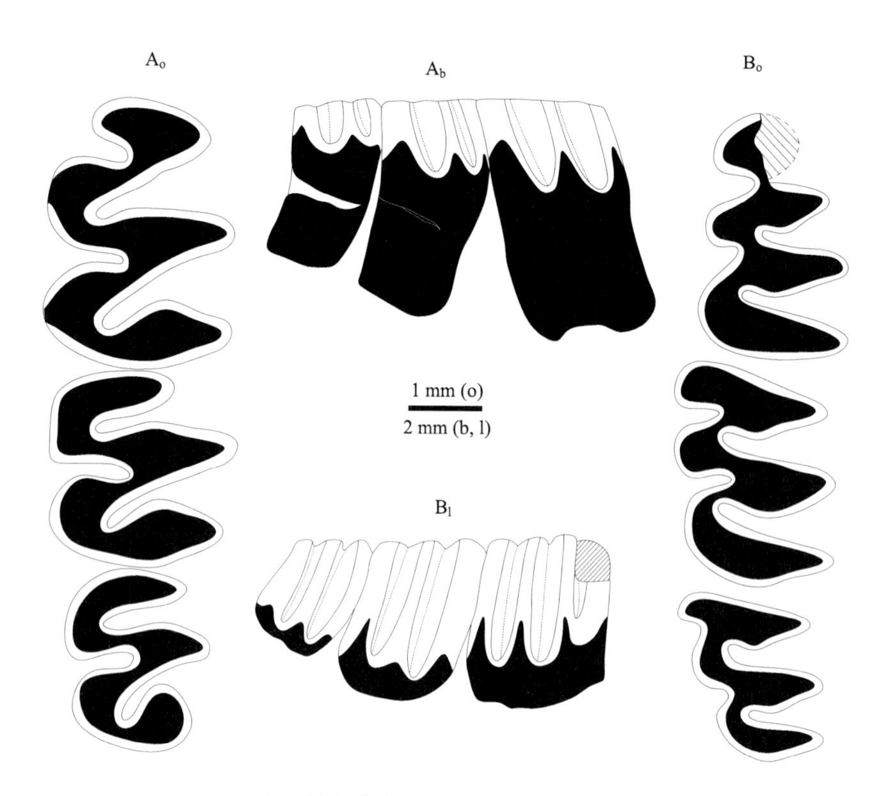

图 99　山西榆社盆地 *Pliosiphneus antiquus* 臼齿形态

Figure 99　Molars of *Pliosiphneus antiquus* from Yushe Basin, Shanxi

A_o–B_o. 咬面视 occlusal view，A_b. 颊侧视 buccal view，B_l. 舌侧视 lingual view

A. L M1–3（IVPP V 11166 = H.H.P.H.M. 31.323，正模 holotype），B. l m1–3（IVPP V 11170）

稻地上新鼢鼠 *Pliosiphneus daodiensis* Zheng, Zhang et Cui, 2019

（图 100）

Pliosiphneus sp.：蔡保全等，2004，277 页，表 2

正模　成年个体右 m1（IVPP V 15475），蔡保全等于 2002 年夏采集。

模式产地及层位　河北阳原县辛堡乡稻地村老窝沟剖面第 3 层红黏土，上上新统（～3.08 Ma）。

特征　个体明显较 *Pliosiphneus lyratus* 小，齿冠明显较 *P. puluensis* 低。m1 咬面长 3.34 mm 左右，参数 *a*、*b*、*c*、*d*、*e* 值分别为 0 mm、3.80 mm、3.70 mm、4.20 mm、3.70 mm 左右。

评注　该种 m1（长 3.34 mm）略大于 *Pliosiphneus antiquus*（平均长度 3.20 mm），显著小于 *P. lyratus*（平均长度 4.35 mm）和 *P. puluensis*（长 4.50 mm）。*P. daodiensis* 的 m1 的 *a*、*b*、*c*、*d*、*e* 值（分别为 0 mm、3.80 mm、3.70 mm、4.20 mm、3.70 mm）较 *P. antiquus* 的（均值分别为 0.07 mm、0.73 mm、1.07 mm、1.55 mm、0.60 mm）明显大；较 *P. lyratus* 的（榆社标本均值分别为 0 mm、1.90 mm、1.70 mm、>4.60 mm、>3.60 mm，据 Zheng, 2017）也大，但较 *P. puluensis* 的（分别为 2.40 mm、>5.00 mm、>6.00 mm、>5.20 mm、>5.10 mm）显著小。因此就齿冠高度从低到高的排列顺序而言，应该是 *P. antiquus*→*P. lyratus*→*P. daodiensis*→*P. puluensis*。这也代表了它们演化的顺序。

根据 m1 的 lra3 与 bra2 相对的特点，本种应属凸枕型鼢鼠；根据 m1 的参数 *a* 值为 0 mm 的特点，本种应属原鼢鼠属 *Prosiphneus* 或上新鼢鼠属 *Pliosiphneus*；根据 m1 的参数 *b*、*c*、*d*、*e* 值大的特点，本种应为 *Pliosiphneus* 中较进步的种类。

ac 前端尖的形态可能与其为较年轻个体有关，因为其齿根还未完全萌出，其齿冠也还未遭受强烈磨蚀。

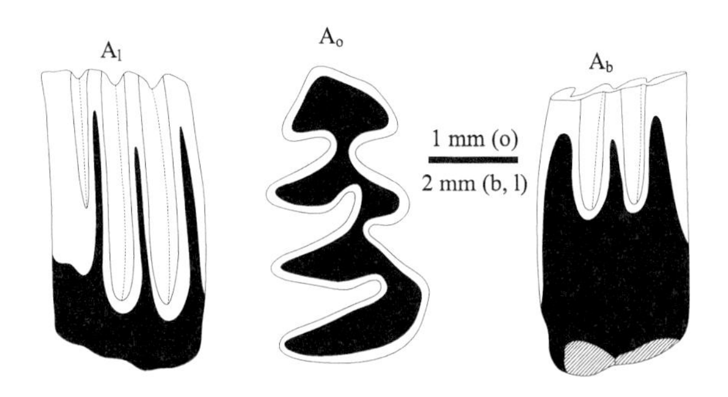

图 100　河北阳原县辛堡乡稻地村老窝沟剖面中的 *Pliosiphneus daodiensis* 右 m1（IVPP V 15475，正模）形态
Figure 100　Right m1 of *Pliosiphneus daodiensis* (IVPP V 15475, holotype) from the Laowogou section, Daodi Village, Xinbu Town, Yangyuan County, Hebei

A$_o$. 咬面视 occlusal view，A$_b$. 颊侧视 buccal view，A$_l$. 舌侧视 lingual view

琴颅上新鼢鼠 *Pliosiphneus lyratus* (Teilhard de Chardin, 1942)

（图 101，图 102）

Prosiphneus lyratus：Teilhard de Chardin, 1942, p. 47, figs. 36–36a；Teilhard de Chardin et Leroy, 1942, p. 28；Kretzoi, 1961, p. 126；李传夔等，1984，表 5；郑绍华、李传夔，1986，99 页，表 5；Zheng et Li, 1990, p. 434

Prosiphneus cf. *eriksoni*：Qiu et Storch, 2000, p. 196, pl. 10, figs. 7–12

murinus-group：Teilhard de Chardin, 1942, p. 42, fig. 34B

Myospalax lyratus：Lawrence, 1991, p. 206

Pliosiphneus cf. *Pl. lyratus*：刘丽萍等，2013，227 页，表 1

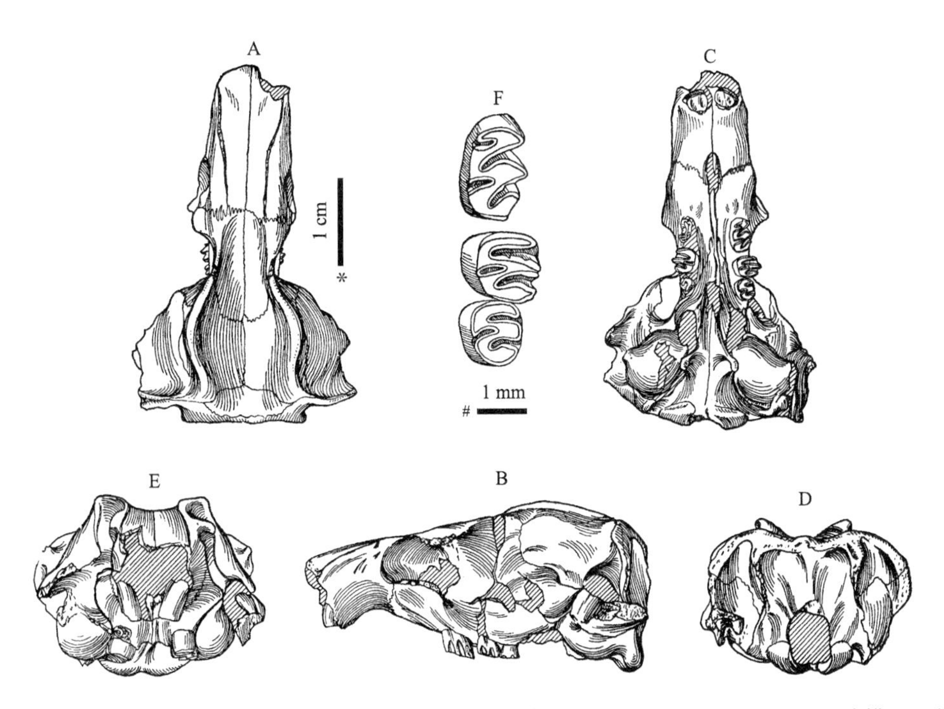

图 101　山西榆社盆地 *Pliosiphneus lyratus* 颅骨（A–E）及左上臼齿列（F）（H.H.P.H.M. 31.076，选模）形态（据 Teilhard de Chardin, 1942）
Figure 101　Cranium (A–E) and left upper molar row (F) of *Pliosiphneus lyratus* (H.H.P.H.M. 31.076, lectotype) from Yushe Basin, Shanxi (after Teilhard de Chardin, 1942)

A. 背视 dorsal view，B. 左侧视 left lateral view，C. 腹视 ventral view，D. 枕视 occipital view，E. 前视 anterior view，F. 咬面视 occlusal view；比例尺 scale bar：*. A–E，#. F

选模 雄性老年个体颅骨（H.H.P.H.M. 31.076）（Teilhard de Chardin, 1942：fig. 36），现保存在中国科学院古脊椎动物与古人类研究所。

模式居群 1 枕部破损的成年个体颅骨（IVPP RV 42020 = RV 42037 = H.H.P.H.M. 31.077）（Teilhard de Chardin, 1942：fig. 34B）。

模式产地及层位 山西榆社盆地，具体地点不详，可能属榆社 II 带（高庄组—麻则沟组）。

归入标本 山西榆社盆地：YS 69 地点，1 破损颅骨带左 M1–2 和右 M1–3（IVPP V 11162），1 颅骨前部带左右 M1–2（IVPP V 11165）；YS 50 地点，1 右 m1（IVPP V 11163）；YS 43 地点，1 右 m1（IVPP V 11164）。河北蔚县北水泉镇西窑子头村花豹沟剖面第 1 层（红黏土）：1 右下颌支带 m1–3（IVPP V 15474）。甘肃秦安县魏店镇董湾村董湾剖面（QA-III）：第 13 层，1 左下颌支带 m1–2、1 破损左 m1、1 左 1 右 m2、1 右上颌带 M1–3、1 左 1 右 M3（IVPP V 18596.1–7）；F19 层（=第 14 层），1 右 m1、1 左 M1；F20 层（=第 14 层），1 右 M1、1 左 M2；F22 层（=第 13 层），1 残破左 m2（刘丽萍等，2013，无编号）。甘肃灵台县邵寨镇雷家河村小石沟：72074(1)地点（= 72074(4)地点 L5 层），2 左下颌支带 m1–3（IVPP V 17838–17839），4 左 m1、1 左 m2、2 右 m3、2 左 1 右 M1、3 左 6 右 M2、5 左 2 右 M3（IVPP V 17843.1–26）；72074(4)地点 L5-2 层，2 左 m1、1 左 1 右 M2、2 左 1 右 M3（IVPP V 17843.27–33）；72074(4)地点剖面 L5-4 层，3 左 1 右 m1、1 右 M1、1 左 M3（IVPP V 17843.34–39）。甘肃灵台县邵寨镇雷家河村文王沟：93001 地点剖面 WL10 层，1 左 m1、2 左 M1、1 右 M2（IVPP V 17843.40–43）；93001 地点剖面 WL11-3 层，1 左 m1、1 右 m3、1 右 M3（IVPP V 17843.44–46）；93002 地点剖面 CL1-2 层，1 左 m1、1 左 m3、1 左 M1（IVPP V 17843.47–49）。内蒙古化德县毕力克村龙骨坡，1 破损右上颌带 M3、1 右下颌支带 m1–2、2 左 1 右下颌支带 m1、64 M1、73 M2、43 M3、64 m1、84 m2、38 m3（IVPP V 11924.1–371）。

归入标本时代 上新世（～4.90–3.25 Ma）。

特征（修订） 基本同属。门齿孔对齿隙长度百分比率均值为 43%（范围参考表 11）。枕宽对枕高百分比率均值为 176%左右（表 12）。上臼齿两齿列相互平行排列（两 M1 对两 M3 间腭宽百分比率为 83%左右）（表 14）。M2 宽对长百分比率均值为 90%（范围参考表 13）。齿列中 M3 对 M2 长度百分比率均值为 78%，M3 对 M1–3 长度百分比率均值 23%（范围参考表 20）；m3 对 m2 长度百分比率为 81%左右，m3 对 m1–3 长度百分比率为 27%左右（表 15）。据毕力克标本测算：m1 参数 *a*、*b*、*c*、*d*、*e* 均值分别为 0.03 mm、1.48 mm、1.51 mm、2.72 mm、2.21 mm；M1 参数 *A*、*B*、*C*、*D* 均值分别为 1.16 mm、1.99 mm、1.86 mm、1.59 mm（范围参考表 25）。

评注 近年来对榆社标本重新研究时发现，被归入“*murinus*-group”的颅骨（未保存臼齿）（Teilhard de Chardin, 1942：fig. 34B）与 *Pliosiphneus lyratus* 具有相同的性状：枕盾面突出于人字脊之后，间顶骨呈梭形位于两侧人字脊之间，矢状区中心凹陷呈竖琴状，眶间收缩区宽，眶上脊彼此强烈分开等。它的颞脊较模式标本弱的性状可能是由于其为雌性或较年轻个体。根据上、下臼齿珐琅质参数值的对应关系，产自泥河湾花豹沟的一段带 m1–3 的成年个体右下颌支（IVPP V 15474）被归入此种（Zheng, 1994：figs. 10–11）。榆社盆地 M1（$n = 2$）的参数 *A*、*B*、*C*、*D* 均值分别为 1.90 mm、2.35 mm、2.00 mm、1.65 mm，而花豹沟 m1 参数 *a*、*b*、*c*、*d*、*e* 值分别为 0 mm、1.90 mm、1.70 mm、＞4.60 mm、＞3.60 mm。它们之间在演化阶段上有很好的对应关系。

董湾被描述成 *Pliosiphneus lyratus* 的 M1 的 *A*、*B*、*C*、*D* 值分别为 1.00 mm、1.90 mm、1.60 mm、1.30 mm，m1 的 *a*、*b*、*c*、*d*、*e* 均值分别为 0 mm、1.93 mm、2.37 mm、3.60 mm、2.70 mm。虽然都较 *Pl. lyratus* 略小，但接近其最小值，亦应归入此种。这些数据也十分接近内蒙古化德毕力克地点的“*Prosiphneus* cf. *eriksoni*”（Qiu et Storch, 2000）的变异范围（见表 25）。这些材料齿冠高度显著大于 *Prosiphneus eriksoni* 而较为接近 *Pl. lyratus*。就臼齿形态和齿冠高度而言，中贝加尔的“*Prosiphneus praetingi*”（Mats et al., 1982）似应与董湾标本属于同一类型。

表 25　不同地点 *Pliosiphneus lyratus* 臼齿长度及珐琅质曲线参数

Table 25　Molar length and sinuous line parameters in *Pliosiphneus lyratus* from selected localities

	项目 Item	m1	m2	m3
榆社 Yushe	*L*/mm	4.35 (4.30–4.40, *n*=2)		
	a/mm	0 (*n*=2)		
	b/mm	>1.60–>2.00 (*n*=2)		
	c/mm	>1.80–>1.90 (*n*=2)		
	d/mm	>1.10		
	e/mm	>1.00–>1.30 (*n*=2)		
		M1	M2	M3
	L/mm	3.43 (3.00–3.80, *n*=3)	2.57 (2.40–2.90, *n*=3)	2.00 (1.60–2.40, *n*=2)
	A/mm	1.90 (1.40–2.40, *n*=2)	0.90 (0.30–1.50, *n*=2)	0
	B/mm	2.35 (2.00–2.70, *n*=2)	0.45 (0.10–0.80, *n*=2)	0
	C/mm	2.00 (1.50–2.50, *n*=2)	1.20 (0.90–1.50, *n*=2)	0.60
	D/mm	1.65 (1.00–2.30, *n*=2)	1.25 (1.20–1.30, *n*=2)	0.40
灵台 Lingtai		m1	m2	m3
	L/mm	4.23 (3.70–4.90, *n*=7)	3.10 (3.00–3.20, *n*=2)	2.68 (2.50–2.90, *n*=4)
	a/mm	0.06 (0–0.20, *n*=8)		
	b/mm	2.33 (0.80–3.20, *n*=8)	1.20 (0.50–1.90, *n*=2)	1.00 (0.60–1.80, *n*=3)
	c/mm	2.27 (1.10–3.30, *n*=8)	1.50 (0.90–2.10, *n*=2)	1.43 (0.90–2.20, *n*=3)
	d/mm	3.80 (2.70–5.50, *n*=3)	2.50 (2.20–2.80, *n*=2)	1.00 (0.60–1.50, *n*=3)
	e/mm	2.80 (1.60–4.50, *n*=3)	1.95 (1.60–2.30, *n*=2)	0.57 (0.40–0.80, *n*=3)
		M1	M2	M3
	L/mm	3.80 (3.20–4.10, *n*=7)	2.94 (2.50–3.20, *n*=9)	2.57 (2.30–3.10, *n*=9)
	A/mm	2.03 (1.70–2.40, *n*=3)	1.46 (0.40–2.30, *n*=9)	1.03 (0.70–1.60, *n*=8)
	B/mm	2.63 (1.90–3.40, *n*=3)	0.90 (0.20–1.60, *n*=9)	0.10 (0–0.40, *n*=8)
	C/mm	2.85 (2.20–3.30, *n*=4)	2.04 (1.50–2.50, *n*=9)	1.18 (0.70–1.50, *n*=9)
	D/mm	3.20 (1.60–4.30, *n*=3)	2.06 (1.50–2.90, *n*=8)	0.97 (0.50–1.40, *n*=9)
毕力克 Bilike		m1	m2	m3
	L/mm	3.53 (3.20–3.90, *n*=18)	2.97 (2.60–3.20, *n*=18)	2.24 (1.90–2.70, *n*=10)
	a/mm	0.03 (0–0.30, *n*=18)		
	b/mm	1.48 (0.90–2.20, *n*=18)	1.05 (0.40–1.60, *n*=18)	0.70 (0.40–1.20, *n*=10)
	c/mm	1.51 (1.00–2.00, *n*=18)	1.37 (0.90–2.30, *n*=18)	0.93 (0.40–1.30, *n*=10)
	d/mm	2.72 (1.60–4.10, *n*=16)	2.45 (0–4.00, *n*=18)	0.64 (0–1.20, *n*=10)
	e/mm	2.21 (1.10–3.10, *n*=16)	1.75 (0–3.20, *n*=18)	0.20 (0–0.70, *n*=10)
		M1	M2	M3
	L/mm	3.30 (2.70–3.70, *n*=20)	2.87 (2.20–3.10, *n*=20)	2.24 (1.70–2.50, *n*=14)
	A/mm	1.16 (0.10–2.60, *n*=20)	1.05 (0.60–1.70, *n*=20)	0.47 (0.20–1.00, *n*=14)
	B/mm	1.99 (0.70–2.90, *n*=20)	0.71 (0.30–1.50, *n*=20)	0.15 (0–0.60, *n*=14)
	C/mm	1.86 (1.00–3.00, *n*=20)	1.38 (0.90–1.90, *n*=20)	0.72 (0.40–0.90, *n*=14)
	D/mm	1.59 (0.70–2.20, *n*=20)	1.29 (0.60–3.00, *n*=20)	0.49 (0.10–0.80, *n*=14)

注：表中括号前数值为均值，括号内数值为范围和标本数。

Note: Numbers before the parentheses are means, and numbers inside the parentheses are ranges and specimen numbers.

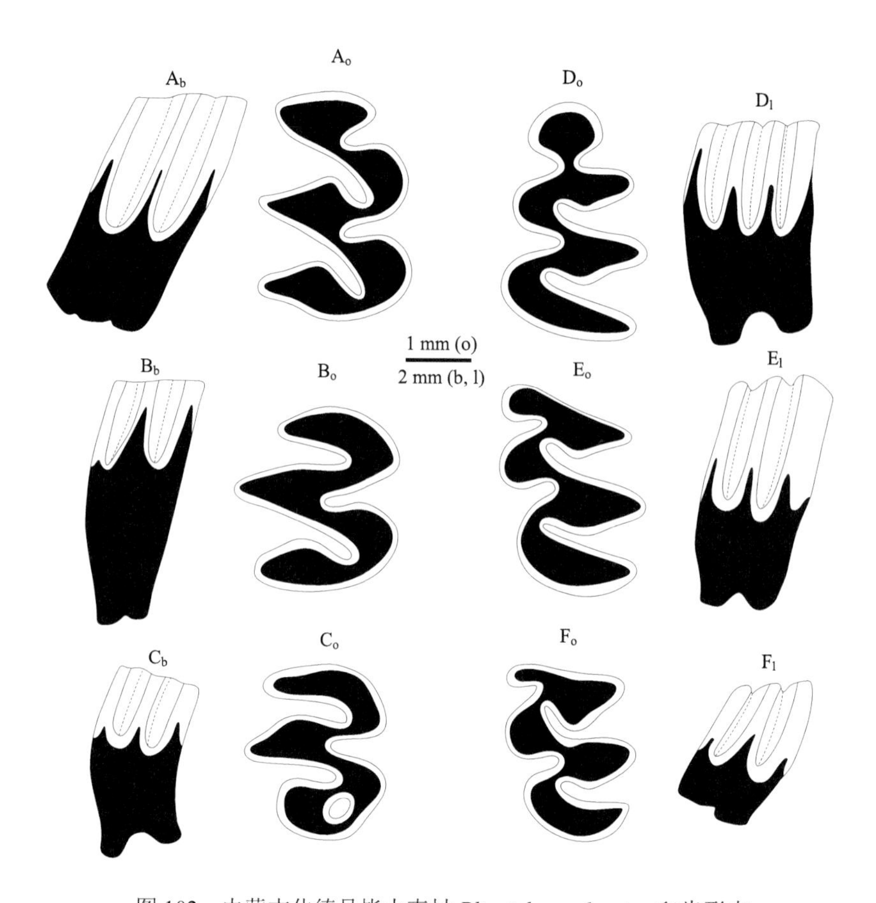

图 102 内蒙古化德县毕力克村 *Pliosiphneus lyratus* 臼齿形态

Figure 102 Molars of *Pliosiphneus lyratus* from Bilike Village, Huade County, Inner Mongolia

A_o–F_o. 咬面视 occlusal view，A_b–C_b. 颊侧视 buccal view，D_l–F_l. 舌侧视 lingual view

A. R M1（IVPP V 11924.1），B. R M2（IVPP V 11924.2），C. R M3（IVPP V 11924.3），D. l m1（IVPP V 11924.4），E. l m2（IVPP V 11924.5），F. l m3（IVPP V 11924.6）

铺路上新鼢鼠 *Pliosiphneus puluensis* Zheng, Zhang et Cui, 2019

（图 103）

Pliosiphneus sp. nov.：蔡保全等，2007，238 页，表 2

正模 后缘轻微破损的成年个体左 m1（IVPP V 15476），蔡保全等于 2002 年夏采集。

模式居群 1 左 1 右 m2、1 右 m3 前部、1 左 M1 前部、1 右 M3（IVPP V 15476.1–5）。

模式产地及层位 河北蔚县北水泉镇铺路村牛头山剖面第 9 层，上上新统稻地组（=麻则沟组）。

归入标本 山西榆社盆地：1 颅骨前部带左右 M1–3（IVPP RV 42025）。

归入标本时代 晚上新世。

特征（修订） 大型。极高冠。吻短宽，额宽，门齿孔长。门齿孔对齿隙长度百分比率为 48%左右（表 11）。上臼齿两齿列相互平行排列（两 M1 对两 M3 间腭宽百分比率为 91%左右）（表 14）。齿列中，M3 对 M2 长度百分比率为 93%左右，M3 对 M1–3 的长度百分比率为 26%左右（表 20）。M2 的宽对长百分比率为 79%左右（表 13）。m1（长 4.50 mm 左右）参数 *a*、*b*、*c*、*d*、*e* 值分别为 2.40 mm 左右、>5.00 mm、>6.00 mm、>5.20 mm、>5.10 mm。

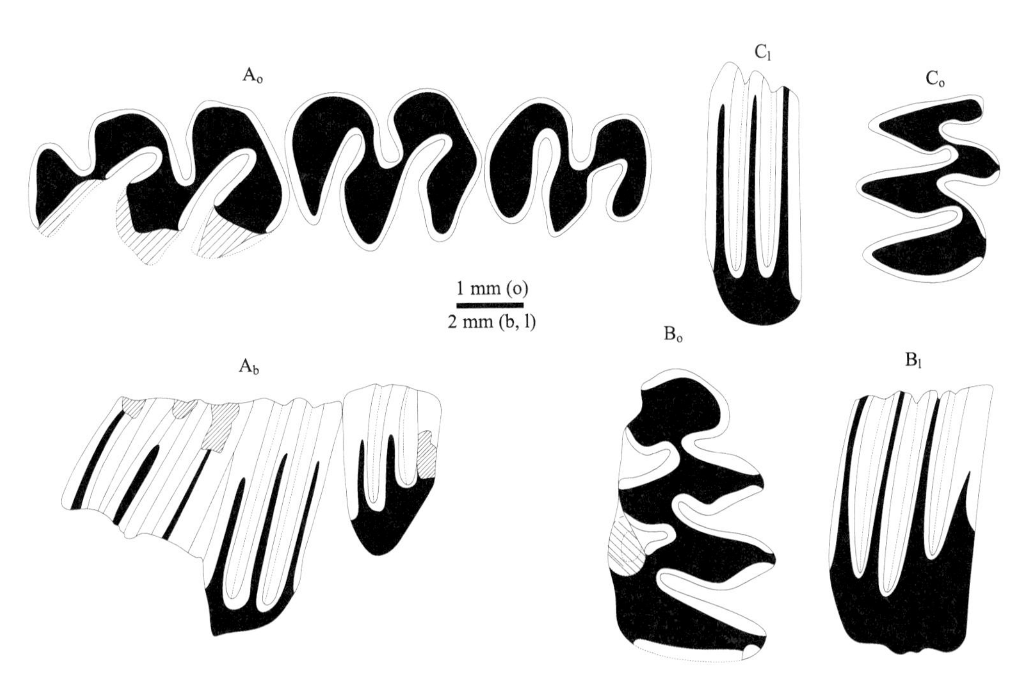

图 103　山西榆社盆地（A）与河北蔚县北水泉镇铺路村牛头山剖面（B–C）*Pliosiphneus puluensis* 臼齿形态

Figure 103　Molars of *Pliosiphneus puluensis* from Yushe Basin (A), Shanxi and the Niutoushan section (B–C), Pulu Village, Beishuiquan Town, Yuxian County, Hebei

A_o–C_o. 咬面视 occlusal view，A_b. 颊侧视 buccal view，B_l–C_l. 舌侧视 lingual view

A. R M1–3（IVPP RV 42025），B. l m1（IVPP V 15476，正模 holotype），C. r m2（IVPP V 15476.2）

评注　*Pliosiphneus puluensis* 是目前该属中个体最大的种，表现在 M1–3（长 9.60 mm）大于 *P. antiquus*（8.60 mm）和 *P. lyratus* [8.20 mm（7.60–8.90 mm，$n = 3$）]，M1（长 3.90 mm）也大于 *P. antiquus*（3.60 mm）和 *P. lyratus* [3.50 mm（3.20–3.80 mm，$n = 3$）]，m1（长 4.50 mm）还是大于后两者（分别长 3.30 mm 和 4.00 mm）和 *P. daodiensis*（长 3.34 mm）。该种也是齿冠高度最大的种，表现在下臼齿的 *a*、*b*、*c*、*d*、*e* 和上臼齿的 *A*、*B*、*C*、*D* 的测量数值上。该种 m1 的珐琅质参数 *a* 值（2.40 mm）大过了其他 3 种（分别为 0.07 mm、0.03 mm、0 mm），是其最大的差别。

根据 m1 珐琅质参数 *a* 值约为齿冠高度一半判断，该种可能不属于 *Pliosiphneus*，而是一个代表高冠、臼齿带根、凸枕型鼢鼠的新属。考虑到目前还没有相对完整的颅骨发现，这里暂将其置于该属之下。可以预见，与更为进步的臼齿带根的凹枕型中鼢鼠属 （*Mesosiphneus*）一样，此种的颅骨可能也丢失了间顶骨。

该种短宽的吻部、宽的额部、凹陷的眶间区和矢状区、长的门齿孔以及几乎平行排列的上臼齿齿列等均显示出 *Pliosiphneus lyratus* 的颅骨形态，因此可以推断该种是其当然的后裔。

日进鼢鼠属 *Chardina* Zheng, 1994

模式种　*Prosiphneus truncatus* Teilhard de Chardin, 1942

特征（修订）　颅骨既有凸枕型特征：枕盾面轻微凸出于人字脊之后，顶脊与顶/鳞缝合线不相交，矢状区后部宽度约为眶间宽度的 1.8 倍，鼻/额缝合线呈∧形且后端与前颌/额缝合线持平，枕上突弱且枕面呈四边形，枕区鳞骨呈三角形等；也有凹枕型特征：门齿孔完全位于前颌骨上，两上臼齿齿列呈轻微八字形排列，m1 的 lra3 前于 bra2（即 m1 的 bra2 和 lra3 相错排列）等；还具有原始特征：间顶骨似半圆形且位于人字脊（不连续）两翼连线之前，臼齿具齿根且相对低冠，m1 的珐琅质参数 *a* 值接近于零。

中国已知种　峭枕日进鼢鼠 *Chardina truncatus* (Teilhard de Chardin, 1942)、中华日进鼢鼠

C. sinensis (Teilhard de Chardin et Young, 1931)、德氏日进鼢鼠 *C. teilhardi* (Zhang, 1999)、甘肃日进鼢鼠 *C. gansuensis* Liu, Zheng, Cui et Wang, 2013。

分布与时代 甘肃、山西、陕西、河北和内蒙古，上新世。

评注 *Chardina* Zheng, 1994 自建属以来已被许多中国学者广泛使用（郑绍华，1997；郑绍华、张兆群，2000, 2001；张兆群、郑绍华，2000, 2001；Hao et Guo, 2004；李强等，2008；邱铸鼎、李强，2016；Zheng, 2017）。虽然一些文献中仍认为其与 *Prosiphneus* 为同物异名（McKenna et Bell, 1997；Musser et Carleton, 2005），笔者认为 *Chardina* 一方面具有 *Prosiphneus* 的一些原始性状，如间顶骨发育、顶脊与顶/鳞缝合线不相交等，另一方面具有 *Mesosiphneus* 的进步性状，如门齿孔只在前颌骨上、枕侧面有鳞骨存在、臼齿齿冠相对较高、m1 的 lra3 位置前于 bra2 等。因此，*Chardina* 具有从凸枕型的 *Prosiphneus* 向凹枕型的 *Mesosiphneus* 过渡的性质，应独立为属。

属内检索

I. m1 的 *a*、*b*、*c*、*d*、*e* 均值分别为 0.10 mm、2.30 mm、2.65 mm、3.20 mm、2.45 mm ······································ 甘肃日进鼢鼠 *C. gansuensis*

II. m1 的 *a*、*b*、*c*、*d*、*e* 均值分别为 0.10 mm、2.00 mm、1.65 mm、1.60 mm、0.80 mm；M1 的 *A*、*B*、*C*、*D* 值分别为 0.90 mm、1.80 mm、1.80 mm、1.50 mm ······································ 中华日进鼢鼠 *C. sinensis*

III. m1 的 *a*、*b*、*c*、*d*、*e* 均值分别为 0.06 mm、2.76 mm、2.56 mm、4.43 mm、4.45 mm；M1 的 *A*、*B*、*C*、*D* 均值分别为 3.12 mm、3.57 mm、3.35 mm、2.53 mm ······································ 峭枕日进鼢鼠 *C. truncatus*

IV. m1 的 *a*、*b*、*c*、*d*、*e* 均值分别为 0.34 mm、3.96 mm、3.70 mm、4.50 mm、4.18 mm；M1 的 *A*、*B*、*C*、*D* 均值分别为 3.78 mm、3.70 mm、3.13 mm、4.08 mm ······································ 德氏日进鼢鼠 *C. teilhardi*

甘肃日进鼢鼠 *Chardina gansuensis* Liu, Zheng, Cui et Wang, 2013

（图 104）

Prosiphneus sinensis：Teilhard de Chardin et Young, 1931, p. 14 (partim), pl. IV, fig. 1, pl.V, fig. 5

Prosiphneus eriksoni：Young et al., 1943, p. 29；Mi, 1943, p. 158, pl. I, fig. 2a–d

Prosiphneus spp.：Li et al., 2003, p. 108 (partim)

Chardina sinensis：刘丽萍等，2011，231 页，图 1（部分）

Chardina sp.：Qiu et al., 2013, p. 185, Appendix

正模 右下颌支带 m1（IVPP V 18598），刘丽萍等于 2009 年采集。

模式居群 1 右 m2、1 右 m3、1 左 M1、1 左 M3（IVPP V 18599.3–6）。

模式产地及层位 甘肃秦安县魏店镇董湾村董湾剖面（QA-III）第 15 层，下上新统红黏土（～5.00 Ma）。

归入标本 甘肃秦安县魏店镇董湾村董湾剖面（QA-III）：第 14 层，1 左 m1、1 破损左 M2（IVPP V 18599.1–2）。陕西陇县白牛峪：1 右下颌支带 m1（IVPP RV 43003）。陕西神木市东山村（第 12 地点）：1 右下颌支带 m1–3（Cat.C.L.G.S.C.Nos.C/28）。内蒙古阿巴嘎旗高特格：DB02-1 地点，8 M1、4 M2、9 M3、10 m1、4 m2、3 m3（IVPP V 19911.1–38）；DB02-2 地点，2 M1、2 M2、4 M3、4 m1、1 m2、6 m3（IVPP V 19912.1–19）；DB02-3 地点，4 M1、2 M2、4 M3、10 m1、9 m2、3 m3（IVPP V 19913.1–32）；DB02-4 地点，6 M1、8 M2、2 M3、4 m1、4 m2、4 m3（IVPP V 19914.1–28）；DB02-5 地点，3 M1、1 m3（IVPP V 19915.1–4）；DB02-6 地点，1 M1、3 M2、1 m1（IVPP V 19916.1–5）；DB03-1 地点，1 M2、1 m3（IVPP V 19917.1–2）；DB03-2 地点，1 M1、1 M2、1 M3、1 m1、1 m2、1 m3（IVPP V 19918.1–6）。

归入标本时代 早上新世（～4.32–3.85 Ma）。

特征（修订） m1（平均长度 3.95 mm）参数 *a*、*b*、*c*、*d*、*e* 均值分别为 0.10 mm、2.30 mm、2.65 mm、3.20 mm、2.45 mm（范围参考表 26）。齿冠高度介于 *Chardina sinensis* 和 *C. truncatus* 之间。M3 对 M2

长度百分比率均值为 70%；m3 对 m2 长度百分比率均值为 81%，m3 对 m1–3 长度百分比率为 27%。M2 宽对长百分比率均值为 91%（$n = 19$）。

评注 德日进和杨钟健（Teilhard de Chardin et Young, 1931）以来自山西河曲县巡检司（第 7 地点）的一件颅骨前部带左右 M1–2（Cat.C.L.G.S.C.Nos.C/21）作为模式标本建立了“*Prosiphneus sinensis*”，并将来自陕西神木市东山村（第 12 地点）的带 m1–3 的右下颌支（Cat.C.L.G.S.C.Nos.C/28）、陕西府谷镇羌堡以西（第 11 地点）的左 M3（Cat.C.L.G.S.C.Nos.C/23）以及镇羌堡以东（第 10 地点）的枢椎都归入该种。然而，根据上述 *Chardina truncatus* 同一个体上、下臼齿珐琅质曲线参数的对应关系判断，归入“*Prosiphneus sinensis*”的上、下臼齿齿冠高度不相匹配：上臼齿显得原始，其中颅骨前部 Cat.C.L.G.S.C.Nos.C/21 应为 *C. sinensis*，而其他标本应为较进步的 *C. gansuensis*。

表 26 不同地点 *Chardina gansuensis* 的 m1 长度及珐琅质曲线参数

Table 26 m1 length and sinuous line parameters in *Chardina gansuensis* from selected localities

地点 Locality	标本数 n	L/mm	a/mm	b/mm	c/mm	d/mm	e/mm
秦安 Qin’an	2	3.95 (3.80–4.10)	0.10 (0–0.20)	2.30 (2.20–2.40)	2.65 (2.10–3.20)	3.20 (2.80–3.60)	2.45 (2.10–2.80)
神木 Shenmu	1	3.70	0.40	2.10	3.00	2.60	1.60
陇县 Longxian	1	4.50	0	2.40	2.00	>2.20	>1.20
高特格 Gaotege	23	3.70 (2.80–4.30)	0.10 (0–0.40)	2.30 (2.10–2.40)	2.65 (2.10–3.20)	3.20 (2.60–3.60)	2.45 (1.60–2.80)

注：表中括号前数值为均值，括号内数值为范围。

Note: Numbers before the parentheses are means, and numbers inside the parentheses are ranges.

从表 26 可以看出，除陇县的标本为老年个体而略大外，其余均在模式标本的变异范围内。特别有趣的是高特格的标本数量最多，但其均值与模式地点标本均值完全一致。

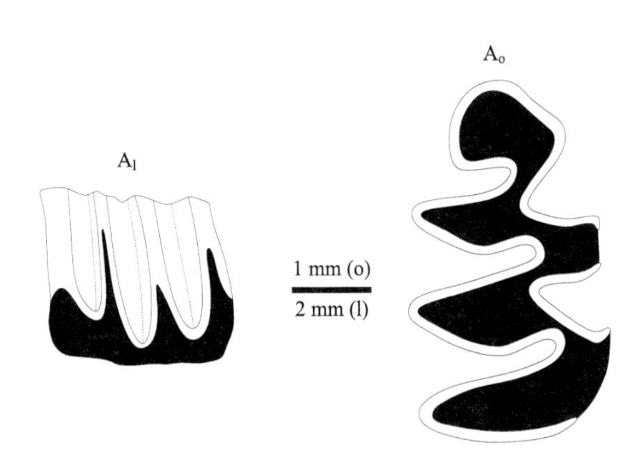

图 104 甘肃秦安县魏店镇董湾村 QA-III 剖面 *Chardina gansuensis* 的 m1（IVPP V 18598，正模）形态（据刘丽萍等，2013）

Figure 104 Right m1 (IVPP V 18598, holotype) of *Chardina gansuensis* from the QA-III section, Dongwan Village, Qin’an County, Gansu (after Liu et al., 2013)

A_o. 咬面视 occlusal view，A_l. 舌侧视 lingual view

该种的地质时代原先被确定为“蓬蒂期”，意即目前的晚中新世，但根据臼齿的高冠程度远远大于最晚中新世的 *Prosiphneus eriksoni* 判断，它应属早上新世。董湾剖面第 14、15 层的磁性地层学年龄分别为 5.24 Ma 和 5.00 Ma（Hao et Guo, 2004）；而高特格剖面 DB02-1–4、DB02-5–6、DB03-1 地点的磁性地层学年龄分别为 4.20 Ma、4.37 Ma、4.15 Ma（徐彦龙等，2007）或 4.12 Ma、4.32 Ma、3.85 Ma（O’Connor et al., 2008）。比较起来，董湾剖面的磁性年龄显然过于偏大，几乎大了 1.00 Ma。笔者相信高特格剖面磁性地层学年龄较为符合这种鼢鼠的演化水平。

中华日进鼢鼠 *Chardina sinensis* (Teilhard de Chardin et Young, 1931)

（图 105，图 106）

Prosiphneus sinensis：Teilhard de Chardin et Young, 1931, p. 14 (partim), pl. III, fig. 2, pl. V, figs. 11–11a；Kretzoi, 1961, p. 126；李传夔等，1984，表 5； Zheng et Li, 1990, p. 432, tab. 1, fig. 1g

Myospalax sinensis：Lawrence, 1991, p. 282

?*Episiphneus sinensis*, *Pliosiphneus* sp. 1：Zheng, 1994, p. 62, tab. 1, figs. 9–11

Pliosiphneus sp. 1：Zheng, 1994, p. 62, tab. 1, figs. 7, 10, 12

Chardina cf. *C. sinensis*：张兆群、郑绍华，2000，276 页，图 1

正模 颅骨前部带左右 M1–2（Cat.C.L.G.S.C.Nos.C/21），由中国地质调查所新生代研究室于 1929 年夏采集，现保存在中国科学院古脊椎动物与古人类研究所。

模式产地及层位 山西河曲县巡检司（第 7 地点，现巡镇），上新统红黏土层。

归入标本 陕西府谷县新民镇新民村镇羌堡（第 11 地点）：1 左 M3（Cat.C.L.G.S.C.Nos.C/23）。甘肃秦安县魏店镇董湾村董湾剖面（QA-III）：第 13 层，1 右下颌支带 m1、1 破损左 m1、1 左 m2 前部、1 左 M3（IVPP V 18597.1–4）；第 14 层，1 左 1 右下颌支带 m1–2、1 右 m1、2 左 m2、1 左 1 右 m3、1 左 M1、1 左 M2（IVPP V 18597.5–13）。甘肃灵台县邵寨镇雷家河村文王沟 93001 地点剖面：WL14 层，2 左 M1（IVPP V 17857.1–2）。

归入标本时代 早上新世（～4.70–3.60 Ma）。

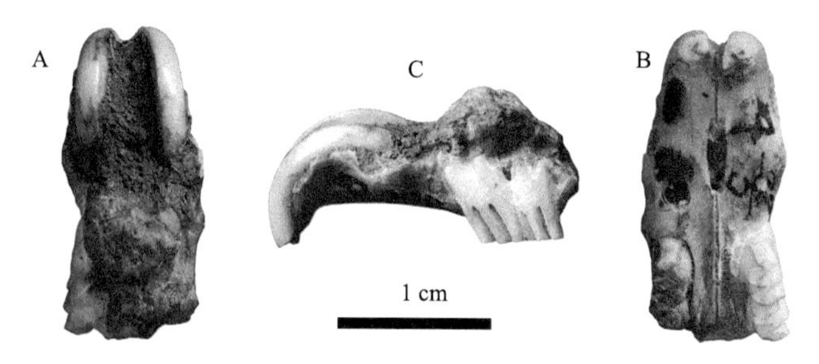

图 105 山西河曲县巡检司（现巡镇）*Chardina sinensis* 颅骨前部（Cat.C.L.G.S.C.Nos.C/21，正模）

Figure 105 Anterior portion of the cranium (Cat.C.L.G.S.C.Nos.C/21, holotype) of *Chardina sinensis* from Xunjiansi (Hsiunchienssu, present Xunzhen Town), Hequ (Hochu) County, Shanxi

A. 背视 dorsal view，B. 腹视 ventral view，C. 左侧视 left lateral view

特征（修订） 门齿孔只在前颌骨上，门齿孔-齿隙长百分比率为 42%左右（表 11）。臼齿相对低冠。上臼齿齿列呈轻微八字形排列。M2 的宽对长百分比率为 96%左右（表 13）。M3 对 M2 长百分比率均值为 94%；m3 对 m2 长度百分比率均值为 81%左右。m1（平均长度 3.72 mm），参数 *a*、*b*、*c*、*d*、*e* 均值（分别为 0.10 mm、2.00 mm、1.65 mm、1.60 mm、0.80 mm）小于董湾的 *Chardina gansuensis*（分别为 0.10 mm、2.30 mm、2.65 mm、3.20 mm、2.45 mm）；M1（长 3.20 mm），参数 *A*、*B*、*C*、*D* 值（分别为 0.90 mm、1.80 mm、1.80 mm、1.50 mm，范围参考表 26，表 27）小于榆社的 *C. truncatus*（分别为＞3.80 mm、＞4.50 mm、4.00 mm、4.90 mm，范围参考表 29）和宁县的 *C. teilhardi*（分别为 4.50 mm、4.30 mm、3.60 mm、4.30 mm，范围参考表 28）。

评注 产自榆社高庄井南沟 *Chardina truncatus* 同一个体（IVPP V 756）的 M1 颊侧珐琅质参数值大于 m1 舌侧对应参数值，而河曲巡检司（第 7 地点）的 M1 参数值小于神木市东山村（第 12 地点）m1 的参数值。据此判断，前者应代表一较原始的种，后者应该代表一较进步的种（郑绍华，1997）。也就是说只有颅骨可以被视为 *C. sinensis*，而下颌支应被归为 *C. gansuensis*（刘丽萍等，2013）。

表 27　不同地点 *Chardina sinensis* 的 m1 和 M1 长度及珐琅质曲线参数

Table 27　Length and sinuous line parameters of m1 and M1 in *Chardina sinensis* from selected localities

牙齿 Tooth	项目 Item	河曲巡检司 Xunjiansi, Hequ	灵台文王沟 Wenwanggou, Lingtai	秦安董湾 Dongwan, Qin'an
m1	标本数 *n*			2
	L/mm			3.72
	a/mm			0.10 (0–0.20)
	b/mm			2.00 (1.80–2.20)
	c/mm			1.65 (1.40–1.90)
	d/mm			1.60
	e/mm			0.80 (0.70–0.90)
M1	标本数 *n*	1	1	1
	L/mm	3.20	2.90	3.90
	A/mm	0.90	0.60	1.80
	B/mm	1.80	1.90	2.10
	C/mm	1.80	1.60	2.80
	D/mm	1.50	1.40	1.30

注：表中括号前数值为均值，括号内数值为范围。

Note: Numbers before the parentheses are means, and numbers inside the parentheses are ranges.

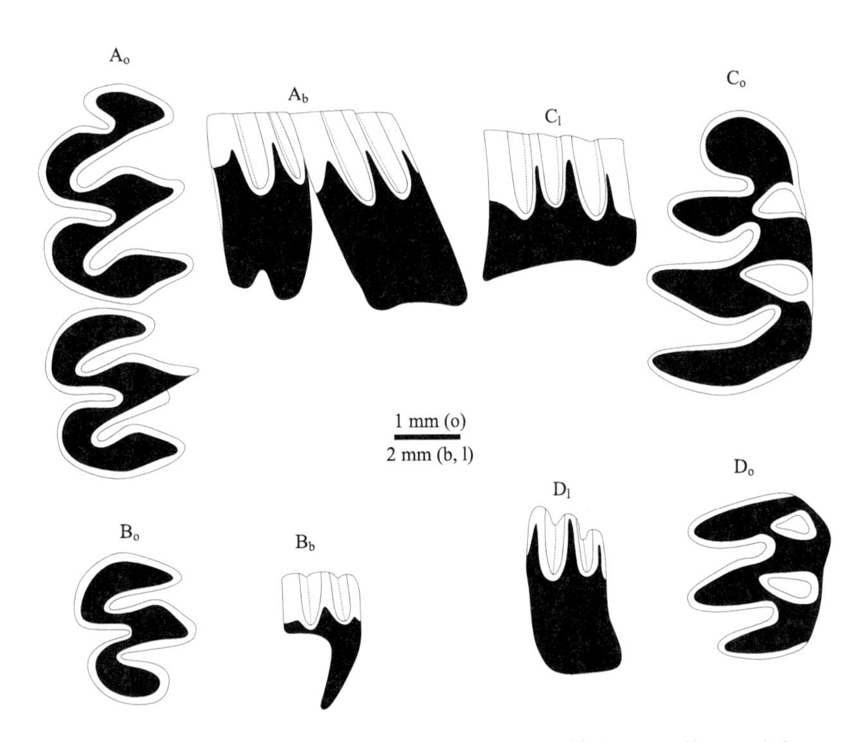

图 106　山西河曲县巡检司（第 7 地点）（A）、陕西府谷县新民镇新民村镇羌堡（第 11 地点）（B）及甘肃秦安县魏店镇董湾村 QA-III 剖面（C–D）*Chardina sinensis* 臼齿形态

Figure 106　Molars of *Chardina sinensis* from Loc.7, Xunjiansi (Hsiunchienssu), Hequ (Hochu) County, Shanxi (A), Loc.11, Zhenqiangbao, Xinmin Village, Xinmin Town, Fugu County, Shaanxi (B) and the QA-III section, Dongwan Village, Weidian Town, Qin'an County, Gansu (C–D)

A_o–D_o. 咬面视 occlusal view，A_b–B_b. 颊侧视 buccal view，C_l–D_l. 舌侧视 lingual view

A. L M1–2（Cat.C.L.G.S.C.Nos.C/21，正模 holotype），B. L M3（Cat.C.L.G.S.C.Nos.C/23），C. r m1（IVPP V 18597.1），D. r m3（IVPP V 18597.11）

甘肃灵台 M1（长 2.90 mm）的参数 *A*、*B*、*C*、*D* 值分别为 0.60 mm、1.90 mm、1.60 mm、1.40 mm，而山西河曲的 M1（长 3.20 mm）的相应值为 0.90 mm、1.80 mm、1.80 mm、1.50 mm，大体与其相同，但小于甘肃秦安的 M1（长 3.90 mm）的相应值（1.80 mm、2.10 mm、2.80 mm、1.30 mm）（表 27）。

董湾剖面第 13、14 层的磁性地层学年龄分别为 5.65 Ma 和 5.49–5.30 Ma（刘丽萍等，2013），而灵台文王沟剖面 WL14 层的磁性地层学年龄约为 4.70–4.36 Ma（郑绍华、张兆群，2001），前者不符合 *Chardina sinensis* 的演化水平，年龄偏大约 1.00 Ma，应摒弃不用。

德氏日进鼢鼠 *Chardina teilhardi* (Zhang, 1999)

（图 107）

Mesosiphneus sp.：Zheng, 1994, p. 62, tab. 1, figs. 9–12

?*Mesosiphneus teilhardi*：张兆群，1999，170 页，表 2，图 3

正模 右 m1（IVPP V 5951.1），郑绍华和李毅于 1978 年采集。

模式居群 4 m1、2 m2、2 M1、7 M2、1 M3（IVPP V 5951.2–16）。

模式产地及层位 甘肃宁县水磨沟左岸灰白色粗砂层，上上新统（＞2.60 Ma）。

归入标本 甘肃灵台县邵寨镇雷家河村文王沟 93001 地点剖面：WL8 层，1 右下颌支带 m1–2（IVPP V 17865），2 左 3 右 m1、2 左 1 右 m2、1 右 m3、1 左 M3（IVPP V 17866.26–35）；WL10 层，1 左下颌支带 m2–3（IVPP V 17864），2 左 m1、3 左 1 右 m2、1 左 m3、2 左 1 右 M1、3 左 M2（IVPP V 17866.36–48）；WL10-3 层，1 左 1 右 M1（IVPP V 17866.49–50）；WL10-5 层，1 右 M2（IVPP V 17866.51）；WL10-7 层，1 右 M1（IVPP V 17866.52）；WL10-11 层，1 右 M1（IVPP V 17866.53）。

归入标本时代 晚上新世（～3.41–3.17 Ma）。

特征（修订） m1（平均长度 3.45 mm），参数 *a*、*b*、*c*、*d*、*e* 均值分别为 0.34 mm、3.96 mm、3.70 mm、4.50 mm、4.18 mm；M1（长 3.40 mm）参数 *A*、*B*、*C*、*D* 值分别为 4.50 mm、4.30 mm、3.60 mm、4.30 mm（范围参考表 28）。M3 对 M2 长度百分比率均值为 78%；m3 对 m2 长度百分比率均值为 88%。

表 28 甘肃宁县水磨沟与灵台县邵寨镇雷家河村文王沟 *Chardina teilhardi* 的 m1 和 M1 长度及珐琅质曲线参数

Table 28 Length and sinuous line parameters of m1 and M1 in *Chardina teilhardi* from Shuimogou, Ningxian County and Wenwanggou, Leijiahe Village, Shaozhai Town, Lingtai County, Gansu

牙齿 Tooth	项目 Item	宁县水磨沟 Shuimogou, Ningxian	灵台文王沟 Wenwanggou, Lingtai
m1	标本数 *n*	4	5
	L/mm	3.45 (3.30–3.60)	3.66 (3.40–4.00)
	a/mm	0.34 (0.30–0.45)	0.23 (0.10–0.30)
	b/mm	3.96 (3.65–4.35)	3.70 (3.20–4.20)
	c/mm	3.70 (3.40–4.50)	3.40 (2.90–3.50)
	d/mm	4.50 (4.10–4.95)	4.80 (4.70–4.90)
	e/mm	4.18 (3.90–4.50)	4.55 (4.50–4.60)
M1	标本数 *n*	1	4
	L/mm	3.40	3.40 (3.20–3.60)
	A/mm	4.50	3.78 (3.10–4.70)
	B/mm	4.30	3.70 (3.00–4.50)
	C/mm	3.60	3.13 (2.40–3.70)
	D/mm	4.30	4.08 (3.50–4.80)

注：表中括号前数值为均值，括号内数值为范围。

Note: Numbers before the parentheses are means, and numbers inside the parentheses are ranges.

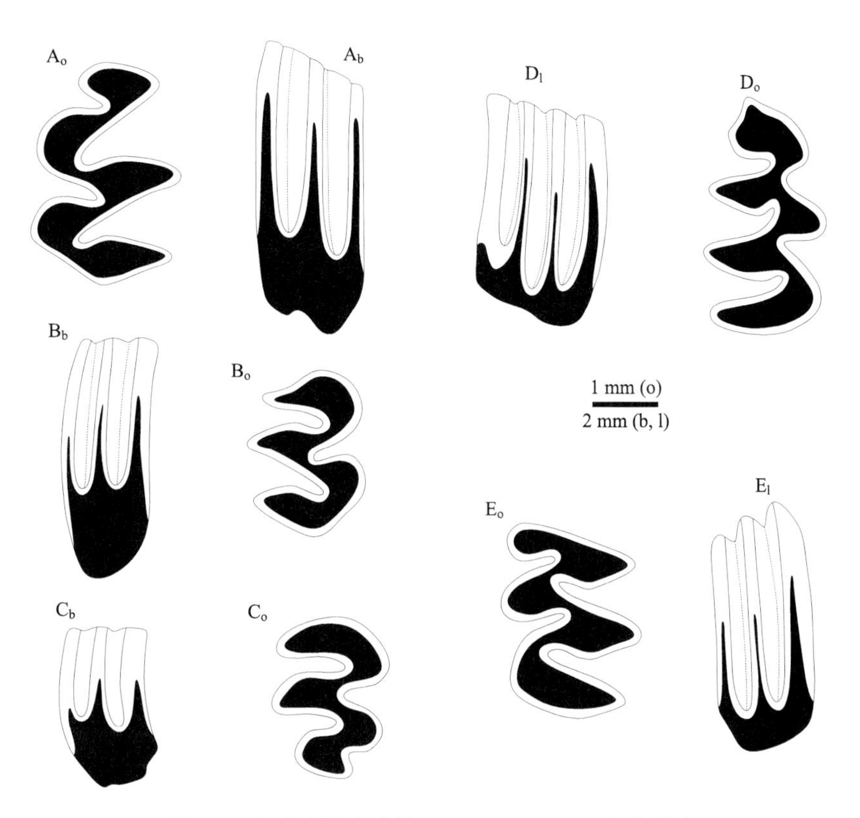

图 107 甘肃宁县水磨沟 *Chardina teilhardi* 臼齿形态

Figure 107 Molars of *Chardina teilhardi* from Shuimogou, Ningxian County, Gansu

A_o–E_o. 咬面视 occlusal view，A_b–C_b. 颊侧视 buccal view，D_l–E_l. 舌侧视 lingual view

A. L M1（IVPP V 5951.8），B. R M2（IVPP V 5951.13），C. R M3（IVPP V 5951.16），D. r m1（IVPP V 5951.1，正模 holotype），E. l m2（IVPP V 5951.6）

评注 由于 m1 的 *a* 值略大于 0 mm，似应归入 *Mesosiphneus*。但由于它的 *a* 值比 *M. primitivus* 的 0.50 mm（0.40–0.70 mm，*n* = 4）还小，因而显得相当原始。其 *b*、*c*、*d*、*e* 的值则明显较后者的 2.40 mm（1.90–2.90 mm，*n* = 4）、2.30 mm（2.10–2.50 mm，*n* = 3）、3.45 mm（1.70–5.20 mm，*n* = 2）、2.85 mm（1.10–4.60 mm，*n* = 2）大，显得更进步，但还没有达到 *M. praetingi*（m1 的 *a*、*b*、*c*、*d*、*e* 值分别为 1.10–2.90 mm、＞4.30 mm、＞4.40 mm、＞5.00 mm、＞5.00 mm）的进步水平。

该种 m1 相对小的 *a* 值和相对大的 *b*、*c*、*d*、*e* 值组合显示出齿冠增高的不协调或不正常现象，可能表明该种代表了一个演化的旁支。因此这里将其视为 *Chardina* 中最进步的种。

水磨沟地点没有磁性地层学年龄，文王沟 93001 地点剖面 WL10 层和 WL8 层的磁性地层学年龄分别为～3.41–3.25 Ma 和 3.17 Ma，基本可代表该种的时代。

峭枕日进鼢鼠 *Chardina truncatus* (Teilhard de Chardin, 1942)

（图 108，图 109）

Prosiphneus truncatus：Teilhard de Chardin, 1942, p. 43, figs. 35–35a；Kretzoi, 1961, p. 126；郑绍华、李传夔，1986，99 页，表 5；Zheng et Li, 1990, p. 432, tab. 1；Flynn et al., 1991, p. 251, fig. 4, tab. 2；Tedford et al., 1991, p. 524, fig. 4

Prosiphneus sp.：Qiu, 1988, p. 838

Prosiphneus spp.：Li et al., 2003, p. 108, tab. 1 (partim)

Pliosiphneus sp. 3：Zheng, 1994, p. 62, tab. 1, figs. 7, 9–11

Myospalax truncatus：Lawrence, 1991, p. 282

Chardina sp. nov.：Qiu et al., 2013, p. 177

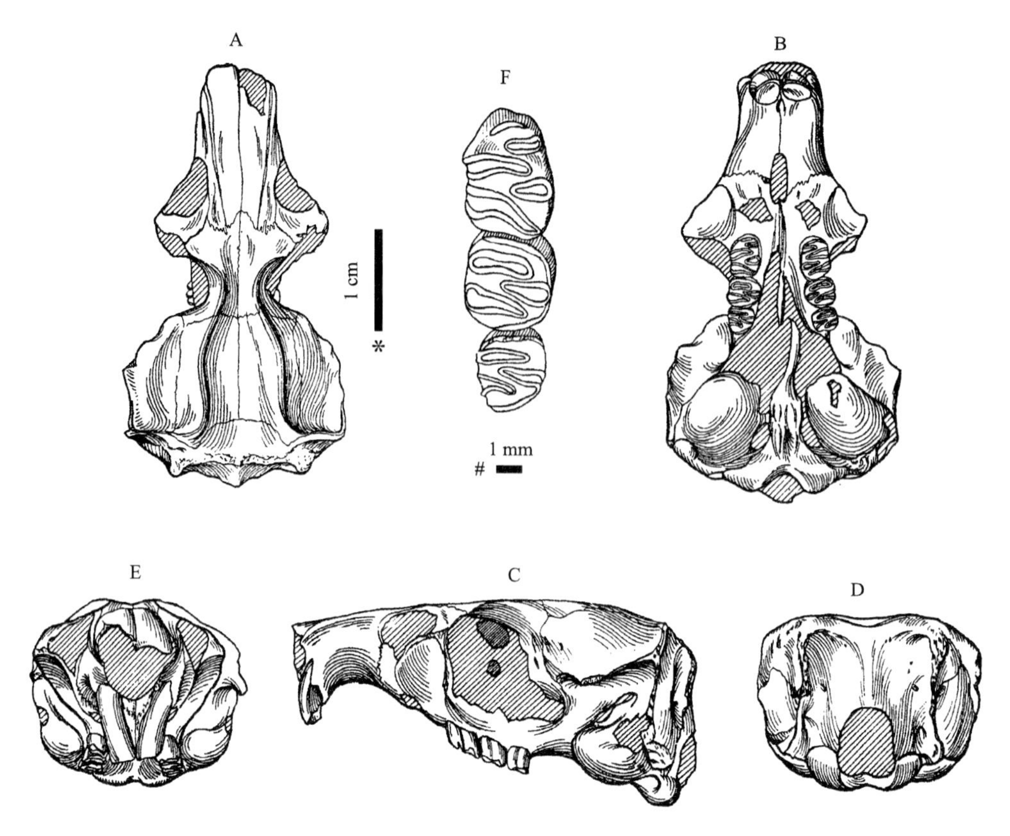

图 108 山西榆社盆地 *Chardina truncatus* 颅骨（A–E）及右上臼齿列（F）（IVPP RV 42005 = H.H.P.H.M.29.480，选模）形态（据 Teilhard de Chardin, 1942）

Figure 108 Cranium (A–E) and right upper molar row (F) (IVPP RV 42005 = H.H.P.H.M.29.480, lectotype) of *Chardina truncatus* from Yushe Basin, Shanxi (after Teilhard de Chardin, 1942)

A. 背视 dorsal view，B. 腹视 ventral view，C. 左侧视 left lateral view，D. 枕视 occipital view，E. 前视 anterior view，F. 咬面视 occlusal view；比例尺 scale bar：*. A–E，#. F

选模 Teilhard de Chardin（1942）未指定正模，但他的图 35–35a（figs. 35–35a）所示一老年个体颅骨带左右 M1–3（IVPP RV 42005 = H.H.P.H.M. 29.480）可作为选模，桑志华（E. Licent）和汤道平（M. Trassaert）于 1929 年采集，现保存在中国科学院古脊椎动物与古人类研究所。

模式产地及层位 山西榆社盆地，地点不详，或为榆社系 II 带（高庄组南庄沟段）。

归入标本 山西榆社盆地榆社县云簇镇高庄村：红沟，1 破损颅骨带左右 M1（IVPP V 758）；井南沟，1 颅骨连左右下颌支带 M1–3 和 m1–3（IVPP V 756）。河北阳原县辛堡乡稻地村老窝沟剖面第 2 层：1 右下颌支带 m1–2、1 右 m2、1 右 M3（IVPP V 15480.1–3）。河北蔚县北水泉镇西窑子头村花豹沟剖面第 1 层：1 右下颌支带 m1–3、1 右 m1（IVPP V 15480.4–5）。甘肃秦安县魏店镇董湾村董湾剖面（QA-III）：第 16 层，2 左 1 右 m1、3 左 m2、1 左 m3（IVPP V 18600.1–7）；F16 层（=第 16 层），1 右 m1；F10 层（=第 19 层），1 左 m1（刘丽萍等，2013，无编号）。内蒙古阿巴嘎旗高特格：DB02-1 地点，1 m1、2 m2、1 m3（IVPP V 19919.1–4）；DB02-2 地点，2 M1、1 M3（IVPP V 19920.1–3）；DB02-3 地点，1 M1、2 m1、2 m2、1 m3（IVPP V 19921.1–6）；DB02-4 地点，2 M1、2 M2、1 m1、1 m2、1 m3（IVPP V 19922.1–7）；DB02-6 地点，1 m2（IVPP V 19923）。甘肃灵台县邵寨镇雷家河村小石沟：72074(1) 地点（= 72074(4)地点 L5 层），1 左 1 右下颌支带 m1–2、1 右下颌支带 m1（IVPP V 17859–17861），4 左 4 右 M1、1 左 M3、2 左 2 右 m1、4 左 5 右 m2、1 左 2 右 m3（IVPP V 17862.1–25）；72074(4)地点，1 左 m1、1 右 m3、1 左 M1、3 右 M3（L2 层，IVPP V 17862.26–31），1 右 m1（L3-3 层，IVPP V 17862.32），1 左 m1、1 右 m3（L3-2 层，IVPP V 17862.33–34），1 左 M2、1 右 M3（L3-1 层，IVPP V 17862.35–36），1 右 m1、1 左 3 右 m2（L4-3 层，IVPP V 17862.37–41），2 左 2 右 m1、1 右 m2、1 右 M1、1 左 1 右

M2、1 右 M3（L5-3 层，IVPP V 17862.42–50），2 右 m1、2 右 M2（L5-2 层，IVPP V 17862.51–54），1 右 M1（L5-1 层，IVPP V 17862.55）。甘肃灵台县邵寨镇雷家河村文王沟 93001 地点剖面：WL10-8 层，1 右 m1（IVPP V 17862.56）。

归入标本时代　上新世（～4.72–3.33 Ma）。

特征（修订）　基本同属的特征。门齿孔对齿隙长度百分比率均值为 35%（范围参考表 11）。枕宽对枕高百分比率均值为 138%（范围参考表 12）。M3 对 M2 长度百分比率为 93%左右，M3 对 M1–3 长度百分比率为 27%左右（表 20）；m3 对 m2 长度百分比率为 84%左右，m3 对 m1–3 长度百分比率为 26%左右（表 15）。M2 宽对长百分比率为 100%左右（表 13）。上臼齿两齿列呈明显八字形排列（两 M1 对两 M3 间腭宽百分比率为 74%左右）（表 14）。m1（长 4.10 mm）参数 *a*、*b*、*c*、*d*、*e* 值分别为 0 mm、3.30 mm、2.00 mm、＞4.70 mm、＞4.40 mm；M1（长 3.90 mm）参数 *A*、*B*、*C*、*D* 值分别为＞3.80 mm、＞4.50 mm、4.00 mm、4.90 mm（范围参考表 29）。

评注 *Chardina truncatus* 的选模是一极端老年个体（IVPP RV 42005 = H.H.P.H.M. 29.480）（Teilhard de Chardin, 1942），其臼齿磨蚀极深，无法与其他地点的臼齿材料进行对比。幸运的是，1958 年中国地质科学院地质研究所的胡承志等组成的一个野外队从榆社高庄村的井南沟采集到一件连着下颌支的颅骨（IVPP V 756），其特征与选模一致。由于该标本相对年轻并带有全部臼齿，为确定该种的上、下臼齿特征提供了条件，并为单个臼齿的对比提供了可能（Zheng, 2017）。

表 29　不同地点 *Chardina truncatus* 的 m1 和 M1 长度及珐琅质曲线参数

Table 29　Length and sinuous line parameters of m1 and M1 in *Chardina truncatus* from selected localities

牙齿 Tooth	项目 Item	高庄井南沟 Jingnangou, Gaozhuang	小石沟 Xiaoshigou	文王沟 Wenwanggou	高特格 Gaotege	董湾 Dongwan
m1	标本数 *n*	1	6	1	1	1
	L/mm	4.10	4.15 (3.00–4.60)	3.00	4.58	3.70
	a/mm	0	0.06 (0–0.30)	0	0	0.10
	b/mm	3.30	2.76 (2.10–3.20)	2.80	>3.10	2.80
	c/mm	2.00	2.56 (2.10–3.20)	2.10	>3.20	3.20
	d/mm	>4.70	4.43 (3.60–5.20)	4.40	>3.20	>4.10
	e/mm	>4.40	4.45 (3.50–4.90)	4.30	>2.20	>3.60
M1	标本数 *n*	1	6		1	
	L/mm	3.90	4.18 (3.70–4.70)		4.14	
	A/mm	>3.80	3.12 (1.90–4.00)		4.00	
	B/mm	>4.50	3.57 (2.70–4.00)		3.20	
	C/mm	4.00	3.35 (3.10–4.00)		3.90	
	D/mm	4.90	2.53 (1.50–3.80)		3.20	

注：表中括号前数值为均值，括号内数值为范围。

Note: Numbers before the parentheses are means, and numbers inside the parentheses are ranges.

该种的材料在甘肃灵台雷家河小石沟剖面中比较多（刘丽萍等，2013），可以作为补充和印证（表 29）。总起来看，该种臼齿珐琅质曲线参数的值大于 *Chardina sinensis* 和 *C. gansuensis*，但小于 *C. teilhardi*。

董湾剖面第 16 层的磁性地层学年龄约为 4.94 Ma（刘丽萍等，2013），高特格 DB02-1–4 地点和 DB02-6 地点分别为 4.12 Ma 和 4.32 Ma，小石沟 72074(4)地点第 2、3、4、5 层分别为 3.59 Ma、3.90–3.70 Ma、4.40–4.10 Ma、4.72–4.52 Ma，文王沟 93001 地点 WL10-8 层约为 3.33 Ma。除董湾第 16 层年代结果偏大不计外，该种的时代分布是 3.33 Ma、3.59 Ma、3.90–3.70 Ma、4.40–4.10 Ma、4.72–4.52 Ma 或 4.72–3.33 Ma。

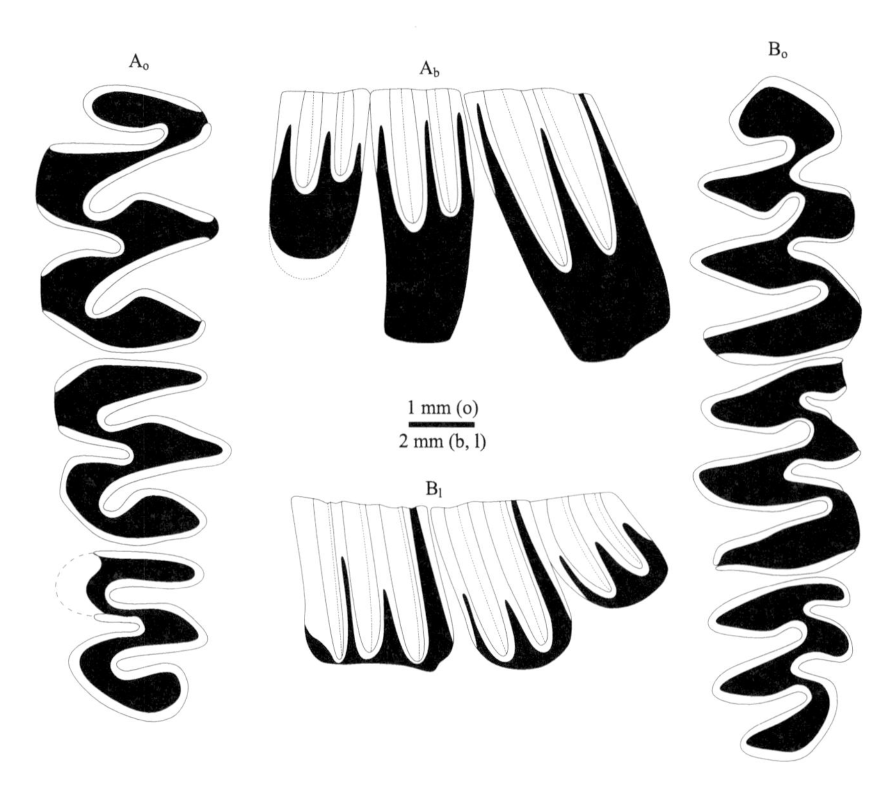

图 109　山西榆社县云簇镇高庄村井南沟 *Chardina truncatus* 同一个体上、下臼齿列（IVPP V 756）形态
Figure 109　Associated upper and lower molar rows（IVPP V 756）of *Chardina truncatus* from Jingnangou, Gaozhuang Village, Yuncu Town, Yushe County, Shanxi Province

A_o–B_o. 咬面视 occlusal view，A_b. 颊侧视 buccal view，B_l. 舌侧视 lingual view

A. L M1–3，B. r m1–3

Chardina truncatus 分布较广，泥河湾盆地（李强等，2008；Cai et al., 2013）、榆社盆地（Teilhard de Chardin, 1942；Zheng, 2017）、黄土高原（郑绍华、张兆群，2000, 2001）和内蒙古高原（邱铸鼎、李强，2016）都有发现，是上新世中晚期一个有标志意义的化石鼢鼠种类。

鼢鼠族 Myospalacini Lilljeborg, 1866

中鼢鼠属 *Mesosiphneus* Kretzoi, 1961

模式种　*Prosiphneus praetingi* Teilhard de Chardin, 1942

特征（修订）　门齿孔短，只在前颌骨上。间顶骨缺失。颅骨枕盾上部明显凹入人字脊之前并与矢状区的凹陷连成一体（凹枕）。枕上突粗壮；枕区鳞骨成狭条状。顶骨/鳞骨缝合线与顶脊或颞脊在顶骨中部相交。矢状区后部宽度为眶间宽的 2.0–2.3 倍。臼齿具齿根，相对高冠。上臼齿两齿列呈八字形排列。M2 正 ω 型。m1 的 lra3 显著位于 bra2 之前；m1 舌侧珐琅质曲线参数 *a* 值通常显著较 *Chardina* 内各种大。

中国已知种　原始中鼢鼠 *Mesosiphneus primitivus* Liu, Zheng, Cui et Wang, 2013、中间中鼢鼠 *M. intermedius* (Teilhard de Chardin et Young, 1931)、先丁氏中鼢鼠 *M. praetingi* (Teilhard de Chardin, 1942)。

分布与时代　甘肃、陕西、山西和河北，上新世。

评注　Kretzoi（1961）建立该属时除了强调该属体型较大和柱状臼齿的齿根封闭外，没有更多的表述。虽然仍有人将 *Mesosiphneus* 视为 *Prosiphneus* 的异名（McKenna et Bell, 1997；Musser et Carleton, 2005），但我们认为 Kretzoi（1961）的划分是合理的。这是因为其颅骨缺失间顶骨，枕盾面上部凹入人字脊之前，枕上突粗壮，枕侧面有鳞骨存在，门齿孔只在前颌骨上，颞脊与顶骨/鳞骨缝合线相交，矢状区后部显著加宽，臼齿齿冠显著增高，m1 的 ac 偏向舌侧，m1 的 bra2 位于 lra3 之后。

Mesosiphneus 的以下特征与 *Chardina* 明显不同：间顶骨缺失，从而使得枕盾面上部完全凹入人字脊之前；矢状区后部宽度显著大于眶间宽度；枕上突更粗壮；臼齿齿冠更高；m1 舌侧珐琅质参数 *a* 值显著大于 0 mm。因此前者比后者更为进步。

表 30 *Mesosiphneus* 和 *Yangia* 属中各种门齿孔与齿隙长度及二者百分比率

Table 30 Length of the incisive foramen and the diastema and their ratio in percentage in species of *Mesosiphneus* and *Yangia*

种 Species	标本数 *n*	门齿孔长度/mm Length of incisive foramen/mm	齿隙长度/mm Length of diastema/mm	百分比率/% Ratio in percentage/%
M. praetingi	9	4.34 (3.70–5.60)	12.15 (11.00–13.30)	36 (31–42)
M. intermedius	2	4.15 (4.00–4.30)	13.73 (13.05–14.40)	30 (28–32)
Y. omegodon	4	4.10 (4.00–4.20)	11.95 (11.70–12.20)	34 (34–34)
Y. chaoyatseni	9	4.83 (4.20–5.80)	13.42 (12.20–15.00)	36 (32–40)
Y. tingi	15	5.22 (4.20–5.70)	15.18 (12.20–18.00)	35 (32–42)
Y. epitingi	21	6.46 (5.40–8.20)	16.85 (13.80–20.50)	39 (27–49)

注：表中括号前数值为均值，括号内数值为范围。

Note: Numbers before the parentheses are means, and numbers inside the parentheses are ranges.

属内检索

I. m1 的 *a*、*b*、*c*、*d*、*e* 均值分别为 0.50 mm、2.40 mm、2.30 mm、3.45 mm、2.85 mm（秦安）………………………………………………………………………………………………原始中鼢鼠 *M. primitivus*

II. m1 的 *a*、*b*、*c*、*d*、*e* 均值分别为 1.52 mm、3.44 mm、3.38 mm、4.30 mm、4.65 mm（灵台）；M1 的 *A*、*B*、*C*、*D* 均值分别为>1.30–>5.50 mm、>1.70–>4.20 mm、3.70–4.20 mm、>1.40–>5.00 mm（榆社）………………………………………………………………………………………………先丁氏中鼢鼠 *M. praetingi*

III. m1 的 *a*、*b*、*c*、*d*、*e* 值分别为 5.50 mm、6.80 mm、6.90 mm、7.30 mm、7.00 mm 左右（正模）；M1 的 *A*、*B*、*C*、*D* 值分别为 6.00 mm、5.25 mm、4.50 mm、5.63 mm 左右（洛川）………中间中鼢鼠 *M. intermedius*

中间中鼢鼠 *Mesosiphneus intermedius* (Teilhard de Chardin et Young, 1931)

（图 110，图 111）

Prosiphneus eriksoni：Teilhard de Chardin et Young, 1931, p. 14, pl. IV, figs. 2, 3, 6, 7, pl. V, figs. 1–4, 13

Prosiphneus sp.：Pei, 1939b, p. 218, fig. 6；蔡保全，1987，128 页；周晓元，1988，186 页

Prosiphneus intermedius：Teilhard de Chardin et Young, 1931, p. 15, pl. V, figs. 21–21a；Teilhard de Chardin et Leroy, 1942, p. 28；郑绍华等，1975，40 页，图版 XII，图 6a–b；郑绍华等，1985b，123 页，表 24–26，图 52；Zheng et Li, 1990, p. 439

Prosiphneus paratingi：Teilhard de Chardin, 1942, p. 54, figs. 40–40a；李传夔等，1984，表 5；郑绍华、李传夔，1986，99 页；Zheng et Li, 1990, p. 439；邱占祥、邱铸鼎，1990，251 页；Flynn et al., 1991, p. 251, fig. 4, tab. 2；Tedford et al., 1991, p. 521, fig. 4

Pliosiphneus sp. 2：Zheng, 1994, p. 62, tab. 1, figs. 7, 10–12

Mesosiphneus paratingi：Kretzoi, 1961, p. 127；Zheng, 1994, p. 62, figs. 2, 3, 4, 7, 9–12；郑绍华，1997，137 页，图 5；蔡保全等，2004，278 页，表 2；闵隆瑞等，2006，104 页；郑绍华等，2006，324 页，表 1；李强等，2008，217 页，表 2, 4, 7, 8；Cai et al., 2013, p. 227, fig. 8.6

Episiphneus intermedius：Kretzoi, 1961, p. 127

Myospalax paratingi：Lawrence, 1991, p. 282

Myospalax intermedius：Lawrence, 1991, p. 282

正模 左 m1（Cat.C.L.G.S.C.Nos.C/27：原文献中编号为 23，与其他标本编号重复），1929 年夏中国地质调查所新生代研究室采集，现保存在中国科学院古脊椎动物与古人类研究所。

模式产地及层位 山西保德火山（现河曲县旧县镇火山村）沙湾子附近（第 5 地点），上新统“静乐期”红黏土。

归入标本 山西榆社盆地：1 近乎完整颅骨（IVPP RV 42015 = H.H.P.H.M. 14.290）（Teilhard de Chardin, 1942：fig. 40，“*Prosiphneus paratingi*”的正模），1 近乎完整颅骨（H.H.P.H.M. 14.174）；YS 5 地点，1 上颌残段带左 M1–2 及右 M1–3、1 左 M1、2 右 m1、2 左 m2（IVPP V 11174.1–6）；YS 87 地点，1 左 m2、1 破损左 m3（IVPP V 11175.1–2）；YS 99 地点，1 左 M1、1 右 m1、1 后叶破损的右 m1、1 右 m3（IVPP V 11176.1–4）；YS 95 地点，1 左下颌支带 m1–2（IVPP V 11177）。山西保德火山（现河曲县旧县镇火山村）沙湾子附近（第 5 地点）：1 左 1 右下颌支带 m1–3（Cat.C.L.G.S.C.Nos.C/24），2 左下颌支带 m1–3（Cat.C.L.G.S.C.Nos.C/25 = IVPP V 373；Cat.C.L.G.S.C.Nos.C/26 = IVPP V 374）。山西静乐县段家寨乡贺丰村小红凹“静乐红土”剖面第 2 层红土层：1 右 m2–3 齿列（IVPP V 8653），1 左 m1–2 齿列（IVPP V 8654）。陕西洛川县坡头沟口红黏土层：同一个体颅骨带左右 M1–2 及左右下颌支带 m1–3（中国科学院地质研究所第四纪室标本编号 QV 10006.1–4）。河北蔚县北水泉镇：铺路村牛头山剖面第 6 层，1 右 m2（IVPP V 15482.1）；东窑子头村大南沟剖面第 1 层，2 左 m1 前部、2 左 1 右 m2、2 左 m3、1 左 1 右 M1、4 右 M2、1 左 2 右 M3（IVPP V 15482.2–17）。河北阳原县化稍营镇小渡口村台儿沟东剖面：T2 层，1 左 M2 后半部（IVPP V 18829.1），1 左 M3（IVPP V 18829.2），1 右 m2（IVPP V 18829.3）；T4 层，1 破损左 M1（IVPP V 18829.4）。甘肃秦安县魏店镇董湾村董湾剖面（QA-III）第 19 层：2 左 m1、1 左 m2、1 左 m3、1 左 M1、1 左 1 右 M3（IVPP V 18604.1–7）。甘肃灵台县邵寨镇雷家河村文王沟 93001 地点剖面：WL8 层，1 左下颌支带 m1–3（IVPP V 17867），4 左 3 右 m1、2 左 6 右 m2、3 左 4 右 M1、5 左 2 右 M2、3 左 2 右 M3（IVPP V 17869.1–34）；WL10 层，1 右 m1、1 左 m2、1 左 m3、1 左 1 右 M1、1 左 M2、3 左 M3（IVPP V 17869.35–43）；WL10-2 层，1 右 m1、1 右 M2（IVPP V 17869.44–45）；WL10-3 层，1 左 M1（IVPP V 17869.46）；WL10-4 层，1 左 m1、2 右 M2、1 右 M3（IVPP V 17869.47–50）；WL10-5 层，1 左 M2（IVPP V 17869.51）；WL10-7 层，1 左 M3（IVPP V 17869.52）；WL10-11 层，1 右 m1、1 右 m2（IVPP V 17869.53–54）；WL11-4 层，1 左 m1、1 左 M2（IVPP V 17869.55–56）；WL11-5 层，1 右 M1（IVPP V 17869.57）；WL11-6 层，1 右下颌支带 m1–3（IVPP V 17868），1 左 M1（IVPP V 17869.58）；WL11-7 层，1 右 m2、1 左 1 右 M2、1 左 M3（IVPP V 17869.59–62）。

归入标本时代 晚上新世（～3.51–2.70 Ma）。

特征（修订） 鼻骨呈铲形，其后缘横切断面呈锯齿状，后端不超过前颌/额缝合线。矢状区宽度为眶间宽的 2.3 倍。枕宽对枕高百分比率均值为 133%（范围参考表 12）。门齿孔对齿隙长度百分比率均值为 30%（范围参考表 30）。臼齿极高冠。上臼齿两齿列呈轻微八字形排列（两 M1 对两 M3 间腭宽百分比率为 76%左右）（表 14）。M2 宽对长百分比率为 96%左右（表 13）。m1（长 3.40 mm，正模）的参数 *a*、*b*、*c*、*d*、*e* 分别为 5.50 mm、6.80 mm、6.90 mm、7.30 mm、7.00 mm；M1（长 3.62 mm，洛川坡头）的参数 *A*、*B*、*C*、*D* 分别为 6.00 mm、5.25 mm、4.50 mm、5.63 mm（范围参考表 31）。M3 对 M2 长度百分比率为 96%左右，M3 对 M1–3 长度百分比率为 28%左右（表 20）；m3 对 m2 长度百分比率均值为 84%，m3 对 m1–3 长度百分比率均值为 27%（范围参考表 15）。

评注 德日进和杨钟健（Teilhard de Chardin et Young, 1931）描述的来自保德火山（第 5 地点，现河曲县旧县镇火山村）“蓬蒂期”红黏土的“*Prosiphneus eriksoni*”和 *Mesosiphneus intermedius* 应是同物异名，因为它们的齿冠高度相当，前者为老年个体，后者是极年轻个体。

从个体大小和高冠程度判断，*Mesosiphneus intermedius* 与榆社盆地的“*Prosiphneus paratingi*”也应是同物异名，只不过前者的模式标本是年轻个体的 m1，后者的模式标本是成年个体颅骨。我们仔细观测分析了采自其他地点的上、下臼齿，发现它们的高冠程度相当。

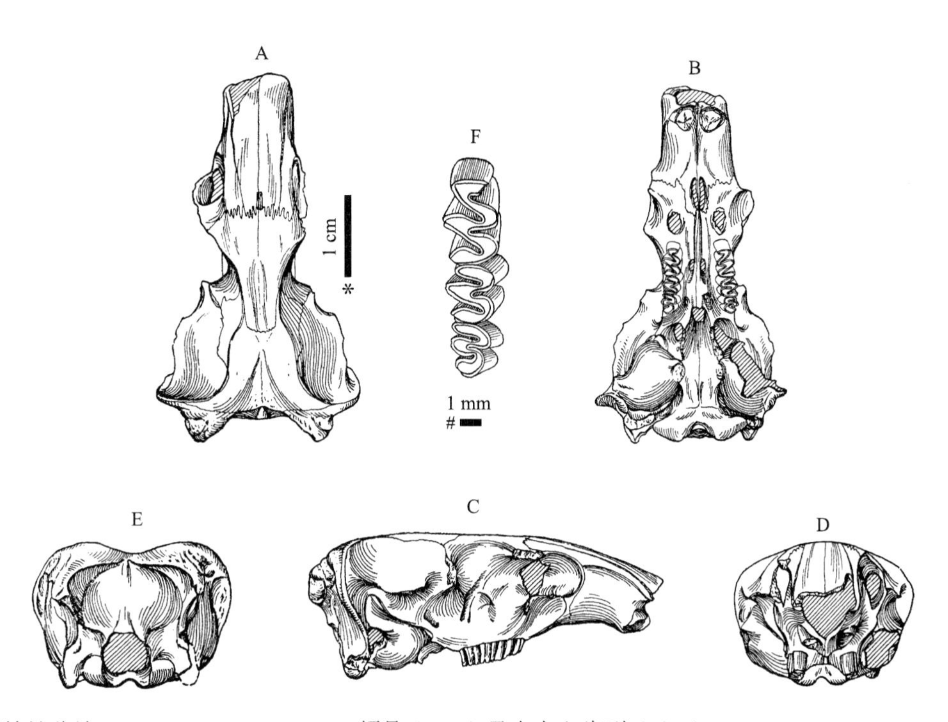

图 110 山西榆社盆地 *Mesosiphneus intermedius* 颅骨（A–E）及右上臼齿列（F）（IVPP RV 42015 = H.H.P.H.M. 14.290）形态（据 Teilhard de Chardin, 1942）

Figure 110 Cranium (A–E) and right upper molar row (F) of *Mesosiphneus intermedius* (IVPP RV 42015 = H.H.P.H.M. 14.290) from Yushe Basin, Shanxi (after Teilhard de Chardin, 1942)

A. 背视 dorsal view，B. 腹视 ventral view，C. 右侧视 right lateral view，D. 前视 anterior view，E. 枕视 occipital view，F. 咬面视 occlusal view；比例尺 scale bar：*. A–E，#. F

表 31 不同地点 *Mesosiphneus intermedius* 的 m1 和 M1 长度及珐琅质曲线参数

Table 31 Length and sinuous line parameters of m1 and M1 in *Mesosiphneus intermedius* from selected localities

牙齿 Tooth	项目 Item	保德火山 Huoshan, Baode	榆社各地 Yushe	洛川坡头 Potou, Luochuan	秦安董湾 Dongwan, Qin'an	灵台文王沟 Wenwanggou, Lingtai
m1	标本数 *n*	1	4	1	1	2
	L/mm	3.40	3.75	3.70	3.60	3.63
	a/mm	5.50	>5.30	6.00	4.30	6.33
	b/mm	6.80	>6.80	5.90	4.40	7.00
	c/mm	6.90	>7.10	6.00	>5.60	7.00
	d/mm	7.30	>3.10	5.90	>4.50	7.90
	e/mm	7.00	>5.20	5.20	>4.60	8.00
M1	标本数 *n*		3	1		2
	L/mm		3.48	3.62		3.40
	A/mm		4.70	6.00		6.80
	B/mm		>6.30	5.25		7.20
	C/mm		>5.70	4.50		6.40
	D/mm		>8.60	5.63		6.70

通过对不同地点大量游离臼齿的观察与测量，发现带根鼢鼠的臼齿齿根发育程度与齿冠磨蚀程度呈正相关。为了保持正常的咀嚼功能，同一种鼢鼠的任何一枚臼齿的高度在不同年龄发育阶段应大体保持一致（当然，极端年轻或极端年老个体除外），或者说齿冠的磨蚀速度与齿根的生长速度应大体保持一致：年轻个体齿冠磨蚀浅，齿冠高，齿根短或无；成年个体齿冠高度与齿根长度大致相当；老年

个体齿冠高度显著小于齿根长度。在没有认识到这种个体发育特征之前，很容易将产自同一地点或同一层位的不同年龄标本鉴定为不同的形态种。例如，上述山西保德火山（第 5 地点，现河曲县旧县镇火山村）的年轻个体被鉴定为“*Prosiphneus intermedius*”，而老年个体被鉴定为“*Prosiphneus eriksoni*”（Teilhard de Chardin et Young, 1931）；周口店第 18 地点的成年个体被鉴定为“*Prosiphneus youngi*”，年轻个体被鉴定为“*Prosiphneus pseudarmandi*”，而老年个体为“*Prosiphneus* cf. *sinensis*”（Teilhard de Chardin, 1940）。通常，臼齿高度（齿冠高度＋齿根长度）越小的种类越原始，越大的种类越进步。但实际上，游离臼齿的齿根很难保存完整，根尖总有不同程度破损，因此难于做出有效的统计。此外，臼齿上一些不稳定的性状，如 m1 的 ac 前端尖或存在短的纵向褶沟以及 M3 后叶上另具一褶沟等，应属个体发育差异，不应作为定种的依据。

裴文中（Pei, 1930）以“*Prosiphneus* cf. *intermedius*”记述的河北唐山贾家山的材料是年轻个体的右 m2 不是 m1。Teilhard de Chardin 和 Leroy（1942）将周口店顶盖砾石层中带根臼齿的左 M2（Pei, 1939b: *Prosiphneus* sp., fig. 6）归入了“*Prosiphneus intermedius*”。但从地理分布和地史分布判断，它更有可能属于 *Episiphneus youngi*。

Kretzoi（1961）曾经将 *Mesosiphneus intermedius* 置于 *Episiphneus* 内，但并没有说明理由。从 *M. intermedius* 的 m1 的 lra3 位于 bra2 之前判断，无疑应归入 *Mesosiphneus*（Zheng, 1994；郑绍华，1997）。

榆社盆地 YS 87、YS 5、YS 95 和 YS 99 地点的磁性地层学年龄分别为 3.44 Ma、3.40 Ma、3.30 Ma 和 3.00 Ma（Zheng, 2017）；洛川坡头沟口红黏土顶部为 2.70 Ma（郑绍华等，1985b）；秦安董湾第 19 层为 4.28 Ma（刘丽萍等，2013）；灵台文王沟 WL8、WL10、WL11 层分别为 3.17 Ma、3.41–3.25 Ma 和 3.51–3.41 Ma（郑绍华、张兆群，2001）。除董湾剖面明显偏大可摒弃不用外，其余各地年代范围为 3.51–2.70 Ma。因此，该种是典型的晚上新世种类。

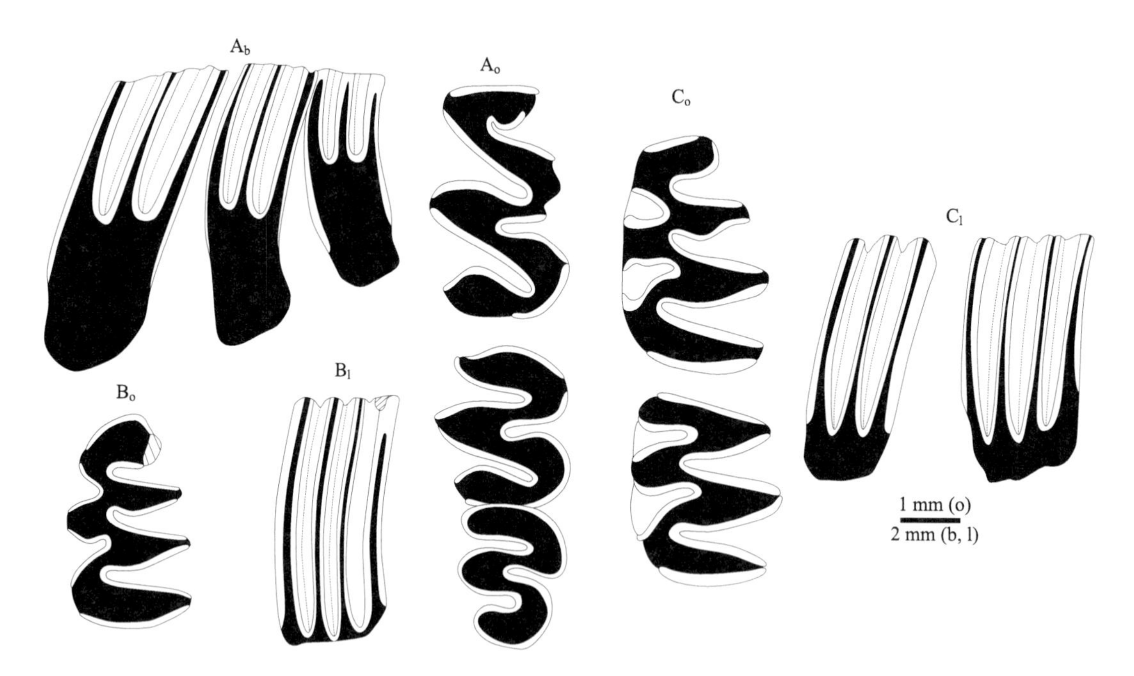

图 111　山西榆社盆地（A）、保德火山（B）及静乐县段家寨乡贺丰村小红凹（C）*Mesosiphneus intermedius* 臼齿形态

Figure 111　Molars of *Mesosiphneus intermedius* from Yushe Basin (A), Huoshan, Baode (B), and Xiaohong'ao (C), Hefeng Village, Duanjiazhai Township, Jingle County, Shanxi

A_o–C_o. 咬面视 occlusal view，A_b. 颊侧视 buccal view，B_l–C_l. 舌侧视 lingual view

A. R M1–3（IVPP RV 42015 = H.H.P.H.M. 14.290），B. l m1（Cat.C.L.G.S.C.Nos.C/27，正模 holotype），C. l m1–2（IVPP V 8654）

先丁氏中鼢鼠 *Mesosiphneus praetingi* (Teilhard de Chardin, 1942)

（图 112，图 113）

Prosiphneus praetingi：Teilhard de Chardin et Leroy, 1942, p. 28；Teilhard de Chardin, 1942, p. 49, figs. 37–39；李传夔等，1984，175 页，表 5；郑绍华、李传夔，1986，99 页，表 5；Zheng et Li, 1990, p. 432, fig. 1h；Flynn et al., 1991, p. 251, fig. 4, tab. 2；Tedford et al., 1991, p. 524, fig. 4

Myospalax praetingi：Lawrence, 1991, p. 269

正模 不完整颅骨（IVPP RV 42006 = H.H.P.H.M. 19.903）（Teilhard de Chardin, 1942：fig. 37），可能由桑志华（E. Licent）等于 1919 年采集，现保存在中国科学院古脊椎动物与古人类研究所。

模式产地及层位 山西榆社盆地，最可能是榆社系 II 带，上新统麻则沟组。

归入标本 山西榆社盆地：地点不详，1 不完整颅骨带左右 M1–3（H.H.P.H.M. 19.904），1 不完整颅骨带咬面破损的左右 M1–3（H.H.P.H.M. 19.905），1 后半部颅骨带左 M1–3 和右 M1–2 连左右下颌支并带 m1–3（H.H.P.H.M. 29.483），1 破损颅骨带左右 M1–3（H.H.P.H.M. 16.038）；榆社县云簇镇高庄村井南沟，1 颅骨带左 M1、M3 和右 M2（IVPP V 757）；YS 4 地点，3 左 M1、2 右 M3、1 左下颌支带 m1–2、1 左 m1、2 右 m3（IVPP V 11171.1–9）；YS 90 地点，1 左下颌支带 m1–3、1 左下颌支带 m1–2、1 左 m3（IVPP V 11172.1–3）；YS 136 地点，1 左下颌支带 m1–3（IVPP V 11173）。山西晋中市太谷区小白乡下土河村柳沟：1 近完整颅骨带左右 M1–3（IVPP V 17863）。河北蔚县北水泉镇西窑子头村南沟：1 左下颌支带 m1–3（IVPP V 15481）。甘肃秦安县魏店镇董湾村董湾（QA-III）剖面：第 18 层，1 左下颌支带 m1–2、2 右 m1、2 右 m2、1 左 m3、1 左 M1、1 右 M3（IVPP V 18603.1–8）；F1 层（=第 20 层），1 左 m1；F5 层（=第 20 层），1 右 M3（刘丽萍等，2013，无编号）。甘肃灵台县邵寨镇雷家

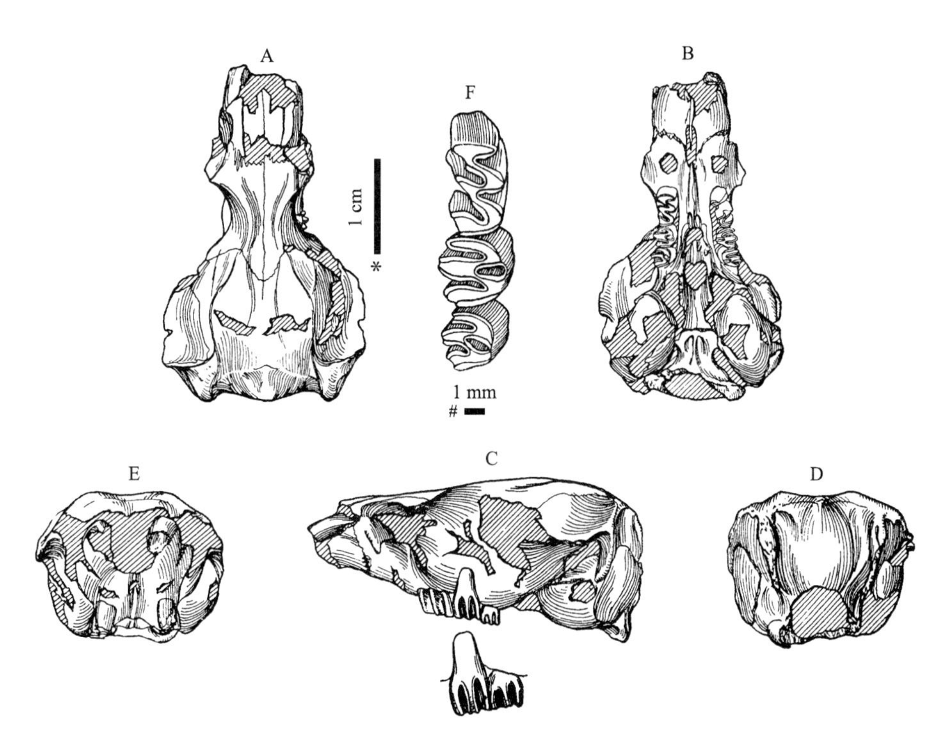

图 112 山西榆社盆地 *Mesosiphneus praetingi* 颅骨（A–E）及右上臼齿列（F）（IVPP RV 42006 = H.H.P.H.M. 19.903，正模）（据 Teilhard de Chardin, 1942）

Figure 112 Cranium (A–E) and right upper molar row (F) of *Mesosiphneus praetingi* (IVPP RV 42006 = H.H.P.H.M. 19.903, holotype) from Yushe basin, Shanxi (after Teilhard de Chardin, 1942)

A. 背视 dorsal view，B. 腹视 ventral view，C. 左侧视 left lateral view，D. 枕视 occipital view，E. 前视 anterior view，F. 咬面视 occlusal view；比例尺 scale bar：*. A–E，#. F

河村小石沟 72074(4)地点剖面：L5-4 层，同一个体颅骨带左右 M1–3 及右下颌支带 m1–3（IVPP V 17858），1 左 1 右 M1、1 左 M2、1 右 m2（IVPP V 17866.1–4）；L5-2 层，1 右 m1、2 右 m2（IVPP V 17866.5–7）。甘肃灵台县邵寨镇雷家河村文王沟 93001 地点剖面：WL10-8 层，2 左 M2、1 右 m1（IVPP V 17866.8–10）；WL10-7 层，2 左 m1、1 右 m2（IVPP V 17866.11–13）；WL10-4 层，1 左 m1、1 左 m2、1 右 m3、2 左 M2（IVPP V 17866.14–18）；WL10-2 层，1 左 m2、1 右 m3、1 左 M2（IVPP V 17866.19–21）；WL10-10 层，1 右 m1、1 右 m3（IVPP V 17866.22–23）；WL11-6 层，1 右 m1、1 右 m3（IVPP V 17866.24–25）。

归入标本时代 上新世（～4.72–3.25 Ma）。

特征（修订） 个体相对小。鼻/额缝合线呈∧形，向后不超过前颌/额缝合线。矢状区后宽约为眶间区的 2.0 倍。枕上突较弱。枕宽对枕高百分比率为 146%左右（表 12）。门齿孔对齿隙长度百分比率均值为 36%（范围参考表 30）。上臼齿两齿列呈轻微八字形排列（两 M1 对两 M3 间腭宽百分比率均值 75%）（范围参考表 14）。M2 的宽对长百分比率均值为 94%（范围参考表 13）。m1（长 4.10 mm，榆社标本）参数 *a*、*b*、*c*、*d*、*e* 均值分别为 1.50 mm、4.30 mm、4.40 mm、＞5.00 mm、＞5.00 mm；M1（长 3.90 mm，榆社标本）参数 *A*、*B*、*C*、*D* 均值分别为＞4.50 mm、＞4.10 mm、4.20 mm、5.40 mm（范围参考表 32）。M3 对 M2 长度百分比率均值为 92%，M3 对 M1–3 长度百分比率均值为 27%（范围参考表 20）；m3 对 m2 长度百分比率均值为 82%，m3 对 m1–3 长度百分比率均值为 26%（范围参考表 15）。

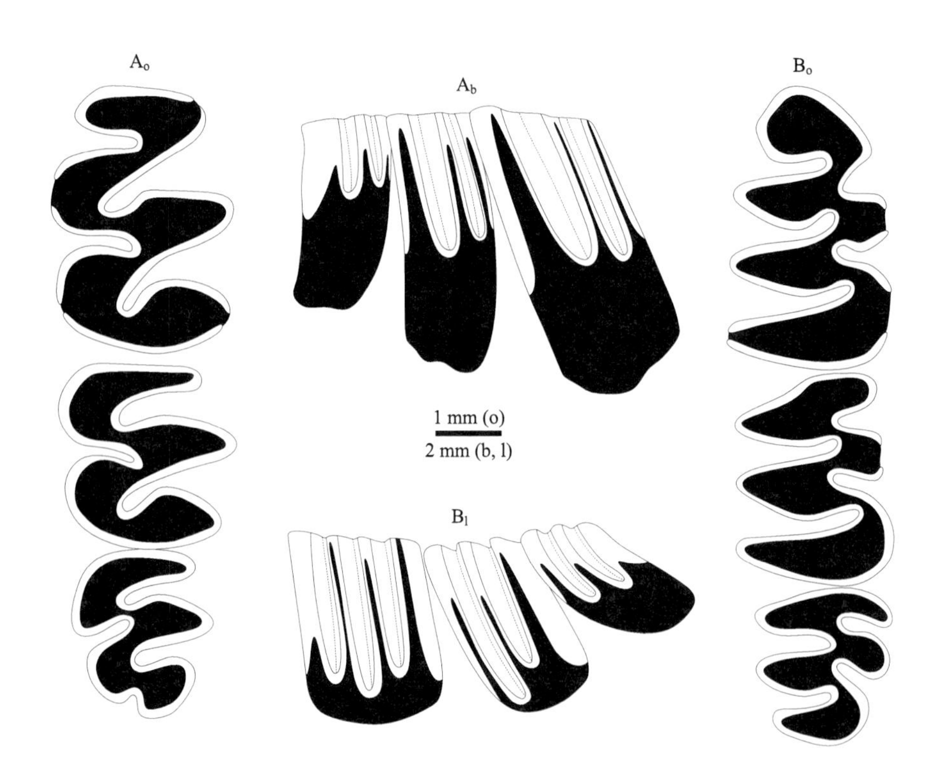

图 113 山西榆社盆地 *Mesosiphneus praetingi* 同一个体上、下臼齿列（H.H.P.H.M. 29.483）形态（据 Teilhard de Chardin, 1942）

Figure 113 Associated upper and lower molar rows of *Mesosiphneus praetingi* (H.H.P.H.M. 29.483) from Yushe Basin, Shanxi (after Teilhard de Chardin, 1942)

A_o–B_o. 咬面视 occlusal view，A_b. 颊侧视 buccal view，B_l. 舌侧视 lingual view

A. L M1–3（Teilhard de Chardin, 1942：fig. 39A），B. r m1–3（Teilhard de Chardin, 1942：fig. 39C）

表 32 不同地点 *Mesosiphneus praetingi* 的 m1 和 M1 长度及珐琅质曲线参数

Table 32 Length and sinuous line parameters of m1 and M1 in *Mesosiphneus praetingi* from selected localities

牙齿 Tooth	项目 Item	榆社 Yushe	董湾 Dongwan	灵台雷家河 Leijiahe, Lingtai
m1	标本数 *n*	1	2	4
	L/mm	4.10	3.83	3.58 (3.30–3.70)
	a/mm	1.50	1.15 (1.10–1.20)	1.52 (1.30–2.90)
	b/mm	4.30	2.30	3.44 (2.90–3.80)
	c/mm	4.40	2.80	3.38 (2.50–3.70)
	d/mm	>5.00	>4.20	4.30 (3.10–5.50)
	e/mm	>5.00	>3.50	4.65 (4.20–5.10)
M1	标本数 *n*	1	1	
	L/mm	3.90	3.70	
	A/mm	>4.50	>1.30	
	B/mm	>4.10	>1.70	
	C/mm	4.20	>1.60	
	D/mm	5.40	>1.40	

注：表中括号前数值为均值，括号内数值为范围。

Note: Numbers before the parentheses are means, and numbers inside the parentheses are ranges.

评注 被归入此种的标本中，只有 H.H.P.H.M. 29.483 是颅骨连着下颌骨，因此在高冠程度方面其他地点的游离臼齿标本只能依据臼齿齿冠高度与其对比。然而德日进（Teilhard de Chardin, 1942：fig. 39）虽带着疑问将其归入此种，但他强调其上臼齿与其他颅骨的上臼齿具有同样的齿根愈合程度和高冠程度，M3 都具有清楚但容易磨蚀掉的 BRA3（图 113），因此他的判断是可以接受的。

表 32 中所列数据显示，*Mesosiphneus praetingi* 的各项参数值均大于后面的 *M. primitivus*，小于前面的 *M. intermedius* 的相应值。

榆社 YS 4、YS 90（= YS 136）地点的磁性地层学年代分别为 4.29 Ma 和 3.50 Ma；董湾第 18 层为 4.49 Ma；雷家河小石沟 72074(4)地点 L5 层为 4.72–4.52 Ma；雷家河文王沟 WL10 层和 WL11 层为 3.41–3.25 Ma 和 3.51–3.41 Ma。因此该种的时代分布约为 4.72–3.25 Ma。

原始中鼢鼠 *Mesosiphneus primitivus* Liu, Zheng, Cui et Wang, 2013

（图 114）

Mesosiphneus sp.：刘丽萍等，2011，231 页，图 1

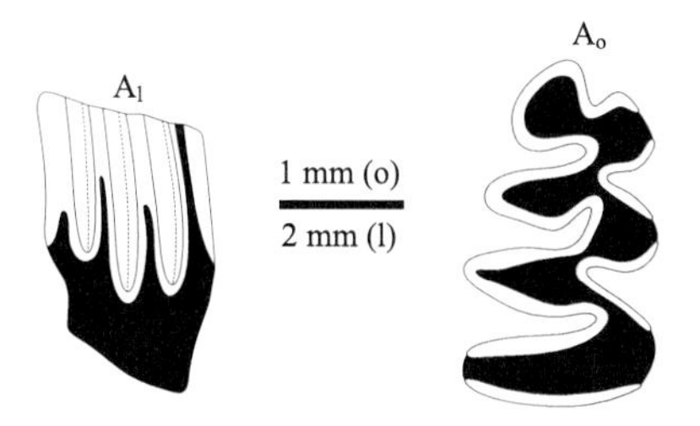

图 114 甘肃秦安县魏店镇董湾村 QA-III 剖面 *Mesosiphneus primitivus* 的右 m1（IVPP V 18601，正模）（据刘丽萍等，2013）

Figure 114 Right m1of *Mesosiphneus primitivus* (IVPP V 18601, holotype) from the QA-III section, Dongwan Village, Weidian Town, Qin'an County, Gansu (after Liu et al., 2013)

A_o. 咬面视 occlusal view，A_l. 舌侧视 lingual view

正模 右下颌支带 m1–3（IVPP V 18601），刘丽萍等 2009 年采集。

模式居群 1 右 m1、1 右 m1 前部、2 左 m3 前部、1 左 M3（IVPP V 18602.1–5）。

模式产地及层位 甘肃秦安县魏店镇董湾村董湾剖面（QA-III）第 15 层，下上新统红黏土（～5.00 Ma）。

归入标本 甘肃秦安县魏店镇董湾村董湾剖面（QA-III）第 16 层：1 左下颌支带 m1–2、1 左 m3 前部、1 左 M3（IVPP V 18602.6–8）。

归入标本时代 早上新世（～5.00–4.94 Ma）。

特征（修订） m1（平均长度 3.87 mm）参数 *a*、*b*、*c*、*d*、*e* 均值分别为 0.50 mm（0.40–0.70 mm，$n = 4$）、2.40 mm（1.90–2.90 mm，$n = 4$）、2.30 mm（2.10–2.50 mm，$n = 3$）、3.45 mm（1.70–5.20 mm，$n = 2$）、2.85 mm（1.10–4.60 mm，$n = 2$），显著小于 *Mesosiphneus praetingi* 和 *M. intermedius* 的相应值。

评注 与榆社盆地的 *Mesosiphneus praetingi* (Teilhard de Chardin, 1942)相比，*M. primitivus* 的 m1 的 *a*、*b*、*c*、*d*、*e* 值（0.50 mm、2.40 mm、2.30 mm、3.45 mm、2.85 mm）显然比前者（1.50 mm、4.30 mm、4.40 mm、＞5.00 mm、＞5.00 mm）小，特别是 *a* 值只及其 1/3；与山西保德火山（现河曲县旧县镇火山村）的 *M. intermedius* (Teilhard de Chardin et Young, 1931)（m1 的相应值分别为 5.50 mm、6.80 mm、6.90 mm、7.30 mm、7.00 mm）相比，*M. primitivus* 的 *a* 值只及其 1/11，*b*、*c*、*d*、*e* 值均不及其 1/2。

Mesosiphneus primitivus、*M. praetingi*、*M. intermedius* 这 3 个种的 m1 舌侧珐琅质参数值 *a*、*b*、*c*、*d*、*e* 各有自己一定的变异范围，但并不重叠，例如 3 个种的 *a* 值变异范围分别为 0.40–0.70 mm（$n = 4$）、1.30–2.90 mm（$n = 4$）和 5.60–7.20 mm（$n = 3$）。它们之间的区别仅仅代表演化过程中处于不同演化阶段而已，也显示出臼齿从相对低冠向高冠的演化过程。

图 115 显示出，*Chardina truncatus*、*Mesosiphneus praetingi* 和 *M. intermedius* 三者之间除了个体大小有轻微差异外，其他各项数据相当吻合。这无疑揭示出它们之间十分密切的演化关系。

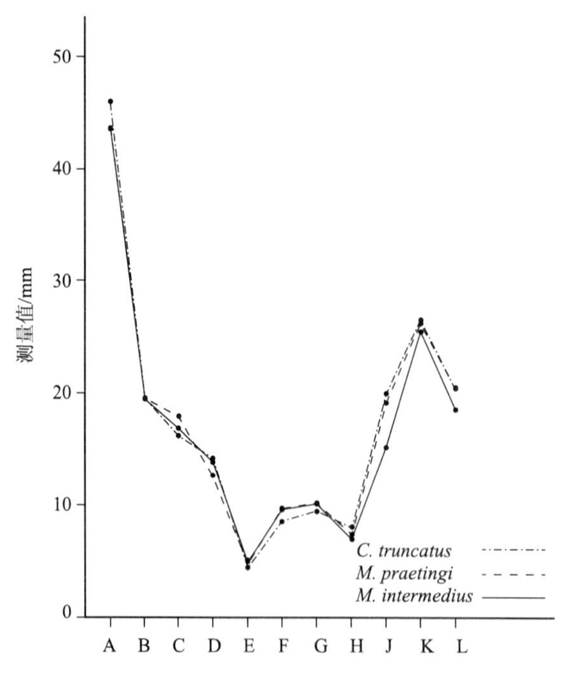

图 115 *Chardina truncatus*（$n = 3$）、*Mesosiphneus praetingi*（$n = 3$）和 *M. intermedius*（$n = 2$）颅骨测量均值比较

Figure 115 Comparison of means of cranial measurements among *Chardina truncatus* ($n = 3$), *Mesosiphneus praetingi* ($n = 3$) and *M. intermedius* ($n = 2$)

A. 髁基长（枕髁后缘—门齿前缘）length of base cranium (from posterior margin of occipital condyle to anterior margin of incisor)，B. 鼻骨长 length of nasal bone，C. 枕髁前缘—M3 后缘长 distance between anterior margin of occipital condyle and posterior margin of M3，D. 上齿隙长 length of upper diastem，E. 门齿孔长 length of incisive foramen，F. M1–3 长 length of M1–3，G. 眶下孔前吻宽 width of rostrum in front of infraorbital foramen，H. 眶间宽 width between orbits，J. 矢状区宽 width of sagittal area，K. 枕宽 width of occipital area，L. 枕高 height of occipital area

始鼢鼠属 *Eospalax* Allen, 1938

Siphneus：Brants, 1827, p. 19

模式种 *Siphneus fontanieri* Milne-Edwards, 1867

特征（修订） 颅骨无间顶骨。枕盾面上部显著突出于人字脊两翼连线之后；枕宽显著大于枕高。颅骨背面平直。眶下孔腹侧不狭窄。门齿孔在前颌—上颌骨上。颞脊线通常平行向后延伸。鼻/额缝合线呈∧状。臼齿无齿根。M3 对 M2 长度百分比率在原始种中小于 100%，而在进步种中大于 100%；M3 对 M1–3 长度百分比率通常大于 30%。M3 具有 2–3 个 BRA 和 1–2 个 LRA。m1 前端无珐琅质层，浅的 lra3 与深的 bra2 相对排列，无 lra4。m3 对 m2 长度百分比率为 53%–86%；m3 对 m1–3 长度百分比率为 18%–30%。

中国已知种 甘肃始鼢鼠 *Eospalax cansus* (Lyon, 1907)、中华始鼢鼠 *E. fontanieri* (Milne-Edwards, 1867)、罗氏始鼢鼠 *E. rothschildi* (Thomas, 1911e)、史氏始鼢鼠 *E. smithii* (Thomas, 1911e)（以上为现生种）；灵台始鼢鼠 *E. lingtaiensis* Liu, Zheng, Cui et Wang, 2014、简齿始鼢鼠 *E. simplicidens* Liu, Zheng, Cui et Wang, 2014、杨氏始鼢鼠 *E. youngianus* Kretzoi, 1961。

分布与时代 内蒙古、河北、山西、陕西、甘肃、青海、四川、湖北、河南、北京、辽宁等，晚上新世—现代。

评注 *Eospalax* 最初被 Allen（1938）作为 *Myospalax* 的亚属，后被提升为属（Kretzoi, 1961；Zheng, 1994；Musser et Carleton, 2005；潘清华等，2007）。如果按照 Lawrence（1991）的观点把所有鼢鼠种类统统归入 *Myospalax*，那么 *Eospalax* 就没有提升为属的必要；如果按照 McKenna 和 Bell（1997）把所有鼢鼠分成 *Prosiphneus* 和 *Myospalax* 两属的观点，也没必要将 *Eospalax* 提升为属。Musser 和 Carleton（2005）则认为在没弄清臼齿带根与不带根的鼢鼠的区别以前，现生两属 *Eospalax* 和 *Myospalax* 应被保留。笔者认为，臼齿带根和不带根的凸枕型鼢鼠在骨骼、臼齿形态及生态习性方面都有很大的差别，应把 *Prosiphneus* 和 *Eospalax* 视为不同的属。笔者还观察到，m1 前端缺失珐琅质层是 *Allosiphneus* 和 *Eospalax* 区别于其他鼢鼠属的特有性状，因此，*Eospalax* 应该是一个有效属（郑绍华，1997）。

表 33 *Eospalax* 和 *Allosiphneus* 中各种门齿孔与齿隙长度及二者百分比率

Table 33 Length of the incisive foramen and the diastema and their ratio in percentage in species of *Eospalax* and *Allosiphneus*

种 Species	标本数 *n*	门齿孔长度/mm Length of incisive foramen/mm	齿隙长度/mm Length of diastema/mm	百分比率/% Ratio in percentage/%
A. arvicolinus	6	10.77 (9.60–11.70)	23.71 (21.00–25.50)	45 (40–51)
A. teilhardi	1	8.00	20.00	40
E. cansus	17	7.53 (6.50–8.50)	14.82 (13.20–16.50)	51 (43–57)
E. fontanieri	50	7.67 (5.70–9.40)	15.79 (12.60–19.40)	49 (42–58)
E. rothschildi	2	6.9 (6.00–7.80)	14.0 (13.20–14.80)	49 (45–53)
E. smithii	1	7.30	13.80	53
E. youngianus	4	5.23 (3.70–6.40)	11.98 (11.50–13.00)	44 (32–55)

注：表中括号前数值为均值，括号内数值为范围。

Note: Numbers before the parentheses are means, and numbers inside the parentheses are ranges.

表 34　*Eospalax* 和 *Allosiphneus* 各种 M1–3、M2、M3 长度及 M3 对 M2 和 M3 对 M1–3 长度百分比率

Table 34　Length of M1–3, M2 and M3 and length ratio of M3 to M2 and M3 to M1–3 in percentage in species of *Eospalax* and *Allosiphneus*

种 Species	标本数 *n*	M1–3 长度/mm Length of M1–3/mm	M2 长度/mm Length of M2/mm	M3 长度/mm Length of M3/mm	M3 对 M2 长度百分比率/% Ratio of M3 to M2/%	M3 对 M1–3 长度百分比率/% Ratio of M3 to M1–3/%
E. cansus	24	11.25 (10.00–13.40)	3.44 (3.00–4.00)	3.64 (3.20–4.40)	106 (92–117)	32 (30–35)
E. fontanieri	37	11.36 (9.80–13.10)	3.52 (2.90–4.00)	3.92 (3.30–4.80)	109 (103–120)	34 (31–37)
E. lingtaiensis	1	7.60	2.40	2.30	96	30
E. rothschildi	3	11.30 (10.80–11.90)	3.47 (3.40–3.50)	3.70 (3.50–4.00)	107 (100–118)	33 (32–34)
E. smithii	1	10.18	3.00	3.20	107	31
E. simplicidens	1	8.50	2.70	2.70	100	32
E. youngianus	3	9.03 (8.90–9.20)	2.93 (2.90–3.00)	2.87 (2.80–2.90)	98 (97–100)	32 (30–33)
A. arvicolinus	9	18.64 (16.80–20.20)	5.98 (5.30–6.50)	5.46 (4.80–6.20)	91 (87–97)	29 (28–31)
A. teilhardi	1	16.50	5.10	4.50	88	27

注：表中括号前数值为均值，括号内数值为范围；M1–3、M2 和 M3 长度的绝对数值越小，代表的种类越原始；在 *Eospalax* 属的现生种中 M3 的长度均大于 M2 的，化石种中 M3 的长度均小于 M2 的；*Myospalax* 与绝灭属的 M3 在齿列中的相对长度（M3∶M1–3）相对较短，而且越原始越短。

Notes: Numbers before the parentheses are means, and numbers inside the parentheses are ranges; The smaller the length of M1–3, M2 and M3, the more primitive the species; In the extant species of *Eospalax*, length of M3 is always greater than that of M2, while in fossil species, length of M3 is always smaller than that of M2; In *Myospalax* and fossil genera, length of M3 relative to that of M1–3 is smaller, and the smaller the more primitive.

属内检索

I. M3 对 M2 长度百分比率均值≤100%

a. m2 和 m3 的 bra2 很深，m1 的 ac 较宽

1. 个体明显小，M1 长 2.90 mm 左右，m1 平均长度为 3.37 mm，M3 对 M2 长度百分比率约为 96%……………………………………………………………灵台始鼢鼠 *E. lingtaiensis*

2. 个体较大，M1 平均长度为 3.53 mm，m1 平均长度为 3.53 mm，M3 对 M2 长度百分比率均值为 98%……………………………………………………………杨氏始鼢鼠 *E. youngianus*

b. m2 和 m3 的 bra2 缺失，m1 的 ac 狭窄，M1 长 3.30 mm，m1 平均长度为 3.20 mm，M3 对 M2 长度百分比率约为 100%……………………………………………………简齿始鼢鼠 *E. simplicidens*

II. M3 对 M2 长度百分比率均值＞100%

a. M3 只有 1 个 LRA 和 2 个 BRA，M3 对 M2 长度百分比率均值为 106%…………………甘肃始鼢鼠 *E. cansus*

b. M3 有 2 个 LRA 和 2 个 BRA

1. 臼齿的三角较封闭，M3 对 M2 长度百分比率均值为 107%………………………罗氏始鼢鼠 *E. rothschildi*

2. 臼齿的三角较不封闭，M3 对 M2 长度百分比率均值为 107%…………………………史氏始鼢鼠 *E. smithii*

c. M3 有 2 个 LRA 和 3 个 BRA，M3 对 M2 长度百分比率均值为 109%…………………中华始鼢鼠 *E. fontanieri*

甘肃始鼢鼠 *Eospalax cansus* (Lyon, 1907)

（图 116，图 117）

Myotalpa cansus：Lyon, 1907, p. 134, pl. 15, figs. 4–10

Myospalax cansus：Thomas, 1908c, p. 978；樊乃昌、施银柱，1982，183 页；宋世英，1986，31 页；郑昌琳，1989，682 页；王廷正、许文贤，1992，113 页；黄文几等，1995，189 页

M. cansus shenseius：Thomas, 1911a, p. 178

Siphneus fontanieri：Young, 1927, p. 43 (partim)；周明镇，1964，304 页；郑绍华等，1985a，109 页，图版 IV，图 4–5，图版 V，图 1

Siphneus cf. *cansus*：Teilhard de Chardin et Young, 1931, p. 19 (partim)

Siphneus chaoyatseni：Teilhard de Chardin et Young, 1931, p. 24 (partim)
Myospalax fontanieri：Musser et Carleton, 2005, p. 910 (partim)
Myospalax cansus cansus：Ellerman, 1941, p. 547
Myospalax fontanieri cansus：Allen, 1940, p. 926；Ellerman et Morrison-Scott, 1951, p. 650；Corbet et Hill, 1991, p. 165；谭邦杰，1992，279 页；李华，2000，165 页；王应祥，2003，172 页
Myospalax cf. *fontanieri*：周明镇、李传夔，1965，380 页，图版 I，图 3

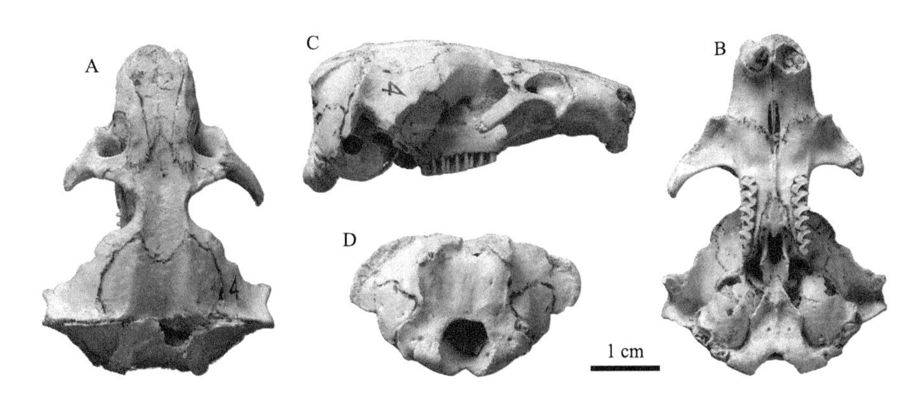

图 116　青海贵南县沙沟乡郭仁多村 *Eospalax cansus* 颅骨（IVPP V 25243）
Figure 116　Cranium of *Eospalax cansus* (IVPP V 25243) from Guorenduo Village, Shagou Township, Guinan County, Qinghai
A. 背视 dorsal view，B. 腹视 ventral view，C. 右侧视 right lateral view，D. 枕视 occipital view

正模　成年个体的毛皮和头骨（U.S.N.M. 144022），由 W. W. Simpson 于 1906 年 5 月 7 日采集，据说是雌性，但 Thomas（1908c）强调可能是雄性个体。

模式产地　甘肃临潭。

归入标本　陕西蓝田县陈家窝 S_6 层：1 左下颌支带 m1–3（IVPP V 2932），2 颅骨带 M1–3、3 右下颌支带 m1–3（IVPP V 3158.1–5）。内蒙古乌审旗萨拉乌苏：1 颅骨带 M1–3、1 左下颌支带 m1–3（IVPP RV 28032.1–2）。山西中阳许家坪（第 17 地点，可能为今中阳县枝柯镇许家庄）：1 右下颌支带 m1–3（Cat.C.L.G.S.C.Nos.C/53）。山西榆社盆地：1 颅骨带 M1–3（H.H.P.H.M. 14.031），1 颅骨带 M1–3（H.H.P.H.M. 29.479），1 颅骨前部带 M1–3（H.H.P.H.M. 31.083），2 颅骨带 M1–3（IVPP RV 42026.1–2），1 颅骨带 M1–3（H.H.P.H.M. 18.930），1 颅骨带 M1–3（H.H.P.H.M. 22.989），1 颅骨带 M1–3（H.H.P.H.M. 26.703），1 颅骨带 M1–3（H.H.P.H.M. 30.y?.35）。山西襄垣县北沟（地理位置及现行政区划归属不明）：1 颅骨后部带 M1–3（IVPP V 25242）。河北承德县磴上镇谢家营村：1 颅骨带 M1–3、2 左下颌支带 m1–3（IVPP RV 27032.1–3）。辽宁大连市甘井子区海茂村：1 破碎颅骨（IVPP V 5549）。青海共和县：青川公路 33 km 处 77080 地点，3 不同年龄阶段（青年、成年、老年）不完整颅骨、3 下颌支各带数量不等的臼齿（IVPP V 6040.10–16）；上塔迈村（曾称上他买）77081 地点，1 下颌支带 m1–3（IVPP V 6040.17）；狗头山 77085 地点，1 左下颌支带 m1–3（IVPP 6040.18）。青海贵南县：茫曲镇昂索村电站沟 77078 地点，1 完整颅骨带 M1–3、8 下颌支带 m1–3（IVPP V 6040.1–9）；沙沟乡郭仁多村（曾称过仍多），1 近完整颅骨带左右 M1–3（IVPP V 25243），1 相当完整颅骨带左 M2–3 及右 M1–3（IVPP V 25244），1 颅骨带左右 M1–3（IVPP V 25245），1 颅骨带左 M1–2 及右 M2–3（IVPP V 25246），1 颅骨带左右 M1–3、1 右下颌支带 m1–3（IVPP V 25247），1 颅骨带左右 M1–3（IVPP V 25248），1 颅骨后部带左右 M1–3（IVPP V 25250），1 颅骨前部带左右 M1–3、1 左下颌支带 m1–3（IVPP V 25251.1–2），1 颅骨前部带左 M1 及右 M2（IVPP V 25252），1 破损颅骨带左 M1–2 及右 M1–3（IVPP V 25253），1 破损颅骨带左 M2–3 及右 M1–3（IVPP V 25254.1），1 破损颅骨带左右 M2–3（IVPP V 25254.2），1 颅骨中段带左右 M1–3（IVPP V 25254.3），1 颅骨前部带左 M1–3（IVPP V 25254.4），1 破损颅骨带左 M3（IVPP V 25254.5），

1 破损颅骨后部带左 M2–3（IVPP V 25254.6），3 左 1 右下颌支带 m1–3（IVPP V 25255.1–4），11 左 11 右下颌支带 m1–3（IVPP V 25255.5–26），6 左 5 右下颌支带 m1–2（IVPP V 25255.27–37）；沙沟乡洛合相村（曾称楼后乡），1 上颌带左右 M1–2、1 左 1 右下颌支带 m1–3、4 左 2 右下颌支带 m1–2、1 右下颌支带 m1（IVPP V 25255.38–46）。

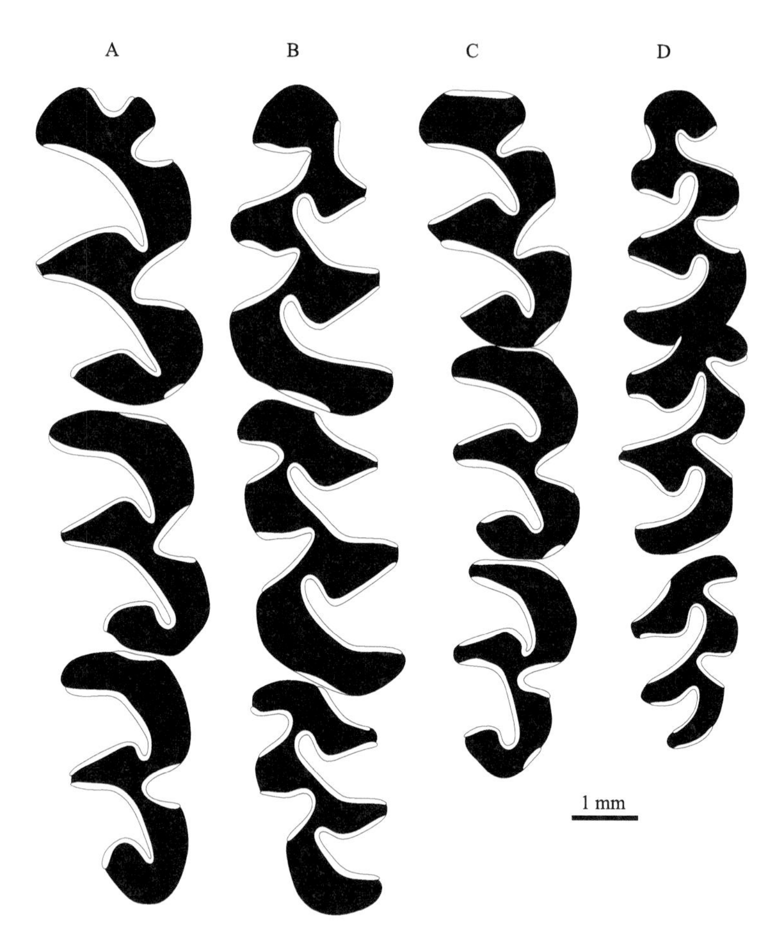

图 117　青海贵南县沙沟乡郭仁多村（A–B）与陕西蓝田县陈家窝（C–D）*Eospalax cansus* 上、下臼齿咬面形态

Figure 117　Occlusal morphology of molars of *Eospalax cansus* from Guorenduo Village (A–B), Shagou Township, Guinan County, Qinghai and Chenjiawo (C–D), Lantian County, Shaanxi

A. R M1–3（IVPP V 25251.1），B. l m1–3（IVPP V 25251.2），C. R M1–3（IVPP V 3158.1），D. r m1–3（IVPP V 3158.2）

归入标本时代　早—中更新世。

特征（修订）　鼻骨呈倒置葫芦形，鼻/额缝合线呈∧状，后端未超过前颌/额缝合线水平（86%），少数平于（12%）或向后轻微超过（2%）前颌/额缝合线。额脊（眶上脊）显著，稍向内弯曲。顶脊相互平行排列；额脊间宽度小于顶脊间宽度。门齿孔对齿隙长度百分比率均值为 51%（范围参考表 33）。枕宽对枕高百分比率均值为 144%（范围参考表 12）。上臼齿两齿列相互平行排列，其两 M1 对两 M3 间腭宽百分比率均值为 82%（范围参考表 14）。M2 宽对长百分比率均值为 66%（范围参考表 13）。M3 多数具 1 个 LRA 和 2 个 BRA。齿列中，M3 对 M2 长度百分比率均值为 106%，M3 对 M1–3 长百分比率均值为 32%（范围参考表 34）；m3 对 m2 长度百分比率均值为 84%，m3 对 m1–3 长度百分比率均值为 30%（范围参考表 15）。

评注　现生动物分类中，*Eospalax cansus* 多被作为一个亚种 *E. fontanieri cansus* 处理（Allen, 1940；李保国、陈服官，1989；Corbet et Hill, 1991；谭邦杰，1992；李华，2000；王应祥，2003），但有时

也被作为独立的种（樊乃昌、施银柱，1982；宋世英，1986；王廷正，1990；王廷正、许文贤，1992；黄文几等，1995）。此处采用后一种分类。

Eospalax cansus 的 M3 有 1 个 LRA 和 2 个 BRA，这一特征与 3 个化石种一致，显示出其原始性。M3 对 M2 长度百分比率均值为 106%，接近于现生 *E. smithii* 和 *E. rothschildi*（M3 有 2 个 LRA 和 2 个 BRA）的 107%，而显著小于 *E. fontanieri*（M3 有 2 个 LRA 和 3 个 BRA）的 109%，显示出它的相对原始的特征；但明显大于 3 个化石种 *E. simplicidens*（100%）、*E. youngianus*（98%）和 *E. lingtaiensis*（96%），又显示出其进步性（表 34）。因此，可以将 *E. cansus* 视为化石种与现生种之间的一个过渡类型。

中华始鼢鼠 *Eospalax fontanieri* (Milne-Edwards, 1867)

（图 118，图 119）

Siphneus fontanieri：Milne-Edwards, 1867, p. 376；Young, 1927, p. 43 (partim)；Boule et Teilhard de Chardin, 1928, p. 86, fig. 20B；Young, 1935a, p. 15；Pei, 1939a, p. 154；Teilhard de Chardin, 1942, p. 67, figs. 46–48

Siphneus cf. *fontanieri*：Boule et Teilhard de Chardin, 1928, p. 100, fig. 28；Teilhard de Chardin et Young, 1931, p. 18 (partim), pl. V, figs. 23–24；Young, 1932, p. 6, fig. 1, pl. I, fig. 2；Teilhard de Chardin, 1936, p. 19, fig. 9

Siphneus cf. *cansus*：Teilhard de Chardin et Young, 1931, p. 19 (partim)

Myospalax fontanieri：Thomas, 1908c, p. 978；Allen, 1940, p. 922, fig. 44；Ellerman, 1941, p. 547；Ellerman et Morrison-Scott, 1951, p. 650；周明镇、周本雄，1965，228 页，图版 I，图 6；郑绍华，1976，115 页；盖培、卫奇，1977，290 页；胡长康、齐陶，1978，15 页，图版 II，图 6–8；贾兰坡等，1979，284 页；汤英俊等，1983，83 页，表 1；胡锦矗、王西之，1984，267 页；郑绍华等，1985b，132 页，表 32，图 55(5–6)；李保国、陈服官，1987，110 页；Lawrence, 1991, p. 63, tab. 2, figs. 7B, 9C, 10D, 11F, 12；Corbet et Hill, 1991, p. 165；谭邦杰，1992，278 页；黄文几等，1995，187 页；李华，2000，160 页；王应祥，2003，172 页

Myospalax fontanus：Thomas, 1912b, p. 93；Takai, 1940, p. 209, fig. 4, pl. XXI, figs. 1–6；Ellerman, 1941, p. 547

正模 由法国人 Honorary Consul Fontanier 可能于 1866 年或 1867 年采集并送至巴黎自然历史博物馆的一件标本。

模式产地 北京临近河北某处。

归入标本 山西静乐县：段家寨乡贺丰村小红凹（第 1 地点），1 颅骨前部连接左下颌支（Cat.C.L.G.S.C.Nos.C/62 = IVPP V 392）；高家崖（第 2 地点，今娄烦县静游镇峰岭底村附近），1 颅骨前部带 M1–3（Cat.C.L.G.S.C.Nos.C/63）。山西隰县午城镇（第 18 地点）：1 颅骨带 M1–3、1 右下颌支带 m1–3（Cat.C.L.G.S.C.Nos.C/69 = IVPP V 389），1 左下颌支带 m1–3（Cat.C.L.G.S.C.Nos.C/68），2 右下颌支带 m1–3（Cat.C.L.G.S.C.Nos.C/74）。山西保德县东关镇前芦子沟村（第 3 地点）：2 右下颌支带 m1–3（Cat.C.L.G.S.C.Nos.C/76 = IVPP V 403）。山西中阳许家坪（第 17 地点，可能为今中阳县枝柯镇许家庄）：1 颅骨带 M1–3（Cat.C.L.G.S.C.Nos.C/84）。山西榆社盆地：1 颅骨带 M1–3（H.H.P.H.M. 14.045），1 右下颌支带 m1–3（H.H.P.H.M. 20.141），1 颅骨带 M1–3（H.H.P.H.M. 20.747），1 颅骨前部带 M1–3（H.H.P.H.M. 22.988），1 颅骨带 M1–3（H.H.P.H.M. 26.680），1 左下颌支带 m1–2（H.H.P.H.M. 28.989），1 破损颅骨带 M1–3（H.H.P.H.M. 29.506），1 颅骨带 M1–3（H.H.P.H.M. 31.073），1 颅骨带 M1–3（H.H.P.H.M. 31.084），1 颅骨带 M1–3（H.H.P.H.M. 31.319），1 颅骨带 M1–3（H.H.P.H.M. 31.328），1 颅骨带 M1–3（H.H.P.H.M. 28.943）；YS 123 地点（<1.00 Ma），1 右下颌支带 m2–3（IVPP V 15266.1）；YS 129 地点，1 颅骨前部带左 M1–2 及右 M1（IVPP V 15266）；YS 133 地点，1 左下颌支带 m1–2（IVPP V 15266.2）；地点不详，1 颅骨前部带左右 M1–3（IVPP RV 42027.1），1 颅骨前部带右 M1–3（IVPP RV 42027.2），1 颅骨前部带左右 M1–3（IVPP RV 42027.3），1 颅骨带破损 M1–3（IVPP RV 42027.4），1 破损颅骨缺失臼齿（IVPP V 15255.5），1 破损颅骨带左右破损 M1–3（IVPP RV 42027.5），1 完好颅骨带右 M1–3（IVPP RV 42028.1），1 颅骨带左右 M1–3（IVPP RV 42028.2），1 颅骨前部带左右 M1–3（IVPP RV 42028.3 = H.H.P.H.M. 31.1?.38），1 颅骨前部带左右 M1–2（IVPP RV 42029.1），1 压扁颅骨带破损

臼齿（IVPP RV 42029.2），1 较完整颅骨无臼齿（IVPP RV 42030.1），1 完好颅骨带左右 M1–3（IVPP RV 42030.2）。山西寿阳县西洛镇道坪村（第 23 地点）：1 近乎完整颅骨（IVPP RV 35057）。陕西吴堡石堆山（第 16 地点，现绥德县义合镇石堆山村）：1 颅骨前部带 M1–3、1 左下颌支带 m1–3（Cat.C.L.G.S.C.Nos.C/66 = IVPP V 395）。陕西洛川县坡头村南菜子沟 S_{16}层（1.33 Ma）：1 左 2 右下颌支带 m1–3（QV 10020–10022）。陕西蓝田县九间房镇公王村公王岭 S_{15}层：1 较完整颅骨、4 破损上颌（IVPP V 5398.1–2）。陕西榆林市金鸡滩镇柳卜滩村（第 13 地点，曾称柳巴滩）：1 颅骨后部带 M1–3（Cat.C.L.G.S.C.Nos.C/85）。甘肃庆城县庆城镇教子川村赵家沟（第 115 地点）：1 颅骨带 M1–3（H.H.P.H.M. 25.632），1 颅骨带 M1–3（H.H.P.H.M. 25.890）。内蒙古准格尔旗沙圪堵镇杨家湾（第 8 地点）：1 上颌带 M1–3（Cat.C.L.G.S.C.Nos.C/65 = IVPP V 394），1 左下颌支带 m1–3（Cat.C.L.G.S.C.Nos.C/64 = IVPP V 393）。河北蔚县北水泉镇东窑子头村大南沟剖面第 16 层（～1.00 Ma）：1 左 1 右下颌支带 m1–3、1 右 M1–3 齿列（IVPP V 15477.1–3）。河北赤城县大海陀乡石香炉村杨家沟：3 左 3 右下颌支带 m1、m1–2 或 m1–3（IVPP V 450），1 上颌带 M1–3、1 颅骨前部带 M1–3（IVPP V 447）。北京周口店第 15 地点：1 完整颅骨（IVPP CP. 190A），1 颅骨前部（IVPP CP. 190B）。地点不详：1 左下颌支带 m1–3（Cat.C.L.G.S.C.Nos.C/48）。

归入标本时代　早更新世（～1.32–1.00 Ma）。

特征（修订）　属中个体较大型者。鼻/额缝合线呈∧状（占 45%左右）或不规则状；鼻骨后端未超过前颌/额缝合线（占 93%左右）。门齿孔的一半位于前颌骨上，部分标本 2/3 甚至更多都在前颌骨上；门齿孔对齿隙长度百分比率均值为 49%（范围参考表 33）。额脊不发育，顶脊明显，在雄性老年个体更向中线处靠近，似 X 形。枕宽对枕高百分比率均值为 146%（范围参考表 12）。上臼齿两齿列近于平行排列，两 M1 对两 M3 间腭宽百分比率均值为 85%（范围参考表 14）。M2 宽对长百分比率均值为 67%（范围参考表 13）。M3 多数具有 2 个 LRA 和 3 个 BRA。M3 对 M2 长度百分比率均值为 109%，M3 对 M1–3 长度百分比率均值为 34%（范围参考表 34）；m3 对 m2 长度百分比率均值为 87%，m3 对 m1–3 长度百分比率均值为 31%（范围参考表 15）。

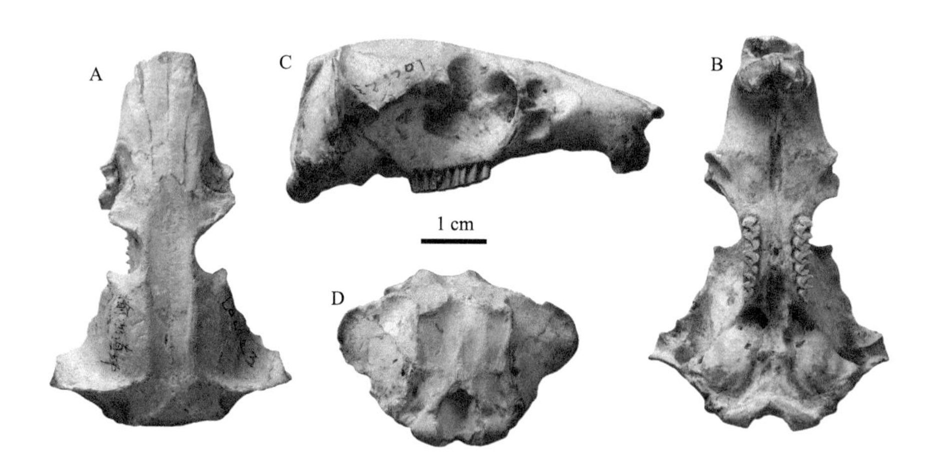

图 118　山西寿阳县西洛镇道坪村 *Eospalax fontanieri* 颅骨（IVPP RV 35057）

Figure 118　Cranium of *Eospalax fontanieri* (IVPP RV 35057) from Daoping Village, Xiluo Town, Shouyang County, Shanxi

A. 背视 dorsal view，B. 腹视 ventral view，C. 右侧视 right lateral view，D. 枕视 occipital view

评注　从保存于中国科学院古脊椎动物与古人类研究所的上述标本看，尽管 LRA3 和 BRA3 均很浅且有时仅由轻微弯曲的珐琅质层代表，M3 具有 2 个 LRA 和 3 个 BRA 是相当稳定的特征。而 M1 前端有无纵沟似乎是不够稳定的特征（图 119）。

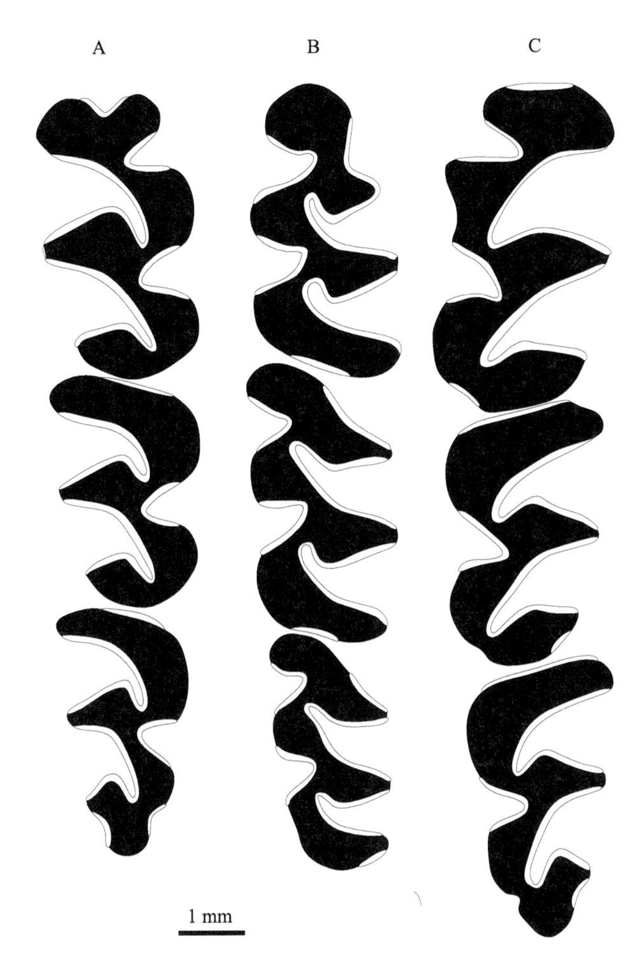

图 119　山西静乐县段家寨乡贺丰村小红凹（A–B）与寿阳县西洛镇道坪村（C）*Eospalax fontanieri* 上、下臼齿列咬面形态

Figure 119　Occlusal morphology of molar rows of *Eospalax fontanieri* from Xiaohong'ao, Hefeng Village, Duanjiazhai Township, Jingle County (A–B) and Daoping Village, Xiluo Town, Shouyang County (C), Shanxi

A. R M1–3，B. l m1–3（Cat.C.L.G.S.C.Nos.C/62 = IVPP V 392，A 和 B 属同一个体　A and B belong to the same individual），C. L M1–3（IVPP RV 35057）

具有枕盾凸，m/M3 相对长且呈斜 ω 形特征的鼢鼠化石大多归入此种。本书根据鼻骨的特征、鼻/额缝合线的形状、鼻骨后端与前颌/额缝合线的相互关系、额脊/顶脊的形状及其相互关系、门齿孔的大小及其与前颌骨/上颌骨的关系、上臼齿两齿列的排列方式、m/M3 的特征及其长度占 m/M2 和 m/M1–3 长度的百分比率等将它们分成不同的种，以期找出它们的内在联系。

到目前为止，上述各地点不同层位还没有绝对年龄或磁性地层学年龄结果，因此不能作年代排序。

灵台始鼢鼠 *Eospalax lingtaiensis* Liu, Zheng, Cui et Wang, 2014

（图 120）

Yangia n. sp.：郑绍华、张兆群，2000，62 页，图 2；郑绍华、张兆群，2001，图 3

正模　同一个体左下颌支带 m1–3 及右上颌带 M1–3（IVPP V 18551），郑绍华和张兆群 1998 年采集。

模式居群　1 左 1 右下颌支带 m1–3、1 左下颌支带 m1–2、2 m1、1 左上颌带 M2–3（IVPP V 18553.1–6）。

模式产地及层位　甘肃灵台县邵寨镇雷家河村文王沟 93001 地点剖面 WL5 层（～2.32 Ma），下更新统午城黄土。

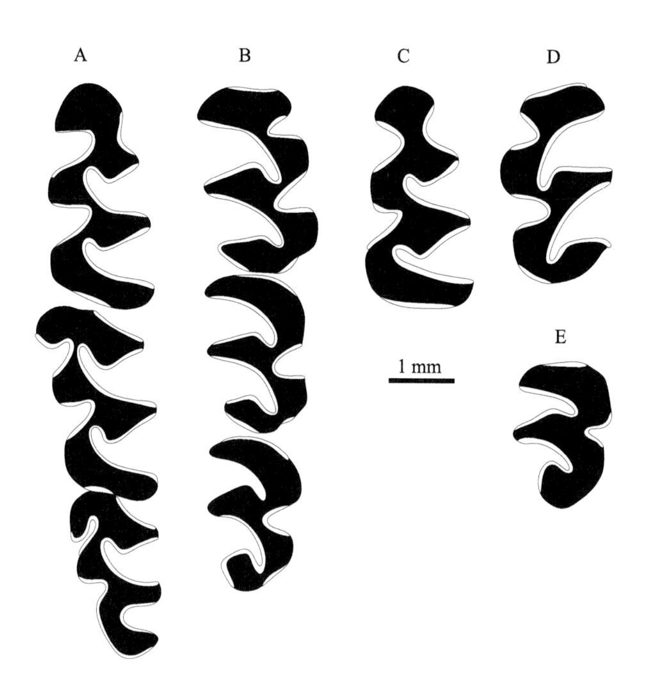

图 120 甘肃灵台县邵寨镇雷家河村文王沟 93001 地点剖面中的 *Eospalax lingtaiensis* 上、下臼齿咬面形态（据刘丽萍等，2014）

Figure 120 Occlusal morphology of molars of *Eospalax lingtaiensis* from Loc. 93001 of Wenwanggou, Leijiahe Village, Shaozhai Town, Lingtai County, Gansu (after Liu et al., 2014)

A. l m1–3（IVPP V 18551，正模 holotype），B. R M1–3（IVPP V 18551，正模 holotype），C. l m1（IVPP V 18553.20），D. L M1（IVPP V 18553.18），E. R M3（IVPP V 18553.19）

归入标本 甘肃灵台县邵寨镇雷家河村文王沟 93001 地点剖面：WL6 层，1 m1（IVPP V 18553.7）；WL8 层，2 m1（IVPP V 18553.8–9）；WL10 层，2 m1、1 M2（IVPP V 18553.10–12）；WL10-4 层，1 M1、1 M3（IVPP V 18553.13–14）；WL10-10 层，2 m1（IVPP V 18553.15–16）；WL11-5 层，1 m1、1 M1、1 M3（IVPP 18553.17–19）；WL11-7 层，1 m1（IVPP V 18553.20）。

归入标本时代 晚上新世—早更新世（～3.51–2.46 Ma）。

特征（修订） 个体比 *Eospalax simplicidens* 和 *E. youngianus* 小。M3 具 1 个 LRA 和 2 个 BRA，但 M3 对 M2 长度百分比率（96%左右）比上述两种（分别为 98%和 100%）都小（范围参考表 34）；m3 对 m2 长度百分比率均值（87%）则大于 *E. youngianus*（84%），等于 *E. simplicidens*（87%）（范围参考表 15）。M2 的 BSA2 处宽度等于或小于 AL 宽度，其宽对长百分比率均值为 67%（范围参考表 13）。m1 的 ac 宽度显著大于 pl 的一半宽度；m2 和 m3 有很深的 bra2。

评注 由于个体明显小且 M3 长度小于 M2 的长度，*Eospalax lingtaiensis* 是目前已知的最原始的一种始鼢鼠。其所在文王沟剖面 WL5 层、WL6 层、WL8 层、WL10 层、WL11 层的磁性地层学年龄分别为 2.32 Ma、2.46 Ma、3.17 Ma、3.41–3.25 Ma、3.51–3.41 Ma。因此，其年代在 3.51–2.32 Ma 之间，是一个跨时代（晚上新世—早更新世）的种类。

罗氏始鼢鼠 *Eospalax rothschildi* (Thomas, 1911e)

（图 121，图 122）

Myospalax rothschildi：Thomas, 1911e, p. 722；Allen, 1940, p. 932；Ellerman, 1941, p. 547；Ellerman et Morrison-Scott, 1951, p. 651；樊乃昌、施银柱，1982，189 页；胡锦矗、王酉之，1984，269 页；Corbet et Hill, 1991, p. 166；谭邦杰，1992，279 页；王廷正、许文贤，1992，117 页；黄文几等，1995，191 页；李华，2000，172 页；王应祥，2003，172 页

Myospalax rothschildi hubeiensis：李保国、陈服官，1989，34 页，图 1，表 1–3

Myospalax minor：Lönnberg, 1926, p. 6（产自模式产地：甘肃岷山）
Siphneus cf. *cansus*：Teilhard de Chardin et Young, 1931, p. 19 (partim), pl. II, fig. 6, pl. III, fig. 7
Siphneus chanchenensis：Teilhard de Chardin et Young, 1931, p. 20, pl. III, fig. 6, pl. IV, fig. 10, pl. V, fig. 19

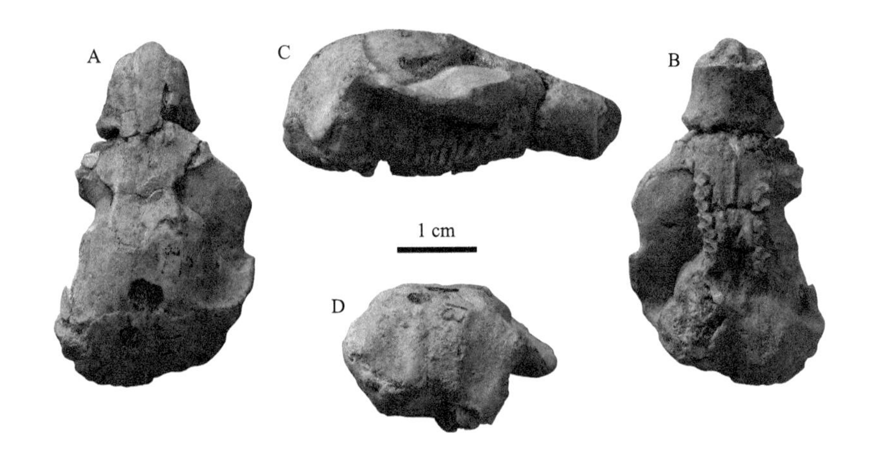

图 121　陕西榆林市金鸡滩镇柳卜滩村 *Eospalax rothschildi* 颅骨（Cat.C.L.G.S.C.Nos.C/82 = IVPP V 411）
Figure 121　Cranium of *Eospalax rothschildi* from Liubotan Village, Jinjitan Town, Yulin City, Shaanxi
A. 背视 dorsal view，B. 腹视 ventral view，C. 右侧视 right lateral view，D. 枕视 occipital view

正模　成年雄性的毛皮和头骨（B.M. No. 11.11.1.2），由 J. A. C. Smith 于 1911 年 4 月 11 日采集。

模式产地　甘肃临潭东南约 64 km，海拔 3353 m 的岷山阿赞（Achuen）。

归入标本　陕西榆林市金鸡滩镇柳卜滩村（第 13 地点，曾称柳巴滩）：1 颅骨带 M1–3（Cat.C.L.G.S.C.Nos.C/82 = IVPP V 411），1 颅骨（Cat.C.L.G.S.C.Nos.C/87）。甘肃合水县西华池镇唐旗村张旗金沟 73119 地点：1 带上下臼齿列的破碎颅骨连下颌支（IVPP V 4771）。

归入标本时代　早—中更新世（<1.80 Ma）。

特征（修订）　属中个体较小型者。鼻骨呈倒置的梯形，鼻/额缝合线平直或呈低浅的八字形，后端位于前颌/额缝合线之前或在同一直线上。门齿孔对齿隙长度百分比率均值为 49%（范围参考表 33）。额脊/顶脊显著，但彼此不平行。枕中脊缺失。枕宽对枕高百分比率均值为 144%。上臼齿两齿列接近相互平行排列，其两 M1 对两 M3 间腭宽百分比率均值 78%（范围参考表 14）。M2 的宽对长百分比率均值为 64%（范围参考表 13）。多数 M3 具 2 个 LRA 和 2 个 BRA；M3 对 M2 长度百分比率均值为 107%，M3 对 M1–3 长度百分比率均值为 33%（范围参考表 34）；m3 对 m2 长度百分比率均值为 84%，m3 对 m1–3 长度百分比率均值为 30%。

评注　来自陕西榆林柳卜滩（第 13 地点）的颅骨标本（Cat.C.L.G.S.C.Nos.C/82）和来自山西中阳许家坪（第 17 地点）的颅骨标本（Cat.C.L.G.S.C.Nos.C/84）被德日进和杨钟健（Teilhard de Chardin et Young, 1931）描述成“*Siphneus* cf. *cansus*”。根据其臼齿形态，特别是 M3 具有 2 个 LRA 和 2 个 BRA 的特征，柳卜滩的材料（图 122A）与现生 *Eospalax rothschildi*（Thomas, 1911e；李华，2000）一致；而 M3 具有 2 个 LRA 和 3 个 BRA 的许家坪材料（图 122B）应为 *E. fontanieri*。

现生的罗氏鼢鼠（*Eospalax rothschildi*）通常被作为一独立的种（Allen, 1940；Ellerman, 1941；Ellerman et Morrison-Scott, 1951；樊乃昌、施银柱，1982；胡锦矗、王酉之，1984；李保国、陈服官，1989；Corbet et Hill, 1991；谭邦杰，1992；王廷正、许文贤，1992；黄文几等，1995；李华，2000；王应祥，2003；Musser et Carleton, 2005；潘清华等，2007），主要分布于甘肃南部、四川北部和东部、陕西南部、湖北西部。

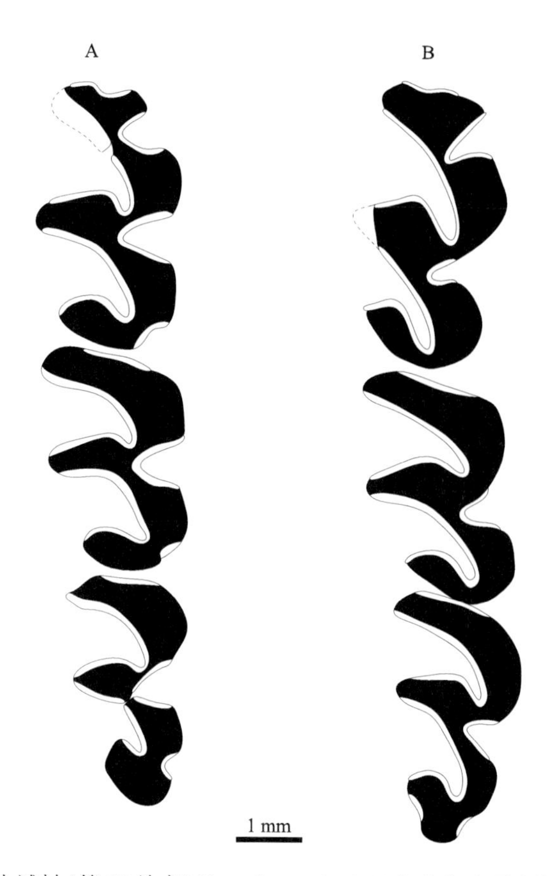

图 122 陕西榆林市金鸡滩镇柳卜滩村（第 13 地点）*Eospalax rothschildi*（A）与山西中阳许家坪（第 17 地点）*E. fontanieri*（B）上臼齿列咬面形态

Figure 122 Occlusal morphology of upper molar row of *Eospalax rothschildi* (A) from Loc. 13, Liubotan Village, Jinjitan Town, Yulin City, Shaanxi and *E. fontanieri* (B) from Loc. 17, Xujiaping, Zhongyang County (Hsuchiaping, Chungyang), Shanxi

A. R M1–3（Cat.C.L.G.S.C.Nos.C/82；Teilhard de Chardin et Young, 1931："*Siphneus* cf. *cansus*"），B. R M1–3（Cat.C.L.G.S.C.Nos.C/84；Teilhard de Chardin et Young, 1931："*Siphneus* cf. *cansus*"）

简齿始鼢鼠 *Eospalax simplicidens* Liu, Zheng, Cui et Wang, 2014

（图 123）

Siphneus cf. *myospalax*：Boule et Teilhard de Chardin, 1928, p. 100, fig. 27

Siphneus hsuchiapinensis：Teilhard de Chardin et Young, 1931, p. 25 (partim), pl. V, fig. 10；Young, 1935a, p. 36

Myospalax hsuchiapinensis：郑绍华，1976，115 页（部分）；郑绍华等，1985b，128 页，图版 IV，图 3

Myospalax sp.：蔡保全等，2004，277 页，表 2

Eospalax n. sp.：郑绍华、张兆群，2000，62 页，图 2（部分）；郑绍华、张兆群，2001，图 3（部分）

正模 右下颌支带 m1–2（IVPP V 18549），郑绍华和张兆群 1998 年采集，现保存在中国科学院古脊椎动物与古人类研究所。

模式产地及层位 甘肃灵台县邵寨镇雷家河村文王沟 93001 地点剖面 WL3 层，下更新统午城黄土（~2.15 Ma）。

归入标本 甘肃庆阳市黄土底砾：1 右下颌支带 m1–2（H.H.P.H.M. 25.930 = IVPP RV 28029），1 不完整的颅骨（IVPP V 18549）。甘肃合水县西华池镇唐旗村张旗金沟：2 左下颌支各带 m1–3、1 右 m1（IVPP V 4770.1），1 左 m3（IVPP V 4770.2）。甘肃灵台县邵寨镇雷家河村文王沟 93001 地点剖面：WL2 层，1 左下颌支带 m1–3、1 右 M1（IVPP V 18550.1–2）；WL5 层，1 右 m1、1 右 m3（IVPP V 18550.3–4）；WL7-2 层，1 右 m2（IVPP V 18550.5）；WL10-4 层，1 左 m1（IVPP V 18550.6）；WL10-7 层，1

右 m2（IVPP V 18550.7）；WL10-8 层，1 左 m1（IVPP V 18550.8）。陕西洛川县拓家河水库溢洪道 S_{31} 层：1 年轻个体上颌带左右 M1–3 及同一个体右下颌支带 m1–3（QV 10013.1–2），1 右下颌支带 m1–3（QV 100014）。河北蔚县北水泉镇东窑子头村大南沟剖面第 9 层：1 右 m1（IVPP V 15478），1 左 m2 前部（IVPP V 15478.1）。河南新安县城关镇王沟村：1 颅骨带左右 M1–3（IVPP RV 35055）。

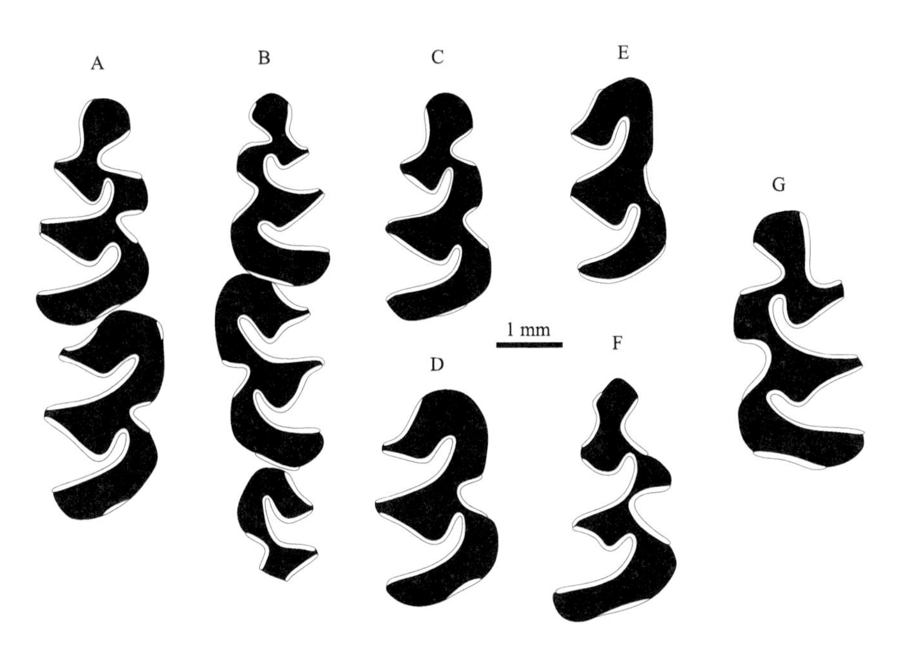

图 123　甘肃灵台县邵寨镇雷家河村文王沟 93001 地点剖面（A，C–E，G）、甘肃合水县西华池镇唐旗村张旗金沟（B）及河北蔚县北水泉镇东窑子头村大南沟剖面（F）*Eospalax simplicidens* 下臼齿咬面形态

Figure 123　Occlusal morphology of lower molars of *Eospalax simplicidens* from the section of Loc. 93001, Wenwanggou, Leijiahe Village, Shaozhai Town, Lingtai County, Gansu (A, C–E, G), Jingou, Zhangqi, Tangqi Village, Xihuachi Town, Heshui County, Gansu (B), and the Danangou section, Dongyaozitou Village, Beishuiquan Town, Yuxian County, Hebei (F)

A. r m1–2（IVPP V 18549，正模 holotype）；B. l m1–3（IVPP V 4770.1），C. r m1（IVPP V 18550.3），D. r m2（IVPP V 18550.5），E. r m3（IVPP V 18550.4），F. r m1（IVPP V 15478），G. l m1（IVPP V 18550.6）

归入标本时代　晚上新世—早更新世（～3.41–1.67 Ma）。

特征（修订）　较小型。上臼齿两齿列相互呈八字形排列，其两 M1 对两 M3 间腭宽百分比率为 68%左右（表 14），最接近 *Eospalax youngianus* 的均值 69%，在所有鼢鼠种类中为最小。M3 只有 1 个 LRA 和 2 个 BRA；齿列中 M3 对 M2 长度百分比率（100%左右）（表 34），介于原始的化石种类和进步的现生种类之间。M2 的 BSA2 处宽度通常等于 AL 宽度，其宽对长百分率比为 63%左右（表 13）。m1 的 ac 宽度明显小于 pl 宽度的一半，m2 和 m3 均缺失 bra2 且二者在齿列中的长度相当。

评注　该种以其 M2 和 M3 的大小接近且形态相似，m1 前端缺失珐琅质层的特征符合 *Eospalax* 的定义，而不应归入 *Myospalax*（“*Siphneus* cf. *myospalax*”，Boule et Teilhard de Chardin, 1928）。该种以其 m1 具狭长的 ac，m2 和 m3 缺失 bra2 等特征区别于 *Eospalax* 中其他化石种和所有现生种。

如果齿列中 M3 对 M2 长度百分比率越小该种越原始的话，*Eospalax* 中从原始到进步的顺序应是 *E. lingtaiensis*（96%）→*E. youngianus*（98%）→*E. simplicidens*（100%）→*E. cansus*（106%）→*E. rothschildi*（107%）→*E. smithii*（107%）→*E. fontanieri*（109%）。

统计结果表明，在 *Eospalax* 中，*E. simplicidens* 和 *E. lingtaiensis* 的 M2 的 BSA2 处宽度大于前叶宽度的特点不同于该属所有现生种类和化石种 *E. youngianus*（它们的 M2 的 BSA2 处宽度均小于或等于前叶宽度），反映出前两个化石种相对原始的特征。同时，M2 前叶宽度对牙长的平均百分比率从大到小的顺序是：*E. youngianus*（67%）→*E. lingtaiensis*（67%）→*E. fontanieri*（67%）→*E. cansus*（66%）

→*E. rothschildi*（63%）→*E. smithii*（63%）→*E. simplicidens*（63%）。这个比率越大，似乎越接近正 ω 型，越原始。但这种趋势并不十分明显。

从现生种类的 m3 和 m2 没有缺失 bra2 判断，*Eospalax simplicidens* 可能是演化过程中一绝灭的旁支。

文王沟 WL2 层、WL5 层、WL7-2 层、WL10 层的磁性地层学年龄分别为 2.14 Ma、2.32 Ma、2.70 Ma、3.41–3.25 Ma（郑绍华、张兆群，2001），拓家河水库溢洪道地点为 2.36 Ma，大南沟剖面第 9 层为 1.67 Ma（Cai et al., 2013），因此该种的时代分布是约 3.41–1.67 Ma，是一个跨时代（晚上新世—早更新世）的种。

史氏始鼢鼠 *Eospalax smithii* (Thomas, 1911e)

（图 124，图 125）

Myospalax smithii：Thomas, 1911e, p. 720；Howell, 1929, p. 55；Allen, 1940, p. 934；Ellerman, 1941, p. 547；Ellerman et Morrison-Scott, 1951, p. 651；Corbet et Hill, 1991, p. 166；谭邦杰，1992，278 页；黄文几等，1995，187 页；李华，2000，176 页；王应祥，2003，173 页

正模 成年雄性个体的毛皮和头骨（B.M. No. 11.11.1.1），由 J. A. C. Smith 于 1911 年 4 月 6 日采集。

模式产地 甘肃临潭（洮州）南约 48 km。

归入标本 四川甘孜县长途汽车东站西支沟内：1 颅骨带左右 M1–3（IVPP V 25256），由四川省地质局第三区测队 108 组的徐志明于 1979 年 5 月 25 日采集。

归入标本时代 ?晚更新世。

特征（修订） 鼻骨似倒置葫芦形，其后缘横切状，其后端超过或持平于前颌/额缝合线。两额、顶脊接近平行，在中缝处极为靠近，以致在老年个体合并成单一的矢状脊；在两脊内侧壁间形成狭长的弧形肌窝。门齿孔相对大，现生标本约 4/5 在前颌骨上；门齿孔对齿隙长度百分比率为 53%左右（表 33）。M2 的宽对长百分比率为 63%左右（表 13）。两 M1 对两 M3 间腭宽百分比率为 86%左右（表 14）。齿列中，M3 对 M2 长度百分比率为 107%左右，M3 对 M1–3 长度百分比率为 31%左右（表 34）。

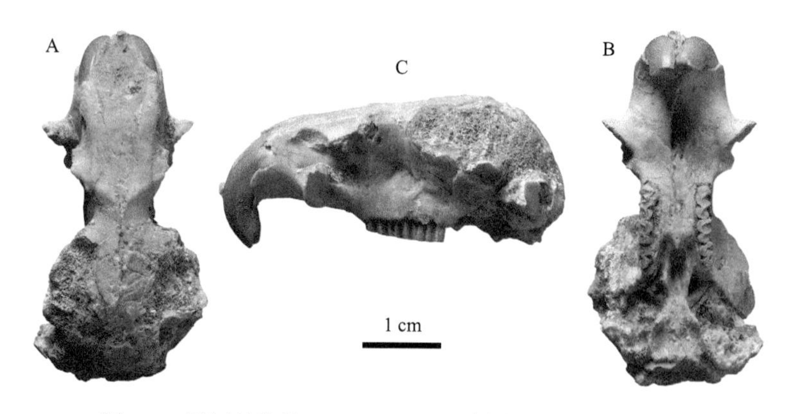

图 124 四川甘孜县 *Eospalax smithii* 颅骨（IVPP V 25256）

Figure 124 Cranium of *Eospalax smithii* (IVPP V 25256) from Ganzi County, Sichuan

A. 背视 dorsal view，B. 腹视 ventral view，C. 左侧视 left lateral view

评注 甘孜的成年个体破碎颅骨特征与现生标本基本一致，如鼻/额缝合线呈横切状，而不是形成向前突出的∧形；鼻骨前端至少伸至前颌升支突水平而不是较短；额脊和顶脊向中间十分靠近以致趋于合并；门齿孔大部分位于前颌骨上，在前颌骨上狭窄成舌状，在上颌骨上显著加宽；副翼窝前缘达 M3 前缘水平；上臼齿两齿列接近平行排列；M1 前面无纵沟；M3 长度大于 M2，其长度百分比率为 107%；M3 具 2 个 LRA 和 2 个 BRA，其中 LRA3 发育微弱；上臼齿 SA 间齿质空间封闭不严（图 125）。Thomas（1911e）强调该种“是 *fontanieri* 种组中一个相当大的种，颅骨具 1 个中矢状脊，M3 具 2 个

LRA”。李华（2000）则指出其M3多具2个LRA和3个BRA，但不稳定。甘孜标本具有2个LRA，与该种的最初定义相符。

由于颅骨的形态特殊，现生动物分类学家都将其视为一独立的种（Thomas, 1911e；Howell, 1929；Allen, 1940；Ellerman, 1941；Ellerman et Morrison-Scott, 1951；Corbet et Hill, 1991；谭邦杰，1992；黄文几等，1995；李华，2000；王应祥，2003；Musser et Carleton, 2005；潘清华等，2007）。该种现生于宁夏南部六盘山山地，甘肃陇中、陇南山地。

四川的这件标本是中国迄今所发现的唯一史氏始鼢鼠化石。

图125 四川甘孜县 *Eospalax smithii* 的左M1–3（IVPP V 25256）咬面形态

Figure 125 Occlusal morphology of left M1–3 of *Eospalax smithii* (IVPP V 25256) from Ganzi County, Sichuan

杨氏始鼢鼠 *Eospalax youngianus* Kretzoi, 1961

（图126，图127）

Siphneus minor：Teilhard de Chardin et Young, 1931, p. 20, pl. III, fig. 8, pl. IV, fig. 11, pl. V, fig. 20

Siphneus hsuchiapinensis：Teilhard de Chardin et Young, 1931, p. 25 (partim)

Siphneus sp. (cf. *fontanieri* M.-Edw.)：Teilhard de Chardin, 1936, p. 19, fig. 9

正模 颅骨连下颌支（Cat.C.L.G.S.C.Nos.C/88）（= Teilhard de Chardin et Young, 1931：*Siphneus minor*，正模），德日进和杨钟健于1929年采集，现保存在中国科学院古脊椎动物与古人类研究所。

模式产地及层位 山西中阳许家坪（第17地点，可能为今中阳县枝柯镇许家庄），下更新统红色土B带。

归入标本 山西隰县午城镇（第18地点）：1颅骨连下颌支（IVPP RV 31058），1破损颅骨带左右M1–3、1颅骨前部带左右M1–3（IVPP RV 31059.1–2），1左下颌支带m1–3（Cat.C.L.G.S.C.Nos.C/42 = IVPP V 381）。陕西榆林市金鸡滩镇柳卜滩村（第13地点，曾称柳巴滩）：1未修理颅骨（Cat.C.L.G.S.C.Nos.C/89），1破损颅骨带M1–3（Cat.C.L.G.S.C.Nos.C/89）。北京周口店第9地点：1左下颌支带m1–3（IVPP RV 360334）。地点不明：1左下颌支带m1–3（IVPP V 25257）。

归入标本时代 早—中更新世。

特征（修订） 小型。鼻骨呈倒置的葫芦形，其鼻/额缝合线呈∧状，其后端不超过前颌/额缝合线。额脊/顶脊间宽度不变，平行排列。门齿孔在前颌骨和上颌骨上约各占 1/2；门齿孔对齿隙长度百分比率均值为 44%（范围参考表 33）。上臼齿两齿列平行排列，两 M1 对两 M3 间腭宽百分比率均值为 69%（范围参考表 14）。M1 前端无纵沟。M3 仅有 1 个 LRA 和 2 个 BRA。M3 对 M2 长度百分比率均值为 98%，介于 *Eospalax lingtaiensis*（96%）和 *E. simplicidens*（100%）之间；M3 对 M1–3 长度百分比率均值为 32%（范围参考表 34）。m3 对 m2 长度百分比率均值为 84%，m3 对 m1–3 长度百分比率均值为 29%（范围参考表 15）。m1 的 ac 较宽，m2 和 m3 的 bra2 很深。

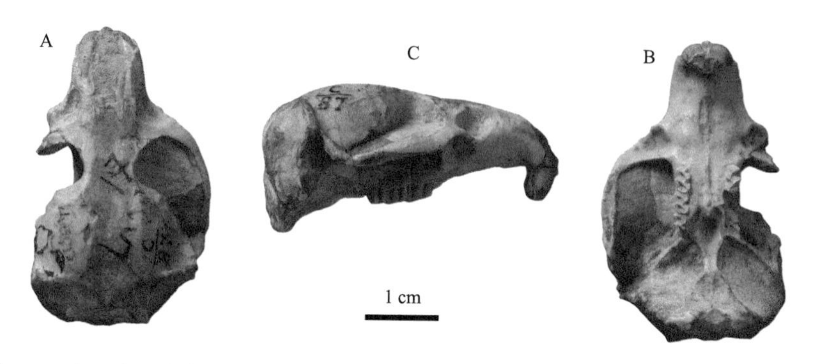

图 126 山西中阳许家坪 *Eospalax youngianus* 颅骨（Cat.C.L.G.S.C.Nos.C/88，正模）

Figure 126 Cranium of *Eospalax youngianus* from Xujiaping, Zhongyang County (Hsuchiaping, Chungyang), Shanxi (Cat.C.L.G.S.C.Nos.C/88, holotype)

A. 背视 dorsal view，B. 腹视 ventral view，C. 右侧视 right lateral view

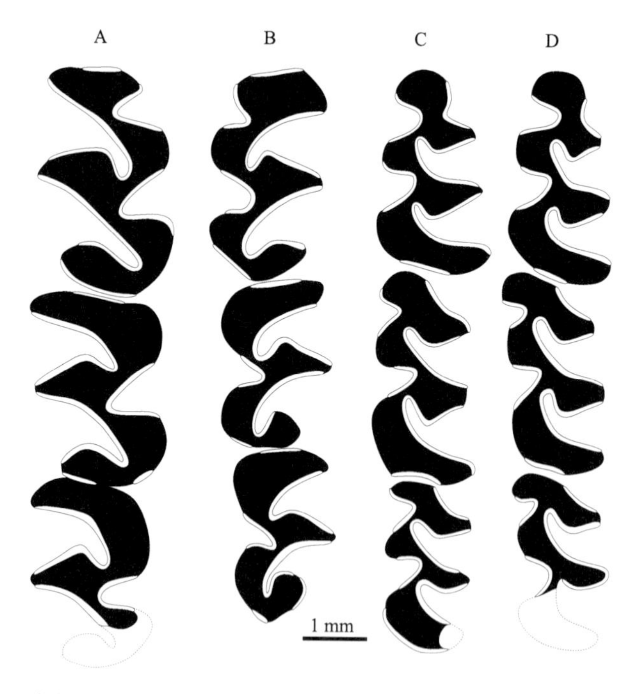

图 127 山西中阳许家坪第 17 地点(A)、山西隰县午城镇第 18 地点(B–C)及北京周口店第 9 地点(D)*Eospalax youngianus* 臼齿列咬面形态

Figure 127 Occlusal morphology of molar rows of *Eospalax youngianus* from Loc. 17, Xujiaping, Zhongyang (or Hsuchiaping, Chungyang), Shanxi (A), Loc.18, Wucheng Town, Xixian County, Shanxi (B–C), and Loc. 9, Zhoukoudian, Beijing (D)

A. R M1–3（Cat.C.L.G.S.C.Nos.C/88，正模 holotype），B. L M1–3（IVPP RV 31059.2），C. l m1–3（Cat.C.L.G.S.C.Nos.C/42 = IVPP V 381），D. l m1–3（IVPP RV 360334）

评注 该种M3只1个LRA和2个BRA，齿列中M3的平均长度略小于M2，显示出与各现生种不同，而有与各化石种近似的性质。该种鼻骨及其鼻/额缝合线形状、鼻骨后端不超过前颌/额缝合线以及上臼齿两齿列平行排列的特征与现生的 *Eospalax cansus* 十分相似（参见图128），但门齿孔在前颌骨和上颌骨上各占1/2与后者在前颌骨上占3/4不同。与 *E. lingtaiensis* 的相同点是m1的ac均较宽，m2和m3均有很深的bra2；不同点在于个体较大，M1平均长度为3.48 mm对2.95 mm，m1平均长度为3.48 mm对3.35 mm。

德日进和杨钟健（Teilhard de Chardin et Young, 1931）给予该种的定义是：个体小如 *Eospalax rothschildi*，臼齿列较长，枕盾面强烈突出如 *E. cansus*，颧弓比 *E. fontanieri* 更细、更少扩展，M3像 *E. cansus*、*E. rothschildi* 和 *E. smithii* 一样简单。

曾被描述成"*Siphneus minor*"的化石种因与现生种 *Eospalax minor*（= *E. rothschildi*）重名故无效，因而被Kretzoi（1961）重新定名为 *Eospalax youngianus*。

该种所在的地层层位，还没有一个具有确切的磁性地层学年龄。

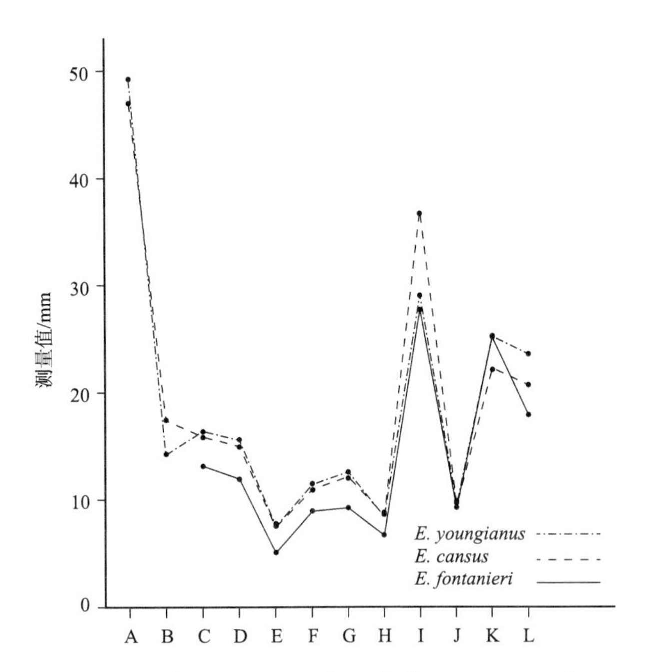

图128 *Eospalax youngianus*（*n* = 2）、*E. cansus*（*n* = 9）和 *E. fontanieri*（*n* = 24）颅骨测量均值比较

Figure 128 Comparison of means of cranial measurements among *Eospalax youngianus* (*n* = 2), *E. cansus* (*n* = 9) and *E. fontanieri* (*n* = 24)

A. 髁基长（枕髁后缘—门齿前缘）length of base cranium (from posterior margin of occipital condyle to anterior margin of incisor)，B. 鼻骨长 length of nasal bone，C. 枕髁前缘—M3后缘长 distance between anterior margin of occipital condyle and posterior margin of M3，D. 上齿隙长 length of upper diastem，E. 门齿孔长 length of incisive foramen，F. M1–3长 length of M1–3，G. 眶下孔前吻宽 width of rostrum in front of infraorbital foramen，H. 眶间宽 width between orbits，I. 颧宽 width between zygomas，J. 矢状区宽 width of sagittal area，K. 枕宽 width of occipital area，L. 枕高 height of occipital area

异鼢鼠属 *Allosiphneus* Kretzoi, 1961

模式种 *Siphneus arvicolinus* Nehring, 1883

特征（修订） 最大型鼢鼠。枕盾面轻微突出于人字脊（顶区中断）两翼连线之后。枕中脊发达。矢状区相对狭窄。臼齿无根。上臼齿的LRA以及下臼齿的bra极浅，上臼齿的LSA以及下臼齿的bsa极弱。M2的BSA2处宽度大于或等于AL。齿列中M3长度大于M2。m1具有浅的lra4。

中国已知种 鼢异鼢鼠 *Allosiphneus arvicolinus* (Nehring, 1883)、德氏异鼢鼠 *A. teilhardi* Kretzoi,

1961。

分布与时代 青海、甘肃、陕西和山西，晚上新世—早更新世早期。

评注 该属曾被认为是 *Myospalax* 的异名（Trouessart, 1904；McKenna et Bell, 1997），最近被认为是 *Eospalax* 的异名（Musser et Carleton, 2005）。笔者赞同 Kretzoi（1961）的观点，其特大型颅骨和特殊的臼齿形态（如上臼齿 LRA 以及下臼齿 bra 很浅，上臼齿 LSA 以及下臼齿 bsa 很弱，m1 具有 lra4 等）与现生臼齿无根的 *Myospalax* 和 *Eospalax* 有显著的区别，应独立为属（Zheng, 1994）。

属内检索

I. 个体较大，M1 平均长度为 6.97 mm，m1 平均长度为 8.40 mm，齿列中 M3-M2 长度百分比率均值约为 91%
……………………………………………………………………………………………………駍异鼢鼠 *A. arvicolinus*

II. 个体较小，M1 平均长度为 6.05 mm，m1 平均长度为 5.83 mm，齿列中 M3-M2 长度百分比率约为 88%
……………………………………………………………………………………………………德氏异鼢鼠 *A. teilhardi*

駍异鼢鼠 *Allosiphneus arvicolinus* (Nehring, 1883)

（图 129，图 130）

Siphneus arvicolinus：Nehring, 1883, p. 19, figs. A–C；Boule et Teilhard de Chardin, 1928, p. 97 (partim), fig. 26；Teilhard de Chardin et Leroy, 1942, p. 30；Teilhard de Chardin, 1942, p. 72, fig. 49

Myospalax arvicolinus：计宏祥，1975，169 页，图版 I，图 6；郑绍华，1976，115 页；谢骏义，1983，358 页，图版 I，图 2；郑绍华等，1985a，108 页，图版 IV，图 1–3；郑绍华等，1985b，126 页，图版 IV，图 4

正模 由洛采（L. von Lockzy）从模式产地带回欧洲的下颌支，现存地点不详。

模式产地及层位 黄河上游的贵德盆地，下更新统贵德层。

归入标本 甘肃庆阳市黄土底砾：1 颅骨带 M1–3（H.H.P.H.M. 25.881 = IVPP RV 42007），1 上颌骨和 2 右下颌支带 m1–3（H.H.P.H.M. 25.898），1 颅骨后部带左右 M1–3（H.H.P.H.M. 25.912），1 颅骨（H.H.P.H.M. 25.913）。甘肃康乐县当川堡（现流川乡）：1 颅骨连左下颌支（H.H.P.H.M. 25.882）。甘肃合水县西华池镇唐旗村张旗金沟：1 右下颌支带 m1–2（IVPP V 4768）。甘肃灵台县邵寨镇雷家河村文王沟 93001 地点剖面：WL10-2 层，1 左 m2（IVPP V 17856）。甘肃环县环城镇耿家沟村：1 上颌骨带左 M1–2 及右 M1–3（谢骏义，1983：图版 I，图 2，保存在甘肃省博物馆）。陕西蓝田县厚镇刘家坪（现行政区划归属不明）：1 压扁颅骨（IVPP V 4567）。陕西延安市九沿沟 S_{17} 层：1 颅骨中段带左 M1–2 及右 M1–3（QV 10009）。陕西洛川县黑木沟 S_{31} 层：1 右下颌支带 m1–3（QV 10010）。青海贵南县沙沟乡：郭仁多村（曾称过仍多），1 极完整颅骨带左右 M1–3、1 颅骨带左 M1–3、3 左 3 右下颌支带 m1–3（IVPP V 17847–17854）；洛合相村（曾称楼后乡），2 左 m1（IVPP V 17855.1–2）。青海共和县东巴乡黄土梁：1 破损颅骨、1 前部破损后部完整的颅骨带左右 M1–3、1 右下颌支带 m1–3、1 m1、1 完整颅骨连下颌支带 M1–3 及 m1–3（IVPP V 6039.1–5）。青海贵德县四合滩（地理位置及现行政区划归属不明）：1 右下颌支带 m1–3（IVPP V 6077）。山西静乐县高家崖（第 2 地点，今娄烦县静游镇峰岭底村附近）及段家寨乡贺丰村小红凹“静乐红土”剖面（第 1 地点）红色土上段 S_{23} 层（均为“静乐红土”剖面第 4 层）：见周晓元（1988）之表 1。

归入标本时代 晚上新世—早更新世（～3.41–1.37 Ma）。

特征（修订） 该属中较大型种。鼻骨呈铲形，鼻/额缝合线呈∧状，后端未达前颌/额缝合线。额脊在成年个体向内弯曲，其彼此的间距小于顶脊之间间距；在老年个体中，两额脊彼此靠近并趋于合并。顶脊在矢状区后部向外分开，约在顶骨前后 1/2 处呈尖角状向外突出。枕部呈宽大于高的四边形，枕宽对枕高百分比率均值为 141%（范围参考表 12）。门齿孔 2/3 在前颌骨上，1/3 在上颌骨上；门齿孔对齿隙长度百分比率均值为 45%（范围参考表 33）。M2 宽对长百分比率均值为 53%（范围参考表 13）。上臼齿两齿列平行排列，其两 M1 对两 M3 间腭宽百分比率均值为 79%（范围参考表 14）。M3 只有 1 个 LRA 和 2 个 BRA。齿列中，M3 比 M2 略短，其长度百分比率均值为 91%，M3 对 M1–3 长度百分比率均值为 29%（范围参考表 34），m3 对 m2 长度百分比率均值为 95%，m3 对 m1–3 长度百分比率均值为 28%（范围参考表 15）。

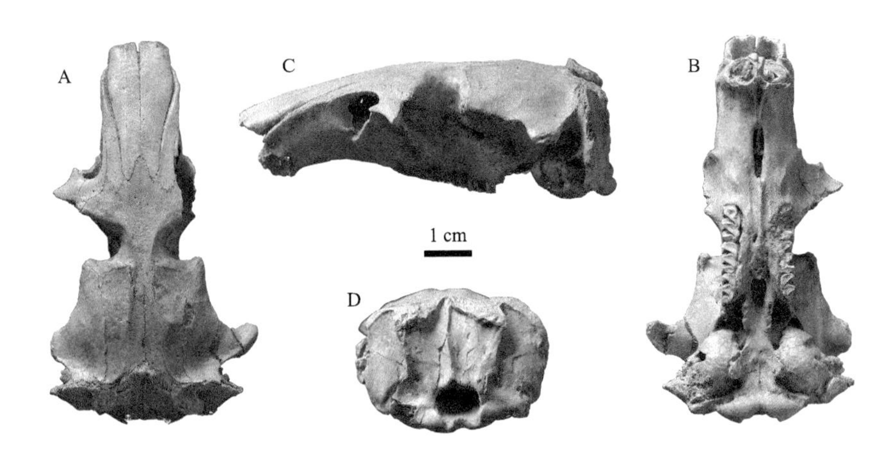

图 129 青海共和县东巴乡黄土梁 *Allosiphneus arvicolinus* 颅骨（IVPP V 6039.1）

Figure 129 Cranium of *Allosiphneus arvicolinus* (IVPP V 6039.1) from Huangtuliang, Dongba Township, Gonghe County, Qinghai

A. 背视 dorsal view，B. 腹视 ventral view，C. 左侧视 left lateral view，D. 枕视 occipital view

评注 *Allosiphneus arvicolinus* 化石主要发现于陕、甘、青三省海拔较高的黄土高原地区。由于绝大多数标本产自黄土地层，推断这种鼢鼠比较适应干凉的生态环境。

文王沟 WL10 层的磁性地层学年龄为 3.41–3.25 Ma（郑绍华、张兆群，2001），九沿沟 S_{17} 层为 1.38 Ma，黑木沟 S_{31} 层为 2.36 Ma（郑绍华等，1985b）。3.41 Ma、2.36 Ma、1.37 Ma 可基本代表该种的时代分布，也是跨时代（晚上新世—早更新世）的种类。

德氏异鼢鼠 *Allosiphneus teilhardi* Kretzoi, 1961

（图 130，图 131）

Siphneus arvicolinus：Boule et Teilhard de Chardin, 1928, p. 97 (partim)；Teilhard de Chardin et Young, 1931, p. 21, pl. V, fig. 14

正模 右下颌支带 m1–2（Cat.C.L.G.S.C.Nos.C/59 = IVPP V 18549）（= Teilhard de Chardin et Young, 1931：pl. V, fig. 14），德日进和杨钟健于 1929 年采集，保存在中国科学院古脊椎动物与古人类研究所。

模式产地及层位 山西静乐县高家崖（第 2 地点，今娄烦县静游镇峰岭底村附近），下更新统红色土。

归入标本 甘肃庆阳市黄土底砾：1 右 m1（H.H.P.H.M. 25905）。甘肃灵台县邵寨镇雷家河村文王沟 93001 地点剖面：WL8 层，1 右下颌支带 m1（IVPP V 17844）；WL10-4 层，1 左 m2 前部（IVPP V 17845）。青海同德县：1 破损颅骨带左右 M1–3（IVPP V 17846）。

归入标本时代 晚上新世（～3.41–3.17 Ma）。

特征（修订） 属中较小型种，与相同年龄（老年）的 *Allosiphneus arvicolinus* 相比，其大小约为后者的 86%。门齿孔对齿隙长度百分比率为 40%左右（表 33）。鼻骨呈铲形，鼻/额缝合线呈横切状，向后未超过前颌/额缝合线（图 131）。额脊向中间靠近，趋向合并；顶脊中间略向外扩展形成突出的尖角。M2 宽对长百分比率为 57%左右，显示其为斜 ω 型（表 13）。两上臼齿列为平行排列，其两 M1 对两 M3 间腭宽百分比率为 91%左右（表 14）。齿列中，M3 对 M2 长百分比率为 88%左右，M3 对 M1–3 长度百分比率为 27%左右（表 34）。

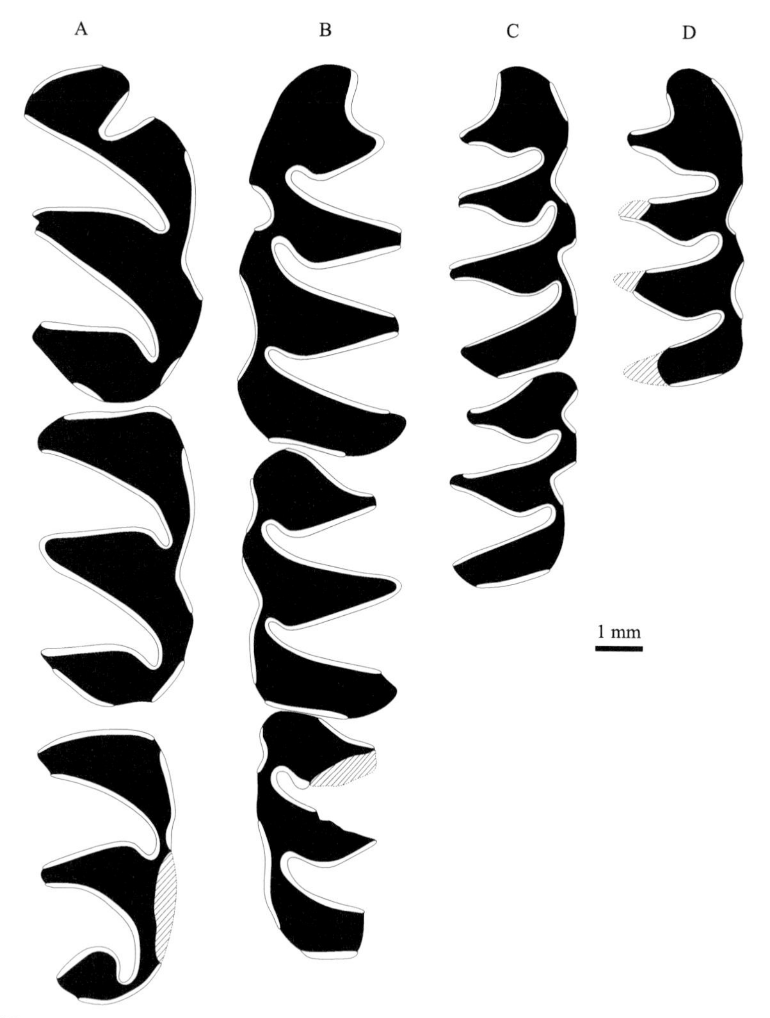

图 130　*Allosiphneus arvicolinus*（A–B）和 *A. teilhardi*（C–D）臼齿咬面形态

Figure 130　Occlusal morphology of molars of *Allosiphneus arvicolinus* (A–B) and *A. teilhardi* (C–D)

A. R M1–3，B. l m1–3（H.H.P.H.M. 25.882，A 和 B 属同一个体，来自甘肃庆阳黄土底砾 A and B belong to the same individual from the basal conglomerate of loess, Qinyang City, Gansu；Teilhard de Chardin, 1942：fig. 49a–b），C. r m1–2 [Cat.C.L.G.S.C.Nos.C/59 = IVPP V 18549，正模，山西静乐县高家崖第 2 地点（今娄烦县静游镇峰岭底村附近）holotype, Loc. 2, Gaojiaya (or Kaochiayeh), Jingle, Shanxi (presently the vicinity of Fenglingdi Village, Jingyou Town, Loufan County)]，D. r m1（H.H.P.H.M. 25.905，甘肃庆阳黄土底砾 the basal conglomerate of loess, Qinyang City, Gansu）

评注　按照 Kretzoi（1961）的定义，*Allosiphneus teilhardi* 与 *A. arvicolinus* 的主要区别是前者个体较小及下臼齿舌侧珐琅质少退化。图 130 明显地显示出这两点区别。值得补充的是，前者下臼齿颊侧 bra 相对较深，lsa 相对较突出，m1 的 bsa3 珐琅质层消失较晚。总起来判断，在牙齿形态上，*A. teilhardi* 稍比 *A. arvicolinus* 原始。颅骨大小的差异见图 132。

该种的正模来自山西静乐高家崖（今娄烦县静游镇峰岭底村附近）红色土地层（Teilhard de Chardin et Young, 1930, 1931），其地质时代可判读为早更新世，即晚于 2.60 Ma。文王沟 WL8 层和 WL10-4 层的磁性地层学年龄分别约为 3.17 Ma 和 3.41–3.25 Ma（魏兰英等，1993；郑绍华、张兆群，2001），属晚上新世。因此该种也具有晚上新世—早更新世的跨时代性质。

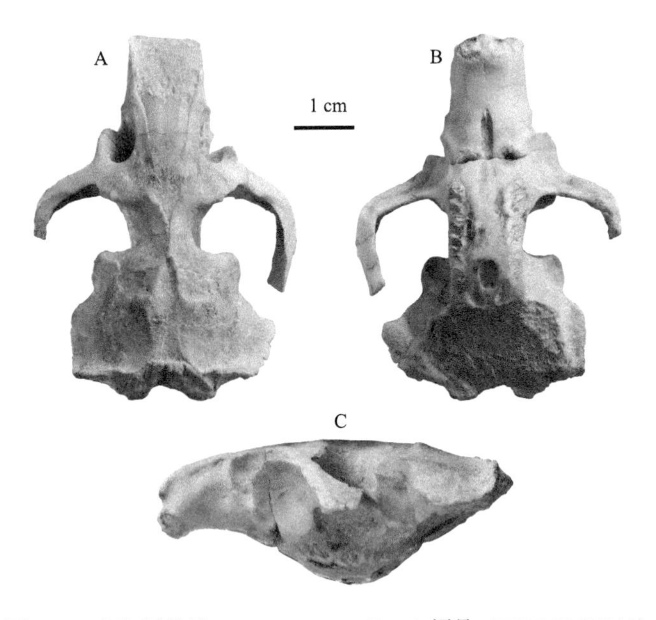

图 131　青海同德县 *Allosiphneus teilhardi* 颅骨（IVPP V 17846）

Figure 131　Cranium of *Allosiphneus teilhardi* (IVPP V 17846) from Tongde County, Qinghai

A. 背视 dorsal view，B. 腹视 ventral view，C. 左侧视 left lateral view

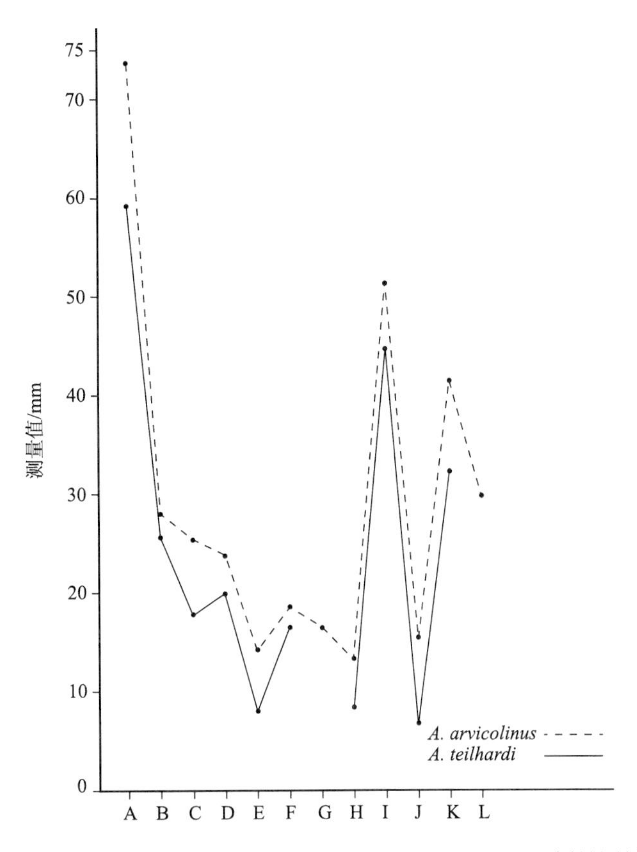

图 132　*Allosiphneus arvicolinus*（$n = 5$）和 *A. teilhardi*（$n = 1$）颅骨测量均值比较

Figure 132　Comparison of means of cranial measurements between *Allosiphneus arvicolinus* ($n = 5$) and *A. teilhardi* ($n = 1$)

A. 髁基长（枕髁后缘—门齿前缘）length of base cranium (from posterior margin of occipital condyle to anterior margin of incisor)，B. 鼻骨长 length of nasal bone，C. 枕髁前缘—M3 后缘长 distance between anterior margin of occipital condyle and posterior margin of M3，D. 上齿隙长 length of upper diastem，E. 门齿孔长 length of incisive foramen，F. M1–3 长 length of M1–3，G. 眶下孔前吻宽 width of rostrum in front of infraorbital foramen，H. 眶间宽 width between orbits，I. 颧宽 width between zygomas，J. 矢状区宽 width of sagittal area，K. 枕宽 width of occipital area，L. 枕高 height of occipital area

杨氏鼢鼠属 *Yangia* Zheng, 1997

Youngia：Zheng, 1994, p. 62, tab. 1

模式种 *Siphneus tingi* Young, 1927

特征（修订） 缺失间顶骨。枕盾面上部向矢状区凹入并与其连成一片凹陷区。顶脊与顶/鳞缝合线相交。门齿孔短小，只在前颌骨上。臼齿无根。两 M1–3 齿列呈八字形排列。M2 的 BSA2 宽度通常大于 AL 宽度；齿列中 M3 总是短于 M2。m1 前端有珐琅质层，lra3 顶端位于 bra2 之前或与之相对。

中国已知种 奥米加杨氏鼢鼠 *Yangia omegodon* (Teilhard de Chardin et Young, 1931)、汤氏杨氏鼢鼠 *Y. trassaerti* (Teilhard de Chardin, 1942)、赵氏杨氏鼢鼠 *Y. chaoyatseni* (Teilhard de Chardin et Young, 1931)、丁氏杨氏鼢鼠 *Y. tingi* (Young, 1927)、后丁氏杨氏鼢鼠 *Y. epitingi* (Teilhard de Chardin et Pei, 1941)。

分布与时代 甘肃、陕西、山西、河南、河北和北京，晚上新世—中更新世。

评注 该属最初以 *Youngia* 为属名（Zheng, 1994），但此名已被用作三叶虫的属名 *Youngia* Lindström, 1885，因此后用汉语拼音 *Yangia* 替代（郑绍华，1997）。虽然国外学者未给予承认（McKenna et Bell, 1997；Musser et Carleton, 2005），但中国的学者在不断使用（郑绍华，1997；郑绍华、张兆群，2000, 2001；蔡保全、李强，2003；蔡保全等，2004；郑绍华等，2006；蔡保全等，2007, 2008；Zhang et al., 2008a；Cai et al., 2013；Zheng, 2017）。鉴于其颅骨无间顶骨、凹枕、臼齿无齿根以及 m1 前端具珐琅质层等特征，它应作为一独立的属，能区别于臼齿有根的凹枕形鼢鼠 *Mesosiphneus*、臼齿无根的凸枕型鼢鼠 *Eospalax* 以及臼齿无根的平枕型鼢鼠 *Myospalax*。

表 35 *Yangia* 各种 M1–3、M2、M3 长度及 M3 对 M2 和 M3 对 M1–3 长度百分比率

Table 35 Length of M1–3, M2 and M3 and length ratio of M3 to M2 and M3 to M1–3 in percentage in species of *Yangia*

种 Species	标本数 *n*	M1–3 长度/mm Length of M1–3/mm	M2 长度/mm Length of M2/mm	M3 长度/mm Length of M3/mm	M3 对 M2 长度百分比率/% Ratio of M3 to M2/%	M3 对 M1–3 长度百分比率/% Ratio of M3 to M1–3/%
Y. omegodon	3	9.50 (8.80–10.80)	2.77 (2.60–2.90)	2.43 (2.10–2.70)	89 (75–96)	26 (24–28)
Y. trassaerti	3	10.20 (9.80–10.60)	3.03 (2.90–3.10)	2.67 (2.50–2.90)	88 (84–94)	26 (25–27)
Y. chaoyatseni	17	10.60 (8.80–12.80)	3.41 (2.60–4.00)	2.70 (2.10–3.30)	79 (69–88)	25 (23–29)
Y. tingi	23	11.39 (9.50–13.00)	3.70 (3.10–4.10)	2.84 (2.10–3.50)	79 (66–85)	25 (20–27)
Y. epitingi	15	13.03 (11.20–14.90)	4.26 (3.70–5.00)	3.39 (2.70–4.00)	80 (71–90)	26 (23–29)

注：表中括号前数值为均值，括号内数值为范围；M1–3、M2 和 M3 长度的绝对数值越小，代表的种类越原始；*Eospalax* 中现生种 M3 的长度均大于 M2，化石种均小于 M2 的长度；*Myospalax* 与绝灭属的 M3 在齿列中的相对长度（M3∶M1–3）较短，而且越原始越短。

Notes: Numbers before the parentheses are means, and numbers inside the parentheses are ranges; The smaller the length of M1–3, M2 and M3, the more primitive the species; In the extant species of *Eospalax,* length of M3 is always greater than that of M2, while in fossil species, length of M3 is always smaller than that of M2; In *Myospalax* and all fossil genera, length of M3 relative to that of M1–3 is smaller, and the smaller the more primitive.

属内检索

I. 褶角圆钝，m1 的 lra3 位于 bra2 之前，M2 宽对长百分比率均值为 76%，齿列中 M3 对 M2 长度百分比率均值为 89%，M1 平均长度为 3.80 m，m1 平均长度为 3.85 mm ······················ 奥米加杨氏鼢鼠 *Y. omegodon*

II. 褶角尖锐，m1 的 lra3 与 bra2 相对排列

a. M2 宽对长百分比率均值为 70%，M3 对 M2 长度百分比率均值为 88%，M1 平均长度为 4.43 mm······ ·· 汤氏杨氏鼢鼠 *Y. trassaerti*

b. M2 宽对长百分比率均值为 65%，M3 对 M2 长度百分比率均值为 79%，M1 平均长度为 4.32 mm，m1 平均长度为 4.72 mm ·· 赵氏杨氏鼢鼠 *Y. chaoyatseni*

c. M2 宽对长百分比率均值为 61%，M3 对 M2 长度百分比率均值为 79%，M1 平均长度为 4.61 mm，m1

平均长度为 4.81 mm ………………………………………………………………………… 丁氏杨氏鼢鼠 *Y. tingi*

d. M2 宽对长百分比率均值为 60%，M3 对 M2 长度百分比率均值为 80%，M1 平均长度为 5.01 mm，m1 平均长度为 5.53 mm ……………………………………………………………………… 后丁氏杨氏鼢鼠 *Y. epitingi*

赵氏杨氏鼢鼠 *Yangia chaoyatseni* (Teilhard de Chardin et Young, 1931)

（图 133，图 134）

Siphneus chaoyatseni：Teilhard de Chardin et Young, 1931, p. 24 (partim), pl. II, figs. 2–3, pl. III, fig. 4, pl. IV, fig. 5, pl. V, figs. 17, 18, 22；Young, 1935a, p. 6, fig. 1；Teilhard de Chardin et Leroy, 1942, p. 28；Teilhard de Chardin, 1942, p. 60, fig. 42

Siphneus hsuchiapinensis：Teilhard de Chardin et Young, 1931, p. 25 (partim), pl. II, fig. 4, pl. III, fig. 5, pl. V, figs. 8–9, pl. VI, fig. 9；Teilhard de Chardin et Leroy, 1942, p. 29 (partim)

Myospalax chaoyatseni：计宏祥，1975，169 页，图版 I，图 2；郑绍华，1976，115 页；Zheng et Li, 1990, p. 435, tab. 1；Zheng et Han, 1991, p. 104, tab. 1

Myospalax chaoyatseni, *M. hsuchipinensis* (partim)：郑绍华等，1985b，128–129 页，图版 III，图 5–6，图版 IV，图 1–3

Youngia chaoyatseni：Zheng, 1994, p. 62, tab. 1, figs. 2, 4, 7, 12

Yangia tsassaerti：郑绍华、张兆群，2000，图 2；郑绍华、张兆群，2001，图 3

正模 颅骨连左下颌支（Cat.C.L.G.S.C.Nos.C/50），德日进和杨钟健于 1929 年采集，现保存在中国科学院古脊椎动物与古人类研究所。

模式产地及层位 山西中阳许家坪（第 17 地点，可能为今中阳县枝柯镇许家庄），下更新统红色土 B 带。

归入标本 山西静乐县段家寨乡贺丰村小红凹“静乐红土”剖面（第 1 地点）第 4 层中的 S_{26} 层和 S_{23} 层：1 右下颌支带 m1–2（Cat.C.L.G.S.C.Nos.C/35），另见周晓元（1988）之表 1。山西保德火山（现河曲县旧县镇火山村）沙湾子附近（第 5 地点）：1 右 m2（Cat.C.L.G.S.C.Nos.C/61）。山西中阳许家坪（第 17 地点，可能为今中阳县枝柯镇许家庄）：1 颅骨连左下颌支带左右 M1–3（Cat.C.L.G.S.C.Nos.C/34）（“*Siphneus hsuchiapingensis*”，正模），1 近乎完整由凝灰岩包裹的骨架（Cat.C.L.G.S.C.Nos.C/49），1 颅骨连下颌支（Cat.C.L.G.S.C.Nos.C/51），1 颅骨带 M1–3（Cat.C.L.G.S.C.Nos.C/52 = IVPP V 385），1 颅骨后部连下颌支（Cat.C.L.G.S.C.Nos.C/52），1 颅骨连右下颌骨（Cat.C.L.G.S.C.Nos.C/52），1 左下颌支带 m1–3（Cat.C.L.G.S.C.Nos.C/55 = IVPP V 388），1 右下颌支带 m1–3（Cat.C.L.G.S.C.Nos.C/54），1 右下颌支带 m1（Cat.C.L.G.S.C.Nos.C/41），1 左下颌支带 m1–3（Cat.C.L.G.S.C.Nos.C/57）。山西大宁县下坡地（第 9 地点，地理位置不明）：1 颅骨缺臼齿（Cat.C.L.G.S.C.Nos.C/56 = IVPP V 389），1 颅骨带 M1–3（Cat.C.L.G.S.C.Nos.C/56 = IVPP V 389），1 左下颌支带 m1–2（Cat.C.L.G.S.C.Nos.C/43）。山西隰县午城镇军地沟：1 破损颅骨连下颌、1 未修理颅骨、1 颅骨带 M1–3、1 左上颌带 M1–3、1 颅骨前部带 M1–3、1 颅骨前部带左 M1–2 及右 M1–3、1 破损颅骨前部带左右 M1、3 破损颅骨前部、1 左上颌带 M1–3、7 左下颌支带 m1–3、1 左 1 右下颌支带 m1–2、1 右下颌支带 m1、1 右下颌支带 m2–3、1 左下颌支带 m2（IVPP V 17872–17894），1 右 m1、1 右 m3（IVPP V 17895.1–2）。山西寿阳县（第 20 地点）：1 右下颌支带 m1–3（Cat.C.L.G.S.C.Nos.C/20）。山西浮山县寨圪塔乡范村（第 31 地点）：1 颅骨前部带左 M1 及右 M1–3（IVPP V 17896）。山西吉县：1 破损颅骨带左 M2–3、1 左下颌支带 m2–3、1 破损右下颌支（IVPP V 17897–17899）。山西榆社盆地：1 颅骨连下颌支（IVPP RV 42031：Teilhard de Chardin, 1942：fig. 42）。山西垣曲县古城镇硖口村：1 破损颅骨带左 M1–3 和右 M1–2（IVPP V 25258，李悦言，1937：384 页）。甘肃合水县西华池镇唐旗村张旗金沟：1 右下颌支带 m1–3（IVPP V 4769），1 左下颌支带 m1–2（IVPP V 4769.1），2 右 m2、1 左 m3（IVPP V 4769.2–4），1 颅骨带左右 M1–3（IVPP V 4770）。甘肃庆阳市：1 右下颌支带 m1–2（H.H.P.H.M. 25.897）。甘肃灵台县邵寨镇雷家河村文王沟 93001 地点剖面 WL6 层：同一个体左右下颌支带 m1–3 及右上颌带 M1–2（IVPP V 18555.1–3 = IVPP V 17900–17902）。陕西洛川县：枣刺沟 S_{16} 层，同一个体

左右下颌支带 m1–3 及 M2–3 齿列(QV 10015);黑木沟 S_{31} 层,1 近乎完整颅骨带左右 M1–3(QV 10016);洞滩沟 S_{32} 层,1 近乎完整颅骨带左右 M1–3(QV 10017);拓家河水库溢洪道 S_{32} 层,同一个体颅骨前部带左右 M1–3 及右下颌支带 m1–3(QV 10018)。

归入标本时代 早更新世(~2.55–1.33 Ma)。

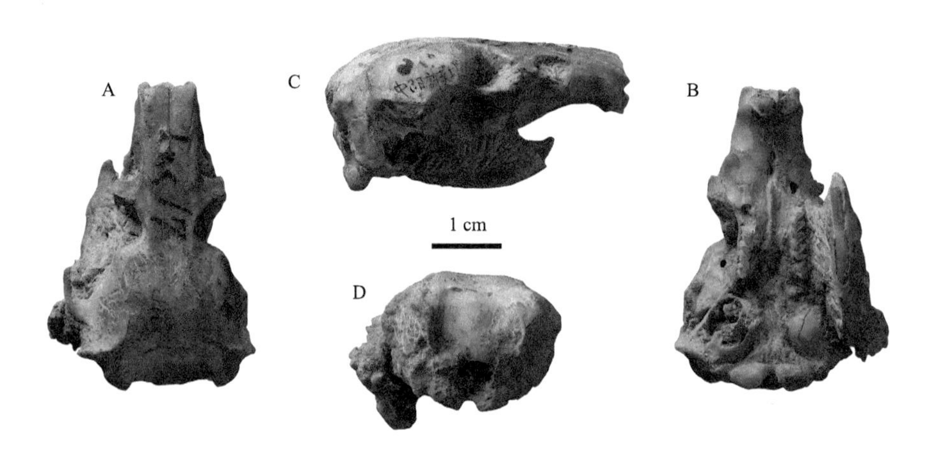

图 133 山西中阳许家坪 *Yangia chaoyatseni* 颅骨连左下颌骨(Cat.C.L.G.S.C.Nos.C/50,正模)

Figure 133 Articulated cranium and left mandible of *Yangia chaoyatseni* (Cat.C.L.G.S.C.Nos.C/50, holotype) from Xujiaping, Zhongyang (Hsuchiaping, Chungyang), Shanxi

A. 背视 dorsal view,B. 腹视 ventral view,C. 右侧视 right lateral view,D. 枕视 occipital view

特征(修订) 个体比丁氏杨氏鼢鼠小约 1/5,颅骨相对短宽;矢状区凹陷较浅;眶间距较大;听泡较小;臼齿的褶角更加纵向挤压;下颌下缘更圆滑;升支更陡峭;门齿孔更长(门齿孔对齿隙长度百分比率均值为 36%,范围参考表 30)。臼齿褶沟顶端尖锐。鼻骨瓶状,鼻/额缝合线呈∧状,其后端与前颌/额缝合线持平。矢状区后宽(16.70 mm)约为眶间宽(7.50 mm)的 223%。枕宽对枕高百分比率均值为 140%(范围参考表 12)。上臼齿两齿列呈八字形排列,其两 M1 对两 M3 间腭宽百分比率均值为 75%(范围参考表 14)。m1 浅的 lra3 顶端与深的 bra2 顶端相对。M2 宽对长的百分比率均值为 65%(范围参考表 13);齿列中,M3 对 M2 长度百分比率均值为 79%,M3 对 M1–3 长度百分比率均值为 25%(范围参考表 35);m3 对 m2 长度百分比率均值为 88%,m3 对 m1–3 长度百分比率均值为 26%(范围参考表 15)。

评注郑绍华等(1985b)认为凹枕型鼢鼠自上新世以来,从 *Mesosiphneus praetingi* 分化出了平行演化的东、西两支,即西部黄土堆积地区的 *M. intermedius*→*Yangia omegodon*→*Y. chaoyatseni*→"*Siphneus hsuchiapinensis*"和东部河湖相堆积地区的 *M. paratingi*→*Y. trassaerti*→*Y. tingi*→*Y. epitingi*。现在看来,这种平行演化的模式可能是不合理的。因为 *M. intermedius* 与 *M. paratingi* 应是同物异名,*Y. omegodon* 比 *Y. trassaerti* 更原始,*Y. chaoyatseni*、*Y. tingi* 和 *Y. epitingi* 的特征更相近。凹枕型鼢鼠的晚期演化模式似乎应该为 *M. praetingi*→*M. intermedius*(= *paratingi*)→*Y. omegodon*→*Y. trassaerti*→*Y. tingi*(或 *chaoyatseni*)→*Y. epitingi* 更合理些。

还应指出,与 *Yangia chaoyatseni* 产自同一地点(中阳许家坪,可能为今中阳县枝柯镇许家庄)、同一层位(红色土中部)的"*Siphneus hsuchiapinensis*"的正模(Cat.C.L.G.S.C.Nos.C/34)是一年轻个体;同时归入此种的材料一部分属于 *Y. omegodon*,包括静乐高家崖(今娄烦县静游镇峰岭底村附近)的 Cat.C.L.G.S.C.Nos.C/36、保德火山(现山西河曲县旧县镇火山村)的 Cat.C.L.G.S.C.Nos.C/37、府谷马营山 Cat.C.L.G.S.C.Nos.C/39 和府谷镇羌堡 Cat.C.L.G.S.C.Nos.C/40;另一部分属于 *Y. chaoyatseni*,包括中阳许家坪的 Cat.C.L.G.S.C.Nos.C/34 和 Cat.C.L.G.S.C.Nos.C/41,以及大宁下坡地的 Cat.C.L.G.S.C.Nos.C/43。另外,合水金沟和洛川黄土剖面中的"*Myospalax hsuchiapinensis*"(郑绍华,

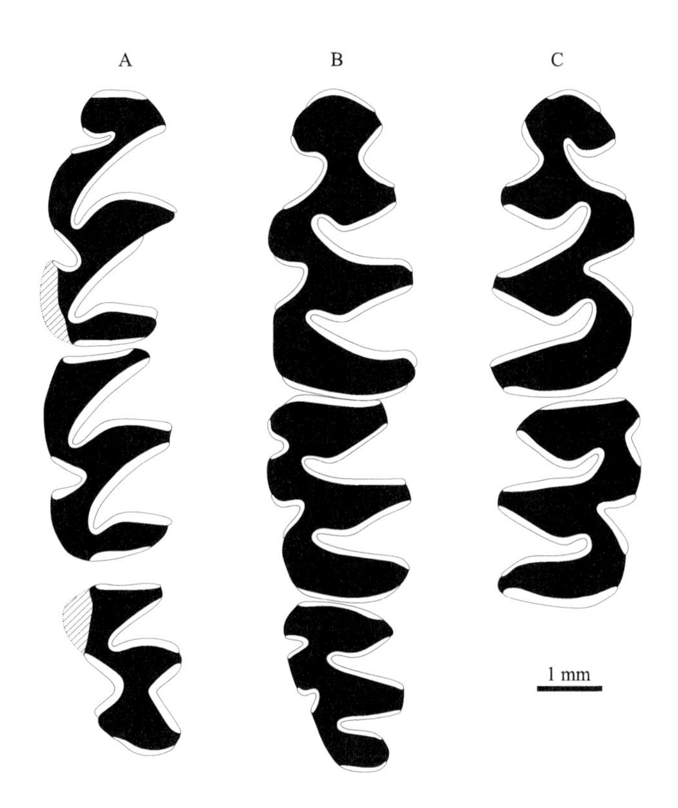

图 134　山西中阳许家坪（第 17 地点）（A–B）和静乐县段家寨乡贺丰村小红凹（第 1 地点）（C）*Yangia chaoyatseni* 上、下臼齿列咬面形态

Figure 134　Occlusal morphology of upper and lower molar rows of *Yangia chaoyatseni* from Loc. 17, Xujiaping, Zhongyang (Hsuchiaping, Chungyang) (A–B) and Loc. 1, Xiaohong'ao, Hefeng Village, Duanjiazhai Township, Jingle County (C), Shanxi

A. L M1–3（Cat.C.L.G.S.C.Nos.C/50，正模 holotype），B. l m1–3（Cat.C.L.G.S.C.Nos.C/55 = IVPP V 388），C. r m1–2（Cat.C.L.G.S.C.Nos.C/35, Teilhard de Chardin et Young, 1931："*Siphneus hsuchiapingensis*"）

1976；郑绍华等，1985b）中，除了一部分属于上述 *Eospalax simplicidens* 外，另一部分也都属于 *Y. chaoyatseni*。因此，"*Myospalax hsuchiapinensis*"种名就不复存在。

文王沟 WL6 层的磁性地层学年龄为 2.46 Ma（郑绍华、张兆群，2001），枣刺沟 S_{16} 层为 1.33 Ma，黑木沟 S_{31} 层为 2.36 Ma，洞滩沟和拓家河溢洪道 S_{32} 层为 2.55 Ma（郑绍华等，1985b）。这样，该种的时间分布约为 2.55–1.33 Ma，是早更新世的典型种类。

后丁氏杨氏鼢鼠 *Yangia epitingi* (Teilhard de Chardin et Pei, 1941)

（图 135，图 136）

Siphneus cf. *fontanieri*：Teilhard de Chardin et Young, 1931, p. 18 (partim)

Siphneus tingi：Young, 1935a, p. 32, pl. VI, fig. 4

Siphneus sp.：Young, 1934, p. 106, fig. 44B

Siphneus epitingi：Teilhard de Chardin et Pei, 1941, p. 52, figs. 40–47；Teilhard de Chardin et Leroy, 1942, p. 29；贾兰坡、翟人杰，1957，49 页，图版 III，图 2

Myospalax epitingi：Kretzoi, 1961, p. 128；赵资奎、戴尔俭，1961，374 页，图版 I，图 2；Zheng et Li, 1990, p. 435；Zheng et Han, 1991, p. 103, tab. 1；Lawrence, 1991, p. 269

Myospalax tingi：周明镇、李传夔，1965，379 页，图版 I，图 4；宗冠福，1981，174 页，图版 I，图 5

Youngia epitingi：Zheng, 1994, p. 62, tab. 1, figs. 2, 4, 7, 12

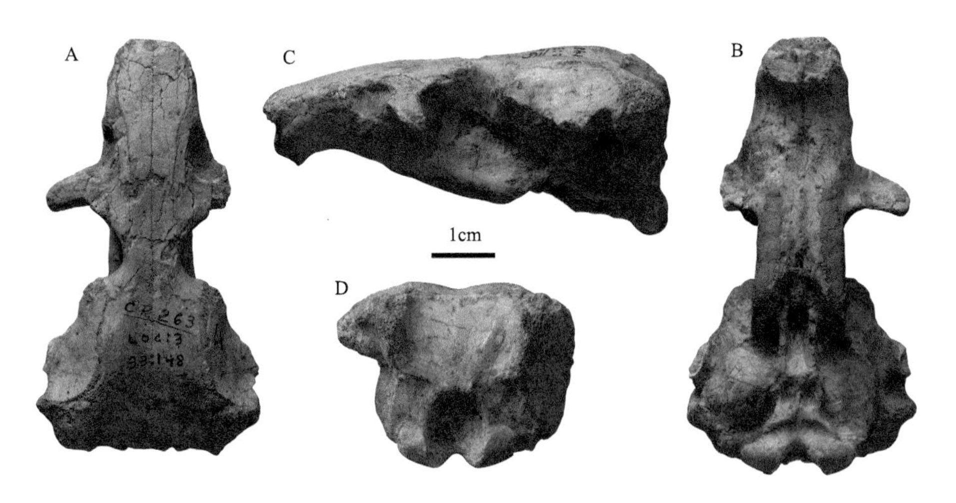

图 135　周口店第 13 地点 *Yangia epitingi* 颅骨形态（IVPP CP. 263）

Figure 135　Cranium of *Yangia epitingi* from Loc. 13 of Zhoukoudian, Beijing (IVPP CP. 263)

A. 背视 dorsal view，B. 腹视 ventral view，C. 左侧视 left lateral view，D. 枕视 occipital view

正模　较完整颅骨（1 号颅骨）带左右 M1–3（IVPP CP. 261；Teilhard de Chardin et Pei, 1941：p. 53, fig. 40），裴文中于 1933–1934 年间采集。

模式居群　两侧颧弓破损、臼齿丢失的 4 号颅骨（IVPP CP. 263），除牙齿破损外均完整的 8 号颅骨（IVPP CP. 264），除右侧颧弓和左侧臼齿破损外完整的 13 号颅骨（IVPP CP. 265），除两侧颧弓破损外完整的 14 号颅骨带左右 M1–3（IVPP CP. 266），除左右颧弓破损外很完整的 5 号颅骨（IVPP RV 41152），除鼻骨和左右臼齿丢失外很完整的 7 号颅骨（IVPP RV 41153），除鼻骨、左右颧弓、颅基与臼齿破损外基本完整的 10 号颅骨（IVPP RV 41154），左右颧弓和左右齿列破损的 11 号颅骨（IVPP RV 41155），左右颧弓与左右臼齿列破损的 12 号颅骨（IVPP RV 41156），左右颧弓、左右臼齿列与鼻骨破损的 15 号颅骨（IVPP RV 41157），左右颧弓、颅基与左右臼齿列破损的 17 号颅骨（IVPP RV 41158），顶部破损较严重但左右臼齿完全的 18 号颅骨连肩胛骨（IVPP RV 41159），颅骨连左右下颌支（IVPP RV 41160），左右臼齿列和颅基破损较严重颅骨（IVPP RV 41161），17 个颅骨（IVPP RV 41162–41178），1 左 2 右下颌支带 m1–3（IVPP CP. 267A–C），1 左下颌支带 m1–3（IVPP RV 41179），1 左 1 右下颌支带 m1–3（IVPP RV 41180），13 左 8 右下颌支（IVPP RV 41181.1–21）。

模式产地及层位　北京周口店第 13 地点，中更新统。

归入标本　北京周口店第 1 地点第 11 层：1 右下颌支带 m1–3（IVPP V 25276）、1 左下颌支带 m1（Cat.C.L.G.S.C.Nos.C/C.1777；Young, 1934：fig. 44B）。陕西蓝田县陈家窝：1 颅骨带 M1–2、1 颅骨带左右 M1–2（IVPP V 3156–3157）。陕西吴堡石堆山（第 16 地点，现绥德县义合镇石堆山村）：1 左下颌支带 m1–3（Cat.C.L.G.S.C.Nos.C/66 = IVPP V 395）。山西：榆社盆地 YS 83 地点，1 上颌带左右 M1–3 及 1 右下颌支带 m1–3（IVPP V 11182–11183）；浮山县寨圪塔乡范村（第 31 地点），除左右颧弓破损外较完整颅骨（IVPP RV 35063）；榆社县箕城镇北王村（第 29 地点），1 右下颌支带 m1–3（IVPP RV 35060）。河南巩县礼泉村（现隶属于巩义市康店镇）：1 颅骨带 M1–3 和同一个体左右下颌支带 m1–3（IVPP V 25275）。

归入标本时代　中更新世早期（～0.71–0.64 Ma）。

特征（修订）　该属中最大型的种。鼻骨呈倒瓶形，鼻/额缝合线呈∧状，后端与前颌/额缝合线持平或轻微超过。门齿孔对齿隙长度百分比率均值为 39%（范围参考表 30）。矢状区后宽（24.40 mm）约为眶间区宽（9.30 mm）的 262%左右。枕上突极端粗壮，侧面几乎与人字脊两翼重叠。枕宽对枕高百分比率均值为 146%（范围参考表 12）。上臼齿两齿列呈八字形排列，其两 M1 对两 M3 间腭宽百分比率均值为 74%（范围参考表 14）。M2 宽对长百分比率均值为 60%（范围参考表 13）。齿列中，M3

对 M2 长度百分比率均值为 80%，M3 对 M1–3 长度百分比率均值为 26%（范围参考表 35）；m3 对 m2 长度百分比率均值为 85%，m3 对 m1–3 长度百分比率均值为 26%（范围参考表 15）。

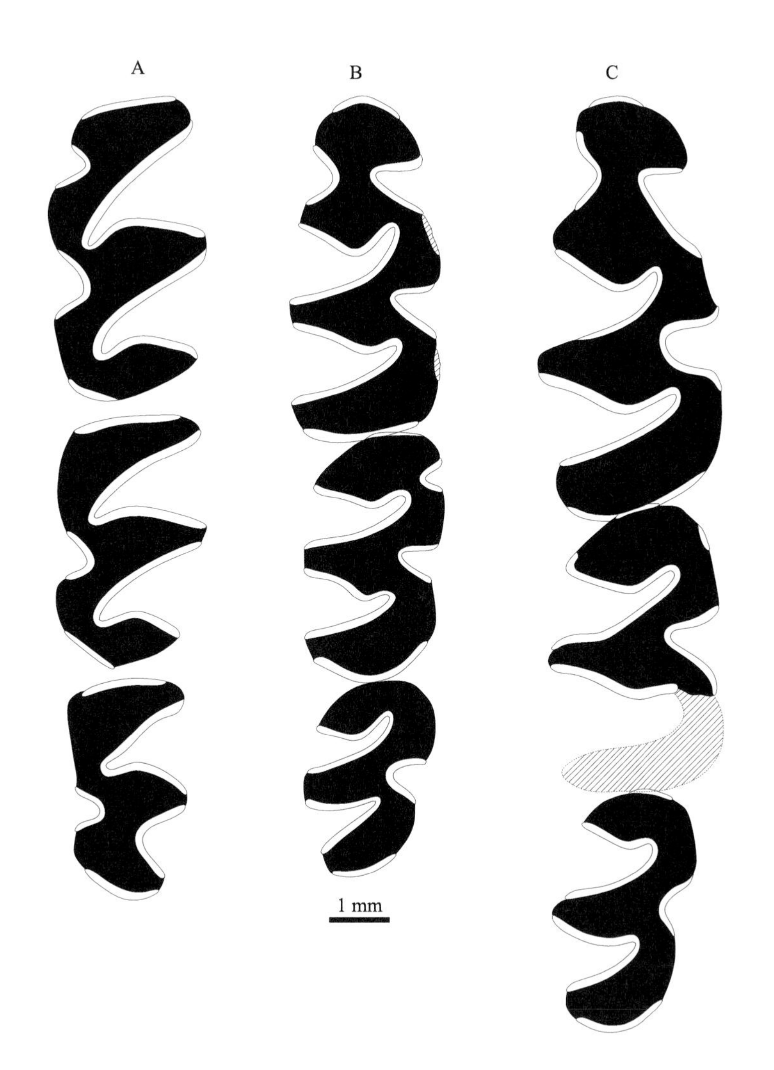

图 136　北京周口店第 13 地点（A–B）与第 1 地点（C）*Yangia epitingi* 臼齿列咬面形态

Figure 136　Occlusal morphology of molar rows of *Yangia epitingi* from Loc. 13 (A–B) and Loc. 1 (C), Zhoukoudian, Beijing

A. L M1–3（IVPP CP. 266，14 号颅骨 Cranium 14），B. r m1–3（IVPP CP. 267B），C. r m1–3（IVPP V 25276）

评注　除了 *Yangia epitingi* 个体尺寸均值较大外，很难根据臼齿特征将其与 *Y. tingi* 区分开来。产自陕西吴堡石堆山（第 16 地点，现绥德县义合镇石堆山村）被归入“*Siphneus* cf. *fontanieri*”的 Cat.C.L.G.S.C.Nos.C/66（Teilhard de Chardin et Young, 1931）、产自山西浮山县寨圪塔乡范村（第 31 地点）被归入“*Siphneus tingi*”的标本（Young, 1935a）、产自周口店第 1 地点第 11 层被归入“*Myospalax epitingi*”的下颌支（赵资奎、戴尔俭，1961），以及产自陕西蓝田县陈家窝和山西长治市屯留区余吾镇小常村的被归入“*Myospalax tingi*”的上颌骨和颅骨（周明镇、李传夔，1965；宗冠福，1981），似乎更应归入 *Y. epitingi*。

应该指出周口店第 1 地点第 11 层的下颌材料的 m1–3 长度（15.73 mm）比第 13 地点标本的最大值（15.00 mm）（Teilhard de Chardin et Pei, 1941）更大（图 136C）。它也可能是新的种类。

周口店第 1 地点第 11 层的磁性地层学年龄为 0.64 Ma（钱方等，1985），陈家窝“蓝田人”所在层位磁性地层学年龄为 0.71–0.68 Ma（Ding et al., 2002）。这些时间节点虽然不能代表该种的时代分布范围，但可显示出以周口店第 13 地点为代表的时代应晚于 78 万年。

奥米加杨氏鼢鼠 *Yangia omegodon* (Teilhard de Chardin et Young, 1931)

（图 137，图 138）

Siphnneus omegodon：Teilhard de Chardin et Young, 1931, p. 26, pl. II, fig. 5, pl. III, fig. 1, pl. IV, fig. 4, pl. V, figs. 6, 7, 12；Teilhard de Chardin et Leroy, 1942, p. 29；Teilhard de Chardin, 1942, p. 58, fig. 41A–C

Siphnneus huchiapinensis：Teilhard de Chardin et Young, 1931, p. 25 (partim)

Myospalax omegodon：郑绍华等，1985b，127 页；汪洪，1988，62 页，图版 I，图 7–9；Zheng et Li, 1990, p. 433, tab. 1；Lawrence, 1991, p. 282

Youngia omegodon：Zheng, 1994, p. 62, tab. 1, figs. 2, 4, 7, 12

正模 保存较好的颅骨（Cat.C.L.G.S.C.Nos.C/31），德日进和杨钟健于 1929 年采集，保存在中国科学院古脊椎与古人类研究所。

模式产地及层位 山西中阳许家坪（第 17 地点，可能为今中阳县枝柯镇许家庄），下更新统红色土 A 带。

归入标本 甘肃灵台县邵寨镇雷家河村文王沟 93001 地点剖面：WL8 层，1 左 2 右 m1、1 右 m2、1 右 M1、2 左 2 右 M2、1 左 1 右 M3（IVPP V 18554.1–11）；WL10 层，1 左 m1、2 右 m2、1 右 m3、1 右 M3（IVPP V 18554.12–16）；WL10-2 层，1 右 m2、1 右 m3、2 右 M2（IVPP V 18554.17–20）；WL10-4 层，1 左 M3（IVPP V 18554.21）；WL10-7 层，1 左 m3（IVPP V 18554.22）；WL10-8 层，1 右 m1、1 右 m2（IVPP V 18554.23–24）；WL10-10 层，1 左 M1（IVPP V 18554.25）；WL10-11 层，1 左 m1（IVPP V 18554.26）；WL11-2 层，1 左 M1（IVPP V 18554.27）；WL11-5 层，1 左 m2、1 左 1 右 M3（IVPP V 18554.28–30）。陕西府谷县马营山（第 9 地点）：1 右下颌支带 m1–3（Cat.C.L.G.S.C.Nos.C/32），1 右下颌支带 m1–3（Cat.C.L.G.S.C.Nos.C/39）。陕西府谷县新民镇新民村镇羌堡（第 10 地点）：1 左下颌支带 m1–3（Cat.C.L.G.S.C.Nos.C/40 = IVPP V 378）。陕西洛川县坡头沟口 S_{32} 层：同一个体左右 M1–3 齿列（QV 10011.1–2），1 右下颌支带 m1–2（QV 10012）。陕西大荔县段家镇后河：1 M1、1 M3、1 m1、1 m2（NWU V 83DL 011–014）。山西保德火山（第 4 地点，现河曲县旧县镇火山村）：1 M2（Cat.C.L.G.S.C.Nos.C/33），1 左下颌支带 m2（Cat.C.L.G.S.C.Nos.C/37）。山西静乐县高家崖（第 2 地点，今娄烦县静游镇峰岭底村附近）红色土下段 S_{28} 层（“静乐红土”剖面第 3 层）：1 左下颌支带 m1–3（Cat.C.L.G.S.C.Nos.C/36），1 左下颌支带 m1（Cat.C.L.G.S.C.Nos.C/36）。山西榆社盆地：1 颅骨连左右下颌支（IVPP RV 42032；Teilhard de Chardin, 1942：fig. 41A），1 颅骨带左 M1–2（IVPP RV 42033；Teilhard de Chardin, 1942：fig. 41B），1 颅骨右半部带左右下颌支（IVPP RV 42034；Teilhard de Chardin, 1942：fig. 41C）。河北阳原县化稍营镇钱家沙洼村洞沟剖面第 7 层（＜2.60 Ma）：1 右下颌支带 m2（IVPP V 15483.1）。河北阳原县化稍营镇小渡口村台儿沟东剖面 T7 层：1 左 M3（IVPP V 18828）。河北蔚县北水泉镇铺路村牛头山剖面第 6 层：1 左 m2（IVPP V 15483.2）。

归入标本时代 晚上新世—早更新世（～3.51–2.55 Ma）。

特征（修订） 该属中个体最小的种。鼻骨呈倒瓶形，鼻/额缝合线呈∧状，其后端未超过前颌/额缝合线。矢枕区凹陷比 *Yangia chaoyatseni* 更光滑。眶后收缩不如属中其他种显著，矢状区后宽（17.00 mm）为眶间区宽（8.30 mm）的 205%左右。门齿孔对齿隙长度百分比率均值为 34%（范围参考表 30）。枕宽对枕高百分比率均值为 155%（范围参考表 12）。两上臼齿列呈八字形排列，其两 M1 对两 M3 间腭宽百分比率均值为 77%（范围参考表 14）。上臼齿的 SA 顶端圆滑以及 M2 和 M3 咬面呈 ω 形是与属内其他种类相区别的主要特征。M2 宽对长百分比率均值为 76%（范围参考表 13）。齿列中 M3 对 M2 长度百分比率均值为 89%，M3 对 M1–3 长度百分比率均值为 26%（范围参考表 35）；m3 对 m2 长度百分比率均值为 84%，m3 对 m1–3 长度百分比率均值为 27%（范围参考表 15）。

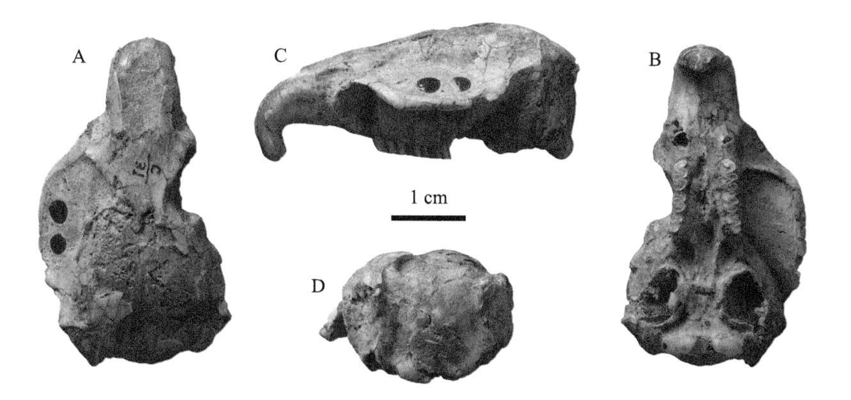

图 137　山西中阳许家坪 *Yangia omegodon* 颅骨（Cat.C.L.G.S.C.Nos.C/31，正模）

Figure 137　Cranium of *Yangia omegodon* (Cat.C.L.G.S.C.Nos.C/31, holotype) from Xujiaping, Zhongyang (or Hsuchiaping, Chungyang), Shanxi

A. 背视 dorsal view，B. 腹视 ventral view，C. 左侧视 left lateral view，D. 枕视 occipital view

评注　归入该种的榆社标本（Teilhard de Chardin, 1942：fig. 41）中的上臼齿列（图 138C）与中阳许家坪（可能为今中阳县枝柯镇许家庄）的正模（图 138A）相比稍有不同，主要是前者具有角棱状的 SA 以及较狭窄的 RA。然而两者 M2 的宽对长百分比率接近，又可以归于同种。

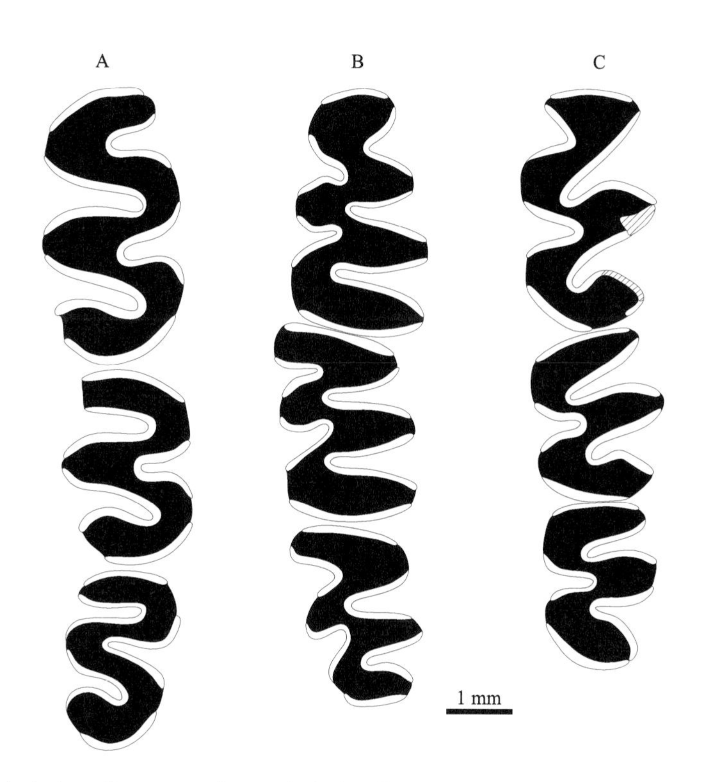

图 138　山西中阳许家坪红色土 A 带（A）、静乐县高家崖（第 2 地点，今娄烦县静游镇峰岭底村附近）红色土（B）、榆社盆地 III 带（C）的 *Yangia omegodon* 上、下臼齿列咬面形态

Fig. 138　Occlusal morphology of upper and lower molar rows of *Yangia omegodon* from Reddish Clay Zone A, Xujiaping, Zhongyang (or Hsuchiaping, Chungyang) (A), Reddish Clay of Loc. 2, Gaojiaya (or Kaochiayeh), Jingle County (B), and Zone III of Yushe Basin (C), Shanxi

A. R M1–3（Cat.C.L.G.S.C.Nos.C/31，正模 holotype），B. l m1–3（Cat.C.L.G.S.C.Nos.C/36），C. L M1–3（IVPP RV 42034；Teilhard de Chardin, 1942：fig. 41C）

该种臼齿咬面上圆钝的SA，颅骨上浅的矢枕凹是区别于其他臼齿无根鼢鼠的主要特征（Teilhard de Chardin et Young, 1931）。此种M2的宽对长百分比率均值为76%，而正模为68%，保德火山（现河曲县旧县镇火山村）的标本为81%，榆社4件标本均值为74%，灵台5件标本均值为71%。根据这一数值，可以排列出*Yangia*属内各种M2从正ω型（原始性状）向斜ω型（进步性状）演变的过程：*Y. omegodon*（76%）→*Y. trassaerti*（70%）→*Y. chaoyatseni*（65%）→*Y. tingi*（61%）→*Y. epitingi*（60%）。

此外，*Yangia omegodon*最显著的原始特征是m1的ac偏向舌侧，lra3深且位于bra2之前。这些特征只在*Chardina*和*Mesosiphneus*内各种中见到（郑绍华，1997；刘丽萍等，2013），而在*Yangia*内的其他种类中（除*Y. trassaerti*未发现m1外）ac逐渐偏向颊侧、lra3逐渐变浅并与bra2相对。因此，*Y. omegodon*是最接近其祖先的种类。

*Yangia omegodon*与*Y. trassaerti*比较，个体较小（图143），如M2（正模）长度分别为2.80 mm和3.20 mm，M2的BSA2更平直或更趋于正ω型。*Y. trassaerti*的m1是否具有与*Y. omegodon*相同的特征还有待新标本的证实。

最初认为*Yangia omegodon*的层位属红色土A带因而时代为早更新世（Teilhard de Chardin et Young, 1931）。文王沟剖面的WL8层、WL10层和WL11层的磁性地层学年龄分别为3.17 Ma、3.41–3.25 Ma和3.51–3.41 Ma（郑绍华、张兆群，2001）。洞沟剖面第7层（郑绍华等，2006）和牛头山第6层（蔡保全等，2007）也都显示出晚上新世的属性。然而也有更新世的代表，如磁性地层学年龄为2.55 Ma的洛川坡头S_{32}层（Ding et al., 2002）和大荔后河（汪洪，1988）。因此，*Y. omegodon*的时代分布范围大致在3.51–2.55 Ma。

丁氏杨氏鼢鼠 ***Yangia tingi*** **(Young, 1927)**

（图139，图140）

Siphneus tingi：Young, 1927, p. 45, pl. II, figs. 32–36；Teilhard de Chardin et Piveteau, 1930, p. 122, figs. 37–39；Teilhard de Chardin et Young, 1931, p. 23, pl. II, fig. 1, pl. III, fig. 3, pl. V, figs. 15–16；Young, 1935a, p. 7；Teilhard de Chardin, 1936, p. 17, fig. 8；Leroy, 1941, p. 173, fig. 1；Teilhard de Chardin et Leroy, 1942, p. 29；Teilhard de Chardin, 1942, p. 65, fig. 44

Myospalax tingi：Kretzoi, 1961, p.128；计宏祥，1975，170页，图版I，图1；计宏祥，1976，60页，图版I，图2；胡长康、齐陶，1978，15页，图版II，图5；郑绍华、李传夔，1986，88页，表5；Zheng et Li, 1990, p. 435；郑绍华、蔡保全，1991，117页，图2(1–4)；Flynn et al., 1991, p. 251, tab. 2, fig. 4；Zheng et Han, 1991, p. 103, tab. 1；Lawrence, 1991, p. 269

Youngia tingi：Zheng, 1994, p. 64, tab. 1, figs. 4, 7, 12

选模 颅骨带M1–3（IVPP RV 27033 = IVPP V 456）（Young, 1927：figs. 32, 35），杨钟健采集。

模式产地及层位 河南渑池县仰韶乡仰韶村（Yang-Shao-Tsun，曾音译为杨绍村），下更新统三门系。

归入标本 北京周口店：第9地点，1左下颌支带m1–3（IVPP RV 36335，Teilhard de Chardin, 1936：fig. 8）；第12地点，1破损右下颌支带m1–3及1左m2（IVPP RV 38059.1–2）；太平山西洞第5层，5下颌支（Tx 90(5) 13–14；CUG V 93460–93462）。陕西：蓝田县洩湖镇南大沟，1颅骨带M1–3及1左下颌支带m1–3（IVPP V 2566.5）；澄城县西河，1左右颧弓与顶部破损颅骨带左右M1–3（IVPP V 25259）。河北蔚县北水泉镇东窑子头村大南沟剖面：第9层，1右M1（IVPP V 15485.14）；第12层，1左下颌支带m1、1左m1前部、1左m2、1右M1、2左2右M3、2右m3（IVPP V 15485.5–13）；第13层，2右下颌支不带臼齿、1右下颌支带m2、2左1右m1、2右m2、1左M1前部、1左M3后半部（GMC V 2068.1–10）；第15层，1左m2（IVPP V 15479.6），1左M3（IVPP V 15485.15）；第18层，1右m1、1左m3、1破损右M2（IVPP V 15487.1–3）。河北阳原县：化稍营镇下沙沟村，1右上颌带M1–3及1右m1–3齿列（IVPP RV 30044.1–2）（Teilhard de Chardin et Piveteau, 1930：figs. 37–38a）；化稍营镇钱家沙洼村洞沟剖面第16层，1破损左M1、2右M3、1右M1（IVPP V 15485.1–4）；化稍营镇泥河湾

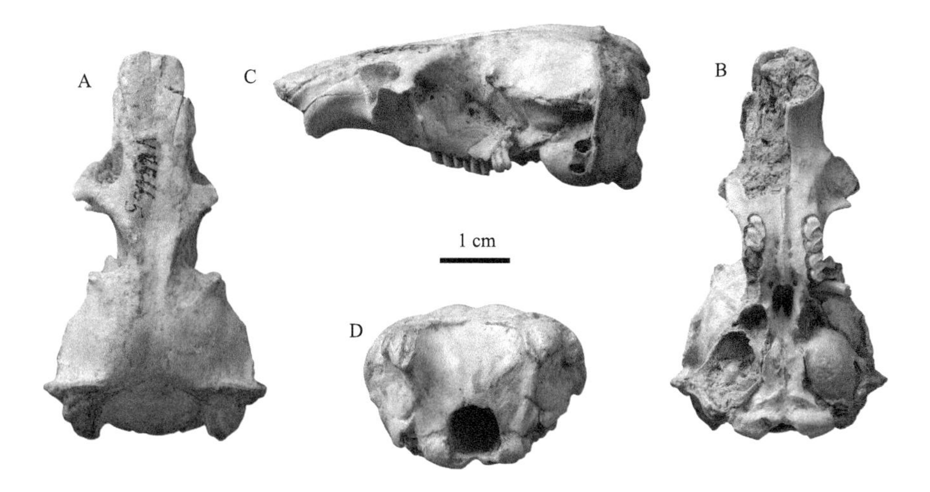

图 139　陕西蓝田县洩湖镇南大沟丁氏鼢鼠 *Yangia tingi* 颅骨形态（IVPP V 2566.5）

Figure 139　Cranium of *Yangia tingi* (IVPP V 2566.5) from Nandagou, Xiehu Town, Lantian County, Shaanxi

A. 背视 dorsal view，B. 腹视 ventral view，C. 左侧视 left lateral view，D. 枕视 occipital view

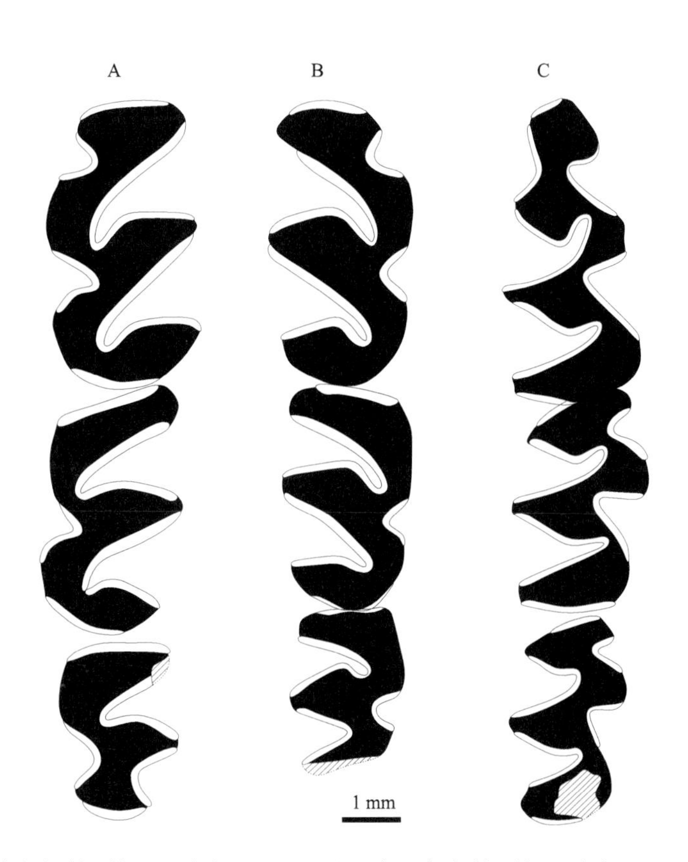

图 140　河南渑池县仰韶乡仰韶村（第 101 地点）（A）、山西太谷仁义村（第 24 地点）（B）以及榆社盆地 III 带（C）*Yangia tingi* 臼齿列咬面形态

Figure 140　Occlusal morphology of molar rows of *Yangia tingi* from Loc. 101, Yangshao Village (Yang-Shao-Tsun), Yangshao Township, Mianchi County, Henan (A), Loc. 24, Renyi Village, Taigu (B) and Zone III of Yushe Basin (C), Shanxi

A. L M1–3（IVPP RV 27033 = IVPP V 456，选模 lectotype），B. R M1–3（IVPP RV 35058），C. r m1–3（H.H.P.H.M. 20.160）

村，1 左 m1、1 左 m2（IVPP V 15479.10–11）；大田洼乡岑家湾村马圈沟旧石器遗址 III 地点，1 左 m1 前部及 1 左 M2（IVPP V 15485.17–18）。河南渑池县（第 101 地点）：坡头乡杨坡岭西大路，1 颅骨带 M1–3（IVPP RV 27036）；北窝村（Pai-Wo-Tsun，地理位置及现行政区划归属不明），1 右下颌支带 m1–3

（IVPP RV 27035）；仰韶乡仰韶村（Yang-Shao-Tsun，曾音译为杨绍村）西沟，1 颅骨带左右 M1–3（IVPP RV 27034.1），1 未修理颅骨（IVPP RV 27034.2）。山西静乐县段家寨乡贺丰村小红凹“静乐红土”剖面（第 1 地点）第 4 层红色土上段 S_{19} 层：1 破损上颌带 M1–2（Cat.C.L.G.S.C.Nos.C/38 = IVPP V 376），另见周晓元（1988）之表 1。山西保德火山（第 6 地点，现河曲县旧县镇火山村）：1 上颌骨前部带左 M1–2（Cat.C.L.G.S.C.Nos.C/44），1 右 M1–3 齿列（Cat.C.L.G.S.C.Nos.C/45）。山西中阳许家坪（第 16 地点，可能为今中阳县枝柯镇许家庄）：2 颅骨和 1 颅骨前部带 M1–3（Cat.C.L.G.S.C.Nos.C/46）。山西大宁县下坡地（第 19 地点，地理位置及现行政区划归属不明）：1 颅骨带 M1–3（Cat.C.L.G.S.C.Nos.C/47 = IVPP V 382）。山西太谷仁义村（第 24 地点，现隶属灵石县南关镇）：1 颅骨后部带左 M1–2 与右 M1–3（IVPP RV 35058），1 颅骨中段带左右 M1–3（IVPP RV 35059.1），1 左下颌支带 m1（IVPP RV 35059.2）。山西榆社县箕城镇北王村：2 左下颌支带 m1–2（H.H.P.H.M. 20.155, 20.158），1 右下颌支带 m1–3（H.H.P.H.M. 20.160），1 左下颌支带 m1–3（H.H.P.H.M. 20.162），1 颅骨前部带 M1–3（H.H.P.H.M. 20.780），1 颧弓破损颅骨（H.H.P.H.M. 39.620），1 颅骨带右 M1–3（IVPP RV 27037：Young, 1927, p. 45），1 完整颅骨及其左右下颌支（IVPP RV 42035），2 左 3 右下颌支带 m1–3（H.H.P.H.M. 20.794, 25.940, 20.791, 69.627, 20.796）；YS 110 地点，1 颅骨前部带 M1–3、1 右 m2（IVPP V 11181.1–2）。山西襄垣县：河村（地理位置及现行政区划归属不明），1 颅骨连下颌支（IVPP V 25260），1 颅骨带左 M1（IVPP V 25261），1 颅骨带左 M1–2（IVPP V 25262），1 颅骨带右 M3（IVPP V 25263）；北沟（第 71 地点，地理位置及现行政区划归属不明），1 顶部破损颅骨带 M1–3（IVPP V 25264），2 颅骨前部带 M1–2（IVPP V 25265–25266），1 颅骨前部带左右 M1–3（IVPP V 25267），3 左 1 右下颌支带 m1–3（IVPP V 25268.1–4）。山西垣曲县古城镇硖口村许家庙：1 非常完整颅骨（IVPP V 25269）。山西寿阳县羊头崖乡（第 21 地点，地理位置及现行政区划归属不明）：1 破损颅骨连下颌支（IVPP RV 35061）。

归入标本时代 早更新世（～2.26–0.90 Ma）。

特征（修订） 个体较 *Yangia trassaerti* 稍大。枕区凹陷深，臼齿褶角尖角状。枕上突粗壮，但不完全与人字脊两翼重叠。枕宽对枕高百分比率均值为 143%（范围参考表 12）。鼻骨铲形，适度向侧面和向前膨胀，鼻/额缝合线呈∧状，后端与前颌/额缝合线持平。额脊较顶脊粗壮，额脊向后逐渐向中间移动，顶脊则向后逐渐分开，矢状区后部宽度（17.50 mm）为眶间区宽（7.50 mm）的 233%左右。门齿孔对齿隙长度百分比率均值为 35%（范围参考表 30）。M2 宽对长百分比率均值为 61%（范围参考表 13）。上臼齿两齿列呈八字形排列，其两 M1 对两 M3 间腭间宽百分比率均值为 73%（范围参考表 14）。齿列中 M3 对 M2 长度百分比率均值为 79%，M3 对 M1–3 长度百分比率均值为 25%（范围参考表 35）；m3 对 m2 长度百分比率均值为 87%，m3 对 m1–3 长度百分比率均值为 27%（范围参考表 15）。

评注 河南渑池的正模颅骨标本和归入下颌骨标本由于风化严重，特征不太清晰。这里选择未经研究的来自陕西蓝田县洩湖镇的成年个体标本作为图示（图 139）。

丁氏鼢鼠（*Yangia tingi*）是中国最早发现的凹枕型鼢鼠（Young, 1927），其地理分布主要集中在山西、陕西、河南、河北、北京等地，地质时代集中在早更新世。与大致处于同一时期的 *Y. chaoyatseni* 相比，*Y. tingi* 个体略偏大（图 143），M2 的宽对长百分比率明显较小（分别为 61%和 65%），即斜 ω 型程度更高。

大南沟剖面第 9、12、13、14、15、17 层的磁性地层学年龄分别为 1.67 Ma、1.49 Ma、1.44 Ma、1.35 Ma、1.14 Ma、0.90 Ma（Cai et al., 2013），马圈沟遗址 III 地点的磁性地层学年龄为 1.66 Ma（Zhu et al., 2004），榆社 YS 110 地点的磁性地层学年龄为 2.26 Ma（Opdyke et al., 2013）。这样，*Yangia tingi* 的时代分布范围就可确定为 2.26–0.90 Ma。

汤氏杨氏鼢鼠 *Yangia trassaerti* (Teilhard de Chardin, 1942)

（图 141，图 142）

Siphneus trassaerti：Teilhard de Chardin, 1942, p. 62, figs. 42–43

Myospalax trassaerti：Kretzoi, 1961, p. 128；郑绍华、李传夔，1986，99 页，表 5；Zheng et Li, 1990, p. 435；Zheng et Han, 1991, p. 108；Flynn et al., 1991, p. 256, tab. 2；Lawrence, 1991, p. 269

Youngia trassaerti：Zheng, 1994, p. 64, tab. 1, fig. 12

图 141　山西榆社盆地 *Yangia trassaerti* 颅骨（IVPP RV 42036，正模）

Figure 141　Cranium of *Yangia trassaerti* (IVPP RV 42036, holotype) from Yushe Basin, Shanxi

A. 背视 dorsal view，B. 腹视 ventral view，C. 右侧视 right lateral view，D. 枕视 occipital view

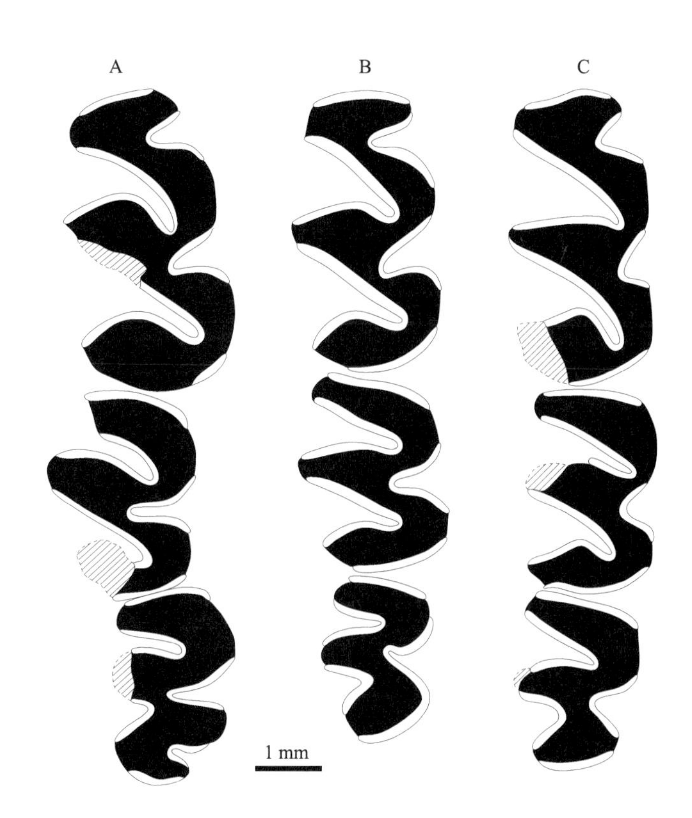

图 142　山西榆社盆地 *Yangia trassaerti* 上臼齿列咬面形态

Figure 142　Occlusal morphology of upper molar row of *Yangia trassaerti* from Yushe Basin, Shanxi

A. R M1–3（H.H.P.H.M. 20.786，正模 holotype），B. R M1–3（H.H.P.H.M. 20.792），C. R M1–3（H.H.P.H.M. 14.030）

正模　颅骨后部带左右 M1–3（H.H.P.H.M. 20.786，Teilhard de Chardin, 1942：fig. 43A），可能由德日进等于 1937 年采集，保存在中国科学院古脊椎动物与古人类研究所。

模式产地及层位　山西榆社盆地，具体地点不详，榆社系上部（最可能是榆社 III 带）。

归入标本　山西榆社盆地：地点不详，1 上颌骨带左右 M1–3（H.H.P.H.M. 20.792，可能产自榆社盆地 III 带；Teilhard de Chardin, 1942：fig. 43B），2 颅骨（H.H.P.H.M. 20.779，H.H.P.H.M. 14.030），同一个体颅骨连下颌支（IVPP RV 42036）；YS 119 地点，1 左下颌支带门齿（IVPP V 11178）；YS 120 地点，1 右 M2、1 右 m2（IVPP V 11179.1–2）；YS 6 地点，1 左 M2、1 破损右 m3（IVPP V 11180.1–2）。河北阳原县化稍营镇：钱家沙洼村洞沟剖面第 11 层（＜2.60 Ma），1 左 m1、1 左 M2（IVPP V 15484.1–2）；下沙沟村下沙沟底，1 右 m1、1 右 M1、1 右 M3（IVPP V 15484.3–5）。

归入标本时代　早更新世（～2.60–2.15 Ma）。

特征（修订）　中等大小。矢状区后宽（17.40 mm）约为眶间区宽（8.30 mm）的 210%左右，其比率较 *Yangia omegodon*（205%）略大，但比 *Y. chaoyatseni*（223%）、*Y. tingi*（233%）和 *Y. epitingi*（262%）均小。顶脊不明显向外突出。枕上突粗壮，侧面不完全与人字脊两翼重叠。枕宽对枕高百分比率为 134%左右（表 12），为属中最小。两上臼齿列稍呈不平行排列，其两 M1 对两 M3 间腭宽百分比率为 76%左右（表 14）。上臼齿正 ω 型，M2 宽对长百分比率均值 70%（范围参考表 13）略小于 *Y. omegodon*（76%），但大于 *Y. chaoyatseni*（65%）、*Y. tingi*（61%）和 *Y. epitingi*（60%）。齿列中，M3 对 M2 长度百分比率均值 88%，略小于 *Y. omegodon*（88%），但明显大于其他种类；M3 对 M1–3 长度百分比率均值为 26%（范围参考表 35）。

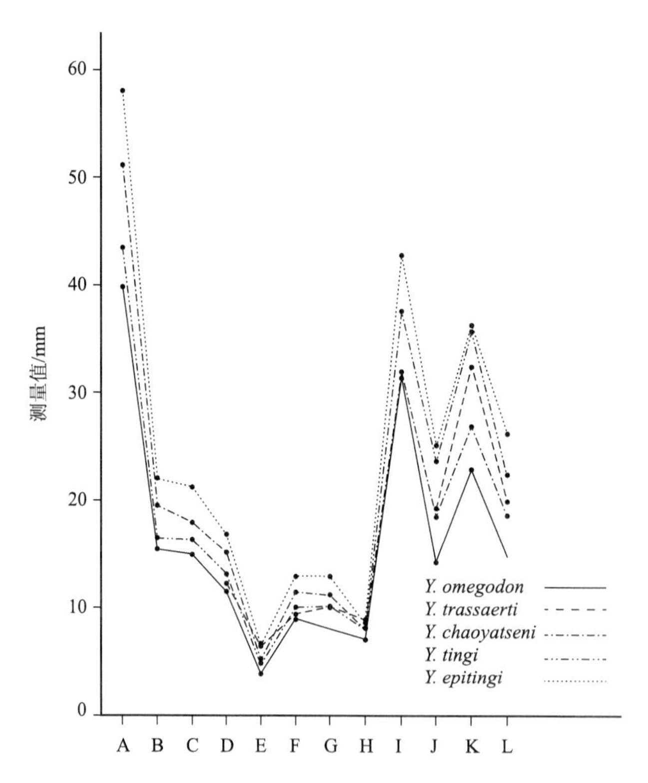

图 143　*Yangia omegodon*（*n* = 3）、*Y. trassaerti*（*n* = 2）、*Y. chaoyatseni*（*n* = 9）、*Y. tingi*（*n* = 16）和 *Yangia epitingi*（*n* = 18）颅骨测量均值比较

Figure 143　Comparison of means of cranial measurements among *Yangia omegodon* (*n* = 3), *Y. trassaerti* (*n* = 2), *Y. chaoyatseni* (*n* = 9), *Y. tingi* (*n* = 16) and *Y. epitingi* (*n* = 18)

A. 髁基长（枕髁后缘—门齿前缘）length of base cranium (from posterior margin of occipital condyle to anterior margin of incisor)，B. 鼻骨长 length of nasal bone，C. 枕髁前缘—M3 后缘长 distance between anterior margin of occipital condyle and posterior margin of M3，D. 上齿隙长 length of upper diastem，E. 门齿孔长 length of incisive foramen，F. M1–3 长 length of M1–3，G. 眶下孔前吻宽 width of rostrum in front of infraorbital foramen，H. 眶间宽 width between orbits，I. 颧宽 width between zygomas，J. 矢状区宽 width of sagittal area，K. 枕宽 width of occipital area，L. 枕高 height of occipital area

评注 颅骨大小更接近 *Yangia tingi*（图 143），但臼齿咬面形态更接近于 *Y. omegodon* 的正 ω 型；而与 *Y. chaoyatseni* 的区别则是更加接近正 ω 型的臼齿和更加凹的矢状区（Teilhard de Chardin, 1942）。

榆社 YS 119、YS 6、YS 120 地点的磁性地层学年龄分别为 2.15 Ma、2.26 Ma、2.26 Ma。洞沟剖面第 11 层的磁性年龄估计大于榆社 YS 6 和 YS 120 地点，十分接近 2.58 Ma，因为该剖面上新统/更新统界线位于第 10 层/第 11 层之间（Cai et al., 2013）。

后鼢鼠属 *Episiphneus* Kretzoi, 1961

模式种 *Prosiphneus youngi* Teilhard de Chardin, 1940

特征（修订） 小型。人字脊中央不中断。缺失间顶骨。鼻骨呈铲形，鼻/额缝合线呈横切状，后端与前颌/额缝合线持平。枕盾上缘与人字脊持平。门齿孔对齿隙长度百分比率均值为 45%（范围参考表 36）。矢状区后宽（12.30 mm）为眶间宽（8.20 mm）的 150%左右。臼齿具齿根。两上臼齿列呈八字形排列，其两 M1 对两 M3 间腭宽百分比率为 76%左右（表 14）。臼齿高冠。M2 的咬面图案近正 ω 形，最大宽度在 BSA2 处，AL、PL 宽度近相等，其宽对长百分比率均值为 80%（范围参考表 13）。齿列中，M3 对 M2 长度百分比率均值为 72%，M3 对 M1–3 长度百分比率均值为 23%（范围参考表 37）；m3 对 m2 长度百分比率均值为 77%，m3 对 m1–3 长度百分比率均值为 24%（范围参考表 15）。m1 的 lra3 较 bra2 浅，两者相对排列。M1 有或无 LRA1。m1（平均长度 3.68 mm）参数 *a*、*b*、*c*、*d*、*e* 值分别为＞3.60 mm、＞6.80 mm、＞7.70 mm、＞8.20 mm、＞7.60 mm。M1（平均长度 3.30 mm）参数 *A*、*B*、*C*、*D* 值分别为＞7.20 mm、＞7.90 mm、＞8.00 mm、＞7.90 mm。

表 36 *Episiphneus* 和 *Myospalax* 中各种类门齿孔与齿隙长度及二者百分比率

Table 36 Length of the incisive foramen and the diastema and their ratio in percentage in species of *Episiphneus* and *Myospalax*

种 Species	标本数 *n*	齿隙长度/mm Length of diastema/mm	门齿孔长度/mm Length of incisive foramen/mm	百分比率/% Ratio in percentage/%
E. youngi	4	11.10 (10.00–13.20)	4.95 (4.30–5.30)	45 (40–50)
M. aspalax	15	13.22 (11.30–14.60)	5.05 (3.70–6.50)	38 (31–46)
M. wongi	1	9.60	3.30	34
M. psilurus	5	15.42 (13.80–17.00)	5.50 (4.50–6.30)	36 (32–40)

注：表中括号前数值为均值，括号内数值为范围。

Note: Numbers before the parentheses are means, and numbers inside the parentheses are ranges.

表 37 *Episiphneus* 和 *Myospalax* 各种类 M1–3、M2、M3 长度及 M3 对 M2 和 M3 对 M1–3 长度百分比率

Table 37 Length of M1–3, M2 and M3 and length ratio of M3 to M2 and M3 to M1–3 in percentage in species of *Episiphneus* and *Myospalax*

种 Species	标本数 *n*	M1–3 长度/mm Length of M1–3/mm	M2 长度/mm Length of M2/mm	M3 长度/mm Length of M3/mm	M3 对 M2 长度百分比率/% Ratio of M3 to M2/%	M3 对 M1–3 长度百分比率/% Ratio of M3 to M1–3/%
E. youngi	2	7.78 (7.50–8.05)	2.30 (2.10–2.50)	1.8 (1.60–2.00)	72 (64–80)	23 (21–25)
M. aspalax	13	9.17 (8.30–10.40)	2.86 (2.65–3.40)	2.04 (1.85–2.40)	70 (63–81)	22 (21–24)
M. wongi	1	7.70	2.60	1.70	65	22
M. psilurus	5	10.56 (10.20–11.50)	3.24 (3.10–3.50)	2.96 (2.80–3.40)	88 (85–94)	28 (27–30)
M. propsilurus	2	8.95 (8.90–9.00)	2.80 (2.50–3.10)	2.20 (2.10–2.30)	79 (74–84)	25 (25–25)

注：表中括号前数值为均值，括号内数值为范围；M1–3、M2 和 M3 长度的绝对数值越小，代表的种类越原始；*Eospalax* 现生种中 M3 的长度均大于 M2、化石种中 M3 的长度均小于 M2；*Myospalax* 与绝灭属的 M3 在齿列中的相对长度（M3∶M1–3）相对较短，而且越原始越短。

Notes: Numbers before the parentheses are means, and numbers inside the parentheses are ranges; The smaller the length of M1–3, M2 and M3, the more primitive the species; In the extant species of *Eospalax,* length of M3 is always greater than that of M2, while in fossil species, length of M3 is always smaller than that of M2; In *Myospalax* and all fossil genera, length of M3 relative to that of M1–3 is smaller, and the smaller the more primitive.

中国已知种 杨氏后鼢鼠 *Episiphneus youngi* (Teilhard de Chardin, 1940)。

分布与时代 北京、河北、山西和山东，早更新世—中更新世。

评注 *Chardina sinensis* 曾被归入此属（Zheng, 1994），但该种 m1 的 lra3 位于 bra2 之前，属于凹枕型鼢鼠（郑绍华，1997）。

从其 M1 有或无 LRA1 判断，*Episiphneus* 应是现生 *Myospalax* 的直接祖先，有 LRA1 者为 *M. myospalax* 和 *M. psilurus* 的祖先，无 LRA1 者为 *M. aspalax* 的祖先。

比 *Episiphneus youngi* 更原始的种类目前还没有被发现，因此该属什么时候以什么方式直接起源于凸枕型还是凹枕型鼢鼠的问题还有待新的材料发现才能解决。

杨氏后鼢鼠 *Episiphneus youngi* (Teilhard de Chardin, 1940)

（图 144，图 145）

Prosiphneus youngi：Teilhard de Chardin, 1940, p. 65, figs. 39, 40A–C, 46II, pl. II, figs. 4–8；Teilhard de Chardin et Leroy, 1942, p. 28；黄万波、关键，1983，71 页，图版 I，图 5；Zheng et Li, 1990, p. 432, tab. 1；Zheng et Han, 1991, p. 102, tab. 1

Prosiphneus cf. *youngi*：周晓元，1988，184 页，表 1，图版 II，图 1-2

Prosiphneus pseudoarmandi：Teilhard de Chardin, 1940, p. 67, figs. 41–45, 46III, pl. III, figs. 1–11；Teilhard de Chardin et Leroy, 1942, p. 28；Zheng et Li, 1990, p. 432, tab. 1

Prosiphneus praetingi：Erbajeva et Alexeeva, 1997, p. 244left

Prosiphneus cf. *praetingi*：Kawamura et Takai, 2009, p. 21, pl. 7, figs. 1–4

Prosiphneus cf. *intermedius*：Pei, 1930, p. 375, fig. 5

Prosiphneus sinensis：Teilhard de Chardin et Leroy, 1942, p. 28 (partim)

Prosiphneus cf. *sinensis*：Young et Bien, 1936, p. 213；Teilhard de Chardin, 1940, p. 66, figs. 40a–c, 46IV, pl. II, figs. 1–3

Prosiphneus sp.：王辉、金昌柱，1992，56 页，图 4-7，图版 III，图 2

Episiphneus pseudoarmandi：Kretzoi, 1961, p. 127

?*Episiphneus* sp.：蔡保全等，2008，129 页，图 2(16)

Myospalax youngi：Lawrence, 1991, p. 271, figs. 9A, 10A, 11A, 12

选模 左下颌支带 m1–3（IVPP CP. 134）（Teilhard de Chardin, 1940：p. 66, fig. 40），由贾兰坡于 1937 年采集。

模式居群 1 颅骨前部带 M1–2、4 左 3 右下颌支带 m1–3（IVPP CP. 127–129, 136–139），1 颅骨带左 M1–3（IVPP CP. 131），1 颅骨后部带右 M1–2（IVPP CP. 132），1 压扁颅骨带左右 M1–3（IVPP CP. 133），1 被上下压扁的完整颅骨（IVPP CP. 135）。

模式产地及层位 北京周口店第 18 地点（门头沟灰峪），下更新统。

归入标本 北京怀柔区九渡河镇黄坎村龙牙洞：1 左 1 右下颌支带 m1–3（IVPP V 6194–6195）。河北阳原县大田洼乡岑家湾村马圈沟旧石器遗址 III 地点：1 后端残缺的左 M2（IVPP V 15275 = IVPP V 15486.1）。河北蔚县北水泉镇东窑子头村大南沟剖面：第 12 层，1 左 m3（IVPP V 15486.2）；第 15 层，1 左 1 右 M3、1 右 m2（IVPP V 15486.3–5）；第 26 层，1 右 m1（IVPP V 15486.6）。山西静乐县段家寨乡贺丰村小红凹“静乐红土”剖面第 4 层红色土上段中的 S_{26}层：1 左下颌支带 m1 和 m3、1 左下颌支带 m1–2、1 右 M2（IVPP V 8651.1–3），1 右 M1（IVPP V 8652）。山东淄博市太河镇北牟村孙家山第 1 地点：1 右下颌支带 m1–3、1 左 m2、1 左上颌带 M1（IVPP RV 97022.1–3）。

归入标本时代 早—中更新世（～2.00–0.34 Ma）。

特征（修订） 同属的特征。

评注 根据臼齿形态，俄罗斯外贝加尔的乌东卡（Udunga）晚上新世地点的“*Prosiphneus* cf. *praetingi*”（Kawamura et Takai, 2009）可能是目前已知最早的 *Episiphneus youngi* 记录。据此可以推断，平枕型臼齿带根鼢鼠可能起源于西伯利亚，到第四纪初才扩散到中国华北及华东地区。

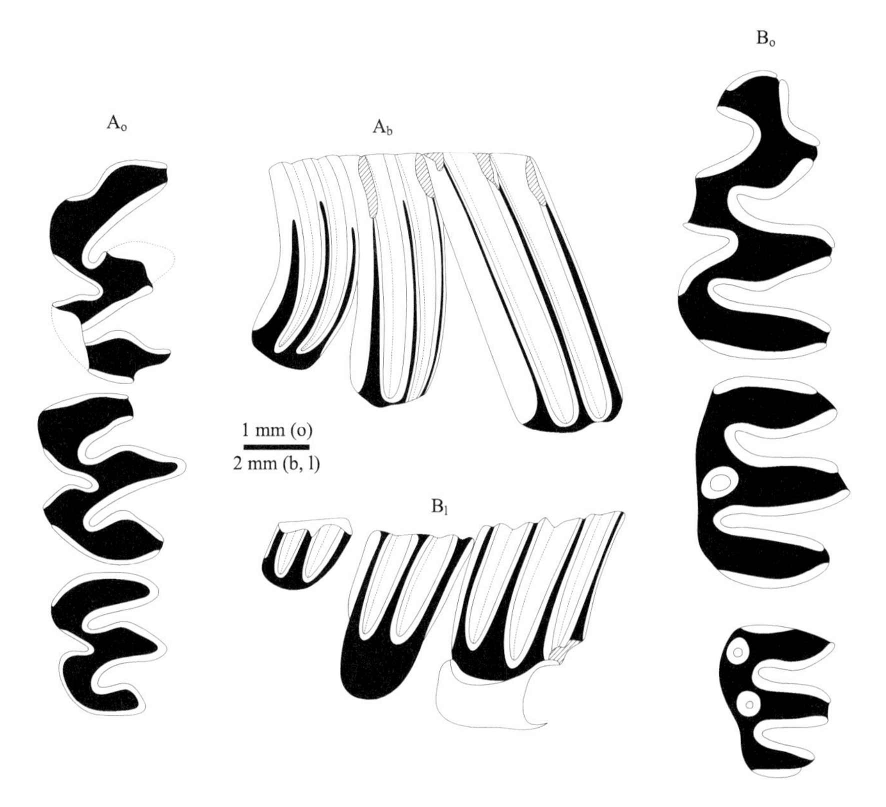

图 144　北京周口店第 18 地点 *Episiphneus youngi* 臼齿形态

Figure 144　Molars of *Episiphneus youngi* from Loc. 18 of Zhoukoudian, Beijing

A_o–B_o. 咬面视 occlusal view，A_b. 颊侧视 buccal view，B_l. 舌侧视 lingual view

A. L M1–3（IVPP CP. 131，Teilhard de Chardin, 1940：fig. 42A）；B. l m1–3（IVPP CP. 134，选模 lectotype；Teilhard de Chardin, 1940：figs. 40A, C）

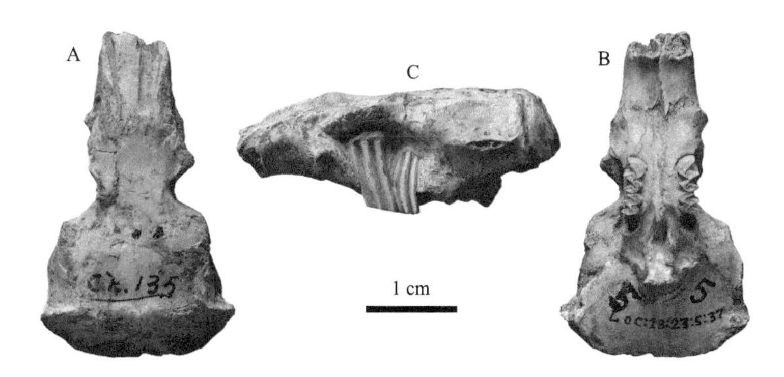

图 145　北京周口店第 18 地点 *Episiphneus youngi* 颅骨（IVPP CP. 135）形态

Figure 145　Cranium of *Episiphneus youngi* (IVPP CP. 135) from Loc. 18 of Zhoukoudian, Beijing

A. 背视 dorsal view，B. 腹视 ventral view，C. 左侧视 left lateral view

郑绍华（1997）指出，周口店第 18 地点的 3 种鼢鼠形态实际代表了 3 个不同年龄发育阶段：德日进（Teilhard de Chardin, 1940）描述的“*Prosiphneus youngi*”和“*Prosiphneus pseudoarmandi*”标本应分别代表同一种的成年个体和年轻个体，而杨钟健和卞美年（Young et Bien, 1936）记述的“*Prosiphneus* cf. *sinensis*”则是老年个体。根据物种命名的优先法则，应使用 *Episiphneus youngi* 代表它们合并后的种名（Zheng, 1994）。

在中国其他地点发现的材料都比较零星，例如山西静乐贺丰、山东淄博孙家山、河北蔚县大南沟及阳原县马圈沟等。马圈沟遗址 III 地点的磁性地层学年龄为 1.66 Ma（Zhu et al., 2004），大南沟剖面第 12、15、26 层的磁性年龄分别为 1.49 Ma、1.14 Ma、0.34 Ma（Cai et al., 2013），小红凹为 2.00–1.90 Ma（陈晓峰，1994），这样该种的时代分布范围大致可以确定为约 2.00–0.34 Ma。

鼢鼠属 *Myospalax* Laxmann, 1769

模式种 *Mus myospalax* Laxmann, 1773

特征（修订） 鼻骨呈倒置葫芦形，鼻/额缝合线呈横切状或∧状，后端不超过前颌/额缝合线。吻背部凹陷明显。额脊间宽度大于或等于顶脊间宽度。眶下孔腹侧狭窄。门齿孔只在前颌骨上。枕宽稍大于枕高（宽对高百分比率明显小于鼢鼠类的其他属种）。臼齿无齿根。两上臼齿列明显呈八字形排列。M1 具 1 个或 2 个 LRA。M2 为正 ω 型；m/M3 对 m/M2、m/M3 对 m/M1–3 长度百分比率与其他属相比为最小；m1 前端有珐琅质层，其 lra3 通常很浅。

中国已知种 草原鼢鼠 *Myospalax aspalax* (Pallas, 1776)、阿尔泰鼢鼠 *M. myospalax* (Laxmann, 1773)、东北鼢鼠 *M. psilurus* (Milne-Edwards, 1874)（以上为现生种）；原东北鼢鼠 *M. propsilurus* Wang et Jin, 1992、翁氏鼢鼠 *M. wongi* (Young, 1934)。

分布与时代 辽宁、吉林、内蒙古、河北、北京、河南、山东、山西和安徽，早更新世—现代。

评注 属名 *Myospalax* Laxmann, 1769 早于 *Myotalpa* Kerr, 1792 和 *Siphneus* Brants, 1827，因此后两者为无效属名。早先该属既包含了现生平枕型鼢鼠，也包含了现生凸枕型和化石凹枕型鼢鼠（Allen, 1940；周明镇、李传夔，1965；Corbet et Hill, 1991；谭邦杰，1992；黄文几等，1995；李华，2000；王应祥，2003），或是包括所有臼齿带根和不带根的鼢鼠（Lawrence, 1991）。后来人们发现了臼齿无根的凸枕型鼢鼠与平枕型鼢鼠的差别，将亚属 *Eospalax* Allen, 1940 提升为属（Kretzoi, 1961；Musser et Carleton, 2005；潘清华等，2007）；另外，将臼齿无根的凹枕型鼢鼠命名为 *Yangia* Zheng, 1997（*Youngia* Zheng, 1994）。

本书中的 *Myospalax* 仅代表臼齿无根的平枕型鼢鼠。将属名 *Myospalax* 用于所有臼齿带根和不带根的鼢鼠的观点（Lawrence, 1991）似乎太过笼统，不能客观反映出鼢鼠自身存在的复杂形态类型。

属内检索

I. M1 具有 LRA1

a. 个体较小，m1 的 lra3 相对深，M3 对 M2 长度百分比率均值为 79%，m3 对 m2 长度百分比率均值为 60%，M1 平均长度为 3.58 mm，m1 平均长度为 3.94 mm……………………………原东北鼢鼠 *M. propsilurus*

b. 个体较大，m1 的 lra3 相对浅，M3 对 M2 长度百分比率均值为 88%，m3 对 m2 长度百分比率均值为 81%，M1 平均长度为 4.28 mm，m1 平均长度为 4.47 mm……………………………………东北鼢鼠 *M. psilurus*

II. M1 缺失 LRA1

a. 个体较小，M3 对 M2 长度百分比率约为 65%，m3 对 m2 长度百分比率均值约为 67%，M1 长 3.20 mm，m1 平均长度为 4.17 mm ……………………………………………………………………………翁氏鼢鼠 *M. wongi*

b. 个体较大，M3 对 M2 长度百分比率均值为 70%，m3 对 m2 长度百分比率均值为 67%，M1 平均长度 4.07 mm，m1 平均长度为 4.17 mm………………………………………………………………草原鼢鼠 *M. aspalax*

草原鼢鼠 *Myospalax aspalax* (Pallas, 1776)

（图 146，图 147）

Mus aspalax：Pallas, 1776, p. 692

Siphneus armandi：Milne-Edwards, 1867, p. 376；Pei, 1940, p. 51, figs. 23–24, pl. I, figs. 9–10；Teilhard de Chardin et Leroy, 1942, p. 29

Myospalax myospalax：Ellerman et Morrison-Scott, 1951, p. 652

Myospalax armandi：周信学等，1984，153 页；金昌柱等，1984，317 页，图版 I，图 5

Myospalax armandi, M. aspalax, M. psilurus：陆有泉等，1986，155 页，图版 I，图 1–2

Myospalax myospalax aspalax：谭邦杰，1992，278 页

Myospalax myospalax：黄文几等，1995，184 页

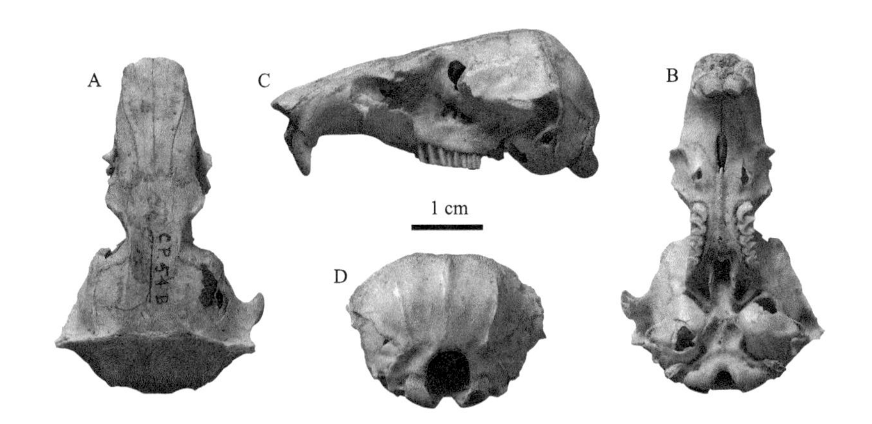

图 146　北京周口店山顶洞 *Myospalax aspalax* 颅骨（IVPP CP. 54B）形态

Figure 146　Cranium of *Myospalax aspalax* (IVPP CP. 54B) from Upper Cave, Zhoukoudian, Beijing

A. 背视 dorsal view，B. 腹视 ventral view，C. 左侧视 left lateral view，D. 枕视 occipital view

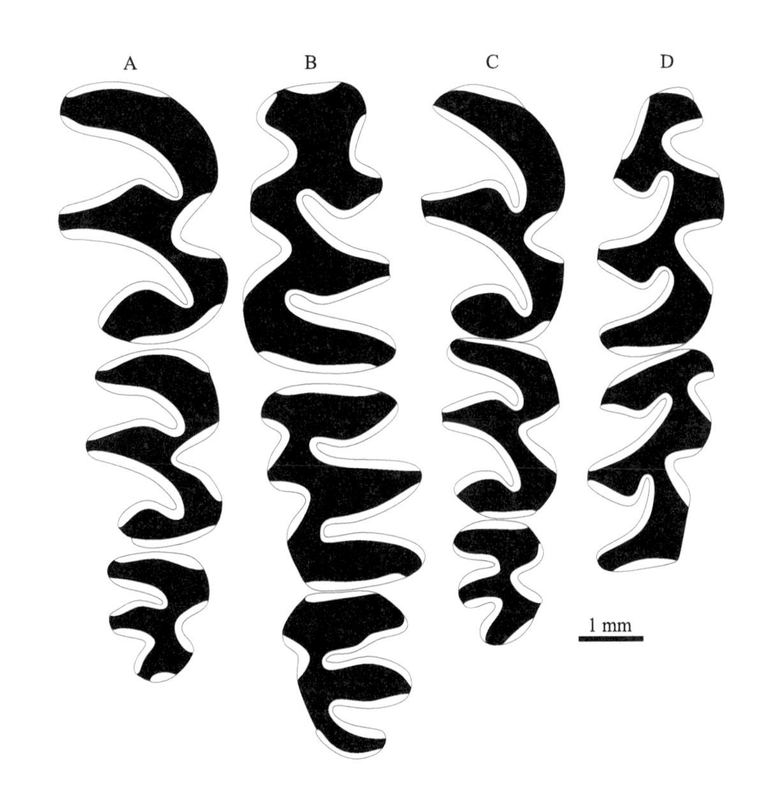

图 147　北京周口店山顶洞（A–B）和辽宁辽西（C–D）*Myospalax aspalax* 臼齿咬面形态

Figure 147　Occlusal morphology of molars of *Myospalax aspalax* from the Upper Cave of Zhoukoudian, Beijing (A–B) and Liaoxi, Liaoning (C–D)

A. R M1–3（IVPP CP. 54B；Pei, 1940：fig. 24I），B. l m1–3（IVPP CP. 55A；Pei, 1940：fig. 25A1），C. R M1–3（现生 extant），D. r m1–2（现生 extant）

正模　不详。

模式产地　俄罗斯外贝加尔鄂嫩河附近的达乌里亚（Dauuria）。

归入标本　北京周口店山顶洞：2 颅骨带 M1–3（IVPP CP. 54A–B），2 左 2 右下颌支带 m1–3（IVPP CP. 55A–D），2 左 1 右下颌支（IVPP CP. 56B–D），2 颅骨带 M1–3、2 下颌支带 m1–3（IVPP V 56102.1–2），

4 颅骨带左右 M1–3 和 M1–2（IVPP RV 40152–40155），1 颅骨带左 M3 和右 M1–3（IVPP RV 40156），2 颅骨不带臼齿（IVPP RV 40157–40158），1 颅骨带左 M1–3 和右 M1–2（IVPP RV 40159），1 颅骨带左右 M1–3（IVPP RV 40160），1 右下颌支带 m1–3（IVPP RV 40160.1）。吉林前郭县八郎镇青山头村：1 破损颅骨带左 M1–3（JQ 825-3）。内蒙古巴林左旗富河镇乌尔吉村迟家营子：3 颅骨带 M1–3（IIIL2937.83–84, 86），1 颅骨不带臼齿（IIIL2937.85），1 左下颌支带 m1–3（IIIL2937.88）（IIIL2937 为内蒙古地矿局区域地质调查二队三分队野外地点编号，83–86 和 88 为标本编号）。

归入标本时代 晚更新世。

特征（修订） 鼻骨呈倒置葫芦形，鼻/额缝合线呈横切的锯齿状，后端不超过前颌/额缝合线。额/顶脊明显，彼此平行排列。枕中脊发达。门齿孔只在前颌骨上，门齿孔对齿隙长度百分比率均值为 38%（范围参考表 36）。M2 宽对长百分比率均值为 69%（范围参考表 13）。枕宽对枕高百分比率均值为 128%（范围参考表 12）。M1 缺失 LRA1 是区别于所有其他鼢鼠种类的特征。两上臼齿列八字形排列且在各类鼢鼠中最明显，其两 M1 对两 M3 间腭宽百分比率均值（71%）最小（范围参考表 14）。齿列中 M3 对 M2 长度百分比率均值为 70%，M3 对 M1–3 长度百分比率均值为 22%（范围参考表 37）；m3 对 m2 长度百分比率均值为 67%，m3 对 m1–3 长度百分比率均值为 22%（范围参考表 15）在各种鼢鼠中也是相对小的。

评注 *Myospalax aspalax* (Pallas, 1776)早于 *M. armandi* (Milne-Edwards, 1867)，因此中国化石名录中凡以种名 *armandi* 记述者均应更正为 *aspalax*。

此外，一些代表产自西伯利亚的材料的种名，如 *Myospalax dybowskii* Sherskey, 1873、*M. hangaicus* (Orlov et Baskevich, 1992)、*M. talpinus* (Pallas, 1811)、*M. zokor* (Desmarest, 1822)也被认为与该种是同物异名（Musser et Carleton, 2005）。

Myospalax aspalax 有时被作为 *M. myospalax* 的亚种 *M. m. aspalax*（Ellerman, 1941；谭邦杰，1992），有时归入到 *Myospalax myospalax*（Ellerman et Morrison-Scott, 1951；黄文几等，1995），但更多人认为它应是独立的种（陆有泉、李毅，1984；金昌柱等，1984；Corbet et Hill, 1991；李华，2000；王应祥，2003；Musser et Carleton, 2005）。

周口店山顶洞的下齿列（图 147B）中 m1 的 lra3 明显较辽宁辽西的深（图 147D），且齿叶少倾斜。然而考虑到 M3 后叶的退化及 m1 的前壁平直等特征与现生标本一致，这里将化石标本视作个体变异归入此现生种。

原东北鼢鼠 *Myospalax propsilurus* Wang et Jin, 1992

（图 148）

正模 同一个体（?）右上颌骨带 M1–3（DH 8992）和完整左右下颌支带 m1–3（DH 8993），大连自然历史博物馆野外考察队 1989–1990 年间采集，保存在大连自然历史博物馆。

模式居群 12 件较完整的上下颌骨及 50 枚上下臼齿（DH 8994）。

模式产地及层位 辽宁大连市甘井子区海茂村北采石一场，下更新统裂隙堆积。

特征（修订） 个体比 *Myospalax psilurus* 小，臼齿珐琅质层较厚，M1 具 LRA1，M3 和 m3 后叶不很退化，m3 的 bra2 不明显。m1–3 平均长度为 9.40 mm，M1–3 平均长度为 8.95 mm。M2 宽对长百分比率为 78%。齿列中，M3 对 M2 长度百分比率均值为 79%，M3 对 M1–3 长度百分比率均值为 25%（范围参考表 37）；m3 对 m2 长度百分比率均值为 60%，m3 对 m1–3 长度百分比率均值为 22%（范围参考表 15）。

评注 大连海茂的 *Myospalax propsilurus* 与营口金牛山的 *M. psilurus*（郑绍华、韩德芬，1993）的主要区别是个体较小（前者 m1–3 平均长度为 9.40 mm，M1–3 平均长度为 8.95 mm；后者分别为 10.30 mm 和 9.88 mm）；m3 对 m2 平均长度百分比率（60%）也较后者（81%）为小；但 M3 对 M2 长度百分比率（82%）最接近后者（88%），明显大于 *M. aspalax* 的 70%、*M. wongi* 的 65%和 *Episiphneus youngi* 的 72%。

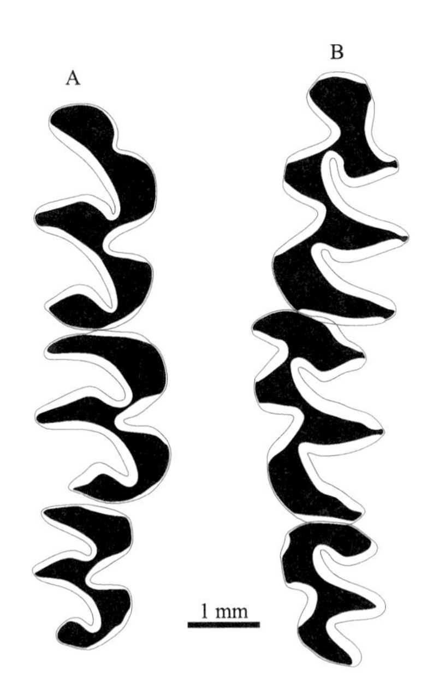

图 148　辽宁大连市甘井子区海茂村 *Myospalax propsilurus* 臼齿列咬面形态（据王辉、金昌柱，1992）
Figure 148　Occlusal morphology of molar rows of *Myospalax propsilurus* from Haimao Village, Ganjingzi District, Dalian City, Liaoning (after Wang et Jin, 1992)
A. R M1–3（DH 8992，正模 holotype），B. l m1–3（DH 8993，正模 holotype）

此外，*Myospalax propsilurus* 略微比 *Episiphneus youngi*（m1–3 和 M1–3 平均长度分别为 8.80 mm 和 7.78 mm）大，M3 对 M2 平均长度百分比率介于 *E. youngi*（72%）和 *M. psilurus*（88%）之间，因此在演化水平上似乎也介于这两者之间。

东北鼢鼠 *Myospalax psilurus* (Milne-Edwards, 1874)

（图 149，图 150）

Siphneus psilurus：Milne-Edwards, 1874, p. 126
Siphneus epsilanus：Tokunaga et Naora, 1934, p. 55；Teilhard de Chardin et Leroy, 1942, p. 29
Siphneus manchoucoreanus：Takai, 1938, p. 761 (partim)
Myospalax epsilanus：Thomas, 1912b, p. 94；黄学诗、宗冠福，1973，212 页，图版 I，图 1–2
Myospalax myospalax psilurus：Allen, 1940, p. 916
Myospalax fontanieri：张镇洪等，1980，156 页，图版 I，图 1
Myospalax cf. *psilurus*：金昌柱，1984，55 页，图版 I，图 4–5
Myospalax myospalax：李华，2000，152 页（部分）

正模　被描述成该种的标本是 Père Armandi David 大约在 1867 年采集的，推测它目前仍然保存在巴黎自然历史博物馆。

模式产地　北京南面砂质农田。

归入标本　辽宁营口市永安镇西田村“金牛山人”遗址：1 近完整颅骨带 M1–3（Y.K.M.M. 14），1 颅骨后半部带右 M1–3、1 破损颅骨带左 M1–2、6 左下颌支带 m1–3、4 左下颌支带 m1–2、1 左下颌支带 m1、1 左下颌支带 m2、6 右下颌支带 m1–3、3 右下颌支带 m1–2、2 右下颌支带 m1（Y.K.M.M. 14.1–25）。辽宁本溪市本溪湖旁：1 右下颌支带 m1–2 及 1 左下颌支带 m3（B.S.M. 72801–72802）。吉林前郭县八郎镇青山头村：1 未保留臼齿的破损颅骨（JQ 825-07）。吉林榆树周家油坊（现榆树市秀水镇周家村）：1 未保留臼齿的颅骨（IVPP V 25270）。河北承德市围场县（第 62 地点）：1 颅骨带左 M1–2 和右 M1–3（IVPP RV 27038），1 年轻个体颅骨后半部带左 M1–3 和右 M1–2（IVPP RV 27039），1 左下颌

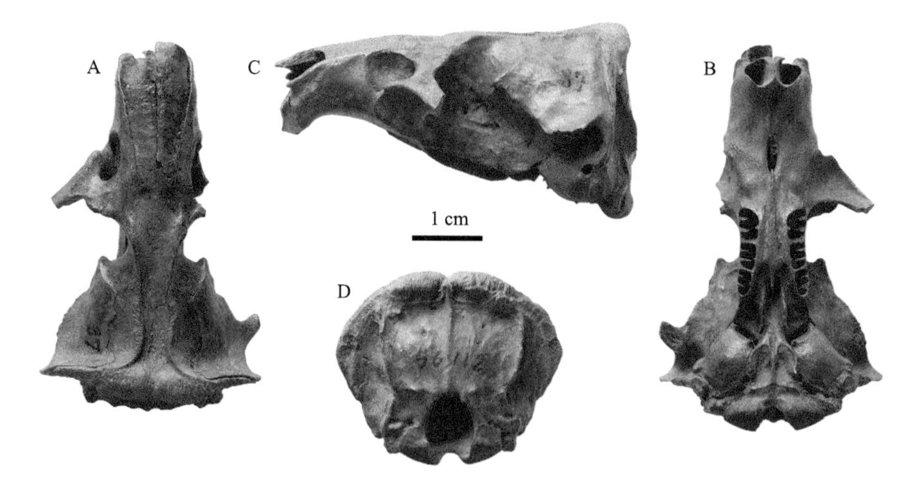

图 149 吉林 *Myospalax psilurus* 颅骨（IVPP V 25270）形态

Figure 149 Cranium of *Myospalax psilurus* from Jilin (IVPP V 25270)

A. 背视 dorsal view，B. 腹视 ventral view，C. 左侧视 left lateral view，D. 枕视 occipital view

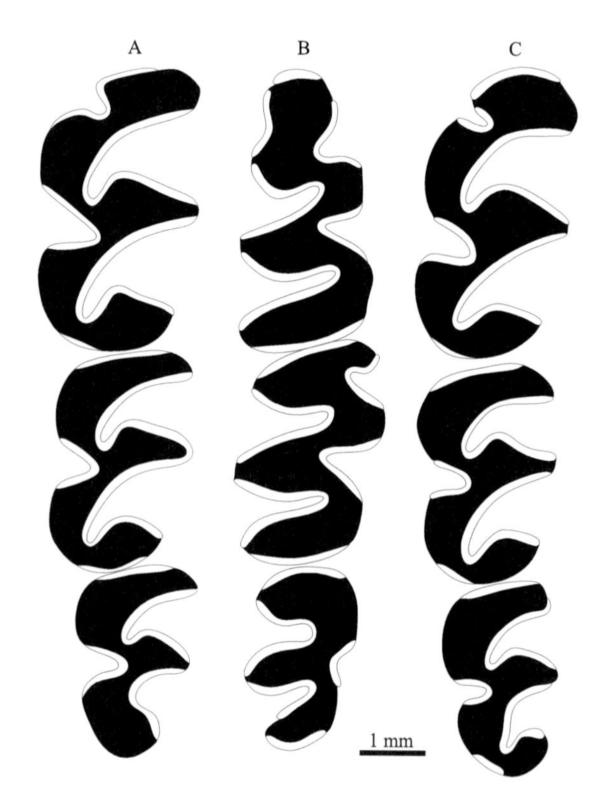

图 150 榆社盆地（不确定）（A）、山西寿阳第 20 地点（B）及河北承德市围场县（C）*Myospalax psilurus* 上、下臼齿列咬面形态

Figure 150 Occlusal morphology of upper and lower molar rows of *Myospalax psilurus* from Yushe Basin (uncertain) (A), Loc. 20, Shouyang, Shanxi (B), and Weichang County, Chengde City, Hebei (C)

A. L M1–3（H.H.P.H.M. 28.745），B. r m1–3（IVPP RV 35062；Young, 1935a：fig. 1B），C. L M1–3（IVPP RV 27039）

支带 m1–3、1 右下颌支带 m1（IVPP RV 27040.1–2）。山东潍县武家村（现隶属于潍坊市潍城区）：1 颅骨前部带左右 M1–3、1 左下颌支带 m1–3（IVPP V 6264.1–2）。山东益都（今青州市）西山（第 63 地点）：1 右下颌支带 m3（IVPP V 451）。河南渑池县西张村镇（第 101 地点）：1 颅骨连下颌支（IVPP RV 27041）。山西寿阳县（第 20 地点）：1 右下颌支带 m1–3（IVPP RV 35062）。山西榆社盆地：2 颅骨（H.H.P.H.M. 28.745, 28.753）。地点不详：1 颅骨中段带左右 M1–3（IVPP V 25271），1 左 1 右下颌支带

m1–3（IVPP V 25272.1–2）。

归入标本时代 中更新世—全新世。

特征（修订） 鼻骨较长，为宽阔的梯形，鼻/额缝合线呈∧状，后端未超过前颌/额缝合线水平。额脊/顶脊显著，顶脊前方有一外向突起。额脊之间宽通常大于顶脊之间宽。门齿孔只在前颌骨上，门齿孔对齿隙长度百分比率均值为36%（范围参考表36）。枕宽对枕高百分比率均值为122%（范围参考表12）。M1具显著的LRA1是区别于草原鼢鼠 *Myospalax aspalax* 的主要特征。M2齿脊为斜ω型，其宽对长百分比率均值为63%（范围参考表13）。两上臼齿列呈显著的八字形排列，其两M1对两M3间腭宽百分比率均值为72%（范围参考表14）。齿列中，M3对M2长度百分比率均值为88%，M3对M1–3长度百分比率均值为28%（范围参考表37）；m3对m2长度百分比率均值为81%，m3对m1–3长度百分比率均值为26%（范围参考表15）。

评注 目前关于 *Myospalax psilurus* 与 *M. myospalax* 的关系有两种观点：多数人认为应各自独立为种（Allen, 1940；Ellerman, 1941；Ellerman et Morrison-Scott, 1951；Kretzoi, 1961；Corbet et Hill, 1991；Lawrence, 1991；谭邦杰，1992；黄文几等，1995；王应祥，2003），少数人认为前者应归入后者（李华，2000；潘清华等，2007）。由于头骨和牙齿形态上的明显差异，本书持前一种观点。

翁氏鼢鼠 *Myospalax wongi* (Young, 1934)

（图151）

Siphneus cf. *cansus*：Teilhard de Chardin et Young, 1931, p. 19 (partim)

Siphneus wongi：Young, 1934, p. 106, fig. 44A；郑绍华等，1998，36页，表1，图3J

Siphneus cf. *wongi*：Pei, 1936, p. 78, figs. 41–43, pl. VI, figs. 20–28

选模 右下颌支带m1–3（Cat.C.L.G.S.C.Nos.C/C1775），由中国地质调查所于1927–1932年期间采集，现保存在中国科学院古脊椎动物与古人类研究所。杨钟健（Young, 1934）建立该种时未明确指定正模。

模式产地及层位 北京周口店第1地点，中更新统。

归入标本 山西大宁县下坡地（第19地点，地理位置及现行政区划归属不明）：1颅骨带左M1–2和右M1–3（Cat.C.L.G.S.C.Nos.C/86）。北京周口店：第1地点，1左下颌支带m1–3（Cat.C.L.G.S.C.Nos.C/C1776）；第3地点，1左下颌支带m1–2、1左下颌支带m2–3、1左下颌支带m3（Cat.C.L.G.S.C.Nos.C/C2624），2左1右下颌支均未保留臼齿（Cat.C.L.G.S.C.Nos.C/C2625）；第15地点，1左1右下颌支带m1–2（IVPP V 26140.1–2）。山东平邑县东阳（现平邑街道）白庄村小西山：1左1右下颌支带m1–3（IVPP V 1510.1–2）。

归入标本时代 中更新世。

特征（修订） 鼻/额缝合线呈横切状，后端未超过前颌/额缝合线。枕宽对枕高百分比率为132%左右（表12）。两上臼齿列呈八字形排列，其两M1对两M3间腭宽百分比率为75%左右（表14）。门齿孔对齿隙长度百分比率为34%左右（表36）。M2宽对长百分比率为69%左右（表13）。M1缺失LRA1。M1–3长8.50 mm，m1–3长9.58 mm。齿列中，M3对M2长百分比率为65%左右，M3对M1–3长度百分比率为22%左右（表37）；m3对m2长度百分比率均值为67%，m3对m1–3长度百分比率均值为22%（范围参考表15）。

评注 翁氏鼢鼠 *Myospalax wongi* 与草原鼢鼠 *M. aspalax* 的颅骨、下颌骨及上下臼齿的形态十分相似。杨钟健（Young, 1934）指出其差别是 *M. wongi* 的m1只有2个lra；m3小，lra1特别退化；齿脊明显垂直于牙纵轴，且前后强烈挤压；m2和m3外壁平。然而这些差异可能属于同一种内的个体差异，而非种间差异。尽管该种m3对m2长度百分比率与周口店第1地点（80%）和第3地点（81%）相当，且均值大于周口店山顶洞的 *M. aspalax*（67%），但未超过其最大值（83%）。因此是否保留 *M. wongi* 这个种名还需进一步深入讨论。

从图152可以看出 *Episiphneus youngi*、*Myospalax aspalax* 和 *M. psilurus* 的个体大小差异，其中前两种较为接近。

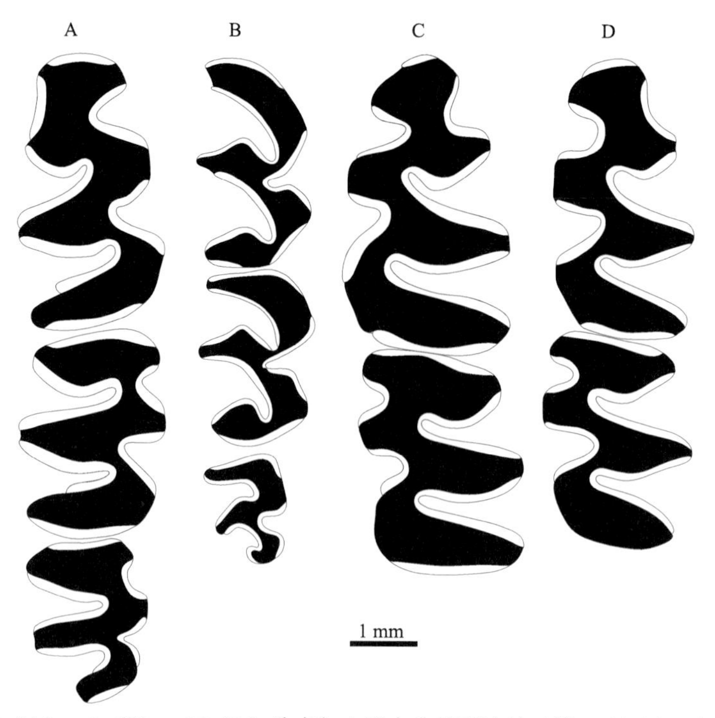

图 151　北京周口店第 1（A）、3（C）、15（D）地点与山西大宁县下坡地（第 19 地点）（B）*Myospalax wongi* 臼齿咬面形态

Figure 151　Occlusal morphology of molars of *Myospalax wongi* from Loc. 1 (A), Loc. 3 (C) and Loc. 15 (D) of Zhoukoudian, Beijing and Loc. 19, Xiapodi (Hsiapoti) (B), Daning County, Shanxi

A. r m1–3（Cat.C.L.G.S.C.Nos.C/C1775，选模 lectotype），B. R M1–3（Cat.C.L.G.S.C.Nos.C/86，Teilhard de Chardin et Young, 1931: "*Siphneus* cf. *cansus*"），C. l m1–2（Cat.C.L.G.S.C.Nos.C/C2624），D. l m1–2（IVPP V 26140.1）

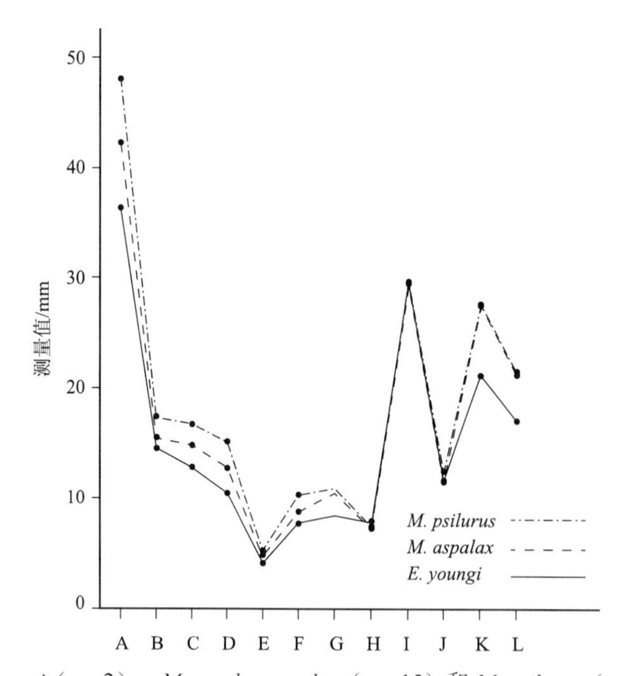

图 152　*Episiphneus youngi*（*n* = 2）、*Myospalax aspalax*（*n* = 15）和 *M. psilurus*（*n* = 4）颅骨测量均值比较

Figure 152　Comparison of means of cranial measurements among *Episiphneus youngi* (*n* = 2), *Myospalax aspalax* (*n* = 15) and *M. psilurus* (*n* = 4)

A. 髁基长（枕髁后缘—门齿前缘）length of base cranium (from posterior margin of occipital condyle to anterior margin of incisor)，B. 鼻骨长 length of nasal bone，C. 枕髁前缘—M3 后缘长 distance between anterior margin of occipital condyle and posterior margin of M3，D. 上齿隙长 length of upper diastem，E. 门齿孔长 length of incisive foramen，F. M1–3 长 length of M1–3，G. 眶下孔前吻宽 width of rostrum in front of infraorbital foramen，H. 眶间宽 width between orbits，I. 颧宽 width between zygomas，J. 矢状区宽 width of sagittal area，K. 枕宽 width of occipital area，L. 枕高 height of occipital area

五、䶄类族、属间的演化关系设想

（一）中国化石䶄类的时代记录

图 153 综合了上述各种䶄类的地质时代记录。

（二）中国化石䶄类的演化趋势

一些早期的与䶄类形态相近的仓鼠类化石记录或许能帮助我们揭示䶄类起源的秘密。晚中新世—早上新世分布于欧亚大陆的仓鼠亚科中的小齿仓鼠属（*Microtodon* Miller, 1927）和分布欧洲大陆上新世的巴兰鼠属（*Baranomys* Kormos, 1933b）无论在牙齿形态和下颌特征上都被认为最接近于䶄亚科啮齿动物。尽管前者很多方面为仓鼠亚科的形态，但下颌骨上已显示出一个初始但明显的位于升支前缘之下的䶄谷（arvicoline groove），从而便于伸至上升支颊侧的中咬肌前部附着，是非常典型的䶄类咀嚼肌系统特征；后者除牙齿外，其下颌骨似乎发育了一个类似䶄类内颞肌肌腱的附着点（Repenning, 1968）。目前，多数被描述成 *Baranomys* 的材料已被归入 *Microtodon*（Fahlbusch et Moser, 2004）。因此，*Microtodon* 是䶄类祖先的观点正被越来越多的学者所接受（Fejfar et al., 1997）。由于䶄类中最原始的原模鼠属（*Promimomys*）在亚洲还没有确切的记录，而小齿仓鼠属（*Microtodon*）在北美没有被发现，因此䶄类起源于欧洲的可能性最大。

Promimomys 是一类中等大小的䶄类；臼齿低冠、齿褶内无白垩质充填、m1 的 AC 简单、T1 和 T2 汇通成菱形（Kretzoi, 1955a）。本书作者在此对 *Promimomys* 的特征进行以下补充：①臼齿带齿根，M1–3 的齿根数目分别是 3、3、2–3；②低冠指的是上臼齿的 PA-Index 和下臼齿的 HH-Index 应是负值，即齿尖湾还不明显，珐琅质曲线几乎呈一直线位于 RA 顶（上臼齿）之上或底（下臼齿）之下；③m1 的 AC 简单，无明显的附加褶皱发育；④m1 的 PL 之前只有 3 个封闭不严的 T，或具 4 个 LSA、3 个 LRA，3 个 BSA、2 个 BRA；⑤珐琅质层厚度大，少分异。按此标准，到目前为止中国还没有发现真正意义上的 *Promimomys*。由此推断，可能是在此阶段之后，即在 *Mimomys* 阶段，䶄类才开始迁入亚洲并兴盛起来。

䶄类的演化趋势通常指的是臼齿的演化趋势，臼齿通常以 m1 和 M3 的形态演变最为典型。总的趋势是：臼齿齿根从有到无（有齿根时，上臼齿齿根数目从多到少）；齿冠（带齿根臼齿）从低到高；白垩质从无到有，从少到多；珐琅质层厚度分异从不分异到正分异或负分异；封闭 T 数目和 SA（RA）数目从少到多等。

中国䶄类主要包括下述四个族：

（1）水䶄族（Arvicolini Gray, 1821），由 *Mimomys*、*Allophaiomys*、*Arvicola*、*Lasiopodomys*、*Proedromys*、*Microtus*、*Pitymys*、*Volemys* 等属构成（图 154I）。它是䶄亚科中最大的族，代表了臼齿从有齿根到无齿根，齿冠从低到高，白垩质从无到少到多，珐琅质层厚度从正分异到负分异，m1 和 M3 的 SA（RA）数目从少到多，T 从不封闭到封闭等演化过程。大约在 3.51 Ma 和 3.85 Ma 左右，从此族中分别演化出岸䶄族（Myodini）和兔尾鼠族（Lagurini）。在 *Mimomys* 阶段，大约在 4.80–3.50 Ma 左右出现以 *Mim.* (*Aratomys*) *bilikeensis*→*Mim.* (*Ar.*) *teilhardi* 为代表的 *Aratomys* 亚属演化谱系；大约在 3.85–2.58 Ma 期间，从 *Aratomys* 亚属谱系中分化出以 *Mim.* (*Mim.*) *nihewanensis*→*Mim.* (*Mim.*) *orientalis* 为代表的 *Mimomys*

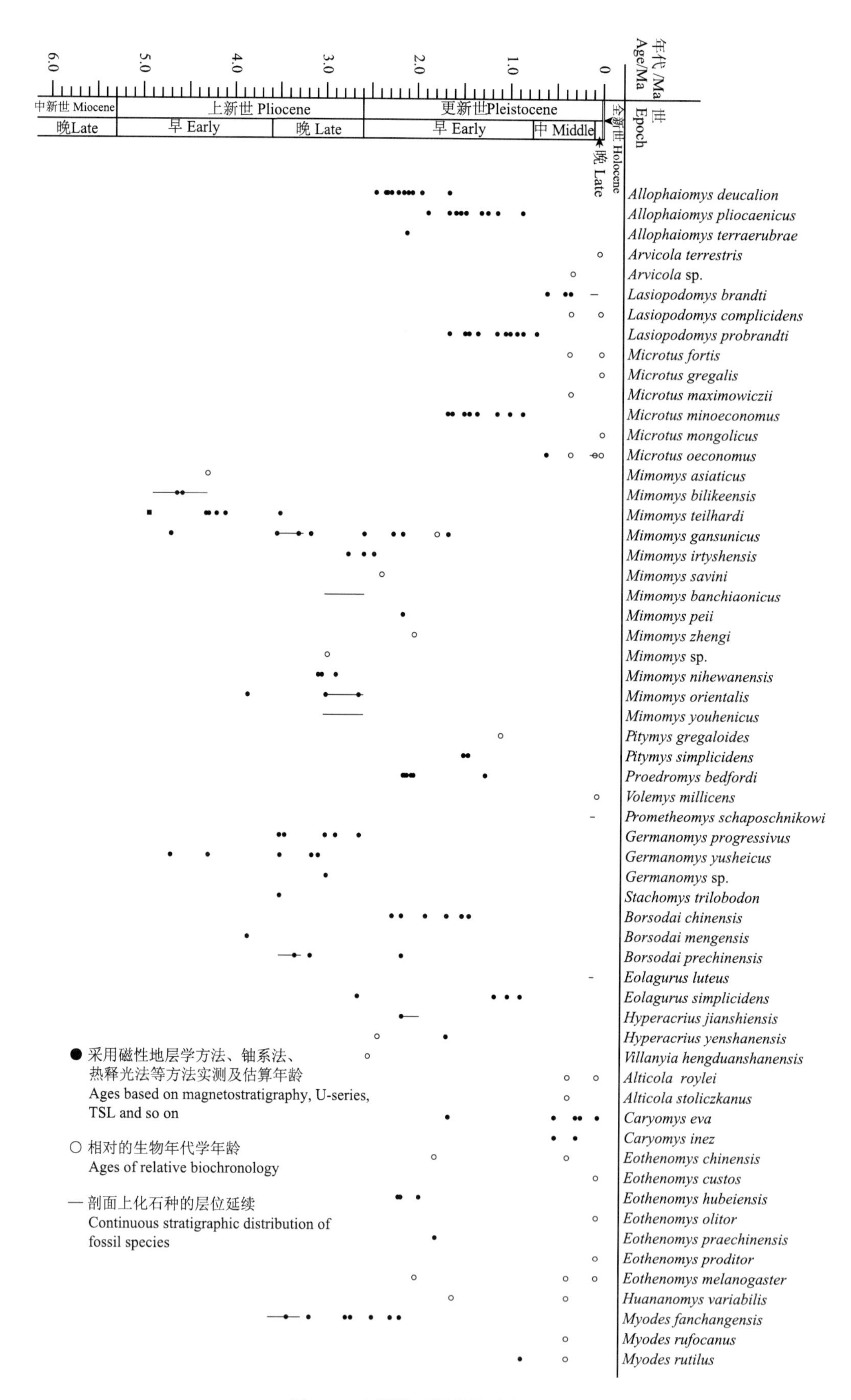

图 153　中国化石䶄类的时代记录

Figure 153　Chronological records of fossil arvicolines of China

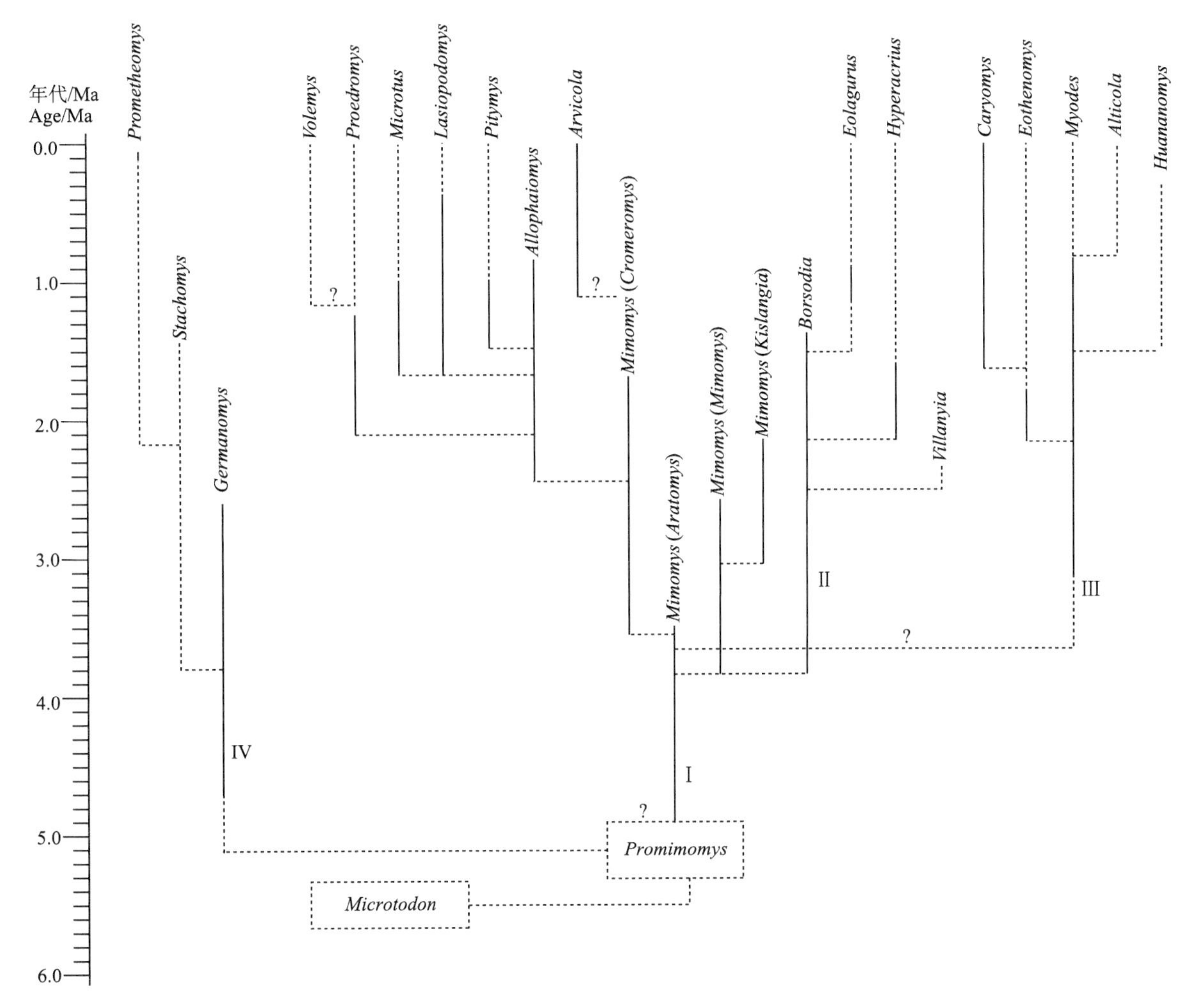

图 154　中国䶄类主要族、属系统发育关系设想

Figure 154　A proposed phylogeny for Chinese fossil arvicolines at the tribal and generic level

亚属演化谱系；大约在 3.04–2.54 Ma 期间，从 *Mimomys* 亚属序列中分化出大型的以 *Mim.* (*Kislangia*) *banchiaonicus*→*Mim.* (*K.*) *peii*→*Mim.* (*K.*) *zhengi* 为代表的 *Kislangia* 亚属谱系；大约在 3.51–1.66 Ma 期间从 *Aratomys* 亚属谱系中分化出以 *Mim.* (*Cromeromys*) *youhenicus*→*Mim.* (*C.*) *irtyshensis*→*Mim.* (*C.*) *gansunicus* 为代表的 *Cromeromys* 亚属谱系。中更新世晚期在欧洲从 *Mim.* (*C.*) *savini* 中演化出了 *Arvicola*。在 *Mim.* (*C.*) *gansunicus* 的基础上，大约在 2.46–0.87 Ma 期间分化出最原始的臼齿无根的 *Al. terraerubrae*→*Al. deucalion*→*Al. pliocaenicus* 演化谱系。大约 2.14 Ma、1.49 Ma、1.67 Ma、1.67 Ma 的时间点分别为现生属 *Proedromys*、*Pitymys*、*Lasiopodomys* 和 *Microtus* 的最早化石记录出现时间。

（2）兔尾鼠族（Lagurini Kretzoi, 1955b），包括 *Borsodia*、*Villanyia*、*Hyperacrius* 和 *Eolagurus*（图 154II）。其中，*Borsodia* 曾被视为 *Mimomys* 的同物异名并与 *Eolagurus* 一起被置于 Arvicolini 族，而 *Hyperacrius* 也曾被置于岸䶄族（Myodini）（McKenna et Bell, 1997）。*Borsodia* 是该族中最原始的化石属，其臼齿具齿根，可被视为该族中那些臼齿无根的现生属（如 *Hyperacrius* 和 *Eolagurus*）的祖先。该属最原始的成员 *B. mengensis* 最早出现在大约 3.85 Ma 左右。大约在 3.51–2.15 Ma 期间，从它演化出了 *B. praechinensis*。大约在 2.26–1.45 Ma 期间又被最进步的 *B. chinensis* 所替代。大约在 2.63 Ma，臼齿无根的 *Eolagurus simplicidens* 代替了臼齿有根的 *B. chinensis*。大约在 2.31 Ma，可能从 *B. chinensis* 还衍生出了 *H. jianshiensis*。

（3）岸䶄族（Myodini Kretzoi, 1969），包括臼齿有根的 *Myodes* 和臼齿无根的 *Alticola*、*Caryomys*、

Huananomys 和 *Eothenomys*（图 154III）。大约在 3.51 Ma，当 *Mimomys* 臼齿褶沟内开始发育白垩质时，从 *Mi.* (*Mimomys*) *nihewanensis* 衍生出本族最原始的类型 *My. fanchangensis*→*My. rutilus*（*My. rufocanus*）的演化序列。大约在 1.50 Ma 从 *Myodes* 演化出了 *H. variabilis*，并延续至 0.30 Ma 绝灭。*C. eva* 最早出现在大约 1.63 Ma。大约在 2.54 Ma，从 *My. fanchangensis* 衍生出 *E.* (*Eothenomys*) *melanogaster*。*E. hubeiensis*、*E. praechinensis* 和 *E. chinensis tarquinius* 属于亚属 *Anteliomys*，从其 M3 的复杂程度判断，显然比属于亚属 *Eothenomys* 的 *E. melanogaster* 进步，而从 M1 和 M2 的简单程度判断则正好相反。因此，两者间的演化关系目前还不明了。

（4）鼹䶄族（Prometheomyini Kretzoi, 1955b），主要包含化石属 *Germanomys*、*Stachomys* 及现生属 *Prometheomys*（图 154IV）。*Germanomys* 曾被认为是 *Ungaromys* 的同物异名而被归入 Ellobiusini Gill, 1872（McKenna et Bell, 1997）。现在认为它们是两个能分开的属（Wu et Flynn, 2017），并被归入不同的族。*Stachomys* 在臼齿形态上最接近现生的 *Promethenomys*。榆社盆地桃阳段 YS 115 地点（～5.50 Ma）产出的 m2 可能不是来自原生层位（或许是上部层位的坡积物），是一种比 *G. progressivus* 更进步的种，因此“Prometheomyini gen. et sp. indet.”在榆社盆地不复存在。基于此，Prometheomyinae“应该独立于 Arvicolinae”的设想也没有了证据支持。在 4.70 Ma 时，*G. yusheicus* 才从 *Promimomys* 中衍生出来，并延续至 3.08 Ma 时绝灭；在大约 3.50–2.63 Ma 期间，从 *G. yusheicus* 衍生出 *G. progressivus*。在大约 3.00 Ma，在泥河湾盆地才出现了更进步的 *Germanomys* sp.。约在 3.50 Ma，*S. trilobodon* 首次出现在榆社并与 *G. yusheicus* 共生。直到 0.12 Ma 时，在萨拉乌苏才记录有现生的 *P. schaposchnikowi*。

六、鼢鼠类的起源、分类及其演化关系

综合分析鼢鼠的不同种类在不同地点、不同剖面、不同层位的时代记录，去掉一些异常的年代，结果可以用图 155 表示。

关于鼢鼠类起源的认识有一个相当长而复杂的过程，目前认识还在不断地完善。发现于内蒙古通古尔中中新世晚期的狼蓬原鼢鼠“*Prosiphneus lupinus* Wood, 1936”曾被视为原鼢鼠属最早的成员（Teilhard de Chardin, 1942）。在它被归入李氏近古仓鼠（*Plesiodipus leei* Young, 1927）后，产自甘肃庆阳晚中新世三趾马红黏土地层中的桑氏原鼢鼠（*Prosiphneus licenti* Teilhard de Chardin, 1926a）、产自内蒙古阿木乌苏的邱氏原鼢鼠（*Pr. qiui* Zheng, Zhang et Cui, 2004）以及产自甘肃秦安的秦安原鼢鼠（*Pr. qinanensis* Zheng, Zhang et Cui, 2004）又先后被认为是最早的原鼢鼠（李传夔、计宏祥，1981；邱铸鼎等，1981；Zheng, 1994；邱铸鼎，1996；邱铸鼎、王晓鸣，1999；郑绍华等，2004）。从甘肃秦安西北 27 km 处 253.1 m 厚的红黏土剖面中距地表 82.2 m 深度处采集到的 *Pr. qinanensis* 在臼齿形态上具有 *Prosiphneus* 和 *Plesiodipus* 两者的特征，因此被认为与进步近古仓鼠（*Pl. progressus* Qiu, 1996）有更明显的承继关系（郑绍华等，2004）。从内蒙古苏尼特左旗巴伦哈拉根发现的可汗鼠属 *Khanomys* 被认为比近古仓鼠属 *Plesiodipus* 更接近鼢鼠类的原始种类 *Pr. qiui*（邱铸鼎、李强，2016）。然而这种推论似乎还有几个疑点：第一，可汗鼠属的齿冠高度已演化到比原始的原鼢鼠属种类还高，这违背了鼢鼠臼齿齿冠从低到高的演化规律；第二，可汗鼠属的 m3 比 m2 长的特点也不符合所有早期鼢鼠类 m3 比 m2 短的特点；第三，可汗鼠属的个体已经很大，其 m/M1 的长度已达到或超过 *Prosiphneus* 的所有种类，这又与个体从小到大的演化规律不符。上述三点在 *Plesiodipus* 中留有更多的演化空间，也更能体现其为 *Prosiphneus* 祖先的特征。

德日进和杨钟健（Teilhard de Chardin et Young, 1931）根据臼齿带齿根与否将鼢鼠科（Siphneidae）分为 *Prosiphneus*（臼齿带齿根）和 *Siphneus*（臼齿无齿根）两属；根据齿根的长短和分叉或相互愈合的特点将 *Prosiphneus* 分成低冠（包括 *P. licenti*、*P. eriksoni* 和 *P. sinensis*）和高冠（包括 *P. intermedius*）两类；根据颅骨枕部特点将 *Siphneus* 分成凸枕的 *fontanieri* group（包括 *S. fontanieri*、*S. cansus*、*S. minor*、*S. episilanus*、 *S. chanchenensis*）、平枕的 *psilurus* group（*S. psilurus*、*S. armandi*、*S. myospalax*、*S. arvicolinus*）和凹枕的 *tingi* group（*S. tingi*、*S. chaoyatseni*、*S. hsuchiapinensis*、*S. omegodon*）。他们勾画出的演化模式是：①*P. intermedius* 起源于 *P. eriksoni*；②*S. omegodon* 可能与 *P. intermedius* 同时生存并分别作为 *S. tingi* 和 *S. chaoyatseni* 的直接祖先。桑氏原鼢鼠（*P. licenti*）和中华原鼢鼠（*P. sinensis*）可能是演化的旁支。“平枕型”的 *S. arvicolinus*（现被视为凸枕型）是现生各种平枕型鼢鼠祖先。

罗学宾（Leroy, 1941）正式建立了鼢鼠科（Siphneidae）并将 *Prosiphneus* 和 *Siphneus* 提升为亚科 Prosiphneinae 和 Siphneinae。

德日进（Teilhard de Chardin, 1942）首先正式使用鼢鼠科（Siphneidae Leroy, 1941），但仍分为 *Prosiphneus* 和 *Siphneus* 两属。他将 *Prosiphneus* 分成两类：第一类上臼齿咬面正 ω 型，齿根相对长，矢状区宽而呈竖琴状；第二类上臼齿咬面斜 ω 型，齿根相对短，矢状区狭窄呈线状。进而将第一类分为凸枕型（包括 *P. licenti* 和 *P. murinus*）、平枕型（包括 *P. truncatus* 和 *P. lyratus*）、凹枕型（包括 *P. praetingi* 和 *P. paratingi*），同时将第二类分为齿根分叉的 *P. youngi* 和颅骨后部切截状且 M1 只有单一 LRA 的 *P. psudoarmandi*。*Siphneus* 也被分成凸枕（包括 *S. fontanieri*）、平枕（包括 *S. arvicolinus*、*S. myospalax*、*S. armandi*、*S. psilurus*、*S. epsilanus*）和凹枕（包括 *S. omegodon*、*S. trassaerti*、*S. chaoyatseni*、*S. tingi*、

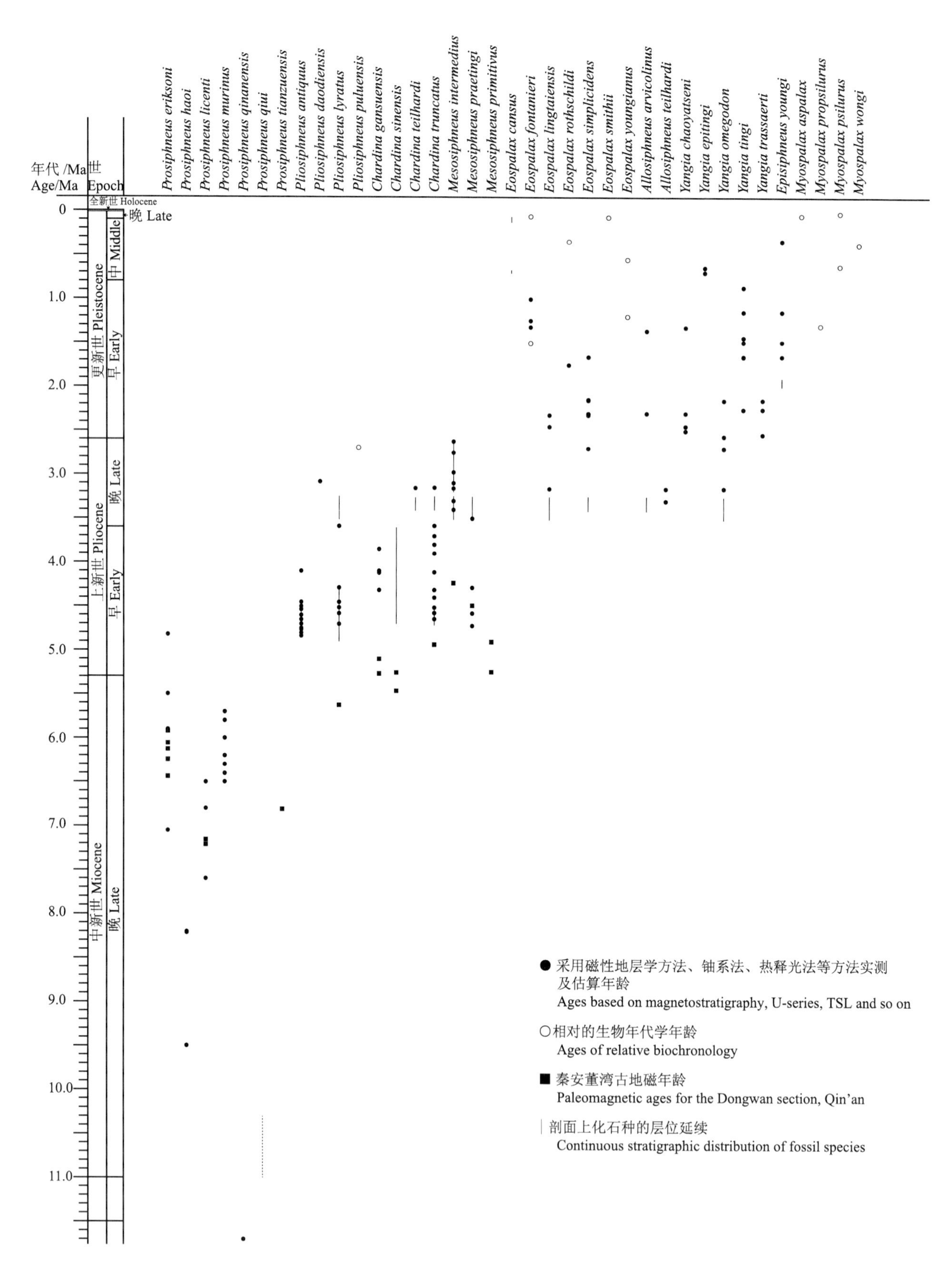

图 155　中国主要化石鼢鼠种类的时代记录

Figure 155　Chronological records of fossil myospalacinaes of China

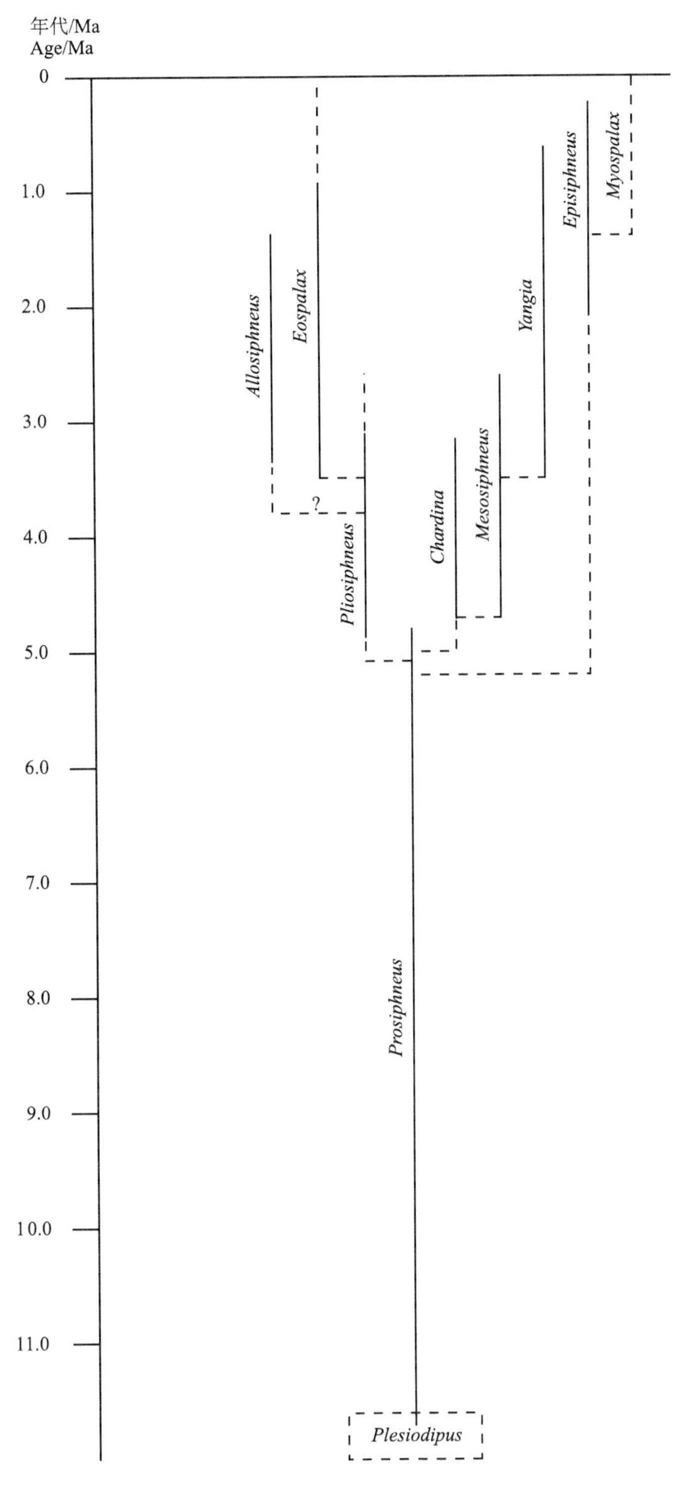

图 156　中国鼢鼠类属间的演化关系设想

Figure 156　A proposed phylogeny for Chinese fossil myospalacines at the generic level

S. epitingi）3 种类型。他认为：①*P. praetingi* 是最早的凹枕型鼢鼠，可能起源于 *P. murinus*，为凹枕型鼢鼠演化的主干；②*P. paratingi* 是演化中的旁支；③*S. omegodon* 直接起源于 *P. praetingi* 并构成 *S. omegodon*→*S. tingi*→*S. epitingi* 演化主干；④*S. chaoyatseni* 和 *S. trassaerti* 是演化过程中的两个旁支；⑤后期的凸枕型鼢鼠可能直接起源于 *P. murinus*，而 *P. licenti* 为早期凸枕型鼢鼠的旁支；⑥*P. truncatus* 被设想为所有后期平枕型鼢鼠的祖先，而 *P. lyratus* 作为早期平枕型鼢鼠的旁支。

Kretzoi（1961）用科名 Myospalacidae 代替 Siphneidae，保留的 *Prosiphneus* 包括模式种 *P. licenti*，以及 *P. eriksoni*、*P. sinensis*、*P. lupinus*、*P. murinus*、*P. ?truncatus* 和 *P. lyratus*；提升亚属 *Eospalax* 为属，包括模式种 *E. fontanieri*，以及 *E. cansus*、*E. rufescens*、*E. shenseius*、*E. baileyi*、*E. smithii*、*E. rothschildi*、*E. fontanus*、*E. kukunoriensis*、*E. chanchenensis* 和 *E. youngianus* Kretzoi, 1961（= *minor*，Teilhard de Chardin et Young, 1931）；保留了 *Myospalax*，包括模式种 *My. Myospalax*，以及 *My. apalax*、*My. talpinus*、*My. zokor*、*My. armandi*、*My. laxmanni*、*My. dybowskyi*、*My. psilurus*、*My. spilurus*、*My. epsilanus*、*My. komurai*、*My. tingi*、*My. ?omegodon*、*My. chaoyatseni*、*My. hsuchiapinensis*、*My. wongi*、*My. tarbagataicus*、*My. Incertus* 和 *My. epitingi*；以 *P. praetingi* 为模式种建立了 *Mesosiphneus*，包括 *Me. paratingi*；以 *P. psudoarmandi* 为模式种建立了 *Episiphneus*，包括 *E. intermedius* 和 *E. youngi*；以 *Siphneus arvicolinus* 为模式种建立了 *Allosiphneus*，包括 *A. teilhardi* Kretzoi, 1961。

郑绍华等（1985b）根据陕西洛川发现的材料认为：①*Prosiphneus praetingi* 是凹枕型鼢鼠中最原始的类型；②在华北东部河湖相堆积及洞穴堆积地区，凹枕型鼢鼠按 *P. paratingi*→*Myospalax trassaerti*→*M. tingi*→*M. epitingi* 线路演化，在黄土分布地区按 *P. intermedius*→*M. omegodon*→*M. chaoyatseni* 线路演化。

郑绍华（Zheng, 1994）重新使用了科名 Siphneidae，以及亚科名 Prosiphneinae 和 Myospalacinae Lilljeborg, 1866，提升 *Mesosipheus* 为亚科 Mesosiphneinae，3 个亚科分别代表凸枕、平枕和凹枕 3 种类型。凸枕类型包括 *Prosiphneus* Teilhard de Chardin, 1926a、*Myotalpavus* Miller, 1927、*Pliosiphneus* Zheng, 1994、*Allosiphneus* Kretzoi, 1961 和 *Eospalax* Allen, 1938，共 5 个属；平枕类型包括 *Myospalax* Laxmann, 1769 和 *Episiphneus* Kretzoi, 1961 两属；凹枕类型包括 *Chardina* Zheng, 1994、*Mesosiphneus* Kretzoi, 1961 和 *Youngia* Zheng, 1994（后更正为 *Yangia* Zheng, 1997）3 个属。推测鼢鼠类起源于 *Plesiodipus* Young, 1927，并在 11.00 Ma 左右分化成两支：一是 *Pr. inexpectatus*（相当于 *Pr. qiui* Zheng, Zhang et Cui, 2004）→*Pr. licenti*→*Pr. murinus* 绝灭旁支；二是 *Myotalpavus* sp.→*Myotalpavus eriksoni*（=本书中的 *Prosiphneus eriksoni*），构成后期 3 种不同颅骨类型鼢鼠的祖先。大约从 6.00 Ma 开始，*Chardina*→*Mesosiphneus*→*Youngia* 线路代表凹枕型鼢鼠；*Pliosiphneus*→*Eospalax* 线路代表凸枕型鼢鼠，*Allosiphneus* 作为该演化谱系的一旁支；*Episiphneus*→*Myospalax* 线路代表平枕型鼢鼠。

郑绍华（1997）对 3 种类型颅骨及带齿根和不带齿根臼齿咬面形态的相关问题做了较为详细的探讨，着重对凹枕型鼢鼠的演化主干做出了推测，即 *Chardina sinensis*→*C. truncatus*→*Mesosiphneus praetingi*→*M. paratingi*→*Yangia trassaerti*→*Y. tingi*→*Y. epitingi*，*M. intermedius*→*Y. chaoyatseni* 和 *Y. omegodon* 属于两个旁支。

郑绍华等（2004）对 *Prosiphneus* 内不同种类的齿冠高度进行了分析对比，指出 *Prosiphneus* 是 Siphneidae 中最原始的属，*P. qinanensis* Zheng, Zhang et Cui, 2004 是最原始的种，*P. qinanensis*→*P. qiui* Zheng, Zhang et Cui, 2004→*P. haoi* Zheng, Zhang et Cui, 2004→*P. licenti*→*P. murinus*→*P. tianzuensis*→*P. eriksoni* 是一完整的原鼢鼠演化谱系。

刘丽萍等（2013）将鼢鼠科 Myospalacidae 降为亚科 Myospalacinae Lilljeborg, 1866，并记述了甘肃秦安董湾剖面中的原鼢鼠序列 *Prosiphneus licenti*→*P. tianzuensis*→*P. eriksoni*，以及日进鼢鼠和中鼢鼠序列 *Chardina sinensis*→*C. gansuensis*→*C. truncatus*→*Mesosiphneus primitivus*→*M. intermedius*，还记述了上新鼢鼠 *Pliosiphneus* cf. *P. lyratus*。

刘丽萍等（2014）在记述甘肃灵台文王沟上新统—更新统臼齿无根鼢鼠时仍采用亚科 Myospalacinae，包含了 *Eospalax lingtaiensis*→*E. simplicidens*、*Allosiphneus teilhardi*→*A. arvicolinus* 和 *Yangia omegodon*→*Y. chaoyatseni* 3 属 6 种的演化线路。

上述演化模式研究的演变过程是分类学、生物地层学和年代学认识逐步积累和深化的过程。随着更多的材料发现，分类依据也在不断调整，例如以臼齿有无齿根为一级，颅骨枕突、枕平和枕凹为二级的横向分类（Teilhard de Chardin and Young, 1931；Teilhard de Chardin, 1942），还是以颅骨枕突、枕平和枕凹为一级，臼齿有无齿根为二级的纵向分类（Leroy, 1941；Zheng, 1994；郑绍华，1997）。本书作者选择以间顶骨有无为一级（原始特征），以颅骨枕突、枕平和枕凹为二级（演化特征 1），臼齿有无齿根（演化特征 2）为三级。在此分类基础上，可以推演出一个更为清晰的演化模式（图 156，图 157）。这个模式主要可以分为三个阶段。

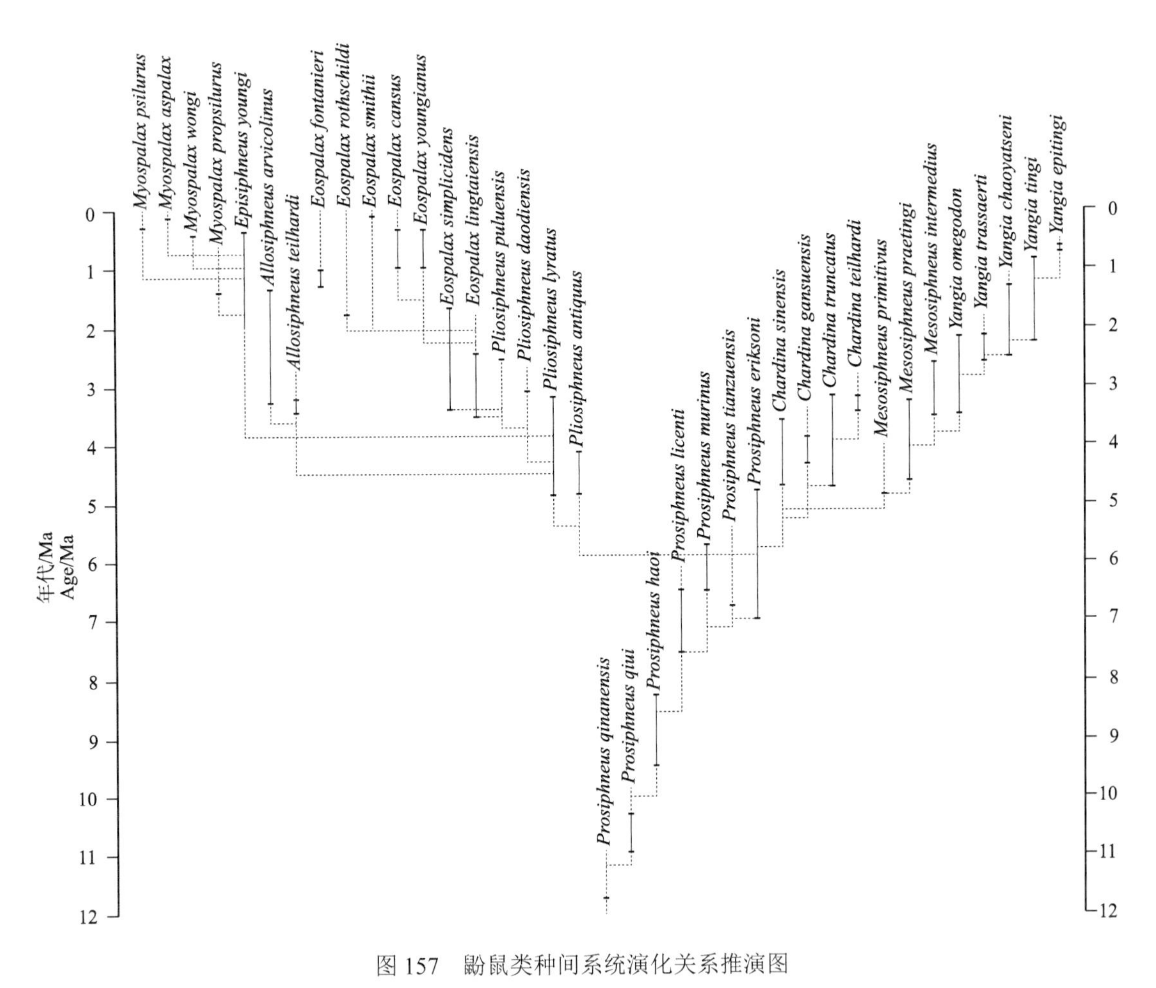

图 157　鼢鼠类种间系统演化关系推演图

Figure 157　Diagram showing the evolutionary relationships of myospalacinaes at the specific level

第一阶段为中中新世晚期(11.70 Ma)—早上新世早期(约 4.83 Ma)，凸枕型的原鼢鼠属 *Prosiphneus* 占主导地位，形成一个递进式演化序列 *Pr. qinanensis*→*Pr. qiui*→*Pr. haoi*→*Pr. licenti*→*Pr. murinus*→*Pr. tianzuensis*→*Pr. eriksoni*，其中 *Pr. licenti* 和 *Pr. murinus* 以间顶骨为方形位于人字脊两翼连线之后，枕盾突，其臼齿珐琅质曲线低，颊、舌侧面珐琅质参数值小为特征。这一阶段可分为两个时期：前期(11.70–10.30 Ma）以 *Pr. qinanensis*→*Pr. qiui* 为代表，以臼齿珐琅质曲线较平直，总是位于颊、舌侧褶沟沟端之上（上臼齿）或之下（下臼齿）为特征，与其祖先 *Plesiodipus* 的相近（这一点类似于鼾亚科啮齿动物中的 *Promimomys* 阶段）；后期（10.30–4.83 Ma）以 *Pr. haoi*→*Pr. licenti*→*Pr. murinus*→*Pr. tianzuensis*→*Pr. eriksoni* 为代表，臼齿珐琅质曲线波幅逐渐增大，且总是位于颊、舌侧褶沟顶端之下（上臼齿）或之上（下臼齿），与其祖先类型越来越不同（这一点类似于鼾亚科啮齿动物中的 *Mimomys* 阶段）。

第二阶段为晚中新世晚期(4.90 Ma)—上新世晚期(2.58 Ma)，是鼢鼠类大分化的时期，*Prosiphneus* 已走向消亡，代之而起的是凸枕型上新鼢鼠属（*Pliosiphneus*），其间顶骨变成梭形且向前移动到人字脊两翼之间，但仍保留凸枕和有根臼齿，然而齿冠已演化到相当高度；同时凹枕型日进鼢鼠属（*Chardina*）和中鼢鼠属（*Mesosiphneus*）以及平枕型后鼢鼠属（*Episiphneus*）也迅速演化出来。其中，

Pliosiphneus 最早的种 *Pl. antiquus* 可能在 4.83 Ma 源于 *Pr. eriksoni*；*Chardina* 最早的种 *C. sinensis* 的间顶骨已演变成半圆形向前移至人字脊之前，仍保留凸枕和有根臼齿，但齿冠已演变到相当高度，可能在大约 4.70 Ma 源于 *Pr. eriksoni*；*Mesosiphneus* 最早的种 *M. primitivus* 的间顶骨已消失，保留凹枕和带根臼齿，可能在 5.00 Ma 源于 *C. sinensis*；*Yangia* 最早的种 *Y. omegodon* 的间顶骨和臼齿齿根已消失，大约在 3.51 Ma 源于 *M. intermedius*；*Allosiphneus* 最早的种 *A. teilhardi* 大型、凸枕且臼齿无根，在 3.40 Ma 源于 *Pl. lyratus*；无间顶骨、平枕、臼齿有根的 *E. youngi* 可能并不代表 *Episiphneus* 最早的种，而来自俄罗斯外贝加尔乌东卡（Udunga）地点（晚上新世）的"*Prosiphneus* cf. *praetingi*"（Kawamura et Takai, 2009），可能在 3.90 Ma 左右从 *Pl. lyratus* 分化出来。

第三阶段为晚上新世（3.51 Ma）—现代，是臼齿无根的凸枕型始鼢鼠属（*Eospalax*）与平枕型鼢鼠属 *Myospalax* 繁盛，而凹枕型杨氏鼢鼠属 *Yangia* 从极端繁盛到迅速绝灭的时期。最早的 *E. lingtaiensis* 在 3.51 Ma 左右可能源于臼齿有根的 *Pliosiphneus puluensis*；现生种 *E. fontanieri* 最早出现在 1.32 Ma 左右。现生属 *Myospalax* 的 *M. aspalax* 记录在中更新世晚期到晚更新世的周口店第 1、3 地点和山顶洞，而 *M. psilurus* 记录在中更新世晚期的营口金牛山。以 *Y. epitingi* 为代表的凹枕型鼢鼠在 0.64 Ma 前后绝灭。

在无论哪种类型的鼢鼠属内，种间的演化趋势是：较进步种总是源于较原始种并与其共生很长一段时间，直到新的种类出现，较原始种类才绝灭。如此循环往复，不断推进鼢鼠类的演化。

这个演化模式显示，凸枕型鼢鼠是演化的主干，包括 *Prosiphneus*、*Pliosiphneus*、*Eospalax* 和 *Allosiphneus* 4 个属，代表了个体从小到大，间顶骨和臼齿齿根从有到无，M2 从正 ω 型到斜 ω 型，m1 前壁珐琅质层从有到无，M3 从简单到复杂等的所有过程。其中 *Allosiphneus* 可能是鼢鼠类中个体最大的一个旁支，于 1.37 Ma 绝灭。平枕型鼢鼠目前只包含 *Episiphneus* 和 *Myospalax* 两属，仅代表无间顶骨，臼齿齿根从有到无，上下臼齿结构从简单到复杂的短暂演化过程。凹枕型鼢鼠包含 *Chardina*、*Mesosiphneus* 和 *Yangia* 3 个属。*Chardina* 以 *C. truncatus* 为模式种，其间顶骨半圆形位于人字脊前，枕盾面上部还完全突出于人字脊之后，特别像凸枕型鼢鼠，但其臼齿，特别是 m1 的 lra3 与 bra2 前后交错排列的性状与较进步的无间顶骨且枕盾面上部已轻微凹入人字脊前的 *Mesosiphneus* 内的种一致。因此，*Chardina* 是明显处于 *Prosiphneus* 和 *Mesosiphneus* 之间的过渡类型。*Mesosiphneus* 向 *Yangia* 的过渡最明显的是臼齿齿根的丢失。最原始的 *Y. omegodon* 和最进步的 *M. intermedius* 在齿咬面的构造上十分接近。凹枕型鼢鼠的化石最丰富，研究最详细，是以生物地层确定年代的有力证据。

参考文献

Agadjanian A K. 1993. A new Arvicoliden-like rodent (Mammalia, Rodentia) from the Pliocene of the Russian plain. Palaeontological Journal, 2: 99–111

Aimi M. 1980. A revised classification of the Japanese red-backed voles. Memoirs of the Faculty of Science, Kyoto University, Series of Biology, 8(1): 35–84

Alcalde G, Agustí J, Villalta J F. 1981. Un nuevo *Allophaiomys* (Arvicolidae, Rodentia, Mammalia) en el Pleistoceno inferior del sur de España. Acta Geologica Hispanica, 16(4): 203–205

Aleksandrova L P. 1976. Rodents of the Anthropogene in the European part of the USSSR. Trudy Geologicheskogo Instituta Akademiya Nauk SSSSR, 291: 1–100

Allen G M. 1912. Some Chinese vertebrates, Mammalia. Memoirs of the Museum of Comparative Zoölogy at Harvard College, 40(4): 201–247

Allen G M. 1924. Microtines collected by the Asiatic expeditions. American Museum Novitates, 133: 1–13

Allen G M. 1938. The mammals of China and Mongolia. Natural History of Central Asia, 11(1): 1–620

Allen G M. 1940. The mammals of China and Mongolia. Natural History of Central Asia, 11(2): 621–1350

An Z S, Gao W Y, Zhu Y Z, et al. 1990. Magnetostratigraphic dates of Lantian *Homo erectus*. Acta Anthropologica Sinica, 9(1): 1–7 [安芷生, 高万一, 祝一志, 等. 1990. “蓝田人”的磁性地层年龄. 人类学学报, 9(1): 1–7]

Argyropulo A I. 1933. Über zwei neue paläarktische Wühlmäuse. Zeitschrift für Säugetierkunde, 8(3): 180–183

Argyropulo A I. 1946. Novye dannye po sistematike roda *Lagurus* [New data on systematic of the genus *Lagurus*]. Vestnik Akademii nauk Kazakhskoĭ SSR, 7–8(16–17): 44–46 (in Russian)

Bailey V. 1900. Revision of American voles of the genus *Microtus*. North American Fauna, 17: 1–63

Baird S F. 1857. General report upon the zoology of the several Pacific railroad routes, Part I, Mammals. In: Reports of Explorations and Surveys to Ascertain the Most Practicable and Economical Route for a Railroad from the Mississippi River to the Pacific Ocean, Vol. 8. Washington: A. O. P. Nicholson. 1–757

Bannikov A G. 1947. New species of high-mountain vole from Mongolia. Doklady Akademii nauk SSSR = Comptes rendus de l'Académie des sciences de IURSS, 56: 217–220 (in Russian)

Barrett-Hamilton G E H. 1899. XXXIV.-Note on the water-voles of Bosnia, Asia Minor, and western Persia. The Annals and Magazine of Natural History, 7th series, 3(15): 223–225

Blanford W T. 1875. XII.-List of Mammalia collected by the late Dr. Stoliczka when attached to the embassy under Sir D. Forsyth in Kashmir, Ladák, Eastern Turkestan, and Wakhán, with descriptions of new species. Journal of the Asiatic Society of Bengal, 44(2): 105–112

Blanford W T. 1880. XXII.-Description of an *Arvicola* from the Punjab Himalayas. Journal of the Asiatic Society of Bengal, 49(2): 244–245

Blanford W T. 1881. IX.-On the voles (*Arvicola*) of the Himalayas, Tibet, and Afghanistan. Journal of the Asiatic Society of Bengal, 50(2): 88–123

Blyth E. 1863. Report of curator, zoological department (continued from Vol. XXXI. p. 345). Journal of the Asiatic Society of Bengal, 32(289): 73–90

Boule M, Teilhard de Chardin P. 1928. Paléontologie. In: Boule M, Breuil H (eds.), Le Paléolithique de la Chine (Paleontologie). Archives de l'Institut de Paléontologie Humaine (Paris), Mémoire 4: 27–102

Brants A. 1827. Het Geslacht der Muizen Door Linnaeus Opgesteld, Volgens de Tegenswoordige Toestand der Wetenschap in

Familien, Geslachten en Soorten. Berlyn: Akademische Boekdrukkery. 1–190 (in Dutch)

Büchner E. 1889. Wissenschaftliche Resultate der von N. M. Przewalski Nach Central-Asien Unternommenen Reisen auf Kosten Einer von Seiner Kaiserlichen Hoheit dem Grossfürsten Thronfolger Nikolai Alexandrowitsh Gespendeten Summe Herausgegeben von der Kaiserlichen Akademie der Wissenschaften, Zoologischer Theil, Band I. Säugethiere, Lieferung 3. St. Petersburg: Eggers & C^0 und J. Glasunow. 89–136 (in Russian and Dutch)

Cai B Q. 1987. A preliminary report on the Late Pliocene micromammalian fauna from Yangyuan and Yuxian, Hebei. Vertebrata PalAsiatica, 25(2): 124–136 [蔡保全. 1987. 河北阳原-蔚县晚上新世小哺乳动物化石. 古脊椎动物学报, 25(2): 124–136]

Cai B Q, Li Q. 2004. Human remains and the environment of early Pleistocene in the Nihewan basin. Science in China, Ser. D, 47(5): 437–444 [蔡保全, 李强. 2003. 泥河湾早更新世早期人类遗物和环境. 中国科学(D 辑), 33(5): 418–424]

Cai B Q, Zhang Z Q, Zheng S H, et al. 2004. New advances in the stratigraphic study on representative sections in the Nihewan Basin, Hebei. Professional Papers of Stratigraphy and Paleontology, 28: 267–285 [蔡保全, 张兆群, 郑绍华, 等. 2004. 河北泥河湾盆地典型剖面地层学研究进展. 地层古生物论文集, 28: 267–285]

Cai B Q, Zheng S H, Li Q. 2007. Plio-Pleistocene small mammals from the Niutoushan (Pulu) section of the Yuxian Basin, China. Vertebrata PalAsiatica, 45(3): 232–245 [蔡保全, 郑绍华, 李强. 2007. 蔚县盆地牛头山（铺路）剖面晚上新世/早更新世哺乳动物. 古脊椎动物学报, 45(3): 232–245]

Cai B Q, Li Q, Zheng S H. 2008. Fossil mammals from Majuangou section of Nihewan Basin, China and their age. Acta Anthropologica Sinica, 27(2): 129–142 [蔡保全, 李强, 郑绍华. 2008. 泥河湾盆地马圈沟遗址化石哺乳动物及年代讨论. 人类学学报, 27(2): 129–142]

Cai B Q, Zheng S H, Liddicoat J C, et al. 2013. Review of the litho-, bio-, and chronostratigraphy in the Nihewan Basin, Hebei, China. In: Wang X M, Flynn L J, Fortelius M (eds.), Fossil Mammals of Asia—Neogene Biostratigraphy and Chronology. New York: Columbia University Press. 218–242

Carleton M D, Musser G G. 2005. Order Rodentia. In: Wilson D E, Reeder D M (eds.), Mammal Species of the World—a Taxonomic and Geographic Reference, Third edition, Vol. 2. Baltimore and Maryland: The Johns Hopkins University Press. 745–1600

Carls N, Rabeder G. 1988. Arvicolids (Rodentia, Mammalia) from the earliest Pleistocene of Schernfeld (Bavaria). Beiträge zur Paläontologie von Osterreich, 14: 123–237

Chaline J. 1972. Les Rongeures du Pléistocène Moyen et Supérieur de Fance: Systématique, Biostratigraphie, Paléoclimatologie. Paris: Éditions du Centre National de la Recherche Scientifique. 1–410

Chaline J. 1974. Un nouveau critère d'études des *Mimomys*, et les rapports de *Mimomys occitanus* - *Mimomys stehlini* et de *Mimomys polonicus* (Arvicolidae, Rodentia). Acta Zoologica Cracoviensia, 19(16): 337–355

Chaline J. 1975. Taxonomie des Campagnols (Arvicolidae, Rodentia) de la sous-famille des Dolomyinae nov. dans l'hémisphère nord. Comptes Rendus Hebdomadaires des Séances de l'Académie des Sciences, Série D – Sciences Naturelles, 281: 115–118

Chaline J. 1986. Phyletic gradualism in a European Plio-Pleistocene *Mimomys* lineage (Arvicolidae, Rodentia). Paleobiology, 12(2): 203–216

Chaline J. 1987. Arvicolid data (Arvicolidae, Rodentia) and evolutionary concepts. In: Hecht M K, Wallace B, Prance G T (eds.), Evolutionary Biology, Volume 21. New York: Plenum Press. 238–310

Chaline J. 1990. An approach to studies of fossil arvicolids. In: Fejfar O, Heinrich W-D (eds.), International Symposium—Evolution, Phylogeny and Biostratigraphy of Arvicolids (Rodentia, Mammalia). Prague: Geological Survey. 45–84

Chaline J, Laborier C. 1981. *Nemausia*, nouveau genre de Rongeur (Arvicolidae, Rodentia), relique dans le pléstocène final du sud de la France. Comptes Rendus de l'Academie des Sciences Serie III Sciences de la Vie, 292(7): 469–474

Chao T K, Tai E J. 1961. Report on the excavation of the Choukoutien *Sinanthropus* Site in 1960. Vertebrata PalAsiatica, 5(4):

374–378 [赵资奎, 戴尔俭. 1961. 中国猿人化石产地 1960 年发掘报告. 古脊椎动物与古人类, 5(4): 374–378]

Chen T M, Yuan S X, Gao S Q, et al. 1987. Uranium series dating of fossil bones from Hexian and Chaoxian fossil human sites. Acta Anthropologica Sinica, 6(3): 232–245 [陈铁梅, 原思训, 高世群, 等. 1987. 安徽和县巢县古人类地点的铀系法年代测定和研究. 人类学学报, 6(3): 249–254]

Chen W, Gao W. 2000. Microtinae: *Pitymys*, *Alticola*. In: Luo Z X, Chen W, Gao Wu, et al. (eds.), Fauna Sinica, Mammalia, Vol. 6 Rodentia, Part III: Cricetidae. 北京: 科学出版社. 296–318, 359–388 [陈卫, 高武. 2000. 田鼠亚科: 松田鼠属、高山鼠平属. 见: 罗泽珣, 陈卫, 高武, 等 (编著), 中国动物志 兽纲 第六卷 啮齿目 下册 仓鼠科. Beijing: Science Press. 296–318, 359–388]

Chen X F. 1994. Stratigraphy and large mammals of the “Jinglean” stage, Shanxi, China. Quaternary Sciences, 4: 339–353 [陈晓峰. 1994. 山西静乐县“静乐期”地层及大哺乳动物化石. 第四纪研究, 4: 339–353]

Cheng J, Tian M Z, Cao B X, et al. 1996. The New Mammalian Fossils from Zhoukoudian (Choukoutien) Beijing and Their Environmental Explanation. Beijing: China University of Geosciences Press. 1–114 [程捷, 田明中, 曹伯勋, 等. 1996. 周口店新发现的第四纪哺乳动物群及其环境变迁研究. 北京: 中国地质大学出版社. 1–114]

Chi H X. 1974. Late Pleistocene mammals from Lantian, Shensi. Vertebrata PalAsiatica, 12(3): 222–227 [计宏祥. 1974. 山西兰田涝池河更新世哺乳动物化石. 古脊椎动物与古人类, 12(3): 222–227]

Chi H X. 1975. The Lower Pleistocene mammalian fossils of Lantian District, Shensi. Vertebrata PalAsiatica, 13(3): 169–177 [计宏祥. 1975. 陕西蓝田地区的早更新世哺乳动物化石. 古脊椎动物与古人类, 13(3): 169–177]

Chia L P, Chai J C. 1957. Quaternary mammalian fossils from Chihcheng, Hopei. Vertebrata PalAsiatica, 1(1): 47–55 [贾兰坡, 翟人杰. 1957. 河北赤城第四纪哺乳动物化石. 古脊椎动物学报, 1(1): 47–55]

Chia L P, Wei Q, Li C R. 1979. Report on the excavation of Hsuchiayao Man Site in 1976. Vertebrata PalAsiatica, 17(4): 277–293 [贾兰坡, 卫奇, 李超荣. 1979. 许家窑旧石器遗址 1976 年发掘报告. 古脊椎动物与古人类, 17(4): 277–293]

Chow M C. 1964. Mammals of “Lantian Man” locality at Lantian, Shensi. Vertebrata PalAsiatica, 8(3): 301–307 [周明镇. 1964. 陕西蓝田中更新世哺乳类. 古脊椎动物与古人类, 8(3): 301–307]

Chow M C, Chow B S. 1965. Notes on Villafranchian mammals of Linyi, Shansi. Vertebrata PalAsiatica, 9(2): 221–234 [周明镇, 周本雄. 1965. 山西临猗维拉方期哺乳类化石补记. 古脊椎动物与古人类, 9(2): 221–234]

Chow M C, Li C K. 1965. Mammalian fossils in association with the mandible of Lantian Man at Chen-Chia-Ou, in Lantian, Shensi. Vertebrata PalAsiatica, 9(4): 377–393 [周明镇, 李传夔. 1965. 陕西蓝田陈家窝中更新世哺乳类化石补记. 古脊椎动物与古人类, 9(4): 377–393]

Conroy C J, Cook J A. 2000. Molecular systematics of a Holarctic rodent (*Microtus*: Muridae). Journal of Mammalogy, 81(2): 344–359

Corbet G B. 1978. The Mammals of the Palaearctic Region—a Taxonomic Review. London and Ithaca (NY): British Museum (Natural History) and Cornell University Press. 1–314

Corbet G B. 1984. The Mammals of the Palaearctic Region: a Taxonomic Review Supplement. London: British Museum (Natural History). 1–45

Corbet G B, Hill J E. 1991. A world List of Mammalian Species, Third Edition. London: Natural History Museum Publications. 1–243

Corbet G B, Cummins J, Hedgest S R, et al. 1970. The taxonomic status of British water voles, genus *Arvicola*. Journal of Zoology, 161(3): 301–316

Coues E. 1874. Synopsis of the Muridae of North America. Proceedings of the Philadelphia Academy of Natural Sciences, 26: 173–196

Cui N. 2010. The classification, origin, evolution of Myospalcinae (Rodentia, Mammalia) and its environmental background. Ph. D. dissertation, IVPP, CAS [崔宁. 2010. 鼢鼠类的分类、起源、演化及其环境背景. 中国科学院古脊椎动物与古人类研究所博士论文]

de Sélys-Longchamps M. 1839. II. Travaux inédits, Campagnols inédits. Revue Zoologique, 1839 (Tom. II): 8–9

Desmarest A G. 1822. Mammalogie ou Description des Espèces de Mammifères, Seconde Partie. Paris: Veuve Agasse. 277–555

Ding Z L, Derbyshire E, Yang S L, et al. 2002. Stacked 2.6-Ma grain size record from the Chinese loess based on five sections and correlation with the deep-sea $\delta^{18}O$ record. Palaeoceanography, 17(3): 1033

Dong G R, Su Z Z, Jin H L. 1999. New views on age of the Salawusu Formation of Late Pleistocene in northern China. Chinese Science Bulletin, 44(7): 646–650 [董光荣, 苏志珠, 靳鹤龄. 1998. 晚更新世萨拉乌苏组时代的新认识. 科学通报, 43(17): 1869–1872]

Du H J, Wang A D, Zhao Q Q, et al. 1988. On a new stratigraphic unit—Daodi Formation of Late Pliocene of Nihewan Basin. Earth Science, 13(5): 561–568 [杜恒俭, 王安德, 赵其强, 等. 1988. 河北泥河湾晚上新世一个新的地层单位——稻地组. 地球科学, 13(5): 561–568]

Ellerman J R. 1941. The Families and Genera of Living Rodents, Volume II, Family Muridae. London: British Museum (Natural History). 1–690

Ellerman J R, Morrison-Scott T C S. 1951. Checklist of Palaearctic and Indian Mammals 1758 to 1946. London: British Museum (Natural history). 1–810

Erbajeva M A. 1973. Early Anthropogene voles (Microtinae, Rodentia) with characters of genera *Mimomys* and *Lagurodon* from Transbaikal. Bulletin of Committee on Study of Quaternary Period, Science Academy of SSSR, 40: 134–138 (in Russian)

Erbajeva M A. 1976a. The Early Eopleistocene rootteeth voles from the Transbaikal area. Vestnki Zoologii, 5: 13–18

Erbajeva M A. 1976b. The origin, evolution, and intraspecific variability of Brandt's vole from the Anthropogene of western Transbaikalia. In: Gromov I M (ed.), Rodent Evolution and History of Their Recent Fauna, Proceedings of Zoological Institute, Academy of Sciences of the U.S.S.R., vol. 66.St. Petersburg: Zoological Institute, RAS. 102–116

Erbajeva M A. 1998. Late Pliocene Itantsinian faunas in Western Transbaikalia. Mededelingen Nederlands Instituut voor Toegepaste Geowetenschappen TNO, 60: 417–429

Erbajeva M A, Alexeeva N V. 1997. Neogene mammalian sequence of the eastern Siberia. In: Aguilar J-P, Legendre S, Michaux J (eds.), Actes du Congrès BiochroM'97. Mémoires et Travaux de l'Institut de Montpellier, 21: 241–248

Eversmann E. 1840. Mittheilungen ueber einige neue und einige weniger gekannte Säugethiere Russlands. Bulletin de la Société Impériale des Naturalists de Moscou, 13(1): 3–59

Fahlbusch V, Moser M. 2004. The Neogene mammalian faunas of Ertemte and Harr Obo in Inner Mongolia (Nei Mengol), China - 13. The genera *Microtodon* and *Anatolomys* (Rodentia, Cricetidae). Senckenbergiana Lethaea, 84(1/2): 323–349

Fahlbusch V, Qiu Z D, Storch G. 1983. Neogene mammalian faunas of Ertemte and Harr Obo in Nei Monggol, China - 1. Report on field work in 1980 and preliminary results. Scientia Sinica (Series B), 26(2): 205–224

Fan N C, Shi Y Z. 1982. A revision of the zokors of subgenus *Eospalax*. Acta Theriologica Sinica, 2(2): 183–199 [樊乃昌, 施银柱. 1982. 中国鼢鼠 *Eospalax* 亚属的分类研究. 兽类学报, 2(2): 183–199]

Fejfar O. 1961. Die plio-pleistozänen Wirbeltierfaunen von Hajnáčka und Ivanovce (Slowakei), ČSR - II. Microtidae und Cricetidae inc. sed. Neues Jahrbuch für Geologie und Paläontologie, 112(1): 48–82

Fejfar O. 1964. The lower Villafranchian vertebrates from Hajináčka near Filákovo in Southern Slovakia. Rozpravy Ústředního Ústavu Geologického, 30: 1–116

Fejfar O, Heinrich W-D. 1990. International Symposium—Evolution, Phylogeny and Biostratigraphy of Arvicolids (Rodentia, Mammalia). Prague: Geological Survey.

Fejfar O, Heinrich W-D, Pevzner M A, et al. 1997. Late Cenozoic sequence of mammalian sites in Eurasia: an updated correlation. Palaeogeography, Palaeoclimatology, Palaeoecology, 133: 259–288

Fischer. 1814. Zoognosia, Tabulis Synopticis Illustrata, Volumen Tertium, Quadrupedum Reliquorum, Cetorum et Monotrymatum Descriptionem Continens. Mosquae: Typis Nicolai Sergeidis Vsevolozsky. 1–732

Flynn L J, Wu W Y. 2001. The late Cenozoic mammal record in North China and the Neogene mammal zonation of Europe. Bolletino della Società Palaeontologia Italiana, 40(2): 195–199

Flynn L J, Tedford R H, Qiu Z X. 1991. Enrichment and atability in the Pliocene mammalian fauna of North China.

Paleobiology, 17(3): 246–265

Flynn L J, Wu W Y, Downs W R. 1997. Dating vertebrate microfaunas in the late Neogene record of northern China. Palaeogeography, Palaeoclimatology, Palaeoecology, 133: 227–242

Forsyth Major C I. 1902. Exhibition of, and remarks upon, some jaws and teeth of Pliocene Voles (*Mimomys*, gen. nov.). Proceedings of the General Meetings for Scientific Business of the Zoological Society of London, 1: 102–107

Forsyth Major C I. 1905. V.-Rodents from the Pleistocene of the Western Mediterranean Region. Geological Magazine, 2(10): 462–467

Gai P, Wei Q. 1977. Discovery of the Late Palaeolithic Site at Hutouliang, Hebei. Vertebrata PalAsiatica, 15(4): 287–300 [盖培, 卫奇. 1977. 虎头梁旧石器时代晚期遗址的发现. 古脊椎动物与古人类, 15(4): 287–300]

Gao Z J, Cheng J. 2004. Chapter 6, Section 2, Paleomagnetic dating. In: Zheng S H (ed.), Jianshi Hominid Site. Beijing: Science Press. 318–325 [高振纪, 程捷. 2004. 第六章 第二节 古地磁年代测定. 见: 郑绍华 (主编), 建始人遗址. 北京: 科学出版社. 318–325]

Gill T. 1872. Arrangement of the Families of Mammals. Washington: The Smithsonian Institution. 1–98

Gloger C W L. 1841. Gemeinnütziges Hand- und Hilfsbuch der Naturgeschichte. Für Gebildete Leser aller Stände, Besonders für die Reifere Jugend und Ihre Lehrer, Erster Band. Breslau: Aug. Schulz. 1–495

Gray J E. 1821. On the natural arrangement of vertebrate animals. The London Medical Repository, Monthly Journal, and Review, 15(1): 296–310

Gray J E. 1825. An outline of an attempt at the disposition of the Mammalia into tribes and families, with a list of the genera apparently appertaining to each tribe. The Annals of Philosophy, New Series, 10(5): 337–344

Gray J E. 1842. XXXVII.-Descriptions of some new genera and fifty unrecorded species of Mammalia. The Annals and Magazine of the Natural History, 10(65): 255–267

Gromova I M, Baranova G J. 1981. Katalog Mlekopitayushchik SSR (Pliozen-Sovremennost) [Catalogue of the USSR Mammals (Pliocene-Present)] . Lenigrad: Akademya Nauk SSSR, Zoologichesky Institut, Izd-vo "Nauka". 1–455 (in Russian)

Gromov I M, Parfenova N M. 1951. Materials and history of rodent fauna of Inderskoe Priuralye. Bûlleten Moskovskogo Obščestva Ispitatelej Prirody, Otdel Biologii, 56: 13–20 (in Russian)

Guo Z T, Ruddiman W F, Hao Q Z, et al. 2002. Onset of Asian desertification by 22 Mys ago inferred from loess deposits in China. Nature, 416: 159–163

Guthrie R D, Matthews J V. 1971. The Cape Deceit fauna—Early Pleistocene mammalian assemblage from the Alaskan Arctic. Quaternary Research, 1(4): 474–510

Haas G. 1966. On the Vertebrate Fauna of the Lower Pleistocene Site 'Ubeidiya'. Jerusalem: Israel Academy of Sciences and Humanities. 1–68

Han D F, Zhang S S. 1978. A fossil human canine discovered at Jiande and new Quaternary mammalian fossils from Zhejiang. Vertebrata PalAsiatica, 16(4): 255–263 [韩德芬, 张森水. 1978. 建德发现的一枚人的犬齿化石及浙江第四纪哺乳动物新资料. 古脊椎动物与古人类, 16(4): 255–263]

Hao Q Z, Guo Z T. 2004. Magnetostratigraphy of a Late Miocene-Pliocene loess-soil sequence in the western Loess Plateau in China. Geophysical Research Letters, 31: L09209

Hao S D, Huang W B. 1998. Luobidong Cave Site. Haikou: Southern Publishing House. 1–164 [郝思德, 黄万波. 1998. 三亚落笔洞遗址. 海口: 南方出版社. 1–164]

Heinrich W-D. 1978. Zur biometrischen Erfassung eines Evolutionstrends bei *Arvicola* (Rodentia, Mammalia) aus dem Pleistozän Thüringens. Säugetierkudliche Information, 2: 3–21

Heinrich W-D. 1990. Some aspects of evolution and biostratigraphy of *Arvicola* (Mammaia, Rodentia) in the central European Pleistocene. In: Fejfar O, Heinrich W-D (eds.), International Symposium—Evolution, Phylogeny and Biostratigraphy of Arvicolids (Rodentia, Mammalia). Prague: Geological Survey. 165–182

Heller F. 1930. Eine forest-bed-fauna aus der Sackdillinger Höhle (Oberpfalz). Neus Jahrbuch für Mineralogie, Geologie und

Paläontologie, Beilage-Band, 63(8): 247–298

Heller F. 1936. Eine oberpliocäne Wirbeltierfauna aus Rheinhessen. Neues Jahrbuch für Mineralogie, Geologie, und Paläontologie, Beilagebände, B76: 99–160

Heller F. 1957. Powiązania systematyczne kopalnych rodzajów *Mimomys* F. Maj., *Cosomys* Wil. I *Ogmodontomys* Hibb. (Rodentia, Microtinae). Acta Zoologica Cracoviensia, 2(10): 219–237 (in Polish)

Heller F. 1963. Eine altquartäre Wirbeltierfauna des unteren Cromerium aus der nördlichen Frankenalb. Neues Jahrbuch für Geologie und Paläontologie Abhandlungen, 118(1): 1–20

Hibbard C W. 1937. An Upper Pliocene fauna from Meade County, Kansas. Transactions of the Kansas Academy of Science, 40: 239–265

Hibbard C W. 1941. New mammals from the Rexroad fauna, Upper Pliocene of Kansas. The American Midland Naturalist, 26(2): 337–368

Hibbard C W. 1956. Vertebrate fossils from the Meade Formation of Southwestern Kansas. Papers of the Michigan Academy of Science, Arts, and Letters, 41: 145–200

Hibbard C W. 1957. Two new Cenozoic microtine rodents. Journal of Mammalogy, 38(1): 39–44

Hibbard C W. 1959. Late Cenozoic microtine rodents from Wyoming and Idaho. Papers of the Michigan Academy of Science, Arts, and Letters, 44: 3–40

Hibbard C W, Dalquest W W. 1973. *Proneofiber*, a new genus of vole (Cricetidae: Rodentia) from the Pleistocene Seymour Formation of Texas, and its evolutionary and stratigraphic significance. Quaternary Research, 3(2): 269–274

Hibbard C W, Zakrzewski R J. 1967. Phyletic trends in the Late Cenozoic microtine *Ophiomys* gen. nov., from Idaho. Contributions from the Museum of Paleontology, the University of Michigan, 21(12): 255–271

Hinton M A C. 1910. A preliminary account of the British fossil voles and lemmings; with some remarks on the Pleistocene climate and geography. Proceedings of the Geologists' Association, 21(10): 489–507

Hinton M A C. 1923a. XII.-On the voles collected by Mr. G. Forrest in Yunnan; with remarks upon the Genera *Eothenomys* and *Neodon* and upon their allies. The Annals and Magzine of Natural History, 9th series, 11(61): 145–170

Hinton M A C. 1923b. LVI.-Diagnoses of species of *Pitymys* and *Microtus* occurring in the Upper Freshwater bed of West Runton, Norfolk. The Annals and Magzine of Natural History, 9th series, 12(70): 541–542

Hinton M A C. 1926. Monograph of the Voles and Lemmings (Microtinae), Living and Extinct. London: British Museum (Natural History). 1–488.

Hír J. 1998. The *Allophaiomys* type-material in the Hungaian collections. Paluddicola, 2(1): 28–36

Hooper E T, Hart B S. 1962. A synopsis of recent North American microtine rodents. Miscellaneous Publications, Museum of Zoology, University of Michigan, 120: 1–68

Horsfield T. 1849. Brief notice of several mammalia and birds discovered by B. H. Hodgson, Esq., in upper India. The Annals and Magazine of Natural History, 2nd series, 3: 202–203

Howell A B. 1929. Mammals from China in the collections of the United States National Museum. Proceedings of the United States National Museum, 75(2772): 1–82

Hsu Y H, Lee Y C, Hsieh H H. 1957. Mammalian fossils from the Pleistocene cave deposits of Chihchin, northwestern Kweichow. Acta Palaeontologica Sinica, 5(2): 343–350 [徐馀瑄, 李玉清, 薛祥煦. 1957. 贵州织金县更新世哺乳动物化石. 古生物学报, 5(2): 343–350]

Hu C C. 1973. Ape-man teeth from Yuanmou, Yunnan. Acta Geologica Sinica, 1: 65–69 [胡承志. 1973. 云南元谋发现的猿人牙齿化石. 地质学报, 1: 65–69]

Hu C K. 1985. History and progress of the study of the mammalian fossils from Loc. 1 of Zhoukoudian. In: Wu R K, Ren M E, Zhu X M, et al., Multi-disciplinary Study of the Peking Man Site at Zhoukoudian. Beijing: Science Press. 107–113 [胡长康. 1985. 周口店第一地点哺乳动物化石研究的历史及进展. 见: 吴如康, 任美锷, 朱显谟, 等 (著), 北京猿人遗址综合研究. 北京: 科学出版社. 107–113]

Hu C K, Qi T. 1978. Gongwangling Pleistocene mammalian fauna of Lantian, Shaanxi. Palaeontologia Sinica, New Series C, No. 21. Beijing: Science Press. 1–64 [胡长康, 齐陶. 1978. 陕西蓝田公王岭更新世哺乳动物群. 中国古生物志, 新丙种第21号. 北京: 科学出版社. 1–64]

Hu J C, Wang Y Z. 1984. Sichuan Fauna Economica, Volume 2 Mammals. Chengdu: Sichuan Science and Technology Publishing House. 1–365 [胡锦矗, 王酉之. 1984. 四川资源动物志 第二卷 兽类. 成都: 四川科学技术出版社. 1–365]

Huang W B. 1981. A brief report on several newly discovered caves and deposits at the piedmont of Yanshan Mountain. Vertebrata PalAsiatica, 19(1): 99–100 [黄万波. 1981. 燕山山麓新发现的几处洞穴及堆积简报. 古脊椎动物与古人类, 19(1): 99–100]

Huang W B, Guan J. 1983. Early Pleistocene mammals from the cave deposits of Yanshan Mountain, Beijing. Vertebrata PalAsiatica, 21(1): 69–76 [黄万波, 关键. 1983. 京郊燕山一早更新世洞穴堆积与哺乳类化石. 古脊椎动物与古人类, 21(1): 69–76]

Huang W B, Fang Q R, et al. 1991. Wushan Hominid Site. Beijing: China Ocean Press. 1–230 [黄万波, 方其仁, 等. 1991. 巫山猿人遗址. 北京: 海洋出版社. 1–230]

Huang W J, Chen Y X, Wen Y X. 1995. Glires of China. Shanghai: Fudan University Press. 1–308 [黄文几, 陈延熹, 温业新. 1995. 中国啮齿类. 上海: 复旦大学出版社. 1–308]

Huang W W, Zhang Z H, Liao Z D, et al. 1984. Discovery of Paleolithic artifacts at Ang'angxi of Jijihaer, Heilongjiang. Acta Anthropologica Sinica, 3(3): 224–243 [黄慰文, 张镇洪, 缪振棣, 等. 1984. 黑龙江昂昂溪的旧石器. 人类学学报, 3(3): 224–243]

Huang X S, Zong G F. 1973. Late Pleistocene cave deposits of Benxi, Liaoning. Vertebrata PalAsiatica, 11(2): 211–214 [黄学诗, 宗冠福. 1973. 辽宁本溪晚更新世洞穴堆积. 古脊椎动物与古人类, 11(2): 211–214]

Imaizumi Y. 1971. A new vole of the *Clethrionomys rufocanus* group from Rishiri Island, Japan. Journal of the Mammalogical Society of Japan, 5(3): 99–103

Jameson E W. 1961. Relationships of the red-backed voles of Japan. Pacific Science, 15(4): 594–604

Jánossy D. 1974. New "Middle Pliocene" microvertebrate fauna from northern Hungary (Osztramos Loc. 9). Fragmenta Minerologica et Palaeontologica, 5: 17–26

Jánossy D, van der Meulen A J. 1975. On *Mimomys* (Rodentia) from Osztramos-3, North Hungary. Proceeddings of Koninklijke Nederlandse Akademie van Wetenschappen, Series B, 78(5): 381–391

Ji H X. 1976. The Middle Pleistocene mammalian fossils of Laochihe, Lantian District, Shaanxi. Vertebrata PalAsiatica, 14(1): 59–65 [计宏祥. 1976. 陕西蓝田涝池河中更新世哺乳动物化石. 古脊椎动物与古人类, 14(1): 59–65]

Ji H X, Xu Q Q, Huang W B. 1980. The *Hipparion* fauna from Guizhong Basin, Xizang. In: Team of Comprehensive Scientific Expedition to Qinghai-Xizang Plateau, Chinese Academy of Sciences (ed.), Palaeontology of Xizang (Book 1). Beijing: Science Press. 18–32 [计宏祥, 徐钦琦, 黄万波. 1980. 西藏吉隆沃马公社三趾马动物群. 见: 中国科学院青藏高原综合科学考察队 (编), 西藏古生物 (第一分册). 北京: 科学出版社. 18–32]

Jin C Z. 1984. The Quaternary stratigraphy and mammalian fossils of Weixian, Shandong. Vertebrata PalAsiatica, 22(1): 54–49 [金昌柱. 1984. 山东潍县武家村第四纪地层及哺乳类化石. 古脊椎动物学报, 22(1): 54–59]

Jin C Z. 2002. Chapter 3, Section 2, Chiroptera Blumenbach and Rodentia Bowdich. In: Wu R K, Li X X, Wu X Z, et al. (eds.), *Homo erectus* from Nanjing. Nanjing: Phoenix Science Press. 91–102 [金昌柱. 2002. 第三章 第二节 翼手目和啮齿目. 见: 吴汝康, 李星学, 吴新智, 等 (编), 南京直立人. 南京: 江苏科学技术出版社. 91–102]

Jin C Z, Liu J Y. 2009. Paleolithic Site—the Renzidong Cave, Fanchang, Anhui Province. Beijing: Science Press. 1–439 [金昌柱, 刘金毅. 2009. 安徽繁昌人字洞——早期人类活动遗址. 北京: 科学出版社. 1–439]

Jin C Z, Zhang Y Q. 2005. First discovery of *Promimomys* (Arvicolidae) in East Asia. Chinese Science Bulletin, 50(4): 327–332 [金昌柱, 张颖奇. 2005. 东亚地区首次发现原模鼠(*Promimomys*, Arvicolidae). 科学通报, 50(2): 152–157]

Jin C Z, Xu Q Q, Li C T. 1984. The Quaternary mammalian faunas from Qingshantou site, Jilin Province. Vertebrata PalAsiatica, 22(4): 314–323 [金昌柱, 徐钦琦, 李春田. 1984. 吉林青山头遗址哺乳动物群及其地质时代. 古脊椎动物学报, 22(4):

314–323]

Jin C Z, Zheng L T, Dong W, et al. 2000. The Early Pleistocene deposits and mammalian fauna from Renzidong, Fanchang, Anhui Province, China. Acta Anthropologica Sinica, 19(3): 184–198 [金昌柱, 郑龙亭, 董为, 等. 2000. 安徽繁昌早更新世人字洞古人类活动遗址及其哺乳动物群. 人类学学报, 19(3): 184–198]

Kaščenko N T. 1900. Results of Altai zoological expedition in 1898, Vertebrate[Результаы Алтайской зоолгической экспедиціи 1898 года, Позвоночныя]. Izvestiya Imperatorskogo Tomskogo Universiteta, 16: 1–148

Kaščenko N T. 1901. *Stenocranius* I *Platycranius*, dva novykh podroda sibirskikh polevok [*Stenocranius* et *Platycranius*, deux nouveaux sousgenres d'Arvicolides de Sibérie]. Annuaire Musée Zoologique de l'Académie Impériale des Sciences de St.-Pétersbourg, 6: 165–206 (in Russian)

Kaščenko N T. 1912. Nouvelles études sur les mammifères de la Transbaïcalie. Annuaire du Musée Zoologique, 17: 390–420

Kawamura Y. 1988. Quaternary rodent faunas in the Japanese islands (Part 1). Memoirs of the Faculty of Science, Kyoto University, Series of Geology and Mineralogy, 53(1–2): 31–348

Kawamura Y, Takai M. 2009. Pliocene lagomorphs and rodents from Udunga, Transbaikalia, eastern Russia. Asian Paleoprimatology, 5: 15–44

Kawamura Y, Zhang Y Q. 2009. A preliminary review of the extinct voles of *Mimomys* and its allies from China and the adjacent area with emphasis on *Villayia* and *Borsodia*. Journal of Geosciences, Osaka City University, 52(1): 1–10

Kerr R. 1792. The Animal Kingdom, or Zoological System, of the Celebrated Sir Charles Linnaeus, Class I. Mammalia. Edinburgh. 1–400

Keyserling A, Blasius J H. 1841. Beschreibung einer neuen feldmaus, *Arvicola ratticeps*. Bulletin Scientifique, publié par l'Académie Impériale des Sciences de Saint-Pétersbourg, 9(2–3): 33

Kormos T. 1931. Oberpliozane Wuhlmause von Sénèze (Haute-Loire) und Val D'Arno (Toscan). Abhandlungen der Schweizerischen Paläontologischen Gesellschaft, 51(1): 1–14

Kormos T. 1932. Neue Wühlmäuse aus dem Oberpliozän von Püspökfürdö. Neues Jahrbuch für Mineralogie, Geologie und Paläontologie, Beilage-Band, Abt. B, Geologie und Paläontologie, 69: 323–346

Kormos T. 1933a. Revision der präglazialen Wühlmäuse vom Gesprengberg bei Brassó in Siebenbürgen. Palaeontologische Zeitschrift, 15: 1–21

Kormos T. 1933b. *Baranomys lóczyi* n. g. n. sp. ein neues Nagetier aus dem Oberpliocän Ungarns. Állattani Közlemények, 30(1–2): 45–54 (in Hungarian)

Kormos T. 1934a. Première prevue de l'existence du genre *Mimomys* en Asie Orietale. Travaux du Laboratoire de Géologie de la Faculté des Sciences de Lyon, Ancienne série, 24(20): 3–8

Kormos T. 1934b. Neue Insectenfresser, Fledermäuse und Nager aaus dem Oberpliozän der Villanyer Gegend. Földani Közlöny, 64: 298–321

Kormos T. 1938. *Mimomys newtoni* F. Major und *Lagurus pannonicus* Korm., zwei gleichzeitige verwandte Wühlmäuse von verschiedener phylogenetischen Entwicklun. Znzeiger der Ungarische Akademie der Wissenschaften, Mathematisch-Naturwissenschaftliche Klasse, 57: 353–379

Kotlia B S. 1985. Quaternary rodent fauna of the Kashmir Valley, northwestern India; systematics, biochronology and palaeoecology. Journal of the Palaeontological Society of India, 30: 81–91

Kowalski K. 1958. An early Pleistocene fauna of small mammals from the Kadzielnla Hill in Kielce (Poland). Acta Palaeontologica Polonica, 3(1): 1–47

Kowalski K. 1960a. Pliocene insectivores and rodents from Rębielice Królewskie (Poland). Acta Zoologica Cracoviensia, 5(5): 155–201

Kowalski K. 1960b. Cricetidae and Microtidae (Rodentia) from the Pliocene of Węże (Poland). Acta Zoologica Cracoviensia, 5(11): 447–505

Kowalski K. 2001. Pleistocene rodents of Europe. Folia Quaternaria, 72: 3–389

Kozhamkulova B S, Savinov P F, Tyutkova L A, et al. 1987. Pliocene mammals from the Aktogay locality. Materialy po lstorii Fauny I Flory Kazakhstana, 9: 82–120 (in Russian)

Kretzoi M. 1941. Die unterpleistozäne Säugetierfauna von Betfia bei Nagyvárad. Földtani Közlöny, 71(7–12): 308–335

Kretzoi M. 1954. Bericht über die Calabrische (Villafranchische) fauna von Kisláng, Kom. Fejér. Jahresbericht der Ungarisches Geologischen Anstalt, 1953: 239–264

Kretzoi M. 1955a. *Promimomys cor* n. g. n. sp., ein altertümlicher Arvocolide aus dem ungarischen Unterpleistozän. Acta Geologica Academiae Scientiarum Hungaricae, 3(1–3): 89–94

Kretzoi M. 1955b. *Dolomys* and *Ondatra*. Acta Geologica Academiae Scientiarum Hungaricae, 3(4): 347–355

Kretzoi M. 1956. Die altpleistozänen Wirbeltierfaunen des Villányer Gebirges. Geologica Hungarica, Series Palaeontologica, 27: 129–245

Kretzoi M. 1959. Insectivoren, Nagetiere und Lagomorphen der jüngstpliozänen fauna von Csarnóta im Villányer Gebirge (Südungarn). Vertebrata Hungarica, 1(2): 237–246

Kretzoi M. 1961. Zwei Myospalaciden aus Nord China. Vertebrata Hungarica, 3(1–2): 123–136

Kretzoi M. 1962. *Katamys* Kretzoi 1962. In: Kretzoi M. 1969. Skizze einer Arvicoliden-Phylogenie - Stand 1969. Vertebrata Hungarica, 11(1–2): 185

Kretzoi M. 1964. Über einige homonyme und synonyme Säugetiernamen. Vertbrata Hungarica, 6(1–2): 131–138

Kretzoi M. 1969. Skizze einer Arvicoliden-Phylogenie - Stand 1969. Vertebrata Hungarica, 11(1–2): 155–193

Kuroda N. 1920. On two rare species of Muridae from the Central Mountains of Formosa. Doubutsugaku Zasshi (Zoological Magazine), 32(376): 36–43

Lacépède B G É D L V. 1799. Tableau des divisions, sous-divisions, ordres et genres des mammifères. In: Lacépède B G É D L V (ed.), Discours d'Ouverture et de Cloture du Cours d'Histoire Naturelle Donné dans le Muséum National d'Histoire Naturelle, l'an VII de la République, et Tableaux Méthodiques des Mammifères et des Oiseaux. Paris: Plassan. 1–18 (in French)

Lataste F. 1886. Observations sur quelques espèces du genre campagnol (*Microtus* Schranck, *Arvicola* Lacépède). Annali del Museo Civico di Storia Naturale di Genova, Serie 2.ª, 4: 259–274

Lawrence M A. 1982. Western Chinese arvicolines (Rodentia) collected by the Sage Expedition. American Museum Novitates, 2745: 1–19

Lawrence M A. 1991. A fossil *Myospalax* cranium (Muridae, Rodentia) from Shanxi, China, with observations on Zokor relationships. In: Griffiths T A, Klingener D (eds.), Contributions to Mammalogy in Honor of Karl F Koopman. Bulletin of the American Museum of Natural History, 206: 261–286

Laxmann E. 1769. Predigers Bey der Deutschen Gemeinde zu Barnaul auf den Kolywanischen Bergwerken in Sibirien, Sibirische Briefe. Gottingen und Gotha: Verlegts Johann Christian Dieterich. 1–104

Laxmann E. 1773. Beskrifning på djuret *Mus myospalax*, palmis maximis, cauda brevi, oculis admodum parvis. Kongl. Vetenskaps Academiens Handlingar, 34: 134–139

Le Conte J. 1829. Description of a new genus of the order Rodentia. Annals of the Lyceum of Natural History of New-York, 3: 132–133

Leroy P. 1941. Observations on living Chinese mole-rats. Bulletin of the Fan Memorial Institute of Biology, 10: 167–193

Li B G, Chen F G. 1987. A comparative study of the karyotypes and LDH isoenzymes from some zokors of the subgenus *Eospalax*, genus *Myospalax*. Acta Theriologica Sinica, 7(4): 275–282 [李保国, 陈服官. 1987. 几种鼢鼠染色体组型和血清 LDH 同工酶的电泳比较研究. 兽类学报, 7(4): 275–282]

Li B G, Chen F G. 1989. A taxonomic study and new subspecies of the subgenus *Eospalax*, genus *Myospalax*. Acta Zoologica Sinica, 35(1): 89–94 [李保国, 陈服官. 1989. 鼢鼠属凸颅亚属（*Eospalax*）的分类研究及一新亚种. 动物学报, 35(1): 89–94]

Li C K, Ji H X. 1981. Two new rodents from Neogene of Chilong Basin, Tibet. Vertebrata PalAsiatica, 19(3): 246–255 [李传夔,

计宏祥. 1981. 西藏吉隆上新世啮齿类化石. 古脊椎动物与古人类, 19(3): 246–255]

Li C K, Wu W Y, Qiu Z D. 1984. Chinese Neogene: subdivision and correlation. Vertebrata PalAsiatica, 22(3): 163–178 [李传夔, 吴文裕, 邱铸鼎. 1984. 中国陆相新第三系的初步划分与对比. 古脊椎动物学报, 22(3): 163–178]

Li C L, Xue X X. 1996. Biogeography and the age of the fossil rodent fauna from Xishuidong, Lantian, Shaanxi. Vertebrate PalAsiatica, 34(2): 156–162 [李传令, 薛祥煦. 1996. 陕西蓝田锡水洞啮齿动物群的性质与时代. 古脊椎动物学报, 34(2): 156–162]

Li H. 2000. Myospalacinae. In: Luo Z X, Chen W, Gao Wu, et al. (eds.), Fauna Sinica, Mammalia, Vol. 6 Rodentia, Part III: Cricetidae. Beijing: Science Press. 148–178 [李华. 2000. 鼢鼠亚科. 见: 罗泽珣, 陈卫, 高武, 等 (编著), 中国动物志 兽纲 第六卷 啮齿目 下册 仓鼠科. 北京: 科学出版社. 148–178]

Li H H, Mei Y. 1983. The maximum age of Hexian Man. Chinese Science Bulletin, 28(8): 1146–1147 [李虎候, 梅屹. 1983. 和县人的上限年龄. 科学通报, 28(11): 703]

Li Q. 2006. Pliocene rodents from the Gaotege fauna, Nei Mongol (Inner Mongolia). Ph. D. Dissertation, IVPP, CAS. [李强. 2006. 内蒙古高特格上新世啮齿动物. 中国科学院古脊椎动物与古人类研究所博士论文.]

Li Q, Wang X M, Qiu Z D. 2003. Pliocene mammalian fauna of Gaotege in Nei Mongol (Inner Mongolia), China. Vertebrata PalAsiatica, 41(2): 104–114

Li Q, Zheng S H, Cai B Q. 2008. Pliocene biostratigraphic sequence in the Nihewan Basin, Hebei, China. Vertebrata PalAsiatica, 46(3): 210–232 [李强, 郑绍华, 蔡保全. 2008. 泥河湾盆地上新世生物地层序列与环境. 古脊椎动物学报, 46(3): 210–232]

Li Y X, Xue X X. 2009. On two species of *Caryomys* (Cricetidae, Rodentia) from Middle Pleistocene Zhangping Caves, Luonan County, Shaanxi Province. Vertebrata PalAsiatica, 47(1): 72–80 [李永项, 薛祥煦. 2009. 记陕西洛南张坪洞穴群中更新世绒鼥（*Caryomys*）. 古脊椎动物学报, 47(1): 72–80]

Li Y Y. 1937. Late Cenozoic geology of Yuanqu Basin, Shanxi. Geological Review, 2(4): 377–388 [李悦言. 1937. 山西垣曲盆地新生代地质. 地质论评, 2(4): 377–388]

Liaoning Provincial Museum, Benxi City Museum. 1986. Miaohoushan—the paleolithic site of Benxi City, Liaoning Province. Beijing: Cultural Relics Press. 1–102 [辽宁省博物馆, 本溪市博物馆. 1986. 庙后山——辽宁省本溪市旧石器文化遗址. 北京: 文物出版社. 1–102]

Lilljeborg W. 1866. Systematisk Öfversigt af de Gnagande Däggdjuren, Glires. Uppsala: Kongl. Akad. Bocktrykeriet. 1–59

Lindström G. 1885. Förteckning på Gotlands Siluriska Crustacéer. Öfversigt Kongl. Vetenskaps-Akademiens Förhandlingar, 42(6): 37–96

Link H F. 1795. Beyträge zur Naturgeschichte, Erster Band, Zweytes Stück, Ueber die Lebenskräfte in Naturhistorischer Rücksicht und die Classification der Säugthiere. Rostock/Leipzig: Kar Christoph Stillers. 1–126

Linnaeus C. 1758. Systema Naturae per Regna Tria Naturae, secundum Classis, Ordines, Genera, Species cum Characteribus, Differentiis, Synonymis, Locis, 10th edition, Vol. 1. Stockholm: Laurentii Salvii. 1–824

Litvinov N I. 1960. The new subspecies of the silvery mountain vole from the island of Olkhon (Baikal). Zoologicheskii Zhournal, 12: 1888–1891

Liu C, Jin Z X, Zhu R X, et al. 1991. Chapter 8, Dating, Section 1, Magnetostratigraphic dating. In: Huang W B, Fang Q R, et al., Wushan Hominid Site. Beijing: China Ocean Press. 156–161 [刘椿, 金增信, 朱日祥, 等. 1991. 第八章 年代测定 一、磁性地层年代测定. 见: 黄万波, 方其仁, 等 (著), 巫山猿人遗址. 北京: 海洋出版社. 156–161]

Liu L P, Zheng S H, Zhang Z Q, et al. 2011. Late Miocene–Early Pliocene biostratigraphy and Miocene/Pliocene boundary in the Dongwan section, Gansu. Vertebrata PalAsiatica, 49(2): 229–240 [刘丽萍, 郑绍华, 张兆群, 等. 2011. 甘肃董湾晚新近纪地层及中新统/上新统界线. 古脊椎动物学报, 49(2): 229–240]

Liu L P, Zheng S H, Cui N, et al. 2013. Myospalacines (Cricetidae, Rodentia) from the Miocene-Pliocene red clay section near Dongwan Village, Qin'an, Gansu, China and the classification of Myospalacinae. Vertebrata PalAsiatica, 51(3): 211–241 [刘丽萍, 郑绍华, 崔宁, 等. 2013. 甘肃秦安晚中新世—早上新世化石鼢鼠（Myospalacinae, Cricetidae, Rodentia）兼

论鼢鼠亚科的分类. 古脊椎动物学报, 51(3): 211–241]

Liu L P, Zheng S H, Cui N, et al. 2014. Rootless myospalacines from Upper Pliocene to Lower Pleistocene of Wenwanggou section, Lingtai, Gansu. Vertebrata PalAsiatica, 52(4): 440–466 [刘丽萍, 郑绍华, 崔宁, 等. 2014. 甘肃灵台文王沟剖面中的臼齿无根鼢鼠. 古脊椎动物学报, 52(4): 440–466]

Liu T S, Wen Q Z, An Z S, et al. 1985. Chapter 3, Section 1, The basal loess-paleosol sequence at Luochuan. In: Liu T S, et al. (eds.), Loess and Environment. Beijing: Science Press. 44–61 [刘东生, 文启忠, 安芷生, 等. 1985. 第三章 第一节 洛川黄土-古土壤底层序列. 见: 刘东生, 等 (著), 黄土与环境. 北京: 科学出版社. 44–61]

Lönnberg E. 1926. Some remarks on mole-rats of the genus *Myospalax* from China. Arkiv för Zoolgi, 18A(21): 1–11

Lu Y Q, Li Y. 1984. Newly discovered late Pleistocene mammalian fossil sites in Inner Mongolia. Vertebrata PalAsiatica, 22(3): 246–248 [陆有泉, 李毅. 1984. 内蒙古新发现的更新世晚期哺乳动物化石点. 古脊椎动物学报, 22(3): 246–248]

Lu Y Q, Li Y, Jin C Z. 1986. Mammalian remains from the Late Pleistocene of Wurji, Nei Mongol. Vertebrata PalAsiatica, 24(2): 152–162 [陆有泉, 李毅, 金昌柱. 1986. 乌尔吉晚更新世动物群和古生态环境. 古脊椎动物学报, 24(2): 152–162]

Luo Z X, Chen W, Gao W, et al. 2000. Fauna Sinica, Mammalia, Vol. 6 Rodentia, Part III: Cricetidae. Beijing: Science Press. 1–522 [罗泽珣, 陈卫, 高武, 等. 2000. 中国动物志 兽纲 第六卷 啮齿目 下册 仓鼠科. 北京: 科学出版社. 1–522]

Lychev G F, Savinov P F. 1974. Pozdnepliotsenovye zaitseobraznye I gryzuny Kiibaya [The Late Pliocene lagomorphs and rodents of Kiibai]. Materialy po Istorii Fauny I Flory Kazakhstana, 6: 39–56

Lyon M W. 1907. Notes on a small collection of mammals from the province of Kan-su, China. Smithsonian Miscellaneous Collections, 50(1789): 133–138

Ma Y, Jiang J Q. 1996. The reinstatement of the status of genus *Caryomys* (Thomas, 1911). Acta Zootaxonomica Sinica, 21(4): 493–497 [马勇, 姜建青. 1996. 绒鼱属 *Caryomys* (Thomas, 1911) 地位的恢复（啮齿目: 仓鼠科: 田鼠亚科）. 动物分类学报, 21(4): 493–497]

Malygin V M, Yatsenko V N. 1986. Taxonomic nomenclature of sibling species of the common vole (Rodentia, Cricetidae). Zoological Journal, 65(4): 579–591 (in Russian with English summary)

Markova A K. 1990. The sequence of Early Pleistocene small-mammal faunas from the south Russian plain. Quartarpalaontologie, 8: 131–151

Marsh O C. 1872. Preliminary description of new Tertiary mammals. American Journal of Science, s3–4(20): 122–128

Martin R A. 1989. Arvicolid rodents of the Early Pleistocene Java local fauna from north-central South Dakota. Journal of Vertebrate Paleontology, 9(4): 438–450

Mats V D, Pokatilov A G, Popova S M. 1982. Pliotsen I Pleistotsen Srednego Baikala [The Pliocene and Pleistocene of Middle Baikal]. Novosibirsk: Nauka, 1–192 (in Russian)

McKenna M C, Bell S K. 1997. Classification of Mammals—above the species level. New York: Columbia University Press. 1–631

McMurtrie H. 1831. Animal Kingdom Arranged in Conformity with its Organization, by the Baron Cuvier, the Crustacea, Arachnides and Insecta, by P. A. Latreille, Translated from the French, with Notes and Additions, Volume 1. New York: G. & C. & H. Carvill. 1–448

Méhely L. 1914. Fibrinae Hungariae-Die ternären und quartären wurzelzähnigen wühlmäuse ungarns. Annales Historico-Naturales Musei Nationalis Hungarici, 12: 155–243

Merriam C H. 1889a. Preliminary revision of the North American pocket mice (Genera *Perognathus* et *Cricetodipus* auet.) with descriptions of new species and subspecies and a key to the known forms. North American Fauna, 1889(1): 1–37

Merriam C H. 1889b. Description of a new genus (*Phenacomys*) and four new species of Arvicolinae. North American Fauan,1889(2): 27–35

Merriam C H. 1898. Descriptions of two new subgenera and three new species of *Microtus* from Mexico and Guatemala. Proceedings of the Biological Society of Washington, 12: 105–108

Mi T H. 1943. New finds of late Cenozoic vertebrates. Bulletin of the Geological Society of China, 23(3/4): 155–168

Michaux J. 1971. Arvicolinae (Rodentia) du Pliocène Terminal et du Quaternaire Ancien de France et d'Espagne. Palaeovertebrata, 4(5): 137–214

Miller G S. 1896. The genera and subgenera of voles and lemmings. North American Fauna, 12: 1–78

Miller G S. 1897. Description of a new vole from Kashmir. Proceedings of the Biological Society of Washington, 11: 141

Miller G S. 1898. Description of a new genus and species of microtine rodent from Siberia. Proceedings of the Academy of Natural Sciences of Philadelphia, 50(1899): 368–371

Miller G S. 1899. The voles collected by Dr. W. L. Abbott in Central Asia. Proceedings of the Academy of Natural Sciences of Philadelphia, 51(1900): 281–298

Miller G S. 1900. Preliminary revision of the European redbacked mice. Proceedings of the Washington Academy of Sciences, 2: 83–109

Miller G S. 1906. XLVIII.-Some voles from the Tian Shan Region. The Annals and Magazine of Natural History, Series 7, 17(100): 371–375

Miller G S. 1908a. XIII.-The recent voles of the *Microtus nivalis* group. The Annals and Magazine of Natural History, Series 8, 1(1): 97–103

Miller G S. 1908b. XXXI.-Eighteen new European voles. The Annals and Magazine of Natural History, Series 8, 1(2): 194–206

Miller G S. 1910. Two new genera of murine rodents. Smithsonian Miscellaneous Collections, 52: 497–498

Miller G S. 1912. Catalogue of the Mammals of Western Europe (Europe Exclusive of Russia) in the Collection of the British Museum. London: British Museum (Natural History). 1–1019

Miller G S. 1927. Revised determinations of some Tertiary mammals from Mongolia. Palaeontologia Sinica, Series C, 5(2): 1–20

Miller G S, Gidley J W. 1918. Zoology-Synopsis of the supergeneric groups of rodents. Journal of the Washington Academy of Sciences, 8(13): 431–448

Milne-Edwards M A. 1867. Observations sur quelgues mammifères du Nord de la Chine. Annales des Sciences Naturelles, Zoologie et Paléontologie, 5th series, 7: 375–377

Milne-Edwards M A. 1871. *Arvicola mandarinus*, *Arv. melanogaster*. In: David L A. 1871. Rapport Adressé a mm. les Professeurs-Administrateurs du Muséum d'Histoire Naturelle. Belletin des Nouvelles Archives du Muséum, 7: 75–100

Milne-Edwards M A. 1874. Études pour server a l'histoire de la faune mammalogique de la Chine. In: Milne-Edwards M H, Milne Edwards M A. (eds.), Recherches Pour Servir à l'Histoire Naturelle des Mammifères, Vol. 1, text: 1–394; Vol. 2, atlas: 105 plates. Paris: Libraire de l'Académie de Médecine. Vol. 1: 67–229

Min L R, Zhang Z H, Wang X S, et al. 2006. The basal boundary of the Nihewan Formation at the Tai'ergou section of Yangyuan, Hebei Province. Journal of Stratigraphy, 30(2): 103–108 [闵隆瑞, 张宗祜, 王喜生, 等. 2006. 河北阳原台儿沟剖面泥河湾组底界的确定. 地层学杂志, 30(2): 103–108]

Musser G G, Carleton M D. 2005. Superfamily Muroidea. In: Wilson D E, Reader D M (eds.), Mammal Species of the World: a Taxonomic and Geographic Reference, 3rd Edition, Vol.2. Baltimore: The Johns Hopkins University Press. 894–1531

Nehring A. 1883. Ueber eine fossile *Siphneus*-Art (*Siphneus arvicolinus* n. sp.) aus lacustrinen Ablagerungen am oberen Hoangho. Sitzungs-Berichte der Gesellschaft Naturforschender Freunde zu Berlin, 1883(2): 19–24

Nehring A. 1898. 3. Über *Dolomys* nov. gen. foss. Zoologischer Anzeiger, 21(549): 13–16

Nowak R M, Paradiso J L. 1983. Walker's Mammals of the World. Baltimore and London: The John Hopkins University Press. Vol. 1: 1–568, Vol. 2: 569–1362

O'Connor J, Prothero D R, Wang X M, et al. 2008. Magnetic stratigraphy of the Lower Pliocene Gaotege beds, Inner Mongolia. In: Lucas S G, Morgan G S, Spielmann J A, et al. (eds.), Neogene Mammals. Bulletin of New Mexico Museum of Natural History & Science, 44: 431–435

Ognev S I. 1914. Die saugetiere aus dem Sudlichen Ussurigebiete. Journal de la Section Zoologique de la Societe des Amis des Sciences Naturelles, d'Anthropologie et d'Ethnographie, 2(3): 101–128

Ognev S I. 1933. Materialien zur systematic und geographie der russischen Wasserratten (*Arvicola*). Zeitschrift für Säugetierkunde, 8(3–6): 156–179

Ognev S I. 1950. Zveri SSSR I Prilezhashchikh stran. T. 7. Gryzuny (prodolzhenie) (Mammals of the USSR and Adjacent Countries. Vol. 7. Rodents (Continued), Mammals of Eastern Europe and Northern Asia). Moscow: Akademiya Nauk SSSR. 1–706

Orlov V N, Baskevich M I. 1992. *Myospalax aspalax hangaicus* susp. nova—new subspecies of transbajcalian zokor in Mongolia. In: International Symposium "Erforchung biologischer Ressoursen der Mongolei" in Deutschland vom 25.3–30.3.1992, Thesen zu den Wissenschaftlichen Beitragen. Halle-Wittenberg: Martin-Luter-Univ. 104

Opdyke N D, Huang K N, Tedford R H. 2013. The Palaeomagnetism and magnetic stratigraphy of the Late Cenozoic sediments of the Yushe Basin, Shanxi Province, China; Erratum. In: Tedford R H, Qiu Z X, Flynn L J (eds.), Late Cenozoic Yushe Basin, Shanxi Province, China: Geology and Fossil Mammals, Vol. I: History, Geology, and Magnetostratigraphy. New York and London: Springer Dordrecht Heidelbert. 69–78, E1-E3

Osgood W H. 1932. Mammals of the Kelley-Roosevelts and Delacour Asiatic expeditions. Field Museum of Natural Histoy, Zoological Series, 18(10): 193–339

Pallas P S. 1776. Reise durch Verschiedene Provinzen des Russischen Reichs. Theil 3, 2, Reise aus Sibirien Zurueck an die Wolga im 1773sten Jahr. St. Petersbourg: Kayserliche Akademie der Wissenschaften. 457–760

Pallas P S. 1778. Novae Species Quadrupedum e Glirium Ordine: Cum Illustrationibus Variis Complurium Ex Hoc Ordine Animalium. Erlangae: Wolfgangi Waltheri. 1–388

Pallas P S. 1811. Zoographia Rosso-Asiatica, Sistens Omnium Animalium in Extenso Imperio Rossico et Adjacentibus Maribus Observatorum Recensionem, Domicillia, Mores et Descriptions, Anatomen Atque Icons Plurimorum, Vol. 1. Petropoli: Acadamiae Scientiarum. 1–568

Palmer T S. 1928. An earlier name for the genus *Evotomys*. Proceedings of the Biological Society of Washington, 41: 87–88

Pan Q H, Wang Y X, Yan K. 2007. A Field Guide to the Mammals of China. Beijing: China Forestry Publishing House. 1–420 [潘清华, 王应祥, 岩崑. 2007. 中国哺乳动物彩色图鉴. 北京: 中国林业出版社. 1–420]

Pasa A. 1947. I Mammiferi di Alcune Antiche Brecce Veronesi, Memorie del Museo Civico di Storia Naturale di Verona, vol. 1. Verona: La Tipografica Veronese. 1–111

Patton T H. 1965. A new genus of fossil microtine from Texas. Journal of Mammalogy, 46(3): 466–471

Pei W C. 1930. On a collection of mammalian fossils from Chiachiashan near Tangshan. Bulletin of the Geological Society of China, 9(4): 371–377

Pei W C. 1931. On the mammals from Locality 5 at Choukoutien. Palaeontologia Sinica, Series C, 7(2): 6–18

Pei W C. 1936. On the mammalian remains from Locality 3 at Choukoutien. Palaeontologia Sinica, Series C, 7(5): 1–120

Pei W C. 1939a. A preliminary study on a new palaeolithic station known as Locality 15 within the Choukoutien region. Bulletin of the Geological Society of China, 19(2): 147–188

Pei W C. 1939b. New fossil material and artifacts collected from the Choukoutien region during the years 1937 to 1939. Bulletin of the Geological Society of China, 19(3): 207–234

Pei W C. 1940. The Upper Cave fauna of Choukoutien. Palaeontologia Sinica, New Series C, 10: 1–100

Qi G Q. 1975. Quaternary mammalian fossils from Salawusu River district, Nei Mongol. Vertebrata PalAsiatica, 13(4): 239–249 [祁国琴. 1975. 内蒙古萨拉乌苏河流域第四纪哺乳动物化石. 古脊椎动物与古人类, 13(4): 239–249]

Qian F, Zhang J X, Yin W D. 1985. Magnetostratigraphic study of the deposits of the west wall and trial pit at Loc. 1 of Zhoukoudian. In: Wu R K, Ren M E, Zhu X M, et al., Multi-Disciplinary Study of the Peking Man Site at Zhoukoudian. Beijing: Science Press. 251–255 [钱方, 张景鑫, 殷伟德. 1985. 周口店第一地点西壁及探井堆积物磁性地层的研究. 见: 吴如康, 任美锷, 朱显谟, 等 (著), 北京猿人遗址综合研究. 北京: 科学出版社. 251–255]

Qiu Z D. 1988. Neogene micromammals of China. In: Chen E K J (ed.), The Paleoenvironment of East Asia from Mid-Tertiary, Vol. 2. Hong Kong: University of Hong Kong. 834–848

Qiu Z D. 1996. Middle Miocene micromammalian fauna from Tunggur, Nei Mongol. Beijing: Science Press. 1–216 [邱铸鼎. 1996. 内蒙古通古尔中新世小哺乳动物群. 北京：科学出版社. 1–216]

Qiu Z D, Li Q. 2016. Neogene rodents from central Nei Mongol, China. Palaeontologia Sinica, New Series C, No. 30. Beijing: Science Press. 1–682 [邱铸鼎, 李强. 2016. 内蒙古中部新近纪啮齿类动物. 中国古生物志, 新丙种第 30 号. 北京：科学出版社. 1–682]

Qiu Z D, Qiu Z X. 2013. Early Miocene Xiejiahe and Sihong fossil localities and their faunas, eastern China. In: Wang X M, Flynn L J, Fortelius M (eds.), Fossil Mammals of Asia—Neogene Biostratigraphy and Chronology. New York: Columbia University Press. 142–154

Qiu Z D, Storch G. 2000. The early Pliocene micromammalian fauna of Bilike, Inner Mongolia, China (Mammalia: Lypotyphla, Chiroptera, Rodentia, Lagomorpha). Senckenbergiana Lethaea, 80(1): 173–229

Qiu Z D, Wang X M. 1999. Small mammal faunas and their ages in Miocene of central Nei Mongol (Inner Mongolia). Vertebrata PalAsiatica, 37(2): 120–139 [邱铸鼎, 王晓鸣. 1999. 内蒙古中部中新世小哺乳动物群及其时代顺序. 古脊椎动物学报, 37(2): 120–139]

Qiu Z D, Li C K, Wang S J. 1981. Miocene mammalian fossils from Xining Basin, Qinghai. Vertebrata PalAsiatica, 19(2): 156–173 [邱铸鼎, 李传夔, 王士阶. 1981. 青海西宁盆地中新世哺乳动物. 古脊椎动物与古人类, 19(2): 156–173]

Qiu Z D, Li C K, Hu S J. 1984. Late Pleistocene micromammal fauna of Sanjiacun, Kunming. Vertebrata PalAsiatica, 22(4): 281–293 [邱铸鼎, 李传夔, 胡绍锦. 1984. 云南呈贡三家村晚更新世小哺乳动物群. 古脊椎动物学报, 22(4): 281–293]

Qiu Z D, Wang X M, Li Q. 2006. Faunal succession and biochronology of the Miocene through Pliocene in Nei Mongol (Inner Mongolia). Vertebrata PalAsiatica, 44(2): 164–181

Qiu Z D, Wang X M, Li Q. 2013. Neogene faunal succession and biochronology of central Nei Mongol (Inner Mongolia). In: Wang X M, Flynn L J, Fortelius M (eds.), Fossil Mammals of Asia—Neogene Biostratigraphy and Chronology. New York: Columbia University Press. 155–186

Qiu Z X, Qiu Z D. 1990. Seriation and subdivision of Late Tertiary local mammalian faunas in China. Journal of Stratigraphy, 14(4): 241–260 [邱占祥, 邱铸鼎. 1990. 中国晚第三纪地方哺乳动物群的排序及其分期. 地层学杂志, 14 (4): 241–260]

Qiu Z X, Deng T, Wang B Y. 2004. Early Pleistocene Mammalian Fauna from Longdan, Dongxiang, Gansu, China. Palaeontologia Sinica, New Series C, No. 27. Beijing: Science Press. 1–193 [邱占祥, 邓涛, 王伴月. 2004. 甘肃东乡龙担早更新哺乳动物群. 中国古生物志，新丙种第 27 号. 北京：科学出版社. 1–193]

Rabeder G. 1981. Die Arvicoliden (Rodentia, Mammalia) aus dem Pliozän und dem ältesten Pleistozän von Niederösterreich. Beitrage zur Paläontologie von Österreich, 8: 1–373

Rabeder G. 1983. *Mimomys malezi* n. sp., ein neuer Arvicolide (Rodentia) aus dem Altpleistozän von Dalmatien. Beitrage zur Paläontologie von Österreich, 10: 1–13

Radde G. 1861. Neue säugethier-arten aus ost-Sibirien. Mélanges Biologiques tires du Bulletin de l'Académie Impériale des Sciences de St.-Pétersbourg, 3 (5–7): 676–687

Radde G. 1862. Reisen im Süden von Ost-Sibirien in den Jahren 1855–1859 incl., Band I., Die Säugethierfauna. St. Petepsburg: Kaiserlichen Akademie der Wissenschaften. 1–327

Rădulescu C, Samson P M. 1986. Les micromammiferes du Pleistocene moyen de Gura Dobrogei - 4 (Dep. de Constanta, Roumanie). Travaux de l'Institut de Speologie "Emile Racovitza", 25: 67–83

Ray J. 1693. Synopsis Methodica Animalium Quadrupedum et Serpentine Generis. Londini: Impensis S. Smith & B. Walford. 1–336

Repenning C A. 1968. Mandibular musculature and the origin of the Subfamily Arvicolinae. Acta Zoologica Cracoviensia, 13(3): 29–72

Repenning C A. 1992. *Allophaiomys* and the age of the Olyor Suite, Krestovka Sections, Yakutia. U. S. Geological Survey Bulletin, 2037: 1–98

Repenning C A. 2003. *Mimomys* in North America. In: Flynn L J (ed.), Vertebrate Fossils and Their Context—Contributions in

Honor of Richard H. Tedford. Bulletin of the American Museum of Natural History, 279: 469–512

Repenning C A, Grady F. 1988. The Microtine rodents of the Cheetah Room Fauna, Hamilton Cave, West Virginia, and the spontaneous origin of *Synaptomys*. U. S. Geological Survey Bulletin, 1853: 1–32

Repenning C A, Fejfar O, Heinrich W-D. 1990. Arvicolid rodent biochronology of the Northern Hemisphere. In: Fejfar O, Heinrich W-D (eds.), International Symposium—Evolution, Phylogeny and Biostratigraphy of Arvicolids (Rodentia, Mammalia). Prague: Geological Survey. 385–418

Rossolimo O L, Pavlinov I Y. 1992. Species and subspecies of *Alticola* s. str. (Rodentia: Arvicolidae). In: Horáček I, Vohralik V (eds.), Prague Studies in Mammalogy. Prague: Charles University Press. 149–176.

Satunin K A. 1901. Über ein neues Nager-Genus (*Prometheomys*) aus dem Kaukasus. Zoologischer Anzeiger, 24(653): 572–575

Satunin K A. 1902. Neue nagetiere aus Centralasien. Annuaire du Musée Zoologique de l'Académie Impériale des Sciences de St.-Pétersbourg, 7: 547–589

Savi P. 1838. Sopra le due grosse specie di arvicole o topi-talpini della Toscana. Nuovo Giornale de' Letterati, 37(102): 200–207

Savinov P F. 1974. *Mimomys* (*Tianshanomys*) *antis* subgen. et sp. nov. In: Lychev G F, Savinov P F. 1974. Late Pliocene lagomorphs and rodents of Kiikbai. Materialy po Istorii Fauny i Flory Kazakhstana, 6: 39–56 (in Russian)

Savinov P F, Tyutkova L A. 1987. *Mimomys* (*Tcharinomys*) *haplodentatus* subgen. et sp. nov. In: Kozhamkulova B S, Savinov P F, Tyutkova L A. 1987. Pliocene Mammals of the Aktogay Locality. Materialy po Istorii Fauny i Flory Kazakhstana, 9: 82–120 (in Russian)

Schaub S. 1943. Die oberpliocaene Säugetierfauna von Senèze (Haute-Loire) und ihre verbretungsgeschitliche Stellung. Eclogae Geologicae Helvetiae, 36(2): 270–289

Schlosser M. 1924. Tertiary vertebrates from Mongolia. Palaeontologia Sinica, Series C, 1(1): 1–119

Schrank F von P. 1798. Fauna Boica, Durchgedachte Geschichte der in Baiern Einheimischen und Zahmen Thiere. Nürnberg: Stein'schen Buchhandlung. 1–720

Schreber J C D. 1780. Die Säugthiere in Abbildungen Nach der Natur mit Beschre Ibungen, Theil IV. Erlangen: Walther. 651–682

Schrenk L. 1858. Reisen und Forschungen im Amur-Lande in den Jahren 1854–1856, im Auftrage der Kaiserl, Akademie der Wissenschaften zu St. Petersburg, Band I, Erste Lieferung, Einleitung: Säugethiere des Amur-Landes. St. Petersburg: Eggers und Comp. 1–567

Şen Ş. 1977. La faune de Rongeurs pliocènes de Çalta (Ankara, Turquie). Bulletin du Muséum National d'Histoire Naturelle, series 3, 465, Sciences de la Terre, 61: 89–171

Ševčenko A I. 1965. Key complexes of small mammals from Pliocene and Lower Anthropogene in the South-Western part of the Russian plain. In: Nikiforova K V (ed.), Stratigraphic Importance of Small Mammalian Anthropogene Fauna. Moscow: Nauka. 7–57

Severtzov N A. 1873. Vertical and horizontal distribution of Turkestan animals [Вертикальное и горизонтальное распределение туркестанских животных]. Izvestia Imperatorskago Obshchestva Lyubitelei Estestvozananiya, Anthropologii i Etnografii [Известия Общества Любителей Естествознания, Антропологии и Этнографии], 8(2): 1–157

Severtzov N A. 1879. Zametki o faune pozvonochnykh Pamira [Remarks on vertebrate fauna of Pamir]. Zapiski Turkestanskogo Otdela Obshchestva Lutitelei Estevoznanya, 1: 63–64

Shaw G. 1801. General Zoology or Systematic Natural History, vol. II, part 1. London: G. Kearsley. 1–226

Sherskey I D. 1873. Даускій *Myospalax* Laxm. (*Siphneus* Brants) какъ самостоятельный видъ: *Myospalax dybowskii*. Bulletin de la Société Impériale des Naturalistes de Moscou, 46(1): 430–447

Shevyreva N S. 1983. Rodents (Rodentia, Mammalia) from the Neogene of Eurasia and northern Africa—evolutionary basis for the Pleistocene and recent rodent fauna of Paleartic. In: Sokolov B E (ed.), History and Evolution of the Recent Rodent Fauna of USSR. Moscow: Nauk. 9–145 (in Russian)

Shotwell J A. 1956. Hemphillian mammalian assemblage from northeastern Oregon. Bulletin of the Geological Society of America, 67(6): 717–738

Simpson G G. 1940. Types in modern taxonomy. American Journal of Science, 238(6): 413–431

Song S Y. 1986. Taxonomic revision of two zokors. Animal World, 3(2/3): 31–39 [宋世英. 1986. 两种鼢鼠的分类订正. 动物世界, 3(2/3): 31–39]

Storch G, Franzen J L, Malec F. 1973. Die altpleistozäne Säugerfauna (Mammalia) von Hohensülzen bei Worms. Senckenbergiana Lethaea, 54(2/4): 311–343

Sun J M, Liu T S. 2002. Pedostratigraphic subdivision of the loess-paleosol sequences at Luochuan and a new interpretation on the paleoenvironmental significance of L_9 and L_{15}. Quaternary Sciences, 22(5): 406–412 [孙继敏, 刘东生. 2002. 洛川黄土地层的再划分及其 L_9、L_{15} 古环境意义的新解释. 第四纪研究, 22(5): 406–412]

Sundevall J. 1846. 8. *Hypudaeus rufocanus*, ny svensk djurart. Öfversigt af Kongl. Vetenskaps-Akademiens Förhandlingar, 3(5): 122–123

Takai F. 1938. Cenozoic mammalian fauna of the Japanese empire (A preliminary note). The Journal of the Geological Society of Japan[本邦に於ける新生代哺乳動物(豫報)], 45(541): 745–763 (in Japanese)

Takai F. 1940. Shansi mole-rat, *Myospalax fontanus* Thomas, found in the loess of Shansi Province, China. Japanese Journal of Geology and Geography, 17(3–4): 209–214

Tan B J. 1992. A Systematic List of the Mammals. Beijing: China Medical Science Press. 1–726 [谭邦杰. 1992. 哺乳动物分类名录. 北京: 中国医药科技出版社. 1–726]

Tang Y J, Ji H X. 1983. A Pliocene-Pleistocene transitional fauna from Yuxian, northern Hebei. Vertebrata PalAsiatica, 21(3): 245–254 [汤英俊, 计宏祥. 1983. 河北蔚县上新世—早更新世间的一个过渡动物群. 古脊椎动物与古人类, 21(3): 245–254]

Tang Y J, Zong G F, Xu Q Q. 1983. Mammalian fossils and stratigraphy of Linyi, Shanxi. Vertebrata PalAsiatica, 21(1): 77–86 [汤英俊, 宗冠福, 徐钦琦. 1983. 山西临猗早更新世地层及哺乳动物群. 古脊椎动物与古人类, 21(1): 77–86]

Tang Y J, Zong G F, Lei Y L, et al. 1987. Mammalian remains from the Pliocene of the Hanshui River Basin, Shaanxi. Vertebrata PalAsiatica, 25(3): 222–235 [汤英俊, 宗冠福, 雷遇鲁, 等. 1987. 陕西汉中地区上新世哺乳类化石及地层意义. 古脊椎动物学报, 25(3): 222–235]

Tedford R H, Flynn L J, Qiu Z X, et al. 1991. Yushe basin, China; Paleomagnetically calibrated mammalian biostratigraphic standard for the Late Neogene of eastern Asia. Journal of Vertebrate Paleontology, 11(4): 519–526

Tedford R H, Qiu Z X, Lawrence F J. 2013. Late Cenozoic Yushe Basin, Shanxi Province, China: Geology and Fossil Mammals, Vol. I: History, Geology, and Magnetostratigraphy. New York and London: Springer Dordrecht Heidelbert. 1–109

Teilhard de Chardin P. 1926a. Description de mammifères tertiaires de Chine et de Mongolie. Annales de Paléontologie, 15: 1–51

Teilhard de Chardin P. 1926b. Étude géologieque sur la région de Dalai-Noor. Mémoires de la Société Géologique de France, Nouvelle Série, 3(3): 1–56

Teilhard de Chardin P. 1936. Fossil mammals from Locality 9 of Choukoutien. Palaeontologia Sinica, Series C, 7(4): 1–70

Teilhard de Chardin P. 1940. The fossils from Locality 18 near Peking. Palaeontologia Sinica, New Ser C, 9: 1–100

Teilhard de Chardin P. 1942. New rodents of the Pliocene and lower Pleistocene of North China. Publication de l'Institut de Géo-Biologie, Pékin, 9: 1–100

Teilhard de Chardin P, Leroy P. 1942. Chinese fossil mammals—a complete bibliography analysed, tabulated, annotated and indexed. Publication de l'Institut de Géo-Biologie, Pékin, 8: 1–142

Teilhard de Chardin P, Pei W C. 1941. The fossil mammals from Locality 13 of Choukoutien. Palaeontologia Sinica, New Ser C, 11: 1–106

Teilhard de Chardin P, Piveteau J. 1930. Les mammifères fossilesde Nihowan (Chine). Annales de Paléontologie, 19: 1–134

Teilhard de Chardin P, Young C C. 1930. Preliminary observations on the pre-loessic and post-Pontian Formations in western

Shansi and northern Shensi. Memoirs of the Geological Survey of China, Series A, 1(8): 15–17

Teilhard de Chardin P, Young C C. 1931. Fossil mammals from the late Cenozoic of Northern China. Palaeontologia Sinica, Series C, 9(1): 1–88

Tesakov A S. 1993. Evolution of *Borsodia* (Arvicolidae, Mammalia) in the Villanyian and in the Early Biharian. Quaternary International, 19: 41–45

Tesakov A S. 1996. Evolution of bank voles (*Clethrionomys*, Arvicolinae) in the late Pliocene and early Pleistocene of eastern Europe. Acta Zoological Cracoviensia, 39(1): 541–547

Tesakov A S. 1998. Voles of the Tegelen fauna. Mededelingen Nederlands Instituut voor Toegepaste Geowetenschappen TNO, 60: 71–134

Tesakov A S. 2004. Biostratigraphy of Middle Pliocene–Eospleistocene of Eastern Europe (Based on Small Mammals). Moscow: Nauka. 1–247

Theobald W. 1863. Report of the Curator, Zoological Department, V. Journal of the Asiatic Society of Bengal, 32(289): 89–90

Thomas O. 1880. XL. Description of a new species of *Arvicola* from northern India. The Annals and Magazine of Natural History, 5th series, 6 (34): 322–323

Thomas O. 1891. XIV. Description of a new vole from China. The Annals and Magazine of Natural History, 6th series, 8 (64): 117–119

Thomas O. 1905a. LXIII. On some new Japanese mammals presented to the British Museum by Mr. R. Gordon Smith. The Annals and Magazine of Natural History, 7th series, 15(89): 487–495

Thomas O. 1905b. The mammals collected in Japan by Mr. M. P. Anderson for His Grace the Duke of Bedford. Abstract of the Proceedings of the Zoological Society of London, 1905(23): 18–19

Thomas O. 1906. The Duke of Bedford's zoological exploration in eastern Asia - II. List of small mammals from Korea and Quelpart. Proceedings of the General Meetings for Scientific Business of the Zoological Society of London, 1906 (pp. 463–1052): 858–865

Thomas O. 1908a. The Duke of Bedford's zoological exploration in eastern Asia.-X. List of mammals from the provinces of Chih-li and Shan-si, N. China. Proceedings of the General Meetings for Scientific Business of the Zoological Society of London, 1908 (pp. 431–983): 635–646

Thomas O. 1908b. Mammals collected in the provinces of Shan-si and Shen-si, Northern China, by Mr. M. P. Anderson, for the Duke of Bedford's Zoological Exploration of Eastern Asia. Abstract of the Proceedings of the Zoological Society of London, 1908(63): 44–45

Thomas O. 1908c. The Duke of Bedford's zoological exploration in eastern Asia.-XI. On mammals from the provinces of Shan-si and Shen-si, northern China. Proceedings of the General Meetings for Scientific Business of the Zoological Society of London, 1908(pp. 431–983): 963–983

Thomas O. 1908d. LXXI.-New Asiatic *Apodemus*, *Evotomys*, and *Lepus*. The Annals and Magazine of Natural History, 8th series, 1(5): 447–450

Thomas O. 1910. A further consignment of small mammals from China, collected by Mr. Malcolm Anderson for the Duke of Bedford's exploration of Eastern Asia. Abstract of the Proceedings of the Zoological Society of London, 1910(83): 25–26

Thomas O. 1911a. The Duke of Bedford's zoological exploration of Eastern Asia - XIII. On mammals from the Provinces of Kan-su and Sze-chuan, western China. Proceedings of the General Meetings for Scientific Business of the Zoological Society of London, 1911(pp. 1–555): 158–180

Thomas O. 1911b. Mammals collected in the provinces of Kan-su and Sze-chwan, Western China, by Mr. Malcolm Anderson, for the Duke of Bedford's Exploration of Eastern Asia. Abstract of the Proceedings of the Zoological Society of London, 1911(90): 3–5

Thomas O. 1911c. Mammals collected in the provinces of Sze-chwan and Yunnan, W. China, by Mr. Malcolm Anderson, for the Duke of Bedford's exploration of eastern Asia. Abstract of the Proceedings of the Zoological Society of London, 1911(100):

48–50

Thomas O. 1911d. XX. New Asiatic Muridae. The Annals and Magazine of Natural History, 8th series, 7(38): 205–209

Thomas O. 1911e. LXXX. Three new rodents from Kan-su. The Annals and Magazine of Natural History, 8th series, 8(48): 720–723

Thomas O. 1911f. LXXXVIII. New mammals from central and western Asia, mostly collected by Mr. Douglas Carruthers. The Annals and Magazine of Natural History, 8th series, 8(48): 758–762

Thomas O. 1912a. The Duke of Badford's zoological exploration in eastern Asia - XV. On mammals from the provinces of Szechuan and Yunnan, western China. Proceedings of the General Meetings for Scientific Business of the Zoological Society of London, 1912: 127–141

Thomas O. 1912b. X. Revised determinations of two far-eastern species of *Myospalax*. The Annals and Magazine of Natural History, 8th series, 9 (49): 93–95

Thomas O. 1912c. XL. On mammals from Central Asia, collected by Mr. Douglas Carruthers. The Annals and Magazine of Natural History, 8th series, 9 (52): 391–408

Thomas O. 1912d. LV. On insectivores and rodents collected by Mr. F. Kingdon Ward in N. W. Yunnan. The Annals and Magazine of Natural History, 8th series, 9 (53): 513–519

Thomas O. 1914a. LXV. On small mammals from Djarkent, Central Asia. The Annals and Magazine of Natural History, 8th series, 13 (78): 563–573

Thomas O. 1914b. LIX. Second list of small mammals from western Yunnan collected by Mr. F Kingdon Ward. The Annals and Magazine of Natural History, 8th series, 14 (84): 472–475

Thomas O. 1921. On small mammals from the Kachin Province, Northern Burma. The Journal of the Bombay Natural History Society, 27(3): 499–505

Tilesius D G. 1850. Glirium species in Bavaria nonnullae. Isis: Encyclopädische Zeitschrift Vorzüglich für Naturgeschichte, Physiologie etc., 1850 (2): 27–29

Tjutkova L A, Kaipova G O. 1996. Late Pliocene and Eopleistocene micromammal faunas of southeastern Kazakhstan. Acta Zoologica Cracoviensia, 39(1): 549–557

Tokuda M. 1935. *Neoaschizomys*, a new genus of Microtinae from Sikotan, a South Kurile Island. Memoirs of the College of Science, Kyoto Imperial University, Series B, 10 (3): 241–250

Tokuda M, Kano T. 1937. The alpine Muridae of Formosa. Botany and Zoology, 5: 1115–1122 (in Japanese)

Tokunaga S, Naora N. 1934. Report of Diggings at Ho-Chia-Kou, Ku-Hsiang-Tung, Kirin, Manchoukou. Tokyo: Iwanami Shoten. 1–119

Tong Y S, Zheng S H, Qiu Z D. 1995. Cenozoic mammal ages of China. Vertebrata PalAsiatica, 33(4): 290–314 [童永生, 郑绍华, 邱铸鼎. 1995. 中国新生代哺乳动物分期. 古脊椎动物学报, 33(4): 290–314]

Topačevskij V A. 1965. Nasekomoyadnye i Gryzuny Nogaiskoi Pozdnepliotsenovoi Fauny [Insectivores and rodents of the Nogaisk Late Pliocene fauna]. Kiev: Naukova Dumka. 1–164. (in Russian)

Topačevskij V A, Skorik A F. 1977. Rodents of the Early Tamanian Fauna of Tiligul Section. Kiev: Naukovaja Dumka. 1–249

Trouessart E L. 1904. Catalogus Mammalium tam Viverntium Quam Fossilium, Quinquinale Supplementum, Anno, 1904, Fasciculus II. Berolini: R. Friedländer & Sohn. 289–546

True F W. 1884. A muskrat with a round tail. Science, 4(75): 34

True F W. 1894. Notes on mammals of Baltistan and the vale of Kashmir, presented to the National Museum by Dr. W. L. Abbott. Proceedings of the United States National Museum, 17: 1–16

Tullberg T. 1899. Ueber das System der Nagethiere: Eine Phylogenetische Studie. Upsala: Akademische Buchdruckerei. 1–514

van der Meulen A J. 1973. Middle Pleistocene smaller mammals from the Monte Peglia (Orvietto, Italy) with special reference to the phylogeny of *Microtus* (Arvicolidae, Rodentia). Quaternaria, 17: 1–144

van der Meulen A J. 1974. On *Microtus* (*Allophaiomys*) *deucalion* (Kretzoi, 1969), (Arvicolidae, Rodentia), from the Upper

Villányian (Lower Pleistocene) of Villány-5, S. Hungary. Proceeddings of Koninklijke Nederlandse Akademie van Wetenschappen, Series B, 77: 259–266

van de Weerd A. 1976. Rodent faunas of the Mio-Pliocene continental sediments of the Teruel-Alfambra region, Spain. Utrecht Micropaleontological Bulletins, special publication 2: 1–218

Vigors N A. 1830. *Arvicola Gapperi*. In: Gapper. 1830. Art. XXXI. Observations on the quadrupeds found in the District of Upper Canada extending between York and Lake Simcoe, with the view of illustrating their geographical distribution, as well as of describing some species hitherto unnoticed. The Zoological Journal, 5: 201–207

Vinogradov B, Obolensky S. 1927. Some rodents from Transbaicalia, East Siberia. Journal of Mammalogy, 8(3): 233–239

von Koenigswald W, Martin L D. 1984. The status of the genus *Mimomys* (Arvicolidae, Rodentia, Mamm.) in North America. Neues Jahrbuch für Geologie und Paläontologie - Abhandlungen, 168(1): 108–124

von Koenigswald W, Fejfar O, Tchernov E. 1992. Revision einiger alt- und mittelpleistozäner Arvicoliden (Rodentia, Mammalia) aus dem östlichen Mittelmeergebiet (‘Ubeidiya, Jerusalem und Kalymnos-Xi). Neues Jahrbuch für Geologie und Paläontologie - Abhandlungen, 184(1): 1–23

Wang H. 1988. An Early Pleistocene mammalian fauna from Dali, Shaanxi. Vertebrata PalAsiatica, 26(1): 59–72 [汪洪. 1988. 陕西大荔一早更新世哺乳动物群. 古脊椎动物学报, 26(1): 59–72]

Wang H, Jin C Z. 1992. Study of fossil micromammals. In: Sun Y F, Jin C Z, et al. Dalian Haimao Fauna. Dalian: Dalian University of Technology Press. 28–75 [王辉, 金昌柱. 1992. 小哺乳动物化石研究. 见: 孙玉峰, 金昌柱, 等. 大连海茂动物群. 大连: 大连理工大学出版社. 28–75]

Wang J K, Hong H H, Zhong Y M. 1986. Amino acid dating and its application in archaeology and paleoanthropology. Prehistory, 1(2): 161–171 [王将克, 洪华华, 钟月明. 1986. 氨基酸测年法及其在考古学和古人类学研究中的应用. 史前研究, 1(2): 161–171]

Wang T Z. 1990. On the fauna and the zoogeographical regionization of glires (including rodents and lagomorphs) in Shaanxi Province. Acta Theriologica Sinica, 10(2): 128–136 [王廷正. 1990. 陕西省啮齿动物区系与区划. 兽类学报, 10(2): 128–136]

Wang T Z, Xu W X. 1992. Glires (Rodentia and Lagomorpha) Fauna of Shaanxi Province. Xi’an: Shaanxi Normal University Press. 1–317 [王廷正, 许文贤. 1992. 陕西啮齿动物志. 西安: 陕西师范大学出版社. 1–317]

Wang Y X. 2003. A Complete Checklist of Mammal Species and Subspecies in China—a Taxonomic and Geographic Reference. Beijing: China Forestry Publishing House. 1–394 [王应祥. 2003. 中国哺乳动物种和亚种分类名录. 北京: 中国林业出版社. 1–394]

Wang Y X, Li C Y. 2000. *Eothenomys*, *Caryomys*. In: Luo Z X, Chen W, Gao W, et al. (eds.), Fauna Sinica, Mammalia, Vol. 6 Rodentia, Part III: Cricetidae. Beijing: Science Press. 388–481 [王应祥, 李崇云. 2000. 绒鼠属、绒鼱属. 见: 罗泽珣, 陈卫, 高武, 等 (编著), 中国动物志 兽纲 第六卷 啮齿目 下册 仓鼠科. 北京: 科学出版社. 388–481]

Wang Y Z. 1984. Rodentia. In: Hu J C, Wang Y Z (eds.), Sichuan Fauna Economica, Volume 2 Mammals. Chengdu: Sichuan Science and Technology Publishing House. 189–270 [王酉之. 1984. 啮齿目. 见: 胡锦矗, 王酉之 (主编), 四川资源动物志, 第二卷 兽类. 成都: 四川科学技术出版社. 189–270]

Wei L Y, Chen M Y, Zhao H M, et al. 1993. Magnetostratigraphic study of Pliocene–Late Miocene lacustrine deposits section at Leijiahe. In: Essays in Honor of Professor YUAN Fuli on the Hundredth Anniversary of His Birth. Beijing: Seismological Press. 63–67 [魏兰英, 陈明扬, 赵慧敏, 等. 1993. 雷家河上新世—晚中新世湖相地层剖面磁性地层学研究. 见: 纪念袁复礼教授诞辰 100 周年学术讨论会论文集. 北京: 地震出版社. 63–67]

Wei Q. 1978. New discoveries in the Nihewan bed and its significance in stratigraphy. In: IVPP (ed.), Collected Papers in Paleoanthropology. Beijing: Science Press. 136–148 [卫奇. 1978. 泥河湾层中的新发现及其在地层学上的意义. 见: 中国科学院古脊椎动物与古人类研究所 (编), 古人类论文集. 北京: 科学出版社. 136–148]

Wilson R W. 1932. *Cosomys*, a new genus of vole from the Pliocene of California. Journal of Mammalogy, 13(2): 150–154

Wood A E. 1936. Two new rodents from the Miocene of Mongolia. American Museum Novitates, 865: 1–7

Wu P Z. 1991. Chapter 8 Dating, Section 2, Amino acid dating. In: Huang W B, Fang Q R, et al. (eds.), Wushan Hominid Site. Beijing: China Ocean Press. 161–163 [吴佩珠. 1991. 第八章 年代测定 二、氨基酸年代测定. 见: 黄万波, 方其仁, 等, 巫山猿人遗址. 北京: 海洋出版社. 161–163]

Wu W Y, Flynn L J. 2017. Yushe Basin Prometheomyini (Arvicolinae, Rodentia). In: Flynn L J, Wu W Y (eds.), Late Cenozoic Yushe Basin, Shanxi Province, China: Geology and Fossil Mammals, Vol. II Small Mammal Fossils of Yushe Basin. New York and London: Springer Dordrecht Heidelbert. 139–151

Wu X Z. 2006. Yunxi Man—Excavation Report of Huanglong Cave. Beijing: Science Press. 1–268 [武仙竹. 2006. 郧西人——黄龙洞遗址发掘报告. 北京: 科学出版社. 1–268]

Xie G P, Zhang X, Chen S Q. 1994. Late Pleistocene mammalian fossils from Yuzhong, Gansu. Vertebrata PalAsiatica, 32(4): 297–306 [颉光普, 张行, 陈善勤. 1994. 甘肃榆中晚更新世哺乳动物化石. 古脊椎动物学报, 32(4): 297–306]

Xie J Y. 1983. Early Pleistocene mammalian fossils from the loess deposits at Gengjiagou, Huanxian County, Gansu. Vertebrata PalAsiatica, 21(4): 357–358 [谢骏义. 1983. 甘肃环县耿家沟早更新世黄土地层中的哺乳动物化石. 古脊椎动物与古人类, 21(4): 357–358]

Xu Y L, Tong Y B, Li Q, et al. 2007. Magnetostratigraphic dating on the Pliocene mammalian fauna of the Gaotege section, central Inner Mongolia. Geological Review, 53(2): 250–261 [徐彦龙, 仝亚博, 李强, 等. 2007. 内蒙古高特格含上新世哺乳动物化石地层的磁性年代学研究. 地质论评, 53(2): 250–261]

Xue X X. 1981. An Early Pleistocene mammalian fauna and its stratigraphy of the River You, Weinan, Shensi. Vertebrata PalAsiatica, 19(1): 35–44 [薛祥煦. 1981. 陕西渭南一早更新世哺乳动物群及其层位. 古脊椎动物与古人类, 19(1): 35–44]

Yang Z G, Mou Y Z, Qian F, et al. 1985. Studies on Late Cenozoic stratigraphy in Zhoukoudian area. In: Wu R K, Ren M E, Zhu X M, et al. Multi-disciplinary Study of the Peking Man Site at Zhoukoudian. Beijing: Science Press. 1–85 [杨子赓, 牟昀智, 钱方, 等. 1985. 周口店地区晚新生代地层研究. 见: 吴如康, 任美锷, 朱显谟, 等, 北京猿人遗址综合研究. 北京: 科学出版社. 1–85]

Yang Z G, Lin H M, Zhang G W, et al. 1996. Chapter 5 Lower Pleistocene of Nihewan Basin. In: Yang Z G, Lin H M (eds.), China Quaternary Stratigraphy and International Correlation. Beijing: Geological Publishing House. 109–130 [杨子赓, 林和茂, 张光威, 等. 1996. 第五章 泥河湾盆地下更新统. 见: 杨子赓, 林和茂 (主编), 中国第四纪地层与国际对比. 北京: 地质出版社. 109–130]

Young C C. 1927. Fossile Nagetiere aus Nord-China. Palaeontologia Sinica, Series C, 5(3): 1–82

Young C C. 1932. On the fossil vertebrate remains from Localities 2, 7 and 8 at Choukoutien. Palaeontologia Sinica, Series C, 7(3): 1–24

Young C C. 1934. On the Insectivora, Chiroptera, Rodentia and Primates other than *Sinanthropus* from Locality 1 in Choukoutien. Palaeontologia Sinica, Series C, 8(3): 1–160

Young C C. 1935a. Miscellaneous mammalian fossils from Shansi and Honan. Palaeontologia Sinica, Series C, 9(2): 1–56

Young C C. 1935b. Note on a mammalian microfauna from Yenchingkou near Wanhsien, Szechuan. Bulletin of the Geological Society of China, 14(2): 247–248

Young C C, Bien M N. 1936. Some new observations on the Cenozoic geology near Peiping. Bulletin of the Geological Society of China, 15(2): 207–216

Young C C, Liu P T. 1950. On the mammalian fauna at koloshan near Chungking, Szechuan. Bulletin of the Geological Society of China, 30(1–4): 43–90

Young C C, Bien M N, Mi T H. 1943. Some geologic problems of the Tsinling. Bulletin of the Geological Society of China, 23(1–2): 15–34

Yuan B Y, Zhu R X, Tian W L, et al. 1996. Chronology, stratigraphic subdivision and correlation of the Nihewan Formation. Science in China (Series D), 26(1): 67–73 [袁宝印, 朱日祥, 田文来, 等. 1996. 泥河湾组的时代、地层划分和对比问题. 中国科学 (D 辑), 26(1): 67–73]

Yuan S X, Chen T M, Gao S J. 1983. Uranium series dating of"Ordos Man"and "Sjara-Osso-Gol Culture". Acta Anthropologica Sinica, 2(1): 90–94 [原思训, 陈铁梅, 高世君. 1983. 用铀子系法测定河套人和萨拉乌苏文化的年代. 人类学学报, 2(1): 90–94]

Yue L P, Xue X X. 1996. Palaeomagnetism of Chinese Loess. Beijing: Geological Publishing House. 1–136 [岳乐平, 薛祥煦. 1996. 中国黄土古地磁学. 北京: 地质出版社. 1–136]

Yue L P, Zhang Y X. 1998. *Hipparion* fauna and magnetostratigraphy in Hefeng, Jingle, Shanxi Province. Vertebrata PalAsiatica, 36(1): 76–80 [岳乐平, 张云翔. 1998. 山西静乐贺丰三趾马动物群与磁性地层. 古脊椎动物学报, 36(1): 76–80]

Zagorodnyuk I V. 1990. Kariotipicheskaya izmenchivost'i sistematika serykh polevok (Rodentia, Arvicolini) - Soobshchenie I, Vidovoi sostav i khromosomnye chisla [Karyotypic variability and systematics of the Arvicolini (Rodentia), Communication 1, Species and chromosomal numbers]. Vestnik Zoologii, 1990(2): 26–37 (in Russian)

Zakrzewski R J. 1967. The primitive vole, *Ogmodontomys*, from the Late Cenozoic of Kansas and Nebraska. Papers of the Michigan Academy of Sciences, Arts, and Letters, 52: 133–150

Zakrzewski R J. 1984. New arvicolines (Mammalia: Rodentia) from the Blancan of Kansas and Nebraska. In: Genoways H H, Dawson M R (eds.), Contributions in Quaternary Vertebrate Paleontology: a Volume in Memorial to John E. Guilday. Pittsburgh: Carnegie Museum of Natural History. 200–217

Zazhigin V S. 1977. *Aratomys* gen. nov. In: Gromov I M, Polyakov I Ya (eds.), Fauna SSSR: Mlekopitayushchie, Vol. III, No. 8, Polevki (Microtinae). Leningrad: Nauka [English translation in 1992: Fauna of the USSR: Mammals, Vol. III, No. 8, Voles (Microtinae). New Delhi: Oxonian Press. 1–725]

Zazhigin V S. 1980. Late Pliocene and Anthropogene rodents of the south Western Siberia. Transactions of the Academy of Sciences of the USSR, 339: 1–159 (in Russian)

Zdansky O. 1928. Die Säugetiere der Qutertärfauna von Choukoutien. Palaeontologia Sinica, Series C, 5(4): 3–146

Zhang Y Q. 2008. Pliocene–Early Pleistocene arvicolids of North China: Taxonomy, Phylogeny, and Biochronology. Ph. D. dissertation, Osaka City University.

Zhang Y Q. 2017. Fossil arvicolini of Yushe Basin: facts and problems of Arvicoline biochronology of North China. In: Flynn L J, Wu W Y (eds.), Late Cenozoic Yushe Basin, Shanxi Province, China: Geology and Fossil Mammals, Vol. II Small Mammal Fossils of Yushe Basin. New York and London: Springer Dordrecht Heidelbert. 153–172

Zhang Y Q, Kawamura Y, Cai B Q. 2008a. Small mammalian fauna of Early Pleistocene age from the Xiaochangliang site in the Nihewan Basin, Hebei, northern China. The Quaternary Research, 47(2): 81–92

Zhang Y Q, Kawamura Y, Jin C Z. 2008b. A new species of the extinct vole *Villanyia* from Renzidong Cave, Anhui, East China, with discussion on related species from China and Transbaikalia. Quaternary International, 179(1): 163–170

Zhang Y Q, Jin C Z, Kawamura Y. 2010. A distinct large vole lineage from the Late Pliocene–Early Pleistocene of China. Geobios, 43(4): 479–490

Zhang Y Q, Zheng S H, Wei G B. 2011. Fossil arvicolines from the Leijiahe section, Lingtai, Gansu Province and current progress of Chinese arvicoline biochronology. Quaternary Sciences, 31(4): 622–635 [张颖奇, 郑绍华, 魏光飚. 2011. 甘肃灵台雷家河剖面中的鼾类化石与中国鼾类生物年代学进展. 第四纪研究, 31(4): 622–635]

Zhang Z H, Zou B K, Zhang L K. 1980. The discovery of fossil mammals at Anping, Liaoyang. Vertebrata PalAsiatica, 18(2): 154–162 [张镇洪, 邹宝库, 张利凯. 1980. 辽阳安平化石哺乳动物群的发现. 古脊椎动物与古人类, 18(2): 154–162]

Zhang Z H, Fu R Y, Chen B F, et al. 1985. A preliminary report on the excavation of paleolithic site at Xiaogushan of Haicheng, Liaoning Province. Acta Anthropologica Sinica, 4(1): 70–79 [张镇洪, 傅仁义, 陈宝峰, 等. 1985. 辽宁海城小孤山遗址发掘简报. 人类学学报, 4(1): 70–79]

Zhang Z Q. 1999. Pliocene micromammal fauna from Ningxian, Gansu Province. In: Wang Y Q, Deng T (eds.), Proceedings of the Seventh Annual Meeting of the Chinese Society of Vertebrate Paleontology. Beijing: China Ocean Press. 167–177 [张兆群. 1999. 甘肃宁县上新世小哺乳动物化石. 见: 王元青, 邓涛 (主编), 第七届中国古脊椎动物学学术年会论文集.

北京: 海洋出版社. 167–177]

Zhang Z Q, Zheng S H. 2000. Late Miocene – Early Pliocene biostratigraphy of Loc. 93002 section, Lingtai, Gansu. Vertebrata PalAsiatica, 38(4): 274–286 [张兆群, 郑绍华. 2000. 甘肃灵台文王沟（93002 地点）晚中新世—早上新世生物地层. 古脊椎动物学报, 38(4): 274–286]

Zhang Z Q, Zheng S H. 2001. Late Miocene – Pliocene biostratigraphy of Xiaoshigou section, Lingtai, Gansu. Vertebrata PalAsiatica, 39(1): 54–66 [张兆群, 郑绍华. 2001. 甘肃灵台小石沟晚中新世—上新世小哺乳动生物地层. 古脊椎动物学报, 39(1): 54–66]

Zhang Z Q, Zheng S H, Liu J B. 2003. Pliocene micromammalian biostratigraphy of Nihewan Basin, with comments on the stratigraphic division. Vertebrata PalAsiatica, 41(4): 306–313 [张兆群, 郑绍华, 刘建波. 2003. 泥河湾盆地上新世小哺乳动生物地层学及相关问题讨论. 古脊椎动物学报, 41(4): 306–313]

Zheng C L. 1989. Rodentia, Mammalia. In: Northwest Institute of Plateau Biology, CAS (ed.), Qinghai Fauna Economica. Xining: Qinghai People's Publishing House. 659–709 [郑昌琳. 1989. 哺乳纲啮齿目. 见: 中国科学院西北高原生物研究所 (主编), 青海经济动物志. 西宁: 青海人民出版社. 659–709]

Zheng L T, Huang W B, et al. 2001. Hexian Man Site. Beijing: Zhonghua Book Company. 1–126 [郑龙亭, 黄万波, 等. 2001. 和县猿人遗址. 北京: 中华书局. 1–126]

Zheng S H. 1976. A Middle Pleistocene micromammalian fauna from Heshui, Gansu. Vertebrata PalAsiatica, 14(2): 112–119 [郑绍华. 1976. 甘肃合水一中更新世小哺乳动物群. 古脊椎动物与古人类, 14(2): 112–119]

Zheng S H. 1980. The *Hipparion* fauna of Bulong Basin, Biru, Xizang. In: Team of Comprehensive Scientific Expedition to Qinghai-Xizang Plateau, Chinese Academy of Sciences (ed.), Palaeontology of Xizang (Book 1). Beijing: Science Press. 33–47 [郑绍华. 1980. 西藏比如布隆盆地三趾马动物群. 见: 中国科学院青藏高原综合科学考察队 (编), 西藏古生物 (第一分册). 北京: 科学出版社. 33–47]

Zheng S H. 1981. New discovered small mammals in the Nihowan bed. Vertebrata PalAsiatica, 19(4): 348–358 [郑绍华. 1981. 泥河湾地层中小哺乳动物的新发现. 古脊椎动物与古人类, 19(4): 348–358]

Zheng S H. 1983a. The Middle Pleistocene micromammalian fauna from Hexian Man locality and its significance. Chinese Science Bulletin, 28(2): 237–239 [郑绍华. 1982. 和县猿人小哺乳动物群的性质及意义. 科学通报, 27(11): 683–685]

Zheng S H. 1983b. Micromammals from the Hexian Man locality. Vertebrata PalAsiatica, 21(3): 230–240 [郑绍华. 1983. 和县猿人地点小哺乳动物群. 古脊椎动物与古人类, 21(3): 230–240]

Zheng S H. 1992. *Huananomys*, a new genus of Arvicolidae (Rodentia) from the Hexian Hominid Site, Anhui. Vertebrata PalAsiatica, 30(2): 146–161 [郑绍华. 1992. 记安徽和县猿人地点鼾科（Arvicolidae）一新属新种——变异华南鼠（*Huananomys variabilis*）. 古脊椎动物学报, 30(2): 146–161]

Zheng S H. 1993. Quaternary Rodents of Sichuan-Guizhou Area, China. Beijing: Science Press. 1–270 [郑绍华. 1993. 川黔地区第四纪啮齿类. 北京: 科学出版社. 1–270]

Zheng S H. 1994. Classification and evolution of the Siphneidae. In: Tomida Y, Li C K, Setoguchi T (eds.), Rodent and Lagomorph Families of Asian Origins and Diversification. National Science Museum Monographs, 8: 57–76

Zheng S H. 1997. Evolution of the Mesosiphneinae (Siphneidae, Rodentia) and environmental change. In: Tong Y S, Zhang Y Y, Wu W Y, et al. (eds.), Evidence for Evolution—Essays in Honor of Prof. Chungchien Young on the Hundredth Anniversary of His Birth. Beijing: China Ocean Press. 137–150 [郑绍华. 1997. 凹枕型鼢鼠（Mesosiphneinae）的演化历史及环境变迁. 见: 童永生, 张银运, 吴文裕, 等 (编), 演化的实证——纪念杨锺健教授百年诞辰论文集. 北京: 海洋出版社. 137–150]

Zheng S H. 2004. Jianshi Hominid Site. Beijing: Science Press. 1–412 [郑绍华. 2004. 建始人遗址. 北京: 科学出版社. 1–412]

Zheng S H. 2017. The zokors of Yushe Basin. In: Flynn L J, Wu W Y (eds.), Late Cenozoic Yushe Basin, Shanxi Province, China: Geology and Fossil Mammals, Vol. II Small Mammal Fossils of Yushe Basin. New York and London: Springer Dordrecht Heidelbert. 89–121

Zheng S H, Cai B Q. 1991. Micromammalian fossils from Dannangou of Yuxian, Hebei. In: Contributions to the XIII INQUA,

Institute of Vertebrate Paleontology and Paleoanthropology, Academia Sinica. Beijing: Beijing Science and Technology Publishing House. 100–131 [郑绍华, 蔡保全. 1991. 河北蔚县东窑子头大南沟剖面中的小哺乳动物化石. 见: 中国科学院古脊椎动物与古人类研究所参加第十三届国际第四纪大会论文选. 北京: 北京科学技术出版社. 100–131]

Zheng S H, Han D F. 1991. Quaternary mammals of China. In: Liu T S (ed.), Quaternary Geology and Environment in China. Beijing: Science Press. 101–120

Zheng S H, Han D F. 1993. Mammalian fossils. In: Zhang S S, et al. Comprehensive Study on the Jinniushan Paleolithic Site. Memoirs of Institute of Vertebrate Palaeontology and Paleoanthropology, Academia Sinica, No. 19. Beijing: Science Press. 43–128 [郑绍华, 韩德芬. 1993. 哺乳动物化石. 见: 张森水, 等. 金牛山（1978 年发掘）旧石器遗址综合研究. 中国科学院古脊椎动物与古人类研究所集刊, 第 19 号. 北京: 科学出版社. 43–128]

Zheng S H, Li C K. 1986. A review of Chinese *Mimomys* (Arvicolidae, Rodentia). Vertebrata PalAsiatica, 24(2): 81–109 [郑绍华, 李传夔. 1986. 中国的模鼠（*Mimomys*）化石. 古脊椎动物学报, 24(2): 81–109]

Zheng S H, Li C K. 1990. Comments on fossil arvicolids of China. In: Fejfar O, Heinrich W-D (eds.), International Symposium—Evolution, Phylogeny and Biostratigraphy of Arvicolids (Rodentia, Mammalia). Prague: Geological Survey. 431–442

Zheng S H, Li Y. 1982. Some Pliocene lagomorphs and rodents from Loc. 1 of Songshan, Tianzhu Xian, Gansu Province. Vertebrata PalAsiatica, 20(1): 35–44 [郑绍华, 李毅. 1982. 甘肃天祝松山第一地点上新世兔形类和啮齿类动物. 古脊椎动物与古人类, 20(1): 35–44]

Zheng S H, Zhang L M. 1991. Chapter 6 Vertebrate fossils, Insectivora, Chiroptera, Rodentia. In: Huang W B, Fang Q R, et al. (eds.), Wushan Hominid Site. Beijing: China Ocean Press. 28–85 [郑绍华, 张联敏. 1991. 第六章 脊椎动物化石 食虫目, 翼手目, 啮齿目. 见: 黄万波, 方其仁, 等 (编), 巫山猿人遗址. 北京: 海洋出版社. 28–85]

Zheng S H, Zhang Z Q. 2000. Late Miocene–Early Pleistocene micromammals from Wenwanggou of Lingtai, Gansu, China. Vertebrata PalAsiatica, 38(1): 58–71 [郑绍华, 张兆群. 2000. 甘肃灵台文王沟晚中新世—早更新世小哺乳动物. 古脊椎动物学报, 38(1): 58–71]

Zheng S H, Zhang Z Q. 2001. Late Miocene – Early Pleistocene biostratigraphy of the Leijiahe area, Lingtai, Gansu. Vertebrata PalAsiatica, 39(3): 215–228 [郑绍华, 张兆群. 2001. 甘肃灵台晚中新世—早更新世生物地层划分及其意义. 古脊椎动物学报, 39(3): 215–228]

Zheng S H, Huang W B, Zong G F, et al. (Research group of Huanghe stegodont). 1975. Huanghe Stegodont. Beijing: Science Press. 1–46 [郑绍华, 黄万波, 宗冠福, 等 (黄河象研究小组). 1975. 黄河象. 北京: 科学出版社. 1–46]

Zheng S H, Wu W Y, Li Y, et al. 1985a. Late Cenozoic mammalian faunas of Guide and Gonghe basins, Qinghai Province. Vertebrata PalAsiatica, 23(2): 89–134 [郑绍华, 吴文裕, 李毅, 等. 1985a. 青海贵德、共和两盆地晚新生代哺乳动物. 古脊椎动物学报, 23(2): 89–134]

Zheng S H, Yuan B Y, Gao F Q, et al. 1985b. Chapter 4, Section 1, Mammals and their evolution. In: Liu T S, et al., Loess and Environment. Beijing: Science Press. 113–141 [郑绍华, 袁宝印, 高福清, 等. 1985b. 第四章 第一节 哺乳动物及其演化. 见: 刘东生, 等, 黄土与环境. 北京: 科学出版社. 113–141]

Zheng S H, Zhang Z Q, Liu L P. 1997. Pleistocene mammals from fissure-fillings of Sunjiashan Hill, Shandong, China. Vertebrata PalAsiatica, 35(3): 201–216 [郑绍华, 张兆群, 刘丽萍. 1997. 山东淄博第四纪裂隙动物群. 古脊椎动物学报, 35(3): 201–216]

Zheng S H, Zhang Z Q, Dong M X, et al. 1998. Quaternary mammals from the fissure filling of Pingyi County, Shandong and its ecological significance. Vertebrata PalAsiatica, 36(1): 32–46 [郑绍华, 张兆群, 董明星, 等. 1998. 山东平邑第四纪裂隙中哺乳动物群及其生态学意义. 古脊椎动物学报, 36(1): 32–46]

Zheng S H, Zhang Z Q, Cui N. 2004. On some species of *Prosiphneus* (Siphneidae, Rodentia) and the origin of Siphneidae. Vertebrata PalAsiatica, 42(4): 297–315 [郑绍华, 张兆群, 崔宁. 2004. 记几种原鼢鼠（啮齿目，鼢鼠科）及鼢鼠科的起源讨论. 古脊椎动物学报, 42(4): 297–315]

Zheng S H, Cai B Q, Li Q. 2006. The Plio-Pleistocene small mammals from Donggou section of Nihewan Basin, Hebei, China.

Vertebrata PalAsiatica, 44(4): 320–331 [郑绍华, 蔡保全, 李强. 2006. 泥河湾盆地洞沟剖面上新世/更新世小哺乳动物. 古脊椎动物学报, 44(4): 320–331]

Zheng S H, Zhang Y Q, Cui N. 2019. Five new species of Arvicolinae and Myospalacinae from the Late Pliocene–Early Pleistocene of Nihewan Basin. Vertebrata PalAsiatica, 57(4): 308–324

Zhou X X, Sun Y F, Wang J M. 1984. A new mammalian fauna found in Gulongshan, Dalian. Vertebrata PalAsiatica, 22(2): 151–156 [周信学, 孙玉峰, 王家茂. 1984. 古龙山动物群的时代及其对比. 古脊椎动物学报, 22(2): 151–156]

Zhou X Y. 1988. The Pliocene micromammalian fauna from Jingle, Shanxi—a discussion of the age of Jingle Red Clay. Vertebrata PalAsiatica, 26(3): 181–197 [周晓元. 1988. 山西静乐上新世小哺乳动物群及静乐组的时代讨论. 古脊椎动物学报, 26(3): 181–197]

Zhu R X, Hoffman K A, Potts R, et al. 2001. Earliest presence of humans in northeast Asia. Nature, 413: 413–417

Zhu R X, Potts R, Xie F, et al. 2004. New evidence on the earliest human presence at high northern latitudes in northeast Asia. Nature, 431: 559–562

Zong G F. 1981. Pleistocene mammals from Tunliu, Shanxi. Vertebrata PalAsiatica, 19(2): 174–182 [宗冠福. 1981. 山西屯留小常村更新世哺乳动物化石. 古脊椎动物与古人类, 19(2): 174–182]

Zong G F. 1987. Note on some mammalian fossils from the Early Pleistocene of Di-Qing County, Yunnan. Vertebrata PalAsiatica, 25(1): 69–76 [宗冠福. 1987. 云南省迪庆州更新世早期哺乳类化石的发现. 古脊椎动物学报, 25(1): 69–76]

Zong G F, Tang Y J, Xu Q Q, et al. 1982. The Early Pleistocene in Tunliu, Shanxi. Vertebrata PalAsiatica, 20(3): 236–247 [宗冠福, 汤英俊, 徐钦琦, 等. 1982. 山西屯留西村早更新世地层. 古脊椎动物与古人类, 20(3): 236–247]

Zong G F, Tang Y J, Lei Y L, et al. 1989. The Hanjiang Mastodont (*Sinomastodon hanjiangensis* nov. sp.). Beijing: Beijing Science and Technology Publishing House. 1–84 [宗冠福, 汤英俊, 雷遇鲁, 等. 1989. 汉江中国乳齿象. 北京: 北京科学技术出版社. 1–84]

Zong G F, Chen W Y, Huang X S, et al. 1996. Cenozoic Mammals and Environment of Hengduan Mountains Region. Beijing: China Ocean Press. 1–279 [宗冠福, 陈万勇, 黄学诗, 等. 1996. 横断山地区新生代哺乳动物及其生活环境. 北京: 海洋出版社. 1–279]

PALAEONTOLOGIA SINICA

Whole Number 203, *New Series C*, *Number* 32

Edited by

Nanjing Institute of Geology and Palaeontology

Institute of Vertebrate Paleontology and Paleoanthropology

Chinese Academy of Sciences

Fossil Arvicolinae and Myospalacinae of China

by

Zheng Shao-Hua Zhang Ying-Qi Cui Ning

(*Institute of Vertebrate Paleontology and Paleoanthropology, Chinese Academy of Sciences*)

With 157 Figures and 37 Tables

SCIENCE PRESS

Beijing, 2024

LIST OF PUBLICATIONS "PALAEONTOLOGIA SINICA" NEW SERIES C

Whole Number 102, New Series C, No. 1, 1937

The Pliocene Camelidae, Giraffidae, and Cervidae of South Eastern Shansi By P. Teilhard de Chardin and M. Trassaert

Whole Number 105, New Series C, No. 2, 1937

A New Dinosaurian from Sinkiang By C. C. Young

Whole Number 107, New Series C, No. 3, 1937

Oberoligozane Saugetiere aus dem Shargaltein-Tal (Western Kansu) By B. Bohlin

Whole Number 114, New Series C, No. 5, 1938

The Fossils from Locality 12 of Choukoutien By P. Teilhard de Chardin

Whole Number 115, New Series C, No. 6, 1938

Cavicornia of South-Eastern Shansi By P. Teilhard de Chardin and M. Trassaert

Whole Number 121, New Series C, No. 7, 1941

A Complete Osteology of *Lufengosaurus huenei* Young (gen. et sp. nov.) from Lufeng, Yunnan, China By C. C. Young

Whole Number 123a, New Series C, No. 8a, 1942

The Fossil Mammals from the Tertiary Deposit of Taben-buluk, Western Kansu. Part I: Insectivora and Lagomorpha By B. Bohlin

Whole Number 123b, New Series C, No. 8b, 1946

The Fossil Mammals from the Tertiary Deposit of Taben-buluk, Western Kansu. Part II: Simplicidentata, Carnivora, Artiodactyla, Perissodactyla, and Primates By B. Bohlin

Whole Number 124, New Series C, No. 9, 1940

The Fossils from Locality 18 Near Peking By P. Teilhard de Chardin

Whole Number 125, New Series C, No. 10, 1940

The Upper Cave Fauna of Choukoutien By W. C. Pei

Whole Number 126, New Series C, No. 11, 1941

The Fossil Mammals from Locality 13 of Choukoutien By P. Teilhard de Chardin

Whole Number 132, New Series C, No. 12, 1947

On *Lufengosaurus magnus* Young (sp. nov.) and Additional Finds of *Lufengosaurus hunei* Young By C. C. Young

Whole Number 134, New Series C, No. 13, 1951

The Lufeng Saurischian Fauna in China By C. C. Young

Whole Number 137, New Series C, No. 14, 1954

Fossil Fishes from Locality 14 of Choukoutien By H. T. Liu

Whole Number 141, New Series C, No. 15, 1958

Devonian Fishes from Wutung Series Near Nanking, China By T. S Liu and K. P'an

Whole Number 142, New Series C, No. 16, 1958

The Dinosaurian Remains of Laiyang, Shantung By C. C. Young

Whole Number 147, New Series C, No. 17, 1963

The Chinese Kannemeyerids By A. L. Sun

Whole Number 150, New Series C, No. 18, 1963

Fossil Turtles of China By H. K. Yeh

Whole Number 151, New Series C, No. 19, 1964

The Pseudosuchians in China By C. C. Young

Whole Number 153, New Series C, No. 20, 1977

Mammalian Fauna from the Paleocene of Nanxiong Basin, Guangdong By M. Z. Zhou, Y. P. Zhang, B. Y. Wang and S. Y. Ding

Whole Number 155, New Series C, No. 21, 1978

Gongwangling Pleistocene Mammalian Fauna of Lantian, Shaanxi By C. K. Hu and T. Qi

Whole Number 160, New Series C, No. 22, 1981

The Early Tertiary Fossil Fishes from Sanshui and Its Adjacent Basin, Guangdong By J. K. Wang, G. F. Li and J. S. Wang

Whole Number 162, New Series C, No. 23, 1983

The Dinosaurian Remains from Sichuan Basin, China By Z. M. Dong, S. W. Zhou and Y. H. Zhang

Whole Number 173, New Series C, No. 24, 1987

A Paleocene Edentate from Nanxiong Basin, Guangdong By S. Y. Ding

Whole Number 175, New Series C, No. 25, 1987

The Chinese Hipparionine Fossils By Z. X. Qiu, W. L. Huang and Z. H. Guo

Whole Number 186, New Series C, No. 26, 1997

Middle Eocene Small Mammals from Liguanqiao Basin of Henan Province and Yuanqu Basin of Shanxi Province, Central China By Y. S. Tong

Whole Number 191, New Series C, No. 27, 2004

Early Pleistocene Mammalian Fauna from Longdan, Dongxiang, Gansu, China By Z. X. Qiu, T. Deng and B. Y. Wang

Whole Number 192, New Series C, No. 28, 2006

Fossil Mammals from the Early Eocene Wutu Formation of Shandong Province By Y. S. Tong and J. W. Wang

Whole Number 193, New Series C, No. 29, 2007

Paracerathere Fossils of China By Z. X. Qiu and B. Y. Wang

Whole Number 198, New Series C, No. 30, 2016

Neogene Rodents from Central Nei Mongol, China By Z. D. Qiu and Q. Li

Whole Number 200, New Series C, No. 31, 2018

Late Miocene Pararhizomyines from Linxia Basin of Gansu, China By B. Y. Wang and Z. X. Qiu

Fossil Arvicolinae and Myospalacinae of China

Zheng Shao-Hua Zhang Ying-Qi Cui Ning

Contents

1 Preface

Arvicolinae and Myospalacinae are two of the most successful groups of rodents that evolved in China during Late Cenozoic. During the geological time period of Pliocene–Quaternary or the latest 5.30 million years, Arvicolinae has originated, diversified, and thrived. Since late Middle Miocene, which began about 11.70 million years ago, Myospalacinae has also originated, diversified, thrived, but withered at present. When Arvicolinae first emerged, Myospalacinae just met its prosperity of diversity. The geographical distribution of Arvicolinae covers the Holarctic realm (temperate zone) and the northern part of the Oriental realm (tropical and subtropical zones), while Myospalacinae is limited to the Palearctic temperate (including the warm-temperate zone, temperate zone, and cool-temperate zone) regions. Due to their high rate of specific succession, the fossils of Arvicolinae and Myospalacinae are considered to be not only reliable evidence for precise biostratigraphic correlations, but also important indicators of climatic cooling-warming and wetting-drying cycles. Suffice it to say that the evolutionary history of Arvicolinae and Myospalacinae can well reflect the geological history and environmental changes of China during Late Cenozoic are. It is therefore particularly important to study the origin, evolution, succession and classification of these two rodent groups.

Extant myospalacines mainly inhabit the temperate and wet grasslands within the range where loess is distributed in North and Northwest China. Extant arvicolines mainly inhabit cool and dry grasslands in North China, while inhabit warm and wet forests and scrubs in South and Southwest China. Except in extreme environments like deserts and high altitudes of mountains, at least one of them is distributed everywhere in China. The fossils of their ancestors are usually preserved in the fluvial-lacustrine deposits of Tibetan Plateau, Loess Plateau, Inner Mongolian Plateau and East China, and the cave-fissure deposits in karst areas of South China.

Myospalacines are endemic to Asia, and China has the most abundant and diversified fossils, and the most complete chronological records of this group, which has led to the accumulation of the most abundant research outputs and literatures, and also provided a concrete base for the compilation of this monograph. The fossil records of arvicolines are relatively poor in China. Except from the Zhoukoudian area of Beijing, relatively scarce fossil materials have been recovered, and accordingly, studies of them started up relatively late and were subject to systematic revision.

The first author Zheng Shao-Hua has engaged in collecting and studying Quaternary micromammal fossils, especially arvicolines and myospalacines, since the beginning of 1970s, and has published numerous related academic papers. Zheng Shao-Hua's field investigations covered vast areas of China where terrestrial deposits are distributed, including the fluvial-lacustrine deposits on Tibetan Plateau, the loess deposits on Loess Plateau in Shaanxi and Gansu, the cave-fissure deposits in Yungui Plateau, West Hubei, Chongqing, Liaoning, Shandong, and Anhui, the fluvial-lacustrine deposits in Nihewan Basin and Yushe Basin, and so on. The second author Zhang Ying-Qi specializes in the studies of Quaternary mammals. He earned his Ph.D. at Osaka City University, Japan in 2008, and systematically summarized the taxonomy, phylogeny and biochronology of Pliocene – Early Pleistocene fossil arvicolines of North China in his doctoral dissertation entitled *Pliocene – Early Pleistocene arvicolids of North China: taxonomy, phylogeny, and biochronology*. He has also published many papers on fossil arvicolines of China. The title of the doctoral dissertation of the third author Cui Ning is *The classification, origin, evolution of Myospalacinae (Rodentia, Mammalia) and its environmental background*, which has not been officially published.

Once given the assignment by the editorial committee of *Palaeovertebrata Sinica*, Zheng Shao-Hua started working on the arvicoline and myospalacine parts of Volume III, *Basal Synapsids and Mammals*, Fascicle 5 (2) (Serial no. 18-2), *Glires II: Rodentia II*. Meanwhile, he found out that a lot of fossil materials have never been described, but only listed as taxonomic names in literatures, which severely hampered the compilation. To solve this problem, a large amount of time was spent in observing, measuring and comparing the materials, especially in the taxonomic studies on the large quantity of specimens collected from Nihewan Basin and Leijiahe, Gansu in recent years, which resulted in the addition of a large number of figures and tables, and a draft that far exceeded the length requirement of *Palaeovertebrata Sinica*. To get these fundamental data published, we were pleased to accept the suggestion by the late Prof. Li Chuan-Kui (1934–2019), and adapted the draft to meet the length and formatting requirements of *Palaeontologica Sinica*.

The chronological records of the two rodent groups at different layers of different sections and different localities (mainly based on magnetostratigraphy) are correlated based on the latest standards to achieve a chronological framework with broader consensus. The ages of fossil localities and horizons are mostly presented in the form of Ma (millions of years) or ka (thousands of years) before the present. When there is no specific account or citation, these ages are all calculated based on published magnetostratigraphic data and the assumption that the corresponding strata were formed at uniform sedimentation rates. To be consistent in format throughout the monograph, the values of the ages are all rounded to two decimal places with no indication of dating accuracy. The composite sections of Leijiahe, Lingtai, Gansu and Yushe, Shanxi are generally in agreement in biostratigraphy, and can be mutually referenced and correlated. They can also be used as the guide section between Late Miocene – Early Pleistocene for North China. The composite loess section of Luochuan, Shaanxi and the fluvial-lacustrine Tai'ergou east section of Yangyuan, Hebei can also be mutually referenced and correlated. They represent a complete stratigraphic sequence of Late Pliocene – Holocene. Other sections or localities (horizons) are chronologically revised based on the above composite sections. Those in contradiction or in disagreement are necessarily commented and discarded in the final overall composite section.

In terms of taxonomy, the principle of priority of ICZN is implemented to the greatest extent. We also did our best to keep the taxonomy consistent with the current consensus of the academic community. Like many authors, we briefly reviewed the history of the tribes, especially when concerning the reasons why they were demoted from the subfamily level or promoted from the genus level.

When introducing research methods, we manage to present the methods widely used not only at home but also abroad, and the techniques and methods accumulated and summed up in our own research practice. Readers are welcome to make comparisons and choices or come up with new ideas. According to the conventions of *Vertebrata PalAsiatica*, when describing the teeth of these two rodent groups, the upper molars are represented by "M" plus the position number, and the lower molars are represented by "m" plus the position number. l/L (left) or r/R (right) is added in front to indicate the side of teeth. In the line art figures illustrating the occlusal or lateral morphology, "(o)" represents the scale for the occlusal view, and "(b, l)"/"(b)"/"(l)" represents the scale for the buccal view and lingual view, respectively. The upper and lower case are also used for some metric parameters to indicate the upper and lower molars, respectively. Among the research methods for arvicolines, certain methods are only applicable to one genus, e.g. the measuring method for m1 proposed by van der Meulen (1974) is only applicable to *Allophaiomys*; certain methods are applicable to genera with rooted molars, e.g. the measuring method for the sinuous line parameters E, E_a and E_b on m1 proposed by van de Weerd (1976) and the measuring method for the sinuses/sinuids of sinuous line proposed by Carls et Rabeder (1988) are only applicable to *Mimomys*, *Borsodia*, *Villanyia*, *Germanomys*, and so on; certain methods are applicable to all genera, e.g. the measuring method for the width of isthmuses and the calculating method for its closedness, and the measuring and calculating methods for the enamel band differentiation quotient (SDQ). The applicability of the research methods for myospalacines also depends on the molar morphology. Certain methods are only applicable to genera with rooted molars, e.g. the measuring method for the sinuous line parameters *A*/*a*, *B*/*b*, *C*/*c*, *D*/*d*, and *e* is applicable to *Prosiphneus*, *Pliosiphneus*, *Chardina*, *Mesosiphneus*, and *Episiphneus*, whereas the measuring method for the occlusal length is applicable to all genera. In the systematic paleontology section, the measurements and calculation results of certain methods applicable to certain genera, tribes, or subfamilies are all presented in tables for reference.

In the systematic paleontology section, the items at the genus level include Type Species, Diagnosis, Known Species in China, Distribution and Age, and Remarks; the items at the species level include Holotype, Hypodigm, Type Locality and Horizon, Referred Specimens, Age of Referred Specimens, Diagnosis, and Remarks. In the item of Age of Referred Specimens at the species level, the administrative division (including village, town or township, county, city, and province), locality or section name, horizon and absolute or relative age are presented for reference. For the genera that include extant species, all the known extant species distributed in China and their distribution are listed in the genus level items Known Species in China and Distribution and Age, respectively. At the species level, only the species with fossils are listed. In the Referred Specimens item of this level, only fossil specimens and their localities are listed. All the specimens involved in this monograph are not described in detail, but only commented in Diagnosis and Remarks. To facilitate the identification and distinction of related taxa, many quantitative morphological features are utilized to define them. At the same time, the tables of measurements showing the range of variation are also presented. When there is only one specimen for certain species, "around" is added before the quantitative values to indicate that variation should be taken into consideration based on these values. It is particularly emphasized here that Referred Specimens contains not only localities and materials that have been systematically described, but also quite a lot of localities or horizons and materials that have not been described but only listed in literatures. In this way, tedious morphological descriptions are avoided. Age of Referred Specimens can supplement the chronology of the type locality or horizon. To scientifically define the fossil species and clarify their variation, the concept of hypodigm proposed by Simpson (1940) is also introduced in this monograph. It originally represents all the specimens that a fossil species is based on, but here it is used to represent the type specimens other than the holotype.

After the systematic paleontology section, the chronological records are comprehensively summarized for Arvicolinae and Myospalacinae, respectively, and evolutionary relationships among all the species, genera, and tribes based on these records are also proposed for both subfamilies.

This work is supported by Strategic Priority Research Program of Chinese Academy of Sciences (grant no.: XDB26000000). The deceased Prof. Li Chuan-Kui inspired the preparation of this monograph and also gave a lot of constructive suggestions during the compilation. Prof. Qiu Zhu-Ding and Prof. Wu Wen-Yu carefully reviewed the draft and provided a lot of helpful advice. The photographs used in this monograph was taken by Mr. Gao Wei. All the illustrations were counterdrawn by Ms. Shi Ai-Juan and refined by Ms. Zhang Xiao-Yun. Academician Qiu Zhan-Xian wrote a profound foreword for this monograph. We would like to express our profound gratitude to these individuals.

The institutional abbreviations for the specimen catalogue numbers in this monograph are as follows:

B. (Benxi) —Catalogue number of fossil specimens of Benxi City, Liaoning

B.M. (British Museum) — Catalogue number of British Museum

B.S.M. (Benxishi Museum) — Catalogue number of mammalian fossils of Benxi City Museum

CUG V (China University of Geosciences, Vertebrate) — Catalogue number of vertebrate fossils of China University of Geosciences (Beijing)

DH (Dalian Haimao) — Catalogue number of vertebrate fossils of Haimao, Dalian City

NWU V (Northwest University, Vertebrate) — Catalogue number of vertebrate fossils of Institute of Cenozoic Geology and Environment, Northwest University

GINAHCCCP (Academy of Sciences of the USSR) — Catalogue number of fossils of Paleontological Institute of Russian Academy of Sciences

GMC V (Geological Museum of China, Vertebrate) — Catalogue number of vertebrate fossils of Geological Museum of China

G.V. (Gansu Provincial Museum, Vertebrate) — Catalogue number of vertebrate fossils of Gansu Provincial Museum

HGM V (Hungarian Geological Museum, Vertebrate) — Catalogue number of vertebrate fossils of Hungarian Geological Museum

PDHNHM (Paleontological Department of Hungarian Natural History Museum) — Catalogue number of Paleontological Department of Hungarian Natural History Museum

H.H.P.H.M. (Huangho Peiho Museum) — Catalogue number of vertebrate fossils of Huangho Peiho Museum

HV (Hainan Museum，Vertebrate) — Catalogue numbers of vertebrate fossils of Hainan Museum

IVPP V (Institute Vertebrate Paleontology and Paleoanthropology，Vertebrate) — Catalogue number of vertebrate fossils of Institute of Vertebrate Paleontology and Paleoanthropology, Chinese Academy of Sciences

Cat.C.L.G.S.C.Nos.C/ (IVPP Catalogue of Cenozoic Laboratory of Geology Survey of China) — Catalogue number of Cenozoic vertebrate fossils of Cenozoic Laboratory of Geological Survey of China

Cat.C.L.G.S.C.Nos.C/C. — Catalogue number of Zhoukoudian specimens and Cenozoic vertebrate fossils of Cenozoic Laboratory of Geological Survey of China

IVPP CP. (IVPP Cenozoic Peking) — Catalogue number of specimens of Beijing Cenozoic Laboratory, Institute Vertebrate Paleontology and Paleoanthropology, Chinese Academy of Sciences

IVPP HV (IVPP Hengduanshan Vertebrate) — Catalogue number of vertebrate fossils from Hengduanshan of Institute of Vertebrate Paleontology and Paleoanthropology, Chinese Academy of Sciences

IVPP RV (IVPP Revised Vertebrate Number) — Revised catalogue number of Institute of Vertebrate Paleontology and Paleoanthropology, Chinese Academy of Sciences

JQ (Jilin Qingshantou) — Catalogue number of vertebrate fossils of Qingshantou, Jilin

QV (Quaternary Vertebrate) — Catalogue number of vertebrate fossils of Institute of Geology and Geophysics, Chinese Academy of Sciences

SBV (Shaanxi Geological Museum Vertebrate) — Catalogue number of vertebrate fossils of Shaanxi Geological Museum

Tx (Taipingshan Xi Dong) — Catalogue number of vertebrate fossils from West Cave of Taipingshan, Zhoukoudian of China University of Geosciences (Beijing)

U.S.N.M. (United States National Museum) — Catalogue number of United States National Museum

Y.K.M.M. (Ying Kou Museum Mammals) — Catalogue number of mammalian fossils of Yingkou Museum, Liaoning

ZSI (Zoological Survey of India) — Catalogue number of Zoological Survey of India

2 Stratigraphic records and their chronology

China has a vast territory, within which strata of various sedimentary types are well developed, including the thick and continuous aeolian loess deposits in Loess Plateau, the plenty of fluvial, lacustrine and swamp deposits widely distributed in the intermontane basins, and the cave-fissure deposits widely distributed in the karst areas. These deposits not only produce rich mammalian fossils, but also provide ideal samples for magnetostratigraphic dating, such as the rock samples of lacustrine-swamp facies in the reducing environments and the rock samples of the loess-paleosol sequence with continuous deposition, and so on.

Since 1980s, the utilization of screen-washing technique has highly improved the efficiency of collecting micromammal fossils, which makes it possible to obtain more fossil teeth of small mammals including arvicolines and myospalacines from a single locality or horizon than before. Applying this this technique to a certain area or different horizons of a continuous depositional section with absolute age constraints can potentially witness the complete process of origin, evolution, and extinction of a species. Although unexpected errors could occur in practice, such as identification of taxa, sample collection and analysis, interpretation of results, and so on, in general, it would not hinder the studies of the evolutionary history of arvicolines and myospalacines. The introductions of some important sections and localities with records of the two rodent groups and reliable absolute age constraints especially by paleomagnetic dating are presented below.

2.1 The Upper Miocene lacustrine deposits – Upper Pliocene aeolian red clay – Lower Pleistocene aeolian loess section of Leijiahe Village, Shaozhai Town, Lingtai County, Gansu

This is a composite section combined from the main section of Loc. 93001, Wenwanggou (60.69 m in thickness, numbering of horizons begins with WL) and the two supplementary sections of Loc. 93002, Wenwanggou (15.62 m in thickness, numbering of horizons begins with CL) and Loc. 72074(4), Xiaoshigou (35.87 m in thickness, numbering of horizons begins with L). The section from the bottom up consists of the Upper Miocene greyish green mudstone, the Pliocene "Jingle Red Clay" with fine-grained caliche nodules, and the Lower Pleistocene Wucheng Loess. The geomagnetic polarity chrons of the composite section include the fifth normal polarity chron Ch_5, the Gilbert reversed polarity chron (Gi), the Gauss normal polarity chron (G), and the Matuyama reversed polarity chron (M) (Wei et al., 1993). The G/M boundary (2.58 Ma) is close to the top of WL7 or approximately lies between WL6/WL7; the Gi/G boundary (3.60 Ma) lies between WL13/WL14; the Ch_5/Gi boundary lies within the thick layer of breccia (Zhang et Zheng, 2001; Zheng et Zhang, 2000, 2001) (Fig. 1).

According to Zhang et al. (2011), *Mimomys bilikeensis* occurs in L5-2 (~4.58 Ma) and L5-3 (~4.64 Ma) of the Loc. 72074(4) section, Xiaoshigou; *Mi. gansunicus* occurs in WL8 (~3.17 Ma), WL10 (~3.41–3.25 Ma), WL11 (~3.51–3.41 Ma), and WL15-2 (~4.70 Ma) of the Loc. 93001 section, Wenwanggou and L1 (~3.53 Ma) of the Loc. 72074(4) section, Xiaoshigou; *Borsodia prechinensis* is recorded in WL3 (~2.15 Ma), WL8 (~3.17 Ma), WL10 (~3.41–3.25 Ma), and WL11 (~3.51–3.41 Ma) of the Loc. 93001 section, Wenwanggou; *Myodes fanchangensis* occurs in WL7-1 (~2.68 Ma), WL8 (~3.17 Ma), WL10 (~3.41–3.25 Ma), and WL11 (~3.51–3.41 Ma) of the Loc. 93001 section, Wenwanggou; *Allophaiomys deucalion* occurs in WL3 (~2.15 Ma), WL4 (~2.29 Ma), WL5 (~2.32 Ma), WL6 (~2.46 Ma), WL2+ (~1.95 Ma), WL5+ (~2.05 Ma), and WL7+ (~2.10 Ma) of the Loc. 93001 section, Wenwanggou; *Proedromys bedfordi* occurs in WL1 (~2.13 Ma), WL2 (~2.14 Ma), WL4+ (~2.03 Ma), WL5+ (~2.05 Ma), and WL7+ (~2.10 Ma) of the Loc. 93001 section, Wenwanggou. To sum up, the chronological distribution of arvicolines in this section is as follows:

Mimomys bilikeensis	4.64–4.58 Ma	*Myodes fanchangensis*	3.51–2.68 Ma
Mimomys gansunicus	4.70–3.17 Ma	*Allophaiomys deucalion*	2.46–1.95 Ma
Borsodia prechinensis	3.51–2.15 Ma	*Proedromys bedfordi*	2.14–2.03 Ma

Prosiphneus eriksoni is recorded at the bottom of the Loc. 72074(3) section [= L11 of the Loc. 72074(4) section] (>7.00 Ma) and L7-2 (~4.83 Ma), L8-4 (~5.50 Ma), and L9-2 (~5.90 Ma) of the Loc. 72074(4) section, Xiaoshigou. *Pliosiphneus antiquus* is recorded in Loc. 72074(1) [= L5 of the Loc. 72074(4) section] (~4.72–4.52 Ma), L4-1 (~4.10 Ma), L6-1 (~4.74 Ma), L6-3 (~4.76 Ma), and L7-2 (~4.83 Ma) of the Loc. 72074(4) section, Xiaoshigou, Loc. 72074(7) [= L5 of the Loc. 72074(4) section], Xiaoshigou (~4.72–4.52 Ma), and CL1-2 (~4.46 Ma), CL2-1 (~4.53 Ma), CL2-2 (~4.60 Ma), CL3-2 (~4.70 Ma) and CL5-2 (~4.80 Ma) of the Loc. 93002 section, Wenwanggou. *Pl. lyratus* comes from Loc. 72074(1) [= L5 of the Loc. 72074(4) section], Xiaoshigou (~4.72–4.52 Ma), CL1-2 (~4.46 Ma) of the Loc. 93002 section, Wenwanggou, WL10 (~3.41–3.25 Ma) and WL11-3 (WL11: ~3.51–3.41 Ma) of the Loc. 93001 section, Wenwanggou, and L5-2 (~4.58 Ma) and L5-4 (~4.72 Ma) of the Loc. 72074(4) section, Xiaoshigou. *Chardina truncatus* comes from Loc. 72074(1) [= L5 of the Loc. 72074(4) section] (~4.72–4.52 Ma), Xiaoshigou, L2 (~3.59 Ma), L3-1 (~3.70 Ma), L3-2 (~3.80 Ma), L3-3 (~3.90 Ma), L4-3 (~4.40 Ma), L5-1 (4.52 Ma), L5-2 (~4.58 Ma), and L5-3 (~4.64 Ma) of the Loc. 72074(4) section, Xiaoshigou, and WL10-8 (WL10: ~3.41–3.25 Ma) of the Loc. 93001 section, Wenwanggou. *C. sinensis* comes from WL 14 (~4.70–3.60 Ma) of the Loc. 93001 section, Wenwanggou. *C. teilhardi* comes from WL8 (~3.17 Ma) and WL10 (~3.41–3.25 Ma) of the Loc. 93001 section, Wenwanggou. *Mesosiphneus praetingi* comes from L5-2 (~4.58 Ma) and L5-4 (~4.72 Ma) of the Loc. 72074(4) section, Xiaoshigou and WL10 (~3.41–3.25 Ma) and WL11-6 (WL11: ~3.51–3.41 Ma) of the Loc. 93001 section, Wenwanggou. *M. intermedius* comes from WL8 (~3.17 Ma), WL10 (~3.41–3.25 Ma), and WL11 (~3.51–3.41 Ma) of the Loc. 93001 section, Wenwanggou. *Eospalax simplicidens* comes from WL2 (~2.14 Ma), WL5 (~2.32 Ma), WL7-2 (~2.70 Ma), and WL10-4, 7, 8 (WL10: ~3.41–3.25 Ma) of the Loc. 93001 section, Wenwanggou. *E. lingtaiensis* comes from WL5 (~2.32 Ma), WL6 (~2.46 Ma), WL8 (~3.17 Ma), WL10 (~3.41–3.25 Ma), and WL11(~3.51–3.41 Ma) of the Loc. 93001 section, Wenwanggou. *Allosiphneus teilhardi* comes from WL8 (~3.17 Ma) and WL10-4 (WL10: ~3.41–3.25 Ma) of the Loc. 93001 section, Wenwanggou. *A. arvicolinus* is recorded in WL10-2 (WL10: ~3.41–3.25 Ma) of the Loc. 93001 section, Wenwanggou. *Yangia omegodon* is recorded in WL8 (~3.17 Ma), WL10 (~3.41–3.25 Ma), and WL11 (~3.51–3.41 Ma) of the Loc. 93001 section, Wenwanggou. *Y. chaoyatseni* comes from WL6 (~2.46 Ma) of the Loc. 93001 section, Wenwanggou. To sum up, the chronological distribution of myospalacines in this section is as follows:

Prosiphneus eriksoni	>7.00–4.83 Ma	*Mesosiphneus intermedius*	3.51–3.17 Ma
Pliosiphneus antiquus	4.83–4.10 Ma	*Eospalax simplicidens*	3.41–2.14 Ma
Pliosiphneus lyratus	4.72–3.25 Ma	*Eospalax lingtaiensis*	3.51–2.32 Ma
Chardina truncatus	4.72–3.25 Ma	*Allosiphneus teilhardi*	3.41–3.17 Ma
Chardina sinensis	4.70–3.60 Ma	*Allosiphneus arvicolinus*	3.41–3.25 Ma
Chardina teilhardi	3.41–3.17 Ma	*Yangia omegodon*	3.51–3.17 Ma
Mesosiphneus praetingi	4.72–3.25 Ma	*Yangia chaoyatseni*	2.46 Ma

2.2 The Upper Miocene – Lower Pliocene aeolian red clay section of Qin'an County, Gansu

The composite Qin'an aeolian red clay section is composed of three sections, including the 253.1 m thick QA-I section of Wuying Village that is about 27 km northwest of the county seat of Qin'an, the 220.6 m thick QA-II section that is 2 km away from the QA-I section (Guo et al., 2002), and the 74.8 m thick QA-III section or Dongwan section at Dongwan Village, Weidian Town that is 30 km east of the QA-I and QA-II sections (Hao et Guo, 2004). The magnetostratigraphy indicates the geological time span of QA-I + II is 22.00–6.20 Ma, and that of QA-III is 7.30–3.50 Ma.

Three species of *Prosiphneus* are collected from the QA-I section. *Prosiphneus qinanensis* occurs at the depth of 82.2 m, corresponding paleomagnetic age of which is 11.70 Ma; *P. haoi* is recorded at the depth of 39.8 m, 41.0 m and 58.5 m, and the corresponding ages are 8.20 Ma, 8.22 Ma, and 9.50 Ma, respectively; *P. licenti* is recorded at the depth of 5.0 m, 9.0 m and 26.0 m, and the corresponding ages are 6.50 Ma, 6.80 Ma, and 7.60 Ma, respectively (Zheng et al., 2004).

Ten myospalacine species with rooted molars are collected from the QA-III section. From the bottom up, *Prosiphneus licenti* comes from Layer 1 (~7.21 Ma) at 1.4 m, Layer 3 (~7.16 Ma) at 4.8 m, and Layer 4 (~7.14 Ma) at 6.8 m, and the its geological age ranges ~7.21–7.14 Ma (C3Bn); *Pr. tianzuensis* comes from Layer 7 at 13.9 m, and the geological age is ~6.81 Ma; *Pr. eriksoni* comes from Layer 8 (~6.50 Ma), Layer 9 (~6.25 Ma), Layer 10 (~6.15–6.13 Ma), Layer 11 (~6.06 Ma), and Layer 12 (~5.96–5.88 Ma) at 15.6–30.6 m, and its geological age ranges ~6.50–5.88 Ma; *Pliosiphneus lyratus* comes from Layer 13 (~5.65 Ma) at 33.3 m and Layer 14 (~5.30 Ma) at 40.0 m, and its geological age ranges ~5.65–5.30 Ma; *Chardina sinensis* comes from Layer 13 (~5.65 Ma) at 33.3 m and Layer 14 (~5.49–5.30 Ma) at 36.7–40.0 m, and its geological age ranges ~5.65–5.30 Ma; *C. gansuensis* comes from Layer 14 (~5.24 Ma) at 40.7 m and Layer 15 (~5.00 Ma) at 44.8 m, and its geological age ranges ~5.24–5.00 Ma; *C. truncatus* comes from Layer 16 (~4.94 Ma) and Layer 19 (~4.18 Ma) at 46.3–64.4 m, and its geological age ranges ~4.94–4.18 Ma; *Mesosiphneus primitivus* comes from Layer 15 (~5.00 Ma) and Layer 16 (~4.94 Ma) at 44.8–46.3 m, and its geological age ranges ~5.00–4.94 Ma; *M. praetingi* comes from Layer 18 (~4.49 Ma) and Layer 20 (~3.83 Ma) at 56.1–69.3 m, and its geological age ranges ~4.49–3.83 Ma; *M. intermedius* comes from Layer 19 at 61.5 m, and its geological age is ~4.28 Ma (Liu et al., 2011, 2013).

Arvicoline fossils are very rare in the QA-III section. Only *Mimomys teilhardi* (= Liu et al., 2011, p. 231: *Mimomys* sp.) is found in Layer 16 at 46.3 m from the bottom, and the magnetostratigraphic age is ~4.94 Ma (Fig. 2).

2.3 The Upper Pliocene aeolian red clay – Pleistocene loess composite section of Luochuan County, Shaanxi

The Luochuan section is mainly synthesized from the localities of Potougoukou, Dongtan'gou, Nancaizigou, Zaocigou, Langyacigou, Tuojiahe Reservoir, Jiuyan'gou, Heimugou and so on, and represents a complete depositional sequence of the Upper Pliocene "Jinglean Red Clay" – Pleistocene aeolian loess-paleosol deposits – Holocene loam deposits (Liu et al., 1985). The magnetostratigraphic ages of horizons (Sun et Liu, 2002; Ding et al., 2002) yielding fossil arvicolines and myospalacines in the section (Zheng et al., 1985b) are revised as the following: *Eospalax fontanieri* comes from S_{16} (1.33 Ma) of Nancaizigou, Potou Village, Luochuan County; *E. simplicidens* (= Zheng et al., 1985b: *Myospalax hsuchiapingensis*) comes from S_{31} (2.36 Ma) of the spillway of Tuojiahe Reservoir, Luochuan County; *Yangia chaoyatseni* comes from S_{32} (2.55 Ma) of Dongtangou and the spillway of Tuojiahe Reservoir, S_{31} (2.36 Ma) of Heimugou, and S_{16} (1.33 Ma) of Zaocigou, Luochuan County; *Y. omegodon* comes from S_{32} (2.55 Ma) of Potougoukou, Luochuan County; *Allosiphneus arvicolinus* comes from S_{31} (2.36 Ma) of Heimugou, Luochuan County and S_{17} (1.38 Ma) of Jiuyangou, Yan'an City; *Mesosiphneus intermedius* comes from the red clay layer of Potougoukou, Luochuan County with an age of 2.70 Ma; two arvicoline species are *Lasiopodomys brandti* from S_4 (0.44 Ma) and *L. probrandti* from S_6 (~0.67 Ma) and S_{10} (~1.03 Ma) of Nancaizigou, Potou Village, Luochuan County (Fig. 3).

2.4 The Upper Miocene – Lower Pleistocene fluvio-lacustrine facies composite section of Yushe Basin, Shanxi

Yushe Basin has a long research history, and is an important area in North China that produces arvicoline and myospalacine fossils. Up to now, 22 species of the two rodent groups have been discovered in this area (Teilhard de Chardin, 1942; Wu et Flynn, 2017; Zhang, 2017; Zheng, 2017). The Sino-American Yushe Project has established the Late Cenozoic standard stratigraphic sequence of North China based on the biostratigraphy of Yushe Basin in recent years. The magnetostratigraphic researches have also obtained satisfying results (Opdyke et al., 2013). This section is a composite one mainly based on the mammalian fossil localities or horizons in the fluviallacustrine sandy clay and sand-gravel deposits in the Yuncu subbasin. The Yuncu subbasin section with a total thickness of ~836 m is, from the bottom up, composed of the Upper Miocene Mahui Formation (200 m in thickness), the upper most Upper Miocene – Pliocene Gaozhuang Formation (including the ~245 m thick Taoyang Member, the ~132 m thick Nanzhuanggou Member, and the ~23 m thick Culiugou Member) and Mazegou Formation (~173 m in thickness), and the Lower Pleistocene Haiyan Formation (63 m in thickness). The formations and members are separated by unconformities (Opdyke et al., 2013: fig. 4.7). The section contains nearly the same polarity chrons as the Leijiahe composite section, Lingtai County introduced above, so they are supplementary to each other when discussing the geological ages of shared species (Fig. 4).

Detailed biostratigraphic studies show that fossil arvicolines are relatively rich in the Yushe Basin composite section. *Mimomys teilhardi* (= *Mimomys* sp.) occurs at YS 4 (~4.29 Ma) and YS 97 (~3.50 Ma); *Mi. gansunicus* occurs at YS5 (~3.40 Ma), YS 6 (~2.26 Ma), YS 109 (~2.15 Ma), and YS 120 (~2.26 Ma); *Borsodia chinensis* occurs at YS 6 (~2.26 Ma), YS 120 (~2.26 Ma), and YS 109 (~2.15 Ma); *Myodes fanchangensis* occurs at YS 5 (~3.40 Ma), YS 6 (~2.26 Ma), YS 109 (~2.15 Ma), and YS 120 (~2.26 Ma); *Germanomys yusheicus* occurs at YS 4 (~4.29 Ma), YS 97 (~3.50 Ma), and YS 50 (~4.70 Ma); *G. progressivus* occurs at YS 87 (~3.44 Ma), YS 90 (~3.50 Ma), and YS 99 (~3.00 Ma); *Stachomys trilobodon* occurs at YS 90 (~3.50 Ma); *Lasiopodomys complicidens* occurs at YS 123 (<1.00 Ma). *Prosiphneus murinus* occurs at YS 1 (~6.50 Ma), YS 8 (~6.40 Ma), YS 7 (~6.30 Ma), YS 9 (~6.30 Ma), YS 3 (~5.80 Ma), YS 32 (~6.00 Ma), YS 141, YS 29 (~6.20 Ma), YS 145 (~5.70 Ma), YS 156 (~6.00 Ma), and YS 161 (~5.80 Ma); *Pliosiphneus antiquus* occurs at YS 39 (~4.75 Ma), YS 57 (~4.65 Ma), YS 50 (~4.70 Ma), and YS 36 (~4.50 Ma); *Pl. lyratus* occurs at YS 69 (~3.59 Ma), YS 50 (~4.70 Ma), and YS 43 (~4.29 Ma); *Chardina truncatus* occurs at Honggou and Jingnangou, Gaozhuang Village, Yuncu Town, Yushe County, and its geological age is estimated to be 4.70–4.60 Ma; *Mesosiphneus praetingi* occurs at YS 4 (~4.29 Ma), YS 90 (~3.50 Ma), YS 136 (~3.50 Ma), Jingnangou, Gaozhuang Village , Yuncu Town, Yushe County, and other unclear localities; *Me. intermedius* occurs at YS 5 (~3.40 Ma), YS 87 (~3.44 Ma), YS 99 (~3.00 Ma), and YS 95 (~3.30 Ma); the provenance of *Yangia omegodon* in Yushe Basin is unclear, but its geological age is estimated to be 2.80–2.50 Ma; *Y. trassaerti* occurs at YS 119 (~2.15 Ma), YS 120 (~2.26 Ma), YS 6 (~2.26 Ma), and unclear localities; the provenance of *Y. chaoyatseni* is unclear, but its geological age is estimated to be 2.50–2.00 Ma; *Y. tingi* is from YS 110 (~2.26 Ma) and unclear localities; *Y. epitingi* is from YS 83 (~0.70 Ma), Fancun Village, Zhaigeta Township, Fushan County, and Beiwang Village, Jicheng Town, Yushe County; *Eospalax fontanieri* is from YS 129, YS 123 (<1.00 Ma), YS 133, and unclear localities, and its geological age is estimated to be 1.00–0.65 Ma. To sum up, the chronological distribution of above species is as follows:

Mimomys teilhardi 4.29–3.50 Ma *Pliosiphneus lyratus* 4.70–3.59 Ma
Mimomys gansunicus 3.40–2.15 Ma *Chardina truncatus* 4.70–4.60 Ma

Borsodia chinensis	2.26–2.15 Ma	*Mesosiphneus praetingi*	4.29–3.50 Ma
Myodes fanchangensis	3.40–2.15 Ma	*Mesosiphneus intermedius*	3.44–3.00 Ma
Germanomys yusheicus	4.70–3.50 Ma	*Yangia omegodon*	2.80–2.50 Ma
Germanomys progressivus	3.50–3.00 Ma	*Yangia trassaerti*	2.26–2.15 Ma
Stachomys trilobodon	3.50 Ma	*Yangia chaoyatseni*	2.50–2.00 Ma
Lasiopodomys complicidens	<1.00 Ma	*Yangia tingi*	2.26 Ma
Prosiphneus murinus	6.50–5.70 Ma	*Yangia epitingi*	0.70 Ma
Pliosiphneus antiquus	4.75–4.50 Ma	*Eospalax fontanieri*	1.00–0.65 Ma

2.5 The "Jingle Red Clay" section of Xiaohong'ao, Hefeng Village, Duanjiazhai Township, Jingle County, Shanxi

Xiaohong'ao, Hefeng Village, Duanjiazhai Township, Jingle County, Shanxi (Loc. 1, Teilhard de Chardin et Young, 1930, 1931) is the typical locality of the Upper Pliocene "Jingle Red Clay". Zhou (1988) found a considerable number of micromammal fossils from the 47.84 m thick section of this locality (= Loc. 86007 of Institute of Vertebrate Paleontology and Paleoanthropology, Chinese Academy of Sciences), and divided the deposits between the top Malan Loess and the bottom conglomerate into 4 layers. Layer 1 is sand (0.91 m in thickness); Layer 2 is red clay (= Jingle Red Clay, equivalent to MN 16 of European Neogene mammal zonation, 6.54 m in thickness); Layer 3 is yellow brownish silty clay (Reddish Clay Lower Zone, MN 17, 13.09 m in thickness); Layer 4 is red brownish silty clay (Reddish Clay Upper Zone, MQ1, 27.30 m in thickness). The magnetostratigraphic results reported by Chen (1994) showed one normal polarity event in the Jingle Red Clay, so the geological age of it was roughly estimated to be 3.40–2.50 Ma. The magnetostratigraphic results of Yue et Zhang (1998) showed two normal chrons in the Jingle Red Clay: the upper one was interpreted as C2An.1n (the top of Gauss, 3.03–2.58 Ma); the lower one as C2An.2n (3.22–3.11 Ma). Two normal polarity chrons were also detected in the 2 layers of Reddish Clay (L3 and L4): the lower one located in the paleosol of S_{28} was interpreted as C2r.1n (Reunion, 2.15–2.14 Ma); the upper one located between the bottom of S_{26} and the top of S_{25} was interpreted as C2n (Olduvai, 1.95–1.77 Ma). The boundary between Gauss and Matuyama is located right in between the Jingle Red Clay and the Reddish Clay (or Wucheng Loess). According to Zhou (1988), in the "Jingle Red Clay" section, Layer 1 (sand layer) yields *Germanomys progressivus* (= Zhou, 1988: *Ungaromys*? sp.) and *Hyperacrius yenshanensis* (= Zhou, 1988: Arvicolidae gen. et sp. indet.); Layer 2 of red clay yields *Mesosiphneus intermedius* (= Zhou, 1988: *Prosiphneus* sp.), the magnetostratigraphic age of which can be considered as 3.20–2.60 Ma; S_{28} in Layer 3 of the Reddish Clay Lower Zone (yielding *Yangia omegodon*) is above the Reunion normal polarity chron, and its geological age is estimated to be 2.15 Ma; the estimated age for S_{26} in Layer 4 of the Reddish Clay Upper Zone (yielding *Episiphneus youngi* and *Y. chaoyatseni*) is 1.95 Ma; the estimated age for S_{23} in Layer 4 of the Reddish Clay Upper Zone (yielding *Y. chaoyatseni* and *Allosiphneus arvicolinus*) is 1.65 Ma; the estimated age for S_{19} in Layer 4 of the Reddish Clay Upper Zone (yielding *Y. tingi* and *Borsodia chinensis*) is 1.45 Ma (Fig. 5).

2.6 The Gaotege section of Abag Banner, Inner Mongolia

The Gaotege section is located 73 km southwest of Xilinhot City, Inner Mongolia, and 30 km southeast of Chagannaoer Town, Abag Banner (43°29.881′ N, 115°26.598′ E). The section is 61.5 m thick, and composed of a suite of fluvio-lacustrine mudstones and sandstones. According to the original description in the doctoral dissertation of Li Qiang (2006, unpublished), the section is divided in to 8 layers from the bottom up. Fossils come from Layers 2–5. The numbering of the fossil layers are as follows: Layer 2

(IM00-5 = DB00-5), Layer 3 (IM00-6–7 = DB00-6–7 and DB02-5–6), Layer 4 (IM00-4 = DB00-4 and DB02-1–4), the lower unit of Layer 5 (DB03-1), and the upper unit of Layer 5 (DB03-2, 4). Xu et al. (2007) divided the 27.95 m thick section into 13 layers from the bottom up. DB00-5 was placed in their Layer 2 (4.46 Ma); DB02-5–6 and DB00-6–7 were placed in their Layer 6 (4.37 Ma); DB02-1–4 and DB00-4 were placed in their Layer 10 (4.20 Ma); and DB03-1 was placed in their Layer 12 (4.15 Ma). That is to say, the sampling section of Xu et al. (2007) is less than half of the thickness of the original section described by Li Qiang (2006, unpublished doctoral dissertation). Two normal polarity chrons were detected in the sampling section of Xu et al. (2007): one was in Layer 1, the bottom of the section, and interpreted as C3n.2n (Nunivak, 4.631–4.493 Ma); the other was located 20 m from the bottom, and interpreted as C3n.1n (Cochiti, 4.300–4.187 Ma). O'Connor et al. (2008) divided the whole 61.5 m thick section into 8 layers, which is consistent with the division of Li Qiang (2006, unpublished doctoral dissertation). 3 arvicolines and 2 myospalacines come from the tops of Layers 3–5. O'Connor et al. (2008) interpreted the top of the complete section as the lower boundary of C2An.3n (3.596 Ma), so the age of DB03-1 changed from 4.15 Ma of Xu et al. (2007) to 3.85 Ma. According to Qiu et Li (2016), *Mimomys teilhardi* comes from DB02-1–4 (~4.12 Ma), DB02-5–6 (~4.32 Ma), and DB03-1 (~3.85 Ma); *M. orientalis* and *Borsodia mengensis* both come from DB03-2 (~3.85 Ma); *Chardina gansuensis* comes from DB02-5–6 (~4.32 Ma), DB02-1–4 (~4.12 Ma), DB03-1–2 (~3.85 Ma); *C. truncatus* comes from DB02-1–4 (~4.12 Ma) and DB02-6 (~4.32 Ma) (Fig. 6).

2.7 The Upper Pliocene – Lower Pleistocene section of Laowogou, Daodi Village, Xinbu Township, Yangyuan County, Hebei

The section is located on the left side of Laowogou, 150 m to the gully mouth, 750 m northwest of Daodi Village, Xinbu Township, Yangyuan County, on the west bank of Huliu River. The section is the stratotype when Du et al. (1988) established the "Daodi Formation". It is 134 m thick, and divided into 29 layers from the bottom up. Judging from biostratigraphy, Layers 1–19 correspond to the Upper Pliocene "Daodi Formation", and Layers 20–29 correspond to Nihewan Formation. According to Cai et al. (2004), the lower part of the "Daodi Formation" is made up of aeolian and aqueous red clays, and the upper part is made up of swamp sandy clay and fluvial sand and gravel layers; Nihewan Formation is made up of lacustrine silty clay and fluvial sand and gravel layers. Two normal polarity chrons were detected in Layer 2 and Layers 9–19, and interpreted as C2An.2n (3.21–3.12 Ma) and C2An.1n (3.03–2.60 Ma), respectively (Cai et al., 2013). According to Cai et al. (2013), *Chardina truncatus* comes from Layer 2 (~3.16 Ma); *Pliosiphneus daodiensis* (= Cai et al., 2013: *Pliosiphneus* sp. 2) comes from Layer 3 (~3.08 Ma); *Mesosiphneus praetingi* comes from Layer 9 (~3.04 Ma) and Layer 11 (~2.89 Ma); *Mimomys nihewanensis* (= Cai et al, 2013: *Mimomys* sp. + *Mimomys* sp. 1) comes from Layer 3 (~3.08 Ma), Layer 9 (~3.04 Ma), and Layer 11 (~2.89 Ma); *Germanomys yusheicus* comes from Layer 2 (~3.16 Ma) and Layer 3 (~3.08 Ma); *G. progressivus* comes from the Layer 11 (~2.89 Ma) (Fig. 7).

2.8 The Tai'ergou east section of Xiaodukou Village, Huashaoying Town, Yangyuan County, Hebei

The section is located in the south of Haojiatai, and mainly made up of a suite of fluvio-lacustrine sediments like sandy mudstone and glutenite (Fig. 8). The section is 131.00 m thick in total. Based on the unpublished preliminary paleomagnetic dating results of Wang Yong (Geology Institute, Chinese Academy of Geological Sciences), the section embraces the Gauss normal polarity chron, Matuyama reversal polarity chron, and Brunhes normal polarity chron, and is divided into 6 members of A, C, B, D, F, and E from the bottom up. The boundaries between A/C, C/B, B/D, D/F, and F/E are located at the depths of 122.55 m,

111.45 m, 104.75 m, 85.45 m, and 31.90 m, respectively. The Gauss/Matuyama boundary is located at 113.00 m, and the Matuyama/Brunhes boundary is located at 37.00 m. Based on our studies on the micromammal fossils, *Mimomys orientalis* comes from Layer T0 (~3.00 Ma); *Mim. irtyshensis* comes from Layers T6 (~2.76 Ma), F05 (~2.58 Ma), and F06 (~2.47 Ma); *Germanomys* sp. comes from Layer F01 (~2.99 Ma); *Myodes fanchangensis* comes from Layers T6 (~2.76 Ma) and T11 (~2.47 Ma); *Myodes rutilus* comes from Layer F09 (0.84 Ma); *Caryomys eva* comes from Layer F11 (~1.63 Ma); *Microtus minoeconomus* comes from Layer F11 (~1.63 Ma); *Mic. oeconomus* comes from Layer T18 (~0.60 Ma); *Lasiopodomys probrandti* comes from Layer T17 (~0.92 Ma); *L. brandti* comes from Layers T18 (~0.60 Ma) and F12 (~0.35 Ma); *Allophaiomys deucalion* comes from Layer F07 (~2.34 Ma); *Yangia omegodon* comes from Layer T7 (~2.70 Ma); *Mesosiphneus intermedius* comes from Layers T2 (~2.97 Ma) and T4 (~2.76 Ma). So the chronological distribution of the species above is summarized as follows:

Mimomys orientalis	3.00 Ma	*Microtus oeconomus*	0.60 Ma
Mimomys irtyshensis	2.76–2.47 Ma	*Lasiopodomys probrandti*	0.92 Ma
Germanomys sp.	2.99 Ma	*Lasiopodomys brandti*	0.60–0.35 Ma
Myodes fanchangensis	2.76–2.47 Ma	*Allophaiomys deucalion*	2.34 Ma
Myodes rutilus	0.84 Ma	*Yangia omegodon*	2.70 Ma
Caryomys eva	1.63 Ma	*Mesosiphneus intermedius*	2.97–2.76 Ma
Microtus minoeconomus	1.63 Ma		

2.9 The Danangou section of Dongyaozitou Village, Beishuiquan Town, Yuxian County, Hebei

The section is located in Danangou, about 300 m to the gully mouth, 1000 m southeast of Dongyaozitou Village, Beishuiquan Town, on the east bank of Huliu River. It is a typical Upper Pliocene – Pleistocene biostratigraphic section in Nihewan Basin (Cai et al., 2004), and also one of the important auxiliary sections when Du et al. (1988) established the "Daodi Formation". The mammalian fossils from this section are abundant (Tang et Ji, 1983; Zheng et Cai, 1991). The section is about 100 m thick, and from the bottom up made up of the Upper Pliocene red clay layer, and the ultra thick glutenite member, calcareous sandy soil member, yellow sand member, and sandy clay member of the Pleistocene Nihewan Formation (Cai et al., 2004). It is divided into 27 layers, Layer 1 at the bottom and the strata above Layer 19 show normal polarity (Cai et al., 2013). Based on the combinations of mammalian fossils, they are considered to be the top of Gauss (2An.1n) and Brunhes (C1n), so the age of the top of Layer 1 is 2.58 Ma, and that of the bottom boundary of Layer 19 is 0.78 Ma. By means of interpolation, the ages of all the fossil layers can be roughly estimated. Based on our studies, *Lasiopodomys probrandti* comes from Layer 9 (~1.67 Ma), Layer 12 (~1.49 Ma), Layer 13 (~1.44 Ma), Layer 14 (~1.35 Ma), Layer 15 (~1.14 Ma), Layer 16 (~1.00 Ma), and Layer 18 (~0.87 Ma); *Microtus minoeconomus* comes from Layer 9 (~1.67 Ma), Layer 12 (~1.49 Ma), Layer 13 (~1.44 Ma), Layer 14 (~1.35 Ma), Layer 15 (~1.14 Ma), Layer 16 (~1.00 Ma), and Layer 18 (~0.87 Ma); *Pitymys simplicidens* comes from Layer 12 (~1.49 Ma) and Layer 13 (~1.44 Ma); *Eolagurus simplicidens* comes from Layer 1 (~2.63 Ma), Layer 15 (~1.14 Ma), Layer 16 (~1.00 Ma), and Layer 18 (~0.87 Ma); *Mimomys orientalis* comes from Layer 1 (~2.63 Ma); *Allophaiomys pliocaenicus* comes from Layer 6 (~1.89 Ma), Layer 9 (~1.67 Ma), Layer 12 (~1.49 Ma), Layer 15 (~1.14 Ma), and Layer 18 (~0.87 Ma); *Germanomys progressivus* comes only from Layer 1 (~2.63 Ma); *Borsodia chinensis* comes from Layer 6 (~1.89 Ma), Layer 9 (~1.67 Ma), and Layer 12 (~1.49 Ma); *Eospalax fontanieri* comes from Layer 16 (~1.00 Ma); *Eos. simplicidens* comes from Layer 9 (~1.67 Ma); *Yangia tingi* comes from Layer 9 (~1.67 Ma), Layer 12 (~1.49 Ma), Layer 13 (~1.44 Ma), Layer 15 (~1.14 Ma), and Layer 18 (~0.87 Ma); *Mesosiphneus intermedius* comes from Layer 1 (~2.63 Ma); *Episiphneus youngi* comes from Layer 12 (~1.49 Ma), and Layer 15 (~1.14 Ma), and Layer 26(~0.34 Ma, probably mixed in during screen-washing). To sum up, the chronological distribution of arvicolines and myospalacines in the section is as follows:

Lasiopodomys probrandti	1.67–0.87 Ma	*Borsodia chinensis*	1.89–1.49 Ma
Microtus minoeconomus	1.67–0.87 Ma	*Eospalax fontanieri*	1.00 Ma
Pitymys simplicidens	1.49–1.44 Ma	*Eospalax simplicidens*	1.67 Ma
Eolagurus simplicidens	2.63–0.87 Ma	*Yangia tingi*	1.67–0.87 Ma
Mimomys orientalis	2.63 Ma	*Mesosiphneus intermedius*	2.63 Ma
Germanomys progressivus	2.63 Ma	*Episiphneus youngi*	1.49–0.34 Ma
Allophaiomys pliocaenicus	1.89–0.87 Ma		

Dut to the different sedimentation rates of the ultra thick glutenite layer and the upper relatively fine-grained sediments, it is without doubt that accuracy of the estimated ages is subject to scrutiny. No matter too old or too young, they need to be verified by results from other sections (Fig. 9).

2.10 The Peking Man Site section of Loc. 1, Zhoukoudian, Beijing

The section is about 46.00 m thick, and divided into 17 layers. It is made up of the bottom Lower Pleistocene greyish clayey silt layer (Layer 16) and yellowish brown coarse sand with gravel layer (Layer 17), the lower Middle Pleistocene "Longgushan Formation" (6.80–7.65 m thick in total, comprising Layer 15 of brownish red coarse sand and Layer 14 of brownish red clayey silty), and the top upper Middle Pleistocene "Zhoukoudian Formation" (35.43 m thick in total, comprising Layers 1–13) (Yang et al., 1985). From the "Zhoukoudian Formation" come arvicoline species of *Eolagurus simplicidens* (= Young, 1934: *Pitymys simplicidens*), *Alticola stoliczkanus* (= Young, 1934: *Alticola* sp. + ?*Phaiomys* sp.), *Lasiopodomys brandti* (= Young, 1934: *Microtus brandtioides*), *Microtus oeconomus* (= Young, 1934: *Microtus epiratticeps*), and *Myodes rufocanus* (= Young, 1934: *Evotomys rufocanus*); myospalacine species of only *Myospalax wongi* (Young, 1934; Hu, 1985). *Yangia epitingi* was discovered by Chao et Tai (1961) in Layer 11 (0.64 Ma). Among numerous dating attempts, the paleomagnetic result of Qian et al. (1985) is seemingly close to be acceptable. They not only sampled the originally exposed Layers 1–13, but also sampled unexposed Layers 14–17 in an exploratory well. The result indicates that the boundary between Brunhes normal polarity chron and Matuyama reversed polarity chron, namely the generally acknowledged Early/Middle Pleistocene boundary (0.78 Ma), is roughly positioned in between Layer 13/Layer 14.

2.11 Other localities

2.11.1 The Amuwusu locality of Sonid Right Banner, Inner Mongolia

The locality yields the *Anchitherium* fauna. The lithology of the stratum is greyish white silty clay, and lies underneath the *Hipparion* red clay layer. Only *Prosiphneus qiui* is discovered from this locality. Based on faunal correlations, the age is equivalent to the European Mammal Zonation MN9 with a rough absolute age estimation of 11.00–10.30 Ma (Qiu et al., 2013).

2.11.2 The Ertemte locality of Huade County, Inner Mongolia

The *Hipparion* fauna yielding locality is made up of fluvio-lacustrine deposits. Its age was once thought to be Early Pliocene (Schlosser, 1924), but has been reconsidered to be Late Miocene (Fahlbusch et al.,

1983). From this locality comes only myospalacine species *Prosiphneus eriksoni*. Judging from faunal composition, the age is equivalent to the European Neogene Mammal Zonation MN13 with a rough absolute age estimation of 6.40–5.60 Ma (Qiu et al., 2013).

2.11.3 The Longgupo locality of Bilike Village, Huade County, Inner Mongolia

The locality mainly producing micromammal fossils is made up of fluvio-lacustrine deposits. The section is less than 10 m in thickness, comprised of silt and sandy clay. From the locality come myospalacine species *Pliosiphneus lyratus* (= Qiu et Storch, 2000: *Prosiphneus* cf. *eriksoni*) and arvicoline species *Mimomys bilikeensis* (Qiu et Storch, 2000). Judging from faunal composition, the age is equivalent to the European Neogene Mammal Zonation MN14, and is placed in C3n.2n–C3n.2r (~4.80–4.63 Ma) (Qiu et al., 2006, 2013).

2.11.4 The Shuimogou locality of Ningxian County, Gansu

The locality is located 2 km east of the seat of Ningxian County. The section is about 10 m thick, and comprised of greyish white coarse sand interbedded with 3 greyish green loam bands. There is a unconformity contact between the section and the overlying Wucheng Loess. The locality yields *Chardina teilhardi* (= Zhang, 1999: ?*Mesosiphneus teilhardi*). Because of the co-occurrence of *Pseudomeriones complicidens* and *Paralactaga* cf. *P. andersoni*, its age is considered to be equivalent to Mazegou Formation of Yushe, and estimated to be older than 2.60 Ma (Zhang, 1999).

2.11.5 The Early Pleistocene "Lantian Man" locality of Gongwangling, Gongwang Village, Jiujianfang Town, Lantian County, Shaanxi

The "Lantian Man" yielding fossil layer of Gongwangling, Gongwang Village, Jiujianfang Town, Lantian County, Shaanxi is S_{15} of the loess-paleosol sequence. Arvicoline and myospalacine species from this locality include *Allophaiomys pliocaenicus* (= Hu et Qi, 1978: *Arvicola terrae-rubrae*), *Proedromys bedfordi* (= Hu et Qi, 1978: *Microtus epiratticeps*) (Zheng et Li, 1990), *Yangia tingi*, and *Eospalax fontanieri*. S_{15} was first dated to 1.20–1.09 Ma (Liu et al., 1985; An et al., 1990; Yue et Xue, 1996), and was dated to 1.28–1.26 Ma later by Ding et al. (2002).

2.11.6 The Middle Pleistocene "Lantian Man" locality of Chenjiawo Village, Lantian County, Shaanxi

The fossil-yielding horizon is S_6 of the loess-paleosol sequence (the "three red stripes" is S_5). According to Ding et al. (2002), the age range of S_6 is 0.71–0.68 Ma. The revised myospalacine species include *Yangia epitingi* and *Eospalax cansus*.

2.11.7 The Loc. III of Majuangou Paleolithic Site, Cenjiawan Village, Datianwa Township, Yangyuan County, Hebei

It is located in the Majuangou gully, southwest of Cenjiawan Village, Datianwa Township, Yangyuan County, Hebei (40°13′31.2″N, 114°39′50.9″E). According to Cai et al. (2008), the arvicoline species from this site include *Mimomys gansunicus*, *Allophaiomys deucalion*, *Borsodia chinensis*, and *Hyperacrius yenshanensis*; the myospalacine species include *Yangia tingi* and *Episiphneus youngi*. The normal polarity chron 10 m beneath the fossil-yielding horizon is interpreted as Olduvai normal polarity subchron, and on the basis of this interpretation, the age of the fossil-yielding horizon is estimated to be 1.66 Ma (Zhu et al., 2004). And the age of the adjacent Majuangou I and Banshan is 1.55 Ma and 1.32 Ma, respectively (Zhu et al., 2004).

2.11.8 The Longgupo Paleolithic Site of Longping Village, Miaoyu Town, Wushan County, Chongqing

The geological section of the site comprises two depositional units (Huang et al., 1991). The upper second unit is breccia and 11.9 m in thickness. It is solidly cemented and does not contain fossils. The lower first unit is divided into three parts from the bottom up: the 9.4 m thick bottom lacustrine muddy clay (Layers 14–20) with few mammalian fossils; the 9.6 m thick middle clay, gravels, and flowstones (Layers 2–13); and the 2.8 m thick light brown sandy clay (Layer 1). The top of the first unit encompasses the Olduvai normal polarity subchron (C2n), and the middle encompasses the Réunion normal polarity subchron I and II (C2r.1n and C2r.2n) and the top of the Gauss normal polarity chron (C2An.1n) (Liu et al., 1991). Based on GPTS at that time (namely the top of the Olduvai subchron was 1.67 Ma), Wu (1991) presented two amino acid dating ages. One is 1.83 Ma for the giant panda tooth from Layer 1 of the top of the first unit, and the other is 2.39 Ma for the horse tooth from Layer 8 of the bottom of the first unit. Based on the current GPTS (namely the top of the Olduvai subchron was 1.80 Ma), they should be accordingly adjusted to 1.96 Ma and 2.52 Ma, respectively. In this monograph, the stratigraphic division of Zheng (1993) is adopted when summarizing the arvicolines from this site. The correspondence between this scheme and that of Huang et al. (1991) is as follows: A and B of the former is equivalent to Layer 1 (~1.81 Ma) of the latter; D and E of the former is equivalent to Layer 6 (~1.95 Ma) of the latter; Layer ① of the former is equivalent to Layer 15 (~2.75 Ma) of the latter; Layers ② and ④ is equivalent to Layer 10 (~2.31 Ma) of the latter; Layer ③ of the former is equivalent to Layer 4 (~1.94 Ma) of the latter; Layer ⑤ (including Layer ⑤B) is equivalent to Layer 11 (~2.42 Ma) of the latter; and Layer ⑥ is equivalent to Layer 12 (~2.54 Ma) of the latter. There are 5 arvicoline species from this site. *Mimomys peii* comes from Layer ⑥ (~2.54 Ma); *Hyperacrius jianshiensis* comes from Layer ② (~2.31 Ma); *Eothenomys praechinensis* comes from B (~1.81 Ma); *E. melanogaster* comes from A, B, D, Layers ⑤ and ⑥ (~2.54–1.81 Ma); and *Myodes fanchangensis* comes from Layers ①–⑥, ⑤B, D, and E (~2.75–1.94 Ma) (Zheng et Zhang, 1991; Zheng, 1993).

2.11.9 The Jianshi Hominid Site of Longgu Cave, Jintang Village, Gaoping Town, Jianshi County, Hubei

The site is a nearly horizontal cave with typical subterranean river deposits. It is located on the Longgu slope, Jintang Village, Gaoping Town, Jianshi County, Enshi Prefecture (30°39′14.9″N, 110°04′29.1″E). The altitude of the east entrance is ~738 m. The A-A' section near the east entrance is most representative of the stratigraphy in the cave, which is ~4.3 m thick, and mainly made up of variegated sandy clay and a layer of sand and gravel. The section is divided into 12 layers from the top down. Two normal polarity chrons are detected based on the paleomagnetic dating results: the upper one occurs within Layers 1–3, and the lower one occurs within Layers 5–6. Gao et Cheng (2004) interpreted the two normal polarity chrons as Olduvai normal polarity subchron and Réunion normal polarity subchron, respectively. Accordingly, the paleomagnetic age of *Eothenomys hubeiensis* from Layer 3 (~1.81 Ma), Layer 4 (~2.03 Ma), Layer 5 (~2.13 Ma), Layer 6 (~2.14 Ma), Layer 7 (~2.15 Ma), Layer 8 (~2.16 Ma), and Layer 11 (~2.22 Ma) of the east cave is ~2.22–1.81 Ma; that of *Allophaiomys terraerubrae* from Layer 5 is ~2.13 Ma; that of *Hyperacrius jianshiensis* from Layers 3–5 and Layer 7 is ~2.15–1.81 Ma. *E. hubeiensis* also comes from Layers 4–6 and Layer 8 of the west branch cave section (equivalent to Layers 5–7 and Layer 9 of the east entrance section, respectively). *H. jianshiensis* also comes from Layer 8 of the west branch cave section. Layer 5 of the west branch cave section also yields *E. melanogaster*.

2.11.10 The Hexian Man Site of Longtan Cave, Hexian County, Anhui

The site, at an altitude of 23 m, is located in Longtan Cave on the foot of the north slope of Wangjia Mountain, southeast of Taodian (31°45′ N, 118°20′ E). It is 48 km from the seat of Hexian County. The deposits in the cave are made up of clay, silt, sandy clay, and clayey sand, with a maximum thickness of ~7 m. The section is divided into 5 layers, and Layer 2 is fossiliferous. Arvicolines include *Huananomys variabilis*, *Lasiopodomys brandti* (= *Microtus brandtioides*), *Eothenomys melanogaster*, and *Caryomys eva* (Zheng, 1983b, 1992). Many dating methods were applied to the site. The amino acid dating result was 300–200 ka. There were two ESR results: one is 270–150 ka, and the other is 400–300 ka. The result of thermoluminescence dating is 195–184 ka. Although these results are different from each other, they all fall within the range of the later half of Middle Pleistocene. A reasonable age should range 300–250 ka if all results are integrated (Zheng et al., 2001).

2.11.11 The micromammal fossil locality of Jingou, Zhangqi, Tangqi Village, Xihuachi Town, Heshui County, Gansu

It is located in the Jingou gully, south of Zhangqi Natural Village, Tangqi Village, Xihuachi Town, Heshui County. The strata are composed of Wucheng Loess. Yue et Xue (1996) regarded the age of the locality as no earlier than 1.80 Ma. Two arvicoline and four myospalacine species are discovered at this locality: *Mimomys gansunicus*, *Borsodia chinensis*, *Yangia chaoyatseni* (= Zheng, 1976: *M. hsuchiapinensis* in partim and *M. chaoyatseni*), *Allosiphneus arvicolinus* (= Zheng, 1976: *Myospalax arvicolinus*), *Eospalax rothschildi* (= Zheng, 1976: *M. fontanieri*), and *E. simplicidens* (= Zheng, 1976: *M. hsuchiapinensis* in partim).

2.11.12 The Jinniushan Man Site of Xitian Village, Yong’an Town, Yingkou City, Liaoning

The site is an isolated hill with a maximum altitude of 69.3 m. It is 20 km east of Yingkou City, 5 km south of Dashiqiao Town (the seat of Yingkou County). Among the three fossiliferous localities of A, B, and C, A yields most abundant fossils. The thickness of deposits at Loc. A is ~14.6 m. They can be divided into 9 layers from the bottom up, among which Layers 4–6 are fossil-yielding. Six arvicoline species were recovered, including *Myodes rutilus* (= Zheng et Han, 1993: *Clethrionomys rutilus*), *Alticola roylei*, *Lasiopodomys brandti* (= Zheng et Han, 1993: *Microtus brandti*), *Microtus oeconomus*, *Mi. maximowiczii* (= Zheng et Han, 1993: *M.* cf. *maximowiczii*), and *Arvicola* sp. There also occurred one myospalacine species *Myospalax psilurus*. The age is late Middle Pleistocene.

2.11.13 Xarusgol, Uxin Banner, Inner Mongolia

The mammalian fossils are collected from different localities in the Xarusgol region, and are collectively called the Xarusgol fauna. There are several arvicolines among the described fossil mammals: *Eolagurus luteus* (= Boule et Teilhard de Chardin, 1928: *Alticola* cf. *cricetulus* and Qi, 1975: *Alticola* cf. *stracheyi*), *Prometheomys schaposchnikowi* (= Boule et Teilhard de Chardin, 1928: *Eothenomys* sp.), *Microtus oeconomus* (= Boule et Teilhard de Chardin, 1928: *Microtus* cf. *ratticeps*), *Lasiopodomys brandti* (= Boule et Teilhard de Chardin, 1928: *Microtus* sp.). The U-series dating result of Xarusgol Formation is 50–37 ka (Yuan et al., 1983); and one myospalacine species *Eospalax cansus*. The thermoluminenscence dating result is 116–94 ka (Dong et al., 1998).

2.12 Summary

Taken as a whole, the chronological records of fossil arvicolines and myospalacines from different stratigraphic sections and horizons can be summarized as in Fig. 153 and Fig. 155, respectively. In this way, the chronological records of the same species at different localities can be cross-validated. For example, the chronological records of *Pliosiphneus lyratus* in the Lingtai section, the Yushe composite section, and at Bilike are fairly consistent with each other, but that in the Dongwan section is apparently too old. Furthermore, the chronological records of *Chardina sinensis*, *C. gansuensis*, and *C. truncatus* are apparently older in the Dongwan section than in other sections. The paleomagnetic dating results for the Dongwan section are probably on average about 0.70 Ma older than the real age.

3 Introduction of Arvicolinae and Myospalacinae

3.1 Arvicolinae

Arvicolinae is a group of rodents widely distributed in the Holarctic realm and the Oriental realm. Both extant species and fossil records are highly diversified. Evolutionary radiation of Arvicolinae provides examples of the complete processes regarding speciation, phylogenetic gradualism and extinction in evolution. Studies on the origin, evolution, and extinctions of Arvicolinae promote further thinking about space, time, and population behavior, and make the concept of biological species have to travel back in geological time to link itself to that of morphological species.

3.1.1 Classification of Arvicolinae

In the past, arvicoline rodents were more often referred to Microtinae Miller, 1896 of Cricetidae (Hinton, 1923a, 1926; Ellerman, 1941; Ellerman et Morrison-Scott, 1951; Nowak et Paradiso, 1983; Tan, 1992; Wang et Xu, 1992; Luo et al., 2000). In recent years, they were more often referred to Arvicolinae of Cricetidae (Chaline, 1986, 1987, 1990; Zheng et Li, 1990; Repenning et al., 1990; Corbet et Hill, 1991; Huang et al., 1995; Wang, 2003; Musser et Carleton, 2005). The subfamily was promoted to the family rank by paleontologists (Kretzoi, 1969; Chaline, 1987). They organized an international symposium on fossils of Arvicolidae in Prague, Czech in 1990 and published the conference proceedings *International Symposium – Evolution, Phylogeny and Biostratigraphy of Arvicolids (Rodentia, Mammalia)* (Fejfar et Heinrich, 1990). However, the endeavour of paleontologists were not widely accepted by biologists who take them as Arvicolinae of Muridae (McKenna et Bell, 1997) or Arvicolinae of Cricetidae (Musser et Carleton, 2005). To keep in agreement with classification of biologists in China (Luo et al., 2000; Wang, 2003; Pan et al., 2007), the latter opinion is adopted here.

Arvicolinae is the most diversified rodent group in Cricetidae and has the highest evolutionary rate. Except for 5 fossil genera that don't fit into any tribes, McKenna et Bell (1997) classified other fossil genera (including extant genera that contain fossil species) into 8 tribes, while Musser et Carleton (2005) classified all the extant genera into 10 tribes. Among all these tribes, Arvicolini, Dicrostonychini, Ellobiusini (= Ellobiini), Lemmini, Myodini (= Clethrionomyini), Neofibrini, Ondatrini, and Prometheomyini are shared by the two classifications. The difference lies in that the latter classification has two more tribes Lagurini that was part of Arvicolini and Pliomyini that was part of Myodini in the sense of McKenna et Bell (1997), but treated as independent tribes by Musser et Carleton (2005). In addition, the latter treated *Lasiopodomys*, *Neodon*, *Phaiomys*, and *Caryomys* as genera, which were subgenera in the former, and took *Pitymys* as the subgenus of *Microtus*, the same opinion as the former. Taking both into consideration, the classification, geographical distribution, and chronological records of Arvicolinae in the world are listed as follows:

Arvicolinae Gray, 1821

(Asia, Europe and North America: Early Pliocene – Present; North Africa: Middle Pleistocene – Present; Mediterranean Region: Middle Pleistocene – Present)

Aratomys Zazhigin, 1977

(Asia: Early Pliocene)

Atopomys Patton, 1965

(North America: Middle Pleistocene)

Loupomys von Koenigswald et Martin, 1984

(North America: Late Pliocene)

Nebraskomys Hibbard, 1957

(North America: Pliocene)

Visternomys Rădulescu et Samson, 1986

(Europe: Middle Pleistocene)

Arvicolini Gray, 1821

Arvicola Lacépède, 1799

(Asia and Europe: Early Pleistocene – Present)

Blanfordimys Argyropulo, 1933

(Asia: Present)

Chionomys Miller, 1908a

(Europe: Middle Pleistocene – Present; Asia: Present)

Cosomys Wilson, 1932

(North America: Pliocene)

Cromeromys Zazhigin, 1980

(Asia: Late Pliocene; North America: Early Pleistocene)

Hibbardomys Zakrzewski, 1984

(North America: Late Pliocene)

Huananomys Zheng, 1992

(Asia: Early – Middle Pleistocene)

Jordanomys Haas, 1966

(Asia: Early Pleistocene)

Kalymnomys von Koenigswald, Fejfar et Tchernov, 1992

(Asia: Early – Middle Pleistocene)

Kilarcola Kotlia, 1985

(Asia: Late Pliocene – Early Pleistocene)

Lasiopodomys Lataste, 1886

(Asia: Early Pleistocene – Present)

Lemmiscus Thomas, 1912c

(North America: Middle Pleistocene – Present)

Microtus Schrank, 1798

(Asia, Europe, and North America: Late Pliocene – Present, North Africa, Mediterranean Region: Present)

Mimomys Forsyth Major, 1902

(Europe: Early Pliocene – Late Pleistocene; Asia: Early Pliocene – Middle Pleistocene)

Nemausia Chaline et Laboier, 1981
(Europe: Early Pleistocene)
Neodon Hodgson in Horsfield, 1849
(Asia: Present)
Ogmodontomys Hibbard, 1941
(North America: Pliocene)
Ophiomys Hibbard et Zakrzewski, 1967
(North America: Pliocene)
Proedromys Thomas, 1911a
(Asia: Early Pleistocene – Present)
Prosomys Shotwell, 1956
(Europe: Pliocene; North America: Early Pliocene; Asia: Late Pliocene)
Tyrrhenicola Forsyth Major, 1905
(Mediterranean Region: Middle Pleistocene – Present)
Villanyia Kretzoi, 1956
(Asia: Late Pliocene; Europe: Late Pliocene – Early Pleistocene)
Volemys Zagorodnyuk, 1990
(Asia: Late Pleistocene – Present)
Dicrostonychini Kretzoi, 1955b
Dicrostonyx Gloger, 1841
(Europe and Asia: Early Pleistocene – Present; North America: Middle Pleistocene – Present)
Predicrostonyx Guthrie et Matthews, 1971
(Asia and Europe: Early – Middle Pleistocene; North America: Early Pleistocene)
Ellobiusini Gill, 1872
Ellobius Fischer, 1814
(Asia: Late Pliocene – Present; Europe: Late Pleistocene – Present; North Africa: Middle Pleistocene)
Ungaromys Kormos, 1932
(Europe: Early Pliocene – Middle Pleistocene; Asia: Late Pliocene)
Lagurini Kretzoi, 1955b
Eolagurus Argyropulo, 1946
(Europe: Middle Pleistocene; Asia: Late Pleistocene – Present)
Lagurus Gloger, 1841
(Europe: Late Pliocene – Present; Asia: Early Pleistocene – Present)
Lemmini Gray, 1825
Lemmus Link, 1795
(Asia and Europe: Pleistocene – Present; North America: Middle Pleistocene – Present)
Myopus Miller, 1910
(Asia: Late Pleistocene – Present; Europe: Present)
Synaptomys Baird, 1857
(Europe: Pliocene; Asia: Late Pliocene; North America: Late Pliocene – Present)
Myodini Kretzoi, 1969
Alticola Blanford, 1881
(Asia: Pleistocene – Present)

Caryomys Thomas, 1911b

(Asia: Pleistocene – Present)

Dolomys Nerhing, 1898

(Europe: Early Pliocene – Middle Pleistocene)

Eothenomys Miller, 1896

(Asia: Pleistocene – Present)

Guildayomys Zakrzewski, 1984

(North America: Late Pliocene)

Hyperacrius Miller, 1896

(Asia: Pleistocene – Present)

Myodes Pallas, 1811

(Asia: Late Pliocene – Present; Europe: Pleistocene – Present; North America: Middle Pleistocene – Present)

Phenacomys Merriam, 1889b

(North America: Pleistocene – Present)

Pliomys Méhely, 1914

(Europe: Late Pliocene – Pleistocene; Asia: Late Pliocene – Middle Pleistocene)

Pliophenacomys Hibbard, 1937

(North America: Early Pliocene – Early Pleistocene)

Pliolemmus Hibbard, 1937

(North America: Early Pliocene)

Neofibrini Hooper et Hart, 1962

Neofiber True, 1884

(North America: Middle Pleistocene – Present)

Proneofiber Hibbard et Dalquest, 1973

(North America: Early Pleistocene)

Ondatrini Gray, 1825

Ondatra Link, 1795

(North America: Late Pliocene – Present)

Pliopotamys Hibbard, 1937

(North America: Early Pliocene)

Pliomyini Kretzoi, 1955b

Dinaromys Kretzoi, 1955b

(Europe: Early Pleistocene – Present)

Prometheomyini Kretzoi, 1955b

Prometheomys Satunin, 1901

(Asia: Early Pleistocene – Present)

Stachomys Kowalski, 1960b

(Asia and Europe: Early Pliocene – Early Pleistocene)

According to Repenning (2003), *Allophaiomys*, *Lasiopodomys*, and *Pitymys* seen as subgenera of *Microtus* and *Borsodia* seen as a subgenus of *Mimomys* by McKenna et Bell (1997) are all treated as independent genera. *Cromeromys* and *Aratomys* seen as genera by the same authors are treated as subgenera of *Mimomys*. At the same time, *Germanomys* and *Ungaromys* are also treated as independent genera (Wu et Flynn, 2017). The classification of Arvicolinae at tribe, genus, and species levels in China is as follows:

Arvicolinae Gray, 1821

Arvicolini Gray, 1821

†*Allophaiomys* Kormos, 1932

Allophaiomys deucalion Kretzoi, 1969

Allophaiomys pliocaenicus Kormos, 1932

Allophaiomys terraerubrae (Teilhard de Chardin, 1940)

Arvicola Lacépède, 1799

Arvicola terrestris (Linnaeus, 1758)

Arvicola sp.

Lasiopodomys Lataste, 1886

Lasiopodomys brandti (Radde, 1861)

†*Lasiopodomys complicidens* (Pei, 1936)

†*Lasiopodomys probrandti* Zheng et Cai, 1991

Microtus Schrank, 1798

Microtus fortis Büchner, 1889

Microtus gregalis (Pallas, 1778)

Microtus maximowiczii (Schrenk, 1858)

†*Microtus minoeconomus* Zheng et Cai, 1991

Microtus mongolicus (Radde, 1861)

Microtus oeconomus (Pallas, 1776)

†*Mimomys* Forsyth Major, 1902

Mimomys (*Aratomys*) *asiaticus* (Jin et Zhang, 2005)

Mimomys (*Aratomys*) *bilikeensis* (Qiu et Storch, 2000)

Mimomys (*Aratomys*) *teilhardi* Qiu et Li, 2016

Mimomys (*Cromeromys*) *gansunicus* Zheng, 1976

Mimomys (*Cromeromys*) *irtyshensis* (Zazhigin, 1980)

Mimomys (*Cromeromys*) *savini* Hinton, 1910

Mimomys (*Kislangia*) *banchiaonicus* Zheng et al., 1975

Mimomys (*Kislangia*) *peii* Zheng et Li, 1986

Mimomys (*Kislangia*) *zhengi* (Zhang, Jin et Kawamura, 2010)

Mimomys (*Kislangia*) sp.

Mimomys (*Mimomys*) *nihewanensis* Zheng, Zhang et Cui, 2019

Mimomys (*Mimomys*) *orientalis* Young, 1935a

Mimomys (*Mimomys*) *youhenicus* Xue, 1981

Pitymys McMurtrie, 1831

†*Pitymys gregaloides* Hinton, 1923b

†*Pitymys simplicidens* Zheng, Zhang et Cui, 2019

Proedromys Thomas, 1911a

Proedromys bedfordi Thomas, 1911a

Volemys Zagorodnyuk, 1990

Volemys millicens (Thomas, 1911c)

Prometheomyini Kretzoi, 1955b

Prometheomys Satunin, 1901

Prometheomys schaposchnikowi Satunin, 1901

†*Germanomys* Heller, 1936

Germanomys progressivus Wu et Flynn, 2017

Germanomys yusheicus Wu et Flynn, 2017

Germanomys sp.

†*Stachomys* Kowalski, 1960b

Stachomys trilobodon Kowalski, 1960b

Lagurini Kretzoi, 1955b

†*Borsodia* Jánossy et van der Meulen, 1975

Borsodia chinensis (Kormos, 1934a)

Borsodia mengensis Qiu et Li, 2016

Borsodia prechinensis Zheng, Zhang et Cui, 2019

Eolagurus Argyropulo, 1946

Eolagurus luteus (Eversmann, 1840)

†*Eolagurus simplicidens* (Young, 1934)

Hyperacrius Miller, 1896

†*Hyperacrius jianshiensis* Zheng, 2004

†*Hyperacrius yenshanensis* Huang et Guan, 1983

†*Villanyia* Kretzoi, 1956

Villanyia hengduanshanensis (Zong, 1987)

Myodini Kretzoi, 1969

Alticola Blanford, 1881

Alticola roylei (Gray, 1842)

Alticola stoliczkanus (Blanford, 1875)

Caryomys Thomas, 1911b

Caryomys eva (Thomas, 1911b)

Caryomys inez (Thomas, 1908b)

Eothenomys Miller, 1896

Eothenomys (*Anteliomys*) *chinensis* (Thomas, 1891)

Eothenomys (*Anteliomys*) *custos* (Thomas, 1912d)

†*Eothenomys* (*Anteliomys*) *hubeiensis* Zheng, 2004

Eothenomys (*Anteliomys*) *olitor* (Thomas, 1911c)

†*Eothenomys* (*Anteliomys*) *praechinensis* Zheng, 1993

Eothenomys (*Anteliomys*) *proditor* Hinton, 1923a

Eothenomys (*Eothenomys*) *melanogaster* (Milne-Edwards, 1871)

†*Huananomys* Zheng, 1992

Huananomys variabilis Zheng, 1992

Myodes Pallas, 1811

†*Myodes fanchangensis* (Zhang, Kawamura et Jin, 2008)

Myodes rufocanus (Sundevall, 1846)

Myodes rutilus (Pallas, 1778)

4 tribes, 20 genera, 59 species in total, † indicates extinct genus or species.

3.1.2 Research history and geographical distribution of fossil arvicolines in China

Studies on fossil arvicolines started off relatively late in China. To summarize the research history of fossil arvicolines in China, a complete list of literatures in order of publication year is given below including the information of authorship, locality, geological age, taxonomic assignment in this monograph (scientific names before "〔〕"), taxonomic assignment in the original literature (scientific names in "〔〕"). "reported" indicates the name/names were listed only in the original literatures, while "described" indicates the taxon/taxa were described in the original literatures. If a taxon or some taxa are only included here but not remarked on in the systematic paleontology section, it/they are marked as "(listed only)".

Young (1927) described Middle – Late Pleistocene arvicoline species from Loc. 12 of Zhoukoudian, Beijing, Loc. 63, Chengde, Hebei including:

Lasiopodomys brandti (listed only) 〔*Arvicola* (*Microtus*) *brandti*〕

and Late Pleistocene arvicoline species from a cave in the vicinity of Zhangjiakou including:

Microtus oeconomus (listed only) 〔*Arvicola* (*Microtus*) cfr. *strauchi*〕

Zdansky (1928) reported Middle Pleistocene arvicoline species from Loc. 1 of Zhoukoudian, Beijing including:

Lasiopodomys brandti 〔*Microtus brandti*〕

Boule et Teilhard de Chardin (1928) described Late Pleistocene arvicoline species from Xarusgol, Uxin Banner, Inner Mongolia including:

Eolagurus luteus 〔*Alticola* cf. *cricetulus*〕

Lasiopodomys brandti 〔*Microtus* sp.〕

Microtus oeconomus 〔*Microtus* cf. *ratticeps*〕

Prometheomys schaposchnikowi 〔*Eothenomys* sp.〕

Teilhard de Chardin et Piveteau (1930) described Early Pleistocene arvicoline species from Xiashagou Village, Huashaoying Town, Yangyuan County, Hebei including:

Borsodia chinensis 〔Arvicolidé gen. et sp. ind.〕

Pei (1930) described Early Pleistocene arvicoline species from Jiajiashan, Tangshan, Hebei including:

Microtus sp. (listed only) 〔*Microtus* sp.〕

Pei (1931) reported Middle Pleistocene arvicoline species from Loc. 5 of Zhoukoudian, Beijing including:

Lasiopodomys brandti (listed only) 〔*Microtus brandti*〕

Young (1932) described Middle Pleistocene arvicoline species from Loc. 2 of Zhoukoudian, Beijing including:

Lasiopodomys brandti 〔*Microtus brandtioides*〕

Young (1934) described Middle Pleistocene arvicoline species from Loc. 1 of Zhoukoudian, Beijing including:

Alticola stoliczkanus 〔*Alticola* sp.〕
〔?*Phaiomys* sp.〕

Eolagurus simplicidens 〔*Pitymys simplicidens*〕

Lasiopodomys brandti 〔*Microtus brandtioides*〕

Microtus oeconomus 〔*Microtus epiratticeps*〕
〔?*Eothenomys* sp.〕

Myodes rufocanus 〔*Evotomys rufocanus*〕

Young (1935a) described Late Pliocene arvicoline species from Dongyan Village, Shengrenjian Town, Pinglu County, Shanxi including:

Mimomys (*Mimomys*) *orientalis* 〔*Mimomys orientalis*〕

Young (1935b) reported Middle Pleistocene arvicoline species from Yanjinggou, Wanzhou District, Chongqing including:

Eothenomys melanogaster 〔*Eothenomys melanogaster*〕

Pei (1936) described Middle Pleistocene arvicoline species from Loc. 3 of Zhoukoudian, Beijing including:

Alticola roylei 〔*Alticola* cf. *stracheyi*, partim〕
〔*Phaiomys* sp.〕

Alticola stoliczkanus 〔*Alticola* cf. *stracheyi*, partim〕

Eolagurus simplicidens 〔*Pitymys simplicidens*〕
〔*Alticola* cf. *stracheyi*, partim〕

Lasiopodomys brandti 〔*Microtus brandtioides*〕

Lasiopodomys complicidens 〔*Microtus complicidens*〕

Microtus oeconomus 〔*Microtus epiratticeps*〕

Teilhard de Chardin (1936) described Early Pleistocene arvicoline species from Loc. 9 of Zhoukoudian, Beijing including:

Lasiopodomys probrandti 〔*Microtus brandtioides*〕

Microtus minoeconomus 〔*Microtus epiratticeps*〕
〔?*Phaiomys* sp.〕

Pei (1939b) reported Late Pliocene arvicoline species from the "Cap" deposits of Zhoukoudian, Beijing including:

Allophaiomys terraerubrae 〔Microtinae gen. ind. (*Mimomys*?)〕

Pei (1940) described Late Pleistocene arvicoline species from Upper Cave of Zhoukoudian, Beijing including:

Alticola roylei 〔*Alticola* cf. *stracheyi*〕

Lasiopodomys brandti
Lasiopodomys complicidens
Microtus fortis
Microtus mongolicus
Microtus oeconomus 〔*Microtus epiratticeps*〕

Teilhard de Chardin (1940) described Early Pleistocene arvicoline species from Loc. 18 of Zhoukoudian (Huiyu of Mentougou), Beijing including:

Allophaiomys terraerubrae 〔*Arvicola terrae-rubrae*〕

Teilhard de Chardin et Pei (1941) described Middle Pleistocene arvicoline species from Loc. 13 of Zhoukoudian, Beijing including:

Lasiopodomys brandti 〔*Microtus* cf. *brandtioides*〕

Teilhard de Chardin (1942) described Late Pliocene arvicoline species from Haiyan Village, Yushe County, Shanxi including:

Mimomys (*Mimomys*) *orientalis* 〔*Arvicola terrae-rubrae*〕

Teilhard de Chardin et Leroy (1942) summarized published fossil arvicolines including:

Allophaiomys terraerubrae 〔*Arvicola terrae-rubrae*, partim〕

Alticola stoliczkanus 〔?*Phaiomys* sp.〕

Eolagurus simplicidens 〔*Pitymys simplicidens*〕

Lasiopodomys brandti 〔*Microtus* sp.〕

〔*Microtus brandti*〕
〔*Microtus brandtioides*〕

Lasiopodomys complicidens 〔*Microtus complicidens*〕

Microtus oeconomus 〔?*Eothenomys* sp.〕
〔*Microtus epiratticeps*〕
〔*Microtus* cf. *ratticeps*〕

Mimomys (*Mimomys*) *orientalis* 〔*Mimomys orientalis*〕

Myodes rufocanus 〔*Evotomys rufocanus*〕

Young et Liu (1950) described Middle Pleistocene arvicoline species from Geleshan, Chongqing including:

Eothenomys melanogaster 〔*Ellobius* sp.〕

Hsu et al. (1957) reported Middle Pleistocene arvicoline species from Zhijin County, Guizhou including:

Eothenomys proditor (listed only) 〔Microtinae gen. et sp. indet.〕

Hu (1973) reported Early Pleistocene arvicoline species from Yuanmou Man site, Yunnan including:

Villanyia sp. (listed only) 〔*Microtus* sp.〕

Chi (1974) reported Late Pleistocene arvicoline species from Laochihe, Houzhen Town, Lantian County, Shaanxi including:

Lasiopodomys brandti (listed only) 〔*Microtus brandtioides*〕

Qi (1975) described arvicoline species from the Xarusgol region, Uxin Banner, Inner Mongolia including:

Eolagurus luteus 〔*Alticola* cf. *stracheyi*〕

Zheng et al. (1975) (Research group of Huanghe stegodont) described Late Pliocene arvicoline species from Langgou, Banqiao Town, Heshui County, Gansu including:

Mimomys (*Kislangia*) *banchiaonicus* 〔*Mimomys banchiaonicus*〕

Zheng (1976) described Early Pleistocene arvicoline species from Jingou, Zhangqi, Tangqi Village, Xihuachi Town, Heshui County, Gansu including:

Borsodia chinensis 〔*Mimomys heshuinicus*〕

Mimomys (*Cromeromys*) *gansunicus* 〔*Mimomys gansunicus*〕

Gai et Wei (1977) reported Late Pleistocene arvicoline species from Hutouliang site, Hutouliang Village, Dongcheng Town, Yangyuan County, Hebei including:

Lasiopodomys brandti (listed only) 〔*Microtus brandtioides*〕

Hu et Qi (1978) described Early Pleistocene arvicoline species from Gongwangling, Gongwang Village, Jiujianfang Town, Lantian county, Shaanxi including:

Allophaiomys pliocaenicus 〔*Microtus epiratticeps*, partim〕

Proedromys bedfordi 〔*Arvicola terrae-rubrae*, partim〕

Han et Zhang (1978) reported Late Pleistocene arvicoline species from Fenghuangshan, Yuhang District, Hangzhou City, Zhejiang including:

Lasiopodomys brandti (listed only) 〔*Microtus brandtioides*〕

Chia et al. (1979) reported Late Pleistocene arvicoline species from Xujiayao site, Xujiayao Village, Gucheng Town, Yanggao County, Shanxi including:

Lasiopodomys brandti (listed only) 〔*Microtus brandtioides*〕

Zhang et al. (1980) reported Late Pleistocene arvicoline species from Anping Township, Liaoyang City,

Liaoning including:

Microtus oeconomus (listed only) 〔*Microtus epiratticeps*〕

Xue (1981) described Late Pliocene arvicoline species from Youhe, Weinan City, Shaanxi including:

Mimomys (*Kislangia*) *banchiaonicus*
Mimomys (*Mimomys*) *orientalis*
Mimomys (*Mimomys*) *youhenicus* 〔*Mimomys youhenicus*〕

Huang (1981) reported Late Pleistocene arvicoline species from Longgu Cave, Changping, Beijing including:

Lasiopodomys brandti (listed only) 〔*Microtus brandtioides*〕

Microtus oeconomus (listed only) 〔*Microtus epiratticeps*〕

Zheng (1981) described Middle Pleistocene arvicoline species from the Danangou section, Dongyaozitou Village, Beishuiquan Town, Yuxian County, Hebei including:

Lasiopodomys brandti 〔*Microtus brandtioides*〕

Zong et al. (1982) described Early Pleistocene arvicoline species from Xicun Village, Wuyuan Town, Tunliu District, Changzhi City, Shanxi including:

Mimomys (*Kislangia*) sp. 〔*Mimomys* cf. *banchiaonicus*〕

Huang et Guan (1983) described Early Pleistocene arvicoline species from Longya Cave, Huangkan Village, Jiuduhe Town, Huairou District, Beijing including:

Allophaiomys terraerubrae 〔*Allophaiomys terrae-rubrae*〕

Hyperacrius yenshanensis 〔*Hyperacrius yenshanensis*〕

Zheng (1983) reported Middle Pleistocene arvicoline species from Longtan Cave, Hexian County, Anhui (listed only) including:

Caryomys eva 〔*Eothenomys eva*〕

Eothenomys proditor 〔*Eothenomys proditor*〕

Lasiopodomys brandti 〔*Microtus brandtioides*〕

Zhou et al. (1984) reported Late Pleistocene arvicoline species from Gulongshan, Longshan Village, Wafangdian City, Liaoning including:

Microtus sp. (listed only) 〔*Microtus* sp.〕

Jin et al. (1984) described Late Pleistocene arvicoline species from Qingshantou Village, Balang Town, Qianguo County, Jilin including:

Lasiopodomys brandti (listed only) 〔*Microtus brandti*〕

Huang et al. (1984) reported Late Pleistocene arvicoline species from Ang'angxi, Qiqihar City, Heilongjiang including:

Microtus oeconomus (listed only) 〔*Microtus epiratticeps*〕

Qiu et al. (1984) described Late Pleistocene arvicoline species from Sanjia Village, Chenggong District, Kunming City, Yunnan including:

Eothenomys (*Anteliomys*) *olitor*
Eothenomys (*Anteliomys*) *custos* 〔*Eothenomys chinensis*〕

Eothenomys (*Anteliomys*) *proditor* 〔*Eothenomys proditor*〕

Volemys millicens 〔*Microtus millicens*〕

Zhang et al. (1985) reported Middle Pleistocene arvicoline species from Xiaogushan, Haicheng City, Liaoning including:

Microtus oeconomus (listed only)　〔*Microtus epiratticeps*〕

Zheng et al. (1985b) described arvicoline species from the upper part (Middle Pleistocene) and lower part (Early Pleistocene) of the loess section, Luochuan County, Shaanxi including:

Lasiopodomys brandti
Lasiopodomys probrandti　〔*Microtus brandtioides*〕

Zheng et al. (1985a) described Early – Middle Pliocene (Gonghe Basin) and Late Pliocene (Guide Basin) arvicoline species from Qinghai including:

Lasiopodomys brandti　〔*Microtus brandtioides*〕

Microtus oeconomus　〔*Microtus epiratticeps*〕

Borsodia chinensis　〔*Mimomys* sp.〕

Zheng et Li (1986) described Early Pleistocene *Mimomys peii* from Dachai Village, Nanjia Town, Xiangfen County, Shanxi and summarized fossil arvicolines in China:

Borsodia chinensis　〔*Mimomys* (*Villanyia*) *chinensis*〕

Mimomys (*Cromeromys*) *gansunicus*　〔*Mimomys gansunicus*〕

Mimomys (*Cromeromys*) *savini*　〔*Mimomys* cf. *intermedius*〕

Mimomys (*Kislangia*) *banchiaonicus*　〔*Mimomys banchiaonicus*〕

Mimomys (*Kislangia*) *peii*　〔*Mimomys peii*〕

Mimomys (*Mimomys*) *orientalis*　〔*Mimomys orientalis*〕

Mimomys sp.　〔*Mimomys* sp.1〕

Mimomys (*Mimomys*) *youhenicus*　〔*Mimomys youhenicus*〕

Liaoning Provincial Museum et Benxi City Museum (1986) reported three Middle Pleistocene arvicolines from Miaohoushan, Shanchengzi Village, Xiaoshi Town, Benxi County, Liaoning including:

Lasiopodomys brandti (listed only)　〔*Microtus brandtioides*〕

Microtus oeconomus (listed only)　〔*Microtus epiratticeps*〕

Myodes rufocanus　〔*Clethrionomys rufocanus*〕

Zong (1987) described Early Pleistocene arvicoline species from Yeka, Xinyang Village, Nixi Township, Shangri-La City, Yunnan:

Villanyia hengduanshanensis　〔*Mimomys hengduanshanensis*〕

Wang (1988) described Early Pleistocene arvicoline species from Houhe, Duanjia Town, Dali County, Shaanxi including:

Mimomys (*Mimomys*) *youhenicus*　〔*Mimomys* cf. *youhenicus*〕

Zhou (1988) described Late Pliocene arvicoline species from Xiaohong'ao, Hefeng Village, Duanjiazhai Township, Jingle County, Shanxi including:

Hyperacrius yenshanensis　〔Arvicolidae gen. et sp. indet.〕

Germanomys progressivus　〔*Ungaromys* sp.〕

Zong et al. (1989) described Late Pliocene arvicoline species from Yangjiawan Village, Xinjiezi Town, Mianxian County, Shaanxi including:

Mimomys (*Cromeromys*) *gansunicus*　〔*Mimomys hanzhongicus*〕

Zheng et Li (1990) summarized and reviewed 31 species of arvicolines in China including:

Allophaiomys deucalion　〔*Allophaiomys* cf. *deucalion*〕

Allophaiomys pliocaenicus　〔*Allophaiomys* cf. *pliocaenicus*〕

Allophaiomys terraerubrae　〔*Allophaiomys terrae-rubrae*〕

Alticola roylei	(*Alticola roylei*)
Alticola stoliczkanus	(*Alticola stoliczkanus*)
Arvicola sp.	(*Arvicola* sp.)
Borsodia chinensis	(*Villanyia chinensis*)
Eolagurus luteus	(*Eolagurus luteus*)
Eolagurus simplicidens	(*Eolagurus simplicidens*)
Eothenomys chinensis	(*Eothenomys chinensis*)
Eothenomys melanogaster	(*Eothenomys melanogaster*)
Germanomys progressivus	(*Germanomys* n. sp.)
Huananomys variabilis	(*Hexianomys complicidens*)
Hyperacrius yenshanensis	(*Hyperacrius yenshanensis*)
Lasiopodomys brandti	(*Lasiopodomys brandti*)
Lasiopodomys complicidens	(*Microtus complicidens*)
Lasiopodomys probrandti	(*Lasiopodomys brandtioides*)
Microtus fortis	(*Microtus fortis*)
Microtus maximowiczii	(*Microtus* cf. *maximowiczii*)
Microtus oeconomus	(*Microtus oeconomus*)
Mimomys (*Cromeromys*) *gansunicus*	(*Mimomys gansunicus*)
Mimomys (*Kislangia*) *banchiaonicus*	(*Mimomys banchiaonicus*)
Mimomys (*Kislangia*) *peii*	(*Mimomys peii*)
Mimomys (*Mimomys*) *orientalis*	(*Mimomys orientalis*)
Mimomys (*Mimomys*) *youhenicus*	(*Mimomys youhenicus*)
Mimomys (*Kislangia*) sp.	(?*Promimomys* sp.)
Myodes rutilus	(*Clethrionomys rutilus*)
Myodes rufocanus	(*Clethrionomys rufocanus*)
Proedromys bedfordi	(*Proedromys* cf. *bedfordi*)
Prometheomys schaposchnikowi	(*Prometheomys* sp.)
Villanyia hengduanshanensis	(*Villanyia hengduanshanensis*)

Zheng et Han (1991) summarized known Quaternary arvicolines including:

Allophaiomys deucalion	(*Allophaiomys* cf. *deucalion*)
Allophaiomys pliocaenicus	(*Allophaiomys pliocaenicus*)
Alticola roylei	(*Alticola roylei*)
Borsodia chinensis	(*Borsodia chinensis*)
Caryomys eva	(*Eothenomys eva*)
Caryomys inez	(*Eothenomys inez*)
Huananomys variabilis	(*Hexianomys complicidens*)
Lasiopodomys brandti	(*Microtus brandti*)
Lasiopodomys probrandti	(*Microtus brandtioides*)
Microtus maximowiczii	(*Microtus maximowiczii*)
Mimomys (*Cromeromys*) *gansunicus*	(*Mimomys gansunicus*)
Mimomys (*Kislangia*) *peii*	(*Mimomys peii*)
Myodes rutilus	(*Clethrionomys rutilus*)
Myodes fanchangensis	(*Clethrionomys sebaldi*)

Myodes rufocanus	(*Clethrionomys rufocanus*)
Proedromys bedfordi	(*Proedromys* cf. *bedfordi*)

Zheng et Cai (1991) described Pliocene – Middle Pleistocene arvicoline species from the Danangou section, Dongyaozitou Village (the first 7 species) and the Niutoushan section, Pulu Village (the last 1 species), Beishuiquan Town, Yuxian County, Hebei including:

Allophaiomys pliocaenicus	(*Allophaiomys* cf. *pliocaenicus*)
Borsodia chinensis	(*Alticola simplicidenta*)
Lasiopodomys probrandti	(*Lasiopodomys probrandti*)
Microtus minoeconomus	(*Microtus minoeconomus*) (*Microtus* cf. *ratticepoides*)
Mimomys (*Mimomys*) *orientalis*	(*Mimomys orientalis*)
Pitymys simplicidens	(*Pitymys* cf. *hintoni*)
Mimomys (*Cromeromys*) *irtyshensis*	(*Mimomys* cf. *youhenicus*)

Flynn et al. (1991) reported Late Miocene – Early Pleistocene arvicoline species from Yushe Basin, Shanxi including:

Germanomys yusheicus	(*Germanomys* A)
Germanomys progressivus	(*Germanomys* B)
Mimomys (*Aratomys*) *teilhardi*	(*Mimomys* sp.)
Mimomys (*Cromeromys*) *gansunicus*	(*Mimomys orientalis*)
(not involved)	(*Microtus brandtioides*)
Borsodia chinensis	(*Borsodia chinensis*)
Mimomys (*Cromeromys*) *gansunicus*	(*Cromeromys gansunicus*)

Tedford et al. (1991) reported arvicoline species from Yushe Basin basically the same as the above Flynn et al. (1991).

Zheng (1992) described Middle Pleistocene arvicoline species from Longtan Cave, Hexian County, Anhui including:

Huananomys variabilis	(*Huananomys variabilis*)

Wang et Jin (1992) described Early Pleistocene arvicoline species from Haimao Village, Ganjingzi District, Dalian City, Liaoning including:

Lasiopodomys probrandti	(*Lasiopodomys probrandti*)
Microtus minoeconomus	(*Microtus minoeconomus*)
Myodes rutilus	(*Clethrionomys* sp.)
Pitymys gregaloides	(*Pitymys gregaloides*)

Zheng et Han (1993) described Middle Pleistocene arvicoline species from Jinniushan Man Site, Xitian Village, Yong'an Town, Yingkou City, Liaoning including:

Alticola roylei	(*Alticola roylei*)
Arvicola sp.	(*Arvicola* sp.)
Lasiopodomys brandti	(*Microtus brandti*)
Microtus oeconomus	(*Microtus oeconomus*)
Microtus maximowiczii	(*Microtus* cf. *maximowiczii*)
Myodes rutilus	(*Clethrionomys rutilus*)

Zheng (1993) described Early – Middle Pleistocene arvicoline species from Chongqing and Guizhou area including:

Eothenomys (*Anteliomys*) *chinensis* （*Eothenomys chinensis taquinius*）
Eothenomys melanogaster （*Eothenomys melanogaster*）
Eothenomys praechinensis （*Eothenomys praechinensis*）
Huananomys variabilis （*Huananomys variabilis*）
Mimomys (*Kislangia*) *peii* （*Mimomys peii*）
Myodes fanchangensis （*Clethrionomys sebaldi*）

Xie et al. (1994) described Late Pleistocene arvicoline species from Shangkushui Village, Huacha Township, Yuzhong County, Gansu including:

Microtus gregalis （*Microtus gregalis*）

Cheng et al. (1996) described Early – Middle Pleistocene arvicoline species from East Cave and West Cave of Taipingshan, Donglingzi Cave, and Shangdian Cave including:

Allophaiomys terraerubrae （*Allophaiomys* cf. *pliocaenicus*）
Hyperacrius yenshanensis （*Hyperacrius yenshanensis*）
Lasiopodomys brandti (listed only) （*Lasiopodomys brandti*）
Lasiopodomys probrandti （*Lasiopodomys probrandti*）
Proedromys bedfordi （*Proedromys* cf. *bedfordi*）

Li et Xue (1996) reported Middle Pleistocene arvicoline species from Xishui Cave, Lantian County, Shaanxi including (listed only):

Caryomys eva （*Eothenomys eva*）
Caryomys inez （*Eothenomys inez*）
Eothenomys melanogaster （*Eothenomys melanogaster*）
Huananomys variabilis （*Huananomys variabilis*）
Microtus oeconomus （*Microtus oeconomus*）
Proedromys bedfordi （cf. *Proedromys bedfordi*）

Zheng et al. (1997) described Early Pleistocene arvicoline species from Loc. 1 (the first 2 species), Loc. 2 (the third species), and Loc. 3 (the fourth species) of Sunjiashan, Beimu Village, Taihe Town, Zibo City, Shandong including:

Allophaiomys terraerubrae （*Allophaiomys terrae-rubrae*）
Hyperacrius yenshanensis （*Hyperacrius yenshanensis*）
Lasiopodomys probrandti （*Lasiopodomys probrandti*）
Arvicolinae gen. et sp. indet. (listed only) （Microtinae indet.）

Zheng et al. (1998) described Middle Pleistocene arvicoline species from Xiaoxishan, Baizhuang Village, Dongyang (present Pingyi Neighbourhood), Pingyi County, Shandong including:

Eolagurus luteus （*Lagurus* sp.）
Lasiopodomys brandti (listed only) （*Lasiopodomys brandti*）

Hao et Huang (1998) described Late Pleistocene arvicoline species from Luobi Cave, Sanya City, Hainan including:

Microtus fortis （*Microtus* sp.）

Qiu et Storch (2000) described Early Pliocene arvicoline species from Bilike Village, Huade County, Inner Mongolia including:

Mimomys (*Aratomys*) *bilikeensis* （*Aratomys bilikeensis*）

Zheng et Zhang (2001) reported Early Pliocene – Early Pleistocene arvicoline species from Leijiahe

Village area, Shaozhai Town, Lingtai County, Gansu including:

Allophaiomys deucalion	(*Allophaiomys terrae-rubrae*, partim) (*Allophaiomys pliocaenicus*)
Borsodia prechinensis	(*Borsodia* n. sp., partim)
Mimomys (*Aratomys*) *bilikeensis*	(*Aratomys bilikeensis*)
Mimomys (*Cromeromys*) *gansunicus*	(*Cromeromys gansunicus*)
Myodes fanchangensis	(*Borsodia* n. sp., partim) (*Hyperacrius yenshanensis*, partim)
Proedromys bedfordi	(*Proedromys* sp.) (*Allophaiomys terraerubrae*, partim)

Jin (2002) described arvicoline species from Tangshan Man site, Nanjing, Jiangsu including:

Microtus oeconomus	(*Microtus oeconomus*)

Li et al. (2003) reported Pliocene arvicoline species from Gaotege, Abag Banner, Inner Mongolia including:

Mimomys (*Aratomys*) *teilhardi*	
Mimomys (*Mimomys*) *orientalis*	
Borsodia mengensis	(*Aratomys* cf. *A. bilikeensis*)

Cai et Li (2003) reported Early Pleistocene arvicoline species from Loc. III of Majuangou Paleolithic Site, Cenjiawan Village, Datianwa Township, Yangyuan County, Hebei including:

Allophaiomys deucalion	(*Allophaiomys deucalion*)
Borsodia chinensis	(*Prolagurus praepannonicus*)
Mimomys (*Cromeromys*) *gansunicus*	(*Cromeromys gansunicus*)

Cai et al. (2004) reported Late Pliocene – Middle Pleistocene arvicoline species from the Laowogou section, Daodi Village, Xinbu Township, Yangyuan County and the Danangou section, Dongyaozitou Village, Beishuiquan Town, Yuxian County, Hebei including:

Allophaiomys pliocaenicus	(*Allophaiomys* cf. *A. pliocaenicus*)
Borsodia chinensis	(*Borsodia chinensis*)
Eolagurus simplicidens	(*Eolagurus simplicidens*)
Germanomys progressivus	(*Germanomys* cf. *G. weileri*)
Germanomys yusheicus	(*Germanomys* sp.)
Lasiopodomys probrandti	(*Lasiopodomys probrandti*)
Microtus maximowiczii (listed only)	(*Microtus* cf. *M. maximowiczii*)
Microtus minoeconomus	(*Microtus oeconomus*)
Microtus oeconomus (listed only)	(*Microtus ratticeps*)
Mimomys (*Cromeromys*) *gansunicus* (listed only)	(*Cromeromys gansunicus*)
Mimomys (*Cromeromys*) *irtyshensis* (listed only)	(*Mimomys youhenicus*)
Mimomys (*Mimomys*) *orientalis*	(*Mimomys orientalis*)
Mimomys (*Mimomys*) *nihewanensis*	(*Mimomys stehlini*)
Pitymys simplicidens	(*Pitymys* cf. *P. hintoni*)

Zheng (2004) described Early Pleistocene arvicoline species from Longgu Cave, Jintang Village, Gaoping Town, Jianshi County, Hubei including:

Allophaiomys terraerubrae	(*Allophaiomys terraerubrae*)
Arvicolinae gen. et sp. indet. (listed only)	(Arvicolidae gen. et sp. indet.)
Eothenomys hubeiensis	(*Eothenomys hubeiensis*)

Eothenomys melanogaster 〔*Eothenomys melanogaster*〕
Hyperacrius jianshiensis 〔*Hyperacrius jianshiensis*〕

Jin et Zhang (2005) described Early Pliocene arvicoline species from Xindong Cave, Dajushan, Bagongshan District, Huainan City, Anhui including:

Mimomys (*Aratomys*) *asiaticus* 〔*Promimomys asiaticus*〕

Min et al. (2006) reported Late Pliocene – Early Pleistocene arvicoline species from the Tai'ergou west section, Xiaodukou Village, Huashaoying Town, Yangyuan County, Hebei including:

Allophaiomys pliocaenicus (listed only) 〔*Allophaiomys* cf. *pliocaenicus*〕
Lasiopodomys probrandti (listed only) 〔*Lasiopodomys probrandti*〕
Microtus minoeconomus (listed only) 〔*Microtus minoeconomus*〕
Mimomys (*Mimomys*) *youhenicus* 〔*Mimomys youhenicus*〕
Pitymys simplicidens (listed only) 〔*Pitymys hintoni*〕

Zheng et al. (2006) reported Late Pliocene – Early Pleistocene arvicoline species from the Donggou section, Qianjiashawa Village, Huashaoying Town, Yangyuan County, Hebei including:

Allophaiomys deucalion 〔*Allophaiomys deucalion*〕
Allophaiomys pliocaenicus 〔*Allophaiomys pliocaenicus*〕
Borsodia chinensis 〔*Borsodia chinensis*〕
Borsodia prechinensis 〔*Borsodia* sp.〕
Germanomys progressivus (listed only) 〔Arvicolidae gen. et sp. indet.〕
Mimomys (*Cromeromys*) *gansunicus* 〔*Cromeromys gansunicus*〕
Mimomys (*Mimomys*) *nihewanensis* 〔*Mimomys* sp.〕
Myodes sp. (listed only) 〔?*Clethrionomys* sp.〕

Wu (2006) described Late Pleistocene arvicoline species from Huanglong Cave, Lishiguan Village, Xiangkou Township, Yunxi County, Hubei including:

Caryomys inez 〔*Caryomys inez*〕

Cai et al. (2007) reported Late Pliocene – Early Pleistocene arvicoline species from the Niutoushan section, Pulu Village, Beishuiquan Town, Yuxian County, Hebei including:

Allophaiomys deucalion (listed only) 〔*Allophaiomys deucalion*〕
Allophaiomys pliocaenicus 〔*Allophaiomys* cf. *A. pliocaenicus*〕
Microtus minoeconomus 〔*Microtus minoeconomus*〕
Mimomys (*Cromeromys*) *irtyshensis* 〔*Cromeromys irtyshensis*〕
Mimomys (*Mimomys*) *nihewanensis* 〔*Mimomys* sp.〕
〔*Mimomys* sp. 1〕

Cai et al. (2008) described Early Pleistocene arvicoline species from Loc. III of Majuangou Paleolithic Site (the first 4 species) and Banshan Site (the last 1 speces), Cenjiawan Village, Datianwa Township, Yangyuan County, Hebei including:

Mimomys (*Cromeromys*) *gansunicus* 〔*Cromeromys gansunicus*〕
Allophaiomys deucalion 〔*Allophaiomys deucalion*〕
Hyperacrius yenshanensis (1 specimen)
Borsodia chinensis (other specimens) 〔*Borsodia chinensis*〕
Allophaiomys pliocaenicus 〔*Allophaiomys pliocaenicus*〕

Li et al. (2008) comprehensively summarized arvicoline species from the Pliocene of Nihewan Basin, Hebei including:

Germanomys progressivus
Germanomys yusheicus 〔*Ungaromys* spp.〕

Mimomys (*Mimomys*) *orientalis* 〔*Mimomys* sp.〕

Mimomys (*Mimomys*) *nihewanensis* 〔*Mimomys* sp. 1〕
〔*Mimomys* sp. 2〕

Mimomys (*Cromeromys*) *gansunicus* 〔*Cromeromys gansunicus*〕

Zhang et al. (2008b) described Early Pleistocene arvicoline species from Renzi Cave, Laili Mountain, Suncun Town, Fanchang, Anhui including:

Myodes fanchangensis 〔*Villanyia fanchangensis*〕

Zhang et al. (2008a) reported Early Pleistocene arvicoline species from Xiaochangliang Site, Guanting Village, Datianwa Township, Yangyuan County, Hebei including (listed only):

Borsodia chinensis 〔*Borsodia chinensis*〕

Mimomys sp. 〔*Mimomys* sp.〕

Allophaiomys deucalion 〔*Allophaiomys deucalion*〕

Li et Xue (2009) described Middle Pleistocene arvicoline species from Zhangping Caves, Zhangping Village, Luoyuan Town, Luonan County, Shaanxi including:

〔*Caryomys eva*〕 〔*Caryomys eva*〕

Caryomys inez 〔*Caryomys inez*〕

Jin et Liu (2009) described Early Pleistocene arvicoline species from Renzi Cave, Laili Mountain, Suncun Town, Fanchang, Anhui including:

Eothenomys melanogaster 〔*Eothenomys* cf. *E. melanogaster*〕

Mimomys (*Cromeromys*) *gansunicus* 〔*Mimomys* cf. *M. gansunicus*〕

Myodes fanchangensis 〔*Villanyia fanchangensis*〕

Kawamura et Zhang (2009) revised *Mimomys* in China and adjacent area, especially *Villanyia* and *Borsodia*.

Zhang et al. (2010) described Early Pleistocene arvicoline species from Renzi Cave, Laili Mountain, Suncun Twon, Fanchang, Anhui including:

Mimomys (*Kislangia*) *zhengi* 〔*Heteromimomys zhengi*〕

and established *Mimomys banchiaonicus*→*Mimomys peii*→*Mimomys zhengi* evolutionary lineage.

Zhang et al. (2011) described Early Pliocene – Early Pleistocene arvicoline species from the composite section of Leijiahe Village, Shaozhai Town, Lingtai County, Gansu including:

Allophaiomys deucalion 〔*Allophaiomys deucalion*〕

Borsodia prechinensis 〔*Borsodia* sp.〕
〔Arvicolinae gen. et sp. indet.〕

Mimomys (*Aratomys*) *bilikeensis* 〔*Mimomys* cf. *M. bilikeensis*〕

Mimomys (*Cromeromys*) *gansunicus* 〔*Mimomys* (*Cromeromys*) *gansunicus*〕

Myodes fanchangensis 〔*Villanyia* cf. *V. fanchangensis*〕

Proedromys bedfordi 〔*Proedromys bedfordi*〕

Liu et al. (2011) reported Early Pliocene arvicoline species from the Dongwan section, Dongwan Village, Weidian Town, Qin'an County, Gansu including:

Mimomys (*Aratomys*) *teilhardi* 〔*Mimomys* sp.〕

Cai et al. (2013) summarized the taxonomy, distribution, and age of mammalian fossils recovered in the Nihewan area including arvicolines.

Qiu et Li (2016) described arvicoline species from the Gaotege section, Abag Banner, Inner Mongolia including:

Borsodia mengensis 〔*Borsodia mengensis*〕

Mimomys (*Aratomys*) *teilhardi* 〔*Mimomys teilhardi*〕

Mimomys (*Mimomys*) *orientalis* 〔*Mimomys orientalis*〕

Wu et Flynn (2017) described Early – Late Pliocene arvicoline species from Yushe Basin, Shanxi including:

Germanomys progressivus 〔*Germanomys progressiva*〕

Germanomys yusheicus 〔*Germanomys yusheica*〕

Germanomys sp. 〔Prometheomyini gen. et sp. indet., partim〕

Stachomys trilobodon 〔cf. *Stachomys* sp., partim〕
〔Prometheomyini gen. et sp. indet., partim〕

Zhang (2017) described Late Pliocene arvicoline species from Yushe Basin, Shanxi including:

Lasiopodomys complicidens 〔*Microtus complicidens*〕

Mimomys (*Aratomys*) *teilhardi* 〔*Mimomys* sp.〕

Mimomys (*Cromeromys*) *gansunicus* 〔*Mimomys gansunicus*〕

Mimomys (*Mimomys*) *youhenicus* (listed only) 〔*Mimomys* cf. *M. youhenicus*〕

Borsodia chinensis 〔*Borsodia chinensis*〕

Myodes fanchangensis 〔*Villanyia fanchangensis*〕

Zheng et al. (2019) described Early Pleistocene arvicoline species from Nihewan Basin including:

Pitymys simplicidens 〔*Pitymys simplicidens*〕

Mimomys (*Mimomys*) *nihewanensis* 〔*Mimomys nihewanensis*〕

Borsodia prechinensis 〔*Borsodia prechinensis*〕

The distribution of fossil arvicolines in China (Fig. 10) can be divided into the following 8 areas.

(1) Beijing area (including Zhoukoudian, Changping, Huairou):

Allophaiomys terraerubrae (Teilhard de Chardin, 1940)
〔Loc. 18, East Cave of Taipingshan, Zhoukoudian〕

Alticola stoliczkanus (Blanford, 1875)
〔Loc. 1, 3 of Zhoukoudian〕

Eolagurus simplicidens (Young, 1934)
〔Loc. 1, 3 of Zhoukoudian〕

Hyperacrius yenshanensis Huang et Guan, 1983
〔Huangkan, Huairou; East Cave of Taipingshan, Zhoukoudian〕

Lasiopodomys brandti (Radde, 1861)
〔Loc. 1, 2, 3, 13, and Upper Cave of Zhoukoudian, Donglingzi Cave, Shangdian Cave, Longgu Cave of Changping〕

Lasiopodomys complicidens (Pei, 1936)
〔Loc. 3 of Zhoukoudian〕

Lasiopodomys probrandti Zheng et Cai, 1991
〔Loc. 9, East Cave and West Cave of Taipingshan, Zhoukoudian〕

Microtus oeconomus (Pallas, 1776)
〔Loc. 1 and Upper Cave of Zhoukoudian, Longgu Cave of Changping〕

Microtus minoeconomus Zheng et Cai, 1991
〔Taipingshan of Zhoukoudian〕
?*Mimomys* sp.
〔the "Cap" gravel layer of Zhoukoudian〕
Myodes rufocanus (Sundevall, 1846)
〔Loc. 1 of Zhoukoudian〕
Proedromys bedfordi Thomas, 1911a
〔East Cave of Taipingshan, Zhoukoudian〕

(2) Nihewan Basin, Hebei (including Yuxian Basin):

Allophaiomys deucalion Kretzoi, 1969
Allophaiomys pliocaenicus Kormos, 1932
Borsodia chinensis (Kormos, 1934a)
Borsodia prechinensis Zheng, Zhang et Cui, 2019
Caryomys eva (Thomas, 1911b)
Hyperacrius yenshanensis Huang et Guan, 1983
Eolagurus simplicidens (Young, 1934)
Germanomys progressivus Wu et Flynn, 2017
Germanomys yusheicus Wu et Flynn, 2017
Germanomys sp.
Lasiopodomys brandti (Radde, 1861)
Lasiopodomys probrandti Zheng et Cai, 1991
Microtus maximowiczii (Schrenk, 1858)
Microtus minoeconomus (Zheng et Cai, 1991)
Microtus oeconomus (Pallas, 1776)
Mimomys (*Cromeromys*) *gansunicus* Zheng, 1976
Mimomys (*Cromeromys*) *irtyshensis* (Zazhigin, 1980)
Mimomys (*Mimomys*) *orientalis* Young, 1935a
Mimomys (*Mimomys*) *nihewanensis* Zheng, Zhang et Cui, 2019
Mimomys (*Mimomys*) *youhenicus* Xue, 1981
Myodes fanchangensis (Zhang, Kawamura et Jin, 2008)
Myodes sp.
Pitymys simplicidens Zheng, Zhang et Cui, 2019

(3) Yushe Basin and adjacent areas, Shanxi (including Yushe Basin, Hefeng of Jingle, Dongyan of Pinglu, Dachai of Xiangfen, Xicun of Tunliu):

Lasiopodomys complicidens (Pei, 1936)
〔Yushe Basin〕
Hyperacrius yenshanensis Huang et Guan, 1983
〔Hefeng of Jingle〕
Germanomys progressivus Wu et Flynn, 2017
〔Yushe Basin〕
Germanomys yusheicus Wu et Flynn, 2017
〔Yushe Basin〕
Germanomys sp.
〔Yushe Basin〕

Mimomys (*Cromeromys*) *gansunicus* Zheng, 1976
〔Yushe Basin〕
Mimomys (*Mimomys*) *youhenicus* Xue, 1981
〔Yushe Basin〕
Mimomys (*Aratomys*) *teilhardi* Qiu et Li, 2016
〔Yushe Basin〕
Mimomys (*Kislangia*) *peii* Zheng et Li, 1986
〔Dachai of Xiangfen〕
Mimomys (*Mimomys*) *orientalis* Young, 1935a
〔Dongyang of Pinglu〕
Mimomys sp.
〔Xicun of Tunliu〕
Borsodia chinensis (Teilhard de Chardin et Piveteau, 1930)
〔Yushe Basin〕
Myodes fanchangensis (Zhang, Kawamura et Jin, 2008)
〔Yushe Basin〕
Stachomys trilobodon Kowalski, 1960
〔Yushe Basin〕

(4) Inner Mongolia area (including Xarusgol of Uxin Banner, Bilike of Huade County, Gaotege of Abag Banner):

Borsodia mengensis Qiu et Li, 2016
〔Gaotege〕
Eolagurus luteus (Eversmann, 1840)
〔Xarusgol〕
Lasiopodomys brandti (Radde, 1861)
〔Xarusgol〕
Microtus oeconomus (Pallas, 1776)
〔Xarusgol〕
Mimomys (*Aratomys*) *bilikeensis* (Qiu et Storch, 2000)
〔Bilike〕
Mimomys (*Aratomys*) *teilhardi* Qiu et Li, 2016
〔Gaotege〕
Mimomys (*Mimomys*) *orientalis* Young, 1935a
〔Gaotege〕
Prometheomys schaposchnikowi Satunin, 1901
〔Xarusgol〕

(5) Loess Plateau and adjacent areas (including Luochuan, Dali, Lantian, Weinan, and Luonan of Shaanxi, Lingtai, Heshui, Yuzhong, and Qin'an of Gansu, Guide, Guinan, and Gonghe of Qinghai):

Allophaiomys deucalion Kretzoi, 1969
〔Lingtai of Gansu, Guinan of Qinghai〕
Allophaiomys pliocaenicus Kormos, 1932
〔Lantian of Shaanxi〕
Borsodia chinensis (Kormos, 1934a)
〔Heshui of Gansu〕

Borsodia prechinensis Zheng, Zhang et Cui, 2019
〔Lingtai of Gansu〕
Caryomys eva (Thomas，1911b)
〔Luonan of Shaanxi〕
Caryomys inez (Thomas, 1908b)
〔Luonan of Shaanxi〕
Lasiopodomys brandti (Radde, 1861)
〔Luochuan and Lantian of Shaanxi, Guinan and Gonghe of Qinghai〕
Lasiopodomys probrandti Zheng et Cai, 1991
〔Luochuan of Shaanxi, Guinal and Gonghe of Qinghai〕
Microtus gregalis (Pallas, 1778)
〔Yuzhong of Gansu〕
Microtus oeconomus (Pallas, 1776)
〔Gonghe of Qinghai〕
Mimomys (*Aratomys*) *bilikeensis* (Qiu et Storch, 2000)
〔Lingtai of Gansu〕
Mimomys (*Aratomys*) teilhardi Qiu et Li, 2016
〔Qin’an of Gansu〕
Mimomys (*Cromeromys*) *gansunicus* Zheng, 1976
〔Heshui and Lingtai of Gansu〕
Mimomys (*Kislangia*) *banchiaonicus* Zheng et al., 1975
〔Heshui of Gansu, Weinan of Shaanxi〕
Mimomys (*Mimomys*) *orientalis* Young, 1935a
〔Weinan of Shaanxi〕
Mimomys (*Mimomys*) *youhenicus* Xue, 1981
〔Weinan and Dali of Shaanxi〕
Mimomys spp.
〔Lingtai of Gansu, Guide of Qinghai〕
Myodes fanchangensis (Zhang, Kawamura et Jin, 2008)
〔Lingtai of Gansu〕
Proedromys bedfordi Thomas, 1911a
〔Lingtai of Gansu〕

(6) Northeast area (including Benxi, Yingkou, Anping, and Dalian of Liaoning, Qianguo of Jilin, Qiqihar of Heilongjiang):

Alticola roylei (Gray, 1842)
〔Yingkou of Liaoning〕
Arvicola sp.
〔Yingkou of Liaoning〕
Lasiopodomys brandti (Radde, 1861)
〔Yingkou and Benxi of Liaoning, Qianguo of Jilin〕
Lasiopodomys probrandti Zheng et Cai, 1991
〔Dalian of Liaoning〕
Microtus maximowiczii (Schrenk, 1858)
〔Yingkou of Liaoning〕

Microtus minoeconomus Zheng et Cai, 1991
〔Dalian of Liaoning〕
Microtus oeconomus (Pallas, 1776)
〔Yingkou, Benxi, and Anping of Liaoning, Qiqihar of Heilongjiang〕
Microtus sp.
Myodes rutilus (Pallas, 1778)
〔Dalian and Yingkou of Liaoning〕
Myodes rufocanus (Sundevall, 1846)
〔Benxi of Liaoning〕
Pitymys gregaloides Hinton, 1923b
〔Dalian of Liaoning〕

(7) Southwest area (including Yunxi and Jianshi of Hubei, Wushan, Wanzhou, Fengjie, and Geleshan of Chongqing, Dege of Sichuan, Tongzi, Puding, Zhijin, and Weining of Guizhou, Shangri-La, Chenggong and Yuanmou of Yunnan, Sanya of Hainan):

Allophaiomys terraerubrae (Teilhard de Chardin, 1940)
〔Jianshi of Hubei〕
Arvicolinae gen. et sp. indet.
〔Jianshi of Hubei〕
Caryomys inez (Thomas, 1908b)
〔Yunxi of Hubei〕
Eothenomys olitor (Thomas, 1911c)
〔Chenggong of Yunnan〕
Eothenomys custos (Thomas, 1912d)
〔Chenggong of Yunnan〕
Eothenomys praechinensis Zheng, 1993
〔Weining of Guizhou, Wushan of Chongqing〕
Eothenomys proditor Hinton, 1923a
〔Chenggong of Yunnan, Zhijin of Guizhou〕
Eothenomys chinensis (Thomas, 1891)
〔Weining and Tongzi of Guizhou〕
Eothenomys hubeiensis Zheng, 2004
〔Jianshi of Hubei〕
Eothenomys melanogaster (Milne-Edwards, 1871)
〔Wushan and Wanzhou of Chongqing, Jianshi of Hubei, Puding and Tongzi of Guizhou〕
Huananomys variabilis Zheng, 1992
〔Weining of Guizhou〕
Hyperacrius jianshiensis Zheng, 2004
〔Jianshi of Hubei〕
Microtus fortis Büchner, 1889
〔Sanya of Hainan〕
Mimomys (*Kislangia*) *peii* Zheng et Li, 1986
〔Wushan of Chongqing〕
Myodes fanchangensis (Zhang, Kawamura et Jin, 2008)
〔Wushan of Chongqing〕

Villanyia hengduanshanensis (Zong, 1987)

〔Shangri-La of Yunan, Dege of Sichuan〕

Villanyia sp.

〔Yuanmou of Yunnan〕

Volemys millicens (Thomas, 1911c)

〔Chenggong of Yunnan〕

(8) East area (including Zibo and Pingyi of Shandong, Fanchang, Hexian, Huainan of Anhui, Nanjing of Jiangsu, Yuhang of Zhejiang):

Allophaiomys terraerubrae (Teilhard de Chardin, 1940)

〔Zibo of Shandong〕

Arvicolinae gen. et sp. indet.

〔Zibo of Shandong〕

Caryomys eva (Thomas, 1911b)

〔Hexian of Anhui〕

Eothenomys melanogaster (Milne-Edwards, 1871)

〔Fanchang and Hexian of Anhui〕

Huananomys variabilis Zheng, 1992

〔Hexian of Anhui〕

Hyperacrius yenshanensis Huang et Guan, 1983

〔Zibo of Shandong〕

Eolagurus luteus (Eversmann, 1840)

〔Pingyi of Shandong〕

Lasiopodomys brandti (Radde, 1861)

〔Yuhang of Zhejiang, Hexian of Anhui, Pingyi of Shandong〕

Lasiopodomys probrandti Zheng et Cai, 1991

〔Zibo of Shandong〕

Microtus oeconomus (Pallas, 1776)

〔Nanjing of Jiangsu〕

Mimomys (*Aratomys*) *asiaticus* (Jin et Zhang, 2005)

〔Huainan of Anhui〕

Mimomys (*Cromeromys*) *gansunicus* Zheng, 1976

〔Fanchang of Anhui〕

Mimomys (*Kislangia*) *zhengi* (Zhang, Jin et Kawamura, 2010)

〔Fanchang of Anhui〕

Myodes fanchangensis (Zhang, Kawamura et Jin, 2008)

〔Fanchang of Anhui〕

3.1.3 Research methods and terminologies

Although the Neogene – Quaternary deposits in China yield abundant arvicoline fossils, it is hard to recover complete crania, lower jaws, and skeletons. Therefore, isolated molars, molar rows, or incomplete jaws are in most cases the fossil materials to work on. Among them, the morphology of m1 and M3 is the most important for identification and classification.

Arvicoline molars are complete lophodont, but the occlusal surface has mixed features of bunodont cusps/cuspids and lohphodont ridges. Therefore, the morphological terminologies are applicable to both bunodont and lophodont teeth. Except for whether or not the molars have roots and/or cement, the main descriptive terminologies are listed as follows:

1) SA (salient angle), RA (re-entrant angle), and T (triangle)

BSA (buccal salient angle), BRA (buccal re-entrant angle), LSA (lingual salient angle), and LRA (lingual re-entrant angle) of the lower molars are counted from back to front. Those of the upper molars are counted from front to back. However, it is noteworthy that LSA1 and LRA1 are absent on M2 and M3. Ts (triangle) of the lower molars are counted from the first (T1) anterior to PL (posterior lobe) anteriorly. Ts of the upper molars are counted from the second (T2) posterior to AL (anterior lobe) because T1 is absent on M2 and M3 (Fig. 11) (van der Meulen, 1973; Tesakov, 2004). Generally speaking, the more SA/RAs and Ts on m1 and M3, the more derived the species is; the contary means it is more primitive. AC and AC2 are interchangeable in some species at certain evolutionary stages. These terms are the most basic, classic, and easily observable ones, and also the most useful ones.

2) Correspondence between SA, T and cusps/cuspids

For the lower molars, BSA1 corresponds to Hd (hypoconid); BSA2 or T2 corresponds to Prd (protoconid); BSA3 or T4 corresponds to Ad (anteroconid); LSA1 corresponds to Hld (hypoconulid); LSA2 or T1 corresponds to Ed (entoconid); LSA3 or T3 corresponds to Md (metaconid). For the upper molars, T1 or LSA2 corresponds to Pr (protocone); T3 or LSA3 corresponds to Hy (hypocone); T2 or BSA2 corresponds to Pa (paracone); T4 or BSA3 corresponds to Me (metacone); BSA1 and LSA1 correspond to Ac (anterocone) and Acl (anteroconul), respectively.

3) Closedness of isthmuses (Is) and triangles

Kawamura (1988) complemented and improved the “isthmus” concept proposed by Aimi (1980), and pointed out that they should be counted from front to back for the upper molars and from back to front for the lower molars. The width of isthmus means the distance between the inner margins of the enamel band where the isthmus is formed (Fig. 12). If the width is less than 0.1 mm, the isthmus is considered to be closed; if the width is equal to or greater than 0.1 mm, the isthmus is considered to be open; if the width is equal to or greater than 0.16 mm, the isthmus is considered to be confluent. The fewer closed isthmuses on m1, the more primitive the species is; the contrary means the species is more derived. The combination of closedness and openness of certain isthmuses on m1 is a very important defining feature for many genera. For example, the combination of closed Is 1–4 and Is 6 and open Is 5 is typical of *Pitymys*; the combination of closed Is 1–4 and open Is 5 is typical of *Arvicola* and *Allophaiomys*; and the combination of closed Is 1, Is 3, Is 5 and open Is 2, Is 4, Is 6 is typical of *Eothenomys*; and so on. This method has been applied by some researchers in China (Jin et Zhang, 2005; Zhang et al., 2011). In this monograph, only isthmuses of m1 and their closedness percentage are measured and analyzed. The results can be divided into closed (closedness percentage 100%) and open (closedness percentage 0) or in between.

4) SDQ and SZQ

They are the abbreviations of Schmelzband Differenzierungs Quotient and Schmelzband Breiten/Zahnlangen Quotient, respectively. SDQ means enamel band differentiation quotient, and SZQ means enamel thickness/tooth length quotient. The calculating method of SDQ is as follows: SDQ for a SA (taking LSA2 of m1 as an example) is calculated as the ratio in percentage of the thickness of the poster wall or convex side (a) to that of the anterior wall or concave side (b), namely $SDQ_{LSA2} = a_{LSA2}/b_{LSA2} \times 100$; SDQ for an individual is $SDQ_I = SDQ_{LSA1}+SDQ_{LSA2}+\ldots+SDQ_{BSA3}/7$; SDQ for a population is $SDQ_P = SDQ_{I1}+SDQ_{I2}+\ldots+SDQ_{In}/n$. If SDQ is equal to or greater than 100, it is called positive differentiation or *Mimomys*-type; if SDQ is less than 100, it is called negative differentiation or *Microtus*-type (Heinrich, 1978). The calculating method of SZQ is as follows: SZQ for a SA (taking LSA2 of m1 as an example) is calculated as the ratio in percentage of the thickness of the anterior wall or concave side (b) to the length of m1, namely $SZQ_{LSA2} = b_{LSA2}$/m1-length×100; SZQ for an individual is $SZQ_I = SZQ_{LSA1}+SZQ_{LSA2}+...+SZQ_{BSA3}/7$; SZQ for a population is $SZQ_P = SZQ_{I1}+SZQ_{I2}+......+SZQ_{In}/n$. SZQ recorded the evolution of enamel thickness in *Arvicola*. Its highest rate occurred around 30000 B.C. Heinrich (1990) improved the method (Fig. 13) and applied it to test how *Arvicola* in Central Europe evolved from fossil *A. cantiana* of positive differentiation to extant *A. terrestris* of negative differentiation. It is a good quantitative method when discussing the evolutionary direction of species, and can also be used as standards for classification. Some researchers in China also applied this method (Zhang et al., 2008b; Kawamura et Zhang, 2009; Zhang et al., 2011). However, thorough application of this method requires tedious work of measuring and calculating. In this monograph, only SDQ of m1 of the species with available material at hand are analyzed.

5) Sinuous line parameters (The heights of sinuses/sinuids of buccal and lingual sinuous lines)

(1) The buccal sinuous line parameter E of m1 (Chaline, 1974), E_a, and E_b (van de Weerd, 1976). E represents the perpendicular distance relative to the occlusal surface between the top of Asd (anterosinuid) and the bottom of Hsd (anterosinuid). E_a represents the perpendicular distance relative to the occlusal surface between the top of Asd and the bottom of BRA1. E_b represents the perpendicular distance relative to the occlusal surface between the top of Hsd and the bottom of BRA1 (Fig. 14). These parameters have been applied to the studies of *Mimomys* from China (Zheng et Li, 1986; Qiu et Li, 2016), and turned out to be very helpful in facilitating the identification and classification of related species.

(2) The index of Hsd (hyposinuid) and Hsld (hyposinulid) ($\text{HH-Index}=\sqrt{\text{Hsd}^2+\text{Hsld}^2}$) for the lower molars, the index of Prs (protosinus) and As (anterosinus) ($\text{PA-Index}=\sqrt{\text{Prs}^2+\text{As}^2}$), and the index of Prs, As, and Asl (anterosinulus) ($\text{PAA-Index}=\sqrt{\text{Prs}^2+\text{As}^2+\text{Asl}^2}$) for the upper molars: Hsd represents the distance parallel to the posterior tooth margin between the top of Hsd and the bottom of BRA1; Hsld represents distance parallel to the anterior tooth margin between the top of Hsld and the bottom of LRA1; Prs represents the distance parallel to the anterior tooth margin between the bottom of Prs and the top of LRA1; As represents the distance parallel to the anterior tooth margin between the bottom of As and the top of BRA1 (Fig. 15, Fig. 16) (Carls et Rabeder, 1988). Larger values of these indexes indicate higher degree of hypsodonty and also derivedness of the species. These indexes have been applied to the studies of *Mimomys* from China (Zhang et al., 2008b; Qiu et Li, 2016). E, E_a, and E_b can only be applied to species of *Mimomys*. However, HH-Index and PA-Index can be applied to all arvicoline species with rooted molars, and can complement the shortcomings of E and E_a when they are not measurable on some hypsodont molars.

6) Relative length of ACC (A/L), closedness between AC and T4-T5 (B/W), and closedness between T4 and T5 (C/W)

Among them, $A/L = 100 \times a/L$, $B/W = 100 \times b/W$, and $C/W = 100 \times c/W$ (Fig. 17). These parameters are mainly used to distinguish species in *Allophaiomys* (van der Meulen, 1974). Calculations show that *A. deucalion* has smaller A/L values (39.6) and larger B/W values (36.8) than *A. pliocaenicus* (43.7 and 25.3, respectively). This method has been applied to the studies of *Allophaiomys* from Majuangou Paleolithic Site (Cai et al., 2008). To facilitate comparisons, only *A. deucalion* from Layer 16 of the Donggou section, Nihewan Basin and *A. pliocaenicus* from Layer 12 of the Danangou section, Yuxian Basin are chosen to measure and analyze these parameters.

7) *Lagurus*-type and *Alticola*-type molars

The former means LRA2 of the upper molars is U-shaped; the latter means BRA1 of M3 is very shallow and U-shaped.

8) The position where the lower incisor crosses the lower molar row

More anterior position of the lower incisor crossing the lower molar row from the lingual side to the buccal side means the species is more primitive. For example, in primitive species of *Mimomys*, the lower incisor crosses the lower molar row beneath the posterior root of m2, whereas in derived species, between m2 and m3 (Hinton, 1926).

9) Enamel pattern (Schmelzmuster in German)

The microstructure (prisms and their arrangement) of tooth (incisor or molar) enamel is also helpful in distinguishing different species (Zhang et al., 2010). This method has been widely applied abroad, but in China, it is still necessary to catch up.

10) Root number of the upper molars

Generally speaking, if M2 and M3 both have 3 roots, the species is considered to be primitive; if M2 and M3 both have 2 roots, the species is considered to be derived; and if M2 has 3 roots but M3 has 2 roots, the species is considered to be inbetween the above two stages.

3.2 Myospalacinae

3.2.1 Introduction of myospalacines

Extant myospalacines are a highly specialized group of burrowing rodents that mainly feeds on tubers. Their body is usually stout, stocky, and cylindrical, without obvious distinction between between the head, neck, chest, and abdomen. They have a broad and flat head, a blunt snout, small eyes. A pad is developed in front of their nose, and the auricle is only made up of a cylindrical skinfold surrounding the earhole. Their fur is soft and silky. Their four limbs and tail are very short. Their fore limbs are robust and the humerus is extremely developed. The claws and incisors are strong. The molars are hypsodont and rootless, and the cusps/cuspids are developed into triangular enamel rings in occlusal view. There is no cement filled in the re-entrant angles. The dental formula is 1·0·0·3/1·0·0·3 = 16. Based on the combination of cranial morphological features, they can be divided into convex occiput type and flat occiput type. The convex occiput type (including only *Eospalax*) is characterized by the dorsal portion of the occipital shield protruding posteriorly from the line connecting the two wings of the lambdoid crest, the greater occipital width than height, ventral portion of the infraorbital foramen broader, and the incisive foramen developed on both the premaxilla and the maxilla. The flat occiput type (including only *Myospalax*) is characterized by the dorsal portion of occipital shield level with the lambdoid crest on the same transverse plane, the slightly greater occipital width than height, ventral portion of the infraorbital foramen narrower, and the incisive foramen developed only on the premaxilla.

Early fossil myospalacines are characterized by a convex occiput cranium with the interparietal and brachydont and rooted molars. After the evolution during Late Miocene, a group of concave occiput myospalacines emerged during early Pliocene – middle Pleistocene. The dorsal portion of their occipital shield is concave and the depression extends anteriorly across lambdoid crest. Their occipital width is also markedly greater than the occipital height (similar to extant convex occiput myospalacines). The ventral portion of their infraorbital foramen is narrower, and the incisive foramen is developed completely on the premaxilla (similar to extant flat occiput myospalacines). Later species of all the three occiput types lost their interparietal and molar roots, but there are evolutionary trends in their molars towards relative hypsodonty from relative brachydonty and loss of molar roots.

Myospalacines are a group of rodents endemic to Asia. Their fossils are mainly found in temperate and warm temperate forest steppes, steppes, and arid steppes east of Ural Mountains. In China, their fossils are mainly distributed north of Qinling-Huaihe River, highly overlaped with distribution of extant myospalacines (Fig. 18). The distribution of fossil myospalacines has the following features: ① mainly distributed in temperate steppes with sporadic forests or woodlands; ② no records in real Gobi and desert areas; ③ fossil myospalacines don't occur in the *Hipparion* fauna from Jilong-Woma in southern Tibet and Bulong in northern Tibet (at an altitude of ~4200 m above sea level) (Ji et al., 1980; Zheng, 1980), so the Ganzi locality (at an altitude of 3000–4000 m above sea level) in this monograph is the highest among all known fossil localities; ④ myospalacines are generally distributed in the temperate areas north of the boundary between the subtropical zone and the warm temperate zone (Qingling-Huaihe River), and there are exceptions such as extant species inhabiting high altitude areas in Shennongjia of Hubei, Chuanxi Plateau of Sichuan, and fossils of extant *Eospalax smithii* represent a case of low latitude but high altitude; ⑤ there is no fossil records in the areas at an altitude less than 1000 m south of Qinling-Huaihe River, which can be corroborated by the absence of myospalacine fossils in the ubiquitous Quaternary mammalian faunas from areas between the Yangtze River and the Huaihe River; and ⑥ the most primitive species are mainly distributed on Loess Plateau, surrounded by the most derived species.

Did the early fossil myospalacines have the same burrowing habit as the extant ones? The answer seems negative. On the one hand, among the cervical vertebrae of extant *Eospalax fontanieri*, only the atlas is movable and the other 6 cervical vertebrae are always fused together, whereas the fossil species *Prosiphneus licenti* had relatively large cervical vertebrae and all of them were movable (Teilhard de Chardin, 1926a), which indicates that the neck of *Eospalax fontanieri* is more powerful and more suitable for burrowing. On the other hand, more derived genera such as *Eospalax* has lost their interparietal and thereby strengthened their cranium, whereas more primitive genera such as *Prosiphneus* still possessed the interparietal, which is indicative of their cranium is not strong enough for burrowing. In fact, the burrowing extant genera *Spalax* and *Rhizomys* both have lost their interparietal. The fossil myospalacines have a wide distribution, and are one of the rodent groups of Late Cenozoic with the highest evolutionary rate. In studies of speciation, high resolution biostratigraphic correlations, and environmental changes, Myospalacinae and Arvicolinae that has an Early Pliocene origin and wider distribution can complement each other.

The genus names pertaining to myospalacines are listed in chronological order as follows: ① *Myospalax* Laxmann, 1769 (type species: *Mus myospalax* Laxmann, 1773); ② *Myotalpa* Kerr, 1792 (type species: *Mus aspalax* Pallas, 1776); ③ *Siphneus* Brants, 1827 (type species: *Mus aspalax*); ④ *Prosiphneus* Teilhard de Chardin, 1926a (type species: *Prosiphneus licenti* Teilhard de Chardin, 1926a); ⑤ *Myotalpavus* Miller, 1927 (type species: *Siphneus eriksoni* Schlosser, 1924); ⑥ *Eospalax* Allen, 1938 (type species: *Siphneus fontanieri* Milne-Edwards, 1867); ⑦ *Zokor* Ellerman, 1941 (type species: *Siphneus fontanieri*); ⑧ *Mesosiphneus* Kretzoi, 1961 (type species: *Prosiphneus praetingi* Teilhard de Chardin, 1942); ⑨ *Episiphneus* Kretzoi, 1961 (type species: *Prosiphneus pseudarmandi* Teilhard de Chardin, 1942); ⑩ *Allosiphneus* Kretzoi, 1961 (type species: *Siphneus arvicolinus* Nehring, 1883); ⑪ *Pliosiphneus* Zheng, 1994 (type species: *Prosiphneus lyratus* Teilhard de Chardin, 1942); ⑫ *Chardina* Zheng, 1994 (type species: *Prosiphneus truncatus* Teilhard de Chardin, 1942); ⑬ *Yangia* Zheng, 1997(= *Youngia* Zheng, 1994) (type species: *Siphneus tingi* Young, 1927). According to the principle of priority, the following genera should be considered valid: *Myospalax* and *Episiphneus* represent flat occiput myospalacines with rooted and rootless molars, respectively; *Eospalax* (as well as the extremely specialized and large-sized *Allosiphneus*) and *Prosiphneus* (as well as *Pliosiphneus*) represent convex occiput myospalacines with rootless and rooted molars, respectively; *Yangia* and *Mesosiphneus* represent concave occiput myospalacines with rootless and rooted molars, respectively; and *Chardina* represents a transitional genus with rooted molars between convex occiput type and concave occiput type.

The genus name *Myospalax* Laxmann, 1769 is from Greek, and made up of "myope" (nearsighted) and "spalax" (mole), meaning nearsighted moles. The name *Talpa* Linnaeus, 1758 and *Talpavus* Marsh, 1872 are both from Latin, meaning moles. The name *Siphneus* Brants, 1827 is from the Greek root "siphnos", meaning handicapped or half blind. There are many local colloquial names in China, but "blind rat" is the most common one.

3.2.2 Research history of fossil myospalacines in China

Since the discovery of "*Siphneus*" *eriksoni* with rooted molars from Ertemte, Inner Mongolia (Schlosser, 1924), the classifications of myospalacines became increasingly complicated and the genus name *Myotalpavus* proposed by Miller (1927) was applied to the species. However, Teilhard de Chardin (1926a) already proposed the name *Prosiphneus* based on the materials from the *Hipparion* red clay of Qingyang, Gansu for species with rooted molars. *Myotalpavus* accordingly became an invalid genus name. Later, Teilhard de Chardin et Young (1931) first used the family name "Siphneidae" and placed "*Prosiphneus*" with rooted molars and "*Siphneus*" with rootless molars in it. Meanwhile, the 3 species groups "*psilurus* group", "*fontanieri* group", and "*tingi* group" reflective of flat occiput type, convex occiput type, and concave occiput type, respectively, were also aware of. Allen (1938) referred some flat occiput extant species to *Myospalax*, and some convex occiput extant species to *Eospalax*. He further placed the two genera into Myospalacinae. Leroy (1941) promoted *Prosiphneus* and *Siphneus* to Prosiphneinae and Siphneinae, respectively. He was also aware of the existence of the flat occiput group, concave occiput group, and convex occiput group. Afterwards, Teilhard de Chardin (1942) retained the family name Siphneidae containing *Prosiphneus* and *Siphneus*, but stressed that the family should be divided into 3 genera based on cranial morphology of concave occiput, flat occiput, and convex occiput. Later on, Kretzoi (1961) replaced the family name Siphneidae with Myospalacidae, and established *Mesosiphneus*, *Episiphneus*, and *Allosiphneus* based on the then known *Prosiphneus praetingi*, *Prosiphneus pseudoarmandi*, and *Siphneus arvicolinus*, respectively. He further proposed that *Prosiphneus licenti* should be designated as the type species of *Prosiphneus*, and that "*Siphneus*" *fontanieri* and "*Mus*" *myospalax* should be designated as the type species of *Eospalax* and *Myospalax*, respectively, which were promoted from the subgenus rank to the genus rank. Lawrence (1991) referred all extant and fossil species to *Myospalax* under Myospalacinae of Muridae. McKenna et Bell (1997) also placed Myospalacinae under Muridae, but only placed *Prosiphneus* and *Myospalax* into the subfamily. Musser et Carleton (2005) followed the opinion of Tullberg (1899) and referred extant Myospalacinae (including *Eospalax* and *Myospalax*), Rhizomyinae (including *Cannomys* and *Rhizomys*), Spalacinae (including *Spalax*), and Tachyoryctinae (including *Tachyoryctes*) to Spalacidae Gray, 1821.

Based on the cranial morphology, Zheng (1994) referred flat occiput myospalacines to Myospalacinae, including *Episiphneus* with rooted molars and *Myospalax* with rootless molars; referred convex occiput myospalacines to Prosipneinae including *Prosiphneus* and *Pliosiphneus* with rooted molars and *Allosiphneus* and *Eospalax* with rootless molars; and referred concave occiput myospalacines to Mesosiphneinae including *Chardina* and *Mesosiphneus* with rooted molars and *Yangia* with rootless molars.

Liu et al. (2013) referred all myospalacines with the interparietal to Prosiphneinae and demoted it to Prosiphneini Leroy, 1941, including *Prosiphneus*, *Pliosiphneus*, and *Chardina*. They referred all myospalacines without the interparietal to "Myospalacini Miller et Gidley, 1918", including convex occiput *Eospalax* and *Allosiphneus* with rootless molars, concave occiput *Mesosiphneus* with rooted molars and *Yangia* (= *Youngia*) with rootless molars, and flat occiput *Episiphneus* with rooted molars and *Myospalax* with rootless molars.

It can be seen from the above that biologists and paleontologists have different opinions on the definition and classification of myospalacines. Biologists divide extant myospalacines into *Eospalax* and *Myospalax* (both with rootless molar) only based on the difference between convex occiput cranium and flat occiput cranium. However, besides the existence of the interparietal in fossil and extant myospalacines, paleontologists also need to take into consideration morphological features such as 3 types of occipital shield (convex, flat, and concave), rooted molars (relatively brachydont) and rootless molars (relatively hypsodont), and so on to distinguish different taxonomic groups. Biologists' knowledge is restricted to burrowing extant myospalacines, whereas paleontologists' knowledge is rooted in the evolution of myospalacines that started from primitive non-burrowing forms without the interparietal, which leads to the different opinions about the definition of myospalacines and their classification at the subfamily and family level.

The recovery and research history of fossil myospalacines in China are rather complicated. A complete list of literatures is given here in chronological order as follows. Scientific names in the original literatures are given inside "〔〕", in front of which are those adopted in this monograph. "reported" indicates the name/names were listed only in the original literatures, while "described" indicates the taxon/taxa were described in the original literatures. If a taxon or some taxa are only included here but not remarked on in the Systematic paleontology section, it/they are marked as "(listed only)".

Nehring (1883) described Late Pliocene or Early Pleistocene myospalacine species from Guide Layer, Qinghai including:

Allosiphneus arvicolinus 〔*Siphneus arvicolinus*〕

Schlosser (1924) described Late Miocene myospalacine species from Loc. 1 of Ertemte, Huade County, Inner Mongolia including:

Prosiphneus eriksoni 〔*Siphneus eriksoni*〕

Teilhard de Chardin (1926a) described Late Miocene myospalacine species from "Baode red clay), Zhaojiagou, Jiaozichuan Village, Qingcheng Town, Qingcheng County, Gansu including:

Prosiphneus licenti 〔*Prosiphneus licenti*〕

Miller (1927) established *Myotalpavus* based on "*Siphneus*" *eriksoni*:

Prosiphneus eriksoni 〔*Myotalpavus eriksoni*〕

Young (1927) described Early Pleistocene myospalacine species from Yangshao Village, Yangshao Township, Mianchi County, Henan including:

Yangia tingi 〔*Siphneus tingi*〕

Eospalax fontanieri (listed only) 〔*Siphneus fontanieri*〕

Boule et Teilhard de Chardin (1928) described Late Pleistocene myospalacine species from Xarusgol, Uxin Banner, Inner Mongolia (the first species) and Early Pleistocene myospalacine species from the loess basal conglomerate, Qingyang, Gansu (the last 2 species) including:

Eospalax fontanieri (listed only) 〔*Siphneus fontanieri*〕

Eospalax simplicidens 〔*Siphneus* cf. *myospalax*〕

Allosiphneus arvicolinus 〔*Siphneus arvicolinus*〕

Teilhard de Chardin et Piveteau (1930) described Early Pleistocene myospalacine species from Xiashagou Village, Huashaoying Town, Yangyuan County, Hebei including:

Yangia tingi 〔*Siphneus tingi*〕

Pei (1930) described Early Pleistocene myospalacine species from Jiajiashan, Tangshan, Hebei including:

Episiphneus youngi (listed only) 〔*Prosiphneus* cf. *intermedius*〕

Teilhard de Chardin et Young (1931) described myospalacine species:

Mesosiphneus intermedius 〔*Prosiphneus eriksoni* et *intermedius*〕

Chardina sinensis 〔*Prosiphneus sinensis*〕

Eospalax fontanieri 〔*Siphneus* cf. *fontanieri*〕

Eospalax cansus 〔*Siphneus* cf. *cansus*〕
〔*Siphneus chaoyatseni*, partim〕

Eospalax simplicidens 〔*Siphneus hsuchiapingensis*, partim〕

Eospalax youngianus 〔*Siphneus minor*〕
〔*Siphneus* cf. *hsuchiapingensis*, partim〕
〔*Siphneus* sp.〕

Eospalax rothschildi 〔*Siphneus chanchenensis*〕
〔*Siphneus* cf. *cansus*, partim〕

Yangia omegodon 〔*Siphneus omegodon*〕
〔*Siphneus hsuchiapingensis*, partim〕

Yangia chaoyatseni 〔*Siphneus chaoyatseni*〕
〔*Siphneus hsuchiapingensis*, partim〕

Yangia tingi 〔*Siphneus tingi*〕

Yangia epitingi 〔*Siphneus* cf. *fontanieri*〕

Allosiphneus teilhardi 〔*Siphneus arvicolinus*〕

Myospalax wongi 〔*Siphneus* cf. *cansus*, partim〕

Young (1932) described Middle Pleistocene myospalacine species from Loc. 2 of Zhoukoudian, Beijing including (listed only):

Eospalax fontanieri 〔*Siphneus* sp.〕

Myospalax wongi 〔*Siphneus wongi*〕

Young (1934) described Middle Pleistocene myospalacine species from Loc. 1 of Zhoukoudian, Beijing including:

Yangia epitingi 〔*Siphneus* sp.〕

Myospalax wongi 〔*Siphneus wongi*〕

Tokunaga et Naora (1934) described Late Pleistocene myospalacine species from Guxiangtun, Harbin, Heilongjiang including (listed only):

Myospalax psilurus 〔*Siphneus epsilanus*〕

Young (1935a) described myospalacine species from multiple localities:

Daoping Village, Xiluo Town, Shouyang County, Shanxi (Early Pleistocene)

Eospalax fontanieri (listed only) 〔*Siphneus fontanieri*〕

Yangia epitingi (listed only) 〔*Siphneus tingi*, partim〕

Wanggou Village, Chengguan Town, Xin'an County, Henan (Early Pleistocene)

Eospalax simplicidens 〔*Siphneus hsuchiapingensis*, partim〕

Shouyang County, Fancun Village, Zhaigeda Township, Fushan County, and Xiakou Village, Gucheng Town, Yuanqu County, Shanxi

Yangia chaoyatseni 〔*Siphneus chaoyatseni*〕

Fancun Village, Zhaigeda Township, Fushan County (listed only) and Beiwang Village, Jicheng Town, Yushe County, Shanxi

Yangia tingi (*Siphneus tingi*, partim)

Teilhard de Chardin (1936) described Early Pleistocene myospalacine species from Loc. 9 of Zhoukoudian, Beijing including:

Yangia tingi (*Siphneus tingi*)

Eospalax fontanieri (listed only) (*Siphneus fontanieri*)

Eospalax simplicidens (listed only) (*Siphneus* sp.)
(*Siphneus* cf. *fontanieri*)

Pei (1936) described Middle Pleistocene myospalacine species from Loc. 3 of Zhoukoudian, Beijing including:

Myospalax wongi (*Siphneus* cf. *wongi*)

Young et Bien (1936) described Early Pleistocene myospalacine species from Loc. 18 of Zhoukoudian (Huiyu of Mentougou), Beijing including:

Episiphneus youngi (*Prosiphneus* cf. *sinensis*)

Pei (1939a) reported Middle and Late Pleistocene myospalacine species from Loc. 15 of Zhoukoudian, Beijing including:

Eospalax fontanieri (*Siphneus fontanieri*)

Pei (1939b) reported Late Pliocene myospalacine species from the "Cap" gravel layer, Zhoukoudian, Beijing including (listed only):

Mesosiphneus intermedius (*Prosiphneus* sp.)

Pei (1940) described Late Pleistocene myospalacine species from Upper Cave of Zhoukoudian, Beijing including:

Myospalax aspalax (*Siphneus armandi*)

Teilhard de Chardin (1940) described Early Pleistocene myospalacine species from Loc. 18 of Zhoukoudian (Huiyu of Mentougou), Beijing including:

Episiphneus youngi (*Prosiphneus youngi*)
(*Prosiphneus psudoarmandi*)
(*Prosiphneus* cf. *sinensis*)

Takai (1940) described myospalacine species from loess of Shanxi including (listed only):

Eospalax fontanieri (*Myospalax fontanus*)

Teilhard de Chardin et Pei (1941) described Middle Pleistocene myospalacine species from Loc. 13 of Zhoukoudian, Beijing including:

Yangia epitingi (*Siphneus epitingi*)

Teilhard de Chardin (1942) described Late Miocene – Early Pleistocene myospalacine species from Zone I, III, and III of Yushe Basin, Shanxi including:

Prosiphneus murinus (*Prosiphneus murinus*)

Pliosiphneus lyratus (*Prosiphneus lyratus*)

Chardina truncatus (*Prosiphneus truncatus*)

Mesosiphneus praetingi (*Prosiphneus praetingi*)

Mesosiphneus intermedius (*Prosiphneus paratingi*)

Eospalax fontanieri (*Siphneus fontanieri*)

Allosiphneus arvicolinus (listed only) (*Siphneus arvicolinus*)

Yangia chaoyatseni (*Siphneus chaoyatseni*)

Yangia omegodon	(*Siphneus omegodon*) (*Siphneus hsuchiapingensis*, partim)
Yangia tingi	(*Siphneus tingi*)
Yangia trassaerti	(*Siphneus trassaerti*)

Teilhard de Chardin et Leroy (1942) summarized myospalacine species based on published fossil mammals including:

Prosiphneus licenti	(*Prosiphneus licenti*)
Prosiphneus eriksoni	(*Siphneus eriksoni*)
Mesosiphneus intermedius	(*Siphneus eriksoni*) (*Prosiphneus intermedius*, partim)
Chardina sinensis	(*Prosiphneus sinensis*)
Episiphneus youngi	(*Prosiphneus youngi*) (*Siphneus eriksoni*) (*Prosiphneus intermedius*) (*Prosiphneus* cf. *sinensis*)
Yangia chaoyatseni	(*Siphneus chaoyatseni*) (*Siphneus hsuchiapingensis*, partim)
Yangia omegodon	(*Siphneus omegodon*)
Yangia tingi	(*Siphneus tingi*)
Yangia epitingi	(*Siphneus epitingi*)
Myospalax aspalax	(*Siphneus armandi*)
Myospalax psilurus	(*Siphneus epsilanus*)
Myospalax wongi	(*Siphneus wongi*)
Eospalax rothschildi	(*Siphneus chaoyatseni*) (*Siphneus* cf. *cansus*, partim)
Eospalax fontanieri	(*Siphneus fontanieri*)
Eospalax youngianus	(*Siphneus minor*)
Allosiphneus arvicolinus	(*Siphneus arvicolinus*)
Allosiphneus teilhardi	(*Siphneus arvicolinus*)

Mi (1943) reported Early Pliocene myospalacine species from Bainiuyu, Longxian County, Shaanxi including:

Chardina gansuensis	(*Prosiphneus eriksoni*)

Chia et Chai (1957) described Middle Pleistocene (?) myospalacine species from Chicheng, Hebei including:

Yangia epitingi (listed only)	(*Siphneus epitingi*)

Kretzoi (1961) listed (partim) and listed new genus or species (*) of myospalacines in China including:

Prosiphneus licenti	(*Prosiphneus licenti*)
Pliosiphneus lyratus	(*Prosiphneus lyratus*)
Chardina sinensis	(*Prosiphneus sinensis*)
Chardina truncatus	(*Prosiphneus truncatus*)
Mesosiphneus praetingi	(*Mesosiphneus** *praetingi*)
Mesosiphneus intermedius	(*Mesosiphneus** *paratingi*) (*Episiphneus** *intermedius*)
Eospalax youngianus	(*Eospalax youngianus**)
Allosiphneus arvicolinus	(*Allosiphneus** *arvicolinus*)

Allosiphneus teilhardi (*Allosiphneus teilhardi* *)
Yangia trassaerti (*Myospalax trassaerti*)
Yangia tingi (*Siphneus tingi*)
Yangia epitingi (*Siphneus epitingi*)

Chao et Tai (1961) reported Middle Pleistocene myospalacine species from Loc. 1 of Zhoukoudian, Beijing including:

Yangia epitingi (*Siphneus epitingi*)

Chow (1964) described Middle Pleistocene myospalacine species from Chenjiawo, Lantian County, Shaanxi including:

Eospalax cansus (*Siphneus fontanieri*)

Chow et Chow (1965) described Early Pleistocene myospalacine species from Linyi County, Shanxi including (listed only):

Eospalax fontanieri (*Myospalax fontanieri*)

Chow et Li (1965) described Middle Pleistocene myospalacine species from Chenjiawo, Lantian County, Shaanxi including:

Yangia epitingi (*Myospalax tingi*)

Huang et Zong (1973) reported Late Pleistocene myospalacine species from Benxi Lake side, Benxi City, Liaoning including:

Myospalax psilurus (*Myospalax epsilanus*)

Zheng et al. (1975) (Research group of Huanghe stegodont) described Late Pliocene myospalacine species from Langgou, Banqiao Town, Heshui County, Gansu including (listed only):

Mesosiphneus intermedius (*Prosiphneus intermedius*)

Chi (1975) described Early Pleistocene myospalacine species from Lantian area, Shaanxi including:

Allosiphneus arvicolinus (*Myospalax arvicolinus*)
Yangia chaoyatseni (listed only) (*Myospalax chaoyatseni*)

Ji (1976) described Middle Pleistocene myospalacine species from Laochihe, Houzhen Town, Lantian County, Shaanxi including:

Yangia epitingi (listed only) (*Myospalax tingi*)

Zheng (1976) described Early Pleistocene myospalacine species from Jingou, Zhangqi, Tangqi Village, Xihuachi Town, Heshui County, Gansu including:

Allosiphneus arvicolinus (*Myospalax arvicolinus*)
Yangia chaoyatseni (*Myospalax chaoyatseni*)
Eospalax simplicidens (*Myospalax hsuchiapingensis*)
Eospalax fontanieri (listed only) (*Myospalax fontanieri*)

Gai et Wei (1977) reported Late Pleistocene myospalacine species from Hutouliang site, Hutouliang Village, Dongcheng Town, Yangyuan County, Hebei including:

Eospalax fontanieri (listed only) (*Myospalax fontanieri*)

Hu et Qi (1978) described Early Pleistocene myospalacine species from Gongwangling, Gongwang Village, Jiujianfang Town, Lantian County, Shaanxi including:

Eospalax fontanieri (*Myospalax fontanieri*)
Yangia tingi (listed only) (*Myospalax tingi*)

Chia et al. (1979) reported Late Pleistocene myospalacine species from Xujiayao site, Xujiayao Village, Gucheng Town, Yanggao County, Shanxi including (listed only):

Eospalax fontanieri	(*Myospalax fontanieri*)

Zhang et al. (1980) reported Middle Pleistocene myospalacine species from Anping Township, Liaoyang City, Liaoning including (listed only):

Myospalax psilurus	(*Myospalax fontanieri*)

Zong (1981) described Middle Pleistocene myospalacine species from Xiaochang Village, Yuwu Town, Tunliu District, Changzhi City, Shanxi including (listed only):

Yangia epitingi	(*Myospalax tingi*)

Zheng et Li (1982) described Late Miocene myospalacine species from Loc. 1, south of Shangmiaoergou Village, southeast of Huajian (presently incorporated in Duolong Village, Dachaigou Town), Songshan Town, Tianzhu County, Gansu including:

Prosiphneus tianzuensis	(*Prosiphneus licenti tianzuensis*)

Huang et Guan (1983) described Early Pleistocene myospalacine species from Longya Cave, Huangkan Village, Jiuduhe Town, Huairou District, Beijing including:

Episiphneus youngi	(*Prosiphneus youngi*)

Tang et al. (1983) reported Early Pleistocene myospalacine species from Linyi County, Shanxi including (listed only):

Eospalax fontanieri	(*Myospalax fontanieri*)

Xie (1983) reported Early Pleistocene myospalacine species from the loess of Gengjiagou Village, Huancheng Town, Huanxian County, Gansu including:

Allosiphneus arvicolinus	(*Myospalax arvicolinus*)

Zhou et al. (1984) reported Late Pleistocene myospalacine species from Gulongshan, Longshan Village, Wafangdian City, Liaoning including (listed only):

Myospalax aspalax	(*Myospalax armandi*) (*Myospalax psilurus*) (*Myospalax fontanieri*)

Jin (1984) described Late Pleistocene myospalacine species from Wujia Village, Weixian County (presently belonging to Weicheng District, Weifang City), Shandong including:

Myospalax psilurus	(*Myospalax* cf. *psilurus*)

Jin et al. (1984) described Late Pleistocene myospalacine species from Qingshantou Village, Balang Town, Qianguo County, Jilin including:

Myospalax aspalax	(*Myospalax armandi*)

Zheng et al. (1985b) described Late Pliocene – Middle and Late Pleistocene myospalacine species from Luochuan area, Shaanxi including:

Mesosiphneus intermedius	(*Prosiphneus intermedius*) (*Prosiphneus* cf. *intermedius*)
Yangia omegodon	(*Myospalax omegodon*)
Yangia chaoyatseni	(*Myospalax chaoyatseni*) (*Myospalax hsuchiapingensis*, partim)
Eospalax simplicidens	(*Myospalax hsuchiapingensis*, partim)
Eospalax fontanieri	(*Myospalax fontanieri*)
Allosiphneus arvicolinus	(*Myospalax arvicolinus*)

Zheng et al. (1985a) described Pleistocene myospalacine species from Guide basin and Gonghe basin, Qinghai including:

Allosiphneus arvicolinus	(*Myospalax arvicolinus*)
Eospalax fontanieri (listed only)	(*Myospalax fontanieri*)

Zheng et Li (1986) reported Pliocene – Pleistocene myospalacine species related to *Mimomys* including:

Pliosiphneus lyratus	(*Prosiphneus lyratus*)
Chardina truncatus	(*Prosiphneus truncatus*)
Mesosiphneus praetingi	(*Prosiphneus praetingi*)
Mesosiphneus intermedius	(*Prosiphneus intermedius*)
Yangia trassaerti	(*Myospalax trassaerti*)
Yangia tingi	(*Myospalax tingi*)

Lu et al. (1986) described Late Pleistocene myospalacine species from Chijiayingzi, Olji Village, Fuhe Town, Bairin Left Banner, Inner Mongolia including:

Myospalax aspalax	(*Myospalax armandi*) (*Myospalax psilurus*) (*Myospalax aspalax*)

Cai (1987) described Late Pliocene myospalacine species from Laowogou, Daodi Village, Xinbu Township, Yangyuan County, Hebei including (listed only):

Mesosiphneus intermedius	(*Prosiphneus* sp.)

Wang (1988) described Early Pleistocene myospalacine species from Houhe, Duanjia Town, Dali County, Shaanxi including:

Yangia omegodon	(*Myospalax omegodon*)

Zhou (1988) described Late Pliocene myospalacine species from Xiaohong'ao, Hefeng Village, Duanjiazhai Township, Jingle County, Shanxi including:

Mesosiphneus intermedius	(*Prosiphneus* sp.)
Episiphneus youngi	(*Prosiphneus youngi*)

Zheng et Li (1990) reported myospalacines associated with arvicolines including:

Prosiphneus eriksoni	(*Prosiphneus eriksoni*)
Chardina sinensis	(*Prosiphneus sinensis*)
Chardina truncatus	(*Prosiphneus truncatus*)
Pliosiphneus lyratus	(*Prosiphneus lyratus*)
Mesosiphneus praetingi	(*Prosiphneus praetingi*)
Mesosiphneus intermedius	(*Prosiphneus intermedius*) (*Prosiphneus paratingi*)
Episiphneus youngi	(*Prosiphneus youngi*) (*Prosiphneus psudoarmandi*)
Yangia omegodon	(*Myospalax omegodon*) (*Myospalax hsuchiapingensis*, partim)
Yangia trassaerti	(*Myospalax trassaerti*)
Yangia chaoyatseni	(*Myospalax chaoyatseni*)
Yangia tingi	(*Myospalax tingi*)
Yangia epitingi	(*Myospalax epitingi*)

Qiu et Qiu (1990) reported Late Pliocene myospalacine fossils including:

Mesosiphneus intermedius （*Prosiphneus paratingi*）

Lawrence (1991) assigned all myospalacines (taxa with rooted molars and taxa with rootless molars; flat occiput group, convex occiput group, and concave occiput group) in China to *Myospalax* including:

Prosiphneus licenti （*Myospalax licenti*）
Prosiphneus murinus （*Myospalax murinus*）
Prosiphneus eriksoni （*Myospalax eriksoni*）
Pliosiphneus lyratus （*Myospalax lyratus*）
Chardina sinensis （*Myospalax sinensis*）
Chardina truncatus （*Myospalax truncatus*）
Mesosiphneus praetingi （*Myospalax praetingi*）
Mesosiphneus intermedius （*Myospalax intermedius*）
（*Myospalax paratingi*）
Yangia omegodon （*Myospalax omegodon*）
Yangia trassaerti （*Myospalax trassaerti*）
Yangia tingi （*Myospalax tingi*）
Yangia epitingi （*Myospalax epitingi*）
Episiphneus youngi （*Myospalax youngi*）
（*Myospalax psudoarmandi*）
Eospalax fontanieri （*Myospalax fontanieri*）

Zheng et Han (1991) summarized known Quaternary myospalacines including:

Episiphneus youngi （*Prosiphneus youngi*）
Yangia epitingi （*Myospalax epitingi*）
Yangia tingi （*Myospalax trassaerti*）
Yangia chaoyatseni （*Myospalax chaoyatseni*）
Yangia omegodon （*Myospalax omegodon*）
Allosiphneus arvicolinus （*Myospalax arvicolinus*）
Myospalax wongi （*Myospalax wongi*）
Myospalax psilurus （*Myospalax psilurus*）

Zheng et Cai (1991) described Early Pleistocene myospalacine species from Danangou, Dongyaozitou Village, Beishuiquan Town, Yuxian County, Hebei including:

Yangia tingi （*Myospalax tingi*）

Flynn et al. (1991) reported Late Miocene – Early Pleistocene myospalacine species from Yushe Basin, Shanxi including:

Prosiphneus murinus （*Prosiphneus murinus*）
Pliosiphneus lyratus （*Prosiphneus lyratus*）
Pliosiphneus antiquus （*Prosiphneus eriksoni*）
Chardina truncatus （*Prosiphneus truncatus*）
Mesosiphneus praetingi （*Prosiphneus praetingi*）
Mesosiphneus intermedius （*Prosiphneus paratingi*）
Eospalax fontanieri （*Myospalax fontanieri*）
Yangia trassaerti （*Myospalax trassaerti*）
Yangia tingi （*Myospalax tingi*）
Yangia epitingi （*Myospalax epitingi*）

Tedford et al. (1991) reported myospalacines from Yushe Basin, basically the same as the above Flynn et al. (1991).

Wang et Jin (1992) described Early Pleistocene myospalacine species from Haimao Village, Ganjingzi District, Dalian City, Liaoning including (listed only):

Episiphneus youngi	〔*Prosiphneus* sp.〕
Yangia tingi	〔*Myospalax tingi*〕

Zheng (1994) divided Siphneidae into 3 subfamilies, including:

〔Myospalacinae Lilljeborg, 1866〕	
Myospalax myospalax	〔*Myospalax myospalax*〕
Myospalax aspalax	〔*Myospalax aspalax*〕
Myospalax psilurus	〔*Myospalax psilurus*〕
Myospalax wongi	〔*Myospalax wongi*〕
Episiphneus youngi	〔*Episiphneus youngi*〕
〔Prosiphneinae Leroy, 1941〕	
Prosiphneus licenti	〔*Prosiphneus licenti*〕
Prosiphneus murinus	〔*Prosiphneus murinus*〕
Prosiphneus qiui	〔*Prosiphneus inexpectatus*〕 (unpublished)
Prosiphneus eriksoni	〔*Myotalpavus eriksoni*〕 〔*Myotalpavus* sp., partim〕
Prosiphneus tianzuensis	〔*Myotalpavus tianzuensis*〕
Pliosiphneus antiquus	〔*Myotalpavus* sp., partim〕
Pliosiphneus lyratus	〔*Pliosiphneus lyratus*〕
Allosiphneus arvicolinus	〔*Allosiphneus arvicolinus*〕
Eospalax fontanieri	〔*Eospalax fontanieri*〕
Eospalax cansus	〔*Eospalax cansus*〕
Eospalax rothschildi *Eospalax fontanieri*	〔*Eospalax rothschildi*〕
Eospalax rothschildi	〔*Eospalax chanchenensis*〕
Eospalax youngianus	〔*Eospalax youngianus*〕
〔Mesosiphneinae Zheng, 1994〕	
Chardina truncatus	〔*Chardina truncatus*〕 〔*Pliosiphneus* sp. 3〕
Chardina sinensis	〔*Episiphneus sinensis*〕 〔*Pliosiphneus* sp. 1〕
Chardina teilhardi	〔*Mesosiphneus* sp.〕
Mesosiphneus praetingi	〔*Mesosiphneus praetingi*〕
Mesosiphneus intermedius	〔*Mesosiphneus paratingi*〕 〔*Mesosiphneus intermedius*〕
	〔*Pliosiphneus* sp. 2〕
Yangia tingi	〔*Youngia tingi*〕
Yangia omegodon	〔*Youngia omegodon*〕 〔?*Youngia hsuchiapinensis*〕
Yangia trassaerti	〔*Youngia trassaerti*〕
Yangia chaoyatseni	〔*Youngia chaoyatseni*〕
Yangia epitingi	〔*Youngia epitingi*〕

Qiu (1996) reported early Late Miocene myospalacine species from Amuwusu, Sonid Right Banner, Inner Mongolia including:

Prosiphneus qiui 〔*Prosiphneus n.* sp.〕

Zheng (1997) discussed the morphological differences in molars among flat occiput, convex occiput, and concave occiput myospalacines, and the origin, evolution, and their relationship with environments of the *Chardina*→*Mesosiphneus*→*Yangia* (=*Youngia* Zheng, 1994) lineage.

Zheng et al. (1997) described myospalacine species from Loc. 1 (the first species) and Loc. 2 (the second species) of Sunjiashan, Beimu Village, Taihe Town, Zibo City, Shandong including:

Episiphneus youngi 〔*Episiphneus youngi*〕

Yangia tingi (listed only) 〔*Youngia tingi*〕

Zheng et al. (1998) described Late Pleistocene myospalacine species from Loc. 1 of Xiaoxishan, Baizhuang Village, Dongyang (present Pingyi Neighbourhood), Pingyi County, Shandong including:

Myospalax wongi 〔*Myospalax wongi*〕

Zhang (1999) described Late Pliocene myospalacine species from the left bank of Shuimogou, Ningxian County, Gansu including:

Chardina teilhardi 〔*Mesosiphneus teilhardi*〕

Qiu et Storch (2000) described Early Pliocene myospalacine species from Longgupo, Bilike Village, Huade County, Inner Mongolia including:

Pliosiphneus lyratus 〔*Prosiphneus* cf. *eriksoni*〕

Zhang et Zheng (2000) reported Early Pliocene myospalacine species from Loc. 93002, Wenwanggou, Leijiahe Village, Shaozhai Town, Lingtai County, Gansu including:

Prosiphneus eriksoni (listed only) 〔*Prosiphneus* sp.〕

Chardina sinensis (listed only) 〔*Chardina* cf. *C. sinensis*〕

Pliosiphneus lyratus 〔*Pliosiphneus lyratus*〕

Zheng et Zhang (2000) reported Late Miocene – Early Pleistocene myospalacine species from Loc. 93001, Wenwanggou, Leijiahe Village, Shaozhai Town, Lingtai County, Gansu including:

Eospalax lingtaiensis 〔*Yangia* n. sp.〕

Eospalax simplicidens 〔*Eospalax* n. sp.〕

Yangia chaoyatseni 〔*Yangia chaoyatseni*〕

Zheng et Zhang (2001) reported Late Miocene – Early Pleistocene myospalacine species from Leijiahe Village area, Shaozhai Town, Lingtai County, Gansu including:

Prosiphneus eriksoni 〔*Prosiphneus* cf. *P. murinus*〕
〔*Pliosiphneus* n. sp. 1〕
〔*Pliosiphneus* n. sp. 2〕

Pliosiphneus lyratus 〔*Pliosiphneus lyratus*〕

Eospalax simplicidens 〔*Eospalax* n. sp.〕

Chardina truncatus 〔*Chardina truncatus*〕

Mesosiphneus praetingi 〔*Mesosiphneus praetingi*〕

Mesosiphneus intermedius 〔*Mesosiphneus intermedius*〕

Eospalax lingtaiensis 〔*Yangia* n. sp.〕

Yangia omegodon 〔*Yangia omegodon*〕

Yangia chaoyatseni 〔*Yangia chaoyatseni*〕

Allosiphneus arvicolinus

Allosiphneus teilhardi 〔*Allosiphneus arvicolinus*〕

Guo et al. (2002) reported myospalacine species from Wuying Village, Wangpu Town, Qin'an County, Gansu including:

Prosiphneus qinanensis 〔*Prosiphneus* n. sp. 1〕
〔*Prosiphneus* n. sp. 2〕

Li et al. (2003) reported Pliocene myospalacine species from Gaotege, Abag Banner, Inner Mongolia including:

Chardina gansuensis
Chardina truncatus 〔*Prosiphneus* spp.〕

Zhang et al. (2003) reported Pliocene myospalacine species from Huabaogou, Xiyaozitou Village, Beishuiquan Town, Yuxian County, Hebei including:

Pliosiphneus lyratus 〔*Prosiphneus* n. sp.〕

Cai et al. (2004) reported Pliocene myospalacine species from Danangou, Dongyaozitou Village, Beishuiquan Town, Yuxian County and Laowogou, Daodi Village, Xinbu Township, Yangyuan County, Hebei including:

Pliosiphneus daodiensis 〔*Pliosiphneus* sp.〕

Mesosiphneus intermedius (listed only) 〔*Mesosiphneus paratingi*〕

Eospalax fontanieri 〔*Eospalax fontanieri*〕

Yangia tingi 〔*Yangia tingi*〕

Zheng et al. (2004) described late Middle Miocene – Late Miocene *Prosiphneus* species from Wuying Village, Wangpu Town, Qin'an County, Gansu and Amuwusu, Sonid Right Banner, Inner Mongolia including:

Prosiphneus qinanensis 〔*Prosiphneus qinanensis*〕

Prosiphneus qiui 〔*Prosiphneus qiui*〕

Prosiphneus haoi 〔*Prosiphneus haoi*〕

Prosiphneus licenti 〔*Prosiphneus licenti*〕

Min et al. (2006) reported Late Pliocene myospalacine species from the Tai'ergou west section, Xiaodukou Village, Huashaoying Town, Yangyuan County, Hebei including:

Mesosiphneus intermedius (listed only) 〔*Mesosiphneus paratingi*〕

Zheng et al. (2006) reported Late Pliocene – Early Pleistocene myospalacine species from the Donggou section, Qianjiashawa Village, Huashaoying Town, Yangyuan County, Hebei including:

Mesosiphneus intermedius (listed only) 〔*Mesosiphneus paratingi*〕

Yangia omegodon 〔*Yangia omegodon*〕

Yangia trassaerti 〔*Yangia trassaerti*〕

Yangia tingi 〔*Yangia tingi*〕

Cai et al. (2007) described Early Pleistocene myospalacine species from the Niutoushan section, Pulu Village, Beishuiquan Twon, Yuxian County, Hebei including:

Yangia tingi (listed only) 〔*Youngia* sp.〕

Pliosiphneus puluensis 〔*Pliosiphneus* sp. nov.〕

Mesosiphneus intermedius 〔*Mesosiphneus* sp.〕

Cai et al. (2008) described Early Pleistocene myospalacine species from Loc. III of Majuangou Paleolithic Site, Cenjiawan Village, Datianwa Township, Yangyuan County, Hebei including:

Yangia tingi 〔*Yangia tingi*〕

Episiphneus youngi (*Episiphneus* sp.)

Li et al. (2008) reported myospalacine species from multiple localities of Hebei:

Layer 2 of the Laowogou section, Daodi Village, Xinbu Township, Yangyuan County (Late Pliocene)

Chardina truncatus (*Chardina truncatus*)

Layer 3 of the Laowogou section, Daodi Village, Xinbu Township, Yangyuan County (Late Pliocene)

Pliosiphneus daodiensis (*Pliosiphneus* sp. 2)

Layer 9 and Layer 11 of the Laowogou section, Daodi Village, Xinbu Township, Yangyuan County (Late Pliocene)

Mesosiphneus praetingi (listed only) (*Mesosiphneus praetingi*)

Layer 1 and Layer 4 of the Nangou section, Hongya Village, Xinbu Township, Yangyuan County (Middle–Late Pliocene, listed only)

Mesosiphneus intermedius (*Mesosiphneus paratingi*)

Layer 4 and Layer 5 (Late Pliocene) of the Hougou section, Qijiazhuang Village, Xinbu Township, Yangyuan County (Middle–Late Pliocene, listed only)

Mesosiphneus intermedius (*Mesosiphneus paratingi*)

Layer 2 and Layer 4 of the Xiaoshuigou section, Qianjiashawa Village, Huashaoying Town, Yangyuan County (Middle–Late Pliocene, listed only)

Mesosiphneus intermedius (*Mesosiphneus paratingi*)

Layer 1 (red clay) of the Huabaogou section, Xiyaozitou Village, Beishuiquan Town, Yuxian County (Early Pliocene)

Pliosiphneus lyratus (*Pliosiphneus lyratus*)

Chardina truncatus (*Chardina truncatus*)

Layer 7 of the Lianjiegou section, Beimajuan Village, Yuxian County (Late Pliocene, listed only)

Mesosiphneus praetingi (*Mesosiphneus praetingi*)

Layer 7 of the Jiangjungou section, Yuxian County (Late Pliocene, listed only)

Mesosiphneus intermedius (*Mesosiphneus paratingi*)

Liu et al. (2011) (names in ( )) and Liu et al. (2013) (names before ( ) = names in this monograph) reported Pliocene myospalacine species from the Dongwan section, Dongwan Village, Weidian Town, Qin'an County, Gansu, respectively including:

Prosiphneus licenti (*Prosiphneus licenti*)

Prosiphneus tianzuensis (*Prosiphneus tianzuensis*)

Prosiphneus eriksoni (*Prosiphneus eriksoni*)

Pliosiphneus lyratus (*Pliosiphneus lyratus*)

Chardina sinensis
Chardina gansuensis (*Chardina sinensis*)

Chardina truncatus (*Chardina truncatus*)

Mesosiphneus primitivus (*Mesosiphneus* sp.)

Mesosiphneus praetingi (*Mesosiphneus praetingi*)

Mesosiphneus intermedius (*Mesosiphneus paratingi*)

Cai et al. (2013) summarized fossil mammals in the Nihewan area including the taxonomy, distribution, and age of myospalacines.

Liu et al. (2014) described Late Pliocene – Early Pleistocene myospalacine species with rootless molars from Loc. 93001, Wenwanggou, Leijiahe Village, Shaozhai Town, Lingtai County, Gansu including:

Eospalax simplicidens 〔*Eospalax simplicidens*〕
Eospalax lingtaiensis 〔*Eospalax lingtaiensis*〕
Allosiphneus teilhardi 〔*Allosiphneus teilhardi*〕
Allosiphneus arvicolinus 〔*Allosiphneus arvicolinus*〕
Yangia omegodon 〔*Yangia omegodon*〕
Yangia chaoyatseni 〔*Yangia chaoyatseni*〕

Qiu et Li (2016) described Late Miocene – Early Pliocene myospalacine species from central Inner Mongolia including:

Prosiphneus qiui 〔*Prosiphneus qiui*〕
Prosiphneus eriksoni 〔*Prosiphneus eriksoni*〕
Chardina gansuensis 〔*Chardina gansuensis*〕
Chardina truncatus 〔*Chardina truncatus*〕

Zheng (2017) described Late Miocene – Middle Pleistocene myospalacine species from Yushe Basin, Shanxi including:

Prosiphneini Leroy, 1941
Prosiphneus murinus 〔*Prosiphneus murinus*〕
Pliosiphneus lyratus 〔*Pliosiphneus lyratus*〕
Pliosiphneus antiquus 〔*Pliosiphneus antiquus*〕
Chardina truncatus 〔*Chardina truncatus*〕

Myospalacini Lilljeborg, 1866
Mesosiphneus praetingi 〔*Mesosiphneus praetingi*〕
Mesosiphneus intermedius 〔*Mesosiphneus intermedius*〕
Yangia trassaerti 〔*Yangia trassaerti*〕
Yangia tingi 〔*Yangia tingi*〕
Yangia epitingi 〔*Yangia epitingi*〕

Zheng et al. (2019) described myospalacine fossils from Laowogou, Daodi Village, Xinbu Township, Yangyuan County and Niutoushan, Pulu Village, Beishuiquan Town, Yuxian County, Hebei including:

Pliosiphneus daodiensis 〔*Pliosiphneus daodiensis*〕
Pliosiphneus puluensis 〔*Pliosiphneus puluensis*〕

Up to now, Myospalacinae comprises the following fossil species in China:

Myospalacinae Lilljeborg, 1866
Prosiphnini Leroy, 1941
†*Prosiphneus* Teilhard de Chardin, 1926a
Prosiphneus eriksoni (Schlosser, 1924)
Prosiphneus haoi Zheng, Zhang et Cui, 2004
Prosiphneus licenti Teilhard de Chardin, 1926a
Prosiphneus murinus Teilhard de Chardin, 1942
Prosiphneus qinanensis Zheng, Zhang et Cui, 2004
Prosiphneus qiui Zheng, Zhang et Cui, 2004

Prosiphneus tianzuensis (Zheng et Li, 1982)

†*Pliosiphneus* Zheng, 1994

Pliosiphneus antiquus Zheng, 2017

Pliosiphneus daodiensis Zheng, Zhang et Cui, 2019

Pliosiphneus lyratus (Teilhard de Chardin, 1942)

Pliosiphneus puluensis Zheng, Zhang et Cui, 2019

†*Chardina* Zheng, 1994

Chardina gansuensis Liu, Zheng, Cui et Wang, 2013

Chardina sinensis (Teilhard de Chardin et Young, 1931)

Chardina teilhardi (Zhang, 1999)

Chardina truncatus (Teilhard de Chardin, 1942)

Myospalacini Lilljeborg, 1866

†*Mesosiphneus* Kretzoi, 1961

Mesosiphneus intermedius (Teilhard de Chardin et Young, 1931)

Mesosiphneus praetingi (Teilhard de Chardin, 1942)

Mesosiphneus primitivus Liu, Zheng, Cui et Wang, 2013

Eospalax Allen, 1938

Eospalax cansus (Lyon, 1907)

Eospalax fontanieri (Milne-Edwards, 1867)

†*Eospalax lingtaiensis* Liu, Zheng, Cui et Wang, 2014

Eospalax rothschildi (Thomas，1911e)

†*Eospalax simplicidens* Liu, Zheng, Cui et Wang, 2014

Eospalax smithii (Thomas，1911e)

†*Eospalax youngianus* Kretzoi, 1961

†*Allosiphneus* Kretzoi, 1961

Allosiphneus arvicolinus (Nehring, 1883)

Allosiphneus teilhardi Kretzoi, 1961

†*Yangia* Zheng, 1997 (*Youngia* Zheng, 1994)

Yangia chaoyatseni (Teilhard de Chardin et Young, 1931)

Yangia epitingi (Teilhard de Chardin et Pei, 1941)

Yangia omegodon (Teilhard de Chardin et Young, 1931)

Yangia tingi (Young, 1927)

Yangia trassaerti (Teilhard de Chardin, 1942)

†*Episiphneus* Kretzoi, 1961

Episiphneus youngi (Teilhard de Chardin, 1940)

Myospalax Laxmann, 1769

Myospalax aspalax (Pallas, 1776)

†*Myospalax propsilurus* Wang et Jin, 1992

Myospalax psilurus (Milne-Edwards, 1874)

†*Myospalax wongi* (Young, 1934)

2 tribes, 9 genera, 37 species in total. † indicates extinct genus or species, 7 fossil genera out of 9 (78%), 31 fossil species out of 37 (84%).

3.2.3 Terminologies and measuring methods

1) Cranium

The anatomical nomenclature of the myospalacine lower jaw and cranium is given in Fig. 19 and Fig. 20. The main terminologies used here are as follows:

Convex occiput: the dorsal portion of occipital shield is protruding posteriorly from the line connecting the two wings of the lambdoid crest (interrupted in the sagittal area).

Flat occiput: the dorsal portion of occipital shield is level with the lambdoid crest (continuous but not interrupted in the sagittal area) on the same transverse plane.

Concave occiput: the dorsal portion of their occipital shield is concave and the depression extended anteriorly across lambdoid crest (interrupted in the sagittal area).

Relative length and position of the incisive foramen (IF): convex occiput myospalacines have a longer incisive foramen that is positioned on both the premaxilla and the maxilla; flat occiput and concave occiput myospalacines have a shorter incisive foramen that is developed only on the premaxilla, and the premaxillomaxillary suture is posterior to the incisive foramen.

Parapterygoid fossa (PF) and mesopterygoid fossa (MPF): the shallow fossa on the posterolateral side of the palatal is the parapterygoid fossa, and the deep fossa right behind the palatal is the mesopterygoid fossa; the anterior margin of the two fossae are level with each other in convex occiput myospalacines, whereas the anterior margin of parapterygoid fossa is anterior to that of the mesopterygoid fossa in flat occiput and concave occiput myospalacines.

Shape and position of the posterior pterygoid channel: it is long and positioned above the posterior wall of the pterygoid fossa in convex occiput myospalacines; it is composed of 2 foramina extending along the posterior margin of the pterygoid fossa platform in concave occiput myospalacines; it is short and positioned medial to the pterygoid fossa platform in flat occiput myospalacines.

The temporal crest (TC) and the parietosquamosal suture: the temporal crest never intersects with the parietosquamosal suture in convex occiput and flat occiput myospalacines, whereas they intersects with each other in the middle of the frontal in concave occiput myospalacines.

The shape and position of the interparietal (IP): it only exists in Prosiphnini, and is positioned posterior to, between, anterior to the line connecting the two wings of the lambdoid crest when it is square-shaped, spindle-shaped, and semicircular, respectively; it completely disappears in Myospalacini (Liu et al., 2013).

The shape of the nasal: it usually shapes like an inversely placed gourd or trapezoid.

The shape of the frontonasal suture: "∧" shaped or transversely straight.

The relative position of the posterior end of the nasal and the frontopremaxillary suture: anterior to, posterior to or roughly level with.

The frontal crests/parietal crests or sagittal crest (the former two fuse together and form the latter in old individuals): degree of development; mutual positional relationship, including parallel and convergent.

The medial occipital crest: degree of development.

Length ration in percentage of the incisive foramen to the diastema: convex occiput myospalacines usually have a larger ration than flat occiput and concave occiput myospalacines (see Table 11).

Ratio in percentage of the occipital width to height: extant species of *Myospalax* have a markedly smaller ratio than *Eospalax* and fossil species.

2) Molar

To accurately describe the dental morphology and measure dental dimensions, it is necessary to clarify the terminology for dental morphology and measuring methods (Fig. 21) (Liu et al., 2014). The important morphological features are as follows:

Rooted or rootless molars: In the same evolutionary lineage, the genus with rooted molars (such as *Prosiphneus*) is relatively primitive, whereas the genus with rootless molars (such as *Eospalax*) is relatively derived.

Long and furcate roots and short and fused roots: This feature is used to determine the relative primitiveness or derivedness of species with rooted molars. It is found that the length of roots is related to the degree of wear of molars. Molars suffering higher degree of wear usually have longer roots, and the furcate position is closer to the crown base. The height of the same molar (crown height + root length) should be roughly constant in adulthood (excluding extremely young and old individuals).

Orth-omegodont pattern and clin-omegodont pattern (Fig. 22): M2 that is anteroposteriorly symmetrical or roughly symmetrical around the central axis of BSA2 belongs to the orth-omegodont pattern, whereas M2 that is asymmetrical around the same axis belongs to the clin-omegodont pattern. The tooth looks more orth-omegodont pattern if the angle between the anterior and posterior wall of LRAs is smaller, and also if the width to length ration in percentage of M2 is larger (Table 13). All the genera and species with rooted molars and *Yangia omegodon* with rootless molars belong to orth-omegodont pattern (primitive characteristic), whereas other genera and species belong to clin-omegodont pattern (derived characteristic). Morphological studies show that the maximum width of M2 is at different positions in different genera. It is at AL in *Eospalax*, *Myospalax*, and *Allosiphneus*, and at BSA2 in *Prosiphneus*, *Pliosiphneus*, *Chardina*, *Mesosiphneus*, *Episiphneus*, and *Yangia*. Therefore, the feature that M2 is symmetrical around the central axis of BSA2 is only applicable to the genera whose M2 has maximum width at BSA2.

Rounded salient angle and angular salient angle: This feature is used to distinguish *Yangia omegodon* and other species in the genus. The former is a primitive characteristic, whereas the latter is a derived characteristic.

Shape of ac on m1: In convex occiput myospalacines with rooted molars (taking *Prosiphneus licenti* as an example), ac of m1 is oval-shaped, and divided by the longitudinal axis into roughly equal buccal half and lingual half; lra3 and bra2 of m1 extend deep into the crown and are opposite to each other; and the anterior end of m1 is rounded and has continuous enamel band (Fig. 23A). In convex occiput myospalacines with rootless molars (taking *Eospalax fontanieri* as an example), ac of m1 is also oval-shaped, but the buccal part is larger than the lingual part; lra3 and bra2 of m1 are also opposite to each other but markedly shallower; and the anterior end of m1 is also rounded but has no enamel (Fig. 23D). In concave occiput myospalacines with rooted molars (taking *Mesosiphneus praetingi* as an example), ac of m1 is short and broad, but the lingual part is larger than the buccal part; the anterior end of m1 is protruding but the enamel band is interrupted on its buccal side; lra3 of m1 is positioned anterior to bra2 so they are alternately arranged (Fig. 23B). In concave occiput myospalacines with rootless molars (taking *Yangia tingi* as an example), ac of m1 quadrilateral-shaped, and the buccal part is smaller than the lingual part; the anterior end of m1 is protruding and the enamel band is interrupted on both sides of it; lra3 and bra2 of m1 are nearly equally deep (Fig. 23E). In flat occiput myospalacines with rooted molars (taking *Episiphneus youngi* as an example) and those with rootless molars (taking *Myospalax aspalax* as an example), lra3 of m1 is barely developed; the anterior end has straight enamel band, but the enamel band is interrupted on both sides of it (Fig. 23C, F).

Numbers of re-entrant angles and salient angles on m/M1 and m/M3: M1 of extant *Myospalax aspalax* and closely related species lacks LRA1, which is the main characteristic distinguishing them from other myospalacines. m1 of the fossil genus *Allosiphneus* has lra4, which is also the main characteristic distinguishing them from other myospalacines. The number of RAs or SAs on M3 is a key morphological feature to distinguish species in extant genus *Eospalax*, e.g. *E. fontanieri* has the most, whereas *E. cansus* has the least.

Parameters *A*, *B*, *C*, and *D* (buccal) and *A*′, *B*′, *C*′, and *D*′ (lingual) of M1–3 and parameters *a*, *b*, *c*, *d*, and *e* (lingual) and *a*′, *b*′, *c*′, *d*′, and *e*′ (buccal) of m1–3: These quantitative parameters are mainly applicable to myospalacines with rooted molars. Smaller values indicate higher degree of brachydonty and primitiveness of the corresponding species. Because in derived species, the lingual sinuous line of the upper molars and the buccal sinuous line of lower molars usually penetrate the crown, it is impossible to measure parameters *A*′, *B*′, *C*′, and *D*′ of the upper molars and *a*′, *b*′, *c*′, *d*′, and *e*′ of the lower molars to make comparisons. In this case, only parameters *A*, *B*, *C*, and *D* of the upper molars and *a*, *b*, *c*, *d*, and *e* of the lower molars are helpful (Zheng et al., 1985b, 2004; Zheng, 1994, 1997) (Fig. 24). These parameters are the main morphological standards to distinguish myospalacines with rooted molars (see Table 11).

Length ratio in percentage of m/M3 to m/M2 and m/M1–3: These ratios are also important standards to distinguish different genera and species (see Table 17). For example, extant *Myospalax aspalax* has the smallest ratios indicating that the species is a specialization in contrast to the general evolutionary trend (from smaller ratios to larger ratios), and species in extant *Eospalax* have the largest ratios indicating that they are consistent with the general evolutionary trend.

Palatal width ratio in percentage of inter-M1s to inter-M3s: The larger ratio of the distance between the lingual apex of LSA2 of the two M1s to that between that of the two M3s indicates the upper molar rows are more parallel to each other, whereas the smaller ratio indicates the upper molar rows are more divergent posteriorly. Usually, the upper molar rows are more parallel to each other in convex occiput myospalacines, whereas they are more divergent in concave occiput and flat occiput myospalacines (see Table 16).

When distinguishing myospalacines with rootless molars, occlusal morphology becomes very important. For example, in concave occiput genus *Yangia*, species with lra3 of m1 positioned anterior to bra2 is primitive, e.g. in *Y. omegodon*; species with lra3 of m1 opposite to bra2 are relatively derived. Another example is that in convex occiput genus *Eospalax*, the smaller length ratio in percentage of m/M3 to m/M2 means more primitive, so fossil species *E. lingtaiensis*, *E. simplicidens*, and *E. youngianus* are more primitive than extant species. Similarly, in flat occiput genus *Myospalax*, *M. aspalax* is more primitive than *M. psilurus* with a smaller ratio.

4 Systematic Paleontology

Cricetidae Fischer, 1817

Arvicolinae Gray, 1821

Arvicolini Gray, 1821

Arvicolini is represented by *Arvicola* currently inhabiting meadows on river and lake banks of the Holarctic realm, and the tribe is the main body that constitutes the subfamily Arvicolinae. The most primitive genus *Promimomys* has rooted, brachydont, and cementless molars, and barely differentiated enamel band. When it comes to the evolutionary stage of *Mimomys*, the root number of the upper molars is reduced from 3 to 2; the degree of hypsodonty gradually increases; the amount of cement developed in the re-entrant angles also gradually increases; enamel band tends to become thinner and more and more positively differentiated. When the tribe arrives at the evolutionary stage of *Allophaiomys*, except for rootless molars and further differentiation of enamel band, other features of *Mimomys* are generally retained. When it reaches the stage of extant *Microtus*, the number of re-entrant angles and triangles and their closedness percentage on m1 and M3 increase markedly; the enamel band also becomes markedly thinner and the differentiation turns into negative type. The whole evolutionary history of the tribe is reflective of the environmental transition from relatively moist foresty grasslands to relatively dry grasslands.

Allophaiomys Kormos, 1932

Type Species *Allophaiomys pliocaenicus* Kormos, 1932 (Betfia-2 locality, Romania).

Diagnosis (Revised) Molars rootless, re-entrant angles filled with cement; molars with occlusal morphology similar to *Arvicola*, but markedly smaller in size. m1 with an occlusal length generally less than 3.00 mm (Table 1); SDQ indicating negative differentiation in derived forms (<100), but positive differentiation in primitive forms (>100); 3 BRAs and 4 LRAs, or 4 BSAs and 5 LSAs; 3 alternately arranged Ts between PL and ACC; AC2 relatively long; closedness percentage of Is 1–4 100%, that of Is 5–7 mostly 0 (Tables 2–3); morphology of ACC subject to morphology and size of AC2 and depth of BRA3, LRA4, and LRA3. M3 with 2–3 closed Ts and a simple PL posterior to AL; 3 BRAs and 4 BSAs, and 2 LRAs and 3 LSAs; LRA2 wide and U-shaped, BRA3, BSA4, and LRA4 rather feeble.

Known Species in China *Allophaiomys deucalion* Kretzoi, 1969, *A. pliocaenicus* Kormos, 1932, *A. terraerubrae* (Teilhard de Chardin, 1940).

Distribution and Age Beijing, Qinghai, Gansu, Shaanxi, Hebei, Shandong, and Hubei; Early Pleistocene.

Remarks There are two opinions concerning the taxonomic placement of *Allophaiomys*: as a subgenus of *Microtus* (van der Meulen, 1974; McKenna et Bell, 1997), or as an independent genus (Kormos, 1932; Kretzoi, 1969; Chaline, 1987, 1990; Repenning et al., 1990; Repenning, 1992; Kowalski, 2001). Because it represents a very important stage during the evolution of arvicolines. It is not only the direct progeny of the genus *Mimomys*, but also the direct ancestor of the genera *Terricola*, *Pitymys*, *Pedomys*, *Phaiomys*, *Proedromys*, *Lemmiscus*, *Microtus*, *Lasiopodomys*, and so on (Repenning, 1992). Therefore, it is taken as an independent genus herein.

In Europe, *Allophaiomys* survived late Villanyian – early Biharian (~2.20–1.20 Ma), including the following species: *Allophaiomys* sp., *A. chalinei* Alcalde, Agustí et Villalta, 1981, *A. deucalion* Kretzoi, 1969, *A. nutiensis* Chaline, 1972, *A. pliocaenicus* Kormos, 1932, and *A. ruffoi* (Pasa, 1947) (Kowalski, 2001).

The earliest species of *Allophaiomys* in China is *A. terraerubrae* form Loc. 18 of Zhoukoudian (Huiyu of Mentougou), Sunjiashan of Zibo, Shandong, and Longgu Cave of Jianshi, Hubei, with an estimated age close to 2.20 Ma (Zheng et Li, 1990; Repenning, 1992; Zheng et al., 1997; Zheng, 2004).

Allophaiomys deucalion Kretzoi, 1969

(Fig. 25)

Allophaiomys cf. *deucalion*: Zheng et Li, 1990, p. 433, tab. 1, fig. 2b–d
Allophaiomys terrae-rubrae: Zheng et Zhang, 2000, p. 62, fig. 2; Zheng et Zhang, 2001, p. 223, fig. 3

Holotype Right m1 (HGM V 12797/VT.150) (Hír, 1998).

Type Locality and Horizon Villány-5 locality, southern Hungary; Lower Pleistocene (late Villanyian).

Referred Specimens Yangyuan County, Hebei: Loc. III of Majuangou Paleolithic Site, Cenjiawan Village, Datianwa Township, 1 right mandible with m1, 34 left and 29 right m1s, 10 left and 16 right m2s, 14 left and 12 right m3s, 33 left and 31 right M1s, 17 left and 10 right M2s, 19 left and 17 right M3s (IVPP V 15280.1–243); Layer F07 of the Tai'ergou east section, Xiaodukou Village, Huashaoying Town, 1 left M1, 1 left M2, 1 right M3, 1 left m2, 1 left m3 (IVPP V 18819.1–5); Layer 16 of the Donggou section, Qianjiashawa Village, Huashaoying Town, 13 left and 6 right m1s, 10 left and 18 right m2s, 4 left and 4 right m3s, 19 left and 20 right M1s, 10 left and 20 right M2s, 8 left and 6 right M3s (IVPP V 23142.1–138). The Loc. 93001 section of Wenwanggou, Leijiahe Village, Shaozhai Town, Lingtai County, Gansu: WL6, 1 left m1, 1 left and 1 right m3s (IVPP V 18077.1–3); WL5, 1 right M1, 1 left M2, 1 left M3, 1 left mandible with m1–2, 1 left m2 (IVPP V 18077.4–8); WL4, 1 left and 1 right m1s, 1 right m3 (IVPP V 18077.9–11); WL3, 1 right m1, 2 left m2s, 1 right m3 (IVPP V 18077.12–15); WL7+, 1 right M3 (IVPP V 18077.16); WL5+, 3 left M3s, 1 left and 2 right m1s, 1 left and 1 right m3s (IVPP V 18077.17–24); WL2+, 1 left M3, 1 left m1 (IVPP V 18077.25–26). Guorenduo Village (once called Guorengduo), Shagou Township, Guinan County, Qinghai:1 left mandible with m1–3 (IVPP V 25240.1), 9 left and 1 right mandibles with m1–2 (IVPP V 25240.2–11), 1 left and 2 right mandibles with m1 (IVPP V 25240.12–14), 1 left m1 (IVPP V 25240.15), 1 left and 1 right m2s (IVPP V 25240.16–17), 1 left and 1 right M2s (IVPP V 25240.18–19), 1 left M3 (IVPP V 25240.20).

Age of Referred Specimens Early Pleistocene (~2.46–1.66 Ma).

Diagnosis (Revised) Medium-sized. m1 with short and broad ACC, usually showing broad dentine space connecting T4, T5, and AC2; mean of *A*/*L* < 42.00, that of *B*/*W* > 33.00, that of *C*/*W* >20.00; SDQ_I around 104 (positive differentiation); closedness percentage of Is 1–4 100%, Is 5–7 0 (Table 2, Table 3). M3 with a broad-bottomed BRA2; T2, T3, and T4 all remarkably developed, but T5 usually incomplete; PL relatively short and broad.

Remarks According to van der Meulen (1974) and Hír (1998), the holotype (m1, Fig. 25D) from Villány-5 of Hungary represents the known largest individual of this species. Means of measurements of the 16 m1s from Layer 16 of the Donggou section and the 38 m1s from Loc. III of Majuangou Paleolithic Site, Nihewan Basin, Hebei, especially the mean of *A*/*L* (40 and 40, respectively), the mean of *B*/*W* (35 and 33, respectively), and the mean of *C*/*W* (25 and 24, respectively), are consistent with the definition of the species (Table 1). At the same time, SDQ_P of m1s from the two localities is 112 (92–140, n = 28, Table 4) encompasses that of the holotype; they all have a simple, short, and small ACC, and show broad dentine area between AC2 and T4-T5.

Allophaiomys deucalion is a relatively primitive species in the genus, and generally considered as the evolutionary starting point of extant small-sized arvicolines with rootless molars, including its direct descendant *A. pliocaenicus* (Kowalski, 2001). However, the most primitive species in the genus should be *A. terraerubrae* due to its simplest construction of M3. Judging from the degree of morphological complexity, the M3s from Layer 2 and Layer 3 of the Topaly section, Kazakhstan [Tjutkova et Kaipova, 1996: fig. 5(17–19)] and Loc. III of Majuangou Paleolithic Site, Nihewan [Cai et al., 2008: Fig. 3(14)] all have distinct T4, in general agreement with the morphology of the M3s from the type locality of *A. deucalion* (van der Meulen, 1974: fig. 3f–g), and should be assigned to this species accordingly. The M3s from the composite section of Wenwanggou, Lingtai, Gansu (Zhang et al., 2011: Fig. 2E–F) and the Tai'ergou east section of Xiaodukou, Nihewan not only have a fully formed T4, but also an embryonic T5. Consequently, they are also consistent with the morphology of the M3 from the type locality (van der Meulen, 1974: fig. 3h) in morphology. The materials from the Donggou section, Yangyuan, Hebei (Fig. 25) should also be assigned to this species.

The magnetostratigraphic age of Loc. III of Majuangou is 1.66 Ma (Zhu et al., 2004). The magnetostratigraphic age of WL2+, WL5+, WL7+, WL3, WL4, WL5, and WL6 of the Loc. 93001 section, Wenwanggou is 1.95 Ma, 2.05 Ma, 2.10 Ma, 2.15 Ma, 2.29 Ma, 2.32 Ma, and 2.46 Ma, respectively (Zheng et Zhang, 2001). As a result, the geological age of the species in these localities ranges about 2.46–1.66 Ma. But it has a much later occurrence at Xiaochangliang Paleolithic Site, 1.36 Ma (Zhang et al., 2008a).

Allophaiomys pliocaenicus Kormos, 1932

(Fig. 26)

Microtus epiratticeps: Hu et Qi, 1978, p. 14 (partim), pl. II, fig. 4

Allophaiomys cf. *pliocaenicus*/*Allophaiomys* cf. *A. pliocaenicus*: Zheng et Li, 1990, p. 433, fig. 2e–h, tab. 1; Zheng et Cai, 1991, p. 113, fig. 4(7); Min et al., 2006, p. 104; Cai et al., 2007, p. 237, fig. 1, tabs. 1, 3; Cai et al., 2013, p. 229, figs. 8.3, 8.5

Allophaiomys sp.: Cai et al., 2008, p. 133, fig. 5(1)

Allophaiomys cf. *A. chalinei*: Cai et al., 2013, p. 225, fig. 8.3

Holotype In the Department of Paleontology, Hungarian Natural History Museum, Hír (1998) found 1 cranium, 1 left and 1 right mandibles described by Kormos (1932) and labelled as "Collection of Kormos". He designated them as the holotype, the catalogue number of which is PDHNHM No. 61.1491.

Type Locality and Horizon Betfia-2 locality, Romania; Lower Pleistocene (early Biharian).

Referred Specimens Gongwangling site, Gongwang Village, Jiujianfang Town, Lantian County, Shaanxi: 2 left and 2 right m1s (IVPP V 5396.9–10, 14–15). Yangyuan County, Hebei: Loc. I of Majuangou Paleolithic Site, Cenjiawan Village, Datianwa Township, 1 damaged left m1 (IVPP V 15287); Banshan Site, Cenjiawan Village, Datianwa Township, 6 left and 5 right m1s, 3 left and 5 right m2s, 3 left and 4 right m3s, 6 left and 7 right M1s, 2 left and 6 right M2s, 2 left and 3 right M3s (IVPP V 15296.1–52); Layer 19 of the Donggou section, Qianjiashawa Village, Huashaoying Town, 1 left and 3 right m1s, 1 left m2, 1 left and 1 right m3s, 5 left and 3 right M1s, 1 left and 1 right M2s (IVPP V 23144.1–17). The Niutoushan section, Pulu Village, Beishuiquan Town, Yuxian County, Hebei: Layer 16, 2 left m1s, 3 left m2s, 1 right m3, 1 right M2, 1 left M3 (IVPP V 23143.1–8), 1 right M1 (IVPP V 23143). The Danangou section, Dongyaozitou Village, Beishuiquan Town, Yuxian County, Hebei: Layer 6 (= DO-5), 1 left m1, 2 left and 1 right M1s, 2 right M2s (GMC V 2063.1–6); Layer 9, 1 left and 2 right m1s, 1 right m2, 1 left m3, 1 left M1, 2 left and 1 right M3s (IVPP V 23145.1–9); Layer 12, 2 left and 8 right mandibles with m1–2 (IVPP V 23145.12–21), 1 left and 3 right mandibles with m1 (IVPP V 23145.22–25), 27 left and 30 right m1s (IVPP V 23145.26–82), 2 right m3s (IVPP V 23145.85–86), 18 left and 14 right M1s (IVPP V 23145.89–120), 1 right M2 (IVPP V 23145.123), 2 left mandibles with m1–2 (IVPP V 23145.10–11), 2 left m3s (IVPP V 23145.83–84), 2 left M1s (IVPP V 23145.87–88), 2 left M2s (IVPP V 23145.121–122), 2 left M3s (IVPP V 23145.124–125); Layer 15, anterior portion of 1 right m1 (IVPP V 23145.126); Layer 18, 1 right m1 (IVPP V 23145.127).

Age of Referred Specimens Early Pleistocene (~1.89–0.87 Ma).

Diagnosis (Revised) Comparable to *Allophaiomys deucalion* in size, but BRA3 and LRA4 of m1 relatively deep, and ACC and AC2 relatively long; *A*/*L* with a mean of 45 (39–48), *B*/*W* with a mean of 19 (8–33); SDQ_P is 83 (negative differentiation, see Table 4 for range); Is 5–6 relatively narrow, both with closedness percentage of 5% (Table 3). M3 with completely developed T4 and T5.

Remarks The mean of *A*/*L*, *B*/*W*, and *C*/*W* of the 33 m1s from Layer 12 of the Danangou section, Dongyaozitou, Beishuiquan, Hebei is 45, 19, 18, respectively (Table 1). Although the mean of *B*/*W* and *C*/*W* is smaller, that of *A*/*L* is close to this species. SDQ_P of these m1s is 83, indicative of negative differentiation (Table 4), completely consistent with the species.

Allophaiomys pliocaenicus and *A. laguroides* from Betfia-2 described by Kormos (1932) were considered to be synonyms (van der Meulen, 1973; Repenning, 1992; Kowalski, 2001). Judging from the holotypes of the two species (Hír, 1998: figs. 4–6), the former seems more similar to *A. deucalion* in the relatively short ACC of m1, T2 of M3 more closed anteriorly and posteriorly, and PL of M3 relatively short and broad; the latter seems more derived than the former in the longer ACC of m1, T2 and T3 of M3 unclosed, T4 of M3 closed anteriorly and posteriorly, PL of M3 relatively narrow and long. These differences most likely result from the possibility that the former are all represented by adult individuals, whereas the latter by young individuals.

The magnetostratigraphic age of the fossil layer of Gongwangling is 1.28–1.26 Ma (Ding et al., 2002), that of Loc. I of Majuangou and Banshan is 1.55 Ma and 1.32 Ma, respectively (Zhu et al., 2004), that of Layers 6 (= DO-5), 9, 12, 15, and 18 is 1.89 Ma, 1.67 Ma, 1.49 Ma, 1.14 Ma, and 0.87 Ma, respectively (Cai et al., 2013). Thus, the geological age of the species ranges about 1.89–0.87 Ma.

Allophaiomys terraerubrae (Teilhard de Chardin, 1940)

(Fig. 27)

Arvicola terrae-rubrae: Teilhard de Chardin, 1940, p. 62, figs. 37, 38, pl. I, figs. 9, 10; Huang et Guan, 1983, p. 70, pl. I, fig. 3

Allophaiomys terrae-rubrae: Teilhard de Chardin et Leroy, 1942, p. 32; Zheng et Li, 1990, p. 433, fig. 2a, tab. 1; Zheng et al., 1997, p. 206, tab. 1, fig. 3G–H; Zheng, 2004, p. 136, fig. 5.24

Allophaiomys cf. *pliocaenicus*: Cheng et al., 1996, p. 47, fig. 3-16B, D, pl. IV, fig. 14

Microtinae gen. ind. (*Mimomys*?): Pei, 1939b, p. 218

Lectotype Holotype was not designated when Teilhard de Chardin (1940) first named the species, but the maxilla with right M1–3 and left M1–2 in his fig. 38 and pl. I could be chosen as the lectotype (IVPP RV 40143.1–2; Teilhard de Chardin, 1940: fig. 38above, pl. I, fig. 10). It is a pity that the specimen was lost or damaged during the multiple relocations of IVPP.

Hypodigm Anterior portion of 2 cranial fragments with M1–2, 1 maxilla and 5 mandibles (IVPP RV 40144.1–8).

Type Locality and Horizon Loc. 18 of Zhoukoudian (Huiyu of Mentougou), Beijing; Lower Pleistocene.

Referred Specimens Layer 8 of East Cave, Taipingshan, Zhoukoudian, Beijing: 1 left and 1 right mandibles with m1–2 (CUG V 93219–93220). Longya Cave, Huangkan Village, Huairou District, Beijing: 1 right mandible with m1–2 (IVPP V 6193). Loc. 1 of Sunjiashan, Beimu Village, Taihe Town, Zibo City, Shandong: 1 right mandible with m1–2 (IVPP RV 97026.1), 1 left and 1 right m1s (IVPP RV 97026.2–3), 1 right m3 (IVPP RV 97026.4), 1 maxilla with left M1–3 and right M1–2 (IVPP RV 97026.5), 1 left and 1 right M2s (IVPP RV 97026.6–7), 1 left and 1 right M3s (IVPP RV 97026.8–9). Layer 5 of the east entrance section of Longgu Cave, Jintang Village, Gaoping Town, Jianshi County, Hubei: 2 m1s, 1 m2, 1 m3, 1 M1, 2 M2s, 1 M3 (IVPP V 13211.1–8).

Age of Referred Specimens Early Pleistocene (~2.13 Ma).

Diagnosis (Revised) Incisive foramen long, with its posterior edge level with anterior wall of M1 (far away from anterior wall of M1 in *Allophaiomys pliocaenicus*, also most significant difference between them). *A*/*L* of m1 with a mean of 39.57, close to 39.69 of *A. deucalion* but smaller than 44.81 of *A. pliocaenicus*, *B*/*W* and *C*/*W* with a mean of 31.42 and 21.31, respectively, slightly smaller than that of *A. deucalion* (33.48 and 24.40, respectively), but significantly greater than that of *A. pliocaenicus* (19.20 and 17.58, respectively); measurements of the holotypes of the 3 species showing that the 3 morphological parameters of *A. terraerubrae* (42.86, 22.22, and 22.22, respectively) is closer to *A. pliocaenicus* (45.42, 21.98, and 23.08, respectively), but significantly different from *A. deucalion* (38.64, 31.63, and 22.45, respectively) (Table 1). SDQ_P 105, indicating positive differentiation (see Table 4 for range). Is 5–6 both not closed, consistent with *A. deucalion* (Table 2, Table 3). M3 with simple morphology, showing AL, T2, T3, and relatively long PL, indicating it is the most primitive in the genus.

Remarks Besides the type locality, only Sunjiashan of Zibo and Longgu Cave of Jianshi produced M3 among the localities listed above. The M3 of Sunjiashan lacks T4, has a T3 confluent with the unelongated PL (Zheng et al., 1997: Fig. 3G); the M3 of Longgu Cave also lacks T4, but the dentine areas of the T3 and oval-shaped PL are closed in between (Zheng, 2004: Fig. 5.24c). The faunal composition of other localities without M3 is similar to that of Loc. 18 of Zhoukoudian, so the arvicoline fossils are also referred to this species. Microtinae gen. ind. (*Mimomys*?) from the "Cap" deposits of Zhoukoudian (Pei, 1939b) was referred to this species by Teilhard de Chardin et Leroy (1942). This is acceptable, but whether it possesses roots or not is still questionable because the specimen has been lost. New fossil materials from the locality are necessary to solve the problem.

The magnetostratigraphic age of Layer 5 of the east entrance section, Longgu Cave, Gaoping, Jianshi, Hubei indicates the geological age of the species is ~2.13 Ma.

Arvicola Lacépède, 1799

Type Species *Mus terrestris* Linnaeus, 1758 (Uppsala, Sweden) (Ellerman et Morrison-Scott, 1951)

Diagnosis (Revised) Arvicoline genus of large size. Cranium robust, with postorbital squamosal crest and linear interorbital crest. Angular process of mandible reduced, lower incisor crossing from the lingual side to the buccal side of the lower molar row between m2 and m3. Molars robust, hypsodont, and rootless. Re-entrant angles of molars filled with cement. m1 with 3 closed Ts and a trilobed ACC anterior to PL; usually with 4 BSAs and 5 LSAs; closedness percentage of Is 1–4 and Is 5–7 100% and 0, respectively (Table 2, Table 3); SDQ of primitive forms greater than 100 (positive differentiation), that of derived forms smaller than 100 (negative differentiation). M3 with 3 salient angles on each side, namely only 2–3 not tightly closed Ts posterior to AL, and with a short and simple PL.

Known Species in China *Arvicola terrestris* (Linnaeus, 1758), *Arvicola* sp.

Distribution and Age Beijing (?) and Liaoning; Middle Pleistocene – Present.

Remarks The taxonomy of extant *Arvicola* is complicated. Some researcher thinks there is only 1 species, namely *Arvicola terrestris* (Linnaeus, 1758) distributed in Europe, Central Asia, and Siberia (Ellerman et Morrison-Scottk, 1951); some researchers think there are 2 species, namely *A. sapidus* Miller, 1908b distributed in France, Sapin, and Portugal and *A. terrestris* (Corbet et al., 1970; Corbet, 1978, 1984; Corbet et Hill, 1991); some researchers think there are 3 species, namely *A. amphibius* (Linnaeus, 1758), *A. sapidus* Miller, 1908b, and *A. scherman* (Shaw, 1801) (Musser et Carleton, 2005); some researchers think there are 4 species, namely *A. amphibius* (Linnaeus, 1758), *A. sapidus* Miller, 1908b, *A. scherman* (Shaw, 1801), and *A. terrestris* (Linnaeus, 1758) (Hinton, 1926); some researchers even think there are 7 species (Miller, 1912), namely *A. terrestris* (Linnaeus, 1758), *A. amphibius* (Linnaeus, 1758), *A. sapidus* Miller, 1908b, *A. scherman* (Shaw, 1801), *A. musignani* de Sélys-Longchamps, 1839, *A. italicus* Savi, 1838, and *A. illyricus* Barrett-Hamilton, 1899.

There are only two subspecies of *Arvicola terrestris* in China now, namely *A. t. scythicus* Thomas, 1914a distributed in Jayer Mountain and Tianshan Mountain of Xinjiang and *A. t. kuznetzovi* Ognev, 1933 distributed in Tarbagatai region of northern Xinjiang (Tan, 1992; Huang et al., 1995; Luo et al., 2000; Wang, 2003). Whereas Pan et al. (2007) think the species of China should be *A. amphibius*.

Arvicola originated in Europe from Early Pleistocene late Biharian *Mimomys savini*, and evolved into *A. terrestris* in early Late Pleistocene via late Middle Pleistocene fossil species *A. cantiana* (Hinton, 1910). The main difference to distinguish these species is the differentiation type of the enamel band. *A. cantiana* is positive differentiation ($SDQ_P \geqslant 100$), closer to its ancestor *M. savini*; *A. terrestris* is negative differentiation ($SDQ_P < 100$) (Heinrich, 1990; Kowalski, 2001).

Arvicola terrestris (Linnaeus, 1758)

(Fig. 28)

Holotype Unknown. The species is based on the name "*Mus agrestis capite grandi, brachyuros*" on p. 218 of Ray (1693).

Type Locality Uppsala, Sweden.

Referred Specimens Zhoukoudian, Beijing (?): 1 right maxilla with M1–2, 1 right and 1 left m1–3, 1 left m1–2 (IVPP V 18548.1–4).

Age of Referred Specimens Late Pleistocene.

Diagnosis (Revised) The same as the genus. m1 with an average length of 3.92 mm, closedness percentage of Is 1–4 100%, that of Is 5–7 0 (Table 2, Table 3); SDQ_P 83, indicating negative differentiation (see Table 4 for range).

Remarks The specimens remarked upon here were accidentally spotted when organizing fossil collections. Although the provenances and discovery history are unclear, they are the only fossil representatives of the living species *Arvicola terrestris* in China. To maintain the diversity and facilitate comparative studies in the future, they are also listed and remarked here.

The molars are rootless, and the re-entrant angles are filled with cement; the enamel band on the concave side of Ts is thicker than that on the convex side on the lower molars, and the opposite situation is ture on the upper molars. m1 has 3 alternately arranged and closed Ts, 1 pair of confluent Ts, and 1 oval-shaped and posteriorly confluent AC anterior to PL; the tooth has 5 LSAs, 4 LRAs, 4 BSAs, and 3 BRAs. M1 (3.50 mm in length) has 3 SAs and 2 RAs on each side. M2 has 2 SAs and 1 RA on the lingual side, and 3 SAs and 2 RAs on the buccal side (Fig. 28). These morphological features are consistent with extant species. If the ratio in percentage of M1 to M1–3 is taken as 39%, its M1–3 length should be 8.91 mm, and m1–3 length should be 8.60–8.93 mm. These are very close to the corresponding measurements of *Arvicola terrestris kuznetzovi* Ognev, 1933 in Luo et al. (2000: 8.2–9.0 mm and 8.8 mm, respectively), markedly smaller than *A. t. scythicus* Thomas, 1914a (9.4–9.8 mm and 9.7–9.8 mm, respectively).

Arvicola sp.

(Fig. 29)

The only fossil from Layer 6 of Jinniushan Man Site, Xitian Village, Yong'an Town, Yingkou City, Liaoning described by Zheng et Han (1993) as *Arvicola* sp. is 1 left mandible with m1–2 (Y.K.M.M. 18.20), with an age estimation of late Middle Pleistocene. The molars are rootless, and the re-entrant angles are filled with abundant cement. m1 (3.05 mm in length and 1.04 mm in width) has 3 alternately arranged and closed Ts anterior to PL, and 5 LSAs, 4 LRAs, 4 BSAs, and 3 BRAs. m2 has 4 alternately arranged and tightly closed Ts anterior to PL. The Yingkou m1 is smaller in length than the above *A. terrestris* (mean length 3.92 mm, 3.86–4.30 mm, n = 3). Judging from the big enamel ring at the anterior portion, the tooth is probably pathological, and belongs to a young individual.

Lasiopodomys Lataste, 1886

Type Species *Arvicola* (*Hypudaeus*) *brandti* Radde, 1861

Diagnosis (Revised) Medium-sized; Cranium broad and flat, palatine terminating posteriorly as a typical bone bridge, temporal crest fused in the interorbital area in adult individuals; Hind feet with 5–6 pads concealed in dense hair, consequently called "hair-footed vole"; Molars rootless, re-entrant angles filled with cement; m1 with 4–6 alternately arranged Ts and 1 small rectangular AC2, closedness percentage of Is 1–6

100%, that of Is 7 0 or 38% (Table 2, Table 3); SDQ_P smaller than 100 (Table 4), indicating *Microtus*-type or negative differentiation; m3 without remarkable BSA3 and closed Ts; M3 with simple morphology, 3–4 SAs on buccal side and 3 SAs on lingual side.

Known Species in China *Lasiopodomys brandti* (Radde, 1861), *L. mandarinus* (Milne-Edwards, 1871), *L. fuscus* (Büchner, 1889) (extant hereinbefore); *L. probrandti* Zheng et Cai, 1991, *L. complicidens* (Pei, 1936).

Distribution and Age Qinghai, Gansu, Shaanxi, Inner Mongolia, Shanxi, Shandong, Anhui, Hebei, Liaoning, and Beijing; Early Pleistocene – Present.

Remarks *Lasiopodomys* was first proposed as an independent genus by Lataste (1886). Hinton (1926) and Ellerman (1941) cited the genus, but Ellerman et Morrison-Scott (1951) argued it would be more suitable to consider *Lasiopodomys* as a subgenus of *Microtus*. More researchers later thought of it as a synonym of the genus *Microtus* (Young, 1927, 1932, 1934; Zdansky, 1928; Pei, 1931, 1936, 1940; Teilhard de Chardin, 1936; Teilhard de Chardin et Pei, 1941; Teilhard de Chardin et Leroy, 1942; Corbet et Hill, 1991; Tan, 1992; Huang et al., 1995; Luo et al., 2000). Allen (1940) assigned its type species *L. brandti* to the subgenus *Phaiomys* Blyth, 1863 of *Microtus*. Evidently, based on the order of proposals of these names, *Lasiopodomys* should be taken as the genus name (Wang, 2003; Pan et al., 2007).

Lasiopodomys brandtioides (Young, 1934) should be a junior synonym of *L. brandti* (Radde, 1861) (Zheng et Cai, 1991). According to Repenning et Grady (1988), m1 of *L. praebrandti* Erbajeva, 1976b from Kudun of Transbaikal and *L. deceitensis* (Guthrie et Mathews, 1971) from Cape Deceit of Seward Peninsula, USA has 4 closed Ts anterior to PL, similar to *Microtus oeconomus* (Pallas, 1776), whereas their M3 is simple (3 SAs on each side). As a result, it is suitable to still keep them in the genus *Lasiopodomys*.

According to Wang (2003), there are 3 extant species in the genus *Lasiopodomys* in China: *L. brandti* (Radde, 1861) distributed in Inner Mongolia, Northeast China, and Hebei, *L. mandarinus* (Milne-Edwards, 1871) distributed in central and southern Inner Mongolia, Shanxi, northern Henan, western Liaoning, Hebei, Beijing, central Shandong, northern Jiangsu, and northern Anhui, and *L. fuscus* (Büchner, 1889) distributed in Qinghai and Tibet. The differences in the morphology of the molars of the former two species are subtle. m1 of both species has 5 closed Ts and 1 rectangular AC2, and M3 of both species has 3 Ts and PL. However, AC2 of m1 in the former two species is more variable in morphology; buccal Ts of M3 in both species are bigger than lingual ones, and Is 4 and Is 5 are more closed, and BRA3 (or BSA4) is remarkable. The most distinct difference between the latter one species and the former two is that m1 of the latter one species only have 4 closed Ts anterior to PL.

***Lasiopodomys brandti* (Radde, 1861)**

(Fig. 30)

Arvicola (*Microtus*) *brandti*: Young, 1927, p. 41

Microtus sp.: Boule et Teilhard de Chardin, 1928, p. 88, fig. 22B, C

Microtus? *brandti*: Zdansky, 1928, p. 60, pl. V, figs. 20–50

Microtus brandti: Young, 1932, p. 6; Jin et al., 1984, p. 317, fig. 3; Zheng et Han, 1993, p. 75, tab. 16, textfig. 48

Microtus brandtioides: Young, 1934, p. 95, figs. 38–40, pl. VIII, figs. 13–15, pl. IX, figs. 3, 4, 7, 8; Pei, 1936, p. 71, figs. 35A, 36D–I, pl. VI, figs. 5–9, 13; Teilhard de Chardin et Leroy, 1942, p. 33; Chi, 1974, p. 222, pl. I, fig. 1; Gai et Wei, 1977, p. 290; Wei, 1978, p. 141; Han et Zhang, 1978, p. 259, tab. 2, pl. II, fig. 6; Chia et al., 1979, p. 284; Huang, 1981, p. 99; Zheng, 1983b, p. 231; Zheng et al., 1985a, p. 110 (partim), pl. V, figs. 2, 3; Zheng et al., 1985b, p. 135, fig. 56 (partim); Liaoning Provincial Museum et Benxi City Museum, 1986, p. 36, tabs. 15–17

Microtus epiratticeps: Pei, 1940, p. 46, figs. 19IIa, IIc, 20(3), 21d, pl. II, figs. 7–11, 18

Microtus cf. *brandtioides*: Teilhard de Chardin et Pei, 1941, p. 52, fig. 39

Holotype According to Allen (1940), the original specimens were collected by Radde (1861), and probably housed in the Academy of Sciences in Leningrad, but no specimen was designated as holotype.

Type Locality and Horizon South of Hulun Lake, Hulun Buir City, Inner Mongolia; presumably Middle/Upper Pleistocene.

Referred Specimens Inner Mongolia: Xarusgol, Uxin Banner, 2 right mandibles with m1–3 (IVPP RV 28031.1–2); Dalai Nur District, Hulun Buir City, 1 right mandible with m1–2 (H.H.P.H.M. 29.336-1), 1 right mandible with m1–3 (H.H.P.H.M. 29.336-2). Loc.11, Zhenqiangbao, Xinmin Village, Xinmin Town, Fugu County, Shaanxi: 5 left and 1 right M3s (IVPP RV 31056.1–6), 2 left mandibles with m1–2 (Cat.C.L.G.S.C.Nos.C/19). S_4 of Nancaizigou, Potou Village, Luochuan County, Shanxi: 1 left and 1 right mandibles with m1–2 (QV 10028–10029). Zhoukoudian, Beijing: Upper Cave, 2 crania with left and right M1–3, 2 left upper molar rows with M1–3 (Pei, 1940: figs. 19a1–2, 21d), 1 right m1 [Pei, 1940: fig. 20(3)], 1 right mandible with m1–3 (Pei, 1940: fig. 21d) (IVPP RV 40145.1–6); Loc. 13, 3 mandibles with m1–2 (IVPP RV 41151.1–3); Loc. 3, 1 cranium with left and right M1–3 (Pei, 1936: fig. 35A), 2 left mandibles with m1–3 (Pei, 1936: fig. 36E, H) (IVPP RV 36329.1–4); Loc. 2, 1 broken cranium, 2 left and 2 right mandibles and some limb bones (Cat.C.L.G.S.C.Nos.C/C. 305); Loc. 1, 9 broken crania, 696 left and 669 right mandibles and a large number of limb bones (Cat.C.L.G.S.C.Nos.C/C. 1182, C/C. 1200, C/C. 1407, C/C. 1414). Gonghe County, Qinghai: Loc. 77085 of Goutoushan, Tanggemu Town, 1 damaged left mandible with m1 (IVPP V 6041.2); Loc. 77086 on the south bank hillside of Yingde'erhai Lake, 1 damaged right mandible with m1–3 (IVPP V 6041.3). Jinniushan Man Site, Xitian Village, Yong'an Town, Yingkou City, Liaoning: anterior portion of 14 crania with left and right M1–3 (Y.K.M.M. 17, Y.K.M.M. 17.1–13), 1 right upper molar row with M1–3 (Y.K.M.M. 17.14), 12 left and 21 right mandibles with m1–3 (Y.K.M.M. 17.15–47), 17 left and 18 right mandibles with m1–2 (Y.K.M.M. 17.48–82), 1 left and 1 right mandibles with m1 (Y.K.M.M. 17.83–84). The Tai'ergou east section, Xiaodukou Village, Huashaoying Town, Yangyuan County, Hebei: Layer F12, 1 left and 2 right M3s (IVPP V 18817.1–3), 1 left m3 (V18817.4); Layer T18, anterior portion of 1 left m1 (IVPP V 18817.5), 1 right M3 (IVPP V 18817.6). Longtan Cave, Hexian County, Anhui: 1 right mandible with m1–3 (IVPP V 26139).

Age of Referred Specimens Middle – Late Pleistocene (~0.60–0.09 Ma).

Diagnosis (Revised) m1 with 100% closedness percentage for Is 1–6, but 0 for Is 7; SDQ_P 49, indicating negative differentiation (see Table 4 for range); 5 closed Ts and tilted rectangular AC anterior to PL. M3 with closed Is 2 and Is 4, not tightly closed Is 5; 3 Ts posterior to AL, causing PL seemingly Y-shaped.

Remarks ?*Phaiomys* sp. from Dalai Nur District, Hulun Buir City (unstudied specimens) and *Microtus* sp. from Xarusgol, Inner Mongolia (Boule et Teilhard de Chardin, 1928: figs. 22B–C) are referred to this species due to their m1 with 5 alternately arranged and closed Ts and a simple AC2 anterior to PL and m3 without remarkable BSA3. The arvicoline fossils from Loc. 10–11, Zhenqiangbao, Fugu, Shaanxi are not mentioned in the monograph of Teilhard de Chardin et Young (1931), but 6 M3s and 1 left mandible with m1–2 (Cat.C.L.G.S.C.Nos.C/19) that have the same morphology are picked up among them by the present authors. The M3s have 3 SAs on each side, and 2–3 Ts and a simple PL posterior to AL. The arvicoline fossils from other localities are also in accordance with the above mentioned morphological features.

The mandibles referred to "*Microtus brandtioides*" from Loc. 3 of Zhoukoudian (Pei, 1936: figs. 36D–I, M) apparently represent two forms: one smaller form with m3 lacking BSA3, such as D, E, H, I, and M of fig. 36 in Pei (1936); another larger form with m3 possessing BSA3, such as F and G of fig. 36 in Pei (1936).

The former one should be apparently referred to *Lasiopodomys brandti*, whereas the latter one should be referred to *Microtus fortis*.

The arvicoline fossils from Upper Cave of Zhoukoudian are all referred to as "*Microtus epiratticeps* (*Microtus brandtioides*)" (Pei, 1940: figs. 19–21), namely there is only one species. However, based on the size and morphology of M3 and m1, the upper molar rows in fig. 19 of Pei (1940) may represent 3 different species. 1 and 2 of Type I should be *Microtus fortis*; 3 of Type I should be *M. mongolicus*; Type II should be *Lasiopodomys brandti*. The lower molars in fig. 20 of Pei (1940) should be *M. oeconomus*. The lower molars a–b2 of fig. 21 in Pei (1940) should be *M. mongolicus*; b3–b4 should be *M. fortis*; c should be *L. complicidens*; d should be *L. brandti*. The Late Pleistocene age of Upper Cave fauna indicates that they are mostly extant but not fossil species.

Zheng et Han (1993) have referred to "*Lasiopodomys brandtioides*" and "*Microtus epiratticeps*" (Young, 1934) from the Middle and Late Pleistocene localities represented by Loc. 1 of Zhoukoudian as *Lasiopodomys brandti* and *Microtus oeconomus*, respectively, because they are morphologically indistinguishable from these two species.

Middle and Late Pleistocene and extant *Lasiopodomys brandti* is different from Early Pleistocene *L. probrandti* in the larger size and the more complicated morphology of m1 and M3 (Zheng et Cai, 1991).

However, people usually refer recovered materials to *Lasiopodomys brandti* (Wei, 1978; Jin et al., 1984; Zheng et al., 1985a; Liaoning Provincial Museum et Benxi City Museum, 1986; Zheng et Han, 1993), but ignore the existence of *L. mandarinus*.

The magnetostratigraphic age of Layer T18 of the Tai'ergou east section, Yangyuan is 0.60 Ma. That of S_4 of Nancaizigou, Luochuan is 0.44 Ma. The thermoluminescence age of Xarusgol is 0.12–0.09 Ma. Consequently, the geological age of the species ranges about 0.60–0.09 Ma.

Lasiopodomys complicidens (Pei, 1936)

(Fig. 31)

Microtus complicidens: Pei, 1936, p. 73, figs. 35B, 36A–C, pl. VI, figs. 10–12, 14
Microtus epiratticeps: Pei, 1940, p. 46, fig. 21c
Lasiopodomys: Tedford et al., 1991, p. 524, fig. 4
Microtus brandtoides: Flynn et al., 1991, p. 251, fig. 4; Flynn et al., 1997, p. 231, fig. 5
Microtus cf. *M. complicidens*: Zhang, 2017, p. 168, tab. 12.1, fig. 12.9

Lectotype Right mandible with m1–2 (IVPP RV 36330 = Cat.C.L.G.S.C.Nos.C/C. 2611; Pei, 1936: fig. 36C, pl. VI, fig. 10).

Hypodigm 16 mandibles and 3 m1s (IVPP RV 36331.1–19 = Cat.C.L.G.S.C.Nos.C/C. 2611–2614).

Type Locality and Horizon Loc. 3 of Zhoukoudian, Beijing; Middle Pleistocene.

Referred Specimens Zhoukoudian, Beijing: Loc. 1, 1 right m1 (IVPP RV 341423); Upper Cave, 1 left mandible with m1–2 (IVPP RV 40161) (Pei, 1940: p. 49, fig. 21c). Loc. 2, Gaojiaya (vicinity of present Fenglingdi Village, Jingyou Town, Loufan County), Jingle County, Shanxi: 1 right m1 (IVPP RV 31057). YS 123, Yushe Basin, Shanxi: 1 left mandible with incisor and m1 (IVPP V 22622.1). Loc.11, Zhenqiangbao, Xinmin Village, Xinmin Town, Fugu County, Shaanxi: 1 left mandible with m1–2 (Cat.C.L.G.S.C.Nos.C/19).

Age of Referred Specimens Middle – Late Pleistocene.

Diagnosis (Revised) m1 with 6 roughly closed Ts and a simple AC2, namely 5 BSAs and 4 BRAs, 6 LSAs and 5 LRAs, BRA4 and LRA5 shallow; Is 1–6 100% closed, Is 7 38% closed (Table 2, Table 3); SDQ_P 51, indicating negative differentiation (see Table 4 for range).

Remarks The cranium with M1–3 referred to this species by Pei (1936: fig. 35B, pl. VI, fig. 14) is inconsistent with the definition of *Lasiopodomys complicidens* in larger size and complicated morphology of M3 (possessing 5 BSAs, 4 LSAs, 4 LRAs, and 3 BRAs), and seems more appropriate to be referred to *Microtus oeconomus*. Based on the morphology of m1 with 6 roughly closed Ts and 6 tightly closed isthmuses anterior to PL, some specimens of "*Microtus epiratticeps* (*Microtus brandtoides*)" from Upper Cave of Zhoukoudian (Pei, 1940: fig. 21c) should also be referred to this species.

Lasiopodomys probrandti Zheng et Cai, 1991

(Fig. 32)

cf. *Microtus brandtoides*: Teilhard de Chardin, 1936, p. 17 (partim)

Microtus brandtioides: Zheng, 1981, p. 349, fig. 2; Zheng et al., 1985a, p. 110 (partim); Zheng et al., 1985b, p. 135, fig. 56 (partim)

Holotype Right m1 (GMC V 2057).

Hypodigm 1 left M3 (GMC V 2058), 2 right mandibles with m1, 11 left and 4 right m1s, 5 right m2s, 4 left and 1 right m3s, 6 left and 9 right M1s, 3 left and 4 right M2s, 2 left M3s (GMC V 2059.1–51).

Type Locality and Horizon The Danangou section of Dongyaozitou Village, Beishuiquan Town, Yuxian County, Hebei; Layer 13 (= Layer DO-6), Lower Pleistocene (~1.44 Ma).

Referred Specimens The Danangou section of Dongyaozitou Village, Beishuiquan Town, Yuxian County, Hebei: Layer 9, 2 left and 2 right m1s (IVPP V 23148.1–4), 1 left m2 (IVPP V 23148.7), 2 right m1s (IVPP V 23148.5–6), 3 left and 4 right m2s (IVPP V 23148.8–14), 2 left and 2 right m3s (IVPP V 23148.15–18), 2 left and 5 right M2s (IVPP V 23148.19–25), 2 left and 5 right M3s (IVPP V 23148.26–32); Layer 12, 1 right mandible with m1–2 (IVPP V 23148. 33), 1 right mandible with m1 (IVPP V 23148.34), 2 right mandibles with m2 (IVPP V 23148.35–36), 2 left and 1 right m1s (IVPP V 23148.37–38, 40), 3 left and 2 right m2s (IVPP V 23148.41–43, 45–46), 5 left and 15 right M1s (IVPP V 23148.48–52, 54–67), 4 left and 2 right M2s (IVPP V 23148.68–71, 73–74), 1 right M3 (IVPP V 23148.76), 1 left m1 (IVPP V 23148.39), 1 right m2 (IVPP V 23148.44), 1 right m3 (IVPP V 23148.47), 1 right M1 (IVPP V 23148.53), 1 right M2 (IVPP V 23148.72), 1 left M3 (IVPP V 23148.75); Layer 13, 1 left m2 (IVPP V 23148.77), 1 right M1 (IVPP V 23148.78), 2 left M2s (IVPP V 23148.79–80); Layer 14, 2 right m2s, 2 left m3s, 1 right M2, 1 left M3 (IVPP V 23148.81–86); Layer 15, 1 left mandible with m1 (IVPP V 23148.87), 6 left and 9 right m1s (IVPP V 23148.88–102), 5 left and 4 right m2s (IVPP V 23148.103–111), 2 left and 2 right m3s (IVPP V 23148.112–115), 3 left and 3 right M1s (IVPP V 23148.116–121), 2 left and 5 right M2s (IVPP V 23148.122–128), 1 left and 1 right M3s (IVPP V 23148.129–130); Layer 16, 3 left and 6 right m1s (IVPP V 23148.131–139), 5 left and 5 right m2s (IVPP V 23148.140–149), 7 left and 10 right m3s (IVPP V 23148.150–166), 6 left and 4 right M2s (IVPP V 23148.167–176), 4 left and 3 right M3s (IVPP V 23148.177–183), 1 right m1 (IVPP V 23148.184), 1 left m2 (IVPP V 23148.185), 2 left m3s (IVPP V 23148.186–187), 1 left M1 (IVPP V 23148.188); Layer 18, 1 right mandible with m1–3 (IVPP V 23148.189), 14 left and 16 right m1s (IVPP V 23148.190–219), 8 left and 14 right m2s (IVPP V 23148.220–241), 8 left and 5 right m3s (IVPP V 23148.242–254), 6 left and 14 right M1s (IVPP V 23148.255–274), 9 left and 12 right M2s (IVPP V 23148.275–295), 11 left and 9 right M3s (IVPP V 23148.296–315), 4 left and 9 right m1s (IVPP V 23148.316–328), 5 left and 4 right m2s (IVPP V 23148.329–337), 3 left and 6 right m3s (IVPP V 23148.338–346), 4 left and 6 right M1s (IVPP V 23148.347–356), 6 left and 8 right M2s (IVPP V 23148.357–370), 6 left and 4 right M3s (IVPP V 23148.371–380). Layer T17 of the Tai'ergou east section, Xiaodukou Village, Huashaoying Town, Yangyuan County, Hebei: 1 right m1, 1 damaged left m2, 1 right m3, 1 right M1, 2 right M2s, 1 left M3 (IVPP V 18818.1–7). Zhoukoudian, Beijing: Loc. 9, 1 left mandible with m1–2, 6 left m1s (IVPP RV 36332.1–7); East Cave of Taipingshan, 1 left m3, 1 right m2 (CUG V 93217–

93218); West Cave of Taipingshan, anterior portion of 1 cranium with left M1–2 and right M1 (Tx 90(5) 12). Haimao Village, Ganjingzi District, Dalian City, Liaoning: 1 incomplete cranium (DH 8997), 1 maxilla (DH 8998), 3 mandibles (DH 8999.1–3). Nancaizigou, Potou Village, Luochuan County, Shaanxi: S_6, 1 left mandible with m1–2 (QV 10029); S_{10}, anterior portion of 1 cranium with left M1 and right M1–2 (QV 10030). Loc. 2 of Sunjiashan, Beimu Village, Taihe Town, Zibo City, Shandong: 15 left and 16 right mandibles with m1–3, 16 left and 12 right mandibles with m1–2, 1 left mandible with m1, 7 left and 9 right m1s, 20 left and 13 right m2s, 10 left and 9 right m3s, anterior portion of 8 crania with left and right M1–3, anterior portion of 1 cranium with left M1–3 and right M1–2, anterior portion of 1 cranium with left and right M1, anterior portion of 1 cranium with left M1–2 and right M1–3, anterior portion of 1 cranium with left M2 and right M1–3, 1 maxilla with left and right M1–2, 1 maxilla with left M1–2 and right M1, 1 maxilla with left M1 and right M1–3, 2 right maxilla with M1–2, 1 maxilla with left and right M1, 2 crania with left M1–2 and right M1–3, 1 cranium with left and right M1–2, 11 left and 12 right M1s, 13 left and 8 right M2s, 13 left and 13 right M3s (IVPP RV 97028.1–199). Loc. 77078 of Dianzhangou, Angsuo Village, Mangqu Town, Guinan County, Qinghai, 1 left m1 (IVPP V 6041.1).

Age of Referred Specimens Early – Middle Pleistocene (~1.67–0.67 Ma).

Diagnosis (Revised) Markedly smaller than *Lasiopodomys brandti*. Mean length of m1 2.68 mm (see Table 4 for range); AC2 simple, LRA5 usually not developed; Is 1–6 100% closed, Is 7 open (Table 2–3); SDQ_P 60, indicating negative differentiation (see Table 4 for range). M3 with more closed T2 and T3, namely Is 2–4 more closed than Is 5.

Remarks The lengths of m1 from the right section of Danangou, Yuxian, Hebei (Zheng, 1981) and Haimao, Dalian, Liaoning (Wang et Jin, 1992) are 2.76 mm and 2.24 mm, respectively; the length of m1 from Gonghe, Qinghai (Zheng et al., 1985a) is 2.20 mm and 2.40 mm; the length of m1 from Loc. 2 of Sunjiashan, Zibo, Shandong (Zheng et al., 1997) is 2.52–2.80 mm. They all fall within the variation range of *Lasiopodomys probrandti* from the type locality (mean length 2.47 mm, 2.26–2.75 mm, n = 14) (Zheng et Cai, 1991), but smaller than *L. brandti* from Jinniushan, Yingkou, Liaoning (mean length 2.95 mm, 2.45–3.22 mm, n = 23) (Zheng et Han, 1993). They are also smaller than "*Microtus brandtioides*" from Loc. 1 of Zhoukoudian (mean length 3.02 mm, 2.40–3.50 mm, n = 28). Besides larger size, about 61% of the Zhoukoudian m1s possess remarkable LRA5, and M3 usually possesses distinct BRA3 (Young, 1934).

The magnetostratigraphic ages of S_6 and S_{10} of Nancaizigou, Luochuan are 0.67 Ma and 1.03 Ma, respectively (Ding et al., 2002). That of Layers 9, 12, 13, 14, 15, 16, and 18 of the Danangou section are 1.67 Ma, 1.49 Ma, 1.44 Ma, 1.35 Ma, 1.14 Ma, 1.00 Ma, and 0.87 Ma, respectively (Cai et al., 2013). Consequently, the geological age of this species ranges about 1.67–0.67 Ma.

Microtus Schrank, 1798

Type Species *Microtus terrestris* Schrank, 1798 (= *Mus arvalis* Pallas, 1778) (Pushkin, Leningrad Oblast, Russia) (Malygin et Yatsenko, 1986)

Diagnosis (Revised) Palatine terminating posteriorly as an dorsally inclined median process and forming a bridge connecting the palatine and pterygoid fossae on both sides. Most species with 6 foot pads, rarely 5. Molars rootless, re-entrant angles filled with abundant cement. M2 with 3 closed Ts posterior to AL. M3 usually with 3 closed Ts posterior to AL; the lingual T relatively large, the buccal 2 Ts relatively small with one being bigger than the other; PL C-shaped. m1 with SDQ smaller than 100; Is 1–4 100% closed, Is 5–6 mostly closed, Is 7 not closed; 4–6 closed Ts and 1 trilobed AC2 anterior to PL, namely 5 LSAs and 4 LRAs, and 4–6 BSAs and 3–5 BRAs. m3 usually with 3 transverse ridges, BSA3 developed.

Known Species in China *Microtus fortis* Büchner, 1889, *M. oeconomus* (Pallas, 1776), *M.*

maximowiczii (Schrenk, 1858), *M. gregalis* (Pallas, 1778), *M. mongolicus* (Radde, 1861) (extant hereinbefore); *M. minoeconomus* Zheng et Cai, 1991.

Distribution and Age Qinghai, Gansu, Shaanxi, Inner Mongolia, Hebei, Liaoning, Beijing, Hainan, etc., Early Pleistocene – Present.

Remarks In previous literatures, the genus *Microtus* contains many subgenera (Allen, 1940; Corbet et Hill, 1991; Huang et al., 1995; Luo et al., 2000). Some of them have been considered as independent genera, such as *Volemys*, *Proedromys*, *Lasiopodomys*, *Pitymys*, and so on (Wang, 2003; Musser et Carleton, 2005; Pan et al, 2007). At present, most species in the genus *Microtus* belong to the subgenus *Microtus* Schrank, 1798, and only one species *M. gregalis* belongs to the subgenus *Stenocranius* Kaščenko, 1901 (Luo et al., 2000).

The earliest record of *Microtus* in China is Layer 9 of the Danangou section, Nihewan Basin with a geological age of ~1.67 Ma; the latest record is Layer 18 with a geological age of ~0.87 Ma (Cai et al., 2004). *Allophaiomys* is thought of as the direct ancestor of *Microtus* (Repenning, 1992).

Microtus fortis Büchner, 1889

(Fig. 33)

Microtus epiratticeps: Pei, 1936, p. 70
Microtus ratticeps: Pei， 1940, p. 46, figs. 19I1–2, 21b3–4， pl. II, fig. 16
Microtus sp.: Hao et Huang, 1998, p. 65 , fig. 5.14E

Holotype The species is based on the specimens of 2 male individuals: 1 adult individual and 1 juvenile individual (catalogue number of the Zoological Museum, St. Petersburg Academy of Sciences: 1535 and 2250), collected by the Przewalski Central Asia Expedition team in mid-July, 1871.

Type Locality Hequ valley of Yellow River, the edge of Ordos Desert, Uxin Banner, Inner Mongolia.

Referred Specimens Zhoukoudian, Beijing: Loc. 1, 1 right mandible with m1–3 (IVPP RV 341424); Upper Cave, 2 right M1–3 molar rows (IVPP RV 40146.1–2) (Pei, 1940: fig. 19I1–2), 1 left m1–3 molar row (IVPP RV 40146.3) (Pei, 1940: fig. 21b4), 1 right mandible with m1–3 (IVPP RV 40146.4 = IVPP CP. 42), 1 left m1–3 molar row (IVPP RV 40146.5), 1 right m1–2 molar row (IVPP RV 40146.6) (Pei, 1940: fig. 21b3). Luobi Cave, Sanya City, Hainan: 1 damaged right M3 (HV 00156).

Age of Referred Specimens Middle – Late Pleistocene.

Diagnosis (Revised) Large-sized. Tail relatively long, hind foot with only 5 pads. Mean length of M1–3 9.11 mm (6.30–10.60 mm, n = 95), mean length of m1–3 7.07 mm (6.30–8.50 mm, n = 84). Upper incisor without longitudinal groove. M3 with 3 closed Ts (buccal 2 Ts smaller) and C-shaped PL posterior to AL, 4 LSAs and 3 BSAs. m1 (~3.57 mm in length) with 5 closed Ts and 1 trilobed AC anterior to PL; broad and shallow LRA5 and BRA4 developed on both sides of AC, respectively; BSAs pointed, LSAs rounded; 6 LSAs and 5 LRAs, 4 BSAs and 4 BRAs; Is 5–6 100% closed (Table 2, Table 3); SDQ_P ~94, indicating negative differentiation (Table 4).

Remarks The fossils of this species from Upper Cave of Zhoukoudian are well preserved (Fig. 33). Some specimens described as "*Microtus epiratticeps* (*Microtus brandtioides*)" by (Pei， 1940: figs. 19I1–2, 21b3–4, pl. II, fig. 16) should also be referred to this species. Its large size (m1–3 length 7.85 mm, m1 length 3.60 mm, M3 length 2.75 mm) and occlusal morphology are in accordance with extant specimens (No. 1685 of Health and Epidemic Prevention Station of Sichuan collected from Fujian, m1–3 length 7.14 mm, m1 length 3.84 mm, M3 length 2.56 mm).

Judging from the M3 size (M3 length greater than 2.15 mm), the specimens from Luobi Cave of Sanya, Hainan should also be referred to this species.

Microtus gregalis (Pallas, 1778)

(Fig. 34)

Holotype Unknown.

Type Locality East of Chulym River, Siberia, Russia.

Referred Specimens Dagou, Shangkushui Village, Huacha Township, Yuzhong County, Gansu: 1 left mandible with m1–2 (G.V. 91-013).

Age of Referred Specimens Late Pleistocene.

Diagnosis (Revised) Cranium remarkably narrow. 6 footpads. Karyotype: $2n = 36$. M1–3 with a length between 5.50–6.80 mm. Upper incisor with a shallow longitudinal groove developed on the anterior surface. M3 with 3 closed Ts and a C-shaped PL posterior to AL; 3 BSAs and 2 BRAs, 4 LSAs and 3 LRAs. m1 with 5 closed Ts and a trilobed ACC, 1 rounded BSA, 1 pointed LSA, and shallow buccal and lingual re-entrant angles developed on ACC, so totally 6 LSAs and 5 LRAs, 5 BSAs and 4 BRAs; Is 1–6 tightly closed. m3 without remarkable BSA3.

Remarks Fossils of *Microtus gregalis* are scarce in China. The fossil materials from Yuzhong, Gansu (Fig. 34) show that m1 (2.80 mm in length) has 5 alternate and closed Ts and a trilobed ACC anterior to PL, and that m2 (1.70 mm in length) has 4 closed Ts anterior to PL. The dimensions of these specimens are comparable to those of the extant specimens (m1 length 2.72 mm, m2 length 1.52 mm), but the bigger ACC of m1, especially the short AC2, is somewhat different from the extant specimens. Due to scarcity of fossil materials, the opinion of Xie et al. (1994) is adopted here, and the specific name is retained.

Microtus maximowiczii (Schrenk, 1858)

(Fig. 35)

Microtus cf. *maximowiczii*: Zheng et Han, 1993, p. 79, tab. 17, textfig. 49

Holotype Unknown.

Type Locality Mouth of Omutnaya River, the upper reaches of Amur River, eastern Siberia.

Referred Specimens Jinniushan Man Site, Xitian Village, Yong'an Town, Yingkou City, Liaoning: anterior portion of 7 crania with incisors and left and right M1–3 (Y.K.M.M. 18, 18.1–6), 10 left and 8 right mandibles with m1–3, 2 left and 6 right mandibles with m1–2, 2 right mandibles with m1 (Y.K.M.M. 18.7–34).

Age of Referred Specimens Middle Pleistocene.

Diagnosis (Revised) Size medium to large. Interorbital crest strongly developed. Posterior margin of palatine with a bone bridge. 6 footpads. M3 with 3 closed Ts (the lingual one bigger) and a C-shaped PL posterior to AL, consequently 4 LSAs and 3 LRAs, 3 BSAs and 2 BRAs. m1 with 5 closed Ts and a trilobed ACC anterior to PL, AC2 with weak LSA5 and BSA4 and shallow LRA5 and BRA4; Is 1–5 100% closed, Is 6 mostly closed, Is 7 not closed. M3 with strongly developed BSA3.

Remarks Some measurements of the Jinniushan specimens: ① diastema length 8.80 mm (8.20–9.60 mm, $n = 7$); ② zygomatic width 16.40 mm (16.00–16.80 mm, $n = 2$); ③ interorbital width 4.00 mm (3.80–4.10 mm, $n = 3$); ④ M1–3 length 6.40 mm (6.16–6.70 mm, $n = 6$); ⑤ m1–3 length 6.49 mm (5.90–7.00 mm, $n = 13$). Corresponding measurements of 21 extant specimens of the species: ① 8.9 mm (8.2–9.5 mm); ② 15.5 mm (14.3–17.1 mm); ③ 3.7 mm (3.5–4.0 mm); ④ 6.2 mm (5.7–6.6 mm); ⑤ 6.2 mm (6.0–6.6 mm) (Luo et al., 2000). The above two sets of measurements are consistent with each other.

Based on the rule of priority, *Microtus maximowiczii* (Schrenk, 1858) should be retained, whereas *M. ungurensis* Kaščenko, 1912 from the same region should be considered as invalid.

Microtus minoeconomus Zheng et Cai, 1991

(Fig. 36)

Microtus epiratticeps: Teilhard de Chardin, 1936, p. 17, fig. 7A, B

Microtus cf. *ratticepoides*: Zheng et Cai, 1991, p. 112, figs. 4(17, 21), 6II, tabs. 3–5; Cai et al., 2004, p. 277, tab. 2

Holotype Right m1 (GMC V 2060).

Hypodigm 11 left and 9 right m1s, 1 left and 1 right m2s, 2 left m3s, 7 left and 6 right M1s, 2 left M2s, 1 left M3 (GMC V 2061.1–40).

Type Locality and Horizon The Danangou section of Dongyaozitou Village, Beishuiquan Town, Yuxian County, Hebei; Layer 13 (= Layer DO-6) (Lower Pleistocene, ~1.44 Ma).

Referred Specimens The Danangou section of Dongyaozitou Village, Beishuiquan Town, Yuxian County, Hebei: Layer 9, 3 left and 6 right m1s (IVPP V 23149.1–3, 6–11), 2 left and 1 right M1s (IVPP V 23149.28–29, 37), 2 left and 1 right m1s (IVPP V 23149.4–5, 12), 5 left m2s (IVPP V 23149.13–17), 4 left and 6 right m3s (IVPP V 23149.18–27), 7 left and 1 right M1s (IVPP V 23149.30–36, 38), 7 left and 2 right M2s (IVPP V 23149.39–47), 4 left and 7 right M3s (IVPP V 23149.48–58); Layer 12, 1 left and 3 right mandibles with m1–2 (IVPP V 23149.59–62), 3 left and 2 right mandibles with m1 (IVPP V 23149.63–67), 9 left and 8 right m1s (IVPP V 23149.69–85), 10 left and 7 right m2s (IVPP V 23149.87–103), 2 left and 2 right m3s (IVPP V 23149.105–108), 17 left and 14 right M1s (IVPP V 23149.110–140), 6 left and 1 right M2s (IVPP V 23149.142–148), 2 left and 3 right M3s (IVPP V 23149.150–154); Layer 13, 1 left m1 (IVPP V 23149.68), 1 left m2 (IVPP V 23149.86), 1 left m3 (IVPP V 23149.104), 1 left M1 (IVPP V 23149.109), 1 left M2 (IVPP V 23149.141), 1 left M3 (IVPP V 23149.149); Layer 14, 1 left m1, 1 left m2 (IVPP V 23149.155–156); Layer 15, 5 left and 4 right m1s (IVPP V 23149.157–165), 2 left and 1 right m2s (IVPP V 23149.166–168), 8 left and 5 right M1s (IVPP V 23149.169–181), 4 left and 2 right M2s (IVPP V 23149.182–187), 3 left and 6 right M3s (IVPP V 23149.188–196); Layer 16, 3 left and 4 right m1s (IVPP V 23149.197–203), 6 left and 7 right m2s (IVPP V 23149.204–216), 2 left and 4 right m3s (IVPP V 23149.217–222), 3 left and 6 right M1s (IVPP V 23149.223–231), 6 left and 9 right M2s (IVPP V 23149.232–246), 5 left and 6 right M3s (IVPP V 23149.247–257); Layer 18, 5 left and 6 right m1s (IVPP V 23149.258–268), 4 left and 3 right m2s (IVPP V 23149.269–275), 9 left and 9 right m3s (IVPP V 23149.276–293), 8 left and 7 right M1s (IVPP V 23149.294–308), 9 left and 1 right M2s (IVPP V 23149.309–318), 7 left and 10 right M3s (IVPP V 23149.319–335), 15 left and 16 right m1s (IVPP V 23149.336–366), 14 left and 14 right m2s (IVPP V 23149.367–394), 15 left and 7 right m3s (IVPP V 23149.395–416), 17 left and 8 right M1s (IVPP V 23149.417–441), 7 left and 18 right M2s (IVPP V 23149.442–466), 10 left and 10 right M3s (IVPP V 23149.467–486); Layer DO-7 (= Layer 18), 2 left and 1 right m1s, anterior portion of 2 right m1s, 1 left and 1 right m2s, anterior portion of 1 left m2, 3 left m3s, anterior half of 2 left m3s, 2 right M1s, 2 left and 1 right M2s, posterior half of 1 right M2, 1 right M3 (GMC V 2062.1–20). The Niutoushan section, Pulu Village, Beishuiquan Town, Yuxian County, Hebei: Layer 15, 1 right m1 (IVPP V 23150.1); Layer 16, 5 right M1s, 1 right M2, 1 right M3 (IVPP V 23150.2–8). Layer F11 of the Tai'ergou east section, Xiaodukou Village, Huashaoying Town, Yangyuan County, Hebei: 1 left m1 with damaged AC, 1 left M3 with damaged anterior lobe (IVPP V 18815.1–2). Haimao Village, Ganjingzi District, Dalian City, Liaoning: 5 left mandibles (DH 89100.1–5), 4 right mandibles (DH 89101.1–4), 2 M3s and 40 lower molars (DH 89102.1–42). Loc. 9 of Zhoukoudian, Beijing: 3 left and 1 right m1s (IVPP RV 36333.1–4).

Age of Referred Specimens Early Pleistocene (~1.67–0.87 Ma).

Diagnosis (Revised) Molar morphology similar to *Microtus oeconomus*, but with smaller size; m1 (mean length 2.53 mm, see Table 4 for range) with 9% closed Is 5–6 (Table 2, Table 3), AC2 without trace of

LRA5; SDQ$_P$ 66, indicative of negative differentiation (see Table 4 for range).

Remarks *Microtus minoeconomus* is the earliest species of the genus (Early Pleistocene) in China or even worldwide. It differs from the Middle and Late Pleistocene *Microtus oeconomus* from Loc. 1, Loc. 3, and Upper Cave of Zhoukoudian in its size (Zheng et Cai, 1991: fig. 29). It is very similar to *M. ratticepoides* Hinton, 1923b from the Cromerian Upper Freshwater Bed of England in the primitive feature of m1 lacking LRA5, but different from *M. oeconomus* (= *M. epiratticeps*) from Zhoukoudian area. 81 out of 86 m1s from Loc. 1 of Zhoukoudian have LRA5; and all 26 m1s from Loc. 3 of Zhoukoudian have LRA5 (Zheng et Cai, 1991). It is also different from the Middle and Late Pleistocene *M. epiratticepoides* from Japan (100% of its m1s with a LRA5) (Kawamura, 1988).

The magnetostratigraphic ages of Layers 9, 12, 13, 14, 15, 16, and 18 of the Danangou section are 1.67 Ma, 1.49 Ma, 1.44 Ma, 1.35 Ma, 1.14 Ma, 1.00 Ma, and 0.87 Ma, respectively. That of Layer F11 of the Tai'ergou east section is 1.63 Ma. Consequently, the geological age of this species roughly ranges about 1.67–0.87 Ma.

Microtus mongolicus (Radde, 1861)

(Fig. 37)

Microtus epiratticeps: Pei, 1940, p. 46, figs. 19I3, 21a, b2, pl. II, figs. 12–15

Holotype In the original description of Radde (1861), the holotype of this species was not mentioned, but Vinogradov et Obolensky (1927, p. 235) stressed that the only original specimen measured by them was in very bad condition. The specimen is probably still housed in the museum of St. Petersburg Academy of Sciences (Leningrad).

Type Locality Vicinity of Hulun Lake, Hulun Buir City, Inner Mongolia.

Referred Specimens Upper Cave of Zhoukoudian, Beijing: 1 right M1–3 molar row (IVPP RV 40147; Pei, 1940: fig. 19I3), 1 left and 1 right m1–3 molar rows (IVPP RV 40148.1–2; Pei, 1940: fig. 21b1–2), 1 right m1–2 molar row (IVPP RV 40148.3; Pei, 1940: fig. 21a).

Age of Referred Specimens Late Pleistocene.

Diagnosis (Revised) Medium-sized. Karyotype: $2n$ = 50. 5 footpads. M2 without LSA4. M3 with 3 closed Ts and a short C-shaped PL posterior to AL, consequently 3 BSAs and 2 BRAs, 4 LSAs and 3 LRAs. m1 with 5 closed Ts and a relatively robust ACC anterior to PL; ACC remarkably broad, with shallow LRA5 and BRA4; Is 1–6 tightly closed, Is 7 not closed. m3 clearly with BSA3.

Remarks Some specimens of "*Microtus epiratticeps* (*Microtus brandtoides*)" from Upper Cave of Zhoukoudian (Pei, 1940: fig. 19I3, M1–3 length 6.00 mm; fig. 21b1–2: m1–3 length 6.05–6.95 mm) have similar size to extant specimens of *M. mongolicus* (Luo et al., 2000: M1–3 length 6.2 mm, ranging 5.7–7.0 mm; m1–3 length 6.1 mm, ranging 5.6–6.7 mm). Furthermore, they also completely have the same molar morphology (Fig. 37).

Microtus oeconomus (Pallas, 1776)

(Fig. 38)

Arvicola (*Microtus*) *strauchi*: Young, 1927, p. 42

Microtus cf. *ratticeps*: Boule et Teilhard de Chardin, 1928, p. 88, fig. 22A

Microtus epiratticeps: Young, 1934, p. 101, figs. 41–43, pl. IX, figs. 1, 2, 5, 6, 9 (partim); Pei, 1936, p. 70, pl. VI, figs. 1–4; Pei, 1940, p. 46, fig. 20(1, 2), pl. II, figs. 4–6; Teilhard de Chardin et Leroy, 1942, p. 33 (partim); Zhang et al., 1980, p. 156; Huang, 1981, p. 99; Huang et al., 1984, p. 235; Zheng et al., 1985a, p. 110; Zhang et al., 1985, p. 73; Liaoning Provincial Museum et Benxi City Museum, 1986, p. 36, tabs. 15–17, pl. VII, fig. 1

Holotype Unknown.

Type Locality Ishim Valley, Siberia, Russia.

Referred Specimens Xarusgol, Uxin Banner, Inner Mongolia: 1 right mandible with m1–2 (IVPP RV 28033). Zhoukoudian, Beijing: Loc. 1, 9 broken crania, 237 left and 262 right mandibles (Cat.C.L.G.S.C.Nos.C/C. 1415, C/C. 1416, C/C. 1421, C/C. 1426, C/C. 1751,, C/C. 1768); Loc. 3, 16 broken crania, 1660 mandibles and numerous isolated teeth (Cat.C.L.G.S.C.Nos.C/C. 2590–2599); Upper Cave, 1 left mandible with m1–2 (IVPP RV 40149), 1 left m1 (IVPP RV 40150.1), 1 left m2 (IVPP RV 40150.2). Loc. 77086 on the south bank hillside of Yingde'erhai Lake, Gonghe County, Qinghai: 1 left and 1 right m1s (IVPP V 6042.1–2). Jinniushan Man Site, Xitian Village, Yong'an Town, Yingkou City, Liaoning: 1 cranium articulated with mandibles (Y.K.M.M. 19), anterior portion of 64 crania with left and right M1–3 (Y.K.M.M. 19.1–64), 29 maxillae with M1–3 (Y.K.M.M. 19.65–93), 114 left and 128 right mandibles with m1–3 (Y.K.M.M. 19.94–335). Layer T18 of the Tai'ergou east section, Xiaodukou Village, Huashaoying Town, Yangyuan County, Hebei: 1 right M3 (IVPP V 18816).

Age of Referred Specimens Middle – Late Pleistocene (~0.60–0.09 Ma).

Diagnosis (Revised) Medium-sized. Posterior margin of palatine with a bone bridge. 6 footpads. Upper incisor with a shallow longitudinal groove. Karyotype: $2n = 30–32$. M3 with 3 closed Ts and a short C-shaped PL posterior to AL. m1 with 4 closed Ts anterior to PL, T5 confluent with the trilobed ACC; BSAs markedly smaller than LSAs; LSA5 and LRA5 on ACC more developed than BSA4 and BRA4, consequently 5 LSAs, 4 BRAs, 4–5 BSAs, and 3–4 BRAs; Is 1–5 100% closed, Is 6–7 not closed (Table 2, Table 3); SDQ_P 78 (see Table 4 for range). m3 with developed BSA3.

Remarks *Mus oeconomus* Pallas, 1776 was proposed earlier, and *Arvicola ratticeps* Keyserling et Blasius, 1841 was proposed later. Ellerman (1941) used *oeconomus* as a species group name. According to ICZN, the name *Microtus ratticeps* should be replaced by *Mi. oeconomus* (Pallas, 1776).

Fossils of *Microtus oeconomus* have been recovered from many localities in North China. Luo et al. (2000) thinks the fossil species *Microtus epiratticeps* Young, 1934 based on materials from Loc. 1 of Zhoukoudian is a synonym of the extant species *M. oeconomus*, because all the diagnostic morphological features of the former are also present in extant *M. oeconomus*. Based on size and especially a remarkable LRA5 on the anterolingual side of ACC (Young, 1934: fig. 30), all the Middle and Late Pleistocene materials have been referred to this extant species (Zheng et Cai, 1991; Zheng et Han, 1993).

Mimomys Forsyth Major, 1902

Microtomys: Méhely, 1914, p. 209

Kislangia: Kretzoi, 1954, p. 247

Cseria: Kretzoi, 1959, p. 242

Hintonia: Kretzoi, 1969, p. 185

Tianshanomys: Lychev et Savinov, 1974, p. 48

Pusillomimus: Rabeder, 1981, p. 292

Tcharinomys: Kozhamkulova et al., 1987, p. 98

Type Species *Mimomys pliocaenicus* Forsyth Major, 1902 (Val d'Arno, northern Italy, Lower Pleistocene fluvio-lacustrine deposits)

Diagnosis (Revised) Molars rooted, each upper molar with 3–2 roots; except in very primitive forms, re-entrant angles usually filled with cement. Except in very primitive forms, height of sinuses/sinuids usually >0. m1 with 3 alternately arranged Ts and complicated ACC anterior to PL; ACC with PF, MR, and IF developed from back to front on its buccal side; in primitive forms, EI usually formed at the apex of IF;

more primitive form with lesser degree of Is closedness (Table 2, Table 3); SDQ usually greater than 100, more primitive forms with SDQ closer to 100 (Table 4). M3 usually with 3 BSAs and 2 BRAs, 3 LSAs and 2 LRAs; in primitive forms, BRA1 and LRA3 capable of forming long-lasting anterior and posterior EI, respectively. In primitive forms, lower incisor passing from lingual to buccal side of the lower molar row beneath the posterior root of m2, whereas between m2 and m3 in derived forms.

Known Species in China *Mimomys* (*Aratomys*) *asiaticus* (Jin et Zhang, 2005), *M.* (*A.*) *bilikeensis* (Qiu et Storch, 2000), *M.* (*A.*) *teilhardi* Qiu et Li, 2016, *M.* (*Cromeromys*) *gansunicus* Zheng, 1976, *M.* (*C.*) *irtyshensis* (Zazhigin, 1980), *M.* (*C.*) *savini* Hinton, 1910, *M.* (*Kislangia*) *banchiaonicus* Zheng et al., 1975, *M.* (*K.*) *peii* Zheng et Li, 1986, *M.* (*K.*) *zhengi* (Zhang, Jin et Kawamura, 2010), *M.* (*Mimomys*) *orientalis* Young, 1935a, *M.* (*M.*) *youhenicus* Xue, 1981, *M.* (*M.*) *nihewanensis* Zheng, Zhang et Cui, 2019, *Mimomys* (*K.*) sp.

Distribution and Age Inner Mongolia, Gansu, Shaanxi, Shanxi, Hebei, Anhui, and Chongqing; Early Pliocene – Early Pleistocene.

Remarks The earliest record of *Mimomys* is the late Pavlodaran (~5.00 Ma) *M. antiquus* (Zazhigin, 1980) from the southern end of West Siberia, Russia and 100 km north of Petropavlovsk, Kazakhstan. The species was referred to *Promimomys* Kretzoi, 1955a when first established by Zazhigin (1980) due to its high degree of brachydonty, namely the buccal sinuous line or the crown/root boundary very low and flat, even lower than the bottoms of RAs on the same side. However, its complicated occlusal morphology, especially development of PF, MR, IF, and EI, undoubtedly indicates it should belong to *Mimomys* Forsyth Major, 1902 (Repenning, 2003). The species then dispersed eastwards into North America, and westwards into Europe, and independently evolved into various lineages.

There are 8 species in North America including *Mimomys* (*Cromeromys*) *dakotaensis* Martin, 1989, *M.* (*C.*) *virginianus* Repenning et Grady, 1988, *M. sawrockensis* (Hibbard, 1957), *M. taylori* (Hibbard, 1959), *M. meadensis* (Hibbard, 1956), *M.* (*Cosomys*) *primus* (Wilson, 1932), *M.* (*Ogmodontomys*) *transitionalis* (Zakrzewski, 1967), and *M.* (*O.*) *poaphagus* (Hibbard, 1941).

There are 17 species in Europe including *Mimomys* sp., *M.* (*Cromeromys*) *savini* Hinton, 1910, *M.* (*Cseria*) *gracilis* (Kretzoi, 1959), *M.* (*Kislangia*) *cappettai* Michaux, 1971, *M.* (*K.*) *rex* (Kormos, 1934b), *M.* (*Mimomys*) *hassiacus* Heller, 1936, *M.* (*M.*) *malezi* Rabeder, 1983, *M.* (*M.*) *medasensis* Michaux, 1971, *M.* (*M.*) *ostramosensis* Jánossy et van der Meulen, 1975, *M.* (*M.*) *pliocaenicus* Forsyth Major, 1902, *M.* (*M.*) *polonicus* Kowalski, 1960a, *M.* (*M.*) *stehlini* Kormos, 1931, *M. pitymyoides* Jánossy et van der Meulen, 1975, *M.* (*Pusillomimus*) *pusillus* (Méhely, 1914), *M.* (*P.*) *reidi* Hinton, 1910, *M.* (*Tcharinomys*) *tigliensis* Tesakov, 1998, and *M.* (*T.*) *tornensis* Jánossy et van der Meulen, 1975 (Kowalski, 2001).

Besides the species in China, there are another 11 species in Asia including *Mimomys antiquus* (Zazhigin, 1980), *M.* (*Aratomys*) *multifidus* (Zazhigin, 1980), *M.* (*A.*) *kashmiriensis* Kotilia, 1985, *M.* (*Cromeromys*) *irtyshensis* (Zazhigin, 1980), *M.* (*C.*) *savini* Hinton, 1910, *M.* (*Cseria*) *gracilis* (Kretzoi, 1959), *M.* (*Mimomys*) *polonicus* Kowalski, 1960a, *M.* (*M.*) *pliocaenicus* Forsyth Major, 1902, *M.* (*M.*) *coelodus* Kretzoi, 1954, *M.* (*Pusillomimus*) *reidi* Hinton, 1910, and *M.* (*P.*) *pusillus* (Méhely, 1914) (Zazhigin, 1980).

The following genera are all taken as subgenera of the genus *Mimomys* here, probably each representing a different evolutionary lineage: *Microtomys* Méhely, 1914, *Cosomys* Wilson, 1932, *Ogmodontomys* Hibbard, 1941, *Kislangia* Kretzoi, 1954, *Cseria* Kretzoi, 1959, *Katamys* Kretzoi, 1962, *Ophaiomys* Hibbard et Zakrzewski, 1967, *Hintonia* Kretzoi, 1969, *Tianshanomys* Savinov, 1974, *Pusillomimus* Rabeder, 1981, *Aratomys* Zazhigin, 1977, *Cromeromys* Zazhigin, 1980, and *Tcharinomys* Savinov et Tyutkova, 1987.

In China, the genus *Mimomys* contains four subgenera including *Aratomys*, *Cromeromys*, *Kislangia*, and

Mimomys.

The first arvicoline fossils in China were found in Xiashagou Village, Nihewan, Hebei, and were identified as Arvicolidae gen. indet. (Teilhard de Chardin et Piveteau, 1930). Kormos (1934a) later named them as *Mimomys chinensis*. Zazhigin (1980) referred the species to the genus *Villanyia*. Flynn et al. (1991) thought the species should be transferred to the genus *Borsodia*, which is now a widely accepted opinion.

The first record of *Mimomys* in China is *M. orientalis* Young, 1935a from Dongyan Village, Pinglu County, Shanxi. It was not until the 1970s that more *Mimomys* species were discovered one after another. Their molars are rooted; different from primitive forms, m1 of *Mimomys* has PF, MR, and IF developed on the buccal side of ACC, and EI formed at the apex of IF; different from derived forms, PF, MR, and EI on m1 of *Mimomys* disappear soon due to tooth wear. *Mimomys* is a very important indicator for precise correlations of the Pliocene – Pleistocene chronostratigraphy.

Mimomys (*Aratomys*) *asiaticus* (Jin et Zhang, 2005)

(Fig. 39)

Promimomys asiaticus: Jin et Zhang, 2005, p. 327, tab. 1, figs. 1–2

Holotype Right mandible with incisor and m1–2 (IVPP V 14006).

Type Locality and Horizon Xindong Cave, Daju Mountain, Bagongshan District, Huainan City, Anhui; Layer 3, Lower Pliocene.

Diagnosis (Revised) Medium-sized. Mandibular mental foramen anteriorly positioned, tip of lower incisor higher than the occlusal surface of lower molar row. Enamel band without remarkable differentiation in occlusal view; no cement in re-entrant angles; undulation of buccal sinuous line stronger than the lingual side, the peaks of sinuous line slightly higher than the lowest points of RAs on the same side. ACC of m1 (~2.72 mm in length) semi-circular, without trace of PF, MR, IF, and EI; apices of LRA3 and BRA2 obliquely opposite to each other; Is 1 and Is 3 100% closed, Is 2 and Is 4–5 not closed (Table 2, Table 3); HH-Index around 0.51; parameters E, E_a, and E_b ~0.80 mm, ~0.60 mm, and ~0.55mm, respectively.

Remarks Judging from the morphological characteristics such as crown height much smaller than root length, simple ACC, no MR, PF, IF, and EI, and thick and less differentiated enamel band, the holotype of the species should represent an old individual, but not "instead of an old one" (Jin et Zhang, 2005). Judging from the buccal and lingual sinuous lines of m1, the Dajushan specimen should be referred to *Mimomys* but not *Promimomys*, because: ① the sinuous line undulation of both European species (*P. cor* Kretzoi, 1955a, *P. microdon* Jánossy, 1974, and *P. insuliferus* Kowalski, 1958) and North American species [*P. minus* (Shotwell, 1956)] is weak; ② the sinuous line is positioned lower than bottoms of the re-entrant angles on the same side; and ③ the heights of all sinuses and/or sinuids all have minus values. Judging from Fig. 39, the m1 representing "*Promimomys*" *asiaticus* has positive Hsd, Prsd, Pmsd, and Asd on the buccal side and Hsld and Pasd on the lingual side higher than bottoms of re-entrant angles on the same side. They fall in the variation ranges of corresponding sinuses and/or sinuids of *M. teilhardi*, and slightly greater than those of *M. bilikeensis* (Qiu et Li, 2016). Therefore, *M. bilikeensis* should be the most primitive arvicoline in China. The specific name "*asiaticus*" is tentatively retained here, but, as for the generic name, "*Mimomys*" is preferred over "*Promimomys*". The taxonomic placement is, of course, open to revision when more fossil materials are available.

Mimomys (*Aratomys*) *bilikeensis* (Qiu et Storch, 2000)

(Fig. 40)

Aratomys bilikeensis: Qiu et Storch, 2000, p. 195, tab. 24, pl. 8, figs. 26–31; Zhang et Zheng, 2001, p. 58, fig. 1; Zheng et

Zhang, 2001, p. 222, fig. 3

Mimomys bilikeensis: Kawamura et Zhang, 2009, p. 4, tab. 1

Mimomys cf. *M. bilikeensis*: Zhang et al., 2011, p. 622, figs. 1A–D

Holotype Left m1 (IVPP V 11909).

Hypodigm Paratypes of Qiu et Storch (2000): 5 maxillae with M1, 10 mandibles with m1–2, 28 mandibles with m1, 8 mandibles with m2, 1 mandible with m3, 311 M1s, 35 M2s, 348 M3s, 270 m1s, 341 m2s, 354 m3s (IVPP V 11910.1–2031).

Type Locality and Horizon Longgupo of Bilike Village, Huade County, Inner Mongolia; Lower Pliocene (~4.80–4.63 Ma).

Referred Specimens The Loc. 72074(4) section, Xiaoshigou, Leijiahe Village, Shaozhai Town, Lingtai County, Gansu: L5-3, 1 damaged left m1, 1 right m2, 1 left m3 (IVPP V 18075.1–3); L5-2, 1 left and 1 right M2s, 1 right m2, 1 left m3 (IVPP V 18075.4–7).

Age of Referred Specimens Early Pliocene (~4.80–4.58 Ma).

Diagnosis (Revised) Small-sized. No cement in re-entrant angles of molars. 100% of M1 and M2, 69% of M3 with 3 roots (Table 5). m1 (mean length 2.46 mm, see Table 4 for range) with a mushroom-shaped ACC, MR small or not developed, EI and MR with a height half of the crown; EI formed by a medial (mostly) or lingual (rarely) fold extending into ACC, also called "pseudoschmelzinsel"; closedness percentage of Is 1–4 around 100%, 0, 37%, and 80%, respectively, Is 5–7 not closed (Table 2, Table 3); SDQ_P ~120, indicating negative differentiation (see Table 4 for range); mean of HH-Index 0.22, mean of E 0.64 mm, mean of E_a 0.52 mm, mean of E_b 0.28 mm (see Table 6 for range). M3 (mean length 1.60 mm, see Table 7 for range) only with posterior EI. M1 (mean length 2.18 mm, see Table 7 for range) with mean PAA-Index being 0.32, mean PA-Index being 0.36 (see Table 7 for range).

Remarks *Mimomys* (*Aratomys*) *bilikeensis* is more primitive than *M.* (*A.*) *multifidus*, the type species of the subgenus, from locality Chono-Khariakh of Mongolia, because: ① 10% of m1 of *M.* (*A.*) *bilikeensis* has 3 roots, whereas all m1 of the latter has 2 roots; ② m1 of *M.* (*A.*) *bilikeensis* has an EI formed on the lingual side of ACC, whereas the latter has one formed in the middle of ACC (Qiu et Storch, 2000).

The fossil materials from Xiaoshigou, Lingtai, Gansu were originally identified as "*Aratomys bilikeensis*" (Zhang et Zheng, 2001). Zhang et al. (2011) referred to it as *Mimomys* cf. *M. bilikeensis* due to the scarcity of fossil materials, especially the incompleteness of morphologically significant ACC. However, because it shows primitive characteristics consistent with the Bilike specimens, this form is referred to *M.* (*A.*) *bilikeensis* here.

The original genus *Aratomys* is now considered as a subgenus of *Mimomys* (Repenning, 2003). Repenning (2003) compared *M.* (*A.*) *bilikeensis* with *M.* (*Cseria*) *gracilis* from Węże of Poland, Europe, and speculated that their age was about the same, namely ~4.00 Ma. However, due to smaller m1 and higher degree of brachydonty, the former should be more primitive than the latter, and accordingly older than the latter's ~4.00 Ma. Because the Bilike fauna can be correlated to the MN 14 faunas of Europe (Qiu et Storch, 2000; Qiu et Qiu, 2013; Qiu et Li, 2016), the age of *M.* (*A.*) *bilikeensis* should roughly be 4.90–4.20 Ma. This is consistent with the magnetostratigraphic age of L5-2 and L5-3 of 72074(4), Xiaoshigou (Zheng et Zhang, 2001: ~4.64–4.58 Ma).

Mimomys (*Aratomys*) *teilhardi* Qiu et Li, 2016

(Fig. 41)

Mimomys sp.: Tedford et al., 1991, p. 524, fig. 4; Flynn et al., 1991, p. 251, fig. 4, tab. 2; Flynn et al., 1997, p. 239, fig. 5; Liu et al., 2011, p. 231, fig. 1; Zhang, 2017, p. 154, fig. 12.1

Aratomys cf. *A. bilikeensis*: Li et al., 2003, p. 108, tab. 1 (partim)
Mimomys cf. *bilikeensis*: Qiu et al., 2013, p. 185, Appendix
Microtodon sp.: Li et al., 2003, p. 109, tab. 1

Holotype Left m1 (IVPP V 19896).

Hypodigm Paratypes of Qiu et Li (2116): 1 broken mandible with m1, 54 M1s, 58 M2s, 36 M3s, 58 m1s, 61 m2s, 47 m3s (IVPP V 19897.1–315).

Type Locality and Horizon Gaotege, Abag Banner, Inner Mongolia; DB02-1 locality, Lower Pliocene (= the upper Gaozhuang Formation, ~4.12 Ma).

Referred Specimens Gaotege, Abag Banner, Inner Mongolia: DB02-2, 2 damaged mandibles with m1–2, 32 M1s, 24 M2s, 11 M3s, 26 m1s, 27 m2s, 12 m3s (IVPP V 19898.1–134); DB02-3, 31 M1s, 28 M2s, 21 M3s, 24 m1s, 22 m2s, 22 m3s (IVPP V 19899.1–148); DB02-4, 11 M1s, 16 M2s, 5 M3s, 8 m1s, 8 m2s, 7 m3s, (IVPP V 19900.1–55); DB02-5, 1 damaged mandible with m1, 2 M1s (IVPP V 19901.1–3); DB02-6, 1 damaged mandible with m1, 3 M1s, 3 m1s, 3 m2s, 1 m3 (IVPP V 19902.1–11); DB03-1, 4 M1s, 9 M2s, 7 M3s, 9 m1s, 6 m2s, 6 m3s (IVPP V 19903.1–41). Yushe Basin, Shanxi: YS 4, 1 left m1, 1 left M3 (IVPP V 22607.1–2); YS 97, 1 left m1 (IVPP V 22608.1). Layer 16 of the Dongwan section (QA-III), Dongwan Village, Weidian Town, Qin'an County, Gansu: 1 left m1 (IVPP V 25241.1), 1 left m3 (IVPP V 25241.2).

Age of Referred Specimens Early Pliocene (~4.32–3.50 Ma).

Diagnosis (Revised) No cement in re-entrant angles of molars, the same as in *Mimomys bilikeensis*. Compared with *M. bilikeensis*, m1 of *M. teilhardi* with longer lasting EI, MR, and PF (a high proportion of the crown height in lateral view); length (mean length 2.56 mm, see Table 7 for range) greater than the former (mean length 2.42 mm, see Table 7 for range); Is 2–4 with higher closedness percentage, around 22%, 78%, and 94%, respectively (that of the former around 0, 37%, and 80%, respectively) (Table 3); SDQ_P 117, slightly smaller than the former (120) (see Table 4 for range); mean HH-Index remarkably larger, being 0.46 (that of the former 0.10) (see Table 7 for range); means of parameters E, E_a, and E_b being 0.99 mm, 0.92 mm, and 0.49 mm, respectively, greater than those of the former (0.70 mm, 0.50 mm, and 0.19 mm, respectively) (see Tables 6 for range). The two species with comparable mean length of M1, 2.18 mm and 2.22 mm, respectively (see Table 7 for range); mean PAA-Index of the latter markedly greater than the former (0.32 and 0.78, respectively), the same for PA-Index (0.36 and 0.76, respectively) (see Table 7 for range). 100% of M1 and M2 of both species with 3 roots; the percentage of M3 with 3 roots in the latter markedly greater than that in the former (~69% and ~6%–7%, respectively) (Table 5).

Remarks The above revised diagnosis shows that *Mimomys teilhardi* looks more derived than *M. bilikeensis* (Qiu et Li, 2016). Based on their shared primitive characteristics, such as small size, cementless molars, long lasting EI on m1 and M3, and so on, they should be referred to the subgenus *Aratomys*.

HH-Index, E, E_a, and E_b of m1 of *Mimomys asiaticus* are 0.51, 0.80 mm, 0.60 mm, and 0.55 mm, respectively. All fall within the variation range of those of *M. teilhardi* (0.20–1.00, 0.40–1.64 mm, 0.28–1.64 mm, and 0.14–1.12 mm, respectively). Qiu et Li (2016) consequently thought *M. asiaticus* was probably a synonym of *M. teilhardi*, but the former specific name should be tentatively retained. Compared with the widespread Eurasian species *M.* (*Cseria*) *gracilis*, *M. teilhardi* shows great similarities in small size (m1 from the type locality 2.40–2.50 mm in length), low sinuses/sinuids of m1, no cement in re-entrant angles of molars, and so on.

Although the materials of *Mimomys* sp. from the Dongwan section of Qin'an, Gansu reported by Liu et al. (2011) were scarce and fragmentary, the sinuous line pattern of m1 and m3 (Fig. 41F–G) is consistent with that from Gaotege (Fig. 41A, C).

The magnetostratigraphic ages of DB 02-2–4, DB 02-5–6, and DB 03-1 of Gaotege are 4.12 Ma, 4.32 Ma, and 3.85 Ma, respectively; that of YS 4 and YS 97 of Yushe are ~4.29 Ma and ~3.50 Ma, respectively; that of Layer 16 of the Dongwan section is 4.94 Ma. It is obvious that the ages of Yushe and Gaotege are close to each other, and more reliable accordingly. Therefore, the geological age of the species consequently ranges about 4.32–3.50 Ma.

Mimomys (*Cromeromys*) *gansunicus* Zheng, 1976

(Fig. 42)

Mimomys cf. *M. gansunicus*: Qiu et al., 2004, p. 22, fig. 12A–G; Jin et Liu, 2009, p. 180, tab. 4.37, fig. 4.42

Cromeromys gansunicus: Tedford et al., 1991, p. 524, fig. 4; Flynn et al., 1991, p. 251, fig. 4, tab. 2 (partim); Flynn et Wu, 2001, p. 197; Zheng et Zhang, 2000, p. 62, fig. 2; Zhang et Zheng, 2001, p. 58, tab. 1, fig. 1; Zheng et Zhang, 2001, p. 216, fig. 3; Cai et Li, 2004, p. 439; Cai et al., 2008, p. 131, fig. 3(7–8)

Mimomys (*Microtomys*) *gansunicus*: Shevyreva, 1983, p. 37

Mimomys hanzhongensis: Tang et al., 1987, p. 224, pl. I, fig. 5

Mimomys cf. *M. orientalis*: Tedford et al., 1991, p. 524, fig. 4 (partim)

Mimomys orientalis: Flynn et al., 1991, p. 251, fig. 4, tab. 2 (partim)

Mimomys irtyshensis: Flynn et al., 1997, p. 239, fig. 5 (partim); Flynn et Wu, 2001, p. 197 (partim)

Holotype Right m1 of an adult individual (IVPP V 4765).

Hypodigm 1 right maxilla with M1–2, 1 left and 2 right M2s (IVPP V 4765.1–4).

Type Locality and Horizon Jingou of Zhangqi, Tangqi Village, Xihuachi Town, Heshui County, Gansu; Lower Pleistocene (< 1.80 Ma).

Referred Specimens The Loc. 93001 section of Wenwanggou, Leijiahe Village, Shaozhai Town, Lingtai County, Gansu: WL15-2, 1 right m3 (IVPP V 18076.1); WL11-7, 3 right M3s, 1 left m1, 1 left m2 (IVPP V 18076.2–6); WL11-6, 1 left M1, 1 right M2, 1 left m1, 1 left m2, 1 left m3 (IVPP V 18076.7–11); WL11-5, 1 left and 2 right M2s, 1 right M3, 2 left m1s, 1 left and 1 right m3s (IVPP V 18076.12–19); WL11-4, 1 right M3, 1 left m2 (IVPP V 18076.20–21); WL11-3, 1 left M1, 1 left and 1 right M2s, 1 right M3, 1 left m1, 2 left m2s, 2 left and 1 right m3s (IVPP V 18076.22–31); WL11-2, 1 left M2, 1 damaged right M3 (IVPP V 18076.32–33); WL11-1, 1 damaged left mandible with m1–2 (IVPP V 18076.34); WL10-11, 2 left M1s, 1 right M2, 1 right m1 (IVPP V 18076.35–39); WL10-10, 1 left M1, 1 right M2, 2 left and 1 right M3s, 1 damaged right m1, 1 damaged left m2 (IVPP V 18076.40–46); WL10-8, 2 left and 3 right M1s, 1 left M2, 2 left M3s, 1 damaged right M3, 1 right m1, 1 left m2, 1 right m3 (IVPP V 18076.47–58); WL10-7, 1 right M3, 1 damaged left mandible with m1–3, 1 left m2 (IVPP V 18076.59–61); WL10-6, 1 left M1 (IVPP V 18076.62); WL10-5, 1 left m1 (IVPP V 18076.63); WL10-4, 1 damaged left m1, 1 damaged right m2, 1 right m3 (IVPP V 18076.64–66); WL10-2, 1 left M1, 1 right M3, 1 left m2 (IVPP V 18076.67–69); WL10-1, 1 damaged left M3 (IVPP V 18076.70); WL10, 1 left and 2 right M1s, 2 left and 2 right M2s, 1 left and 1 right m1, 1 right m3 (IVPP V 18076.71–81); WL8, 1 left and 2 right M3s, 1 right m2 (IVPP V 18076.82–85); WL8-1, 6 left M1s, 6 left and 1 right M2s, 3 left and 1 right M3s, 1 damaged right mandible with m1–2, 1 left and 1 right m1s, 2 damaged right m1s, 3 left and 1 right m2s, 3 left and 3 right m3s (IVPP V 18076.86–117). The Loc. 72074(4) section, Xiaoshigou, Leijiahe Village, Shaozhai Town, Lingtai County, Gansu: L1, 1 left mandible with m1–2 (IVPP V 18076.118). Longdan Village, Nalesi Town, Dongxiang County, Gansu: 1 juvenile left mandible with m1–2, 1 right m1, 1 right m2, 1 right M1, 1 right M3, 1 left M2–3 molar row, anterior portion of 1 left M2 (IVPP V 13528.1–8). Yangjiawan Village, Xinjiezi Town, Mianxian County, Shaanxi: 1 right mandible with m1–2 (SBV 84001). Loc. III of Majuangou Paleolithic Site, Cenjiawan Village, Datianwa Township, Yangyuan County, Hebei: 1 right m1, 1 left m2, 1 right M1, 1 right M3 (IVPP V 15278.1–4). The Donggou section, Qianjiashawa Village, Huashaoying Town, Yangyuan County, Hebei:

Layer 7 (>2.60 Ma), 1 left M2, 1 right M3 (IVPP V 23151.1–2); Layer 11 (<2.60 Ma), 2 left M1s, 1 left M2, 1 left M3 (IVPP V 23151.3–6); Layer 16, 1 left m1 (IVPP V 23151.7). Layer 12 of the Niutoushan section, Pulu Village, Beishuiquan Town, Yuxian County, Hebei: 1 left m2, 1 left M3 (IVPP V 23150.9–10). Yushe Basin, Shanxi: YS 5, 1 maxilla with left and right M1–2, 1 left M1, 1 left M2, 1 left and 1 right M3s, 1 right mandible with m1–3, 1 left mandible with m1–3, 1 right mandible with m1–3, 1 right mandible with m1–2, 1 left mandible with m1–2, 2 left and 1 right m1s (IVPP V 22611.1–13); YS 6, 1 right M2, 1 right m3, 1 right m2 (IVPP V 22612.1–3); YS 120, 1 left and 1 right M1s, 1 left M2, 2 left M3s, 1 left and 2 right m1s, 2 left and 1 right m3s (IVPP V 22613.1–11); YS 109, 1 left m1 (IVPP V 22614.1). Renzi Cave, Laili Mountain, Suncun Town, Fanchang, Anhui: 1 left mandible with m1–3, 23 mandibles with different number of molars, 3 maxillae with left and right M1–3, 1 maxilla with left and right M1–3, 2 maxillae with left and right M2–3, 108 m1s, 27 m2s, 22 m3s, 61 M1s, 32 M2s, 30 M3s (IVPP V 13990.1–310).

Age of Referred Specimens Early Pliocene – Early Pleistocene (~3.53–1.66 Ma).

Diagnosis (Revised) Medium-sized, m1 with mean length of 2.74 mm. Molars hypsodont, roots formed very late, re-entrant angles filled with abundant cement. m1 with broad IF extending to the base of the crown (= BRA3), without trace of PF, EI, and MR; mean E, E_a, and E_b being >3.33 mm, >3.20 mm, and >3.17 mm, respectively; mean HH-Index greater than 5.18 (Table 6); SDQ_P 144, indicating positive differentiation (see Table 4 for range); Is 1–4 100% closed, Is 5–7 not closed (Table 2, Table 3). Upper molars all with 2 roots.

Remarks "*Mimomys hanzhongensis*" from Yangjiawan, Mianxian, Shaanxi (m1 2.90 mm in length) described by Tang et Zong (1987) is comparable to the holotype of *M. gansunicus* from Jingou of Heshui, Ganus (m1 2.87 mm in length) in their size. m1 of both forms has a broad and shallow IF, and doesn't have EI, MR, and PF. Both forms have cement developed in the re-entrant angles. Based on these similarities, "*M. hanzhongensis*" should be regarded as a synonym of *M. gansunicus*. Likewise, "*Mimomys* cf. *M. gansunicus*" from Longdan, Dongxiang, Gansu described by Qiu et al. (2004) also has similar m1 morphology and high sinuses/sinuids (m1 2.50–2.70 mm in length).

"*Cromeromys* sp." from Loc. I of Majuangou Paleolithic Site, Cenjiawan, Datianwa, Yangyuan, Hebei is represented only by a M1 (V15288) with a broken AL, roots, and abundant cement [Cai et al., 2008: fig. 5(2)]. Its morphology should be the same as "*Cromeromys gansunicus*" from Loc. III of Majuangou Paleolithic Site [Cai et al., 2008: fig. 3(7–8)].

The magnetostratigraphic ages of WL8, WL10, WL11, and WL15-2 of Wenwanggou are 3.17 Ma, 3.41–3.25 Ma, 3.51–3.41 Ma, and 4.70 Ma, respectively (Zheng et Zhang, 2001); that of Loc. III of Majuangou Paleolithic Site is 1.66 Ma (Zhu et al., 2004); that of YS 6 (= YS 120) and YS 109 of Yushe are 2.26 Ma and 2.15 Ma, respectively (Opdyke et al., 2013). Consequently, the geological age of the species roughly ranges 4.70–1.66 Ma, but most likely 3.53–1.66 Ma. The specimen from WL15-2 maybe was collected from slope deposits, so its age is not meaningful.

Mimomys (*Cromeromys*) *irtyshensis* (Zazhigin, 1980)

(Fig. 43)

Cromeromys irtyshensis: Zazhigin, 1980, p. 109, figs. 23(1–4); Cai et al., 2007, p. 236, fig. 1, tabs. 1–3; Cai et al., 2013, p. 230, fig. 8.5

Mimomys cf. *youhenicus*: Zheng et Cai, 1991, p. 115, fig. 7(4–4a)

Holotype Right m1 (GINAHCCCP No. 950/5), housed in the Paleontological Institute, Russian Academy of Sciences.

Type Locality and Horizon Irtysh region, Russia; Upper Pliocene.

Referred Specimens The Niutoushan section, Pulu Village, Beishuiquan Town, Yuxian County, Hebei: Layer 9, 1 right m1 (GMC V 2065); Layer 15, 2 right m1, 1 left and 1 right m2s, 1 right M1, 1 right M2, 1 right M3 (IVPP V 26216.1–7). The Tai'ergou east section, Xiaodukou Village, Huashaoying Town, Yangyuan County, Hebei: Layer F05, posterior portion of 1 right m1; Layer F06, 1 left and 1 right M1s, 1 right M3, anterior portion of 1 right m1, 2 left m3s (IVPP V 18812.1–7); Layer T6, 1 right m2 (IVPP V 18812.8).

Age of Referred Specimens Late Pliocene (~2.76–2.58 Ma) – Early Pleistocene (~2.47 Ma).

Diagnosis (Revised) Size comparable to *Mimomys gansunicus*. m1 (~2.74 mm in length) with deep PF, pointed MR, and shallow IF, but without EI; parameters *E* greater than 2.80 mm, HH-Index greater than 5.02 (Table 6); closedness percentage of Is 1–7 the same as *M. gansunicus* and *M. savini* (Table 2, Table 3); SDQ_P ~127, indicating positive differentiation (Table 4). M3 without anterior and posterior EI, height of As ~1.13 mm, height of Pas ~0.87 mm, height of Ds ~1.00 mm, height of Prs ~0.60 mm.

Remarks The m1 from Layer 9 of the Niutoushan section of Yuxian was formerly described as "*Mimomys* cf. *youhenicus*" (Zheng et Cai, 1991), but later was referred to as "*Cromeromys irtyshensis*" without further explanation (Cai et al., 2007, 2013). Its morphology is consistent with *Mimomys* (*Cromeromys*) *irtyshensis* in development of MR and cement in re-entrant angles, hypsodonty, and lack of EI, and so on. Although the Tai'ergou specimens of Yangyuan are fragmentary, but the m1 (length greater than 2.33 mm) has a MR, and the Hys height of the M3 is also comparable to that of *M.* (*C.*) *irtyshensis*. Although the size of this species is comparable to that of *M.* (*C.*) *gansunicus* (m1 length of both being 2.74 mm), it differs from the latter in the development of MR, less development of cement, lower degree of hypsodonty, and smaller SDQ_P.

The magnetostratigraphic ages of Layers F05, F06, and T6 are 2.58 Ma, 2.47 Ma, and 2.76 Ma, respectively (according to the information provided by Prof. Wang Yong of the Institute of Geology, Chinese Academy of Geological Sciences), which are the only chronological records of the species.

Mimomys (*Cromeromys*) *savini* Hinton, 1910

(Fig. 44)

Mimomys cf. *intermedius*: Zheng et Li, 1986, p. 92, fig. 6a, pl. I, fig. 2

Holotype Right m1 (B.M. No. M 6986b), belonging to the collection of Mr. A. C. Savin.

Type Locality and Horizon West Runton, Norfolk, England; Upper Freshwater Bed (Cromerian).

Referred Specimen Zhaojiayan, Changdaju Village, Lishi District, Lüliang City, Shanxi (the lower part of Wucheng Loess): 1 right mandible with m1–3 (IVPP V 8111).

Age of Referred Specimens Early Pleistocene.

Diagnosis Medium-sized. Lower incisor crossing the lower molar row between m2 and m3. Leng of m1–3 7.00–8.50 mm. Molars hypsodont, development of roots very late, differentiation of enamel band strong, re-entrant angles filled with cement. m1 with short-lasting PF, MR, and EI, fading away with slight occlusal wear; closedness percentage of Is 1–7 comparable to that of *M. gansunicus* and *M. irtyshensis*.

Remarks The only referred specimen was once described as "*Mimomys* cf. *intermedius*" (Zheng et Li, 1986). Taking account of the morphological characteristics that the lower incisor crosses the lower molar row between m2 and m3, that re-entrant angles are filled with abundant cement, and that the m1 (3.20 mm in length) has a shallow BRA3 and no PF and MR, it is comparable in morphology to the European species *Mimomys intermedius*, plus similar size of the specimen (m1–3 7.17 mm in length) to the latter species (m1–3 7.00–8.50 mm in length). However, the fact that three sympatric species, namely *M. intermedius*, *M. majori*, and *M. savini* occur in Upper Freshwater Bed of England can hardly be explained by ecological rules. As a result, many researchers think they should be referred to one species, and only *M. savini* should be retained (Kowalski, 2001).

Mimomys (*Kislangia*) *banchiaonicus* Zheng et al., 1975

(Fig. 45)

Mimomys sp. 2：Zheng et Li, 1986, p. 95, fig. 4b

Holotype Left m1 of an old individual (IVPP V 4755).

Type Locality and Horizon Loc. 73120 of Langgou, Banqiao Town, Heshui County, Gansu; the loess basal conglomerate layer of Upper Pliocene.

Referred Specimens Youhe River, Weinan City, Shaanxi: anterior portion of 1 right m1 (NWU V 75 渭①1.3).

Age of Referred Specimens Late Pliocene (~3.04–2.58 Ma).

Diagnosis (Revised) Large-sized. Molars relatively brachydont, re-entrant angles filled with abundant cement. m1 (~3.90 mm in length) with a considerably short and broad ACC, EI short-lasting, but IF, PF, and MR strong, extending almost to the base of the crown; Asd, Hsd, and Hsld penetrating the crown, other sinuids relatively high but all lower than occlusal surface; Is 1 and Is 3–4 100% closed, Is 2 not closed (Table 2, Table 3); SDQ_P 137, indicating positive differentiation (Table 4); HH-Index greater than 3.76 (Table 6).

Remarks a1–a2 and b1–b2 in fig. 4 of Zheng et Li (1986) wrongly display the sinuids where they appear lower than the real situation, and the correction is made here in Fig. 45. At the same time, "*Mimomys* sp. 2" represented by b–b2 of their fig. 4 should also be referred to *Mimomys banchiaonicus* because of similar characteristics to the holotype such as the large size, short and broad AC2, and robust MR, and so on.

In terms of size, only *Mimomys peii* and *M. zhengi* are comparable to *M. banchiaonicus*. m1 mean length of *M. peii* is 3.64 mm (3.47–4.01 mm, n = 4); that of *M. zhengi* is 3.21 mm (2.89–3.47 mm, n = 30). Among the three species, the sinuses/sinuids of *M. banchiaonicus* are the lowest, thus the most primitive; those of *M. zhengi* are the highest, thus the most derived (Zhang et al., 2010).

Differing from other arvicoline species in China, these three species possess relatively large size and higher minor sinuses/sinuids, and should consequently be referred to the European subgenus *Kislangia*. In Europe, the subgenus contains *Mimomys* (*K.*) *rex* Kormos, 1934b of Hungary and *M.* (*K.*) *cappettai* Michaux, 1971 of France (Kowalski, 2001). m1 of *M. rex* from the Villány-3 locality of Hungary is 3.80–4.20 mm in length (Kormos, 1934b), whereas the m1 mean length of *M. cappettai* from the Balaruc II locality of France is 3.60 mm (3.21–3.95 mm, n = 49) (Michaux, 1971). In terms of size alone, *M. banchiaonicus* is closer to *M. rex* from Hungary, but the latter lacks of PF and MR (Kormos, 1934b). *M. cappettai* looks more primitive than *M. banchiaonicus* in low sinuses/sinuids of molars, more roots of the upper molars (all with 3 roots), few cement developed in re-entrant angles, and more strongly developed PF, MR, and EI on m1.

The horizon of the type locality of *Mimomys banchiaonicus*, Loc. 73120 of Langgou, Banqiao, Heshui, Gansu, is Early Pleistocene fluvio-lacustrine deposits at the bottom of Loess Plateau in the Longdong area. The co-occurring mammalian fossils include *Proboscidipparion* sp., *Equus* spp., and *Archidiskodon planifrons* (Zheng et al., 1975). It also occurs in the Youhe fauna that contains *M. orientalis* (= *M. youhenicus*, in partim), *Kowalskia* sp. (= *Cricetulus* sp.), *Hipparion huofenense*, and so on (Xue, 1981). The geological age of the fauna should be Late Pliocene (2.60 Ma) (Tong et al., 1995). The exposed thickness of the fluvio-lacustrine Youhe Formation is 23.67 m, the magnetostratigraphic age of which is about 3.04–2.58 Ma (Yue et Xue, 1996). So it is a species that lived across the Pliocene – Pleistocene boundary. The Youhe fauna contains three co-occurring arvicoline species, namely *M.* (*Kislangia*) *banchiaonicus*, *M.* (*Mimomys*) *orientalis*, and *M.* (*M.*) *youhenicus*, so they all have the chronological attribute of Late Pliocene.

Mimomys (*Kislangia*) *peii* Zheng et Li, 1986

(Fig. 46)

Holotype Left m1 of a young individual (IVPP V 8112).

Hypodigm Anterior half of 1 right m1 of a very young individual (IVPP V 8113, paratype), 7 left and 5 right m1s, 3 left and 3 right m2s, 2 left and 1 right m3s, 8 left and 12 right M1s, 5 left and 5 right M2s, 2 left and 2 right M3s (IVPP V 8114.1–55); Collected by Zhang Zhao-Qun in 1993: 9 m1s (IVPP V 16352.3, 7–10, 18–21, 5 broken m1s (IVPP V 16352.22–26), 7 m2s (IVPP V 16352.4, 11–12, 27–30), 1 m3 (IVPP V 16352.31), 8 M1s (IVPP V 16352.13–15, 32–36), 9 M2s (IVPP V 16352.1, 5–6, 16, 37–41), 6 M3s (IVPP V 16352.2, 17, 42–45).

Type Locality and Horizon Dachai Village, Nanjia Town, Xiangfen County, Shanxi; Lower Pleistocene.

Referred Specimens Layer ⑥ of Longgupo, Longping Village, Miaoyu Town, Wushan County, Chongqing: 1 right m1 with damaged PL (IVPP V 9647).

Age of Referred Specimens Early Pleistocene (~2.54 Ma).

Diagnosis (Revised) Large-sized. Molars relatively hypsodont, re-entrant angles filled with abundant cement. m1 with a mean length of 3.64 mm (see Table 4 for range); EI short-lasting; PF shallow, IF relatively deep, MR relatively weak, all extending to the base of the crown; closedness percentage of Is1–4 around 100%, 0, 67%, and 100%, respectively (Tables 2–3); SDQ_P 129, indicating positive differentiation (see Table 4 for range). Sinuses/Sinuids higher than in *Mimomys banchiaonicus*; mean HH-Index greater than 6.51, parameter E greater than 5.30 mm, E_a ranging 4.00–4.63 mm ($n = 2$), mean E_b 2.25 mm (Table 6). M1 with 3 roots, M2 and M3 both with 2 roots; M3 with long-lasting EI. PA-Index of M1 7.64.

Remarks Zhang et al. (2010) pointed out that *Mimomys peii* and *M. banchiaonicus* are different from other arvicoline species in that all sinuses/sinuids of on their molars extend further towards the occlusal surface (Prsd, Pmsd, Misd, Esd, Msd, and Pasd of the lower molars and Pas, Mes, and Hys of the upper molars), but closer to more hypsodont *M. zhengi* (Zhang, Jin et Kawamura, 2010) in terms of this morphology. *M. banchiaonicus* looks more primitive than *M. peii* in the possession of lower sinuses/sinuids. Consequently, *M. banchiaonicus*→*M. peii*→*M. zhengi* constitute an evolutionary lineage that demonstrates the process from relative brachydonty to hypsodonty, or of sinuses/sinuids lower than→approaching→ penetrating the occlusal surface during the terminal Pliocene – the beginning of Pleistocene in East Asia.

Mimomys banchiaonicus, *M. peii*, and *M. zhengi* from China are all more derived than *M. cappettai* Michaux, 1971 from France. However, *Mimomys* (*K.*) sp. from Xicun, Tunliu, Shanxi discussed hereafter is more primitive than the species from France. Therefore, this large arvicoline could have originated in China during late Pliocene or around ~2.60 Ma.

The magnetostratigraphic age of Layer ⑥ of Longgupo, Wushan is ~2.54 Ma (Liu et al., 1991).

Mimomys (*Kislangia*) *zhengi* (Zhang, Jin et Kawamura, 2010)

(Fig. 47)

Mimomys cf. *peii*: Jin et al., 2000, p. 190, tab. 1; Zhang et al., 2008b, p. 164, fig. 2

Heteromimomys zhengi: Zhang et al., 2010, p. 484, figs. 3–6

Holotype Left m1 (IVPP V 16353).

Hypodigm 1 right mandible with m2–3, 1 left mandible with m1–3, 1 left mandible with m1–2, 1 right maxilla with M1–2, 1 left mandible with m1–3, 73 m1s, 42 m2s, 43 m3s, 64 M1s, 60 M2s, 34 M3s (IVPP V 16353.1–321).

Type Locality and Horizon Renzi Cave, Laili Mountain, Suncun Town, Fanchang, Anhui; Lower Pleistocene.

Diagnosis (Revised) Large-sized. Molars with roots formed extremely late, extremely hypsodont, re-entrant angles filled with abundant cement. m1 (mean length 3.21 mm) without EI, but with deep IF and stable MR and PF; SDQ_P 124, indicating positive differentiation (see Table 4 for range); Is 1 and Is 3–4 100% closed, Is 2 and Is 5–7 not closed (Tables 2–3), comparable to *Mimomys youhenicus*. M3 with simple morphology, 2 nearly closed Ts and 1 PL variable in morphology posterior to AL, namely Is 2 and Is 3 usually closed, few specimens with posterior EI.

Remarks Judging from the fact of no trace of root formation, the species seems rootless; whereas judging from the fact that some sinuses/sinuids don't reach the occlusal surface, the molars of the species should be rooted, but the root formation is extremely late. As a result, the genus *Heteromimomys* Zhang, Jin et Kawamura, 2010 established on the basis of rootless molars should be considered as invalid. Due to stable development of MR and PF on m1 and of EI on M3, the species should be referred to *Mimomys*. Judging from the specimens in Fig. 47, they all should be young individuals. Molars of young individuals of extant species of *Myodes* don't have roots, such as *My. rufocanus*, whose root formation starts 6–7 months after birth, about 4 months later than *My. rutilus* (Luo et al., 2000). Therefore, *Mi. zhengi* is taken as the most derived species in *Mimomys* here, and also the terminal species of the evolutionary lineage made up of *Mi. banchiaonicus→Mi. peii→Mi. zhengi* with gradual size reduction (Zhang et al., 2010).

Mimomys (*Kislangia*) sp.

(Fig. 48)

Zong (1982) described 1 right mandible with m1–3 of an old individual (IVPP V 6338.1), 1 left mandible with m2 of an adult individual (IVPP V 6338.2), and 1 right m3 of a young individual (IVPP V 6338.3) from Xicun, Wuyuan, Tunliu, Changzhi, Shanxi under the name of "*Mimomys* cf. *banchiaonicus*". Zheng et Li (1986) referred to the form as "*Mimomys* sp. 1", because some of its morphological characteristics are even more primitive than *Mimomys banchiaonicus*, such as a long lasting EI with extention to the crown base, no cement developed on m2 and m3, low sinuids, and so on. The m1 belongs to an old individual, so its length (3.68 mm) should be smaller than adult individuals. In consideration of its large size, brachydont and cementless molars, and long lasting EI with extention to crown base, the unidentified species should be a primitive form of the subgenus *Kislangia*. It is probably more primitive than *M.* (*K.*) *cappettai* from France because of cementless molars and low sinuids. If so, it could complement the above discussed lineage of large arvicolines as *Mimomys* (*K.*) sp.→*M.* (*K.*) *banchiaonicus*→*M.* (*K.*) *peii*→*M.* (*K.*) *zhengi*.

Mimomys (*Mimomys*) *nihewanensis* Zheng, Zhang et Cui, 2019

(Fig. 49, Fig. 50)

Mimomys stehlini, *Mimomys orientalis*: Cai et al., 2004, p. 277, tab. 2

Mimomys sp., *Mimomys* sp. 2: Li et al., 2008, tabs. 1, 4–6

Mimomys sp.: Zheng et al., 2006, p. 321, tab. 1; Cai et al., 2007, p. 235, tab. 1; Cai et al., 2013, p. 227, figs. 8-2, 8-4–6

Mimomys sp. 2: Cai et al., 2013, p. 227, fig. 8-2

Holotype Right m1 (IVPP V 23157.9).

Hypodigm 1 left and 1 right mandibles with m1, 6 left and 10 right m1s, 6left and 6 right m2s, 1 left and 5 right m3s, 9 left and 15 right M1s, 6 left and 9 right M2s, 5 left and 6 right M3s (IVPP V 23157.1–8, 10–85).

Type Locality and Horizon The Hougou section, Qijiazhuang Village, Xinbu Township, Yangyuan County, Hebei; Layer 4, Upper Pliocene Daodi Formation (equivalent to Mazegou Formation in Yushe Basin).

Referred Specimens The Laowogou section, Daodi Village, Xinbu Township, Yangyuan County, Hebei: Layer 3, 7 right m1s, 2 left and 2 right m2s, 3 left and 4 right m3s, 3 left and 4 right M1s, 5 left and 2 right M2s, 4 left and 6 right M3s (IVPP V 23155.1–42); Layer 9, 1 left mandible with m1–2, 1 left mandible with m1–3, 6 left and 4 right m1s, 2 left and 5 right m2s, 3 left and 2 right m3s, 1 left and 4 right M1s, 1 left and 4 right M2s, 1 left and 2 right M3s (IVPP V 23155.43–79); Layer 11, 1 left and 8 right m1s, 6 left and 3 right m2s, 5 left and 4 right m3s, 3 left and 5 right M1s, 8 left and 6 right M2s, 7 left and 7 right M3s (IVPP V 23160.1–63). The Nangou section, Hongya Village, Xinbu Township, Yangyuan County, Hebei: Layer 1, 2 left and 3 right m1s, 3 left and 1 right m2s, 5 left and 3 right m3s, 4 left and 1 right M1s, 3 left and 8 right M2s, 6 left and 3 right M3s (IVPP V 23162.1–42); Layer 4, 1 left and 1 right mandibles with m1–2, 1 right mandible with m1, 8 left and 6 right m1s, 4 left and 3 right m2s, 2 left and 5 right m3s, 7 left and 7 right M1s, 15 left and 10 right M2s, 12 left and 10 right M3s (IVPP V 23162.43–134); Layer 6, 1 left and 2 right m1s, 1 right m2, 3 left and 3 right M1s, 3 right M2s (IVPP V 23162.135–147). The Hougou section, Qijiazhuang Village, Xinbu Township, Yangyuan County, Hebei: Layer 2, 1 left m1 (IVPP V 23157.98); Layer 5, 1 right m1, 2 left m2s, 1 left and 1 right M1s, 1 right M2, 4 right M3s (IVPP V 23157.88–97). The Yuanzigou Village section, Xinbu Township, Yangyuan County, Hebei: Layer 2, 1 left and 1 right m1s, 1 right m2, 1 left and 1 right M1s, 1 right M2 (IVPP V 23158.1–6); Layer 4, 1 left and 2 right M1s, 1 left M2 (IVPP V 23158.7–10). The Donggou section, Qianjiashawa Village, Huashaoying Town, Yangyuan County, Hebei: Layer 2, 3 left and 9 right m1s, 5 left and 7 right m2s, 4 left and 8 right m3s, 6 left and 7 right M1s, 4 left and 9 right M2s, 10 left and 5 right M3s (IVPP V 23159.3–79); Layer 4 (>2.60 Ma), 1 left m3, 1 right M3 (IVPP V 23159.1–2). The Niutoushan section, Pulu Village, Beishuiquan Town, Yuxian County, Hebei: Layer 6, 1 left and 2 right m2s, 2 right m3s, 2 left M1s, 2 right M2s, 2 left and 1 right M3s (IVPP V 23161.1–12), 2 left and 7 right m1s, 1 left and 7 right m2s, 1 left and 4 right m3s, 3 left and 4 right M1s, 4 left and 3 right M2s, 2 left and 2 right M3s (IVPP V 23161.13–52); Layer 9, 1 left mandible with m1, 1 right mandible with m2–3, 2 left and 2 right m1s, 1 right m2, 2 right M1s, 3 left and 3 right M2s (IVPP V 23156.1–15), 4 left and 3 right m1s, 1 left and 4 right m2s, 3 left and 2 right m3s, 4 left and 2 right M1s, 6 right M2s, 3 right M3s (IVPP V 23156.16–47). The Jiangjungoukou section, Beishuiquan Town, Yuxian County, Hebei: Layer 1, 1 left mandible with m2, 1 right m1, 2 left and 3 right m2s, 1 right m3, 2 left and 1 right M1s, 3 left M2s, 1 left and 2 right M3s (IVPP V 23153.1–17).

Age of Referred Specimens Late Pliocene (~3.08–2.89 Ma).

Diagnosis (Revised) Size (mean length of m1 2.80 mm, see Table 4 for range) comparable to *Mimomys orientalis* (mean length of m1 2.78 mm, see Table 4 for range), but closedness percentage of Is 1–4 of m1 (around 93%, 0, 62%, and 64%, respectively) lower than the latter (around 100%, 26%, 47%, and 95%, respectively) (Table 2, Table 3); SDQ_P 138, greater than the latter (132) (see Table 4 for range); mean HH-Index (0.81) markedly smaller than the latter (1.20) (see Table 7 for range); parameters E, E_a, and E_b being 1.81 mm, 1.63 mm, and 0.78 mm, respectively, all markedly smaller than the latter (2.17 mm, 2.02 mm, and 1.14 mm, respectively) (see Table 6 for range). Around 96% of M2 with 3 roots, more than the latter (around 67%); around 84% of M3 with 3 roots, also more than the latter (around 46%) (Table 5). Mean PAA-Index and PA-Index of M1 being 1.20 and 1.17, respectively, smaller than *M. orientalis* (1.49 and 1.41, respectively) (see Table 7 for range). Re-entrant angles filled with little cement, different from cementless *M.*

bilikeensis and *M. teilhardi*.

Remarks In terms of size, *Mimomys nihewanensis* (mean m1 length 2.80 mm) can be distinguished from *M. banchiaonicus* (3.90 mm), *M. peii* (3.64 mm), *M. zhengi* (3.21 mm), and *M. savini* (3.29 mm) by being smaller; from *M. asiaticus* (2.72 mm), *M. bilikeensis* (2.46 mm), and *M. teilhardi* (2.55 mm) by being larger. It is most similar in size to *M. orientalis* (Gaotege: 2.87 mm; Danangou: 2.73 mm). Its means of m1 sinuous line parameters E, E_a, and E_b (1.81 mm, 1.63 mm, and 0.78 mm, respectively) are apparently greater than those of *M. asiaticus* (0.80 mm, 0.60 mm, 0.55 mm, respectively), *M. bilikeensis* (0.70 mm, 0.50 mm, and 0.19 mm, respectively), and *M. teilhardi* (0.99 mm, 0.92 mm, and 0.49 mm, respectively), but smaller than those of *M. youhenicus* (3.30 mm, 2.95 mm, and 2.35 mm, respectively), *M. gansunicus* (>3.33 mm, >3.20 mm, and >3.17 mm, respectively), and *M. orientalis* (Gaotege: 2.52 mm, 2.45 mm, and 1.27 mm, respectively; Danangou: 2.05 mm, 1.87 mm, and 1.01 mm, respectively). Its mean of HH-Index (0.81) lies between *M. teilhardi* (0.46) and *M. orientalis* (Gaotege: 1.27; Danangou: 1.16). 96% of M2 of *M. nihewanensis* has 3 roots, closer to 75% of *M. orientalis* from Gaotege, but greater than 62% of *M. orientalis* from Danangou. 84% of M3 of the species has 3 roots, comparable to 83% of *M. orientalis* from Danangou, but apparently greater than 14% of *M. orienalis* from Gaotege, and especially greater than 6% of *M. teilhardi* from Gaotege (Table 5). The remarkably low percentage of 3-rooted M3 of *M. teilhardi* from Gaotege is probably because a considerable number of M3 belong to *Germanomys* but not *Mimomys*.

Mimomys nihewanensis looks more primitive than *M. stehlini* Kormos, 1931 from Europe, because it is smaller than the latter (m1 3.07 mm in length), and its lingual sinuous line parameters of m1 are also smaller. However, the cement in re-entrant angles of *M. nihewanensis* makes it more derived than cementless *M. stehlini*. It is likely that species at the same evolutionary stage as the former have not been discovered in Europe.

All the referred specimens of *Mimomys nihewanensis* have a little cement developed in the re-entrant angles. This situation is consistent with *M. orientalis* from the overlying deposits of the same basin, so *M. nihewanensis* can be considered as the direct ancestor of *M. orientalis*. Most of the referred specimens of *M. orientalis* from Gaotege, Inner Mongolia have no cement (Qiu et Li, 2016), which seemingly contradicts the general evolutionary trend that primitive arvicoline species have no cement but derived ones have abundant in their molars. This phenomenon is probably caused by the climatic differences of the two places.

The geological ages of other *Mimomys nihewanensis* localities are perhaps older than 3.08 Ma at Laowogou, but it is highly impossible for them to be older than the horizon of *M. teilhardi* from Gaotege (4.12 Ma).

Mimomys (*Mimomys*) *orientalis* Young, 1935a

(Figs. 51, 52)

Mimomys cf. *M. orientalis*: Qiu et al., 2013, p. 164, Appendix
Mimomys (*Mimomys*) *orientalis*: Shevyreva, 1983, p. 37
Mimomys youhenicus: Xue, 1981, p. 37, pl. II, fig. 6c (partim)
Mimomys sp., *Mimomys* sp. 1, *Mimomys* sp. 2: Li et al., 2008, p. 213, tabs. 2, 7; Cai et al., 2013, p. 223, figs. 8.2–8.6
Arvicola terrae-rubrae: Teilhard de Chardin, 1942, p. 96, fig. 59

Holotype Right m1 of a very young individual (Young, 1935a: p. 33, fig. 12b), lost.

Hypodigm Posterior portion of 1 left m1 or m2 (Young, 1935a: fig. 12a).

Type Locality and Horizon The Dongyan Village section, Shengrenjian Town, Pinglu County, Shanxi; the lower sand layer, Upper Pliocene.

Referred Specimens Yushe Basin, Shanxi: Haiyan Village: 1 right mandible of an old individual with m1–2 (IVPP RV 42009); Jizigou, Zhaozhuang Village, 1 right mandible of an old individual with m1–2 (IVPP V 8110). Youhe River, Weinan City, Shaanxi: 1 right m1 of a young individual (NWU V 75 渭①1.4). The Xiaoshuigou section, Qianjiashawa Village, Huashaoying Town, Yangyuan County, Hebei: Layer 1, 2 left and 1 right m1s, 1 left and 2 right m2s, 2 left and 2 right m3s, 2 left and 1 right M1s, 1 left and 4 right M2s, 1 left and 1 right M3s (IVPP V 23163.1–20); Layer 2, 1 left m2, 2 left M1s, 1 right M2 (IVPP V 23154.1–4); Layer 4, 1 right m1, 1 left M1, 2 right M2, 1 left and 1 right M3s (IVPP V 23154.5–10), 2 left and 5 right m1s, 1 left and 5 right m2s, 1 left and 3 right m3s, 5 left and 4 right M1s, 1 left and 1 right M2s, 1 left and 1 right M3s (IVPP V 23154.11–40). The Tai'ergou east section, Xiaodukou Village, Huashaoying Town, Yangyuan County, Hebei: Layer T0, 1 left and 1 right M1s, 1 right M2, 1 left M3, 1 left m1 (IVPP V 18810.1–5). The Danangou section, Dongyaozitou Village, Beishuiquan Town, Yuxian County, Hebei: Layer 1, 1 left m1, 3 left and 1 right M1s, 1 left M2 (GMC V 2064.1–6), 1 left and 1 right mandible with m1, 1 right mandible with m2–3, 16 left and 15 right m1s (IVPP V 23152.1–19, 25–39), 2 left and 5 right m2s (IVPP V 23152.42–43, 47–51), 1 right m3 (IVPP V 23152.68), 19 left and 15 right M1s (IVPP V 23152.73–91, 99–113), 7 left and 10 right M2s (IVPP V 23152.115–121, 127–136), 3 left M3s (IVPP V 23152.145–147), 5 left and 2 right m1s (IVPP V 23152.20–24, 40–41), 3 left and 8 right m2s (IVPP V 23152.44–46, 52–59), 8 left and 3 right m3 (IVPP V 23152.60–67, 69–71), 1 right maxilla with M1 (IVPP V 23152.72), 7 left and 1 right M2s (IVPP V 23152.92–98, 114), 5 left and 8 right M2s (IVPP V 23152.122–126, 137–144), 4 left and 4 right M3s (IVPP V 23152.148–155). Gaotege, Abag Banner, Inner Mongolia: DB03-2, 35 M1s, 22 M2s, 10 M3s, 25 m1s, 20 m2s, 13 m3s (IVPP V 19904.1–125).

Age of Referred Specimens Late Pliocene (~3.85–2.58 Ma).

Diagnosis (Revised) Medium-sized (mean length of m1 2.78 mm, see Table 4 for range), re-entrant angles filled with little cement or no cement at all. Molars relatively hypsodont. m1 with mean HH-Index 1.20 (see Table 7 for range), mean E, E_a, and E_b being 2.52 mm, 2.45 mm, and 1.27 mm, respectively (see Table 6 for range), closedness percentage of Is 1–4 around 100%, 26%, 47%, and 95%, respectively, generally greater than *Mimomys nihewanensis* except for Is 3 (mean HH-Index: 0.81, see Table 7 for range; mean E, E_a, and E_b: 1.81 mm, 1.63 mm, and 0.78 mm, respectively, see Table 6 for range; closedness percentage of Is 1–4: around 93%, 0, 62%, and 64%, respectively). M1 with mean PAA-Index being 1.49, mean PA-Index 1.41, also greater than the latter (1.20 and 1.17, respectively) (see Table 7 for range). SDQ_P 132, slightly smaller than the latter (138), but both indicative of positive differentiation (see Table 4 for range).

Remarks The holotype of the species belongs to a very young individual, and the roots of it have not erupted (Young, 1935a: fig. 12). Then how the specimens of other localities have been referred to this species? Based on the fact that the same molar of different individuals (young or old) has roughly the same height on lateral side (= height of crown + height of roots), Zheng et Li (1986) referred 2 mandibles from Haiyan (a little cement in the re-entrant angles) and Jizigou of Zhaozhuang (no cement), Yushe, and 1 m1 from Youhe, Weinan, Shaanxi (no cement) to this species. The occlusal surface of the holotype is 2.90 mm in length and 4.30 mm in lateral height (measured on original figure). The ratio in percentage of length to height is 67%. That of the other 3 specimens is 65% (length 3.12 mm, height 4.80 mm), 64% (length 2.97 mm, height 4.67 mm), and 71% (length 3.12 mm, height 4.40 mm), respectively. The Gaotege m1 is 2.87 mm in mean length (2.44–3.20 mm, n = 14) (Table 7) and 3.98 mm in mean lateral height (3.67–4.43 mm, n = 15). The mean ratio in percentage of length to height is 70% (65%–78%, n = 15). These measurements all have similar variation range to that of other localities, so it is reasonable to refer them to the same species.

The means of parameters of *Mimomys orientalis* from Danangou, such as HH-Index (1.16), E (2.05 mm), E_a (1.87 mm), and E_b (1.01 mm), and percentage of 3-rooted M2 (62%) are slightly smaller or lower than those of Gaotege (1.27, 2.52 mm, 2.45 mm, 1.27 mm, and 75%, respectively), so the Danangou specimens appear slightly more primitive. However, PAA-Index (1.51) and PA-Index (1.43) of M1 from Danangou are greater than those from Gaotege (1.45 and 1.38, respectively), so the Danangou specimens appear slightly more derived (Table 4, Table 7). In either case, the Danangou specimens don't exceed the variation range of the Gaotege specimens.

Kowalski (1960b) points out that *Mimomys orientalis* represented an evolutionary stage equivalent to *M. gracilis* and *M. stehlini*. Şen (1977) thought *M. orientalis* is close to primitive species of Europe such as *M. occitanus*, *M. stehlini*, *M. gracilis*, *M. polonicus*, and so on. Nonetheless, Zheng et Li (1986) thought it was closest to *M. stehlini* from Europe based on the closedness of isthmuses anterior to PL on m1 and the degree of symmetry between BSA (LSA) and BRA (LRA).

The magnetostratigraphic age of DB03-2 of Gaotege, Inner Mongolia yielding *Mimomys orientalis* is ~3.85 Ma (O'Connor et al., 2008). *M. orientalis* from Layer 1 of the Danangou section, Nihewan appears more primitive, so its age should be no younger than that of DB03-2. It would be more reasonable for the correlations of absolute ages of other localities in Nihewan Basin, if the three normal polarity chrons in the Gaotege section are re-interpreted as 2An.3n (Gauss, 3.60–3.33 Ma), 2An.2n (3.21–3.12 Ma), and 2An.1n (3.03–2.58 Ma) from the bottom up.

Mimomys (*Mimomys*) *youhenicus* Xue, 1981

(Fig. 53)

Mimomys cf. *M. youhenicus*: Wang, 1988, p. 61, pl. I, figs. 1–2; Zhang, 2017, p. 155, tab. 12.1, fig. 12.2

Mimomys cf. *M. orientalis*: Tedford et al., 1991, p. 524, fig. 4 (partim); Flynn et al., 1991, p. 256, tab. 2 (partim)

Mimomys orientalis: Flynn et al., 1991, p. 251, fig. 4, tab. 2

Mimomys irtyshensis: Flynn et al., 1997, p. 197 (partim)

Lectotype Right m1 of an adult individual (NWU V 75 渭①1.2).

Hypodigm Right m1 of a young individual (NWU V 75 渭①1.1).

Type Locality and Horizon Youhe River, Weinan City, Shaanxi; Upper Pliocene (~3.03–2.58 Ma).

Referred Specimens Houhe, Duanjia Town, Dali County, Shaanxi: 1 right m1 of an adult individual, 9 upper molars (NWU V 83DL 001–010). The Tai'ergou west section, Xiaodukou Village, Huashaoying Town, Yangyuan County, Hebei (>2.58 Ma): 1 right m1 (housed in the Institute of Geology, Chinese Academy of Geological Sciences, no catalogue number).

Age of Referred Specimens Late Pliocene (>2.58 Ma).

Diagnosis (Revised) A *Mimomys* species slightly larger and more hypsodont than *M. orientalis* (m1 mean length 2.81 mm, see Table 4 for range). All parameters of m1 with greater values than *M. orientalis*, such as mean HH-Index: 3.25 to 1.20 (see Table 6 for range); mean E, E_a, and E_b: 3.30 mm to 2.52 mm, 2.95 mm to 2.45 mm, and 2.35 mm to 1.27 mm, respectively (see Table 6 for range); closedness percentage of Is 1–4: around 100% to 100%, 0 to 26%, 100% to 47%, and 100% to 95%, respectively (Table 2, Table 3); SDQ_P 120, smaller than the latter (132) (see Table 4 for range). Re-entrant angles filled with a little cement.

Remarks The arvicoline fossils in the Youhe fauna from Weinan, Shaanxi (Xue, 1981) were referred to 3 species by Zheng et Li (1986): 75 渭①1.2 was selected as the holotype of *Mimomys youhenicus*, and 75 渭①1.1 as the referred specimen; 75 渭①1.3 was referred to as "*Mimomys* sp. 2" (= *M. banchiaonicus* here); 75 渭①1.4 was referred to *M. orientalis*. They thought *M. youhenicus* was more derived than *M. orientalis* from China and *M. stehlini* from Europe, but slightly more primitive than European *M. pliocaenicus* and *M. polonicus* because of its smaller size, and that it was at an evolutionary stage roughly equivalent to *M. kretzoi* Fejfar, 1961 from the Hajináčka locality of Slovakia (m1 2.90 mm in length).

However, it is considered to be closest to *M. polonicus* here.

Pitymys McMurtrie, 1831

Neodon: Horsfield, 1849, p. 203
Phaiomys: Theobald, 1863, p. 89

Type Species *Psammomys pinetorum* (Le Conte, 1829) (the pine forest of Georgia, USA, probably in the old Le Conte Plantation of Riceboro) (Bailey, 1900)

Diagnosis (Revised) Small-sized. Molars rootless, re-entrant angles partly filled with cement. m1 with 3 closed Ts anterior to PL, T4 and T5 confluent with each other and forming a rhombus, T5 and AC separate from each other (primitive) or confluent with each other (derived); AC2 with 1 weak RA on each side; Is 1–4 100% closed, Is 5 not closed, Is 6 100% closed (primitive) or not closed (derived). M3 with 2 or more closed Ts posterior to AL, the last T confluent with or separate from PL.

Known Species in China *Pitymys leucurus* (Blyth, 1863), *P. sikimensis* (Hodgson in Horsfield, 1849), *P. juldaschi* (Severtzov, 1879), *P. forresti* (Hinton, 1923a), *P. irene* (Thomas, 1911b) (extant hereinbefore); *P. gregaloides* Hinton, 1923b, *P. simplicidens* Zheng, Zhang et Cui, 2019.

Distribution and Age Xizang, Qinghai, Xinjiang, Gansu, Sichuan, Yunnan, Liaoning, Hebei, and Beijing; Early Pleistocene – Present.

Remarks The taxonomic position of *Pitymys* has always been controversial. Hinton (1926) thought of it as an independent genus, containing two subgenera *Pitymys* and *Microtus*. Ellerman (1941) also thought of it as a genus, containing 3 species-groups, namely *subterraneus*-group, *savii*-group, and *ibericus*-group. Ellerman et Morrison-Scott (1951) also thought of it as a genus, nonetheless containing 3 subgenera *Phaiomys* Blyth, 1863, *Neodon* Hodgson in Horsfield, 1849, and *Pitymys* McMurtrie, 1831. Zazhigin (1980) considered it a subgenus of *Microtus*. Corbet et Hill (1991) treated it as a genus clearly independent from *Microtus*. Tan (1992), Huang et al. (1995), McKenna et Bell (1997), Kowalski (2001), and colleagues thought *Pitymys* was a synonym of *Microtus*. Carleton et Musser (2005) and Pan et al. (2007) classified related species into 2 genera and 5 species, namely *P. leucurus* Blyth, 1863, *Neodon forresti* Hinton, 1923a, *N. irene* (Thomas, 1911b), *N. juldaschi* (Severtzov, 1879), and *N. sikimensis* Hodgson in Horsfield, 1849. For convenience, we follow the classification of Luo et al. (2000) and Wang (2003) to treat *Pitymys* as an independent genus, and refer all above extant species to this genus.

Pitymys gregaloides Hinton, 1923b

(Fig. 54)

Holotype Left m1–2 (B.M. No. 12345).

Type Locality and Horizon West Runton, Norfolk, England; Upper Freshwater Bed (Cromerian).

Referred Specimens Haimao Village, Ganjingzi District, Dalian City, Liaoning: 2 left and 3 right m1s, 2 left M3s (DH 89103.1–7).

Age of Referred Specimens Late Early Pleistocene.

Diagnosis (Revised) m1 (~3.10 mm in length) with pointed LSA5 and relatively deep LRA5, but very weak BSA4 and BRA4; Is 6 and Is 7 confluent. M3 (~1.60 mm in length) with 2 closed Ts between AL and PL, 3 SAs and 3 RAs on each side; LSA3 and BSA3 smaller, posterior portion of PL straight and Y-shaped.

Remarks The simple construction of M3 indicates that the Dalian specimens are primitive. The Dalian m1 with pointed LSA5, deep LRA5, and weak BSA4 and BRA4 are similar to the holotype of this species (Fig. 54). Nevertheless, the dentine space between Is 6 and Is 7 on the Dalian m1 is more open than that on the holotype from Upper Freshwater Bed of England (Hinton, 1923b, 1926), which indicates their more derived nature (Wang et Jin, 1992).

This species was thought to be the descendant of "*Microtus* (*Stenocranius*) *hintoni*" from Eastern Europe and the direct ancestor of "*Microtus* (*Stenocranius*) *gregalis*" (Kowalski, 2001). It has been recovered in the early Biharian to Toringian deposits of Austria, Belgium, Czech, France, Germany, England, Hungary, Moldova, Poland, Romania, Slovakia, Russia, Spain, and Ukraine. In West Siberia, the species is only recorded in early Middle Pleistocene deposits, whereas *Pitymys hintoni* Kretzoi, 1941 is recorded in late Early Pleistocene deposits (Zazhigin, 1980). Therefore, the Dalian specimens are perhaps referrable to the latter species.

Pitymys hintoni is distributed in early – late Biharian deposits of France, Croatia, Czech, Austria, Germany, Hungary, Italy, Moldova, Poland, Romania, Russia, and Ukraine (Kowalski, 2001). Its distribution is basically the same as that of *P. gregaloides*. Judging from *P. hintoni* and *P. gregaloides* distributed in West Siberia and Russian Plain (Zazhigin, 1980; Markova, 1990), the main differences between them lie in the morphology of their AC2: *P. hintoni* has a AC2 with a shallow LRA5 and without trace of BRA4. In West Siberia, the first occurrence of *P. hintoni* (late Biharian) is earlier than that of *P. gregaloides* (early Toringian).

***Pitymys simplicidens* Zheng, Zhang et Cui, 2019**

(Fig. 55)

Pitymys cf. *hintoni*: Zheng et Cai, 1991, p. 107, fig. 4(4–5); Cai et al., 2004, p. 277, tab. 2
Pitymys hintoni: Min et al., 2006, p. 104

Holotype Right mandible with incisor and m1 (GMC V 2056.1).

Hypodigm 1 right m1 with posterior loop missing (GMC V 2056.2).

Type Locality and Horizon The Danangou section of Dongyaozitou Village, Beishuiquan Town, Yuxian County, Hebei; Layer 13 (= Layer DO-6), Lower Pleistocene (~1.44 Ma).

Referred Specimens The Danangou section, Dongyaozitou Village, Beishuiquan Town, Yuxian County, Hebei: Layer 12, 1 left m1 (IVPP V 23224).

Age of Referred Specimens Early Pleistocene (~1.49–1.44 Ma).

Diagnosis (Revised) Small-sized (m1 length ~2.36 mm). m1 with a short and simple AC2, without trace of LRA5 and BRA4; Is 6 tightly closed (Table 2, Table 3); SDQ_I ~62, indicating negative differentiation (Table 4).

Remarks The morphological features of m1 like confluent T4 and T5 making a rhombus and tightly closed Is 6 are consistent with *Pitymys*. Biharian *P. hintoni* Kretzoi, 1941 from the Betfia-5 locality of Romania, Europe also has confluent T4 and T5 forming a rhombus and closed Is 6 on its m1, but on the lingual side of AC2, there is a distinctly developed LRA5. *P. gregaloides* Hinton, 1923b from Upper Freshwater Bed of West Runton, England has a feeble BRA4 developed on the AC2 of its m1 as well as a distinct LRA5, so its AC2 is elongated. The shared or similar m1 morphological characteristics of extant *P. leucurus* (Blyth, 1863), *P. sikimensis* (Hodgson in Horsfield, 1849), *P. irene* (Thomas, 1911b), and *P. juldaschi* (Severtzov, 1879) are more posteriorly positioned BRA3 than LRA4 and unclosed Is 6, which are also the main differences from *P. simplicidens*. In terms of size, *P. simplicidens* is smaller than extant species. Based on the m1–3 measurements of Luo et al. (2000), it can be inferred that m1 length of extant species is equal to or greater than 3.00 mm except for slightly smaller *P. irene*.

Except for closed Is 6, *Pitymys simplicidens* has quite similar occlusal morphology of m1 to *Allophaiomys deucalion*, which indicates that *P. simplicidens* is the direct descendant of *A. deucalion*. However, it is impossible that extant species are descendants of *P. simplicidens*, because the closed Is 6 indicates the species is facing an evolutionary terminal on the brink of extinction. The only occurrence of this species in Nihewan Basin corroborates this hypothesis.

"*Pitymys hintoni*" from the west section of Tai'ergou, Xiaodukou, Huashaoying, Yangyuan reported by Min et al. (2006) should be considered a synonym of *Pitymys simplicidens*, which further demonstrates the wide distribution of this species in Nihewan Basin.

Proedromys Thomas, 1911a

Type Species *Proedromys bedfordi* Thomas, 1911a (97 km south east of Minxian County, Gansu at an altitude of 2625 m above sea level)

Diagnosis (Revised) Upper incisor broad and curved ventrally, with a shallow longitudinal groove on its anterior surface. Molars rootless, re-entrant angles filled with cement. m1 with 4 tightly closed Ts, T5 confluent with the short and C-shaped AC2; Is 1–4 100% closed, Is 5 around 80% closed, Is 6 not closed (Tables 2–3); SDQ_P 118, indicating *Mimomys*-type or positive differentiation (see Table 4 for range); 5 LSAs and 4 LRAs, 4 BSAs and 3 BRAs. m3 with reduced BSA3. M3 with 3 BSAs and 2 LRAs.

Known Species in China Type species only (extant).

Distribution and Age Shaanxi, Gansu, Beijing, and Sichuan; Early Pleistocene – Present.

Remarks Some researchers think of *Proedromys* as a subgenus of *Microtus* (Ellerman et Morrison-Scott, 1951; Corbet et Hill, 1991; Tan, 1992; Huang et al., 1995; Luo et al., 2000; Wang, 2003; Pan et al., 2007). Others think of it as an independent genus (Hinton, 1923b; Allen, 1940; Ellerman, 1941; McKenna et Bell, 1997; Musser et Carleton, 2005). Because of its earlier occurrences at the bottom of Wucheng Loess of the Lingtai section, Gansu (early Early Pleistocene), East Cave of Taipingshan, Zhoukoudian, Beijing (early Early Pleistocene), and Gongwangling, Lantian, Shaanxi (middle Early Pleistocene) (Zheng et Li, 1990; Cheng et al., 1996; Zheng et Zhang, 2001; Zhang et al., 2011) and the primitive molar morphology (especially M3), it is taken as an independent genus here.

Proedromys bedfordi Thomas, 1911a

(Fig. 56)

Arvicola terrae-rubrae: Hu et Qi, 1978, p. 14, pl. II, fig. 3

Microtus epiratticeps: Hu et Qi, 1978, p. 14, fig. 4

Proedromys cf. *bedfordi*: Zheng et Li, 1990, p. 435, tab. 1, fig. 2I–L; Cheng et al., 1996, p. 52, fig. 3-16C, pl. IV, fig. 15; Li et Xue, 1996, p. 157

Proedromys sp.: Zheng et Zhang, 2001, fig. 3

Allophaiomys terrae-rubrae: Zheng et Zhang, 2000, p. 63, fig. 2 (partim)

Holotype Skin and skull of an adult female (B.M. No. 11.2.1.235).

Type Locality 97 km south east of Minxian County, Gansu at an altitude of 2625 m above sea level.

Referred Specimens S_{15} of loess-paleosol sequence, Gongwangling, Gongwang Village, Jiujianfang Town, Lantian County, Shaanxi: 1 left M2–3 molar row (IVPP V 5395), 1 right mandible with m1–2, 3 left and 1 right m1s, 1 left M1, 1 left M2 (IVPP V 5396.1–7). The Loc. 93001 section of Wenwanggou, Leijiahe Village, Shaozhai Town, Lingtai County, Gansu: WL1, 1 damaged left M3 (IVPP V 18080.3); WL2, 2 damaged left m1s (IVPP V 18080.1–2); WL7+, 1 damaged left m1 (IVPP V 18080.4); WL5+, 1 right mandible with m1, 1 damaged left m1, 1 damaged left m3, 1 right m3 (IVPP V 18080.5–8); WL4+: 1 damaged right M3 (IVPP V 18080.9). East Cave of Taipingshan, Zhoukoudian, Beijing: 1 right mandible with m1–2 (CUG V 93221). Reddish Clay, Wubu County, Yulin City, Shaanxi: 1 right mandible with m1–2 (Cat.C.L.G.S.C.Nos.C/C. 18 = IVPP V 475).

Age of Referred Specimens Early Pleistocene (~2.14–1.26 Ma).

Diagnosis (Revised) The same as the genus.

Remarks Besides the holotype housed in British Museum, the other extant specimen was recovered in Heishui, Sichuan and is housed in Health and Epidemic Prevention Station of Sichuan (Wang, 1984). Fossils are recovered from Gongwangling, Lantian, Shaanxi (Hu et Qi, 1978; Zheng et Li, 1990), Xishui Cave, Luonan, Shaanxi (Li et Xue, 1996), Wubu County, Yulin, Shaanxi (Teilhard de Chardin et Young, 1931), Wenwanggou, Leijiahe, Lingtai, Gansu (Zheng et Zhang, 2000, 2001; Zhang et al., 2011), and East Cave of Taipingshan, Zhoukoudian, Beijing (Cheng et al., 1996). No significant morphological changes have occurred in the evolutionary history of this species. The M3 of both the early Early Pleistocene fossil form from Lingtai and the extant form from Heishui similarly has 3 BSAs and 2 LSAs. Their m1 also similarly has 4 closed Ts and T5 confluent with C-shaped AC2.

Volemys Zagorodnyuk, 1990

Type Species *Microtus musseri* Lawrence, 1982 (48 km west of Hot Spring, Qionglai Mountain, West Sichuan at an altitude of 2743 m)

Diagnosis (Revised) Tail long, cranium smooth and flat. M2 with 1 closed T and 1 small secondary T on lingual side, 3 SAs on each side. m1 with 4 closed Ts anterior to PL, T5 and LSA5 confluent with AC and forming a C-shape. m2 with 2 pairs of closed Ts anterior to PL. m3 with hardly noticeable BRA2 and BSA3.

Known Species in China *Volemys musseri* (Lawrence, 1982), *V. millicens* (Thomas, 1911c) (all extant).

Distribution and Age Yunnan, Sichuan, and Tibet. Late Pleistocene – Present.

Remarks *Volemys* is different from *Microtus* in the development of LSA4 on M2. Traditionally, it is taken as a subgenus of *Microtus* (Allen, 1940; Corbet et Hill, 1991). When promoting it to the genus rank, Zagorodnyuk (1990) thought it contained 4 species, namely *V. kikuchii* (Kuroda, 1920), *V. clarkei* (Hinton, 1923a), *V. musseri*, and *V. millicens*. Phylogenetic analysis based on Cytochrome b sequences indicates that "*Microtus* (*Volemys*) *kikuchii*" is a sister species of "*Microtus* (*Pallasiinus*) *oeconomus*" (Conroy et Cook, 2000), and grouped together with all the members of *Microtus* (in the sense of Musser et Carleton, 2005) as a clade. After the re-evaluation of the morphology of *M. clarkei*, Musser et Carleton (2005) realized that its morphology was not similar to *V. musseri* and *V. millicens*, but similar to *M. fortis*, and should belong to the subgenus *Alexandromys* Ongev, 1914 of *Microtus*, the same as *M. kikuchii*.

In fact, before Zagorodnyuk (1990) adopted the genus name *Volemys*, Lawrence (1982) has drew the conclusion: morphologically, *musseri* and *millicens* were not consistent with any species-groups in the genus *Microtus*. Their morphological characteristics include: greater tail length than head-body length; smooth and flat neurocranium; low mandibular corpus and weak teeth; flat tympanic bulla; M1–2 with a big T5 confluent with T4, forming a m-shaped crest (only on M2 of *V. millicens*); m1 with 4 closed Ts anterior to PL, and T5 confluent with AC.

Volemys millicens (Thomas, 1911c)

(Fig. 57)

Microtus millicens: Qiu et al., 1984, p. 289, fig. 7C

Holotype Skin and skull of an adult male (B.M. No. 11.9.8.105).

Type Locality Wenchuan at an altitude of 3658 m, 97 km northwest of Chengdu.

Referred Specimens Sanjia Village, Chenggong District, Kunming City, Yunnan: 1 damaged left mandible with m1–2 (IVPP V 7647.1), 1 right m1–3 molar row, 1 left M1 (IVPP V 23176.1–2).

Age of Referred Specimens Late Pleistocene.

Diagnosis (Revised) Relatively small-sized (M1–3 length ~5.60 mm). M1 without T5, but M2 with T5. M3 with 1 pair of confluent Ts between AL and U-shaped PL, consequently 3 SAs on each side. m2 with 1 pair of confluent Ts anterior to PL. m3 with shallow BRAs, without BSA3.

Remarks The main differences between *Volemys millicens* and the type species *V. musseri* (Lawrence, 1982) include: M1 without additional T5; M3 with 2 confluent Ts but not 3 closed Ts between AL and PL; m1 with only 5 but not 6 LSAs and 4 but not 5 BSAs.

The M1 and m1 from Sanjia Village, Chenggong, Yunnan (Fig. 57) both have 4 closed Ts posterior to AL and anterior to PL, respectively. The M1 has 3 BSAs and 3 LSAs, and the m1 has 5 LSAs and 4 BSAs. These morphological characteristics are consistent with the original description when the species was established. However, the feature of the closed anterior pair of Ts on m2 (Fig. 57A–B) is inconsistent with the stable feature of the open anterior pair of Ts in the original description (Thomas, 1912a; Allen, 1940; Lawrence, 1982). In addition, the m3 from Sanjia Village, Chenggong has a shallow BRA2 and indistinct BSA3, which is also in conflict with the description of *V. millicens* ("with a posterolaterally protruding angle") by Luo et al. (2000). It appears that the lower molars from Sanjia Village (Fig. 57A–B) are morphologically similar to that of extant *Proedromys bedfordi* (Hu et Wang, 1984) and to that of the fossil species *Huananomys variabilis* (Zheng, 1993). However, because there is no M2 or M3, it is hard to confirm its taxonomic placement at present. Here we follow Qiu et al. (1984) and tentatively refer the specimens to *V. millicens*.

Prometheomyini Kretzoi, 1955b

Prometheomyini is represented by *Prometheomys* now distributed in mountainous areas at an altitude of 1500–2800 m in northeastern most Asia Minor and Caucasia. The tribe first emerged during Late Pleistocene. Animals in this genus dig burrows using their claws instead of their head, and are active all year round. They mainly feed on the green parts of plants above the surface, and sometimes underground tubers. Molars of the tribe are rooted, and have relatively thick and less differentiated enamel band. Fossil genera *Germanomys* and *Stachomys* distributed in Eurasia are also members of the tribe.

Prometheomys Satunin, 1901

Type Species *Prometheomys schaposchnikowi* Satunin, 1901 (south of Krestovyi Pass, Gudaur of Caucasus Mountain, Georgia at an altitude of 1981 m above seal level)

Diagnosis (Revised) Upper incisor with a weak groove on the distal 1/3 of the lateral side. Each molar with 2 roots, except M1 with trace of the 3rd root on lingual side. No cement in re-entrant angles of molars. Enamel band thick and less differentiated. M1 with 3 SAs on each side, M2 and M3 with 2 SAs on lingual side and 3 SAs on buccal side. M3 divided into anterior and posterior portions with comparable length by narrow Is 3. m1 with 3 alternately arranged and confluent Ts anterior to PL, T4, T5 and short AC2 confluent with each other and forming a trilobed shape. m2 and m3 with 3 SAs on each side.

Known Species in China *Prometheomys schaposchnikowi* Satunin, 1901 (extant).

Distribution and Age Inner Mongolia; Late Pleistocene.

Remarks The genus contains only one extant species, namely the type species, distributed in mountainous areas of Caucasia and Asia Minor area.

Although *Prometheomys* and *Ellobius* belong to different tribes, they share many morphological characteristics, such as rooted and cementless molars, thick enamel, same number of SAs and RAs on molars except M3, and so on. The main differences lie in: the upper incisor of the former has the longitudinal groove developed, whereas that of the latter lacks the groove; the enamel band of the former is thicker; m1 of the former has 3 alternate and nearly closed Ts anterior to PL and apparent Iss, whereas that of the latter has 3 opposite and completely open Ts and no sign of Is formation; the re-entrant angles of the former are relatively deep and narrow, slightly V-shaped, whereas those of the latter are broad and shallow, slightly U-shaped; ACC of the former shorter; M3 of the former has only 1 LRA and 2 BRAs, whereas that of the latter has 2 LRAs and 3 BRAs; M3 dentine space of the former is divided into anterior and posterior portions by Is, whereas the latter doesn't have this morphology; m3 of the former is also divided into two portions by Is, whereas that of the latter doesn't have Is developed.

Prometheomys schaposchnikowi **Satunin, 1901**

(Fig. 58)

Eothenomys sp.: Boule et Teilhard de Chardin, 1928, p. 87, fig. 21A

Holotype Unknown.

Referred Specimens Xarusgol, Uxin Banner, Inner Mongolia: 1 right mandible with m1–3 (Boule et Teilhard de Chardin, 1928: fig. 21A), 1 left mandible with m1–3 (IVPP V 18547).

Age of Referred Specimens Late Pleistocene (~0.12–0.09 Ma).

Diagnosis The same as the genus.

Remarks The left mandible supplemented here (Fig. 58) and the right mandible described in 1920s (Boule et Teilhard de Chardin, 1928: fig. 21A) both have m1 with alternate and nearly closed Ts, relatively short ACC and shallow BRA3 and LRA4, which is consistent with the morphology of the species. The only difference lies in that the 3 Ts between PL and AC2 are not tightly closed, probably because the specimen belongs to an old individual.

The occurrence of *Prometheomys schaposchnikowi* in the Xarusgol region, Inner Mongolia indicates that the ecology of central Inner Mongolia is similar to that of present mountainous areas of Caucasia during Late Pleistocene.

Germanomys **Heller, 1936**

Type Species *Germanomys weileri* Heller, 1936 (Gundersheim-1 locality, Germany, late Villanyian, Lower Pleistocene)

Diagnosis (Revised) Molars rooted, no cement in re-entrant angles. M1 with 3 roots, M2 and M3 with only 2 roots. m1 with 3 Ts and a trilobed ACC anterior to PL; ACC complicated in primitive forms, but simple in derived forms; closedness percentage of Is 1–4 around 100%, 0, 89%–100%, and 0, respectively (Table 2, Table 3); SDQ_P slightly greater than 100 (Table 4), indicating *Mimomys*-type differentiation; HH-Index smaller in primitive forms (Table 8). M1 with 4 barely closed Ts posterior to AL; PAA-Index and PA-Index smaller in primitive forms (Table 8). M3 with 2 Ts confluent with each other and a narrow and long PL posterior to AL.

Known Species in China *Germanomys yusheicus* Wu et Flynn, 2017, *G. progressivus* Wu et Flynn, 2017, *Germanomys* sp.

Distribution and Age Shanxi and Hebei; Pliocene.

Remarks *Germanomys* Heller, 1936 was thought to be a synonym of the earlier name *Ungaromys* Kormos, 1932 (McKenna et Bell, 1997; Kowalski, 2001). m1 of the former seemingly has more alternate and closed Ts between PL and ACC, whereas that of the latter has more opposite and open Ts, which is similar to the differences between extant *Prometheomys* Statunin, 1901 and *Ellobius* Fischer, 1814. Therefore, *Germanomys* should be retained as a valid genus name (Wu et Flynn, 2017).

Germanomys and *Prometheomys* are both placed in the tribe Prometheomyini of Arvicolinae, and are thought to originate from Late Miocene *Microtodon* Miller, 1927 (Wu et Flynn, 2017). If more brachydont or *Promimomys*-like (sinuses/sinuids with minus heights) fossil materials of *Germanomys* are recovered in the future, it will be possible to promote the tribe Prometheomyini to subfamily rank and will prove that it originates from *Micortodon* together with Arvicolinae.

Germanomys progressivus Wu et Flynn, 2017

(Fig. 59)

Ungaromys sp.: Zhou, 1988, p. 186, pl. I, figs. 4–5

Ungaromys spp.: Li et al., 2008, p. 210, tabs. 1–2, 4–8; Cai et al., 2013, p. 227, figs. 8.2 (partim), 8.3, 8.6

Germanomys sp.: Tedford et al., 1991, p. 524, fig. 4; Flynn et al., 1991, p. 251, tab. 2, fig. 4; Flynn et al., 1997, p. 236, tab. 2, fig. 5; Flynn et Wu, 2001, p. 197; Cai et al., 2004, p. 277, tab. 2 (partim); Cai et al., 2013, p. 227

Germanomys cf. *G. weileri*: Cai et al., 2004, p. 277, tab. 2

Arvicolidae gen. et sp. indet.: Zheng et al., 2006, p. 321, tabs. 1–2; Cai et al., 2007, p. 235, tab. 1; Cai et al., 2013, p. 227, figs. 8.4–8.5

Holotype Right M1 (IVPP V 11316.1).

Hypodigm 1 M1, 2 M2s, 2 m1s, 1 m2 (IVPP V 11316.2–7).

Type Locality and Horizon YS 87, Yushe Basin, Shanxi (~3.44 Ma); Upper Pliocene Mazegou Formation.

Referred Specimens Yushe Basin, Shanxi: YS 90, anterior portion of 1 m1, 2 m2s, 2 damaged m3s, 2 left M1s, 1 right M2s, 1 left M3 (IVPP V 11317.1–9); YS 99, 1 right mandible with incisor and m1–2 (IVPP V 11318). Layer 11 of the Laowogou section, Daodi Village, Xinbu Township, Yangyuan County, Hebei: 2 left and 2 right m1s, 1 left m2, 1 left m3, 1 left and 2 right M1s, 1 left M2, 2 left and 1 right M3s (IVPP V 23166.1–10). The Hougou section, Qijiazhuang Village, Xinbu Township, Yangyuan County, Hebei: Layer 4, 5 left m1s, 2 left and 1 right m2s, 1 left m3, 3 left and 4 right M1s, 1 left and 1 right M2s (IVPP V 23168.1–18); Layer 5, 1 left m1, 2 left m3s (IVPP V23168.19–21). The Yuanzigou Village section, Xinbu Township, Yangyuan County, Hebei: Layer 2, 1 left m2, 1 right m3, 1 left and 1 right M1s, 2 left and 2 right M2s (IVPP V 23173.1–8); Layer 4, 1 left mandible with m1–2, 1 left and 1 right m1s, 4 left and 1 right m2s (IVPP V 23173.9–16). The Nangou section, Hongya Village, Xinbu Township, Yangyuan County, Hebei: Layer 1, 1 left m2 (IVPP V 23171.1); Layer 4, 3 left and 2 right m1s, 6 left and 8 right m2s, 1 left and 4 right m3s, 2 left and 5 right M1s, 9 left and 8 right M2s, 4 left and 5 right M3s (IVPP V 23171.2–58). The Xiaoshuigou section, Qianjiashawa Village, Huashaoying Town, Yangyuan County, Hebei: Layer 1, 1 left M1, 1 left and 1 right M2, 1 left M3, 1 right m2 (IVPP V 23172.1–5); Layer 2, 1 left m2 (IVPP V 23172.6). The Danangou section, Dongyaozitou Village, Beishuiquan Town, Yuxian County, Hebei: Layer 1 (~2.63 Ma), 4 left and 4 right m1s, 5 left and 5 right m2s, 1 left and 1 right m3s, 8 left and 6 right M1s, 2 left and 2 right M2s, 6 left and 2 right M3s (IVPP V 23167.1–46). The Jiangjungoukou section, Beishuiquan Town, Yuxian County, Hebei: Layer 1, 1 left m1, 1 right m2 (IVPP V 23169.1–2). The Niutoushan section, Pulu Village, Beishuiquan Town, Yuxian County, Hebei: Layer 3, 1 left m2 (IVPP V 23170.1); Layer 6, 1 left M1, 1 right M2, 1 left M3, 1 right m2 (IVPP V 23170.2–5); Layer 9, 1 left m1, 1 left and 1 right M1s, 1 left and 1 right M2s, 2 left and 2 right M3s (IVPP V 23170.6–14), 1 left m3, 1 left M1 (IVPP V 23170.15–16). Layer 1 (sand layer) of the "Jingle Red Clay" section, Xiaohong'ao, Hefeng Village, Duanjiazhai Township, Jingle County, Shanxi: 1 left m1–2 molar row (IVPP V 8664), 1 right M1 (IVPP V 8666).

Age of Referred Specimens Late Pliocene (~3.50–2.63 Ma).

Diagnosis (Revised) Size comparable to *Germanomys yusheicus*, but more hypsodont, showing higher sinuses/sinusoids. M1 with Pas being the lowest, other sinuses nearly equal in height. M3 with 2 RAs on each side, and relatively high sinuses. m1 (mean length 2.39 mm, see Table 4 for range) with 89% of Is 3 closed, relatively lower in closedness percentage (Tables 2–3); SDQ_P 110, indicating positive differentiation (see Table 4 for range); mean HH-Index 1.85 (see Table 8 for range). M1 (mean length 2.17 mm) with mean PA-Index 2.01, mean PAA-Index 2.26 (see Table 8 for range). M3 (mean length 1.37 mm) with mean PA-Index being 0.65 (see Table 8 for range). These parameters all markedly greater than those of *G. yusheicus*.

Remarks The main difference between *Germanomys progressivus* and *G. yusheicus* lies in the crown height. If using PA-Index of M1 and HH-Index of m1 as the indicators of crown height, values of the former are 2.01 and 1.85, respectively, and those of the latter are 0.95 and 1.13, respectively. That is to say, the crown height of the latter is about half that of the former.

Germanomys yusheicus Wu et Flynn, 2017

(Fig. 60)

Germanomys A: Tedford et al., 1991, p. 524, fig. 4; Flynn et al., 1991, p. 251, tab. 2, fig. 4; Flynn et al., 1997, p. 236, tab. 2, fig. 5; Flynn et Wu, 2001, p. 197

Germanomys sp. nov.: Cai, 1987, p. 129

Germanomys sp.: Cai et al., 2004, p. 277, tab. 2

Ungaromys spp.: Li et al., 2008, p. 213, tab. 1; Cai et al., 2013, p. 223, fig. 8.2 (partim)

cf. *Stachomys* sp.: Wu et Flynn, 2017, p. 147, fig. 11.3g

Holotype Left m1 (IVPP V 11313.1).

Hypodigm (Paratypes) 1 right mandible with m1, 2 m1s, 4 m2s, 1 m3, 9 M1s, 7 M2s, 1 M3 (IVPP V 11313.2–26).

Type Locality and Horizon YS 4, Yushe Basin, Shanxi (~4.29 Ma); Lower Pliocene Gaozhuang Formation.

Referred Specimens Yushe Basin, Shanxi: YS 97, 1 left mandible with m1–2, 1 m2 (IVPP V 11314.1–2); YS 50, 5 M1s, 1 right m2 (IVPP V 11315.1–6). The Laowogou section, Daodi Village, Xinbu Township, Yangyuan County, Hebei: Layer 2, 1 right M3 (IVPP V 23165.1); Layer 3, 2 right m1s, 1 left m2, 1 right m3, 1 left and 2 right M1s, 1 left M2, 2 left and 1 right M3s (IVPP V 23165.2–12). The Donggou section, Qianjiashawa Village, Huashaoying Town, Yangyuan County, Hebei: Layer 2, 2 left m1s, 1 right m2, 2 left M3s (IVPP V 23159.80–84).

Age of Referred Specimens Early – Late Pliocene (~4.70–3.08 Ma).

Diagnosis (Revised) Size larger than *Germanomys weileri*, crown and sinuses/sinusids also slightly higher. M1 with Prs being the highest, other sinuses nearly equal in height. M3 W-shaped after wear, the same as M2, but relatively narrow and long. M1 with 3 roots, M2 and M3 with 2 roots. m1 (mean length 2.34 mm, see Table 4 for range) with Is 3 being 100% closed, slightly higher than in *G. progressivus* (Table 2, Table 3), SDQ_P ~110 (Table 4), mean HH-Index 1.13 (see Table 8 for range), both smaller. M1 (mean length 2.16 mm) with mean PA-Index being 0.95, mean PAA-Index 1.05; M3 (mean length 1.36 mm) with mean PA-Index being 0.15 (see Table 8 for range), these parameters also smaller.

Remarks The differences of morphological parameters between *Germanomys yusheicus* and *G. progressivus* see Table 8.

Germanomys sp.

(Fig. 61)

The left M3 of a young individual (IVPP V 18811) collected from Layer F01 of the Upper Pliocene "Daodi Formation", Tai'ergou east section, Xiaodukou, Huashaoying, Yangyuan, Hebei (~2.99 Ma) is 1.40 mm in length. It falls in the variation ranges of both *Germanomys yusheicus* (1.15–1.60 mm) and *G. progressivus* (1.25–1.45 mm). However, PA-Index (2.31) of the specimen markedly exceeds the variation ranges of these two species (0.07–0.29 and 0.28–1.01, respectively), which indicates the unidentified species is more derived than them.

The right m2 (IVPP V 11321) collected from YS 115 of Taoyang Member, Gaozhuang Formation, Yushe Basin, Shanxi (~5.50 Ma) and the posterior portion of a right m1 or m2 (IVPP V 11324) collected from YS 105 of Mazegou Formation (3.00 Ma) (Wu et Flynn, 2017: fig. 11.4e, k) were identified as Prometheomyini gen. et sp. indet. Judging from cementless molars, large sinuous line parameters (extremely hypsodont), differentiated enamel band, it should be a derived arvicoline. However, if put together, the M3 from Tai'ergou of Nihewan Basin and the lower molars from YS 115 and YS 105 of Yushe should be treated as a most derived form of *Germanomys*. Due to lack of morphologically most significant m1, they are left here as an unidentified species.

It should be noted that the specimens from YS 115 and YS 105 of Yushe have similar size and crown height, but the huge age gap between them (5.50 Ma and 3.00 Ma, respectively) reminds us of caution that the former could have come from slope deposits, whereas the latter comes from the original horizon. Therefore, there is still no reliable support for the opinion that Prometheomyini should be promoted to Prometheomyinae, and that they originate in Late Miocene together with Arvicolinae (Wu et Flynn, 2017).

Stachomys Kowalski, 1960b

Type Species *Stachomys trilobodon* Kowalski, 1960b (Węże-1 locality, Poland, Upper Pliocene)

Diagnosis (Revised) Lower incisor crossing the lower molar row beneath the posterior root of m2. Enamel band thick, but thinner than *Germanomys*. Root formation early, each upper molar with 3 roots. No cement in re-entrant angles. m1 (mean length 2.22 mm, see Kowalski, 1960b for range) with 4 Ts and 1 trilobed AC (the middle lobe pointing anterolingually); Is 1 and Is 3 closed, Is 2 and Is 4 open. m3 with 2 BRAs and 2 LRAs, LRA2 and BRA1 markedly deeper, only Is 2 closed and dividing the dentine area of the occlusal surface into equal anterior and posterior portions. M1 (mean length 2.10 mm, see Kowalski, 1960b for range) with 3 remarkable BRAs and LRAs, and extremely weak LRA3. M2 and M3 with markedly shallow BRA1. M3 with 3 shallow BRAs and 2 deep LRAs, sometimes Is 2 and Is 3 closed and dividing occlusal surface into anterior and posterior portions.

Known Species in China *Stachomys trilobodon* Kowalski, 1960b.

Distribution and Age Shanxi; Late Pliocene (~3.50 Ma).

Remarks Besides the type locality of Poland, there are still Ivanovce of Slovakia (Fejfar, 1961: *Leukaristomys vagui*) and Olchon Peninsula of Lake Baikal, East Siberia (Mats et al., 1982: *Stachomys* ex gr. *trilobodon*). *Stachomys igrom* Agadjanian, 1993 from the early Villanyian Upper Pliocene of Don River, Russia is a species with intermediate morphology between *S. trilobodon* and *Prometheomys schaposchnikowi*.

Stachomys trilobodon Kowalski, 1960b

(Fig. 62)

cf. *Stachomys* sp.: Wu et Flynn, 2017, p. 147, fig. 11.4h

Prometheomyini gen. et sp. indet.: Wu et Flynn, 2017, p. 147, fig. 11.4i

Holotype Right mandible with m1–3 (Kowalski, 1960b: p. 461, fig. 3A, pl. LX, figs. 1–2).

Hypodigm 7 mandibles with m1–3, 9 mandibles with m1, 1 maxilla with M1–3, 4 maxillae, numerous isolated molars (65 m1s and 46 M3s).

Type Locality and Horizon Węże-1 locality, Poland; Upper Pliocene.

Referred Specimens YS 90, Yushe Basin, Shanxi (Mazegou Formation): anterior portion of 1 right m1 (IVPP V 11323) (Wu et Flynn, 2017: fig. 11.4i), 1 right m3 (IVPP V 11319) (Wu et Flynn, 2017: fig. 11.4h).

Age of Referred Specimens Late Pliocene (~3.50 Ma).

Diagnosis (Revised) The same as the genus.

Remarks The right m3 (IVPP V 11319) (Wu et Flynn, 2017: p. 147, fig. 11.4h) from YS 90 of Yushe (3.50 Ma) possesses shallow BRA2 and LRA1 and deep BRA1 and LRA2, and the occlusal surface is divided into anterior and posterior portions by Is 2. This morphology is consistent with the type species of *Stachomys*. The anterior portion of right m1 (IVPP V 11323) (Wu et Flynn, 2017: p. 146, fig. 11.4i) from the same locality and referred to Prometheomyini gen. et sp. indet. has trilobed AC2, which is also consistent with the type species of *Stachomys*. The left M3 (IVPP V 11320) (Wu et Flynn, 2017: p. 145, fig. 11.3g) from YS 87 (3.44 Ma) has only 2 BRAs (lacking BRA3) and 2 LRAs with roughly equal depth, very deep BRA1, and 2 roots etc., which is inconsistent with the diagnosis of *Stachomys*. On the contrary, the relatively low crown makes it more similar to the more primitive *G. yusheicus* in *Germanomys*.

Lagurini Kretzoi, 1955b

Lagurini evolved alongside *Mimomys* during Late Pliocene – Pleistocene. The evolutionary trend of the tribe is that their molars gradually lose roots and increase hypsodonty. There is always no cement in re-entrant angles of molars. *Eolagurus* and *Lagurus* are representative extant genera inhabiting dry and open grasslands. They both originate from Pliocene *Borsodia*, and survive the whole Pleistocene. The tribe also contains the fossil genus *Villanyia* and the extant genus *Hyperacrius*.

Borsodia Jánossy et van der Meulen, 1975

Type Species *Mimomys hungaricus* Kormos, 1938 (Villány-3 locality, Borsod region, northern Hungary)

Diagnosis (Revised) Molars rooted, no cement in re-entrant angles. In primitive forms, anterior end of m1 covered by enamel; m1 with MR and PF, but without EI; SDQ greater than 100, indicating *Mimomys*-type or positive differentiation; upper molars with V-shaped LRA2. In derived forms, anterior end of m1 lacking enamel; m1 without MR, PF, and EI; SDQ less than 100, indicating *Microtus*-type or negative differentiation; upper molars with U-shape LRA2. M3 being *Alticola*-type, namely BRA1 broad and shallow. Is1 and Is 3 of m1 100% closed, Is 2 and Is 4 could be ~80% closed (Table 2, Table 3).

Known Species in China *Borsodia chinensis* (Kormos, 1934a), *B. mengensis* Qiu et Li, 2016, *Borsodia prechinensis* Zheng, Zhang et Cui, 2019.

Distribution and Age Inner Mongolia, Qinghai, Gansu, Shanxi, and Hebei; Pliocene – Early Pleistocene.

Remarks Jánossy et van der Meulen (1975) established *Borsodia* as a subgenus of *Mimomys*, the diagnosis of which is: molars cementless; SDQ of m1 less than 100, indicating *Microtus*-type or negative differentiation. Zazhigin (1980) referred the type species of *Borsodia* to *Villanyia* and disapproved the subgenus status of *Borsodia*. Tesakov (1993) promoted *Borsodia* to genus level, figured the m1 morphology of 18 species except the type species *B. hungarica* (Tesakov, 2004: fig. 4.26), and disagreed with the referral of these species to *Villanyia*. McKenna et Bell (1997) thought of *Bosodia* as a synonym of *Mimomys*. Kowalski (2001) treated *Villanyia* and *Borsodia* as two different genera coexisting in Europe, and listed 1 species of *Villanyai*, namely *V. exilis* Kretzoi, 1956 (early Biharian Villány-5 locality of Hungary), and 7 species of *Borsodia*, namely *Borsodia* sp., *B. arankoides* (Aleksandrova, 1976) (late Villanyian Livencovka locality of Russia), *B. fejervaryi* (Kormos, 1934b) (early Biharian Nagyharsanyhegy-2 locality of Hungary), *B. newtoni* (Forsyth Major, 1902) (Villanyian East Runton locality of England), *B. novaeasovica* (Topačevskij et Skorik, 1977) (late Villanyian Sirokino locality of southern Ukraine), *B. petenyii* (Méhely, 1914) (early Biharian Beremend locality of Hungary), and *B. praehungarica* (Ševčenko, 1965) (Villanyian Livencovka locality of Russia, *B. tanaitica* from the same locality should be a synonym). Zhang et al. (2008b) thought *Borsodia* and *Villanyia* are synonyms. Kawamura et Zhang (2009) later treated them as independent genera based on negatively differentiated molars of *Borsodia* and positively differentiated molars of *Villanyia*. They referred 6 of 11 species from Europe and Siberia to *Villanyia*, namely *V. exilis* Kretzoi, 1956, *V. petenyii* (Méhely, 1914), *V. eleonorae* Erbajeva, 1976a, *V. novoasovica* Topačevskij et Skorik, 1977, *V. steklovi* Zazhigin, 1980, and *V. betekensis* Zazhigin, 1980; 5 species to *Borsodia*, namely *B. newtoni* (Forsyth Major, 1902), *B. fejervaryi* (Kormos, 1934b), *B. arankoides* (Aleksandrova, 1976), *B. prolaguroides* (Zazhigin, 1980), and *B. klochnevi* (Erbajeva, 1998). Plus 3 species of *Borsodia* from China, namely *B. chinensis* (Kormos, 1934a), *B. mengensis* Qiu et Li, 2016, and *B. prechinensis* Zheng, Zhang et Cui, 2019, there are totally 8 species in *Borsodia*. The question is which species have positively differentiated enamel and which species have negatively differentiated enamel in the two genera. Heinrich (1990) demonstrated the evolutionary process of the *Arvicola* clade from primitive *A. cantiana* (SDQ>100) to derived *A. terrestris* (SDQ<100). This quantitative method could probably also be applied to other arvicoline clades such as *Borsodia*.

It could be inferred from the *Lagurus*-type morphology of the upper molars that *Borsodia* with rooted and cementless molars should be the ancestor of extant *Eolagurus* and *Lagurus* with rootless and cementless molars. It could also be inferred from the *Alticola*-type morphology of M3 that *Borsodia* could also be the ancestor of *Alticola* and *Hyperacrius*.

Borsodia chinensis (Kormos, 1934a)

(Fig. 63)

Arvicolidé gen. ind.: Teilhard de Chardin et Piveteau, 1930, p. 123, fig. 40

Mimomys chinensis: Kormos, 1934a, p. 6, fig. 1c; Heller, 1957, p. 223; Li et al., 1984, p. 176

Mimomys sinensis: Fejfar, 1964, p. 38

Mimomys (*Villanyia*) *laguriformes*: Erbajeva, 1973, p. 136, figs. 1–3

Mimomys heshuinicus: Zheng, 1976, p. 114, fig. 3; Shevyreva, 1983, p. 38

Villanyia chinensis (= *Mimomys chinensis*): Zazhigin, 1980, p. 99; Zheng et Li, 1990, p. 433

Mimomys (*Villanyia*) *chinensis*: Zheng et Li, 1986, p. 83, fig. 2a–d, pl. I, fig. 4

Borsodia sp.: Zhang et al., 2011, p. 628, fig. 3A–F

Alticola simplicidenta: Zheng et Cai, 1991, p. 104, fig. 4(1–3); Cai et al., 2004, p. 277, tab. 2

Prolagurus praepannonicus: Cai et Li, 2004, p. 439

Holotype Right mandible with m1–3 of a young individual (IVPP RV 30011).

Type Locality and Horizon Xiashagou Village, Huashaoying Town, Yangyuan County, Hebei; Lower Pleistocene Nihewan Formation.

Referred Specimens Xiyingzi, Xiaochengzi Village, Xinchengzi Town, Linxi County (belongs to Liaoning before 1979), Inner Mongolia: 1 right mandible with m1–3 (IVPP V 8109). Jingou, Zhangqi, Tangqi Village, Xihuachi Town, Heshui County, Gansu: 1 left mandible of an adult individual with m1–2 (IVPP V 4766), 1 left m1 of an old individual (IVPP V 4766.1). Loc. 77076 of Mangqu Town (formerly Layihai Township), Guinan County, Qinghai: 1 right M1, 1 left m3 (IVPP V 6043.1–2). The Donggou section, Qianjiashawa Village, Huashaoying Town, Yangyuan County, Hebei: Layer 16, 4 left and 4 right m1s, 1 left and 2 right m2s, 6 left and 3 right M1s, 6 left and 3 right M2s, 1 left and 2 right M3s (IVPP V 23147.7–38). Loc. III of Majuangou Paleolithic Site, Cenjiawan Village, Datianwa Township, Yangyuan County, Hebei: 1 left mandibles with m1–2 (IVPP V 15279.1), 1 left mandible with m2, 11 left and 9 right m1s, 8 left and 6 right m2s, 7 left and 12 right m3s, 17 left and 9 right M1s, 13 left and 7 right M2s, 3 left and 8 right M3s (IVPP V 15279.3–113). The Danangou section, Dongyaozitou Village, Beishuiquan Town, Yuxian County, Hebei: Layer 6 (= DO-5), 1 left M3 (GMC V 2054), 1 left and 1 right M2, 1 left and 2 right m3s (GMC V 2055.1–4); Layer 9, 2 left m2s (IVPP V 23146.1–2); Layer 12, 1 right m3 (IVPP V 23146.3). The Niutoushan section, Pulu Village, Beishuiquan Town, Yuxian County, Hebei: Layer 15, 3 left and 1 right m1s, 1 left and 1 right m2s, 2 left M1s, 3 left and 1 right M2s (IVPP V 23147.39–50). S_{19} of the Reddish Clay Upper Zone, Layer 4, the "Jingle Red Clay" section (Loc. 1), Xiaohong'ao, Hefeng Village, Duanjiazhai Township, Jingle County, Shanxi: see Table 1 of Zhou (1988). Yushe Basin, Shanxi: YS 6, 1 right M3 (IVPP V 22619.1); YS 120, 2 left and 2 right M2s, 2 left and 4 right M3s, 2 damaged left m1s, 2 right m1s, 1 left and 1 right m2s, 1 left and 3 right m3s (IVPP V 22620.1–20); YS 109, 1 damaged left m1 (IVPP V 22621.1).

Age of Referred Specimens Early Pleistocene (~2.26–1.45 Ma).

Diagnosis (Revised) Molars hypsodont, root formation late. m1 (mean length 2.54 mm, see Table 4 for range) with a simple, narrow, and long AC extending anterobuccally; posterior edge of PL straight or slightly concave anteriorly; closedness percentage of Is 1–4 being 100%, 81%, 100%, and 100%, respectively, Is 5–7 open (Table 2, Table 3); SDQ_P 67, indicating *Microtus*-type or negative differentiation (see Table 4 for range); mean HH-Index greater than 5.35. M1 with mean PAA-Index greater than 5.04, mean PA-Index greater than 6.05 (Table 9). M1 with 3 roots, M2 and M3 both with 2 roots.

Remarks The molar morphology of *Borsodia chinensis* is most similar to the type species *B. hungarica* (Kormos, 1938) due to its AC of m1 long, leaning buccally, and without enamel at anterior end, posterior border of PL on m1 slightly concave anteriorly, negatively differentiated enamel, and so on. However, Kowalski (2001) thought the holotype of the type species was a young individual of *B. newtoni* (Forsyth Major, 1902).

It was once very hard to match the newly recovered upper molars of *Borsodia chinensis* to the lower molars of the type locality, because the fossil materials discovered earlier were all lower molars (Zheng et Li, 1986). It was not until the discovery of abundant arvicoline fossils at Loc. III of Majuangou Paleolithic Site (Fig. 63C–J) that the morphology of the upper molars of the species became clear: the morphology of M1–2 is *Lagurus*-type, namely LRA2 being U-shaped; M3 belongs to *Alticola*-type morphology, because BRA1 is broad and shallow (Cai et al., 2008).

Fossils of *Borsodia chinensis* are widely distributed in North China, and it is a typical arvicoline species of Early Pleistocene.

Borsodia mengensis Qiu et Li, 2016

(Fig. 64)

Aratomys bilikeensis: Li et al., 2003, p. 108, tab. 1 (partim)

Holotype Left m1 (IVPP V 19905).

Hypodigm 4 M1s, 5 M2s, 14 M3s, 4 m1s, 5 m2s, 7 m3s (IVPP V 19906.1–39).

Type Locality and Horizon Gaotege, Abag Banner, Inner Mongolia; DB03-2 locality (~3.85 Ma), Lower Pliocene (O'Connor et al., 2008).

Diagnosis (Revised) Molars relatively brachydont, root formation early. m1 with a complicated AC not leaning buccally; SDQ_P 115, indicating *Mimomys*-type or positive differentiation (see Table 4 for range); mean HH-Index relatively small (1.18) (see Table 9 for range); closedness percentage of Is1–4 relatively low, around 100%, 80%, 100%, and 80%, respectively (Table 2, Table 3). M1 and most M2 with 3 roots, few M2 and all M3 with 2 roots. Upper molars with V-shaped LRA2. M1 with markedly smaller mean PAA-Index (0.90) and PA-Index (0.67) (see Table 9 for range). M3 with broad and shallow BRA1, relatively deep LRA, and relatively large LSA.

Remarks SDQ_P of m1 of *Borsodia mengensis* is greater than 100, which indicates that its enamel differentiation is *Mimomys*-type. This morphological feature is inconsistent with the original definition given by Jánossy et van der Meulen (1975). However, because the occlusal morphology of its m1 and M3 is similar to *B. chinensis* (Fig. 64), this form can only be referred to *Borsodia*. It can be inferred that the transition of enamel differentiation type occurred sometime between the Early Pliocene (~3.85 Ma) *B. mengensis* and the Late Pliocene (2.60 Ma) *B. prechinensis*.

Based on some derived morphological characteristics, such as AC of m1 complicated, narrow and long, extending anteriorly, lacking MR, PF, and EI, and so on, *Borsodia mengensis* can be considered the near ancestor of *B. chinensis*, and can be distinguished from primitive species of the genus, such as *B. steklovi* (Zazhigin, 1980), *B. novoasovica* (Topačevskij et Skorik, 1977), *B. praehungarica* (Ševčenko, 1965), and so on. Nevertheless, the smaller values of parameters related to crown height also indicates its primitiveness. Among the species both brachydont and lacking MR in the genus, *B. mengensis* is morphologically most similar to *B. betekensis* (Zazhigin, 1980).

Simply judging from mean HH-Index of m1 and mean PA-Index of M1, there seems to be a evolutionary trend from brachydonty to hypsodonty among *Borsodia mengensis* (1.18 and 0.67, respectively), *B. prechinensis* (≥3.67 and 4.62, respectively), and *B. chinensis* (>5.35 and >6.05, respectively). However, taking into consideration the fact that some m1s of *B. prechinensis* have MR, it can not be placed between *B. mengensis* and *B. chinensis* in the sense of evolutionary stages, because if MR is lost in ancestors, its reappearance in descendants is highly impossible.

Borsodia prechinensis Zheng, Zhang et Cui, 2019

(Fig. 65)

Borsodia sp., *B. chinensis* (partim): Zheng et al., 2006, p. 322, tab. 2

Borsodia n. sp.: Zheng et Zhang, 2000, fig. 2; Zheng et Zhang, 2001, fig. 3

Borsodia sp.: Zhang et al., 2011, p. 628, fig. 3A–F

Arvicolinae gen. et sp. indet.: Zhang et al., 2011, p. 630, fig. 3K–L

Holotype Left m1 (IVPP V 23164.1).

Hypodigm 1 left m1, 1 right m3, 2 right M1s, 1 left M3 (IVPP V 23164.2–6).

Type Locality and Horizon The Donggou section, Qianjiashawa Village, Huashaoying Town,

Yangyuan County, Hebei; Layer 11 (<2.60 Ma), Lower Pleistocene.

Referred Specimens The Donggou section, Qianjiashawa Village, Huashaoying Town, Yangyuan County, Hebei: Layer 4 (>2.60 Ma), 1 right m2 (IVPP V 23147.1); Layer 7 (>2.60 Ma), 1 right m1, 1 left m3, 2 right M1s, 1 right M2 (IVPP V 23147.2–6). Layer 15 of the Niutoushan section, Pulu Village, Beishuiquan Town, Yuxian County, Hebei: 1 left and 3 right m1s, 1 left and 1 right m2s, 2 left M1s, 3 left and 1 right M2s (IVPP V 23147.39–50). The Loc. 93001 section of Wenwanggou, Leijiahe Village, Shaozhai Town, Lingtai County, Gansu: WL11-7, 1 right M3 (IVPP V 18079.1); WL11-5, 1 left m1 (IVPP V 18081.1); WL11-3, 1 right M3 (IVPP V 18079.2); WL11-1, 1 right m3 (IVPP V 18079.3); WL10-11, 1 damaged left M3 (IVPP V 18079.4); WL10-10 (~3.33 Ma), 1 left M3 (IVPP V 18079.5); WL10-8, 1 damaged right M3 (IVPP V 18079.6); WL10, 2 left M3s, 2 right m2s, 1 damaged left m3 (IVPP V 18079.7–11); WL8, 1 right M3, 1 damaged right m1, 1 damaged right m3 (IVPP V 18079.12–14), 1 left m1 (IVPP V 18081.2); WL3, 1 damaged right m1, 1 damaged left m2 (IVPP V 18079.15–16).

Age of Referred Specimens Late Pliocene – Early Pleistocene (~3.51–2.15 Ma).

Diagnosis (Revised) Size comparable to *Borsodia chinensis*, but upper molars with narrow LRA2 and not belonging to *Lagurus*-type. m1 (~2.63 mm in length) with relatively short AC leaning buccally to a lesser extent, sometimes with MR developed. HH-Index (⩾3.67) of m1 and PAA-Index (~5.42) and PA-Index (~4.62) of M1 all markedly smaller than those of *B. chinensis* (>5.35, >5.04, and >6.05, respectively), but considerably greater than those of *B. mengensis* (1.18, 0.90, and 0.67, respectively) (Table 9). m1 with 100% closed Is 1–4, consistent with *B. chinensis*, but higher than *B. mengensis*; SDQ_I ~91, indicating the same negative differentiation as *B. chinensis*. M1 (~2.03 mm in length) with closed Is 1 and Is 3, but open Is2 and Is 4, the same as in *B. mengensis*, but different from *B. chinensis* with Is1–4 all closed.

Remarks HH-Index of the lower molars and PA-Index of the upper molars both indicate that the evolutionary stage of *Borsodia prechinensis* lies between *B. mengensis* and *B. chinensis*, but closer to *B. chinensis* (Table 9). That is to say, *B. prechinensis* is morphologically much more derived than *B. mengensis*, but only slightly more primitive than *B. chinensis*.

In terms of molar morphology, *Borsodia prechinensis* is different from *B. chinensis* in: AC of m1 not leaning buccally; vestigial MR discernable on AC of some m1s; M3 with more distinct RAs and SAs on both sides; LRA2 of M1 and M2 V-shaped but not U-shaped.

The 2 m1s from WL11-5 of the Loc. 93001 section, Wenwanggou, Lingtai, Gansu were identified as Arvicolinae gen. et sp. indet., with one being cementless and the other one cemented (Zhang et al., 2011: fig. 3K–L). Nevertheless, regardless of the existence or absence of cement, their occlusal morphology is consistent with that of *Borsodia prechinensis* in long AC with vestigial MR but not leaning buccally. It can be inferred that the judgement of existence of cement could be wrong. Consequently, the specimens referred to *Borsodia* sp. (Zhang et al., 2011: fig. 3A–F) and Arvicolinae gen. et sp. indet. should all be referred to *B. prechinensis*.

According to the distribution of small mammals in the Donggou section (Zheng et al., 2006) and based on earlier paleomagnetic data (Yang et al., 1996; Yuan et al., 1996; Zhu et al., 2001), it is determined that the Pliocene/Pleistocene boundary lies between Layer 8/Layer 9 in the Donggou section, which means *Borsodia prechinensis* survived across the boundary of Pliocene/Pleistocene. Likewise, the Pliocene/Pleistocene boundary in the Wenwanggou section lies between WL7/WL6. *B. prechinensis* also spans Late Pliocene – Early Pleistocene in this section (Zheng et Zhang, 2000, 2001).

Eolagurus Argyropulo, 1946

Type Species *Georychus luteus* Eversmann, 1840 (northwest of Aral Sea, Kazakhstan)

Diagnosis (Revised) Molars rootless, no cement in re-entrant angles; SDQ less than 100, indicating *Microtus*-type differentiation; RAs relatively deep, SAs more pointed. LRA2 of upper molars with a remarkable protoconule or cuspy developed at its apex. Anterior wall of upper molars and posterior wall of lower molars slightly concave or straight. m1 with 3 nearly closed Ts anterior to PL, T4 and T5 confluent with each other and forming a rhombus separate from the simple and broad AC; anterior end of AC lacking enamel; Is 1, Is 3, and Is 5 slightly more closed than Is 2, Is 4, and Is 6. M3 slightly longer than M2, and posterior end of its PL slightly leaning lingually.

Known Species in China *Eolagurus luteus* (Eversmann, 1840), *E. przewalskii* (Büchner, 1889) (extant hereinbefore); *E. simplicidens* (Young, 1934).

Distribution and Age Inner Mongolia, Xinjiang, Qinghai, Gansu, Beijing, Hebei, and Shandong; End of Pliocene – Present.

Remarks Argyropulo (1946) proposed dividing *Lagurus* into two genera, keeping *L. lagurus* in *Lagurus* but referring *L. luteus* and *L. przewalskii* to *Eolagurus*. Some researchers agree with the suggestion (Zazhigin, 1980; Corbet et Hill, 1991; Wang et Xu, 1992; McKenna et Bell, 1997; Musser et Carleton, 2005; Pan et al., 2007), whereas some researchers disagree (Ellerman et Morrison-Scott, 1951; Nowak et Paradiso, 1983; Tan, 1992; Huang et al., 1995; Luo et al., 2000; Wang, 2003). Here we choose to adopt the suggestion of Argyropulo (1946).

There are two extant species in the genus, namely *Eolagurus luteus* (Eversmann, 1840) distributed in western Mongolia and northern Xinjiang and *E. przewalskii* (Büchner, 1889) distributed in central Inner Mongolia, northwestern Qinghai, Gansu, and Xinjiang (Lop Nur). The genus contains two fossil species, too, namely *E. argyropuloi* Gromov et Parfenova, 1951 distributed in Russia and *E. simplicidens* (Young, 1934) distributed in North China (Zazhigin, 1980; Gromova et Baranova, 1981). *Eolagurus* is different from *Lagurus* in simpler molar morphology. m1 of *Eolagurus* only has 5 LSAs, 4 LRAs, 4 BSAs, and 3 BRAs, whereas that of *Lagurus* has 5–6 LSAs, 4–5 LRAs, 4–5 BSAs, and 3–4 BRAs. Iss of *Eolagurus* are not tightly closed. M3 of *Eolagurus* only has 2 Ts that are not tightly closed posterior to AL and a Y-shaped PL, namely 4 BSAs, 3 BRAs, 3 LSAs, and 2 LRAs, whereas that of *Lagurus* has 3 nearly closed Ts posterior to AL and a T-shaped PL, namely 5 BSAs, 4 BRAs, 4 LSAs, and 3 LRAs. To sum up, *Eolagurus* is morphologically more primitive than *Lagurus*.

Eolagurus luteus (Eversmann, 1840)

(Fig. 66)

Microtus cf. *cricetulus*: Boule et Teilhard de Chardin, 1928, p. 87, fig. 21B
Alticola cf. *stracheyi*: Qi, 1975, p. 245, fig. 4right
Lagurus sp.: Zheng et al., 1998, p. 37, fig. 3H

Holotype Unknown.

Referred Specimens Xarusgol, Uxin Banner, Inner Mongolia: 1 right mandible with m1–3 (Boule et Teilhard de Chardin, 1928: fig. 21B), 1 left M1, 2 left and 1 right M2 (IVPP V 4407.1–4). Xiaoxishan, Baizhuang Village, Dongyang (present Pingyi Neighbourhood), Pingyi County, Shandong: 1 left mandible with damaged m1 (IVPP V 11513).

Age of Referred Specimens Late Pleistocene (thermoluminescence age: 0.12–0.09 Ma).

Diagnosis (Revised) Basically the same as the genus, but m1 with a vague rhombus formed by confluent BSA3 and LSA4.

Remarks The left M1 and M2 (IVPP V 4407.1–2) (Fig. 66) described by Qi (1975: fig. 4right) under the name "*Alticola* cf. *stracheyi*" and the mandible with m1–3 described by Boule et Teilhard de Chardin

(1928: fig. 21B) under the name "*Microtus* cf. *Cricetulus*" should represent the upper and lower molar rows of *Eolagurus luteus*, respectively. LRA2 of its M1 and M2 is U-shaped. There is a distinct protoconule at its bottom. Its m1 has more closed Is 1, Is 3, and Is 5 than Is 2, Is 4, and Is 6, and a indistinct rhombus formed by confluent LSA4 and BSA3. These morphological features are completely consistent with extant *E. luteus* distributed in Qinghai Plateau.

Eolagurus simplicidens (Young, 1934)

(Fig. 67)

Pitymys simplicidens: Young, 1934, p. 93, fig. 37, pl. VIII, fig. 12; Pei, 1936, p. 74, fig. 37, pl. VI, fig. 18; Teilhard de Chardin et Leroy, 1942, p. 34

Alticola cf. *stracheyi*: Pei, 1936, p. 76, fig. 38A

Lagurus sp.: Teilhard de Chardin et Leroy, 1942, p. 33

Eolagurus simplicidens: Zazhigin, 1980, fig. 28(17–20); Cai et al., 2004, p. 277, tab. 2

Lectotype 1 left m1 (Cat.C.L.G.S.C.Nos.C/C. 1181.2).

Hypodigm 1 right mandible with m1 (Cat.C.L.G.S.C.Nos.C/C. 1181.1).

Type Locality and Horizon Loc. 1 of Zhoukoudian, Beijing; Middle Pleistocene.

Referred Specimens Loc. 3 of Zhoukoudian, Beijing: 1 left mandible with m1–3 (Cat.C.L.G.S.C.Nos. C/C. 2615), 1 damaged cranium with left and right M1–3 (Cat.C.L.G.S.C.Nos.C/C. 2616). The Danangou section, Dongyaozitou Village, Beishuiquan Town, Yuxian County, Hebei: Layer 1, 1 left m1 (IVPP V 23174.44); Layer 15, 1 left mandible with m2, 3 left and 9 right m1s (IVPP V 23174.2–4, 6–14), 2 left and 1 right m2s (IVPP V 23174.15–16, 18), 1 right m3 (IVPP V 23174.20), 3 left and 6 right M1s (IVPP V 23174.21–23, 25–30), 1 right M2 (IVPP V 23174.32), 3 left and 1 right M3s (IVPP V 23174.34–37), 1 right m1 (IVPP V 23174.5), 1 right m2 (IVPP V 23174.17), 1 right m3 (IVPP V 23174.19), 1 right M1 (IVPP V 23174.24), 1 right M2 (IVPP V 23174.31), 1 left M3 (IVPP V 23174.33); Layer 16, anterior portion of 1 left m1, 1 right m2, 1 right m3 (IVPP V 23174.38–40); Layer 18, 1 left and 1 right m2s, 1 left m3 (IVPP V 23174.41–43).

Age of Referred Specimens End of Pliocene – Early Pleistocene (~2.63–0.87 Ma).

Diagnosis (Revised) Size relatively large. Protoconule at the apex of LRA2 on upper molars relatively weak. LSA4 and BSA3 of m1 forming a remarkable rhombus; Is1–4 and Is 6 all 100% closed.

Remarks The m1 from Loc. 1 of Zhoukoudian (Fig. 67A) doesn't belong to *Pitymys* (Young, 1934) but should be referred to *Eolagurus*. LRA2 of the upper molars from Loc. 3 of Zhoukoudian has a distinct protuberance inside (Fig. 67B), so they don't belong to *Alticola* (Pei, 1936), but should be referred to *E. simplicidens*.

Morphology of the isolated molars from Layers 15, Layer 16, and Layer 18 of the Danangou section, Yuxian, Hebei is consistent with that from Zhoukoudian (Fig. 67C–H), but the geological age extends back from Middle Pleistocene to late Early Pleistocene (Cai et al., 2004).

Eolagurus simplicidens is quite similar to the fossil species *E. argyropuloi* Gromov et Parfenova, 1951 from Russia, but apparently larger, so more derived. According to Zazhigin (1980), the geological age of the latter is early Pleistocene (= early Eopleistocene) land mammal age Odessan, slightly earlier than the chronological records of *E. simplicidens* in the Danangou section.

Hyperacrius Miller, 1896

Type Species *Arvicola fertilis* True, 1894 (mountains of Kashmir at an altitude of 2133–3657 m)

Diagnosis (revised) Molars rootless and hypsodont, no cement in re-entrant angles; enamel band thick, less differentiated, SDQ≤100; SAs of molars more pointed. Triangles confluent. m1 with 4–5 SAs on each side. M3 with 3 SAs on each side, BRA1 shallow, BRA2 broad.

Known Species in China *Hyperacrius yenshanensis* Huang et Guan, 1983, *H. jianshiensis* Zheng, 2004.

Distribution and Age Beijing, Hebei, Shandong, Shanxi, Chongqing, and Hubei; early Early Pleistocene.

Remarks The genus originally contains 3 extant species, namely *Hyperacrius fertilis* (True, 1894) [including 1 subspecies *H. f. brachelix* (Miller, 1899)], *H. aitchisoni* (Miller, 1897), and *H. wynnei* (Blanford, 1880) (Hinton, 1926; Ellerman, 1941). Ellerman et Morrison-Scott (1951) concluded that there was no enough evidence to support *H. aitchisoni* as a valid independent species. Presently only *H. fertilis* and *H. wynnei* are accepted as valid species (Corbet et Hill, 1991; Tan, 1992; Musser et Carleton, 2005). *H. fertilis* inhabits areas at an altitude of 2134–3658 m in Pir Panjal Range of Kashmir. *H. wynnei* inhabits mountain forests at an altitude of 2134–2652 m in Murree, Punjab, Pakistan.

The fossils of this genus in Early Pleistocene deposits of Beijing, Hebei, Shandong, and Hubei most likely indicates that the ecology of these areas then is similar to that of present Kashmir and Punjab, Pakistan.

Hyperacrius jianshiensis Zheng, 2004

(Fig. 68)

Clethrionomys sebaldi: Zheng, 1993, p. 67, fig. 36, tab. 9

Holotype Left m1 (IVPP V 13212).

Hypodigm 2 m3s, 1 M1, 1 M3 (IVPP V 13213.19–22).

Type Locality and Horizon The west branch cave section, Longgu Cave, Jintang Village, Gaoping Town, Jianshi County, Hubei; Layer 8, Lower Pleistocene.

Referred Specimens The east entrance section, Longgu Cave, Jintang Village, Gaoping Town, Jianshi County, Hubei: Layer 3, 1 m1, 2 m2s, 1 m3, 3 M2s, 2 M3s (IVPP V 13213.1–9); Layer 4, 1 m3 (IVPP V 13213.10); Layer 5, 2 m2s, 2 M1s, 2 M2s (IVPP V 13213.11–16); Layer 7, 1 m2, 1 M3 (IVPP V 13213.17–18). Layer ② of Longgupo, Longping Village, Miaoyu Town, Wushan County, Chongqing: 1 right m1 (IVPP V 9648.92).

Age of Referred Specimens Early Early Pleistocene (~2.31–1.81 Ma).

Diagnosis (Revised) Small-sized. Occlusal morphology of molars similar to extant *Hyperacrius fertilis*. M1 and M2 lacking remarkable LSA4. M3 with broad and shallow BRA1 and short and broad PL, only Is 3 closed. m1 (~2.19 mm in length) with 100% closed Is 1 and Is 3, Is 4–7 open, T1-T2 and T3-T4 consequently forming alternately arranged rhombuses; SDQ_I ~82, indicating *Microtus*-type or negative differentiation.

Remarks In the original description of *Hyperacrius jianshiensis*, Zheng (2004) mistook the matrix attached to some teeth as "a little cement". It should be corrected here that *H. jianshiensis* has cementless molars.

Size and morphology of the species are similar to extant *Hyperacrius fertilis*, but it also markedly differs from the latter in simple, broad and short AC on m1, Iss of M1 and M2 not tightly closed and LRA3 of them indistinct, PL of M3 longer, which reflects the primitiveness of this fossil species.

Hyperacrius jianshiensis differs from *H. wynnei* in: a pointed angle not developed on buccal side of AC on m1; T1-T2 and T3-T4 confluent with each other, respectively, but not only T2-T3 confluent with each other and forming a rhombus; Iss of the upper molars not tightly closed, and so on. M3 of *H. jianshiensis* differs from that of the 2 extant species in V-shaped but not U-shaped BRA2.

Hyperacrius yenshanensis Huang et Guan, 1983

(Fig. 69)

Arvicolidae gen. et sp. indet.: Zhou, 1988, p. 188, pl. II, figs. 3–4
Alticola sp.: Cheng et al., 1996, p. 52, fig. 3-16I, pl. IV, fig. 16

Holotype Left mandible with m1 (IVPP V 6192).

Type Locality and Horizon Longya Cave, Huangkan Village, Jiuduhe Town, Huairou District, Beijing; Lower Pleistocene.

Referred Specimens Loc. 1 of Sunjiashan, Beimu Village, Taihe Town, Zibo City, Shandong: 4 left and 2 right mandibles with m1–3, 1 left and 2 right mandibles with m1–2, 1 right mandible with m1, 1 left and 1 right m1s, 3 right m2s, 3 left and 1 right m3s, 1 cranium with left and right M1–3, anterior portion of 1 cranium with right M1–3, anterior portion of 1 cranium with left and right M1, 1 left M1, 2 left and 2 right M2s, 3 left and 1 right M3s (IVPP RV 97027.1–31). East Cave, Taipingshan, Zhoukoudian, Beijing: 1 left and 2 right m1s, anterior portion of 1 right m1, 1 right m2, 2 left M1s, 1 right M3 (CUG V 93209–93216). Loc. III of Majuangou Paleolithic Site, Cenjiawan Village, Datianwa Township, Yangyuan County, Hebei: 1 left mandible with m1–2 (IVPP V 15279.2). Layer 1 (sand layer) of the "Jingle Red Clay" section, Xiaohong'ao, Hefeng Village, Duanjiazhai Township, Jingle County, Shanxi: 1 right m1 (IVPP V 8667), 1 left m3 (IVPP V 8665).

Age of Referred Specimens Early Early Pleistocene (~1.66 Ma).

Diagnosis (Revised) Morphology of molars more similar to extant *Hyperacrius wynnei*, such as T2-T3 and T4-T5 of m1 confluent with each other and forming rhombuses, M3 with 3 SAs and 2 RAs on each side. But m1 with relatively short AC, without remarkable BSA4 on its buccal side; M3 with a weak BSA2 and a V-shaped but not U-shaped BRA2. Furthermore, m1 (mean length 2.52 mm, see Table 4 for range) with SDQ_P 100, indicating enamel band differentiation in between *Mimomys*-type and *Microtus*-type or no differentiation (see Table 4 for range); closedness percentage of Iss low, Is 1 and Is 2 50% closed, only Is 4 100% closed, Is3 and Is 5–7 open.

Remarks Among the materials referred to *Borsodia chinensis* from Loc. III of Majuangou Paleolithic Site (Cai et al., 2008), a left mandible with m1–2 (IVPP V 15279.2) is referrable to this species (Fig. 69B) due to the morphological features that the m1 also has 2 rhombuses formed by T2-T3 and T4-T5; that only Is 4 is 100% closed; and that SDQ_I is 93, indicating negative differentiation. Although the teeth, belonging to a young individual, look narrow and long, they are still referred to this species here.

Villanyia Kretzoi, 1956

Villanyia: Kretzoi, 1956, p. 188
Kulundomys: Zazhigin, 1980, p. 99

Type Species *Villanyia exilis* Kretzoi, 1956 (Villány-5 locality, Hungary, Lower Pleistocene)

Diagnosis (Revised) Molars hypsodont, rooted, and cementless. M1 and M2 with 3 roots in primitive forms, but 2 roots in derived forms. M3 with 1–2 EIs, a short and broad PL. m1 without EI, MR only developed in primitive forms; SDQ equal to or greater than 100 in primitive forms, less than 100 in derived forms.

Known Species in China *Villanyia hengduanshanensis* (Zong, 1987).

Distribution and Age Yunnan and Sichuan; Early Pleistocene.

Remarks There are 3 opinions concerning the relationship between *Villanyia* and *Borsodia*: ①*Villayia* is valid, but *Borsodia* is not (Zazhigin, 1980; McKenna et Bell, 1997); ② *Borsodia* is valid, but *Villayia* is not (Tesakov, 2004); ③*Villayia* and *Borsodia* are both valid genera (Kowalski, 2001; Zhang et al., 2008b).

When first describing "*Villanyia fanchangensis*", Zhang et al. (2008b) summarized the differences between *Villayia* and *Borsodia*: *Villanyia* has M1 with 3 roots, M2 with 3 or 2 roots, M3 with 1–2 EIs, m1 without EI, and SDQ equal to or greater than 100; whereas *Borsodia* has M1–3 all with 2 roots, M3 without EI, and SDQ of m1 less than 100. However, this summary is based on the wrong placement of *fanchangensis* in *Villanyia* (see below) instead of *Myodes*, so their definition of *Villanyia* is also problematic. In addition, the type species of *Villanyia* (*V. exilis*) and the type species of *Borsodia* (*B. hungarica*) are nearly at the same evolutionary stage [see Zazhigin, 1980: figs. 17(6–10), 18(4–6)], so it is hard to tell which one is primitive and which one is derived. Given this confusing situation, we tentatively retain the genus name *Villanyia* and leave it in question.

Villanyia hengduanshanensis (Zong, 1987)

(Fig. 70)

Mimomys hengduanshanensis: Zong, 1987, p. 70, fig. 2; Zong et al., 1996, p. 31, pl. I, fig. 7
Mimomys cf. *hengduanshanensis*: Zong et al., 1996, p. 33, pl. I, fig. 8
Villanyia hengduanshanensis: Kawamura et Zhang, 2009, p. 6

Holotype Right mandible with incisor and m1–2 (IVPP HV 7700).

Type Locality and Horizon Nangou, Yeka, Xinyang Village, Nixi Township, Shangri-la City, Yunnan; Lower Pleistocene.

Referred Specimens Wangbuding Township, Dege County, Ganzi Prefecture, Sichuan: 1 left mandible with m1–2 (IVPP HV 7751).

Age of Referred Specimens Early Pleistocene.

Diagnosis (Revised) Medium-sized. m1 (2.70–3.10 mm in length) without EI; MR extending basally to about 1/2 height of the crown; Is 1–4 100% closed, Is 5–7 open; SDQ greater than 100, indicating positive differentiation.

Remarks The holotype m1 (2.70 mm in length) from Nixi, Shangri-la has distinct PF and MR (Fig. 70A). Zong (1987) thought "*Mimomys*" *hengduanshanensis* is different from all known *Mimomys* species in China, but similar to *Borsodia hungarica* from Hungary.

"*M.* cf. *hengduanshanensis*" from Wangbuding, Dege, Sichuan has basically similar tooth morphology to the holotype, except for its larger size (m1 3.10 mm in length) (Fig. 70B). The size difference is perhaps due to ontogeny. The former (IVPP HV 7751) belongs to an adult individual, whereas the latter belongs to a young individual (Zong et al., 1996). It is also perhaps due to the younger geological age of the former.

According to the type species *Borsodia hungarica* (Kormos, 1938) of *Borsodia* [Zazhigin, 1980: fig. 17(6–10)] and the type species *Villanyia exilis* Kretzoi, 1956 of *Villanyia* [Zazhigin, 1980: fig. 18(4–6)] figured by Zazhigin (1980), m1 of both species has MR and PF developed to different extent and similar crown height. The differences between them lie in that the former has larger size and m1 with anterior end of AC leaning more lingually and shorter lasting MR. Consequently, the former should be slightly more derived than the latter.

Myodini Kretzoi, 1969

Myodini is represented by the extant genus *Myodes* that has rooted molars, adapts to forest habitats, and is distributed in Eurasia and North America. The genus probably first diverged from *Mimomys* during Late Pliocene and survives until present. It contains fossil genera *Pliolemmus*, *Pliophenacomys*, *Guildayomys*, *Dolomys*, *Pliomys*, and *Huananomys*; and extant genera *Alticola*, *Caryomys*, *Phenacomys*, *Dinaromys*, *Phaulomys*, and *Eothenomys*.

Alticola Blanford, 1881

Aschizomys: Miller, 1898, p. 369
Platycranius: Kaščenko, 1901, p. 199

Type Species *Arvicola stoliczkanus* Blanford, 1875 (Nubra valley, Ladák, northern India)

Diagnosis (Revised) Small- to medium-sized. Molars rootless, a little cement in re-entrant angles; anterior end of upper molars and posterior end of lower molars slightly concave or flat; enamel band slightly differentiated. m1 usually with 4 BSAs and 5 LSAs, or 5 Ts and a morphologically variable AC anterior to PL. M3 usually with 3 roughly closed Ts and 1 long and straight PL posterior to AL; or 3–6 BSAs and 2–5 LSAs; BRA1 relatively shallow; LSA3 being the smallest. Shallow BRA1 on M3 of *Alticola* consistent with species in genera and subgenera such as *Eothenomys*, *Anteliomys*, and *Hyperacrius*, and so on, and usually called *Alticola*-type morphology.

Known Species in China *Alticola roylei* (Gray, 1842), *A. stoliczkanus* (Blanford, 1875), *A. macrotis* (Radde, 1862), *A. stracheyi* (Thomas, 1880), *A. semicanus* (Allen, 1924), *A. barakshin* Bannikov, 1947, *A. strelzowi* (Kaščenko, 1900) (all extant).

Distribution and Age Xinjiang, Tibet, Qinghai, Gansu, Inner Mongolia, Beijing, and Liaoning; Middle Pleistocene – Present.

Remarks *Alticola* is a group of medium- to small-sized arvicolines inhabiting desert mountains or plateaus surrounding the Pamir Mountains. A general consensus about its classification has not been reached until now. Hinton (1926) summarized the species then and split the genus into two subgenera, namely *Alticola* and *Platycranius*, with 11 species in the former and 2 species in the latter. Ellerman (1941) continued to use the two subgenera and further divided the subgenus *Alticola* into *roylei*-group (including 8 species or 13 morphotypes), *stoliczkanus*-group (including 4 species), and unattributed species (including 5 species) based on the morphology of M3. According to Ellerman (1941), the subgenus *Platycranius* has especially flat neurocranium and frontal and very large infraorbital foramen, and contains 3 species. Ellerman et Morrison-Scott (1951), Corbet (1978), Nowak et Paradiso (1983), and Tan (1992) all accepted the two subgenera, but thought the former only contained *A. macrotis*, *A. roylei*, and *A. stoliczkanus*, and the latter only contained *A. strelzowi*. Other species were all treated as subspecies of these species. Although Corbet et Hill (1991) listed 8 species, but there were actually only 5 species, because they doubted some names were synonyms. Musser et Carleton (2005) listed the following 12 species: ① *A. albicaudus* (True, 1894) distributed in Baltistan, Kashmir; ② *A. argentatus* (Severtzov, 1879) distributed in Northwestern Xinjiang of China, Kazakhstan, Kyrgyzstan, Pamir Mountains, Pakistan, and Afghanistan; ③ *A. barakshin* Bannikov, 1947 distributed in the areas from Tuva of Russia southwards via the Gobi and Altai to southern Mongolia adjacent to China; ④ *A. lemminus* (Miller, 1898) distributed in Siberia of northeastern Russia; ⑤ *A. macrotis* (Radde, 1862) distributed in Altai of northeastern Xinjiang and the areas from southern Siberia to Baikal; ⑥ *A. montosa* (True, 1894) distributed in the areas of Kashmir at an altitude of 2450–4000 m; ⑦ *A. olchonensis* Litvinov, 1960 distributed in Olkhon Island and Ogoi Island of Baikal; ⑧ *A. roylei* (Gray, 1842) distributed in the areas of Himalayas at an altitude of 2600–3900 m; ⑨ *A. semicanus* (Allen, 1924) distributed in the areas from Tuva of Russia via northern and central Mongolia to Inner Mongolia of China; ⑩ *A. stoliczkanus* (Blandford, 1875) distributed in northern India, Nepal, Sikkim, and Tibet,

Xinjiang, Qinghai of China; ⑪ *A. strelzowi* (Kaščenko, 1900) distributed in Altai of northwestern Mongolia, Siberia of Russia, and Xinjiang of China; and ⑫ *A. tuvinicus* Ognev, 1950 distributed in the areas from Altai of Mongolia to southwestern bank of Lake Baikal of Russia.

Huang et al. (1995) thought there were 5 species in China: ① *Alticola roylei leucurus* (Severtzov, 1873) distributed in Tianshan and Tarbagatai Mountains of northern Xinjiang; ② *A. macrotis* (Radde, 1862) distributed in the mountainous areas of Altai in northern Xinjiang; ③ *A. stoliczkanus* (Blandford, 1875) including *A. s. stoliczkanus* (Blandford, 1875) distributed in western and northern Tibet, *A. s. stracheyi* (Thomas, 1880) distributed in southern Tibet, and *A. s. nanschanicus* (Staunin, 1902) distributed in Qilian Mountains of Gansu; ④ *A. strelzowi* (Kaščenko, 1900) distributed in the mountainous areas of Altai in northern Xinjiang; and ⑤ *A. barakshin* Bannikov, 1947 distributed in Kunlun Mountains of Xinjiang. Chen et Gao (2000) and Wang (2003) added 3 more species in addition to the above 5 species: *A. stracheyi* (Thomas, 1880), *A. semicanus* (Allen, 1924), and *A. barakshin* Bannikov, 1947. Different from Wang (2003), Pan et al. (2007) replaced *A. roylei* with *A. argentatus* (Severtzov, 1879).

In summary, the species in China generally include all the species in other countries of Asia.

Alticola roylei **(Gray, 1842)**

(Fig. 71)

Alticola cf. *stracheyi*: Pei, 1936, p. 76, fig. 38B; Pei, 1940, p. 51, fig. 22, pl. II, fig. 19 (partim)
Phaiomys sp.: Pei, 1936, p. 76, fig. 38D, pl. VI, fig. 17

Holotype Skin and incomplete skull (B.M. No. 2002) (collected by Dr. J. F. Rolyle before 1839).

Type Locality Kumaon, Ladák (?= Kashmir).

Referred Specimens Zhoukoudian, Beijing: Upper Cave, 1 right mandible with m1–3 (IVPP RV 40151); Loc. 3, 1 left mandible with m1–2 (Cat.C.L.G.S.C.Nos.C/C. 2616.2), 1 left mandible with m1 (Cat.C.L.G.S.C.Nos.C/C. 2618). Layers 4–6 of Jinniushan Man Site, Xitian Village, Yong'an Town, Yingkou City, Liaoning: anterior portion of 1 cranium with left and right M1–3, middle portion of 1 cranium with left and right M1–3, 1 right maxilla with M1–2, 2 left mandibles with m1–3, 1 left mandible with m1, 3 right mandibles with m1–3, 1 right mandible with m1–2 (Y.K.M.M. 16.1–9).

Age of Referred Specimens Middle – Late Pleistocene.

Diagnosis (Revised) Size relatively large. m1 (mean length 2.30 mm, see Table 4 for range) with oppositely arranged and confluent T1-T2 and T3-T4 roughly forming 2 rhombuses; Is 1, Is 3, and Is 5 100% closed, Is 2, Is 4, and Is 6 open; with 5 LSAs and 4 LRAs, 4 BSAs and 3 BRAs; LRA4 very shallow. M3 (mean length 1.36 mm) with 3 LSAs and 3 BSAs, 2 LRAs and 2 BRAs; PL relatively short, about 1/3 of the crown length; T4 confluent with PL; LSA3 very strong; usually only Is 3 closed.

Remarks The fossil materials from Loc. 3 of Zhoukoudian described as "*Alticola* cf. *stracheyi*" include at least 3 species: the right M1–3 (7.10 mm in length) of *Eolagurus luteus* (Pei, 1936: fig. 38A), the right mandible with m1–3 (7.00 mm in length) of *Alticola stoliczkanus* (Pei, 1936: fig. 38C), and the left m1–2 (m1 2.80 mm in length) of *A. roylei* (Pei, 1936: fig. 38B). The right m1–3 (6.20 mm in length) of "*Alticola* cf. *stracheyi*" from Upper Cave of Zhoukoudian (Pei, 1940: fig. 22) is consistent with *A. roylei* from Loc. 3 in morphology. m1 of them both has 2 pairs of Ts that are not tightly closed and forming 2 somewhat rhombuses, T5 and AC confluent with each other forming a trilobe. The discovery of the upper and lower jaw materials of *A. roylei* from Jinniushan, Yingkou, Liaoning makes the morphology of the species clearer (Zheng et Han, 1993) (Fig. 71).

Alticola stoliczkanus (Blanford, 1875)

(Fig. 72)

Alticola sp.: Young, 1934, p. 89, figs. 34–35

?*Phaiomys* sp.: Young, 1934, p. 91, fig. 36

Alticola cf. *stracheyi*: Pei, 1936, p. 75 (partim)

Lecotype ZSI 15707 (Rossolimo et Pavlinov, 1992).

Type Locality Nubra Valley, Ladák.

Referred Specimens Zhoukoudian, Beijing: Loc. 1, 1 right maxilla with M1–2 (Cat.C.L.G.S.C.Nos. C/C. 1175), 3 left and 5 right mandibles with different numbers of molars (Cat.C.L.G.S.C.Nos.C/C. 1174, 1176–1179, 1181), 1 left m1 (Cat.C.L.G.S.C.Nos.C/C. 1180); Loc. 3, 1 right mandible m1–3 (Cat.C.L.G.S.C.Nos.C/C. 2617), 1 right m1, 1 right mandible with m1–2, 1 left m1 (Cat.C.L.G.S.C.Nos.C/C. 2617.1–3).

Age of Referred Specimens Middle Pleistocene.

Diagnosis (Revised) Relatively small-sized. m1 with 4 alternately arranged Ts and a trilobed AC anterior to PL; 5 LSAs and 4 LRAs, 5 BSAs and 3–4 BRAs; LRA4 and BRA4 shallower than other RAs; Is 1–4 100% closed, Is 5 50% closed, Is 6–7 both open; SDQ_P 98, indicating negative differentiation (see Table 4 for range). M3 with only 2 LSAs and 1 LRA; Is 3 relatively closed; PL relatively long, nearly half of crown length; T4 confluent with PL.

Remarks The morphology of the right M1 from Loc. 1 of Zhoukoudian (Young, 1934: fig. 34) is distinct from *Alticola roylei* in tightly closed Is 1–4, which are not tightly closed in *A. roylei*. The morphology of m1 can distinguish from *A. roylei* in closed Is 1–4 and open Is 5–6, because in *A. roylei* Is 1, Is 3, and Is 5 are closed, whereas Is 2, Is 4, and Is 6 are open. The m1 in the complete molar row of the mandible from Loc. 3 (Fig. 72B–D) (Pei, 1936: fig. 38C) has completely the same morphology as that from Loc. 1 (Fig. 72A). The extant specimens collected from Tanggula Mountains of Tibet at an altitude of 5000 m also has similar morphology, except for the slightly complicated buccal side of AC on m1.

Caryomys Thomas, 1911b

Type Species *Microtus* (*Eothenomys*) *inez* Thomas, 1908b (mountains northwest of Kelan County, Shanxi at an altitude of 2134 m)

Diagnosis (Revised) Molars rootless, with cement. M1 with 4 alternately arranged and closed Ts posterior to AL. M2 with 3 closed Ts. M3 with 3 Ts and a PL posterior to AL, T2 confluent with T3 and T4 confluent with PL, or Is 3 and Is 5 open. m1 with 5 alternately arranged Ts and a short AC anterior to PL; 5 LSAs and 4 BSAs, 4 LRAs and 3 BRAs; Is 1–4 100% closed, Is 5–6 only closed in young individuals, Is 7 100% open; SDQ less than 100, indicating negative differentiation. Karyotype: $2n = 56$.

Known Species in China *Caryomys inez* (Thomas, 1908b), *C. eva* (Thomas, 1911b) (all extant).

Distribution and Age Qinghai, Ningxia, Gansu, Hebei, Shaanxi, Shanxi, Henan, Anhui, Sichuan, Chongqing, and Hubei; Early Pleistocene – Present.

Remarks Thomas (1911a) treated *Eothenomys* as a subgenus of *Microtus*, and designated *Microtus* (*Eothenomys*) *inez* as the type species of the subgenus. He pointed out that *Caryomys* and *Eothenomys* are similar in appearance and cranial morphology; whereas Iss on the molars of the former are closed in contrast to being mostly unclosed on the molars of the latter. Hinton (1923a) promoted *Caryomys* to the genus rank, but later on he denied this promotion (Hinton, 1926), and thought all species in *Caryomys* are young individuals of *Myodes rufocanus shanseius*, and *Caryomys* should accordingly be invalid. Ellerman (1941) and Ellerman et Morrison-Scott (1951) thought of *Caryomys* and *Clethrionomys* (= *Myodes*) as synonyms, the same opinion as Hinton (1926). Allen (1940) treated *Caryomys* and *Anteliomys* Miller, 1896 as subgenera of *Eothenomys* based on their rootless molars of adult individuals, and thought there were only 2 species in the former, namely *E.* (*Ca.*) *inez* [including subspecies *nux* (Thomas, 1910)] and *E* (*Ca.*) *eva* [including subspecies *alcinous* (Thomas, 1911c)]. Later on, many researchers accepted this opinion, and only took *inez* and *eva* as species of the subgenus *Caryomys* (Corbet, 1978; Corbet et Hill, 1991; Tan, 1992; Huang et al., 1995).

Ma et Jiang (1996) reinstated the genus status of *Caryomys*. They compared the morphology and karyotype of *inez* and *eva*, and found that the two species with rootless molars are different from those of *Myodes* with rooted molars in adult individuals, and that the alternate arrangement of their m1 LSA and BSA is different from the opposite arrangement in species of *Eothenomys*. More importantly, *inez* and *eva* ($2n$ = 54) have different number of chromosomes from species in *Myodes* and *Eothenomys* ($2n$ = 56). Therefore, researchers of China have treated them as two independent genera (Wang, 2003; Pan et al., 2007; Li et Xue, 2009).

Luo et al. (2000) thought *Caryomys regulus* (Thomas, 1906) distributed in Korean Peninsula should be the third species of *Caryomys*, because it is similar to *C. eva* in M3 with 4 LSAs and 4 BSAs and especially in m1 with closed Ts. The species was originally placed in *Craseomys* Miller, 1900 by Thomas (1906). Then it was treated as a subspecies of *Myodes rufocanus*, namely *M. ru. regulus* (Allen, 1924; Hinton, 1926; Ellerman, 1941; Ellerman et Morrison-Scott, 1951). Later, it was thought of as an independent species of *Eothenomys* (Corbet, 1978; Corbet et Hill, 1991; Tan, 1992). Recently, the species was revised as *Myodes regulus* (Thomas, 1906) (Musser et Carleton, 2005). So the genus *Caryomys* contains only *C. inez* and *C. eva*.

***Caryomys eva* (Thomas, 1911b)**

(Fig. 73)

Eothenomys eva: Zheng, 1983b, p. 231; Li et Xue, 1996, p. 157

Holotype Skin and skull of an adult male (B.M. No. 11.2.1.223), collected by Malcolm P. Anderson on April 3, 1910.

Type Locality Mountains southeast of Lintan, Gansu at an altitude of 3048 m.

Referred Specimens Zhangping Caves, Zhangping Village, Luoyuan Town, Luonan County, Shaanxi: Layer 1, 1 left mandible with m1–2 (NWU V 1387.4), 1 left M3 (NWU V 1387.40), 3 left and 1 right m1s (NWU V 1387.46–49), 1 left m3 (NWU V 1387.54); Layer 3, 1 right mandible with m1–2 (NWU V 1387.3), 3 left and 4 right M1s (NWU V 1387.17–23), 3 right M2s (NWU V 1387.33–35), 1 left M3 (NWU V 1387.39), 2 left m1s (NWU V 1387.44–45), 3 left m2s (NWU V 1387.51–53); Layer 4, 1 damaged cranium with right M2–3 (NWU V 1387.1), 1 damaged cranium with right M1–2 (NWU V 1387.2), 3 left M2s (NWU V 1387.30–32), 1 left M3 (NWU V 1387.38), 1 left m1 (NWU V 1387.43); Layer 6, 4 left and 8 right M1s (NWU V 1387.5–16), 4 left and 2 right M2s (NWU V 1387.24–29), 1 left and 1 right M3s (NWU V 1387.36–37), 2 left m1s (NWU V 1387.41–42), 1 right m3 (NWU V 1387.50). Member F (37.5–38.0 m) of the Tai'ergou east section, Xiaodukou Village, Huashaoying Town, Yangyuan County, Hebei (= Layer F11): 1 left M2, 1 right M3, 1 left and 1 right mandibles with m1–3 (IVPP V 18814.1–4). Longtan Cave, Hexian County, Anhui: 5 left and 7 right m1s, 1 left and 9 right m2s, 4 left and 4 right m3s, 4 left and 3 right M1s, 5 left and 3 right M2s, 3 left and 4 right M3s (IVPP V 26137.1–52).

Age of Referred Specimens Pleistocene (~1.63–0.03 Ma).

Diagnosis (Revised) m1 with 5 closed Ts and a slightly variable AC anterior to PL, AC either without additional folds on both sides and consequently semicircular in shape, or with additional folds on both sides and consequently trilobed in shape; SDQ_P 66, indicating *Microtus*-type or negative differentiation (see Table 4 for range); Is 1–6 all 100% closed, Is 7 open. LSA4 or T5 of M1 and M2 vestigial; M3 with only 3 SAs and 2 RAs on each side, no trace of BSA4.

Remarks The first author Zheng Shao-Hua observed some extant specimens and found that morphology of AC on m1 and its relation to T5 are variable depending on provenances, altitudes, and age classes. In the collection of Kunming Institute of Zoology, Chinese Academy of Sciences, the No. 008730 specimen collected from Wulipo Forest Farm, Wushan, Chongqing (at an altitude of 1850 m) is an adult individual, and has a semicircular AC that is confluent with T5 on m1; the No. 008752 specimen collected from the same place is a young individual, and also has a semicircular AC that is separated from T5 on m1; the No. 009267 specimen collected from Laolin Niubeiliang, Zhashui, Shaanxi has a quadrilateral AC with additional folds on both sides that is confluent with T5. The No. 22 male specimen collected from Wanglang, Pingwu, Sichuang (at an altitude of 2480 m) and housed in the Health and Epidemic Prevention Station of Sichuan has a m1 similar in morphology to the Shaanxi specimen. The fossil m1 from Zhangping, Luonan, Shaanxi is similar to the extant specimen from Zhashui, Shaanxi. The m1 from the Tai'ergou east section, Yangyuan, Hebei has completely the same morphology as the extant specimen from Wushan, Chongqing.

Extant *Caryomys eva* inhabits moist montane forests, scrub savannas, and meadow steppes at an altitude of 1000–3600 m. There are two subspecies, namely *C. e. eva* (Thomas, 1911b) distributed in Lintan, Zhuoni, Wudu, and Wenxian of Gansu, Xunhua of Qinghai, Guyuan, Longde, and Jingyuan of Ningxia, Ningping, Pingli, Taibaishan, Fengxian, Zhashui, and Ningshan of Shaanxi, Shennongjia Forestry District of Hubei, Pingwu of Sichuang, and Wushan of Chongqing and *C. e. alcinous* (Thomas, 1911c) distributed in Wenchuan, Baoxing, Kangding, Ma'erkang, Heishui, and Zoigê of Sichuang.

According to Li et Xue (2009), the optical luminescence age of the Layers 6, 4, 3 and 1 of the Zhangping caves is 493 ± 55 ka, 259 ± 23 ka, 205 ± 19 ka, and 28 ± 3 ka, respectively.

Caryomys inez (Thomas, 1908b)

(Fig. 74)

Eothenomys inez: Li et Xue, 1996, p. 157

Holotype Skin and skull of a young female (B.M. No. 9.1.1.188), collected by Malcolm P. Anderson on May 28, 1908.

Type Locality Mountains ~19 km north of Kelan County, Shanxi at an altitude of 2134 m.

Referred Specimens Huanglong Cave, Lishiguan Village, Xiangkou Township, Yunxi County, Hubei: 1 left maxilla with incisor (TS1E1③: 63; Wu, 2006), 1 right mandible with m1–3 (TS1E2③: 65; Wu, 2006). Zhangping Caves, Zhangping Village, Luoyuan Town, Luonan County, Shaanxi: Layer 4, 1 left and 1 right mandibles with m1–3 (NWU V 1388.1–2), 3 left mandibles with m1–2 (NWU V 1388.4–6), 1 left mandible with m1 (NWU V 1388.7), 2 left mandibles with m2 (NWU V 1388.8–9), 1 right M1 (NWU V 1388.18), 1 left M2 (NWU V 1388.26), 1 left M3 (NWU V 1388.29), 2 left and 3 right m1s (NWU V 1388.38–42); Layer 6, 1 left mandible with m1–2 (NWU V 1388.3), 2 left 6 right M1s (NWU V 1388.10–17), 4 left and 3 right M2s (NWU V 1388.19–25), 1 left and 1 right M3s (NWU V 1388.27–28), 1 left and 7 right m1s (NWU V 1388.30–37), 1 left and 2 right m2s (NWU V 1388.43–45), 1 right m3 (NWU V 1388.46).

Age of Referred Specimens Middle Pleistocene (0.49–0.26 Ma).

Diagnosis (Revised) LSA4 of M1 and M2 remarkable. M3 with 3 LSAs and 4 BSAs (BSA4 very weak), Is 2 and Is 4 not tightly closed, T3 rectangular. m1 with 5 alternately arranged Ts anterior to PL, Is 1–6

100% closed.

Remarks Extant *Caryomys inez* has two subspecies: *C. i. inez* (Thomas, 1908b) distributed in the Taihangshan area of Hebei, the Lüliangshan area of Shanxi, and central and northern Shaanxi and *C. i. nux* (Thomas, 1910) distributed southern Shaanxi, southeastern Gansu, northern Sichuan, Shennongjia Forestry District of western Hubei, and the Dabieshan area of southern Anhui (Luo et al., 2000; Wang, 2003). The fossil materials most likely belong to the latter.

Eothenomys Miller, 1896

Anteliomys: Miller, 1896, p. 47

Type Species *Arvicola melanogaster* Milne-Edawards, 1871 (Baoxing, Sichuan)

Diagnosis (Revised) Morphology and construction of cranium similar to *Myodes*. Molars rootless, with cement; enamel band roughly with equal thickness at both convex side and concave side of Ts. M1 with strong LSA4 (subgenus *Eothenomys*) or lacking LSA4 (subgenus *Anteliomys*); M2 with LSA4 in all species of subgenus *Eothenomys* and some species of subgenus *Anteliomys*; M3 with variable morphology, 3–5 LSAs and 3–5 BSAs (number of SAs on M3 very stable in known species and subspecies). Buccal and lingual SAs of the lower molars oppositely but not alternately arranged, transversely confluent dentine areas making a series of rhombuses. m1 with 5 LSAs and 4 BSAs, AC usually nivaloid-type. Molar size of species in this genus in inverse proportion to size of tympanic bulla, namely species with bigger tympanic bullae but small and slim molars, and species with smaller tympanic bullae but big and robust molars.

Known Species in China *Eothenomys* (*Eothenomys*) *melanogaster* (Milne-Edwards, 1871), *E.* (*Anteliomys*) *olitor* (Thomas, 1911c), *E.* (*A.*) *custos* (Thomas, 1912d), *E.* (*A.*) *proditor* Hinton, 1923a, *E.* (*A.*) *chinensis* (Thomas, 1891) (extant hereinbefore); *E.* (*A.*) *praechinensis* Zheng, 1993, *E.* (*A.*) *hubeiensis* Zheng, 2004.

Distribution and Age Yunnan, Guizhou, Sichuan, Chongqing, Guangxi, Hunan, Hubei, Jiangxi, Zhejiang, Fujian, Anhui, Gansu, Shaanxi, Taiwan, and Tibet; Early Pleistocene – Present.

Remarks *Eothenomys* was first established as a subgenus of *Microtus* by Miller (1896). Hinton (1923a) promoted it to the genus rank. Later, many researchers referred all species of the genera *Eothenomys* [*E. melanogaster*, *E. fidelis* (Hinton, 1923a), *E. proditor*, *E. olitor*], *Anteliomys* (*A. chinensis*, *A. wardi*, and *A. custos*), and *Caryomys* (*C. eva* and *C. inez*) in the sense of Hinton (1926) to *Eothenomys* (Allen, 1940; Nowak et Paradiso, 1983; Corbet et Hill, 1991).

Ma et Jiang (1996) reinstated the genus status of *Caryomys*.

Wang et Li (2000) made a more reasonable suggestion about the classification of *Eothenomys*. Firstly, they divided the genus into two subgenera based on the number of SAs on M1. The species with LSA4 or T5 belong to the subgenus *Eothenomys*, including *E. melanogaster*, *E. eleusis* (Thomas, 1911c), *E. miletus* (Thomas, 1914b), and *E. cachinus* (Thomas, 1921). The species without LSA4 or T5 belong to the subgenus *Anteliomys*, including *E. olitor*, *E. proditor*, *E. custos*, *E. chinensis*, and *E. wardi* (Thomas, 1912d). Secondly, in the subgenus *Eothenomys*, the species whose M3 has 3 LSAs is *E.* (*E.*) *melanogaster*; the species whose M3 has 4 LSAs and 4 BSAs is *E.* (*E.*) *cachinus*; the species whose M3 has a LSA4, 3 BSAs, and a narrow and long PL is *E.* (*E.*) *miletus*; the species whose M3 has a LSA4, 3 BSAs, and a relatively short PL is *E.* (*E.*) *eleusis*. Finally, in the subgenus *Anteliomys*, the species whose M2 has a LSA3 equal to or smaller than its BSA3 in size is *E.* (*A.*) *olitor*; the species that has a M2 with a vestigial LSA3 or without a LSA3 at all and a M3 usually with 3 LSAs and 3 BSAs is *E.* (*A.*) *proditor*; the species that has a M2 with a vestigial LSA3 or without a LSA3 at all and a M3 with 4–5 LSAs and 4 BSAs is *E.* (*A.*) *chinensis*; the species that has a M2 with a vestigial LSA3 or without a LSA3 at all and a M3 with 4 LSAs and 5 BSAs is *E.* (*A.*) *wardi*; the species that has a M2 with a vestigial LSA3 or without a LSA3 at all and a M3 with 4–5 LSAs and 4 BSAs is *E.* (*A.*) *custos*.

We think it is not impossible that the subgenus *Eothenomys* and the subgenus *Anteliomys* could be reinstated as genus in the future in view of significant differences between their molar morphology, but here we follow the opinion of most researchers and retain the subgenus status of them.

Eothenomys (*Anteliomys*) *chinensis* (Thomas, 1891)

(Fig. 75)

Eothenomys chinensis tarquinius: Zheng, 1993, p. 80, tab. 13, fig. 40a–c, g

Holotype Adult female (B.M. No. 91.5.11.3), collected by A. E. Pratt.

Type Locality Leshan, Sichuan (original Jiading Fu).

Referred Specimens Tongzi County, Guizhou: Tianmen Cave, Jiubagou, anterior portion of 1 cranium with right M1–3, 1 right maxilla with M1–2, 1 right M1 (IVPP V 9653.1–3), 3 left mandibles with m1–3, 2 left mandibles with m1–2, 1 left mandible with m2–3 (IVPP V 9653.6–11), 4 right mandible with m1–3, 6 right mandibles with m1–2, 1 right mandible with m2 (IVPP V 9653.16–26); Yanhui Cave, Gezhuangba, Jiuba Town, 2 right M1s (IVPP V 9653.4–5), 1 left m1 (IVPP V 9653.27). Tianqiao fissure, Baisha Village, Guanfenghai Town, Weining County, Guizhou: 1 left and 3 right mandibles with m1–2 (IVPP V 9653.12–15).

Age of Referred Specimens Early – Middle Pleistocene.

Diagnosis (Revised) Relatively large-sized (mean length of M1–3 6.70 mm, mean length of m1–3 6.50 mm). M1 and M2 with discernable trace of LSA4, but without real LSA4, consequently M1 with 3 SAs on each side, M2 with only 3 BSAs and 2 LSAs. M3 usually with 4–5 SAs on each side. m1 with 5–6 LSAs and 4–5 BSAs, T1-T2 and T3-T4 oppositely arranged and confluent with each other, Is 1, Is 3, and Is 5 100%, 100%, 69% closed, respectively, Is 2 and Is 4 open, and Is 6 13% closed (Table 3); SDQ_P 101, indicating slight positive differentiation (see Table 4 for range).

Remarks *Eothenomys chinensis* was first named as "*Microtus chinensis*" by Thomas (1891) based on the specimens from Leshan, Sichuan. Miller (1896) established the subgenus *Anteliomys* based on its different tooth morphology from *Microtus*, so its name was revised as "*M.* (*A.*) *chinensis*". Hinton (1923a, 1926) treated *Anteliomys* as an independent genus. Osgood (1932) thought it was a subgenus of *Eothenomys*, then the species name became *E.* (*A.*) *chinensis*. This name has been used up to now.

Besides the nominate subspecies *Eothenomys chinensis chinensis*, the other subspecies *E. c. tarquinius* named by Thomas (1912d) based on specimens from Kangding, Sichuang is generally thought to be valid. Allen (1940) treated *Microtus* (*A.*) *wardi* named by Thomas (1912d) based on specimens from Deqin, Yunnan as a subspecies of this species, namely *E. c. wardi*. Wang (2003) and Wang et Li (2000) reinstated the species status of it because of the significant differences in its cranium and tooth morphology from other subspecies. So *E. chinensis* only contains two subspecies.

Wang et Li (2000) thought the number of LSA on M3 is the key morphological characteristic to distinguish the two subspecies from each other: *Eothenomys chinensis chinensis* (Thomas, 1891) has 5 LSAs, whereas *E. c. tarquinius* (Thomas, 1912d) has 4 LSAs. Zheng (1993) referred all the fossil materials from Tianmen Cave and Yanhui Cave of Tongzi, and Tianqiao of Guanfenghai, Weining, Guizhou to the latter subspecies (Fig. 75). Its M1–3 is 6.50 mm in length, and m1–3 is 6.82 mm in mean length. All fall within the variation range of the subspecies.

Eothenomys (*Anteliomys*) *custos* (Thomas, 1912d)

(Fig. 76)

Eothenomys chinensis chinensis: Zheng, 1993, p. 82, fig. 40m

Eothenomys chinensis: Qiu et al., 1984, p. 289, fig. 7B, tab. 1

Holotype Skull of an adult male (B.M. No. 12.3.18.19), collected by F. Kingdom Ward on May 28, 1911, provided by Duke of Bedford.

Type Locality A-tun-tsi, northwest of Yunnan at an altitude of 2743–3962 m.

Referred Specimens Sanjia Village, Chenggong District, Kunming City, Yunnan: 1 right maxilla with M1, 1 right M3 of an adult individual, 2 left M3s of 2 juvenile individuals (IVPP V 26269.1–4).

Age of Referred Specimens Late Pleistocene.

Diagnosis (Revised) Medium-sized (mean length of M1–3 6.20 mm, mean length of m1–3 6.30 mm). LSA4 of M1 vestigial, but that of M2 small and discernable. Difference in M3 size great between the adult (2.40 mm in length) and the juvenile (1.85–1.90 mm in length), M3 usually with 5 LSAs and 4–5 BSAs; BRA1 relatively shallow; M3 of young individuals with 2–3 enamel rings at posterior portion of occlusal surface.

Remarks *Eothenomys custos* has a M3 with morphology being as complicated as that of *E. chinensis chinensis*. Their M3 has 5 SAs and 4 RAs on each side. That of the former is narrow and long, whereas that of the latter is broad and short. In terms of size, the former (M1–3 5.70 mm in mean length, m1–3 5.50 mm in mean length) is smaller than the latter (M1–3 6.70 mm in mean length, m1–3 6.50 mm in mean length). *E. wardi* is different from *E. custos* in its M3 with only 4 LSAs and a short PL.

The M1 and M3 from Sanjia Village, Chenggong are smaller, but the locality is within the distribution range of *Eothenomys custos*, so it is preferable to refer them to the species.

Eothenomys (*Anteliomys*) *hubeiensis* Zheng, 2004

(Fig. 77)

Holotype Left m1 (IVPP V 13208).

Hypodigm 8 left and 6 right m1s, 9 left and 5 right m2s, 6 left and 4 right m3s, 2 left and 6 right M1s, 11 left and 10 right M2s, 4 left and 7 right M3s (IVPP V 13209.431–508).

Type Locality and Horizon The east entrance section, Longgu Cave, Jintang Village, Gaoping Town, Jianshi County, Hubei; Layer 4 (~2.03 Ma), Lower Pleistocene.

Referred Specimens The east entrance section of Longgu Cave, Jintang Village, Gaoping Town, Jianshi County, Hubei: Layer 3, 35 left and 36 right m1s, 42 left and 41 right m2s, 25 left and 40 right m3s, 34 left and 4 right M1s, 39 left and 27 right M2s, 40 left and 37 right M3s (IVPP V 13209.1–430): Layer 5, 10 left and 18 right m1s, 14 left and 15 right m2s, 9 left and 15 right m3s, 16 left and 10 right M1s, 18 left and 24 right M2s, 15 left and 13 right M3s (IVPP V 13209.509–685); Layer 6, 2 right m1s, 2 left and 3 right m2s, 1 left and 1 right m3s, 1 left and 2 right M1s, 1 right M2 (IVPP V 13209.686–698); Layer 7, 17 left and 6 right m1s, 10 left and 13 right m2s, 10 left and 4 right m3s, 9 left and 7 right M1s, 9 left and 8 right M2s, 7 left and 9 right M3s (IVPP V 13209.699–807); Layer 8, 1 left and 3 right M1s (IVPP V 13209.808–811); Layer 11, 2 right M1s, 1 right M2, 1 left M3 (IVPP V 13209.812–815). The west branch cave section, Longgu Cave, Jintang Village, Gaoping Town, Jianshi County, Hubei: Layer 4, 2 left and 4 right m1s, 2 left and 2 right m2s, 1 left and 2 right m3s, 2 right M1s, 1 left and 2 right M2s, 1 left and 6 right M3s (IVPP V 13209.816–840); Layer 5, 8 left and 5 right m1s, 4 left and 6 right m2s, 7 left and 5 right m3s, 1 left and 4 right M1s, 3 left and 1 right M2s, 3 left and 5 right M3s (IVPP V 13209.841–892); Layer 6, 2 left and 2 right m1s, 4 left and 3 right m2s, 2 left and 4 right m3s, 2 left and 2 right M1s, 1 left and 3 right M2s, 3 left and 1 right M3s (IVPP V 13209.893–923); Layer 8, 7 left and 9 right m1s, 4 left and 4 right m2s, 7 left and 5 right m3s, 1 left and 7 right M1s, 5 left and 3 right M2s, 4 left and 6 right M3s (IVPP V 13209.924–985).

Age of Referred Specimens Early Pleistocene (~2.22–1.81 Ma).

Diagnosis (Revised) Medium-sized. M1 and M3 with 3 SAs on each side; M2 with 2 LSAs and 3 BSAs, LSA3 vestigial. m1 (mean length 2.34 mm, see Table 4 for range) with 2 pairs of oppositely arranged and confluent Ts anterior to PL, T5 relatively small and confluent with oval-shaped AC; SDQ_P 119, indicating *Mimomys*-type differentiation (see Table 4 for range); closedness percentage of Is 1–5 around 100%, 10%, 100%, 20%, and 90%, respectively.

Remarks *Eothenomys hubeiensis* has a M1 with 3 LSAs, and consequently should belong to the subgenus *Anteliomys*. Its M2 has a vestigial LSA3, and M3 has only 3 BSAs, which is similar to extant *E.* (*A.*) *proditor*. It is markedly different from the latter in its M3 with a very deep BRA1, indistinct BSA4, and apparently shorter PL (making the tooth equal to or smaller than M2 in length); also in its m1 with 5 but not 6 LSAs and 4 but not 5 BSAs. In brief, the fossil species appears more primitive than *E.* (*A.*) *proditor*, and could be seen as the direct ancestor of the latter.

Eothenomys praechinensis Zheng, 1993 from the Tianqiao fissure, Guanfenghai, Weining, Guizhou introduced below has a m1 similar to *E. hubeiensis* in both size and morphology, but its M3 is more complicated and has 3 LRAs and 4 BSAs, which makes it appear more derived.

Eothenomys (*Anteliomys*) *olitor* (Thomas, 1911c)

(Fig. 78)

Eothenomys chinensis: Qiu et al., 1984, p. 289, fig. 7B, tab. 1

Eothenomys chinensis tarquinius: Zheng, 1993, p. 80 (partim), fig. 40j–k

Holotype Adult female (B.M. No. 11.9.8.122), collected by Malcolm P. Anderson on May 19, 1911, provided by Duke of Bedford.

Type Locality Zhaotong, Yunnan at an altitude of 2042 m.

Referred Specimens Sanjia Village, Chenggong District, Kunming City, Yunnan: 1 right maxilla with M1–3, 1 maxilla with left M1–3 and right M3, 2 left and 2 right maxillae with M1–2, 5 left maxillae with M1 (IVPP V 23175.1–11), 8 left and 7 right mandibles with m1–3, 11 left and 6 right mandibles with m1–2 (IVPP V 23175.12–43), 14 left and 7 right M3s, 1 left m3 (IVPP V 23175.44–65).

Age of Referred Specimens Late Pleistocene.

Diagnosis (Revised) Small-sized (mean length of M1–3 5.70 mm, mean length of m1–3 5.80 mm). LSA4 of M1 (mean length 2.14 mm) and M2 (mean length 2.63 mm) vestigial or much smaller than BSA3. M3 (mean length 2.03 mm) with a shallow BRA1, 4 SAs on each side. m1 usually with 4 BSAs and 5 LSAs; closedness percentage of Is1, Is 3, and Is 5 being 100%, 100%, and 68%, respectively, Is 2, Is4, and Is 6 open (Table 3); SDQ_P 108, indicating weak positive differentiation (see Table 4 for range).

Remarks In terms of size, the Chenggong specimens (M1–3 5.78 mm in mean length, m1–3 5.73 mm in mean length) is quite similar to the nominate subspecies *Eothenomys olitor olitor* (5.70 mm and 5.58 mm, respectively). *E. olitor* was originally placed in *Microtus* (*Eothenomys*) (Thomas, 1911c). Later, it was referred to *Eothenomys* (*Eothenomys*) (Hinton, 1923a, 1926). Because its M3 has 4 SAs on each side, *E. olitor* is quite similar to *E.* (*Anteliomys*) *chinensis tarqiunius* (Fig. 75), but the latter is much larger (M1–3 and m1–3 both 6.50 mm in mean length) (Wang et Li, 2000).

Eothenomys (*Anteliomys*) *praechinensis* Zheng, 1993

(Fig. 79)

Holotype Right M3 (IVPP V 9650).

Hypodigm 1 right M1 (IVPP V 9651, paratype), 1 left maxilla with M1, 4 left and 4 right M1s, 2 left and 4 right M2s, 1 left M3, 33 left and 35 right mandible, 4 left and 5 right m1s, 1 left and 1 right m3s (IVPP V 9652.1–9, 11–96).

Type Locality and Horizon Tianqiao fissure, Baisha Village, Guanfenghai Town, Weining County, Guizhou; Lower Pleistocene.

Referred Specimens Layer B of Longgupo, Longping Village, Miaoyu Town, Wushan County, Chongqing: 1 right M1 (IVPP V 9652.10).

Age of Referred Specimens Early Pleistocene (~1.81 Ma).

Diagnosis (Revised) Small-sized. M1 and M2 with a weak LSA4. M3 with 4 LSAs and 4 BSAs. m1 (mean length 2.54 mm) with 5 LSAs and 4 BSAs; closedness percentage of Is 1–5 being 100%, 0, 100%, 0, and 90%, respectively, Is 6–7 open; SDQ_P 100, indicating no differentiation (see Table 4 for range).

Remarks *Eothenomys praechinensis* belongs to the subgenus *Anteliomys* because its M1 has a weak LSA4, and its M3 has a shallow BRA1 and more SAs. It is different from *E. olitor* in its M2 with a weak but distinct and not robust LSA4; different from *E. chinensis* in its M1 and M2 with weak but distinct LSA4, which is absent in *E. chinensis*; different from *E. wardi* in its M3 with 4 but not 5 BSAs; different from *E. custos* in its M3 with 4 but not 5 LSAs; different from *E. hubeiensis* in its M3 with 4 but not 3 LSAs.

Eothenomys (*Anteliomys*) *proditor* Hinton, 1923a

(Fig. 80)

Holotype Skin and skull of an adult male (B.M. No. 22.12.1.10), collected by Geoge Forrest on May 27, 1921.

Type Locality Mountains of Lijiang, Yunnan (27°30′N) at an altitude of 3962 m.

Referred Specimens Sanjia Village, Chenggong District, Kunming City, Yunnan: 1 damaged cranium with right M1–2, 1 right M3 (IVPP V 7626.1–2), 1 left and 1 right maxillae with M1–3, 1 left and 2 right maxillae with M1–2, 6 left and 8 right mandibles with m1–3, 6 left and 7 right mandibles with m1–2 (IVPP V 23177.1–32), 3 left and 1 right M1s, 1 left and 1 right M2s, 74 left and 56 right M3s (IVPP V 23177.33–168), 1 left m1, 3 left and 3 right m2s, 1 left and 1 right m3s (IVPP V 23177.169–178).

Age of Referred Specimens Late Pleistocene.

Diagnosis (Revised) M1 (mean length 2.13 mm) with 3 BSAs, 3 LSAs, and a vestigial LSA4. M2 (mean length 1.76 mm) with a weak or relatively strong LSA4. M3 (mean length 1.86 mm) much longer than M2 due to remarkable elongation of PL; BRA1 shallow; about 65% of all specimens (85 out of 130 specimens) with 3 SAs on each side (Fig. 80C), about 18% (24 specimens) with 4 SAs on buccal side and 3 SAs on lingual side, about 4% (5 specimens) with 3 SAs on buccal side and 4 SAs on lingual side, about 12% (16 specimens) with 4 SAs on each side (Fig. 80B). m1 (mean length 2.80 mm, see Table 4 for range) with the 3rd pair of Ts confluent with AC, BSA5 and LSA6 weak, 4 BSAs and 5 LSAs visible with deepening of wear; SDQ_P 111, indicating *Mimomys*-type differentiation (see Table 4 for range); closedness percentage of Is 1, Is 3, and Is 5 being 100%, 100%, and 77%, respectively, Is 2, Is 4, and Is 6 all open (Table 3).

Remarks *Eothenomys proditor* was formerly placed in the subgenus *Eothenomys* (Hinton, 1923a, 1926; Ellerman, 1941), and later was referred to the genus *Anteliomys* (Hinton, 1926). *Anteliomys* was later demoted to the subgenus of *Eothenomys* (Allen, 1940; Wang et Li, 2000). *E. proditor* from Sanjia Village,

Chenggong, Yunnan has a M1 with weak vestigial LSA4, a M2 with relatively distinct LSA4, and a relatively complicated M3 with a shallow BSA1, elongated PL, and 3 SAs on each side. These morphological features are similar to the extant specimens, and those of the lower molars as well.

In terms of size, M1–3 (5.98 mm in mean length) and m1–3 (6.07 mm in mean length) from Sanjia Village, Chenggong are close to extant specimens (both 6.20 mm). They fall within the variation range of the latter (M1–3 5.30–6.90 mm, m1–3 6.00–6.70 mm) (Wang et Li, 2000).

Eothenomys (*Eothenomys*) *melanogaster* (Milne-Edwards, 1871)

(Fig. 81)

Ellobius sp.: Young et Liu, 1950, p. 54, fig. 6c

Eothenomys cf. *E. melanogaster*: Jin et Liu, 2009, p. 185, fig. 4.44

Holotype Not mentioned. The specimen this species was based on was presented to the Natural History Museum of Paris by Pere Armand David.

Type Locality Baoxing, Sichuan.

Referred Specimens Geleshan, Chongqing: 1 right mandible with m2 (IVPP V 563). Longgupo (A, B, D, Layer ⑤ and ⑥), Longping Village and Baotansi, Miaoyu Town, Wushan County, Shang Cave and Yangheshangdabao Cave, Pingba Village, Yanjinggou, Xintian Town, Wanzhou District, Chongqing; Baiyanjiao Cave, Wanhe Village, Maguan Town, Puding County and Tianmen Cave, Jiubagou and Wazhuwan Cave, Heba and Yanhui Cave, Gezhuangba, Jiuba Town, Tongzi County, Guizhou: anterior portion of 1 cranium with incisor, left M1–2, and right M1–3, anterior portion of 1 cranium with incisor and left and right M1–2, anterior portion of 1 cranium with incisor and left and right M1, anterior portion of 1 cranium with incisor and left M1, anterior portion of 1 cranium with incisor, left M1–2, and right M1, anterior portion of 1 cranium with incisor, middle portion of 1 cranium with left and right M1–2, 3 right maxillae with M1–2, 1 left maxilla with M1, 1 left maxilla with M1–2, 2 right maxillae with M1, 74 M1s, 48 M2s, 24 M3s, 47 left and 55 right mandibles, 61 m1s, 37 m2s, 34 m3s (IVPP V 9649.1–394). Layer 5, the west branch cave section, Longgu Cave, Jintang Village, Gaoping Town, Jianshi County, Hubei: 3 m1s, 6 M1s, 2 M3 (IVPP V 13210.1–11). Upper unit, Renzi Cave, Laili Mountain, Suncun Town, Fanchang, Anhui: 2 right m1s (IVPP V 13992.1–2). Longtan Cave, Hexian County, Anhui: 6 left and 4 right m1s, 15 left and 7 right m2s, 1 left and 2 right m3s, 13 left and 22 right M1s, 20 left and 11 right M2s, 9 left and 4 right M3s (IVPP V 26138.1–114).

Age of Referred Specimens Pleistocene (~2.54–0.25 Ma).

Diagnosis (Revised) Medium-sized. M1 and M2 with a very strong LSA4. M3 simple, with 3 remarkable SAs on each side, PL short. m1 (mean length 2.73 mm, see Table 4 for range) with 5–6 LSAs and 4–5 BSAs; T1, T3, and T5 confluent with T2, T4, and T6, respectively, and nearly oppositely arranged; SDQ_P 111, indicating *Mimomys*-type or positive differentiation (see Table 4 for range); Is 1, Is 3, and Is 5 being 100% closed, Is 2, Is 4, and Is 7 all open, Is 6 around 5% closed.

Remarks *Eothenomys melanogaster* contains 6 subspecies, namely *E. m. melanogaster*, *E. m. mucronatus* (Allen, 1912), *E. m. libonotus* Hinton, 1923a, *E. m. colurnus* (Thomas, 1911d), *E. m. kanoi* Tokuda et Kano, 1937, and *E. m. chenduensis* Wang et Li, 2000 (Wang et Li, 2000; Wang, 2003). In terms of geographic distribution, the populations of Anhui, Hubei, and Chongqing most likely belong to *E. m. colurnus*, whereas that of southern Shaanxi most likely belong to the nominate subspecies.

Huananomys Zheng, 1992

Hexianomys: Zheng et Li, 1990, p. 435; Repenning et al., 1990, p. 406

Type Species *Huananomys variabilis* Zheng, 1992 (Longtan Cave, Hexian County, Anhui, Middle Pleistocene)

Diagnosis (Revised) Medium-sized. Lower incisor passing from lingual side to buccal side in between m2 and m3. Molars rootless, with abundant cement, SA with rounded apex. BSA of lower molars smaller than LSA. m1 (mean length 3.11 mm, see Table 4 for range) with 3 morphotypes based on number of closed Ts anterior to PL: T1–T3 closed and T4, T5, and AC confluent with each other forming a trilobed shape; T1–T4 closed and T5 and AC confluent with each other forming a C-shape; T1–T5 closed and AC semicircular. m1 with Is 1–4 being 100% closed, but Is 5 and Is 6 only around 42% and 8% closed, respectively, Is 7 open (Table 2, Table 3); SDQ_P 139, indicating *Mimomys*-type or positive differentiation (see Table 4 for range). m3 with 3 closed Ts anterior to PL, lacking BSA3. M3 with 3 closed Ts between AL and PL.

Known Species in China Type species only.

Distribution and Age Anhui, Guizhou, and Shaanxi; Early Pleistocene – Middle Pleistocene.

Remarks The genus was originally named as "*Hexianomys*" because the type materials were only found at Hexian Man Site of Longtan Cave, Taodian, Hexian, Anhui (Zheng et Li, 1990), and the name was also cited (Repenning et al., 1990). But later, when the fossil materials from the Tianqiao fissure, Weining, Guizhou were recovered, the geographic distribution of this species extended to South China (Huanan in Pinyin), so the genus name was revised to *Huananomys* (Zheng, 1992).

SDQ of the genus is greater than 100, indicating positive differentiation. This is obviously a primitive feature. Extant genera with this morphological feature and rootless and cemented molars are rare, including only *Arvicola*, *Proedromys*, *Volemys*, *Caryomys*, and *Orthriomys* Merriam, 1898 from Mexico.

In *Arvicola*, the transition of enamel differentiation from positive to negative occurred during Riss–Würm interglacial stage when the fossil species *A. cantiana* evolved into extant *A. terrestris* (Heinrich, 1990). *Arvicola* is similar to *Huananomys* in its m1 with 3 closed Ts and a trilobed ACC formed by confluent T4–T5 and AC anterior to PL; but different from *Huananomys* in its m3 with T1-T2 and T3-T4 confluent with each other and forming 2 oblique transverse lobes, and BSA3 developed, and in its M3 with 3 Ts between AL and PL and not tightly closed T4 and PL.

Proedromys is similar to *Huananomys* in its m1 with 4 closed Ts anterior to PL, in its m3 lacking BSA3, but different from *Huananomys* in its M3 with 2 closed Ts (T2 and T3) between AL and PL, in its m3 without closed Ts anterior to PL but with T1 confluent with T2–T3 or forming oblique transverse lobes separately.

Orthriomys has a m1 with 3 closed Ts (T1–T3) anterior to PL, an ACC formed by confluent T4, T5, and AC; its m3 has 2 closed Ts (T1–T2) and 2 unclosed Ts (T3–T4) anterior to PL and a distinct BSA3; its M3 has 2 closed Ts (T2 and T3) between AL and PL, an unclosed T4 confluent with PL. It is different from *Huananomys* in its m3 with a BSA3 and in its M3 with confluent T4 and PL.

Caryomys is markedly different from *Huananomys* in its m1 with 4 not tightly closed Ts between PL and AC, or, in other words, with Is 2, Is 4, and Is 6 more open than Is 1, Is 3, and Is 5, respectively; in its M3 with 3 Ts between AL and PL, only Is 2 and Is 4 closed but Is 3 and Is 5 confluent or open; in its m3 with T1-T2 and T3-T4 confluent with each other and forming 2 oblique transverse lobes and a robust BSA3.

Volemys is similar to the second morphotype of *Huananomys* in its m1 with 4 closed Ts (T1–T4) anterior to PL and in its m3 lacking BSA3. It is different from *Huananomys* in its m3 with T1 confluent with T2 and T3 or forming oblique transverse lobes separately, in its M2 with a distinct LSA4, and in its M3 with open Is 3 and Is 5.

Huananomys variabilis Zheng, 1992

(Fig. 82, Fig. 83)

Hexianomys complicidens: Zheng et Li, 1990, p. 435, tab. 1; Zheng et Han, 1991, p. 106, tab. 1

Holotype Right mandible with incisor and m1–3 (IVPP V 6788).

Hypodigm 2 right maxillae with M1–2, 1 left maxilla with M1, 1 right mandible with m1–3, 21 M1s, 2 M2s, 6 M3s, 27 m1s, 13 m2s (IVPP V 6788.1–73).

Type Locality and Horizon Longtan Cave, Hexian County, Anhui; Middle Pleistocene (~0.30–0.25 Ma).

Referred Specimens Tianqiao fissure, Baisha Village, Guanfenghai Town, Weining County, Guizhou: 2 left and 6 right M2s, 7 left and 3 right m1s, 3 left and 2 right m2s, 76 left and 58 right mandibles (IVPP V 9654.1–157).

Age of Referred Specimens Early Pleistocene.

Diagnosis (Revised) The same as the genus.

Remarks The fossil materials from Taodian, Hexian, Anhui and Tianqiao, Weining, Guizhou have been described by Zheng (1992, 1993). *Huananomys variabilis* has also been reported in the Middle Pleistocene fauna from Xishui Cave, Lantian, Shaanxi (Li et Xue, 1996) but without description.

Based on the co-occurring micromammal complex, the geological age of Hexian Man Site is comparable to that of Layer 5 of the Peking Man Site section, Loc. 1 of Zhoukoudian, Beijing (Zheng, 1983a, 1983b). The amino-acid age is 200–300 ka (Wang et al., 1986). The U-series age is 150–270 ka (Chen et al., 1987). The thermoluminescence age is 184–195 ka (Li et Mei, 1983). If taking all these results into consideration, the most acceptable age should be 250–300 ka (Zheng et al., 2001).

At the Tianqiao fissure locality, the species co-exists with *Beremendia*, so its age is thought to be Nihewanian (*sensu stricto*) (Zheng et Li, 1990; Zheng et Han, 1991), equivalent to early Biharian in Europe or Irvingtonian I in North America (Repenning et al., 1990). It was during this time period that arvicolines with rootless molars such as *Allophaiomys*, *Alticola*, *Dicrostonyx*, *Lasiopodomys*, *Microtus*, *Neodon*, and *Pitymys* massively emerged. Meanwhile, *Huananomys* parallelly evolved to a similar stage to these genera, and represented a line of rootless arvicolines as a primitive form.

Myodes Pallas, 1811

Clethrionomys: Tilesius, 1850, p. 28

Evotomys: Coues, 1874, p. 186

Craseomys: Miller, 1900, p. 87

Phaulomys: Thomas, 1905a, p. 493

Neoaschizomys: Tokuda, 1935, p. 241

Type Species *Mus rutilus* Pallas, 1778 (Ob Delta, Siberia, Russia)

Known Species in China *Myodes rufocanus* (Sundevall, 1846), *M. rutilus* (Pallas, 1778) (extant hereinbefore); *M. fanchangensis* (Zhang, Kawamura et Jin, 2008).

Distribution and Age Chongqing, Anhui, Liaoning, Beijing, Hebei, Shanxi, and Gansu; Late Pliocene – Present.

Diagnosis (Revised) Molars of adult individuals all with 2 roots. Some molars with cement in re-entrant angles; enamel band less differentiated; most species with rounded SA apex, confluent dentine areas; anterior wall of upper molars and posterior wall of lower molars relatively flat and straight. m1 usually with short AC, no more than 4 BSAs and 5 LSAs; in derived forms, Is 1–5 100% closed, Is 6–7 open; in primitive forms, closedness percentage of Is 1–7 being 97%–100%, 0–10%, 67%–90%, 70%–78%, 0, 0–3%, and 0, respectively. At early stage of wear, M3 with 5 SAs on each side; with deepening of wear, posterior elements gradually worn out and consequently only 3–4 BSAs and 3–4 LSAs retained; in very old individuals, M3 remarkably similar to that of *Alticola* and *Hyperacrius*, namely BRA1 broad and shallow, but always 3 Ts posterior to AL. Karyotype: $2n = 56$.

Remarks *Evotomys* Coues, 1874 was first used as the genus name of *Myodes* (Hinton, 1926). It is not until Palmer (1928) discussed the priority of *Clethrionomys* Tilesius, 1850 over *Evotomys* that researchers started to gradually use the former to replace the latter (Ellerman, 1941; Ellerman et Morrison-Scott, 1951; Corbet, 1978; Corbet et Hill, 1991; McKenna et Bell, 1997). Kretzoi (1964) found out that *Myodes* Pallas, 1811 was even prior to *Clethrionomys*, and subsequently reinstated its validity (Musser et Carleton, 2005).

In literatures on fossil arvicolines in China, *Evotomys* was used until 1942 (Teilhard de Chardin et Leroy, 1942), and *Clethrionomys* was used until 2003 (Tan, 1992; Luo et al., 2000; Wang, 2003). It was not until 2007 that *Myodes* started to be used as the name for this genus (Pan et al., 2007).

Myodes is one of the most diverse genera among extant arvicolines. Hinton (1926) summarized the then described as many as 27 species (excluding 2 fossil species, but including many subspecies). Ellerman (1941) listed 72 species, and classified them into Palaearctic forms and Nearctic forms. The Palaearctic forms were further divided into *glareolus* Group, *nageri* Group, *rutilus* Group, and *rufocanus* Group, including 47 species. The Nearctic forms contains 25 species. Ellerman et Morrison-Scott (1951) referred the Palaearctic forms to 3 species, namely "*Clethrionomys*" *rutilus*, "*C.*" *glareolus* (Schreber, 1780), and "*C.*" *rufocanus*. Corbet et Hill (1991) listed 7 species: "*C.*" *andersoni* (Thomas, 1905b), "*C.*" *californicus* (Merriam, 1889a), "*C.*" *centralis* (Miller, 1906), "*C.*" *gapperi* (Vigors, 1830), "*C.*" *glareolus*, "*C.*" *glareolus*, and "*C.*" *rutilus*. Tan (1992) listed 8 species. Compared with Corbet et Hill (1991), "*C.*" *centralis* was omitted, and "*C.*" *rex* (Imaizumi, 1971) and "*C.*" *sikotanensis* (Tokuda, 1935) were added. Musser et Carleton (2005) listed 12 species. Besides the 7 species of Corbet et Hill (1991), the following 5 species were added: *M. imaizumii* (Jameson, 1961), *M. regulus* (Thomas, 1906), *M. rex*, *M. smithii* (Thomas, 1905a), and *M. shanseius* (Thomas, 1908a).

It is generally believed that there are 3–5 species in China. Allen (1940) listed 3 species including "*Clethrionomys*" *glareolus*, "*C.*" *rutilus*, and "*C.*" *rufocanus*. Huang et al. (1995), Luo et al. (2000), and Wang (2003) listed 4 species including "*C.*" *rufocanus*, "*C.*" *rutilus*, "*C.*" *frater* (Thomas, 1908d), and "*C.*" *centralis*. Besides these 4 species, Pan et al. (2007) added *Myodes shanseius* (Thomas, 1908a). Taking into consideration the outside China distribution of "*C.*" *glareolus saianicus* (Thomas, 1911f) and the current popular opinions on its taxonomy, we think there should be 4 species in China: *M. rutilus* (Pallas, 1778), *M. rufocanus* (Sundevall, 1846), *M. centralis* (Miller, 1906), and *M. shanseius* (Thomas, 1908a).

Although fossil *Myodes rufocanus* is recovered from the Zhoukoudian area, Beijing and the Miaohoushan locality, Benxi, Liaoning, the materials are scarce (Young, 1934; Liaoning Provincial Museum et Benxi City Museum, 1986). *M. rutilus* is only recovered from Jinniushan Man Site, Yingkou, Liaoning (Zheng et Han, 1993). Early Pleistocene "*Clethrionomys sebaldi* Heller, 1963" from Wushan, Chongqing and "*Villanyia fanchangensis* Zhang, Kawamura et Jin, 2008" from Renzi Cave, Fanchang, Anhui should be the same species belonging to *Myodes*.

Kowalski (2001) summarized "*Clethrionomys*" of different ages from Europe, and referred to early Biharian "*C.*" *rufocanoides* Storch, Franzen et Malec, 1973 from the Hohen-Sülgen locality of Germany and "*C.*" *solus* Kretzoi, 1956 from the Villány-5 locality of Hungary as "*Clethrionomys*" sp., and referred Biharian–Toringian "*C.*" *acrorhiza* Kormos, 1933a from the Brasov locality of Romania, "*C.*" *esperi* (Heller, 1930) from the mixed localities of Germany, "*C.*" *harrisoni* (Hinton, 1926) and "*C.*" *kennardi* (Hinton, 1926) from Tornewton Cave of England, and "*C.*" *hintoni* Kormos, 1934b and its conformis species from the Nagyharsanyhegy locality of Hungary to "*C.*" *glareolus* (Schreber, 1780), and referred late Villanyian – early Biharian *Dolomys kretzoii* Kowalski, 1958 (= *Mimomys burgondiae* Chaline, 1975) from the Kadzielnia locality of Poland, "*C.*" (*Acrorhiza*) *sokolovi* Topačevskij, 1965 from the Nogajsk locality of Ukraine, "*C.*" *sebaldi* Heller, 1963 from the Doinsdorf-1 locality of Germany to "*C.*" *kretzoii* (Kowalski, 1958). He also agreed with Tesakov (1996) and thought there existed an evolutionary lineage of "*C.*" *kretzoii*→"*C.*" *glareolus*. Judging from this, the fossil species of China are comparable to those of Europe in terms of evolutionary stage.

Myodes fanchangensis (Zhang, Kawamura et Jin, 2008)

(Fig. 84, Fig. 85)

Borsodia chinensis: Tedford et al., 1991, p. 524, fig. 4 (partim); Flynn et al., 1991, p. 256, tab. 2, fig. 4 (partim); Flynn et al., 1997, p. 239, fig. 5 (partim); Flynn et Wu, 2001, p. 197 (partim)

Mimomys cf. *M. orientalis*: Tedford et al., 1991, p. 524, fig. 4 (partim)

Mimomys orientalis: Flynn et al., 1991, p. 256, tab. 2 (partim), fig. 4

Clethrionomys sebaldi: Zheng, 1993, p. 67, tab. 9, fig. 36

Mimomys irtyshensis: Flynn et al., 1997, p. 239, fig. 5 (partim); Flynn et Wu, 2001, p. 197 (partim)

Borsodia n. sp.: Zheng et Zhang, 2000, fig. 2 (partim)

Borsodia n. sp., *Hyperacrius yenshanensis*: Zheng et Zhang, 2001, fig. 3 (partim)

Villanyia cf. *V. fanchangensis*: Zhang et al., 2011, p. 627, fig. 2G–N

Holotype Left mandible with incisor and m1–3 (IVPP V 13991).

Hypodigm 5 right mandibles with m1–3, 1 right mandible with m1, 1 left mandible with m1–2, 1 maxilla with left M1 and right M1–2, 461 m1s, 261 m2s, 94 m3s, 213 M1s, 189 M2s, 133 M3s (IVPP V 13991. 1–1359).

Type Locality and Horizon Renzi Cave, Laili Mountain, Suncun Town, Fanchang, Anhui; Layer 3 and Layer 4, Lower Pleistocene.

Referred Specimens The Loc. 93001 section of Wenwanggou, Leijiahe Village, Shaozhai Town, Lingtai County, Gansu: WL11-7, 1 left M2, 1 right M3, 1 right m1, 1 left and 1 right m2s, 1 left and 2 right m3s (IVPP V 18078.1–8); WL11-6, 1 left M1 (IVPP V 18078.9); WL11-5, 1 left M1, 1 right M2, 1 left M3, 1 left m1, 2 right m2s, 1 left m3 (IVPP V 18078.10–16); WL11-4, 1 right M1, 2 right M2s, 1 left m3 (IVPP V 18078.17–20); WL11-3, 1 left and 1 right M2s, 1 left m1, 1 left m2, 1 left and 1 right m3s (IVPP V 18078.21–26); WL11-2, 1 left m3 (IVPP V 18078.27); WL10-11, 1 left M1, 1 right M2, 1 right M3, 1 left and 1 right m3s (IVPP V 18078.28–32); WL10-10, 1 left M3, 1 right m3 (IVPP V 18078.33–34); WL10-8, 1 left M1, 1 left and 1 right M3s, 1 left m1, 1 left and 1 right m2s, 1 left m3 (IVPP V 18078.35–42); WL10-7, 1 left m1 (IVPP V 18078.43); WL10-6, 1 right M1, 1 right M2 (IVPP V 18078.44–45); WL10-5, 1 left M2 (IVPP V 18078.46); WL10-4, 1 left m1 (IVPP V 18078.47); WL10-2, 1 left and 1 right m1s, 1 left m2, 1 right m3 (IVPP V 18078.48–51); WL10, 2 left and 1 right M1s, 1 right M2, 1 left and 2 right M3s (IVPP V 18078.52–58); WL8, 1 left M1, 1 right M2, 2 left and 1 right M3s, 1 right m1, 2 right m2s (IVPP V 18078.59–66); WL7-1, 1 left m3 (IVPP V 18078.67). The Tai'ergou east section, Xiaodukou Village, Huashaoying Town, Yangyuan County, Hebei: Layer T6, 1 right m2 (IVPP V 18813.1); Layer T11, 1 left m1 with damaged posterior lobe, 1 right M3, 1 damaged right M2, 1 damaged left m2 (IVPP V 18813.2–5). Yushe Basin, Shanxi: YS 5, 1 damaged right M3 (IVPP V 22615.1); YS 6, 1 right M2, 2 left m1s (IVPP V 22616.1–3); YS 120, 1 right M2, 1 left m3 (IVPP V 22617.1–2); YS 109, 1 left M2, 2 right M3s, 1 left and 1 right m3s (IVPP V 22618.1–5). Longgupo, Longping Village, Miaoyu Town, Wushan County, Chongqing:

Layer ①, 1 right M3 (IVPP V 9648.69), 1 right m1 (IVPP V 9648.104), 1 left m2 (IVPP V 9648.111); Layer ③, 1 left M1 (IVPP V 9648.20); Layer ④, 1 left m1 (IVPP V 9648.70); Layer ⑤, 10 left M1s (IVPP V 9648.1–10), 12 right M1s (IVPP V 9648.21–32), 7 left M2s (IVPP V 9648.41–47), 7 right M2s (IVPP V 9648.50–56), 1 right M3 (IVPP V 9648.66), 9 left m1s (IVPP V 9648.71–79), 11 right m1s (IVPP V 9648.93–103), 4 left m2s (IVPP V 9648.112–115), 10 right m2s (IVPP V 9648.118–127), 1 left and 1 right m3s (IVPP V 9648.130–131), 1 right mandible with m1–2 (IVPP V 9648.132); Layer ⑥, 8 left M1s (IVPP V 9648.11–18), 8 right M1 (IVPP V 9648.33–40), 2 left M2s (IVPP V 9648.48–49), 4 right M2s (IVPP V 9648.57–60), 2 left M3s (IVPP V 9648.62–63), 6 left m1s (IVPP V 9648.86–91), 6 right m1 (IVPP V 9648.105–110), 2 left m2s (IVPP V 9648.116–117), 2 right m2s (IVPP V 9648.128–129); Layer ⑤B, 1 right M2 (IVPP V 9648.61), 2 left M3s (IVPP V 9648.64–65), 2 right M3s (IVPP V 9648.67–68), 6 left m1s (IVPP V 9648.80–85); Layer D, 1 right m2 (IVPP V 9648.133); Layer E, 1 left M1 (IVPP V 9648.19).

Age of Referred Specimens Late Pliocene – Early Pleistocene (~3.51–1.94 Ma).

Diagnosis (Revised) LRA2 of M3 very deep, occasionally inducing formation of anterior EI; formation of posterior EI with frequent occurrence at BRA2 on M3; M3 with 2–3 LSAs or LRAs, Is 3 being narrow, while Is2, Is 4, and Is 5 all open. m1 (mean length 2.50 mm, see Table 4 for range) with 3 alternately arranged and roughly closed Ts (T1–T3) anterior to PL; T4 and T5 forming a rhombus confluent with oval-shaped AC; closedness percentage of Is 1–5 around 98%, 5%, 78%, 73%, and 0, respectively, Is 6–7 around 2% and 0, respectively; about 1/7 of all specimens with MR and PF; SDQ_P 122, indicating *Mimomys*-type differentiation (see Table 4 for range); mean HH-Index 4.56 (n = 45). Mean HH-Index of lower molars and mean PA-Index of upper molars relatively large (see Table 10).

Remarks Although *Myodes fanchangensis* from Renzi Cave, Fanchang, Anhui is similar to *Villanyia* in cementless molars, its thick enamel band and rounded SAs are all diagnostic features of the genus *Myodes*.

Myodes fanchangensis from Fanchang is comparable to "*Clethrionomys sebaldi*" from Wushan, Chongqing (Zheng, 1993) in size. The mean length of m1 and M1 is 2.50 mm and 2.20 mm, respectively, for the former, and 2.42 mm and 2.12 mm, respectively, for the latter. SDQ_P of m1 for the former is 122, and that for the latter is 145. m1 of both has unclosed Is 2, Is 5, and Is 6, short and broad AC, relatively high sinuses/sinuids, same root number, and a vestigial MR in a few specimens. M3 of both has 3 BRAs and 4 BSAs, 2 LRAs and 3 LSAs, an anterior and posterior EI formed by BRA1 and LRA3 after certain degree of wear, respectively. The subtle differences between the two form lies in: the former "completely" has no cement, whereas a few specimens of the latter have cement; HH-Index of the former is 4.56, larger than that of the latter 3.88. These subtle differences most likely only reflect variation or measurement error, so they are still treated as the same species here.

There are many similarities between the Fanchang specimens and the Lingtai specimens of Gansu. The molars of both are cementless. m1 of both has LRA3 and BRA2 obliquely opposite to each other, T4 and T5 completely confluent with each other, and no MR. M3 of both has 2 EIs in the front and back, respectively. They should be treated as the same species too, instead of conformis species (Zhang et al., 2011). Although the fossil materials from Member C–B of the Tai'ergou east section are scarce, the morphological characteristics of M3 and m1 are also consistent with those from Fanchang. They should also be treated as the same species instead of conformis species.

Myodes fanchangensis from Fanchang is different from *M. kretzoii* (Kowalski, 1958) from the Schernfeld locality of Germany (Carls et Rabeder, 1988) in: ① all but not some of the molars are cementless; ② larger in size (m1 of the former 2.50 mm in mean length, m1 of the latter 2.13 mm in mean length); ③ a shorter and simpler AC on m1 (longer and more complicated in the latter); ④ M3 with 2–3 LSAs, 3 BSAs, and a short PL (3 LSAs, 3–4 BSAs, and a longer PL in the latter); ⑤ M3 with LRA2 and

LRA3 deeper than BRA1 and BRA2, respectively (nearly equally deep in the latter).

Myodes fanchangensis is comparable to *M. kretzoii* from the Kadzielnia-1 locality of Poland in size (m1 2.12–3.03 mm in length for the latter), but HH-Index of the latter (2.10) is apparently smaller than that of the former.

The measurements of *Myodes kretzoii* from the Schernfeld locality of Bavaria, Germany (Carls et Rabeder, 1988) provide possibility of detailed comparisons with *M. fanchangensis*. HH-Index of m1, m2, and m3 of the former is 3.09, 2.44, and 1.63, respectively, and PA-Index of M1, M2, and M3 of the former is 3.04, 2.62, and 2.02, respectively. For *M. fanchangensis* from Longgupo, Wushan, Chongqing, HH-Index of m1, m2, and m3 is 3.88, 3.57, and 3.35, respectively; PA-Index of M1, M2, and M3 is 4.11, 3.43, and 3.31, respectively. These parameters are apparently greater in *M. fanchangensis*. Based on the simpler morphology of m1 and M3, *M. fanchangensis* from China seems markedly more primitive than *M. kretzoii* from Europe.

Myodes rufocanus (Sundevall, 1846)

(Fig. 86)

Evotomys rufocanus: Young, 1934, p. 85, fig. 32, pl. 8, fig. 6

Clethrionomys rufocanus: Liaoning Provincial Museum et Benxi City Museum, 1986, p. 43, fig. 24, pl. VII, fig. 2

Clethrionomys sp.: Wang et Jin, 1992, p. 60, fig. 4-9, pl. III, fig. 4

Holotype Unknown. According to Hinton (1926), the specimen is housed in the Stockholm Museum.

Type Locality Lappmark, northern Sweden.

Referred Specimens Loc. 1 of Zhoukoudian, Beijing: 2 right mandible with m1–3 (Cat.C.L.G.S.C. Nos.C/C. 1171) and m1–2 (Cat.C.L.G.S.C.Nos.C/C. 1172), respectively. Miaohoushan, Shanchengzi Village, Xiaoshi Town, Benxi County, Liaoning: 1 cranium with left M1–3 and right M1–2 (B.S.M. 7802A–46), 1 left and 2 right mandibles with m1–3 (B.S.M. 7802A-41, 7901AT-T1-11, 7901AT-T2-21).

Age of Referred Specimens Middle Pleistocene.

Diagnosis (Revised) M1 and M2 with a rudimentary T5. M3 of adult individuals with shortened PL, 3 SAs and 2 RAs on each side, all Ts not tightly closed. m1 of adult individuals with 4 closed Ts anterior to PL, Is 1–5 100% closed, but in young individuals, T5 usually confluent with AC.

Remarks The fossil materials from Loc.1 of Zhoukoudian include only 2 fragmentary mandibles (Young, 1934). Judging from their rooted molars, they should be referred to *Myodes* with no doubt. Its m1 has 5 alternate and tightly closed Ts and a simple and short AC anterior to PL, or, in other words, 5 LSAs, 4 LRAs, 4 BSAs, and 3 BRAs. These morphological characteristics are consistent with those of *M. rufocanus*.

The materials from Miaohoushan, Benxi, Liaoning are plenty (Liaoning Provincial Museum et Benxi City Museum, 1986), including upper and lower jaws. The occlusal morphology of the upper and lower molars is figured here (Fig. 86). Obviously, the morphological characteristics of its M3 with 3 SAs on each side and tightly closed Iss are in agreement with the definition of *M. rufocanus*.

Myodes rutilus (Pallas, 1778)

(Fig. 87)

Clethrionomys rutilus: Zheng et Han, 1993, p. 72, fig. 46

Clethrionomys sp.: Wang et Jin, 1992, p. 60, fig. 4-9, pl. III, fig. 4

Holotype Unknown.

Type Locality East of Ob River, Siberia, Russia.

Referred Specimens Layers 4–6 of Jinniushan Man Site, Xitian Village, Yong'an Town, Yingkou City, Liaoning: middle portion of 1 damaged cranium with M1–2 (Y.K.M.M. 15), 2 left maxillae with M1–3,

1 right mandible with m1–3, 1 right mandible with m1–2, 1 left mandible with m1–3, 1 left mandible with m1–2, 1 right M3, 1 left and 1 right m3s (Y.K.M.M. 15.1–9). Haimao Village, Ganjingzi District, Dalian City, Liaoning: 1 left M1 and 1 right m2 (DH 8995). Huashaoying Town, Yangyuan County, Hebei: Layer 16 of the Donggou section, Qianjiashawa Village, 1 right m1 (IVPP V 25274); Layer F09 of the Tai'ergou east section, Xiaodukou Village, 1 left m2 (IVPP V 18820).

Age of Referred Specimens Early Pleistocene – Present.

Diagnosis (Revised) Medium-sized. Upper incisor without a longitudinal groove. Roots of molars formed in juvenile individuals. M1 and M2 without LSA4 or trace of T5. M3 with 4 LSAs and 3–5 BSAs, Is 3 and Is 4 more closed than other Iss. m1 with 5 Ts and simple and short AC anterior to PL, T1-T2, T3-T4, and T5-AC confluent with each other, respectively, namely Is 1, Is 3, and Is 5 more closed than Is 2, Is 4, and Is 6, respectively.

Remarks The M3 from Jinniushan described by Zheng et Han (1993) has 4 LSAs, 3–4 BSAs, and deeper BRA1, which is consistent with the definition of *Myodes rutilus* (Fig. 87). In terms of size (M1–3 5.06 mm in mean length; m1–3 5.14 mm in mean length), it is very close to extant subspecies *M. r. amurensis* (Schrenk, 1859) (Luo et al., 2000: M1–3 4.80 mm in mean length; m1–3 4.80 mm in mean length) and *M. r. rutilus* (Pallas, 1778) (Luo et al., 2000: M1–3 4.90 mm in mean length; m1–3 5.00 mm in mean length).

The materials of "*Clethrionomys* sp." from Haimao, Dalian include 1 left M1 and 1 right m2 (DH 8995). They have roots and thick and less differentiated enamel (Wang et Jin, 1992). These morphological characteristics are consistent with *Myodes*. Its m2 has 2 unclosed pairs of Ts, which is the same as *M. rutilus* but distinct from *M. rufocanus*. As for the relatively unclosed Is1, Is 3, and Is 4 on M1 and Is 2 and Is 4 on m2 can be interpreted as variation (the specimen belongs to an old individual). The relatively small size can be interpreted as a primitive feature. The length of M1 and m2 (1.90 mm and 1.30, respectively) is close to the mean of Jinniushan (1.96 mm and 1.38 mm, respectively).

The right m1 (IVPP V 25274) from Layer 16 of the Donggou section was reported as "?*Clethrionomys* sp." (Zheng et al., 2006). The tooth belongs to a very young individual. Its roots have not erupted yet, and no cement is observed in its re-entrant angles. There are 5 alternate Ts and a oval-shaped AC with weak SAs (or RAs) developed on the buccal side anterior to PL. There are 5 LSAs, 4 LRAs, 4 BSAs, and 3 BRAs. Is 1 and Is 4 are more closed than Is 2, Is 3, Is 5, and Is 6. The enamel is less differentiated. These morphological characteristics indicate its primitiveness, but it is tentatively referred to *Myodes rutilus* here. Its length (2.40 mm) is greater than the mean of the Jinniushan specimens (2.27 mm), but equal to the maximum value of them (2.40 mm).

The left m2 (IVPP V 18820) from Layer F09 of the Tai'ergou east section has the same morphology as the Haimao specimen of Dalian. It has roots, thick enamel and cement, and can also be tentatively referred to *Myodes rutilus*. Its length (1.30 mm) is smaller than the mean of the Jinniushan specimens (1.38 mm), but greater than the minimum value of them (1.28 mm).

Myospalacinae Lilljeborg, 1866

In addition to dental morphology, distinguishing features in Myospalacinae also lie in the ratios between the incisive foramen and the diastema, the occipital width and height of the cranium, the width and length of M2, and that between the palatal widths at M1s and M3s (Tables 11–14).

Key to tribes and genera

I. Interparietal present, convex occiput, molars rooted ························ Prosiphneini

a. Interparietal square-shaped and positioned posterior to the line connecting two wings of the lambdoid crest, m1 with deep and opposite lra3 and bra2 ························ *Prosiphneus*

b. Interparietal spindle-shaped and embedded between two wings of the lambdoid crest, m1 with deep and opposite lra3 and bra2 ··········· *Pliosiphneus*

c. Interparietal semicircular and positioned anterior to the line connecting two wings of the lambdoid crest, m1 with deep lra3 and bra2 and the former anterior to the latter ··········· *Chardina*

II. Interparietal absent; concave occiput, flat occiput, or convex occiput; molars rooted or rootless ··········· Myospalacini

a. Concave occiput, lambdoid crest discontinuous in sagittal area

1. Molars rooted, m1 with lra3 apparently anterior to bra2, anterior end of ac pointed and with enamel ··········· *Mesosiphneus*

2. Molars rootless, m1 with deep and opposite lra3 and bra2, anterior end of ac pointed and with enamel ··· *Yangia*

b. Flat occiput, lambdoid crest continuous in sagittal area

1. Molars rooted, m1 with shallower lra3 than bra2, anterior end of ac flat and with enamel ··········· *Episiphneus*

2. Molars rootless, m1 with shallower lra3 than bra2, anterior end of ac flat and with enamel ··········· *Myospalax*

c. Convex occiput, lambdoid crest discontinuous in sagittal area, molars rootless, m1 with very shallow lra3, anterior end of ac protruding and without enamel

1. molars with developed ra/RAs and sa/SAs, m1 without lra4 and lsa4 ··········· *Eospalax*

2. molars with undeveloped ra/RAs and sa/SAs, m1 with lra4 and lsa4 ··········· *Allosiphneus*

Prosiphneini Leroy, 1941

Prosiphneus Teilhard de Chardin, 1926a

Myotalpavus: Miller, 1927, p. 16

Type Species *Prosiphneus licenti* Teilhard de Chardin, 1926a

Diagnosis (Revised) Small-sized. Interparietal square-shaped, positioned posterior to the line connecting two wings of the lambdoid crest (interrupted in sagittal area), convex occiput. Nasals shovel-shaped, frontonasal suture shallow "∧" shaped and with its posterior end level with frontopremaxillary suture. Intermediate area of frontal crests narrow, intermediate area of parietal crests rapidly broadening posteriorly. Parietal crest never insecting with parietosquamous suture. Squamosal never extending into occipital area. Incisive foramen divided by premaxillomaxillary suture into two portions. Upper molar rows parallel with each other in primitive forms, whereas divergent posteriorly in derived forms. M1–3 usually all with 3–2 roots. m1 with an ac leaning buccally or pointing anteriorly, bra2 and lra3 deep and opposite to each other. Sinuous line parameters of upper molars (especially M1) *A*, *B*, *C*, and *D* and those of lower molars (especially m1) *a*, *b*, *c*, *d*, and *e* with smaller values in primitive forms (even less than 0), whereas bigger values in derived forms (usually greater than 0), but absolute values relatively small.

Known Species in China *Prosiphneus qinanensis* Zheng, Zhang et Cui, 2004, *P. qiui* Zheng, Zhang et Cui, 2004, *P. haoi* Zheng, Zhang et Cui, 2004, *P. licenti* Teilhard de Chardin, 1926a, *P. murinus* Teilhard de Chardin, 1942, *P. tianzuensis* (Zheng et Li, 1982), *P. eriksoni* (Schlosser, 1924).

Distribution and Age Gansu, Shanxi, Inner Mongolia, and Shaanxi; late Middle Miocene – Early Pliocene.

Remarks Presently, only the holotype of *Prosiphneus licenti* (Teilhard de Chardin, 1942: fig. 30, cranium) and that of *Pr. murinus* (Teilhard de Chardin, 1942: fig. 27, cranium, IVPP RV 42008) can represent the cranial morphology of *Prosiphneus*. The cranial materials referred to "*Prosiphneus murinus*" or described as "*murinus* group" (Teilhard de Chardin, 1942: figs. 28, 34B) should belong to *Pliosiphneus* (Zheng, 2017). The cranium of *Pr. murinus* from Yushe, Shanxi is better preserved than that of *Pr. licenti* from Qingyang, Gansu. The diagnostic characteristics on cranium given here are mainly based on the former.

Key to species

I. Undulation of buccal sinuous line on upper molars and lingual sinuous line on lower molars weak, highest point (or lowest point) far away from tops (or bottoms) of re-entrant angles on the same side, M1, M2, and M3 each with 3 roots furcating early

a. Undulation of sinuous line weak, far away from terminals of re-entrant angles on the same side; m1 with *a*, *b*, *c*, *d*, and *e* being around –1.27 mm, –1.13 mm, –0.63 mm, –1.20 mm, and –1.30 mm, respectively; M1 (n = 2) with mean *A*, *B*, *C*, and *D* being –0.50 mm, –0.49 mm, 0.40 mm, and –0.33 mm, respectively ···· *P. qinanensis*

b. Undulation of sinuous line strong, close to terminals of re-entrant angles on the same side; m1 (n = 5) with mean *a*, *b*, *c*, *d*, and *e* being –0.63 mm, –0.54 mm, –0.42 mm, –0.61 mm, and –0.68 mm, respectively; M1 (n = 5) with mean *A*, *B*, *C*, and *D* being –0.46 mm, –0.44 mm, –0.37 mm, and –0.39mm respectively ··········· *P. qiui*

II. Undulation of buccal sinuous line on upper molars and lingual sinuous line on lower molars strong, highest point (or lowest point) close to tops (or bottoms) of re-entrant angles on the same side, M1, M2, and M3 each with 3 roots fused at the base or furcating late

a. Accessory cuspid developed in bra of lower molars

1. Position of accessory cuspid high; m1 with *a*, *b*, *c*, *d*, and *e* around –0.80 mm, –0.30 mm, 0.10 mm, –0.23 mm, and –0.10 mm, respectively··· *P. haoi*
2. Position of accessory cuspid lower; m1 (n = 9) with mean *a*, *b*, *c*, *d*, and *e* being 0.09 mm, 0.46 mm, 0.48 mm, 0.24 mm, and 0.10 mm, respectively; M1 (n = 9) with mean *A*, *B*, *C*, and *D* being 0.07 mm, 0.50 mm, 0.56 mm, and 0.16 mm, respectively·· *P. licenti*
3. Position of accessory cuspid lowest; m1 (n = 6) with mean *a*, *b*, *c*, *d*, and *e* being 0.05 mm, 0.73 mm, 0.72 mm, 0.50 mm, and 0.12 mm, respectively; M1 (n = 5) with mean *A*, *B*, *C*, and *D* being 0.18 mm, 1.02 mm, 0.88 mm, and 0 mm, respectively·· *P. tianzuensis*

b. Accessory cuspid not developed in bra of lower molars

1. m1 (n = 9) with mean *a*, *b*, *c*, *d*, and *e* being 0.01 mm, 0.57 mm, 0.51 mm, 0.25 mm, and 0.10 mm, respectively; M1 (n = 6) with mean *A*, *B*, *C*, and *D* being 0.22 mm, 0.68 mm, 0.72 mm, and 0.28 mm, respectively ·· *P. murinus*
2. m1 (n = 15) with mean *a*, *b*, *c*, *d*, and *e* being 0.05 mm, 1.21 mm, 1.07 mm, 0.51 mm, and 0.40 mm, respectively; M1 (n = 16) with mean *A*, *B*, *C*, and *D* being 0.28 mm, 1.03 mm, 1.17 mm, and 0.32 mm, respectively ·· *P. eriksoni*

Prosiphneus eriksoni **(Schlosser, 1924)**

(Fig. 88)

Siphneus eriksoni: Schlosser, 1924, p. 36, pl. III, figs. 5–11

Myotalpavus eriksoni: Miller, 1927, p. 16; Zheng, 1994, p. 62, figs. 5–6, 9–12

Myotalpavus sp.: Zheng, 1994, p. 62, figs. 10, 12

Myospalax eriksoni: Lawrence, 1991, p. 282

Prosiphneus ex gr. *ericksoni*: Mats et al., 1982, p. 118, fig. 12(2), pl. XIV, figs. 2–12 (partim)

Prosiphneus sp.: Qiu et al., 2006, p. 181; Qiu et al., 2013, p. 177, Appendix

Lectotype Schlosser (1924) didn't designate any specimen as the holotype. The un-numbered left mandible with m1–3 presented in his pl. III, figs. 10a and 11 is chosen as the lectotype. The specimen was collected by J. G. Andersson and his Chinese colleagues during 1919–1920, and is presently housed in the Uppsala University Museum, Sweden.

Hypodigm 9 mandibles with molars (IVPP V 17824–17832), 85 M1s, 108 M2s, 83 M3s, 123 m1s, 104 m2s, 76 m3s (IVPP V 17833.1–579).

Type Locality and Horizon Loc. 1 of Ertemte, Huade County, Inner Mongolia; Upper Miocene.

Referred Specimens Loc. Harr Obo, Huade County, Inner Mongolia: 2 mandibles with molars, 6 M1s, 6 M2s, 5 M3s, 12 m1s, 7 m2s, 3 m3s (IVPP V 17833.580–620). Baogeda Ula, Abag Banner, Inner Mongolia: Loc. IM 0702, 4 M1s, 2 M2s, 5 m1s, 3 m2s (IVPP V 19909.1–14); Loc. IM 0703, 1 damaged right M1 (IVPP V 19910). The Dongwan section (QA-III), Dongwan Village, Weidian Town, Qin'an County, Gansu: Layer 8, 2 right m1s, 1 right m2 (IVPP V 18595.1–3); Layer 9, 1 left m2 (IVPP V 18595.4); Layer 10, 1 right mandible with m1–3, 1 left and 2 right m1s, 1 left m2, 1 left m3, 1 left M1 (IVPP V 18595.5–11); Layer 11, 1 left mandible with m1–3, 4 left and 3 right m1s, 2 left and 2 right m2s, 2 left m3s, 2 left and 2 right M1s, 3 left and 3 right M2s, 3 left and 3 right M3s (IVPP V 18595.12–40); Layer 12, 1 right M1 (IVPP V 18595.41). Xiaoshigou, Leijiahe Village, Shaozhai Town, Lingtai County, Gansu: Bottom layer of the Loc. 72074(3) section [= L11 of the Loc. 72074(4) section], 1 right M1, 1 left M3 (IVPP V 17834.1–2); the Loc. 72074(4) section, L7-2, 1 right m1, 1 right m2 (IVPP V 17834.5–6), L8-4, 1 left M3 (IVPP V 17834.3), L9-2, 2 left M2s (IVPP V17834.7–8), 1 right M3 (IVPP V17834.4).

Age of Referred Specimens Late Miocene – Early Pliocene (>7.00–4.83 Ma).

Diagnosis (Revised) Slight larger form in the genus. Each upper molar with 2 roots fused together at the base. In dentition, mean length ratio in percentage of m3 to m2 74%, and that of m3 to m1–3 24% (see Table 15 for range). Width to length ratio in percentage of M2 84% (see Table 13 for range). m1 (mean length 3.12 mm) with parameters *a*, *b*, *c*, *d*, and *e* being 0.05 mm, 1.21 mm, 1.07 mm, 0.51 mm, and 0.40 mm respectively; M1 (mean length 2.97 mm) with parameters *A*, *B*, *C*, and *D* being 0.28 mm, 1.03 mm, 1.17 mm, and 0.32 mm, respectively (see Table 16 for range). Length ratio in percentage of isolated m3 to m2 79%, that of isolated M3 to M2 87%.

Remarks *Prosiphneus eriksoni* is the first found myospalacine with rooted molars. Many fossil materials containing rooted molars recovered afterwards from other localities are also referred to this species, or treated as *ex grege* or conformis species of it. However, judging from the occlusal morphology and lingual sinuous line of m1, only "*Prosiphneus* ex gr. *eriksoni*" from the Middle Baikal region (Mats et al., 1982) is consistent with *Prosiphneus eriksoni*. "*Prosiphneus eriksoni*" from Bainiuyu, Longxian, Shaanxi (Mi, 1943; Young et al., 1943) should be *Chardina gansuensis* Liu, Zheng, Cui et Wang, 2013. The conformis species "*Prosiphneus* cf. *eriksoni*" from Bilike, Inner Mongolia (Qiu et Storch, 2000) should be *Pliosiphneus lyratus*. The materials of "*Prosiphneus eriksoni*" from Huoshan, Baode (now Huoshan Village, Jiuxian Town, Hequ County), Shanxi (Teilhard de Chardin et Young, 1931) should be referred to *Mesosiphneus intermedius*. The materials of "*Prosiphneus eriksoni*" from Yushe Basin (Flynn et al., 1991; Tedford et al., 1991) is referrable to *Pliosiphneus antiquus* (Liu et al., 2013; Zheng, 2017).

Prosiphneus eriksoni was first placed in *Siphneus* (Schlosser, 1924), then in *Myotalpavus* (Miller, 1927). However, the latter is a junior synonym of *Prosiphneus* Teilhard de Chardin, 1926a, and accordingly invalid.

The left m1 of "*Myotalpavus* sp." from Amuwusu, Sonid Right Banner, Inner Mongolia (Zheng, 1994, without catalogue number) should have been collected from slope deposit of the overlying red clay, and are seemingly referrable to this species.

In 1980s, the Sino-German paleontologists carried out joint investigations and excavations at the type locality and in adjacent areas. Hundreds of *Prosiphneus eriksoni* specimens were collected through the first application of screenwashing method, but the pity was no cranial materials were recovered. As a result, the cranial morphology of the species is still unclear until now.

The paleomagnetic ages of the Dongwan section, Qin'an, Gansu are obviously too old. They are listed here but correlations based them are not recommended.

Prosiphneus haoi Zheng, Zhang et Cui, 2004

(Fig. 89)

Prosiphneus n. sp.1.: Guo et al., 2002, p. 162, tab. 1

Holotype Left mandible with m1–3 (IVPP V 14047), collected by Dr. Hao Qing-Zhen and colleagues of the Institute of Geology and Geophysics, Chinese Academy of Sciences in the QA-I section, Wuying Village, Wangpu Town, Qin'an County, Gansu in 2000.

Type Locality and Horizon The QA-I section, Wuying Village, Wangpu Town, Qin'an County, Gansu; 39.8 m from the surface, Upper Miocene aeolian red clay (~8.20 Ma).

Referred Specimens The same section as the type locality: depth of 41.0 m, 1 left m1 (IVPP V 14048.1); depth of 58.5 m, 1 left M2 (IVPP V 14048.2).

Age of Referred Specimens Late Miocene (~9.50–8.20 Ma).

Diagnosis (Revised) Medium-sized. Width to length ratio in percentage of M2 around 75% (Table 13). In dentition, mean length ratio in percentage of m3 to m2 around 77%, and that of m3 to m1–3 around 25% (Table 15). m1 (3.00 mm in length, see Table 17 for range) with oval-shaped ac, bra2 and lra3 deep and with a narrow isthmus between them, peaks of lingual sinuous line and bottoms of lra1 and lra2 roughly on the same line parallel to the occlusal surface, roots relatively long; parameters *a*, *b*, *c*, *d*, and *e* mostly with negative and bigger absolute values, around –0.80 mm, –0.30 mm, 0.10 mm, –0.23 mm, and –0.10 mm, respectively (Table17).

Remarks Compared with *Prosiphneus qiui*, *P. haoi* is obviously larger and has a m1 with relatively long roots, stronger undulation of sinuous line on both sides, a more rounded ac, narrower dentine space between bra2 and lra3, more posteriorly curved posterior end. Its m2 and m3 both have a remarkable accessory cuspid developed at the bottom mouth of bra2, stronger undulation of sinuous line on lingual side, and lras with stronger extension towards the crown base.

Prosiphneus licenti Teilhard de Chardin, 1926a

(Fig. 90, Fig. 91)

Myospalax licenti: Lawrence, 1991, p. 282

Holotype Cranium articulated with mandibles (IVPP RV 26012) (Teilhard de Chardin, 1926a: pl. V, figs. 19–19b; Teilhard de Chardin, 1942: fig. 30), collected by E. Licent in 1921.

Hypodigm 1 cranium with left and right M1–3 (IVPP RV 26013), anterior portion of 2 crania with left and right M1–3 (IVPP RV 26014–26015), right half of 1 cranium with M1–2 (IVPP RV 26016), left and right maxillae of the same individual with M1 (IVPP RV 26017.1), 1 right maxilla with M1–2 (IVPP RV 26017.2), 3 left and 1 right mandibles with m1–3 (IVPP RV 26018.1–4), 2 right mandibles with m1–2 (IVPP RV 26018.5–6), 2 right mandibles with m1 (IVPP RV 26018.7–8), left and right mandibles of the same individual with m1 (IVPP RV 26018.9), 1 left mandible with m2–3 (IVPP RV 26018.10), 2 left and 2 right M1s, 2 left and 3 right M2s, 2 right M3s, 1 left m1, 1 left m2 (IVPP RV 26019.1–13), limb skeletons (the originally identified axes, forelimb bones, radii, ulnae, hindlimb bones are missing, and only part of the metacarpals, phalanges and hindlimb bones is retained) (IVPP RV 26019–26020).

Type Locality and Horizon Zhaojiagou, Jiaozichuan Village, Qingcheng Town, Qingcheng County, Gansu; Upper Miocene red clay layer.

Referred Specimens The QA-I section, Wuying Village, Wangpu Town, Qin'an County, Gansu: 5.0 m, 9.0 m, and 26.0 m from the top, 1 left m1, 1 left and 1 right m2s, 1 right m3, 1 left M1, 1 left and 2 right M2s (IVPP V 14049.1–8). The Dongwan section (QA-III), Dongwan Village, Weidian Town, Qin'an County,

Gansu: Layer 1, 2 right m1s, 1 right m2, 2 left M1s (IVPP V 18593.1–5); Layer 3, 1 left m1, 1 left m2, 1 left and 3 right M1s, 1 right M2 (IVPP V 18593.6–12); Layer F30 (= Layer 4), 1 right m1 (Liu et al., 2013, without catalogue number). Hongtugou, Liangting Town, Linyou County, Shaanxi: 1 right mandible with m1 (IVPP V 17822), 1 right M2 (IVPP V 17823).

Age of Referred Specimens Late Miocene (~7.60–6.50 Ma).

Diagnosis (Revised) Morphology of cranium basically the same as the genus. Length ration in percentage of incisive foramen to diastema around 40% (Table 11). Ratio in percentage of occipital width to height around 157% (Table 12). Each upper molar with 3 roots. In dentition, length ratio in percentage of M3 to M2 80%, that of M3 to M1–3 26% (see Table 20 for range), that of m3 to m2 79%, and that of m3 to m1–3 26% (see Table 15 for range). Width to length ration in percentage of M2 83% (see Table 13 for range). m1 (mean length 2.79 mm) with an ac leaning buccally, peaks of lingual sinuous line slightly higher than posteriorly positioned bottoms of lra1 and lra2; means of parameters *a*, *b*, *c*, *d*, and *e* being 0.09 mm, 0.46 mm, 0.48 mm, 0.24 mm, and 0.10 mm, respectively (see Table 18 for range); M1 (mean length 2.68 mm) with troughs of buccal sinuous line slightly lower than posteriorly positioned tops of BRA1 and BRA2; means of parameters *A*, *B*, *C*, and *D* 0.07 mm, 0.50 mm, 0.56 mm, and 0.16 mm, respectively (see Table 18 for range).

Remarks Before the recovery of fossil materials from Lingtai, Linyou, and Qin'an, *Prosiphneus licenti* was only discovered at Zhaojiagou, Jiaozichuan, Qingyang, Gansu. Compared with the materials from the type locality, the measurements of the m1 from Qin'an all fall within the variation range of the type materials. Although the occlusal length of M1 from the two localities is comparable, the variation range of the Qin'an specimens is slightly broader than those from the type locality in crown height and parameters B, C, and D of M1 (Table 18). Nonetheless, the slight difference is thought to be within the normal range of infraspecific variation, so they are still treated as the same species here.

The holotype of *Prosiphneus licenti* is a heavily weathered cranium articulated with mandibles (IVPP RV 26012) (Fig. 90). In order to maintain the integrity, the cranium and mandibles have not been disarticulated until now, but judging from the occlusal morphology, it should belong to an old individual. Teilhard de Chardin (1926a) described the morphology of the cranium, mandibles, teeth, atlas, fore and hind limbs, radii, ulnae, metacarpals and phalanges, astragali, and so on. Later, Teilhard de Chardin (1942) gave a supplementary description of the morphology of molars based on more materials recovered from the red clay block of the same horizon as the holotype. There is a stable accessory cuspid at the bottom mouth of bra1. BRAs are deeper than LRAs, and lras are deeper than bras. LRA1 of M1 has a shallow extension towards the crown base and will vanish after certain degree of wear. Like *P. murinus* and *Episiphneus youngi*, the occlusal surface will then turn into ω-shape. 2 BRAs and 1 LRA are still discernable even on M2 of very young individuals whose roots have not erupted. There is a longitudinal groove on the anterior surface of ac on m1, but no accessory cuspid at the bottom mouth of bra1. Observation of other fossil myospalacines shows that only the depth of re-entrant angles on both sides reflective of degree of hypsodonty can be treated as a stable morphological character, while other characteristics can all be treated as variations.

In terms of cranial measurements (Fig. 92), length of the upper and lower molar rows, length of isolated molars, complete height of molars, crown height of molars, and so on, *Prosiphneus licenti* is highly similar to *P. murinus*. Nevertheless, means of almost all these morphological parameters are larger, and variation ranges of them are broader in the latter, e.g. its length of two m1–3s ranging 8.30–8.50 mm, length of one M1–3 8.20 mm, both greater than in the former: 7.20–7.90 mm (n = 4) and 6.90–7.50 mm (n = 3), respectively. Therefore, the latter appears to be more derived.

M1 of *Prosiphneus licenti*, *P. qinanensis*, and *P. qiui* all has 3 roots, but they are fused together at the base in *P. licenti*, and not in the latter two (Zheng et al., 2004). *P. licenti* is also different from more derived species such as *P. tianzuensis* and *P. eriksoni* whose M1 has only 2 roots fused together at the base (Zheng, 1994). Similarly, in terms of the degree of undulation of buccal sinuous line in the upper molars and lingual sinuous line in the lower molars, *P. licenti* lies between *P. eriksoni*, *P. haoi* and *P. qinanensis*, *P. qiui*. There are only lower molars for *P. haoi* whose lingual sinuous line undulates distinctly weaker. In terms of root number, molars of both *P. licenti* and *P. murinus* all have 3 roots, but the latter (m1 mean length 2.98 mm, M1 mean length 3.02 mm) is markedly larger than the former (m1 mean length 2.79 mm, M1 mean length 2.68 mm). The m1 parameters *a*, *b*, *c*, *d*, and *e* of the latter (0.01 mm, 0.57 mm, 0.51 mm, 0.25 mm, and 0.10 mm, respectively) are closer to those of the former (0.09 mm, 0.46 mm, 0.48 mm, 0.24 mm, 0.10 mm, respectively), but the M1 parameters *A*, *B*, *C*, and *D* of the latter (0.22 mm, 0.68 mm, 0.72 mm, 0.28 mm, respectively) are markedly greater than the former (0.07 mm, 0.50 mm, 0.56 mm, and 0.16 mm, respectively). The upper molar rows of the latter diverge posteriorly, whereas those of the former are parallel to each other. The incisive foramen of the latter is relatively longer (length ration in percentage of the incisive foramen to the diastema 67% in the latter but 40% in the former).

Prosiphneus murinus **Teilhard de Chardin, 1942**

(Fig. 93, Fig. 94)

Prosiphneus ex gr. *eriksoni*: Mats et al., 1982, p. 118, fig. 12(2), pl. XIV, figs. 2–12 (partim)
Myospalax murinus: Lawrence, 1991, p. 282

Holotype Cranium articulated with mandibles (IVPP RV 42008) (Teilhard de Chardin, 1942: fig. 27), collected by E. Licent and M. Trassaert in 1930s. The specimen is housed in IVPP.

Type Locality and Horizon Yushe Basin, Shanxi; Yushe Zone I, Upper Miocene Mahui Formation.

Referred Specimens Yushe Basin, Shanxi: YS 1, 1 left M1, 1 left m1 (IVPP V 11151.1–2); YS 8, 1 left mandible with m1–2, 1 left mandible with m1–3, 1 right m1 (IVPP V 11152.1–3), 1 right M2, 2 right m2s (IVPP V 11152.4–6); YS 7, 1 right M2, 2 right m2 (IVPP V 11153.1–3); YS 9, 1 right M1, 1 damaged left M1, 1 damaged right m3 (IVPP V 11154.1–3); YS 3, 1 left m1 with damaged posterior lobe (IVPP V 11155); YS 32, 2 left and 1 right m1s, 1 left m2, 2 right m3s (IVPP V 11156.1–6); YS 141, 1 left M1, 1 right M2, 1 left M3, 1 right m1, 1 damaged right m2 (IVPP V 11157.1–5); YS 29, 1 cranium with damaged occipital bone and frontal bone and articulated with left and right mandibles (IVPP V 11158); YS 145, 1 right M1 (IVPP V 11159); YS 156, 1 left mandible with m1–2 (IVPP V 11160); YS 161, 1 damaged left mandible with m1–3 (IVPP V 11161).

Age of Referred Specimens Late Miocene (~6.50–5.70 Ma).

Diagnosis (Revised) Morphology of cranium basically the same as the genus. Slightly larger than *Prosiphneus licenti*, and slightly more hypsodont. Length ration in percentage of incisive foramen to diastema 67% (see Table 11 for range). Ratio in percentage of occipital width to height 140% (see Table 12 for range). Width to length ration in percentage of M2 79% (see Table 13 for range). In dentition, length ratio in percentage of M3 to M2 80%, that of M3 to M1–3 25% (see Table 20 for range). For isolated molars, length ratio in percentage of m3 to m2 80%, that of M3 to M2 73%. m1 (mean length 2.98 mm) with means of parameters *a*, *b*, *c*, *d*, and *e* being 0.01 mm, 0.57 mm, 0.51 mm, 0.25 mm, and 0.10 mm, respectively; M1 (mean length 3.02 mm) with means of parameters *A*, *B*, *C*, and *D* being 0.22 mm, 0.68 mm, 0.72 mm, and 0.28 mm, respectively (see Table 19 for range).

Remarks When Teilhard de Chardin (1942) first described the species, although the holotype (his fig. 27) and paratype (his fig. 28) are consistent with each other in cranial morphology such as the constricted frontal between frontal crests, the paratype is actually more consistent with *Chardina truncatus* (his fig. 35) in its relatively large size, semicircular interparietal positioned anterior to the lambdoid crest, and the "∧"

shaped frontonasal suture at the posterior margin of the nasals. Although the frontal and occipital portions of the cranium referred to "*murinus* group" figured in his fig. 34A are broken, it is consistent with the cranial morphology of *C. truncatus* in size and the narrow interorbital area. The cranium figured in his fig. 34B seemingly represents a young female individual of *Pliosiphneus lyratus* based on its spindle-shaped interparietal embedded between two wings of the lambdoid crest, broad interorbital area, and concave sagittal area, laterally curved parietal crests, and "∧" shaped frontonasal suture.

Although *Prosiphneus murinus* is very close to *P. licenti* in morphology (Teilhard de Chardin, 1942), there are still remarkable differences between them in cranial measurements (see Fig. 92). There are also some primitive characteristics on the molars of the latter (Zheng, 2017; Zheng et al., 2004).

***Prosiphneus qinanensis* Zheng, Zhang et Cui, 2004**

(Fig. 95)

Prosiphneus n. sp.: Guo et al., 2002, p. 162, tab. 1

Holotype Right m1 (IVPP V 14043), collected by Hao Qing-Zhen and colleagues in 2000.

Hypodigm 1 left and 2 right m2s, 1 left m3, 2 left M1s, 3 right M2s (IVPP V 14044.1–9).

Type Locality and Horizon The QA-I section, Wuying Village, Wangpu Town, Qin'an County, Gansu; 82.2 m from the surface, upper Middle Miocene aeolian red clay (~11.70 Ma).

Diagnosis (Revised) Small-sized. m1 with a short ac, bsa1 and bsa2 with straight buccal margin, similar to *Plesiodipus*. Width to length ration in percentage of M2 71% (see Table 13 for range). Length ratio in percentage of m3 to m2 92%. m1 (2.90 mm in length, see Table 21 for range) with slightly undulating lingual and buccal sinuous lines markedly lower than bottoms of lras on the same side; parameters *a*, *b*, *c*, *d*, and *e* around –1.27 mm, –1.13 mm, –0.63 mm, –1.20 mm, and –1.30 mm, respectively. M1 (mean length around 2.90 mm) with 3 divergent roots, anterior and lingual roots fused together at the base; means of parameters *A*, *B*, *C*, and *D* being –0.50 mm, –0.49 mm, –0.40 mm, and –0.33 mm, respectively (see Table 21 for range).

Remarks *Prosiphneus qinanensis* is similar to late Middle Miocene *Plesiodipus* Young, 1927 in: ① ac of m1 short, bsa1 and bsa2 with straight buccal margins, bsa1 with a pointed angle at its anteromedial margin, and lsa1 extending posterolaterally; ② lingual sinuous line of m1–3 and buccal sinuous line of M1–2 with weak undulation far from reaching the bottoms (tops) of re-entrant angles on the same side, and the teeth with shorter roots. However, it possessed more characteristics of *Prosiphneus* such as: ① larger in size than species of *Plesiodipus*, including *Pl. leei* (m1 mean length 2.35 mm), *Pl. progressus* (m1 mean length 2.23 mm), and *Pl. robustus* m1 mean length 2.86 mm); ② buccal sinuous line in the upper molars and lingual sinuous line in the lower molars with marked undulation; ③ AL of M1 markedly broadened and ac of m1 markedly broadened and elongated; ④ M1 with 3 isolated roots and among the 4 roots of M2, the anterior 2 roots and the lingual root fused together at the base. Therefore, *Pr. qinanensis* possesses transitional characteristics between *Plesiodipus* and *Prosiphneus*.

***Prosiphneus qiui* Zheng, Zhang et Cui, 2004**

(Fig. 96)

Prosiphneus sp. nov.: Qiu, 1988, p. 834; Qiu, 1996, p. 157, tab. 75; Qiu et Wang, 1999, p. 126

Prosiphneus inexpectatus: Zheng, 1994, p. 62, figs. 10, 12

Holotype Right m1 (IVPP V 14045), collected by Qiu Zhu-Ding and colleagues during 1995–1996.

Hypodigm 1 right mandible with m2–3, 2 left and 3 right m1s, 1 left and 1 right m2s, 1 left and 3 right m3s, 1 right maxilla with M1–2, 3 left and 2 right M1s, 3 left and 6 right M2s, 3 left and 3 right M3s (IVPP V 14046.1–33), 2 M1s, 4 M2s, 3 M3s, 6 m1s, 11 m2s, 2 m3s (IVPP V 19907.1–28).

Type Locality and Horizon Amuwusu, Sonid Right Banner, Inner Mongolia; upper Middle Miocene (~11.00–10.30 Ma).

Referred Specimens Loc. IM 0801, Balunhalagen, Sonid Left Banner, Inner Mongolia: 30 M1s, 29 M2s, 16 M3s, 26 m1s, 30 m2s, 14 m3s (IVPP V 19908.1–145).

Age of Referred Specimens Late Middle Miocene.

Diagnosis (Revised) Small-sized. ac of m1 (mean length 2.90 mm) with straight or slight concave anterior margin, an enamel island usually formed on the longitudinal axis of the tooth posterior to ac; bsas relatively pointed, bras relatively deep; means of parameters *a*, *b*, *c*, *d*, and *e* being –0.63 mm, –0.54 mm, –0.42 mm, –0.61 mm, and –0.68 mm, respectively; M1 (mean length 2.93 mm) with means of parameters of *A*、*B*、*C*、*D* being –0.46 mm, –0.44 mm, –0.37 mm, and –0.39 mm, respectively (see Table 22 for range). Upper molars all with 3 roots. Width to length ration in percentage of M2 79% (see Table 13 for range). Mean length ratio in percentage of m3 to m2 85%, that of M3 to M2 89%.

Remarks *Prosiphneus qiui* is different from *P. qinanensis* in: ac of m1 relatively long, its anterior end straight or slightly concave but not slightly convex; bsa1–2 of m1 (2.90 mm in length) more pointed; bra1–2 markedly deeper than lras; lras extending deeper down towards the base; the gap between the anterior and posterior roots relatively small; a enamel islet usually formed posterior to ac; M2 with 3 but not 4 roots.

Prosiphneus tianzuensis (Zheng et Li, 1982)

(Fig. 97)

Prosiphneus licenti tianzuensis: Zheng et Li, 1982, p. 40, pl. I, figs. 1–4; Li et al., 1984, tab. 5; Zheng, 1997, p. 137
Myotalpavus tianzhuensis: Zheng, 1994, p. 62, figs. 9–11

Holotype Right M3 (IVPP V 6283), collected by Zheng Shaohua and Li Yi in the summer of 1980.

Hypodigm 1 left M3 (IVPP V 6284, paratype), 6 mandibles with molars (IVPP V 6285, 6285.1–5), 1 m1, 1 m2, 5 M1s, 1 M2 (IVPP V 6285.6–13).

Type Locality and Horizon Loc. 1, south of Shangmiaoergou Village (presently incorporated in Duolong Village), 1.5 km southwest of Huajian, Songshan Town, Tianzhu County, Gansu; Upper Miocene.

Referred Specimens Layer 7 of the Dongwan section (QA-III), Dongwan Village, Weidian Town, Qin'an County, Gansu: 1 left maxilla with M1–2, 1 m2, 2 M1s, 2 M3s (IVPP V 18594.1–6).

Age of Referred Specimens Late Miocene (~6.81 Ma).

Diagnosis (Revised) Upper molars all with 2 roots fused together at the base. Width to length ration in percentage of M2 around 83% (Table 13). m1 (mean length 3.33 mm) with a buccally leaning ac; means of parameters *a*, *b*, *c*, *d*, and *e* being 0.05 mm, 0.73 mm, 0.72 mm, 0.50 mm, and 0.12 mm, respectively; M1 (mean length 3.00 mm) with means of parameters *A*, *B*, *C*, and *D* being 0.18 mm, 1.02 mm, 0.88 mm, and 0 mm, respectively (Table 23). Length ratio in percentage of m3 to m2 around 81%, that of M3 to M2 around 81%.

Remarks The species was first treated as a subspecies of *Prosiphneus licenti*. Its main differential character is that there is an additional enamel islet between T3 and T4 of M3 (Zheng et Li, 1982). However, based on observation of more specimens, it is found that this is not a stable characteristic. At the same time, it is thought to be an independent species here taking into consideration that: ① it is markedly larger than *P. licenti*; ② its M1 has 2 but not 3 roots; ③ sinuous line of both the upper and lower molars undulates markedly, and *a*, *b*, *c*, *d*, and *e* of m1 and *A*, *B*, *C*, and *D* of M1 are greater in value than *P. licenti*; ④ bra1 of its m1 and m2 extends more anterolingually, and BRA2 of its M1 and M2 extends more posterolingually

(Zheng et al., 2004; Liu et al., 2013).

Prosiphneus tianzuensis is closer in size to *P. eriksoni*, whereas: ① the length of its lower molars and the height of its M3 are both greater; ② m1 parameters *b*, *c*, and *e* and M1 parameter *A* are all smaller in value (see Table 23).

The sinuous line parameters of the upper and lower molars of *Prosiphneus tianzuensis* lie between *P. licenti* and *P. eriksoni* in value. Therefore, in terms of evolutionary relationship, *P. tianzuensis* can be treated as a short lasting species between *P. licenti* and *P. eriksoni*.

Prosiphneus tianzuensis and *P. eriksoni* were once referred to *Myotalpavus* together (Zheng, 1994). Obviously, *Myotalpavus* Miller, 1927 is a junior synonym of *Prosiphneus* Teilhard de Chardin, 1926a, and should be invalid.

Pliosiphneus Zheng, 1994

Type Species *Prosiphneus lyratus* Teilhard de Chardin, 1942

Diagnosis (Revised) Slightly larger than *Prosiphneus*. Nasals relatively long, shaping like an inversely placed bottle; frontonasal suture "∧" shaped and zigzagged, with its posterior end exceeding frontopremaxillary suture. Sagittal area concave, harp-shaped, posterior width greater than interorbital width. Interparietal spindle-shaped, embedded between two wings of the lambdoid crest. Occipital shield protruding posteriorly from the lambdoid crest. In primitive forms, frontal crests (supraorbital crests) approaching each other and making a narrow interorbital area; in derived forms, frontal crests (supraorbital crests) distant from each other and making a broad interorbital area. Sagittal crest (frontal crest/parietal crest) markedly strong in male old individuals; lambdoid crest developed but discontinuous. Occipital squamosal triangular. Upper molars all with 2 roots, the 2 roots of M1 fused together and forming a single root. m1 with an oval-shaped ac, leaning buccally, bra2 and lra3 transversely opposite to each other; in primitive forms, parameter *a* with a value close to 0 mm, only greater than 0 in most derived forms. Sinuous line parameters of upper and lower molars markedly greater in value than most derived species in *Prosiphneus*.

Known Species in China *Pliosiphneus lyratus* (Teilhard de Chardin, 1942), *P. daodiensis* Zheng, Zhang et Cui, 2019, *P. puluensis* Zheng, Zhang et Cui, 2019, *P. antiquus* Zheng, 2017.

Distribution and Age Shanxi, Hebei, Gansu, Inner Mongolia; Early Pliocene – Late Pliocene.

Remarks After the proposal of *Pliosiphneus* Zheng, 1994, researchers of China frequently used the genus name (Zheng, 1997; Zheng et Zhang, 2000, 2001; Zhang et Zheng, 2000, 2001; Zhang et al., 2003; Hao et Guo, 2004; Cai et al., 2004, 2007; Li et al., 2008; Liu et al., 2011, 2013). Nevertheless, it was treated as a synonym of *Prosiphneus* in foreign literatures (McKenna et Bell, 1997; Musser et Carleton, 2005). However, *Pliosiphneus* is clearly distinct from *Prosiphneus* in the following features: larger size; spindle-shaped interparietal embedded between two wings of the lambdoid crest but not square-shaped and positioned posterior to the lambdoid crest; broader sagittal area and interorbital area; occipital squamosal absent but not present; M1 with a single root but not 3 roots; and higher degree of molar hypsodonty. *Pliosiphneus* represents a transitional evolutionary stage from convex occiput myospalacines with rooted molars to convex occiput myospalacines with rootless molars, but it has its own evolutionary process. Therefore, *Pliosiphneus* should represent the Early Pliocene – Late Pliocene convex occiput myospalacines with rooted molars, whereas *Prosiphneus* only represents those Miocene species (Zheng et al., 2004). The cranium of primitive species has the interparietal. The situation in derived species still needs to be confirmed until cranial materials are recovered, but maybe like in *Chardina*→*Mesosiphneus*, the interparietal experienced the process of presence→absence. If this is the case, a new genus name should be proposed to fill the gap.

Key to species

I. m1 (n = 3) with mean a, b, c, d, and e being 0.07 mm, 0.73 mm, 1.07 mm, 1.55 mm, and 0.60 mm, respectively; M1 (n = 3) with mean A, B, C, and D being 0.43 mm, 1.43 mm, 0.93 mm, and 1.50 mm, respectively ······ *P. antiquus*

II. m1 (n = 18) with mean a, b, c, d, and e being 0.03 mm, 1.48 mm, 1.51 mm, 2.72 mm, and 2.21 mm, respectively; M1 (n = 20) with mean A, B, C, and D being 1.16 mm, 1.99 mm, 1.86 mm, and 1.59 mm, respectively ··· *P. lyratus*

III. m1 with a, b, c, d, and e around 0 mm, 3.80 mm, 3.70 mm, 4.20 mm, and 3.70 mm, respectively·········· *P. daodiensis*

IV. m1 with a, b, c, d, and e around 2.40 mm, >5.00 mm, >6.00 mm, >5.20 mm, and >5.10 mm, respectively ········· ··· *P. puluensis*

Pliosiphneus antiquus Zheng, 2017

(Fig. 98, Fig. 99)

?*Prosiphneus eriksoni*: Flynn et al., 1991, p. 251, fig. 4, tab. 2

?*Prosiphneus eriksoni*: Tedford et al., 1991, p. 524, fig. 4

Holotype Anterior portion of cranium with incisor and left and right M1–3 (IVPP V 11166 = H.H.P.H.M. 31.323). Teilhard de Chardin (1942) didn't describe and figure the specimen.

Type Locality and Horizon Yushe Basin, Shanxi; horizon unknown.

Referred Specimens Yushe Basin, Shanxi: YS 39, 1 left M1 (IVPP V 11167); YS 57, 1 right M1, 1 left and 1 right M2s, anterior portion of 1 m1, 1 left m2, 1 right m3 (IVPP V 11168.1–6); YS 50, 1 damaged right M2, 1 right m1, 1 right m2 (IVPP V 11169.1–3); YS 36, 1 left mandible with incisor and m1–3 (IVPP V 11170). Xiaoshigou, Leijiahe Village, Shaozhai Town, Lingtai County, Gansu: Loc. 72074(1) [= L5 of the 72074(4) section], 1 cranium articulated with left and right mandibles with m1–3 (IVPP V 17835), 1 right M1, 2 left M2s, 1 right M3, 1 right m2 (IVPP V 17843.50–54); the Loc. 72074(4) section, L4-1, 1 right m1, 1 right M3 (IVPP V 17843.55–56), L6-1, 1 right m3 (IVPP V 17843.57), L6-3, 1 left M3 (IVPP V 17843.58), L7-2, 1 left m1, 1 left m3, 1 right M2, 1 left M3 (IVPP V 17843.59–62); Loc. 72074(7) [= L5 of the 72074(4) section], 1 left mandible with m1–3 (IVPP V 17836), 1 left mandible with m1–2 (IVPP V 17840), 2 right mandibles with m1–2 (IVPP V 17841–17842). The Loc. 93002 section of Wenwanggou, Leijiahe Village, Shaozhai Town, Lingtai County, Gansu: CL1-2, 1 left m1 (IVPP V 17843.63); CL2-1, 1 left and 1 right M1s (IVPP V 17843.64–65); CL2-2, 2 right M3s (IVPP V 17843.66–67); CL3-2, 1 right m1 (IVPP V 17843.68); CL5-2, 1 right m2 (IVPP V 17843.69).

Age of Referred Specimens Early Pliocene (~4.83–4.10 Ma).

Diagnosis (Revised) Relatively small-sized. Length ration in percentage of incisive foramen to diastema around 62% (Table 11). The two frontal crests convergent posteromedially and rapidly fused together. Interorbital area narrow. Widening of anterior end of nasals remarkable. Premaxillomaxillary suture turning transversely at posterior third of incisive foramen. Width to length ratio in percentage of M2 110% (see Table 13 for range). Upper molar rows nearly parallel to each other, palatal width ratio in percentage of inter-M1s to inter-M3s around 84% (Table 14). In dentition, length ratio in percentage of M3 to M2 around 88%, that of M3 to M1–3 around 27% (Table 20), that of m3 to m2 around 76%, and that of m3 to m1–3 around 26% (Table 15). Degree of hypsodonty between *Prosiphneus eriksoni* and *Pliosiphneus lyratus*. m1–3 with a length of around 8.50 mm, m1 (n = 3) with means of parameters a, b, c, d, and e being 0.07 mm, 0.73 mm, 1.07 mm, 1.55 mm, and 0.60 mm, respectively; M1–3 with a length of 8.60 mm, M1 (n = 3) with means of buccal sinuous line parameters A, B, C, and D being 0.43 mm, 1.43 mm, 0.93 mm, and 1.50 mm, respectively (see Table 24 for range). Length ratio in percentage of m3 to m2 around 72%.

Remarks Among the fossil materials collected in the last century, a cranium is very special in the morphology of its anterior portion. Judging from the catalogue number H.H.P.H.M. 31.323, it should be from the Yushe Basin. The degree of its molar hypsodonty is in agreement with the specimens from Yushe, Lingtai, and Dongwan of Qin'an, so it was named as a new species and the cranium was designated as the holotype (Zheng, 2017). Cui Ning referred these specimens to *Prosiphneus eriksoni* originally from Ertemte in her doctoral dissertation *The classification, origin, evolution of Myospalacinae (Rodentia, Mammalia) and its environmental background*, and thought molars of the two have similar degree of hypsodonty. However, the M1 parameters *A*, *B*, *C*, and *D* of the Yushe specimens are 0.43 mm, 1.43 mm, 0.93 mm, and 1.50 mm, respectively, greater than those of *P. eriksoni* (0.28 mm, 1.03 mm, 1.17 mm, and 0.32 mm in mean value, respectively). The m1 parameters *a*, *b*, *c*, *d*, and *e* of the former are 0.07 mm, 0.73 mm, 1.07 mm, 1.55 mm, and 0.60 mm, respectively, also greater than those of the latter (0.05 mm, 1.21 mm, 1.07 mm, 0.51 mm, and 0.40 mm in mean value, respectively). Especially *B* and *D* of M1 and *d* of m1 have markedly greater values in the former. Therefore, it should be treated as an independent species.

Pliosiphneus daodiensis **Zheng, Zhang et Cui, 2019**

(Fig. 100)

Pliosiphneus sp.: Cai et al., 2004, p. 277, tab. 2

Holotype m1 of an adult individual (IVPP V 15475), collected by Cai Bao-Quan and colleagues in the summer of 2002.

Type Locality and Horizon The Laowogou section, Daodi Village, Xinbu Township, Yangyuan County, Hebei; Layer 3 (red clay, ~3.08 Ma), Upper Pliocene.

Diagnosis Markedly smaller than *Pliosiphneus lyratus*, more brachydont than *P. puluensis*. Occlusal surface length of m1 around 3.34 mm, parameters *a*, *b*, *c*, *d*, and *e* around 0 mm, 3.80 mm, 3.70 mm, 4.20 mm, and 3.70 mm, respectively.

Remarks m1 of the species (3.34 mm in length) is slightly larger than that of *Pliosiphneus antiquus* (mean length 3.20 mm), but markedly smaller than that of *P. lyratus* (mean length 4.35 mm) and *P. puluensis* (mean length 4.50 mm). m1 parameters *a*, *b*, *c*, *d*, and *e* of *P. daodiensis* (0 mm, 3.80 mm, 3.70 mm, 4.20 mm, and 3.70 mm, respectively) are markedly greater than those of *P. antiquus* (0.07 mm, 0.73 mm, 1.07 mm, 1.55 mm, and 0.60 mm in mean value, respectively) and *P. lyratus* (0 mm, 1.90 mm, 1.70 mm, >4.60 mm, and >3.60 mm in mean value, respectively for the Yushe specimens, after Zheng, 2017), but markedly smaller than those of *P. puluensis* (2.40 mm, >5.00 mm, >6.00 mm, >5.20 mm, and >5.10 mm, respectively). Therefore, in the order from brachydonty to hypsodonty, they should be arranged as *P. antiquus*→*P. lyratus*→*P. daodiensis*→*P. puluensis*, which also represents the order of their evolutionary stages.

Based on the morphological characteristic that lra3 and bra2 of m1 are opposite to each other, the species should be convex occiput; based on the 0 mm value of m1 parameter *a*, it should belong to either *Prosiphneus* or *Pliosiphneus*; based on the greater values of m1 parameters *b*, *c*, *d*, and *e*, it should be a derived form of *Pliosiphneus*.

The pointed anterior end of ac is probably because it belongs to a young individual judging from the roots that have not completely erupted and the crown that has not suffered strong wear.

Pliosiphneus lyratus **(Teilhard de Chardin, 1942)**

(Fig. 101, Fig. 102)

Prosiphneus lyratus: Teilhard de Chardin, 1942, p. 47, figs. 36–36a; Teilhard de Chardin et Leroy, 1942, p. 28; Kretzoi, 1961, p. 126; Li et al., 1984, tab. 5; Zheng et Li, 1986, p. 99, tab. 5; Zheng et Li, 1990, p. 434

Prosiphneus cf. *eriksoni*: Qiu et Storch, 2000, p. 196, pl. 10, figs. 7–12 *murinus* group: Teilhard de Chardin, 1942, p. 42, fig. 34B

Myospalax lyratus: Lawrence, 1991, p. 206

Pliosiphneus cf. *Pl. lyratus*: Liu et al., 2013, p. 227, tab. 1

Lectotype Cranium of an old male (H.H.P.H.M. 31.076) (Teilhard de Chardin, 1942: fig. 36). The specimen is housed in IVPP.

Hypodigm 1 cranium with damaged occipital portion of an adult individual (IVPP RV 42020 = RV 42037 = H.H.P.H.M. 31.077) (Teilhard de Chardin, 1942: fig. 34B).

Type Locality and Horizon Yushe Basin, Shanxi (locality unknown); presumably Yushe Zone II (Gaozhuang Formation – Mazegou Formation).

Referred Specimens Yushe Basin, Shanxi: YS 69, 1 damaged cranium with left M1–2 and right M1–3 (IVPP V 11162), anterior portion of 1 cranium with left and right M1–2 (IVPP V 11165); YS 50, 1 right m1 (IVPP V 11163); YS 43, 1 right m1 (IVPP V 11164). Layer 1 (red clay) of the Huabaogou section, Xiyaozitou Village, Beishuiquan Town, Yuxian County, Hebei: 1 right mandible with m1–3 (IVPP V 15474). The Dongwan section (QA-III), Dongwan Village, Weidian Town, Qin'an County, Gansu: Layer 13, 1 left mandible with m1–2, 1 damaged left m1, 1 left and 1 right m2s, 1 right maxilla with M1–3, 1 left and 1 right M3s (IVPP V 18596.1–7); Layer F19 (= Layer 14), 1 right m1, 1 left M1, Layer F20 (= Layer 14), 1 right M1, 1 left M2, Layer F22 (= Layer 13), 1 incomplete m2 (Liu et al., 2013, without catalogue number). Xiaoshigou, Leijiahe Village, Shaozhai Town, Lingtai County, Gansu: Loc. 72074(1) [= L5 of the Loc. 72074(4) section], 2 left mandibles with m1–3 (IVPP V 17838–17839), 4 left m1s, 1 left m2, 2 right m3s, 2 left and 1 right M1s, 3 left and 6 right M2s, 5 left and 2 right M3s (IVPP V 17843.1–26); L5-2 of the Loc. 72074(4) section, 2 left m1s, 1 left and 1 right M2s, 2 left and 1 right M3s (IVPP V 17843.27–33); L5-4 of the Loc. 72074(4) section, 3 left and 1 right m1s, 1 right M1, 1 left M3 (IVPP V 17843.34–39). Wenwanggou, Leijiahe Village, Shaozhai Town, Lingtai County, Gansu: WL10 of the Loc. 93001 section, 1 left m1, 2 left M1s, 1 right M2 (IVPP V 17843.40–43); WL11-3 of the Loc. 93001 section, 1 left m1, 1 right m3, 1 right M3 (IVPP V 17843.44–46); CL1-2 of the Loc. 93002 section, 1 left m1, 1 left m3, 1 left M1 (IVPP V 17843.47–49). Longgupo, Bilike Village, Huade County, Inner Mongolia, 1 damaged right maxilla with M3, 1 right mandible with m1–2, 2 left and 1 right mandibles with m1, 64 M1s, 73 M2s, 43 M3s, 64 m1s, 84 m2s, 38 m3s (IVPP V 11924.1–371).

Age of Referred Specimens Pliocene (~4.90–3.25 Ma).

Diagnosis (Revised) Basically the same as the genus. Length ration in percentage of incisive foramen to diastema 43% (see Table 11 for range). Ratio in percentage of occipital width to height around 176% (Table 12). Upper molar rows parallel to each other (palatal width ratio in percentage of inter-M1s to inter-M3s around 83%) (Table 14). Width to length ratio in percentage of M2 90% (see Table 13 for range). In dentition, mean length ratio in percentage of M3 to M2 78%, that of M3 to M1–3 23% (see Table 20 for range), length ratio in percentage of m3 to m2 around 81%, that of m3 to m1–3 around 27% (Table 15). Based on measurements of the Bilike specimens: m1 with means of parameters *a*, *b*, *c*, *d*, and *e* being 0.03 mm, 1.48 mm, 1.51 mm, 2.72 mm, and 2.21 mm, respectively; M1 with means of parameters *A*, *B*, *C*, and *D* being 1.16 mm, 1.99 mm, 1.86 mm, and 1.59 mm respectively (see Table 15 for range).

Remarks Restudies of the Yushe specimens recently reveal that the cranium (molars not preserved) referred to the "*murinus* group" (Teilhard de Chardin, 1942: fig. 34B) has some morphological similarities with *Pliosiphneus lyratus*, such as the occipital shield protruding posteriorly from the lambdoid crest, the interparietal spindle-shaped and embedded between two wings of the lambdoid crest, the sagittal area concave in its center and harp-shaped, the interorbital constriction broad, the supraorbital crests distantly separated from each other, and so on. Its temporal crest appears weaker than that of the holotype most likely because it belongs to a female or a younger individual. Based on the correspondence of values of sinuous line parameters between the upper and lower molars, a right mandible with m1–3 from Huabaogou, Nihewan (IVPP V 15474) was referred to this species (Zheng, 1994: figs. 10–11). M1 (n = 2) parameters A, B, C, and D of specimens from Yushe Basin have values of 1.90 mm, 2.35 mm, 2.00 mm, and 1.65 mm, respectively, whereas m1 parameters a, b, c, d, and e have values of 0 mm, 1.90 mm, 1.70 mm, >4.60 mm, and >3.60 mm, respectively. In terms of evolutionary stage, these parameters are thought to be well compatible with each other.

The parameters of M1 (A, B, C, and D) and m1 (a, b, c, d, and e) described as *Pliosiphneus lyratus* from Dongwan have slightly smaller values (1.00 mm, 1.90 mm, 1.60 mm, and 1.30 mm, respectively for M1 parameters; 0 mm, 1.93 mm, 2.37 mm, 3.60 mm, and 2.70 mm, respectively for m1 parameters) than those of *Pl. lyratus*, but closer to its minimums. Therefore, they should also be referred to this species. The parameters are also very close to the variation range (see Table 25) of "*Prosiphneus* cf. *eriksoni*" from the Bilike locality, Huade, Inner Mongolia (Qiu et Storch, 2000). The crown height of these materials is markedly larger than that of *Prosiphneus eriksoni* but closer to that of *Pl. lyratus*. In terms of morphology and crown height of molars, "*Prosiphneus praetingi*" from Middle Baikal (Mats et al., 1982) seemingly belongs to the same species as the Dongwan specimens.

Pliosiphneus puluensis **Zheng, Zhang et Cui, 2019**

(Fig. 103)

Pliosiphneus sp. nov.: Cai et al., 2007, p. 238, tab. 2

Holotype Left m1 of an adult individual with its posterior edge slightly damaged (IVPP V 15476), collected by Cai Bao-Quan in the summer of 2002.

Hypodigm 1 left and 1 right m2s, anterior portion of 1 right m3, anterior portion of 1 left M1, 1 right M3 (IVPP V 15476.1–5).

Type Locality and Horizon The Niutoushan section, Pulu Village, Beishuiquan Town, Yuxian County, Hebei; Layer 9, Upper Pliocene Dadi Formation (= Mazegou Formation).

Referred Specimens Yushe Basin, Shanxi: anterior portion of 1 cranium with left and right M1–3 (IVPP RV 42025).

Age of Referred Specimens Late Pliocene.

Diagnosis (revised) Large-sized. Extremely hypsodont. Rostrum short and broad, frontal broad, and incisive foramen long. Length ration in percentage of incisive foramen to diastema around 48% (Table 11). Upper molar rows parallel to each other (palatal width ratio in percentage of inter-M1s to inter-M3s around 91%) (Table 14). In dentition, length ratio in percentage of M3 to M2 around 93%, that of M3 to M1–3 around 26% (Table 20). Width to length ratio in percentage of M2 around 79% (Table 13). m1 (around 4.50 mm in length) with parameters a, b, c, d, and e being around 2.40 mm, >5.00 mm, >6.00 mm, >5.20 mm, and >5.10 mm, respectively.

Remarks *Pliosiphneus puluensis* is the largest species of the genus. Its M1–3 (9.60 mm in length) is larger than that of *P. antiquus* (8.60 mm) and *P. lyratus* [8.20 mm, (7.60–8.90 mm, n = 3)]; its M1 (3.90 mm in length) is also larger than that of *P. antiquus* (3.60 mm) and *P. lyratus* [3.50 mm, (3.20–3.80 mm, n = 3)]; its m1 (4.50 mm in length) is also larger than that of the later two species (3.30 mm and 4.00 mm, respectively), and also larger than that of *P. daodiensis* (3.34 mm in length). The species also has the largest crown height indicated by the parameters a, b, c, d, and e of the lower molars and A, B, C, and D of the upper molars. The m1 parameter a (2.40 mm) has a distinctly larger value than the other 3 species (0.07 mm, 0.03 mm, and 0 mm, respectively), which is also the most remarkable difference between them.

Because the m1 parameter *a* is about half of the crown height, the species is possibly not referrable to *Pliosiphneus*. Instead, it perhaps represents a new genus of hypsodont convex occiput myospalacines with rooted molars. Because of lack of relatively complete cranial materials, it is tentatively placed in this genus. It is predictable that the species also lacks the interparietal like those derived concave occiput species with rooted molars in *Mesosiphneus*.

The short and broad rostrum, broad frontal area, concave interorbital area and sagittal area, long incisive foramen, and nearly parallel upper molar rows of this species are all reminiscent of the cranial morphology of *Pliosiphneus lyratus*. Therefore, it is inferable that this species should be a descendant of *P. lyratus*.

Chardina Zheng, 1994

Type Species *Prosiphneus truncatus* Teilhard de Chardin, 1942

Diagnosis (Revised) Cranium with morphological features of convex occiput: occipital shield slightly protruding posteriorly from lambdoid crest, parietal crest never intersecting with parietosquamosal suture, posterior width of sagittal area 1.8 times of interorbital width, frontonasal suture "∧" shaped and with its posterior end level with frontopremaxillary suture, supraoccipital process weak and occipital shield quadrilateral, occipital squamosal triangular, and so on; also with those of concave occiput: incisive foramen completely formed on premaxilla, upper molar rows slightly divergent posteriorly, m1 with lra3 positioned anterior to bra2 (namely bra2 and lra3 of m1 alternately arranged), and so on; and with primitive features as well: interparietal nearly semicircular and positioned anterior to the line connecting two wings of the lambdoid crest (discontinuous), molars with roots and relatively brachydont, m1 with parameter *a* close to 0.

Known Species in China *Chardina truncatus* (Teilhard de Chardin, 1942), *C. sinensis* (Teilhard de Chardin et Young, 1931), *C. teilhardi* (Zhang, 1999), *C. gansuensis* Liu, Zheng, Cui et Wang, 2013.

Distribution and Age Gansu, Shanxi, Shaanxi, Hebei, and Inner Mongolia; Pliocene.

Remarks Since the establishment of *Chardina* Zheng, 1994, it has been used by many researchers in China (Zheng, 1997; Zheng, 2017; Zheng et Zhang, 2000, 2001; Zhang et Zheng, 2000, 2001; Hao et Guo, 2004; Li et al., 2008; Qiu et Li, 2016). Although some literatures still thought of it as a synonym of *Prosiphneus* (McKenna et Bell, 1997; Musser et Carleton, 2005), the authors think, on the one hand, *Chardina* possesses some primitive characteristics of *Prosiphneus*, such as presence of the interparietal, parietal crest never intersecting with parietosquamosal suture, and so on; on the other hand, it possesses some derived characteristics of *Mesosiphneus*, such as the incisive foramen developed only on premaxilla, occipital squamosal present, relatively hypsodont molars, lra3 anterior to bra2 on m1, and so on. Therefore, *Chardina* represents a transitional group from convex occiput *Prosiphneus* to concave occiput *Mesosiphneus*, and should be an independent genus.

Key to species

I. m1 with *a*, *b*, *c*, *d*, and *e* around 0.10 mm, 2.30 mm, 2.65 mm, 3.20 mm, and 2.45 mm, respectively ······ *C. gansuensis*

II. m1 with mean *a*, *b*, *c*, *d*, and *e* being 0.10 mm, 2.00 mm, 1.65 mm, 1.60 mm, and 0.80 mm respectively; M1 with *A*, *B*, *C*, and *D* being 0.90 mm, 1.80 mm, 1.80 mm, and 1.50 mm, respectively ···························· *C. sinensis*

III. m1 with mean *a*, *b*, *c*, *d*, and *e* being 0.06 mm, 2.76 mm, 2.56 mm, 4.43 mm, and 4.45 mm, respectively; M1 with mean *A*, *B*, *C*, and *D* being 3.12 mm, 3.57 mm, 3.35 mm, and 2.53 mm, respectively ··················· *C. truncatus*

IV. m1 with mean *a*, *b*, *c*, *d*, and *e* being 0.34 mm, 3.96 mm, 3.70 mm, 4.50 mm, and 4.18 mm, respectively; M1 with mean *A*, *B*, *C*, and *D* being 3.78 mm, 3.70 mm, 3.13 mm, and 4.08 mm, respectively ···················· *C. teilhardi*

Chardina gansuensis Liu, Zheng, Cui et Wang, 2013

(Fig. 104)

Prosiphneus sinensis: Teilhard de Chardin et Young, 1931, p. 14 (partim), pl. IV, fig. 1, pl.V, fig. 5

Prosiphneus eriksoni: Young et al., 1943, p. 29; Mi, 1943, p. 158, pl. I, fig. 2a–d

Prosiphneus spp.: Li et al., 2003, p. 108 (partim)

Chardina sinensis: Liu et al., 2011, p. 231, fig. 1 (partim)

Chardina sp.: Qiu et al., 2013, p. 185, Appendix

Holotype Right mandible with m1 (IVPP V 18598), collected by Liu Li-Ping in 2009. The specimen is housed in IVPP.

Hypodigm 1 right m2, 1 right m3, 1 left M1, 1 left M3 (IVPP V 18599.3–6).

Type Locality and Horizon The QA-III Dongwan section, Dongwan Village, Weidian Town, Qin'an County, Gansu; Layer 15, Lower Pliocene red clay (~5.00 Ma).

Referred Specimens The Dongwan section (QA-III), Dongwan Village, Weidian Town, Qin'an County, Gansu: Layer 14, 1 left m1, 1 damaged left M2 (IVPP V 18599.1–2). Bainiuyu, Longxian County, Shaanxi: 1 right mandible with m1 (IVPP RV 43003). Loc. 12, Dongshan Village, Shenmu City, Shaanxi: 1 right mandible with m1–3 (Cat.C.L.G.S.C.Nos.C/28). Gaotege, Abag Banner, Inner Mongolia: DB02-1, 8 M1s, 4 M2s, 9 M3s, 10 m1s, 4 m2s, 3 m3s (IVPP V 19911.1–38); DB02-2, 2 M1s, 2 M2s, 4 M3s, 4 m1s, 1 m2s, 6 m3s (IVPP V 19912.1–19); DB02-3, 4 M1s, 2 M2s, 4 M3s, 10 m1s, 9 m2s, 3 m3s (IVPP V 19913.1–32); DB02-4, 6 M1s, 8 M2s, 2 M3s, 4 m1s, 4 m2s, 4 m3s (IVPP V 19914.1–28); DB02-5, 3 M1s, 1 m3 (IVPP V 19915.1–4); DB02-6, 1 M1, 3 M2s, 1 m1 (IVPP V 19916.1–5); DB03-1, 1 M2, 1 m3 (IVPP V 19917.1–2); DB03-2, 1 M1, 1 M2, 1 M3, 1 m1, 1 m2, 1 m3 (IVPP V 19918.1–6).

Age of Referred Specimens Early Pliocene (~4.32–3.85 Ma).

Diagnosis (Revised) m1 (mean length 3.95 mm) with means of parameters *a*, *b*, *c*, *d*, and *e* being 0.10 mm, 2.30 mm, 2.65 mm, 3.20 mm, and 2.45 mm, respectively (see Table 26 for range). Crown height between *Chardina sinensis* and *C. truncatus*. Length ratio in percentage of M3 to M2 70%; that of m3 to m2 81%; and that of m3 to m1–3 27%. Mean width to length ration in percentage of M2 91% (n = 19).

Remarks Teilhard de Chardin et Young (1931) established "*Prosiphneus sinensis*" and designated the anterior portion of a cranium with both left and right M1–2 (Cat.C.L.G.S.C.Nos.C/21) from Xunjiansi, Hequ, Shanxi (Loc. 7) as the holotype. They also referred a right mandible with m1–3 (Cat.C.L.G.S.C.Nos.C/28) from Dongshan, Shenmu, Shaanxi (Loc. 12), a left M3 (Cat.C.L.G.S.C.Nos.C/23) from west of Zhenqiangbao, Fugu, Shaanxi (Loc. 11), and an axis from east Zhenqiangbao (Loc. 10) to this species. However, based on the correspondence of sinuous line parameters between the upper and lower molars of the same individual in *Chardina truncatus*, the upper and lower molars referred to "*Prosiphneus sinensis*" are not compatible in crown height of the upper and lower molars. The upper molars appear primitive. The specimen Cat.C.L.G.S.C.Nos.C/21 should be *C. sinensis*, whereas other specimens should be relatively derived *C. gansuensis*.

As shown in Table 26, except for the slightly larger Longxian specimen belonging to an old individual, other specimens all fall within the variation range of the specimens from the type locality. What is particularly interesting is that Gaotege has the largest number of specimens, and the mean is completely consistent with that of the type locality.

The geological age of the species was originally estimated to be "Pontian", namely present Late Miocene. However, judging from its degree of hypsodonty much higher than latest Miocene *Prosiphneus eriksoni*, its age should be Early Pliocene. The magnetostratigraphic ages of Layer 14 and Layer 15 of the

Dongwan section are 5.24 Ma and 5.00 Ma, respectively (Hao et Guo, 2004); that of DB02-1–4, DB02-5–6, and DB03-1 of the Gaotege section are 4.20 Ma, 4.37 Ma, and 4.15 Ma, respectively (Xu et al., 2007) or 4.12 Ma, 4.32 Ma, and 3.85 Ma, respectively (O'Connor et al., 2008). The paleomagnetic ages of the Dongwan section are apparently too old, almost 1.00 Ma older than that of the Gaotege section. The magnetostratigraphic ages of the Gaotege section are preferred here because they seem more consistent with the evolutionary stage of this myospalacine species.

Chardina sinensis **(Teilhard de Chardin et Young, 1931)**

(Fig. 105, Fig. 106)

Prosiphneus sinensis: Teilhard de Chardin et Young, 1931, p. 14 (partim), pl. III, fig. 2, pl. V, figs. 11–11a; Kretzoi, 1961, p. 126; Li et al., 1984, tab. 5; Zheng et Li, 1990, p. 432, tab. 1, fig. 1g

Myospalax sinensis: Lawrence, 1991, p. 282

?*Episiphneus sinensis*, *Pliosiphneus* sp. 1: Zheng, 1994, p. 62, tab. 1, figs. 9–11

Pliosiphneus sp. 1: Zheng, 1994, p. 62, tab. 1, figs. 7, 10, 12

Chardina cf. *C. sinensis*: Zhang et Zheng, 2000, p. 276, fig. 1

Holotype Anterior portion of cranium with left and right M1–2 (Cat.C.L.G.S.C.Nos.C/21), collected by the Cenozoic Laboratory of Geology Survey of China in the summer of 1929. The specimen is housed in IVPP.

Type Locality and Horizon Xunjiansi, Hequ County, Shanxi (Loc. 7, present Xunzhen Town); Pliocene red clay layer.

Referred Specimens Loc.11, Zhenqiangbao, Xinmin Village, Xinmin Town, Fugu County, Shaanxi: 1 left M3 (Cat.C.L.G.S.C.Nos.C/23). The Dongwan section (QA-III), Dongwan Village, Weidian Town, Qin'an County, Gansu: Layer 13, 1 right mandible with m1, 1 damaged left m1, anterior portion of 1 left m2, 1 left M3 (IVPP V 18597.1–4); Layer 14, 1 left and 1 right mandibles with m1–2, 1 right m1, 2 left m2s, 1 left and 1 right m3s, 1 left M1, 1 left M2 (IVPP V 18597.5–13). The Loc. 93001 section of Wenwanggou, Leijiahe Village, Shaozhai Town, Lingtai County, Gansu: WL14, 2 left M1s (IVPP V 17857.1–2).

Age of Referred Specimens Early Pliocene (~4.70–3.60 Ma).

Diagnosis (Revised) Incisive foramen developed only on premaxilla, length ration in percentage of incisive foramen to diastema around 42% (Table 11). Molars relatively brachydont. Upper molar rows slightly divergent posteriorly. Width to length ration in percentage of M2 around 96% (Table 13). Length ratio in percentage of M3 to M2 94%, that of m3 to m2 around 81% (Table 15). m1 (mean length 3.72 mm) with means of parameters *a*, *b*, *c*, *d*, and *e* (0.10 mm, 2.00 mm, 1.65 mm, 1.60 mm, and 0.80 mm, respectively) smaller than those of *Chardina gansuensis* from Dongwan (0.10 mm, 2.30 mm, 2.65 mm, 3.20 mm, and 2.45 mm, respectively); M1 (3.20 mm in length) with parameters *A*, *B*, *C*, and *D* (0.90 mm, 1.80 mm, 1.80 mm, and 1.50 mm, respectively, see Tables 26–27 for range) smaller than those of *C. truncatus* from Yushe (>3.80 mm, >4.50 mm, 4.00 mm, and 4.90 mm, respectively, see Table 29 for range) and *C. teilhardi* from Ningxian (4.50 mm, 4.30 mm, 3.60 mm, and 4.30 mm, respectively, see Table 28 for range).

Remarks Judging from the fact that the same individual (IVPP V 756) of *Chardina truncatus* from Jingnangou, Gaozhuang, Yushe has greater values of M1 buccal sinuous line parameters than corresponding m1 lingual ones, because the M1 from Xunjiansi, Hequ (Loc. 7) has smaller parameter values than the m1 from Dongshan, Shenmu (Loc. 12), the former should represent a more primitive species, and the latter should represent a more derived species (Zheng, 1997). That is to say, only the cranium can be seen as *C. sinensis*, whereas the mandible should be referred to *C. gansuensis* (Liu et al., 2013).

Parameters *A*, *B*, *C*, and *D* of the M1 from Lingtai, Gansu (2.90 mm in length) are 0.60 mm, 1.90 mm, 1.60 mm, and 1.40 mm, respectively, and roughly the same as those of the M1 (3.20 mm in length) from Hequ, Shanxi (0.90 mm, 1.80 mm, 1.80 mm, and 1.50 mm, respectively), but smaller than those of the M1 (3.90 mm in length) from Qin'an, Gansu (1.80 mm, 2.10 mm, 2.80 mm, and 1.30 mm, respectively) (Table 27).

The magnetostratigraphic ages of Layer 13 and Layer 14 of the Dongwan section are 5.65 Ma and 5.49–5.30 Ma, respectively (Liu et al., 2013), whereas that of WL14 of the Wenwanggou section, Lingtai is ~4.70–4.36 Ma (Zheng et Zhang, 2001). The ages of the Dongwan section are not consistent with the evolutionary stage of *Chardina sinensis*, and about 1.00 Ma older, so they should be disregarded.

Chardina teilhardi (Zhang, 1999)

(Fig. 107)

Mesosiphneus sp.: Zheng, 1994, p. 62, tab. 1, figs. 9–12
?*Mesosiphneus teilhardi*: Zhang, 1999, p. 170, tab. 2, fig. 3

Holotype Right m1 (IVPP V 5951.1), collected by Zheng Shao-Hua and Li Yi in 1978.

Hypodigm 4 m1s, 2 m2s, 2 M1, 7 M2s, 1 M3 (IVPP V 5951.2–16).

Type Locality and Horizon Left bank of Shuimogou, Ningxian County, Gansu; greyish white coarse sand layer, Upper Pliocene (>2.60 Ma).

Referred Specimens The Loc. 93001 section of Wenwanggou, Leijiahe Village, Shaozhai Town, Lingtai County, Gansu: WL8, 1 right mandible with m1–2 (IVPP V 17865), 2 left and 3 right m1s, 2 left and 1 right m2s, 1 right m3 1 left M3 (IVPP V 17866.26–35); WL10, 1 left mandible with m2–3 (IVPP V 17864), 2 left m1s, 3 left and 1 right m2s, 1 left m3, 2 left and 1 right M1s, 3 left M2s (IVPP V 17866.36–48); WL10-3, 1 left and 1 right M1s (IVPP V 17866.49–50); WL10-5, 1 right M2 (IVPP V 17866.51); WL10-7, 1 right M1 (IVPP V 17866.52); WL10-11, 1 right M1 (IVPP V 17866.53).

Age of Referred Specimens Late Pliocene (~3.41–3.17 Ma).

Diagnosis (Revised) m1 (mean length 3.45 mm) with means of parameters *a*, *b*, *c*, *d*, and *e* being 0.34 mm, 3.96 mm, 3.70 mm, 4.50 mm, and 4.18 mm, respectively; M1 (3.40 mm in length) with parameters *A*, *B*, *C*, and *D* being 4.50 mm, 4.30 mm, 3.60 mm, and 4.30 mm, respectively (see Table 28 for range). Mean length ratio in percentage of M3 to M2 78%, and that of m3 to m2 88%.

Remarks Because its m1 parameter *a* is greater than 0 mm, it is seemingly referrable to *Mesosiphneus*. In addition, its parameter *a* is even smaller than that of *M. primitivus* (0.50 mm, 0.40–0.70 mm, $n = 4$), so it appears considerably primitive. However, its parameters *b*, *c*, *d*, and *e* are markedly greater than those of the latter (2.40 mm, 1.90–2.90 mm, $n = 4$; 2.30 mm, 2.10–2.50 mm, $n = 3$; 3.45 mm, 1.70–5.20 mm, $n = 2$; 2.85 mm, 1.10–4.60 mm, $n = 2$), and appears more derived, but not to the level of *M. praetingi* whose parameters *a*, *b*, *c*, *d*, and *e* are 1.10–2.90 mm, >4.30 mm, >4.40 mm, >5.00 mm, >5.00 mm, respectively.

The relatively small parameter *a* and large parameters *b*, *c*, *d*, and *e* of the species exhibit a discordant or abnormal phenomenon of trend towards hypsodonty, which indicates it probably represents an aberrant branch of evolution, so it is treated as the most derived species of *Chardina* here.

The Shuimogou locality doesn't have a magnetostratigraphic age. That of WL10 and WL8 of the Loc. 93001 locality section, Wenwanggou are ~3.41–3.25 Ma and 3.17 Ma, respectively, which are basically representative of the age of this species.

Chardina truncatus (Teilhard de Chardin, 1942)

(Fig. 108, Fig. 109)

Prosiphneus truncatus: Teilhard de Chardin, 1942, p. 43, figs. 35–35a; Kretzoi, 1961, p. 126; Zheng et Li, 1986, p. 99, tab. 5; Zheng et Li, 1990, p. 432, tab. 1; Flynn et al., 1991, p. 251, fig. 4, tab. 2; Tedford et al., 1991, p. 524, fig. 4

Prosiphneus sp.: Qiu, 1988, p. 838

Prosiphneus spp.: Li et al., 2003, p. 108, tab. 1 (partim)

Pliosiphneus sp. 3: Zheng, 1994, p. 62, tab. 1, figs. 7, 9–11

Myospalax truncatus: Lawrence, 1991, p. 282

Chardina sp. nov.: Qiu et al., 2013, p. 177

Lectotype Teilhard de Chardin (1942) didn't designate any specimen as the holotype, but the cranium of an old individual with left and right M1–3 (IVPP RV 42005 = H.H.P.H.M. 29.480) in his figs. 35–35a is chosen as the lectotype. The specimen was collected by E. Licent and M. Trassaert in 1929, and is presently housed in IVPP.

Type Locality and Horizon Yushe Basin, Shanxi (locality unknown); presumably Yushe Zone II (Nanzhuanggou Member of Gaozhuang Formation).

Referred Specimens Gaozhuang Village, Yuncu Town, Yushe County, Yushe Basin, Shanxi: Honggou, 1 damaged cranium with left and right M1 (IVPP V 758); Jingnangou, 1 cranium articulated with left and right mandibles with left and right M/m1–3 (IVPP V 756). Layer 2 of the Laowogou section, Daodi Village, Xinbu Township, Yangyuan County, Hebei: 1 right mandible with m1–2, 1 right m2, 1 right M3 (IVPP V 15480.1–3). Layer 1 of the Huabaogou section, Xiyaozitou Village, Beishuiquan Town, Yuxian County, Hebei: 1 right mandible with m1–3, 1 right m1 (IVPP V 15480.4–5). The Dongwan section (QA-III), Dongwan Village, Weidian Town, Qin'an County, Gansu: Layer 16, 2 left and 1 right m1s, 3 left m2s, 1 left m3 (IVPP V 18600.1–7); Layer F16 (= Layer 16), 1 right m1, Layer F10 (= Layer 19), 1 left m1 (Liu et al., 2013, without catalogue number). Gaotege, Abag Banner, Inner Mongolia: DB02-1, 1 m1, 2 m2s, 1 m3 (IVPP V 19919.1–4); DB02-2, 2 M1s, 1 M3 (IVPP V 19920.1–3); DB02-3, 1 M1, 2 m1s, 2 m2s, 1 m3 (IVPP V 19921.1–6); DB02-4, 2 M1s, 2 M2s, 1 m1, 1 m2, 1 m3 (IVPP V 19922.1–7); DB02-6, 1 m2 (IVPP V 19923). Xiaoshigou, Leijiahe Village, Shaozhai Town, Lingtai County, Gansu: Loc. 72074(1) [= L5 of the Loc. 72074(4) section], 1 left and 1 right mandibles with m1–2, 1 right mandible with m1 (IVPP V 17859–17861), 4 left and 4 right M1s, 1 left M3, 2 left and 2 right m1s, 4 left and 5 right m2s, 1 left and 2 right m3s (IVPP V 17862.1–25); the Loc. 72074(4) section, 1 left m1, 1 right m3, 1 left M1, 3 right M3s (L2, IVPP V 17862.26–31), 1 right m1 (L3-3, IVPP V 17862.32), 1 left m1, 1 right m3 (L3-2, IVPP V 17862.33–34), 1 left M2, 1 right M3 (L3-1, IVPP V 17862.35–36), 1 right m1, 1 left and 3 right m2s (L4-3, IVPP V 17862.37–41), 2 left and 2 right m1s, 1 right m2, 1 right M1, 1 left and 1 right M2s, 1 right M3 (L5-3, IVPP V 17862.42–50), 2 right m1s, 2 right M2s (L5-2, IVPP V 17862.51–54), 1 right M1 (L5-1, IVPP V 17862.55). The Loc. 93001 section of Wenwanggou, Leijiahe Village, Shaozhai Town, Lingtai County, Gansu: WL10-8, 1 right m1 (IVPP V 17862.56).

Age of Referred Specimens Pliocene (~4.72–3.33 Ma).

Diagnosis (Revised) Basically the same as the genus. Length ration in percentage of incisive foramen to diastema 35% (see Table 11 for range). Ratio in percentage of occipital width to height 138% (see Table 12 for range). Length ratio in percentage of M3 to M2 around 93%, that of M3 to M1–3 around 27% (Table 20), that of m3 to m2 around 84%, and that of m3 to m1–3 around 26% (Table 15). Width to length ration in percentage of M2 around 100% (Table 13). Upper molar rows markedly divergent posteriorly (palatal width ratio in percentage of inter-M1s to inter-M3s around 74%) (Table 14). m1 (4.10 mm in length) with parameters *a*, *b*, *c*, *d*, and *e* being 0 mm, 3.30 mm, 2.00 mm, >4.70 mm, >4.40 mm, respectively; M1 (3.90 mm in length) with parameters *A*, *B*, *C*, and *D* being >3.80 mm, >4.50 mm, 4.00 mm, and 4.90 mm, respectively (see Table 29 for range).

Remarks The lectotype of *Chardina truncatus* is an extremely old individual (IVPP RV 4005 = H.H.P.H.M. 29.480) (Teilhard de Chardin, 1942). Due to extremely deep wear of its molars, it can not be compared with molars from other localities. Fortunately, a field team composed of HU Chengzhi and colleagues of the Institute of Geology, Chinese Academy of Geological Sciences collected a cranium articulated with mandibles (IVPP V 756) from Jingnangou, Gaozhuang, Yushe in 1958. Because the specimen belongs to a relatively young individual and has all molars in position, it not only provides detailed morphological information about the molars of the species, but also provides chance to make comparisons with isolated molars (Zheng, 2017).

The Xiaoshigou section, Leijiahe, Lingtai, Gansu yields relatively abundant fossil materials of this species (Liu et al., 2013), which can act as supplementary evidence (Table 29). Overall, the species has sinuous line parameters with greater values than *Chardina sinensis* and *C. gansuensis*, but with smaller values than *C. teilhardi*.

The magnetostratigraphic age of Layer 16 of the Dongwan section is ~4.94 Ma (Liu et al., 2013); that of DB02-1–4 and DB02-6 of Gaotege are 4.12 Ma and 4.32 Ma, respectively; that of Layer 2, Layer 3, Layer 4, and Layer 5 of Loc. 72074(4), Xiaoshigou are 3.59 Ma, 3.90–3.70 Ma, 4.40–4.10 Ma, 4.72–4.52 Ma, respectively; that of WL10-8 of Loc. 93001, Wenwanggou is ~3.33 Ma. Excluding the too old age of Layer 16, Dongwan, the chronological distribution of the species is 3.33 Ma, 3.59 Ma, 3.90–3.70 Ma, 4.40–4.10 Ma, 4.72–4.52 Ma or 4.72–3.33 Ma.

Chardina truncatus is widely distributed in Nihewan Basin (Li et al., 2008; Cai et al., 2013), Yushe Basin (Teilhard de Chardin, 1942; Zheng, 2017), Loess Plateau (Zheng et Zhang, 2000, 2001), and Inner Mongolia Plateau (Qiu et Li, 2016), and is a fossil myospalacine with indicative significance of middle and late Pliocene age.

Myospalacini Lilljeborg, 1866

Mesosiphneus Kretzoi, 1961

Type Species *Prosiphneus praetingi* Teilhard de Chardin, 1942

Diagnosis (Revised) Incisive foramen short, developed only on premaxilla. Interparietal absent. Dorsal portion of occipital shield markedly concave, the depression extending anteriorly across lambdoid crest and merging into the depression in sagittal area (concave occiput). Supraoccipital process robust, occipital squamosal bar-like. Parietosquamosal suture intersecting with parietal crest or temporal crest at the center of parietal. Posterior width of sagittal area 2.0–2.3 times of interorbital width. Molars rooted, relatively hypsodont. Upper molar rows divergent posteriorly. M2 orth-omegodont pattern. m1 with lra3 positioned anterior to bra2; lingual sinuous line parameter *a* usually markedly larger than species in *Chardina*.

Known Species in China *Mesosiphneus primitivus* Liu, Zheng, Cui et Wang, 2013, *M. intermedius* (Teilhard de Chardin et Young, 1931), *M. praetingi* (Teilhard de Chardin, 1942).

Distribution and Age Gansu, Shaanxi, Shanxi, and Hebei; Pliocene.

Remarks Kretzoi (1961) only stressed its relatively large size and columnar molars with closed roots when he established the genus. Although some researchers still think of *Mesosiphneus* as a synonym of *Prosiphneus* (McKenna et Bell, 1997; Musser et Carleton, 2005), we think the establishment of the genus by

Kretzoi (1961) is reasonable and necessary, because of its cranium lacking the interparietal, dorsal portion of occipital shield concave and the depression extending anteriorly across lambdoid crest, supraoccipital process robust, occipital squamosal present, incisive foramen developed only on the premaxilla, parietosquamosal suture intersecting with temporal crest, posterior portion of the sagittal area markedly broadened, molars remarkably hypsodont, ac of m1 leaning lingually, and bra2 positioned posterior to lar3 on m1.

Mesosiphneus is different from *Chardina* in: absence of the interparietal resulting in dorsal portion of occipital shield concave and the depression extending anteriorly across the lambdoid crest; posterior width of the sagittal area markedly greater than interorbital width; the supraoccipital process more robust; the molars more hypsodont; m1 with lingual sinuous line parameter *a* greater than 0. Therefore, it is more derived than the latter.

Key to species

I. m1 with mean *a*, *b*, *c*, *d*, and *e* being 0.50 mm, 2.40 mm, 2.30 mm, 3.45 mm, and 2.85 mm, respectively (Qin'an)······ *M. primitivus*

II. m1 with mean *a*, *b*, *c*, *d*, and *e* being 1.52 mm, 3.44 mm, 3.38 mm, 4.30 mm, and 4.65 mm, respectively (Lingtai); M1 with mean *A*, *B*, *C*, and *D* being >1.30–>5.50 mm, >1.70–>4.20 mm, 3.70–4.20 mm, and >1.40–>5.00 mm, respectively (Yushe)······ *M. praetingi*

III. m1 with *a*, *b*, *c*, *d*, and *e* around 5.50 mm, 6.80 mm, 6.90 mm, 7.30 mm, and 7.00 mm, respectively (holotype); M1 with *A*, *B*, *C*, and *D* around 6.00 mm, 5.25 mm, 4.50 mm, and 5.63 mm, respectively (Luochuan)······ *M. intermedius*

Mesosiphneus intermedius (Teilhard de Chardin et Young, 1931)

(Fig. 110, Fig. 111)

Prosiphneus eriksoni: Teilhard de Chardin et Young, 1931, p. 14, pl. IV, figs. 2, 3, 6, 7, pl. V, figs.1–4, 13

Prosiphneus sp.: Pei, 1939b, p. 218, fig. 6; Cai, 1987, p. 128; Zhou, 1988, p. 186

Prosiphneus intermedius: Teilhard de Chardin et Young, 1931, p. 15, pl. V, figs. 21–21a; Teilhard de Chardin et Leroy, 1942, p. 28; Zheng et al., 1975, p. 40, pl. XII, fig. 6a–b; Zheng et al., 1985b, p. 123, tabs. 24–26, fig. 52; Zheng et Li, 1990, p. 439

Prosiphneus paratingi: Teilhard de Chardin, 1942, p. 54, figs. 40–40a; Li et al., 1984, tab. 5; Zheng et Li, 1986, p. 99; Zheng et Li, 1990, p. 439; Qiu et Qiu, 1990, p. 251; Flynn et al., 1991, p. 251, fig. 4, tab. 2; Tedford et al., 1991, p. 521, fig. 4

Pliosiphneus sp. 2: Zheng, 1994, p. 62, tab. 1, figs. 7, 10–12

Mesosiphneus paratingi: Kretzoi, 1961, p. 127; Zheng, 1994, p. 62, figs. 2, 3, 4, 7, 9–12; Zheng, 1997, p. 137, fig. 5; Cai et al., 2004, p. 278, tab. 2; Min et al., 2006, p. 104; Zheng et al., 2006, p. 324, tab. 1; Li et al., 2008, p. 217, tabs. 2, 4, 7, 8; Cai et al., 2013, p. 227, fig. 8.6

Episiphneus intermedius: Kretzoi, 1961, p.127

Myospalax paratingi: Lawrence, 1991, p. 282

Myospalax intermedius: Lawrence, 1991, p. 282

Holotype Left m1 (Cat.C.L.G.S.C.Nos.C/27: the number in the original literature is 23 but in duplicate), collected by Cenozoic Laboratory of Geology Survey of China in the summer of 1929. The specimen is housed in IVPP.

Type Locality and Horizon Loc. 5, Vicinity of Shawanzi, Huoshan (present Huoshan Village, Jiuxian Town, Hequ County), Baode, Shanxi; Pliocene "Jinglean Red Clay".

Referred Specimens Yushe Basin, Shanxi: 1 nearly complete cranium (IVPP RV 42015 = H.H.P.H.M. 14.290) (Teilhard de Chardin, 1942: fig. 40, holotype of "*Prosiphneus paratingi*"), 1 nearly complete cranium (H.H.P.H.M. 14.174); YS 5, 1 maxilla fragment with left M1–2 and right M1–3, 1 left M1, 2 right m1s, 2 left m2s (IVPP V 11174.1–6); YS 87, 1 left m2, 1 damaged left m3 (IVPP V 11175.1–2); YS 99, 1 left

M1, 1 right m1, 1 right m1 with damaged posterior lobe, 1 right m3 (IVPP V 11176.1–4); YS 95, 1 left mandible with m1–2 (IVPP V 11177). Loc. 5, Vicinity of Shawanzi, Huoshan (present Huoshan Village, Jiuxian Town, Hequ County), Baode, Shanxi: 1 left and 1 right mandibles with m1–3 (Cat.C.L.G.S.C.Nos.C/24), 2 left mandibles with m1–3 (Cat.C.L.G.S.C.Nos.C/25 = IVPP V 373; Cat.C.L.G.S.C.Nos.C/26 = IVPP V 374). Layer 2 (red silty clay) of the "Jingle Red Clay" section, Xiaohong'ao, Hefeng Village, Duanjiazhai Township, Jingle County, Shanxi: 1 right m2–3 molar row (IVPP V 8653) and 1 left m1–2 molar row (IVPP V 8654). Red clay layer, Potougoukou, Luochuan County, Shaanxi: 1 cranium with left and right M1–2 and left and right mandibles with m1–3 belonging to the same individual (Catalogue number of Department of Quaternary, Institute of Geology, Chinese Academy of Sciences: QV 10006.1–4). Beishuiquan Town, Yuxian County, Hebei: Layer 6 of the Niutoushan section, Pulu Village, 1 right m2 (IVPP V 15482.1); Layer 1 of the Danangou section, Dongyaozitou Village, anterior portion of 2 left m1s, 2 left and 1 right m2s, 2 left m3s, 1 left and 1 right M1s, 4 right M2s, 1 left and 2 right M3s (IVPP V 15482.2–17). The Tai'ergou east section, Xiaodukou Village, Huashaoying Town, Yangyuan County, Hebei: Layer T2, posterior half of 1 left M2 (IVPP V 18829.1), 1 left M3 (IVPP V 18829.2), 1 right m2 (IVPP V 18829.3); Layer T4, 1 damaged left M1 (IVPP V 18829.4). Layer 19 of the Dongwan section (QA-III), Dongwan Village, Weidian Town, Qin'an County, Gansu: 2 left m1s, 1 left m2, 1 left m3, 1 left M1, 1 left and 1 right M3s (IVPP V 18604.1–7). The Loc. 93001 section of Wenwanggou, Leijiahe Village, Shaozhai Town, Lingtai County, Gansu: WL8, 1 left mandible with m1–3 (IVPP V 17867), 4 left and 3 right m1s, 2 left and 6 right m2s, 3 left and 4 right M1s, 5 left and 2 right M2s, 3 left and 2 right M3s (IVPP V 17869.1–34); WL10, 1 right m1, 1 left m2, 1 left m3, 1 left and 1 right M1s, 1 left M2s, 3 left M3s (IVPP V 17869.35–43); WL10-2, 1 right m1, 1 right M2 (IVPP V 17869.44–45); WL10-3, 1 left M1 (IVPP V 17869.46); WL10-4, 1 left m1, 2 right M2s, 1 right M3 (IVPP V 17869.47–50); WL10-5, 1 left M2 (IVPP V 17869.51); WL10-7, 1 left M3 (IVPP V 17869.52); WL10-11, 1 right m1, 1 right m2 (IVPP V 17869.53–54); WL11-4, 1 left m1, 1 left M2 (IVPP V 17869.55–56); WL11-5, 1 right M1 (IVPP V 17869.57); WL11-6, 1 right mandible with m1–3 (IVPP V 17868), 1 left M1 (IVPP V 17869.58); WL11-7, 1 right m2, 1 left and 1 right M2s, 1 left M3 (IVPP V 17869.59–62).

Age of Referred Specimens Late Pliocene (~3.51–2.70 Ma).

Diagnosis (Revised) Nasals shovel-shaped, posterior margin zigzagged and never exceeding frontopremaxillary suture. Width of sagittal area 2.3 times of interorbital width. Ratio in percentage of occipital width to height 133% (see Table 12 for range). Length ration in percentage of incisive foramen to diastema 30% (see Table 30 for range). Molars extremely hypsodont. Upper molar rows slightly divergent posteriorly (palatal width ratio in percentage of inter-M1s to inter-M3s around 76%) (Table 14). Width to length ratio in percentage of M2 around 96% (Table 13). m1 (3.40 mm in length, holotype) with parameters *a*, *b*, *c*, *d*, and *e* being 5.50 mm, 6.80 mm, 6.90 mm, 7.30 mm, and 7.00 mm, respectively; M1 (3.62 mm in length, Potou of Luochuan) with parameters *A*, *B*, *C*, and *D* being 6.00 mm, 5.25 mm, 4.50 mm, and 5.63 mm, respectively (see Table 31 for range). Length ratio in percentage of M3 to M2 around 96%, that of M3 to M1–3 around 28% (Table 20), that of m3 to m2 84%, and that of m3 to m1–3 27% (see Table 15 for range).

Remarks "*Prosiphneus eriksoni*" and *Mesosiphneus intermedius* from the "Pontian" Red Clay of Huoshan, Baode (Loc. 5, present Huoshan Village, Jiuxian Town, Hequ County) described by Teilhard de Chardin et Young (1931) should be synonyms, because they have comparable crown height of the molars. The former is represented by an old individual, and the latter by an extremely young individual.

Judging from the size and degree of hypsodonty, *Mesosiphneus intermedius* and "*Prosiphneus paratingi*" from Yushe Basin are also synonyms. The different taxonomic placements of them most likely come from the fact that the holotype of the former is a m1 of a young individual, whereas that of the latter is a cranium of an adult individual. Based on observation of the upper and lower molars collected from other localities, it is inferable that they have similar degree of hypsodonty.

Based on observation and measurements of a large number of isolated molars from different localities, it becomes clear that the degree of root development of myospalacines with rooted molars is positively correlated to that of crown wear. In myospalacines, to maintain the normal function of mastication, any single molar of the same individual should keep a constant complete height throughout its life (of course, extremely young or old individuals are exceptions). In other words, the growth rate of roots should keep consistent with the wear rate of the crown. More specifically, young individuals usually have higher molar crown but shorter roots or no roots at all due to slight wear; adult individuals usually have molar crown height similar to length of roots; old individuals usually have molar crown height smaller than the length of roots. Before this ontogenetic characteristic is known, specimens of different age classes from the same locality or horizon are prone to be misidentified as different morphological species, e.g. the young individual from Huoshan, Baode, Shanxi (Loc. 5) was misidentified as "*Prosiphneus intermedius*", whereas the old individual as "*Prosiphneus eriksoni*" (Teilhard de Chardin et Young, 1931); the adult individual from Loc. 18 of Zhoukoudian was misidentified as "*Prosiphneus youngi*", whereas the young individual as "*Prosiphneus pseudarmandi*", and the old individual as "*Prosiphneus* cf. *sinensis*" (Teilhard de Chardin, 1940). Generally speaking, the species with smaller molar height (crown height + length of roots) is more primitive, whereas the species with larger molar height is more derived. However, in reality, it is hard for roots of molars to be completely preserved, and the tips of roots are usually broken off to different degrees, so the complete molar height is usually impossible to measure. In addition, some unstable characteristics of molars should be treated as ontogenetic differences of individuals but not evidence for the erection of new species identification, such as ac of m1 with a pointed anterior end or with a short longitudinal groove developed on its anterior margin, PL of M3 with an extra re-entrant angle, and so on.

The specimen described as "*Prosiphneus* cf. *intermedius*" by Pei (1930) from Jiajiashan, Tangshan, Hebei is a m2 of a young individual but not a m1. Teilhard de Chardin et Leroy (1942) referred the rooted left M2 (Pei, 1939b: *Prosiphneus* sp., fig. 6) from the "Cap" deposits of Zhoukoudian to "*Prosiphneus intermedius*". However, based on the geographical and chronological distribution, it is more likely referrable to *Episiphneus youngi*.

Kretzoi (1961) once placed *Mesosiphneus intermedius* in *Episiphneus* without giving any reasons. However, judging from lra3 is positioned anterior to bra2 on m1 in *M. intermedius*, it should be referred to *Mesosiphneus* without doubt (Zheng, 1994, 1997).

The magnetostratigraphic ages of YS 87, YS 5, YS 95, and YS 99 of Yushe Basin are 3.44 Ma, 3.40 Ma, 3.30 Ma, and 3.00 Ma, respectively (Zheng, 2017); that of the top of the red clay of Potougoukou, Luochuan is 2.70 Ma (Zheng, et al., 1985b); that of Layer 19 of Dongwan, Qin'an is 4.28 Ma (Liu et al., 2013); and that of WL8, WL10, and WL11 of Wenwanggou, Lingtai are 3.17 Ma, 3.41–3.25 Ma, and 3.51–3.41 Ma, respectively (Zheng et Zhang, 2001). Except the ages of the Dongwan section can be disregarded, the range of other ages is 3.51–2.70 Ma. Therefore, the species is a typical myospalacine of Late Pliocene age.

Mesosiphneus praetingi **(Teilhard de Chardin, 1942)**

(Fig. 112, Fig. 113)

Prosiphneus praetingi: Teilhard de Chardin et Leroy, 1942, p. 28; Teilhard de Chardin, 1942, p. 49, figs. 37–39; Li et al., 1984, p. 175, tab. 5; Zheng et Li, 1986, p. 99, tab. 5; Zheng et Li, 1990, p. 432, fig. 1h; Flynn et al., 1991, p. 251, fig. 4, tab. 2; Tedford et al., 1991, p. 524, fig. 4

Myospalax praetingi: Lawrence, 1991, p. 269

Holotype Incomplete cranium (IVPP RV 42006 = H.H.P.H.M. 19.903) (Teilhard de Chardin, 1942: fig. 37), probably collected by E. Licent and colleagues in 1919. The specimen is housed in IVPP.

Type Locality and Horizon Yushe Basin, Shanxi; most presumably Yushe Zone II, Pliocene Mazegou Formation.

Referred Specimens Yushe Basin, Shanxi: locality unknown, 1 incomplete cranium with left and right M1–3 (H.H.P.H.M. 19.904), 1 incomplete cranium with left and right M1–3 (occlusal surface damaged) (H.H.P.H.M. 19.905), posterior half of 1 cranium with left M1–3, right M1–2 articulated with left and right mandibles with m1–3 (H.H.P.H.M. 29.483), 1 damaged cranium with left and right M1 with left M1–3, right M1–3 (H.H.P.H.M. 16.038); Jingnangou, Gaozhuang Village, Yuncu Town, Yushe County, 1 cranium with left M1, 3, and right M2 (IVPP V 757); YS 4, 3 left M1s, 2 right M3s, 1 left mandible with m1–2, 1 left m1, 2 right m3s (IVPP V 11171.1–9); YS 90, 1 left mandible with m1–3, 1 left mandible with m1–2, 1 left m3 (IVPP V 11172.1–3); YS 136, 1 left mandible with m1–3 (IVPP V 11173). Liugou, Xiatuhe Village, Xiaobai Township, Taigu District, Jinzhong City, Shanxi: 1 nearly complete cranium with left and right M1–3 (IVPP V 17863). Nangou, Xiyaozitou Village, Beishuiquan Town, Yuxian County, Hebei: 1 left mandible with m1–3 (IVPP V 15481). The Dongwan section (QA-III), Dongwan Village, Weidian Town, Qin'an County, Gansu: Layer 18, 1 left mandible with m1–2, 2 right m1s, 2 right m2s, 1 left m3, 1 left M1, 1 right M3 (IVPP V 18603.1–8); Layer F1 (= Layer 20), 1 left m1, Layer F5 (= Layer 20), 1 right M3 (Liu et al., 2013, without catalogue number). The Loc. 72074(4) section, Xiaoshigou, Leijiahe Village, Shaozhai Town, Lingtai County, Gansu: L5-4, 1 cranium with left and right M1–3 and 1 right mandible with m1–3 of the same individual (IVPP V 17858), 1 left and 1 right M1s, 1 left M2, 1 right m2 (IVPP V 17866.1–4); L5-2, 1 right m1, 2 right m2s (IVPP V 17866.5–7). The Loc. 93001 section of Wenwanggou, Leijiahe Village, Shaozhai Town, Lingtai County, Gansu: WL10-8, 2 left M2s, 1 right m1 (IVPP V 17866.8–10); WL10-7, 2 left m1s, 1 right m2 (IVPP V 17866.11–13); WL10-4, 1 left m1, 1 left m2, 1 right m3, 2 left M2s (IVPP V 17866.14–18); WL10-2, 1 left m2, 1 right m3, 1 left M2 (IVPP V 17866.19–21); WL10-10, 1 right m1, 1 right m3 (IVPP V 17866.22–23); WL11- 6, 1 right m1, 1 right m3 (IVPP V 17866.24–25).

Age of Referred Specimens Pliocene (~4.72–3.25 Ma).

Diagnosis (Revised) Relatively small-sized. Frontonasal suture "∧" shaped, not exceeding frontopremaxillary suture posteriorly. Posterior width of sagittal area 2.0 times of interorbital width. Supraoccipital process weak. Ratio in percentage of occipital width to height around 146% (Table 12). Length ration in percentage of incisive foramen to diastema 36% (see Table 30 for range). Upper molar rows slightly divergent posteriorly (palatal width ratio in percentage of inter-M1s to inter-M3s 75%) (see Table 14 for range). Mean width to length ratio in percentage of M2 94% (see Table 13 for range). m1 (4.10 mm in length, Yushe) with means of parameters *a*, *b*, *c*, *d*, and *e* being 1.50 mm, 4.30 mm, 4.40 mm, >5.00 mm, and >5.00 mm, respectively; M1 (3.90 mm in length, Yushe) with means of parameters *A*, *B*, *C*, and *D* being >4.50 mm, >4.10 mm, 4.20 mm, and 5.40 mm respectively (see Table 32 for range). Length ratio in percentage of M3 to M2 92%, that of M3 to M1–3 27% (see Table 20 for range), that of m3 to m2 82%, and that of m3 to m1–3 26% (see Table 15 for range).

Remarks Among the specimens referred to this species, only H.H.P.H.M. 29.483 is a cranium articulated with mandibles. As a result, in terms of degree of hypsodonty, isolated molars from other localities can only be compared with it based on crown height. Although Teilhard de Chardin (1942: fig. 39) referred the specimen to this species with doubts, he stressed the upper molars had the same degrees of roots fusion and hypsodonty as those of other crania, and the M3 all had a distinct BRA3 that could easily wear off (Fig. 113). Therefore, his judgement is acceptable.

As can be seen in Table 32, parameters of *Mesosiphneus praetingi* are greater than those of the following *M. primitivus*, but smaller than those of the above *M. intermedius*.

The magnetostratigraphic ages of YS 4 and YS 90 (= YS 136) are 4.29 Ma and 3.50 Ma, respectively; that of Layer 18 of Dongwan is 4.49 Ma; that of L5 of Loc. 72074(4), Xiaoshigou, Leijiahe is 4.72–4.52 Ma; and that of WL10 and WL11 of Wenwanggou, Leijiahe are 3.41–3.25 Ma and 3.51–3.41 Ma, respectively. Therefore, the geological age of the species ranges around 4.72–3.25 Ma.

Mesosiphneus primitivus Liu, Zheng, Cui et Wang, 2013

(Fig. 114)

Mesosiphneus sp.: Liu et al., 2011, p. 231, fig. 1

Holotype Right mandible with m1–3 (IVPP V 18601), collected by Liu Li-Ping in 2009.

Hypodigm 1 right m1, anterior portion of 1 right m1, anterior portion of 2 left m3s, 1 left M3 (IVPP V 18602.1–5).

Type Locality and Horizon The QA-III Dongwan section, Dongwan Village, Weidian Town, Qin'an County, Gansu; Layer 15 (~5.00 Ma), Lower Pliocene red clay.

Referred Specimens Layer 16 of the Dongwan section (QA-III), Dongwan Village, Weidian Town, Qin'an County, Gansu: 1 left mandible with m1–2, anterior portion of 1 left m3, 1 left M3 (IVPP V 18602.6–8).

Age of Referred Specimens Early Pliocene (~5.00–4.94 Ma).

Diagnosis (Revised) m1 (mean length 3.87 mm) with means of parameters *a*, *b*, *c*, *d*, and *e* being 0.50 mm (0.40–0.70 mm, $n = 4$), 2.40 mm (1.90–2.90 mm, $n = 4$), 2.30 mm (2.10–2.50 mm, $n = 3$), 3.45 mm (1.70–5.20 mm, $n = 2$), and 2.85 mm (1.10–4.60 mm, $n = 2$), respectively, markedly smaller than corresponding values of *Mesosiphneus praetingi* and *M. intermedius*.

Remarks Compared with *Mesosiphneus praetingi* (Teilhard de Chardin, 1942) from Yushe Basin, m1 parameters *a*, *b*, *c*, *d*, and *e* of *M. primitivus* (0.50 mm, 2.40 mm, 2.30 mm, 3.45 mm, and 2.85 mm, respectively) are markedly smaller than those of the former (1.50 mm, 4.30 mm, 4.40 mm, >5.00 mm, >5.00 mm, respectively), especially parameter *a* being only 1/3 of the latter; compared with *M. intermedius* (Teilhard de Chardin et Young, 1931) from Huoshan, Baode, Shanxi (present Huoshan Village, Jiuxian Town, Hequ County, corresponding m1 parameters are 5.50 mm, 6.80 mm, 6.90 mm, 7.30 mm, and 7.00 mm, respectively), m1 parameter *a* of *M. primitivus* is only 1/11 of the former, and *b*, *c*, *d*, and *e* are all less than 1/2 of those of the former, respectively.

m1 lingual sinuous line parameters *a*, *b*, *c*, *d*, and *e* of *Mesosiphneus primitivus*, *M. praetingi*, and *M. intermedius* all have their own range of variation, but there is no overlap among them, e.g. the variation ranges of *a* for the 3 species are 0.40–0.70 mm ($n = 4$), 1.30–2.90 mm ($n = 4$), and 5.60–7.20 mm ($n = 3$), respectively. The difference is indicative of different evolutionary stages, and demonstrates the evolutionary process from relative brachydonty to hypsodonty.

As shown in Fig. 115, except for size difference, other morphological parameters of *Chardina truncatus*, *Mesosiphneus praetingi*, and *M. intermedius* are quite consistent with each other, which, without doubt, reveals their close evolutionary relationship.

Eospalax Allen, 1938

Siphneus: Brants, 1827, p. 19

Type Species *Siphneus fontanieri* Milne-Edwards, 1867

Diagnosis (Revised) No interparietal developed on cranium. Dorsal portion of occipital shield markedly protruding posteriorly from the line connecting the two wings of the lambdoid crest; occipital width markedly greater than height. Dorsal surface of cranium flat. Ventral portion of infraorbital foramen without narrowing. Incisive foramen developed on both premaxilla and maxilla. Temporal crest lines parallel to each other and extending posteriorly. Frontonasal suture "∧" shaped. Molars rootless. Length ratio in percentage of M3 to M2 less than 100% in primitive forms, greater than 100% in derived forms; and that of M3 to M1–3 usually greater than 30%. M3 with 2–3 BRAs and 1–2 LRAs. m1 without enamel at anterior end, shallow lra3 and deep bra2 oppositely arranged, no lra4. Length ratio in percentage of m3 to m2 53%–86%, and that of m3 to m1–3 18%–30%.

Known Species in China *Eospalax cansus* (Lyon, 1907), *E. fontanieri* (Milne-Edwards, 1867), *E. rothschildi* (Thomas, 1911e), *E. smithii* (Thomas, 1911e) (extant hereinbefore); *E. lingtaiensis* Liu, Zheng, Cui et Wang, 2014, *E. simplicidens* Liu, Zheng, Cui et Wang, 2014, *E. youngianus* Kretzoi, 1961.

Distribution and Age Inner Mongolia, Hebei, Shanxi, Shaanxi, Gansu, Qinghai, Sichuan, Hubei, Henan, Beijing, Liaoning etc.; Late Pliocene – Present.

Remarks *Eospalax* was originally treated as a subgenus of *Myospalax* by Allen (1938). Later it was promoted to the genus rank (Kretzoi, 1961; Zheng, 1994; Musser et Carleton, 2005; Pan et al., 2007). If all myospalacine species are referred to *Myospalax* according to Lawrence (1991), it will be unnecessary to promote *Eospalax* to the genus rank. If all myospalacine species are classified into *Prosiphneus* and *Myospalax* according to McKenna et Bell (1997), it will be unnecessary to promote *Eospalax* to the genus rank, too. Musser et Carleton (2005) thought the two extant genera *Eospalax* and *Myospalax* should be retained until the differences between myospalacines with rooted molars and those with rootless molars became clear. The authors think the convex occiput myospalacines with both rooted and rootless molars are significantly different in cranium and molar morphology and ecological habits, so *Prosiphneus* and *Eospalax* both should be treated as independent genera. In addition, the authors also notice that lack of enamel at the anterior margin of m1 is a typical characteristic of *Allosiphneus* and *Eospalax* that distinguishes them from other myospalacine genera. Therefore, *Eospalax* should be a valid genus (Zheng, 1997).

Key to species

I. Length ratio in percentage of M3 to M2 ≤100%

a. m2 and m3 with very deep bra2, m1 with a relatively broad ac

1. Size markedly small, length of M1 around 2.90 mm, mean length of m1 3.37 mm, length ratio in percentage of M3 to M2 about 96% ········· *E. lingtaiensis*

2. Size relatively large, mean length of M1 3.53 mm, that of m1 3.53 mm, mean length ratio in percentage of M3 to M2 98% ········· *E. youngianus*

b. m2 and m3 lacking bra2, m1 with a narrow ac, length of M1 3.30 mm, mean length of m1 3.20 mm, length ratio in percentage of M3 to M2 about 100% ········· *E. simplicidens*

II. Length ratio in percentage of M3 to M2 >100%

a. M3 with only 1 LRA and 2 BRAs, mean length ratio in percentage of M3 to M2 106% ········· *E. cansus*

b. M3 with 2 LRAs and 2 BRAs

1. Molars with closed Ts, mean length ratio in percentage of M3 to M2 107% ········· *E. rothschildi*

2. Molars with relatively unclosed Ts, mean length ratio in percentage of M3 to M2 107% ········· *E. smithii*

c. M3 with 2 LRAs and 3 BRAs, mean length ratio in percentage of M3 to M2 109% ········· *E. fontanieri*

Eospalax cansus (Lyon, 1907)

(Fig. 116, Fig. 117)

Myotalpa cansus: Lyon, 1907, p. 134, pl. 15, figs. 4–10

Myospalax cansus: Thomas, 1908c, p. 978; Fan et Shi, 1982, p. 183; Song, 1986, p. 31; Zheng, 1989, p. 682; Wang et Xu,

1992, p. 113; Huang et al., 1995, p. 189

M. cansus shenseius: Thomas, 1911a, p. 178

Siphneus fontanieri: Young, 1927, p. 43 (partim); Chow, 1964, p. 304; Zheng et al., 1985a, p. 109, pl. IV, figs. 4–5, pl. V, fig. 1

Siphneus cf. *cansus*: Teilhard de Chardin et Young, 1931, p. 19 (partim)

Siphneus chaoyatseni: Teilhard de Chardin et Young, 1931, p. 24 (partim)

Myospalax fontanieri: Musser et Carleton, 2005, p. 910 (partim)

Myospalax cansus cansus: Ellerman, 1941, p. 547

Myospalax fontanieri cansus: Allen, 1940, p. 926; Ellerman et Morrison-Scott, 1951, p. 650; Corbet et Hill, 1991, p. 165; Tan, 1992, p. 279; Li, 2000, p. 165; Wang, 2003, p. 172

Myospalax cf. *fontanieri*: Chow et Li, 1965, p. 380, pl. I, fig. 3

Holotype Skin and skull of an adult individual (U.S.N.M. 144022), collected by W. W. Simpson on May 7, 1906. It was said the specimen belonged to a female individual, but Thomas (1908c) stressed it was probably a male individual.

Type Locality Lintan, Gansu.

Referred Specimens S_6, Chenjiawo, Lantian County, Shaanxi: 1 left mandible with m1–3 (IVPP V 2932), 2 crania with M1–3, 3 right mandibles with m1–3 (IVPP V 3158.1–5). Xarusgol, Uxin Banner, Inner Mongolia: 1 cranium with M1–3, 1 left mandible with m1–3 (IVPP RV 28032.1–2). Loc. 17, Xujiaping, Zhongyang, Shanxi (presumably present Xujiazhuang, Zhike Town, Zhongyang County): 1 right mandible with m1–3 (Cat.C.L.G.S.C.Nos.C/53). Yushe Basin, Shanxi: 1 cranium with M1–3 (H.H.P.H.M. 14.031), 1 cranium with M1–3 (H.H.P.H.M. 29.479), anterior portion of 1 cranium with M1–3 (H.H.P.H.M. 31.083), 2 crania with M1–3 (IVPP RV 42026.1–2), 1 cranium with M1–3 (H.H.P.H.M. 18.930), 1 cranium with M1–3 (H.H.P.H.M. 22.989), 1 cranium with M1–3 (H.H.P.H.M. 26.703), 1 cranium with M1–3 (H.H.P.H.M. 30.y?.35). Beigou, Xiangyuan County, Shanxi (geographic location and present administrative attribution unclear): posterior portion of 1 cranium with M1–3 (IVPP V 25242). Xiejiaying Village, Dengshang Town, Chengde County, Hebei: 1 cranium with M1–3, 2 left mandibles with m1–3 (IVPP RV 27032.1–3). Haimao Village, Ganjingzi District, Dalian City, Liaoning: 1 broken cranium (IVPP V 5549). Gonghe County, Qinghai: Loc. 77080 at 33 km of Qing-Chuan Road, 3 incomplete crania of different age classes (young, adult, old), 3 mandibles with different numbers of molars (IVPP V 6040.10–16); Loc. 77081, Shangtamai Village, 1 mandible with m1–3 (IVPP V 6040.17); Loc. 77085, Goutoushan, 1 left mandible with m1–3 (IVPP 6040.18). Guinan County, Qinghai: Loc. 77078, Dianzhangou, Angsuo Village, Mangqu Town, 1 complete cranium with M1–3, 8 mandibles with m1–3 (IVPP V 6040.1–9); Guorenduo Village (once called Guorengduo), Shagou Township, 1 nearly complete cranium with left and right M1–3 (IVPP V 25243), 1 fairly complete cranium with left M2–3 and right M1–3 (IVPP V 25244), 1 cranium with left and right M1–3 (IVPP V 25245), 1 cranium with left M1–2 and right M2–3 (IVPP V 25246), 1 cranium with left and right M1–3 and 1 right mandible with m1–3 (IVPP V 25247), 1 cranium with left and right M1–3 (IVPP V 25248), posterior portion of 1 cranium with left and right M1–3 (IVPP V 25250), anterior portion of 1 cranium with left and right M1–3, 1 left mandible with m1–3 (IVPP V 25251.1–2), anterior portion of 1 cranium with left M1 and right M2 (IVPP V 25252), 1 damaged cranium with left M1–2 and right M1–3 (IVPP V 25253), 1 damaged cranium with left M2–3 and right M1–3 (IVPP V 25254.1), 1 damaged cranium with left and right M2–3 (IVPP V 25254.2), middle portion of 1 cranium with left and right M1–3 (IVPP V 25254.3), anterior portion of 1 cranium with left M1–3 (IVPP V 25254.4), 1 damaged cranium with left M3 (IVPP V 25254.5), posterior portion of 1 damaged cranium with left M2–3 (IVPP V 25254.6), 3 left and 1 right mandibles with m1–3 (IVPP V 25255.1–4), 11 left and 11 right mandibles with m1–3 (IVPP V 25255.5–26), 6 left and 5 right mandibles with m1–2 (IVPP V 25255.27–37); Luohexiang Village (once called Louhouxiang), Shagou

Township, 1 maxilla with left and right M1–2, 1 left and 1 right mandibles with m1–3, 4 left and 2 right mandibles with m1–2, 1 right mandible with m1 (IVPP V 25255.38–46).

Age of Referred Specimens Early – Middle Pleistocene.

Diagnosis (Revised) Nasals shaping like an inversely placed gourd, frontonasal suture "/\" shaped, with its posterior end positioned anterior to (86%), level with (12%), or slightly exceeding (2%) frontopremaxillary suture. Frontal crests (supraorbital crests) remarkable, curved medially. Parietal crests parallel to each other; intermediate width between frontal crests less than that between parietal crests. Length ration in percentage of incisive foramen to diastema 51% (see Table 33 for range). Ratio in percentage of occipital width to height 144% (see Table 12 for range). Upper molar rows parallel to each other, palatal width ratio in percentage of inter-M1s to inter-M3s 82% (see Table 14 for range). Width to length ratio in percentage of M2 66% (see Table 13 for range). Most M3 with 1 LRA and 2 BRAs. In dentition, mean length ratio in percentage of M3 to M2 106%, that of M3 to M1–3 32% (see Table 34 for range), that of m3 to m2 84%, and that of m3 to m1–3 30% (see Table 15 for range).

Remarks In classification of extant mammals, *Eospalax cansus* is more often treated as a subspecies *E. fontanieri cansus* (Allen, 1940; Li et Chen, 1989; Corbet et Hill, 1991; Tan, 1992; Li, 2000; Wang, 2003), but sometimes as a independent species (Fan et Shi, 1982; Song, 1986; Wang, 1990; Wang et Xu, 1992; Huang et al., 1995). The latter opinion is adopted here.

M3 of *Eospalax cansus* has 1 LRA and 2 BRAs. This feature is consistent with that of the 3 fossil species and indicative of its primitiveness. The species' mean length ratio in percentage of M3 to M2 is 106%, and close to 107% of extant *E. smithii* and *E. rothschildi* whose M3 has 2 LRAs and 2 BRAs, but smaller than 109% of *E. fontanieri* whose M3 has 2 LRAs and 3 BRAs, which indicates *E. cansus* is relatively primitive. However, the ratio is markedly greater than that of the 3 fossil species, *E. simplicidens* (100%), *E. youngianus* (98%), and *E. lingtaiensis* (96%), which is indicative of *E. cansus*'s derivedness (Table 34). Therefore, *E. cansus* can be seen as a transitional form between fossil species and extant species.

Eospalax fontanieri (Milne-Edwards, 1867)

(Fig. 118, Fig. 119)

Siphneus fontanieri: Milne-Edwards, 1867, p. 376; Young, 1927, p. 43 (partim); Boule et Teilhard de Chardin, 1928, p. 86, fig. 20B; Young, 1935a, p. 15; Pei, 1939a, p. 154; Teilhard de Chardin, 1942, p. 67, figs. 46–48

Siphneus cf. *fontanieri*: Boule et Teilhard de Chardin, 1928, p. 100, fig. 28; Teilhard de Chardin et Young, 1931, p. 18 (partim), pl. V, figs. 23–24; Young, 1932, p. 6, fig. 1, pl. I, fig. 2; Teilhard de Chardin, 1936, p. 19, fig. 9

Siphneus cf. *cansus*: Teilhard de Chardin et Young, 1931, p. 19 (partim)

Myospalax fontanieri: Thomas, 1908c, p. 978; Allen, 1940, p. 922, fig. 44; Ellerman, 1941, p. 547; Ellerman et Morrison-Scott, 1951, p. 650; Chow et Chow, 1965, p. 228, pl. I, fig. 6; Zheng, 1976, p. 115; Gai et Wei, 1977, p. 290; Hu et Qi, 1978, p. 15, pl. II, figs. 6–8; Chia et al., 1979, p. 284; Tang et al., 1983, p. 83, tab. 1; Hu et Wang, 1984, p. 267; Zheng et al., 1985b, p. 132, tab. 32, fig. 55(5–6); Li et Chen, 1987, p. 110; Lawrence, 1991, p. 63, tab. 2, figs. 7B, 9C, 10D, 11F, 12; Corbet et Hill, 1991, p. 165; Tan, 1992, p. 278; Huang et al., 1995, p. 187; Li, 2000, p. 160; Wang, 2003, p. 172

Myospalax fontanus: Thomas, 1912b, p. 93; Takai, 1940, p. 209, fig. 4, pl. XXI, figs. 1–6; Ellerman, 1941, p. 547

Holotype A specimen probably collected and sent to the Natural History Museum of Paris in 1866 or 1867 by a French named Honorary Consul Fontanier.

Type Locality Some place close to Hebei in Beijing.

Referred Specimens Jingle County, Shanxi: Loc.1, Xiaohong'ao, Hefeng Village, Duanjiazhai Township, anterior portion of 1 cranium articulated with left mandible (Cat.C.L.G.S.C.Nos.C/62 = IVPP V 392); Loc. 2, Gaojiaya (present vicinity of Fenglingdi Village, Jingyou Town, Loufan County), anterior portion of 1 cranium with M1–3 (Cat.C.L.G.S.C.Nos.C/63). Loc. 18, Wucheng Town, Xixian County, Shanxi: 1 cranium with M1–3 and 1 right mandible with m1–3 (Cat.C.L.G.S.C.Nos.C/69 = IVPP V 389), 1 left mandible with m1–3 (Cat.C.L.G.S.C.Nos.C/68), 2 right mandibles with m1–3 (Cat.C.L.G.S.C.Nos.C/74). Loc. 3, Qianluzigou Village, Dongguan Town, Baode County, Shanxi: 2 right mandibles with m1–3 (Cat.C.L.G.S.C.Nos.C/76 = IVPP V 403). Loc. 17, Xujiaping, Zhongyang, Shanxi (presumably present Xujiazhuang, Zhike Town, Zhongyang County): 1 cranium with M1–3 (Cat.C.L.G.S.C.Nos.C/84). Yushe Basin, Shanxi: 1 cranium with M1–3 (H.H.P.H.M. 14.045), 1 right mandible with m1–3 (H.H.P.H.M. 20.141), 1 cranium with M1–3 (H.H.P.H.M. 20.747), anterior portion of 1 cranium with M1–3 (H.H.P.H.M. 22.988), 1 cranium with M1–3 (H.H.P.H.M. 26.680), 1 left mandible with m1–2 (H.H.P.H.M. 28.989), 1 damaged cranium with M1–3 (H.H.P.H.M. 29.506), 1 cranium with M1–3 (H.H.P.H.M. 31.073), 1 cranium with M1–3 (H.H.P.H.M. 31.084), 1 cranium with M1–3 (H.H.P.H.M. 31.319), 1 cranium with M1–3 (H.H.P.H.M. 31.328), 1 cranium with M1–3 (H.H.P.H.M. 28.943); YS 123 (<1.00 Ma), 1 right mandible with m2–3 (IVPP V 15266.1); YS 129, anterior portion of 1 cranium with left M1–2 and right M1 (IVPP V 15266); YS 133, 1 left mandible with m1–2 (IVPP V 15266.2); locality unknown, anterior portion of 1 cranium with left and right M1–3 (IVPP RV 42027.1), anterior portion of 1 cranium with right M1–3 (IVPP RV 42027.2), anterior portion of 1 cranium with left and right M1–3 (IVPP RV 42027.3), 1 cranium with damaged M1–3 (IVPP RV 42027.4), 1 damaged cranium without molars (IVPP V 15255.5), 1 damaged cranium with damaged left and right M1–3 (IVPP RV 42027.5), 1 complete cranium with right M1–3 (IVPP RV 42028.1), 1 cranium with left and right M1–3 (IVPP RV 42028.2), anterior portion of 1 cranium with left and right M1–3 (IVPP RV 42028.3 = H.H.P.H.M. 31.1?.38), anterior portion of 1 cranium with left and right M1–2 (IVPP RV 42029.1), 1 crushed cranium with damaged molars (IVPP RV 42029.2), 1 relatively complete cranium without molars (IVPP RV 42030.1), 1 complete cranium with left and right M1–3 (IVPP RV 42030.2). Loc. 23, Daoping Village, Xiluo Town, Shouyang County, Shanxi: 1 nearly complete cranium (IVPP RV 35057). Loc. 16, Shiduishan, Wubu (present Shiduishan Village, Yihe Town, Suide County), Shaanxi: anterior portion of 1 cranium with M1–3 and 1 left mandible with m1–3 (Cat.C.L.G.S.C.Nos.C/66 = IVPP V 395). S_{16}, Nancaizigou, Potou Village, Luochuan County (1.33 Ma): 1 left and 2 right mandibles with m1–3 (QV 10020–10022). S_{15}, Gongwangling, Gongwang Village, Jiujianfang Town, Lantian County, Shaanxi: 1 relatively complete cranium, 4 damaged maxillae (IVPP V 5398.1–2). Loc. 13, Liubotan Village (once called Liubatan), Jinjitan Town, Yulin City, Shaanxi: posterior portion of 1 cranium with M1–3 (Cat.C.L.G.S.C.Nos.C/85). Loc. 115, Zhaojiagou, Jiaozichuan Village, Qingcheng Town, Qingcheng County, Gansu: 1 cranium with M1–3 (H.H.P.H.M. 25.632), 1 cranium with M1–3 (H.H.P.H.M. 25.890). Loc. 8, Yangjiawan, Shagedu Town, Jungar Banner, Inner Mongolia: 1 maxilla with M1–3 (Cat.C.L.G.S.C.Nos.C/65 = IVPP V 394), 1 left mandible with m1–3 (Cat.C.L.G.S.C.Nos.C/64 = IVPP V 393). Layer 16 of the Danangou section of Dongyaozitou Village, Beishuiquan Town, Yuxian County, Hebei (~1.00 Ma): 1 left and 1 right mandibles with m1–3, 1 right M1–3 molar row (IVPP V 15477.1–3). Yangjiagou, Shixianglu Village, Dahaituo Township, Chicheng County, Hebei: 3 left and 3 right mandibles with m1, m1–2, or m1–3 (IVPP V 450), 1 maxilla with M1–3 and anterior portion of 1 cranium with M1–3 (IVPP V 447). Loc. 15, Zhoukoudian, Beijing: 1 complete cranium (IVPP CP. 190A), anterior portion of 1 cranium (IVPP CP. 190B). Locality unknown: 1 left mandible with m1–3 (Cat.C.L.G.S.C.Nos.C/48).

Age of Referred Specimens Early Pleistocene (~1.32–1.00 Ma).

Diagnosis (Revised) Relatively large-sized in the genus. Frontonasal suture "∧" shaped (around 45%) or of irregular shape; posterior end of nasals usually not exceeding frontopremaxillary suture (around 93%). Half of incisive foramen on premaxilla, some specimens with 2/3 or more on premaxilla; mean length ration in percentage of incisive foramen to diastema 49% (see Table 33 for range). Frontal crests not developed, parietal crests remarkable, convergent more medially in male old individuals and making a somewhat X-shape. Mean ratio in percentage of occipital width to height 146% (see Table 12 for range). Upper molar rows nearly parallel to each other, mean palatal width ratio in percentage of inter-M1s to inter-M3s 85% (see Table 14 for range). Mean width to length ratio in percentage of M2 67% (see Table 13 for range). M3 mostly with 2 LRAs and 3 BRAs; length ratio in percentage of M3 to M2 109%, that of M3 to M1–3 34% (see Table 34 for range), that of m3 to m2 87%, and that of m3 to m1–3 31% (see Table 15 for range).

Remarks Observations of above specimens housed in IVPP show that M3 with 2 LRAs and 3 BRAs is a quite stable morphological feature regardless of shallow LRA3 and BRA3 only formed by slightly curved enamel band. No longitudinal groove developed at the anterior margin of M1 seems not a stable enough feature (Fig. 119).

Fossil myospalacines with convex occipital shield and relatively long m/M3 showing clin-omegodont pattern are mostly referred to this species. They are identified as different species and their evolutionary relationships are discussed here based on the following morphological characteristics: shape of the nasals, shape of the frontonasal suture, relationship between the posterior end of the nasals and the frontopremaxillary suture, shape of frontal crests/parietal crest and their interrelationship, size of the incisive foramen and its relationship with the premaxilla and the maxilla, arrangement of the two upper molar rows, morphology of m/M3 and length ratio in percentage of m/M3 to m/M2 and m/M1–3, and so on.

There are still no magnetostratigraphic ages for the above horizons of different localities, so their chronological order can not be determined at present.

Eospalax lingtaiensis Liu, Zheng, Cui et Wang, 2014

(Fig. 120)

Yangia n. sp.: Zheng et Zhang, 2000, p. 62, fig. 2; Zheng et Zhang, 2001, fig. 3

Holotype Left mandible with m1–3 and right maxilla with M1–3 belonging to the same individual (IVPP V 18551), collected by Zheng Shao-Hua and Zhang Zhao-Qun in 1998.

Hypodigm 1 left and 1 right mandibles with m1–3, 1 left mandible with m1–2, 2 m1s, 1 left maxilla with M2–3 (IVPP V 18553.1–6).

Type Locality and Horizon Loc. 93001 of Wenwanggou, Leijiahe Village, Shaozhai Town, Lingtai County, Gansu; WL5 (~2.32 Ma), Lower Pleistocene Wucheng Loess.

Referred Specimens The Loc. 93001 section of Wenwanggou, Leijiahe Village, Shaozhai Town, Lingtai County, Gansu: WL6, 1 m1 (IVPP V 18553.7); WL8, 2 m1 (IVPP V 18553.8–9); WL10, 2 m1s, 1 M2 (IVPP V 18553.10–12); WL10-4, 1 M1, 1 M3 (IVPP V 18553.13–14); WL10-10, 2 m1s (IVPP V 18553.15–16); WL11-5, 1 m1, 1 M1, 1 M3 (IVPP 18553.17–19); WL11-7, 1 m1 (IVPP V 18553.20).

Age of Referred Specimens Late Pliocene – Early Pleistocene (~3.51–2.46 Ma).

Diagnosis (Revised) Smaller than *Eospalax simplicidens* and *E. youngianus*. M3 with 1 LRA and 2 BRAs, but mean length ratio in percentage of M3 to M2 (around 96%) smaller than above two species (98% and 100%, respectively) (see Table 34 for range); that of m3 to m2 (87%) greater than *E. youngianus* (84%), equal to *E. simplicidens* (87%) (see Table 15 for range). M2 with width at BSA2 equal to or less than that of AL, mean width to length ratio in percentage 67% (see Table 13 for range). m1 with a ac wider than half width of pl; m2 and m3 with very deep bra2.

Remarks Based on morphological features such as markedly small size and M3 smaller than M2 in length, *Eospalax lingtaiensis* is by far the most primitive known species in the genus. The magnetostratigraphic ages of its horizons WL5, WL6, WL8, WL10, and WL11 of the Wenwanggou section are 2.32 Ma, 2.46 Ma, 3.17 Ma, 3.41–3.25 Ma, and 3.51–3.41 Ma, respectively. Therefore, the geological age of the species ranges 3.51–2.32 Ma, and spans Late Pliocene – Early Pleistocene.

Eospalax rothschildi (Thomas, 1911e)

(Fig. 121, Fig. 122)

Myospalax rothschildi: Thomas, 1911e, p. 722; Allen, 1940, p. 932; Ellerman, 1941, p. 547; Ellerman et Morrison-Scott, 1951, p. 651; Fan et Shi, 1982, p. 189; Hu et Wang, 1984, p. 269; Corbet et Hill, 1991, p. 166; Tan, 1992, p. 279; Wang et Xu, 1992, p. 117; Huang et al., 1995, p. 191; Li, 2000, p.172; Wang, 2003, p. 172

Myospalax rothschildi hubeiensis: Li et Chen, 1989, p. 34, fig. 1, tabs. 1–3

Myospalax minor: Lönnberg, 1926, p. 6 (from type locality: Minshan Mountain, Gansu)

Siphneus cf. *cansus*: Teilhard de Chardin et Young, 1931, p. 19 (partim), pl. II, fig. 6, pl. III, fig. 7

Siphneus chanchenensis: Teilhard de Chardin et Young, 1931, p. 20, pl. III, fig. 6, pl. IV, fig. 10, pl. V, fig. 19

Holotype Skin and skull of an adult male (B.M. No. 11.11.1.2), collected by Dr. J. A. C. Smith on April 11, 1911.

Type Locality Achuen, Minshan Mountain at an altitude of 3353 m, ~64 km southeast of Lintan, Gansu.

Referred Specimens Loc. 13, Liubotan Village (once called Liubatan), Jinjitan Town, Yulin City, Shaanxi: 1 cranium with M1–3 (Cat.C.L.G.S.C.Nos.C/82 = IVPP V 411), 1 cranium (Cat.C.L.G.S.C.Nos.C/87). Loc. 73119, Jingou, Zhangqi, Tangqi Village, Xihuachi Town, Heshui County, Gansu; Lower Pleistocene: 1 damaged cranium articulated with mandibles with the upper and lower molar rows (IVPP V 4771).

Age of Referred Specimens Early – Middle Pleistocene (<1.80 Ma).

Diagnosis (Revised) Relatively small-sized in the genus. Nasals shaping like an inversely placed trapezoid, frontonasal suture straight or low and shallow "/ \" shaped, posterior end of it anterior to or level with frontopremaxillary suture. Mean length ration in percentage of incisive foramen to diastema 49% (see Table 33 for range). Frontal crests/parietal crests remarkable but not parallel to each other. Medial occipital crest absent. Mean ratio in percentage of occipital width to height 144%. Upper molar rows nearly parallel to each other, mean palatal width ratio in percentage of inter-M1s to inter-M3s 78% (see Table 14 for range). Mean width to length ration in percentage of M2 64% (see Table 13 for range). M3 mostly with 2 LRAs and 2 BRAs; mean length ratio in percentage of M3 to M2 107%, that of M3 to M1–3 33% (see Table 34 for range), that of m3 to m2 84%, and that of m3 to m1–3 30%.

Remarks The cranium (Cat.C.L.G.S.C.Nos.C/82) from Liubotan, Yulin, Shaanxi (Loc. 13) and the cranium (Cat.C.L.G.S.C.Nos.C/84) from Xujiaping, Zhongyang, Shanxi (Loc. 17) were described as "*Siphneus* cf. *cansus*" by Teilhard de Chardin et Young (1931). Based on its molar morphology, especially that M3 of the Liubotan cranium (Fig. 122A) has 2 LRAs and 2 BRAs, it is consistent with extant species *Eospalax rothschildi* in morphology (Thomas, 1911e; Li, 2000); whereas the Xujiaping cranium (Fig. 122B) whose M3 has 2 LRAs and 3 BRAs should be referred to *E. fontanieri*.

Extant *Eospalax rothschildi* is usually taken as an independent species (Allen, 1940; Ellerman, 1941; Ellerman et Morrison-Scott, 1951; Fan et Shi, 1982; Hu et Wang, 1984; Li et Chen, 1989; Tan, 1992; Corbet et Hill, 1991; Wang et Xu, 1992; Huang et al., 1995; Li, 2000; Wang, 2003; Musser et Carleton, 2005; Pan et al., 2007), and is mainly distributed in southern Gansu, northern and eastern Sichuan, southern Shaanxi, and western Hubei.

Eospalax simplicidens Liu, Zheng, Cui et Wang, 2014

(Fig. 123)

Siphneus cf. *myospalax*: Boule et Teilhard de Chardin, 1928, p. 100, fig. 27

Siphneus hsuchiapinensis: Teilhard de Chardin et Young, 1931, p. 25 (partim), pl. V, fig. 10; Young, 1935a, p. 36

Myospalax hsuchiapinensis: Zheng, 1976, p. 115 (partim); Zheng et al., 1985b, p. 128, pl. IV, fig. 3

Myospalax sp.: Cai et al., 2004, p. 277, tab. 2

Eospalax n. sp.: Zheng et Zhang, 2000, p. 62, fig. 2 (partim); Zheng et Zhang, 2001, fig. 3 (partim)

Holotype Right mandible with m1–2 (IVPP V 18549), collected by Zheng Shao-Hua and Zhang Zhao-Qun in 1998. The specimen is housed in IVPP.

Type Locality and Horizon Loc. 93001 of Wenwanggou, Leijiahe Village, Shaozhai Town, Lingtai County, Gansu; WL3 (~2.15 Ma), Lower Pleistocene Wucheng Loess.

Referred Specimens Loess basal conglomerate, Qingyang City, Gansu: 1 right mandible with m1–2 (H.H.P.H.M. 25.930 = IVPP RV 28029), 1 incomplete cranium (IVPP V 18549). Jingou, Zhangqi, Tangqi Village, Xihuachi Town, Heshui County, Gansu: 2 left mandibles with m1–3 and 1 right m1 (IVPP V 4770.1), 1 left m3 (IVPP V 4770.2). The Loc. 93001 section of Wenwanggou, Leijiahe Village, Shaozhai Town, Lingtai County, Gansu: WL2, 1 left mandible with m1–3, 1 right M1 (IVPP V 18550.1–2); WL5, 1 right m1, 1 right m3 (IVPP V 18550.3–4); WL7-2, 1 right m2 (IVPP V 18550.5); WL10-4, 1 left m1 (IVPP V 18550.6); WL10-7, 1 right m2 (IVPP V 18550.7); WL10-8, 1 left m1 (IVPP V 18550.8). S_{31}, the spillway of Tuojiahe Reservoir, Luochuan County, Shaanxi: 1 maxilla with left and right M1–3 and 1 right mandible with m1–3 of the same young individual (QV 10013.1–2), 1 right mandible with m1–3 (QV 100014). Layer 9 of the Danangou section, Dongyaozitou Village, Beishuiquan Town, Yuxian County, Hebei: 1 right m1 (IVPP V 15478), anterior portion of 1 left m2 (IVPP V 15478.1). Wanggou Village, Chengguan Town, Xin'an County, Henan: 1 cranium with left and right M1–3 (IVPP RV 35055).

Age of Referred Specimens Late Pliocene – Early Pleistocene (~3.41–1.67 Ma).

Diagnosis (Revised) Relatively small-sized. Upper molar rows posteriorly divergent, palatal width ratio in percentage of inter-M1s to inter-M3s around 68% (Table 14) closest to that of *Eospalax youngianus* 69% and smallest in all myospalacines. M3 with only 1 LRA and 2 BRAs; in dentition, length ratio in percentage of M3 to M2 (around 100%) (Table 34), in between primitive fossil species and derived extant species. M2 with width at BSA2 usually equal to that of AL, width to length ration in percentage around 63% (Table 13). m1 with a ac narrower than half width of pl, m2 and m3 both lacking bra2 and with comparable length in dentition.

Remarks The morphology of the species is consistent with the definition of *Eospalax* in M2 and M3 with similar size and morphology and no enamel at anterior margin of m1, so it should not be referred to *Myospalax* ("*Siphneus* cf. *myospalax*", Boule et Teilhard de Chardin, 1928). The species is different from other fossil species and all extant species of *Eospalax* in narrow and long ac of m1 and the absence of bra2 on m2 and m3.

If length ratio in percentage of M3 to M2 is smaller in more primitive species, the species of *Eospalax* from primitive to derived should be ordered as *E. lingtaiensis* (96%)→*E. youngianus* (98%)→*E. simplicidens* (100%)→*E. cansus* (106%)→*E. rothschildi* (107%)→*E. smithii* (107%)→*E. fontanieri* (109%).

The statistics show that, in *Eospalax*, the morphology that the width of M2 at BSA2 in *E. simplicidens* and *E. lingtaiensis* is greater than that of AL distinguishes it from all the extant species and fossil species *E. youngianus* (the width at BSA2 of its M2 smaller than that of AL), which reflects the relative primitiveness of *E. simplicidens* and *E. lingtaiensis*. At the same time, the order of AL width to length ration in percentage of M2 from greatest to smallest in the genus is *E. youngianus* (67%)→*E. lingtaiensis* (67%)→*E. fontanieri* (67%)→*E. cansus* (66%)→*E. rothschildi* (63%)→*E. smithii* (63%)→*E. simplicidens* (63%). The greater the ratio is, the more orth-omegodont pattern the M2 is close to, indicative of the degree of primitiveness of the corresponding species, but this trend is not quite clear.

Judging from m3 and m2 of extant species lacking bra2, *Eospalax simplicidens* probably represents an extinct aberrant branch.

The magnetostratigraphic ages of WL2, WL5, WL7-2, and WL10 of Wenwanggou are 2.14 Ma, 2.32 Ma, 2.70 Ma, and 3.41–3.25 Ma, respectively (Zheng et Zhang, 2001); that of S_{31} of the spillway of Tuojiahe Reservoir is 2.36 Ma; and that of Layer 9 of the Danangou section is 1.67 Ma (Cai et al., 2013). Therefore, the geological age of the species ranges about 3.41–1.67 Ma, and spans Late Pliocene – Early Pleistocene.

Eospalax smithii (Thomas, 1911e)

(Fig. 124, Fig. 125)

Myospalax smithii: Thomas, 1911e, p. 720; Howell, 1929, p. 55; Allen, 1940, p. 934; Ellerman, 1941, p. 547; Ellerman et Morrison-Scott, 1951, p. 651; Corbet et Hill, 1991, p. 166; Tan, 1992, p. 278; Huang et al., 1995, p. 187; Li, 2000, p. 176; Wang, 2003, p. 173

Holotype Skin and skull of an adult male (B.M. No. 11.11.1.1), collected by Dr. J. A. C. Smith on April 6, 1911.

Type Locality About 48 km south of Lintan (Taozhou), Gansu

Referred Specimens West branch gully, Long-distance Bus Station of Ganzi County, Sichuan: 1 cranium with left and right M1–3 (IVPP V 25256), collected by Xu Zhi-Ming of Group 108, No. 3 Regional Survey Team, Geological Bureau of Sichuan Province on May 25, 1979.

Age of Referred Specimens ?Late Pleistocene.

Diagnosis (Revised) Nasals shaping like an inversely placed gourd, posterior end transversely straight and exceeding or level with frontopremaxillary suture. Frontal crests and parietal crests nearly parallel, convergent medially and forming a single sagittal crest in old individuals; a long and narrow arched fossa formed between medial wall of two crests. Incisive foramen relatively large, about 4/5 of it developed on premaxilla in extant specimens; length ration in percentage of incisive foramen to diastema around 53% (Table 33). Width to length ration in percentage of M2 around 63% (Table 13). Palatal width ratio in percentage of inter-M1s to inter-M3s around 86% (Table 14). In dentition, length ratio in percentage of M3 to M2 around 107%, and that of M3 to M1–3 around 31% (Table 34).

Remarks The broken adult cranium from Ganzi is generally consistent with extant specimens in morphology, such as the frontonasal suture transversely straight but not "∧" shaped protruding anteriorly; the nasals extending anteriorly at least to the premaxilla ascending process but not relatively short; the frontal crests and parietal crests posteromedially convergent and inclined to fuse together; the incisive foramen developed mostly on the premaxilla, narrow and tongue-shaped between the premaxillae and broadened between the maxillae; anterior margin of the parapterygoid fossa level with that of M3; the upper molar rows parallel to each other; no longitudinal groove at the anterior margin of M1; M3 longer than M2, and the length ratio in percentage of M3 to M2 107%; M3 with 2 LRAs and 2 BRAs and LRA3 weak; and SAs on the upper molars not tightly closed (Fig. 125). Thomas (1911e) stressed the species is "A fairly large species of the *fontanieri* group with a median sagittal crest, small teeth, and two re-entrant angles on M3". Li (2000) pointed out that its M3 mostly had 2 LRAs and 3 BRAs, but this was not stable. The Ganzi specimen has 2 LRAs, which is consistent with the original definition of the species.

Because of its special cranial morphology, taxonomists of extant mammals usually treat it as an independent species (Thomas, 1911e; Howell, 1929; Allen, 1940; Ellerman, 1941; Ellerman et Morrison-Scott, 1951; Corbet et Hill, 1991; Tan, 1992; Huang et al., 1995; Li, 2000; Wang, 2003; Musser et Carleton, 2005; Pan et al., 2007). This species is distributed in Liupan Mountain of southern Ningxia, mountainous areas of Longzhong and Longnan of Gansu.

The referred specimen from Sichuan is the only fossil of *Eospalax smithii* in China up to now.

Eospalax youngianus Kretzoi, 1961

(Fig. 126, Fig. 127)

Siphneus minor: Teilhard de Chardin et Young, 1931, p. 20, pl. III, fig. 8, pl. IV, fig. 11, pl. V, fig. 20
Siphneus hsuchiapinensis: Teilhard de Chardin et Young, 1931, p. 25 (partim)
Siphneus sp. (cf. *fontanieri* M.-Edw.): Teilhard de Chardin, 1936, p. 19, fig. 9

Holotype Cranium with mandibles (Cat.C.L.G.S.C.Nos.C/88) (= Teilhard de Chardin et Young, 1931: *Siphneus minor*, holotype), collected by P. Teilhard de Chardin and C. C. Young in 1929. The specimen is housed in IVPP.

Type Locality and Horizon Loc. 17, Xujiaping, Zhongyang, Shanxi (presumably present Xujiazhuang, Zhike Town, Zhongyang County); Reddish Clay Zone B of Lower Pleistocene.

Referred Specimens Loc. 18, Wucheng Town, Xixian County, Shanxi: 1 cranium articulated with mandibles (IVPP RV 31058), 1 damaged cranium with left and right M1–3, anterior portion of 1 cranium with left and right M1–3 (IVPP RV 31059.1–2), 1 left mandible with m1–3 (Cat.C.L.G.S.C.Nos.C/42 = IVPP V 381). Loc. 13, Liubotan Village (once called Liubatan), Jinjitan Town, Yulin City, Shaanxi: 1 unprepared cranium (Cat.C.L.G.S.C.Nos.C/89), 1 damaged cranium with M1–3 (Cat.C.L.G.S.C.Nos.C/89). Loc. 9 of Zhoukoudian, Beijing: 1 left mandible with m1–3 (IVPP RV 360334). Locality unknown, 1 left mandible with m1–3 (IVPP V 25257).

Age of Referred Specimens Early – Middle Pleistocene.

Diagnosis (Revised) Small-sized. Nasals shaping like an inversely placed gourd, frontonasal suture "∧" shaped, posterior end of it never exceeding frontopremaxillary suture. Width between frontal crests/parietal crests constant, namely the crests parallel to each other. Incisive foramen half developed on premaxilla and half on maxilla; length ration in percentage of incisive foramen to diastema 44% (see Table 33 for range). Upper molar rows parallel to each other, mean palatal width ratio in percentage of inter-M1s to inter-M3s 69% (see Table 14 for range). No longitudinal groove on anterior surface of M1. M3 with only 1 LRA and 2 BRAs. Mean length ratio in percentage of M3 to M2 98%, in between *Eospalax lingtaiensis* (96%) and *E. simplicidens* (100%); that of M3 to M1–3 32% (see Table 34 for range), that of m3 to m2 84%, and that of m3 to m1–3 29% (see Table 15 for range). m1 with relatively broad ac, m2 and m3 with very deep bra2.

Remarks M3 of the species only has 1 LRA and 2 BRAs, and it is slightly smaller than M2 in mean length in dentition, which demonstrates its differences from extant species and similarities with fossil species. The species is quite similar to extant *Eospalax cansus* in the shape of the nasals and the frontonasal suture, the posterior end of the nasals never exceeding the frontopremaxillary suture, and the upper molar rows parallel to each other (see Fig. 128), but different from *E. cansus* in the incisive foramen half developed on the premaxilla and half on the maxilla (3/4 developed on the premaxilla in the latter species). It is similar to *E. lingtaiensis* in ac of m1 broad, both m2 and m3 with very deep bra2, but different from *E. lingtaiensis* in larger size (mean length of M1 3.48 mm for *E. youngianus*, 2.95 mm for *E. lingtaiensis*; that of m1 3.48 mm for the former, 3.35 mm for the latter).

The definition of the species by Teilhard de Chardin et Young (1931) is: size as small as *Eospalax rothschildi*, molar row relatively long, occipital shield strongly convex as in *E. cansus*, zygomatic arc slimer and less expanded than in *E. fontanieri*, M3 as simple as in *E. cansus*, *E. rothschildi*, and *E. smithii*.

The fossil species named as "*Siphneus minor*" was renamed as *Eospalax youngianus* by Kretzoi (1961), because the specific name is a duplicate of that of the extant species *E. minor* (= *E. rothschildi*).

The stratigraphic horizon that yields this species does not have a magnetostratigraphic age yet.

Allosiphneus Kretzoi, 1961

Type Species *Siphneus arvicolinus* Nehring, 1883

Diagnosis (Revised) Largest myospalacine. Occipital shield slightly protruding from the line connecting two wings of lambdoid crest (interrupted in parietal area). Medial occipital crest strong. Sagittal area relatively narrow. Molars rootless. LRA of upper molars and bra of lower molars extremely shallow, and LSA of upper molars and bsa of lower molars extremely weak. M2 width at BSA2 greater than or equal to AL. M3 length greater than M2 in dentition. m1 with shallow lra4.

Known Species in China *Allosiphneus arvicolinus* (Nehring, 1883), *A. teilhardi* Kretzoi, 1961.

Distribution and Age Qinghai, Gansu, Shaanxi, and Shanxi; Late Pliocene – early Early Pleistocene.

Remarks The genus was once thought to be a synonym of *Myospalax* (Trouessart, 1904; McKenna et Bell, 1997), and recently thought to be a synonym of *Eospalax* (Musser et Carleton, 2005). The authors agree with Kretzoi (1961) and think it should be treated as an independent genus and can be distinguished from extant *Myospalax* and *Eospalax* with rootless molars in extremely large cranium and peculiar molar morphology (such as LRAs and bras shallow, LSAs and bsas weak, m1 with lra4, and so on) (Zheng, 1994).

Key to species

I. Size relatively large, mean length of M1 6.97 mm, that of m1 8.40 mm, mean length ratio in percentage of M3 to M2 in dentition 91%······ *A. arvicolinus*

II. Size relatively small, mean length of M1 6.05 mm, that of m1 5.83 mm, length ratio in percentage of M3 to M2 in dentition 88%······ *A. teilhardi*

Allosiphneus arvicolinus (Nehring, 1883)

(Fig. 129, Fig. 130)

Siphneus arvicolinus: Nehring, 1883, p. 19, figs. A–C; Boule et Teilhard de Chardin, 1928, p. 97 (partim), fig. 26; Teilhard de Chardin et Leroy, 1942, p. 30; Teilhard de Chardin, 1942, p. 72, fig. 49

Myospalax arvicolinus: Chi, 1975, p. 169, pl. I, fig. 6; Zheng, 1976, p. 115; Xie, 1983, p. 358, pl. I, fig. 2; Zheng et al. 1985a, p. 108, pl. IV, figs. 1–3; Zheng et al., 1985b, p. 126, pl. IV, fig. 4

Holotype Mandible collected from the type locality and brought back to Europe by L. von Lockzy. Present whereabouts unknown.

Type Locality and Horizon Guide Basin, the upper reaches of Yellow River; Lower Pleistocene Guide Layer.

Referred Specimens Loess basal conglomerate, Qingyang City, Gansu: 1 cranium with M1–3 (H.H.P.H.M. 25.881 = IVPP RV 42007), 1 maxilla and 2 right mandibles with m1–3 (H.H.P.H.M. 25.898), posterior portion of 1 cranium with left and right M1–3 (H.H.P.H.M. 25.912), 1 cranium (H.H.P.H.M. 25.913). Dangchuanbu (present Liuchuan Township), Kangle County, Gansu: 1 cranium articulated with mandibles (H.H.P.H.M. 25.882). Jingou, Zhangqi, Tangqi Village, Xihuachi Town, Heshui County, Gansu: 1 right mandible with m1–2 (IVPP V 4768). The Loc. 93001 section of Wenwanggou, Leijiahe Village, Shaozhai Town, Lingtai County, Gansu: WL10-2, 1 left m2 (IVPP V 17856). Gengjiagou Village, Huancheng Town, Huanxian County, Gansu: 1 maxilla with left M1–2 and right M1–3 (Xie, 1983: pl. I, fig. 2, housed in

Gansu Provincial Museum). Liujiaping, Houzhen Town (administrative attribution unclear), Lantian County, Shaanxi: 1 crushed cranium (IVPP V 4567). S_{17}, Jiuyangou, Yan'an City, Shaanxi: middle portion of 1 cranium with left M1–2 and right M1–3 (QV 10009). S_{31}, Heimugou, Luochuan County, Shaanxi: 1 right mandible with m1–3 (QV 10010). Shagou Township, Guinan County, Qinghai: Guorenduo Village (once called Guorengduo), 1 incomplete cranium with left and right M1–3, 1 cranium with left M1–3, 3 left and 3 right mandible with m1–3 (IVPP V 17847–17854); Luohexiang Village (once called Louhouxiang), 2 left m1s (IVPP V 17855.1–2). Huangtuliang, Dongba Township, Gonghe County, Qinghai: 1 damaged cranium, 1 cranium with damaged anterior portion but complete posterior portion and with left and right M1–3, 1 right mandible with m1–3, 1 m1, 1 complete cranium articulated with mandibles with M1–3 and m1–3 (IVPP V 6039.1–5). Sihetan (administrative attribution unclear), Guide County, Qinghai: 1 right mandible with m1–3 (IVPP V 6077). Loc. 2, Gaojiaya (present vicinity of Fenglingdi Village, Jingyou Town, Loufan County) and S_{23} of the Reddish Clay Upper Zone, Loc. 1, Xiaohong'ao, Hefeng Village, Duanjiazhai Township, Jingle County, Shanxi (both Layer 4 of the "Jingle Red Clay" section): See tab. 1 of Zhou (1988).

Age of Referred Specimens Late Pliocene – Early Pleistocene (~3.41–1.37 Ma).

Diagnosis (Revised) Relatively large-sized in the genus. Nasals shovel shaped, frontonasal suture "/\" shaped, posterior end not reaching frontopremaxillary suture. In adult individuals, frontal crests curved medially, intermediate distance less than that between parietal crests; in old individuals, frontal crests approaching each other and inclined to be merged together. Parietal crests starting divergence at posterior part of sagittal area, forming two laterally pointed angles at about the anteroposterior midpoint of parietal. Occipital shield quadrilateral-shaped with width greater than height, mean ratio in percentage of occipital width to height 141% (see Table 12 for range). Incisive foramen with 2/3 developed on the premaxilla, 1/3 on the maxilla; mean length ration in percentage of incisive foramen to diastema 45% (see Table 33 for range). Mean width to length ration in percentage of M2 53% (see Table 13 for range). Upper molar rows parallel to each other, mean palatal width ratio in percentage of inter-M1s to inter-M3s 79% (see Table 14 for range). M3 with only 1 LRA and 2 BRAs. In dentition, M3 slightly shorter than M2, mean length ratio in percentage of M3 to M2 91%, that of M3 to M1–3 29% (see Table 34 for range), that of m3 to m2 95%, and that of m3 to m1–3 28% (see Table 15 for range).

Remarks Fossils of *Allosiphneus arvicolinus* are mainly found in Loess Plateau of Shaanxi, Gansu, and Qinghai. Because most materials are recovered from loess deposits, it can be inferred that this myospalacine species adapts to dry and cool environments.

The magnetostratigraphic age of WL10 of Wenwanggou is 3.41–3.25 Ma (Zheng et Zhang, 2001); that of S_{17} of Jiuyangou is 1.38 Ma; and that of S_{31} of Heimugou is 2.36 Ma (Zheng et al., 1985b). 3.41 Ma –2.36 Ma – 1.37 Ma can basically represent the chronological distribution of the species. It is also a species that survived across the Pliocene – Pleistocene boundary (Late Pliocene – Early Pleistocene).

Allosiphneus teilhardi Kretzoi, 1961

(Fig. 130, Fig. 131)

Siphneus arvicolinus: Boule et Teilhard de Chardin, 1928, p. 97 (partim); Teilhard de Chardin et Young, 1931, p. 21, pl. V, fig. 14

Holotype Right mandible with m1–2 (Cat.C.L.G.S.C.Nos.C/59 = IVPP V 18549) (= Teilhard de Chardin et Young, 1931: pl. V, fig. 14), collected by P. Teilhard de Chardin and C. C. Young in 1929. The specimen is housed in IVPP.

Type Locality and Horizon Loc. 2, Gaojiaya, Jingle County, Shanxi (present vicinity of Fenglingdi Village, Jingyou Town, Loufan County); Reddish Clay of Lower Pleistocene.

Referred Specimens Loess basal conglomerate, Qingyang City, Gansu: 1 right m1 (H.H.P.H.M. 25905). The Loc. 93001 section of Wenwanggou, Leijiahe Village, Shaozhai Town, Lingtai County, Gansu: WL8, 1 right mandible with m1 (IVPP V 17844); WL10-4, anterior portion of 1 left m2 (IVPP V 17845). Tongde County, Qinghai: 1 damaged cranium with left and right M1–3 (IVPP V 17846).

Age of Referred Specimens Late Pliocene (~3.41–3.17 Ma).

Diagnosis (Revised) Relatively small-sized in the genus, 86% of size of *Allosiphneus arvicolinus* compared with specimens of the same age (old individuals). Length ration in percentage of incisive foramen to diastema around 40% (Table 33). Nasals shovel-shaped, frontonasal suture transversely straight, not exceeding frontopremaxillary suture posteriorly (Fig. 131). Frontal crests convergent medially, inclined to merge; parietal crests extending laterally and forming pointed angles at about the midpoint. Width to length ration in percentage of M2 around 57%, showing clin-omegodont pattern (Table 13). Upper molar rows parallel to each other, palatal width ratio in percentage of inter-M1s to inter-M3s around 91% (Table 14). In dentition, length ratio in percentage of M3 to M2 around 88%, and that of M3 to M1–3 around 27% (Table 34).

Remarks According to the definition of Kretzoi (1961), *Allosiphneus teilhardi* is different from *A. arvicolinus* mainly in smaller size and less reduced enamel on lingual side of the lower molars. Fig. 130 clearly demonstrates these two differences. It is worth noting that, in *A. teilhardi*, buccal bras are relatively deeper; lsas are relatively prominent; and enamel of bsa3 on m1 disappears late. Therefore, *A. teilhardi* is in general more primitive than *A. arvicolinus* in molar morphology. As for the size difference between their cranium, see Fig. 132.

The holotype of the species is from the Reddish Clay of Gaojiaya, Jingle, Shanxi (presently the vicinity of Fenglingdi Village, Jingyou Town, Loufan County) (Teilhard de Chardin et Young, 1930, 1931), and its geological age can be estimated to be Early Pleistocene, namely later than 2.60 Ma. The magnetostratigraphic ages of WL8 and WL10-4 of Wenwanggou are 3.17 Ma and 3.41–3.25 Ma, respectively (Wei et al., 1993; Zheng et Zhang, 2001) and fall into Late Pliocene. Therefore, the geological age of the species spans Late Pliocene – Early Pleistocene, and it is also a species that survived across Pliocene – Pleistocene boundary.

Yangia Zheng, 1997

Youngia: Zheng, 1994, p. 62, tab. 1

Type Species *Siphneus tingi* Young, 1927

Diagnosis (Revised) Interparietal absent. Upper part of occipital shield concave towards sagittal area and forming a unified depression. Frontal crests intersecting with parietosquamosal suture. Incisive foramen short and small, developed only on premaxilla. Molars rootless. Upper molar rows divergent posteriorly. M2 width at BSA2 greater than that of AL. M3 always shorter than M2 in dentition. m1 with enamel at anterior end, apex of lra3 anterior to or opposite to that of bra2.

Known Species in China *Yangia omegodon* (Teilhard de Chardin et Young, 1931), *Y. trassaerti* (Teilhard de Chardin, 1942), *Y. chaoyatseni* (Teilhard de Chardin et Young, 1931), *Y. tingi* (Young, 1927), *Y. epitingi* (Teilhard de Chardin et Pei, 1941).

Distribution and Age Gansu, Shaanxi, Shanxi, Henan, Hebei, and Beijing; Late Pliocene – Middle Pleistocene.

Remarks The genus was first named as *Youngia* (Zheng, 1994), but the name has been used as a genus name of trilobites *Youngia* Lindström, 1885, so it was renamed as *Yangia* (Pinyin of Young Chung-Chien's family name) later (Zheng, 1997). Although it was not accepted by foreign researchers (McKenna et Bell, 1997; Musser et Carleton, 2005), Chinese researchers have been using the name frequently (Zheng, 1997; Zheng et Zhang, 2000, 2001; Cai et Li, 2003; Cai et al., 2004; Zheng et al., 2006; Cai et al., 2007, 2008; Zhang et al., 2008a; Cai et al., 2013; Zheng, 2017). Based on the morphological features such as no interparietal, concave occiput, molars rootless, anterior end of m1 with enamel, and so on, it should be treated as an independent genus, and can be distinguished from *Mesosiphneus* representative of concave occiput myospalacines with rooted molars, *Eospalax* representative of convex occiput myospalacines with rootless molars, and *Myospalax* representative of flat occiput myospalacines with rootless molars.

Key to species

I. Salient angles rounded, lra3 of m1 anterior to bra2, mean width to length ration in percentage of M2 76%, mean length ratio in percentage of M3 to M2 in dentition 89%, mean length of M1 3.80 m, mean length of m1 3.85 mm ·· *Y. omegodon*

II. Salient angles pointed, lra3 and bra2 of m1 opposite to each other

a. Mean width to length ration in percentage of M2 70%, mean length ratio in percentage of M3 to M2 88%, mean length of M1 4.43 mm ·· *Y. trassaerti*

b. Mean width to length ration in percentage of M2 65%, mean length ratio in percentage of M3 to M2 79%, mean length of M1 4.32 mm, that of m1 4.72 mm ······································· *Y. chaoyatseni*

c. Mean width to length ration in percentage of M2 61%, mean length ratio in percentage of M3 to M2 79%, mean length of M1 4.61 mm, that of m1 4.81 mm ······································· *Y. tingi*

d. Mean width to length ration in percentage of M2 60%, mean length ratio in percentage of M3 to M2 80%, mean length of M1 5.01 mm, that of m1 5.53 mm ······································· *Y. epitingi*

Yangia chaoyatseni (Teilhard de Chardin et Young, 1931)

(Fig. 133, Fig. 134)

Siphneus chaoyatseni: Teilhard de Chardin et Young, 1931, p. 24 (partim), pl. II, figs. 2–3, pl. III, fig. 4, pl. IV, fig. 5, pl. V, figs. 17, 18, 22; Young, 1935a, p. 6, fig. 1; Teilhard de Chardin et Leroy, 1942, p. 28; Teilhard de Chardin, 1942, p. 60, fig. 42

Siphneus hsuchiapinensis: Teilhard de Chardin et Young, 1931, p. 25 (partim), pl. II, fig. 4, pl. III, fig. 5, pl. V, figs. 8–9, pl. VI, fig. 9; Teilhard de Chardin et Leroy, 1942, p. 29 (partim)

Myospalax chaoyatseni: Chi, 1975, p. 169, pl. I, fig. 2; Zheng, 1976, p. 115; Zheng et Li, 1990, p. 435, tab. 1; Zheng et Han, 1991, p. 104, tab. 1

Myospalax chaoyatseni, *M. hsuchipinensis* (partim): Zheng et al., 1985b, pp. 128–129, pl. III, figs. 5–6, pl. IV, figs. 1–3

Youngia chaoyatseni: Zheng, 1994, p. 62, tab. 1, figs. 2, 4, 7, 12

Yangia tsassaerti: Zheng et Zhang, 2000, fig. 2; Zheng et Zhang, 2001, fig. 3

Holotype Cranium articulated with left mandible (Cat.C.L.G.S.C.Nos.C/50), collected by P. Teilhard de Chardin and C. C. Young in 1929. The specimen is housed in IVPP.

Type Locality and Horizon Loc. 17, Xujiaping, Zhongyang, Shanxi (presumably present Xujiazhuang, Zhike Town, Zhongyang County); Reddish Clay Zone B of Lower Pleistocene.

Referred Specimens S_{26} and S_{23} of Layer 4, the "Jingle Red Clay" section (Loc. 1), Xiaohongao, Hefeng Village, Duanjiazhai Township, Jingle County, Shanxi: 1 right mandible with m1–2 (Cat.C.L.G.S.C.Nos.C/35), also see tab. 1 of Zhou (1988). Loc. 5, Vicinity of Shawanzi, Huoshan (present Huoshan Village, Jiuxian Town, Hequ County), Baode, Shanxi: 1 right m2 (Cat.C.L.G.S.C.Nos.C/61). Loc. 17, Xujiaping, Zhongyang, Shanxi (presumably present Xujiazhuang, Zhike Town, Zhongyang County): 1 cranium articulated with left mandible with left and right M1–3 (Cat.C.L.G.S.C.Nos.C/34) ("*Siphneus hsuchiapingensis*", holotype), 1 nearly complete skeleton buried in tuff (Cat.C.L.G.S.C.Nos.C/49), 1 cranium articulated with mandibles (Cat.C.L.G.S.C.Nos.C/51), 1 cranium with M1–3 (Cat.C.L.G.S.C.Nos.C/52 = IVPP V 385), posterior portion of 1 cranium articulated with mandibles (Cat.C.L.G.S.C.Nos.C/52), 1 cranium articulated right mandible (Cat.C.L.G.S.C.Nos.C/52), 1 left mandible with m1–3 (Cat.C.L.G.S.C.Nos.C/55 = IVPP V 388), 1 right mandible with m1–3 (Cat.C.L.G.S.C.Nos.C/54), 1 right mandible with m1 (Cat.C.L.G.S.C.Nos.C/41), 1 left mandible with m1–3 (Cat.C.L.G.S.C.Nos.C/57). Loc. 9, Xiapodi (geographic location unclear), Daning County, Shanxi: 1 cranium without molars (Cat.C.L.G.S.C.Nos.C/56 = IVPP V 389), 1 cranium with M1–3 (Cat.C.L.G.S.C.Nos.C/56 = IVPP V 389), 1 left mandible with m1–2 (Cat.C.L.G.S.C.Nos.C/43). Jundigou, Wucheng Town, Xixian County, Shanxi: 1 damaged cranium articulated with mandibles, 1 unprepared cranium, 1 cranium with M1–3, 1 left maxilla with M1–3, anterior portion of 1 cranium with M1–3, anterior portion of 1 cranium with left M1–2 and right M1–3, damaged anterior portion of 1 cranium with left and right M1, damaged anterior portion of 3 crania, 1 left maxilla with M1–3, 7 left mandibles with m1–3, 1 left and 1 right mandibles with m1–2, 1 right mandible with m1, 1 right mandible with m2–3, 1 left mandible with m2 (IVPP V 17872–17894), 1 right m1, 1 right m3 (IVPP V 17895.1–2). Loc. 20, Shouyang County, Shanxi: 1 right mandible with m1–3 (Cat.C.L.G.S.C.Nos.C/20). Loc. 31, Fancun Village, Zhaigeda Township, Fushan County, Shanxi: anterior portion of 1 cranium with left M1 and right M1–3 (IVPP V 17896). Jixian County, Shanxi: 1 damaged cranium with left M2–3, 1 left mandible with m2–3, 1 damaged right mandible (IVPP V 17897–17899). Yushe Basin, Shanxi: 1 cranium articulated with mandibles (IVPP RV 42031: Teilhard de Chardin, 1942: fig. 42). Xiakou Village, Gucheng Town, Yuanqu County, Shanxi: 1 damaged cranium with left M1–3 and right M1–2 (IVPP V 25258; Li, 1937: p. 384). Jingou, Zhangqi, Tangqi Village, Xihuachi Town, Heshui County, Gansu: 1 right mandible with m1–3 (IVPP V 4769), 1 left mandible with m1–2 (IVPP V 4769.1), 2 right m2s, 1 left m3 (IVPP V 4769.2–4), 1 cranium with left and right M1–3 (IVPP V 4770). Qingyang City, Gansu: 1 right mandible with m1–2 (H.H.P.H.M. 25.897). WL6 of the Loc. 93001 section, Wenwanggou, Leijiahe Village, Shaozhai Town, Lingtai County, Gansu: left and right mandibles with m1–3 and right maxilla with M1–2 belonging tot he same individual (IVPP V 18555.1–3 = IVPP V 17900–17902). Luochuan County, Shaanxi: S_{16}, Zaocigou, left and right mandibles with m1–3 and M2–3 molar row belonging to the same individual (QV 10015); S_{31}, Heimugou, 1 nearly complete cranium with left and right M1–3 (QV 10016); S_{32}, Dongtangou, 1 nearly complete cranium with left and right M1–3 (QV 10017); S_{32}, the spillway of Tuojiahe Reservoir, anterior portion of 1 cranium with left and right M1–3 and right mandible with m1–3 belonging tot he same individual (QV 10018).

Age of Referred Specimens Early Pleistocene (~2.55–1.33 Ma).

Diagnosis (Revised) About 1/5 smaller than *Yangia tingi*, cranium relatively short and broad; depression in sagittal area relatively shallow; interorbital distance relatively great; tympanic bulla relatively small; salient angle of molars more anteroposteriorly compressed; ventral margin of mandible more rounded and smooth; ascending ramus more steep; incisive foramen longer (mean length ratio in percentage of incisive foramen to diastema 36%, see Table 30 for range). Re-entrant angles of molars with pointed apices. Nasals bottle-shaped, frontonasal suture "∧" shaped, posterior end level with frontopremaxillary suture. Posterior width of sagittal area (16.70 mm) about 223% of interorbital width (7.50 mm). Mean ratio in percentage of occipital width to height 140% (see Table 12 for range). Upper molar rows divergent posteriorly, mean palatal width ratio in percentage of inter-M1s to inter-M3s 75% (see Table 14 for range). m1 with apex of shallow lra3 opposite to that of deep bra2. Mean width to length ratio in percentage of M2 65% (see Table 13 for range); in dentition, mean length ratio in percentage of M3 to M2 79%, that of M3 to M1–3 25% (see Table 35 for range), that of m3 to m2 88%, and that of m3 to m1–3 26% (see Table 15 for range).

Remarks Zheng et al. (1985b) believed two lineages had diverged from *Mesosiphneus praetingi* and evolved parallel to each other since Pliocene in concave occiput myospalacines, namely *M. intermedius*→*Yangia omegodon*→*Y. chaoyatseni*→"*Siphneus hsuchiapinensis*" in the western areas of loess deposits and *M. paratingi*→*Y. trassaerti*→*Y. tingi*→*Y. epitingi* in the eastern areas of fluviolacustrine deposits. Now it seems that this hypothesis of parallel evolution is unlikely. Because *M. intermedius* and *M. paratingi* are synonyms; *Y. omegodon* is more primitive than *Y. trassaerti*; and *Y. chaoyatseni*, *Y. tingi*, and *Y. epitingi* are more similar in morphology. It is more plausible that concave occiput myospalacines evolved in the following mode: *M. praetingi*→*M. intermedius* (= *paratingi*)→*Y. omegodon*→*Y. trassaerti*→*Y. tingi* (or *chaoyatseni*)→*Y. epitingi*.

It should also be pointed out that the holotype of "*Siphneus hsuchiapinensis*" (Cat.C.L.G.S.C.Nos.C/34) from the same locality (Xujiaping, Zhongyang, probably present Xujiazhuang, Zhike Town, Zhongyang County) and horizon (Reddish Caly Middle Zone) as *Yangia chaoyatseni* is a young individual; some referred materials should belong to *Y. omegodon*, including Cat.C.L.G.S/C.Nos.C/36 from Gaojiaya, Jingle (presently the vicinity of Fenglingdi Village, Jingyou Town, Loufan County), Cat.C.L.G.S.C.Nos.C/37 from Huoshan, Baode (present Huoshan Village, Jiuxian Town, Hequ County, Shanxi), Cat.C.L.G.S.C.Nos.C/39 from Mayingshan, Fugu, and Cat.C.L.G.S.C.Nos.C/40 from Zhenqiangbao, Fugu; and some should belong to *Y. chaoyatseni*, including Cat.C.L.G.S.C.Nos.C/34 and Cat.C.L.G.S.C.Nos.C/41 from Xujiaping, Zhongyang and Cat.C.L.G.S.C.Nos.C/43 from Xiapodi, Daning. In addition, some specimens of "*Myospalax hsuchiapinensis*" from the loess section of Luochuan and Jingou, Heshui (Zheng, 1976; Zheng et al., 1985b) should be referred to above *Eospalax simplicidens*, and the others also should be referred to *Y. chaoyatseni*. Therefore, the name "*Myospalax hsuchiapinensis*" is not valid any more.

The magnetostratigraphic age of WL6 of Wenwanggou is 2.46 Ma (Zheng et Zhang, 2001); that of S_{16}, Zaocigou is 1.33 Ma; that of S_{31}, Heimugou is 2.36 Ma; that of S_{32}, Dongtangou and the spillway of Tuojiahe Reservoir is 2.55 Ma (Zheng et al., 1985b). Therefore, the geological age of the species ranges 2.55–1.33 Ma, which indicates it is a typical species of Early Pleistocene.

Yangia epitingi (Teilhard de Chardin et Pei, 1941)

(Fig. 135, Fig. 136)

Siphneus cf. *fontanieri*: Teilhard de Chardin et Young, 1931, p. 18 (partim)

Siphneus tingi: Young, 1935a, p. 32, pl. VI, fig. 4

Siphneus sp.: Young, 1934, p. 106, fig. 44B

Siphneus epitingi: Teilhard de Chardin et Pei, 1941, p. 52, figs. 40–47; Teilhard de Chardin et Leroy, 1942, p. 29; Chia et Chai, 1957, p. 49, pl. III, fig. 2

Myospalax epitingi: Kretzoi, 1961, p. 128; Chao et Tai, 1961, p. 374, pl. I, fig. 2; Zheng et Li, 1990, p. 435; Zheng et Han, 1991, p. 103, tab. 1; Lawrence, 1991, p. 269

Myospalax tingi: Chow et Li, 1965, p. 379, pl. I, fig. 4; Zong, 1981, p. 174, pl. I, fig. 5

Youngia epitingi: Zheng, 1994, p. 62, tab. 1, figs. 2, 4, 7, 12

Holotype Relatively complete cranium (Cranium No. 1) with left and right M1–3 (IVPP CP. 261; Teilhard de Chardin et Pei, 1941: p. 53, fig. 40), collected by Pei Wen-Chung during 1933–1934.

Hypodigm Cranium No. 4 with left and right zygomatic arcs damaged and all molars missing (IVPP CP. 263), nearly complete cranium No. 8 except for damaged teeth (IVPP CP. 264), nearly complete cranium No. 13 except for damaged right zygomatic arc and left molars (IVPP CP. 265), nearly complete cranium No. 14 with left and right M1–3 except for damaged left and right zygomatic arcs (IVPP CP. 266), nearly complete cranium No. 5 except for damaged left and right zygomatic arcs (IVPP RV 41152), nearly complete cranium No. 7 with the nasals damaged and left and right molars missing (IVPP RV 41153), roughly complete cranium No. 10 with the nasals, left and right zygomatic arcs, basicranium, and molars damaged (IVPP RV 41154), cranium No. 11 with damaged left and right zygomatic arcs and molar rows (IVPP RV 41155), cranium No. 12 with damage left and right zygomatic arcs and molar rows (IVPP RV 41156), cranium No. 15 with damaged the nasals and left and right zygomatic arcs and molar rows (IVPP RV 41157), cranium No. 17 with damaged basicranium and left and right zygomatic arcs and molar rows (IVPP RV 41158), cranium No. 18 with severely damaged parietal portion but complete left and right molar rows and cemented together with scapula (IVPP RV 41159), cranium articulated with left and right mandibles (IVPP RV 41160), cranium with severely damaged basicranium and left and right molar rows (IVPP RV 41161), 17 crania (IVPP RV 41162–41178), 1 left and 2 right mandible with m1–3 (IVPP CP. 267A–267C), 1 left mandible with m1–3 (VPP RV 41179), 1 left and 1 right mandible with m1–3 (IVPP RV 41180), 13 left and 8 right mandibles (IVPP RV 41181.1–21).

Type Locality and Horizon Loc. 13 of Zhoukoudian, Beijing; Middle Pleistocene.

Referred Specimens Layer 11 of Loc. 1, Zhoukoudian, Beijing: 1 right mandible with m1–3 (IVPP V 25276), 1 left mandible with m1 (Cat.C.L.G.S.C.Nos.C/C.1777; Young, 1934: fig. 44B). Chenjiawo, Lantian County, Shaanxi: 1 cranium with M1–2, 1 cranium with left and right M1–2 (IVPP V 3156–3157). Loc. 16, Shiduishan, Wubu (present Shiduishan Village, Yihe Town, Suide County), Shaanxi: 1 left mandible with m1–3 (Cat.C.L.G.S.C.Nos.C/66 = IVPP V 395). Shanxi: YS 83, Yushe Basin, 1 maxilla with left and right M1–3, 1 right mandible with m1–3 (IVPP V 11182–11183); Loc. 31, Fancun Village, Zhaigeda Township, Fushan County, 1 relatively complete cranium except for damaged left and right zygomatic arcs (IVPP RV 35063); Loc. 29, Beiwang Village, Jicheng Town, Yushe County, 1 right mandible with m1–3 (IVPP RV 35060). Liquan Village, Gongxian (presently belonging to Kangdian Town, Gongyi City), Henan: 1 cranium with M1–3 and left and right mandibles with m1–3 belonging to the same individual (IVPP V 25275).

Age of Referred Specimens Early Middle Pleistocene (~0.71–0.64 Ma).

Diagnosis (Revised) The largest species in the genus. Nasals shaping like an inversely placed bottle, frontonasal suture "∧" shaped, posterior end level with or slightly exceeding frontopremaxillary suture. Mean length ration in percentage of incisive foramen to diastema 39% (see Table 30 for range). Posterior width of sagittal area (24.40 mm) around 262% of interorbital width (9.30 mm). Supraoccipital process extremely robust, nearly overlapped with two wings of lambdoid crest in lateral view. Mean ratio in percentage of occipital width to height 146% (see Table 12 for range). Upper molar rows divergent posteriorly, mean palatal width ratio in percentage of inter-M1s to inter-M3s 74% (see Table 14 for range). Mean width to length ratio in percentage of M2 60% (see Table 13 for range). In dentition, mean length ratio in percentage of M3 to M2 80%, that of M3 to M1–3 26% (see Table 35 for range); that of m3 to m2 85%, and that of m3 to m1–3 26% (see Table 15 for range).

Remarks Except for its larger size, *Yangia epitingi* is hard to be distinguished from *Y. tingi* based on molar morphology. The specimen Cat.C.L.G.S.C.Nos.C/66 referred to "*Siphneus* cf. *fontanieri*" from Shiduishan, Wubu, Shaanxi (Loc. 16, present Shiduishan Village, Yihe Town, Suide County) (Teilhard de Chardin et Young, 1931), the specimens referred to "*Siphneus tingi*" from Fancun, Zhaigeda, Fushan, Shanxi (Loc. 31) (Young, 1935a), the mandible referred to "*Myospalax epitingi*" from Layer 11 of Loc. 1, Zhoukoudian (Chao et Tai, 1961), and the maxillae and crania referred to "*Myospalax tingi*" from Chenjiawo, Lantian, Shaanxi and Xiaochang, Yuwu, Tunliu, Changzhi, Shanxi (Chow et Li, 1965; Zong, 1981) should more seemingly be referred to *Y. epitingi*.

It should be noted that the mandible from Layer 11 of Loc. 1, Zhoukoudian with a m1–3 length of 15.73 mm is even larger than the largest specimen (15.00 mm) (Teilhard de Chardin et Pei, 1941) from Loc. 13 (Fig.

136C). It probably represents a new form.

The magnetostratigraphic age of Layer 11 of Loc. 1, Zhoukoudian is 0.64 Ma (Qian et al., 1985); that of the "Lantian Man" horizon, Chenjiawo is 0.71–0.68 Ma (Ding et al., 2002). Although these ages can not represent the chronological distribution of the species, it can be inferred from them that the age of Loc. 13, Zhoukoudian should be younger than 0.78 Ma.

Yangia omegodon (Teilhard de Chardin et Young, 1931)

(Fig. 137, Fig. 138)

Siphneus omegodon: Teilhard de Chardin et Young, 1931, p. 26, pl. II, fig. 5, pl. III, fig. 1, pl. IV, fig. 4, pl. V, figs. 6, 7, 12; Teilhard de Chardin et Leroy, 1942, p. 29; Teilhard de Chardin, 1942, p. 58, fig. 41A–C

Siphneus huchiapinensis: Teilhard de Chardin et Young, 1931, p. 25 (partim)

Myospalax omegodon: Zheng et al., 1985b, p. 127; Wang, 1988, p. 62, pl. I, figs. 7–9; Zheng et Li, 1990, p. 433, tab. 1; Lawrence, 1991, p. 282

Youngia omegodon: Zheng, 1994, p. 62, tab. 1, figs. 2, 4, 7, 12

Holotype Cranium with relatively good preservation (Cat.C.L.G.S.C.Nos.C/31), collected by P. Teilhard de Chardin and C. C. Young in 1929. The specimen is housed in IVPP.

Type Locality and Horizon Loc. 17, Xujiaping, Zhongyang, Shanxi (presumably present Xujiazhuang, Zhike Town, Zhongyang County); Reddish Clay Zone A of Lower Pleistocene.

Referred Specimens The Loc. 93001 section of Wenwanggou, Leijiahe Village, Shaozhai Town, Lingtai County, Gansu: WL8, 1 left and 2 right m1s, 1 right m2, 1 right M1, 2 left and 2 right M2s, 1 left and 1 right M3s (IVPP V 18554.1–11); WL10, 1 left m1, 2 right m2s, 1 right m3, 1 right M3 (IVPP V 18554.12–16); WL10-2, 1 right m2, 1 right m3, 2 right M2 (IVPP V 18554.17–20); WL10-4, 1 left M3 (IVPP V 18554.21); WL10-7, 1 left m3 (IVPP V 18554.22); WL10-8, 1 right m1, 1 right m2 (IVPP V 18554.23–24); WL10-10, 1 left M1 (IVPP V 18554.25); WL10-11, 1 left m1 (IVPP V 18554.26); WL11-2, 1 left M1 (IVPP V 18554.27); WL11-5, 1 left m2, 1 left and 1 right M3s (IVPP V 18554.28–30). Loc. 9, Mayingshan, Fugu County, Shaanxi: 1 right mandible with m1–3 (Cat.C.L.G.S.C.Nos.C/32), 1 right mandible with m1–3 (Cat.C.L.G.S.C.Nos.C/39). Loc. 10, Zhenqiangbao, Xinmin Village, Xinmin Town, Fugu County, Shaanxi: 1 left mandible with m1–3 (Cat.C.L.G.S.C.Nos.C/40 = IVPP V 378). S_{32}, Potougoukou, Luochuan County, Shaanxi: left and right M1–3 molar row belonging to the same individual (QV 10011.1–2), 1 right mandible with m1–2 (QV 10012). Hohe Village, Duanjia Town, Dali County, Shaanxi: 1 M1, 1 M3, 1 m1, 1 m2 (NWU V 83DL 011–014). Loc. 4, Huoshan, Baode (present Huoshan Village, Jiuxian Town, Hequ County), Shanxi: 1 M2 (Cat.C.L.G.S.C.Nos.C/33), 1 left mandible with m2 (Cat.C.L.G.S.C.Nos.C/37). S_{28} of the Reddish Clay Lower Zone (Layer 3 of the "Jingle Red Clay" section), Loc. 2, Gaojiaya (vicinity of present Fenglingdi Village, Jingyou Town, Loufan County), Jingle County, Shanxi: 1 left mandible with m1–3 (Cat.C.L.G.S.C.Nos.C/36), 1 left mandible with m1 (Cat.C.L.G.S.C.Nos.C/36). Yushe Basin, Shanxi: 1 cranium articulated with left and right mandibles (IVPP RV 42032; Teilhard de Chardin, 1942: fig. 41A), 1 cranium with left M1–2 (IVPP RV 42033; Teilhard de Chardin, 1942: fig. 41B), right half of 1 cranium articulated with left and right mandibles (IVPP RV 42034; Teilhard de Chardin, 1942: fig. 41C). Layer 7 of the Donggou section, Qianjiashawa Village, Huashaoying Town, Yangyuan County, Hebei (<2.60 Ma): 1 right mandible with m2 (IVPP V 15483.1). Layer T7 of the Tai'ergou east section, Xiaodukou Village, Huashaoying Town, Yangyuan County, Hebei: 1 left M3 (IVPP V 18828). Layer 6 of the Niutoushan section, Pulu Village, Beishuiquan Town, Yuxian County, Hebei: 1 left m2 (IVPP V 15483.2).

Age of Referred Specimens Late Pliocene – Early Pleistocene (~3.51–2.55 Ma).

Diagnosis (Revised) The smallest species in the genus. Nasals shaping like an inversely placed bottle, frontonasal suture "∧" shaped, posterior end never exceeding frontopremaxillary suture. Occipitosagittal depression more smooth than in *Yangia chaoyatseni*. Postorbital constriction less remarkable than in other species of the genus, posterior width of sagittal area (17.00 mm) around 205% width of interorbital area (8.30 mm). Mean length ration in percentage of incisive foramen to diastema 34% (see Table 30 for range). Mean ratio in percentage of occipital width to height 155% (see Table 12 for range). Upper molar rows divergent posteriorly, mean palatal width ratio in percentage of inter-M1s to inter-M3s 77% (see Table 14 for range). Differing from other species of the genus mainly in: SAs of upper molars with rounded apices and occlusal surface of M2 and M3 showing ω type. Mean width to length ratio in percentage of M2 76% (see Table 13 for range). In dentition, mean length ratio in percentage of M3 to M2 89%, that of M3 to M1–3 26% (see Table 35 for range); that of m3 to m2 84%, and that of m3 to m1–3 27% (see Table 15 for range).

Remarks The referred upper molar row (Fig. 138C) from Yushe (Teilhard de Chardin, 1942: fig. 41) is slightly different from the holotype (Fig. 138A) from Xujiaping, Zhongyang (probably present Xujiazhuang, Zhike Town, Zhongyang County) in angular and prismatic SAs and narrow RAs, but they have similar width to length ratio in percentage of M2. Therefore, they still can be referred to the same species.

The rounded SAs on occlusal surface and shallow depression on dorsal portion of occipital shield distinguish this species from other myospalacines with rootless molars (Teilhard de Chardin et Young, 1931). The mean width to length ratio in percentage of M2 of the species is 76%. That of the 4 specimens from Yushe is 74%, and that of the 5 specimens from Lingtai is 71%. The width to length ratio in percentage of M2 of the holotype is 68%, and that of the specimen from Huoshan, Baode (present Huoshan Village, Jiuxian Town, Hequ County) is 81%. Based on these values, it can be inferred that in *Yangia* all the species evolved from orth-omegodont pattern (primitive) to clin-omegodont pattern (derived) in the order of *Y. omegodon* (76%)→*Y. trassaerti* (70%)→*Y. chaoyatseni* (65%)→*Y. tingi* (61%)→*Y. epitingi* (60%).

In addition, the most remarkable primitive characteristics of *Yangia omegodon* include ac of m1 leaning lingually, lra3 deep and positioned anterior to bra2. These morphological features only occur in species of *Chardina* and *Mesosiphneus* (Zheng, 1997; Liu et al., 2013). However, in other species of *Yangia* (m1 of *Y. trassaerti* has not been recovered), ac gradually leans buccally and lra3 gradually becomes shallow and opposite to bra2. Therefore, *Y. omegodon* is the species closest to their ancestor.

Compared with *Yangia trassaerti*, *Y. omegodon* is smaller in size (Fig. 143), e.g. M2 length 3.20 mm and 2.80 mm (holotype), respectively; M2 of *Y. omegodon* has a more straight BSA2 or, in other words, is more inclined to be orth-omegodont pattern. Whether or not m1 of *Y. trassaerti* has similar characteristics with *Y. omegodon* still needs to be confirmed when new materials are available.

The horizon of *Yangia omegodon* was first thought to be Reddish Clay Zone A, and accordingly its age was thought to be Early Pleistocene (Teilhard de Chardin et Young, 1931). The magnetostratigraphic ages of WL8, WL10, and WL11 of the Wenwanggou section are 3.17 Ma, 3.41–3.25 Ma, and 3.51–3.41 Ma, respectively (Zheng et Zhang, 2001). Layer 7 of the Donggou section (Zheng et al., 2006) and Layer 6 of Niutoushan (Cai et al., 2007) both yields fossils indicative of Late Pliocene age. There are also Pleistocene horizons, such as S_{32} of Potou, Luochuan with an magnetostratigraphic age of 2.55 Ma (Ding et al., 2002) and Houhe, Dali (Wang, 1988). Therefore, the geological age of *Y. omegodon* roughly ranges 3.51–2.55 Ma.

Yangia tingi (Young, 1927)

(Fig. 139, Fig. 140)

Siphneus tingi: Young, 1927, p. 45, pl. II, figs. 32–36; Teilhard de Chardin et Piveteau, 1930, p. 122, figs. 37–39; Teilhard de Chardin et Young, 1931, p. 23, pl. II, fig. 1, pl. III, fig. 3, pl. V, figs. 15–16; Young, 1935a, p. 7; Teilhard de Chardin, 1936, p. 17, fig. 8; Leroy, 1941, 10, p. 173, fig. 1; Teilhard de Chardin et Leroy, 1942, p. 29; Teilhard de Chardin, 1942,

p. 65, fig. 44

Myospalax tingi: Kretzoi, 1961, p.128; Chi, 1975, p. 170, pl. I, fig. 1; Ji, 1976, p. 60, pl. I, fig. 2; Hu et Qi, 1978, p. 15, pl. II, fig. 5; Zheng et Li, 1986, p. 88, tab. 5; Zheng et Li, 1990, p. 435; Zheng et Cai, 1991, p. 117, fig. 2(1–4); Flynn et al., 1991, p. 251, tab. 2, fig. 4; Zheng et Han, 1991, p. 103, tab. 1; Lawrence, 1991, p. 269

Youngia tingi: Zheng, 1994, p. 64, tab. 1, figs. 4, 7, 12

Lectotype Cranium with M1–3 (IVPP RV 27033 = IVPP V 456) (Young, 1927: figs. 32, 35), collected by C. C. Young.

Type Locality and Horizon Yangshao Village (Yang-Shao-Tsun), Yangshao Township, Mianchi County, Henan; Lower Pleistocene Sanmen series.

Referred Specimens Zhoukoudian, Beijing: Loc. 9, 1 left mandible with m1–3 (IVPP RV 36335, Teilhard de Chardin, 1936: fig. 8); Loc. 12, 1 damaged right mandible with m1–3, 1 left m2 (IVPP RV 38059.1–2); Layer 5 of West Cave, Taipingshan, 5 mandibles (Tx90(5) 13–14; CUG V 93460–93462). Shaanxi: Nandagou, Xiehu Town, Lantian County, 1 cranium with M1–3 and 1 left mandible with m1–3 (IVPP V 2566.5); Xihe, Chengcheng County, 1 cranium with left and right M1–3 but damaged left and right zygomatic arcs and parietal portion (IVPP V 25259). The Danangou section of Dongyaozitou Village, Beishuiquan Town, Yuxian County, Hebei: Layer 9, 1 right M1 (IVPP V 15485.14); Layer 12, 1 left mandible with m1, anterior portion of 1 left m1, 1 left m2, 1 right M1, 2 left and 2 right M3s, 2 right m3s (IVPP V 15485.5–13); Layer 13, 2 right mandibles without molars, 1 right mandible with m2, 2 left and 1 right m1, 2 right m2, anterior portion of 1 left M1, posterior half of 1 left M3 (GMC V 2068.1–10); Layer 14, 1 left m2 (IVPP V 15479.6), 1 left M3 (IVPP V 15485.15); Layer 18, 1 right m1, 1 left m3, 1 damaged right M2 (IVPP V 15487.1–3). Yangyuan County, Hebei: Xiashagou Village, Huashaoying Town, 1 right maxilla with M1–3, 1 right m1–3 molar row (IVPP RV 30044.1–2) (Teilhard de Chardin et Piveteau, 1930: figs. 37–38a); Layer 16 of the Donggou section, Qianjiashawa Village, Huashaoying Town, 1 damaged left M1, 2 right M3s, 1 right M1 (IVPP V 15485.1–4); Nihewan Village, Huashaoying Town, 1 left m1, 1 left m2 (IVPP V 15479.10–11); Loc. III of Majuangou Paleolithic Site, Cenjiawan Village, Datianwa Township, anterior portion of 1 left m1, 1 left M2 (IVPP V 15485.17–18). Loc. 101, Mianchi County, Henan: Xidalu, Yangpoling, Potou Township, 1 cranium with M1–3 (IVPP RV 27036); Beiwo Village (Pai-Wo-Tsun, geographic location and present administrative attribution unclear), 1 right mandible with m1–3 (IVPP RV 27035); Xigou, Yangshao Village (Yang-Shao-Tsun), Yangshao Township, 1 cranium with M1–3 (IVPP RV 27034.1), 1 unprepared cranium (IVPP RV 27034.2). S_{19} of Layer 4 (Reddish Clay Upper Zone) of the "Jingle Red Clay" section, Xiaohong'ao, Hefeng Village, Duanjiazhai Township, Jingle County, Shanxi: 1 damaged maxilla with M1–2 (Cat.C.L.G.S.C.Nos.C/38 = IVPP V 376), also see table 1 of Zhou (1988) for other specimens. Loc. 6, Huoshan, Baode (present Huoshan Village, Jiuxian Town, Hequ County), Shanxi: anterior portion of 1 maxilla with left M1–2 (Cat.C.L.G.S.C.Nos.C/44), 1 right M1–3 molar row (Cat.C.L.G.S.C.Nos.C/45). Loc. 16, Xujiaping, Zhongyang, Shanxi (presumably present Xujiazhuang, Zhike Town, Zhongyang County): 2 crania, anterior portion of 1 cranium with M1–3 (Cat.C.L.G.S.C.Nos.C/46). Loc. 19, Xiapodi, Daning County, Shanxi (geographic location and present administrative attribution unclear): 1 cranium with M1–3 (Cat.C.L.G.S.C.Nos.C/47 = IVPP V 382). Loc. 24, Renyi Village, Taigu (presently belonging to Nanguan Town, Lingshi County), Shanxi: posterior portion of 1 cranium with left M1–2 and right M1–3 (IVPP RV 35058), middle portion of 1 cranium with left and right M1–3 (IVPP RV 35059.1), 1 left mandible with m1 (IVPP RV 35059.2). Beiwang Village, Jicheng Town, Yushe County, Shanxi: 2 left mandible with m1–2 (H.H.P.H.M. 20.155, 20.158), 1 right mandible with m1–3 (H.H.P.H.M. 20.160), 1 left mandible with m1–3 (H.H.P.H.M. 20.162), anterior portion of 1 cranium with M1–3 (H.H.P.H.M. 20.780), 1 cranium with damaged zygomatic arcs (H.H.P.H.M. 39.620), 1 cranium with right M1–3 (IVPP RV 27037: Young, 1927,

p. 45), 1 complete cranium and associated left and right mandibles (IVPP RV 42035), 2 left and 3 right mandibles with m1–3 (H.H.P.H.M. 20.794, 25.940, 20.791, 69.627, 20.796); YS 110, anterior portion of 1 cranium with M1–3, 1 right m2 (IVPP V 11181.1–2). Xiangyuan County, Shanxi: Hecun Village (geographic location and present administrative attribution unclear), 1 cranium articulated with mandibles (IVPP V 25260), 1 cranium with left M1 (IVPP V 25261), 1 cranium with left M1–2 (IVPP V 25262), 1 cranium with right M3 (IVPP V 25263); Loc. 71, Beigou (geographic location and present administrative attribution unclear), 1 cranium with M1–3 but damaged parietal portion (IVPP V 25264), anterior portion of 2 crania with M1–2 (IVPP V 25265–25266), anterior portion of 1 cranium with left and right M1–3 (IVPP V 25267), 3 left and 1 right mandibles with m1–3 (IVPP V 25268.1–4). Xujiamiao, Xiakou Village, Gucheng Town, Yuanqu County, Shanxi: 1 fairly complete cranium (IVPP V 25269). Loc. 21 (geographic location and present administrative attribution unclear), Yangtouya Township, Shouyang County, Shanxi: 1 damaged cranium articulated with mandibles (IVPP RV 35061).

Age of Referred Specimens Early Pleistocene (~2.26–0.90 Ma).

Diagnosis (Revised) Size slightly larger than *Yangia trassaerti*. Depression in occipital area deep, salient angles of molars pointed. Supraoccipital process robust, but not completely overlapped with two wings of lambdoid crest. Mean ratio in percentage of occipital width to height 143% (see Table 12 for range). Nasals shovel shaped, moderately expanding laterally and anteriorly, frontonasal suture "∧" shaped, posterior end level with frontopremaxillary suture. Frontal crests more robust than parietal crests, the former convergent but the latter divergent posteriorly, posterior width of sagittal area (17.50 mm) around 233% of width of interorbital area (7.50 mm). Mean length ration in percentage of incisive foramen to diastema 35% (see Table 30 for range). Mean width to length ration in percentage of M2 61% (see Table 13 for range). Upper molar rows divergent posteriorly, mean palatal width ratio in percentage of inter-M1s to inter-M3s 73% (see Table 14 for range). In dentition, mean length ratio in percentage of M3 to M2 79%, that of M3 to M1–3 25% (see Table 35 for range), that of m3 to m2 87%, and that of m3 to m1–3 27% (see Table 15 for range).

Remarks Due to heavy weathering of the holotype cranium and the referred mandible, the typical morphological features are not clearly shown on them. Therefore, the unstudied specimen of an adult individual from Xiehu, Lantian, Shaanxi is figured here (Fig. 139).

Yangia tingi is the first discovered concave occiput myospalacine in China (Young, 1927), mainly geographically distributed in Shanxi, Shaanxi, Henan, Hebei, Beijing, and so on, and chronologically distributed in Early Pleistocene. Compared with roughly concurrent *Y. chaoyatseni*, *Y. tingi* is slightly larger in size (Fig. 143), and has smaller width to length ration in percentage of M2 (61% for *Y. tingi*; 65% for *Y. chaoyatseni*), namely higher degree of clin-omegodont pattern.

The magnetostratigraphic ages of Layers 9, 12, 13, 14, 15, and 17 of the Danangou section are 1.67 Ma, 1.49 Ma, 1.44 Ma, 1.35 Ma, 1.14 Ma, and 0.90 Ma, respectively (Cai et al., 2013); that of Loc. III of Majuangou Paleolithic Site is 1.66 Ma (Zhu et al., 2004); that of YS 110 of Yushe is 2.26 Ma (Opdyke et al., 2013). Consequently, the geological age of *Yangia tingi* ranges 2.26–0.90 Ma.

Yangia trassaerti (Teilhard de Chardin, 1942)

(Fig. 141, Fig. 142)

Siphneus trassaerti: Teilhard de Chardin, 1942, p. 62, figs. 42–43

Myospalax trassaerti: Kretzoi, 1961, p. 128; Zheng et Li, 1986, p. 99, tab. 5; Zheng et Li, 1990, p. 435; Zheng et Han, 1991, p. 108; Flynn et al., 1991, p. 256, tab. 2; Lawrence, 1991, p. 269

Youngia trassaerti: Zheng, 1994, p. 64, tab. 1, fig. 12

Holotype Posterior portion of cranium with left and right M1–3 (H.H.P.H.M. 20.786, Teilhard de Chardin, 1942: fig. 43A), probably collected by P. Teilhard de Chardin in 1937. The specimen is housed in IVPP.

Type Locality and Horizon Yushe Basin, Shanxi (locality unknown); the upper part of Yushe series (most presumably Yushe Zone III).

Referred Specimens Yushe Basin, Shanxi: Locality unknown, 1 maxilla with left and right M1–3 (H.H.P.H.M. 20.792, probably from Zone III of Yushe Basin; Teilhard de Chardin, 1942: fig. 43B), 2 crania (H.H.P.H.M. 20.779, H.H.P.H.M. 14.030), 1 cranium articulated with mandibles (IVPP RV 42036); YS 119, 1 left mandible with incisor (IVPP V 11178); YS 120, 1 right M2, 1 right m2 (IVPP V 11179.1–2); YS 6, 1 left M2, 1 damaged right m3 (IVPP V 11180.1–2). Huashaoying Town, Yangyuan County, Hebei: Layer 11 of the Donggou section, Qianjiashawa Village (<2.60 Ma), 1 left m1, 1 left M2 (IVPP V 15484.1–2); Bottom of Xiashagou, Xiashagou Village, 1 right m1, 1 right M1, 1 right M3 (IVPP V 15484.3–5).

Age of Referred Specimens Early Pleistocene (~2.60–2.15 Ma).

Diagnosis (Revised) Medium-sized. Posterior width of sagittal area (17.40 mm) around 210% of width of interorbital area (8.30 mm), the ratio slightly greater than *Yangia omegodon* (205%), but smaller than *Y. chaoyatseni* (223%), *Y. tingi* (233%), and *Y. epitingi* (262%). Parietal crests not protruding laterally. Supraoccipital process robust, not completely overlapped with two wings of lambdoid crest in lateral view. Ratio in percentage of occipital width to height around 134% (Table 12), being smallest in the genus. Upper molar rows slightly divergent posteriorly, palatal width ratio in percentage of inter-M1s to inter-M3s around 76% (Table 14). Upper molars orth-omegodont pattern, width to length ration in percentage of M2 70% (see Table 13 for range) slightly smaller than that of *Y. omegodon* (76%), but greater than *Y. chaoyatseni* (65%), *Y. tingi* (61%), and *Y. epitingi* (60%). In dentition, mean length ratio in percentage of M3 to M2 88% slightly smaller than that of *Y. omegodon* (88%), but markedly greater than that of other species; and that of M3 to M1–3 26% (see Table 35 for range).

Remarks The size of cranium is close to *Yangia tingi* (Fig. 143), but the occlusal morphology of molars is closer to the orth-omegodont pattern of *Y. omegodon*. It is different from *Y. chaoyatseni* in M2 of more orth-omegodont pattern and more concave sagittal area (Teilhard de Chardin, 1942).

The magnetostratigraphic age of YS 119 and that of YS6 and YS 120 of Yushe are 2.15 Ma and 2.26 Ma, respectively. That of Layer 11 of the Donggou section is estimated to be older than YS 6 or YS 120 of Yushe, and close to 2.58 Ma, because the Pliocene/Pleistocene boundary lies between Layer 10 and Layer 11 in this section (Cai et al., 2013).

Episiphneus Kretzoi, 1961

Type Species *Prosiphneus youngi* Teilhard de Chardin, 1940

Diagnosis (Revised) Small-sized. Lambdoid crest continuous in the center. Interparietal absent. Nasals shovel shaped, frontonasal suture transversely straight, posterior end level with frontopremaxillary suture. Dorsal margin of occipital shield level with lambdoid crest. Mean length ration in percentage of incisive foramen to diastema 45% (see Table 36 for range). Posterior width of sagittal (12.30 mm) around 150% of width of interorbital area (8.20 mm). Molars rooted. Upper molar rows divergent posteriorly, palatal width ratio in percentage of inter-M1s to inter-M3s around 76% (Table 14). Molars hypsodont. M2 with occlusal surface of nearly orth-omegodont pattern, maximum width at BSA2, AL and PL with nearly equal width, mean width to length ration in percentage of M2 80% (see Table 13 for range). In dentition, mean length ratio in percentage of M3 to M2 72%, that of M3 to M1–3 23% (see Table 37 for range), that of m3 to m2 77%, and that of m3 to m1–3 24% (see Table 15 for range). m1 with lra3 shallower than bra2, and both ras oppositely arranged. M1 with or without LRA1. m1 (mean length 3.68 mm) with parameters *a*, *b*, *c*, *d*, and *e* being >3.60 mm, >6.80 mm, >7.70 mm, >8.20 mm, and >7.60 mm, respectively. M1 (mean length 3.30 mm) with parameters *A*, *B*, *C*, and *D* being >7.20 mm, >7.90 mm, >8.00 mm, and >7.90 mm, respectively.

Known Species in China *Episiphneus youngi* (Teilhard de Chardin, 1940).

Distribution and Age Beijing, Hebei, Shanxi, and Shandong; Early Pleistocene – Middle Pleistocene.

Remarks *Chardina sinensis* was once referred to this genus (Zheng, 1994), but lra3 is positioned anterior to bra2 on its m1, so it should belong to concave occiput myospalacines (Zheng, 1997).

Judging from its M1 with or without LRA1, *Episiphneus* should be the direct ancestor of *Myospalax*. The form with LRA1 in *Episiphneus* should be the ancestor of *M. myospalax* and *M. psilurus*, whereas the form without LRA1 should be the ancestor of *M. aspalax*.

More primitive species than *Episiphneus youngi* has not been discovered, so questions like when and how the genus originated and whether it originated from convex occiput or concave occiput myospalacines still don't have answers.

Episiphneus youngi (Teilhard de Chardin, 1940)

(Fig. 144, Fig. 145)

Prosiphneus youngi: Teilhard de Chardin, 1940, p. 65, figs. 39, 40A–C, 46II, pl. II, figs. 4–8; Teilhard de Chardin et Leroy, 1942, p. 28; Huang et Guan, 1983, p. 71, pl. I, fig. 5; Zheng et Li, 1990, p. 432, tab. 1; Zheng et Han, 1991, p. 102, tab. 1

Prosiphneus cf. *youngi*: Zhou, 1988, p. 184, tab. 1, pl. II, figs. 1–2

Prosiphneus pseudoarmandi: Teilhard de Chardin, 1940, p. 67, figs. 41–45, 46III, pl. III, figs. 1–11; Teilhard de Chardin et Leroy, 1942, p. 28; Zheng et Li, 1990, p. 432, tab. 1

Prosiphneus praetingi: Erbajeva et Alexeeva, 1997, p. 244left

Prosiphneus cf. *praetingi*: Kawamura et Takai, 2009, p. 21, pl. 7, figs. 1–4

Prosiphneus cf. *intermedius*: Pei, 1930, p. 375, fig. 5

Prosiphneus sinensis: Teilhard de Chardin et Leroy, 1942, p. 28 (partim)

Prosiphneus cf. *sinensis*: Young et Bien, 1936, p. 213; Teilhard de Chardin, 1940, p. 66, figs. 40a–c, 46IV, pl. II, figs. 1–3

Prosiphneus sp.: Wang et Jin, 1992, p. 56, figs. 4–7, pl. III, fig. 2

Episiphneus pseudoarmandi: Kretzoi, 1961, p. 127

?*Episiphneus* sp.: Cai et al., 2008, p. 129, fig. 2(16)

Myospalax youngi: Lawrence, 1991, p. 271, figs. 9A, 10A, 11A, 12

Lectotype Left mandible with m1–3 (IVPP V 134) (Teilhard de Chardin, 1940: p. 66, fig. 40), collected by Chia Lan-Po in 1937.

Hypodigm Anterior portion of 1 cranium with M1–2, 4 left and 3 right mandibles with m1–3 (IVPP CP. 127–129, 136–139), 1 cranium with left M1–3 (IVPP CP. 131), posterior portion of 1 cranium with right M1–2 (IVPP CP. 132), 1 crushed cranium with left and right M1–3 (IVPP CP. 133), 1 complete dorsoventrally crushed cranium (IVPP CP. 135).

Type Locality and Horizon Loc. 18 of Zhoukoudian, Beijing (Huiyu of Mentougou); Lower Pleistocene.

Referred Specimens Longya Cave, Huangkan Village, Huairou District, Beijing: 1 left and 1 right mandible with m1–3 (IVPP V 6194–6195). Loc. III of Majuangou Paleolithic Site, Cenjiawan Village, Datianwa Township, Yangyuan County, Hebei: 1 left M2 with the posterior end missing (IVPP V 15275 = IVPP V 15486.1). The Danangou section, Dongyaozitou Village, Beishuiquan Town, Yuxian County, Hebei: Layer 12, 1 left m3 (IVPP V 15486.2); Layer 15, 1 left and 1 right M3s, 1 right m2 (IVPP V 15486.3–5); Layer 26, 1 right m1 (IVPP V 15486.6). S_{26} of Layer 4 (the upper unit of Red Silty Clay) of the "Jingle Red

Clay" section, Xiaohong'ao, Hefeng Village, Duanjiazhai Township, Jingle County, Shanxi: 1 left mandible with m1 and m3, 1 left mandible with m1–2, 1 right M2 (IVPP V 8651.1–3), 1 right M1 (IVPP V 8652). Loc. 1 of Sunjiashan, Beimu Village, Taihe Town, Zibo City, Shandong: 1 right mandible with m1–3, 1 left m2, 1 left maxilla with M1 (IVPP RV 97022.1–3).

Age of Referred Specimens Early – Middle Pleistocene (~2.00–0.34 Ma).

Diagnosis (Revised) The same as the genus.

Remarks The molar morphology of Late Pliocene "*Prosiphneus* cf. *praetingi*" from Udunga, Transbaikalia, Russia (Kawamura et Takai, 2009) indicates it is probably the earliest known record of *Episiphneus youngi*. Based on this, it can be inferred that flat occiput myospalacines with rooted molars probably originated in Siberia, and dispersed into North and East China at the beginning of Quaternary.

Zheng (1997) pointed out that the 3 forms of myospalacines from Loc. 18 of Zhoukoudian actually represented 3 ontogenetic stages of the same species. The specimens described as "*Prosiphneus youngi*" and "*Prosiphneus pseudoarmandi*" by Teilhard de Chardin (1940) should represent an adult individual and a young individual, respectively, whereas "*Prosiphneus* cf. *sinensis*" described by Young et Bien (1936) should be an old individual. According to the principle of priority, *Episiphneus youngi* should be their valid name (Zheng, 1994).

Fossil materials from other localities in China are sporadic, such as Hefeng, Jingle of Shanxi, Sunjiashan, Zibo of Shandong, Danangou, Yuxian and Majuangou, Yangyuan of Hebei, and so on. The magnetostratigraphic age of Loc. III of Majuangou Paleolithic Site is 1.66 Ma (Zhu et al., 2004); that of Layer 12, Layer 15, and Layer 26 of the Danangou section are 1.49 Ma, 1.14 Ma, and 0.34 Ma, respectively (Cai et al., 2013); and that of Xiaohong'ao is 2.00–1.90 Ma (Chen, 1994). Thus the geological age of this species roughly ranges 2.00–0.34 Ma.

Myospalax Laxmann, 1769

Type Species *Mus myospalax* Laxmann, 1773

Diagnosis (Revised) Nasals shaping like an inversely placed gourd, frontonasal suture transversely straight or "∧" shaped, posterior end never exceeding frontopremaxillary suture. Depression on dorsal side of rostrum remarkable. Intermediate width between frontal crests greater than or equal to that between parietal crests. Infraorbital foramen narrowing ventrally. Incisive foramen developed only on premaxilla. Occipital width greater than height (ratio in percentage of occipital width to height markedly smaller than in other species). Molars rootless. Upper molar rows divergent posteriorly. M1 with 1 or 2 LRAs. M2 showing orth-omegodont pattern; length ratio in percentage of m/M3 to m/M2 and m/M3 to m/M1–3 smallest compared with other genera; m1 with enamel at anterior end, lra3 usually very shallow.

Known Species in China *Myospalax aspalax* (Pallas, 1776), *M. myospalax* (Laxmann, 1773), *M. psilurus* (Milne-Edwards, 1874) (extant hereinbefore); *M. propsilurus* Wang et Jin, 1992, *M. wongi* (Young, 1934).

Distribution and Age Liaoning, Jilin, Inner Mongolia, Hebei, Beijing, Henan, Shandong, Shanxi, and Anhui; Early Pleistocene – Present.

Remarks The genus name *Myospalax* Laxmann, 1769 is earlier than *Myotalpa* Kerr, 1792 and *Siphneus* Brants, 1827, so the latter two are invalid. The genus formerly contained both extant flat occiput myospalacines, and extant convex occiput and fossil concave occiput myospalacines (Allen, 1940; Chow et Li, 1965; Corbet et Hill, 1991; Tan, 1992; Huang et al., 1995; Li, 2000; Wang, 2003), or all myospalacines with rooted or rootless molars (Lawrence, 1991). Later, researchers noticed the differences between convex occiput myospalacines with rootless molars and flat occiput myospalacines, and promoted *Eospalax* Allen,

1940 to the genus rank (Kretzoi, 1961; Musser et Carleton, 2005; Pan et al., 2007). In addition, concave occiput myospalacines with rootless molars are named as *Yangia* Zheng, 1997 (*Youngia* Zheng, 1994).

Myospalax only represents flat occiput myospalacines with rootless molars in this monograph. The opinion that *Myospalax* should contain all myospalacines with both rooted and rootless molars (Lawrence, 1991) can not reflect the complex and various morphotypes in myospalacines.

Key to species

I. M1 with LRA1

a. Size relatively small, m1 with a relatively deep lra3, mean length ratio in percentage of M3 to M2 79%, that of m3 to m2 60%, mean length of M1 3.58 mm, that of m1 3.94 mm ································· *M. propsilurus*

b. Size relatively large, m1 with a relatively shallow lra3, mean length ratio in percentage of M3 to M2 88%, that of m3 to m2 81%, mean length of M1 4.28 mm, that of m1 4.47 mm ································· *M. psilurus*

II. M1 without LRA1

a. Size relatively small, mean length ratio in percentage of M3 to M2 65%, that of m3 to m2 67%, mean length of M1 3.20 mm, that of m1 4.17 mm ·· *M. wongi*

b. Size relatively large, mean length ratio in percentage of M3 to M2 70%, that of m3 to m2 67%, mean length of M1 4.07 mm, that of m1 4.17 mm ·· *M. aspalax*

Myospalax aspalax (Pallas, 1776)

(Fig. 146, Fig. 147)

Mus aspalax: Pallas, 1776, p. 692

Siphneus armandi: Milne-Edwards, 1867, p. 376; Pei, 1940, p. 51, figs. 23–24, pl. I, figs. 9–10; Teilhard de Chardin et Leroy, 1942, p. 29

Myospalax myospalax: Ellerman et Morrison-Scott, 1951, p. 652

Myospalax armandi: Zhou et al., 1984, p. 153; Jin et al., 1984, p. 317, pl. I, fig. 5

Myospalax armandi, M. aspalax, M. psilurus: Lu et al., 1986, p. 155, pl. I, figs. 1–2

Myospalax myospalax aspalax: Tan, 1992, p. 278

Myospalax myospalax: Huang et al., 1995, p. 184

Holotype Unknown.

Type Locality Dauuria, vicinity of Onon River, Transbaikal, Russia.

Referred Specimens Upper Cave of Zhoukoudian, Beijing: 2 crania with M1–3 (IVPP CP. 54A–B), 2 left and 2 right mandibles with m1–3 (IVPP CP. 55A–D), 2 left and 1 right mandibles (IVPP CP. 56B–D), 2 crania with M1–3 and 2 mandibles with m1–3 (IVPP V 56102.1–2), 4 crania with left and right M1–3 and M1–2 (IVPP RV 40152–40155), 1 cranium with left M3 and right M1–3 (IVPP RV 40156), 2 crania without molars (IVPP RV 40157–40158), 1 cranium with left M1–3 and right M1–2 (IVPP RV 40159), 1 cranium with left and right M1–3 (IVPP RV 40160), 1 right mandible with m1–3 (IVPP RV 40160.1). Qingshantou Village, Balang Town, Qianguo County, Jilin: 1 damaged cranium with left M1–3 (JQ 825-3). Chijiayingzi, Olji Village, Fuhe Town, Bairin Left Banner, Inner Mongolia: 3 crania with M1–3 (IIIL2937.83–84, 86), 1 cranium without molars (IIIL2937.85), 1 left mandible with m1–3 (IIIL2937.88) (IIIL2937 is the locality field number of Unit 3, Team 2 of Regional Geological Survey, Geological and Mineral Resource Bureau of Inner Mongolia; 83–86 and 88 are specimen numbers).

Age of Referred Specimens Late Pleistocene.

Diagnosis (Revised) Nasals shaping like an inversely placed gourd, frontonasal suture transversely straight and zigzagged, posterior end never exceeding frontopremaxillary suture. Frontal crests/parietal crests remarkable, parallel to each other. Medial occipital crest strong. Incisive foramen developed only on premaxilla, mean length ration in percentage of incisive foramen to diastema 38% (see Table 36 for range). Mean width to length ration in percentage of M2 69% (see Table 13 for range). Mean ratio in percentage of occipital width to height 128% (see Table 12 for range). Differing from other myospalacines in M1 lacking LRA1. Posterior divergence most remarkable in myospalacines, mean palatal width ratio in percentage of inter-M1s to inter-M3s (71%) being the smallest (see Table 14 for range). In dentition, mean length ratio in percentage of M3 to M2 70%, that of M3 to M1–3 22% (see Table 37 for range), that of m3 to m2 67%, and that of m3 to m1–3 22% (see Table 15 for range), all being relatively small in myospalacines.

Remarks *Myospalax aspalax* (Pallas, 1776) is earlier than *M. armandi* (Milne-Edwards, 1867), so all the fossils described as *armandi* should be revised as *aspalax*.

In addition, some specific names representative of fossil materials from Siberia is also thought to be the synonym of this species, such as *Myospalax dybowskii* Sherskey, 1873, *M. hangaicus* (Orlov et Baskevich, 1992), *M. talpinus* (Pallas, 1811), and *M. zokor* (Desmarest, 1822) (Musser et Carleton, 2005).

Myospalax aspalax is sometimes treated as a subspecies of *M. myospalax* (Ellerman, 1941; Tan, 1992), and is sometimes referred to *Myospalax myospalax* (Ellerman et Morrison-Scott, 1951; Huang et al., 1995), but is thought of as an independent species more often (Lu et Li, 1984; Jin et al., 1984; Corbet et Hill, 1991; Li, 2000; Wang, 2003; Musser et Carleton, 2005).

lra3 on the m1 of the lower molar row from Upper Cave of Zhoukoudian (Fig. 147B) is markedly deeper than that of the specimen from Liaoxi, Liaoning (Fig. 147D), and dental lobes of the former are also less oblique. Taking into consideration that the reduced posterior lobe on M3 and straight anterior wall of m1 are consistent with extant specimens, the fossil materials are referred to this extant species and the differences are thought of as intraspecific variation.

Myospalax propsilurus Wang et Jin, 1992

(Fig. 148)

Holotype Right maxilla with M1–3 (DH 8992) and complete left and right mandible with m1-3 (DH 8993) probably belonging to the same individual, collected by the field survey team of Dalian Natural History Museum during 1989–1990. The specimens are housed in Dalian Natural History Museum.

Hypodigm 12 relatively complete upper and lower jaws and 50 upper and lower molars (DH 8994).

Type Locality and Horizon Quarry 1, north of Haimao Village, Ganjingzi District, Dalian City, Liaoning; Lower Pleistocene fissure deposits.

Diagnosis (Revised) Size smaller than *Myospalax psilurus*, enamel band relatively thick, M1 with LRA1, posterior lobe of M3 and m3 not markedly reduced, m3 with an unremarkable bra2. m1–3 with mean length of 9.40 mm, M1–3 with mean length of 8.95 mm. Width to length ratio in percentage of M2 78 %. In dentition, mean length ratio in percentage of M3 to M2 79%, that of M3 to M1–3 25% (see Table 37 for range), that of m3 to m2 60%, and that of m3 to m1–3 22% (see Table 15 for range).

Remarks *Myospalax propsilurus* from Haimao, Dalian is different from *M. psilurus* from Jinniushan, Yingkou (Zheng et Han, 1993) in: smaller size (mean length of m1–3 and M1–3 9.40 mm and 8.95 mm, respectively for the former; 10.30 mm and 9.88 mm, respectively for the latter); smaller length ratio in percentage of m3 to m2 (60% for the former; 81% for the latter); similar length ratio in percentage of M3 to M2 (82% for the former; 88% for the latter), much larger than that of *M. aspalax* (70%), *M. wongi* (65%), and *Episiphneus youngi* (72%).

In addition, *Myospalax propsilurus* is slightly larger than *Episiphneus youngi* (mean length of m1–3 and M1–3 8.80 mm and 7.78 mm, respectively); its length ratio in percentage of M3 to M2 lies between *E. youngi* (72%) and *M. psilurus* (88%), which indicates its evolutionary stage also lies between them.

Myospalax psilurus (Milne-Edwards, 1874)

(Fig. 149, Fig. 150)

Siphneus psilurus: Milne-Edwards, 1874, p. 126.

Siphneus epsilanus: Tokunaga et Naora, 1934, p. 55; Teilhard de Chardin et Leroy, 1942, p. 29

Siphneus manchoucoreanus: Takai, 1938, p. 761 (partim)

Myospalax epsilanus: Thomas, 1912b, p. 94; Huang et Zong, 1973, p. 212, pl. I, figs. 1–2

Myospalax myospalax psilurus: Allen, 1940, p. 916

Myospalax fontanieri: Zhang et al., 1980, p. 156, pl. I, fig. 1

Myospalax cf. *psilurus*: Jin, 1984, p. 55, pl. I, figs. 4–5

Myospalax myospalax: Li, 2000, p. 152 (partim)

Holotype The specimen described as this species probably was collected by Père Armandi David around 1867. It is probably housed in the Natural History Museum of Paris at present.

Type Locality Sandy farm field in the south of Beijing.

Referred Specimens Jinniushan Man Site, Xitian Village, Yong'an Town, Yingkou City, Liaoning: 1 nearly complete cranium with M1–3 (Y.K.M.M. 14), posterior half of 1 cranium with right M1–3, 1 damaged cranium with left M1–2, 6 left mandibles with m1–3, 4 left mandibles with m1–2, 1 left mandible with m1, 1 left mandible with m2, 6 right mandibles with m1–3, 3 right mandibles with m1–2, 2 right mandibles with m1 (Y.K.M.M. 14.1–25). Benxi Lake side, Benxi City, Liaoning: 1 right mandible with m1–2, 1 left mandible with m3 (B.S.M. 72801–72802). Qingshantou Village, Balang Town, Qianguo County, Jilin: 1 damaged cranium without molars (JQ 825-07). Zhoujiayoufang, Yushu (present Zhoujia Village, Xiushui Town, Yushu City), Jilin: 1 cranium without molars (IVPP V 25270). Loc. 62, Weichang County, Chengde City, Hebei: 1 cranium with left M1–2 and right M1–3 (IVPP RV 27038), posterior half of 1 cranium of a young individual with left M1–3 and right M1–2 (IVPP RV 27039), 1 left mandible with m1–3, 1 right mandible with m1 (IVPP RV 27040.1–2). Wujia Village, Weixian County (presently belonging to Weicheng District, Weifang City), Shandong: anterior portion of 1 cranium with left and right M1–3, 1 left mandible with m1–3 (IVPP V 6264.1–2). Loc. 63, Xishan, Yidu (present Qingzhou City), Shandong: 1 right mandible with m3 (IVPP V 451). Loc. 101, Xizhangcun Town, Mianchi County, Henan: 1 cranium articulated with mandibles (IVPP RV 27041). Loc. 20, Shouyang County, Shanxi: 1 right mandible with m1–3 (IVPP RV 35062). Yushe Basin, Shanxi: 2 crania (H.H.P.H.M. 28.745, 28.753). Locality unknown: middle portion of 1 cranium with left and right M1–3 (IVPP V 25271), 1 left and 1 right mandibles with m1–3 (IVPP V 25272.1–2).

Age of Referred Specimens Middle Pleistocene – Holocene.

Diagnosis (Revised) Nasals relatively long, broad trapezoid shaped, frontonasal suture "∧" shaped, posterior end never exceeding frontopremaxillary suture. Frontal crests/parietal crests remarkable, parietal crests with a lateral protuberance at anterior portion. Intermediate width between frontal crests usually greater than that between parietal crests. Incisive foramen developed only on premaxilla, mean length ration in percentage of incisive foramen to diastema 36% (see Table 36 for range). Mean ratio in percentage of occipital width to height 122% (see Table 12 for range). Differing from *Myospalax aspalax* mainly in M1 with LRA1. M2 clin-omegodont pattern, mean width to length ratio in percentage of M2 63% (see Table 13 for range). Upper molar rows markedly divergent posteriorly, mean palatal width ratio in percentage of inter-M1s to inter-M3s 72% (see Table 14 for range). In dentition, mean length ratio in percentage of M3 to M2 88%, that of M3 to M1–3 28% (see Table 37 for range); that of m3 to m2 81%, and that of m3 to m1–3 26% (see Table 15 for range).

Remarks There are currently two opinions about the relationship between *Myospalax psilurus* and *M.*

myospalax: most researchers think of both as independent species (Allen, 1940; Ellerman, 1941; Ellerman et Morrison-Scott, 1951; Kretzoi, 1961; Corbet et Hill, 1991; Lawrence, 1991; Tan, 1992; Huang et al., 1995; Wang, 2003); few researchers argue the former species should be referred to the latter (Li, 2000; Pan et al., 2007). In view of apparent differences in cranium and molar morphology, the first opinion is followed here.

Myospalax wongi (Young, 1934)

(Fig. 151)

Siphneus cf. *cansus*: Teilhard de Chardin et Young, 1931, p. 19 (partim)

Siphneus wongi: Young, 1934, p. 106, fig. 44A; Zheng et al., 1998, p. 36, tab. 1, fig. 3J

Siphneus cf. *wongi*: Pei, 1936, p. 78, figs. 41–43, pl. VI, figs. 20–28

Lectotype Right mandible with m1–3 (Cat.C.L.G.S.C.Nos.C/C1775), collected by the Geological Survey of China during 1927–1932. The specimen is currently housed in IVPP. Young (1934) didn't designate any specimen as holotype when first establishing the species.

Type Locality and Horizon Loc. 1 of Zhoukoudian, Beijing; Middle Pleistocene.

Referred Specimens Loc. 19, Xiapodi, Daning County, Shanxi (geographic location and present administrative attribution unclear): 1 cranium with left M1–2 and right M1–3 (Cat.C.L.G.S.C.Nos.C/86). Zhoukoudian, Beijing: Loc. 1, 1 left mandible with m1–3 (Cat.C.L.G.S.C.Nos.C/C1776); Loc. 3, 1 left mandible with m1–2, 1 left mandible with m2–3, 1 left mandible with m3 (Cat.C.L.G.S.C.Nos.C/C2624), 2 left and 1 right mandibles without molars (Cat.C.L.G.S.C.Nos.C/C2625); Loc. 15, 1 left and 1 right mandible with m1–2 (IVPP V 26140.1–2). Xiaoxishan, Baizhuang Village, Dongyang (present Pingyi Neighbourhood), Pingyi County, Shandong: 1 left and 1 right mandibles with m1–3 (IVPP V 1510.1–2).

Age of Referred Specimens Middle Pleistocene.

Diagnosis (Revised) Frontonasal suture transversely straight, posterior end never exceeding frontopremaxillary suture. Ratio in percentage of occipital width to height around 132% (Table 12). Upper molar rows divergent posteriorly, palatal width ratio in percentage of inter-M1s to inter-M3s around 75% (Table 14). Length ration in percentage of incisive foramen to diastema around 34% (Table 36). Width to length ratio in percentage of M2 around 69% (Table 13). M1 lacking LRA1. M1–3 8.50 mm in length, m1–3 9.58 mm in length. In dentition, length ratio in percentage of M3 to M2 around 65%, that of M3 to M1–3 around 22% (Table 37), that of m3 to m2 67%, and that of m3 to m1–3 22% (see Table 15 for range).

Remarks The cranium and molars of *Myospalax wongi* and *M. aspalax* are quite similar in morphology. Young (1934) pointed out that *M. wongi* was different from *M. aspalax* in its m1 with 2 lras; m3 smaller and with markedly reduced lra1; dental crests perpendicular to the longitudinal axis of the tooth and strongly compressed anteroposteriorly; buccal wall of m2 and m3 flat. However, these differences most likely come from intraspecific variations instead of interspecific differences. Although length ratio in percentage of m3 to m2 of *M. wongi* is comparable to that of *M. aspalax* from Loc. 1 (80%) and Loc. 3 (81%) of Zhoukoudian, and the mean is greater than that of *M. aspalax* from Upper Cave (67%) of Zhoukoudian, but does not exceed the maximum (83%) of the latter. Therefore, whether or not the species name should be retained still needs further discussion.

The size difference among *Episiphneus youngi*, *Myospalax aspalax*, and *M. psilurus* can be seen in Fig. 152. The former two species are closer in size.

5 Proposed evolutionary relationships of arvicoline genera and tribes

5.1 Chronological records of fossil arvicolines of China

Fig. 153 summarizes the chronological records of above mentioned arvicoline species in China.

5.2 Evolutionary trends of fossil arvicolines of China

Some early cricetines that have similar molar morphology perhaps can help us reveal the origin of arvicolines. *Microtodon* Miller, 1927 of Cricetinae distributed in Eurasia during Late Miocene – Early Pliocene and *Baranomys* Kormos, 1933b distributed in Europe during Pliocene are all considered to be closest to Arvicolinae in terms of dental and mandibular morphology. Although most of *Microtodon*'s morphology is indicative of its Cricetinae placement, a rudimentary but clear arvicoline groove is developed on their mandible below the anterior border of the ascending ramus to facilitate the anterior attachment of m. masseter medialis, which is typical of arvicoline musculature. Besides teeth, *Baranomys* seems to have developed an arvicoline-like insertion for the m. temporalis internus on their mandible (Repenning, 1968). At present, most fossil materials described as *Baranomys* have been transferred to *Microtodon* (Fahlbusch et Moser, 2004). Therefore, more and more researchers tend to accept that *Microtodon* should be taken as the ancestor of arvicolines (Fejfar et al., 1997). Due to the facts that there is still no definite records of *Promimomys* in Asia, and that *Microtodon* has not been found in North America, it is most likely that arvicolines originated in Europe.

Promimomys is a group of medium-sized arvicolines. They have brachydont and cementless molars. AC of its m1 is simple, and T1 and T2 are confluent and forms a rhombus (Kretzoi, 1955a). The following morphological features are complemented here for *Promimomys*: ① molars with roots, root number of M1–3 is 3, 3, 2–3, respectively; ② molars brachydont, namely PA-Index and HH-Index with minus values, sinuses/sinuids unremarkable, sinuous line nearly straight and positioned above the top (the upper molars) or below the bottom (the lower molars) of RAs; ③ AC of m1 simple and without remarkable secondary folds; ④ m1 with 3 not tightly closed Ts anterior to PL, or, in other words, with 4 LSAs, 3 LRAs, 3 BSAs, and 2 BRAs; and ⑤ enamel band thick and less differentiated. In this sense, there is still no *Promimomys* fossils in China. It can be inferred that arvicolines migrated into Asia and started flourishing after the *Promimomys* stage, namely at the *Mimomys* stage.

The evolutionary trends of arvicolines usually refer to that of the molars, especially m1 and M3 that have the most typical morphological features. The general trends include: from rooted molars to rootless molars (when rooted, the root number of upper molars gradually decreasing); from brachydonty to hypsodonty (forms with rooted molars); from cementless molars to cemented molars and from little cement to abundant cement; from undifferentiated enamel band to positively differentiated or negatively differentiated enamel band; gradually increasing number of closed Ts and SAs (RAs).

Arvicolines in China mainly include the following 4 tribes:

(1) Arvicolini Gray, 1821, consists of *Mimomys*, *Allophaiomys*, *Arvicola*, *Lasiopodomys*, *Proedromys*, *Microtus*, *Pitymys*, and *Volemys* (Fig. 154I). It is the largest tribe in Arvicolinae, representative of the evolutionary processes from rooted molars to rootless molars, from brachydonty to hypsodonty, from cementless molars to molars with a little cement then to molars with abundant cement, from positively differentiated enamel band to negatively differentiated enamel band, gradually increasing number of SAs (RAs) on m1 and M3, from unclosed Ts to closed Ts, and so on. Myodini and Lagurini diverged from this

tribe at ~3.51 Ma and ~3.85 Ma, respectively. At the *Mimomys* stage, the lineage of the subgenus *Aratomys* represented by *Mim.* (*Aratomys*) *bilikeensis*→*Mim.* (*Ar.*) *teilhardi* emerged during 4.80–3.50 Ma; the subgenus *Mimomys* lineage represented by *Mim.* (*Mim.*) *nihewanensis*→*Mim.* (*Mim.*) *orientalis* diverged from the *Aratomys* lineage during 3.85–2.58 Ma; the large-sized lineage of the subgenus *Kislangia* represented by *Mim.* (*Kislangia*) *banchiaonicus*→*Mim.* (*K.*) *peii*→*Mim.* (*K.*) *zhengi* diverged from the *Mimomys* lineage during 3.04–2.54 Ma; the subgenus *Cromeromys* lineage represented by *Mim.* (*Cromeromys*) *youhenicus*→*Mim.* (*C.*) *irtyshensis*→*Mim.* (*C.*) *gansunicus* diverged from the subgenus *Aratomys* lineage during 3.51–1.66 Ma. *Arvicola* diverged from *Mim.* (*C.*) *savini* in Europe during late Middle Pleistocene. The most primitive lineage with rootless molars *Al. terraerubrae*→*Al. deucalion*→*Al. pliocaenicus* diverged from *Mim.* (*C.*) *gansunicus* during 2.46–0.87 Ma. Extant genera *Proedromys*, *Pitymys*, *Lasiopodomys*, and *Microtus* emerged at 2.14 Ma, 1.49 Ma, 1.67 Ma, and 1.67 Ma, respectively.

(2) Lagurini Kretzoi, 1955b, consists of *Borsodia*, *Villanyia*, *Hyperacrius*, and *Eolagurus* (Fig. 154II). Among them, *Borsodia* was once seen as a synonym of *Mimomys* and placed in Arvicolini together with *Eolagurus*, and *Hyperacrius* was also once placed in Myodini (McKenna et Bell, 1997). *Borsodia* is the most primitive fossil genus in this tribe, whose molars are rooted, and can be seen as the ancestor of those extant genera with rootless molars, such as *Hyperacrius* and *Eolagurus*. The most primitive member of the genus is *B. mengensis*, which first occurred at ~3.85 Ma. *B. praechinensis* evolved from it around 3.51–2.15 Ma. Then *B. praechinensis* is replaced by the most derived *B. chinensis* during 2.26–1.45 Ma. *Eolagurus simplicidens* with rootless molars replaced *B. chinensis* with rooted molars around 2.63 Ma. And *H. jianshiensis* probably derived from *B. chinensis* around 2.31 Ma.

(3) Myodini Kretzoi, 1969, consists of *Myodes* with rooted molars and *Alticola*, *Caryomys*, *Huananomys*, and *Eothenomys* with rootless molars (Fig. 154III). Starting from the most primitive species of the tribe, the lineage *My. fangchangensis*→*My. rutilus* (*My. rufocanus*) diverged from *Mi.* (*Mimomys*) *nihewanensis* when cement began to develop in re-entrant angles of *Mimomys* molars around 3.51 Ma. *H. variabilis* derived from *Myodes* around 1.50 Ma, and survived until 0.30 Ma. *C. eva* first occurred around 1.63 Ma. *E.* (*Eothenomys*) *melanogaster* derived from *My. fanchangensis* around 2.54 Ma. *E. hubeiensis*, *E. praechinensis*, and *E. chinensis tarquinius* belong to the subgenus *Anteliomys*, which is markedly more derived than *E. melanogaster* of the subgenus *Eothenomys* based on the degree of complexity of M3 morphology, but more primitive than *E. melanogaster* based on the degree of simplicity of M1 and M2. Therefore, the evolutionary relationship between them is still not clear.

(4) Prometheomyini Kretzoi, 1955b, consists of fossil genera *Germanomys* and *Stachomys* and extant genus *Prometheomys* (Fig. 154IV). *Germanomys* was once considered to be a synonym of *Ungaromys* and placed in Ellobiusini Gill, 1872 (McKenna et Bell, 1997). Now they are seen as two separated genera (Wu et Flynn, 2017), and placed into different tribes. *Stachomys* is closet to extant *Promethenomys* in molar morphology. The m2 from YS 115 (~5.50 Ma) of the Taoyang member, Yushe Basin perhaps were not collected from the original horizon (most likely from the overlying slope diepsits), and should be a form more derived than *G. progressivus*. Therefore, the name “Prometheomyini gen. et sp. indet.” is no longer valid in Yushe Basin. As a result, the notion that Prometheomyinae “should be independent from Arvicolinae” has no support any more. *G. yusheicus* didn’t derive from *Promimomys* until 4.70 Ma, and survived until 3.08 Ma; *G. progressivus* derived from *G. yusheicus* during 3.50–2.63 Ma. More derived *Germanomys* sp. occurred in Nihewan Basin around 3.00 Ma. *S. trilobodon* first occurred at Yushe at ~3.50 Ma and coexisted with *G. yusheicus*. Extant *P. schaposchnikowi* didn’t occur until 0.12 Ma at Xarusgol.

6 Origin, taxonomy, and evolutionary relationships of myospalacines of China

Excluding some age outliers, the comprehensive chronological records of myospalacines from different localities, sections, and horizons are summarized in Fig. 155.

The investigation of the origin of myospalacines has a rather long and complicated history, and is constantly ongoing. Late Miocene "*Prosiphneus lupinus* Wood, 1936" recovered from Tunggur, Inner Mongolia was once thought to be the earliest member of *Prosiphneus* (Teilhard de Chardin, 1942). After its referral to *Plesiodipus leei* Young, 1927, *Pr. licenti* Teilhard de Chardin, 1926a from the Late Miocene *Hipparion* red clay of Qingyang, Gansu, *Pr. qiui* Zheng, Zhang et Cui, 2004 from Amuwusu, Inner Mongolia, and *Pr. qinanensis* Zheng, Zhang et Cui, 2004 from Qin'an, Gansu were successively thought of as the earliest *Prosiphneus* (Li et Ji, 1981; Qiu et al., 1981; Zheng, 1994; Qiu, 1996; Qiu et Wang, 1999; Zheng et al., 2004). *Pr. qinanensis* collected at the depth of 82.2 m from the surface in the 253.1 m thick red clay section, 27 km northwest of Qin'an, Gansu possesses features of both *Prosiphneus* and *Plesiodipus* in molar morphology, so it is thought to have clearer ancestor – descendant relationship with *Pl. progressus* Qiu, 1996 (Zheng et al., 2004). Recently, *Khanomys* recovered from Balunhalagen, Sonid left Banner, Inner Mongolia is thought to be closer to primitive myospalacine *Pr. qiui* than *Plesiodipus* (Qiu et Li, 2016). However, this inference still seems doubtful in: firstly, *Khanomys* is more hypsodont than primitive *Prosiphneus*, which contradicts the general evolutionary trend from brachydonty to hypsodonty; secondly, the feature that m3 is longer than m2 in *Khanomys* is also inconsistent with the situation in early myospalacines where m3 is usually shorter than m2; finally, the size of *Khanomys* is already very large, with the length of m/M1 reaching or exceeding that of all species of *Prosiphneus*, which again contradicts the trend in size from small to large in myospalacines. *Plesiodipus*, on the contrary, does not shows these contradictions and can more likely act as the ancestor of *Prosiphneus*.

Teilhard de Chardin et Young (1931) divided Siphneidae into 2 genera, *Prosiphneus* (with rooted molars) and *Siphneus* (with rootless molars) according to whether the molars have roots or not; divided *Prosiphneus* into 2 groups, brachydont group (including *P. licenti*, *P. eriksoni*, and *P. sinensis*) and hypsodont group (including *P. intermedius*) according to length, furcation, and fusing of roots; and divided *Siphneus* into convex occiput *fontanieri* group (including *S. fontanieri*, *S. cansus*, *S. minor*, *S. episilanus*, and *S. chanchenensis*), flat occiput *psilurus* group (including *S. psilurus*, *S. armandi*, *S. myospalax*, and *S. arvicolinus*), and concave occiput *tingi* group (including *S. tingi*, *S. chaoyatseni*, *S. hsuchiapinensis*, and *S. omegodon*) according to the occipital morphology. Their suggested scenario of myospalacine evolution is: ① *P. intermedius* derived from *P. eriksoni*; ② *S. omegodon* and *P. intermedius* were probably concurrent and acted as the direct ancestor of *S. tingi* and *S. chaoyatseni*, respectively. *P. licenti* and *P. sinensis* were probably aberrant branches. "Flat occiput" *S. arvicolinus* (now seen as convex occiput) was thought to be the ancestor of extant flat occiput myospalacines.

Leroy (1941) established the family Siphneidae, and promoted *Prosiphneus* and *Siphneus* to Prosiphneinae and Siphneinae, respectively.

Teilhard de Chardin (1942) first used Siphneidae Leroy, 1941, but retained *Prosiphneus* and *Siphneus* at the genus rank. He divided *Prosiphneus* into two groups: the first group shared features such as the occlusal surface of the upper molars being orth-omegodont pattern, relatively long molar roots, and broad and harp-shaped sagittal area; the second group shared features such as the occlusal surface of the upper molars being clin-omegodont pattern, relatively short molar roots, narrow and linear sagittal area. The first group was subsequently subdivided into convex occiput type (including *P. licenti* and *P. murinus*), flat occiput type (including *P. truncatus* and *P. lyratus*), and concave occiput type (including *P. praetingi* and *P. paratingi*), and the second group was subdivided into *P. youngi* with furcate molar roots and *P. psudoarmandi* with posteriorly sharply truncated cranium and only 1 LRA on M1. *Siphneus* was also divided into convex occiput type (including *S. fontanieri*), flat occiput type (including *S. arvicolinus*, *S. myospalax*, *S. armandi*, *S. psilurus*, and *S. epsilanus*), and concave occiput type (including *S. omegodon*, *S. trassaerti*, *S. chaoyatseni*, *S. tingi* , and *S. epitingi*). He concluded: ① *P. praetingi* was the earliest concave occiput myospalacines, and probably originated from *P. murinus*, forming the trunk of the evolution of concave occiput myospalacines; ② *P. paratingi* was an aberrant evolutionary branch; ③ *S. omegodon* directly originated from *P. praetingi* and formed the trunk of the lineage *S. omegodon→S. tingi→S. epitingi*; ④ *S. chaoyatseni* and *S. trassaerti* were two aberrant evolutionary branches; ⑤ later convex occiput myospalacines perhaps directly originated from *P. murinus*, whereas *P. licenti* was an aberrant branch of early convex occiput myospalacines; and ⑥ *P. truncatus* was considered to be the ancestor of all later flat occiput myospalacines, whereas *P. lyratus* was an aberrant branch of early flat occiput myospalacines.

Kretzoi (1961) replaced the family name Siphneidae with Myospalacidae. He retained the genus *Prosiphneus* including the type species *P. licenti* and *P. eriksoni*, *P. sinensis*, *P. lupinus*, *P. murinus*, *P. ?truncatus*, and *P. lyratus*; promoted the subgenus *Eospalax* to genus level and referred type species *E. fontanieri* and *E. cansus*, *E. rufescens*, *E. shenseius*, *E. baileyi*, *E. smithii*, *E. rothschildi*, *E. fontanus*, *E. kukunoriensis*, *E. chanchenensis*, and *E. youngianus* Kretzoi, 1961 (= *minor*, Teilhard de Chardin et Young, 1931) to the genus; retained the genus *Myospalax* including the type species *My. myospalax* and *My. apalax*, *My. talpinus*, *My. zokor*, *My. armandi*, *My. laxmanni*, *My. dybowskyi*, *My. psilurus*, *My. spilurus*, *My. epsilanus*, *My. komurai*, *My. tingi*, *My. ?omegodon*, *My. chaoyatseni*, *My. hsuchiapinensis*, *My. wongi*, *My. tarbagataicus*, *My. incertus*, and *My. epitingi*; established the genus *Mesosiphneus* based on *P. praetingi* including *Me. paratingi*; established the genus *Episiphneus* based on *P. psudoarmandi* including *E. intermedius* and *E. youngi*; and established the genus *Allosiphneus* based on *Siphneus arvicolinus* including *A. teilhardi* Kretzoi, 1961.

Based on fossil materials recovered from Luochuan, Shaanxi, Zheng et al. (1985b) concluded: ① *Prosiphneus praetingi* is the most primitive form among concave occiput myospalacines; ② in fluviolacustrine deposits and cave deposits areas of eastern North China, concave occiput myospalacines evolved in the mode of *P. paratingi→Myospalax trassaerti→M. tingi→M. epitingi*, whereas in the mode of *P. intermedius→M. omegodon→M. chaoyatseni* in loess distributed areas.

Zheng (1994) resurrected the family name Siphneidae and subfamily name Prosiphneinae and Myospalacinae Lilljeborg, 1866, and promoted the genus *Mesosipheus* to the subfamily rank Mesosiphneinae. The 3 subfamilies represented convex occiput type, flat occiput type, and concave occiput type, respectively. In this classification, the convex occiput type contained 5 genera including *Prosiphneus* Teilhard de Chardin, 1926a, *Myotalpavus* Miller, 1927, *Pliosiphneus* Zheng, 1994, *Allosiphneus* Kretzoi, 1961, and *Eospalax* Allen, 1938; the flat occiput type contained 2 genera including *Myospalax* Laxmann, 1769 and *Episiphneus* Kretzoi, 1961; and the concave occiput type contained 3 genera including *Chardina* Zheng, 1994, *Mesosiphneus* Kretzoi, 1961, and *Youngia* Zheng, 1994 (renamed as *Yangia* Zheng, 1997 later). Zheng (1994) speculated that myospalacines originated from *Plesiodipus* Young, 1927, and diverged into two lineages around ~11.00 Ma: the first one was the extinct aberrant branch *Pr. inexpectatus* (= *Pr. qiui* Zheng, Zhang et Cui, 2004)→*Pr. licenti*→*Pr. murinus*; the second was *Myotalpavus* sp.→*Myotalpavus eriksoni* (= *Prosiphneus eriksoni* here), being ancestral to the later myospalacines of 3 occiput types. Since ~6.00 Ma,

Chardina→Mesosiphneus→Youngia represented the concave occiput lineage; *Pliosiphneus→Eospalax* represented the convex occiput lineage, whereas *Allosiphneus* was an aberrant branch of this lineage; *Episiphneus→Myospalax* represented the flat occiput lineage.

Zheng (1997) systematically discussed the 3 occiput types and occlusal morphology of rooted and rootless molars, and inferred the main evolutionary lineage of concave occiput myospalacines, namely *Chardina sinensis→C. truncatus→Mesosiphneus praetingi→M. paratingi→Yangia trassaerti→Y. tingi→Y. epitingi*. *M. intermedius→Y. chaoyatseni* and *Y. omegodon* belong to two aberrant branches.

Zheng et al. (2004) discussed the crown height in different species of *Prosiphneus*, and concluded that *Prosiphneus* was the most primitive genus of Siphneidae, and *P. qinanensis* Zheng, Zhang et Cui, 2004 was the most primitive species, and that *P. qinanensis→P. qiui* Zheng, Zhang et Cui, 2004→*P. haoi* Zheng, Zhang et Cui, 2004→*P. licenti→P. murinus→P. tianzuensis→P. eriksoni* was a complete evolutionary lineage of *Prosiphneus*.

Liu et al. (2013) demoted Myospalacidae to Myospalacinae Lilljeborg, 1866, and described the *Prosiphneus* lineage *P. licenti→P. tianzuensis→P. eriksoni*, the *Chardina* and *Mesosiphneus* lineage *C. sinensis→C. gansuensis→C.truncatus→M. primitivus→M. intermedius*, and *Pliosiphneus* cf. *P. lyratus* from the Dongwan section, Qin'an, Gansu.

Liu et al. (2014) described the myospalacine lineages with rootless molars from the Pliocene – Pleistocene of Wenwanggou, Lingtai, Gansu under the subfamily Myospalacinae, including *Eospalax lingtaiensis→E. simplicidens*, *Allosiphneus teilhardi→A. arvicolinus*, and *Yangia omegodon→Y. chaoyatseni*.

The constantly changing understanding about the evolutionary relationships of myospalacines above results from the accumulation and deepening of knowledge about the taxonomy, biostratigraphy, and chronology. With the recovery of more fossil materials in recent years, the key morphological features the classification is based on are prone to change from time to time, such as the transverse classification taking whether the molars have roots or not as the primary character and the convex occiput, flat occiput, and concave occiput of cranium as the secondary character (Teilhard de Chardin and Young, 1931; Teilhard de Chardin, 1942), or the longitudinal classification taking the convex occiput, flat occiput, and concave occiput of cranium as the primary character and whether the molars have roots or not as the secondary character (Leroy, 1941; Zheng, 1994; Zheng, 1997). In this monograph, whether the cranium has the interparietal or not is taken as the primary character (primitive), the convex occiput, flat occiput, and concave occiput of cranium as the secondary character (evolutionary character 1), and whether the molars have roots or not as the tertiary character (evolutionary character 2). Based on this set of classification standards, a clearer evolutionary model can be inferred (Fig. 156, Fig. 157). This model can be divided into 3 stages:

Stage I: late Middle Miocene (11.70 Ma) – early Early Pliocene (~4.83 Ma), dominated by convex occiput *Prosiphneus*. A progressive evolutionary lineage *Pr. qinanensis→Pr. qiui→Pr. haoi→Pr. licenti→Pr. murinus→Pr. tianzuensis→Pr. eriksoni* was formed. Among all the species in this lineage, *Pr. licenti* and *Pr. murinus* shared the morphological features such as the interparietal square-shaped and positioned posterior to the line connecting two wings of the lambdoid crest, convex occiput, sinuous line with low undulation and parameters with smaller values. This phase can be divided into two periods: the early period (11.70–10.30 Ma) is represented by *Pr. qinanensis→Pr. qiui* characterized by relatively flat sinuous line with sinuses/sinuids positioned above (for the upper molars) or below (for the lower molars) the terminals of re-entrant angles, which is similar to its ancestor *Plesiodipus* (similar to the *Promimomys* stage of Arvicolinae); the late period (10.30–4.83 Ma) is represented by *Pr. haoi→Pr. licenti→Pr. murinus→Pr. tianzuensis→Pr. eriksoni* characterized by more strongly undulating sinuous line with sinuses/sinuids positioned below (for the upper molars) or above (for the lower molars) the terminals of re-entrant angles, which is more and more distinct from its ancestral forms (similar to the *Mimomys* stage of Arvicolinae).

Stage II: early Early Pliocene (4.90 Ma) – late Pliocene (2.58 Ma). This is a stage witnessing massive diversifications of myospalacines. *Prosiphneus* went extinct and was replaced by convex occiput *Pliosiphneus*. It had a spindle-shaped interparietal that moved anteriorly between two wings of the lambdoid crest, but it still retained a convex occiput and rooted molars with certain degree of hypsodonty. At the same time concave occiput *Chardina* and *Mesosiphneus* and flat occiput *Episiphneus* rapidly emerged. Among them, *Pl. antiquus*, as the earliest species of *Pliosiphneus*, maybe originated from *Pr. eriksoni* at 4.83 Ma. *C. sinensis*, as the earliest species of *Chardina*, evolved a semicircular interparietal positioned anterior to the lambdoid crest, but retained a convex occiput and rooted molars with certain degree of hypsodonty. It perhaps originated from *Pr. eriksoni* at ~4.70 Ma. *M. primitivus*, as the earliest species of *Mesosiphneus*, already lost its interparietal but retained a concave occiput and rooted molars. It perhaps originated from *C. sinensis* at 5.00 Ma. *Y. omegodon*, as the earliest species of *Yangia*, lost its parietal and molar roots, and perhaps originated from *M. intermedius* at ~3.51 Ma. *A. teilhardi*, as the earliest species of *Allosiphneus*, was large-sized, convex occiput, and with rootless molars, and originated from *Pl. lyratus* at 3.40 Ma. Flat occiput *E. youngi* without the interparietal and with rooted molars perhaps does not represent the earliest species of *Episiphneus*, while "*Prosiphneus* cf. *praetingi*" from Udunga, Transbaikalia, Russia (Late Pliocene) (Kawamura et Takai, 2009) probably diverged from *Pl. lyratus* at ~3.90 Ma.

Stage III: Late Pliocene (3.51 Ma) – Present. This is a stage when convex occiput *Eospalax* with rootless molars and flat occiput *Myospalax* thrived, whereas concave occiput *Yangia* rapidly went extinct from extreme prosperity. The earliest *E. lingtaiensis* probably originated from *Pliosiphneus puluensis* with rooted molars at ~3.51 Ma. Extant *E. fontanieri* first occurred around ~1.32 Ma. *M. aspalax* of the extant genus *Myospalax* is recorded at late Middle Pleistocene – Late Pleistocene Loc. 1, 3, and Upper Cave of Zhoukoudian, whereas *M. psilurus* is recorded at late Middle Pleistocene Jinniushan of Yingkou. Concave occiput myospalacines represented by *Y. epitingi* went extinct around ~0.64 Ma.

Inside myospalacine genera of all occiput types, the interspecific evolutionary trend is that relatively derived species always originated from relatively primitive species and coexisted with them for quite a while, and the relatively primitive species went extinct until the emergence of new species. This cycle constantly repeated to push forward the evolution of myospalacines.

This evolutionary model indicates that convex occiput myospalacines constitute the main stream, including *Prosiphneus*, *Pliosiphneus*, *Eospalax*, and *Allosiphneus*, representative of all the evolutionary processes such as from small size to large size, from possessing the interparietal and molar roots to losing them, from orth-omegodont pattern M2 to clin-omegodont pattern M2, from m1 having enamel at the anterior margin to losing it, from complicated M3 to simple M3, and so on. Among them, *Allosiphneus* is perhaps an aberrant group of myospalacines with the largest size that went extinct around 1.37 Ma. The flat occiput myospalacines only include *Episiphneus* and *Myospalax*, representative of only transient evolutionary process such as loss of the interparietal, from possessing molar roots to losing them, and from simple molar morphology to complicated molar morphology. The concave occiput myospalacines contain *Chardina*, *Mesosiphneus*, and *Yangia*. *C. truncatus*, as the type species of *Chardina*, is similar to convex occiput myospalacines in a semicircular interparietal positioned anterior to the lambdoid crest and occipital shield with its dorsal portion protruding posteriorly from the lambdoid crest. However, its molars, especially its m1 with alternate lra3 and bra2, are consistent with more derived *Mesosiphneus* species without the interparietal and with dorsal portion of occipital shield slightly concave and the depression extending anteriorly across lambdoid crest. Therefore, *Chardina* is apparently a transitional group between *Prosiphneus* and *Mesosiphneus*. The most conspicuous transition from *Mesosiphneus* to *Yangia* is the loss of molar roots. The most primitive *Y. omegodon* and the most derived *M. intermedius* are close to each other in occlusal morphology. Concave occiput myospalacines have the most abundant fossils and have been studied more thoroughly, so can act as strong evidence for biostratigraphic correlations.